\函數數量最齊全/

Excel 公式＋函數超實用字典

515個函數＋1028個範例

Excel

序

Excel 隨著每次版本升級而逐漸擴大函數的陣容。事實上，內建最新功能的 Microsoft 365 所提供的 Excel 函數已經超過 510 個。在數量龐大的函數中，盲目搜尋就像大海撈針，很難找到你想使用的函數。

這是一本從「想完成的結果」、「逆向」搜尋函數的字典。一開始請先瀏覽目錄。

- 希望將日期依「每年」或「每月」整理歸納再統計
- 計算 15 日結算，隔月 10 日支付的付款日
- 想切換、搜尋多個資料表！
- 想達成存款目標 100 萬元，需要多少年利率？

書中列出大量上述實例，你可以翻開該頁，立即查詢用法。公式下方與操作畫面顯示了說明內容，公式的含義與對應的畫面一目瞭然。頁面下方提供相關參考資料，有助於觸類旁通。此外，下載本書提供的範例檔案，實際輸入公式，可以加深你的理解。

附錄提供涵蓋所有函數的「字母排序函數列表」與「功能分類函數索引」，當你腦中產生「那個函數該怎麼用？」的疑問時，你可以從「所需功能」、「關聯項目」、「函數名稱」等各種方式搜尋函數。本書也一併解說了公式的基礎知識與基本操作，無論是初學者或進階使用者，都可以當作參考。

如果本書可以提升各位的工作效率以及 Excel 的技能，筆者將深感榮幸。最後，在筆者撰寫這本書的過程中，以各種方式提供協助的每個人，在此至上誠摯的謝意。

2022 年 12 月　きたみ あきこ

本書的閱讀方法

Excel

◎ 執行環境與操作畫面

本書支援 Excel 2021、2019、2016 和 Microsoft 365 環境下的 Excel。對於只有部分版本才能使用的功能，會在節名的右上角做標示。

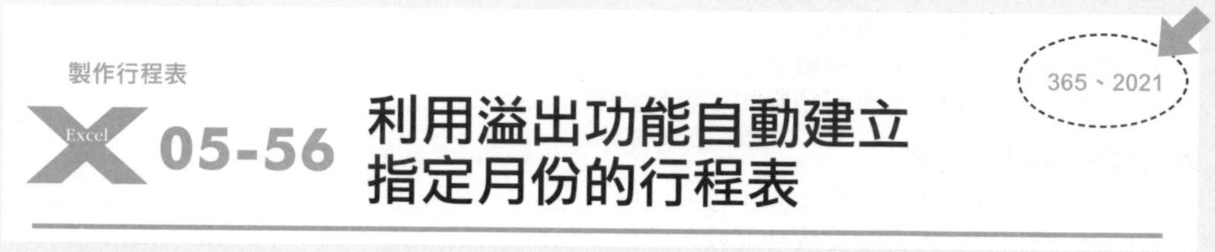

製作行程表
Excel
05-56
利用溢出功能自動建立指定月份的行程表
365、2021

◎ 函數的說明

經常使用的函數，會在語法後面標示可參照的節編號，以便你查詢相關說明。

◎ 關聯項目

你可以參考與本文說明有相關的知識。請依節的編號來翻閱。

◎ 範例檔案

請從以下網址下載各節的範例檔案。檔案編號與節編號相同 (例如 **01-01**)。

https://www.flag.com.tw/bk/st/F4031（請注意，大小寫須相同）

目錄

第 5 章《日期與時間》計算期間或期限以符合需求

第 7 章《表格的搜尋》掌握表格的搜尋技巧和儲存格的資訊顯示

▶ 表格的排序

▶ 取出資料

▶ 取出唯一的資料

▶ 儲存格參照

▶ 儲存格或工作表的資訊

▶ 超連結

▶ Web 上的資料

第 9 章《財務計算》貸款或投資試算

X 第 10 章《數學計算》對數、三角函數的計算與底數轉換

Chapter 1

第1章

公式的基礎

了解公式與函數的規則

01-01 什麼是公式？什麼是函數？

在儲存格中輸入「公式」

我們可以在儲存格中輸入公式來執行計算。在儲存格中所輸入的式子稱為**公式**。以「=」(等號) 為開頭是輸入公式的規則。例如，在 D3 儲存格中輸入「=B3+C3」，就會顯示 B3 與 C3 儲存格的值相加結果。點選輸入公式的儲存格，可以在**資料編輯列**中查看公式。

▶ 公式會顯示在「資料編輯列」中，計算結果則顯示在儲存格中

D3 | =B3+C3 — 公式 — 資料編輯列 (輸入公式的地方)

	A	B	C	D	E	F	G
1	總銷售數						
2	商品名稱	門市	網購	合計			
3	棒球	41	30	71			
4	手套	35	14				
5	球棒	30	11				

計算結果 (D3)

實際輸入公式

在儲存格中輸入公式時，只要點選儲存格 (例如「B3」、「C3」)，即可自動輸入儲存格編號。至於「=」和「+」等符號必須以半形輸入。

▶ 在 D3 儲存格中輸入「=B3+C3」

	A	B	C	D	E
1	總銷售數				
2	商品名稱	門市	網購	合計	
3	棒球	41	30	=B3+C3	
4	手套	35	14		
5	球棒	30	11		

① 選取 D3 儲存格，使用鍵盤輸入半形「=」，接著點選 B3 儲存格，輸入「+」，再點選 C3 儲存格，就會自動輸入「=B3+C3」。也可以直接用鍵盤輸入「=B3+C3」

	A	B	C	D	E
1	總銷售數				
2	商品名稱	門市	網購	合計	
3	棒球	41	30	71	
4	手套	35	14		
5	球棒	30	11		

② 按下 Enter 鍵確認公式，並在儲存格中顯示計算結果

「函數」其實是已經定義好計算方法的公式

函數是已經事先定義好計算方法的一種公式。例如，「SUM (加總)」函數，事先定義好「計算加總」的功能。當數值傳給 SUM 函數時，就會傳回數值的加總結果。傳給函數的資料稱為**引數**，函數的計算結果稱為**傳回值**。

▶ 將引數傳給函數，會傳回一個傳回值

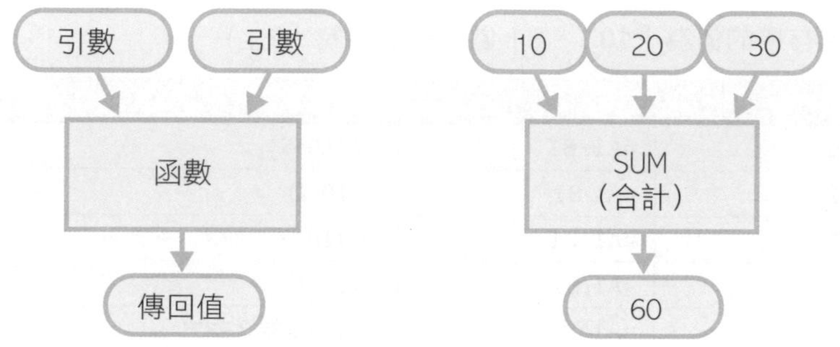

要在儲存格中輸入函數時，先輸入「=函數名稱」，接著輸入半形的左括號，再輸入引數。例如，在儲存格中輸入「=SUM(B3:B5)」，會加總 B3 到 B5 儲存格中的值。「B3:B5」就是 SUM 函數的引數。

▶ 使用 SUM 函數計算加總

B6 =SUM(B3:B5) 函數

	A	B	C	D	E	F
1	總銷售數					
2	商品名稱	門市	網購	合計		
3	棒球	41	30	71		
4	手套	35	14			
5	球棒	30	11			
6	合計	106				
7						

傳回值

=SUM(B3:B5)
函數名稱 引數

在儲存格中輸入 SUM 函數，以計算引數儲存格的加總

如果輸入「=SUM(B3:B102)」，可以將 B3 到 B102 儲存格範圍內的 100 個數值一次加總起來。這會比輸入「=B3+B4+B5+……+B102」，列出 100 個儲存格編號要簡單得多。在【01-05】到【01-09】的範例中，將介紹函數的具體輸入方法。

關聯項目 【01-03】如何設定函數的引數？
【01-04】確認軟體版本！新函數和相容性函數

01-02 認識運算子的種類

公式計算中使用的「+」、「-」等符號，稱為**運算子**。運算子有以下四種類型。

算術運算子

用於計算數值的運算子，其結果也會是數值。

▶ 算術運算子 (A1 儲存格的值為「10」、B1 儲存格的值為「2」)

運算子	意義	範例	範例結果
+	加法	=A1+B1	12 (10+2)
-	減法	=A1-B1	8 (10-2)
*	乘法	=A1*B1	20 (10*2)
/	除法	=A1/B1	5 (10/2)
^	次方	=A1^B1	100 (10 的 2 次方)
%	百分比	=A1*B1%	0.2 (10*2%)

字串連接運算子

用於連接字串的運算子，其結果也會是字串。

▶ 字串連接運算子 (A1 儲存格的值為「山田」)

運算子	意義	範例	範例結果
&	字串連接	=A1&"先生"	山田先生 (「山田」加上「先生」字串)

比較運算子

用來比較值的運算子，其結果可以為「TRUE」表示「真」；或為「FALSE」表示「假」。「TRUE」與「FALSE」稱為**邏輯值**，產生邏輯值的公式為**邏輯運算式**。

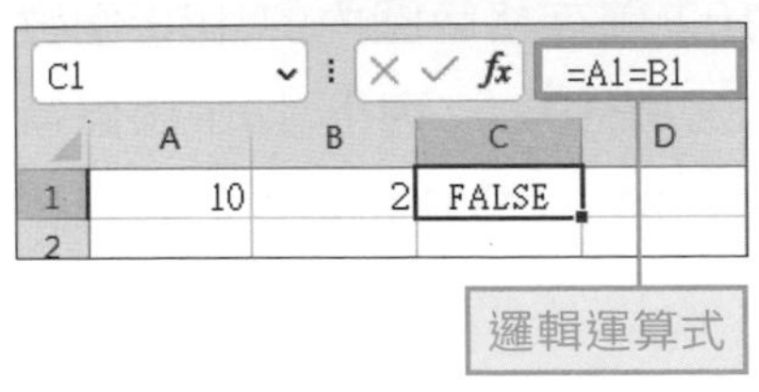

「=A1=B1」是判斷 A1 儲存格與 B1 儲存格的值是否相等的邏輯運算式。其結果為「FALSE」，因為左圖中 A1 儲存格與 B1 儲存格的值不相等。開頭的「=」代表公式符號，「A1=B1」的「=」是比較運算子。

▶ 比較運算子 (A1 儲存格的值為「10」、B1 儲存格的值為「2」)

運算子	意義	範例	範例結果
=	等於	=A1=B1	FALSE (10 等於 2，為「假」)
<>	不等於	=A1<>B1	TRUE (10 不等於 2，為「真」)
>	大於	=A1>B1	TRUE (10 大於 2，為「真」)
>=	大於等於	=A1>=B1	TRUE (10 大於等於 2，為「真」)
<	小於	=A1<B1	FALSE (10 小於 2，為「假」)
<=	小於等於	=A1<=B1	FALSE (10 小於等於2，為「假」)

※ 比較運算子是以「=」、「<」和「>」中的一個或兩個符號組合輸入。

參照運算子

參照運算子是用於指定儲存格的運算子。例如，「=SUM(A1:D1)」會加總 A1 到 D1 儲存格範圍的數值，而「=SUM(A1,D1)」，則只會加總 A1 與 D1 儲存格的值。

▶ 參照運算子

運算子	意義	範例	說明
:(冒號)	儲存格範圍	A1:D4	A1～D4 的儲存格範圍
,(逗號)	多個儲存格	A1,D4	A1 及 D4 儲存格
半形空白	儲存格範圍的交集部分	A2:C2 B1:B3	A2～C2 及 B1～B3 儲存格範圍的交集部分為 B2 儲存格

※ 參照運算子還有其他兩個運算子，一個是參照儲存格範圍的運算子「#」(→【01-33】)，另一個是交集運算子「@」(→【01-32】的 **Memo**)。

運算子的優先順序

在公式中使用多個運算子時，將依下表的順序計算。如果優先順序相同，則會從左到右計算。要變更執行順序時，只要將想優先執行的部分用括號框住即可。

- **=1+2*3　→ 先計算「2*3」的結果，再加 1，結果為「7」**
- **=(1+2)*3　→ 先計算「1+2」的結果，再乘以 3，結果為「9」**

▶ 運算子的優先順序

優先順序	1	2	3	4	5	6	7	8
運算子	參照運算子	「-」(負號)	%	^	*/	+ -	&	比較運算子

01-03 如何設定函數的引數？

函數的結構

Excel 有 500 個以上的函數，但引數的數量和類型因函數而異。要在儲存格中輸入函數時，請在「=函數名稱」後面的半形括號中輸入引數。如果有多個引數，則用半形逗號「,」隔開。

函數的格式
=函數名稱(引數1,引數2……)

有些引數可以省略不填。本書使用 [ ] 將可省略的引數以「[引數2]」來表示。例如，「RIGHT 函數」的第一個引數「text (字串)」是必填的，第二個引數「num_chars (字數)」，則可以省略不填。

RIGHT 函數的格式
=RIGHT(text, [num_chars])
必填　可省略

指定引數的規則

要用函數得到預期的結果 (傳回值)，關鍵在於正確指定引數。根據不同的引數，可以指定「參照儲存格」、「常數」或「公式」。根據引數的類型，有對應的指定方法，請參考下一頁的表格規則來指定引數。例如，指定字串時，需要用雙引號「"」括起來。

=RIGHT(A1)
參照儲存格
=RIGHT("東京")
常數
=RIGHT(A1&B1)
公式

▶ 指定引數的方法

引數		指定方法
參照儲存格	儲存格	將儲存格編號指定為引數 (範例)　=LEN(A2)
	儲存格範圍	用冒號「:」來分隔起始與結束的儲存格編號 (範例)　=SUM(A1:B5)
	儲存格名稱 →【01-24】	指定已命名的儲存格或儲存格範圍 (範例)　=SUM(數量)
	結構化參照 →【01-28】	指定表格名稱或欄位名稱 (範例)　=SUM(表格1[金額])
常數	數值	可以指定數值，也可以指定有百分比符號的數值 (範例)　=ROUND(B3*8%,2)
	字串	字串要用雙引號「"」括起來 (範例)　=RIGHT("東京",1)
	日期/時間	日期和時間要用雙引號「"」括起來 (參考底下的 Memo) (範例)　=YEAR("2022/3/14") (範例)　=HOUR("12:34:56")
	邏輯值 →【03-01】	指定為 TRUE (真) 或 FALSE (假) (範例)　=COUNTIFS(B3:B8,TRUE)
	錯誤值 →【01-35】	指定錯誤值。通常用來指定會導致錯誤值的公式 (範例)　=ISERROR(#DIV/0!)
	陣列常數 →【01-29】	欄使用逗號「,」、列使用「;」來分隔，陣列常數要用大括號「{ }」框住。例如「{1,2,3;4,5,6}」表示為 2 列 3 欄的陣列常數。 (範例)　=ROWS({1,2,3;4,5,6})
公式	公式	指定公式 (範例)　=INT(A1*0.3) (範例)　=IF(A1>=60,"及格","不及格")
	函數	指定函數 (範例)　=INT(AVERAGE(B3:B8))

Memo

- 在指定引數的值時，就算將引數值指定成不同的資料類型，函數還是會在可接受該引數值的情況下進行計算。例如應該要指定為「字串」的引數，卻指定成「數值」時，該數值會被視為字串來執行。若是將應該為數值的引數指定成英文字母時，函數會因無法正常計算而出現錯誤。
- 利用半形雙引號括住的資料會被視為字串，但是在應該指定為日期的引數中指定為「"2022/3/14"」這樣的值，則日期字串會被轉換成日期資料後再執行函數的計算。請注意！如果將日期字串指定給不是日期引數的引數，例如「=IF(A1="2022/3/14","OK","NG")」，則該值會被視為字串。在這種情況下，對「DATE(2022,3,14)」之類的日期，請使用 DATE 函數 (→【05-11】) 來指定日期，而時間資料，則用 TIME 函數 (→【05-12】) 來指定。

關聯項目 【01-01】什麼是公式？什麼是函數？

01-04 確認軟體版本！新函數和相容性函數

Excel 的版本

Excel 有兩種版本，一種是包含在「Microsoft 365」產品中的 Excel，另一種是「Office 2021」、「Office 2019」、「Office 2016」等產品中的 Excel。後者的 Excel，本書會加上版號來稱呼，例如「Excel 2021」。以下是各版本的特色：

Microsoft 365 的 Excel

- **採取訂閱制 (按月或按年支付)**
- **不能單獨購買 Excel 單機版本 (只能透過訂閱 Microsoft 365 取得)**
- **沒有區分版本**
- **隨時更新功能，內建最新功能**
- **不定期增加新的函數**
- **基本上可以使用 Excel 的所有函數**

Excel 2021/2019/2016

- **軟體為永久授權 (一次性買斷)**
- **可以單獨購買 Excel 單機版**
- **有區分版本，每個版本的功能略有不同**
- **版本升級時會增加新的函數**
- **舊版本無法使用後來增加的新函數**

▶ **確認 Excel 的版本**

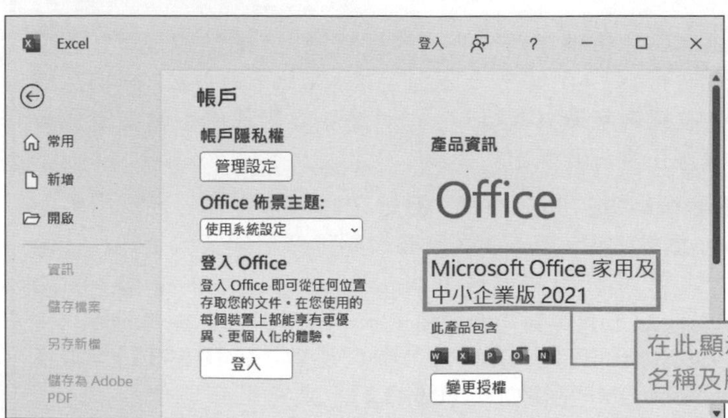

要確認 Excel 的版本，請點選**檔案**頁次，在畫面的左側點選**帳戶**，即可在畫面右上角看到產品名稱及版本。如果找不到**帳戶**，可點選**其他**，從中尋找**帳戶**項目

函數的類別

Excel 的函數依功能分類，共有以下 13 個類別：

- **財務**
- **日期及時間**
- **數學與三角函數**
- **統計**
- **查閱與參照**
- **資料庫**
- **文字**
- **邏輯**
- **資訊**
- **工程**
- **CUBE**
- **Web**
- **相容性**

新函數與相容性函數

提到新函數，你可能會聯想到「應該是新增了前所未有的新函數」，不過 Excel 的新函數也可能是對既有的函數做強化。對於對這類新函數，原先的版本會移到**相容**類別中。

例如 Excel 2016 在**文字**類別中有一個「CONCATENATE」函數。在 Excel 2019 的版本中，在同一個分類裡加入了該函數的強化版，即「CONCAT」函數。因此，在 Microsoft 365 和 Excel 2021/2019 的版本中，CONCATENATE 函數就被移到**相容性**的分類裡了。

因此，即使是相同的函數，由於 Excel 的版本不同，其分類可能會有所變動，所以從分類中尋找函數時要特別小心。請參考附錄**相容性函數與現有函數的對應**來查看各函數的對應情況。

Memo

- 相容性函數可以在新增對應的新函數之後的版本中繼續以舊有的方式使用。不過，新函數無法在之前的版本中使用，因此在與他人共享文件時，最好不要使用新函數。
- **檢查相容性**功能，可以檢查檔案中是否包含無法在較舊版本中使用的功能。要執行此操作，請切換到**檔案**頁次，在**資訊**頁面點選**檢查問題**→ **檢查相容性**。

關聯項目 【01-01】什麼是公式？什麼是函數？

Excel 01-05 從「插入函數」交談窗中輸入函數

輸入函數的方法有很多種，你可以依個人喜好選擇合適的方法輸入。對初學者來說，建議使用**插入函數**交談窗。在此交談窗中，可以查看函數的說明並選擇所需要的函數。同時有專用的引數輸入欄，即使對函數的格式不熟悉，也可以透過提示說明，輸入正確的函數格式。

在此以 RIGHT 函數為例，說明如何輸入「=RIGHT(A3,2)」公式。此公式的作用是從 A3 儲存格的字串中取出最右邊的 2 個字元。

▶ 從「插入函數」交談窗輸入 RIGHT 函數

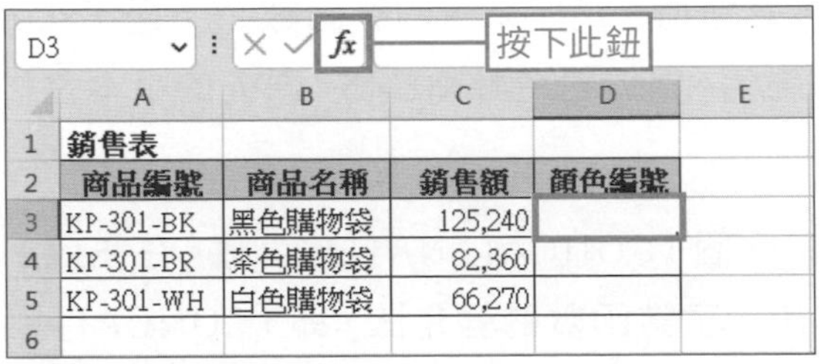

D3 | fx 按下此鈕

	A	B	C	D	E
1	銷售表				
2	商品編號	商品名稱	銷售額	顏色編號	
3	KP-301-BK	黑色購物袋	125,240		
4	KP-301-BR	茶色購物袋	82,360		
5	KP-301-WH	白色購物袋	66,270		
6					

① 選取要輸入函數的儲存格，按下**插入函數**鈕

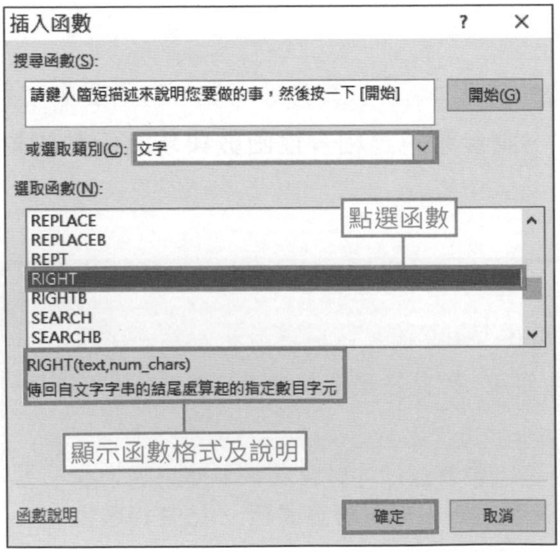

插入函數
搜尋函數(S):
請鍵入簡短描述來說明您要做的事，然後按一下 [開始]
開始(G)
或選取類別(C): 文字
選取函數(N):
REPLACE
REPLACEB
REPT
RIGHT
RIGHTB
SEARCH
SEARCHB
點選函數
RIGHT(text,num_chars)
傳回自文字字串的結尾處算起的指定數目字元
顯示函數格式及說明
函數說明
確定
取消

② 選擇要使用的函數，在此選擇的是**文字**類別裡的 **RIGHT** 函數，選取 RIGHT 後，按下**確定**鈕

A3 =RIGHT(A3)

	A	B	C	D
1	銷售表			
2	商品編號	商品名稱	銷售額	顏色編號
3	KP-301-BK	黑色購物袋	125,240	)
4	KP-301-BR	茶色購物袋	82,360	
5	KP-301-WH	白色購物袋	66,270	

點選

函數引數
RIGHT
Text A3 = "KP-301-BK"
Num_chars = 數字
= "K"
傳回自文字字串的結尾處算起的指定數目字元
Text 是包含要抽取之字元的文字字串t
計算結果 = K
函數說明(H) 確定 取消

輸入「A3」

③ 開啟**函數引數**交談窗。在 **Text** 欄位中按一下，顯示輸入游標後，點選 A3 儲存格，將其輸入到 **Text** 欄位中

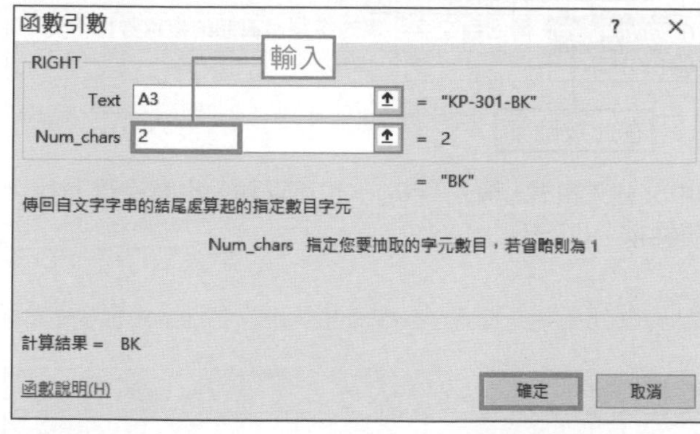

④ 在 **Num_chars** 欄位中輸入「2」，再按下**確定**鈕

D3 =RIGHT(A3,2)

	A	B	C	D
1	銷售表			
2	商品編號	商品名稱	銷售額	顏色編號
3	KP-301-BK	黑色購物袋	125,240	BK
4	KP-301-BR	茶色購物袋	82,360	
5	KP-301-WH	白色購物袋	66,270	

⑤ 輸入 RIGHT 函數後，D2 儲存格會傳回「BK」。你可以在**資料編輯列**中查看公式

Memo

- 如果不知道要使用的函數在哪個類別裡，請在步驟 ② 中的**或選取類別**選擇**全部**，在**選取函數**欄中依字母順序瀏覽函數，並選取所需的函數。
- 如果想查看有關選取函數的說明，可在步驟 ② 或步驟 ③ 的畫面左下角，點選**函數說明**。

關聯項目 【01-06】利用公式的自動完成功能輸入函數
【01-07】如何在手動輸入函數時，開啟「函數引數」交談窗？

01-06 利用公式的自動完成功能輸入函數

對於打字速度快，且對函數拼寫有一定了解的人而言，手動在儲存格中輸入函數會比開啟**插入函數**交談窗更快。輸入函數時，還可以利用**自動完成**功能來輔助，只要輸入函數名稱開頭的 1 或 2 個字母，就能從清單中選擇函數。輸入引數時可參考彈出的函數格式提示。以下是「=RIGHT(A3,2)」的輸入範例。

▶ 使用公式的自動完成功能輸入 RIGHT 函數

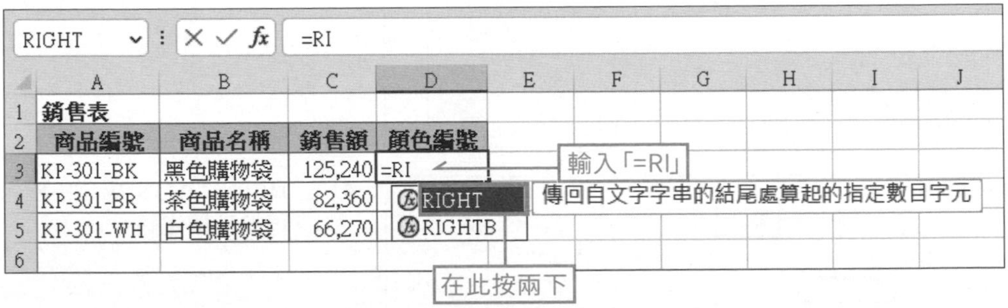

RIGHT　=RI

	A	B	C	D
1	銷售表			
2	商品編號	商品名稱	銷售額	顏色編號
3	KP-301-BK	黑色購物袋	125,240	=RI
4	KP-301-BR	茶色購物袋	82,360	
5	KP-301-WH	白色購物袋	66,270	
6				

輸入「=RI」

RIGHT　傳回自文字字串的結尾處算起的指定數目字元

RIGHTB

在此按兩下

① 選取要輸入函數的儲存格。關閉中文輸入模式，輸入「=RI」，也可以輸入小寫字母「ri」。接著會顯示「RI」開頭的函數清單，請雙按「RIGHT」

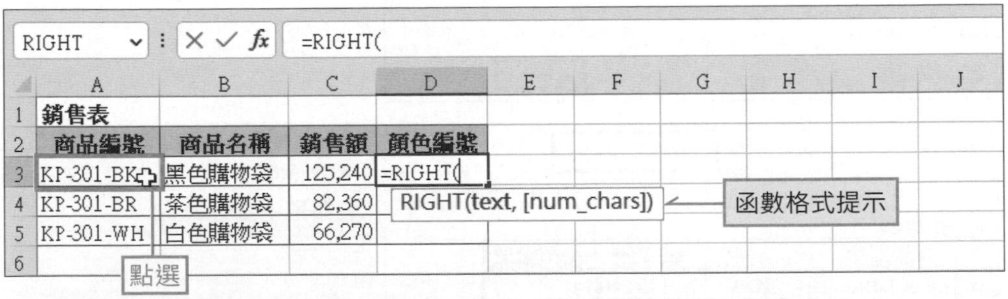

RIGHT　=RIGHT(

	A	B	C	D
1	銷售表			
2	商品編號	商品名稱	銷售額	顏色編號
3	KP-301-BK	黑色購物袋	125,240	=RIGHT(
4	KP-301-BR	茶色購物袋	82,360	
5	KP-301-WH	白色購物袋	66,270	
6				

RIGHT(text, [num_chars])　函數格式提示

點選

② 自動輸入「=RIGHT(」後，會顯示函數格式的提示，請根據提示輸入引數。在此，請點選 A3 儲存格

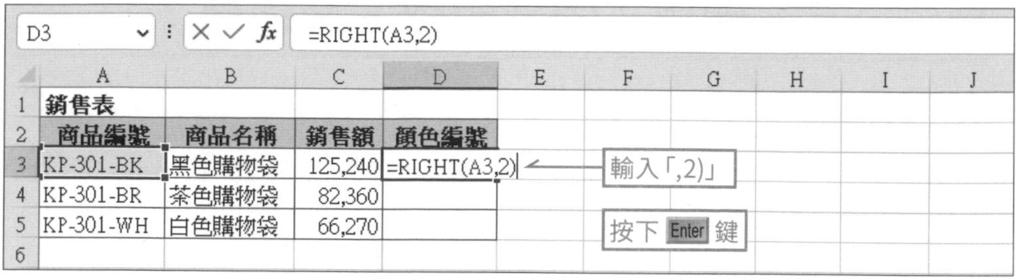

D3 =RIGHT(A3,2)

	A	B	C	D	E	F	G	H	I	J
1	銷售表									
2	商品編號	商品名稱	銷售額	顏色編號						
3	KP-301-BK	黑色購物袋	125,240	=RIGHT(A3,2)						
4	KP-301-BR	茶色購物袋	82,360							
5	KP-301-WH	白色購物袋	66,270							
6										

輸入「,2)」

按下 Enter 鍵

③ 在「=RIGHT(」後面自動輸入「A3」，請繼續輸入「,2)」，再按下 Enter 鍵

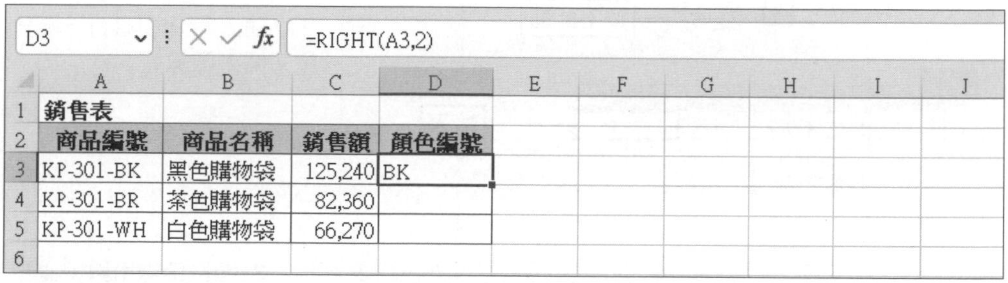

D3 =RIGHT(A3,2)

	A	B	C	D	E	F	G	H	I	J
1	銷售表									
2	商品編號	商品名稱	銷售額	顏色編號						
3	KP-301-BK	黑色購物袋	125,240	BK						
4	KP-301-BR	茶色購物袋	82,360							
5	KP-301-WH	白色購物袋	66,270							
6										

④ 輸入 RIGHT 函數後，儲存格會傳回「BK」。選取含有函數的儲存格後，可以在**資料編輯列**中查看公式

Memo

- 點選函數格式提示上的函數名稱，會開啟該函數的說明視窗，可瀏覽函數的相關資訊。

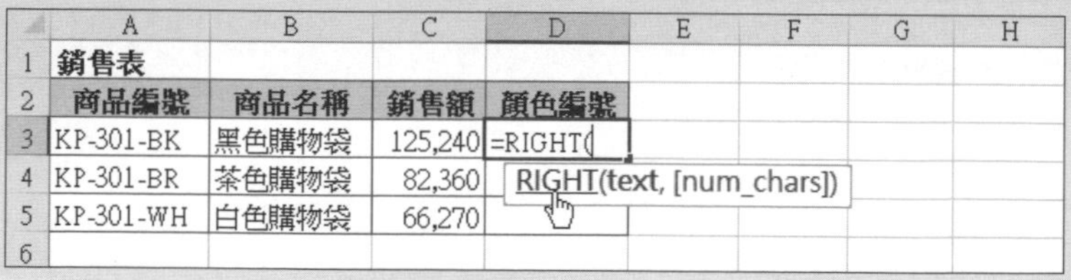

	A	B	C	D	E	F	G	H
1	銷售表							
2	商品編號	商品名稱	銷售額	顏色編號				
3	KP-301-BK	黑色購物袋	125,240	=RIGHT(				
4	KP-301-BR	茶色購物袋	82,360	RIGHT(text, [num_chars])				
5	KP-301-WH	白色購物袋	66,270					
6								

- 有些函數需要在引數中指定儲存格範圍。在輸入引數時，可以選取目標儲存格範圍並拖曳，就會以「起始儲存格編號：結束儲存格編號」的格式輸入儲存格範圍。
- 在 Microsoft 365 和 Excel 2021/2019 中，即使只有輸入函數名稱的一部份，也會出現**自動完成**功能。例如，在儲存格中輸入「=SUM」，除了顯示以「SUM」開頭的函數外，還會列出包含「SUM」的函數名稱，例如「DSUM」和「IMSUM」等。

關聯項目 【01-05】從「插入函數」交談窗中輸入函數
【01-07】如何在手動輸入函數時，開啟「函數引數」交談窗？

01-07 如何在手動輸入函數時，開啟「函數引數」交談窗？

【**01-06**】所介紹的公式自動完成功能，可讓你從函數列表中選擇函數名稱，以避免拼錯字。但如果對引數格式不熟，仍然可以在輸入函數名稱後，開啟**函數引數**交談窗，透過導引的方式填入引數。

▶ 在輸入函數名稱後，開啟「函數引數」交談窗

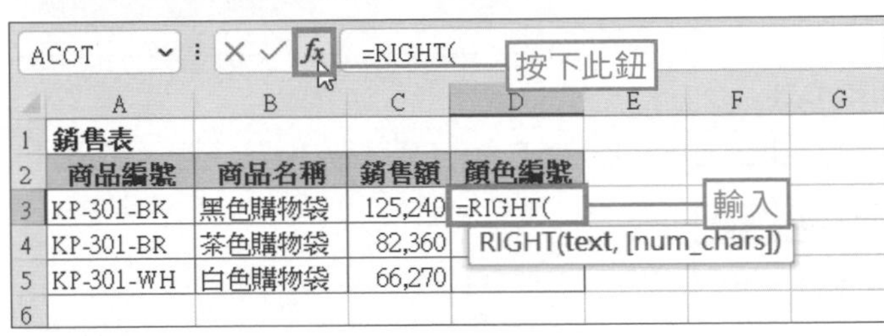

	A	B	C	D
1	銷售表			
2	商品編號	商品名稱	銷售額	顏色編號
3	KP-301-BK	黑色購物袋	125,240	=RIGHT(
4	KP-301-BR	茶色購物袋	82,360	
5	KP-301-WH	白色購物袋	66,270	

① 請依照【**01-06**】的步驟 ①，輸入「=RIGHT(」，接著按下**插入函數**鈕

	A	B	C	D
1	銷售表			
2	商品編號	商品名稱	銷售額	顏色編號
3	KP-301-BK	黑色購物袋	125,240	=RIGHT(A3,2)
4	KP-301-BR	茶色購物袋	82,360	
5	KP-301-WH	白色購物袋	66,270	

函數引數

RIGHT

Text A3 = "KP-301-BK"

Num_chars 2 = 2

= "BK"

傳回自文字字串的結尾處算起的指定數目字元

Num_chars 指定您要抽取的字元數目，若省略則為 1

計算結果 = BK

函數說明(H) 確定 取消

② 開啟**函數引數**交談窗後，請參考【**01-05**】步驟 ③ 之後的說明，完成公式的輸入

關聯項目 【**01-05**】從「插入函數」交談窗中輸入函數
【**01-06**】利用公式的自動完成功能輸入函數

01-08 從「公式」頁次中的「函數庫」輸入函數

如果你知道函數的類別，也可以從**公式**頁次中的**函數庫**來輸入函數。只要按下分類按鈕即可從中選擇函數，接著在開啟的**函數引數**交談窗中填入引數即可。

▶ 利用「函數庫」輸入 RIGHT 函數

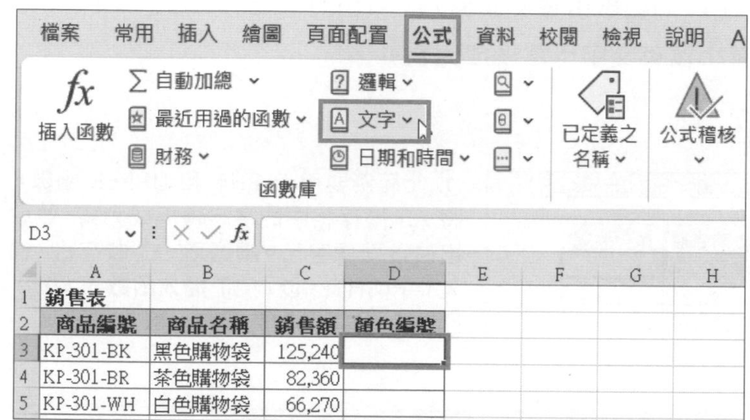

① 選取要輸入函數的儲存格 (D3)。從**公式**頁次的**函數庫**中選擇函數類別 (在此選擇**文字**)

② 列出相關函數後，請將滑鼠移到要選用的函數名稱上，即會顯示函數的說明。點選 **RIGHT** 函數後，會開啟**函數引數**交談窗，請依【**01-05**】步驟 ③ 之後的操作繼續進行

Memo

- **統計**、**工程**、**Cube**、**資訊**、**相容性**及 **Web** 這幾類函數，收納在**公式**頁次下**函數庫**中的**其他函數**裡。

關聯項目 【01-05】從「插入函數」交談窗中輸入函數

01-09 在函數的引數中輸入其他函數

將函數當作另一個函數的引數輸入，像這樣函數中包含另一個函數的情形，就稱為**函數組合**或是**巢狀函數**。函數組合的公式可以直接在儲存格中輸入，也可以在**函數引數**交談窗中填入。

底下將利用 RIGHT 函數的**函數引數**交談窗，在「Text」引數中輸入 UPPER 函數。UPPER 函數可將小寫英文字母轉換成大寫。

▶ 將函數組合在一起

	A	B	C	D	E
1	銷售表				
2	商品編號	商品名稱	銷售額	顏色編號	
3	kp-301-bk	黑色購物袋	125,240		
4	kp-301-br	茶色購物袋	82,360		
5	kp-301-wh	白色購物袋	66,270		
6					

① 此範例要用 RIGHT 和 UPPER 函數，將 A3 儲存格中的字串轉換成大寫，並取出最後兩個字元。請選取 D3 儲存格，輸入「=RIGHT(」後，按下**插入函數**鈕 *fx*，開啟 RIGHT 函數的**函數引數**交談窗

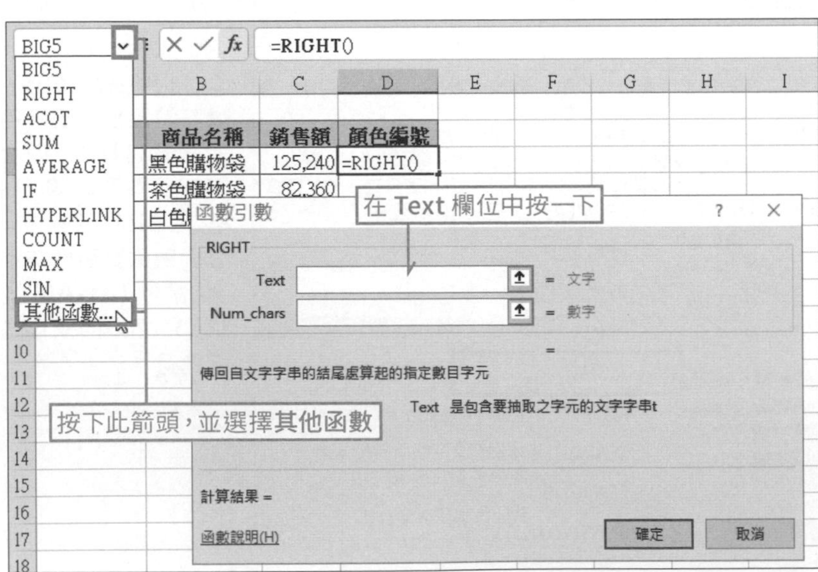

② 接著要在 **Text** 引數中輸入 UPPER 函數。請在 **Text** 欄位上按一下，以顯示游標，在**名稱方塊**中按下箭頭鈕，選擇**其他函數**

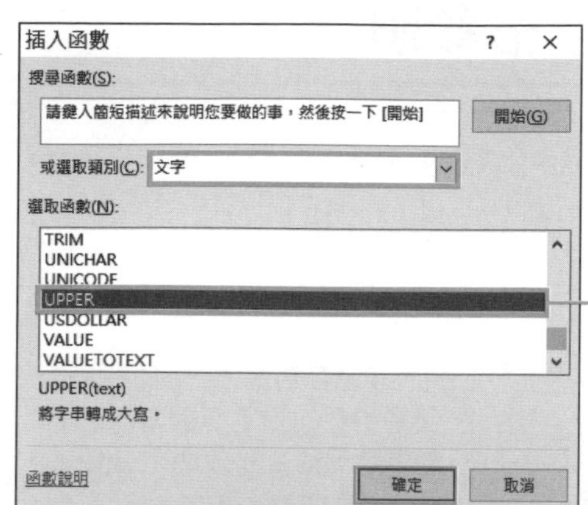

③ 開啟**插入函數**交談窗後，在**或選取類別**欄中選擇**文字**，在**選取函數**中點選 **UPPER**，按下**確定**鈕

④ 開啟 UPPER 函數的**函數引數**交談窗後，在 **Text** 欄中輸入「A3」。為了回到 RIGHT 函數的設定，請在**資料編輯列**上點選「RIGHT」

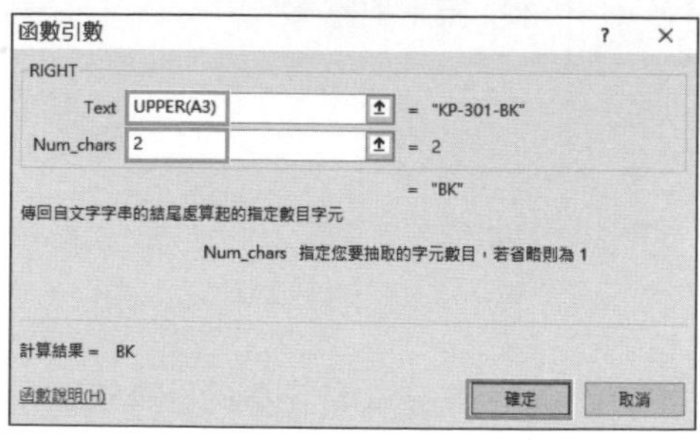

⑤ 回到 RIGHT 函數的**函數引數**交談窗。確認 **Text** 欄位輸入了 UPPER 函數，並在 **Num_chars** 欄位中輸入「2」，再按下**確定**鈕

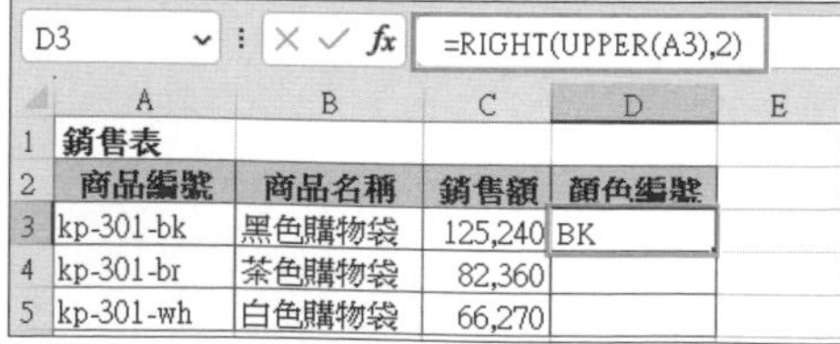

⑥ 關閉交談窗後，D3 儲存格會顯示「BK」。你可以在**資料編輯列**中查看公式

Excel 01-10 透過滑鼠拖曳的方式來修改引數中的儲存格參照

雙按含有函數的儲存格後，會進入編輯模式，引數的參照儲存格會用不同顏色的框框起來。只要拖曳色彩框線就能修改引數的參照儲存格。

▶ 將引數的「B3:B5」儲存格範圍往右移動一欄

E3　=SUM(B3:B5)

	A	B	C	D	E	F
1	銷售表		萬元		合計	
2	產品編號	目標	業績		銷售合計	
3	F-101	200	234		480	
4	F-102	150	144			
5	F-103	130	141			
6						

在此雙按

① E3 儲存格輸入了 SUM 函數。但是引數的指定範圍有誤，在此希望將「B3:B5」改成「C3:C5」。請先雙按 E3 儲存格

UPPER　=SUM(B3:B5)

	A	B	C	D	E	F
1	銷售表		萬元		合計	
2	產品編號	目標	業績		銷售合計	
3	F-101	200	234		=SUM(B3:B5)	
4	F-102	150	144			
5	F-103	130	141			
6						

拖曳

② 引數的參照儲存格顯示色彩框，請將滑鼠指標移到框線上，並拖曳到 C 欄

UPPER　=SUM(C3:C5)

	A	B	C	D	E	F
1	銷售表		萬元		合計	
2	產品編號	目標	業績		銷售合計	
3	F-101	200	234		=SUM(C3:C5)	
4	F-102	150	144			
5	F-103	130	141			
6						

③ 確認引數修正為「C3:C5」後，按下 Enter 鍵

E4

	A	B	C	D	E	F
1	銷售表		萬元		合計	
2	產品編號	目標	業績		銷售合計	
3	F-101	200	234		519	
4	F-102	150	144			
5	F-103	130	141			
6						

④ 修正 SUM 函數的計算結果

關聯項目 【01-11】透過滑鼠拖曳的方式來修正引數的參照範圍

Excel 01-11 透過滑鼠拖曳的方式來修正引數的參照範圍

在公式的編輯模式下，色彩框線的四個角落會顯示尺寸調整控點，拖曳這些控點可以快速調整公式中的參照儲存格範圍。

▶ 將引數「C3:C5」的範圍增加一列

E3 | =SUM(C3:C5)

	A	B	C	D	E	F
1	銷售表		萬元		合計	
2	產品編號	目標	業績		銷售合計	
3	F-101	200	234		519	
4	F-102	150	144			
5	F-103	130	141			
6	F-104	100	90			

在此雙按

① 想將 E3 儲存格中 SUM 函數的引數，由「C3:C5」改成「C3:C6」。請雙按 E3 儲存格

UPPER | =SUM(C3:C5)

	A	B	C	D	E	F
1	銷售表		萬元		合計	
2	產品編號	目標	業績		銷售合計	
3	F-101	200	234		=SUM(C3:C5)	
4	F-102	150	144			
5	F-103	130	141			
6	F-104	100	90			
7						

往下拖曳

② 顯示色彩框線後，將滑鼠指標移到右下角，並拖曳到 C6 儲存格

UPPER | =SUM(C3:C6)

	A	B	C	D	E	F
1	銷售表		萬元		合計	
2	產品編號	目標	業績		銷售合計	
3	F-101	200	234		=SUM(C3:C6)	
4	F-102	150	144			
5	F-103	130	141			
6	F-104	100	90			

③ 確認引數已經改成「C3:C6」後，按下 Enter 鍵

E4 |

	A	B	C	D	E	F
1	銷售表		萬元		合計	
2	產品編號	目標	業績		銷售合計	
3	F-101	200	234		609	
4	F-102	150	144			
5	F-103	130	141			
6	F-104	100	90			

④ 修正 SUM 函數的計算結果

關聯項目【01-10】透過滑鼠拖曳的方式來修改引數中的儲存格參照

01-12 將長串的公式換行顯示

當多個函數組合在一起使用時，公式往往會變得很長。若是在適當的位置換行，整體的結構會比較清楚。要將公式換行顯示，請按下 Alt ＋ Enter 鍵。

▶ 在適當的位置將公式換行顯示

ISNUMBER | =IF(ISNUMBER(FIND(" ",B3)),MID(B3,FIND(" ",B3)+1,LEN(B3)),"")

	A	B	C	D	E	F	G	H	I	J
1	名單									
2	No	姓名	姓	名						
3	1	飯島　秀幸	飯島	=IF(ISNUMBER(FIND(" ",B3)),MID(B3,FIND(" ",B3)+1,LEN(B3)),"")						
4	2	八木沼	八木沼							
5	3	南　奈津子	南							
6										

① 想將長串的公式換行顯示

ISNUMBER | =IF(ISNUMBER(FIND(" ",B3)),MID(B3,FIND(" ",B3)+1,LEN(B3)),"")

	A	B	C	D	E	F	G	H	I	J
1	名單									
2	No	姓名	姓	名						
3	1	飯島　秀幸	飯島	=IF(ISNUMBER(FIND(" ",B3)),MID(B3,FIND(" ",B3)+1,LEN(B3)),"")						
4	2	八木沼	八木沼	IF(logical_test, [value_if_true], [value_if_false])						
5	3	南　奈津子	南							
6										

將滑鼠指標移到這裡

按下 Alt ＋ Enter 鍵

② 將滑鼠指標移到想換行的地方，同時按下 Alt ＋ Enter 鍵，即可換行

ISNUMBER | MID(B3,FIND(" ",B3)+1,LEN(B3)),"")

	A	B	C	D	E	F	G
1	名單						
2	No	姓名	姓	名			
3	1	飯島　秀幸	飯島	=IF(ISNUMBER(FIND(" ",B3)), MID(B3,FIND(" ",B3)+1,LEN(B3)),"")			
4	2	八木沼	八木沼				
5	3	南　奈津子	南				
6							

③ 將公式換行了

Memo

- 換行的位置，通常會在引數的分隔符號「,」或運算子的前後。在輸入函數的過程中，也可以隨時按下 Alt ＋ Enter 鍵來換行。

關聯項目 【01-13】調整「資料編輯列」的高度，一次顯示多行公式

Excel 01-13 調整「資料編輯列」的高度，一次顯示多行公式

即使已經在公式中換行，但**資料編輯列**也只會顯示一行內容。如果想要一次顯示多行公式，請按下 ⌄ 鈕展開。

▶ 展開「資料編輯列」

D3 =IF(ISNUMBER(FIND("　",B3)),

	A	B	C	D
1	名單			
2	No	姓名	姓	名
3	1	飯島　秀幸	飯島	秀幸
4	2	八木沼	八木沼	
5	3	南　奈津子	南	奈津子
6				

展開**資料編輯列**的按鈕

① D3 儲存格中的公式已經輸入成兩行。但**資料編輯列**只顯示一行內容。要擴大**資料編輯列**，請按下右側的 ⌄ 鈕

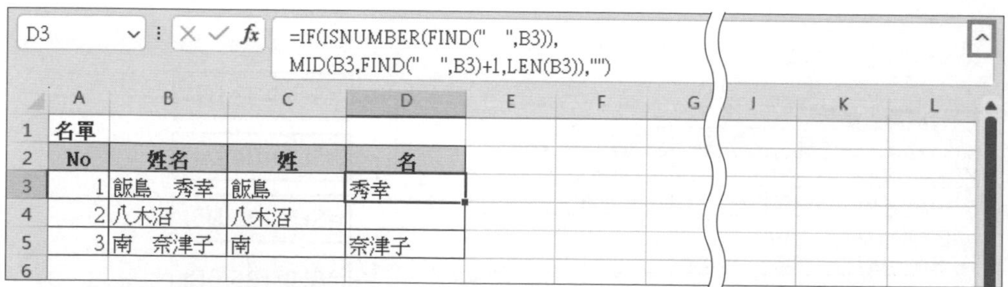

② 展開**資料編輯列**顯示完整的公式了。按下右側的 ⌃ 鈕，可恢復成一行的顯示範圍

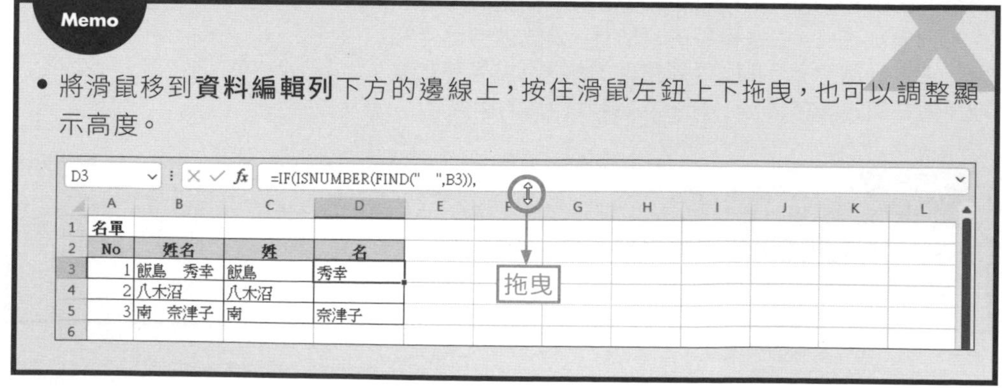

Memo

- 將滑鼠移到**資料編輯列**下方的邊線上，按住滑鼠左鈕上下拖曳，也可以調整顯示高度。

關聯項目【01-12】將長串的公式換行顯示

01-14 使用「自動填滿」將公式複製到相鄰儲存格

複製公式的方法很多，需要複製到相鄰儲存格時，使用**自動填滿**功能最方便。例如想將 E3 儲存格中的「=SUM(B3:D3)」公式，複製到 E4～E6 儲存格，可如下操作。

▶ 將公式複製到下方儲存格

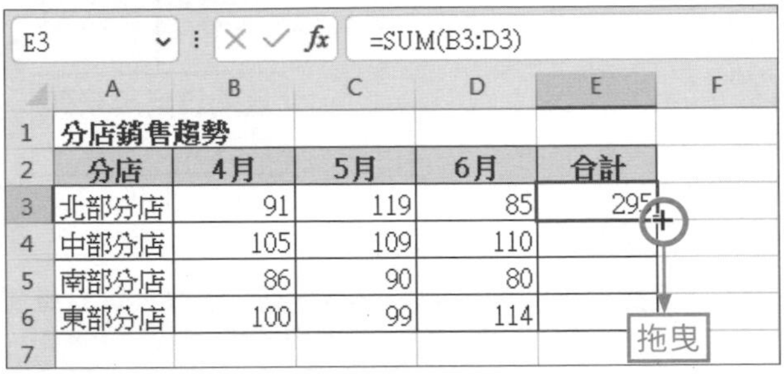

E3 =SUM(B3:D3)

	A	B	C	D	E	F
1	分店銷售趨勢					
2	分店	4月	5月	6月	合計	
3	北部分店	91	119	85	295	
4	中部分店	105	109	110		
5	南部分店	86	90	80		
6	東部分店	100	99	114		
7						

拖曳

① 選取 E3 儲存格，將滑鼠移到**填滿控點**上 (儲存格右下角的方點)，此時會出現黑色十字，按住滑鼠往下拖曳到 E6 儲存格

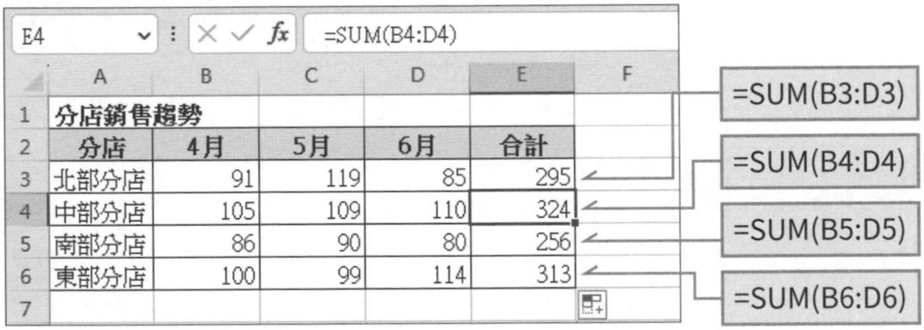

E4 =SUM(B4:D4)

	A	B	C	D	E	F
1	分店銷售趨勢					
2	分店	4月	5月	6月	合計	
3	北部分店	91	119	85	295	
4	中部分店	105	109	110	324	
5	南部分店	86	90	80	256	
6	東部分店	100	99	114	313	
7						

=SUM(B3:D3)
=SUM(B4:D4)
=SUM(B5:D5)
=SUM(B6:D6)

② 公式複製完成後，請選取 E4 儲存格。**資料編輯列**會顯示「=SUM(B4:D4)」，參照儲存格的編號是將來源公式的列編號加 1。根據複製的目的地，公式內的儲存格列數會自動調整，因此能得到正確的結果。如果將公式拖曳到右側的儲存格，則會自動調整儲存格的欄數

Memo

- 按下**常用**頁次中的**複製**／**貼上**鈕，或是按下 Ctrl + C 鍵 (複製)／Ctrl + V 鍵 (貼上) 來複製公式時，也會根據複製的目的地進行調整。

關聯項目 【01-19】複製公式時固定參照儲存格 (使用絕對參照)

Excel 01-15 執行「自動填滿」功能後，保留原本的儲存格格式

在使用**自動填滿**功能複製公式後，表格的填色或格線等格式可能會被弄亂。這時可利用複製後立即顯示的**自動填滿選項**鈕來還原。

▶ 恢復因「自動填滿」而被亂弄的格式

E3 =SUM(B3:D3)

	A	B	C	D	E	F
1	分店銷售趨勢					
2	分店	4月	5月	6月	合計	
3	北部分店	91	119	85	295	
4	中部分店	105	109	110		
5	南部分店	86	90	80		
6	東部分店	100	99	114		
7						

拖曳

① 在設定好格式的表格中，想將 E3 儲存格的公式複製到 E6 儲存格。首先，將滑鼠指標移到 E3 儲存格的**填滿控點**上，按住滑鼠左鈕往下拖曳到 E6 儲存格

② E3 儲存格所設定的格式會跟著公式一起被複製，所以表格的格式設定就會被打亂。遇到這種情況時，請按下**自動填滿選項**鈕，從選單中選擇**填滿但不填入格式**

M20

	A	B	C	D	E	F
1	分店銷售趨勢					
2	分店	4月	5月	6月	合計	
3	北部分店	91	119	85	295	
4	中部分店	105	109	110	324	
5	南部分店	86	90	80	256	
6	東部分店	100	99	114	313	
7						
8						

表格格式還原了

③ 複製後立即顯示的**自動填滿選項**鈕，會在執行其它操作時消失，所以若要在執行**自動填滿**功能後還原表格格式，請在進行其它操作前先將格式還原

關聯項目 【01-16】只要複製公式，不要複製格式！

01-16 只要複製公式，不要複製格式！

複製包含公式的儲存格時，公式會連同格式一起貼上。如果只要貼上公式，不想包含格式，請按下**貼上**鈕，選擇**公式**。

▶ 解除連同公式一併貼上的格式

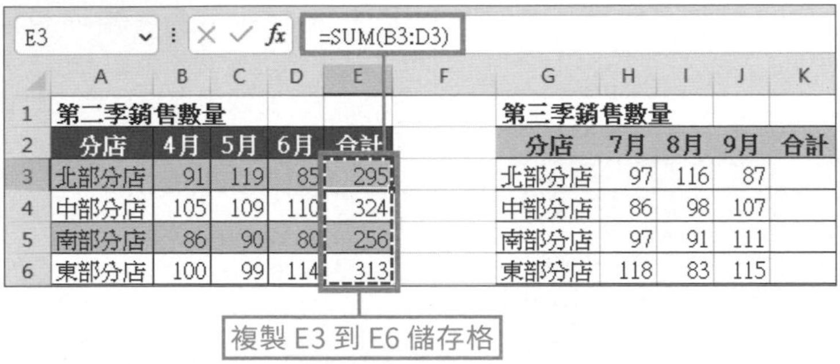

E3 =SUM(B3:D3)

	A	B	C	D	E	F	G	H	I	J	K
1	第二季銷售數量						第三季銷售數量				
2	分店	4月	5月	6月	合計		分店	7月	8月	9月	合計
3	北部分店	91	119	85	295		北部分店	97	116	87	
4	中部分店	105	109	110	324		中部分店	86	98	107	
5	南部分店	86	90	80	256		南部分店	97	91	111	
6	東部分店	100	99	114	313		東部分店	118	83	115	

複製 E3 到 E6 儲存格

① 首先，確認 E3 儲存格的公式為「=SUM(B3:D3)」，接著選取 E3 到 E6 儲存格，按下**常用**頁次的**複製**鈕，或鍵盤上的 Ctrl ＋ C 鍵複製

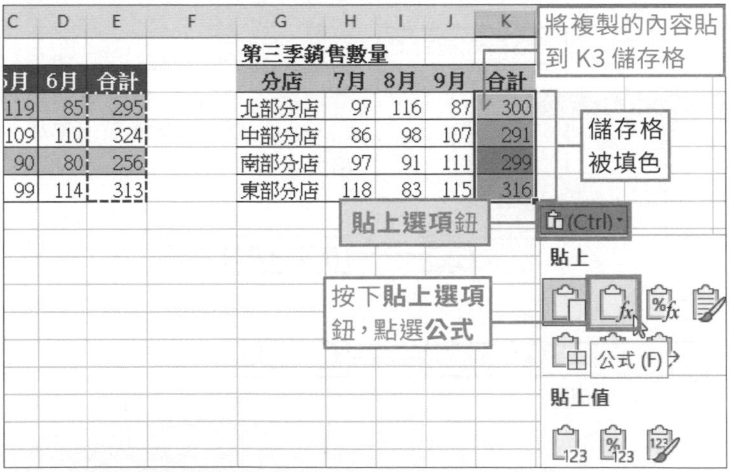

C	D	E	F	G	H	I	J	K
				第三季銷售數量				
5月	6月	合計		分店	7月	8月	9月	合計
119	85	295		北部分店	97	116	87	300
109	110	324		中部分店	86	98	107	291
90	80	256		南部分店	97	91	111	299
99	114	313		東部分店	118	83	115	316

將複製的內容貼到 K3 儲存格

儲存格被填色

貼上選項鈕

(Ctrl)▾

貼上

按下**貼上選項**鈕，點選**公式**

公式 (F)

貼上值

② 選取 K3 儲存格，按下**常用**頁次的**貼上**鈕，或鍵盤上的 Ctrl ＋ V 鍵。這樣會同時將公式及格式一併貼上。請在貼上後按下**貼上選項**鈕 (Ctrl)▾，選擇**公式**

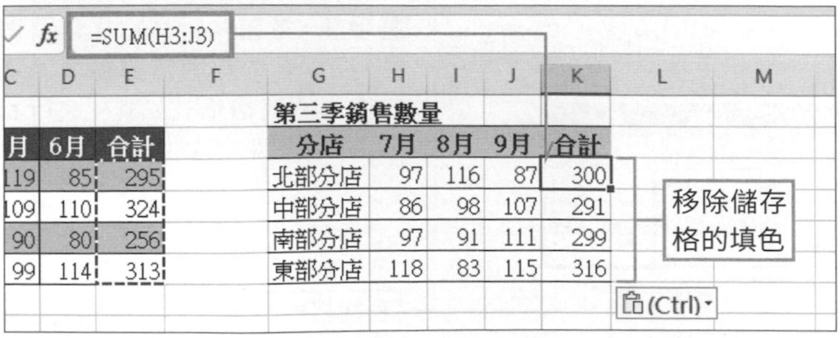

=SUM(H3:J3)

C	D	E	F	G	H	I	J	K	L	M
				第三季銷售數量						
5月	6月	合計		分店	7月	8月	9月	合計		
119	85	295		北部分店	97	116	87	300		
109	110	324		中部分店	86	98	107	291		
90	80	256		南部分店	97	91	111	299		
99	114	313		東部分店	118	83	115	316		

移除儲存格的填色

(Ctrl)▾

③ 選取 K3 儲存格，並從**資料編輯列**查看公式，會發現公式已經自動變更成「=SUM(H3:J3)」，表示複製後的公式也計算出正確的結果

關聯項目 【01-15】執行「自動填滿」功能後，保留原本的儲存格格式

01-17 只想複製公式計算後的值

複製包含公式的儲存格時，會貼上公式及計算結果。如果只想貼上計算後的值而非公式。只要在進行貼上動作時，從**貼上選項**鈕中，選擇**值**即可。

▶ 複製公式計算後的值，而非公式

① 選取包含公式的 E3 到E6 儲存格，按下**常用**頁次的**複製**鈕，或鍵盤上的 Ctrl ＋ C 鍵進行複製

=SUM(F3:H3) 貼上公式了

分店	目標	業績
北部分店	300	300
中部分店	300	300
南部分店	250	250
東部分店	250	250

在 I3 儲存格貼上資料

貼上選項鈕 (Ctrl)▾

貼上

貼上值

按下**貼上選項**鈕，選擇**值**

值 (V)

② 選取 I3 儲存格，按下**常用**頁次的**貼上**鈕，或鍵盤上的 Ctrl ＋ V 鍵貼上，這樣會同時貼上公式及值。請從貼上後顯示的**貼上選項**鈕中選擇**值**

295

分店	目標	業績
北部分店	300	295
中部分店	300	324
南部分店	250	256
東部分店	250	313

公式已經轉換成數值

③ 公式計算後的值，貼到 I3 到 I6 儲存格。選取 I3 儲存格會發現**資料編輯列**顯示的是儲存格的值，而非公式內容

關聯項目【11-01】想刪除公式又想保留計算結果

01-18 切換相對參照與絕對參照

當輸入的公式為「=A1」時，公式會根據複製來源及貼上的目的儲存格位置自動變更，例如往下一個儲存格複製時，公式會自動變成「=A2」，往右邊的儲存格複製時，公式則會自動變成「=B1」。像這樣的參照方法稱為**相對參照**。

另外，像「=$A$1」在欄編號及列編號前面加上「$」符號時，此參照方法稱為**絕對參照**。設定成絕對參照後，不論公式被複製到哪一個儲存格，其參照來源都不會被改變。絕對參照的「$」符號只要在輸入參照儲存格後，按下 F4 鍵就能自動輸入。

▶ 在公式中指定絕對參照儲存格

按下 F4 鍵

① 選取 B1 儲存格後輸入「=」，再點選 A1 儲存格，在公式自動輸入成「=A1」的狀況下，按一下 F4 鍵

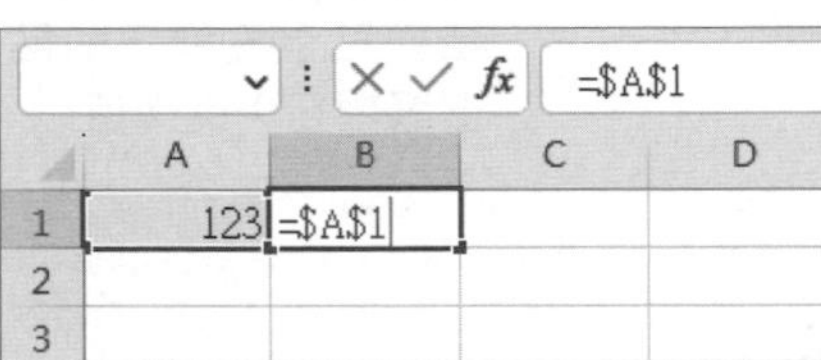

② 公式變成絕對參照「=$A$1」了。若直接用鍵盤輸入「$」符號，就不用按下 F4 鍵來切換

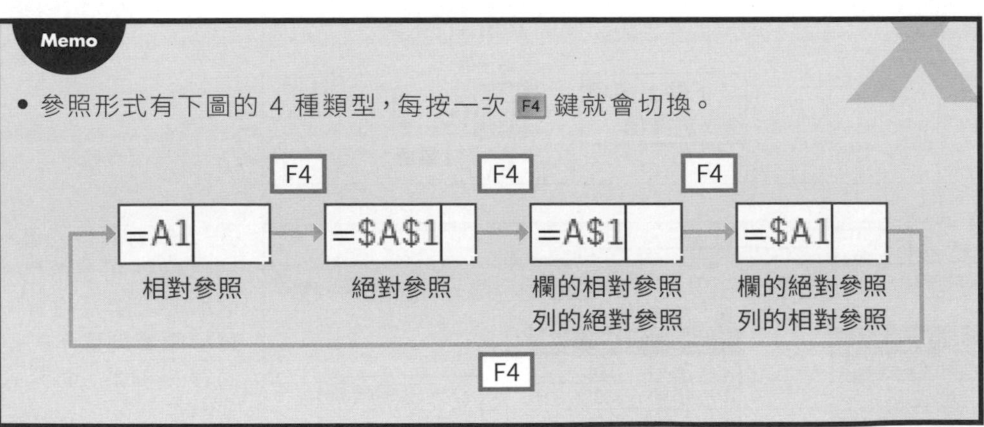

關聯項目【01-19】複製公式時固定參照儲存格 (使用絕對參照)

Excel 01-19 複製公式時固定參照儲存格(使用絕對參照)

複製公式時，公式內的參照儲存格會自動依欄或列變更，但自動變更後的參照儲存格有時不是我們想要的結果。如果想固定參照某個儲存格，可以使用絕對參照。以下圖為例，所有商品的折扣都一樣，想固定參照 D2 儲存格的值，所以將公式中的參照儲存格指定為絕對參照格式「$D$2」。

▶ 固定參照 D2 儲存格並複製公式

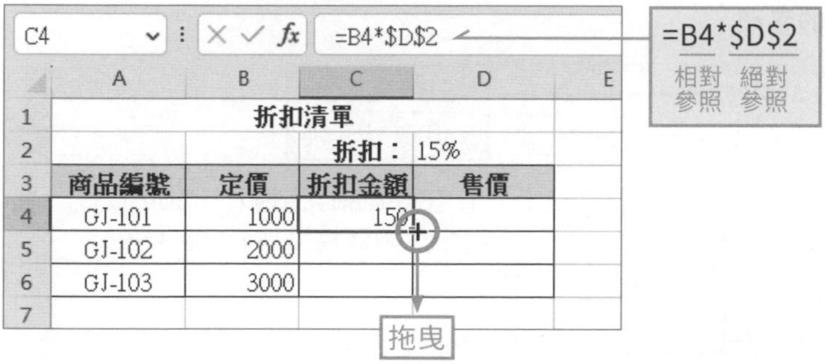

C4 =B4*$D$2

	A	B	C	D
1	折扣清單			
2			折扣：	15%
3	商品編號	定價	折扣金額	售價
4	GJ-101	1000	150	
5	GJ-102	2000		
6	GJ-103	3000		
7				

=B4*$D$2
相對參照 絕對參照

拖曳

① 在 C4 儲存格中輸入「=B4*$D$2」，求得第一個商品的折扣金額。將 C4 儲存格的**填滿控點**拖曳到 C6 儲存格，複製公式

C5 =B5*$D$2

	A	B	C	D
1	折扣清單			
2			折扣：	15%
3	商品編號	定價	折扣金額	售價
4	GJ-101	1000	150	
5	GJ-102	2000	300	
6	GJ-103	3000	450	
7				

=B4*$D$2
=B5*$D$2
=B6*$D$2

② 選取 C5 儲存格，在**資料編輯列**查看公式。會發現公式中的相對參照「B4」已經變為「B5」，但絕對參照「$D$2」保持不變

關聯項目 【01-14】使用「自動填滿」將公式複製到相鄰儲存格
【01-18】切換相對參照與絕對參照

01-20 複製混合參照公式

如果希望複製公式時只固定欄或固定列，可以用「混合參照」來完成。底下的範例在 C4 儲存格輸入「=$B4*C$3」，「$B4」表示固定參照 B 欄，「C$3」表示固定參照第 3 列。因此在將公式複製到其他儲存格時，公式始終為「定價 (B 欄) x 折扣 (第 3 列)」。也就是說將公式往右或往下複製時，有「$」符號的第 3 列及 B 欄就會被固定住，而沒有「$」符號的列編號及欄編號就會跟著變動。

▶ 公式中只固定列或欄的參照

=$B4*C$3
固定欄 固定列

① 在 C4 儲存格輸入「=$B4*C$3」，接著拖曳**填滿控點**到 F4 儲存格

② 完成複製後，由於 C4 儲存格到 F4 儲存格為選取狀態，在選取狀態下，再拖曳 F4 儲存格的**填滿控點**，將公式往下複製到第 7列

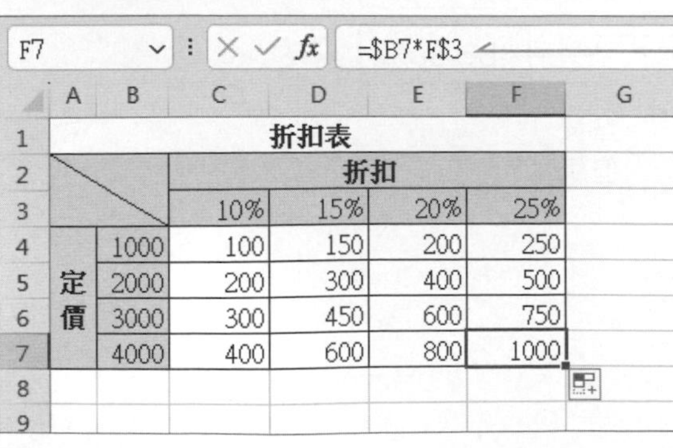

F7 =$B7*F$3

	A	B	C	D	E	F
1	折扣表					
2			折扣			
3			10%	15%	20%	25%
4	定價	1000	100	150	200	250
5		2000	200	300	400	500
6		3000	300	450	600	750
7		4000	400	600	800	1000

=$B7*F$3
固定欄 固定列

③ 選取 F7 儲存格，在**資料編輯列**查看公式。你會發現「B」欄和第「3」列的參照固定不變

關聯項目 【01-18】切換相對參照與絕對參照
【01-19】複製公式時固定參照儲存格 (使用絕對參照)

01-21 複製含有公式的儲存格時，不變更相對參照儲存格

複製包含公式的儲存格時，相對參照儲存格的欄、列會自動變更，如果不想讓相對參照儲存格跟著變動的話，請不要直接複製儲存格，而是以複製公式的方式來完成。

▶ 直接複製／貼上公式

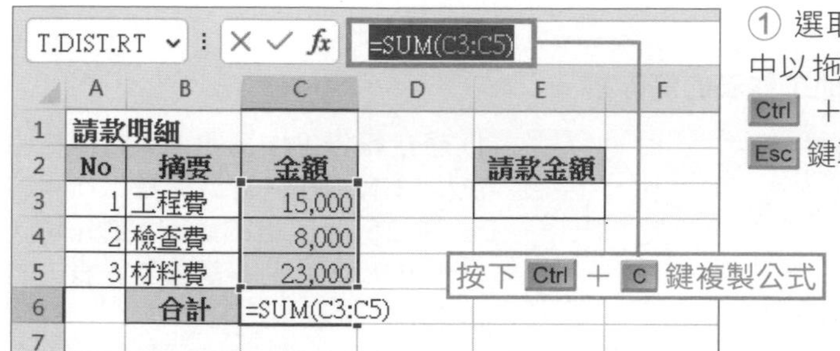

① 選取 C6 儲存格，在**資料編輯列**中以拖曳的方式選取公式，再按下 Ctrl + C 鍵複製公式，複製後按 Esc 鍵取消選取公式

E3

請款明細

No	摘要	金額		請款金額
1	工程費	15,000		
2	檢查費	8,000		
3	材料費	23,000		
	合計	46,000		

按下 Ctrl + V 鍵貼上

② 在 E3 儲存格上按兩下滑鼠左鍵，儲存格中會顯示輸入指標，按下 Ctrl + V 鍵貼上資料

T.DIST.RT　=SUM(C3:C5)

請款明細

No	摘要	金額		請款金額
1	工程費	15,000		=SUM(C3:C5)
2	檢查費	8,000		
3	材料費	23,000		
	合計	46,000		

③ 複製的公式為「=SUM(C3:C5)」，按下 Enter 鍵確認即可

關聯項目 【01-19】複製公式時固定參照儲存格 (使用絕對參照)

01-22 參照其他工作表中的儲存格

在公式中想要參照其他工作表的儲存格時，要在工作表名稱和儲存格編號之間插入半形驚嘆號「!」，並以「工作表名稱!儲存格編號」的格式指定。例如要參照**銷售**工作表的 B3 到 B5 儲存格時，則要輸入「銷售!B3:B5」。輸入公式時，只要切換到**銷售**工作表，並拖曳 B3:B5 儲存格，即可自動輸入指定的參照儲存格。

▶ 在函數的引數中指定其他工作表的儲存格

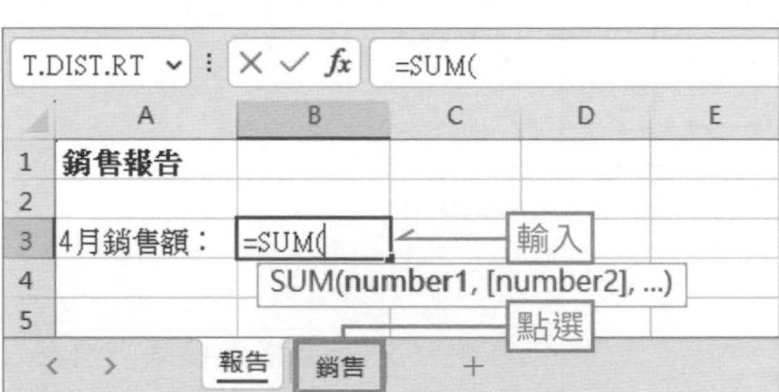

① 想在**報告**工作表的 B3 儲存格中輸入 SUM 函數，計算**銷售**工作表的 B3 到 B5 儲存格的總和。請先輸入「=SUM(」，並點選**銷售**工作表的索引標籤

B3 =SUM(銷售!B3:B5

	A	B
1	4月銷售額	
2	部門	銷售額
3	食品	13,254,300
4	衣服	8,652,300
5	雜貨	2,365,900

拖曳　報告　銷售

② 切換到**銷售**工作表。拖曳選取 B3 到 B5 儲存格時，公式會自動輸入「銷售 ! B3:B5」

B3 =SUM(銷售!B3:B5)

	A	B
1	銷售報告	
2		
3	4月銷售額：	24,272,500

③ 輸入「)」，再按下 Enter 鍵

Memo

• 如果工作表名稱開頭為數字，或是名稱中包含空格，工作表名稱會用半形單引號「'」括起來。例如，要參照「1月」工作表中的 A1 儲存格，會以「'1月'!A1」表示。

關聯項目【01-23】參照其他活頁簿的儲存格

01-23 參照其他活頁簿的儲存格

當函數的引數要參照其他活頁簿的儲存格資料時，要以底下的格式輸入。

[活頁簿名稱.副檔名]工作表名稱!儲存格編號

例如，要參照「本店.xlsx」活頁簿中**銷售**工作表的 B3:B5 儲存格範圍時，要輸入「[本店.xlsx]銷售!B3:B5」這樣的格式。

▶ 將其他活頁簿的儲存格指定為函數的引數

① 想在範例檔案 01-23.xlsx 中使用 SUM 函數，計算「本店.xlsx」的「銷售」工作表中 B3 到 B5 儲存格的加總。請同時開啟這兩個檔案，在範例檔案 01-23.xlsx 的 B3 儲存格輸入「=SUM(」，再按下**檢視**頁次的**切換視窗**鈕，選擇「本店.xlsx」

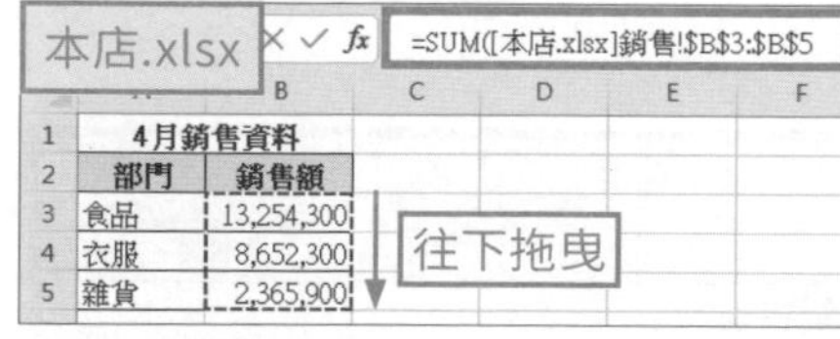

② 切換到「本店.xlsx」，選取「銷售」工作表中的 B3:B5 儲存格，公式的引數將會自動輸入「[本店.xlsx]銷售!$B$3:$B$5」。接著，在公式的最後輸入「)」，並按下 Enter 鍵，即會返回 01-23.xlsx，並計算出結果

Memo

- 在開啟包含其他活頁簿參照的活頁簿時，會顯示**受保護的檢視**訊息，請按下**啟用編輯**鈕來開啟檔案。
- 如果連結的活頁簿位置搬移到其他資料夾，你可以在**檔案**頁次中點選**資訊**，在右側的頁面中點選**編輯檔案的連結**，重新建立連結或中斷連結。若是中斷連結，儲存格會直接顯示公式的計算結果。

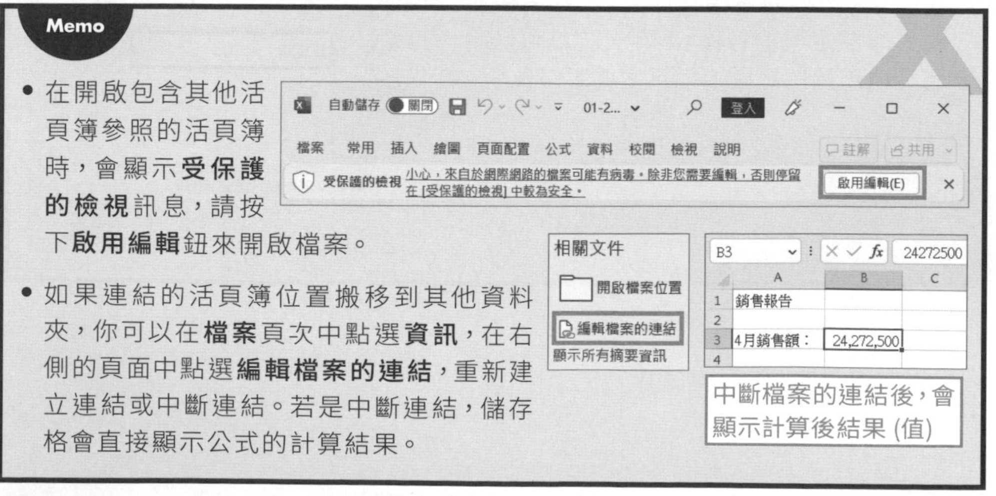

關聯項目【01-22】參照其他工作表中的儲存格

01-24 替儲存格範圍命名

替儲存格或儲存格範圍定義名稱後，可以在公式中以輸入名稱的方式取代要參照的儲存格位址。底下將替 B3:B5 儲存格範圍命名為「人數」。

▶ 將 B3:B5 儲存格範圍命名為「人數」

名稱方塊：人數　　資料編輯列：312　（輸入）

	A	B	C	D	E	F
1	來客數調查			統計		
2	日期	人數		合計	平均	
3	4月1日	312				
4	4月2日	268				
5	4月3日	407				
6						

（選取）

① 選取 B3:B5 儲存格，在**名稱方塊**中輸入「人數」，按下 Enter 鍵

名稱方塊：人數　　資料編輯列：312

	A	B	C	D	E	F
1	來客數調查			統計		
2	日期	人數		合計	平均	
3	4月1日	312				
4	4月2日	268				
5	4月3日	407				
6						

② B3:B5 儲存格範圍命名為「人數」了。以這種方式命名的名稱適用範圍是整個活頁簿，當其他工作表要參照名稱為「人數」的儲存格範圍時，只需輸入名稱即可參照，不用指定工作表名稱

- 按下**公式**頁次**已定義之名稱**區中的**定義名稱**鈕，出現**新名稱**交談窗後，在**名稱**欄輸入想要定義的名稱。利用此方法可以設定名稱適用的範圍為活頁簿或工作表。

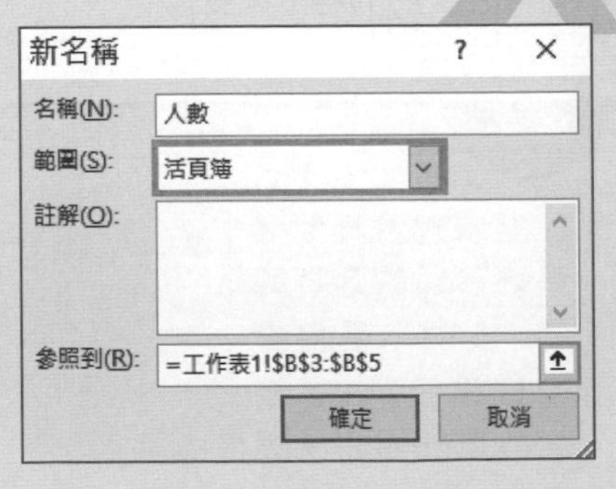

關聯項目 【01-25】使用「名稱」而非儲存格編號來參照儲存格
【01-26】變更已定義名稱的參照範圍

Excel 01-25 使用「名稱」而非儲存格編號來參照儲存格

儲存格或儲存格範圍的名稱，在公式中可以被當成參照儲存格來使用。只要直接在公式中輸入名稱即可，若是忘記名稱，可以利用下圖的方法，從選單中選擇想要參照的儲存格名稱。

▶ 想計算名稱為「人數」的儲存格範圍總和

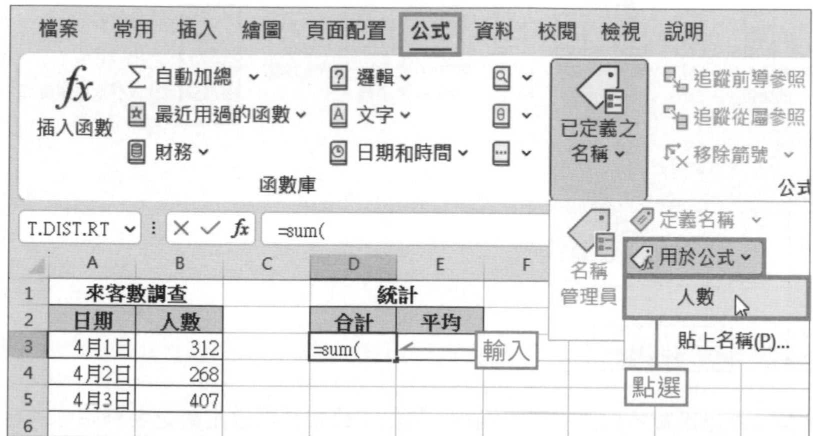

① 想計算名稱為「人數」的儲存格範圍總和。請在 D3 儲存格輸入「=SUM(」，再按下**公式**頁次**已定義之名稱**區中的**用於公式**鈕，從選單中選擇**人數**

D3　=sum(人數

	A	B	C	D	E	F	G
1	來客數調查			統計			
2	日期	人數		合計	平均		
3	4月1日	312		=sum(人數			
4	4月2日	268		SUM(number1, [number2], ...)			
5	4月3日	407					
6							

② 在公式中輸入「人數」後，再輸入「)」，按下 Enter 鍵完成公式的輸入，即可計算 B3:B5 儲存格的總人數

Memo

- 輸入「=SUM(」，按下 F3 鍵，會開啟**貼上名稱**交談窗。從交談窗中選擇想要輸入的名稱後，按下**確定**鈕，也能將名稱插入到公式中。

貼上名稱　?　×
貼上名稱(N)
人數
全部貼上(L)　確定　取消

關聯項目 【01-24】替儲存格範圍命名
【01-26】變更已定義名稱的參照範圍

01-26 變更已定義名稱的參照範圍

當有新資料要加入到已定義名稱的範圍時，只需修改名稱的參照範圍，就可以自動更新使用該名稱的所有公式計算結果，可以省去逐一修改公式的麻煩！

▶ 變更已定義為「人數」的名稱參照範圍

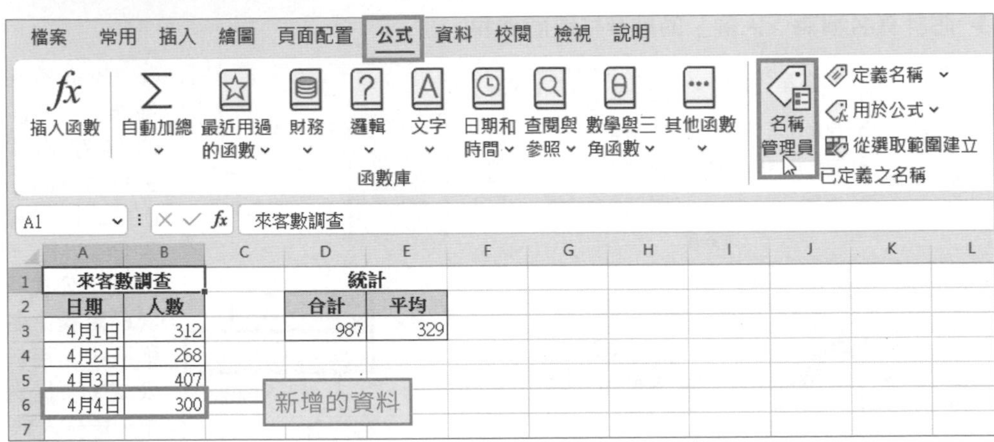

① 要將新增的資料加到已定義名稱的參照範圍裡。請按下**公式**頁次**已定義之名稱**區中的**名稱管理員**鈕

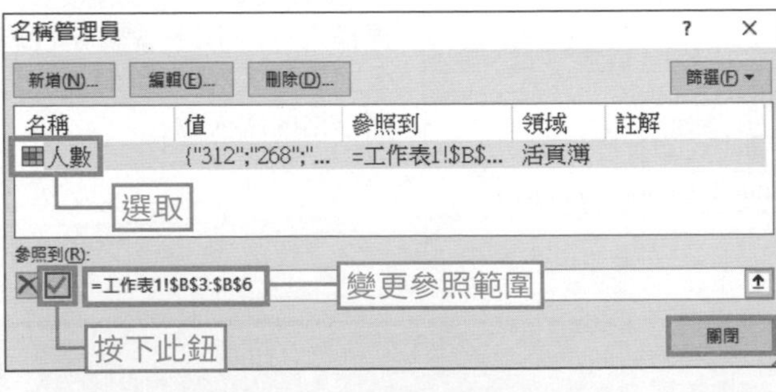

② 開啟**名稱管理員**交談窗，請從清單中選擇名稱，然後在**參照到**欄位中修改參照範圍。接著按下左邊的 ☑ 鈕

E3 =AVERAGE(人數)

	A	B	C	D	E	F	G
1	來客數調查			統計			
2	日期	人數		合計	平均		
3	4月1日	312		1287	321.75		
4	4月2日	268					
5	4月3日	407					
6	4月4日	300					
7							

③ 完成後，新增的資料就會包含在參照範圍中。另外，公式也會自動計算出更新參照範圍後的結果。D3 儲存格的「=SUM(人數)」跟 E3 儲存格的平均「=AVERAGE(人數)」都已自動更新計算結果

關聯項目 【01-24】替儲存格範圍命名
【07-55】依新增的資料自動擴大名稱的參照範圍

Excel 01-27 刪除已定義的名稱

要刪除不再需要的名稱，可以開啟**名稱管理員**交談窗進行操作。如果是刪除已定義名稱的儲存格，名稱仍然會存在，需要手動刪除名稱。

▶ 刪除「人數」名稱

① 按下**公式**頁次上的**名稱管理員**鈕

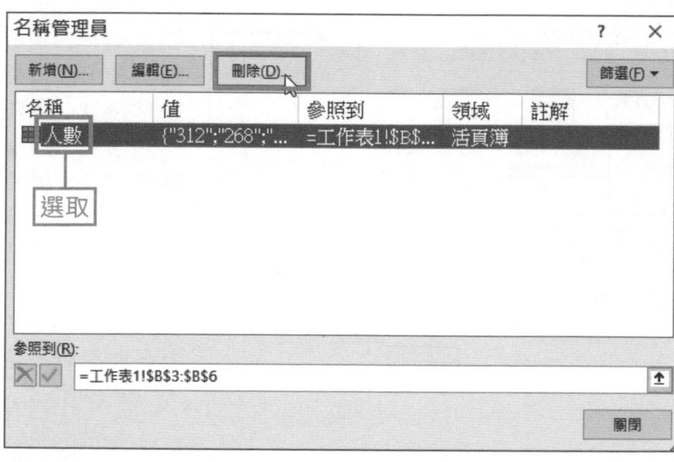

② 開啟**名稱管理員**交談窗後，從列表中選擇名稱，再按下**刪除**鈕。出現刪除確認訊息，按下**確定**鈕後，名稱就會被刪除

Memo

- 請注意，如果刪除了在公式中使用的名稱，會出現 [#NAME?] 的錯誤訊息。

關聯項目 【01-24】替儲存格範圍命名
【01-26】變更已定義名稱的參照範圍

01-28 在表格中使用結構化參照

將資料轉換成表格

Excel 的**表格**功能，具有資料庫中的資料表特性，可以用來管理與分析大量資料。將資料轉換成**表格**，在處理公式時會比較簡潔。轉換成表格後，會自動替表格命名成「表格1」這類的名稱。

▶ 將資料轉換成表格

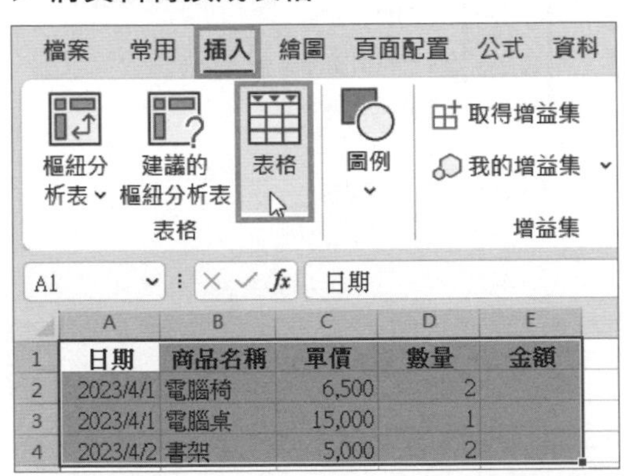

	A	B	C	D	E
1	日期	商品名稱	單價	數量	金額
2	2023/4/1	電腦椅	6,500	2	
3	2023/4/1	電腦桌	15,000	1	
4	2023/4/2	書架	5,000	2	

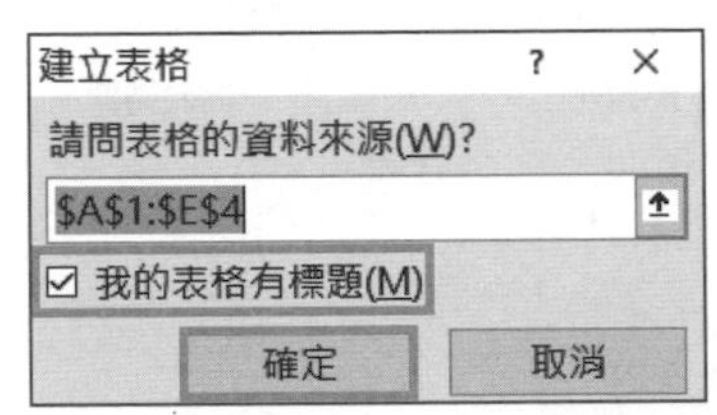

① 請選取 A1:E4 儲存格範圍，切換到**插入**頁次，按下**表格**區的**表格**鈕。開啟**建立表格**交談窗，勾選**我的表格有標題**項目，再按下**確定**鈕

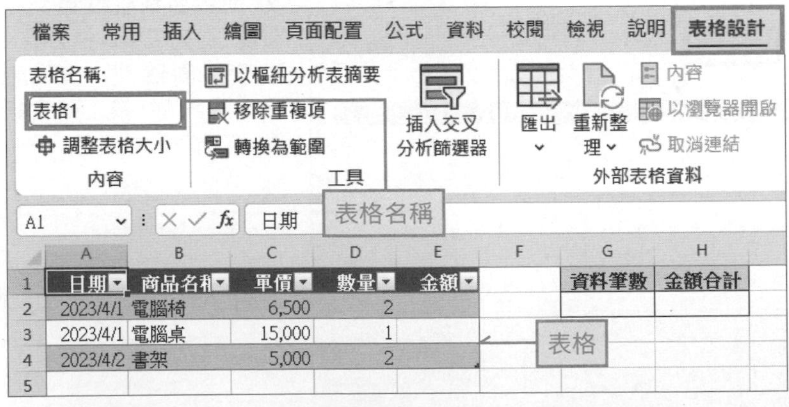

	A	B	C	D	E	F	G	H
1	日期	商品名稱	單價	數量	金額		資料筆數	金額合計
2	2023/4/1	電腦椅	6,500	2				
3	2023/4/1	電腦桌	15,000	1				
4	2023/4/2	書架	5,000	2				
5								

② 將資料轉換成表格後，會自動設定帶狀（每隔一列換色）的儲存格格式。選取表格中的任一個儲存格，在功能區的上方會顯示**表格設計**頁次，可在此查看及變更表格名稱

Memo

- 在建立表格之前，必須確認資料是由連續的欄和列組成，若是資料不連續，表格功能會無法判斷出正確的資料範圍。要轉換成表格的資料，第一列需要有標題，用來說明各欄資料的性質，接著才能開始應用表格的各項功能。
- 若以資料庫的概念來定義表格中的資料，每一欄稱為一個欄位，每一列稱為一筆記錄；第一列為欄位名稱。

表格中的公式是使用「結構化參照」來指定

一般我們在輸入公式時只要點選儲存格，就會帶入儲存格編號。但是當點選或拖曳表格內的儲存格時，會輸入「[@單價]」、「表格1[金額]」這種結合表格名稱或欄位名稱的儲存格參照，這就稱為「結構化參照」。

▶ **使用結構化參照的公式**

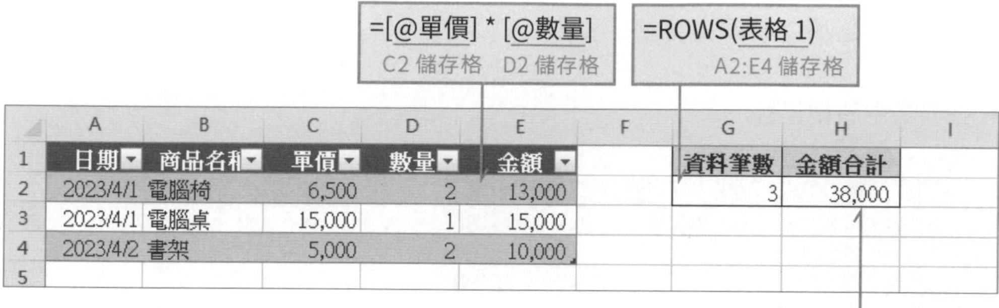

範例	說明
表格1	表格資料的儲存格範圍。如上圖的 A2:E4 儲存格
表格1[金額]	「金額」欄的儲存格範圍。如上圖的 E2:E4 儲存格
表格1[@單價]	與輸入公式的儲存格在同一列的「單價」欄中的儲存格。 例如，在 E2 儲存格輸入「表格1[@單價]」，指的是與 E2 同一列的 C2 儲存格。 此外，當公式輸入的是表格內的儲存格時，表格名稱可省略。

Memo

- 輸入公式時，點選或拖曳表格中的儲存格，會自動輸入結構化參照。例如，在 H2 儲存格輸入「=SUM(」，再拖曳 E2:E4 儲存格，就會自動輸入「表格1[金額]」。

T.DIST.RT =SUM(表格1[金額]

	A	B	C	D	E	F	G	H
1	日期	商品名稱	單價	數量	金額		資料筆數	金額合計
2	2023/4/1	電腦椅	6,500	2	13,000		3	=SUM(表格1[金額]
3	2023/4/1	電腦桌	15,000	1	15,000			SUM(number1, [number2], ...)
4	2023/4/2	書架	5,000	2	10,000			
5								

拖曳

結構化參照的好處

在非表格的一般儲存格資料中，計算範圍需要用儲存格編號來指定。例如，「=SUM(E2:E3)」，因此當計算目標的列數增加時，就需要修改引數範圍。然而，如果將其轉換成表格並將公式指定成「=SUM(表格1[金額])」，就可以將表格內的**金額**欄全部當成計算目標。換句話說，即使在表格中新增資料，也不需要修改 SUM 函數的引數，計算結果就會自動更新。可以建立不需要維護的公式，這就是結構化參照的好處。

▶ 在表格中新增資料

	A	B	C	D	E	F	G	H	I
1	日期	商品名稱	單價	數量	金額		資料筆數	金額合計	
2	2023/4/1	電腦椅	6,500	2	13,000		4	38,000	
3	2023/4/1	電腦桌	15,000	1	15,000				
4	2023/4/2	書架	5,000	2	10,000				
5	2023/4/3				-				
6									

輸入

① 在表格的最後一列新增一筆資料

E5 =[@單價]*[@數量]

	A	B	C	D	E	F	G	H	I
1	日期	商品名稱	單價	數量	金額		資料筆數	金額合計	
2	2023/4/1	電腦椅	6,500	2	13,000		4	38,000	
3	2023/4/1	電腦桌	15,000	1	15,000				
4	2023/4/2	書架	5,000	2	10,000				
5	2023/4/3				-				
6									

自動更新資料筆數了

自動輸入公式

② 表格的範圍會自動擴展，新增的列會自動包含在表格中。在**金額**欄中，會自動輸入相同的公式，資料筆數也會自動更新

H2 =SUM(表格1[金額])

	A	B	C	D	E	F	G	H	I
1	日期	商品名稱	單價	數量	金額		資料筆數	金額合計	
2	2023/4/1	電腦椅	6,500	2	13,000		4	68,000	
3	2023/4/1	電腦桌	15,000	1	15,000				
4	2023/4/2	書架	5,000	2	10,000				
5	2023/4/3	電腦桌	15,000	2	30,000				
6									

自動更新

輸入

③ 在新增的列中輸入單價和數量，**金額合計**也會自動更新

01-29 陣列常數

有些函數可以指定用**陣列常數**來替代以儲存格範圍指定引數。陣列常數是一個虛擬表格，裡面包含一系列的值。欄用「,」(逗號)、列用「;」(分號) 區隔，最外面用「{ }」(大括號) 框住。

在下圖的範例中，我們將 VLOOKUP 函數的第 2 個引數指定為「部門列表」的 D3:E5 儲存格範圍，你也可以用陣列常數來代替「D3:E5」。當你不想在工作表中建立部門列表時，這個做法非常方便。

▶ 將 VLOOKUP 函數的引數指定為陣列常數

B4 =VLOOKUP(B3,D3:E5,2,FALSE)

	A	B	C	D	E	F
1	培訓申請表			部門列表		
2	姓名	謝諱奇		部門編號	部門名稱	
3	部門編號	B02		B01	總務部	
4	部門名稱	營業部		B02	營業部	
5				B03	業務部	
6						

「{"B01","總務部";"B02","營業部";"B03","業務部"}」

=VLOOKUP(B3,D3:E5,2,FALSE)
儲存格編號

=VLOOKUP(B3, {"B01","總務部";"B02","營業部";"B03","業務部"}, 2,FALSE)
陣列常數

在 B4 儲存格中 VLOOKUP 函數的第 2 個引數中，無論是指定儲存格範圍的「D3:E5」，還是指定陣列常數的「{"B01","總務部";"B02","營業部";"B03","業務部"}"」，都會得到相同的結果

▶ 指定陣列常數的範例

範例	說明
{1,2,3,4}	1 列 4 欄的陣列常數
{1;2;3;4}	4 列 1 欄的陣列常數
{1,2,3,4;5,6,7,8}	2 列 4 欄的陣列常數

關聯項目 【07-02】根據商品編號尋找對應的商品名稱<①VLOOKUP 函數>
【07-10】不建立表格，直接使用函數搜尋資料

01-30 認識陣列公式

陣列是什麼？

在【01-29】中，我們介紹了**陣列常數**。**陣列**是指一組排列在垂直和水平方向上的多個值。例如「陣列+值」或「陣列+陣列」這樣將陣列視為一個資料進行計算的公式就稱為**陣列公式**。以下是輸入陣列公式的規則。原始陣列大小和計算結果大小的關係，是輸入陣列公式的關鍵，因為這將決定陣列公式傳回的陣列或值的大小。實際的輸入方法將在【01-31】和【01-32】中介紹。

執行陣列和值的計算

將陣列和單一值進行四則運算時，陣列的每個元素和值之間的運算都會執行，並且傳回與原始陣列相同欄數和列數的陣列。例如，對 3 列 1 欄的陣列和單一值進行加法運算，會傳回 3 列 1 欄的陣列。同樣地，對 1 列 3 欄的陣列和單一值進行加法運算，會傳回 1 列 3 欄的陣列。

▶ 3 列 1 欄的陣列與單一值的加法 → 傳回 3 列 1 欄的陣列

陣列		值		結果	
100				101	(100+1)
200	+	1	➡	201	(200+1)
300				301	(300+1)

使用相同大小的陣列執行計算

如果對列數和欄數相同的陣列進行四則運算，會在相同位置的元素之間進行計算，並傳回與原陣列相同列數和欄數的陣列。

▶ 將兩個 3 列 1 欄的陣列相加 → 傳回 3 列 1 欄的陣列

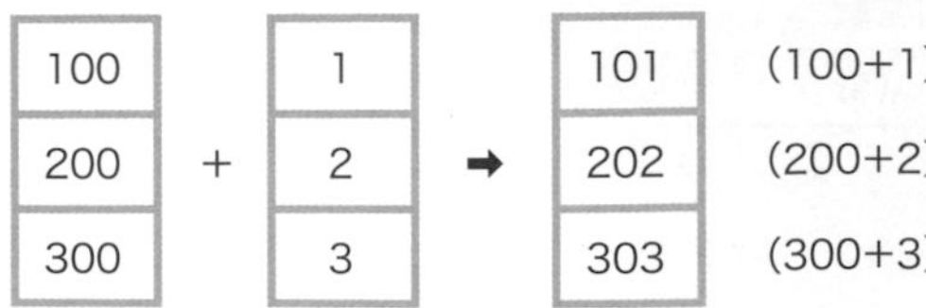

將陣列指定為函數的引數

有些函數可以在引數中指定陣列。例如，在 SUM 函數的引數中指定陣列，則可以計算出陣列元素的加總。

▶ 在 SUM 函數的引數指定陣列 → 計算出陣列元素的加總

SUM({100, 200, 300} + {1, 2, 3}) ➡ SUM({101, 202, 303}) ➡ 606

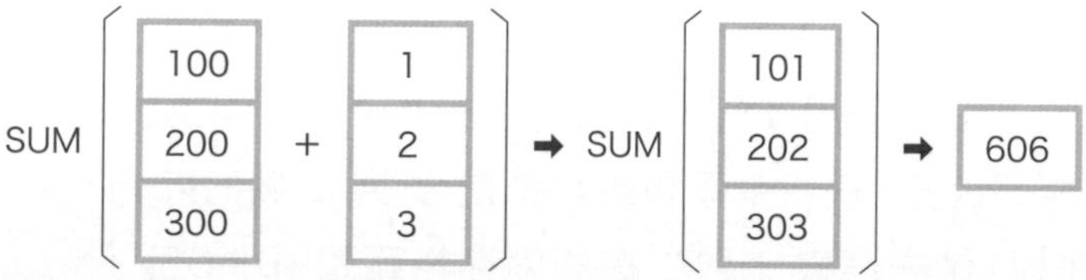

Memo

- 如同前一頁所介紹，在 Excel 中，陣列的計算主要是以「陣列與值的計算」和「相同大小陣列之間的計算」為主。此外，陣列和「1 列或 1 欄的陣列」計算方式如下：

①計算陣列 A 與「1 列 × 欄數與 A 相同」的陣列 → 傳回與陣列 A 大小相同的陣列

10	40
20	50
30	60

\+

1	2

➡

10+1	40+2
20+1	50+2
30+1	60+2

➡

11	42
21	52
31	62

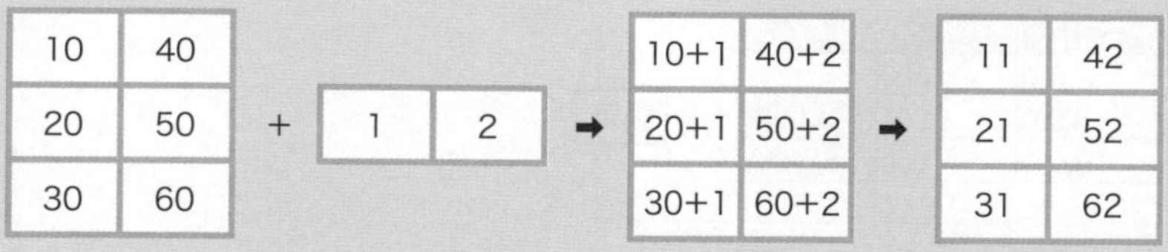

②計算陣列 A 與「列數與 A 相同 × 1 欄」的陣列 → 傳回與陣列 A 大小相同的陣列

10	40
20	50
30	60

\+

1
2
3

➡

10+1	40+1
20+2	50+2
30+3	60+3

➡

11	41
22	52
33	63

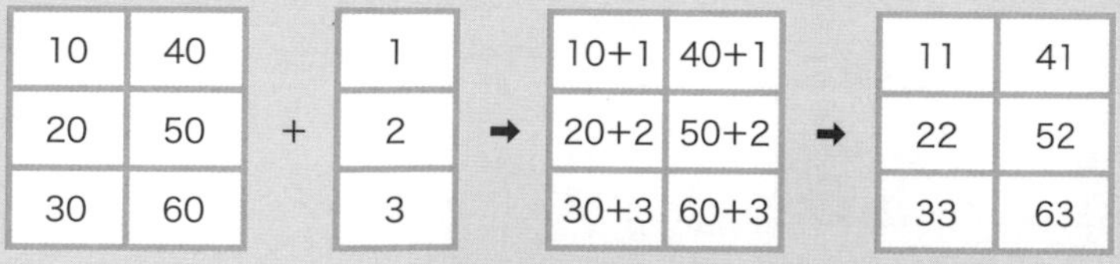

③○ 列 1 欄的陣列與 1 列 △ 欄的陣列計算 → 傳回 ○ 列 △ 欄的陣列

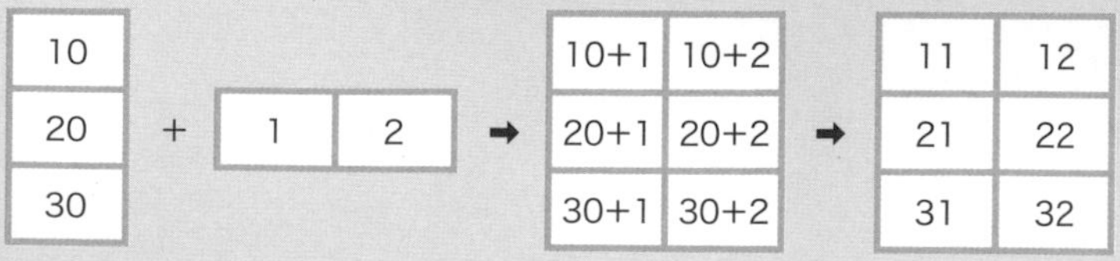

10
20
30

\+

1	2

➡

10+1	10+2
20+1	20+2
30+1	30+2

➡

11	12
21	22
31	32

01-31 輸入陣列公式

輸入陣列公式的方法與一般公式不同。要輸入陣列公式，需要先選取與傳回值數量相同大小的儲存格範圍，再輸入公式，最後按下 Ctrl ＋ Shift ＋ Enter 鍵來確定。陣列公式會自動用「{ }」(大括號) 來括住整個公式。

我們用下面的表格來說明如何輸入陣列公式，以「銷售金額＋運費」這個簡單的計算為例。雖然這是不需要使用陣列公式就能進行的計算，但為了說明輸入方法，我們刻意使用陣列公式。銷售金額和運費都是 3 列 1 欄的陣列，傳回值也會是 3 列 1 欄的陣列，請先選取 3 列 1 欄的儲存格範圍 (D3:D5)。

另外，在 Microsoft 365 和 Excel 2021，新增了「動態陣列公式」的計算方法，這是陣列公式的增強版。有關動態陣列公式的輸入，請參考【**01-32**】。

▶ 將「銷售金額＋運費」輸入為陣列公式

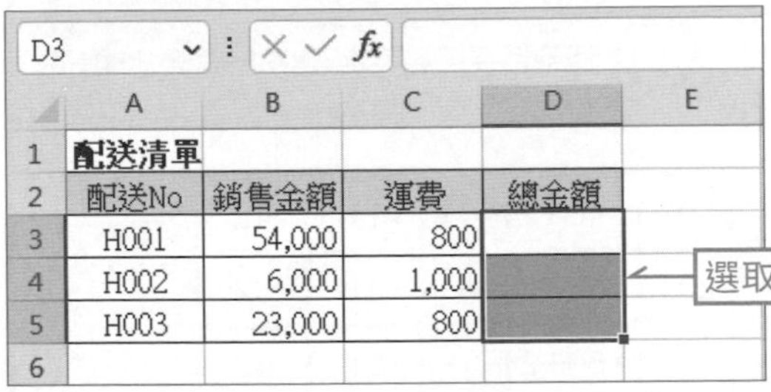

D3

	A	B	C	D	E
1	**配送清單**				
2	配送No	銷售金額	運費	總金額	
3	H001	54,000	800		
4	H002	6,000	1,000		
5	H003	23,000	800		
6					

選取

① 希望在「總金額」欄的每個儲存格中使用陣列公式顯示「銷售金額＋運費」的計算結果。請先選取「總金額」欄的 D3:D5 儲存

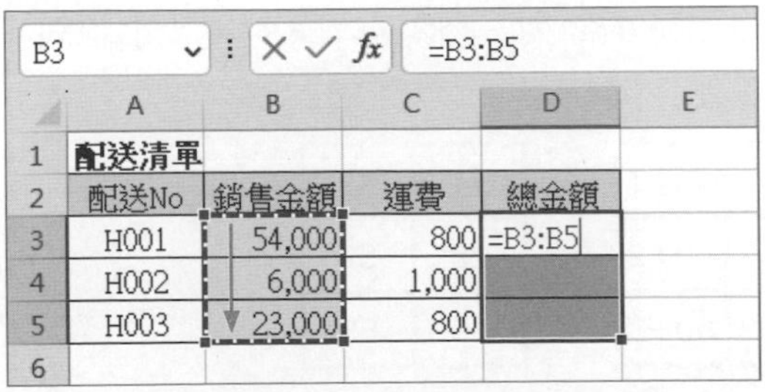

B3　=B3:B5

	A	B	C	D	E
1	**配送清單**				
2	配送No	銷售金額	運費	總金額	
3	H001	54,000	800	=B3:B5	
4	H002	6,000	1,000		
5	H003	23,000	800		
6					

② 輸入「=」後，拖曳選取「銷售金額」欄的 B3:B5 儲存格。公式將變成「=B3:B5」

C3	=B3:B5+C3:C5			
	A	B	C	D
1	配送清單			
2	配送No	銷售金額	運費	總金額
3	H001	54,000	800	=B3:B5+C3:C5
4	H002	6,000	1,000	
5	H003	23,000	800	

按下 Ctrl ＋ Shift ＋ Enter 鍵

③ 接著輸入「+」，並拖曳選取「運費」欄的 C3:C5 儲存格。確認公式變成「=B3:B5+C3:C5」後，按下 Ctrl ＋ Shift ＋ Enter 鍵

D3	{=B3:B5+C3:C5}			
	A	B	C	D
1	配送清單			
2	配送No	銷售金額	運費	總金額
3	H001	54,000	800	54,800
4	H002	6,000	1,000	7,000
5	H003	23,000	800	23,800

④ 公式被大括號「{ }」括住，表示已經作為陣列公式輸入。在「總金額」欄的每個儲存格都會顯示「銷售金額＋運費」的結果。請注意！即使從鍵盤輸入被「{ }」圍住的公式，也不會變成陣列公式

Memo

- Excel 中有多個函數必須以陣列公式或動態陣列公式的形式輸入。如果忘記如何輸入陣列公式，可以翻回此單元來複習。
- 需要修改陣列公式時，請先選取輸入陣列公式的所有儲存格範圍，並在**資料編輯列**中編輯公式，最後按下 Ctrl ＋ Shift ＋ Enter 鍵。要刪除陣列公式時，也要選取整個儲存格範圍來刪除，不能單獨編輯或刪除陣列公式的儲存格。
- 即使是在 SUM 函數的引數中指定陣列，也需要以陣列公式的形式輸入。在這種情況下，由於傳回的是單一值，所以需要先選取一個儲存格來輸入。

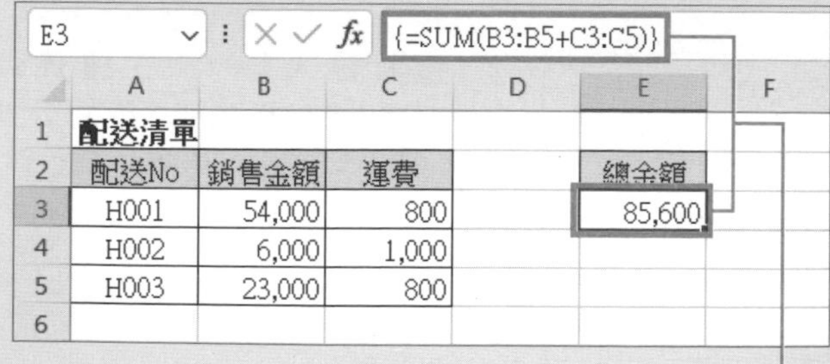

E3
{=SUM(B3:B5+C3:C5)}
配送清單
配送No 銷售金額 運費 總金額
H001 54,000 800 85,600
H002 6,000 1,000
H003 23,000 800
輸入「=SUM(B3:B5+C3:C5)」並按下 Ctrl ＋ Shift ＋ Enter 鍵，公式會被「{ }」包圍，成為陣列公式

關聯項目 【01-30】認識陣列公式
【01-32】輸入動態陣列公式

Excel 01-32 輸入動態陣列公式

Microsoft 365 與 Excel 2021 可以使用強化原陣列公式功能的**動態陣列公式**。原本的陣列公式必須先選取和傳回值一樣大小的儲存格範圍再輸入公式，接著按下 Ctrl ＋ Shift ＋ Enter 鍵確定。然而，動態陣列公式不用在意傳回值大小或確定方法，能以輸入一般公式的方法，輕鬆完成輸入。

在顯示傳回值的第 1 個儲存格輸入公式，按下 Enter 鍵，即可輸入動態陣列公式。此時，會啟動「溢出」功能，自動在與傳回值相同大小的儲存格範圍內顯示結果。換句話說，「先選取和傳回值一樣大小的儲存格範圍」這個步驟可以省略。英文「spill」的中文是「溢出」，Excel 的「溢出」功能代表從第一個儲存格輸入的公式開始，將多個結果溢出到相鄰儲存格的動作，而自動顯示傳回值的儲存格稱作「虛影」。

以下將使用動態陣列公式，在**請款金額**欄內，快速計算出**銷售金額＋運費**。

▶ 以動態陣列公式輸入「銷售金額＋運費」

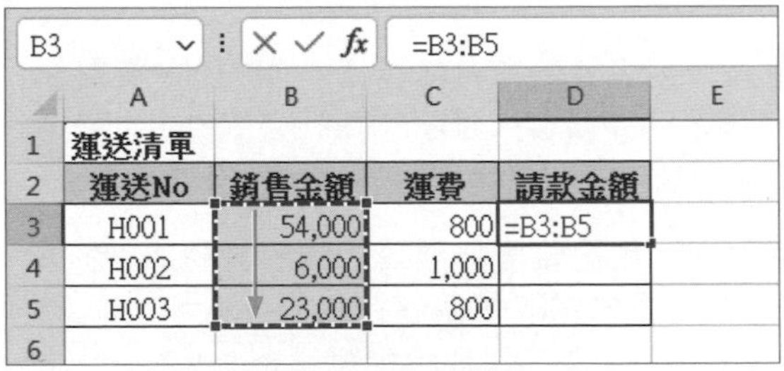

B3 =B3:B5

	A	B	C	D	E
1	運送清單				
2	運送No	銷售金額	運費	請款金額	
3	H001	54,000	800	=B3:B5	
4	H002	6,000	1,000		
5	H003	23,000	800		
6					

① 想在**請款金額**欄的各個儲存格內使用動態陣列公式，顯示**銷售金額＋運費**的計算結果。首先在**請款金額**欄開頭的 D3 儲存格輸入「=」，並在**銷售金額**欄的 B3～B5 儲存格拖曳

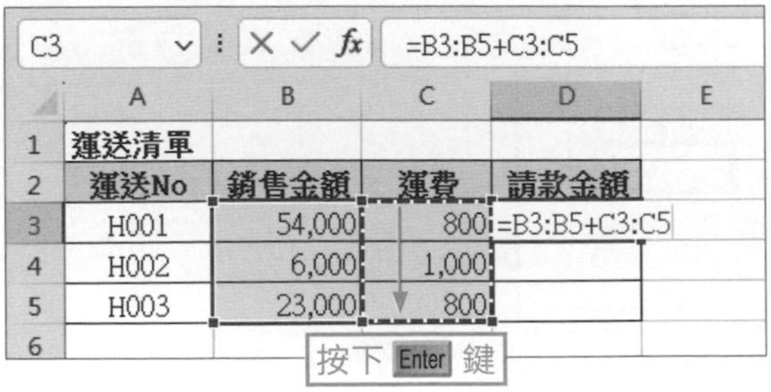

C3 =B3:B5+C3:C5

	A	B	C	D	E
1	運送清單				
2	運送No	銷售金額	運費	請款金額	
3	H001	54,000	800	=B3:B5+C3:C5	
4	H002	6,000	1,000		
5	H003	23,000	800		
6					

按下 Enter 鍵

② 接著輸入「+」，在**運費**欄的 C3～C5 儲存格拖曳，確認公式為「=B3:B5+C3:C5」，再按下 Enter 鍵

D3 =B3:B5+C3:C5

	A	B	C	D	E
1	運送清單				
2	運送No	銷售金額	運費	請款金額	
3	H001	54,000	800	54,800	
4	H002	6,000	1,000	7000	
5	H003	23,000	800	23800	
6					

③ 在**請款金額**欄的所有儲存格都顯示**銷售金額＋運費**的結果。在 D3 儲存格輸入的動態陣列公式會以正常的顏色顯示在**資料編輯列**

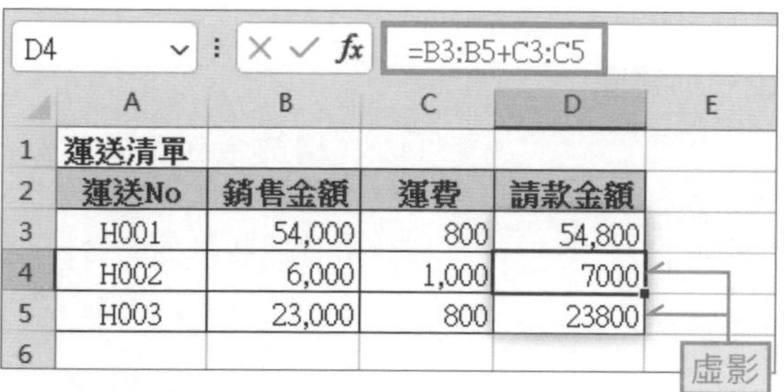

④ 透過溢出功能自動顯示「虛影」的 D4～D5 儲存格公式會以淡灰色顯示在**資料編輯列**。此外，在輸入動態陣列公式的範圍 (D3～D5 儲存格)，選取其中的儲存格時，會以藍框包圍儲存格

Memo

- 如果要編輯動態陣列公式，必須編輯第一個儲存格。若要刪除動態陣列公式，也是在第一個儲存格執行刪除操作。
- 在「虛影」儲存格輸入其他資料時，會在輸入動態陣列公式的儲存格顯示「#溢出!」或「#SPILL!」錯誤。將虛影儲存格內的資料刪除，錯誤消失，就會顯示公式的結果。

	A	B	C	D	E
1	運送清單				
2	運送No	銷售金額	運費	請款金額	
3	H001	54,000	800	#溢出!	
4	H002	6,000	1,000		
5	H003	23,000	800	保留	
6					

在虛影儲存格內輸入資料，動態陣列公式會出現「#溢出!」(#SPILL!) 錯誤

- 使用不支援溢出功能的 Excel 開啟含有動態陣列公式的活頁簿時，會顯示成一般的陣列公式。重新以支援溢出功能的 Excel 開啟後，即可顯示為動態陣列公式。不過，請特別注意！若以不支援溢出功能的 Excel 編輯陣列公式，之後就算以支援溢出功能的 Excel 重新開啟，也無法恢復成動態陣列公式。
- 以支援溢出功能的 Excel 開啟不支援溢出功能的 Excel 建立的活頁簿時，可能會在公式加上「@」，如「=@公式」。「@」是避免隨意執行溢出功能的符號，稱作「隱含交集運算子」。

關聯項目 【01-30】認識陣列公式
【01-31】輸入陣列公式

01-33 參照動態陣列公式的範圍

如果其他公式要參照動態陣列公式的儲存格範圍，請在第一個儲存格編號加上「#」再設定。這裡的「#」稱作「溢出範圍運算子」。假設已經在 D3～D5 儲存格輸入動態陣列公式，「D3#」代表 D3～D5 儲存格。以下將使用 SUM 函數，計算以動態陣列公式取得的請款金額合計。

▶ 使用溢出範圍運算子參照動態陣列公式的範圍

D3 | =B3:B5+C3:C5

	A	B	C	D	E	F
1	運送清單					
2	運送No	銷售金額	運費	請款金額		
3	H001	54,000	800	54,800		
4	H002	6,000	1,000	7000		
5	H003	23,000	800	23800		
6			合計			
7						

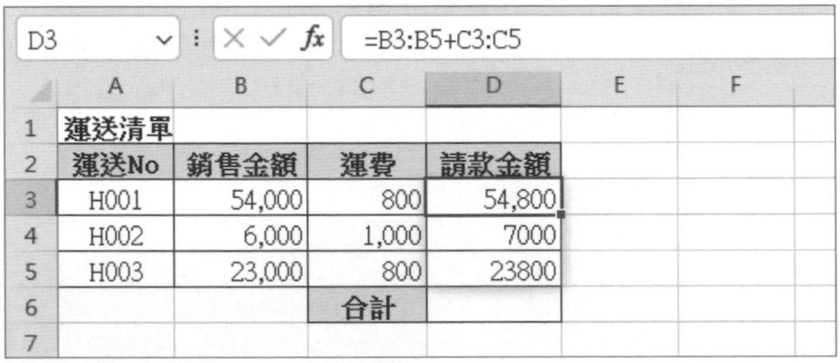

① 在**請款金額**欄的 D3～D5 儲存格輸入動態陣列公式，計算這些數值的合計

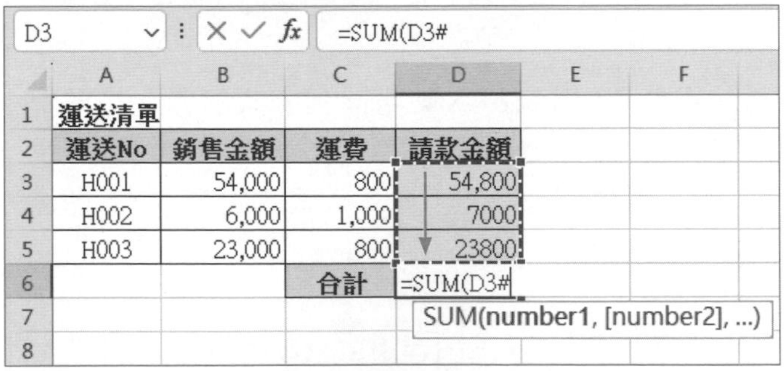

D3 | =SUM(D3#

	A	B	C	D	E	F
1	運送清單					
2	運送No	銷售金額	運費	請款金額		
3	H001	54,000	800	54,800		
4	H002	6,000	1,000	7000		
5	H003	23,000	800	23800		
6			合計	=SUM(D3#		
7				SUM(number1, [number2], ...)		
8						

② 在**合計**欄的 D6 儲存格輸入「=SUM(」，並在**請款金額**欄的 D3～D5 儲存格拖曳，就會輸入「D3#」。接著輸入「)」，按下 Enter 鍵

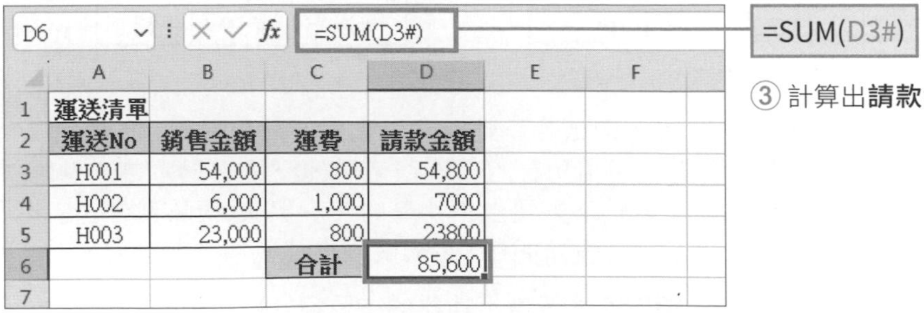

D6 | =SUM(D3#)

	A	B	C	D	E	F
1	運送清單					
2	運送No	銷售金額	運費	請款金額		
3	H001	54,000	800	54,800		
4	H002	6,000	1,000	7000		
5	H003	23,000	800	23800		
6			合計	85,600		
7						

=SUM(D3#)

③ 計算出**請款金額**欄的合計

關聯項目 【01-32】輸入動態陣列公式

01-34 函數與溢出

Microsoft 365 與 Excel 2021 提供幾個使用溢出功能（→【01-32】）的新函數。例如，FILTER 函數可以從資料表中篩選與設定條件一致的資料，篩選後的資料數量會隨著設定條件而改變，但是只要在第一個儲存格內輸入 FILTER 函數，就會自動溢出與條件一致的資料數量，非常方便。

▶ 使用 FILTER 函數篩選「會員」資料

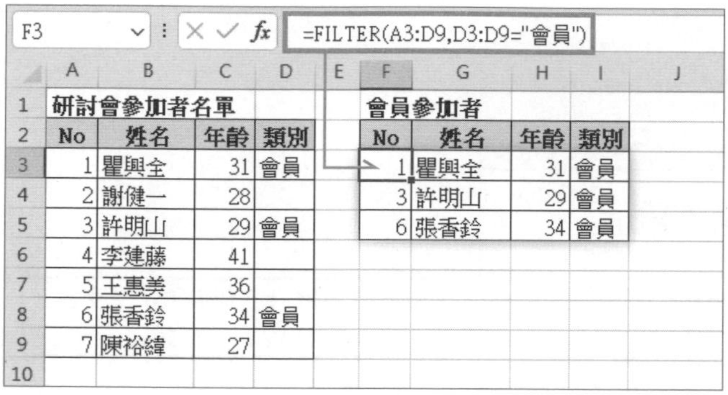

F3 =FILTER(A3:D9,D3:D9="會員")

	A	B	C	D	E	F	G	H	I	J
1	研討會參加者名單					會員參加者				
2	No	姓名	年齡	類別		No	姓名	年齡	類別	
3	1	瞿興全	31	會員		1	瞿興全	31	會員	
4	2	謝健一	28			3	許明山	29	會員	
5	3	許明山	29	會員		6	張香鈴	34	會員	
6	4	李建藤	41							
7	5	王惠美	36							
8	6	張香鈴	34	會員						
9	7	陳裕緯	27							
10										

在 F3 儲存格輸入 FILTER 函數，篩選出「會員」資料。依照篩選的資料數量，在儲存格範圍（這個範例是指 F3～I5 儲存格）內自動溢出公式

▶ 以溢出功能為前提的新函數

函數	說明	參考
FILTER	篩選、顯示指定範圍內符合條件的資料	07-40
SORT	依照設定的順序排列指定範圍內的資料	07-34
SORTBY	依照設定的順序排列指定範圍內的資料	07-35
UNIQUE	把指定範圍內重複的資料整合成一個，或篩選只出現一次的資料	07-49
RANDARRAY	在指定範圍內顯示亂數	04-63
SEQUENCE	在指定範圍內顯示指定間隔的連續數字	04-09

Memo

- XLOOKUP 函數、XMATCH 函數等新函數能透過用法來使用溢出功能。原有的 INDEX 函數、OFFSET 函數、TRANSPOSE 函數、FREQUENCY 函數等傳回多個值的函數也能透過溢出功能輸入動態陣列公式。

關聯項目 【01-32】輸入動態陣列公式

01-35 了解錯誤值的類型和含義

當公式無法正確計算時，在輸入公式的儲存格中會顯示以「#」開頭的「錯誤值」。了解錯誤值的含義可以幫你找出錯誤的原因。

例如，「#DIV/0!」是執行除以 0 或空白儲存格的除法時顯示的錯誤值。知道這點後，當儲存格顯示「#DIV/0!」時，你可以檢查除數的儲存格並立即修正。

▶「#DIV/0!」錯誤

D5 =C5/B5

	A	B	C	D	E
1	營收表				
2	分店	上月營收	本月營收	月增率	
3	新橋分店	20,765,300	18,645,400	90%	
4	池袋分店	12,534,100	15,366,200	123%	
5	赤羽分店		10,922,500	#DIV/0!	
6	國立分店	8,871,200	9,331,200	105%	
7	合計	42,170,600	54,265,400	129%	
8					

如果被除數 (B5 儲存格) 為空白，會顯示「#DIV/0!」的錯誤

▶ 錯誤值的種類

錯誤值	說明
#CALC!	當動態陣列公式傳回空陣列時，會顯示此錯誤
#DIV/0!	在包含除法的公式中，如果除數為 0 或空白儲存格，則會出現此錯誤。例如，B3 儲存格的值為 0 或空白，那麼「=C3/B3」的公式，將顯示「#DIV/0!」錯誤
#FIELD!	在股票資料類型或地理資料類型中，如果參照的欄位不存在，就會顯示此錯誤訊息
#GETTING_DATA	使用 Cube 函數計算時，如果計算時間較長，會顯示此訊息
#N/A	表示儲存格的值未確定 (或未輸入)。例如，使用 VLOOKUP 函數時找不到搜尋值，或是在輸入陣列公式時，選取了多餘的儲存格，就會顯示該訊息
#NAME?	使用未定義的函數名稱或名稱時會顯示此錯誤。通常是忘記用「"」括住字串或是拼錯函數名稱而導致。例如，將 SUM 函數拼成「=SAM(A1:A3)」，就會產生「#NAME?」的錯誤

錯誤值	說明
#NULL!	使用半形空格作為參照運算子，當指定的兩個儲存格範圍沒有交集 (共同) 的部分時，將顯示此錯誤。例如，在儲存格中輸入「=A2:C2 E1:E4」，由於 A2:C2 儲存格和 E1:E4 儲存格沒有交集的部分，所以會顯示 "#NULL!" 錯誤
#NUM!	當指定的數值超出可用範圍，或者函數經過反覆計算無法求得其值時，就會顯示此錯誤。例如，在 MONTH 函數的引數中指定了超出 Excel 可以處理的日期上限的序列值，如「=MONTH(3000000)」，則會產生「#NUM!」錯誤
#REF!	當公式中的儲存格參照無效時會顯示此錯誤。例如，輸入「=B3+C3」公式後，如果刪除包含 B3 儲存格的整列，那麼公式將變為「=#REF!+C2」，並在儲存格中顯示「#REF!」錯誤
#SPILL!	在使用動態函數時，如果要進行計算的儲存格範圍中，有某個儲存格已經輸入資料，就會出現「#溢出!」錯誤
#VALUE!	當資料類型指定錯誤，例如資料應該為數值，卻指定成字串，或是只能指定單一儲存格，卻指定成儲存格範圍時，就會顯示此錯誤。例如，在 C3 儲存格中輸入字串，那麼輸入「=B3+C3」的公式，就會導致「#VALUE!」錯誤

Memo

- 當儲存格中出現「######」時，表示數值或日期資料所要顯示的範圍超出儲存格的寬度，此時只要調整儲存格的欄寬即可。此外，若儲存格格式設為日期或時間，輸入負數時，儲存格也會顯示「######」。遇到這種情況，只要重設儲存格格式，或是重新輸入正確的日期 / 時間。
- 在顯示錯誤值的儲存格左上角，會出現一個綠色三角形符號。這個三角形稱為**錯誤指示器**。

15,366,200	123%	
10,922⚠00	#DIV/0!	
9,331,200	105%	

錯誤指示器

- 有時在顯示計算結果的儲存格上也會出現**錯誤指示器**，這是 Excel 提醒你公式可能存在錯誤。但實際上不一定是錯誤，如果確定儲存格沒有錯誤，卻顯示錯誤指示器，你可以隱藏錯誤指示器，請參考【01-36】的說明。

34	25	59	
29	19	48	
27	13	40	

有時在非錯誤值的儲存格中，也可能會顯示**錯誤指示器**

關聯項目 【01-36】隱藏錯誤指示器
【03-29】確認錯誤值的類型
【03-31】檢查公式是否會產生錯誤，並預防錯誤發生

01-36 隱藏錯誤指示器

如果顯示計算結果的儲存格出現**錯誤指示器** (參照【**01-35**】的 **Memo**)，請檢查公式是否有錯誤。如果確定沒有錯誤可以不用理會，但若是覺得有個符號顯示在儲存格中很困擾，可以依底下的步驟將其隱藏。請注意，錯誤指示器只會顯示在螢幕上，不會列印出來。

▶ 隱藏錯誤指示器

	A	B	C	D	E	F
1	商管課程的人數統計					
2	課程	名額	參加人數		合計	
3			會員	非會員		
4	初級	60	34	25	59	
5	中級	50	29	19	48	
6	進階	40	27	13	40	
7						

錯誤指示器

① 由於**合計**欄只加總會員及非會員的人數，不包含「名額」資料，所以 Excel 認為有可能是公式有誤，才會出現錯誤提示。要隱藏錯誤指示器，請先選取 E4:E6 儲存格

	A	B	C	D	E	F
1	商管課程的人數統計					
2	課程	名額	參加人數		合計	
3			會員	非會員		
4	初級	60	34		59	

公式省略相鄰的儲存格
更新公式以包含儲存格(U)
此錯誤的說明(H)
略過錯誤(I)
在資料編輯列中編輯(F)
錯誤檢查選項(O)...

顯示錯誤檢查選項鈕

② 按下**錯誤檢查選項**鈕，並選擇**略過錯誤**

E4 =SUM(C4:D4)

	A	B	C	D	E	F
1	商管課程的人數統計					
2	課程	名額	參加人數		合計	
3			會員	非會員		
4	初級	60	34	25	59	
5	中級	50	29	19	48	
6	進階	40	27	13	40	
7						

③ 隱藏**錯誤指示器**了

關聯項目 【01-35】了解錯誤值的類型和含義

01-37 解決循環參照的問題

除了【01-35】所介紹的錯誤類型外，還有一種稱為**循環參照**的錯誤。**循環參照**是指公式中參照了該儲存格本身所發生的錯誤。例如，在 E3 儲存格中輸入參照 E3 儲存格的公式，就會出現循環參照錯誤。引發循環參照的儲存格不會顯示錯誤指示器，而是會跳出錯誤訊息。

▶ 修正循環參照的公式

① 想要在 E3 儲存格中計算 B3:D3 儲存格的加總，但不小心輸入成 B3:E3 儲存格(包含了 E3 儲存格)

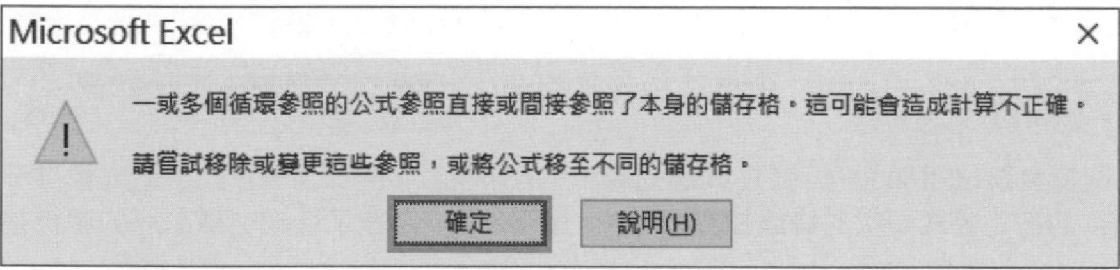

② 按下 Enter 鍵確認公式時，會出現錯誤訊息，提醒你發生循環參照問題，請按下**確定**鈕

③ 請修正公式，以避免循環參照

關聯項目 【01-38】尋找造成循環參照的儲存格

01-38 尋找造成循環參照的儲存格

在【01-37】中，我們說明了如何處理循環參照的方法。但是，如果在關閉錯誤訊息後不立刻修正循環參照，就可能會忘記有造成循環參照的儲存格。在此，我們將教你如何尋找造成循環參照的儲存格。

▶ 尋找造成循環參照的儲存格

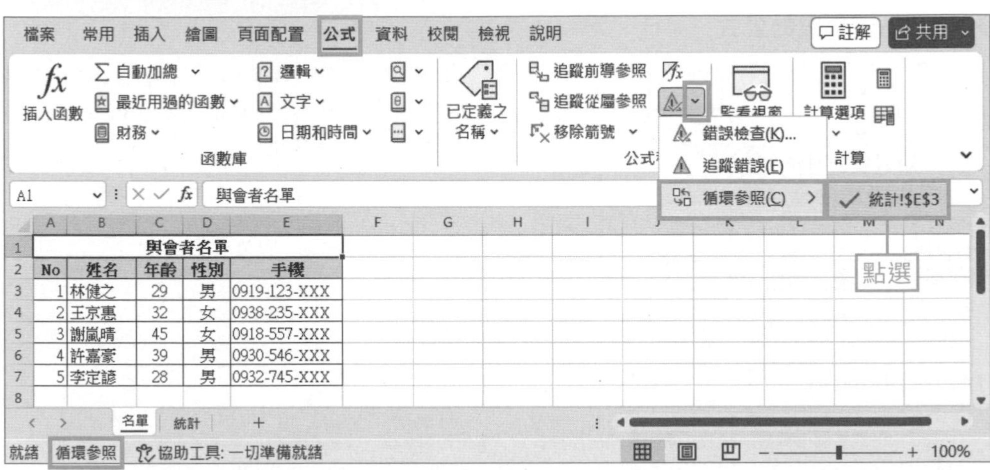

① 開啟範例檔會跳出錯誤訊息，並在**狀態列**顯示「循環參照」的訊息。想找出造成循環參照的儲存格，請按下**公式**頁次的**錯誤檢查**鈕，點選**循環參照**，再按下造成循環參照的儲存格

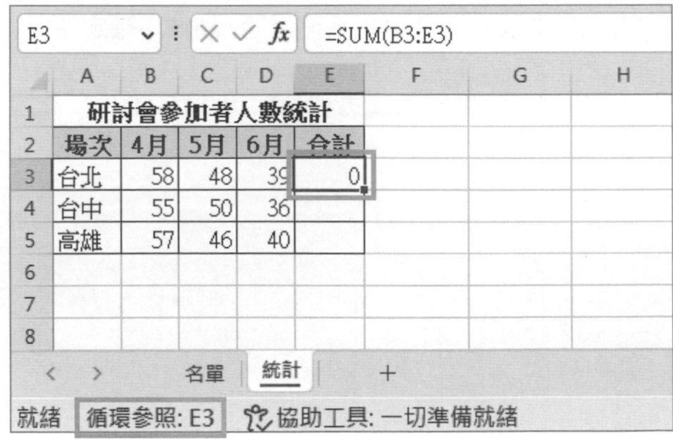

② 切換工作表後，會自動選取導致循環參照的儲存格，請修正公式。此外，在導致循環參照的工作表中，**狀態列**會顯示對應的儲存格編號

關聯項目 【01-35】了解錯誤值的類型和含義
【01-37】解決循環參照的問題

Chapter 2

第2章

表格的彙總

從自由的角度來統計資料

02-01 用於統計的函數

與統計相關的函數很多，你可以視需求選用不同函數。例如，下圖的表格中，如果要統計**銷售額**欄位，應該根據要統計特定月份或是特定分店的銷售額，來選擇合適的函數。

	A	B	C	D	E
1	銷售表				
2	日期	商品名稱	分店	銷售額	
3	6月5日	電腦	台北	125,000	
4	6月12日	印表機	台中	22,000	
5	6月19日	電腦	台中	223,000	
6	6月26日	平板	台中	50,000	
7	7月3日	電腦	台北	188,000	
8	7月10日	印表機	台北	26,000	
9	7月17日	平板	台北	75,000	
10	7月24日	電腦	台中	98,000	

根據要統計整個**銷售額**欄位，還是只要統計符合條件的資料，來決定使用的函數

統計整個儲存格範圍的函數

要統計整個儲存格範圍的數值，可以使用下表的函數。例如，要計算 D 欄「銷售額」的加總，就可以用 SUM 函數。

▶ 用於統計整個儲存格範圍的函數

函數	說明	參照
SUM	計算加總	02-02
COUNT	計算數值的個數	02-27
COUNTA	計算資料的個數	02-27
AVERAGE	計算平均	02-38
MAX	找出最大值	02-48
MIN	找出最小值	02-48

統計符合條件的函數

如果要統計符合特定條件的資料，例如「電腦的銷售量」或「6 月臺北店的銷售量」，下表中的「○○IF」函數和「○○IFS」函數非常實用。單數形式的「○○IF」函數只能指定一個條件。反之，複數形式的「○○IFS」函數則能指定一個或多個條件。如果要新學一種函數，優先學習「○○IFS」函數將能在更多情況下派上用場。

▶ 統計符合條件的函數

函數	說明	參照
SUMIF	計算符合條件的資料總和	02-08
SUMIFS	計算符合條件的資料總和 (可以有多個條件)	02-09
COUNTIF	計算符合條件的資料個數	02-30
COUNTIFS	計算符合條件的資料個數 (可以有多個條件)	02-31
AVERAGEIF	計算符合條件的資料平均值	02-40
AVERAGEIFS	計算符合條件的資料平均值 (可以有多個條件)	02-41
MAXIFS	計算符合條件的資料的最大值 (可以有多個條件)	02-50
MINIFS	計算符合條件的資料的最小值 (可以有多個條件)	02-51

「○○IF」和「○○IFS」函數的條件指定方法相同。請參考下表來指定條件。

▶ 條件的指定方法

條件的種類	條件的範例	參照
數值範圍的單一條件	50 以上	02-10 02-11
數值範圍的多個條件	30 以上但小於 40	02-35
數值的群組化條件	以 5 歲為單位	02-36
日期範圍的單一條件	2022/1/1 以後	02-32
日期範圍的多個條件	從 2022/5/1 到 2022/5/5	02-15
日期的群組化條件	以月、季、年為單位	02-20
「不是○○」的條件	除了「本店」以外	02-12
部份字串符合的條件	從「東京」開始 包含「英語會話」	02-13 02-33
結合 AND 和 OR 的複雜條件	年齡 30 歲以上，且住址或工作地點在「東京」	02-22

Memo

- 除了以上所介紹的統計函數外，還有以表格形式指定條件的「資料庫函數」。請參考【02-52】。
- 若要對**自動篩選**等篩選後的表格進行統計，或者計算小計和總計，可以使用 SUBTOTAL 函數 (→【02-24】) 或 AGGREGATE 函數 (→【02-25】)。
- 還有一些函數可以從現有的統計表中取出統計值。例如，要從**樞紐分析表**中取出統計結果，可以使用 GETPIVOTDATA 函數 (→【02-69】)。要連接到外部資料庫，如 SQL Server 並取出資料或統計結果，可以使用 CUBE 函數 (→【02-70】)。

02-02 簡單的加總計算

SUM

表格中最常用到的計算就是「合計」。利用**自動加總**鈕是計算合計最方便的方法。只要按下按鈕，就會自動輸入 SUM 函數，而且還會自動判斷要加總的儲存格。

▶ 使用「自動加總」鈕，計算合約數量的總和

① 選取要顯示合計的 E3 儲存格，按下**公式**頁次中**函數庫**裡的**自動加總**鈕。或是按下**常用**頁次的**自動加總**鈕 Σ ˅

T.DIST.RT　=SUM(B3:D3)

	A	B	C	D	E
1	新簽訂的合約數量				
2	月	台北	台中	台南	合計
3	1月	30	15	21	=SUM(B3:D3)
4	2月				
5	3月				
6	4月				

SUM(**number1**, [number2], ...)

② 在儲存格中自動輸入 SUM 函數後，要計算合計的儲存格範圍會以虛線框包圍。確認自動辨識的範圍無誤後，按下**自動加總**鈕或按下 Enter 鍵確認

E3　=SUM(B3:D3)

	A	B	C	D	E
1	新簽訂的合約數量				
2	月	台北	台中	台南	合計
3	1月	30	15	21	66
4	2月				
5	3月				
6	4月				

數值 1　合計值

③ 確認 SUM 函數的公式無誤後，儲存格會顯示合計值

E3 =SUM(B3:D3)
數值 1

=SUM(數值 1, [數值 2]…)	數學與三角函數

數值…指定數值或儲存格範圍。空白儲存格和字串會被忽略

傳回指定「數值」的總和。最多可以指定 255 個數值。

Memo

- 選取要顯示「合計」的儲存格，按下 Alt + + 鍵，也可以執行**自動加總**。
- 要執行**自動加總**有兩個方法。第一個方法是，按下**公式**頁次中**函數庫**裡的**自動加總**鈕。第二個方法是，按下**常用**頁次**編輯**區裡的**自動加總**鈕 Σ ˅。

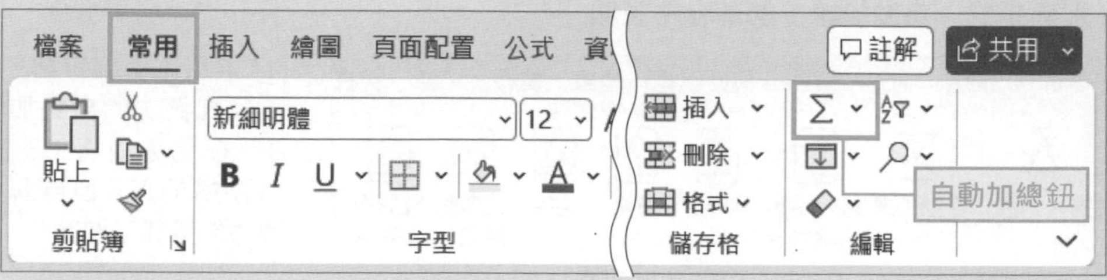

- 按下**自動加總**鈕旁邊的 [▼] 鈕，可以輕鬆求得平均值、數值個數、最大值和最小值。例如，選取要計算「平均」的儲存格，按下**自動加總**鈕旁的 [▼] 鈕，選擇**平均值**，就會自動辨識要計算的儲存格範圍，並在儲存格中輸入 AVERAGE 函數。

計算的類型	函數
加總	SUM
平均	AVERAGE
數值的個數	COUNT
最大值	MAX
最小值	MIN

- **自動加總**所辨識的合計範圍是上方或左方相鄰的數值儲存格範圍。如果上方和左方都有輸入數值，則上方的儲存格範圍將成為合計的對象。如果自動辨識的範圍不符合需求，請參考【02-03】做修正。

關聯項目 【02-03】修正誤判為加總的儲存格範圍
【02-04】加總不相鄰的儲存格資料
【02-05】同時加總表格的欄與列的值
【02-06】讓表格中新增的資料也能自動加總

02-03 修正誤判為加總的儲存格範圍

SUM

雖然按下**自動加總**鈕後，Excel 會自動辨識要合計的儲存格範圍，但並非每次所選取的儲存格範圍都正確。當自動選取的範圍不正確時，在尚未確認公式之前，可以用拖曳的方式重新指定。

▶ 重新指定「自動加總」的儲存格範圍

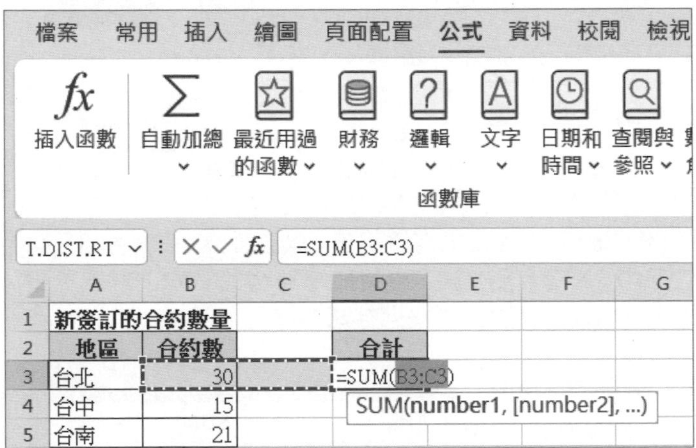

① 選取 D3 儲存格，按下**公式**頁次的**自動加總**鈕。在此想加總 B3:B5 儲存格的值，但自動辨識功能選錯了範圍

	A	B	C	D	E	F	G
1	新簽訂的合約數量						
2	地區	合約數		合計			
3	台北	30		=SUM(B3:B5)			
4	台中	15		SUM(number1, [number2], ...)			
5	台南	21					
6							

拖曳

② 請拖曳滑鼠，重新選取正確的 B3:B5 儲存格範圍。只要加總範圍被虛線框起來，都可以隨時重新指定。最後，按下**自動加總**鈕或 Enter 鍵

D3 =SUM(B3:B5)

	A	B	C	D	E	F	G
1	新簽訂的合約數量						
2	地區	合約數		合計			
3	台北	30		66			
4	台中	15					
5	台南	21					

合計值

數值 1

③ 確認 SUM 函數的公式無誤，顯示合計值

D3 =SUM(B3:B5)

=SUM(數值 1, [數值 2]…) → 02-02

關聯項目 【02-02】簡單的加總計算

02-04 加總不相鄰的儲存格資料

SUM

即使是不相鄰的儲存格範圍，也能利用**自動加總**鈕快速算出結果。只要先按下**自動加總**鈕，選取第一個儲存格範圍，按住 Ctrl 鍵，再選取第二個儲存格範圍，就能算出兩個範圍的合計。

▶ 將上半年的來客數和下半年的來客數相加

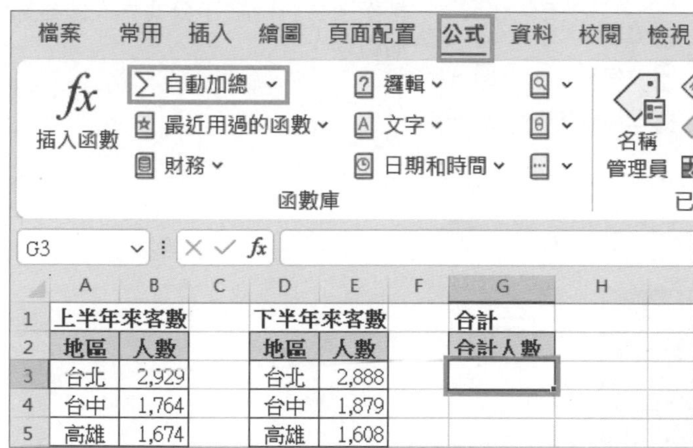

	A	B	C	D	E	F	G	H
1	上半年來客數			下半年來客數			合計	
2	地區	人數		地區	人數		合計人數	
3	台北	2,929		台北	2,888			
4	台中	1,764		台中	1,879			
5	高雄	1,674		高雄	1,608			

① 在此要將 B3:B5 以及 E3:E5 相加。請先選取要顯示合計結果的 G3 儲存格，按下**公式**頁次中的**自動加總**鈕

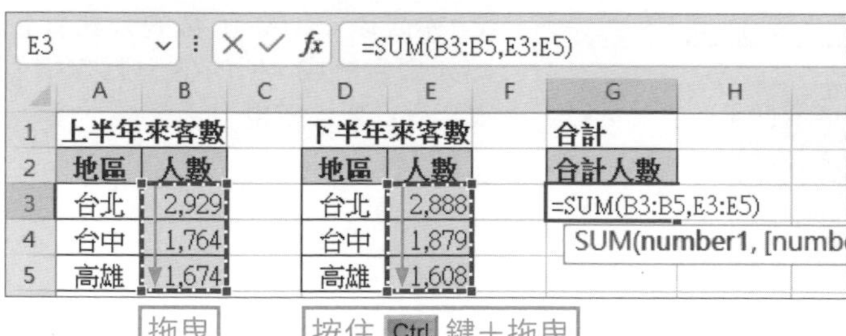

	A	B	C	D	E	F	G	H
1	上半年來客數			下半年來客數			合計	
2	地區	人數		地區	人數		合計人數	
3	台北	2,929		台北	2,888		=SUM(B3:B5,E3:E5)	
4	台中	1,764		台中	1,879			
5	高雄	1,674		高雄	1,608			

② 請忽略自動辨別的儲存格範圍，重新拖曳選取所需的 B3 到 B5 儲存格。接著，在按住 Ctrl 鍵的同時，拖曳選取 E3 到 E5 儲存格，按下**自動加總**鈕或按下 Enter 鍵

	A	B	C	D	E	F	G	H
1	上半年來客數			下半年來客數			合計	
2	地區	人數		地區	人數		合計人數	
3	台北	2,929		台北	2,888		12,742	
4	台中	1,764		台中	1,879			
5	高雄	1,674		高雄	1,608			

③ 確認 SUM 函數的公式無誤，顯示合計值

G3 =SUM(B3:B5,E3:E5)
數值 1 數值 2

=SUM(數值 1, [數值 2]…) → 02-02

關聯項目 【02-05】同時加總表格的欄與列的值

02-05 同時加總表格的欄與列的值

SUM

如果表格的右側及底部都有合計時，只要先選取整個表格，並按下**自動加總**鈕，就能同時計算欄與列的合計。

▶ 使用「自動加總」計算總銷售額

	A	B	C	D	E
1	新產品銷售業績				
2	地區	10月	11月	12月	合計
3	台北	5,265	4,827	5,222	
4	台中	4,495	5,966	5,295	
5	高雄	5,421	4,032	5,651	
6	合計				

① 選取 B3 到 E6 儲存格 (各月的銷售額及合計)，按下**公式**頁次的**自動加總**鈕

	A	B	C	D	E
1	新產品銷售業績				
2	地區	10月	11月	12月	合計
3	台北	5,265	4,827	5,222	15,314
4	台中	4,495	5,966	5,295	15,756
5	高雄	5,421	4,032	5,651	15,104
6	合計	15,181	14,825	16,168	46,174

② 完成後，SUM 函數的公式就會輸入到合計欄、列的各個儲存格，並正確計算出結果

=SUM(數值 1, [數值 2]…) → 02-02

Memo

- **自動加總**鈕也可以單獨計算垂直或水平的合計。以此範例而言，如果選取的是 B3:D6 儲存格，會在最後一列計算各月的銷售額合計。若選取 B3:E5 儲存格，則會在最右欄計算出每個區域的銷售額合計。

關聯項目【02-06】讓表格中新增的資料也能自動加總

02-06 讓表格中新增的資料也能自動加總

SUM

在資料變動頻繁的表格中，建議將 SUM 函數的引數指定為**整欄**。這樣，後續新增的資料就會自動加入合計值中，可以省去修改儲存格範圍的麻煩。

▶ 將 SUM 函數的引數指定為「整欄」，就能自動計算加總

D3 =SUM(B:B)

	A	B	C	D
1	銷售記錄			
2	月/日	銷售額		合計
3	10月1日	43,520		155,170
4	10月2日	52,410		
5	10月3日	59,240		
6				
7				
8				
9				
10				

選取整欄

輸入公式

數值 1

① 選取 D3 儲存格，按下**公式**頁次的**自動加總**鈕 (→【02-02】)。接著，點選需要計算合計的 B 欄欄編號，再次按下**自動加總**鈕確認。這樣 SUM 函數的引數就會設成「B:B」，並且計算 B 欄所有數值的總和

D3 =SUM(B:B)
數值 1

D3 =SUM(B:B)

	A	B	C	D	E
1	銷售記錄				
2	月/日	銷售額		合計	
3	10月1日	43,520		195,170	
4	10月2日	52,410			
5	10月3日	59,240			
6	10月4日	40,000			
7					
8					

② 當表格中有資料新增，就會自動加入合計值

=SUM(數值 1, [數值 2]…) → 02-02

Memo

- 雖然 B 欄中有輸入表格的欄位名稱「銷售額」，但因 SUM 函數會自動忽略文字資料，所以可以計算出正確的合計值。但若在同一欄中輸入日期，日期資料會以序列值的方式被加到合計值中 (→【05-01】)，因此將 SUM 函數的引數指定為整欄時，請避免輸入非計算數值或日期。

關聯項目 【02-04】加總不相鄰的儲存格資料

Excel 02-07 一次加總多個工作表的資料，並彙整到「合計」工作表中

fx SUM

在多個工作表中的相同位置建立相同大小的表格資料，可以透過**自動加總**功能來運算。這種計算方法就像是把工作表串起來，並且對每個儲存格運算，因此稱為「串聯運算」。

▶ 彙總「食品」、「衣服」及「雜貨」工作表中的資料

	A	B	C	D	E	F
1	食品部門銷售業績					
2	門市	Q1	Q2	Q3	Q4	
3	台中	6,495	6,966	7,295	7,241	
4	台北	5,421	6,032	5,651	5,651	
5	高雄	5,265	4,827	5,222	4,201	
6						

合計　食品　衣服　雜貨

① 此範例想加總**食品**、**衣服**和**雜貨**三個工作表中的銷售額，並將結果顯示在**合計**工作表中

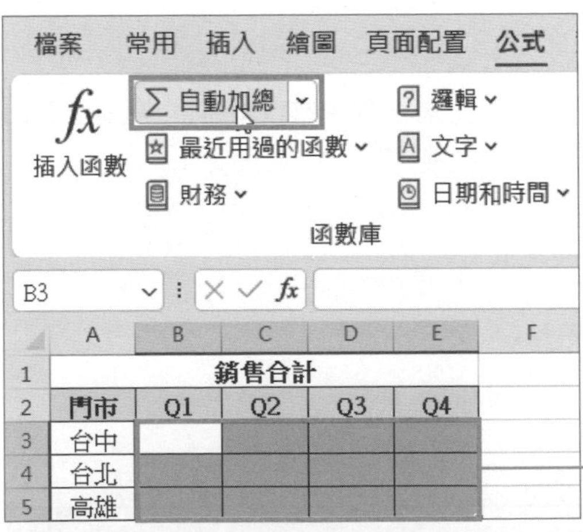

② 在**合計**工作表中，建立一個與其他三個工作表大小、位置相同的表格。接著選取要顯示合計值的 B3:E5 儲存格，按下**公式**頁次中的**自動加總**鈕

③ 在目前選取的 B3 儲存格中，自動輸入 SUM 函數，並進入輸入引數的狀態。請點選要合計的工作表中最左側的**食品**工作表索引標籤

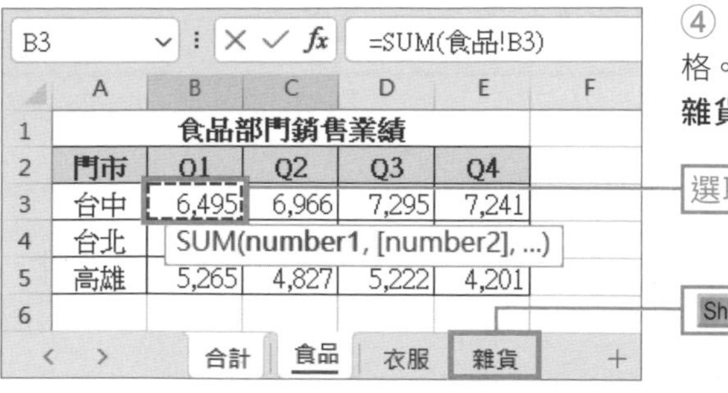

④ 切換到**食品**工作表後，點選 B3 儲存格。接著，按住 Shift 鍵，再點選最右側的**雜貨**工作表索引標籤

⑤ 選取所有要合計的工作表後，請按下**自動加總**鈕來確定公式。或是按下 Ctrl + Enter 鍵來確定公式。請注意！如果只有按下 Enter 鍵，只會計算 B3 儲存格的值。

⑥ 在**合計**工作表中顯示各個工作表的合計值了。自動輸入的 SUM 函數，其引數會以「第一個工作表名稱：最後一個工作表名稱！儲存格編號」的格式指定，例如「食品:雜貨!B3」

B3 =SUM(食品:雜貨!B3)
數值 1

=SUM(數值 1, [數值 2]⋯) → 02-02

關聯項目 【02-02】簡單的加總計算
【02-05】同時加總表格的欄與列的值

02-08 加總符合條件的資料 <①SUMIF 函數>

SUMIF

SUMIF 函數可以計算出只符合特定條件的加總結果。底下以「飲料」為條件，計算出「飲料」的總銷售額。

▶ 加總「飲料」的銷售額

E3 =SUMIF(B3:B8,"飲料",C3:C8)
條件範圍 條件 合計範圍

E3 =SUMIF(B3:B8,"飲料",C3:C8)

	A	B	C	D	E	F
1	促銷期間的銷售額				統計	
2	商品名稱	類別	銷售金額		飲料合計	
3	咖啡	飲料	314,300		645,800	
4	紅茶	飲料	215,300			
5	紅茶蛋捲	食品	136,400			
6	抹茶	飲料	116,200			
7	抹茶凍	食品	87,500			
8	抹茶蛋糕	食品	69,400			
9						

輸入公式

加總飲料的銷售額

條件範圍 合計範圍

=SUMIF(條件範圍, 條件, [合計範圍]) 數學與三角函數

條件範圍…指定包含數值的儲存格範圍作為條件判斷的目標
條件…指定用來尋找合計對象的判斷條件
合計範圍…實際用來計算加總的數值資料範圍。若省略指定，則「條件範圍」的資料就會被當成「合計範圍」
從「條件範圍」中尋找符合「條件」的資料，並在符合條件的列對「合計範圍」的資料進行合計。

Memo

- 若要將 SUMIF 函數的「條件」引數指定為文字或日期時，要用半形雙引號「"」框住，例如「"飲料"」、「"2022/3/4"」。若為數值時，則直接以「1234」的方式指定。

關聯項目 【02-09】加總符合條件的資料 <②SUMIFS 函數>

02-09 加總符合條件的資料 <②SUMIFS 函數>

SUMIFS

與 SUMIF 函數 (→【02-08】) 類似的是 SUMIFS 函數。兩者都是對符合條件的資料進行加總的函數，只是可以指定的條件個數不同。前者只能在一個條件下使用，後者可以與一個或多個條件一起使用。建議優先記住多功能的 SUMIFS 函數。首先介紹使用單一條件進行加總的範例。

▶ 加總「飲料」的銷售額

E3 =SUMIFS(C3:C8,B3:B8,"飲料")
合計範圍　條件範圍 1　條件 1

E3 =SUMIFS(C3:C8,B3:B8,"飲料")

	A	B	C	D	E	F
1	促銷期間的銷售額				統計	
2	商品名稱	類別	銷售金額		飲料合計	
3	咖啡	飲料	314,300		645,800	
4	紅茶	飲料	215,300			
5	紅茶蛋捲	食品	136,400			
6	抹茶	飲料	116,200			
7	抹茶凍	食品	87,500			
8	抹茶蛋糕	食品	69,400			
9						

合計範圍　條件範圍 1　輸入公式　加總飲料的銷售額

=SUMIFS(合計範圍, 條件範圍 1, 條件 1, [條件範圍 2, 條件 2]…) 數學與三角函數

合計範圍…實際用來計算加總的數值資料範圍
條件範圍…指定包含數值的儲存格範圍作為條件判斷的目標
條件…指定用來尋找合計對象的判斷條件
從「條件範圍」中尋找符合「條件」的資料，並在符合條件的列對「合計範圍」的資料進行合計。「條件範圍」和「條件」必須成對指定，最多可以指定 127 組。

Memo

- 請注意，SUMIF 函數和 SUMIFS 函數在「合計範圍」、「條件範圍」和「條件」的引數順序上有所不同。至於「條件」引數的指定方式則是通用的。

關聯項目 【02-08】加總符合條件的資料 <①SUMIF 函數>

02-10 對「○以上」、「○天後」的條件進行加總

SUMIFS

使用**比較運算子**可以在 SUMIFS 函數或 SUMIF 函數的合計條件中指定數值或日期範圍，例如「○以上」、「○天以後」等。例如要指定「50 以上」的條件，可以輸入成「">=50"」。

▶ 合計「50 歲以上」的顧客購買金額

E3 =SUMIFS(C3:C8,B3:B8,">=50")
合計範圍 條件範圍 1 條件 1

E3 =SUMIFS(C3:C8,B3:B8,">=50")

	A	B	C	D	E	F
1	顧客別購買業績				統計	
2	姓名	年齡	購買金額		50歲以上	
3	王香婷	28	34,000		220,000	
4	謝偉峰	56	100,000			
5	張智善	36	56,000			
6	陳嘉藤	50	120,000			
7	孫美華	41	80,000			
8	林語姍	31	34,000			

輸入公式

合計 50 歲以上的顧客購買金額

合計範圍

條件範圍 1

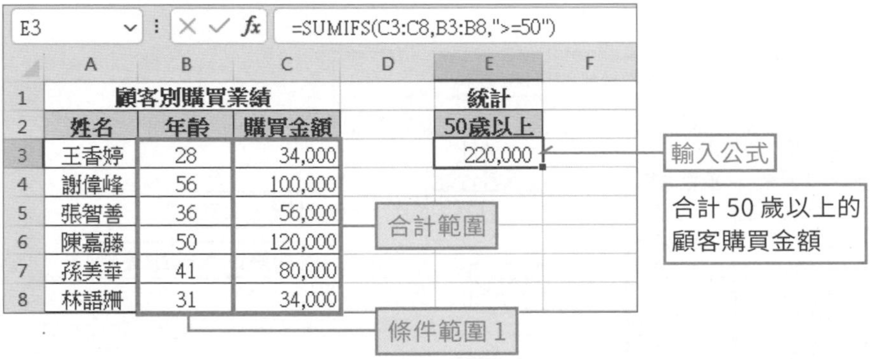

=SUMIFS(合計範圍, 條件範圍 1, 條件 1, [條件範圍 2, 條件 2]…) → 02-09

Memo

- 包含比較運算子的條件必須用半形雙引號「"」框住。

比較運算子	說明	範例	意義
>	大於	">2022/1/1"	2022/1/1 以後
>=	大於等於	">=2022/1/1"	2022/1/1 以後
<	小於	"<50"	小於 50
<=	小於等於	"<=50"	50 以下
=	等於	"=2022/1/1"	等於 2022/1/1
<>	不等於	"<>50"	不等於 50

※「"=2022/1/1"」、「"=50"」可以指定為「"2022/1/1"」、「50」。

關聯項目 【02-11】依條件儲存格中輸入的數值或日期為條件，來加總數值

02-11 依條件儲存格中輸入的數值或日期為條件，來加總數值

SUMIFS

根據「○以上」等條件進行加總時，可以在儲存格中指定條件數值，以方便日後更改條件。例如，條件為「大於或等於 E3 儲存格中的數值」，可以表示為「">="&E3"」。

▶ 加總年齡大於或等於 E3 儲存格的顧客購買金額

E5 =SUMIFS(C3:C8,B3:B8,">="&E3)

合計範圍　條件範圍 1　條件 1

E5 =SUMIFS(C3:C8,B3:B8,">="&E3)

	A	B	C	D	E	F
1	顧客別購買業績				統計	
2	姓名	年齡	購買金額		條件(以上)	
3	王香婷	28	34,000		50	
4	謝偉峰	56	100,000		合計	
5	張智善	36	56,000		220,000	
6	陳嘉滕	50	120,000			
7	孫美華	41	80,000			
8	林語姍	31	34,000			

輸入條件

輸入公式

加總年齡在 50 歲以上的顧客購買金額

合計範圍

條件範圍 1

=SUMIFS(合計範圍, 條件範圍 1, 條件 1, [條件範圍 2, 條件 2]…) → 02-09

Memo

- 當指定組合儲存格和比較運算子的條件時，要用雙引號「"」框住比較運算子，並用「&」運算子將字串與條件資料連接起來。

指定範例	意義 (如果 E3 儲存格為數值)	意義 (如果 E3 儲存格為日期)
">"&E3	大於 E3 儲存格的數值	在 E3 儲存格的日期之後
">="&E3	大於或等於 E3 儲存格的數值	等於或是在 E3 儲存格的日期之後
"<"&E3	小於 E3 儲存格的數值	在 E3 儲存格的日期之前
<="&E3	小於或等於 E3 儲存格的數值	等於或是在 E3 儲存格的日期之前
"="&E3	等於 E3 儲存格的數值	等於 E3 儲存格的日期
"<>"&E3	不等於 E3 儲存格的數值	不等於 E3 儲存格的日期

關聯項目【02-10】對「○以上」、「○天後」的條件進行加總

02-12 在「不等於○○」的條件下加總資料

SUMIFS

要使用 SUMIFS 函數或 SUMIF 函數在「不等於○○」的條件下加總資料，可以使用比較運算子「<>」。例如，條件為「非總店」可以指定為「"<>總店"」、條件為「不是 E3 儲存格的資料」可以指定為「"<>"&E3」。

▶ 加總除了 E3 儲存格 (總店) 以外的分店銷售額

E5 =SUMIFS(C3:C8,B3:B8,"<>"&E3)
合計範圍 條件範圍 1 條件 1

E5 =SUMIFS(C3:C8,B3:B8,"<>"&E3)

	A	B	C	D	E	F
1	各分店銷售額				統計	
2	日期	分店	金額		條件(以外)	
3	10月1日	總店	350,000		總店	
4	10月1日	西門店	200,000		合計	
5	10月2日	大雅店	120,000		400,000	
6	10月3日	總店	270,000			
7	10月4日	安康店	80,000			
8	10月4日	總店	190,000			
9						

輸入條件

輸入公式

合計除了總店以外的分店銷售額

合計範圍

條件範圍 1

=SUMIFS(合計範圍, 條件範圍 1, 條件 1, [條件範圍 2, 條件 2]…) → 02-09

Memo

- 根據條件進行統計的 COUNTIFS 函數和 AVERAGEIFS 函數被歸類在**統計**函數，而 SUMIFS 函數和 SUMIF 函數則被歸類在**數學與三角函數**。當你透過**插入函數**交談窗或是在**公式**頁次中的**函數庫**區中輸入函數時，請特別留意。

關聯項目 【02-10】對「○以上」、「○天後」的條件進行加總
【02-11】依條件儲存格中輸入的數值或日期為條件，來加總數值

02-13 加總開頭為「○○」的資料

SUMIFS

使用**萬用字元**可以指定「以○○開頭」、「以○○結尾」、「包含○○」等條件。在此我們設定「E3&"*"」條件，來加總以 E3 儲存格中的字串為開頭的資料，若 E3 儲存格輸入「台北」，則條件為「以台北開頭」。

▶ **加總收件人地址以「台北」開頭 (E3 儲存格中的文字) 的金額**

```
E5 =SUMIFS(C3:C8,B3:B8,E3&"*")
```
合計範圍　條件範圍 1　條件 1

	A	B	C	D	E	F
1	配送清單				統計	
2	No	收件地址	商品金額		條件 (開頭為)	
3	1001	台北市南港區	3,000		台北	
4	1002	新北市新莊區	12,500		合計	
5	1003	新北市三重區	9,800		38,000	
6	1004	台北市中正區	10,000			
7	1005	新北市中和區	6,700			
8	1006	台北市中山區	25,000			
9						

=SUMIFS(合計範圍, 條件範圍 1, 條件 1, [條件範圍 2, 條件 2]…) → 02-09

Memo

- **萬用字元**符號，包含「*」(星號)和「?」(問號)。星號代表 0 個或多個字元，問號則代表一個字元，請參考【06-03】的說明。

範例	意義
"山"	以「山」開頭 (例如：山頂)
"*山"	以「山」結尾 (例如：陽明山)
"*山*"	包含「山」(例如：登山道)

範例	意義
E3&"*"	以 E3 儲存格中的字串開頭
"*"&E3	以 E3 儲存格中的字串結尾
"*"&E3&"*"	包含 E3 儲存格中的字串

關聯項目【06-03】認識萬用字元

02-14 加總符合 AND 條件的資料

SUMIFS

SUMIFS 函數，可以指定多組「條件範圍」和「條件」來加總資料。加總的對象是所有指定條件都符合的資料。這種條件稱為「AND 條件」。在此，要加總商品為「家電」(G2 儲存格)，且銷售通路為「網路」(G3 儲存格) 的銷售資料。

▶ **加總符合 G2 和 G3 儲存格兩個條件的銷售資料**

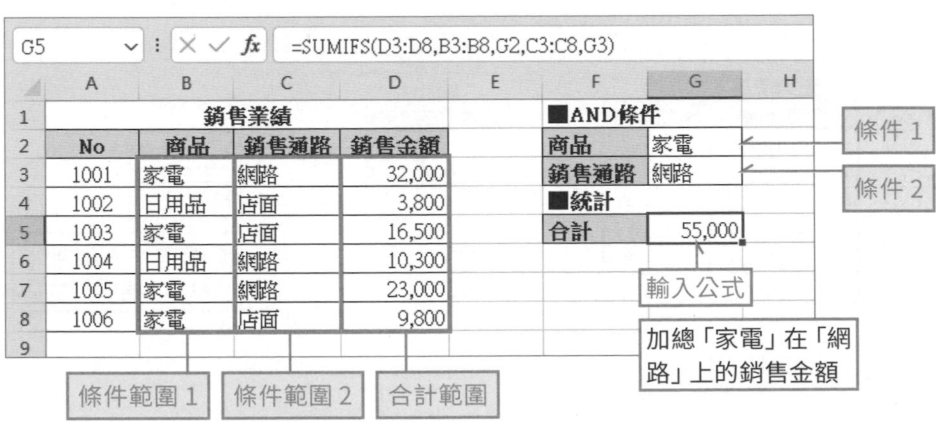

G5 =SUMIFS(D3:D8,B3:B8,G2,C3:C8,G3)

	A	B	C	D	E	F	G	H
1	銷售業績					■AND條件		
2	No	商品	銷售通路	銷售金額		商品	家電	
3	1001	家電	網路	32,000		銷售通路	網路	
4	1002	日用品	店面	3,800		■統計		
5	1003	家電	店面	16,500		合計	55,000	
6	1004	日用品	網路	10,300				
7	1005	家電	網路	23,000				
8	1006	家電	店面	9,800				
9								

=SUMIFS(合計範圍, 條件範圍 1, 條件 1, [條件範圍 2, 條件 2]…) → 02-09

Memo

- 事先在儲存格中輸入條件，當需要變更條件時，就不必修改公式。
- 如果要在函數中直接指定條件，可以如下輸入公式：
  =SUMIFS(D3:D8,B3:B8,"家電",C3:C8,"網路")

關聯項目 【02-15】在「大於○但小於△」和「○日到△日」的條件下加總資料
【02-60】資料庫函數的條件設定<⑥用 AND 條件進行統計>

02-15 在「大於○但小於△」和「○日到△日」的條件下加總資料

SUMIFS

「○日到△日」的條件表示「從○日起，且在△日之前」的 AND 條件。要依據這類條件加總，需在 SUMIFS 函數的「條件」引數中指定含有比較運算子的公式。在此，我們要加總從 G2 到 G3 儲存格這段期間的銷售金額。

▶ **加總從 G2 到 G3 儲存格這段期間的銷售金額**

G5 =SUMIFS(D3:D8,A3:A8,">="&G2,A3:A8,"<="&G3)

合計範圍 條件範圍 1 條件 1 條件範圍 2 條件 2

G5 =SUMIFS(D3:D8,A3:A8,">="&G2,A3:A8,"<="&G3)

	A	B	C	D	E	F	G	H
1	銷售業績					■條件		
2	日期	姓名	年齡	金額		日期	2023/05/01	從
3	2023/04/26	王香婷	28	25,000			2023/05/05	到
4	2023/05/01	林銘厚	35	5,000		■統計		
5	2023/05/02	張本崎	43	19,000		合計	59,000	
6	2023/05/03	鄭妤玫	30	12,000				
7	2023/05/05	張敏慧	37	23,000				
8	2023/05/06	詹鑫德	26	6,000				

條件 1

條件 2

輸入公式

加總從 2023/5/1 到 2023/5/5 的銷售金額

條件範圍 1　條件範圍 2　合計範圍

=SUMIFS(合計範圍, 條件範圍 1, 條件 1, [條件範圍 2, 條件 2]…) → 02-09

Memo

- 以下是指定數值或日期範圍條件的範例。
  - ・A3～A8 儲存格的日期範圍是從 2023/5/1 到 2023/5/6
    =SUMIFS(D3:D8,A3:A8,">=2023/5/1",A3:A8,"<=2023/5/6")
  - ・C3～C8 儲存格的年齡範圍是，30 歲以上、未滿 40 歲
    =SUMIFS(D3:D8,C3:C8,">=30",C3:C8,"<40")
  - ・C3～C8 儲存格的年齡範圍是，大於或等於 G2 儲存格的值，但小於 G3 儲存格的值
    =SUMIFS(D3:D8,C3:C8,">="&G2,C3:C8,"<"&G3)

關聯項目 【02-11】依條件儲存格中輸入的數值或日期為條件，來加總數值

02-16 用 OR 條件加總資料 <①使用 SUMIFS 函數加總>

SUMIFS

當滿足多個條件中的任何一個條件就視為成立，像這樣的條件就稱為「OR條件」。例如，想要在「分類」欄中，加總「食品或飲料」的金額，就可以用 OR 條件來統計。你可以用 SUMIFS 函數分別求出「食品」和「飲料」的金額，再將它們相加，這樣就可以得到「食品或飲料」的總金額。

▶ 根據 F2 或 F3 儲存格的條件來加總金額

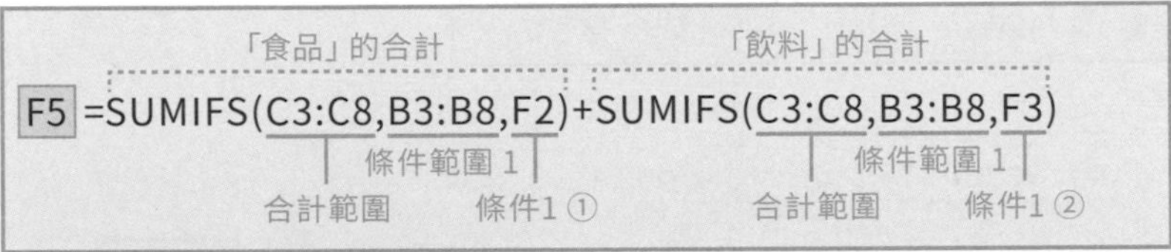

F5 =SUMIFS(C3:C8,B3:B8,F2)+SUMIFS(C3:C8,B3:B8,F3)

	A	B	C	D	E	F
1	銷售表				■OR條件	
2	商品名稱	分類	金額		條件1	食品
3	草莓蛋糕	食品	56,500		條件2	飲料
4	蒙布朗	食品	42,000		■統計	
5	咖啡	飲料	18,000		合計	132,000
6	紅茶	飲料	15,500			
7	蠟燭	裝飾品	3,200			
8	保冷袋	其他	1,230			

=SUMIFS(合計範圍, 條件範圍 1, 條件 1, [條件範圍 2, 條件 2]…) → 02-09

Memo

- 若要根據不同的欄位使用 OR 條件加總，例如，「住址在東京，或者工作地點在東京」，你可以在「作業欄」中判斷是否符合條件，並根據判斷結果加總數值。在【02-22】將介紹在「作業欄」中進行條件判斷的例子，你可以參考此範例。此外，也可以使用 DSUM 函數 (→【02-65】) 進行 OR 條件的加總。

關聯項目 【02-17】用 OR 條件加總資料<②陣列公式>

02-17 用 OR 條件加總資料 <②陣列公式>

SUMIFS

在同一欄中使用 OR 條件加總時，可以結合 SUM、SUMIFS 函數和陣列公式(→【01-31】)。雖然使用【02-16】介紹的方法也能得到相同結果，但是在條件數增加時，公式就會變得冗長，使用本節的方法，可以在一個公式中指定多個條件。

▶ 根據 F2 或 F3 儲存格的條件來加總金額

F5 =SUM(SUMIFS(C3:C8,B3:B8,F2:F3))

合計範圍　條件範圍 1　條件 1　[以陣列公式輸入]

F5　{=SUM(SUMIFS(C3:C8,B3:B8,F2:F3))}

	A	B	C	D	E	F	G
1	銷售表				■OR條件		
2	商品名稱	分類	金額		條件1	食品	
3	草莓蛋糕	食品	56,500		條件2	飲料	
4	蒙布朗	食品	42,000		■統計		
5	咖啡	飲料	18,000		合計	132,000	
6	紅茶	飲料	15,500				
7	蠟燭	裝飾品	3,200				
8	保冷袋	其他	1,230				
9							

條件 1

在 F5 儲存格輸入公式後，同時按下 Ctrl + Shift + Enter 鍵確認

條件範圍 1　合計範圍

加總「分類」為「食品或飲料」的銷售額

=SUM(數值 1, [數值 2]…) → 02-02

=SUMIFS(合計範圍, 條件範圍 1, 條件 1, [條件範圍 2, 條件 2]…) → 02-09

Memo

- 使用 Microsoft 365 和 Excel 2021，只需要在 F5 儲存格輸入公式後，直接按下 Enter 鍵確認，即可得到加總結果。
- 若是要直接在公式中指定多個條件，請和平常一樣按下 Enter 鍵確認即可。
  =SUM(SUMIFS(C3:C8,B3:B8,{"食物","飲料"}))

關聯項目 【02-16】用 OR 條件加總資料<①使用 SUMIFS 函數加總>
【02-59】資料庫函數的條件設定<⑤用 OR 條件進行統計>

公式的基礎 1　表格的彙總 2　條件判斷 3　數值處理 4　日期與時間 5　字串的操作 6　表格的搜尋 7　統計計算 8　財務計算 9　數學計算 10　函數組合 11

02-18 建立一個依商品類別統計的表格

SUMIFS

我們想根據銷售總表的資料，建立一個依商品類別統計的表格。在此要使用 SUMIFS 函數來統計，引數「合計範圍」和「條件範圍 1」在任何商品的情況下都相同，所以使用絕對參照 (→【01-18】)，引數「條件 1」會隨著商品而異，所以使用相對參照。這樣在複製公式時，就可以得到正確的結果。

▶ **加總每項商品的銷售額，並彙整成一個表格**

G3 =SUMIFS($D$3:$D$10,$B$3:$B$10,F3)

合計範圍（$D$3:$D$10）　條件範圍 1（$B$3:$B$10）　條件 1（F3）

G3　=SUMIFS($D$3:$D$10,$B$3:$B$10,F3)

	A	B	C	D	E	F	G	H
1	銷售表					依商品別銷售統計		
2	日期	商品名稱	分店	銷售額		商品名稱	銷售額	
3	6月1日	電腦	西門店	125,000		電腦	634,000	
4	6月7日	印表機	中山店	22,000		平板	125,000	
5	6月8日	電腦	中山店	223,000		印表機	48,000	
6	6月15日	平板	中山店	50,000				
7	6月18日	電腦	西門店	188,000				
8	6月20日	印表機	西門店	26,000				
9	6月22日	平板	西門店	75,000				
10	6月30日	電腦	中山店	98,000				
11								

條件 1

在 G3 儲存格輸入公式，並往下複製到 G5 儲存格

計算出每項商品的總銷售額

條件範圍 1　　合計範圍

=SUMIFS(合計範圍, 條件範圍 1, 條件 1, [條件範圍 2, 條件 2]…) → 02-09

Memo

- 此範例的公式，是以事先在統計表中 F3 到 F5 儲存格輸入商品名稱進行統計。在【07-50】到【07-51】中，我們將說明如何從銷售總表中自動篩選出商品名稱進行統計的方法。

關聯項目 【07-50】在 UNIQUE 函數的結果中自動納入新增的資料
【07-51】加總 UNIQUE 函數取出的項目

02-19 依商品及分店建立交叉統計表

SUMIFS

要建立如下圖的「商品及分店別」的交叉統計表，需要在 SUMIFS 函數中指定兩組「條件範圍」和「條件」。此時，引數的儲存格參照是重要的關鍵。

引數「合計範圍」、「條件範圍 1」和「條件範圍 2」，始終參照相同的儲存格範圍，因此使用絕對參照。至於引數「條件1」，我們希望在複製時能參照「F3、F4、F5」等 F 欄，因此使用固定欄的混合參照。引數「條件 2」，在複製時要參照「G2、H2」等 2 列，因此使用固定列的混合參照。

▶ 依商品和分店建立彙總表

G3 =SUMIFS($D$3:$D$10,$B$3:$B$10,$F3,$C$3:$C$10,G$2)

合計範圍　條件範圍 1　條件 1　條件範圍 2　條件 2

G3 =SUMIFS($D$3:$D$10,$B$3:$B$10,$F3,$C$3:$C$10,G$2)

	A	B	C	D	E	F	G	H
1	銷售表					依商品及分店別銷售統計		
2	日期	商品名稱	分店	銷售額			西門店	中山店
3	6月1日	電腦	西門店	125,000		電腦	313,000	321,000
4	6月7日	印表機	中山店	22,000		平板	75,000	50,000
5	6月8日	電腦	中山店	223,000		印表機	26,000	22,000
6	6月15日	平板	中山店	50,000				
7	6月18日	電腦	西門店	188,000				
8	6月20日	印表機	西門店	26,000				
9	6月22日	平板	西門店	75,000				
10	6月30日	電腦	中山店	98,000				
11								

條件 2

條件 1

在 G3 儲存格輸入公式，並複製到 H5 儲存格

依商品及分店別建立彙總表

條件範圍 1　條件範圍 2　合計範圍

=SUMIFS(合計範圍, 條件範圍 1, 條件 1, [條件範圍 2, 條件 2]…) → 02-09

關聯項目 【01-19】複製公式時固定參照儲存格 (使用絕對參照)
【01-20】複製混合參照公式
【02-18】建立一個依商品類別統計的表格

02-20 將日期依「年份」或「月份」彙總

MONTH／SUMIFS

若要從每日銷售表中建立依「年份」或「月份」的銷售彙總表，你得先建立一個「作業欄」，在此欄中取出「年份」或「月份」。

例如，想要按「月」統計，可以使用 MONTH 函數從「銷售日期」中取出月份。再將取出的月份當作條件範圍，在 SUMIFS 函數中計算出每月的總銷售額。複製公式時，為了確保「合計範圍」和「條件範圍」的儲存格編號不會變動，請使用絕對參照指定。

▶ 建立按月彙總的銷售表

C3 =MONTH(A3)
（A3：序列值）

F3 =SUMIFS($B$3:$B$11,$C$3:$C$11,E3)
（$B$3:$B$11：合計範圍；$C$3:$C$11：條件範圍 1；E3：條件1）

F3 =SUMIFS($B$3:$B$11,$C$3:$C$11,E3)

	A	B	C	D	E	F
1	銷售表				依月銷售統計	
2	銷售日期	銷售額	作業欄		月	銷售額
3	2023/9/1	477,000	9		9	1,216,000
4	2023/9/10	328,000	9		10	1,302,000
5	2023/9/26	411,000	9		11	1,253,000
6	2023/10/8	474,000	10			
7	2023/10/17	346,000	10			
8	2023/10/30	482,000	10			
9	2023/11/7	395,000	11			
10	2023/11/16	479,000	11			
11	2023/11/20	379,000	11			
12						

條件 1

在 F3 儲存格輸入公式，並複製到 F5 儲存格

按月彙總的銷售表

在 C3 儲存格輸入公式，並複製到 C11 儲存格

合計範圍　條件範圍 1

=MONTH(序列值) → 05-05

=SUMIFS(合計範圍, 條件範圍 1, 條件 1, [條件範圍 2, 條件 2]⋯) → 02-09

關聯項目 【02-21】不想建立作業欄，只要一個公式就能按「年」或「月」彙總
【11-02】隱藏作業欄

Memo

- 只要更改「作業欄」中的公式，就可以按照「年」、「季」、「年月」等各種日期單位進行統計。

▶ 建立年度彙總表

- C3 儲存格　=YEAR(A3)
- F3 儲存格　=SUMIFS($B$3:$B$8,$C$3:$C$8,E3)

	A	B	C	D	E	F	G
1	銷售表				依年銷售統計		
2	銷售日期	銷售額	作業欄		年	銷售額	
3	2021/3/18	7,506,000	2021		2021	16,506,000	
4	2021/11/5	9,000,000	2021		2022	13,422,000	
5	2022/6/11	6,802,000	2022		2023	18,674,000	
6	2022/10/9	6,620,000	2022				
7	2023/4/10	9,574,000	2023				
8	2023/11/6	9,100,000	2023				
9							

在 C3 儲存格及 F3 儲存格輸入公式，並分別往下複製到表格底部

▶ 建立每季彙總表

- C3 儲存格　=CHOOSE(MONTH(A3),4,4,4,1,1,1,2,2,2,3,3,3)
- F3 儲存格　=SUMIFS($B$3:$B$10,$C$3:$C$10,E3)

	A	B	C	D	E	F	G
1	銷售表				依季銷售統計		
2	銷售日期	銷售額	作業欄		季	銷售額	
3	2022/4/10	1,797,000	1		1	3,654,000	
4	2022/6/14	1,857,000	1		2	3,638,000	
5	2022/7/18	1,851,000	2		3	3,749,000	
6	2022/9/12	1,787,000	2		4	3,269,000	
7	2022/10/17	1,896,000	3				
8	2022/12/19	1,853,000	3				
9	2023/1/8	1,757,000	4				
10	2023/2/12	1,512,000	4				
11							

在 C3 儲存格及 F3 儲存格輸入公式，並分別往下複製到表格底部

▶ 建立年月的彙總表

- C3 儲存格　=TEXT(A3,"yyyy/mm")
- F3 儲存格　=SUMIFS($B$3:$B$10,$C$3:$C$10,E3)

	A	B	C	D	E	F	G
1	銷售表				依年月銷售統計		
2	銷售日期	銷售額	作業欄		年月	銷售額	
3	2022/11/3	509,000	2022/11		2022/11	1,094,000	
4	2022/11/20	585,000	2022/11		2022/12	1,221,000	
5	2022/12/13	682,000	2022/12		2023/01	1,290,000	
6	2022/12/20	539,000	2022/12		2023/02	1,159,000	
7	2023/1/16	688,000	2023/01				
8	2023/1/23	602,000	2023/01				
9	2023/2/10	566,000	2023/02				
10	2023/2/15	593,000	2023/02				
11							

在 C3 儲存格及 F3 儲存格輸入公式，並分別往下複製到表格底部

切換到**常用**頁次，按下**數值**區的**數值格式**下拉箭頭，選擇**文字**顯示格式，然後以「2022/11」的形式輸入年月

02-21 不想建立作業欄，只要一個公式就能按「年」或「月」彙總

SUM／IF／MONTH

我們在【02-20】使用「作業欄」來統計每月的銷售額，但如果不想建立「作業欄」，也可以使用陣列公式（→【01-31】）來統計。例如，要按月份統計銷售額，關鍵在於指定整個日期儲存格範圍，例如，「MONTH($A$3:$A$11)」。

使用 IF 函數，將 MONTH 函數取出的月份與條件中的 E3 儲存格比較，如果相同，則傳回對應的銷售額，再將傳回的銷售額以 SUM 函數加總，這樣就能得到符合條件的月份銷售總額。

▶ 建立按月彙總的銷售表

F3 =SUM(IF(MONTH($A$3:$A$11)=E3,$B$3:$B$11,0))

條件式　條件成立　條件不成立

[以陣列公式輸入]

F3　{=SUM(IF(MONTH($A$3:$A$11)=E3,$B$3:$B$11,0))}

	A	B	C	D	E	F	G	H
1	銷售表				依月銷售統計			
2	銷售日期	銷售額			月	銷售額		
3	2023/9/1	477,000			9	1,216,000		
4	2023/9/10	328,000			10	1,302,000		
5	2023/9/26	411,000			11	1,253,000		
6	2023/10/8	474,000						
7	2023/10/17	346,000						
8	2023/10/30	482,000						
9	2023/11/7	395,000						
10	2023/11/16	479,000						
11	2023/11/20	379,000						
12								

條件成立

條件式

在 F3 儲存格輸入公式，再按下 Ctrl + Shift + Enter 鍵確認

將 F3 儲存格的公式，往下複製到 F5 儲存格

按月彙總的銷售表

Memo

- 使用 Microsoft 365 和 Excel 2021，只需要在 F3 儲存格輸入公式後，直接按下 Enter 鍵確認，即可得到加總結果。

=SUM(數值 1, [數值 2]…)	→ 02-02
=IF(條件式, 條件成立, 條件不成立)	→ 03-02
=MONTH(序列值)	→ 05-05

Memo

- 選取 F3 儲存格，在**資料編輯列**中選取 SUM 函數的整個引數 (包括括號)，按下 F9 鍵，會得到陣列「{477000;328000;411000;0;0;0;0;0;0}」。將這個陣列元素相加後，就是 9 月的銷售額。

T.DIST.RT | =SUM{477000;328000;411000;0;0;0;0;0;0}

	A	B	C	D	E	F	G
1	銷售表				依月銷售統計		
2	銷售日期	銷售額			月	銷售額	
3	2023/9/1	477,000			9	0;0;0;0}	
4	2023/9/10	328,000			10	1,302,000	
5	2023/9/26	411,000			11	1,253,000	

按下 F9 鍵，可以查看 SUM 函數的引數內容，按下 Esc 鍵可以還原成公式

上述的陣列相當於在「作業欄」中輸入「=IF(MONTH(A3)=$E$3,B3,0)」，並往下複製的結果。

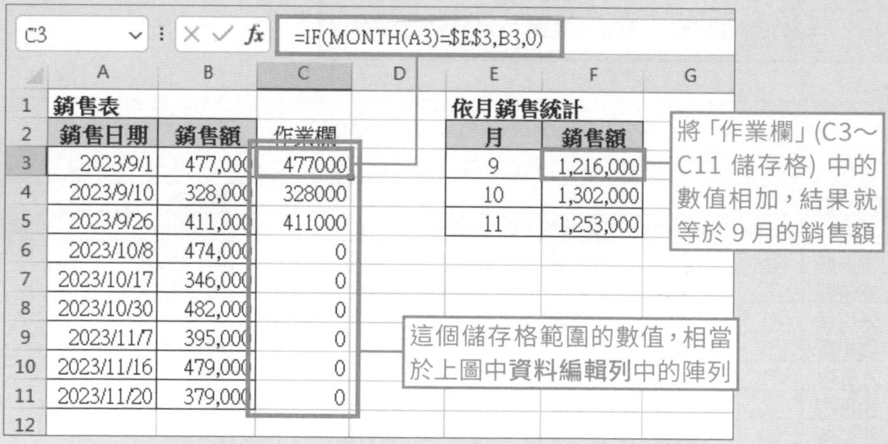

C3 | =IF(MONTH(A3)=$E$3,B3,0)

	A	B	C	D	E	F	G
1	銷售表				依月銷售統計		
2	銷售日期	銷售額	作業欄		月	銷售額	
3	2023/9/1	477,000	477000		9	1,216,000	
4	2023/9/10	328,000	328000		10	1,302,000	
5	2023/9/26	411,000	411000		11	1,253,000	
6	2023/10/8	474,000	0				
7	2023/10/17	346,000	0				
8	2023/10/30	482,000	0				
9	2023/11/7	395,000	0				
10	2023/11/16	479,000	0				
11	2023/11/20	379,000	0				
12							

將「作業欄」(C3～C11 儲存格) 中的數值相加，結果就等於 9 月的銷售額

這個儲存格範圍的數值，相當於上圖中資料編輯列中的陣列

- 【02-20】的 Memo 範例中，如果要在不使用「作業欄」的情況下按照「年」、「季」、「年月」進行彙總，可以將下列公式作為陣列公式輸入到 F3 儲存格中。
  - 年　=SUM(IF(YEAR($A$3:$A$8)=E3,$B$3:$B$8,0))
  - 季　=SUM(IF(CHOOSE(MONTH($A$3:$A$10),4,4,4,1,1,1,2,2,2,3,3,3)=E3,$B$3:$B$10,0))
  - 年月　=SUM(IF(TEXT($A$3:$A$10,"yyyy/mm")=E3,$B$3:$B$10,0))

關聯項目 【02-20】將日期依「年份」或「月份」彙總

02-22 結合 AND 和 OR 等多個條件進行統計 (使用「作業欄」)

fx AND／OR／SUMIFS

SUMIFS、COUNTIFS、AVERAGEIFS 等函數都可以指定多個條件。但是，只能指定 AND 條件。如果要進行 OR 條件或是結合 AND 和 OR 等複雜條件的統計，請建立一個用於判斷條件的**作業欄**。

使用 AND 函數和 OR 函數進行條件判斷，只對判斷結果為「TRUE (真)」的資料進行統計。此範例我們將根據「年齡大於等於 30 歲，且居住地點或工作地點在台北市」的條件，計算總購買金額。

▶ 求出 30 歲以上且居住地點或工作地點在台北市的顧客購買總金額

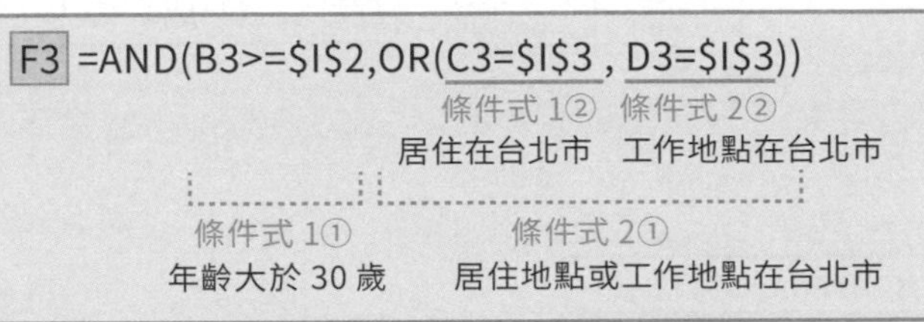

F3 =AND(B3>=$I$2,OR(C3=$I$3 , D3=$I$3))
條件式 1②
條件式 2②
居住在台北市
工作地點在台北市
條件式 1①
年齡大於 30 歲
條件式 2①
居住地點或工作地點在台北市

F3 =AND(B3>=$I$2,OR(C3=$I$3,D3=$I$3))

	A	B	C	D	E	F	G	H	I	J
1	客戶資料							■條件		
2	姓名	年齡	居住地點	工作地點	購買金額	作業欄		年齡	30	歲以上
3	張善義	28	台北市	台北市	135,000	FALSE		居住地點	台北市	
4	許蓓郁	35	中和區	台北市	16,000	TRUE		工作地點		
5	張佳佳	41	板橋區	板橋區	8,000	FALSE				
6	劉如箐	23	板橋區	新莊區	25,000	FALSE		■統計		
7	王賢暐	51	台北市	台北市	113,000	TRUE		合計		
8	謝寶翔	30	新莊區	台北市	63,000	TRUE				
9	陳至潮	29	中和區	台北市	28,000	FALSE				
10	李冠豪	46	台北市	中和區	82,000	TRUE				
11										

在 F3 儲存格中輸入公式，並往下複製到 F10 儲存格

符合條件的資料會顯示「TRUE」

① 根據「年齡大於等於 30 歲，且居住地點或工作地點在台北市」的條件進行統計。首先，在「作業欄」中進行條件判斷，將公式輸入到 F3 儲存格，然後往下複製到 F10 儲存格，如果符合條件，會顯示「TRUE(真)」，如果不符合條件，會顯示「FALSE(假)」。

I7 =SUMIFS(E3:E10,F3:F10,TRUE)

合計範圍　條件範圍 1　條件 1

I7 =SUMIFS(E3:E10,F3:F10,TRUE)

	A	B	C	D	E	F	G	H	I	J
1	客戶資料							■條件		
2	姓名	年齡	居住地點	工作地點	購買金額	作業欄		年齡	30	歲以上
3	張善義	28	台北市	台北市	135,000	FALSE		居住地點	台北市	
4	許蓓郁	35	中和區	台北市	16,000	TRUE		工作地點		
5	張佳佳	41	板橋區	板橋區	8,000	FALSE				
6	劉如甯	23	板橋區	新莊區	25,000	FALSE		■統計		
7	王賢暐	51	台北市	台北市	113,000	TRUE		合計	274,000	
8	謝寶翔	30	新莊區	台北市	63,000	TRUE				
9	陳至潮	29	中和區	台北市	28,000	FALSE				
10	李冠豪	46	台北市	中和區	82,000	TRUE				
11										

輸入公式

加總結果為「TRUE」的資料

合計範圍　條件範圍 1

② 使用 SUMIFS 函數統計資料。此範例在引數「合計範圍」輸入「購買金額」的儲存格，在引數「條件範圍 1」中輸入「作業欄」的儲存格，在引數「條件 1」中指定為「TRUE」

=AND(條件式 1, [條件式 2]···)	→ 03-07
=OR(條件式 1, [條件式 2]···)	→ 03-09
=SUMIFS(合計範圍, 條件範圍 1, 條件 1, [條件範圍 2, 條件 2]···)	→ 02-09

Memo

- 只要將 I7 儲存格的 SUMIFS 函數改成以下函數，就可以計算出資料筆數、平均值、最大值和最小值。
  - ・資料筆數　：　=COUNTIFS(F3:F10,TRUE)
  - ・平均值　：　=AVERAGEIFS(E3:E10,F3:F10,TRUE)
  - ・最大值　：　=MAXIFS(E3:E10,F3:F10,TRUE)
  - ・最小值　：　=MINIFS(E3:E10,F3:F10,TRUE)
- 使用 DSUM、DCOUNT、DAVERAGE 等資料庫函數，也可以在組合 OR 條件和 AND 條件的複雜條件下進行統計。

關聯項目 【02-23】將包含 AND 和 OR 的多個條件組成一個公式 (不使用作業欄)
【02-52】什麼是資料庫函數？
【11-02】隱藏作業欄

02-23 將包含 AND 和 OR 的多個條件組成一個公式 (不使用作業欄)

SUM／IF

【02-22】介紹了使用「作業欄」進行多個條件的統計方法，但有時可能會希望不要使用「作業欄」，而是用一個公式就能完成統計。這時可以使用 SUM、COUNT、AVERAGE 等函數和 IF 函數的巢狀組合，再以陣列公式 (→【01-31】) 的形式輸入。

用一個公式完成統計的關鍵在於，將統計條件指定為 IF 函數的引數「條件式」。此時，AND 條件可以用「*」運算子表示，OR 條件則用「+」運算子表示。此範例我們將根據「年齡大於等於 30 歲，且居住地點或工作地點在台北市」的條件，計算總購買金額。

▶ 求出 30 歲以上且居住地點或工作地點在台北市的顧客購買總金額

```
L7 =SUM(IF((B3:B10>=$L$2)*((C3:C10=$L$3)+(D3:D10=$L$3)),E3:E10,""))
```

年齡 30 歲以上／居住地點在台北市／工作地點在台北市／條件不成立／條件成立／條件式

[以陣列公式輸入]

L7 : {=SUM(IF((B3:B10>=$L$2)*((C3:C10=$L$3)+(D3:D10=$L$3)),E3:E10,""))}

	A	B	C	D	E	F	G	H	I	J	K	L	M
1	客戶資料										■條件		
2	姓名	年齡	居住地點	工作地點	購買金額						年齡	30	歲以上
3	張善義	28	台北市	台北市	135,000						居住地點	台北市	
4	許蓓郁	35	中和區	台北市	16,000						工作地點		
5	張佳佳	41	板橋區	板橋區	8,000								
6	劉如笧	23	板橋區	新莊區	25,000						■統計		
7	王賢暐	51	台北市	台北市	113,000						合計	274,000	
8	謝寶翔	30	新莊區	台北市	63,000								
9	陳至潮	29	中和區	台北市	28,000								
10	李冠豪	46	台北市	中和區	82,000								
11													

條件成立

輸入公式，並按下 Ctrl + Shift + Enter 鍵

=SUN(數值 1, [數值 2]…) → 02-02

=IF(條件式, 條件成立, 條件不成立) → 03-02

Memo

- 使用 Microsoft 365 和 Excel 2021，只需要在 L7 儲存格輸入公式後，直接按下 Enter 鍵確認，即可得到加總結果。
- 將 IF 函數的引數「條件式」中指定的三個條件分解並輸入到「作業欄」中，可以更容易理解整個條件。「B3>=$L$2」、「C3=$L$3」和「D3=$L$3」會分別傳回結果為「TRUE」或「FALSE」的條件式。在 Excel 中，「TRUE」會當成「1」，「FALSE」會當成「0」，來進行四則運算。如果將四則運算的結果指定為 IF 函數的引數「條件式」，「非0」會被視為「TRUE」，「0」會被視為「FALSE」。

=B3>=$L$2　=C3=$L$3　=D3=$L$3　=F3*(G3+H3)

	A	B	C	D	E	F	G	H	I	J	K	L	M
1	客戶資料										■條件		
2	姓名	年齡	居住地點	工作地點	購買金額	作業欄					年齡	30	歲以上
3	張善義	28	台北市	台北市	135,000	FALSE	TRUE	TRUE	0		居住地點	台北市	
4	許蓓郁	35	中和區	台北市	16,000						工作地點		

「FALSE*(TRUE+TRUE)」在計算時會被視為「0*(1+1)」，結果為「0」

	A	B	C	D	E	F	G	H	I	J	K	L	M
1	客戶資料										■條件		
2	姓名	年齡	居住地點	工作地點	購買金額	作業欄					年齡	30	歲以上
3	張善義	28	台北市	台北市	135,000	FALSE	TRUE	TRUE	0		居住地點	台北市	
4	許蓓郁	35	中和區	台北市	16,000	TRUE	FALSE	TRUE	1		工作地點		
5	張佳佳	41	板橋區	板橋區	8,000	TRUE	FALSE	FALSE	0				
6	劉如箐	23	板橋區	新莊區	25,000	FALSE	FALSE	FALSE	0		■統計		
7	王賢暐	51	台北市	台北市	113,000	TRUE	TRUE	TRUE	2		合計		
8	謝寶翔	30	新莊區	台北市	63,000	TRUE	FALSE	TRUE	1				
9	陳至潮	29	中和區	台北市	28,000	FALSE	FALSE	TRUE	0				
10	李冠豪	46	台北市	中和區	82,000	TRUE	TRUE	FALSE	1				
11													

只要加總「非0」的「購買金額」，就能得到正確的計算結果

- 只要將 L7 儲存格的 SUM 函數改成以下函數，就可以計算出資料筆數、平均值、最大值和最小值。
  - 資料筆數：=COUNT(IF(……))
  - 平均值：=AVERAGE(IF(……))
  - 最大值：=MAX(IF(……))
  - 最小值：=MIN(IF(……))

關聯項目 【02-22】結合 AND 和 OR 等多個條件進行統計 (使用「作業欄」)
【02-52】什麼是資料庫函數？
【03-01】什麼是邏輯值？什麼是邏輯運算式？

02-24 計算表格中的小計與總計

SUBTOTAL

在建立含有小計列及總計列的表格時，SUBTOTAL 函數非常便利。要計算小計時，將引數「範圍 1」準確指定為要加總的儲存格範圍。計算總計時，如果引數「範圍 1」指定為包含小計的所有數值儲存格範圍，系統會自動排除小計來求得總計。這樣可以省去跳過小計列並分別指定儲存格範圍的麻煩。

▶ 計算小計與總計

C6 =SUBTOTAL(9,C3:C5)
統計方法 範圍 1①

C9 =SUBTOTAL(9,C7:C8)
統計方法 範圍 1②

C10 =SUBTOTAL(9,C3:C9)
統計方法 範圍 1③

C10 =SUBTOTAL(9,C3:C9)

	A	B	C	D	E
1	依商品分類的銷售額				
2	類別	商品名稱	銷售額		
3	便當	炸雞便當	326,500		
4		燒肉便當	286,800		
5		烤鮭魚便當	187,200		
6	小計		800,500		
7	套餐	沙拉	70,000		
8		味噌湯	21,000		
9	小計		91,000		
10	總計		891,500		
11					

範圍 1①
範圍 1②
範圍 1③

分別在 C6、C9、C10 儲存格中輸入公式

計算小計與總計

=SUBTOTAL(統計方法, 範圍 1, [範圍 2]…) 數學與三角函數

統計方法…統計時所使用的函數，請由下表中的數值來指定。統計的結果要包含隱藏儲存格的值時，要指定成 1～11；不要包含隱藏儲存格的值時，則指定成 101～111

範圍…指定統計對象的儲存格範圍

「統計方法」是用來指定要使用的函數，「範圍」則是統計的資料，最多可以指定 254 個。

▶ 引數「統計方法」

統計方法 (包含隱藏儲存格的值)	統計方法 (忽略隱藏儲存格的值)	函數	函數說明	參照
1	101	AVERAGE	平均值	02-38
2	102	COUNT	數值個數	02-27
3	103	COUNTA	資料個數	02-27
4	104	MAX	最大值	02-48
5	105	MIN	最小值	02-48
6	106	PRODUCT	乘積	04-34
7	107	STDEV.S	母體的標準差	08-08
8	108	STDEV.P	標準差	08-07
9	109	SUM	合計值	02-02
10	110	VAR.S	母體的變異數	08-06
11	111	VAR.P	變異數	08-05

Memo

- SUBTOTAL 函數中引數所指定的「範圍」，即使有其他 SUBTOTAL 函數所計算出來的小計，SUBTOTAL 函數會忽略範圍中的其他小計資料，以防止資料重複計算。
- 在列編號上按滑鼠右鍵，選擇**隱藏**命令，可隱藏選取的列。若在引數「統計方法」中指定「1」到「11」，則會包含隱藏資料在內的整個「範圍」進行統計；若指定「101」到「111」，則只會統計目前顯示的資料，不包含隱藏的資料。

=SUBTOTAL(9,D2:D4)

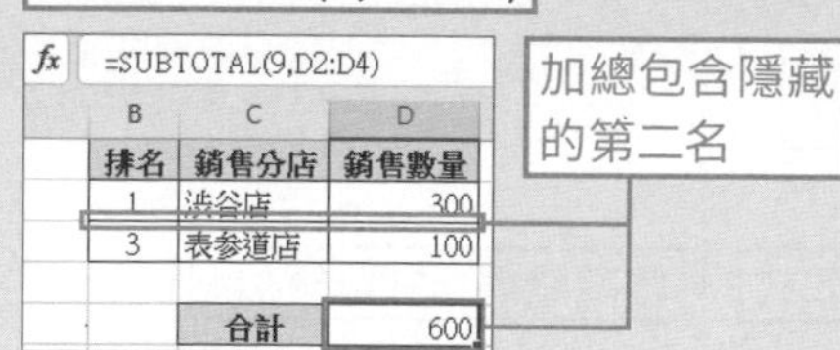

=SUBTOTAL(109,D2:D4)

=SUBTOTAL(109,D2:D4)
排名 銷售分店 銷售數量
1 澁谷店 300
3 表參道店 100
合計 400
加總不包含隱藏的第二名

- 若資料利用**篩選**功能篩選過，SUBTOTAL 函數只會對被篩選出來的資料做合計。不論引數的「統計方法」設成哪一種，只要是沒有被篩選出來的資料，都不會包含在合計結果中。
- 使用 AGGREGATE 函數 (→【02-25】) 也可以進行類似的計算。透過指定第 2 個引數「選項」為「0」、「1」、「2」或「3」，可以忽略小計並計算總計。
  - C6 儲存格：　=AGGREGATE(9,0,C3:C5)
  - C9 儲存格：　=AGGREGATE(9,0,C7:C8)
  - C10 儲存格：　=AGGREGATE(9,0,C3:C9)

02-25 計算錯誤值以外的小計與總計

AGGREGATE

AGGREGATE 函數與 SUBTOTAL 函數 (→【**02-24**】) 一樣，可以進行各種類型的統計，但其特點是可以指定要忽略的資料 (不納入統計範圍的資料)。在此，我們希望忽略錯誤值，計算銷售額的加總。

範例中，**數量**欄位的資料不一致 (含有文字資料)，所以導致**銷售額**欄位有錯誤值。如果使用 SUM 函數或 SUBTOTAL 函數計算加總，就會出現錯誤。然而，如果在 AGGREGATE 函數的引數「選項」中指定「2」，就可以忽略錯誤值並計算加總，即使原始資料不一致，也能顯示暫時性的加總。

▶ 忽略錯誤值並計算加總

D8 =AGGREGATE(9,2,D3:D7)

合計方法　範圍 1
選項

D8 =AGGREGATE(9,2,D3:D7)

	A	B	C	D	E	F
1	商品別的銷售統計					
2	商品名稱	單價	數量	銷售額		
3	炸雞便當	500	653	326,500		
4	燒肉便當	600	計算中	#VALUE!		
5	烤鮭魚便當	450	416	187,200		
6	沙拉	200	350	70,000		
7	味噌湯	100	210	21,000		
8	總計			604,700		

範圍 1

輸入公式　忽略錯誤值並計算加總

=AGGREGATE(統計方法, 選項, 範圍 1, [範圍 2]…)　數學與三角函數

=AGGREGATE(統計方法, 選項, 陣列, 值)　數學與三角函數

統計方法…統計時所使用的函數，可以利用下表的數值來指定
選項……指定下表中的數值，設定在統計對象中要忽略的資料條件
範圍…在「統計方法」中指定「1」～「13」時，設定統計對象的儲存格範圍，最多可以指定 253 個
陣列…在「統計方法」中指定「14」～「19」時，設定統計對象的儲存格範圍
值…在「統計方法」中指定「14」～「19」時，設定希望求得的值的排名或分位數

使用在「統計方法」中指定的函數，將排除條件的資料之外的「範圍」或「陣列」進行統計。如果在「統計方法」中指定了「1」～「13」，則使用第一種格式；如果指定了「14」～「19」，則使用第二種格式。

▶ 引數「統計方法」

統計方法	函數	函數說明	參照
1	AVERAGE	平均值	02-38
2	COUNT	數值個數	02-27
3	COUNTA	資料個數	02-27
4	MAX	最大值	02-48
5	MIN	最小值	02-48
6	PRODUCT	乘積	04-34
7	STDEV.S	樣本的標準差	08-08
8	STDEV.P	標準差	08-07
9	SUM	加總	02-02
10	VAR.S	樣本變異數	08-06
11	VAR.P	變異數	08-05
12	MEDIAN	中位數	08-03
13	MODE.SNGL	眾數	08-01
14	LARGE	第 k 個最大值	04-25
15	SMALL	第 k 個最小值	04-27
16	PERCENTILE.INC	K 的百分比值 (含 0 和 1)	04-23
17	QUARTILE.INC	四分位數	04-24
18	PERCENTILE.EXC	第 K 個百分比值(排除 0% 與 100% 的百分位數)	798
19	QUARTILE.EXC	四分位數 (排除 0% 與 100% 的四分位數)	799

▶ 引數「選項」

選項	在「範圍」內的 SUBTOTAL 及 AGGREGATE 函數	隱藏列	錯誤值
0 或省略	忽略	不忽略	不忽略
1	忽略	忽略	不忽略
2	忽略	不忽略	忽略
3	忽略	忽略	忽略
4	不忽略	不忽略	不忽略
5	不忽略	忽略	不忽略
6	不忽略	不忽略	忽略
7	不忽略	忽略	忽略

關聯項目【02-24】計算表格中的小計與總計

02-26 只要加總「篩選」後的資料

AGGREGATE

Excel 中有個非常便利的資料**篩選**功能，只要按下表格欄標題上的 [▼] 鈕，從選單中選擇條件，就能輕鬆篩選出所要的資料。如果在 AGGREGATE 函數的引數「選項」中指定「5」，可以只針對篩選後的資料做統計。

▶ 只要加總篩選後的資料

```
C11 =AGGREGATE(9,5,C4:C9)
```

統計方法 ／ 選項 ／ 範圍 1

C11 =AGGREGATE(9,5,C4:C9)

	A	B	C	D
1	銷售業績			
2				
3	日期	商品分類	銷售額	
4	9月1日	電腦	184,000	
5	9月1日	印表機	35,000	
6	9月2日	電腦	126,000	
7	9月5日	掃描器	54,000	
8	9月6日	電腦	154,000	
9	9月7日	印表機	28,000	
10				
11		總銷售額	581,000	
12				

C11 =AGGREGATE(9,5,C4:C9)

	A	B	C	D
1	銷售業績			
2				
3	日期	商品分類	銷售額	
4	9月1日	電腦	184,000	
6	9月2日	電腦	126,000	
8	9月6日	電腦	154,000	
10				
11		總銷售額	464,000	
12				
13				
14				
15				

按下此鈕，篩選出分類為「電腦」的資料

執行篩選後，只會加總篩選後的資料

=AGGREGATE(統計方法, 選項, 範圍 1, [範圍 2]…)

→ 02-25

Memo

- 要在表格的欄標題上顯示**自動篩選** [▼] 鈕，請切換到**資料**頁次，按下**排序與篩選**區的**篩選**鈕。
- 以此範例而言，將引數「選項」指定為「1」、「3」或「7」，會得到相同的結果。

關聯項目 【02-37】計算資料篩選後的筆數

02-27 計算數值儲存格和已輸入資料的儲存格個數

COUNT／COUNTA

在進行資料分析時，資料量是重要的分析依據。如果要計算輸入數值的儲存格數量，可以使用 COUNT 函數；如果要計算輸入任何資料的儲存格數量，則使用 COUNTA 函數。

▶ 計算報名人數 (姓名的個數) 和測驗人數 (分數欄的個數)

E2 =COUNTA(A3:A7)

	A	B	C	D	E	F
1	研討會結業成績					
2	姓名	分數		報名人數	5	
3	黃明輝	85		測驗人數	4	
4	唐惠香	64				
5	宋正浦	缺席				
6	謝俊璋	70				
7	林秀文	59				
8						

值 1①　值 1②　輸入公式

計算出「報名人數」(資料個數) 及「測驗人數」(數值個數) 了

E2 =COUNTA(A3:A7)　值 1①

E3 =COUNT(B3:B7)　值 1②

=COUNT(值 1, [值 2]…)　統計

值…指定要查詢數值數量的「值」，或儲存格範圍

傳回指定的「值」中包含的數值數量。「值」最多可以指定 255 個。

=COUNTA(值 1, [值 2]…)　統計

值…指定要查詢資料數量的「值」，或儲存格範圍

會傳回指定的「值」中包含的資料數量。未輸入資料的儲存格不會被計算。「值」最多可以指定 255 個。

Memo

- COUNT 函數會把公式傳回數值的儲存格也列入計算，此外，日期和時間也會列入計算，因為它們是一種稱為「序列值」的數值資料。以字串形式輸入的數值和邏輯值不會被計算，但是如果直接在公式的引數中指定字串形式的數值或邏輯值，則會被計算。例如，「=COUNT("1",TRUE)」的結果為 2。
- COUNTA 函數會計算數值、日期、字串、邏輯值等所有資料類型，連輸入公式的儲存格也會被計算。即使公式傳回值為「""」的儲存格，雖然看起來是空白，但也會成為 COUNTA 函數的計數目標。

關聯項目【02-30】計算符合條件的儲存格個數 <①COUNTIF 函數>

02-28 計算空白儲存格的個數

COUNTBLANK

使用 COUNTBLANK 函數可以計算儲存格範圍內的空白儲存格。這裡所說的「空白」是指看起來是空白的儲存格，未輸入資料的儲存格和公式傳回值為「""」的儲存格都是計算的對象。在此，我們將計算「入帳日」欄位是空白的儲存格。

▶ 計算空白儲存格的數量

E3 =COUNTBLANK(C3:C8)
範圍

E3 =COUNTBLANK(C3:C8)

	A	B	C	D	E	F
1	年費繳交狀況					
2	會員編號	會員姓名	入帳日		未入帳	
3	K-1001	張清健	2023/4/1		2	
4	K-1002	謝鎂鈺				
5	K-1003	蘇德明	2023/4/6			
6	K-1004	王佩容				
7	K-1005	徐威山	2023/4/2			
8	K-1006	張哲嘉	2023/4/4			
9						

範圍

輸入公式

計算有幾個空白儲存格

=COUNTBLANK(範圍) 統計

範圍…指定儲存格範圍，以計算空白儲存格的數量
傳回指定的「儲存格範圍」中包含的空白儲存格數量。輸入空白字串「""」的儲存格也會被計算。數值為 0 不會被計算。

Memo

- 在儲存格中輸入全形或半形空格，不會成為 COUNTBLANK 函數的計算對象。

關聯項目 【02-29】計算看起來是空白且內容也是空白的儲存格個數

02-29 計算看起來是空白且內容也是空白的儲存格個數

ROWS／COLUMNS／COUNTA

有時候你可能想要計算未輸入資料的儲存格數量，但是【02-28】介紹的 COUNTBLANK 函數，會把公式結果為「""」的儲存格也計算進去。如果只想計算未輸入資料的儲存格數量，可以從所有儲存格的數量減去已經輸入資料的儲存格數量。指定儲存格範圍中所包含的儲存格數量，可以透過列數乘以欄數來取得。已經輸入資料的儲存格數量可以用 COUNTA 函數來計算。

▶ **計算內容為空白的儲存格數量**

```
F3 =ROWS(A2:D5)*COLUMNS(A2:D5)-COUNTA(A2:D5)
```

- ROWS(A2:D5)：A2:D5 的列數
- COLUMNS(A2:D5)：A2:D5 的欄數
- ROWS(A2:D5)*COLUMNS(A2:D5)：A2:D5 的儲存格數量
- COUNTA(A2:D5)：A2:D5 範圍內已輸入資料的儲存格數量

F3 =ROWS(A2:D5)*COLUMNS(A2:D5)-COUNTA(A2:D5)

	A	B	C	D	E	F	G
1	會員資料						
2	姓名	洪信輝	性別	男		未輸入	
3	生日		年齡			1	
4	手機號碼	0939-xxx-xxx	寄物櫃	合約			
5	課程	熱瑜珈	會員類別	假日			
6							
7							

輸入公式

雖然儲存格看起來是空白的，但實際上裡面有輸入公式

只能計算未輸入資料的 B3 儲存格

=ROWS(陣列)	→ 07-58
=COLUMNS(陣列)	→ 07-58
=COUNTA(值 1, [值 2]…)	→ 02-27

Memo

- D3 儲存格中輸入了一個公式「=IF(B3="","",DATEDIF(B3,TODAY(),"Y"))」，只有在 B3 儲存格輸入生日後，才會顯示年齡。

關聯項目 【02-28】計算空白儲存格的個數

02-30 計算符合條件的儲存格個數 <①COUNTIF 函數>

COUNTIF

COUNTIF 函數可以在特定儲存格範圍內尋找符合條件的資料並進行計數。在此，我們將從「分發部門」欄位的儲存格中計算分發到「營業部」的人數。只要將引數「條件範圍」設為「分發部門」欄的儲存格範圍，再將引數「條件」設為 F2 儲存格中輸入的「營業部」，即可算出分發到營業部的人數。

▶ 從「分發部門」欄位中的儲存格，計算分發到「營業部」的人數

F3 =COUNTIF(C3:C9,F2)
條件範圍 條件

F3 =COUNTIF(C3:C9,F2)

	A	B	C	D	E	F	G
1	新進人員分發清單				人數統計		
2	No	員工姓名	分發部門		分發部門	營業部	
3	102341	張緯清	營業部		人數統計	3	
4	102342	施明山	經營企劃部				
5	102343	陳香里	營業部				
6	102344	詹慧美	生產管理部				
7	102345	孫宇佑	IT部				
8	102346	陳健瑜	營業部				
9	102347	留馨慧	人事部				
10							

條件

輸入公式

條件範圍

計算出分發到「營業部」的人數

=COUNTIF(條件範圍, 條件) 統計

條件範圍…指定要進行條件判斷的儲存格範圍
條件…指定用於搜尋符合目標資料的條件
從「條件範圍」中搜尋符合指定「條件」的資料，並傳回找到的數量。

Memo

- 在 COUNTIF 函數或 COUNTIFS 函數 (→【02-31】) 的引數「條件」中，如果要直接指定字串或日期，請使用半形雙引號「"」括起來，例如，「"營業部"」、「"2023/12/24"」。如果指定的是數值，直接輸入數字即可，例如，「1234」。

關聯項目【02-31】計算符合條件的儲存格個數 <②COUNTIFS 函數>

Excel 02-31 計算符合條件的儲存格個數 <②COUNTIFS 函數>

COUNTIFS

使用 COUNTIFS 函數，可以指定多個條件並計算符合所有條件的資料數量。與 COUNTIF 函數 (→【02-30】) 只能指定 1 個條件不同，COUNTIFS 函數可以指定 1 個條件或多個條件。在此，我們將根據輸入到儲存格中的條件來進行資料計數。另外，如果想直接在引數中指定條件，請參考【02-30】的 Memo。

▶ **從「分發部門」欄位中的儲存格，計算分發到「營業部」的人數**

F3 =COUNTIFS(C3:C9,F2)
條件範圍 1　條件 1

F3　=COUNTIFS(C3:C9,F2)

	A	B	C	D	E	F	G
1	新進人員分發清單				人數統計		
2	No	員工姓名	分發部門		分發部門	營業部	
3	102341	張緯清	營業部		人數統計	3	
4	102342	施明山	經營企劃部				
5	102343	陳香里	營業部				
6	102344	詹慧美	生產管理部				
7	102345	孫宇佑	IT部				
8	102346	陳健瑜	營業部				
9	102347	留馨慧	人事部				
10							

條件 1
輸入公式
計算出分發到「營業部」的人數
條件範圍 1

=COUNTIFS(條件範圍 1, 條件 1, [條件範圍 2, 條件 2]…)　統計

條件範圍…指定要進行條件判斷的儲存格範圍
條件…指定用於搜尋符合目標資料的條件
從「條件範圍」中搜尋符合指定「條件」的資料，並傳回符合條件的資料個數。「條件範圍」和「條件」必須成對指定，最多可以指定 127 組。

關聯項目 【02-30】計算符合條件的儲存格個數<①COUNTIF 函數>

02-32 根據「○以上」或「○日以後」的條件來計算資料個數

COUNTIFS

在 COUNTIFS 函數和 COUNTIF 函數中，將「比較運算子」與引數「條件」結合在一起使用，可以根據「○以上」、「未滿○」、「○日以後」、「○日以前」等數值或日期範圍為條件來計數。例如，「2022/1/1 以後」這個條件可以表示為「">=2022/1/1"」、「G2 儲存格的日期以後」這個條件可以表示為「">="&G2」。此範例，將計算在 G2 儲存格所輸入的日期之後才加入的會員人數。

▶ 計算「入會日」欄中有幾個「2022/1/1 以後」才加入的會員

G3 =COUNTIFS(D3:D8,">="&G2)

條件範圍 1 條件 1

G3 =COUNTIFS(D3:D8,">="&G2)

	A	B	C	D	E	F	G	H
1	會員資料					會員數統計		
2	No	會員姓名	年齡	入會日		入會日	2022/1/1	以後
3	1	王香婷	28	2021/10/8		會員數	4	
4	2	施千慧	35	2021/11/15				
5	3	張承妤	43	2022/1/21				
6	4	黃馨茹	30	2022/2/4				
7	5	林振哲	37	2022/2/23				
8	6	吳信諺	26	2022/3/19				
9								

條件 1

輸入公式

條件範圍 1

計算出「2022/1/1以後」才加入的會員數

=COUNTIFS(條件範圍 1, 條件 1, [條件範圍 2, 條件 2]…) → 02-31

Memo

- 如果需要將比較運算子與日期或數字結合起來設定條件，請參考【02-10】、【02-11】的Memo。

關聯項目 【02-31】計算符合條件的儲存格個數 <②COUNTIFS 函數>

02-33 以「包含○○」的條件來計算資料數量

COUNTIFS

在 COUNTIFS 函數或 COUNTIF 函數中，將「萬用字元」與引數「條件」結合，可以指定「以○○開始」、「以○○結束」、「包含○○」等條件。在此，我們指定「"*"&F2&"*"」條件，來計算包含在 F2 儲存格輸入的字串資料。如果在 F2 儲存格中輸入「英語會話」，條件就會變成「*英語會話*」，並計算包含「英語會話」的上課人數。

▶ 從「課程」欄中計算「包含英語會話」的上課人數

F3 =COUNTIFS(C3:C9,"*"&F2&"*")
條件範圍 1　條件 1

F3　=COUNTIFS(C3:C9,"*"&F2&"*")

	A	B	C	D	E	F	G
1	學員資料				學員人數統計		
2	No	姓名	課程		課程	英語會話	包含
3	1	徐佳婕	初級英語會話		人數	4	
4	2	劉品軒	一級英檢				
5	3	張彥豪	旅遊英語會話				
6	4	洪鑫俊	二級英檢				
7	5	李明君	商務英語會話				
8	6	池秋玫	初級英語會話				
9	7	黃隆介	TOEIC 考試				
10							

條件1

輸入公式

條件範圍 1

計算包含「英語會話」的上課人數有多少

=COUNTIFS(條件範圍 1, 條件 1, [條件範圍 2, 條件 2]…) → 02-31

Memo

- 想了解如何使用萬用字元來設定條件，可參考【02-13】的 Memo。

關聯項目 【02-13】加總開頭為「○○」的資料
【06-03】認識萬用字元

02-34 以 AND 條件來計數資料

COUNTIFS

COUNTIFS 函數，可以指定多組「條件範圍」和「條件」來計算資料個數。符合所有指定條件的資料都會被計算在內。這種條件稱為「AND 條件」。在此，我們要統計居住地點為「中和區」(G2 儲存格) 且工作地點為「台北市」(G3 儲存格) 的客戶人數。

▶ 計算居住地點為「中和區」且工作地點為「台北市」的客戶人數

```
G6 =COUNTIFS(C3:C9,G2,D3:D9,G3)
```

條件範圍 1　條件範圍 2
條件 1　條件 2

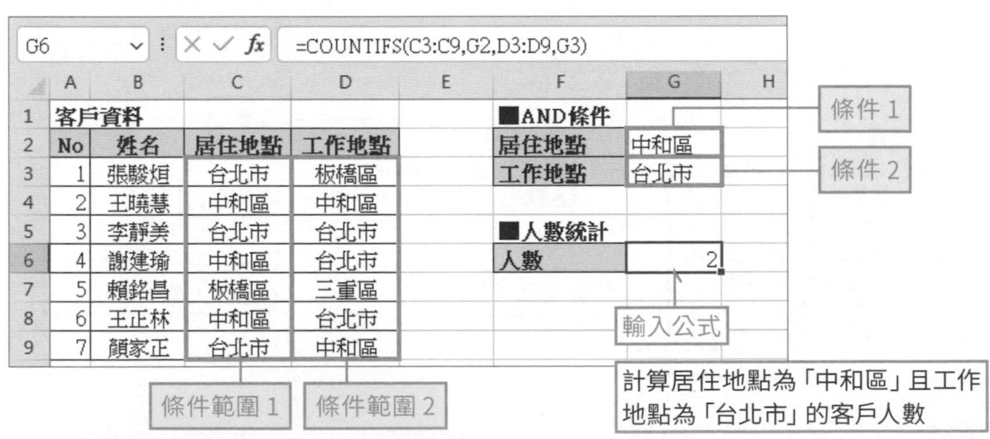

	A	B	C	D
1	客戶資料			
2	No	姓名	居住地點	工作地點
3	1	張駿烜	台北市	板橋區
4	2	王曉慧	中和區	中和區
5	3	李靜美	台北市	台北市
6	4	謝建瑜	中和區	台北市
7	5	賴銘昌	板橋區	三重區
8	6	王正林	中和區	台北市
9	7	顏家正	台北市	中和區

計算居住地點為「中和區」且工作地點為「台北市」的客戶人數

=COUNTIFS(條件範圍 1, 條件 1, [條件範圍 2, 條件 2]…)　→ 02-31

Memo

- 事先在儲存格中輸入條件，當需要變更條件時，就不必修改公式。
- 如果要在函數中直接指定條件，可以如下輸入公式：
  =COUNTIFS(C3:C9,"中和區",D3:D9,"台北市")

關聯項目【02-16】用 OR 條件加總資料＜①使用 SUMIFS 函數加總＞

02-35 計算「○以上△未滿」和「從○日到△日」的資料筆數

COUNTIFS

「○以上△未滿」的條件其實就是「大於○且小於△」的 AND 條件。若要以「○以上△未滿」的條件來計數資料，需要在 COUNTIFS 函數中指定「大於○」和「小於△」這兩組條件。在此，我們將計算數值在 G2 儲存格以上，但小於 G3 儲存格的資料筆數。

▶ 計算 30 歲 (G2 儲存格) 以上和未滿 40 歲 (G3 儲存格) 的資料筆數

G5 =COUNTIFS(C3:C8, ">="&G2, C3:C8, "<"&G3)

條件範圍 1 條件 1 條件範圍 2 條件 2

G5 =COUNTIFS(C3:C8,">="&G2,C3:C8,"<"&G3)

	A	B	C	D	E	F	G	H
1	銷售業績					■條件		
2	日期	客戶	年齡	金額		年齡	30	以上
3	2023/4/26	林宏斌	28	25,000			40	未滿
4	2023/5/1	張文揚	35	5,000		■統計		
5	2023/5/2	謝曉梅	43	19,000		資料筆數	3	
6	2023/5/3	許惠逸	30	12,000				
7	2023/5/5	蘇本渝	37	23,000				
8	2023/5/6	王綺雯	26	6,000				

條件 1　條件 2　輸入公式　條件範圍 1　條件範圍 2

計算 30 歲以上和未滿 40 歲的資料筆數

=COUNTIFS(條件範圍 1, 條件 1, [條件範圍 2, 條件 2]…) → 02-31

Memo

- 以下是指定數值或日期範圍條件的範例：
  - ‧C3～C8 儲存格的年齡介於 30 到 40 歲之間有幾筆？
    =COUNTIFS(C3:C8,">=30",C3:C8,"<40")
  - ‧A3～A8 儲存格中的日期從 2023/5/1 到 2023/5/5 有幾筆？
    =COUNTIFS(A3:A8,">=2023/5/1",A3:A8,"<=2023/5/5")
  - ‧A3～A8 儲存格的日期，符合 G2 到 G3 儲存格的日期有幾筆？
    =COUNTIFS(A3:A8,">="&G2,A3:A8,"<="&G3)

關聯項目 【02-34】以 AND 條件來計數資料

Excel 02-36 想要以「5 歲」或「100 元」等單位來計數

FLOOR.MATH／COUNTIFS

如果想要「將年齡分成每 5 歲為一組來計算人數」時，可以使用 FLOOR.MATH 函數在「作業欄」中先求出以 5 歲為範圍的年齡。再將「作業欄」的計算結果作為「條件範圍 1」，使用 COUNTIFS 函數來計算人數。

▶ 將年齡以 5 歲為一個單位來計算人數

F3 =FLOOR.MATH(C3, 5)
數值 基準值

J3 =COUNTIFS($F$3:$F$52,H3)
條件範圍 1 條件 1

J3 =COUNTIFS($F$3:$F$52,H3)

	A	B	C	D	E	F	G	H	I	J	K
1	問券統計							人數分佈			
2	No	性別	年齡	Q1	Q2	作業欄		年齡		人數	
3	1	男	26	5	3	25		20	～	5	
4	2	女	20	2	2	20		25	～	6	
5	3	女	31	4	5	30		30	～	6	
6	4	女	39	5	2	35		35	～	8	
7	5	女	56	4	5	55		40	～	8	
8	6	男	42	1	4	40		45	～	6	
9	7	女	20	3	3	20		50	～	6	
10	8	男	50	5	4	50		55	～	5	
11	9	男	35	4	4	35					
12	10	女	49	3	3	45					
13	11	男	40	1	3	40					
14	12	男	52	5	4	50					
15	13	男	41	3	1	40					

數值

在 J3 儲存格輸入公式，並複製到 J10 儲存格

在 F3 儲存格輸入公式，並複製到 F52 儲存格

條件範圍 1

=FLOOR.MATH(數值, [基準值], [模式]) → 04-49
=COUNTIFS(條件範圍 1, 條件 1, [條件範圍 2, 條件 2]…) → 02-31

Memo

- FLOOR.MATH 函數是將「數值」向下取至最接近「基準值」的倍數。例如，想將單價以「100 元為單位」來表示，則在「基準值」引數中指定「100」。

關聯項目【08-04】計算每個區間的資料數量，建立頻率分布表

02-37 計算資料篩選後的筆數

AGGREGATE

使用**自動篩選**鈕篩選出所需的資料後，若要計算取出的資料筆數。可以使用 AGGREGATE 函數，將「選項」引數設為「5」，就可以只計算篩選後的資料。為了確保正確計算數量，請在「範圍 1」引數中指定一個沒有資料缺漏的欄位。此外，如果「範圍 1」是數值或日期資料，請在「統計方法」中指定「2」，如果是字串資料，則在「統計方法」中指定「3」。

▶ 計算篩選後的資料筆數

C11 =AGGREGATE(2,5,A4:A9)

統計方法 / 選項 / 範圍 1

C11 =AGGREGATE(2,5,A4:A9)

	A	B	C	D	E
1	會員名單				
2					
3	No	會員姓名	等級		
4	1	陳淑婉	白金		
5	2	洪宣豪	一般		
6	3	楊子傑	一般		
7	4	許潔茹	白金		
8	5	葉芳欣	一般		
9	6	戴佩恩	白金		
10					
11		人數	6		
12					

範圍1

輸入公式

還沒篩選資料前，會計算所有的資料筆數

C11 =AGGREGATE(2,5,A4:A9)

	A	B	C
1	會員名單		
2			
3	No	會員姓名	等級
4	1	陳淑婉	白金
7	4	許潔茹	白金
9	6	戴佩恩	白金
10			
11		人數	3
12			
13			
14			
15			

按下此鈕，選取「白金」

執行篩選後，只會計算篩選後的資料筆數

=AGGREGATE(統計方法, 選項, 範圍 1, [範圍 2]…)

→ 02-25

Memo

- 要在表格的欄標題上顯示**自動篩選** [▼] 鈕，請切換到**資料**頁次，按下**排序與篩選**區的**篩選**鈕。
- 以此範例而言，將引數「選項」指定為「1」、「3」或「7」，會得到相同的結果。

關聯項目 【02-26】只要加總「篩選」後的資料

02-38 計算平均值(相加平均、算術平均)

AVERAGE

將數值的總和除以資料個數所得的值稱為「相加平均」或「算術平均」或簡稱為「平均」。要求得這樣的平均值，可以使用 AVERAGE 函數。只要指定一個包含數值的儲存格範圍作為引數，即可輕鬆計算出結果。

▶ 計算每條產線的瑕疵品數量平均

B8 =AVERAGE(B3:B7)
數值 1

B8 =AVERAGE(B3:B7)

	A	B	C	D	E
1	瑕疵品檢查				
2	產線	瑕疵品數量			
3	A產線	21			
4	B產線	17			
5	C產線	19			
6	D產線	22			
7	E產線	15			
8	平均	18.8			
9					

數值 1

輸入公式　計算出瑕疵品的平均值

=AVERAGE(數值 1, [數值 2]…) 統計

數值…指定要計算平均的數值或儲存格範圍

傳回指定「數值」的平均值。儲存格範圍中的字串、邏輯值和空白儲存格都會被忽略。「數值」最多可以指定 255 個。

Memo

- 空白儲存格或文字資料不會被列入平均值的計算，但 0 會被列入計算。例如，儲存格範圍輸入的是「10、20、空白」，那麼平均值為「(10 + 20) ÷ 2 = 15」，但如果是「10、20、0」，那麼平均值為「(10 + 20 + 0) ÷ 3 = 10」。
- 在儲存格中輸入的邏輯值不會列入平均值計算，但是直接作為引數指定的邏輯值，則 TRUE 會當作 1，FALSE 會當作 0。例如，「=AVERAGE(TRUE,FALSE)」的結果是「(1+0) ÷ 2 = 0.5」。

關聯項目 【02-40】計算符合條件的資料平均值

02-39 將文字資料視為「0」，並計算平均值

AVERAGEA

當計算目標的儲存格範圍中包含文字資料時，根據不同的文字資料處理方式，結果會有所不同。如果要忽略文字資料，可以使用 AVERAGE 函數；如果要將文字資料視為「0」，請使用 AVERAGEA 函數。此範例我們要計算得分的平均值。使用 AVERAGE 函數時，會計算出「80、70、90、60」的平均分數 (忽略「缺席」)。使用 AVERAGEA 函數時，則將「缺席」視為「0 分」，計算出「80、70、90、0、60」的平均分數。

▶ 計算平均分數

D6 =AVERAGEA(B3:B7)
值 1

D6 =AVERAGEA(B3:B7)

	A	B	C	D	E
1	內部課程測驗			平均分數	
2	測驗者	得分		缺席除外	
3	顏嘉隆	80		75	
4	徐美桂	70			
5	姚文介	90		缺席為 0 分	
6	羅鈞平	缺席		60	
7	胡孝誠	60			
8					

值 1

輸入「=AVERAGE(B3:B7)」，計算出排除「缺席」的平均值

輸入「=AVERAGEA(B3:B7)」，計算出將「缺席」視為 0 分的平均值

=AVERAGEA(值 1, [值 2]…) 統計

值…指定要計算平均的值或儲存格範圍

傳回指定「值」的平均值。儲存格範圍中的空白儲存格將被忽略，但字串會被視為 0、邏輯值 FALSE 為 0、TRUE 為 1。最多可以指定 255 個「值」。

Memo

- 相反地，如果要排除「0」並計算平均值，可以使用 AVERAGEIF 函數或 AVERAGEIFS 函數。例如，在上圖中的 B6 儲存格輸入「0」，則可以使用「=AVERAGEIF(B3:B7,"<>0")」公式，計算「80、70、90、60」的平均分數。

關聯項目 【02-38】計算平均值 (相加平均、算術平均)

02-40 計算符合條件的資料平均值

AVERAGEIF

使用 AVERAGEIF 函數，可以在表格中尋找符合特定條件的資料，並求出平均值。在此，我們要求出「店面形式為租用」的「平均來客數」。

▶ 求出「店面形式為租用」的「平均來客數」

G3 =AVERAGEIF(B3:B9, G2, D3:D9)
條件範圍　條件　平均範圍

G3　=AVERAGEIF(B3:B9,G2,D3:D9)

	A	B	C	D	E	F	G
1	夏季特賣會來客數					合計	
2	店面名稱	店面形式	賣場面積(m^2)	來客數		店面形式	租用
3	板橋店	街邊商店	258	3,652		平均來客數	2,033
4	中山店	店中店	180	2,871			
5	埔乾店	租用	211	1,880			
6	松柏店	店中店	96	1,234			
7	中正店	租用	128	1,850			
8	永吉店	租用	201	2,368			
9	站前店	街邊商店	286	2,916			

條件　輸入公式　計算平均來客數　條件範圍　平均範圍

=AVERAGEIF(條件範圍, 條件, [平均範圍])　統計

條件範圍…指定輸入條件判斷資料的儲存格範圍
條件…指定搜尋要計算平均值的資料條件
平均範圍…指定輸入數值資料的儲存格範圍。若省略，則使用「條件範圍」內的資料作為計算目標
此函數會在「條件範圍」中尋找符合指定「條件」的資料，並計算符合條件的列的「平均範圍」中的資料平均值。如果找不到符合條件的資料，則會傳回 [#DIV/0!]。

Memo

- 範例中的 G3 儲存格格式設成「千分位」樣式，因此小數點以下的數值會被隱藏。
- 也可以用 AVERAGEIFS 函數 (→【02-41】) 來求出符合條件資料的平均值。

關聯項目 【02-41】用 AND 條件計算資料的平均值

02-41 用 AND 條件計算資料的平均值

AVERAGEIFS

除了 AVERAGEIF 函數 (→【02-40】) 之外還有 AVERAGEIFS 函數。兩者都是計算符合條件的資料平均值函數，但後者的特點是可以指定多個條件。在此，我們要計算「店面形式為租用」且賣場面積為「200 平方公尺」以上的平均來客數。

▶ 計算「租用」且賣場面積在「200 平方公尺」以上的平均來客數

G5 =AVERAGEIFS(D3:D9, B3:B9, G2, C3:C9, ">="&G3)

平均範圍 條件範圍 1 條件 1 條件範圍 2 條件 2

G5 =AVERAGEIFS(D3:D9,B3:B9,G2,C3:C9,">="&G3)

	A	B	C	D	E	F	G	H
1	夏季特賣會來客數					■AND 條件		
2	店面名稱	店面形式	賣場面積(m^2)	來客數		店面形式	租用	
3	板橋店	街邊商店	258	3,652		賣場面積	200	以上
4	中山店	店中店	180	2,871		■統計		
5	埔乾店	租用	211	1,880		平均來客數	2,124	
6	松柏店	店中店	96	1,234				
7	中正店	租用	128	1,850				
8	永吉店	租用	201	2,368				
9	站前店	街邊商店	286	2,916				

條件 1　條件 2　輸入公式

條件範圍 1　條件範圍 2　平均範圍

求得「租用」且賣場面積在「200 平方公尺」以上的平均來客數了

=AVERAGEIFS(平均範圍, 條件範圍 1, 條件 1, [條件範圍 2, 條件 2]…) 統計

平均範圍…指定輸入數值資料的儲存格範圍
條件範圍…指定輸入條件判斷資料的儲存格範圍
條件…指定搜尋要計算平均值的資料條件

此函數會在「條件範圍」中尋找符合指定「條件」的資料，並計算符合條件的列的「平均範圍」中的資料平均值。「條件範圍」和「條件」必須成對指定，最多可以指定 127 組。如果找不到符合條件的資料，則會傳回 [#DIV/0!]。

Memo

- 請注意！AVERAGEIF 函數和 AVERAGEIFS 函數，其引數「平均範圍」、「條件範圍」和「條件」的順序是不同的。但是「條件」引數的指定方式，兩個函數是相同的。

關聯項目【02-40】計算符合條件的資料平均值

02-42 排除最高分和最低分後，計算平均值

SUM／MAX／MIN／COUNT

在競賽計分中，為了確保計分的公平和公正，有時會排除最高分和最低分，再用剩下的分數計算平均值。其作法是先將總分減去最大值和最小值，再除以「資料個數−2」，就可以得到平均值。總分可以用 SUM 函數求出，最高分可以用 MAX 函數，最低分可用 MIN 函數求出，資料個數則是用 COUNT 函數求出。

▶ 排除最高分和最低分後，計算平均值

B10 =(SUM(B3:B9)-MAX(B3:B9)-MIN(B3:B9))/(COUNT(B3:B9)-2)

總分 ／ 最高分 ／ 最低分 ／ 資料個數-2

B10 =(SUM(B3:B9)-MAX(B3:B9)-MIN(B3:B9))/(COUNT(B3:B9)-2)

	A	B
1	運動大會計分表	
2	裁判	計分
3	甄子宏	7
4	王立仁	8
5	謝國緯	10
6	李杏弘	8
7	張敏原	6
8	呂曉萍	6
9	張德昱	8
10	平均	7.4
11	※最高分/最低分除外	

想要排除最高分和最低分後求平均值

在兩個最低分中，只排除其中一個

輸入公式

=SUM(數值 1, [數值 2]…) → 02-02

=MAX(數值 1, [數值 2]…) → 02-48

=MIN(數值 1, [數值 2]…) → 02-48

=COUNT(值 1, [值 2]…) → 02-27

Memo

- 也可以使用 AVERAGEIFS 函數來求得排除最高分和最低分的平均值。但是，如果有多個最高分或最低分，那麼所有的最高分或最低分都會被排除。
  =AVERAGEIFS(B3:B9,B3:B9,"<>"&MAX(B3:B9),B3:B9,"<>"&MIN(B3:B9))

關聯項目 【02-43】排除上下 10% 後，計算平均值

02-43 排除上下 10% 後，計算平均值

TRIMMEAN

通常用來衡量每日銷售額的平均值，容易受到異常值 (極端值) 影響。下圖中，有一筆資料因為附近舉辦活動，所以當日銷售額異常高，使得平均值與平常的銷售額差距過大。在這種情況下，可以使用 TRIMMEAN 函數，從上、下兩端排除一定比例的資料來計算平均值。例如，設定要排除的比例為「0.2」，則會從上下兩端各排除 10% 的資料。

▶ 排除上下 10% 後，計算平均值

```
F3 =TRIMMEAN(B3:B12, 0.2)
                陣列    比例
```

F3 =TRIMMEAN(B3:B12,0.2)

	A	B	C	D	E	F
1	銷售記錄		(單位：千元)		統計	
2	日期	銷售額	備註		平均	412.7
3	8月1日	155			截尾平均數	192.5
4	8月2日	226				
5	8月3日	176				
6	8月4日	165				
7	8月5日	203				
8	8月6日	247				
9	8月7日	2,436	附近有大規模活動			
10	8月8日	164				
11	8月9日	151				
12	8月10日	204				

陣列

使用「=AVERAGE(B3:B12)」求得的平均值與實際狀況差距很大

輸入公式

排除極端值後，再計算平均值

=TRIMMEAN(陣列, 比例) 統計

陣列…指定要計算平均的資料陣列或是儲存格範圍

比例…用 0 到 1 之間的數值，指定要排除的資料百分比

從指定的「陣列」中，排除上、下兩端設定「比例」的資料個數，並傳回剩餘數值的平均值。

Memo

- 當要排除的資料個數為奇數時，會排除最接近的偶數個資料。例如，資料總數為 10 個，指定的比例為 0.3，則要被排除的資料個數是 3 個，但實際上只有最高的 1 個及最低的 1 個，共 2 個資料會被排除。

關聯項目 【02-42】排除最高分和最低分後，計算平均值

02-44 使用「幾何平均」計算平均增長率或衰退率

GEOMEAN

計算平均值有很多種方式，需要視情況使用。如果想求出數值的平均大小，可以用 AVERAGE 函數求**算術平均數**。但如果想求出增長率、衰退率等倍率的平均值，可以用 GEOMEAN 函數計算**幾何平均**。在此，我們將根據幾年份的銷售額與去年同期做比較，使用幾何平均數計算平均增長率。

▶ 使用幾何平均數從「去年同期比」計算「平均增長率」

E3 =GEOMEAN(C4:C6)
數值 1

E3 =GEOMEAN(C4:C6)

	A	B	C	D	E	F
1	年度銷售額					
2	年度	銷售額	去年同期比		平均增長率	
3	2019	400,000			152%	
4	2020	1,000,000	250%			
5	2021	800,000	80%			
6	2022	1,400,000	175%			
7						

數值 1

輸入公式

求出「去年同期比」的平均增長率

=GEOMEAN(數值 1, [數值 2]…) 統計

數值…指定值或儲存格範圍，以計算幾何平均值
傳回指定「數值」的幾何平均值。儲存格範圍中的字串、邏輯值和空白儲存格會被忽略。最多可以指定 255 個數值。

Memo

- 幾何平均數的定義如下。如果有 2 個數值，算術平均數是「將數值相加後除以 2」，而幾何平均數則是「將數值相乘後取 2 的平方根」。

  幾何平均數= $\sqrt[n]{x_1 x_2 x_3 \cdots x_n}$

- 透過驗算可以了解幾何平均數的有效性。在範例中，假設將第一年的銷售額乘以平均增長率的三倍 (引數「數值 1」中的數值)，計算公式為「=B3*E3*E3*E3」，結果為「1,400,000」，與 B6 儲存格中的銷售額相符。

關聯項目【02-45】使用調和平均計算平均速度或工作率

02-45 使用調和平均計算平均速度或工作率

HARMEAN

要計算速度、工作率等單位數值的平均，可以使用 HARMEAN 函數來求得「調和平均數」。例如，想要求出「平均往返速度」或「工人每小時的平均工作量」時，就可以使用此函數。在此，我們將計算以時速 4km/h 的步行速度，和時速 16km/h 的自行車往返的平均速度。

▶ 使用調和平均數計算平均往返速度

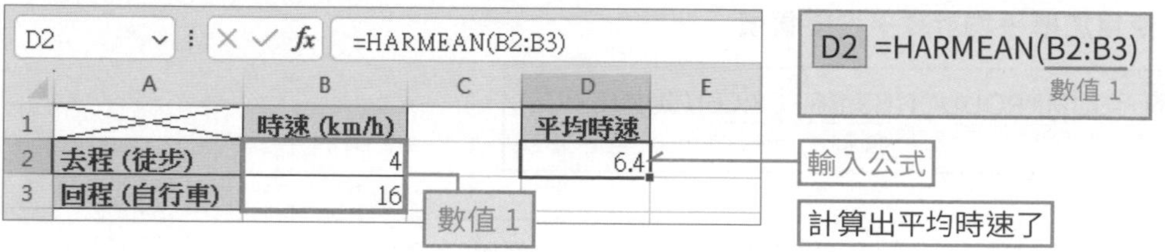

=HARMEAN(數值 1, [數值 2]…) 統計

數值…指定要計算調和平均的數值或儲存格範圍

此函數會傳回指定「數值」的調和平均。儲存格範圍中的字串、邏輯值和空白儲存格將被忽略。最多可以指定 255 個「數值」。

Memo

- 調和平均的定義如下。

$$調和平均 = \frac{n}{\frac{1}{x_1} + \frac{1}{x_2} + \dots + \frac{1}{x_n}}$$

- 透過驗算可以了解調和平均的有效性。範例中，假設單程距離為 10 公里，可以如下計算所需的時間：

  去程：10km ÷ 4km/h = 2.5小時

  回程：10km ÷ 16km/h = 0.625小時

  由此可知，往返所需時間共為 3.125 小時。將往返距離除以往返所需時間，即可求得平均時速，這與範例中所計算的平均時速相符。

  往返的時速：20km ÷ 3.125小時 = 6.4km/h

關聯項目 【02-46】將數值加權並求出加權平均值

02-46 將數值加權並求出加權平均值

SUMPRODUCT／SUM

數值經過某種權重調整後的平均就稱為「加權平均值」。在此我們將計算不同超市以不同零售價銷售商品的平均零售價。在這種情況下，與其單純地對每家超市的零售價取平均值，不如考慮銷售量後再計算平均值會更有意義。因此，我們以銷售量作為權重，將零售價乘以權重，再除以銷售量的總和。加權零售價的總和可以用 SUMPRODUCT 函數計算，銷售數量的總和可以用 SUM 函數計算。

▶ 使用加權平均計算平均零售價

F3 =SUMPRODUCT(B3:B6 , C3:C6)/SUM(C3:C6)
陣列 1　陣列 2　數值 1

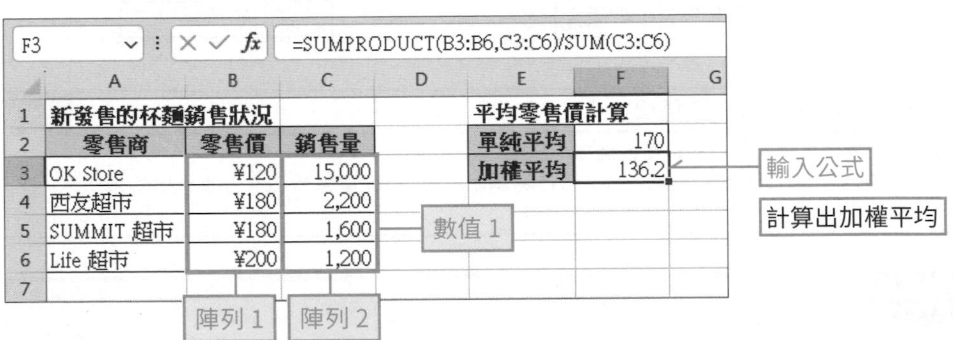

	A	B	C	D	E	F
1	新發售的杯麵銷售狀況				平均零售價計算	
2	零售商	零售價	銷售量		單純平均	170
3	OK Store	¥120	15,000		加權平均	136.2
4	西友超市	¥180	2,200			
5	SUMMIT 超市	¥180	1,600			
6	Life 超市	¥200	1,200			
7						

=SUMPRODUCT(陣列 1, [陣列 2]…) → 04-35

=SUM(數值 1, [數值 2]…) → 02-02

Memo

- 若資料為 x，權重為 w，則加權平均的定義如下。

$$加權平均值 = \frac{w_1 x_1 + w_2 x_2 + \ldots + w_n x_n}{w_1 + w_2 + \ldots + w_n}$$

- 以剛才的範例而言，如果單純計算四家超市的平均零售價為 170 日圓。然而，由於價格較低的銷售量遠多於價格較高的銷售量，因此考慮銷售量的加權平均為 136.2日圓，這比較能反映真實情況的平均值。

關聯項目 【02-44】使用「幾何平均」計算平均增長率或衰退率

02-47 使用移動平均平滑時間序列資料

AVERAGE

對於按照時間序列排列的數值資料，例如銷售額或股票價格，有時需要計算連續 n 個資料的平均值。這種平均稱為「移動平均」。在此，我們要計算 12 個月的銷售額移動平均值。只需使用 AVERAGE 函數計算 12 個月的平均值，再使用**自動填滿**功能複製公式即可。

▶ 計算 12 個月的移動平均值

C14 =AVERAGE(B3:B14)
數值 1

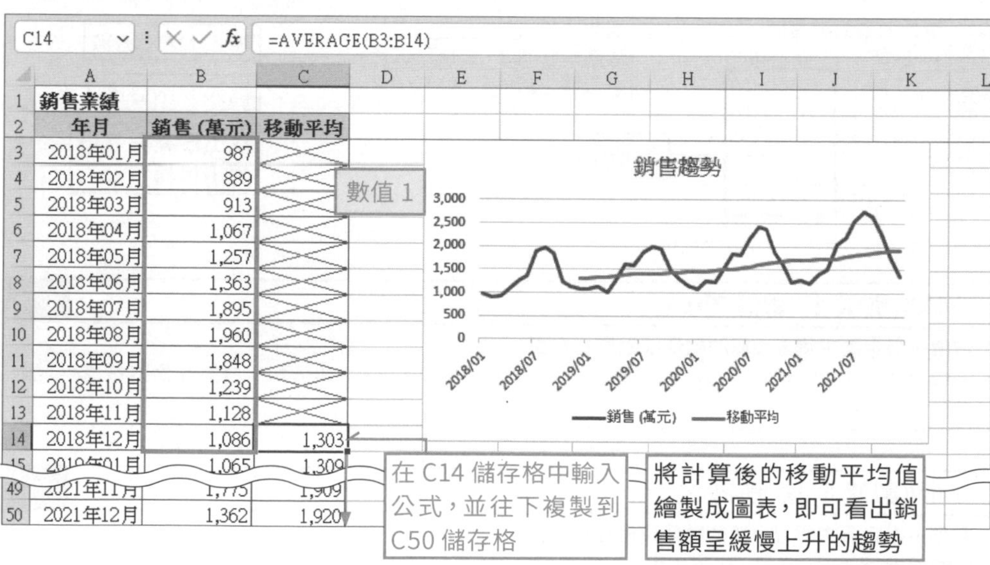

=AVERAGE(數值 1, [數值 2]…) → 02-38

Memo

- 對於季節性變動明顯的產品，如刨冰，夏季和冬季的銷售額差異很大，如果將其繪製成圖表，折線圖會呈現不規則的波動。但是如果計算 12 個月的移動平均，並將其加入圖表中，資料將被平滑化，更容易掌握排除季節性變動後的銷售趨勢。

關聯項目 【08-37】計算時間序列分析的季節變動長度

02-48 找出最大值或最小值

MAX／MIN

要找出最大值可以使用 MAX 函數，要找出最小值則使用 MIN 函數。在此要從銷售表中找出最高和最低銷售額。

▶ 找出最高和最低銷售額

E2 =MAX(B3:B7)
數值 1

E3 =MIN(B3:B7)
數值 1

E2 =MAX(B3:B7)

	A	B	C	D	E	F
1	清倉拍賣的銷售額			銷售分析		
2	日期	銷售額		最高銷售額	2,167,500	
3	7月6日	920,400		最低銷售額	813,100	
4	7月7日	813,100				
5	7月8日	1,181,300				
6	7月9日	2,167,500				
7	7月10日	1,809,700				
8						

數值 1

輸入 MAX 函數

輸入 MIN 函數

找出最高與最低的銷售額了

=MAX(數值 1, [數值 2]…) 統計

數值…指定要求得最大值的數值或儲存格範圍

函數會傳回指定「數值」的最大值。儲存格範圍中包含的字串、邏輯值和空白儲存格將被忽略。最多可以指定 255 個「數值」。

=MIN(數值 1, [數值 2]…) 統計

數值…指定要求得最小值的數值或儲存格範圍

函數會傳回指定「數值」的最小值。儲存格範圍中包含的字串、邏輯值和空白儲存格將被忽略。最多可以指定 255 個「數值」。

Memo

- 若輸入「=MAX(B2,D2)」，將求得 B2 和 D2 儲存格中的較大值。而「=MIN(B2,D2)」將求得 B2 和 D2 儲存格中的較小值。

關聯項目 【02-50】找出符合條件的資料最大值
【02-51】找出符合條件的資料最小值

02-49 計算最大絕對值或最小絕對值

MAX／ABS

要從正、負數值的集合中找出絕對值的最大值時，可以將 MAX 函數和 ABS 函數結合在一起使用，並以陣列公式輸入 (→【01-31】)。在此，我們將從「產品抽樣檢查表」中查詢誤差最大的數值。

▶ 從「誤差」欄的資料中找出最大絕對值的資料

E3 =MAX(ABS(C3:C7))
數值　[以陣列公式輸入]

E3　{=MAX(ABS(C3:C7))}

	A	B	C	D	E	F
1	產品抽樣檢查					
2	樣品 No	重量 (g)	誤差 (重量-基準值)		最大絕對值	
3	1	101.8	1.8		3.2	
4	2	99.8	-0.2			
5	3	100.3	0.3			
6	4	96.8	-3.2			
7	5	100.5	0.5			
8	基準值	100				
9						
10						

數值

輸入公式後，按下 Ctrl + Shift + Enter 鍵確認

找到誤差的最大絕對值

=MAX(數值 1, [數值 2]…)　→ 02-48

=ABS(數值)　→ 04-32

Memo

- 上述的陣列公式相當於在 D3 儲存格輸入「=ABS(C3)」，然後複製到 D7 儲存格，再使用 MAX 函數求出最大值「=MAX(D3:D7)」。
- 使用 Microsoft 365 和 Excel 2021，只需按下 Enter 鍵即可確認。
- 如果將公式中的「MAX」改為「MIN」，則可以求得誤差的最小值絕對值「0.2」。
  =MIN(ABS(C3:C7))

關聯項目【02-48】找出最大值或最小值

02-50 找出符合條件的資料最大值

MAXIFS

在 Excel 2019 及更新的版本中，可以使用 MAXIFS 函數來找出符合條件的資料最大值。在此，我們要找出「單次付款」會員的來店次數的最大值。如果使用 Excel 2016 的版本，可以參考 **Memo** 的說明。

▶ 找出支付方式為「單次付款」的會員來店次數最大值

G7 =MAXIFS(E3:E9, C3:C9, G3)
最大範圍 條件範圍 1 條件 1

G7 =MAXIFS(E3:E9,C3:C9,G3)

	A	B	C	D	E	F	G
1	會員名單						■條件
2	No	姓名	支付方式	入會日	來店次數		支付方式
3	1	張善義	每月支付	2021/10/18	61		單次付款
4	2	許蓓郁	每月支付	2021/12/16	7		
5	3	張佳佳	單次付款	2022/01/26	31		■最大值
6	4	劉如篙	每月支付	2022/02/10	47		來店次數
7	5	王賢暐	單次付款	2022/02/24	8		31
8	6	謝寶翔	單次付款	2022/03/16	17		
9	7	陳至潮	每月支付	2022/03/19	10		

條件 1

輸入公式

計算「單次付款」會員來店次數的最大值

條件範圍 1

最大範圍

=MAXIFS(最大範圍, 條件範圍 1, 條件 1, [條件範圍 2, 條件 2]…) [365/2021/2019] 統計

最大範圍…設定要計算最大值的數值資料的儲存格範圍
條件範圍…設定成為條件判斷對象的儲存格範圍
條件…設定條件，搜尋要計算最大值的資料
在「條件範圍」內搜尋符合「條件」的資料，找出符合條件的那一列，從「最大範圍」的資料中，計算出最大值。「條件範圍」與「條件」一定要成對設定，最多可以指定 127 組。

Memo

- 如果使用 Excel 2016，可以在 G7 儲存格輸入以下公式，再按下 Ctrl ＋ Shift ＋ Enter 鍵確定，變成陣列公式 (→【01-31】) 後，即可計算出最大值「31」。
=MAX(IF(C3:C9=G3,E3:E9,""))

關聯項目【02-51】找出符合條件的資料最小值

02-51 找出符合條件的資料最小值

MINIFS

在 Excel 2019 及更新的版本中，可以使用 MINIFS 函數來找出符合條件的資料最小值。在此，要找出「2022/1/1」之後入會的會員來店次數的最小值。如果使用 Excel 2016 的版本，可以參考 **Memo** 的說明。

▶ 計算「2022/1/1 之後」入會的會員來店次數的最小值

G7 =MINIFS(E3:E9, D3:D9, ">="&G3)

最小範圍　條件範圍 1　條件 1

G7　=MINIFS(E3:E9,D3:D9,">="&G3)

	A	B	C	D	E	F	G	H
1	會員名單						■條件	
2	No	姓名	支付方式	入會日	來店次數		入會日	
3	1	張善義	每月支付	2021/10/18	61		2022/1/1	之後
4	2	許蓓郁	每月支付	2021/12/16	7			
5	3	張佳佳	單次付款	2022/01/26	31		■最小值	
6	4	劉如甯	每月支付	2022/02/10	47		來店次數	
7	5	王賢暐	單次付款	2022/02/24	8		8	
8	6	謝寶翔	單次付款	2022/03/16	17			
9	7	陳至潮	每月支付	2022/03/19	10			
10								

條件 1

輸入公式

計算指定日期之後的來店次數最小值

條件範圍 1　最小範圍

=MINIFS(最小範圍, 條件範圍 1, 條件 1, [條件範圍 2, 條件 2]…) [365/2021/2019] 統計

最小範圍…設定要計算最小值的數值資料的儲存格範圍

條件範圍…設定成為條件判斷對象的儲存格範圍

條件…設定條件，搜尋要計算最小值的資料

在「條件範圍」內搜尋符合「條件」的資料，找出符合條件的那一列，從「最小範圍」的資料中，計算出最小值。「條件範圍」與「條件」一定要成對設定，最多可以指定 127 組。

Memo

- 如果使用 Excel 2016，可以在 G7 儲存格輸入以下公式，再按下 Ctrl + Shift + Enter 鍵確定，變成陣列公式 (→【01-31】) 後，即可計算出最小值「8」。
  =MIN(IF(D3:D9>=G3,E3:E9,""))

關聯項目 【02-50】找出符合條件的資料最大值

02-52 什麼是資料庫函數？

認識資料庫函數

資料庫函數是用於「條件表」中根據條件進行資料彙總的函數。資料庫函數可用於以下的資料庫格式表格：

- **在第一列輸入標題 (欄位名稱)**
- **每一筆資料 (記錄) 輸入成一列**
- **每一欄中輸入相同類型的資料**

▶ 資料庫和條件表

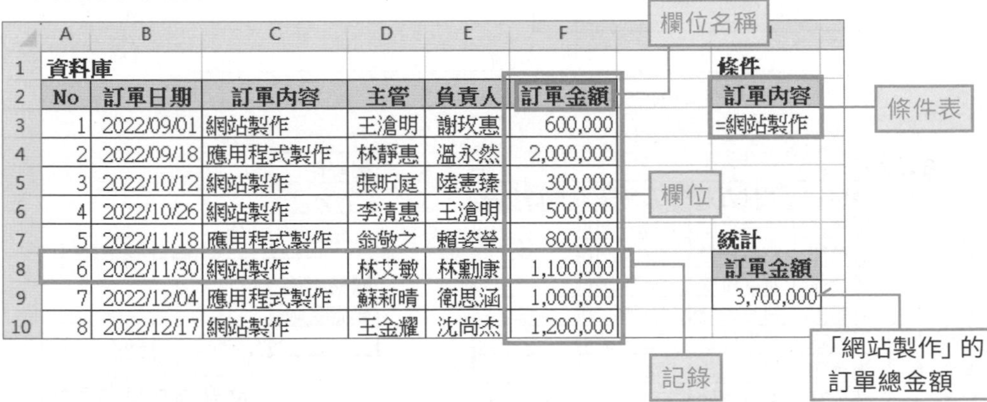

	A	B	C	D	E	F	G	H
1	資料庫							條件
2	No	訂單日期	訂單內容	主管	負責人	訂單金額		訂單內容
3	1	2022/09/01	網站製作	王滄明	謝玫惠	600,000		=網站製作
4	2	2022/09/18	應用程式製作	林靜惠	溫永然	2,000,000		
5	3	2022/10/12	網站製作	張昕庭	陸憲臻	300,000		
6	4	2022/10/26	網站製作	李清惠	王滄明	500,000		
7	5	2022/11/18	應用程式製作	翁敬之	賴姿瑩	800,000		統計
8	6	2022/11/30	網站製作	林艾敏	林勳康	1,100,000		訂單金額
9	7	2022/12/04	應用程式製作	蘇莉晴	衛思涵	1,000,000		3,700,000
10	8	2022/12/17	網站製作	王金耀	沈尚杰	1,200,000		

資料庫函數的種類

資料庫函數有很多種。下表列出本書介紹的資料庫函數。

▶ 資料庫函數的種類

函數	說明	參照
DCOUNT	計算符合條件的數值資料個數	02-53
DCOUNTA	計算符合條件的非空白儲存格個數	02-64
DSUM	計算符合條件的數值資料總和	02-65
DAVERAGE	計算符合條件的數值資料平均	02-66
DMAX	計算符合條件的數值資料最大值	02-67
DMIN	計算符合條件的數值資料最小值	02-67

資料庫函數的條件指定方法

接下來的幾個單元，我們將介紹資料庫函數的具體範例，在此先簡單說明「條件表」的規則。

「條件表」的第一列，需輸入與資料庫相同的欄標題，從第二列開始輸入條件。條件表的欄標題將作為在資料庫中尋找符合條件的資料線索，因此必須輸入與資料庫相同的欄標題，如果要組合多個條件，應該在同一列中輸入 AND 條件，在不同列輸入 OR條件。

▶ 單一條件的條件表

訂單內容
=網站製作

訂單內容為「網站製作」

▶ AND 條件的條件表

訂單內容	訂單金額
=網站製作	>=1000000

訂單內容為「網站製作」且訂單金額「1,000,000 以上」

訂單日期	訂單日期
>=2022/10/1	<=2022/10/31

訂單日期從「2022/10/1」到「2022/10/31」止

▶ OR 條件的條件表

主管
=王滄明
=林靜惠

主管為「王滄明」或「林靜惠」

主管	負責人
=王滄明	
	=王滄明

主管為「王滄明」或負責人為「王滄明」

Memo

- 資料庫函數的條件指定方法都相同。本書在【02-53】到【02-63】單元，以 DCOUNT 函數為例，介紹各種不同條件指定的範例。即使使用其他函數，這些技巧也是相通的。
- 如果事先將資料庫的欄標題全部複製到條件表中，這樣在需要更改條件時，只要輸入所需的儲存格即可。如果條件表中的某些欄位為空白，則這些欄位將被視為無條件。另外，如果指定的列沒有輸入任何條件，則所有記錄都會視為沒有條件並進行統計。

NO	訂單日期	訂單內容	主管	負責人	訂單金額
		=網站製作			

No、訂單日期等空白欄位被視為無條件

整個條件表中，只有一個條件，那就是「訂單內容為網站製作」

02-53 在條件表中設定條件，計算符合條件的資料筆數

DCOUNT

使用 DCOUNT 函數，可以從資料庫中尋找與條件表中指定的條件相符的資料，並計算指定欄位中的數值個數。在此，我們以到職年為「2022」年為條件，計算「津貼」欄的數值個數。

▶ 計算 2022 年到職並可領取津貼的員工人數

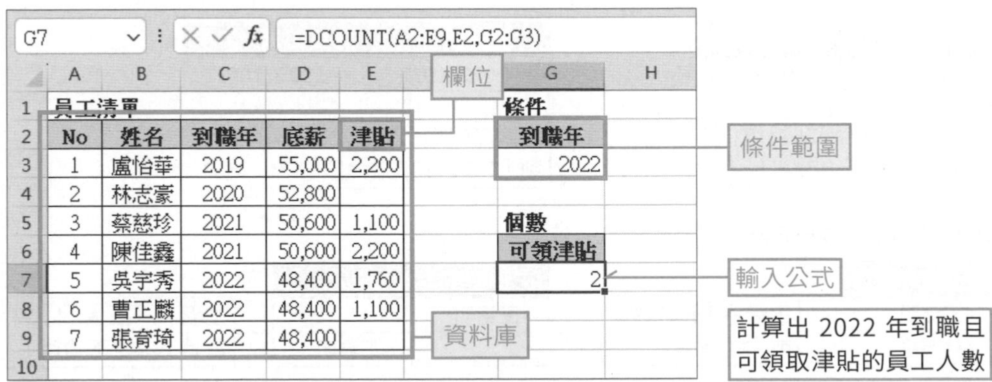

	A	B	C	D	E	F	G	H
1	員工清單						條件	
2	No	姓名	到職年	底薪	津貼		到職年	
3	1	盧怡華	2019	55,000	2,200		2022	
4	2	林志豪	2020	52,800				
5	3	蔡慈珍	2021	50,600	1,100		個數	
6	4	陳佳鑫	2021	50,600	2,200		可領津貼	
7	5	吳宇秀	2022	48,400	1,760		2	
8	6	曹正麟	2022	48,400	1,100			
9	7	張育琦	2022	48,400				
10								

=DCOUNT(資料庫, 欄位, 條件範圍) 資料庫

資料庫…指定資料庫的儲存格範圍。請在第一列輸入欄標題
欄位…指定資料庫中所要搜尋的欄標題或欄編號。直接輸入欄標題時，要用雙引號「"」括起來。指定欄編號時，欄編號從最左欄開始為 1 計算
條件範圍…指定輸入條件的儲存格範圍。請在條件上方輸入欄標題

「條件範圍」指定的條件，會從「資料庫」中尋找符合的資料，並傳回指定「欄位」中的數值數量。「欄位」若未指定，則傳回符合條件的列數。

Memo

- 在 DCOUNT 函數的第 2 個引數「欄位」，若不指定「E2」儲存格，也可以指定成「"津貼"」或「5」，執行結果會與範例相同。

關聯項目【02-54】在條件表中設定條件，計算符合條件的資料筆數 (記錄數)

02-54 在條件表中設定條件，計算符合條件的資料筆數 (記錄數)

DCOUNT

DCOUNT 函數是計算數值個數的資料庫函數，如果在第 2 個引數「欄位」中未指定任何內容，則會計算符合條件的資料個數，也就是記錄筆數。在範例中，我們要計算到職年為「2022」年的員工人數。

▶ 計算 2022 年到職的員工人數

G7 =DCOUNT(A2:E9,, G2:G3)
資料庫　條件範圍

G7 =DCOUNT(A2:E9,,G2:G3)

	A	B	C	D	E	F	G	H
1	員工清單						條件	
2	No	姓名	到職年	底薪	津貼		到職年	
3	1	盧怡華	2019	55,000	2,200		2022	
4	2	林志豪	2020	52,800				
5	3	蔡慈珍	2021	50,600	1,100		個數	
6	4	陳佳鑫	2021	50,600	2,200		資料數	
7	5	吳宇秀	2022	48,400	1,760		3	
8	6	曹正麟	2022	48,400	1,100			
9	7	張育琦	2022	48,400				
10								

條件範圍

輸入公式

計算出 2022 年到職的員工人數

資料庫

=DCOUNT(資料庫, 欄位, 條件範圍) → 02-53

Memo

- DCOUNT、DCOUNTA、DSUM、DAVERAGE、DMAX、DMIN 等資料庫函數，均以「D」開頭，其格式如下。
  =資料庫函數 (資料庫, 欄位, 條件範圍)
- 在**公式**頁次的**函數庫**中，沒有**資料庫函數**的分類。請從**插入函數**交談窗中輸入，或是手動輸入。

關聯項目 【02-52】什麼是資料庫函數？

Excel 02-55 資料庫函數的條件設定 <①以字串完全相符為條件進行統計>

fx DCOUNT

如果要在「商品名稱」尋找與「咖啡」完全相符的資料，請在條件儲存格中輸入「="=咖啡"」。輸入後，儲存格會顯示「=咖啡」。請注意，如果只輸入「咖啡」，條件會變成「以咖啡開頭」，這樣連「咖啡凍」也會被計算在內。

▶ 計算「商品名稱」欄中的「咖啡」數量

E8 =DCOUNT(A2:C9,, E2:E3)
資料庫　條件範圍

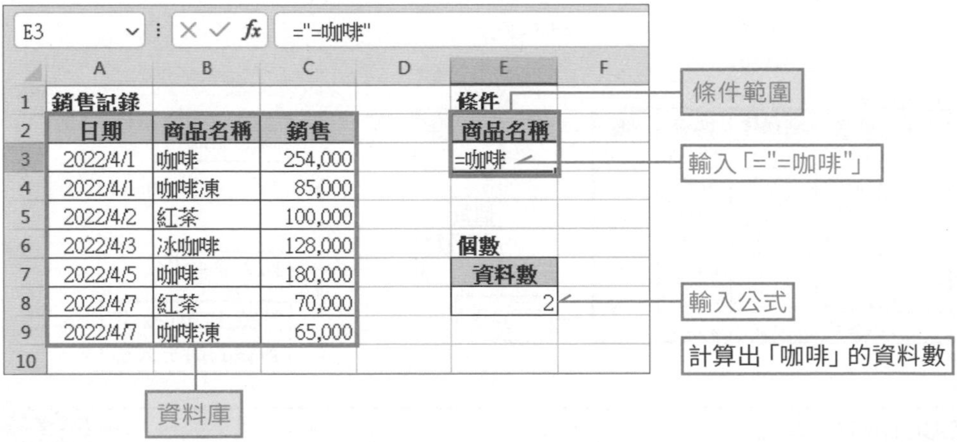

E3　="=咖啡"

	A	B	C	D	E	F
1	銷售記錄				條件	
2	日期	商品名稱	銷售		商品名稱	
3	2022/4/1	咖啡	254,000		=咖啡	
4	2022/4/1	咖啡凍	85,000			
5	2022/4/2	紅茶	100,000			
6	2022/4/3	冰咖啡	128,000		個數	
7	2022/4/5	咖啡	180,000		資料數	
8	2022/4/7	紅茶	70,000		2	
9	2022/4/7	咖啡凍	65,000			
10						

條件範圍
輸入「="=咖啡"」
輸入公式
計算出「咖啡」的資料數
資料庫

=DCOUNT(資料庫, 欄位, 條件範圍) → 02-53

Memo

- 從本單元到【02-63】單元，我們將介紹資料庫函數的條件設定技巧。以DCOUNT 函數為例，這些技巧也適用在使用其他資料庫函數進行資料統計。
- 如果在條件表中只輸入「咖啡」，資料庫會搜尋所有以「咖啡」開頭的資料。以此範例而言，除了「咖啡」外，「咖啡凍」也會被計算在內，計算結果為「4」。

關聯項目 【02-54】在條件表中設定條件，計算符合條件的資料筆數 (記錄數)

02-56 資料庫函數的條件設定 ＜②以字串部份符合為條件進行統計＞

DCOUNT

使用**萬用字元** (→【**06-03**】) 的「*」，可用於指定部分符合的條件，例如「包含○○」、「以○○開頭」、「以○○結尾」等。萬用字元「*」表示 0 個或多個任意字元。在此，我們要計算以「咖啡」做結尾的「商品名稱」資料個數。條件可指定為「="=*咖啡"」，條件儲存格會顯示為「=*咖啡」。

▶ 計算「商品名稱」欄中以「咖啡」結尾的資料數

E8 =DCOUNT(A2:C9,, E2:E3)
資料庫　條件範圍

=DCOUNT(資料庫, 欄位, 條件範圍) → 02-53

Memo

- 如果只將條件設定為「*咖啡」時，像「咖啡凍」這樣在「咖啡」後面還有其他文字的資料也會被搜尋到。範例中輸入「="=*咖啡"」，後面沒有接任何字的「咖啡」和「冰咖啡」會被計算在內。
- 萬用字元的「*」代表 0 個或多個任意字元，「?」則代表任意一個字元。例如，「="=*咖啡*"」表示「包含咖啡」，「="=咖啡???"」表示「以咖啡開頭的 5 個字元」。

關聯項目 【06-03】認識萬用字元

02-57 資料庫函數的條件設定
<③以數值或日期範圍為條件進行統計>

DCOUNT

要指定數值或日期範圍為條件，需要使用比較運算子。在此，我們要計算銷售額 10 萬以上的資料數量。

▶ 計算銷售額 10 萬以上的資料個數

F8 =DCOUNT(A2:D9,, F2:F3)
資料庫 條件範圍

F8 =DCOUNT(A2:D9,,F2:F3)

	A	B	C	D	E	F	G
1	配送清單					條件	
2	No	配送地點	銷售額	配送		銷售額	
3	1001	天沐國際	254,000	ok		>=100000	
4	1002	沛利食品	85,000	ok			
5	1003	當盛園藝	100,000				
6	1004	康美藥妝	128,000	ok		個數	
7	1005	新享手作	180,000	ok		資料筆數	
8	1006	卡瓦藝品	70,000			5	
9	1007	櫻集水晶	100,000				

條件範圍

輸入「>=100000」

輸入公式

計算出銷售額超過 10 萬的資料數量

資料庫

=DCOUNT(資料庫, 欄位, 條件範圍) → 02-53

Memo

- 右表是指定數值和日期範圍的範例。

比較運算子	說明	範例	意義
>	大於	>2022/1/1	2022/1/1 之後
>=	大於等於	>=2022/1/1	大於等於2022/1/1
<	小於	<50	小於 50
<=	小於等於	<=50	小於等於 50
<>	不等於	<>50	不等於 50

※ 要指定數值或日期「等於」某個條件，只需在條件儲存格中直接輸入數值或日期，例如「50」或「2022/1/1」即可

關聯項目【02-56】資料庫函數的條件設定<②以字串部份符合為條件進行統計>

02-58 資料庫函數的條件設定 <④以「未輸入／已輸入」為條件進行統計>

DCOUNT

指定的欄位中，「資料尚未輸入」的條件是用「="="」來表示，「已輸入資料」的條件是用「="<>"」來表示。在範例中，使用「="="」來指定「配送」欄的條件，並查詢未配送的筆數。條件儲存格會顯示「=」。

▶ 查詢未配送的銷售資料有幾筆

F8 =DCOUNT(A2:D9,, F2:F3)
資料庫 條件範圍

F3 ="="

	A	B	C	D	E	F	G
1	配送清單					條件	
2	No	配送地點	銷售額	配送		配送	
3	1001	天沐國際	254,000	ok		=	
4	1002	沛利食品	85,000	ok			
5	1003	當盛園藝	100,000				
6	1004	康美藥妝	128,000	ok		個數	
7	1005	新享手作	180,000	ok		資料筆數	
8	1006	卡瓦藝品	70,000			3	
9	1007	櫻集水晶	100,000				
10							

條件範圍
輸入「="="」
輸入公式
計算出未配送的銷售資料有幾筆
資料庫

=DCOUNT(資料庫, 欄位, 條件範圍) → 02-53

Memo

- 範例中雖然使用 DCOUNT 函數，但其他資料庫函數的條件範圍指定方法相同。例如，要計算範例中未配送的銷售資料加總，可以輸入以下公式，計算結果為「270,000」。
  =DSUM(A2:D9,C2,F2:F3)
- 如果將 F3 儲存格的條件改為「="<>"」，則可以計算出已配送的銷售資料筆數，其結果為「4」。

關聯項目 【02-55】資料庫函數的條件設定<①以字串完全相符為條件進行統計>

02-59 資料庫函數的條件設定 <⑤用 OR 條件進行統計>

DCOUNT

想要查詢滿足多個條件中的任一個條件時，可以在條件表的不同列輸入條件。在範例中，我們要根據居住地為「台北市」或「板橋區」的 OR 條件來查詢資料個數。

▶ 計算居住地為「台北市」或「板橋區」的資料個數

F8 =DCOUNT(A2:D9,,F2:F4)
資料庫 條件範圍

F8 =DCOUNT(A2:D9,,F2:F4)

	A	B	C	D	E	F	G
1	顧客清單					條件	
2	No	顧客姓名	居住地	工作地		居住地	
3	1	賴秀凡	台北市	台北市		=台北市	
4	2	李浩偉	三重區	三重區		=板橋區	
5	3	沈原易	新莊區	新莊區			
6	4	林佳霖	台北市	板橋區		個數	
7	5	張靜慧	板橋區	台北市		共幾筆	
8	6	吳啟鈺	新莊區	台北市		3	
9	7	陳莉文	三重區	新莊區			

條件範圍

輸入公式

計算出居住地為「台北市」或「板橋區」的資料個數

資料庫

=DCOUNT(資料庫, 欄位, 條件範圍) → 02-53

Memo

- 由於「居住地」欄位中只有以「台北市」和「板橋區」為開頭的資料，所以即使在條件儲存格中輸入「台北市」和「板橋區」，使用 DCOUNT 函數計算的結果會與範例相同，皆為「3」。
- 剛才我們對同一個「居住地」指定兩個 OR 條件，也可以對不同欄位設定 OR 條件。例如，右圖的條件為「居住地是台北市或工作地是台北市」。符合這個條件的資料有 4 筆。

居住地	工作地
=台北市	
	=台北市

關聯項目【02-60】資料庫函數的條件設定<⑥用 AND 條件進行統計>

02-60 資料庫函數的條件設定<⑥用 AND 條件進行統計>

DCOUNT

想要查詢同時滿足所有條件的資料時，請在條件表的同一列中輸入條件。範例中，我們以「最近的車站是台北車站，且租金不超過 12 萬，坪數大於或等於 40」的 AND 條件來查詢資料個數。

▶ 以 AND 條件來計算符合條件的資料數量

F8 =DCOUNT(A2:D9,,F2:H3)
資料庫 條件範圍

F8 =DCOUNT(A2:D9,,F2:H3)

	A	B	C	D	E	F	G	H
1	物件清單					條件		
2	物件No	最近的車站	租金	坪數		最近的車站	租金	坪數
3	1001	台北車站	150,000	52		=台北車站	<=120000	>=40
4	1002	西門站	85,000	38				
5	1003	台北車站	130,000	46				
6	1004	敦化站	110,000	40		件數		
7	1005	西門站	98,000	42		資料個數		
8	1006	台北車站	116,000	50		1		
9	1007	台北車站	100,000	39				
10								

條件範圍

輸入公式

資料庫

找出最近的車站為台北車站、租金在 120,000 以下、坪數大於或等於 40的物件數量

=DCOUNT(資料庫, 欄位, 條件範圍) → 02-53

Memo

- 由於在條件表的「最近的車站」欄中只有以「台北車站」為開頭的資料，所以即使條件只輸入「台北車站」，DCOUNT 函數得到的結果仍然會與範例相同，為「1」。
- 你也可以結合 AND 條件和 OR 條件來指定條件。例如，下圖的條件為「最近的車站是台北車站、租金不超過 12 萬，且坪數大於或等於 40」或「最近的車站是西門站、租金不超過 12 萬、且坪數大於或等於 40」。符合這些條件的資料有2筆。

最近的車站	租金	坪數
=台北車站	<=120000	>=40
=西門站	<=120000	>=40

關聯項目【02-59】資料庫函數的條件設定<⑤用 OR 條件進行統計>

02-61 資料庫函數的條件設定 <⑦計算符合「〇以上△以下」的資料數>

DCOUNT

要指定「〇以上△以下」的條件，請在條件表中準備兩個相同欄標題的欄位，並分別輸入「〇以上、△以下」的 AND 條件。此範例，我們要以「訂單日期在 2022/10/1 之後且在 2022/11/30 之前」的條件來計算訂單數。

▶ 計算「2022/10/1 到 2022/11/30」期間的訂單數

E8 =DCOUNT(A2:C9,, E2:F3)
資料庫　條件範圍

E8 =DCOUNT(A2:C9,,E2:F3)

	A	B	C	D	E	F
1	訂單記錄				條件	
2	訂單日期	訂單內容	訂單金額		訂單日期	訂單日期
3	2022/09/01	露台屋頂安裝	39,600		>=2022/10/1	<=2022/11/30
4	2022/09/18	壁紙更換	127,600			
5	2022/10/12	廚房翻修	550,000			
6	2022/10/26	浴室翻修	187,000		資料	
7	2022/11/18	外牆粉刷	101,200		個數	
8	2022/11/30	廚房翻修	239,800		4	
9	2022/12/04	安裝車棚	81,400			
10						

條件範圍

輸入公式

計算出「2022/10/1 到 2022/11/30」期間的訂單數

資料庫

=DCOUNT(資料庫, 欄位, 條件範圍) → 02-53

Memo

- 即使資料庫的日期已設定成某種顯示格式，條件中的日期仍然要以「2022/10/1」的格式指定。例如，資料庫中的日期設定成「10 月 1 日」的格式，表面上看起來沒有「年」資料，但實際上儲存格包含了像「2022/10/1」這樣的年份資料。因此為了正確地搜尋資料，需要指定包含「年」份。

關聯項目【02-60】資料庫函數的條件設定<⑥用 AND 條件進行統計>

02-62 資料庫函數的條件設定 <⑧透過條件式指定條件進行統計>

DCOUNT

你可以使用條件式來指定資料庫函數的條件。條件式是指結果為 TRUE 或 FALSE 的式子。範例中，我們使用「=WEEKDAY(A3)=1」這個條件式，計算訂單日期是星期日的資料數量。透過相對參照指定「訂單日期」欄的第一個儲存格，你可以對該欄的每一列執行條件判斷。請注意，在條件表中，要使用與資料庫不同的任意欄標題。

▶ 查詢訂單日期為星期日的資料數量

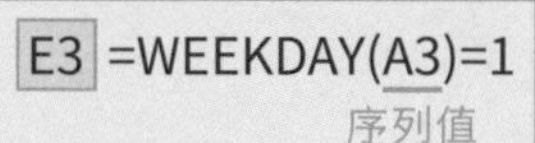

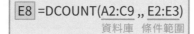

E8 =DCOUNT(A2:C9 ,, E2:E3)
資料庫 條件範圍

E3 =WEEKDAY(A3)=1

	A	B	C	D	E	F
1	訂單記錄				條件	
2	訂單日期	訂單內容	訂單金額		條件式	
3	2022/09/01(週四)	露台屋頂安裝	39,600		FALSE	
4	2022/09/18(週日)	壁紙更換	127,600			
5	2022/10/12(週三)	廚房翻修	550,000			
6	2022/10/26(週三)	浴室翻修	187,000		資料	
7	2022/11/18(週五)	外牆粉刷	101,200		個數	
8	2022/11/30(週三)	廚房翻修	239,800		2	
9	2022/12/04(週日)	安裝車棚	81,400			

輸入條件式

條件範圍

輸入公式

計算出訂單日期為星期日的訂單數量

資料庫

=WEEKDAY(序列值, [類型]) → 05-47

=DCOUNT(資料庫, 欄位, 條件範圍) → 02-53

Memo

- WEEKDAY 函數是用來傳回日期的星期幾編號。星期日的編號為「1」，所以當條件式「=WEEKDAY(A3)=1」為「TRUE」時，表示為星期日；當條件式為「FALSE」時，表示不是星期日。在條件表中，E3 儲存格只會顯示訂單日期起始儲存格 A3 的判斷結果，但 DCOUNT 函數會對 A3 到 A9 儲存格的日期進行判斷。

關聯項目 【03-01】什麼是邏輯值？什麼是邏輯運算式？

02-63 資料庫函數的條件設定
<⑨對資料庫中的所有記錄進行統計>

DCOUNT

想要計算資料庫內的所有資料 (記錄) 個數或加總時，請將條件表的欄標題下方留白，留白的條件表示進行無條件的統計。

▶ 計算資料庫中的所有資料筆數

F8 =DCOUNT(A2:D9,, F2:F3)
資料庫 條件範圍

F8 =DCOUNT(A2:D9,,F2:F3)

	A	B	C	D	E	F	G
1	物件清單					條件	
2	物件No	最近的車站	租金	坪數		物件No	
3	1001	台北車站	150,000	52			
4	1002	西門站	85,000	38			
5	1003	台北車站	130,000	46			
6	1004	敦化站	110,000	40		件數	
7	1005	西門站	98,000	42		資料個數	
8	1006	台北車站	116,000	50		7	
9	1007	台北車站	100,000	39			
10							

資料庫
在欄標題下方留白
條件範圍
輸入公式
計算出整個資料庫的記錄筆數

=DCOUNT(資料庫, 欄位, 條件範圍) → 02-53

Memo

- 如右圖所示，若在「物件No」下方留空，且在「最近的車站」下方輸入「="=台北車站"」，則條件會被視為「物件No 無條件，且最近的車站為台北車站」。

物件No	最近的車站
	=台北車站

- 即使指定了條件，但所有記錄仍然成為統計的對象，有可能是在資料庫函數的引數「條件範圍」中指定了多餘的空白列。當「條件範圍」中指定包含空白列的範圍時，所有記錄都會成為統計的對象，此時請重新指定引數。

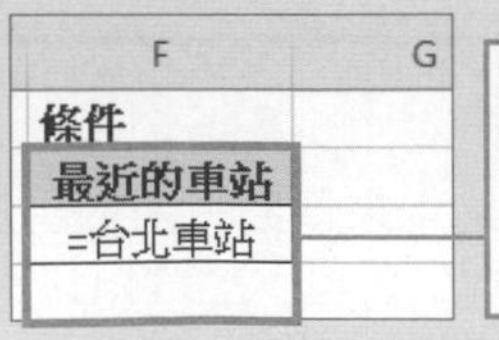

關聯項目 【02-54】在條件表中設定條件，計算符合條件的資料筆數 (記錄數)

02-64 找出符合條件表中，指定條件的資料個數

DCOUNTA

使用 DCOUNTA 函數，可以從資料庫中尋找滿足條件表中指定條件的資料，並計算指定欄中非空白儲存格的個數。在此，我們以會員「等級」為「黃金」作為條件，計算「更新」欄的資料個數。

▶ 查詢已更新為黃金會員的人數

	A	B	C	D	E	F	G
1	會員名單					條件	
2	No	姓名	等級	更新		等級	
3	1	許承瀚	鑽石	OK		=黃金	
4	2	張思妤	黃金				
5	3	劉彥廷	黃金	OK		個數	
6	4	張宜臻	鑽石	OK		已更新	
7	5	謝博文	白金			2	
8	6	林浩宇	白金	OK			
9	7	黃子涵	黃金	OK			

=DCOUNTA(資料庫, 欄位, 條件範圍) 資料庫

資料庫…指定資料庫的儲存格範圍。請在第一列輸入欄標題
欄位…指定資料庫中所要搜尋的欄標題或欄編號。直接輸入欄標題時，要用雙引號「"」括起來。指定欄編號時，欄編號從最左欄開始為 1 計算
條件範圍…指定輸入條件的儲存格範圍。請在條件上方輸入欄標題

「條件範圍」指定的條件，會從「資料庫」中尋找符合的資料，並傳回指定「欄位」中非空白儲存格的數量。若「欄位」未指定任何內容，則傳回符合條件的列數。

Memo

- 在 DCOUNT 函數的第 2 個引數「欄位」，若不指定「D2」儲存格，也可以指定成「"更新"」或「4」，執行結果會與範例相同。

關聯項目 【02-53】在條件表中設定條件，計算符合條件的資料筆數

02-65 找出符合條件表中，指定條件的資料合計

DSUM

DSUM 函數可以在資料庫中搜尋符合條件表指定條件的資料，並計算指定欄中數值的總計。在此，我們要計算「2022/1/1」之後的「銷售額」總計。

▶ 計算「2022/1/1」之後的銷售額總計

E7 =DSUM(A2:C9,C2,E2:E3)

	A	B	C	D	E	F
1	銷售記錄				條件	
2	日期	負責人	銷售額		日期	
3	2021/12/10	廖上正	1,000,000		>=2022/1/1	
4	2021/12/18	楊文萎	600,000			
5	2021/12/29	向羽承	850,000		合計	
6	2022/1/10	藍宏易	1,500,000		銷售額	
7	2022/1/13	江宇琇	500,000		4,400,000	
8	2022/1/24	杜心玫	2,000,000			
9	2022/1/31	劉孟筌	400,000			
10						

條件範圍

欄位

輸入公式

計算「2022/1/1」之後的銷售額總計

資料庫

=DSUM(資料庫, 欄位, 條件範圍) 資料庫

資料庫…指定資料庫的儲存格範圍。請在第一列輸入欄標題
欄位…指定資料庫中所要搜尋的欄標題或欄編號。直接輸入欄標題時，要用雙引號「"」括起來。指定欄編號時，欄編號從最左欄開始為 1 計算
條件範圍…指定輸入條件的儲存格範圍。請在條件上方輸入欄標題
「條件範圍」指定的條件，會從「資料庫」中尋找符合的資料，並傳回指定「欄位」中的數值總和。若沒有對應的資料，則傳回「0」。

Memo

- 資料庫函數還包括求變異數的 DVAR 函數、DVARP 函數，求標準差的 DSTDEV 函數以及DSTDEVP 函數。它們的引數和使用方法與其他資料庫函數相同。

關聯項目【02-57】資料庫函數的條件設定<③以數值或日期範圍為條件進行統計>

02-66 找出符合條件表中，指定條件的資料平均值

DAVERAGE

使用 DAVERAGE 函數，可以從資料庫中尋找滿足條件表中指定條件的資料，並計算指定欄中的數值平均值。在此，我們以「="=東京都*區」為條件，計算地址為「東京都○○區」會員的平均年齡。

▶ 計算東京都 23 區會員的平均年齡

F7 =DAVERAGE(A2:D9,C2,F2:F3)

	A	B	C	D	E	F	G
1	會員名單					條件	
2	No	姓名	年齡	地址		地址	
3	1	張善義	28	東京都港區		=東京都*區	
4	2	許蓓郁	41	東京都江東區			
5	3	張佳佳	52	千葉縣浦安市		平均	
6	4	劉如甯	38	東京都千代田區		年齡	
7	5	王賢暐	26	神奈川縣川崎市		35.5	
8	6	謝寶翔	24	東京都國立市			
9	7	陳至潮	35	東京都大田區			

欄位　條件範圍　輸入公式　資料庫　計算出東京都 23 區會員的平均年齡

=DAVERAGE(資料庫, 欄位, 條件範圍)　資料庫

資料庫…指定資料庫的儲存格範圍。請在第一列輸入欄標題
欄位…指定資料庫中所要搜尋的欄標題或欄編號。直接輸入欄標題時，要用雙引號「"」括起來。指定欄編號時，欄編號從最左欄開始為 1 計算
條件範圍…指定輸入條件的儲存格範圍。請在條件上方輸入欄標題
「條件範圍」指定的條件，會從「資料庫」中尋找符合的資料，並傳回指定「欄位」中的數值平均。若沒有對應的資料，則傳回 [#DIV/0!]。

Memo

- 萬用字元的「*」代表 0 個或多個任意字元，範例中符合「東京都*區」的有「東京都港區」、「東京都江東區」、「東京都千代田區」和「東京都大田區」。此外，若使用代表 1 個字元的「?」來設定條件為「東京都??區」，那麼符合條件的資料為「東京都江東區」和「東京都大田區」。

關聯項目 【06-03】認識萬用字元

02-67 找出符合條件表中，指定條件的資料最大值或最小值

DMAX／DMIN

要用資料庫函數計算最大值和最小值，可以使用 DMAX 和 DMIN 函數。在此，將以最近的車站為「台北車站」的條件，找出物件坪數的最大值和最小值。

▶ 找出離「台北車站」最近的物件坪數的最大值和最小值

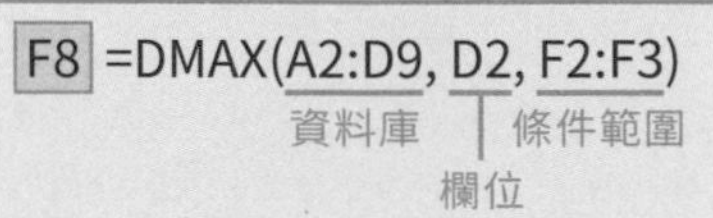

G8 =DMIN(A2:D9, D2, F2:F3)
資料庫　條件範圍
欄位

F8　=DMAX(A2:D9,D2,F2:F3)

	A	B	C	D	E	F	G	H
1	物件清單					條件		
2	物件No	最近的車站	租金	坪數		最近的車站		
3	1001	台北車站	150,000	52		=台北車站		
4	1002	西門站	85,000	38				
5	1003	台北車站	130,000	46				
6	1004	敦化站	110,000	40		坪數		
7	1005	西門站	98,000	42		最大值	最小值	
8	1006	台北車站	116,000	50		52	39	
9	1007	台北車站	100,000	39				

欄位　條件範圍　資料庫　輸入公式

計算出最近的車站為「台北車站」的物件坪數的最大值和最小值

=DMAX(資料庫, 欄位, 條件範圍)　資料庫

資料庫…指定資料庫的儲存格範圍。請在第一列輸入欄標題
欄位…指定資料庫中所要搜尋的欄標題或欄編號。直接輸入欄標題時，要用雙引號「"」括起來。指定欄編號時，欄編號從最左欄開始為 1 計算
條件範圍…指定輸入條件的儲存格範圍。請在條件上方輸入欄標題
「條件範圍」指定的條件，會從「資料庫」中尋找符合的資料，並傳回指定「欄位」中的最大值。若沒有對應的資料，則傳回「0」。

=DMIN(資料庫, 欄位, 條件範圍)　資料庫

資料庫…指定資料庫的儲存格範圍。請在第一列輸入欄標題
欄位…指定資料庫中所要搜尋的欄標題或欄編號。直接輸入欄標題時，要用雙引號「"」括起來。指定欄編號時，欄編號從最左欄開始為 1 計算
條件範圍…指定輸入條件的儲存格範圍。請在條件上方輸入欄標題
「條件範圍」指定的條件，會從「資料庫」中尋找符合的資料，並傳回指定「欄位」中的最小值。若沒有對應的資料，則傳回「0」。

關聯項目【02-55】資料庫函數的條件設定<①以字串完全相符為條件進行統計>

02-68 找出符合條件表中，指定條件的資料

DGET

使用 DGET 函數，可以從資料庫中搜尋並找出滿足條件表中指定的條件資料。與其他資料庫函數不同的是，DGET 函數是用來取出單個值，而不是對符合條件的所有資料進行統計。請注意，如果有多個符合條件的資料，將會出現錯誤。此範例我們要取出「銷售排名」欄中值為「1」的「商品編號」。

▶ 找出銷售排名第一的商品編號

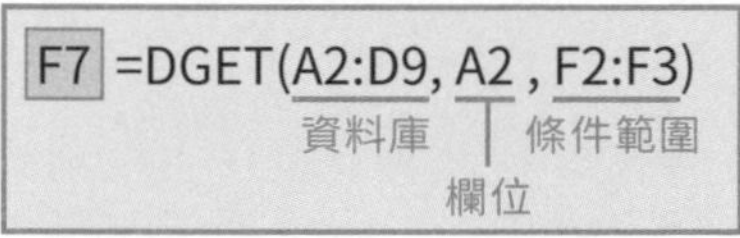

F7 =DGET(A2:D9,A2,F2:F3)

	A	B	C	D	E	F
1	商品一覽					條件
2	商品編號	商品名稱	單價	銷售排名		銷售排名
3	K4-75	4K液晶電視 75 吋	68,200	7		1
4	K4-65	4K液晶電視 65 吋	39,600	6		
5	K4-55	4K液晶電視 55 吋	26,400	1		結果
6	K4-50	4K液晶電視 50 吋	26,400	2		商品編號
7	K4-43	4K液晶電視 43 吋	20,900	4		K4-55
8	K2-40	2K液晶電視 40 吋	11,220	3		
9	K2-32	2K液晶電視 32 吋	7,920	5		
10						

條件範圍　輸入公式　找出銷售排名第一的商品編號　欄位　資料庫

=DGET(資料庫, 欄位, 條件範圍) 資料庫

資料庫…指定資料庫的儲存格範圍。請在第一列輸入欄標題
欄位…指定資料庫中所要搜尋的欄標題或欄編號。直接輸入欄標題時，要用雙引號「"」括起來。指定欄編號時，欄編號從最左欄開始為 1 計算
條件範圍…指定輸入條件的儲存格範圍。請在條件上方輸入欄標題
「條件範圍」指定的條件，會從「資料庫」中尋找符合的資料，並傳回指定「欄位」中的資料。若找不到對應的資料，會傳回 [#VALUE!]，若找到多個資料，會傳回 [#NUM!]。

關聯項目【02-52】什麼是資料庫函數？

02-69 從樞紐分析表中取出指定的資料

GETPIVOTDATA

Excel 有個專門進行資料彙總的「樞紐分析表」功能，使用 GETPIVOTDATA 函數，可以從樞紐分析表中取出指定的資料。在二維的樞紐分析表中，若指定 GETPIVOTDATA 函數的引數「欄位」和「項目」時，可以取出樞紐分析表中列與欄交叉位置的值。範例中，我們要取出位於「椅子」(**商品**欄位) 的列和「東京」(**地區**欄位) 的欄交叉位置 C8 儲存格的值。由於在引數「項目」中指定輸入了「椅子」和「東京」的儲存格，因此當更改儲存格中的項目時，取出的值也會跟著改變。

▶ 取出東京地區椅子的銷售額

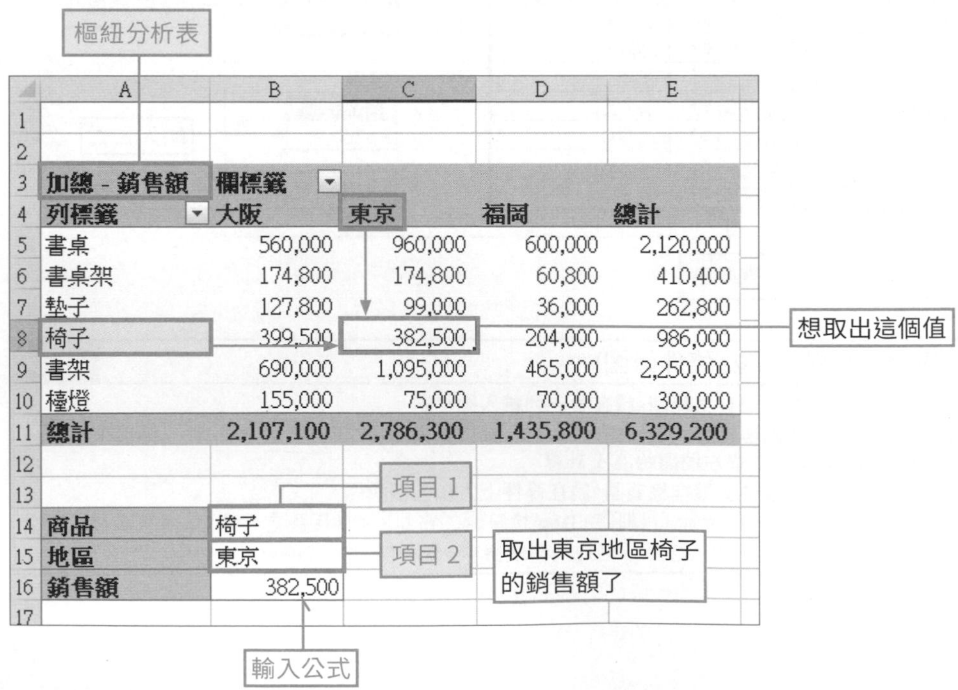

	A	B	C	D	E
1					
2					
3	加總 - 銷售額	欄標籤			
4	列標籤	大阪	東京	福岡	總計
5	書桌	560,000	960,000	600,000	2,120,000
6	書桌架	174,800	174,800	60,800	410,400
7	墊子	127,800	99,000	36,000	262,800
8	椅子	399,500	382,500	204,000	986,000
9	書架	690,000	1,095,000	465,000	2,250,000
10	檯燈	155,000	75,000	70,000	300,000
11	總計	2,107,100	2,786,300	1,435,800	6,329,200
12					
13					
14	商品	椅子			
15	地區	東京			
16	銷售額	382,500			
17					

=GETPIVOTDATA(資料欄位, 樞紐分析表, [欄位 1, 項目 1], [欄位 2, 項目 2]…) 查閱與參照

資料欄位…指定要取出的資料欄位名稱，請用雙引號「"」括起來
樞紐分析表…指定樞紐分析表內的儲存格
欄位、項目…指定要取出的資料，藉由指定欄位名稱和項目名稱的組合來進行。可以用雙引號「"」將欄位名稱和項目名稱括起來指定，或是指定包含欄位名稱和項目名稱的儲存格

從「樞紐分析表」中取出指定的「資料欄位」資料。取出的資料位置是用「欄位」和「項目」指定。最多可以指定 126 組「欄位」和「項目」的組合。如果省略指定，則取出樞紐分析表右下角顯示的總計資料。

Memo

- 引數「資料欄位」和「欄位」需指定為**樞紐分析表欄位**工作窗格下方的欄位名稱。當點選樞紐分析表內的儲存格時，就會自動顯示**樞紐分析表欄位**工作窗格。

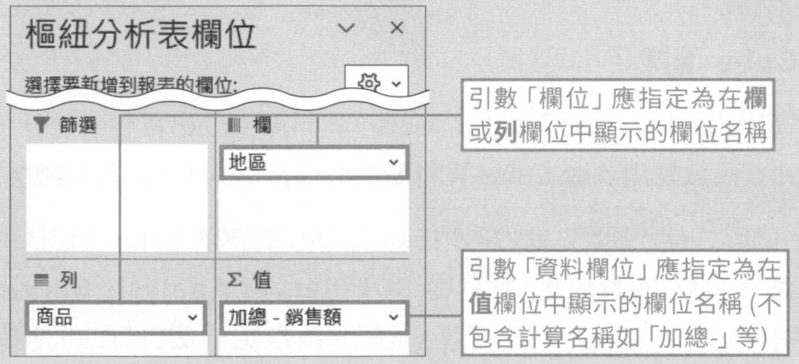
樞紐分析表欄位
選擇要新增到報表的欄位:
篩選
欄
地區
列
商品
Σ 值
加總 - 銷售額
引數「欄位」應指定為在**欄**或**列**欄位中顯示的欄位名稱
引數「資料欄位」應指定為在**值**欄位中顯示的欄位名稱 (不包含計算名稱如「加總-」等)

- 輸入公式時，可以透過輸入「=」，並點按樞紐分析表中的儲存格，以自動輸入 GETPIVOTDATA 函數。例如，點按範例中的 C8 儲存格，將輸入以下公式：
  =GETPIVOTDATA("銷售額",$A$3,"地區","東京","商品","椅子")
- 引數的指定，依情況可以取出各種不同的值。
  - ‧椅子的總銷售額 (E8 儲存格)
    =GETPIVOTDATA("銷售額",$A$3,"商品","椅子")
  - ‧東京的總計 (C11 儲存格)
    =GETPIVOTDATA("銷售額",$A$3,"地區","東京")
  - ‧總銷售額 (E11 儲存格)
    =GETPIVOTDATA("銷售額",$A$3)
  - ‧從其他工作表中搜尋**樞紐分析表**工作表的樞紐分析表中的書桌總銷售額
    =GETPIVOTDATA("銷售額",樞紐分析表!$A$3,"商品","書桌")

02-70 什麼是 Cube 函數？

什麼是 Cube?

企業在建構資料庫時，可能會使用像 SQL Server 這類的資料庫管理系統，以因應大量的資料。當 SQL Server 累積了大量的資料時，進行資料分析可能要花費較久的時間。因此，事先從 SQL Server 中取出要分析的資料，並重新組織成容易統計的資料庫是必要的。這個專為分析而建立的資料庫稱為「Cube」。相對於直接用 SQL Server 的資料做分析，Cube 資料庫可以在較短的時間內完成。請注意，建立 Cube 需要使用「SQL Server Analysis Services」。

什麼是 Cube 函數？

在 Excel 中，可以使用「Cube 函數」從 Cube 資料庫中取出資料或統計值。換句話說，Cube 函數是用於從 Cube 資料庫中取得資料到 Excel 的函數。

在使用 Cube 函數之前，需要先進行「連接到 Cube」的準備工作。請切換到**資料**頁次，按下**取得資料/從資料庫**，點選**從 SQL Server Analysis Services 資料庫 (匯入)**，並輸入連接所需的資訊。此時，請指定一個自訂的「連接名稱」，這個連接名稱將在 Cube 函數的引數中使用，建議取一個容易識別的名稱。此外，關於連接所需的資訊，請詢問 Cube 資料庫的管理員。

▶ **Cube 與 Cube 函數**

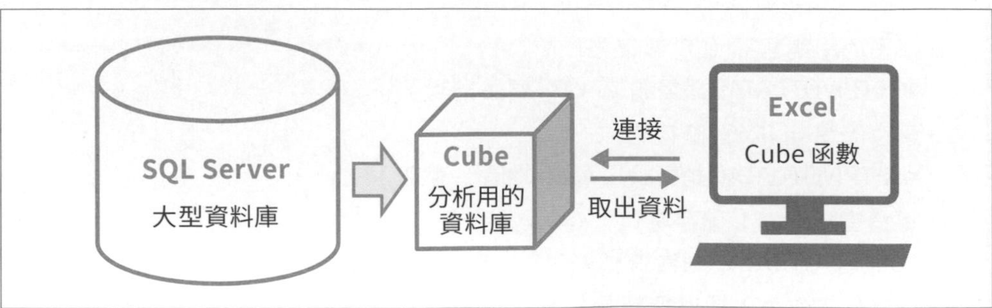

常用術語解說

在使用 Cube 函數之前，請先認識一些基本術語。在立方體中使用多維分析軸可以進行多角度的資料分析。雖然英文單字「Cube」是指立方體，但立方體可以處理超過三個維度的資料。分析軸稱為「維度」，維度上的每個資料稱為「成員」，被統計的數值稱為「度量」。下圖是使用三個維度進行分析的範例。

▶ **維度、成員、度量**

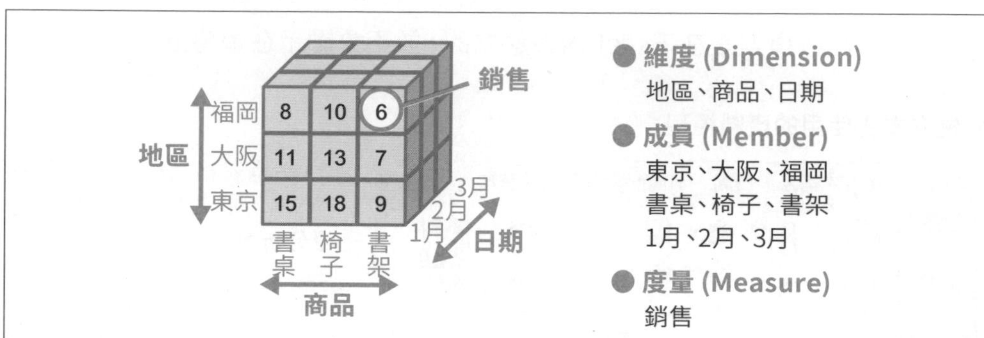

像「1月」、「1月、東京」、「1月、東京、書桌」等，從立方體中切割出來的元素稱為「陣列」。

▶ **陣列的範例**

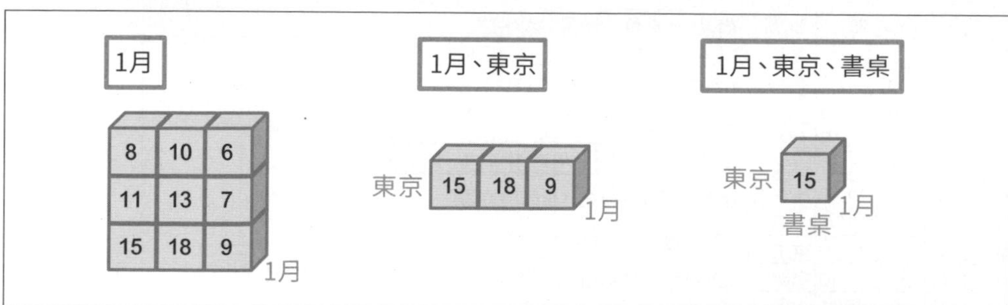

Memo

- 在此，我們用一個非常簡單的例子說明使用 Cube 函數前所需的基本知識。實際上，要處理 SQL Server的 Cube，可能需要更深入的知識。例如，要了解多維式語言「MDX」的多維度表達式來指定成員或度量。請參考專業的書籍進一步學習。

關聯項目 【02-71】單獨在 Excel 的環境下測試 Cube 函數

02-71 單獨在 Excel 的環境下測試 Cube 函數

單獨在 Excel 中測試 Cube 函數

為了學習使用 Cube 函數，個人準備 SQL Server 可能會很麻煩。Cube 函數可以看作是 Excel 內建的「資料模型」功能來使用。因此，本書將利用資料模型來介紹 Cube 函數。建立資料模型的方法有很多種，本書將利用在建立樞紐分析表時同時建立資料模型。樞紐分析表是一種基於 Excel 表格來建立彙總表的功能。資料模型是在 Excel 內部建立的，並不會顯示在螢幕上。

▶ 建立本書使用的資料模型

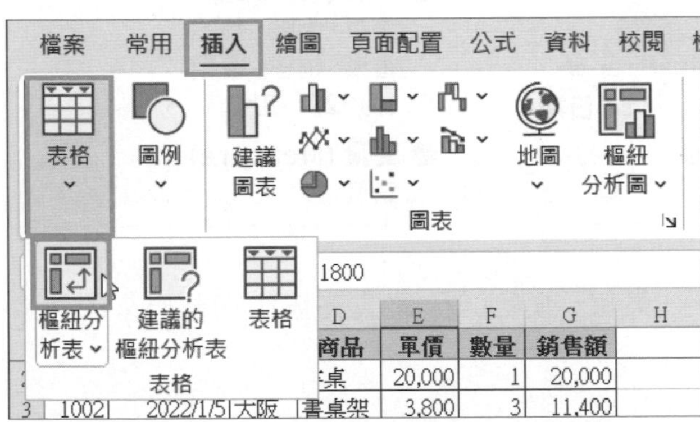

① 點選表格內的任一個儲存格，執行**插入**頁次→**表格**→**樞紐分析表**

	A	B	C	D	E	F	G
1	No	日期	地區	商品	單價	數量	銷售額
334	1333	2022/12/4	東京	書桌	20,000	2	40,000
335	1334	2022/12/5	東京				
336	1335	2022/12/5	大阪				
337	1336	2022/12/7	大阪				
338	1337	2022/12/7	福岡				
339	1338	2022/12/8	東京				
340	1339	2022/12/9	大阪				
341	1340	2022/12/9	東京				
342	1341	2022/12/10	福岡				
343	1342	2022/12/11	大阪				
344	1343	2022/12/12	大阪				
345	1344	2022/12/12	大阪				
346	1345	2022/12/12	福岡				
347	1346	2022/12/14	大阪				
348	1347	2022/12/15	東京				

來自表格或範圍的樞紐分析表
選取表格或範圍
表格/範圍(T): 銷售表!$A$1:$G$361
選擇您要放置樞紐分析表的位置
◉ 新增工作表(N)
○ 現有工作表(E)
位置(L):
選擇您是否要分析多個表格
☑ 新增此資料至資料模型(M)
確定　取消
請確認勾選此項目

② 開啟設定的交談窗後，確認表格的範圍是否正確，並勾選**新增此資料至資料模型**項目，再按下**確定**鈕。這樣就會建立一個新工作表，並在新工作表中建立樞紐分析表，同時也會在 Excel 內部建立資料模型

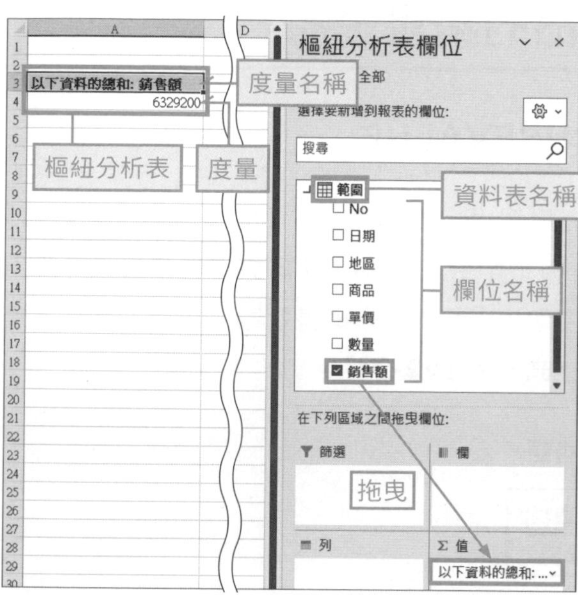

③ 點選樞紐分析表內的儲存格時，畫面右側會顯示**樞紐分析表欄位**工作窗格，同時自動建立一個名稱為「範圍」的資料表。

將**銷售額**從清單中拖曳到**值**欄位，樞紐分析表將顯示原始表格的總銷售額。在總銷售額上方會顯示「以下資料的總和: 銷售額」是在使用 Cube 函數取出銷售統計值時使用的

指定 Cube 函數的引數

接下來的頁面將介紹 Cube 函數，使用 Excel 的資料模型時，「連接名稱」為「"ThisWorkbookDataModel"」。Cube 函數中，有些含有「成員表達式」的引數。你可以在「成員表達式」中，如下指定成員 (如東京、書桌等) 或度量。

- **「書桌」這個成員的成員表達式：**
  "[資料表名稱].[欄位名稱].[All].[成員名稱]"
  "[範圍].[商品].[All].[書桌]" 或 "[商品].[書桌]"
  ※[All] 可以省略
  ※如果資料模型中只有一個資料表，資料表名稱可以省略

- **「銷售額」合計值的成員表達式**
  "[Measures].[度量名稱]"
  "[Measures].[以下資料的總和: 銷售額]"

Memo

- 【02-72】～【02-73】的範例中，已經事先建立了樞紐分析表和資料模型。在樞紐分析表中可以進行各種統計，例如「按地區和商品分類的銷售統計」、「按月份和地區的銷售統計」等。不過本書不會詳細說明如何操作樞紐分析表，請參考相關書籍。

關聯項目 【02-70】什麼是 Cube 函數？

02-72 從 Cube 中取出「書桌」這個商品的銷售金額

CUBEMEMBER／CUBEVALUE

在此要從【02-71】所建立的資料模型中，取出「書桌」的銷售金額。首先，使用 CUBEMEMBER 函數從資料模型中取出名稱為「書桌」的成員。再使用 CUBEVALUE 函數從資料模型中取出「書桌」的銷售金額。有關「連接表達式」和「成員表達式」的指定方法，請參考【02-71】。

▶ 從資料模型中取出「書桌」的銷售額

B2 =CUBEMEMBER(B1,"[商品].[書桌]")
連接名稱　成員表達式

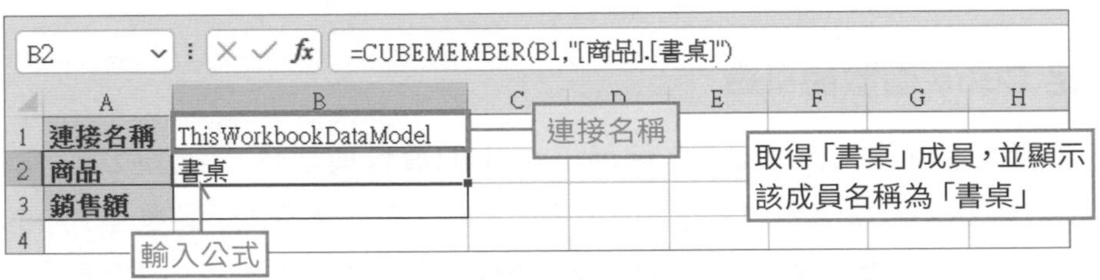

① 在 B1 儲存格輸入連接名稱。為了從資料模型中取得名為「書桌」成員，在 B2 儲存格輸入 CUBEMEMBER 函數。一旦取得成功，儲存格中就會顯示該成員名稱「書桌」

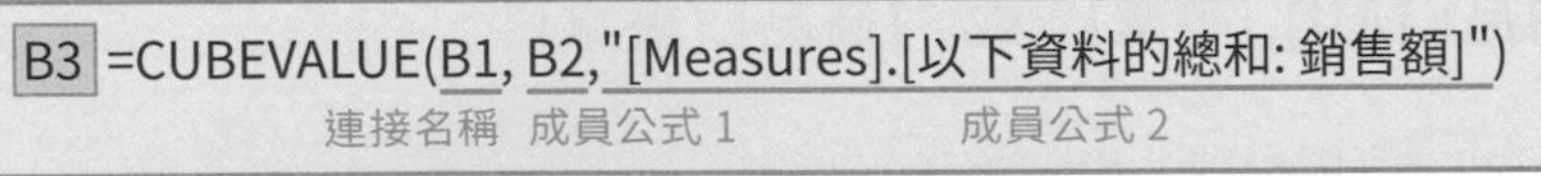

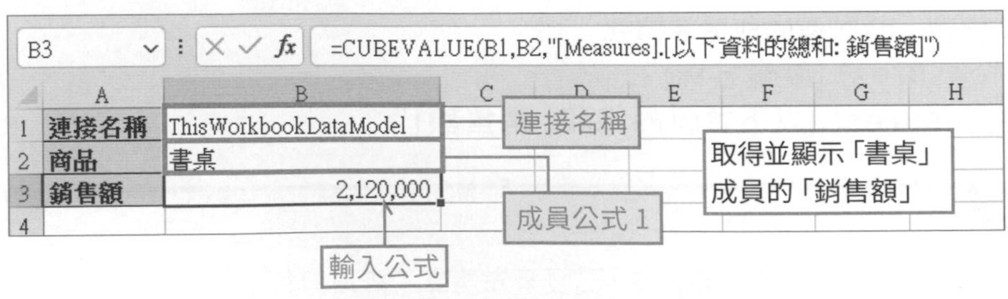

② 在 B3 儲存格中輸入 CUBEVALUE 函數。將 B2 儲存格作為「成員表達式」，並指定「"[Measures].[以下資料的總和: 銷售額]"」為第 2 個引數，這樣就可以顯示出「書桌」的總銷售額。兩個成員表達式的順序也可以顛倒

=CUBEMEMBER(連接名稱, 成員表達式, [標題]) Cube

連接名稱…指定連接到 Cube 的連接名稱
成員表達式…指定 Cube 的成員或度量的多維表達式 (MDX 表達式)
標題…指定傳回成員時，在儲存格中顯示的字串

取得 Cube 的成員或 Tuple。如果取得成功，「標題」會顯示在儲存格中。
如果省略「標題」，將顯示成員或 Tuple 中的最後一個成員名稱。如果無法取得，將顯示錯誤值 [#N/A]。可以用來檢查成員或 Tuple 是否存在。

=CUBEVALUE(連接名稱, [成員表達式 1], [成員表達式 2] …) Cube

連接名稱…指定連接到 Cube 的連接名稱
成員表達式…指定 Cube 的成員或度量的多維表達式 (MDX 表達式)

傳回指定成員的加總值。

Memo

- 如果直接將連接名稱指定為引數，請用雙引號「"」括起來，例如「"ThisWorkbookDataModel"」。只要輸入第一個「"」，就可以從輸入候選清單中選擇並輸入。
- 如果直接將連接名稱指定為引數，當指定引數為「成員表達式」時，也可以從輸入候選清單中選擇。在這種情況下，選擇成員名稱應按順序從表格名稱中選擇。

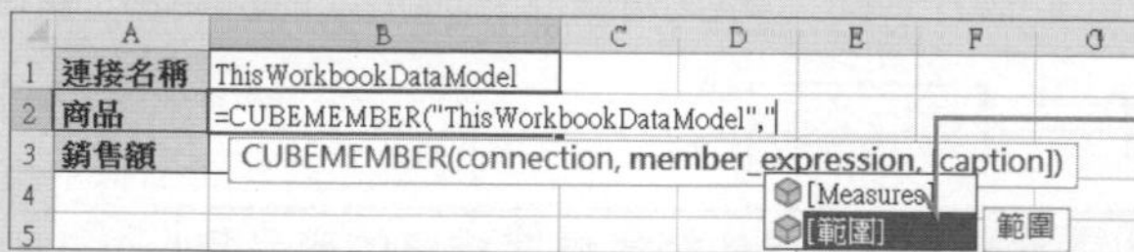

依序從「資料表名稱→欄位名稱→[All]→成員名稱」做選擇

- 如果直接在 B2 儲存格輸入「書桌」，CUBEVALUE 函數會出錯。在 B2 儲存格中，輸入 CUBEMEMBER 函數，或是輸入成員表達式「[商品].[書桌]」。
  前者會在儲存格中顯示商品名稱，所以比輸入成員表達式更容易懂。或者，也可以不在 B2 儲存格輸入資料，直接在 CUBEVALUE 函數的引數中輸入成員表達式，如下所示：
  =CUBEVALUE(B1,"[商品].[書桌]","[Measures].[以下資料的總和: 銷售額]")
- 透過在 CUBEVALUE 函數的引數中指定多個成員表達式，可以進行多項條件的彙總。下圖以「東京」和「書桌」這兩個條件進行加總計算。分別在 B2 及 B3 儲存格中輸入成員表達式，或者也可以輸入 CUBEMEMBER 函數。
  =CUBEVALUE(B1,B2,B3,"[Measures].[以下資料的總和: 銷售額]")

B4 =CUBEVALUE(B1,B2,B3,"[Measures].[以下資料的總和: 銷售額]")

	A	B	C	D	E	F	G	H
1	連接名稱	ThisWorkbookDataModel						
2	地區	[地區].[東京]						
3	商品	[商品].[書桌]						
4	銷售額	960,000						

關聯項目 【02-70】什麼是 Cube 函數？
【02-71】單獨在 Excel 的環境下測試 Cube 函數

02-73 從 Cube 中製作銷售前 3 名的商品排名表

CUBESET／CUBERANKEDMEMBER／CUBEVALUE

從【02-71】所建立的資料模型中，我們將製作一個銷售前 3 名的商品排名表。首先，使用 CUBESET 函數從資料模型中依銷售高低順序取得商品集合。這個集合是從記憶體中取得，並不會顯示在儲存格中。要從商品集合中實際取出商品名稱，需要使用 CUBERANKEDMEMBER 函數。最後，用 CUBEVALUE 函數計算每個商品的銷售金額。關於每個函數的「連接方式」和「成員表達式」的指定方法，請參考【02-71】。

▶ 從資料模型中找出銷售前三名的商品

```
B3 =CUBESET(B1,"[商品].Children","商品名稱",2,"[Measures].[以下資料的總和: 銷售額]")
```

B1：連接名稱　"[商品].Children"：集合表達式　"商品名稱"：標題　2：排序順序　"[Measures].[以下資料的總和: 銷售額]"：排序鍵

B3 =CUBESET(B1,"[商品].Children","商品名稱",2,"[Measures].[以下資料的總和: 銷售額]")

	A	B	C	D
1	連接名稱	ThisWorkbookDataModel		
2				
3	排名	商品名稱	銷售額	
4	1			
5	2			
6	3			
7				

連接名稱

輸入公式

取得依銷售順序排序的商品集合，並且在儲存格中顯示使用引數「標題」指定的「商品名稱」

① 在 B1 儲存格中輸入連接名稱。為了從資料模型中按銷售額高低順序取得商品集合，將 CUBESET 函數輸入到 B3 儲存格中。成功取得後，儲存格會顯示「商品名稱」。各引數的內容如下所示：

- **集合表達式**：「"[商品].Children"」是取得 [商品] 所有內容的表達式。
- **標題**：當成功取得時，儲存格會顯示「商品名稱」。顯示的文字可作為排名表的標題使用。
- **排序順序**：指定「2」，表示將依降冪 (由大到小) 排序。
- **排序鍵**：由於我們想將銷售額由大到小排序商品，所以指定「"[Measures].[以下資料的總和: 銷售額]"」。

```
B4 =CUBERANKEDMEMBER($B$1,$B$3,A4)
```
連接名稱 集合表達式 排名

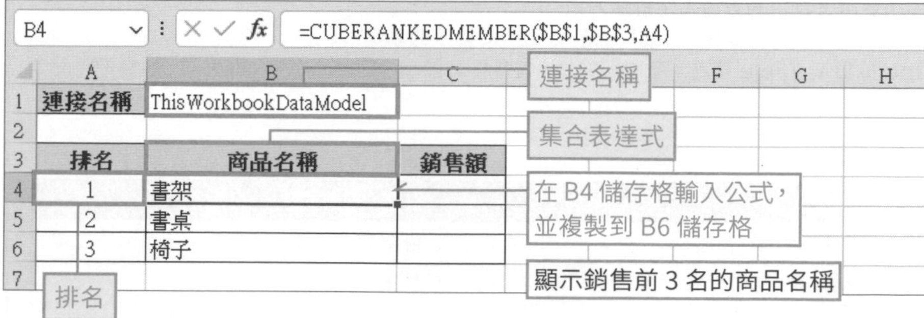

② 在 B4 儲存格中輸入 CUBERANKEDMEMBER 函數，從步驟 ① 取得的集合中取出銷售排名第一的商品。複製公式時，為了確保連接名稱和集合表達式的儲存格不會被更動，請使用絕對參照來指定。複製公式後，將顯示排名第一到第三的商品名稱

```
C4 =CUBEVALUE($B$1,B4,"[Measures].[以下資料的總和: 銷售額]")
```
連接名稱 成員表達式 1 成員表達式 2

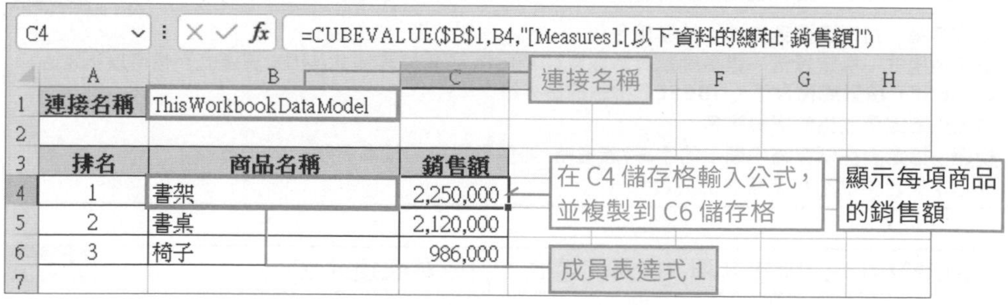

③ 在 C4 儲存格中輸入 CUBEVALUE 函數，從步驟 ② 取得的商品名稱中求得第一名的銷售額。複製輸入的公式後，將顯示第一名到第三名的銷售額

Memo

- 如果在 C3 儲存格中輸入 CUBEMEMBER 函數以取出銷售額，而不是輸入「銷售額」字串，那麼 B3 和 C4 的公式，可以只指定「B3」，而不需要指定「"[Measures].[以下資料的總和: 銷售額]"」。
  - C3：=CUBEMEMBER(B1,"[Measures].[以下資料的總和: 銷售額]","銷售額")
  - B3：=CUBESET(B1,"[商品].Children","商品名稱",2,C3)
  - C4：=CUBEVALUE($B$1,B4,C3)

1 公式的基礎 2 表格的彙總 3 條件判斷 4 數值處理 5 日期與時間 6 字串的操作 7 表格的搜尋 8 統計計算 9 財務計算 10 數學計算 11 函數組合

=CUBESET(連接名稱, 集合表達式, [標題], [排序順序], [排序鍵]) Cube

連接名稱…指定連接到 Cube 的連接名稱
集合表達式…指定表示一組多維資料集成員或 Tuple 的多維表達式(MDX 表達式)
標題…當集合被傳回時，指定在儲存格中顯示的字串
排序順序…使用下表中的數值指定排序方法
排序鍵…當「排序順序」指定為「1」或「2」時，指定用於排序的基準
取得 Cube 成員或 Tuple 集合。若取得成功，儲存格將顯示「標題」。若取得失敗，則會顯示錯誤值 [#N/A]。

▶ 排序鍵引數

值	說明	引數「排序鍵」的指定
0	不進行排序 (預設)	會被忽略
1	根據「排序鍵」昇冪排序	必須
2	根據「排序鍵」降冪排序	必須
3	依字母昇冪排序	會被忽略
4	依字母降冪排序	會被忽略
5	根據原始資料昇冪排序	會被忽略
6	根據原始資料降冪排序	會被忽略

=CUBERANKEDMEMBER(連接名稱, 集合表達式, 排名, [標題]) Cube

連接名稱…指定連接到 Cube 的連接名稱
集合表達式…指定表示一組多維資料集成員或 Tuple 的多維表達式(MDX 表達式)。也可以指定 CUBESET 函數或輸入了 CUBESET 函數的儲存格
排名…指定要取出的成員排名
標題…指定要在儲存格中顯示的字串。若省略，則顯示提取的成員名稱
從指定集合中提取指定排名的成員。

=CUBEVALUE(連接名稱, [成員表達式 1], [成員表達式 2]…) → 02-72

Memo

- 在樞紐分析表中依商品製作銷售彙總表，可以用來驗證 Cube 函數的結果。【02-71】的步驟 ③ 完成後，將**商品**拖曳到**列**欄，就會變成各項商品的銷售加總。右圖是將銷售額由高到低排序的結果。

	A	B
1		
2		
3	列標籤	以下資料的總和: 銷售額
4	書架	2,250,000
5	書桌	2,120,000
6	椅子	986,000
7	書桌架	410,400
8	檯燈	300,000
9	墊子	262,800
10	總計	6,329,200
11		

確認與前頁的步驟 ③ 結果一致

關聯項目 【02-70】什麼是 Cube 函數？

Chapter 3

第3章

條件判斷

條件判斷和值的檢查

03-01 什麼是邏輯值？什麼是邏輯運算式？

認識邏輯值與邏輯運算式

本章我們將介紹用於條件判斷的各種函數。首先，要認識在進行條件判斷時不可或缺的「邏輯值」和「邏輯運算式」。

「邏輯值」是用來表示真、假的值，有以下兩種類型。

- **TRUE…代表「真」、「Yes」和「On」的邏輯值**
- **FALSE…代表「假」、「No」、「Off」的邏輯值**

邏輯運算式的結果只能是「TRUE」或「FALSE」。例如，「A1>=100」，則表示 A1 儲存格中的數值大於等於 100，結果為「TRUE」，否則結果為「FALSE」。「>=」是由半形的「>」和半形的「=」連接而成的「比較運算子」。

▶ 比較運算子的種類

比較運算子	意義
=	等於
<>	不等於
>	大於

比較運算子	意義
>=	大於等於
<	小於
<=	小於等於

輸入邏輯運算式

如果在 Excel 的儲存格中輸入「=A1+B1」，就會顯示「A1+B1」相加的結果。「=A1+B1」開頭的「=」表示公式開始的符號，「+」則表示加法運算子。

▶ 加法公式

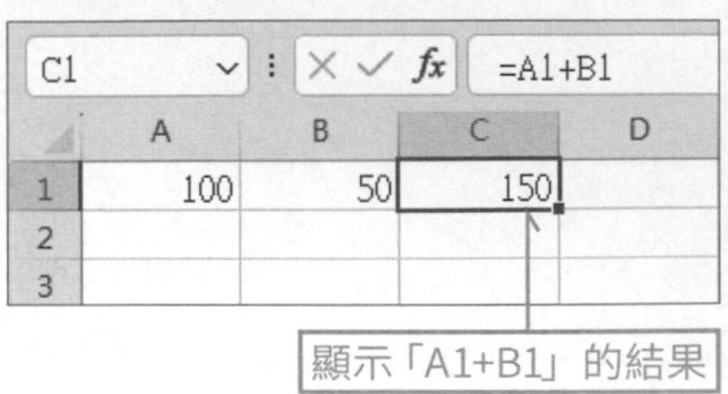

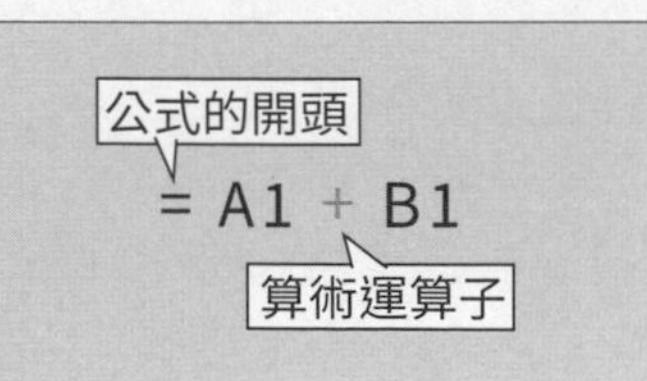

邏輯運算式也可以透過在儲存格中加上開頭的等號「=」來輸入。例如，在儲存格中輸入「=A1=B1」，將計算出「A1=B1」的結果。儘管公式中有兩個「=」，但開頭的等號「=」是表示公式的開始，中間的等號「=」則是比較運算子。

▶ 邏輯運算式

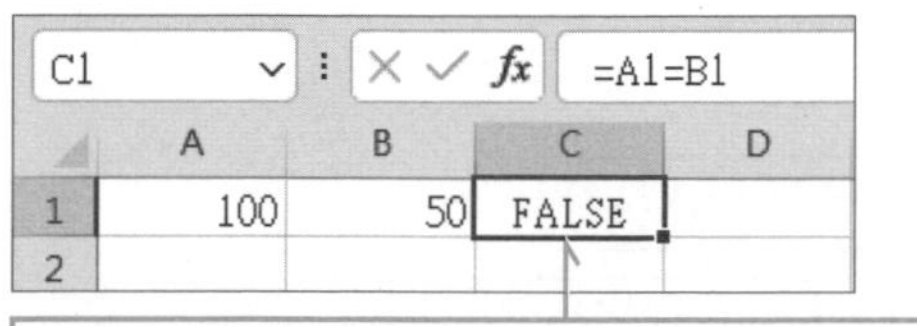

由於 A1 儲存格的值和 B1 儲存格的值不相等，所以「A1=B1」的結果為「FALSE」

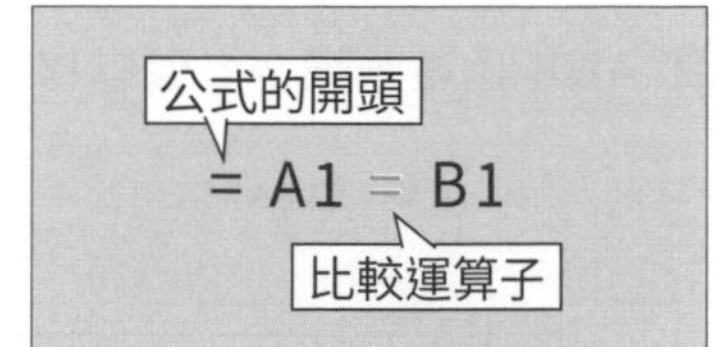

用比較運算子比較值

使用比較運算子比對特定值時，數值可以直接指定，但字串需要用雙引號「"」括起來。此外，日期要用 DATE 函數以「DATE(年 , 月 , 日)」的方式指定。請注意，如果將日期用雙引號「"」括起來，則無法正確比較日期值。

▶ 值的比較範例

值	範例	判斷的內容
數值	A2>100	A2 儲存格的數值大於 100
字串	A2=" 完成 "	A2 儲存格的字串等於「完成」
日期	A2=DATE(2022,12,24)	A2 儲存格的日期等於「2022/12/24」

▶ 使用 DATE 函數來比較日期

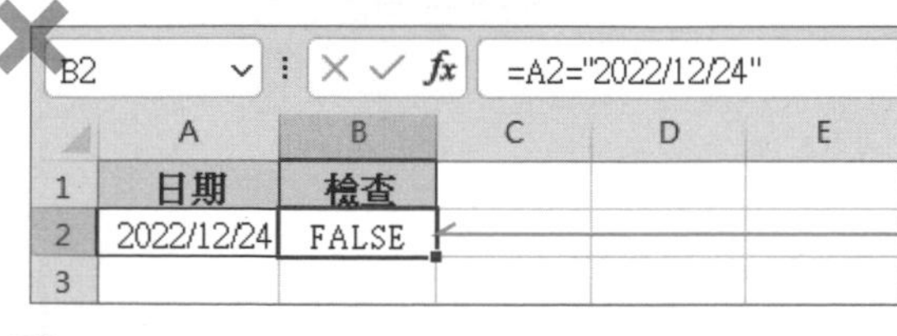

=A2="2022/12/24"

A2 儲存格的日期是「2022/12/24」，但由於日期用雙引號括起來，無法正確識別為日期值，因此被判斷為「不相等」

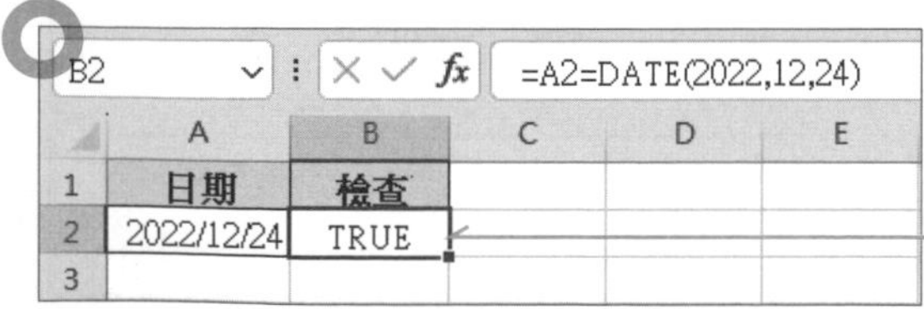

=A2=DATE(2022,12,24)

A2 儲存格與 DATE(2022,12,24) 被正確判斷為「相等」

傳回邏輯值的函數

Excel 中有一些函數可以傳回邏輯值。這種函數可以直接指定為條件判斷的條件。例如，ISBLANK 函數是用來判斷儲存格是否為空白的函數，「ISBLANK(A1)」的結果將在 A1 儲存格為空白時傳回「TRUE」。

▶ 使用 ISBLANK 函數判斷 A1 儲存格是否為空白

	A	B	C	D	E
1		TRUE			
2					

B1　=ISBLANK(A1)

=ISBLANK(A1)

由於 A1 儲存格為空白，所以結果為「TRUE」

▶ 傳回邏輯值的函數範例

函數	判斷內容	參照
=ISTEXT(A1)	A1 儲存格的內容為字串	03-15
=ISNUMBER(A1)	A1 儲存格的內容為數值 (包括日期 / 時間)	03-15
=ISBLANK(A1)	A1 儲存格的內容為空白	03-17
=ISREF(A1)	A1 儲存格的內容為參照儲存格	03-18
=ISFORMULA(A1)	A1 儲存格的內容為公式	03-20
=ISERROR(A1)	A1 儲存格的內容為錯誤值	03-28
=ISNA(A1)	A1 儲存格的內容為 [#NA] 錯誤值	03-39
=EXACT(A1,B1)	A1 儲存格的字串與 B1 儲存格的字串相等	06-31

Memo

- 邏輯值的「TRUE」可以當作「1」，「FALSE」可以當作「0」進行四則運算。下圖中，當 B2 儲存格的「資格」欄輸入「有」，將支付 5000 元的津貼，所以在「津貼」欄中輸入「=5000*(B2="有")」公式。

C2 =5000*(B2="有")

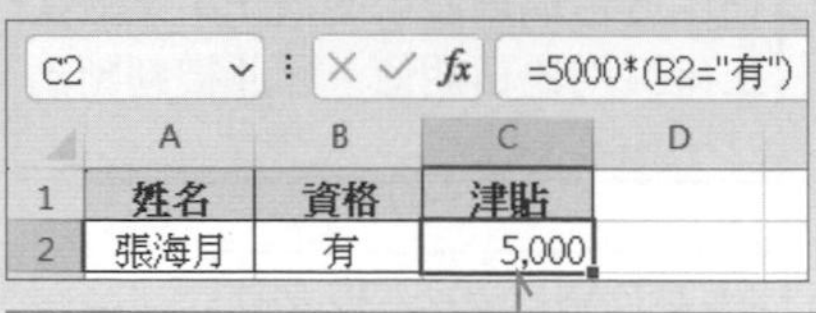

由於「B2="有"」的結果為「TRUE(1)」，所以計算結果為「5000*1」

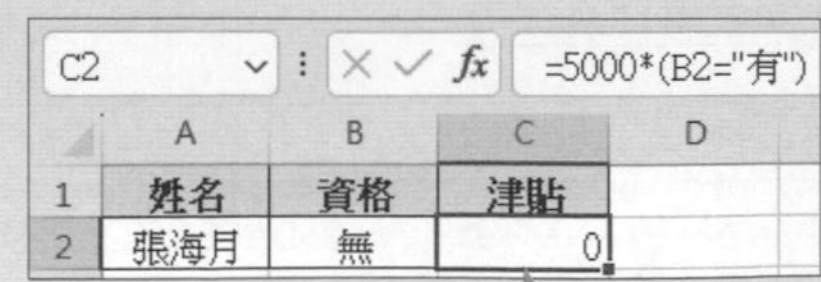

由於「B2="無"」的結果為「FALSE(0)」，所以計算結果為「5000*0」

03-02 根據是否滿足條件來切換顯示的值

IF

IF 函數可以根據「條件式」引數指定的條件是否成立來切換儲存格的值。此範例中，如果年齡 60 歲以上，就顯示「敬老折扣」，如果不是則顯示「一般折扣」。假設年齡輸入在 C3 儲存格中，條件為「C3>=60」。

▶ 60 歲以上顯示「敬老折扣」，其它則顯示「一般折扣」

D3 =IF(C3>=60," 敬老折扣","一般折扣"))
條件式　條件成立　條件不成立

D3 =IF(C3>=60,"敬老折扣","一般折扣")

	A	B	C	D	E	F	G
1	新品發表邀請名單						
2	No	姓名	年齡	折扣			
3	1	余苑琳	48	一般折扣			
4	2	錢秉偉	65	敬老折扣			
5	3	賴依潔	58	一般折扣			
6	4	吳哲聖	60	敬老折扣			
7	5	劉昱宏	37	一般折扣			
8	6	蔡希弘	44	一般折扣			
9							

在 D3 儲存格中輸入公式，並複製到 D8 儲存格

根據年齡顯示「敬老折扣」或「一般折扣」

=IF(條件式, 條件成立, 條件不成立)　邏輯

條件式…指定要傳回 TRUE 或 FALSE 結果的條件式
條件成立…指定當「條件式」為 TRUE 時，所要傳回的值或公式。未指定任何內容，則傳回 0
條件不成立…指定當「條件式」為 FALSE 時，所要傳回的值或公式。未指定任何內容，則傳回 0
當「條件式」為 TRUE（真）時，傳回「條件成立」；當為 FALSE 時，傳回「條件不成立」。當不指定「條件成立」與「條件不成立」的情況下，「條件式」後面的半形逗號「,」也不能省略。

Memo

- 在 D3 儲存格中輸入的 IF 函數執行條件判斷，如右圖所示。

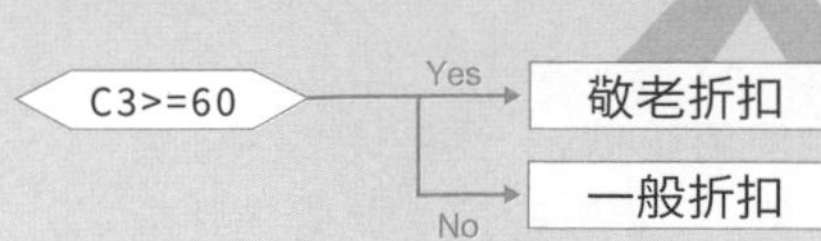

關聯項目 【03-03】依指定條件切換顯示值

03-03 依指定條件切換顯示值

IF

組合使用兩個 IF 函數，可以按照順序判斷兩個條件，並根據結果切換三個值。此範例要根據會員的來店次數對會員分級。第一個 IF 函數判斷「來店次數大於等於 50 次」，如果成立，則顯示「白金會員」。如果不成立，則使用第二個 IF 函數判斷「來店次數大於等於 20 次」，如果成立，則顯示「黃金會員」，如果不成立，則顯示「一般會員」。

▶ 50 以上為「白金會員」，20 以上為「黃金會員」，其他為「一般會員」

D3 =IF(C3>=50,"白金會員",IF(C3>=20,"黃金會員","一般會員"))

內層：C3>=20 → 條件式；"黃金會員" → 條件成立；"一般會員" → 條件不成立

外層：C3>=50 → 條件式；"白金會員" → 條件成立；IF(C3>=20,"黃金會員","一般會員") → 條件不成立

D3 =IF(C3>=50,"白金會員",IF(C3>=20,"黃金會員","一般會員"))

	A	B	C	D
1	會員級別			
2	No	姓名	來店次數	會員級別
3	1	余苑琳	18	一般會員
4	2	錢秉偉	31	黃金會員
5	3	賴依潔	102	白金會員
6	4	吳哲聖	3	一般會員
7	5	劉昱宏	50	白金會員
8				

在 D3 儲存格輸入公式，並複製到 D7 儲存格

依照來店次數分級

=IF(條件式, 條件成立, 條件不成立) → 03-02

Memo

- 在 D3 儲存格中輸入 IF 函數執行條件判斷，如右所示。使用巢狀 IF 函數時，在外層的 IF 函數中指定要優先判斷的條件。

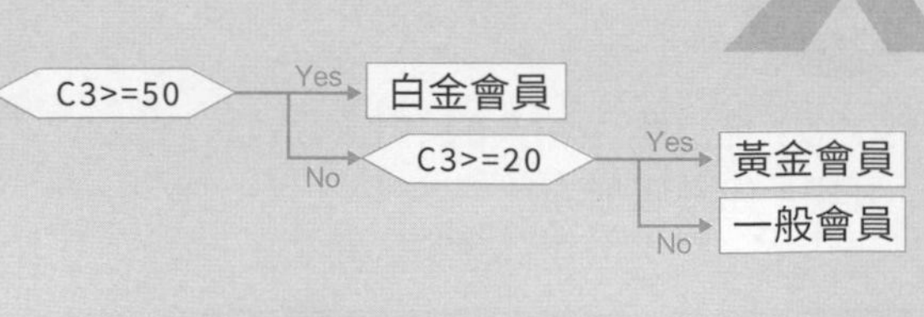

 關聯項目 【03-02】根據是否滿足條件來切換顯示的值

03-04 依指定條件切換多個值 <①IFS 函數>

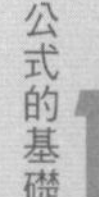

IFS

在 Office 365 與 Excel 2021/2019 使用 IF 函數的複數型函數 IFS 函數，可以設定多個條件與值的組合進行條件判斷，例如「條件 1 成立時為 A，條件 2 成立時為 B，條件 3 成立時為 C…」。如果想設定每個條件都不成立時，請指定「TRUE」當作最後的條件。

以下是根據來店次數將會員分級。來店次數「超過 50 次」顯示為「白金會員」，「超過 20 次」顯示為「黃金會員」，其餘顯示「一般會員」。假設來店次數為 102 次，「超過 50 次」與「超過 20 次」的條件皆成立，這時會以先設定的條件「超過 50 次」為優先，所以會顯示「白金會員」。

▶ 依照來店次數分為「白金會員」、「黃金會員」、「一般會員」

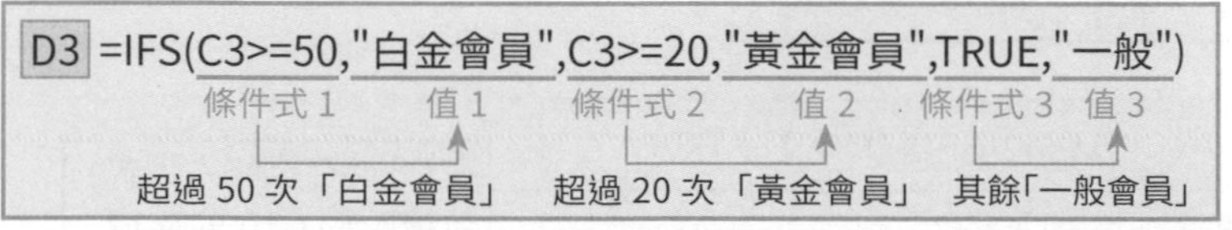

D3 　=IFS(C3>=50,"白金會員",C3>=20,"黃金會員",TRUE,"一般會員")

	A	B	C	D
1	會員級別			
2	No	姓名	來店次數	會員級別
3	1	余苑琳	18	一般會員
4	2	錢秉偉	31	黃金會員
5	3	賴依潔	102	白金會員
6	4	吳哲聖	3	一般會員
7	5	劉昱宏	50	白金會員
8				

在 D3 儲存格輸入公式，並往下複製到 D7 儲存格

依照來店次數分級

=IFS(條件式 1, 值 1, [條件式 2, 值 2]…)　　[365/2021/2019]　邏輯

條件式…設定傳回結果為 TRUE 或 FALSE 的條件式

值…「條件式」為 TRUE 時，設定傳回值或公式

判斷「條件式」，傳回第一個為 TRUE（真）的「條件式」對應的「值」。如果找不到結果為 TRUE 的「條件式」，就傳回 [#N/A]。「條件式」與「值」的組合最多可以設定 127 組。假如要設定沒有任何條件成立的值，可以將最後一組的「條件式」設為 TRUE。

03-05 依指定條件切換多個值 <②VLOOKUP 函數>

VLOOKUP

希望根據儲存格的值進行多種情況的分類時，使用 VLOOKUP 函數可以透過表格來指定分類的條件。即使有多種不同情況，只要增加表格的列數，公式也不會變得過長。在此，我們要根據得分將評等切換為「優秀、良好、中等、尚可、較差」五種評等。事先在「評量基準」的表格中由小到大的順序輸入對應「○以上」的得分，並將 VLOOKUP 函數的「搜索類型」引數設定為「TRUE」。評量基準的儲存格範圍要使用絕對參照，以確保在複製公式時不會發生參照錯誤。

▶ **根據得分顯示「優秀、良好、中等、尚可、較差」評等**

C3 =VLOOKUP(B3,$E$3:$G$7,3,TRUE)

搜尋值　範圍　欄編號　搜尋類型

C3 : =VLOOKUP(B3,$E$3:$G$7,3,TRUE)

	A	B	C	D	E	F	G	H
1	IT 課程結業測驗				評量基準			
2	姓名	得分	評等		得分		評等	
3	陸永迪	53	較差		0	～	較差	
4	謝建佑	82	良好		60	～	尚可	
5	陳政瑄	60	尚可		70	～	中等	
6	江雅欣	37	較差		80	～	良好	
7	詹行之	16	較差		90	～	優秀	
8	郭大鈞	92	優秀		1	2	3	
9	王秋侑	76	中等					
10	溫振華	40	較差					
11								

在 C3 儲存格輸入公式，並複製到 C10 儲存格

顯示評等

範圍

欄編號

搜尋值

=VLOOKUP(搜尋值, 範圍, 欄編號, [搜尋類型])

→ 07-02

Memo

- 在 VLOOKUP 中，如果將「搜尋類型」引數指定為「TRUE」，會以近似符合的方式搜尋，可以根據「○以上」的條件進行分類。若指定為「FALSE」，會以完全符合的方式搜尋，例如「如果儲存格的值等於值 1，則為○○，如果等於值 2，則為△△，…」。

03-06 依指定條件切換多個值 <③SWITCH 函數>

SWITCH

在 Office 365、Excel 2021/2019 使用 SWITCH 函數可以進行分類，例如「儲存格的值等於值 1 時為○○，等於值 2 時為△△，其他為 ××」。以下將依照顧客等級，切換發行的購物券金額。假設等級「S」、「A」、「B」分別為「2000」、「1000」、「500」，其餘等級為「0」。

▶ 依顧客等級顯示購物券的金額

C3 =SWITCH(B3,"S",2000,"A",1000,"B",500,0)

運算式 值 1 結果 1 值 2 結果 2 值 3 結果 3 預設值

C3 =SWITCH(B3,"S",2000,"A",1000,"B",500,0)

	A	B	C	D	E	F
1	購物券發行清單					
2	顧客姓名	顧客等級	金額			
3	張冠志	B	$500			
4	盧涼新	S	$2,000			
5	夏哲銘	C	$0			
6	鄧依琳	B	$500			
7	蘇若涵	D	$0			
8	張雅琪	A	$1,000			
9						

運算式

在 C3 儲存格輸入公式，並往下複製到 C8 儲存格

顯示金額

=SWITCH(運算式, 值 1, 結果 1, [值 2, 結果 2]…, [預設值]) [365/2021/2019] 邏輯

運算式…設定成為評估對象的儲存格或公式
值…依照「運算式」，設定成為條件的值
結果…設定「運算式」與「值」一致時傳回的結果
預設值…設定沒有一致的「值」時傳回的結果

查詢「運算式」與「值」是否一致，傳回第一個一致的「值」對應的「結果」。如果沒有一致的「值」，就傳回「預設值」。若沒有一致的「值」，也沒有設定「預設值」時，會傳回 [#N/A]。「值」與「結果」的組合最多可以設定 126 組。

Memo

- 如果想使用 IF 函數進行一樣的分類，可以將三個 IF 函數變成巢狀函數。
  =IF(B3="S",2000,IF(B3="A",1000,IF(B3="B",500,0)))

關聯項目 【03-04】依指定條件切換多個值<① IFS 函數>

03-07 判斷多個條件是否全部成立

AND

要檢查「滿足條件 A 且滿足條件 B 且滿足條件 C…」這種「所有條件都成立」的情況，可以將條件式當作 AND 函數的引數。當列出的所有條件都成立時，AND 函數的結果就會為「TRUE」。在此，我們要從物件清單中搜尋「室內實際面積超過 $50m^2$ 以上」且「建築年數在 10 年以下」的物件。

▶ 尋找「超過 $50m^2$ 以上」並且「建築年數在 10 年以下」的物件

D3 =AND(B3>=50,C3<=10)
條件式 1　條件式 2

D3　=AND(B3>=50,C3<=10)

	A	B	C	D	E
1	物件清單				
2	物件No	室內實際面積	建築年數	條件判斷	
3	1001	61	22	FALSE	
4	1002	38	3	FALSE	
5	1003	51	8	TRUE	
6	1004	55	13	FALSE	
7					

在 D3 儲存格輸入公式，往下複製到 D6 儲存格

滿足條件的物件顯示「TRUE」，未滿足條件的物件顯示「FALSE」

=AND(條件式 1, [條件式 2]…)　邏輯

條件式…指定傳回結果為 TRUE 或 FALSE 的條件式
當所有「條件式」都為 TRUE 時，傳回值是 TRUE，只要有一個為 FALSE，傳回值就是 FALSE。「條件式」最多可以指定 255 個。

Memo

- 當有條件 A 及條件 B 兩個條件時，AND 函數條件的表示方式為「A 且 B」(如下圖重疊的部分)。這個條件要成立 (TRUE) 的話，必需條件 A 及條件 B 皆為 TRUE。

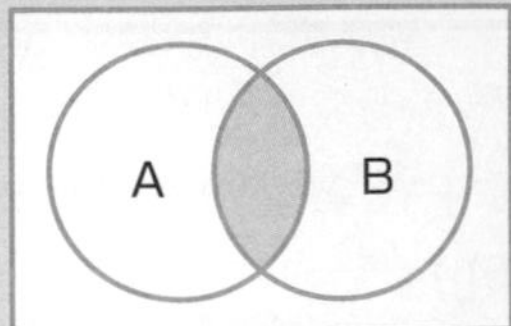

條件 A	條件 B	條件「A 且 B」
TRUE	TRUE	TRUE
TRUE	FALSE	FALSE
FALSE	TRUE	FALSE
FALSE	FALSE	FALSE

03-08 當多個條件同時成立時就顯示指定結果

IF／AND

要同時判斷多個條件，並在所有條件都成立的情況下顯示指定結果，可以在 IF 函數的「條件式」引數中插入 AND 函數。在此，我們將以「會說英語、西班牙語和法語」作為錄取標準，並對符合條件的人顯示「錄取」。如果有任何一種語言不會，則顯示「---」。

▶「會說英語、西班牙語和法語」的人，顯示「錄取」

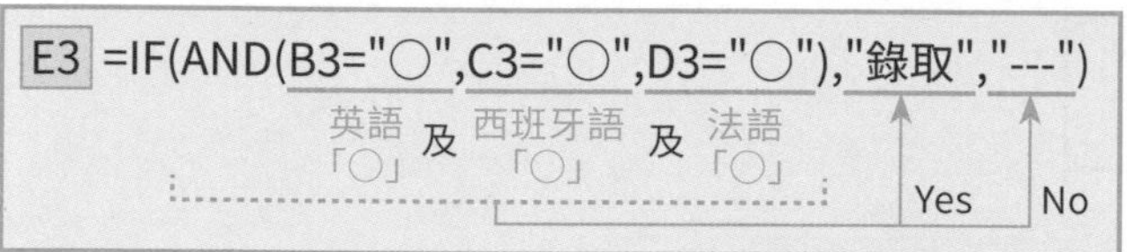

E3 =IF(AND(B3="○",C3="○",D3="○"),"錄取","---")

	A	B	C	D	E	F	G	H
1	外語能力清單							
2	姓名	英語	西班牙語	法語	是否錄取			
3	楊湘婷	○	○	○	錄取			
4	胡美華	×	○	×	---			
5	連晉育	○	×	×	---			
6	郭益聖	○	○	○	錄取			
7	江寧雯	○	×	○	---			
8	劉舒珍	×	×	×	---			
9								

在 E3 儲存格輸入公式，往下複製到 E8 儲存格

如果英語、西班牙語和法語都是「○」，則顯示「錄取」；如果有任何一個「×」，則顯示「---」

=IF(條件式, 條件成立, 條件不成立) → 03-02

=AND(條件式 1, [條件式 2]…) → 03-07

Memo

- 在【03-03】中，我們介紹逐步判斷兩個條件，並在三個結果中切換的方法。此單元介紹的是同時判斷多個條件並切換兩個結果的方法。

關聯項目
【03-03】依指定條件切換顯示值
【03-10】當多個條件中有任一個條件成立時就顯示指定結果

03-09 判斷多個條件中是否有任一個條件成立

OR

如果要檢查「滿足條件 A 或滿足條件 B 或滿足條件 C…」這種「任一個條件成立」的情形，可以將條件式作為 OR 函數的引數。當列出的條件式中有任何一個條件成立時，OR 函數的結果會傳回「TRUE」。例如，我們要從讀者問卷調查結果中尋找回答「有趣的文章」或者「有用的文章」為「特刊」的答案。

▶ 從讀者問卷調查中尋找「特刊」這個答案

F3 =OR(D3="特刊",E3="特刊")

條件式 1　條件式 2

F3　=OR(D3="特刊",E3="特刊")

	A	B	C	D	E	F	G
1	9 月號讀者問卷調查						
2	No	年齡	性別	有趣的文章	有用的文章	判斷	
3	1	28	男	特刊	連載1	TRUE	
4	2	32	男	連載1	連載2	FALSE	
5	3	41	女	特刊	特刊	TRUE	
6	4	36	男	連載1	連載1	FALSE	
7	5	25	女	連載2	特刊	TRUE	

在 F3 儲存格輸入公式，並往下複製到 F7 儲存格

只要有一個是「特刊」，就會顯示「TRUE」

=OR(條件式 1, [條件式 2]…)　邏輯

條件式…指定傳回結果為 TRUE 或 FALSE的條件式

當指定的「條件式」中至少有一個是 TRUE 時，傳回值為 TRUE。當所有「條件式」都是 FALSE，傳回值為 FALSE。「條件式」最多可以指定 255 個。

Memo

- 當有條件 A 和條件 B 兩個條件時，OR 函數表示「A 或 B」(如下圖重疊的部分)，這稱為「OR 條件」。此條件只有在條件 A 和條件 B 中至少有一個為 TRUE 的情況下才成立 (TRUE)。

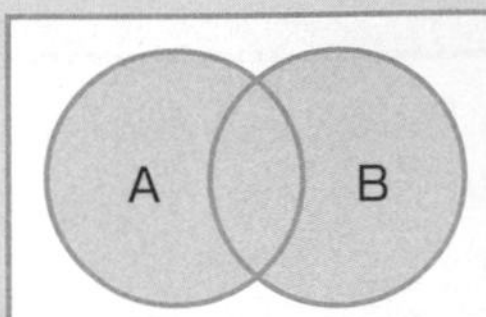

條件 A	條件 B	條件「A 或 B」
TRUE	TRUE	TRUE
TRUE	FALSE	TRUE
FALSE	TRUE	TRUE
FALSE	FALSE	FALSE

03-10 當多個條件中有任一個條件成立時就顯示指定結果

IF／OR

要同時判斷多個條件，並在其中一個條件成立時顯示指定的值，可以在 IF 函數的「條件式」引數中組合 OR 函數。此範例將對「訂購次數超過 5 次」或「購買金額超過 50,000 元」的顧客贈送優惠券，並在「優惠券」欄中顯示「贈送」。

▶ 對「5 次以上」或「50,000 元以上」，顯示「贈送」

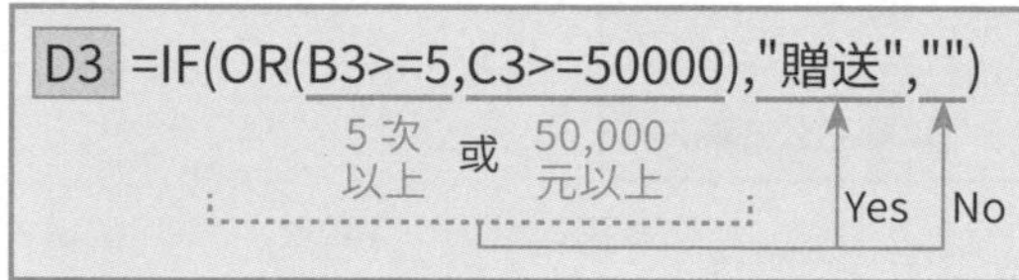

D3 =IF(OR(B3>=5,C3>=50000),"贈送","")

	A	B	C	D	E	F
1	顧客清單					
2	姓名	訂購次數	購買金額	優惠券		
3	郭琇萍	1	56,200	贈送		
4	熊宏輪	15	187,600	贈送		
5	簡威治	8	32,700	贈送		
6	陳勝恭	3	8,700			
7	郭郁宸	10	79,000	贈送		
8						

在 D3 儲存格輸入公式，並往下複製到 D7 儲存格

滿足條件的顧客會顯示「贈送」，不滿足條件的顧客則不會顯示任何內容

=IF(條件式, 條件成立, 條件不成立) → 03-02

=OR(條件式 1, [條件式 2] …) → 03-09

Memo

- 在【03-03】中，我們介紹逐步判斷兩個條件，並在三個結果中切換的方法。此單元介紹的是同時判斷多個條件並切換兩個結果的方法。

關聯項目 【03-03】依指定條件切換顯示值
【03-08】當多個條件同時成立時就顯示指定結果

03-11 使用陣列公式簡化 AND 函數或 OR 函數的引數指定

IF／AND

在 AND 函數或 OR 函數中，若要對連續儲存格進行條件判斷且比較值相同，可以使用陣列公式（→【01-31】）在一個式子中簡潔地指定條件。在此，當 B3 ～ E3 儲存格中的數值皆小於等於 10 時，會顯示「OK」。我們可以將條件指定為「AND(B3:E3<=10)」並以陣列公式輸入。

▶ **想找出距離 4 個車站皆只要步行 10 分鐘內的房屋物件**

F3 =IF(AND(B3:E3<=10),"OK","NG")
條件式　條件成立　條件不成立　[以陣列公式輸入]

F3　{=IF(AND(B3:E3<=10),"OK","NG")}

	A	B	C	D	E	F
1	房屋物件清單 (步行到車站的分鐘數)					
2	物件 No	東站	西站	南站	北站	判斷
3	No.001	5	11	13	4	NG
4	No.002	8	9	8	8	OK
5	No.003	13	15	2	12	NG
6	No.004	27	14	15	26	NG
7	No.005	11	4	12	8	NG

在 F3 儲存格輸入公式，並按下 Ctrl + Shift + Enter 鍵確認

將 F3 儲存格的公式，複製到 F7 儲存格

距離 4 個車站皆只要步行 10 分鐘內的房屋物件就顯示「OK」

=IF(條件式, 條件成立, 條件不成立) → 03-02

=AND(條件式 1, [條件式 2] …) → 03-07

Memo

- 如果將 F3 儲存格中的公式「AND」改為「OR」，則距離 4 個車站中至少有一個步行 10 分鐘以內的物件就會顯示「OK」。在範例中，「No.004」以外的物件都會顯示「OK」。

  =IF(OR(B3:E3<=10),"OK","NG")
- 在 Office 365 和 Excel 2021 中，只需在 F3 儲存格輸入公式並按下 Enter 鍵，就可以得到與範例相同的結果。如果在舊版 Excel 開啟以這種方式計算的檔案，公式將顯示為陣列公式。

關聯項目 【01-31】輸入陣列公式

03-12 使用陣列常數簡化 OR 函數的引數指定

IF／OR

想要進行「儲存格的值為 A 或 B 或 C」的條件判斷時，可以使用陣列常數來指定比較值，例如 {"A","B","C"}，這樣可以讓公式更加簡潔。範例中，如果顧客的地址 (C3 儲存格) 為台北市或新北市或桃園市，則在**邀請函**欄中顯示「寄送」。請在 IF 函數的條件中指定「OR(C3={" 台北市 ";" 新北市 ";" 桃園市 "})」。

▶ 向台北市或新北市或桃園市的顧客寄送邀請函

D3 =IF(OR(C3={"台北市";"新北市";"桃園市"}),"寄送","")

條件式　條件成立　條件不成立

D3 =IF(OR(C3={"台北市";"新北市";"桃園市"}

	A	B	C	D	E	F	G
1	顧客清單						
2	No	姓名	地址	邀請函			
3	1	黃家瑋	台北市	寄送			
4	2	劉筠桓	新北市	寄送			
5	3	陳晉揚	台中市				
6	4	李凱惟	花蓮縣				
7	5	王奕綸	桃園市	寄送			
8	6	林佳欣	高雄市				
9	7	柳昱威	台北市	寄送			
10							

在 D3 儲存格輸入公式，並複製到 D9 儲存格

如果地址在台北市、新北市或桃園市，則顯示「寄送」，否則不顯示任何內容

=IF(條件式, 條件成立, 條件不成立) → 03-02

=OR(條件式 1, [條件式 2] …) → 03-09

Memo

- 如果不使用陣列常數，則 D3 儲存格的公式如下：
  =IF(OR(C3="台北市",C3="新北市",C3="桃園市"),"寄送","")
- 如果在 F3 到 F5 儲存格中分別輸入「台北市」、「新北市」和「桃園市」，則輸入以下公式並按下 Ctrl + Shift + Enter 鍵，即可得到與範例相同的結果。使用 Office 365 和 Excel 2021 的版本，可以只按下 Enter 鍵確定。
  =IF(OR(C3=$F$3:$F$5),"寄送","")

03-13 反轉條件的真假

NOT／OR

使用 NOT 函數可以將「TRUE」變為「FALSE」，將「FALSE」變為「TRUE」。在需要反轉 AND 函數或 OR 函數的結果時很有用。在此，我們要反轉【03-09】中使用 OR 函數的結果，尋找讀者問卷調查中沒有回答「有趣的文章」或「有用的文章」為「特刊」的答案。

▶ 從讀者問卷調查中尋找未選擇「特刊」為答案

F3 =NOT(OR(D3="特刊",E3="特刊"))
條件式

F3 =NOT(OR(D3="特刊",E3="特刊"))

	A	B	C	D	E	F	G
1	9 月號讀者問卷調查						
2	No	年齡	性別	有趣的文章	有用的文章	判斷	
3	1	28	男	特刊	連載1	FALSE	
4	2	32	男	連載1	連載2	TRUE	
5	3	41	女	特刊	特刊	FALSE	
6	4	36	男	連載1	連載1	TRUE	
7	5	25	女	連載2	特刊	FALSE	

在 F3 儲存格輸入公式，複製到 F7 儲存格

當兩個問題都沒有回答為「特刊」時，顯示「TRUE」

=NOT(條件式) 邏輯

條件式…指定傳回結果為 TRUE 或 FALSE的條件式
當「條件式」為 TRUE 時傳回 FALSE，為 FALSE 時傳回 TRUE。

=OR(條件式 1, [條件式 2] …) → 03-09

Memo

- 使用 NOT 函數，不符合條件的答案將變成「TRUE」。

=OR(D3="特刊",E3="特刊")

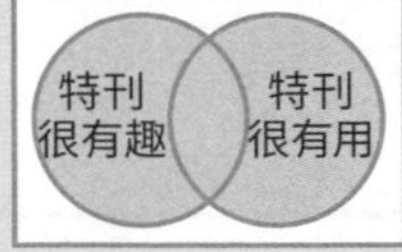

=NOT(OR(D3="特刊",E3="特刊"))

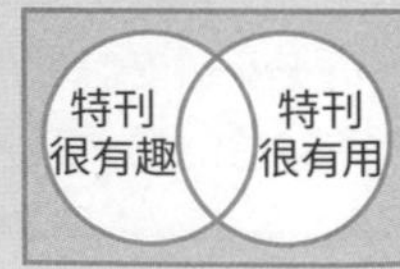

03-14 根據字串的部分符合條件進行條件判斷

IF／COUNTIF

在此要根據住址是否為東京都 23 區進行條件判斷。像「東京都○區△」這樣的資料，可以用代表任意字串的萬用字元「*」(→【06-03】) 表示為「東京都 * 區 *」。但是，IF 函數本身不能使用萬用字元做比較。因此，使用 COUNTIF 函數來計算目標住址儲存格中「東京都 * 區 *」的數量。如果是東京都 23 區，結果會是「1」，否則為「0」，接著再使用 IF 函數進行條件判斷。

▶ 將「東京都○區△」的資料顯示為「東京 23 區」

```
D3 =IF(COUNTIF(C3,"東京都*區*")=1,"東京23區","")
```

條件範圍：C3　條件："東京都*區*"
條件式：COUNTIF(C3,"東京都*區*")=1　條件成立（為真）："東京23區"　條件不成立（為假）：""

D3　=IF(COUNTIF(C3,"東京都*區*")=1,"東京23區","")

	A	B	C	D
1	顧客清單			
2	No	姓名	住址	判斷
3	1	楠　みゆき	東京都北區瀧野川市	東京23區
4	2	立花　俊太	千葉縣船橋市習志野市	
5	3	小川　誠	東京都日野市旭丘	
6	4	内沢　比呂	東京都墨田區菊川市	東京23區
7	5	野村　英子	埼玉縣草加市北谷	
8				

條件範圍

在 D3 儲存格輸入公式，並往下複製到 D7 儲存格

「東京都○區△」的資料顯示為「東京 23 區」

=IF(條件式, 條件成立, 條件不成立)	→ 03-02
=COUNTIF(條件範圍, 條件)	→ 02-30

Memo

- 對於「以○○開頭」、「以○○結尾」這種簡單的部分符合條件指定，利用 LEFT 函數或 RIGHT 函數是最簡單的。例如，C3 儲存格的地址「以東京都開頭」，可以用 LEFT 函數取出住址的前 3 個字元進行比較，再顯示「住在東京」。
  =IF(LEFT(C3,3)="東京都","住在東京","")

關聯項目 【06-03】認識萬用字元

03-15 檢查儲存格中輸入的資料類型 <①IS 函數>

ISNUMBER／ISTEXT／ISLOGICAL

Excel 中有多個「IS ○○」函數，用於檢查儲存格中輸入的資料類型。例如，使用 ISNUMBER 函數可以檢查儲存格的內容是否為數值，如果是數值會傳回「TRUE」。請注意，日期／時間的值為「序列值」，也是數值的一種，所以資料為日期或時間，也會傳回「TRUE」。

此外，使用 ISTEXT 函數可以檢查是否為字串，以及使用 ISLOGICAL 函數來檢查是否為邏輯值。

▶ 檢查儲存格內容

C3 =ISNUMBER(B3)
測試的對象

D3 =ISTEXT(B3)
測試的對象

E3 =ISLOGICAL(B3)
測試的對象

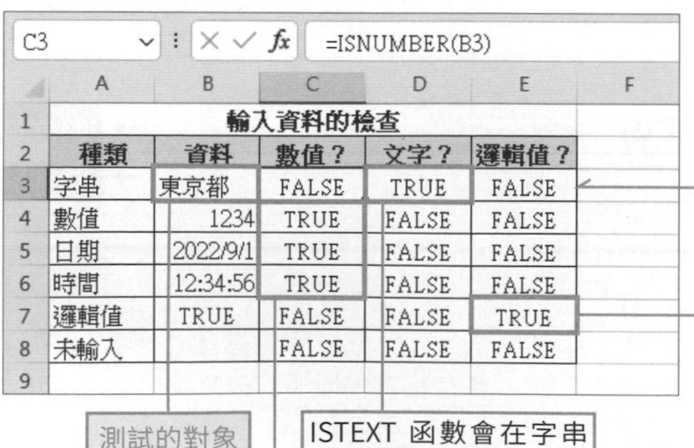
C3 =ISNUMBER(B3)

	A	B	C	D	E	F
1	輸入資料的檢查					
2	種類	資料	數值？	文字？	邏輯值？	
3	字串	東京都	FALSE	TRUE	FALSE	
4	數值	1234	TRUE	FALSE	FALSE	
5	日期	2022/9/1	TRUE	FALSE	FALSE	
6	時間	12:34:56	TRUE	FALSE	FALSE	
7	邏輯值	TRUE	FALSE	FALSE	TRUE	
8	未輸入		FALSE	FALSE	FALSE	
9						

在 C3、D3、E3 儲存格輸入公式，並複製到第 8 列

ISLOGICAL 函數只對邏輯值顯示「TRUE」

ISNUMBER 函數會在數值、日期、時間的情況下，顯示「TRUE」

=ISNUMBER(測試的對象) 資訊

測試的對象…指定想要查詢的資料
當「測試的對象」為數值時，傳回 TRUE，非數值時，則傳回 FALSE。

=ISTEXT(測試的對象) 資訊

測試的對象…指定想要查詢的資料
當「測試的對象」為字串時，傳回 TRUE，非字串時，則傳回 FALSE。

=ISLOGICAL(測試的對象) 資訊

測試的對象…指定想要查詢的資料
當「測試的對象」為邏輯值時，傳回 TRUE，非邏輯值時，則傳回 FALSE。

Memo

- 在上一頁的範例中，B7 儲存格直接輸入「TRUE」。像這樣在儲存格中輸入「TRUE」、「True」、「true」、「FALSE」、「False」、「false」等，會被視為是邏輯值，並自動轉換為大寫的「TRUE」、「FALSE」，且置中顯示。此外，也可以輸入 TRUE 函數「=TRUE()」和 FALSE 函數「=FALSE()」來顯示邏輯值「TRUE」或「FALSE」。
- 使用 ISNONTEXT 函數與 ISTEXT 函數具有相反的效果。當資料不是字串，而是數字、日期、邏輯值或空白時，則為 TRUE；如果是字串，則為 FALSE。
- 使用 ISEVEN 函數可以檢查數值是否為偶數，使用 ISODD 函數可以檢查數值是否為奇數。如果引數是小數，則會捨棄小數點以下的數值進行判斷。例如，「=ISODD(13.5)」的結果與「=ISODD(13)」的結果相同，都是「TRUE」。請注意，ISNUMBER 函數將空白儲存格視為非數值，並傳回「FALSE」，但在 ISEVEN 函數中會視為「0」，並傳回「TRUE」。

=ISEVEN(B3)　=ISODD(B3)　=ISNONTEXT(B3)

	A	B	C	D	E	F
1	輸入資料的檢查					
2	種類	資料	偶數？	奇數？	不是文字？	
3	字串	東京都	#VALUE!	#VALUE!	FALSE	
4	數值(偶數)	13	FALSE	TRUE	TRUE	
5	數值(奇數)	14	TRUE	FALSE	TRUE	
6	數值(小數)	13.5	FALSE	TRUE	TRUE	
7	數值(小數)	14.5	TRUE	FALSE	TRUE	
8	未輸入		TRUE	FALSE	TRUE	
9						

關聯項目
【03-17】檢查儲存格是否未輸入資料
【03-18】檢查指定的引數是否為有效的儲存格參照
【03-20】檢查儲存格的內容是否為公式

03-16 檢查儲存格中輸入的資料類型 <②TYPE 函數>

TYPE

除了使用 IS 函數來檢查資料的類型外，還可以使用 TYPE 函數。在此，我們要檢查表格中 B 欄儲存格裡輸入的資料類型。

▶ 檢查儲存格中輸入的資料類型

C3 =TYPE(B3)
值

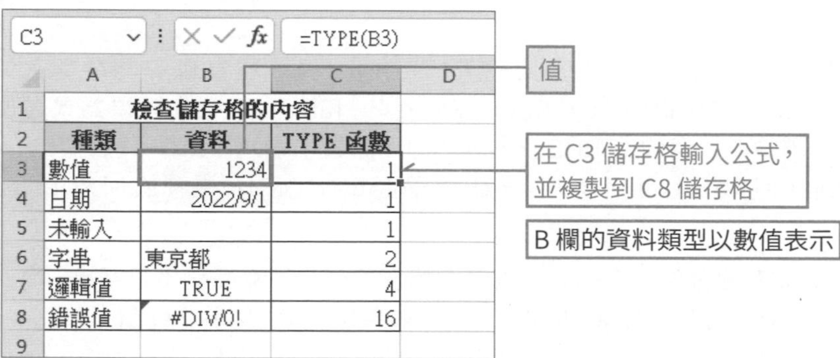
C3
=TYPE(B3)
值
在 C3 儲存格輸入公式，並複製到 C8 儲存格
B 欄的資料類型以數值表示

	A	B	C	D
1	檢查儲存格的內容			
2	種類	資料	TYPE 函數	
3	數值	1234	1	
4	日期	2022/9/1	1	
5	未輸入		1	
6	字串	東京都	2	
7	邏輯值	TRUE	4	
8	錯誤值	#DIV/0!	16	
9				

=TYPE(值) 資訊

值…指定想要查詢的資料

傳回代表「值」的類型數值。傳回值如右表所示。

資料類型	傳回值
數值 / 日期 / 時間，未輸入	1
字串	2
邏輯值	4
錯誤值	16
陣列	64

Memo

- 當引數指定為陣列常數，例如「=TYPE({1,2,3})」，或是指定為參照動態陣列公式的溢出範圍運算子，如「=TYPE(D3#)」，TYPE 函數的結果將為「64」。

關聯項目 【03-15】檢查儲存格中輸入的資料類型<① IS 函數>

03-17 檢查儲存格是否未輸入資料

ISBLANK

使用 ISBLANK 函數，可以檢查儲存格是否有資料未輸入。此範例中如果 B 欄的儲存格沒有輸入資料，則顯示「TRUE」；如果有輸入任何資料，則顯示「FALSE」。

▶ 確認儲存格是否未輸入資料

C3 =ISBLANK(B3)
測試的對象

C3 =ISBLANK(B3)

	A	B	C	D
1	檢查是否有未輸入的資料			
2	種類	資料	空白？	
3	字串	東京都	FALSE	
4	數值	1234	FALSE	
5	日期	2022/9/1	FALSE	
6	時間	12:34:56	FALSE	
7	邏輯值	TRUE	FALSE	
8	未輸入		TRUE	
9				

測試的對象

在 C3 儲存格輸入公式，並往下複製到 C8 儲存格

只有在未輸入的情況下才會顯示「TRUE」

=ISBLANK(測試的對象) 資訊

測試的對象…指定想要查詢的資料
當「測試的對象」是空白儲存格時，傳回 TRUE，否則傳回 FALSE。這裡的空白儲存格是指未輸入任何資料的儲存格。

Memo

- 沒有顯示任何內容的儲存格，包括未輸入資料的儲存格、輸入了全形空格或半形空格的儲存格，以及公式結果傳回空白字串「""」的儲存格。在 ISBLANK 函數中，只有未輸入的儲存格會被判定為「TRUE」。

關聯項目 【02-28】計算空白儲存格的個數
【02-29】計算看起來是空白且內容也是空白的儲存格個數

03-18 檢查指定的引數是否為有效的儲存格參照

ISREF

使用 ISREF 函數，可以檢查指定的儲存格編號或名稱是否參照到某個儲存格。例如，指定「A1」為引數，因為 A1 是有效的儲存格編號，所以結果為 TRUE。另外，如果指定「A9999999」，由於該儲存格不存在，所以結果為 FALSE。引數可以指定名稱，如果該名稱已經事先定義，結果為 TRUE，如果尚未定義名稱，結果為 FALSE。在此範例中，已經事先定義「銷售額」名稱。

▶ 檢查儲存格參照

B3 =ISREF(A1)
測試的對象

B4 =ISREF(A9999999)
測試的對象

B5 =ISREF(銷售額)
測試的對象

B3 =ISREF(A1)

	A	B	C
1	檢查儲存格參照		
2	判斷對象的類型	判斷	
3	儲存格編號：A1	TRUE	
4	儲存格編號：A9999999	FALSE	
5	名稱：銷售額	TRUE	
6			

在 B3、B4、B5 儲存格輸入公式

只有在儲存格參照為有效時，才會顯示「TRUE」

=ISREF(測試的對象) 資訊

測試的對象…指定想要查詢的資料
當「測試的對象」為儲存格參照時，傳回 TRUE，非儲存格參照時，傳回 FALSE。

關聯項目 【01-24】替儲存格範圍命名
【03-19】檢查儲存格內容是否為有效的名稱 (儲存格參照)

03-19 檢查儲存格內容是否為有效的名稱 (儲存格參照)

ISREF／INDIRECT

ISREF 函數本身無法判斷儲存格中的儲存格編號或名稱是否為有效的儲存格參照。要進行檢查，需搭配 INDIRECT 函數。例如，輸入「=ISREF(INDIRECT(A1))」，當 A1 儲存格中輸入有效的儲存格編號或已定義的名稱時，結果將為 TRUE。

▶ 檢查儲存格中輸入的儲存格參照

B3 =ISREF(INDIRECT(A3))

	A	B	C	D
1	檢查儲存格參照			
2	判斷對象的類型	判斷		
3	A1	TRUE		
4	A9999999	FALSE		
5	銷售額	TRUE		
6				

在 B3 儲存格輸入公式，並複製到 B5 儲存格

只有在儲存格參照為有效時，才會顯示「TRUE」

=ISREF(測試的對象) → 03-18

=INDIRECT(參照字串, [參照形式]) → 07-53

Memo

- 範例中，「=ISREF(A4)」的結果是 TRUE，而「=ISREF(INDIRECT(A4))」的結果是 FALSE。前者直接指定「A4」作為引數，用來檢查「A4」是否為儲存格參照。後者使用 INDIRECT 函數檢查 A4 儲存格中輸入的「A9999999」是否可以被視為儲存格參照。使用時請注意這兩者的差異，並根據需求選擇合適的方法。

關聯項目 【03-18】檢查指定的引數是否為有效的儲存格參照
【07-53】間接參照指定儲存格編號的內容

03-20 檢查儲存格的內容是否為公式

ISFORMULA

要檢查儲存格中的資料是否為直接輸入的資料，還是公式的結果，可以使用 ISFORMULA 函數。在此，將檢查表格 B 欄是否輸入了公式。B3 到 B5 儲存格都顯示「1234」，如果「1234」是公式的結果，則顯示「TRUE」，如果是直接輸入「1234」，則顯示「FALSE」。另外，如果儲存格未輸入任何資料，ISFORMULA 函數的結果也會是「FALSE」。

▶ 檢查儲存格是否輸入了公式

C3 =ISFORMULA(B3)
測試的對象

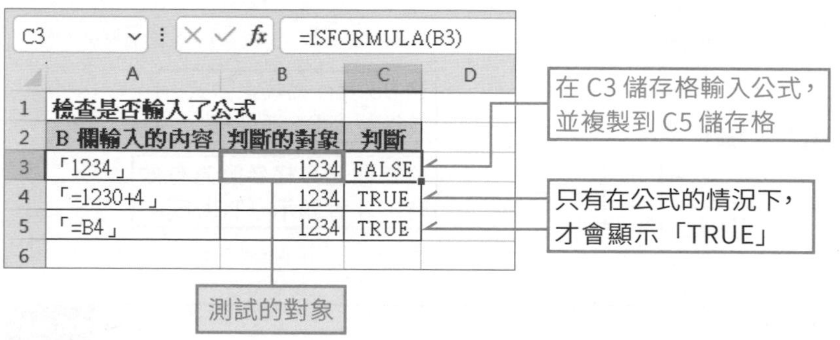

=ISFORMULA(測試的對象) 資訊

測試的對象…指定想要查詢的資料
當「測試的對象」為公式，傳回 TRUE，不是公式，則傳回 FALSE。

關聯項目 【07-62】在其他儲存格中顯示輸入的公式並做檢查

03-21 檢查資料是否全部為半形／全形

LEN／LENB

要檢查資料是否全部以半形字元或全形字元輸入，可以使用求取字元數的 LEN 函數和求取 byte 數的 LENB 函數。計算 byte 數時，半形字元為 1，全形字元為 2，所以半形字元的字元數與 byte 數相同。此外，1 個全形字元以 2 個 byte 來計算。

▶ 檢查資料是否全部為半形／全形

C3 =LEN(B3)=LENB(B3)
字串　字串

D3 =LEN(B3)*2=LENB(B3)
字串　字串

C3 =LEN(B3)=LENB(B3)

	A	B	C	D	E
1	檢查半形／全形				
2	資料的種類	資料	都是半形？	都是全形？	
3	都是半形	S-TRAIN	TRUE	FALSE	
4	都是全形	京王特急	FALSE	TRUE	
5	半形與全形	SL銀河號	FALSE	FALSE	

字串

如果全部為半形字元，則為「TRUE」

如果全部為全形字元，則為「TRUE」

在 C3 和 D3 儲存格輸入公式，並複製到第 5 列

=LEN(字串) → 06-08

=LENB(字串) → 06-08

Memo

- LEN 函數將半形和全形字元都計為「1」。而 LENB 函數則將半形字元計為「1」，全形字元計為「2」。因此，如果 LEN 函數的結果與 LENB 函數的結果相同，則可以判斷全部為半形字元。如果 LEN 函數的結果的兩倍與 LENB 函數的結果相同，則可以判斷為全部是全形字元。

	A	B	C	D
1		字元數與位元數		
2		資料	字元數 LEN	位元數 LENB
3		S-TRAIN	7	7
4		京王特急	4	8
5		SL銀河號	5	8
6				

檢查表格的欄位是否皆已輸入資料

IF／COUNTA

要檢查輸入欄位的所有儲存格是否都已經輸入資料，可以使用 COUNTA 函數來計算已經輸入資料的儲存格數量。在此，想要檢查 A3 ～ D3 儲存格是否有未輸入的資料，可以將 COUNTA 函數的傳回值與儲存格數量 4 進行比較。如果相等，則表示已輸入完成；如果不相等，則表示有資料未輸入。

▶ 逐列檢查是否有未輸入資料的儲存格

E3 =IF(COUNTA(A3:D3)=4,"完成","有資料未輸入")

	A	B	C	D	E	F	G
1	顧客名單						
2	No	姓名	生日	居住縣市	檢查		
3	1	江隼仁	1977/8/12	台北市	完成		
4	2	古月瞳	1991/5/23	新竹市	完成		
5	3	王夏生		新北市	有資料未輸入		
6	4	李原川	1990/11/6	台南市	完成		
7							

值 1

在 E3 儲存格輸入公式，並複製到 E6 儲存格

如果有資料未輸入，會顯示「有資料未輸入」

=IF(條件式, 條件成立, 條件不成立) → 03-02

=COUNTA(值 1, [值 2]…) → 02-27

Memo

- ISBLANK 函數可以檢查儲存格是否為空白，但引數只能指定一個儲存格。如果要一次檢查所有輸入欄的儲存格是否有遺漏，使用 COUNTA 函數（如範例所示）就很方便。
- 同樣的概念，也可以用來檢查大型表格中是否有遺漏的資料。例如，使用以下的公式檢查 A3 到 G102 範圍內的 700 個儲存格中是否有漏打的資料。「700」個儲存格，可以用「ROWS(A3:G102)*COLUMNS(A3:G102)」來求得。
  =IF(COUNTA(A3:G102)=700,"完成","有資料未輸入")

03-23 在計算前，確認數值資料皆已輸入

IF／COUNT

如果未完整輸入表格中的所有數值，則計算結果會不正確。此時，可以用 COUNT 函數來確認所有數值是否都已輸入。範例中，會用 COUNT 函數檢查第 1 季到第 4 季的 4 個儲存格中的數值資料，如果數值齊全就進行合計，如果不齊全就顯示「統計中」。

▶ 逐列檢查是否有未輸入資料的儲存格

```
F3 =IF(COUNT(B3:E3)=4,SUM(B3:E3),"統計中")
```

值 1（B3:E3）、數值 1（B3:E3）

條件式：COUNT(B3:E3)=4　條件成立：SUM(B3:E3)　條件不成立："統計中"

F3　=IF(COUNT(B3:E3)=4,SUM(B3:E3),"統計中")

	A	B	C	D	E	F	G
1	銷售業績				單位：萬元		
2	區域	第1季	第2季	第3季	第4季	合計	
3	板橋區	9,764	12,864	12,530	10,511	45,669	
4	中和區	8,772	11,294	8,341		統計中	
5	新莊區	13,390	11,220	10,429	9,259	44,298	
6	三重區	13,932	11,592	14,115	12,733	52,372	
7	泰山區	11,235	10,350	9,080		統計中	
8							

值 1　數值 1

在 F3 儲存格輸入公式，並複製到 F7 儲存格

只有銷售資料全部輸入的列，才會計算合計

=IF(條件式, 條件成立, 條件不成立)	→ 03-02
=COUNT(值 1, [值 2]…)	→ 02-27
=SUM(數值 1, [數值 2]…)	→ 02-02

Memo

- 此範例會在合計欄中顯示 SUM 函數計算後的總和，如果要計算的數值不齊全，可以在合計欄旁邊的儲存格顯示「暫定值」。
  =IF(COUNT(B3:E3)<4,"暫定值","")

關聯項目 【03-22】檢查表格的欄位是否皆已輸入資料

03-24 檢查兩個表格是否輸入相同的資料

IF／AND

有時候會需要檢查兩個相同欄位格式的資料是否一致。將「儲存格範圍 1= 儲存格範圍 2」等條件作為陣列公式 (→【01-31】) 輸入到 AND 函數的引數中，並用來當作 IF 函數的「條件式」，就可以在資料是否一致的情況下切換顯示的值。

▶ 如果表格資料相同，則顯示「OK」，如果不相同，則顯示「NG」

G3 =IF(AND(A3:B7=D3:E7),"OK","NG")
條件式　條件成立　條件不成立　[以陣列公式輸入]

G3 =IF(AND(A3:B7=D3:E7),"OK","NG")

	A	B	C	D	E	F	G
1	分配表 Ver.1			分配表 Ver.2			
2	工作	負責人		工作	負責人		檢查
3	接待	張煜書		接待	張煜書		NG
4	監督	林孟楷		監督	林孟楷		
5	佈景	張淑薇		佈景	李靚吟		
6	照明	黃勝中		照明	黃勝中		
7	音響	賴佩妍		音響	賴佩妍		
8							

在 G3 儲存格中輸入公式，然後按下 Ctrl + Shift + Enter 鍵確認

由於工作的負責人不同而顯示「NG」

=IF(條件式, 條件成立, 條件不成立) → 03-02

=AND(條件式 1, [條件式 2]⋯) → 03-07

Memo

- 「AND(A3:B7=D3:E7)」將傳回與「AND(A3=D3,B3=E3,A4=D4,⋯,B7=E7)」相同的結果。在公式欄中選取「A3:B7=D3:E7」的部分並按下 F9 鍵，會顯示一個 {TRUE,TRUE;TRUE,TRUE;TRUE,FALSE;TRUE,TRUE;TRUE,TRUE} 5 列 2 欄的陣列常數 (→【01-29】)，你可以從中確認第 3 列第 2 欄的位置包含「FALSE」。確認後，請按 Esc 鍵顯示原本的公式。
- 使用 Office 365 和 Excel 2021，只需在 G3 儲存格中輸入公式，並按下 Enter 鍵，即可得到與範例相同的結果。

關聯項目 【01-31】輸入陣列公式

03-25 檢查表格中所有重複輸入的資料

IF／COUNTIF

要檢查表格中的特定欄位是否輸入相同的資料，可以用 COUNTIF 函數來計算該欄中有多少個與目前所在列相同的資料。如果數量大於 1，則可以判斷為重複的資料。如果檢查範圍指定為整欄，則之後新增的資料也會被檢查。

▶ 將重複的資料顯示為「重複」

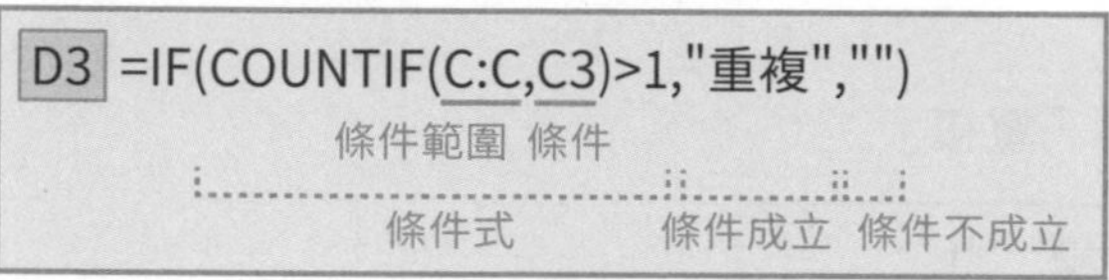

D3 =IF(COUNTIF(C:C,C3)>1,"重複","")

	A	B	C	D	E	F
1	得獎者申請名單					
2	No	姓名	電子郵件	檢查		
3	1	趙采欣	kyoko@example.com			
4	2	張東茂	iijima@example.net	重複		
5	3	翁郁翔	suda@example.com			
6	4	姚景蓉	egawa@example.com			
7	5	潘信忠	mako@example.net			
8	6	黃振吟	iijima@example.net	重複		
9	7	柳泰勳	nana@example.com			
10	8	周芷芊	yuri@example.net			
11						

條件

在 D3 儲存格輸入公式，並複製到 D10 儲存格

重複的資料會顯示為「重複」

條件範圍

=IF(條件式, 條件成立, 條件不成立)	→ 03-02
=COUNTIF(條件範圍, 條件)	→ 02-30

Memo

- 如果想要在 COUNTIF 函數的「條件範圍」引數中指定「電子郵件地址」欄的儲存格範圍，而不是指定為整欄，為了避免複製公式時變動參照儲存格，請使用絕對參照來指定。
  =IF(COUNTIF($C$3:$C$10,C3)>1,"重複","")

關聯項目 【03-26】在第二次以後出現的重複資料中顯示「重複」

03-26 在第二次以後出現的重複資料中顯示「重複」

IF／COUNTIF

希望「員工編號」欄中的重複資料，第一個重複不顯示任何內容，第二個以後的重複資料，顯示「重複」。此範例在 COUNTIF 函數的引數「條件範圍」中輸入「$A$3:A3」，在引數「條件」中輸入「A3」，以計算從「員工編號」欄的開頭到目前所在列的儲存格範圍內，有多少資料與目前所在列的員工編號相同。如果結果大於「1」，則可以判斷為第二個以後的重複資料。

▶ 將第二個及之後重複的資料顯示為「重複」

```
C3 =IF(COUNTIF($A$3:A3,A3)>1,"重複","")
```

條件範圍：$A$3:A3　條件：A3
條件式：COUNTIF($A$3:A3,A3)>1　條件成立："重複"　條件不成立：""

C3 =IF(COUNTIF($A$3:A3,A3)>1,"重複","")

	A	B	C	D	E	F
1	內部課程申請單					
2	員工編號	姓名	檢查			
3	18866	吳詠宸				
4	14431	丁樂智				
5	12752	李佳梅				
6	17266	張奎仁				
7	18314	陳奕昀				
8	14973	藍歆萱				
9	14431	丁樂智	重複			
10	16214	李佩容				

在 C3 儲存格中輸入公式，複製到 C10 儲存格

第二個及後續重複的資料會顯示「重複」

=IF(條件式, 條件成立, 條件不成立) → 03-02

=COUNTIF(條件範圍, 條件) → 02-30

Memo

- 複製公式時，COUNTIF 函數的引數「條件範圍」所指定的「$A$3:A3」中，開頭的「$A$3」會保持不變，而後面的「A3」則會變成「A4」、「A5」等。例如，將公式複製到 A6 儲存格，就會變成「$A$3:A6」，這樣就能夠始終參照從「員工編號」欄開頭的 A3 儲存格到目前所在列的 A6 儲存格的儲存格範圍。

03-27 比對兩個表格，以檢查重複的資料

IF／COUNTIF

此範例要使用 COUNTIF 函數比較「講座 A」和「講座 B」的學員名單，檢查哪些人重複參加兩場講座。使用 COUNTIF 函數時，將其中一個表格的特定資料作為「條件」來計數另一個表格中包含相同資料的次數。如果計數結果為 1 或以上，則可以判斷該資料在兩個表格中都有重複。複製公式時，為了防止 COUNTIF 函數的引數「條件範圍」發生參照錯誤，請使用絕對參照來指定。

▶ 檢查兩個表格中的重複資料

F3 =IF(COUNTIF($B$3:$B$9,E3)>=1,"重複","")

	A	B	C	D	E	F	G
1	講座 A 學員名單			講座 B 學員名單			
2	No	姓名		No	姓名	檢查是否重複	
3	1	林佑山		1	袁佳蓉		
4	2	王冠欽		2	錢志緯	重複	
5	3	宋宜婷		3	施安杰		
6	4	錢志緯		4	蔡致遠	重複	
7	5	郭松齡		5	黃丹興		
8	6	林慈萱		6	林凱星		
9	7	蔡致遠		7	林佑山	重複	
10				8	郭秋梅		
11							

在 F3 儲存格輸入公式，並複製到 F10 儲存格

重複的資料會顯示「重複」

條件範圍　條件

=IF(條件式, 條件成立, 條件不成立)	→ 03-02
=COUNTIF(條件範圍, 條件)	→ 02-30

關聯項目 【03-25】檢查表格中所有重複輸入的資料
【03-26】在第二次以後出現的重複資料中顯示「重複」

03-28 檢查儲存格的內容是否為錯誤值

ISERROR／ISNA／ISERR

ISERROR 函數用於判斷所有類型的錯誤值，ISNA 函數用於判斷 [#N/A] 的錯誤值，而 ISERR 函數用於判斷除 [#N/A] 以外的錯誤值。如果判定為錯誤值，則傳回值為「TRUE」；如果不是錯誤值，則傳回值為「FALSE」。

▶ 檢查是否有錯誤值

B3 =ISERROR(A3)
測試的對象

C3 =ISNA(A3)
測試的對象

D3 =ISERR(A3)
測試的對象

B3 =ISERROR(A3)

	A	B	C	D	E
1	錯誤檢查				
2	資料	ISERROR	ISNA	ISERR	
3	#DIV/0!	TRUE	FALSE	TRUE	
4	#NAME?	TRUE	FALSE	TRUE	
5	#REF!	TRUE	FALSE	TRUE	
6	#VALUE!	TRUE	FALSE	TRUE	
7	#N/A	TRUE	TRUE	FALSE	
8	1234	FALSE	FALSE	FALSE	
9					

測試的對象

在 B3、C3、D3 儲存格輸入公式，並複製到第 8 列

如果判定為錯誤值，則顯示「TRUE」；如果不是錯誤值，則顯示「FALSE」

=ISERROR(測試的對象) 資訊

測試的對象…指定要檢查的資料
如果「測試的對象」是錯誤值，則傳回 TRUE，如果不是錯誤值，則傳回 FALSE。

=ISNA(測試的對象) 資訊

測試的對象…指定要檢查的資料
如果「測試的對象」是 [#N/A] 錯誤值，則傳回 TRUE，如果不是錯誤值，則傳回 FALSE。

=ISERR(測試的對象) 資訊

測試的對象…指定要檢查的資料
如果「測試的對象」是 [#N/A] 錯誤以外的錯誤值，則傳回 TRUE；如果是 [#N/A] 錯誤或者不是錯誤值，則傳回 FALSE。

關聯項目 【03-29】確認錯誤值的類型

03-29 確認錯誤值的類型

ERROR.TYPE

使用 ERROR.TYPE 函數可以查詢儲存格中出現的是哪種錯誤。傳回值是與錯誤值對應的代碼（數字）。想根據錯誤類型進行不同處理時，這非常有用。

▶ 查詢錯誤值的類型

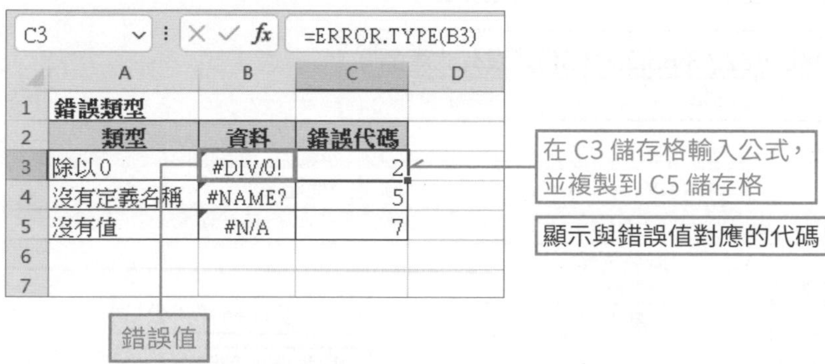

=ERROR.TYPE(錯誤值) 資訊

錯誤值…指定想要查詢錯誤值的類型
傳回與「錯誤值」對應的數字。如果不是錯誤值，則傳回 [#N/A]。

● ERROR.TYPE 函數的傳回值

錯誤值	傳回值
#NULL!	1
#DIV/0!	2
#VALUE!	3
#REF!	4
#NAME?	5
#NUM!	6
#N/A	7

錯誤值	傳回值
#GETTING_DATA	8
#SPILL!	9
#CONNECT!	10
#BLOCKED!	11
#UNKNOWN!	12
#FIELD!	13
#CALC!	14

關聯項目 【01-35】了解錯誤值的類型和含義

03-30 區分 [#N/A] 錯誤與其他錯誤，以防止錯誤發生

IFNA／VLOOKUP

使用 IFNA 函數，可以只對 [#N/A] 錯誤進行錯誤處理。例如，當 VLOOKUP 函數的「搜尋值」找不到資料時，會傳回 [#N/A] 錯誤。如果在 IFNA 函數的「值」引數中指定 VLOOKUP 函數，在「發生 NA 時的值」引數中指定為「"不適用"」，那麼當搜尋值找不到資料而產生錯誤時，就會顯示「不適用」。至於其他原因造成的錯誤，將會顯示代表錯誤原因的錯誤值。

▶ 當指定的型號不在產品列表中，才執行錯誤處理

E3 =IFNA(VLOOKUP(E2,A3:B5,2,FALSE), "沒有此產品")

值　　錯誤時的值

E3 =IFNA(VLOOKUP(E2,A3:B5,2,FALSE),"沒有此產品")

	A	B	C	D	E	F	G	H
1	產品列表			產品搜尋				
2	型號	品名		型號	N102			
3	N101	書桌		品名	椅子			
4	N102	椅子						
5	N103	推車						

在 E3 儲存格輸入公式

如果指定的型號存在，則會顯示產品名稱

E3 =IFNA(VLOOKUP(E2,A3:B5,2,FALSE),"沒有此產品")

	A	B	C	D	E	F	G	H
1	產品列表			產品搜尋				
2	型號	品名		型號	N999			
3	N101	書桌		品名	沒有此產品			
4	N102	椅子						
5	N103	推車						

如果指定的型號不存在，則顯示「沒有此產品」

=IFNA(值, 發生 NA 時的值)　邏輯

值…要檢查是否為錯誤的值

發生 NA 時的值…當「值」為 [#N/A] 錯誤時，指定要傳回的值

如果「值」出現 [#N/A] 錯誤，則傳回「發生 NA 時的值」，如果不是 [#N/A] 錯誤，則傳回「值」。

=VLOOKUP(搜尋值, 範圍, 欄編號, [搜尋類型]) → 07-02

關聯項目 【03-31】檢查公式是否會產生錯誤，並預防錯誤發生

03-31 檢查公式是否會產生錯誤，並預防錯誤發生

IFERROR

IFERROR 函數正如其名，就是實現「如果發生錯誤，則執行○○」的功能。在此，如果「本期 / 上期」的除法計算出現錯誤，則顯示「---」。只要將「本期 / 上期」的公式指定為 IFERROR 函數的「值」引數，並將「"---"」指定為「錯誤時的值」引數。如果「本期 / 上期」能夠正確計算，則顯示計算結果。

▶ 如果公式出錯，就顯示「---」

D3 =IFERROR(C3/B3,"---")

值　錯誤時的值

D3 =IFERROR(C3/B3,"---")

	A	B	C	D	E
1	分店銷售業績			(千元)	
2	分店	上期	本期	與上期相比	
3	香山分店	104,900	130,300	124%	
4	仁愛分店	104,300	統計中	---	
5	德安分店	108,200	138,400	128%	
6	晴光分店		108,500	---	
7					

在 D3 儲存格輸入公式，並複製到 D6 儲存格

如果出現錯誤，則顯示「---」

=IFERROR(值, 錯誤時的值)　邏輯

值…要檢查是否為錯誤的值
錯誤時的值…當「值」出現錯誤時，要傳回的值
如果「值」出現錯誤，則傳回「錯誤時的值」，如果未出錯，則傳回「值」本身。

Memo

- 如果不採取錯誤處理對策，當「本期」輸入文字時，會顯示 [#VALUE!] 錯誤，若「上期」為空白時，會顯示 [#DIV/0!]。

D3 =C3/B3

	A	B	C	D
1	各分店銷售業績			(千元)
2	分店	上期	本期	與上期相比
3	香山分店	104,900	130,300	124%
4	仁愛分店	104,300	統計中	#VALUE!
5	德安分店	108,200	138,400	128%
6	晴光分店		108,500	#DIV/0!

03-32 將重複出現的公式或儲存格參照命名，並在函數內使用

LET／IF／COUNT／SUM

在複雜的公式中，可能會重複使用相同的運算式、值或儲存格參照。當公式變得冗長，又需要修正時，就可能有所遺漏。在 Microsoft 365 與 Excel 2021 使用 LET 函數，可以將重複的部分命名，並使用該名稱進行計算。修改運算式時，只要修正一個地方，即可避免遺漏。

這個範例將 B3 ～ E3 儲存格命名為「r」，在「計算方式」中，使用「r」取代「B3:E3」儲存格範圍。

▶ 只在 4 季都有銷售資料時計算合計

F3 =LET(r,B3:E3,IF(COUNT(r)=4,SUM(r),"統計中"))

名稱 1　運算式 1　　計算方式

將「B3:E3」命名為「r」

「r」的範圍內有四個數值時，計算「r」的合計，否則顯示為「統計中」

F3 =LET(r,B3:E3,IF(COUNT(r)=4,SUM(r),"統計中"))

	A	B	C	D	E	F	G	H
1	銷售業績					單位：萬元		
2	地區	第1季	第2季	第3季	第4季	合計		
3	台北市	9,764	12,864	12,530	10,511	45,669		
4	新北市	8,772	11,294	8,341		統計中		
5	高雄市	13,390	11,220	10,429	9,259	44,298		
6								

在 F3 儲存格輸入公式，並複製到 F5 儲存格

只在第 1 季～第 4 季的欄位中，都輸入數值才顯示合計

運算式 1

=LET(名稱 1, 運算式 1, [名稱 2, 運算式 2]…, 計算方式) [365/2021] 邏輯

名稱…設定「運算式」的名稱

運算式…設定與「名稱」對應的運算式。可以設定成常數、儲存格參照、運算式

計算方式…設定計算 LET 函數傳回值的公式。在「計算方式」內，可以使用「名稱」取代「運算式」

以「名稱」命名「運算式」，傳回使用該「名稱」的「計算方式」結果。

=IF(條件式, 條件成立, 條件不成立)	→ 03-02
=COUNT(值 1, [值 2]…)	→ 02-27
=SUM(數值 1, [數值 2]…)	→ 02-02

Memo

- 如果不使用 LET 函數計算此範例，結果如以下的 ①，而 ② 是範例的公式。

  公式 ①：　=IF(COUNT(B3:E3)=4,SUM(B3:E3),"統計中")
  公式 ②：　=LET(r,B3:E3,IF(COUNT(r)=4,SUM(r),"統計中"))

  為了讓你瞭解 LET 函數的用法，這裡選擇比較簡單的計算內容，因而看不出使用 LET 函數的優點。可是如果出現多個相同的儲存格範圍，使用 LET 函數，就有顯著的效果。

- LET 函數也可以命名運算式。下圖將「FIND(" 部 ",A2)」命名為「部門位置」，將「FIND(" 課 ",A2)」命名為「課的位置」，分別計算文字「部」的位置與文字「課」的位置。在「計算方式」中，取出「部」與「課」包圍的部門名稱。利用 Alt + Enter 鍵，在適當的位置換行，可以讓公式看起來比較容易瞭解。

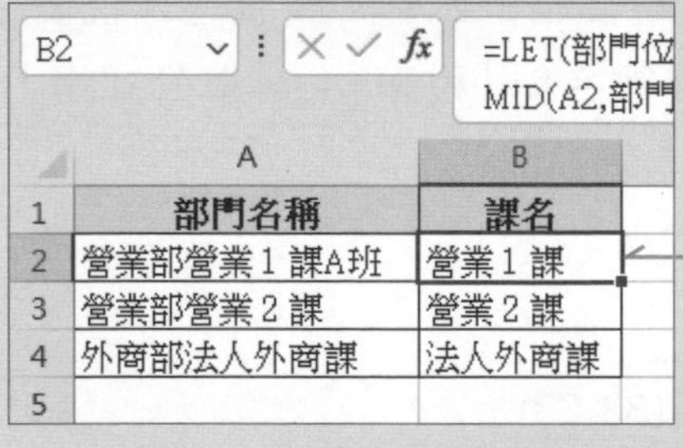

=LET(
部門位置,FIND("部",A2),
名稱 1　運算式 1
課的位置,FIND("課",A2),
名稱 2　運算式 2
MID(A2,部門位置+1,課的位置-部門位置)
計算方式
)

- 上圖的公式如果不使用 LET 函數，可以改成以下公式。
  =MID(A2,FIND("部",A2)+1,FIND("課",A2)-FIND("部",A2))

- 如果公式中有多個重複出現的運算式，使用 LET 函數，可以一次計算完畢，處理速度快。

- 引數「名稱」無法設定成與儲存格編號重複的名稱，如「A1」、「B2」。此外，只有 LET 函數可以使用定義的名稱。

- 引數「運算式」可以使用在此之前設定的「名稱」。例如，引數「運算式 3」可以使用「名稱 1」、「名稱 2」。

關聯項目　【01-12】將長串的公式換行顯示
【03-33】使用 LAMBDA 函數建立自訂函數

Excel 03-33 使用 LAMBDA 函數建立自訂函數

LAMBDA／INT

LAMBDA 函數是 Microsoft 365 與 Excel 2021 新增的函數，與原本的函數截然不同，是一個全新概念的函數。使用這個函數，可以建立自訂函數，引數能設定成「變數」、「計算方式」、「值」等三種。「變數」與「計算方式」是建立自訂函數時使用的引數，而「值」是計算自訂函數時，成為引數的值。檢視格式，可以發現與原本不同，有兩個括弧，如果把「LAMBDA(變數 1,…計算方式)」的部分當作函數名稱，就可以變成一般函數格式「= 函數名稱 (引數)」。「變數 1」對應「值 1」，「變數 2」對應「值 2」。

=LAMBDA(變數1, 變數2, …, 計算方式)(值1, 值2, …)
函數的定義　已定義的函數引數

這次要定義由未稅價格與消費稅率計算含稅價格的函數。假設將未稅價格命名為變數名稱「未稅」，消費稅率命名為變數名稱「稅率」。計算公式是「INT (未稅 *(1+ 稅率))」。

▶ 定義並使用計算含稅價格的函數

D3 =LAMBDA (未稅,稅率,INT(未稅*(1+稅率)))(B3,C3)
變數 1 變數 2　計算方式　值 1 值 2
定義計算含稅價格的函數　已定義的函數引數

D3 =LAMBDA(未稅,稅率,INT(未稅*(1+稅率)))(B3,C3)

	A	B	C	D
1	商品清單			
2	貨號	未稅價格	消費稅率	含稅價格
3	A101	1,000	10%	1,100
4	B101	1,000	8%	1,080
5	B102	800	8%	864

在 D3 儲存格輸入公式，並複製到 D5 儲存格

由未稅價格與消費稅率計算出含稅價格

值 1　值 2

=LAMBDA(變數 1, [變數 2…], 計算方式) → 03-34

=INT(數值) → 04-44

以普通的公式計算上一頁範例的含稅價格比使用 LAMBDA 函數簡單。可是，接下來才是 LAMBDA 函數發揮實力的時候。把 LAMBDA 函數的「函數定義」部分設定為函數名稱，就可以在該活頁簿內當作一般函數使用。這裡省略「price including tax（含稅價格）」，將函數名稱命名為「PITAX」，函數名稱也可以用中文命名。

▶ 設定函數名稱並計算含稅價格

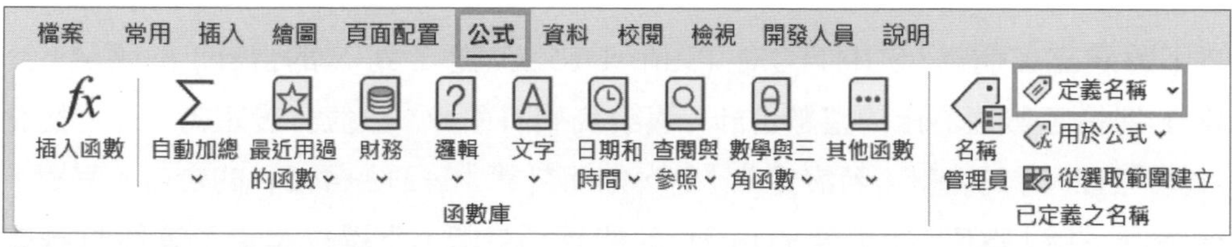

① 按下**公式**頁次的**定義名稱**鈕

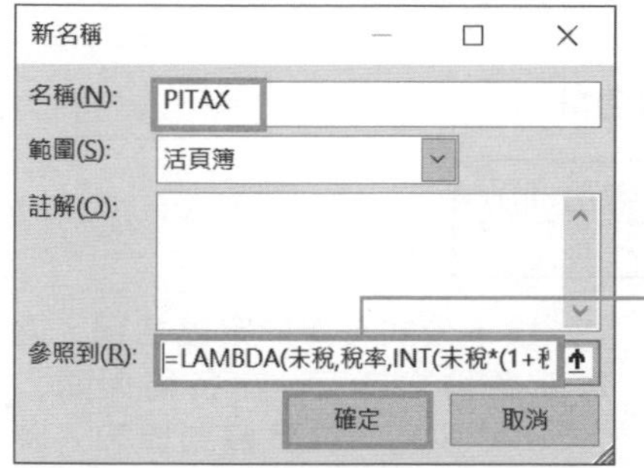

② 開啟**新名稱**交談窗，在**名稱**欄輸入「PITAX」，在**參照到**欄輸入定義函數的公式。只要輸入上一頁在 D3 儲存格，使用 LAMBDA 函數的「計算含稅價格的函數定義」部分即可，最後按下**確定**鈕

=LAMBDA(未稅,稅率,INT(未稅*(1+稅率)))

SUM | =PITAX(B3,$C$3

	A	B	C	D	E	F
1	商品清單					
2	貨號	未稅價格	消費稅率	含稅價格		
3	A101	1,000	10%	=PITAX(B3,$C$3		
4	B101	1,000	8%	PITAX(未稅, 稅率)		
5	B102	800	8%			

③ 在儲存格中輸入 PITAX 函數，工具提示就會顯示引數「未稅」、「稅率」，這樣比較容易瞭解輸入內容。這裡的引數名稱是已經在 LAMBDA 函數的「變數 1」、「變數 2」設定的名稱

D3 | =PITAX(B3,C3)

	A	B	C	D	E	F
1	商品清單					
2	貨號	未稅價格	消費稅率	含稅價格		
3	A101	1,000	10%	1,100		
4	B101	1,000	8%	1,080		
5	B102	800	8%	864		

④ 把在 D3 儲存格輸入的公式往下複製至 D5 儲存格，可以計算出含稅價格

=PITAX(B3,C3)
未稅 稅率

關聯項目 【03-34】使用 LAMBDA 函數再次呼叫已定義的函數

03-34 使用 LAMBDA 函數再次呼叫已定義的函數

LAMBDA／IF

【03-33】介紹了 LAMBDA 函數，以及使用**新名稱**交談窗定義專用函數的方法，我們可以「再次呼叫」以這種方法定義的函數。再次呼叫是指在函數內，呼叫函數本身。

以下將建立名稱為「SUM1TOX」(Sum 1 to X，從 1 到 X 的合計) 的函數，計算 1 到指定數值為止的整數合計。假設我們將引數「數值」設定為「3」，就會計算「1+2+3」的合計，若設定為「5」，則可計算「1+2+3+4+5」的合計。其實，這個例子用「數值 ×(數值 +1)÷2」就能輕易計算，不過這是為了讓你瞭解如何再次呼叫函數，而刻意選擇了簡單的計算範例。

▶ 使用再次呼叫功能，計算 1 到指定「數值」的合計

```
=LAMBDA(數值,IF(數值<1,數值,數值+SUM1TOX(數值-1)))
```

變數 1　計算方式

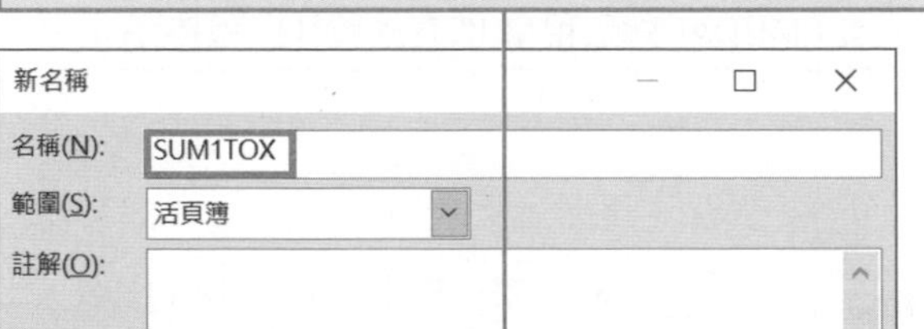

① 按下**公式**頁次的**定義名稱**，開啟**新名稱**交談窗，在**名稱**欄輸入「SUM1TOX」，在**參照到**欄輸入圖中的公式，再按下**確定**鈕

B3　=SUM1TOX(A3)

	A	B	C	D
1	階乘計算			
2	數值	從 1 開始的合計		
3	3	6		
4	5	15		
5	10	55		

數值

② 在 B3 儲存格輸入 SUM1TOX 函數，並往下複製到 B5 儲存格，就可以計算出 1 到指定數值的整數和

```
=SUM1TOX(A3)
```

數值

關聯項目 【03-33】使用 LAMBDA 函數建立自訂函數

=LAMBDA(變數 1, [變數 2…], 計算方式) [365/2021] 邏輯

變數…設定「計算方式」中使用的名稱，當作自訂函數的引數名稱
計算方式…設定使用「變數」的運算式。這裡的計算結果會成為自訂函數的傳回值
把使用了「變數」的「計算方式」定義成函數。儲存已經定義的函數名稱，即可和一般函數一樣，輸入儲存格內。

=IF(條件式, 條件成立, 條件不成立) → 03-02

Memo

- 再次呼叫就像在鏡子裡看到自己的身影一樣。使用函數計算時，如果呼叫出本身的函數，計算該函數時，又會呼叫出本身的函數，如此會進入無限循環的狀態。再次呼叫函數時，請設定可以中止無限循環的條件。這個範例在 IF 函數的引數「條件式」設定「數值 <1」，當作中止條件。「條件成立」就傳回 SUM1TOX 函數的傳回值，「條件不成立」，就再次呼叫函數。

```
IF(數值<1,數值,數值+SUM1TOX(數值-1))
   條件式   條件成立   條件不成立
   中止條件 傳回值     再次呼叫
```

- 再次呼叫函數時，引數「數值」會持續減 1。假設「數值」設定成「3」，執行「=SUM1TOX(3)」時，「數值」變成「2 → 1 → 0」，並再次呼叫 SUM1TOX 函數。當「數值」變成「0」，「數值 <1」的條件成立，停止再次呼叫函數，依序傳回數值給呼叫來源，計算出「0+1+2+3」的結果。

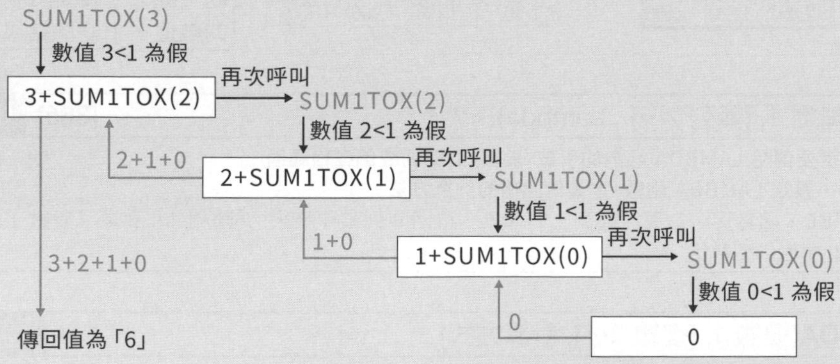

- Microsoft 365 提供了與 LAMBDA 函數搭配使用，可以擴大操作範圍的函數，包括 MAP 函數、BYROW 函數、BYCOL 函數、MAKEARRAY 函數、SCAN 函數、REDUCE 函數，請參考【03-35】～【03-39】的說明。

- 使用 ISOMITTED 函數，可以定義在 LAMBDA 函數能省略的引數。例如，【03-33】範例省略引數「稅率」，以 10% 為預設值，可以把以下公式定義為名稱「PITAX」。「=PITAX(1000,8%)」的結果是 1080，「=PITAX(1000,)」的結果是 1100。
=LAMBDA(未稅,稅率,IF(ISOMITTED(稅率),INT(未稅*1.1),INT(未稅*(1+稅率))))

03-35 使用 LAMBDA 函數計算儲存格範圍內的每一個儲存格

MAP／LAMBDA

Microsoft 365 的新函數 MAP 函數是在引數設定陣列與 LAMBDA 函數，把用 LAMBDA 函數計算該陣列的結果建立為新陣列。以下範例將價格表內的數值分別加上 100，建立新的價格表。將 3 列 3 欄儲存格範圍內的元素逐一傳給 LAMBDA 函數的「x」，針對各個 x，計算「x+100」，再把 3 列 3 欄的陣列結果當作傳回值。

▶ 建立增加 100 元的新價格表

G3 =MAP(B3:D5,LAMBDA(x,x+100))
陣列 1　Lambda

G3　=MAP(B3:D5,LAMBDA(x,x+100))

	A	B	C	D	E	F	G	H	I
1	價目表					新價目表			
2	貨號	L	M	S		貨號	L	M	S
3	AT-101	3,000	2,700	2,400		AT-101	3,100	2,800	2,500
4	AT-102	2,500	2,250	2,000		AT-102	2,600	2,350	2,100
5	AT-103	2,000	1,800	1,600		AT-103	2,100	1,900	1,700
6									

陣列 1

輸入公式

啟動溢出功能，在 G3 ～ I5 儲存格範圍內，顯示「陣列 1」的數值＋ 100 的結果

=MAP(陣列 1, [陣列 2…] , Lambda)　[365]　邏輯

陣列…設定要傳給 LAMBDA 函數的引數「變數」的陣列或儲存格範圍
Lambda…設定 LAMBDA 函數，定義傳回值的計算方法
使用 LAMBDA 函數逐一計算「陣列」的元素，傳回陣列當作結果。「陣列 1」對應「變數 1」，「陣列 2」對應「變數 2」。

=LAMBDA(變數 1, [變數 2…], 計算方式)　→ 03-34

Memo

- 以下公式是依序將 B2 ～ B4 儲存格與 C2 ～ C4 儲存格傳給「x」與「y」，計算「x+y」，並傳回 3 列 1 欄的陣列。
  =MAP(B2:B4,C2:C4,LAMBDA(x,y,x+y))

03-36 使用 LAMBDA 函數計算儲存格範圍的每一列

BYROW／LAMBDA

BYROW 函數可以使用 LAMBDA 函數計算每一列的資料。引數「陣列」的資料會逐列傳給 LAMBDA 函數，僅依照列數重複執行計算，傳回值是「陣列」的列數 × 1 欄的陣列。以下範例是在引數「陣列」設定分數的儲存格範圍，計算各列的合計。

▶ 計算每位考生的總分

```
E3 =BYROW(B3:D6,LAMBDA(x,SUM(x)))
```
陣列：B3:D6　Lambda：LAMBDA(x,SUM(x))

E3 =BYROW(B3:D6,LAMBDA(x,SUM(x)))

	A	B	C	D	E
1	成績表				
2	No	英文	數學	國文	合計
3	1001	75	70	50	195
4	1002	70	100	85	255
5	1003	55	65	60	180
6	1004	85	50	85	220
7					

輸入公式

啟動溢出功能，在 E3 ～ E6 儲存格範圍內，顯示「陣列」各列的合計

陣列

=BYROW(陣列, Lambda) [365] 邏輯

陣列…設定要傳給 LAMBDA 函數的引數「變數」的陣列或儲存格範圍
Lambda…設定定義傳回值計算方法的 LAMBDA 函數
使用 LAMBDA 函數計算「陣列」元素的每一列，並傳回陣列當作結果。

=LAMBDA(變數 1, [變數 2…], 計算方式) → 03-34

=SUM(數值 1, [數值 2]…) → 02-02

Memo

- LAMBDA 函數的範例是計算「x」範圍的合計。BYROW 函數的範例是把 D3 ～ D6 儲存格範圍逐列傳給 LAMBDA 函數的「x」，分別計算 x 的合計，並將各列的合計當作傳回值。

關聯項目 【03-37】使用 LAMBDA 函數計算儲存格範圍的每一欄

03-37 使用 LAMBDA 函數計算儲存格範圍的每一欄

BYCOL／LAMBDA

Microsoft 365 有一個 BYCOL 函數，與【**03-36**】介紹的 BYROW 函數關係密切，這個函數可以使用 LAMBDA 函數計算每一欄的資料。引數「陣列」的資料會逐欄傳給 LAMBDA 函數，依照欄數重複執行計算。傳回值是 1 列 ×「陣列」欄數的陣列。

▶ 計算每一科的最高分

```
F3 =BYCOL(B3:D6,LAMBDA(x,MAX(x)))
         陣列     Lambda
```

F3　=BYCOL(B3:D6,LAMBDA(x,MAX(x)))

	A	B	C	D	E	F	G	H	I
1	成績表					最高分			
2	No	英文	數學	國文		英文	數學	國文	
3	1001	75	70	50		85	100	85	
4	1002	70	100	85					
5	1003	55	65	60					
6	1004	85	50	85					
7									

陣列 1

輸入公式

啟動溢出功能，在 F3～H3 儲存格範圍顯示「陣列」各欄的最大值

=BYCOL(陣列, Lambda)　[365]　邏輯

陣列…設定要傳給 LAMBDA 函數的引數「變數」的陣列或儲存格範圍
Lambda…設定定義傳回值計算方法的 LAMBDA 函數
使用 LAMBDA 函數計算「陣列」元素的每一欄，並傳回陣列當作結果。

=LAMBDA(變數 1, [變數 2…], 計算方式)　→ 03-34
=MAX(數值 1, [數值 2]…)　→ 02-48

Memo

- LAMBDA 函數的範例是計算「x」範圍的最大值。BYCOL 函數的範例是把 D3～D6 儲存格範圍逐欄傳給 LAMBDA 函數的「x」，分別計算 x 的最大值，並將各欄的合計當作傳回值。

關聯項目 【03-36】使用 LAMBDA 函數計算儲存格範圍的每一列

03-38 使用 LAMBDA 函數計算指定列數 × 欄數的列／欄編號

MAKEARRAY／LAMBDA

MAKEARRAY 函數是使用 LAMBDA 函數計算指定「列數」的列編號與指定「欄數」的欄編號。引數「列數」與「欄數」分別對應 LAMBDA 函數的引數「變數 1」與「變數 2」。假設「列數」設為「3」，「欄數」設為「4」，就會依序把「1～3」傳給「變數 1」，「1～4」傳給「變數 2」。以下範例將製作九九乘法表。

▶ 製作九九乘法表

B3 =MAKEARRAY(9,9,LAMBDA(x,y,x*y))
列數 欄數 Lambda

B3 =MAKEARRAY(9,9,LAMBDA(x,y,x*y))

	A	B	C	D	E	F	G	H	I	J
1	九九乘法表									
2		1	2	3	4	5	6	7	8	9
3	1	1	2	3	4	5	6	7	8	9
4	2	2	4	6	8	10	12	14	16	18
5	3	3	6	9	12	15	18	21	24	27
6	4	4	8	12	16	20	24	28	32	36
7	5	5	10	15	20	25	30	35	40	45
8	6	6	12	18	24	30	36	42	48	54
9	7	7	14	21	28	35	42	49	56	63
10	8	8	16	24	32	40	48	56	64	72
11	9	9	18	27	36	45	54	63	72	81
12										

輸入公式

啟動溢出功能，在 B3～J11 儲存格範圍內顯示「x×y」的結果

=MAKEARRAY(列數, 欄數, Lambda) [365] 邏輯

列數…設定要傳給 LAMBDA 函數的引數「變數 1」之列編號列數
欄數…設定要傳給 LAMBDA 函數的引數「變數 2」之欄編號欄數
Lambda…設定定義傳回值計算方法的 LAMBDA 函數
依序將「1、2、…、列數」傳給 LAMBDA 函數的引數「變數 1」，將「1、2、…、欄數」傳給「變數 2」，再傳回計算結果，傳回值是「列數」×「欄數」。

=LAMBDA(變數 1, [變數 2…], 計算方式) → 03-34

關聯項目 【03-33】使用 LAMBDA 函數建立自訂函數

03-39 使用 LAMBDA 函數累計指定的陣列值

SCAN／REDUCE／LAMBDA

SCAN 函數與 REDUCE 函數是以累計方式計算陣列值的函數。SCAN 函數會計算包含累計途中所有計算結果的陣列。REDUCE 函數只計算累計最後的計算結果。以下範例將計算銷售的累計值，不過你也可以進行各種累計，例如用預算逐一減去費用，或一個一個連結文字。

▶ 計算銷售累計

C3 =SCAN(0,B3:B6,LAMBDA(x,y,x+y))
預設值 陣列 Lambda

E3 =REDUCE(0,B3:B6,LAMBDA(x,y,x+y))
預設值 陣列 Lambda

C3 =SCAN(0,B3:B6,LAMBDA(x,y,x+y))

	A	B	C	D	E	F	G	H
1	銷售業績							
2	日期	營業額	累計		合計			
3	4月1日	30,000	30,000		205,000			
4	4月2日	120,000	150,000					
5	4月3日	15,000	165,000					
6	4月4日	40,000	205,000					

輸入公式

啟動溢出功能，在 C3～C6 儲存格範圍顯示累計值，在 E3 儲存格顯示總計

=SCAN(預設值, 陣列, Lambda) [365] 邏輯

預設值…設定要傳給 LAMBDA 函數的引數「變數 1」之預設值
陣列…設定要傳給 LAMBDA 函數的引數「變數 2」之陣列
Lambda…設定定義傳回值計算方法的 LAMBDA 函數。將「預設值」傳給 LAMBDA 函數的引數「變數 1」，將「陣列」的第一個元素傳給「變數 2」，再依序將計算結果傳給下一個 LAMBDA 函數的引數「變數 1」，把「陣列」的元素傳給「變數 2」
把 LAMBDA 函數計算的結果，包括計算過程中的值，都當作陣列傳回。

=REDUCE(預設值, 陣列, Lambda) [365] 邏輯

傳回使用 LAMBDA 函數計算的最後結果。引數和 SCAN 函數相同，REDUCE 函數的傳回值與 SCAN 函數最後的傳回值一致。

=LAMBDA(變數 1, [變數 2…], 計算方式)

→ 03-34

Chapter 4

第4章

數值處理

累計、排名、尾數處理……等，數值的處理方法！

04-01 根據列編號來顯示連續編號

ROW

ROW 函數是用來取得儲存格列編號的函數。「=ROW(A1)」可以求得 A1 儲存格的列編號「1」。將此公式複製到下方的儲存格時，引數會變成「A2、A3、A4…」，並顯示「2、3、4…」的連續數字。無論在哪裡輸入，都不需改變「=ROW(A1)」中的「A1」。

▶ 連續編號

A3 =ROW(A1)
參照

A3 =ROW(A1)

	A	B	C	D
1	9 月待辦事項清單			
2	No	內容	期限	
3	1	製作 A 專案的企劃書	7日	
4	2	準備 A 專案的資料	20日	
5	3	統計 B 專案的銷售	10日	
6	4	製作 D 專案的預算	12日	
7	5	訂購 C 專案的樣品	8日	
8	6	D 專案的議價	28日	

在 A3 儲存格輸入公式，並複製到 A8 儲存格

顯示連續的編號

=ROW(參照) → 07-57

Memo

- 從工作表中刪除列時，根據所參照的列編號，連續編號可能會被打亂，或者出現「#REF!」錯誤。要重新分配連續編號，可以複製正確顯示連續編號的儲存格公式，或重新輸入公式。此外，在【04-02】中，將介紹刪除或移動列也不會影響連續編號的方法。
- 如果想要橫向顯示連續編號，可以使用 COLUMN 函數來取得欄編號。

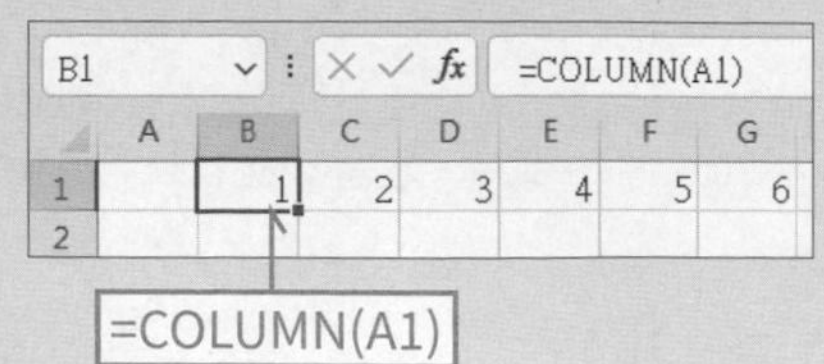

B1 =COLUMN(A1)

	A	B	C	D	E	F	G
1		1	2	3	4	5	6
2							

=COLUMN(A1)

關聯項目 【04-02】即使刪除或移動列，也不會影響連續編號

04-02 即使刪除或移動列，也不會影響連續編號

ROW

如果不指定引數，直接輸入「=ROW()」，可以取得目前所在的儲存格列編號。此範例在 A3 儲存格輸入「=ROW()-2」，會從 A3 儲存格的列編號 3 減去 2，顯示「1」。將此公式向下複製時，「=ROW()-2」會保持不變，始終從目前所在的列編號減 2，以得到連續編號。這是一個不參照其他儲存格的公式，因此不會受到連續編號內列的刪除或移動所影響。但是，如果在工作表的第 1 列或第 2 列進行列的刪除或移動時，連續編號可能會受影響。

▶ 將 A3 儲存格作為「1」來分配連續編號

A3 =ROW( )-2
目前的列編號

A3 =ROW()-2

	A	B	C	D
1	9 月待辦事項清單			
2	No	內容	期限	
3	1	製作 A 專案的企劃書	7日	
4	2	準備 A 專案的資料	20日	
5	3	統計 B 專案的銷售	10日	
6	4	製作 D 專案的預算	12日	
7	5	訂購 C 專案的樣品	8日	
8	6	D 專案的議價	28日	

在 A3 儲存格輸入公式，並複製到 A8 儲存格

顯示連續編號

A3 =ROW()-2

	A	B	C	D
1	9 月待辦事項清單			
2	No	內容	期限	
3	1	準備 A 專案的資料	20日	
4	2	統計 B 專案的銷售	10日	
5	3	製作 D 專案的預算	12日	
6	4	D 專案的議價	28日	
7				
8				

刪除列後，編號會自動重新分配

=ROW(參照) → 07-57

Memo

- 如果連續編號的起始列不要在 A3 儲存格，可以自行調整。例如，想將工作表的第 4 列設為「1」，則需要減去「3」；想將第 5 列設為「1」，則要減去「4」。
- 在 Microsoft 365 和 Excel 2021 中，也可以使用新的 SEQUENCE 函數來建立連續編號。請參考【**04-09**】。

關聯項目 【04-09】依指定的列數一次產生連續編號

04-03 建立重複相同數字兩次的編號，如：1、1、2、2、3、3……

INT／ROW

「ROW(A2)」會傳回 A2 儲存格的列編號「2」。將其複製到下方的儲存格時，會產生「2、3、4、5、6、7」這樣的連續數列。再將這個數列的每個數字除以 2，就會得到「1、1.5、2、2.5、3、3.5」間隔為 0.5 的數列。如果用 INT 函數去掉這些數字的小數部分，就會得到「1、1、2、2、3、3」的數列。

▶ 建立「1、1、2、2、3、3」的數列編號

C3 =INT(ROW(A2)/2)

間隔 0.5 的數值

C3 =INT(ROW(A2)/2)

	A	B	C	D	E	F
1	員工名單				驗證	
2	No	姓名	組別		ROW(A2)	ROW(A2)/2
3	1	李原嘉	1		2	1
4	2	許惠美	1		3	1.5
5	3	劉品凡	2		4	2
6	4	盧國賢	2		5	2.5
7	5	張敬緯	3		6	3
8	6	陳艾敏	3		7	3.5

在 C3 儲存格輸入公式，並複製到 C8 儲存格

顯示「1、1、2、2、3、3」的編號

=INT(數值) → 04-44

=ROW([參照]) → 07-57

Memo

- 如果要改變重複的數字，你需要更改 ROW 函數引數的儲存格編號和除數。或者，將引數設為「A1」，並透過增加數值來調整。
  - ・重複 2 個：　=INT(ROW(A2)/2)　或　=INT((ROW(A1)+1)/2)
  - ・重複 3 個：　=INT(ROW(A3)/3)　或　=INT((ROW(A1)+2)/3)
  - ・重複 4 個：　=INT(ROW(A4)/4)　或　=INT((ROW(A1)+3)/4)
- 也可以採用「=INT((ROW()-1)/2)」的公式，這個公式需要根據輸入的列來調整「-1」的部分，但其優點是在刪除列時可以保持連續編號。

關聯項目 【04-05】建立 1、2、3、1、2、3……這種重複 1 到 3 的連續編號

04-04 每間隔一列顯示連續編號

IF／MOD／ROW

「ROW(A2)/2」在複製到下面的儲存格時會產生「1、1.5、2、2.5、3、3.5…」以 0.5 為間隔的數列。如果數值為整數，就顯示該整數，否則就留白。這樣就能建立「1、空白、2、空白、3、空白…」間隔一列的連續編號。無論從哪個儲存格開始，公式都是相同的，第一個公式的引數指定為「A2」。

▶ 間隔一列顯示連續編號

A3 =IF(MOD(ROW(A2),2)=0 , ROW(A2)/2 , "")

- MOD(ROW(A2),2)=0：將 A2 儲存格的列編號除以 2，餘數為 0
- ROW(A2)/2：將 A2 儲存格的列編號除以 2（Yes）
- ""：空白（No）

A3 =IF(MOD(ROW(A2),2)=0,ROW(A2)/2,"")

	A	B
1		租借會議室　使用規範
2		
3	1	使用時間
4		平日 9：00～18：00；週日及節日 9：00～16：00
5	2	預約開始日期
6		使用日的 3 個月前
7	3	申請方法
8		請從網站申請
9	4	支付方式
10		銀行轉帳或信用卡支付
11		

在 A3 儲存格輸入公式，並複製到 A10 儲存格

每隔一列顯示連續編號

=IF(條件式, 條件成立, 條件不成立)	→ 03-02
=MOD(數值, 除數)	→ 04-36
=ROW([參照])	→ 07-57

Memo

- 使用相同的思考方式，可以建立每隔 2 列或 3 列的連續編號。
  - 每隔 2 列：　=IF(MOD(ROW(A3),3)=0,ROW(A3)/3,"")
  - 每隔 3 列：　=IF(MOD(ROW(A4),4)=0,ROW(A4)/4,"")

關聯項目 【06-01】字串的設定方法

04-05 建立 1、2、3、1、2、3……這種重複 1 到 3 的連續編號

MOD／ROW

要重複同樣的數值，常見的方法是利用除法的餘數。例如，要重複 1 到 3，則需要將「3、4、5、6、7、8…」這樣的連續數值除以「3」並求其餘數。因為餘數會重複「0、1、2」，所以需要加 1 進行調整。使用 ROW 函數來建立「3、4、5、6、7、8…」，並使用 MOD 函數來求出除法的餘數。

▶ 建立「1、2、3、1、2、3……」的連續編號

C3 =MOD(ROW(A3),3)+1
除以 3 的餘數

C3 =MOD(ROW(A3),3)+1

	A	B	C	D	E	F	G
1	員工名單				驗證		
2	No	姓名	組別		ROW(A3)	MOD(ROW(A3),3)	
3	1	李原嘉	1		3	0	
4	2	許惠美	2		4	1	
5	3	劉品凡	3		5	2	
6	4	盧國賢	1		6	0	
7	5	張敬緯	2		7	1	
8	6	陳艾敏	3		8	2	
9	7	藍潔彤	1		9	0	
10	8	呂清源	2		10	1	
11	9	王以豪	3		11	2	

在 C3 儲存格輸入公式，並複製到 C11 儲存格

顯示「1、2、3、1、2、3…」的編號

=MOD(數值, 除數) → 04-36

=ROW([參照]) → 07-57

Memo

- 如果要改變重複的數字，需要更改儲存格編號和除數。
  - ・重複「1～2」： =MOD(ROW(A2),2)+1
  - ・重複「1～4」： =MOD(ROW(A4),4)+1
- 還有另一種方法是採用「=MOD(ROW(),3)+1」公式。如果輸入的列與 C3 儲存格不同，則需要從 ROW 函數中減去「1」或「2」來進行調整。

關聯項目 【04-03】建立重複相同數字兩次的編號，如 1、1、2、2、3、3……

04-06 建立字母或圓圈數字的連續編號

CHAR／CODE／ROW

英文字母的字元碼是連續的，例如「A」是 65、「B」是 66，「C」是 67…，「Z」是 90。你可以結合使用 CHAR 函數（從字元碼找到字元）、CODE 函數（從字元找到字元碼）和 ROW 函數（建立連續數字），在每次增加一個字元碼時建立「A、B、C…」的連續編號。圓圈數字的編號也可以用同樣的方式建立。

▶ 建立字母或圓圈數字的連續編號

B2 =CHAR(CODE("A") + ROW(A1)-1)

「A」的字元碼 (65)　　從「0」開始的連續編號

B2 =CHAR(CODE("A")+ROW(A1)-1)

	A	B	C	D	E	F	G
1		字母	圈圈數字				
2		A	①				
3		B	②				
4		C	③				
5		D	④				
6		E	⑤				
7		F	⑥				

=CHAR(CODE(" ① ")+ROW(A1)-1)

在 B2 和 C2 儲存格輸入公式，並複製到第 7 列

顯示字母和圓圈數字的連續編號

=CHAR(數值)	→ 06-05
=CODE(字串)	→ 06-04
=ROW([參照])	→ 07-57

Memo

- 「CODE("A")」會回傳「A」的字元碼 65。如果指定「CHAR(65)」，則會傳回「A」字元。「B」的字元碼為「CODE("A")+1」，「C」的字元碼為「CODE("A")+2」，在此只需要將「A」的字元碼加 1，所以用 ROW 函數使資料在垂直方向上每次增加 1。
- 在 Microsoft 365 和 Excel 2021 中，可以使用新函數 SEQUENCE 來建立連續編號，由於公式的結果會自動溢出，所以不需要複製。
  =CHAR(CODE("A")+SEQUENCE(6,,0))
  =CHAR(CODE(" ① ")+SEQUENCE(6,,0))

公式的基礎 1　表格的彙總 2　條件判斷 3　數值處理 4　日期與時間 5　字串的操作 6　表格的搜尋 7　統計計算 8　財務計算 9　數學計算 10　函數組合 11

04-07 在資料重複時重新編號

COUNTIF

在下圖的表格中，要替員工依照部門來分配連續編號。使用 COUNTIF 函數計算到目前所在列為止有多少相同的部門。例如，「劉品凡」的編號是「3」，因為在 A3 ～ A5 儲存格中有三個「系統部」，「陳艾敏」的編號是「2」，因為在 A3 ～ A8 儲存格中有兩個「資訊部」。即使部門的輸入雜亂無章，用這種方法也能確保依照部門的順序編號。

▶ 對同一個部門分配連續編號

D3 =COUNTIF($A$3:A3, A3)

條件範圍 條件

D3 =COUNTIF($A$3:A3,A

	A	B	C	D
1	員工名單 (部門別)			
2	部門	姓名	年齡	部門別 No
3	系統部	李原嘉	41	1
4	系統部	許惠美	35	2
5	系統部	劉品凡	31	3
6	系統部	盧國賢	24	4
7	資訊部	張敬緯	53	1
8	資訊部	陳艾敏	30	2
9	資訊部	藍潔彤	26	3
10				

在 D3 儲存格輸入公式，並複製到 D9 儲存格

已經填入部門編號

D3 =COUNTIF($A$3:A3,A

	A	B	C	D
1	員工名單 (部門別)			
2	部門	姓名	年齡	部門別 No
3	系統部	盧國賢	24	1
4	資訊部	藍潔彤	26	1
5	資訊部	陳艾敏	30	2
6	系統部	劉品凡	31	2
7	系統部	許惠美	35	3
8	系統部	李原嘉	41	4
9	資訊部	張敬緯	53	3
10				

依照年齡升冪排序後，連續編號也會重新指定

=COUNTIF(條件範圍, 條件) → 02-30

Memo

- 將「$A$3:A3」複製到下方儲存格時，會變成「$A$3:A4」、「$A$3:A5」…，起點固定，終點則向下移動一列。
- 在複製公式時，請參考【01-15】，執行「無格式複製」。

關聯項目 【04-13】想要顯示相同資料的累計

04-08 對連續資料重新編號

IF

下圖的 B 欄「店面形式」分別輸入了「街邊店」和「百貨設櫃」兩個區塊。要將每個區塊從「1」開始編號，可以使用 IF 函數來判斷目前所在列的店面形式是否與上一列相同。如果相同，則顯示「上一列的編號 +1」。如果不同，則表示已經更換區塊，因此顯示「1」。

▶ 為連續資料編號

C3 =IF(B3=B2 , C2+1 , 1)

條件式　條件成立　條件不成立

C3　=IF(B3=B2,C2+1,1)

	A	B	C	D	E	F
1	銷售一覽表					
2	地區	店面形式	No	店面	銷售	
3	台北	街邊店	1	大安店	17,750,000	
4		街邊店	2	信義店	10,970,000	
5		百貨設櫃	1	三越南西店	12,434,000	
6		百貨設櫃	2	遠百店	6,728,000	
7		百貨設櫃	3	微風店	6,334,000	
8	台中	街邊店	1	文心店	11,606,000	
9		街邊店	2	中港店	8,024,000	
10		百貨設櫃	1	廣三店	3,647,000	
11		百貨設櫃	2	日曜店	3,362,000	
12						

在 C3 儲存格輸入公式，並複製到 C11 儲存格

在第二個區塊中，編號重新計算了

=IF(條件式, 條件成立, 條件不成立) → 03-02

Memo

- 【04-07】與【04-08】都是根據特定資料為基準分配編號。在【04-07】中，基準（部門）在分散的位置時，會繼續分配連續編號。相對地，在【04-08】中，基準（店面型式）在分散的位置時，會從「1」開始重新分配。
- 當複製公式時，請參考【01-15】，執行「無格式複製」。

關聯項目 【04-14】顯示連續資料的累計

04-09 依指定的列數一次產生連續編號

SEQUENCE

在 Microsoft 365 與 Excel 2021 使用 SEQUENCE 函數，可以透過溢出功能，輸入連續數值。只要在第一個儲存格輸入公式，就會自動溢出，依照指定的列數 × 欄數顯示連續數值。

▶ 建立各種連續數值

A2 =SEQUENCE(5)
列

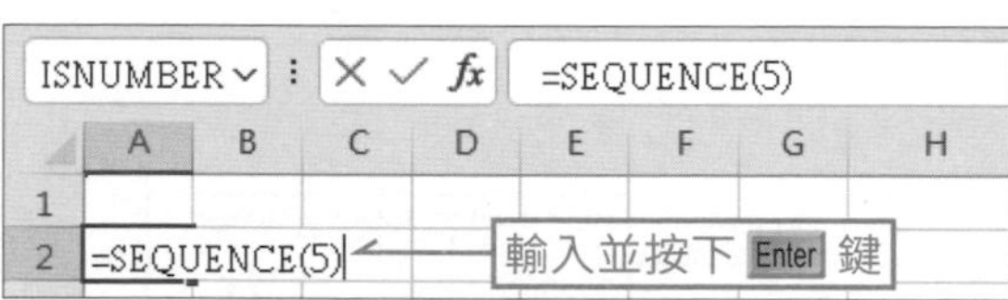

① 如果要往垂直方向輸入「1～5」，只要將引數「列」設定為「5」。在 A2 儲存格輸入 SEQUENCE 函數，按下 Enter 鍵

C2 =SEQUENCE(4, 5, 110, 10)
列 欄 起始值 遞增量

C2 =SEQUENCE(4,5,110,10)

	A	B	C	D	E	F	G	H
1								
2	1		110	120	130	140	150	
3	2		160	170	180	190	200	
4	3		210	220	230	240	250	
5	4		260	270	280	290	300	
6	5							
7								

輸入了連續數值

在 4 列 5 欄的範圍內，顯示由「110」開始，持續加 10 的數列

② A2 儲存格的公式會自動溢出，在 5 列 1 欄的範圍中顯示由「1」開始的連續數值。C2 儲存格的公式，「列」設定為「4」，「欄」設定為「5」，「起始值」設定「110」，「遞增量」設定「10」，會在 4 列 5 欄的範圍內，顯示由「110」開始持續加 10 的數列

=SEQUENCE(列, [欄], [起始值], [遞增量]) [365/2021] 數學與三角函數

列…設定要輸入數列的儲存格範圍的列數
欄…設定要輸入數列的儲存格範圍的欄數，預設值為「1」
起始值…設定數列的第一個數值，預設值為「1」
遞增量…設定數列的增加值，預設值為「1」
在「列」×「欄」的儲存格範圍或陣列，建立從「起始值」開始，持續加上「間距」的數列。

關聯項目 【04-10】在相鄰儲存格輸入內容後，自動產生連續數值

04-10 在相鄰儲存格輸入內容後，自動產生連續數值

SEQUENCE／COUNTA

如果要往垂直方向，從「1」開始建立連續數值，可以在 SEQUENCE 函數的引數「列」設定終止值。此時，使用 COUNTA 函數取得並設定資料數量，即可配合資料表的資料增減，讓 SEQUENCE 函數再次溢出，自動修改連續數值。下圖以 C 欄的會員姓名為基準，建立連續數值。使用 COUNTA 函數計算 C 欄的資料數量，減去 C2 儲存格的標題，再將其設定在引數「列」中。

▶ 依照資料增減修改連續數值

B3 =SEQUENCE(COUNTA(C:C)-1)
減去 C 欄標題的資料數量

B3 =SEQUENCE(COUNTA(C:C)-1)

	A	B	C	D	E	F	G
1		會員名單					
2		No	會員姓名	年齡	課程		
3		1	張永霖	42	假日班		
4		2	魏富安	25	白天時段		
5		3	趙靜禾	36	晚上時段		
6		4	黎盈君	27	白天時段		

在 B3 儲存格輸入公式，按下 Enter 鍵

公式溢出，顯示連續數值，直到 B6 儲存格為止

B3 =SEQUENCE(COUNTA(C:C)-1)

	A	B	C	D	E	F	G
1		會員名單					
2		No	會員姓名	年齡	課程		
3		1	張永霖	42	假日班		
4		2	魏富安	25	白天時段		
5		3	趙靜禾	36	晚上時段		
6		4	黎盈君	27	白天時段		
7		5	陳伊筠	51	假日班		
8		6	塗家宏	33	晚上時段		

增加資料

公式再次溢出，依照資料數量修改連續數值

=SEQUENCE(列, [欄], [起始值], [遞增量]) → 04-09

=COUNTA(值 1, [值 2]…) → 02-27

關聯項目 【04-09】依指定的列數一次產生連續編號

04-11 計算累計

SUM

累計是將開頭到目前所在列的數值進行加總後的結果。在 SUM 函數的合計範圍中，將開頭的儲存格以絕對參照的方式指定，將目前所在列的儲存格以相對參照的方式指定。將此公式複製後，在複製的位置，始終會將開頭到目前所在列的儲存格範圍進行加總。

▶ 計算累計費用

D3 =SUM($C$3:C3)
值 1

D3 =SUM($C$3:C3)

	A	B	C	D	E
1	費用 (耗材費)				
2	日期	摘要	金額	累計	
3	1月10日	文具	500	500	
4	1月12日	日光燈	3,000	3,500	
5	1月12日	影印紙	500	4,000	
6	1月16日	掃描器	12,000	16,000	
7	1月18日	文具	700	16,700	
8					

在 D3 儲存格輸入公式，複製到 D7 儲存格

計算出累計

=SUM(數值 1, [數值 2]…) → 02-02

Memo

- 複製 D3 儲存格的公式時，每個儲存格的公式會如下所示。引數中的開頭儲存格編號保持不變，而結尾的列編號會逐一增加，因此每列的合計對象儲存格範圍會跟著擴大。

  D3 儲存格： =SUM($C$3:C3) (C3～C3 儲存格的合計)
  D4 儲存格： =SUM($C$3:C4) (C3～C4 儲存格的合計)
  D5 儲存格： =SUM($C$3:C5) (C3～C5 儲存格的合計)
  D6 儲存格： =SUM($C$3:C6) (C3～C6 儲存格的合計)

- 複製公式後，如果儲存格的左上角出現綠色的錯誤指示器，可以不于理會。若是覺得很困擾，可以參考【01-36】將其隱藏。

04-12 只顯示資料篩選後的累計

AGGREGATE

執行**自動篩選**或**隱藏列**時，畫面上只會顯示部分資料。要計算目前顯示資料的累計，可以使用 AGGREGATE 函數來求得從開頭列到目前所在列的總和。

在 AGGREGATE 函數中，將「統計方法」引數設為「9」，可以進行數值合計。此時，若在「選項」引數中設為「5」，則可以在計算合計時排除隱藏的列。請注意，使用 AGGREGATE 函數時，無論「選項」引數如何指定，執行**自動篩選**後所隱藏的列都不會包括在合計中。

▶ 只計算目前顯示資料的累計

D4 =AGGREGATE(9 , 5 , $C$4:C4)

統計方法　選項　範圍 1

D4 =AGGREGATE(9,5,$C$4:C4

在 D4 儲存格輸入公式，並複製到 D9 儲存格

	A	B	C	D
1	銷售業績			
2				
3	No	負責人	銷售	累計
4	1001	楊俊德	200,000	200,000
5	1002	蔡欣盈	50,000	250,000
6	1003	蔡欣盈	110,000	360,000
7	1004	楊俊德	80,000	440,000
8	1005	楊俊德	300,000	740,000
9	1006	蔡欣盈	160,000	900,000
10				

所有資料都顯示了累計

D4 =AGGREGATE(9

	A	B	C	D
1	銷售業績			
2				
3	No	負責人	銷售	累計
4	1001	楊俊德	200,000	200,000
7	1004	楊俊德	80,000	280,000
8	1005	楊俊德	300,000	580,000
10				

執行自動篩選來篩選資料時，累計會重新計算

=AGGREGATE(統計方法, 選項, 範圍 1, [範圍 2]…) → 02-25

Memo

- 在列編號上按下滑鼠右鍵，從選單中選取**隱藏**，則該列會被隱藏。以這種方式隱藏列，也只會計算可見列的累計。

關聯項目 【04-19】對篩選後的資料進行排名

 04-13 想要顯示相同資料的累計

SUMIF

下圖的表格中，我們要計算每個地區的簽約數累計。在此，將使用 SUMIF 函數，從「地區」欄的開頭到目前所在列的儲存格範圍中尋找與目前所在列相同的地區，然後將該地區的簽約數相加。雖然下圖中的地區是連續輸入，但由於是以相同地區作為合計條件，即使地區分散輸入，也能計算出「台北的累計」和「高雄的累計」。

▶ 顯示相同地區的累計

D3 =SUMIF($A$3:A3, A3, $C$3:C3)

條件範圍 條件 合計範圍

D3 =SUMIF($A$3:A3,A3,$C$3:C3)

	A	B	C	D	E	F
1	簽約數一覽表					
2	地區	門市	簽約數	累計		
3	台北	中山門市	110	110		
4	台北	青島門市	91	201		
5	台北	忠孝門市	70	271		
6	台北	信義門市	64	335		
7	高雄	七賢門市	90	90		
8	高雄	三多門市	50	140		
9	高雄	二聖門市	42	182		
10						

在 D3 儲存格輸入公式，複製到 D9 儲存格

顯示每個地區的累計

=SUMIF(條件範圍, 條件, [合計範圍]) → 02-08

Memo

- SUMIF 函數會從「條件範圍」中搜尋「條件」所指定的資料，然後將「合計範圍」中的數值相加。在此，我們使用「絕對參照：相對參照」的形式來指定「條件範圍」和「合計範圍」，從第一個儲存格到目前所在列的範圍內求出符合條件的資料加總。
- 在複製公式時，請參考【01-15】，執行「無格式複製」。

關聯項目 【04-07】在資料重複時重新編號

04-14 顯示連續資料的累計

IF

在下圖的 B 欄「店面形式」中，「街邊店」和「百貨設櫃」分別以兩個區塊輸入。要計算每個區塊的銷售累計，可以使用 IF 函數判斷目前所在列的店面形式是否與上一列相同。如果相同，則計算「上一列的累計 + 目前所在列的銷售」。如果不同，則可以判斷為已經更換區塊，因此直接顯示目前所在列的銷售。

▶ 顯示連續資料的累計

E3 =IF(B3=B2, E2+D3, D3)
條件式 條件成立 條件不成立

E3 =IF(B3=B2,E2+D3,D3)

	A	B	C	D	E	F
1	銷售一覽表				(千元)	
2	地區	店面形式	店面	銷售	銷售	
3	台北	街邊店	大安店	17,750	17,750	
4		街邊店	信義店	10,970	28,720	
5		百貨設櫃	三越南西店	12,434	12,434	
6		百貨設櫃	遠百店	6,728	19,162	
7		百貨設櫃	微風店	6,334	25,496	
8	台中	街邊店	文心店	11,606	11,606	
9		街邊店	中港店	8,024	19,630	
10		百貨設櫃	廣三店	3,647	3,647	
11		百貨設櫃	日曜店	3,362	7,009	
12						

在 E3 儲存格輸入公式，並複製到 E11 儲存格

在第二個區塊中，累計會重新計算

=IF(條件式, 條件成立, 條件不成立) → 03-02

Memo

- 【04-13】和【04-14】都是以特定的資料為基準來計算累計。在【04-13】中，如果基準（門市）的位置相隔較遠，會計算接下來的累計。相對地，在【04-14】中，如果基準（店面形式）的位置相隔較遠，則會計算一個新的累計。
- 在複製公式時，請參考【01-15】，執行「無格式複製」。

關聯項目 【04-08】對連續資料重新編號

04-15 計算排名

RANK.EQ

要求得排名，可以使用 RANK.EQ 函數。若要按照由大到小的順序排名，必要的引數有兩個 :「數值」 和「範圍」。在指定的「範圍」 中將求出「數值」 的排名。為了準備複製，請將引數「範圍」 設定為絕對參照。重複出現的數值會被視為相同的排名，接下來的排名將跳過。例如，有兩個第三大的數值，排名將是「第 2 名、第 3 名、第 3 名、第 5 名」。

▶ 依銷售數量多寡來排名

```
D3 =RANK.EQ(C3, $C$3:$C$8)
```
數值：C3　範圍：$C$3:$C$8

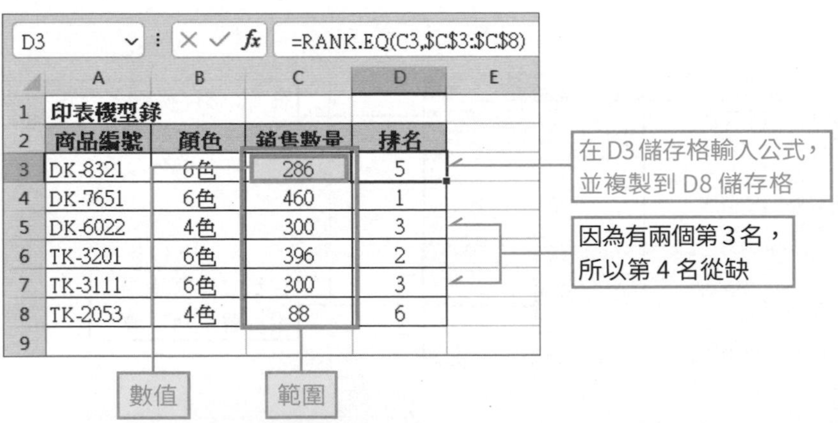

D3 =RANK.EQ(C3,$C$3:$C$8)

	A	B	C	D	E
1	印表機型錄				
2	商品編號	顏色	銷售數量	排名	
3	DK-8321	6色	286	5	
4	DK-7651	6色	460	1	
5	DK-6022	4色	300	3	
6	TK-3201	6色	396	2	
7	TK-3111	6色	300	3	
8	TK-2053	4色	88	6	
9					

在 D3 儲存格輸入公式，
並複製到 D8 儲存格
因為有兩個第 3 名，
所以第 4 名從缺
數值
範圍

=RANK.EQ(數值, 範圍, [順序]) 統計

數值…指定成為排名對象的數值。如果指定的數值不在「範圍」內，則會傳回 [#N/A]

範圍…指定數值的儲存格範圍或陣列常數。範圍內的字串、邏輯值或空白儲存格會被忽略

順序…如果指定為 0 或省略，則傳回降冪 (數值由大到小) 排名。如果指定為 1，則傳回升冪 (數值由小到大) 排名

計算「數值」 位於「範圍」 中的第幾大。降冪和升冪的排序，將由引數「順序」 來指定。

關聯項目 【04-18】如果值相同，則依另一欄的基準來排名

04-16 如果值相同，則依平均值排名

RANK.AVG

當需要根據排名的數值作為權重進行某些計算時，例如「按比例分配預算」或「決定報酬」，會希望排名分布得更平均。然而，如同【04-15】所介紹的 RANK.EQ 函數會對相同的值給予相同排名，並導致下一個排名從缺，這樣會使排名偏頗。在這種情況下，使用 RANK.AVG 函數，可以賦予相同值一個平均的排名來保持平衡。例如，有兩個第三大的數值，RANK.EQ 函數會排出「第 2 名、第 3 名、第 3 名、第 5 名」，而 RANK.AVG 函數則會排出「第 2 名、第 3.5 名、第 3.5 名、第 5 名」，這樣就可以避免產生偏頗。

▶ 依銷售數量多寡以平均值排名

D3 =RANK.AVG(C3, $C$3:$C$8)
數值 範圍

D3 =RANK.AVG(C3,$C$3:$C$8)

	A	B	C	D	E
1	印表機型錄				
2	商品編號	顏色	銷售數量	排名	
3	DK-8321	6色	286	5	
4	DK-7651	6色	460	1	
5	DK-6022	4色	300	3.5	
6	TK-3201	6色	396	2	
7	TK-3111	6色	300	3.5	
8	TK-2053	4色	88	6	
9					

在 D3 儲存格輸入公式，並複製到 D8 儲存格

第三大的兩個數值都被評為「第 3.5 名」

數值　範圍

=RANK.AVG(數值, 範圍, [順序])　統計

數值…指定成為排名對象的數值。如果指定的數值不在「範圍」內，則會傳回 [#N/A]
範圍…指定數值的儲存格範圍或陣列常數。範圍內的字串、邏輯值或空白儲存格會被忽略
順序…如果指定為 0 或省略，則傳回降冪 (數值由大到小) 排名。如果指定為 1，則傳回升冪 (數值由小到大) 排名
計算「數值」位於「範圍」中的第幾大。降冪和升冪的排序，將由引數「順序」來指定。如果值相同，則依平均值來排名。

關聯項目 【04-15】計算排名

04-17 如果值相同，希望將上一列視為較高的順位來排名

RANK.EQ／COUNTIF

此範例要介紹的是，當值相同時，將較早出現的視為較高的順位。為此，可以在 RANK.EQ 函數計算出的「一般排名」上加上「到目前所在列為止的出現次數 -1」。這樣第一次出現的值將直接顯示「一般排名」，第二次出現的值則顯示「一般排名 +1」，第三次出現的值則是「一般排名 +2」。出現的次數可以透過 COUNTIF 函數，從表格首列計數到目前所在列，算出與目前所在列相同銷售數量的次數來獲得。

▶ 銷售數量相同的情況下，將上一列視為較高的順位

D3 =RANK.EQ(C3,$C$3:$C$8)+COUNTIF($C$3:C3,C3)-1

（RANK.EQ(C3,$C$3:$C$8)：一般排名；COUNTIF($C$3:C3,C3)-1：到目前所在列為止的出現次數）

D3 =RANK.EQ(C3,$C$3:$C$8)+COUNTIF($C$3:C3,C3)-1

	A	B	C	D
1	印表機型錄			
2	商品編號	顏色	銷售數量	排名
3	DK-8321	6色	286	5
4	DK-7651	6色	460	1
5	DK-6022	4色	300	3
6	TK-3201	6色	396	2
7	TK-3111	6色	300	4
8	TK-2053	4色	88	6

在 D3 儲存格輸入公式，並複製到 D8 儲存格

如果銷售數量相同，則上一列具有較高的順位

=RANK.EQ(數值, 範圍, [順序]) → 04-15

=COUNTIF(條件範圍, 條件) → 02-30

Memo

- 在上圖的範例中，「一般排名」、「到目前所在列為止的出現次數」與排名的關係如右表所示：

銷售數量	一般排名	出現次數	排名
286	5	1	5 (5+1-1)
460	1	1	1 (1+1-1)
300	3	1	3 (3+1-1)
396	2	1	2 (2+1-1)
300	3	2	4 (3+2-1)
80	6	1	6 (6+1-1)

04-18 如果值相同，則依另一欄的基準來排名

RANK.EQ

當值相同時，可以嘗試根據另一欄的資料來排名。這裡的條件是「按照勝利分數高低進行排名，但如果勝利分數相同，則根據得失分差來決定排名」。給予更高優先權的「勝利分數」一定的權重，計算「勝利分數 ×100 ＋得失分差」，並以此作為 RANK.EQ 函數確定排名的依據。

▶ 如果勝利分數相同，則得失分差較大的一方排名較高

E3 =B3*100+C3
勝利分數 得失分差

D3 =RANK.EQ(E3 , $E$3:$E$8)
數值 範圍

D3 =RANK.EQ(E3,$E$3:$E$8)

	A	B	C	D	E	F
1	聯賽結果					
2	隊伍	勝利分數	得失分差	排名	調整	
3	青蛙隊	12	8	1	1208	
4	星星隊	9	-6	2	894	
5	幽靈隊	7	15	3	715	
6	熊隊	7	-2	4	698	
7	鯊魚隊	6	-7	5	593	
8	巨人隊	3	-8	6	292	

在 E3 及 D3 儲存格輸入公式，並複製到第 8 列

如果勝利分數相同，則得失分差較高的上方球隊會獲得較高的排名

數值　範圍

=RANK.EQ(數值, 範圍, [順序]) → 04-15

Memo

- 範例中，因為「得失分差」的最大值是兩位數，所以將「勝利分數」乘以比它多一位的 100。假設將「勝利分數」乘以 10，那麼「星星隊」會得到「84」，「幽靈隊」會得到「85」，這樣「幽靈隊」會排在更高的位置，變成打破「勝利分數」的原有序列。

關聯項目 【04-17】如果值相同，希望將上一列視為較高的順位來排名

04-19 對篩選後的資料進行排名

AGGREGATE／RANK.EQ

當執行**自動篩選**或**隱藏列**時，若只要對顯示的資料列進行銷售欄排名，則要區分顯示列和折疊（隱藏）列。在此，可以利用 AGGREGATE 函數來統計顯示列。首先，在作業欄中輸入 AGGREGATE 函數，對目前所在列的銷售進行合計。雖然稱為合計，但實際上只是指定一個銷售資料的儲存格，因此顯示列的合計將是銷售額，而隱藏列的合計為「0」。基於此作業欄，使用 RANK.EQ 函數進行排名，這樣就只會對顯示列進行銷售排名。

▶ 對篩選後的資料進行排名

E4 =AGGREGATE(9, 5, C4)

統計方法 範圍 1 選項

E4 =AGGREGATE(9,5,C4)

	A	B	C	D	E	F
1	銷售業績					
2						
3	No	負責人	銷售	排名	作業欄	
4	1001	楊俊德	200,000		200000	
5	1002	蔡欣盈	50,000		50000	
6	1003	蔡欣盈	110,000		110000	
7	1004	楊俊德	80,000		80000	
8	1005	楊俊德	300,000		300000	
9	1006	蔡欣盈	160,000		160000	
10						

範圍 1

在 E4 儲存格輸入公式，並複製到 E9 儲存格

銷售額顯示在作業欄

① 在 E4 儲存格輸入 AGGREGATE 函數。引數「統計方法」指定代表「合計」的「9」；引數「選項」，則指定不包括隱藏列的「5」。至於引數「範圍 1」，則指定「銷售」欄的 C1 儲存格。當 C1 儲存格可見時，傳回值為 C1 儲存格的值；當 C1 儲存格隱藏時，傳回值為「0」。將這個公式複製到表格的最後一列。由於此時所有列都是可見的，所以作業欄將直接顯示「銷售」欄的數值

=AGGREGATE(統計方法, 選項, 範圍 1, [範圍 2] …) → 02-25

=RANK.EQ(數值, 範圍, [順序]) → 04-15

② 在 D4 儲存格輸入 RANK.EQ 函數，求得作業欄數值的排名

	A	B	C	D	E	F
1	銷售業績					
2						
3	No	負責人	銷售	排名	作業欄	
5	1002	蔡欣盈	50,000	3	50000	
6	1003	蔡欣盈	110,000	2	110000	
9	1006	蔡欣盈	160,000	1	160000	
10						

篩選後

只對篩選後的列重新排名

③ 執行**自動篩選**後，只會對篩選出的列重新排名

Memo

- 在空白儲存格輸入「=A4」，並將其複製到 6 列 5 欄的範圍，這樣可以檢查包括隱藏列在內的整個表格資料。你會發現隱藏列的 AGGREGATE 函數結果為「0」。

A11 =A4

	A	B	C	D	E	F
1	銷售業績					
2						
3	No	負責人	銷售	排名	作業欄	
5	1002	蔡欣盈	50,000	3	50000	
6	1003	蔡欣盈	110,000	2	110000	
9	1006	蔡欣盈	160,000	1	160000	
10						
11	1001	楊俊德	200,000	4	0	
12	1002	蔡欣盈	50,000	3	50000	
13	1003	蔡欣盈	110,000	2	110000	
14	1004	楊俊德	80,000	4	0	
15	1005	楊俊德	300,000	4	0	
16	1006	蔡欣盈	160,000	1	160000	

被隱藏起來的「楊俊德」，在作業欄的值為「0」

關聯項目 【04-12】只顯示資料篩選後的累計

04-20 利用溢出功能排序

RANK.EQ

Microsoft 365 與 Excel 2021 在 RANK.EQ 函數的引數「數值」設定和引數「範圍」一樣的儲存格範圍，公式會溢出，可以一次計算出資料表的順序。「數值」與「範圍」可以都設定為相對參照。

▶ 依照銷售多寡遞減排序

D3 =RANK.EQ(C3:C8, C3:C8)
數值 範圍

ISNUMBER =RANK.EQ(C3:C8,C3:C8)

	A	B	C	D	E
1	印表機型錄				
2	商品編號	顏色	銷售數量	排名	
3	DK-8321	6色	=RANK.EQ(C3:C8,C3:C8)		
4	DK-7651	6色	460		
5	DK-6022	4色	300		
6	TK-3201	6色	396		
7	TK-3111	6色	300		
8	TK-2053	4色	88		

在 D3 儲存格輸入公式，按下 Enter 鍵

D4 =RANK.EQ(C3:C8,C3:C8)

	A	B	C	D	E
1	印表機型錄				
2	商品編號	顏色	銷售數量	排名	
3	DK-8321	6色	286	5	
4	DK-7651	6色	460	1	
5	DK-6022	4色	300	3	
6	TK-3201	6色	396	2	
7	TK-3111	6色	300	3	
8	TK-2053	4色	88	6	

數值 範圍

公式會溢出到 D8 儲存格範圍內，並顯示排序結果

=RANK.EQ(數值, 範圍, [順序]) → 04-15

Memo

- 選取 D3～D8 儲存格，輸入上圖的 RANK.EQ 函數，按下 Ctrl ＋ Shift ＋ Enter 鍵，也可以輸入為陣列公式。

關聯項目 【01-32】輸入動態陣列公式

04-21 找出 0 到 1 範圍內的百分比排名

PERCENTRANK.INC

當需要了解在整體中的相對排名時，可以使用 PERCENTRANK.INC 函數來求得 0 到 1 範圍內的百分比排名。例如，排名為 0.5，表示位於整體的正中間。這種排名稱為「百分比排名」。在傳統的排名中，即使同樣是第 5 名，也可能是在 5 人中的第 5 名，或是在 1000 人中的第 5 名，而使得第 5 名的價值不同。然而，百分比排名可以掌握相對的位置。

▶ 找出 0 到 1 範圍內的百分比排名

D3 =PERCENTRANK.INC($C$3:$C$8, C3)
範圍 數值

D3 =PERCENTRANK.INC($C$3:$C$8,C3)

	A	B	C	D	E	F	G
1	商業檢定						
2	No	姓名	得分	排名			
3	1	賴筠涵	70	0.4			
4	2	郭宜臻	91	1			
5	3	許政宏	66	0.2			
6	4	張賢亞	76	0.6			
7	5	宣意宏	82	0.8			
8	6	馮語坤	49	0			

範圍　數值

在 D3 儲存格輸入公式，並複製到 D8 儲存格

顯示百分比排名

=PERCENTRANK.INC(範圍, 數值, [有效位數])　統計

範圍…數值的儲存格範圍或是陣列常數。儲存格範圍內的字串、邏輯值或空白儲存格會被忽略
數值…需要進行排名的數值。如果指定的值不在「範圍」內，將傳回插值計算排名。如果指定的值超出「範圍」，將傳回 [#N/A]
有效位數…指定要計算到小數點以下第幾位。如果省略，則預設會計算到小數點以下第三位
此函數用於計算「數值」在「範圍」內的百分比位置。在「範圍」內的最小值將傳回 0，最大值將傳回 1。

Memo

- 使用 PERCENTRANK.EXC 函數，可以計算出大於 0 且小於 1 的數值來表示百分比排名。其引數和使用方式與 PERCENTRANK.INC 函數相同。

04-22 根據相對評等，以 5 個等級評分

PERCENTRANK.INC／VLOOKUP

「相對評等」是根據相對排名來進行評等的方法。在所有資料中，位於最上方的○%為「A」等級，△%為「B」等級，依此類推。在此，我們將使用「A」到「E」五個等級的評分系統，其分配比例為 10%、20%、40%、20%、10%。

為了判斷每個人的得分屬於哪個分配範圍，使用 PERCENTRANK.INC 函數來求得百分比排名。為了方便驗算，將每個人的成績資料按照得分的高低由大至小排列。如果評分對象有 10 人，那麼「A」等級有 1 人、「B」等級有 2 人、「C」等級有 4 人，這樣就能達到指定的分配比例。如果人數有小數點，則結果可能會出現誤差。

▶「A」佔 10%，「B」佔 20%…，按照分配比例以 5 個等級評分

	A	B	C	D	E	F	G	H	I
1	商業檢定					評等基準			
2	姓名	得分	評等	作業欄		配分	基準	評等	
3	黃秉宏	91				10%	0%	A	
4	劉亞靖	82				20%	10%	B	
5	楊宇龍	78				40%	30%	C	
6	周政達	76				20%	70%	D	
7	陳盈梅	70				10%	90%	E	
8	張育如	66							
9	白婷真	65							
10	吳羿南	58							
11	姚儀秀	50							
12	林鈺菱	49							
13									

輸入評等

得分在前 0 ～ 10% 的是「A」，10 ～ 30% 的是「B」…，依此類推

① 首先建立一個查詢成績的表格。依序輸入「A」到「E」，並輸入每個等級所希望分配的人數比例和評等標準。評等標準是稍後使用 VLOOKUP 函數時所需的值，代表成績在前 0 ～ 10% 為「A」，10 ～ 30% 為「B」，30 ～ 70% 為「C」…

=PERCENTRANK.INC(範圍, 數值, [有效位數])	→ 04-21
=VLOOKUP(搜尋值, 範圍, 欄編號, [搜尋類型])	→ 07-02

D3 =1-PERCENTRANK.INC($B$3:$B$12 , B3)
範圍 數值

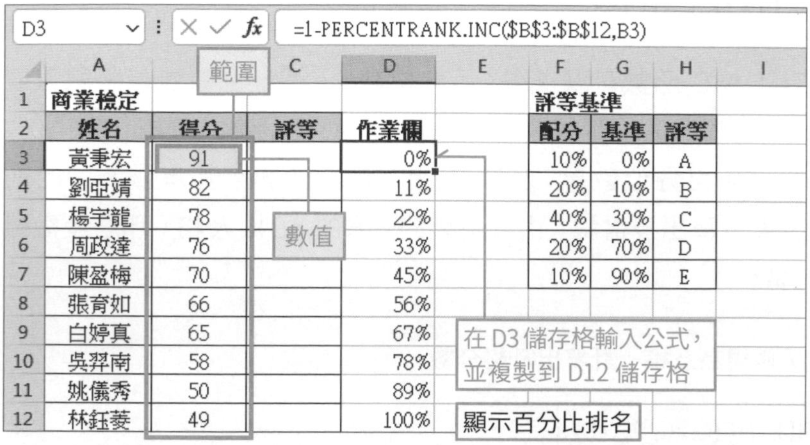

D3 =1-PERCENTRANK.INC($B$3:$B$12,B3)

	A	B	C	D	E	F	G	H	I
1	商業檢定					評等基準			
2	姓名	得分	評等	作業欄		配分	基準	評等	
3	黃秉宏	91		0%		10%	0%	A	
4	劉亞靖	82		11%		20%	10%	B	
5	楊宇龍	78		22%		40%	30%	C	
6	周政達	76		33%		20%	70%	D	
7	陳盈梅	70		45%		10%	90%	E	
8	張育如	66		56%					
9	白婷真	65		67%					
10	吳羿南	58		78%					
11	姚儀秀	50		89%					
12	林鈺菱	49		100%					

範圍
數值
在 D3 儲存格輸入公式，並複製到 D12 儲存格
顯示百分比排名

② 為了在作業欄中求得降冪的相對排名，在此需要進行一些調整。由於 PERCENTRANK 函數計算出的相對排名會使得分愈低的人排名愈低。因此，為了求得降冪的相對排名，需要用「1」減去相對排名。將公式輸入到 D3 儲存格，設定為「百分比樣式」，然後複製到 D12 儲存格。這樣得分較高的人就會顯示較小的相對排名值

C3 =VLOOKUP(D3 , $G$3:$H$7 , 2 , TRUE)
搜尋值 範圍 欄編號 搜尋類型

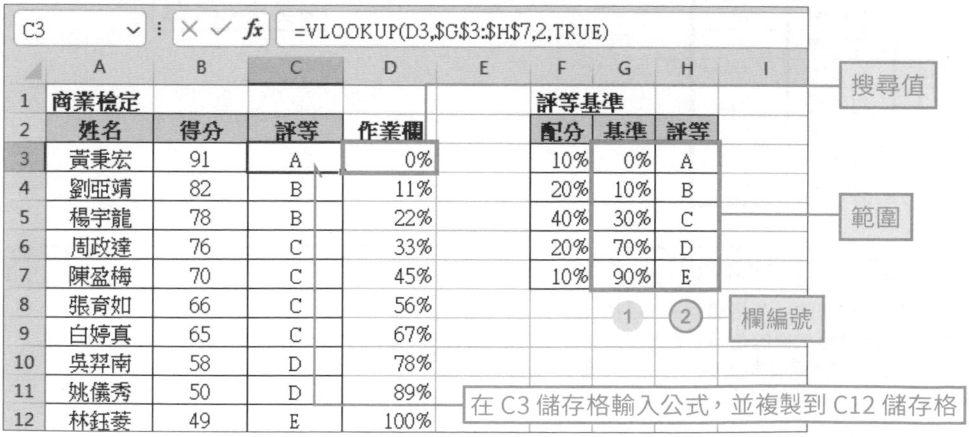

C3 =VLOOKUP(D3,$G$3:$H$7,2,TRUE)

	A	B	C	D	E	F	G	H	I
1	商業檢定					評等基準			
2	姓名	得分	評等	作業欄		配分	基準	評等	
3	黃秉宏	91	A	0%		10%	0%	A	
4	劉亞靖	82	B	11%		20%	10%	B	
5	楊宇龍	78	B	22%		40%	30%	C	
6	周政達	76	C	33%		20%	70%	D	
7	陳盈梅	70	C	45%		10%	90%	E	
8	張育如	66	C	56%					
9	白婷真	65	C	67%					
10	吳羿南	58	D	78%					
11	姚儀秀	50	D	89%					
12	林鈺菱	49	E	100%					

搜尋值
範圍
① ② 欄編號
在 C3 儲存格輸入公式，並複製到 C12 儲存格

③ 根據步驟 ② 所求得的相對排名，接著要用它來查詢「評等基準」的表格。在 C3 儲存格輸入 VLOOKUP 函數公式。在進行此操作時，請確定將引數「搜尋類型」指定為近似符合搜尋的「TRUE」。將公式複製到 C12 儲存格時，會根據指定的比例顯示「A」到「E」的五個等級評等

關聯項目 【07-09】以「○以上不到△」的條件搜尋資料表<① VLOOKUP 函數>

04-23 將最前面的○%當作及格標準，計算出及格分數

PERCENTILE.INC

使用 PERCENTILE.INC 函數可以求得「百分位數」。百分位數是指將數值依大小順序排列時，位於○%位置的數值，也稱為「百分比數」。例如，在「10、20、30、40」中，50 百分位數是「25」。在此，假設要讓參加考試者中的前 40% 及格，就需要計算出及格線。由於是大的一方的 40% 及格，那麼及格線將是 60 百分位數。

▶ 將前 40% 的人數視為及格，計算出及格分數

E3 =PERCENTILE.INC(C3:C12, 0.6)
範圍 比率

E3 =PERCENTILE.INC(C3:C12,0.6)

	A	B	C	D	E	F
1	商業檢定					
2	No	姓名	得分		及格分數	
3	1	黃秉宏	91		72.4	
4	2	劉亞靖	82		※前 40% 及格	
5	3	楊宇龍	78			
6	4	周政達	76			
7	5	陳盈梅	70			
8	6	張育如	66			
9	7	白婷真	65			
10	8	吳羿南	58			
11	9	姚儀秀	50			
12	10	林鈺菱	49			

範圍

輸入公式

前 40% 的及格分數是 72.4 分

=PERCENTILE.INC(範圍, 比率) 統計

範圍…指定數值的儲存格範圍或陣列常數

比率…指定想要求得的位置，需為 0 以上 1 以下的數值。例如指定 0.7，則可以知道由小到大排序後 70% 的位置，或由大到小排序後 30% 的位置的數值

當「範圍」內的數值依由小到大排序時，傳回指定「比率」位置上的數值。如果「範圍」中沒有與「比率」完全符合的數值，則傳回插值計算後的值。

Memo

- 使用 PERCENTILE.EXC 函數，可以在大於 0 且小於 1 的範圍內指定「比率」，以求得數值。其使用方法與 PERCENTILE.INC 函數相同。

04-24 查詢前 25% 的數值

QUARTILE.INC

QUARTILE.INC 函數可用來計算「四分位數」。四分位數是指將數值依照大小順序排列時，落在四等分的位置 (25%、50%、75% 的位置) 所對應的數值。在此，我們要計算及格線，讓前 25% 的考試者及格。由於是大的一方的 25% 及格，因此需要求出對應於 75% 的數值。在第二個引數「位置」中指定「3」，就可以求得對應於 75% 的數值。

▶ **將前 25% 的人數視為及格，計算出及格分數**

E3 =QUARTILE.INC(C3:C12, 3)
範圍 位置

E3 =QUARTILE.INC(C3:C12,3)

	A	B	C	D	E	F
1	商業檢定					
2	No	姓名	得分		及格分數	
3	1	黃秉宏	91		77.5	
4	2	劉亞靖	82		※前 25% 及格	
5	3	楊宇龍	78			
6	4	周政達	76			
7	5	陳盈梅	70			
8	6	張育如	66			
9	7	白婷真	65			
10	8	吳羿南	58			
11	9	姚儀秀	50			
12	10	林鈺菱	49			

輸入公式

將前 25% 的人視為及格，那麼及格分數為 77.5 分

範圍

=QUARTILE.INC(範圍, 位置) 統計

範圍…指定數值的儲存格範圍或陣列常數

位置…指定要查找的位置

將「範圍」中的數值依照升冪排序時，將傳回位於指定「位置」的數值。

位置	傳回值	備註
0	最小值 (0%)	與 MIN 函數的傳回值相同
1	第 1 個四分位數 (25%)	
2	第 2 個四分位數 (50%)	與 MEDIAN 函數的傳回值相同
3	第 3 個四分位數 (75%)	
4	最大值 (100%)	與 MAX 函數的傳回值相同

04-25 找出前 5 名的得分

LARGE

使用 LARGE 函數，可以求得由大到小的第○個數值。在此，我們要從測試結果中找出前 5 名的分數。在引數「範圍」中指定「得分」欄的儲存格範圍，然後在「順序」引數中指定要查詢的排名。為了方便複製公式，請將「得分」欄設為絕對參照。由於 LARGE 函數會將相同的數值視為不同的排名，所以在範例中第 4 名和第 5 名都是顯示「86」。

▶ 找出前 5 名的得分

F3 =LARGE($C$3:$C$10 , E3)
範圍 順序

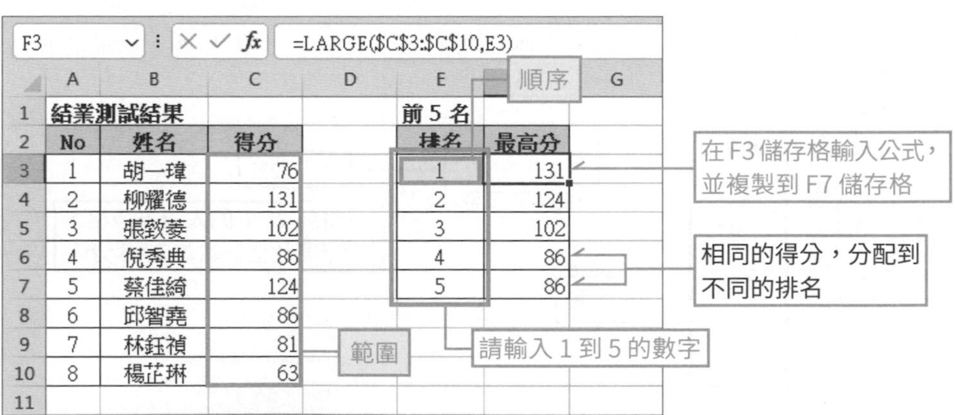

=LARGE(範圍, 順序) 統計

範圍…指定數值的儲存格範圍或陣列常數。儲存格範圍內的字串、邏輯值或空白儲存格會被忽略
順序…以大於等於 1 的數值指定由大到小的順序
從指定的「範圍」中，找出由大到小排序的第幾個「順序」的數值。

Memo

- 將 LARGE 函數的引數「順序」設為「1」，其結果將與 MAX 函數相同。

關聯項目 【04-27】找出最後 5 名得分

04-26 排除重複值後，找出前 5 名的得分

MAX／MAXIFS

使用 LARGE 函數查詢最大值時，如同【04-25】所示，相同大小的多個數值會被賦予不同的排名。想要將相同大小的數值歸為一組，並將下一個較大數值的排名上移時，可以用 MAX 函數先求得第一名。第二名之後，使用 MAXIFS 函數尋找小於前一名數值中的最大值。

▶ 排除重複值後，找出前 5 名的得分

F3 =MAX(C3:C10)
數值 1

F4 =MAXIFS($C$3:$C$10 , $C$3:$C$10 , "<"& F3)
最大範圍　條件範圍 1　條件 1

F4 =MAXIFS($C$3:$C$10,$C$3:$C$10,"<" & F3)

	A	B	C	D	E	F	G
1	結業測試結果				前 5 名		
2	No	姓名	得分		排名	最高分	
3	1	胡一瑋	76		1	131	
4	2	柳耀德	131		2	124	
5	3	張致菱	102		3	102	
6	4	倪秀典	86		4	86	
7	5	蔡佳綺	124		5	81	
8	6	邱智堯	86				
9	7	林鈺禎	81				
10	8	楊芷琳	63				

尋找 F3 儲存格中的最大值

在 F4 儲存格中輸入公式，並複製到 F7 儲存格

請輸入 1 到 5 的數值

求得沒有重複的前 5 大數值

數值 1　最大範圍　條件範圍 1

=MAX(數值 1, [數值 2] …) → 02-48

=MAXIFS(最大範圍, 條件範圍 1, 條件 1, [條件範圍 2, 條件 2]…) → 02-50

Memo

- 要找出第二名的得分，我們要在小於第一名「131」的得分中尋找最大值。同樣地，要找出第三名，要在小於第二名「124」的得分中尋找最大值。

 04-27 找出最後 5 名得分

SMALL

使用 SMALL 函數可以求得由小到大的第○個數值。在此，我們要從測試結果中找出最後 5 名的得分。在引數「範圍」中指定「得分」欄的儲存格範圍，並在「順序」中指定想要求得的排名。為了方便複製公式，請將「得分」欄設為絕對參照。由於 SMALL 函數會將相同的數值視為不同的排名，所以在範例中第 4 名和第 5 名都是顯示「86」。

▶ 找出最後 5 名得分

F3 =SMALL($C$3:$C$10, E3)
範圍　順序

F3 =SMALL($C$3:$C$10,E3)

	A	B	C	D	E	F	G
1	結業測試結果				後 5 名		
2	No	姓名	得分		排名	較低分	
3	1	胡一瑋	76		1	63	
4	2	柳耀德	131		2	76	
5	3	張致菱	102		3	81	
6	4	倪秀典	86		4	86	
7	5	蔡佳綺	124		5	86	
8	6	邱智堯	86				
9	7	林鈺禎	81				
10	8	楊芷琳	63				

順序

在 F3 儲存格輸入公式，並複製到 F7 儲存格

相同的得分，分配到不同的排名

請輸入 1 到 5 的數值

範圍

=SMALL(範圍, 順序)　統計

範圍…指定數值的儲存格範圍或陣列常數。儲存格範圍內的字串、邏輯值或空白儲存格會被忽略
順序…以大於等於 1 的數值指定由小到大的順序
從指定的「範圍」中，找出由小到大排序的第幾個「順序」的數值。

Memo

- 將 SMALL 函數的引數「順序」設為「1」，其結果將與 MIN 函數相同。

關聯項目 【04-25】找出前 5 名的得分

04-28 排除重複值後，找出最後 5 名得分

MIN／MINIFS

使用 SMALL 函數查詢最小值時，如同【04-27】所示，相同大小的多個數值會被賦予不同的排名。想要將相同大小的數值歸為一組，並將下一個較小數值的排名上移時，可以用 MIN 函數求得第一名。第二名之後，使用 MINIFS 函數尋找大於前一名數值中的最小值。

▶ **排除重複值後，找出最後 5 名的得分**

F3 =MIN(C3:C10)
（C3:C10：數值 1）

F4 =MINIFS($C$3:$C$10 , $C$3:$C$10 , ">" & F3)
（$C$3:$C$10：最小範圍；$C$3:$C$10：條件範圍 1；">" & F3：條件 1）

F4 =MINIFS($C$3:$C$10,$C$3:$C$10,">" & F3)

	A	B	C	D	E	F	G	H
1	結業測試結果				後 5 名			
2	No	姓名	得分		排名	較低分		
3	1	胡一瑋	76		1	63		
4	2	柳耀德	131		2	76		
5	3	張致蓁	102		3	81		
6	4	倪秀典	86		4	86		
7	5	蔡佳綺	124		5	102		
8	6	邱智堯	86					
9	7	林鈺禎	81					
10	8	楊芷琳	63					

在 F3 儲存格中求出最小值

在 F4 儲存格輸入公式，並複製到 F7 儲存格

求得沒有重複的最後 5 名數值

請輸入 1 到 5 的數值

數值 1　最小範圍　條件範圍 1

=MIN (數值 1, [數值 2]…) → 02-48

=MINIFS(最小範圍, 條件範圍 1, 條件 1, [條件範圍 2, 條件 2]…) → 02-51

Memo

- 要找出倒數第二名的得分，需要在大於倒數第一名「63」分的得分中尋找最小值。同樣地，要找出倒數第三名，要在大於倒數第二名「76」分的得分中尋找最小值。

04-29 建立包含姓名的排名表

LARGE／RANK.EQ／COUNTIF／INDEX／MATCH

在此要根據「結業測試結果」表，製作一個依得分高低排列並含有姓名的排名表。要在排名表中顯示姓名，需要給每個得分一個不重複的臨時排名，然後根據這個排名使用 INDEX 函數和 MATCH 函數來找出姓名。

▶ 建立依得分排序的姓名排名表

H3 =LARGE($B$3:$B$10,E3)

	A	B	C	D	E	F	G	H
1	結業測試結果					排名		
2	姓名	得分	臨時排名		連續編號	排名	姓名	得分
3	胡一瑋	76			1			131
4	柳耀德	131			2			124
5	張致菱	102			3			102
6	倪秀典	86			4			86
7	蔡佳綺	124			5			86
8	邱智堯	86			6			81
9	林鈺禎	81			7			76
10	楊芷琳	63			8			63

順序

範圍

在 H3 儲存格輸入公式，並複製到 H10 儲存格

① 想要將得分以降冪排序。因此，在排名表的左側 (E 欄) 輸入連續編號，根據這些編號使用 LARGE 函數求得降冪的得分。請在 H3 儲存格輸入 LARGE 函數，並複製到 H10 儲存格

F3 =RANK.EQ(H3 , $H$3:$H$10)
數值　範圍

F3 =RANK.EQ(H3,$H$3:$H$10)

	A	B	C	D	E	F	G	H
1	結業測試結果					排名		
2	姓名	得分	臨時排名		連續編號	排名	姓名	得分
3	胡一瑋	76			1	1		131
4	柳耀德	131			2	2		124
5	張致菱	102			3	3		102
6	倪秀典	86			4	4		86
7	蔡佳綺	124			5	4		86
8	邱智堯	86			6	6		81
9	林鈺禎	81			7	7		76
10	楊芷琳	63			8	8		63

數值

範圍

在 F3 儲存格輸入公式，並複製到 F10 儲存格

② 根據步驟 ① 求得的得分來計算排名。在 F3 儲存格輸入 RANK.EQ 函數，然後複製到 F10 儲存格。兩個「86」分將被分配到同一個「第 4 名」

C3 =RANK.EQ(B3,$B$3:$B$10)+COUNTIF($B$3:B3,B3)-1

正常排名　計算到目前所在列為止的出現次數

C3 =RANK.EQ(B3,$B$3:$B$10)+COUNTIF($B$3:B3,B3)-1

	A	B	C	D	E	F	G	H
1	結業測試結果					排名		
2	姓名	得分	臨時排名		連續編號	排名	姓名	得分
3	胡一瑋	76	7		1	1		131
4	柳耀德	131	1		2	2		124
5	張致蓁	102	3		3	3		102
6	倪秀典	86	4		4	4		86
7	蔡佳綺	124	2		5	4		86
8	邱智堯	86	5		6	6		81
9	林鈺禎	81	6		7	7		76
10	楊芷琳	63	8		8	8		63

即使得分相同，也會
分配到不同的排名

③ 為了在排名表中取出參加者的姓名，需要給每個參加者一個不會重複的「臨時排名」。在 C3 儲存格輸入公式，並複製到 C10 儲存格。

「倪秀典」和「邱智堯」雖然都是「86」分，但會被分配到「第 4 名」和「第 5 名」。關於輸入公式的方法，請參考【04-17】

G3 =INDEX($A$3:$A$10 , MATCH(E3 , $C$3:$C$10 , 0))

搜尋值　搜尋範圍　搜尋方法

參照　列編號

G3 =INDEX($A$3:$A$10,MATCH(E3,$C$3:$C$10,0))

	A	B	C	D	E	F	G	H
1	結業測試結果					排名		
2	姓名	得分	臨時排名		連續編號	排名	姓名	得分
3	胡一瑋	76	7		1	1	柳耀德	131
4	柳耀德	131	1		2	2	蔡佳綺	124
5	張致蓁	102	3		3	3	張致蓁	102
6	倪秀典	86	4		4	4	倪秀典	86
7	蔡佳綺	124	2		5	4	邱智堯	86
8	邱智堯	86	5		6	6	林鈺禎	81
9	林鈺禎	81	6		7	7	胡一瑋	76
10	楊芷琳	63	8		8	8	楊芷琳	63

參照　搜尋範圍　搜尋值　在 G3 儲存格輸入公式，並複製到 G10 儲存格

④ 根據「連續編號」搜尋「臨時排名」欄來取出「姓名」。在 G3 儲存格輸入公式，並複製到 G10 儲存格。關於輸入公式的方法，請參考【07-27】

函數	參考
=LARGE(範圍, 順序)	→ 04-25
=RANK.EQ(數值, 範圍, [順序])	→ 04-15
=COUNTIF(條件範圍, 條件)	→ 02-30
=INDEX(參照, 列編號, [欄編號], [區域編號])	→ 07-23
=MATCH(搜尋值, 搜尋範圍, [搜尋方法])	→ 07-26

關聯項目
【04-17】如果值相同，希望將上一列視為較高的順位來排名
【07-27】利用商品名稱反查商品編號<② INDEX 函數＋ MATCH 函數>

04-30 利用溢出功能，建立包含姓名的排名表

SORTBY／SORT

Microsoft 365 與 Excel 2021 有 SORTBY 函數與 SORT 函數可以排序資料，能輕鬆建立排名表。以下範例使用 SORT 函數，將原始資料表依照得分高低遞減排序，接著使用 SORTBY 函數，按照「排名」、「姓名」、「得分」的順序排列欄位。只要在排名表開頭的 E3 儲存格輸入公式，就可以啟動溢出功能，一次完成整個資料表。

▶ 建立依得分排序的姓名排名表

E3 =SORTBY(SORT(A3:C10,2,-1) , {2,3,1})

以第 2 欄遞減排序 A3 ～ C10 儲存格

使用 SORT 函數將排序後的資料表各欄排成「第 2 欄、第 3 欄、第 1 欄」

E3 =SORTBY(SORT(A3:C10,2,-1),{2,3,1})

	A	B	C	D	E	F	G	H
1	結業測試結果				排名			
2	姓名	得分	排名		排名	姓名	得分	
3	胡一瑋	76	7		1	柳耀德	131	
4	柳耀德	131	1		2	蔡佳綺	124	
5	張致菱	102	3		3	張致菱	102	
6	倪秀典	86	4		4	倪秀典	86	
7	蔡佳綺	124	2		4	邱智堯	86	
8	邱智堯	86	4		6	林鈺禎	81	
9	林鈺禎	81	6		7	胡一瑋	76	
10	楊芷琳	63	8		8	楊芷琳	63	
11								

先計算排名

在 E3 儲存格輸入公式並按下 Enter 鍵

公式溢出，建立排名表，直到 G10 儲存格範圍為止

=SORTBY(陣列, 基準 1, [順序 1], [基準 2, 順序 2]…) → 07-35

=SORT(陣列, [排序索引], [順序], [方向]) → 07-34

關聯項目
【01-32】輸入動態陣列公式
【07-34】排序資料表<① SORT 函數>
【07-37】設定欄的排序

04-31 利用溢出功能，建立前三名的姓名排名表

SORTBY／SORT／FILTER

【04-30】介紹了建立排名表的方法，如果加上 FILTER 函數，就可以建立取出前三名的排名表。首先，使用 FILTER 函數取出原始資料表「排名」為 3 以下的資料，接著代入【04-30】介紹的公式資料表儲存格範圍（「A3:C10」的部分）即可。

▶ 建立前三名的姓名排名表

E3 =SORTBY(SORT(FILTER(A3:C10,C3:C10<=3),2,-1),{2,3,1})

從 A3～C10 儲存格取出第 3 名以後的資料

在第 2 欄遞減排序以 FILTER 函數取出的資料表

使用 SORT 函數將排序後的資料表各欄依照「第 2 欄、第 3 欄、第 1 欄」排列

E3　=SORTBY(SORT(FILTER(A3:C10,C3:C10<=3),2,-1),{2,3,1})

	A	B	C	D	E	F	G	H	I
1	結業測試結果				排名				
2	姓名	得分	排名		排名	姓名	得分		
3	胡一瑋	76	7		1	柳耀德	131		
4	柳耀德	131	1		2	蔡佳綺	124		
5	張致菱	102	3		3	張致菱	102		
6	倪秀典	86	4						
7	蔡佳綺	124	2						
8	邱智堯	86	4						
9	林鈺禎	81	6						
10	楊芷琳	63	8						
11									

在 E3 儲存格輸入公式，按下 Enter 鍵

公式溢出至 G5 儲存格範圍，建立前三名的排名表

=SORTBY(陣列, 基準 1, [順序 1], [基準 2, 順序 2]…)	→ 07-35
=SORT(陣列, [排序索引], [順序], [方向])	→ 07-34
=FILTER(陣列, 條件, [找不到時])	→ 07-40

Memo

- 有時可能有多個第 3 名，所以前三名的資料未必只有 3 列。如果想在排名表繪製框線，請參考【11-28】的說明，設定條件式格式，即使取出的資料不只一列，都會自動在整個排名表畫線。

公式的基礎 1 表格的彙總 2 條件判斷 3 數值處理 4 日期與時間 5 字串的操作 6 表格的搜尋 7 統計計算 8 財務計算 9 數學計算 10 函數組合 11

04-32 求絕對值

ABS

使用 ABS 函數可以求得指定數值的絕對值。絕對值是指去除數值的正「+」或負「-」符號後的值，表示數值的大小。例如，「100」和「-100」的絕對值都是「100」。

▶ 求絕對值

C3 =ABS(B3)
數值

C3 =ABS(B3)

	A	B	C	D	E
1	求絕對值				
2	正負	數值	絕對值		
3	正負	100	100		
4		15	15		
5		1.2	1.2		
6	0	0	0		
7	負	-1.2	1.2		
8		-15	15		
9		-100	100		
10					

在 C3 儲存格輸入公式，並複製到 C9 儲存格

求出數值的絕對值

數值

=ABS(數值) 數學與三角函數

數值…指定實數以求得絕對值
傳回「數值」的絕對值。

關聯項目
【02-49】計算最大絕對值或最小絕對值
【04-33】判斷數值的正負

1 公式的基礎
2 表格的彙總
3 條件判斷
4 數值處理
5 日期與時間
6 字串的操作
7 表格的搜尋
8 統計計算
9 財務計算
10 數學計算
11 函數組合

04-33 判斷數值的正負

SIGN

使用 SIGN 函數可以檢查指定數值的正負符號。如果數值為正數，則傳回值為「1」；如果數值為 0，則傳回值為「0」；如果數值為負數，則傳回值為「-1」。

▶ 判斷數值的正負

	A	B	C	D	E
1	檢查正數還是負數				
2	正負	數值	正負		
3	正負	100	1		
4		15	1		
5		1.2	1		
6	0	0	0		
7	負	-1.2	-1		
8		-15	-1		
9		-100	-1		
10					

=SIGN(數值) 數學與三角函數

數值…指定實數以判斷正負

傳回「數值」的正負符號。傳回值為「1」表示正數，「0」表示數值為零，「-1」表示負數。

關聯項目 【04-32】求絕對值

04-34 將多個數值相乘

PRODUCT

要進行加法運算時使用 SUM 函數，要進行乘法運算時，則使用 PRODUCT 函數。使用方法與 SUM 函數相同。在此要計算「單價 × 獲利率 × 數量」來求出各商品的利潤。

▶ 求得數值的乘積

E3 =PRODUCT(B3:D3)
數值 1

E3 =PRODUCT(B3:D3)

	A	B	C	D	E	F
1	獲利計算					
2	產品編號	單價	獲利率	數量	獲利	
3	K-001	1,200	18%	150	32,400	
4	K-002	1,500	20%	89	26,700	
5	K-003	2,000	15%	120	36,000	
6	K-004	3,000	23%	56	38,640	
7						

數值 1

在 E3 儲存格輸入公式，並複製到 E6 儲存格

求得數值的乘積

=PRODUCT(數值 1, [數值 2]…) 數學與三角函數

數值…指定數值或儲存格範圍。空白儲存格或字串會被忽略
傳回指定的「數值」乘積。最多可以指定 255 個「數值」。

Memo

- 使用 PRODUCT 函數可以將不連續的儲存格值相乘。例如，要求出 B4 ～ D4 和 E1 儲存格的乘積，可以建立如下的公式。此公式結果與「=B4*C4*D4*E1」相同。
  =PRODUCT(B4:D4,E1)

關聯項目 【04-35】將陣列的元素相乘後計算合計

04-35 將陣列的元素相乘後計算合計

SUMPRODUCT

使用 SUMPRODUCT 函數，可以將多個陣列的元素相乘後計算其總和。在範例表格中有「單價」、「獲利率」和「數量」三欄。將「單價欄」、「獲利率欄」和「數量欄」指定為 SUMPRODUCT 函數的引數，就可以計算出每一列的「單價 × 獲利率 × 數量」的總和，不需事先計算每列的乘積。

▶ 求出數值乘積的總和

F3 =SUMPRODUCT(B3:B6, C3:C6, D3:D6)
數值 1　數值 2　數值 3

F3　=SUMPRODUCT(B3:B6,C3:C6,D3:D6)

	A	B	C	D	E	F	G
1	獲利計算						
2	產品編號	單價	獲利率	數量		獲利合計	
3	K-001	1,200	18%	150		133,740	
4	K-002	1,500	20%	89			
5	K-003	2,000	15%	120			
6	K-004	3,000	23%	56			
7							

數值 1　數值 2　數值 3

輸入公式

計算出獲利總和

=SUMPRODUCT(陣列 1, [陣列 2]…)　數學與三角函數

陣列…指定計算目標數值的儲存格範圍，或者是陣列常數

指定的「陣列」中對應元素的乘積會加總起來。「陣列」最多可以指定 255 個。如果指定的多個「陣列」的列數與欄數不同，則會傳回 [#VALUE!]。

Memo

- 上述的範例，其實就是進行以下的計算：
  =B3*C3*D3+B4*C4*D4+B5*C5*D5+B6*C6*D6

關聯項目　【04-34】將多個數值相乘

04-36 求得除法的整數商和餘數

QUOTIENT／MOD

當使用「=25/7」計算「25÷7」時，會得到「3.5714…」這樣的小數點以下的結果。如果想要進行「25÷7=3 餘 4」的計算，不要使用「/」，而是用 QUOTIENT 函數來求整數商，用 MOD 函數來求餘數。

▶ 求得除法的整數商和餘數

C3 =QUOTIENT(A3 , B3)
數值 除數

D3 =MOD(A3 , B3)
數值 除數

C3 =QUOTIENT(A3,B3)

	A	B	C	D	E
1	求整數商和餘數				
2	數值 n	除數 d	整數商	餘數	
3	25	7	3	4	
4	25	5	5	0	
5	25	3	8	1	
6	25	-3	-8	-2	

數值　除數

在 C3 和 D3 儲存格輸入公式，並複製到第 6 列

求得整數商和餘數

=QUOTIENT(數值, 除數)　數學與三角函數

數值…指定被除數 (被除的數字)
除數…指定除數 (除的數字)
將「數值」除以「除數」，並傳回其商的整數部分。如果「除數」指定 0，則會傳回 [#DIV/0!]。

=MOD(數值, 除數)　數學與三角函數

數值…指定被除數 (被除的數字)
除數…指定除數 (除的數字)
傳回「數值」除以「除數」時的餘數。如果「除數」指定為 0，則會傳回 [#DIV/0!]。

Memo

- 「QUOTIENT(n, d)」的傳回值與「TRUNC(n/d)」相同。同樣地，「MOD(n, d)」的傳回值與「n-d*INT(n/d)」相同。當「數值」和「除數」都是正數時，「數值 = 整數商 × 除數 + 餘數」的關係成立，但如果其中一個為負數，則不成立。

04-37 求得數值的冪次方

POWER

使用 POWER 函數可以進行「3 的 2 次方」、「5 的 3 次方」這樣的計算。「3 的 2 次方」表示「3×3」，「5 的 3 次方」表示「5×5×5」。這樣的計算稱為「冪次方」。在此，我們將求出「5 的冪次方」。

▶ 求得數值的冪次方

B3 =POWER(5, A3)
數值 指數

B3 | =POWER(5,A3)

	A	B	C	D
1	計算「5的冪次方」			
2	指數 x	$y = 5^x$		
3	-2	0.04		
4	-1	0.2		
5	0	1		
6	1	5		
7	2	25		
8	3	125		
9				

指數

在 B3 儲存格輸入公式，並複製到 B8 儲存格

求得 5 的冪次方

5 的 3 次方是「5×5×5 = 125」

=POWER(數值, 指數) 數學與三角函數

數值…指定作為冪次方底數的數值
指數…指定冪次方的指數。也可以指定負數或實數
傳回「數值」的「指數」次方。如果同時將「數值」和「指數」指定為 0，則會傳回 [#NUM!]。

Memo

- POWER 函數的「指數」引數也可以指定為負數。如果將「指數」指定為「-r」，則可以得到指定「r」時傳回值的倒數。

$Power(a, r) = a^r$　　$Power(a, -r) = \frac{1}{a^r}$

- 也可以使用「^」運算子來替代 POWER 函數進行冪次方的計算。

$Power(a, r) = a \hat{} r$

關聯項目 【04-39】求得冪次方根

04-38 求平方根

SQRT

要求平方根，可以使用 SQRT 函數。平方根就是所謂的根號計算。在 SQRT 函數中，會求得正的平方根。在一般計算中，4 的平方根有「2」和「-2」兩個答案，9 的平方根有「3」和「-3」兩個答案，但是 SQRT 函數的傳回值只有正的「2」和「3」。

▶ 求數值的平方根

B3 =SQRT(A3)
數值

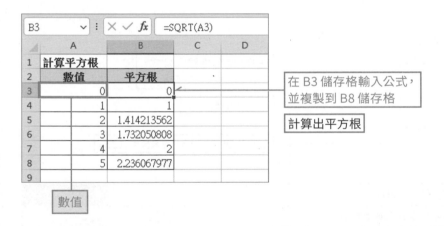

B3 =SQRT(A3)

	A	B	C	D
1	計算平方根			
2	數值	平方根		
3	0	0		
4	1	1		
5	2	1.414213562		
6	3	1.732050808		
7	4	2		
8	5	2.236067977		
9				

在 B3 儲存格輸入公式，並複製到 B8 儲存格

計算出平方根

數值

=SQRT(數值) 數學與三角函數

數值…指定求平方根的數值

傳回「數值」的正平方根。如果「數值」指定為負數，則會傳回 [#NUM!]。

Memo

- 如果在 SQRT 函數的引數中指定負數，會產生錯誤，但是如果將負數指定為複數平方根函數 IMSQRT 的引數，則結果會以「x+yi」形式的字串求得。

關聯項目 【04-37】求得數值的冪次方
【04-39】求得冪次方根

04-39 求得冪次方根

POWER

當在 POWER 函數的「指數」引數中指定像「1/2」、「1/3」這樣的分數時，可以求得「平方根」、「立方根」等冪次方根。例如，在「數值」引數指定「3」，在「指數」引數指定「1/4」，則可以求得「3 的 4 次方根」，即乘以 4 次方等於 3 的數值。在此我們要求得 2 和 3 的冪次方根。

▶ **求得 2 和 3 的冪次方根**

B3 =POWER(2, 1/A3)
數值 指數

C3 =POWER(3, 1/A3)
數值 指數

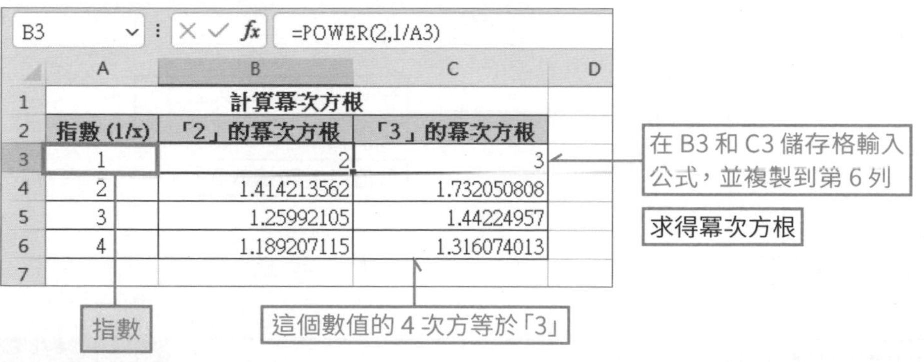

=POWER(數值, 指數) → 04-37

Memo

- 在 POWER 函數的「指數」引數中指定分數「1/r」時，可以得到 r 次方根。

$$Power\left(a, \frac{1}{r}\right) = a^{\frac{1}{r}} = \sqrt[r]{a}$$

- 在 POWER 函數的「指數」引數中指定「1/2」或「0.5」得到的結果，與 SQRT 函數的結果相同。

關聯項目 【04-37】求得數值的冪次方
【04-38】求平方根

04-40 在指定的位數進行四捨五入

ROUND

要對數值進行四捨五入，可以使用 ROUND 函數。ROUND 函數需要兩個引數，即要四捨五入的「數值」和「位數」。範例中，將對「1234.567」進行不同位數的四捨五入。如果在「位數」中指定為「0」，則結果將變成整數。

▶ 將數值四捨五入

C3 =ROUND(A3, B3)
數值 位數

C3 =ROUND(A3,B3)

	A	B	C	D	E
1	四捨五入				
2	數值	位數	結果		
3	1234.567	2	1234.57		
4	1234.567	1	1234.6		
5	1234.567	0	1235		
6	1234.567	-1	1230		
7	1234.567	-2	1200		

在 C3 儲存格輸入公式，並複製到 C7 儲存格

數值已經四捨五入

數值 位數

=ROUND(數值, 位數) 數學與三角函數

數值…指定要進行四捨五入的數值
位數…指定要進行四捨五入的位數
傳回對「數值」進行四捨五入後的值。根據「位數」指定要處理的位數。

Memo

- 想要四捨五入以求得整數時，請將引數「位數」指定為「0」。記住這點，就能以「0」為基準，每增加 1 就對小數點以下四捨五入，每減少 1，則對整數部分四捨五入。

位數	處理目標的位數	結果的數值	範例
2	小數點第 3 位	小數點以下 2 位	1234.57
1	小數點第 2 位	小數點以下 1 位	1234.6
0	小數點第 1 位	整數	1235
-1	個位數	以 10 為單位的整數	1230
-2	十位數	以 100 為單位的整數	1200

關聯項目 【04-47】銀行家捨入法

04-41 在指定的位數進行無條件進位

ROUNDUP

要將數值按指定的位數進位，可以使用 ROUNDUP 函數。根據引數「位數」的指定，可以對小數部分進位，也可以對整數部分進位。範例中我們對「1234.567」進行各種不同位數的進位。當「位數」指定為「0」時，結果會變成整數。

▶ 將數值無條件進位

C3 =ROUNDUP(A3, B3)
數值 位數

C3 =ROUNDUP(A3,B3)

	A	B	C	D	E
1	無條件進位				
2	數值	位數	結果		
3	1234.567	2	1234.57		
4	1234.567	1	1234.6		
5	1234.567	0	1235		
6	1234.567	-1	1240		
7	1234.567	-2	1300		
8					

在 C3 儲存格輸入公式，並複製到 C7 儲存格

數值已經進位

數值　位數

=ROUNDUP(數值, 位數)　　數學與三角函數

數值…指定要進位的數值
位數…指定要進位的位數
傳回已進位的「數值」。根據「位數」指定要處理的位數。

Memo

- 在 ROUNDUP 函數中，當指定目標的位數之後還有其他數值時，就會執行無條件進位。例如，在「=ROUNDUP(1.001,0)」的情況下，雖然小數點第一位的數值為「0」，但之後還有數值「1」，所以無條件進位後的結果為「2」。另外，關於無條件進位處理目標的位數與引數「位數」的對應，請參考【04-40】的 Memo。

關聯項目
【04-40】在指定的位數進行四捨五入
【04-42】在指定的位數進行無條件捨去＜①使用 ROUNDDOWN 函數＞

04-42 在指定的位數進行無條件捨去 <①使用 ROUNDDOWN 函數>

ROUNDDOWN

使用 ROUNDDOWN 函數，可以將數值在指定的位數進行捨去。根據引數「位數」的指定，可以對小數部分進行捨去，也可以對整數部分進行捨去。範例中，我們對「1234.567」進行各種不同位數的捨去。當「位數」指定為「0」時，結果會變成整數。

▶ 將數值無條件捨去

C3 =ROUNDDOWN(A3, B3)
數值 位數

C3 =ROUNDDOWN(A3,B3)

	A	B	C	D	E
1	無條件捨去				
2	數值	位數	結果		
3	1234.567	2	1234.56		
4	1234.567	1	1234.5		
5	1234.567	0	1234		
6	1234.567	-1	1230		
7	1234.567	-2	1200		

在 C3 儲存格輸入公式，並複製到 C7 儲存格

數值已經無條件捨去

數值　位數

=ROUNDDOWN(數值, 位數)　數學與三角函數

數值…指定要無條件捨去的數值
位數…指定要無條件捨去的位數
傳回無條件捨去後的「數值」。根據「位數」指定要處理的位數。

Memo

- 引數「位數」的指定在 ROUND、ROUNDUP 和 ROUNDDOWN 函數中是通用的。右表是在各個函數的引數「數值」中指定「1234.567」時的結果。

位數	ROUND 函數	ROUNDUP 函數	ROUNDDOWN 函數
2	1234.57	1234.57	1234.56
1	1234.6	1234.6	1234.5
0	1235	1235	1234
-1	1230	1240	1230
-2	1200	1300	1200

04-43 在指定的位數進行無條件捨去 <②使用 TRUNC 函數>

TRUNC

除了【04-42】中介紹的 ROUNDDOWN 函數以外，也可以使用 TRUNC 函數來進行數值的無條件捨去。引數和 ROUNDDOWN 函數一樣都是「數值」、「位數」，而「位數」的指定方法也相同。範例中，我們對「1234.567」進行各種不同位數的捨去。當「位數」指定為「0」時，結果會變成整數。

▶ 將數值無條件捨去

C3 =TRUNC(A3 , B3)
數值 位數

C3 =TRUNC(A3,B3)

	A	B	C	D	E
1	無條件捨去				
2	數值	位數	結果		
3	1234.567	2	1234.56		
4	1234.567	1	1234.5		
5	1234.567	0	1234		
6	1234.567	-1	1230		
7	1234.567	-2	1200		

數值　位數

在 C3 儲存格輸入公式，並複製到 C7 儲存格

數值已經無條件捨去

=TRUNC(數值, [位數])　數學與三角函數

數值…指定要無條件捨去的數值
位數…指定要無條件捨去的位數。若省略，則小數點以下的數值將被捨去
傳回無條件捨去後的「數值」。根據「位數」指定要處理的位數。

Memo

- 引數「位數」的指定方法，請參照【04-40】的 Memo。
- 當 TRUNC 函數和 ROUNDDOWN 函數指定相同的引數時，傳回值是相同的。兩個函數的差異在於，TRUNC 函數可以省略引數「位數」，而 ROUNDDOWN 函數則不能。

關聯項目
【04-42】在指定的位數進行無條件捨去<①使用 ROUNDDOWN 函數>
【04-44】小數點以下捨去

04-44 小數點以下捨去

INT／TRUNC

使用 INT 函數可以捨去數值的小數部分。雖然不能指定捨去的位數，但當需要傳回整數時，這個簡短的公式很方便。在此我們使用 INT 函數和 TRUNC 函數來捨去數值的小數點部份。捨去正數時結果是相同的，但請注意捨去負數時結果會有所不同。

▶ 小數點以下捨去

D3 =INT(B3)

	A	B	C	D	E
1	正數與負數的捨去				
2	正負	數值	TRUNC	INT	
3	正數	2.5	2	2	
4		1.5	1	1	
5		0.5	0	0	
6	負數	-0.5	0	-1	
7		-1.5	-1	-2	
8		-2.5	-2	-3	

C3 =TRUNC(B3)
數值

D3 =INT(B3)
數值

結果相同

結果不同

=INT(數值) 數學與三角函數

數值…指定捨去對象的數值
傳回捨去「數值」後的值。傳回值將是「數值」以下最接近的整數。

=TRUNC(數值, [位數]) → 04-43

Memo

- 使用 TRUNC 函數和 ROUNDDOWN 函數捨去小數點以下的數值時，處理的方向是讓絕對值變小（靠近 0 的方向）。而使用 INT 函數時，數值會往大小減少的方向（向左方向）處理。當「數值」為正數時，這些函數的處理是相同的，但在負數時則有所不同，因此請特別注意。

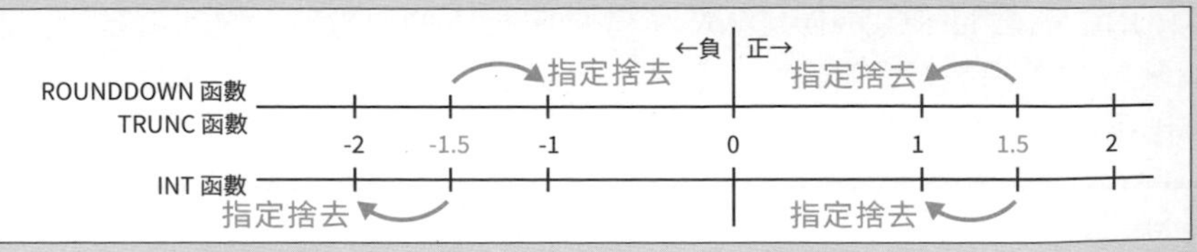

04-45 將小數點以下捨去，讓數值變成偶數／奇數

EVEN／ODD

EVEN 函數會將數值捨入至最接近的偶數。例如，在「0 ＜ x ≦ 2」的範圍內的數值會變成「2」，在「2 ＜ x ≦ 4」的範圍內的數值會變成「4」。同樣地，ODD 函數則會將數值捨入至最接近的奇數。在「1 ＜ x ≦ 3」的範圍內的數值會變成「3」，在「3 ＜ x ≦ 5」的範圍內的數值則會變成「5」。

▶ 將數值捨入為偶數／奇數

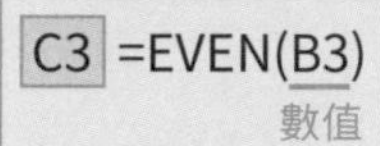

C3 =EVEN(B3)
數值

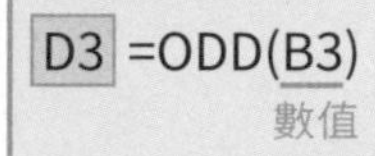

D3 =ODD(B3)
數值

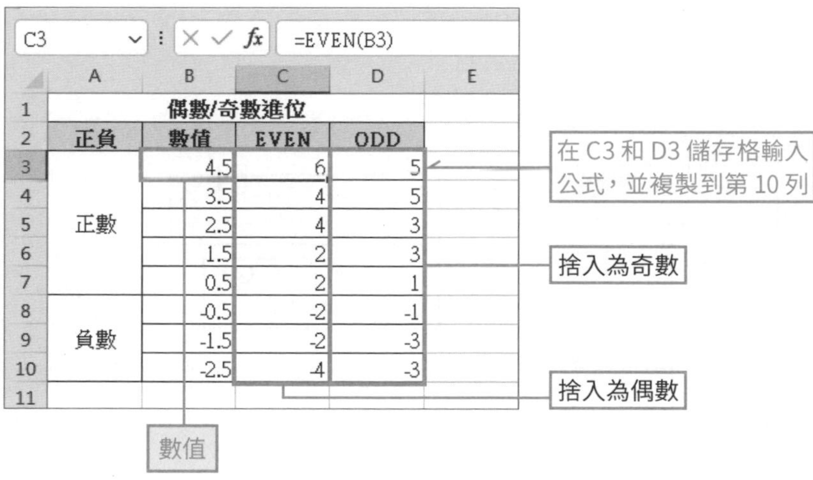

C3 =EVEN(B3)

偶數/奇數進位

正負	數值	EVEN	ODD
正數	4.5	6	5
	3.5	4	5
	2.5	4	3
	1.5	2	3
	0.5	2	1
負數	-0.5	-2	-1
	-1.5	-2	-3
	-2.5	-4	-3

=EVEN(數值) 數學與三角函數

數值…指定要捨入的數值

將「數值」捨入至最接近的偶數，並傳回該值。捨入後的值的絕對值會等於或大於「數值」的絕對值。如果數值已經是偶數，則不進行捨入。

=ODD(數值) 數學與三角函數

數值…指定要捨入的數值

將「數值」捨入至最接近的奇數，並傳回該值。切除後的值的絕對值會等於或大於「數值」的絕對值。如果數值已經是奇數，則不進行捨入。

關聯項目 【04-47】銀行家捨入法

04-46 將數值拆分為整數部分和小數部分

TRUNC

TRUNC 函數不論數值的正負，都會傳回去除小數部分的值。也就是說，當指定數值為 TRUNC 函數的引數時，可以提取出數值的整數部分。從原始數值中減去提取的整數部分，就能得到小數部分。

▶ 將數值拆分為整數部分和小數部分

C3 =TRUNC(B3)
數值

D3 =B3-C3

C3 =TRUNC(B3)

	A	B	C	D	E
1	數值的分解				
2	正負	數值	整數部分	小數部分	
3	正數	1234.567	1234	0.567	
4		123.45	123	0.45	
5		12.3	12	0.3	
6		1.2	1	0.2	
7		1	1	0	
8	負數	-1	-1	0	
9		-1.2	-1	-0.2	
10		-12.3	-12	-0.3	
11					

在 C3 和 D3 儲存格輸入公式，並複製到第 10 列

數值已被拆分為整數部分和小數部分

=TRUNC(數值, [位數]) → 04-43

關聯項目 【04-43】在指定的位數進行無條件捨去<②使用 TRUNC 函數>

04-47 銀行家捨入法

IF／MOD／ABS／EVEN／SIGN／ROUND

在一般的四捨五入中，ROUND 函數會將 1 到 4 捨去，而 5 到 9 則進位。由於進位的對象比捨去多一個，所以四捨五入後的數值總和往往會比原始數值的總和來得大。相對地，所謂「銀行家捨入法」則是在小數為「5」時，進位或捨去為偶數，例如「1.5」和「3.5」會進位為「2」和「4」，而「2.5」和「4.5」則捨去為「2」和「4」，這樣可以平衡進位和捨去。要進行銀行家捨入法，當小數為 0.5 時，可以使用 EVEN 函數處理為偶數，其他情況下則使用 ROUND 函數進行一般的四捨五入。

▶ 銀行家捨入

C3 =IF(MOD(ABS(A3),1)=0.5 , EVEN(ABS(A3)-0.5)*SIGN(A3) , ROUND(A3,0))

條件式（數值的小數為 0.5 時）

條件成立（將數值減去 0.5 後進位至偶數）

條件不成立（四捨五入）

C3 =IF(MOD(ABS(A3),1)=0.5,EVEN(ABS(A3)-0.5)*SIGN(A3),ROUND(A3,0))

	A	B	C
1	銀行家捨入		
2	數值	四捨五入	銀行家捨入
3	3.6	4	4
4	3.5	4	4
5	2.5	3	2
6	1.5	2	2
7	0.5	1	0
8	-0.5	-1	0
9	-1.2	-1	-1
10			

在 C3 儲存格中輸入公式，並複製到 C9 儲存格

當數值為「2.5」、「0.5」、「-0.5」時，會與一般的四捨五入有不同的結果

=IF(條件式, 條件成立, 條件不成立) →	03-02
=MOD(數值, 除數) →	04-36
=ABS(數值) →	04-32
=EVEN(數值) →	04-45
=SIGN(數值) →	04-33
=ROUND(數值, 位數) →	04-40

關聯項目 【04-40】在指定的位數進行四捨五入

04-48 將價格以 500 元為單位進位

CEILING.MATH

CEILING.MATH 函數可將「數值」無條件進位為「基準值」的倍數。在範例中，將 D 欄的暫定價格以 500 元為單位進位以作為銷售價格。例如，「52,157 元」將進位為「52,500 元」、「41,900 元」將進位為「42,000 元」。

▶ 將價格以 500 元為單位進位

E3 =CEILING.MATH(D3, 500)

數值 基準值

E3 =CEILING.MATH(D3,500)

	A	B	C	D	E	F
1	商品清單					
2	商品	原價	原價率	暫定價格	銷售價格	
3	KS-201	36,510	70%	52,157	52,500	
4	KS-202	33,520	80%	41,900	42,000	
5	KS-203	29,380	80%	36,725	37,000	
6	VL-211	18,600	60%	31,000	31,000	
7	VL-212	15,200	65%	23,384	23,500	

數值

在 E3 儲存格輸入公式，並複製到 E7 儲存格

進位至最接近的 500 元

=CEILING.MATH(數值, [基準值], [模式]) 數學與三角函數

數值…指定要進位的數值
基準值…指定作為進位基準的數值。若省略，則視為「1」
模式…指定「0」或省略時，數值會向較大的一方進位。指定「0 以外的數值」時，則會向絕對值較大的一方進位
將「數值」進位至最接近的「基準值」的倍數。

Memo

- 當引數「模式」為「0」或省略時，數值會往變大的方向（向右方向）處理。當「模式」為「0 以外的數值」時，則會往絕對值變大的方向（離 0 較遠的方向）處理。當「數值」為正數時，結果相同，但在處理負數時結果會有所不同。

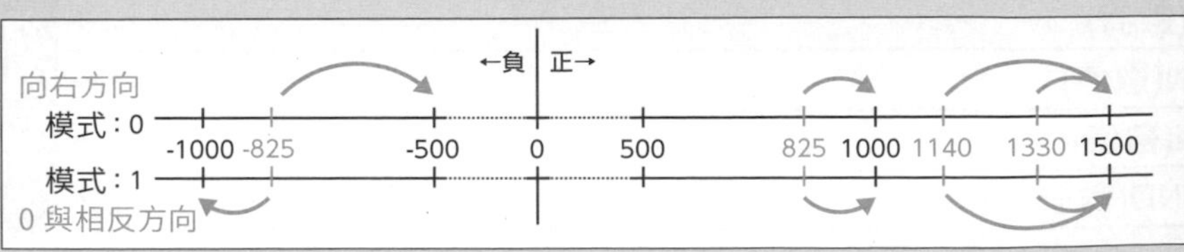

04-49 將價格以 500 元為單位捨去

FLOOR.MATH

使用 FLOOR.MATH 函數可以將「數值」無條件捨去為「基準值」的倍數。在範例中，將 D 欄的暫定價格以 500 元為單位捨去後作為銷售價格。例如「52,157 元」捨去後為「52,000 元」、「41,900 元」捨去為「41,500 元」。

▶ 將價格以 500 元為單位捨去

E3 =FLOOR.MATH(D3, 500)

數值 基準值

E3 =FLOOR.MATH(D3,500)

	A	B	C	D	E	F
1	商品清單					
2	商品	原價	原價率	暫定價格	銷售價格	
3	KS-201	36,510	70%	52,157	52,000	
4	KS-202	33,520	80%	41,900	41,500	
5	KS-203	29,380	80%	36,725	36,500	
6	VL-211	18,600	60%	31,000	31,000	
7	VL-212	15,200	65%	23,384	23,000	

數值

在 E3 儲存格中輸入公式，並複製到 E7 儲存格

以 500 元為單位捨去

=FLOOR.MATH(數值, [基準值], [模式]) 數學與三角函數

數值…指定要捨去的數值

基準值…指定作為捨去基準的數值。若省略，則視為「1」

模式…指定「0」或省略時，數值會向較小的一方捨去。指定「0 以外的數值」時，則會向絕對值較小的一方捨去

將「數值」捨去至最接近的「基準值」的倍數。

Memo

- 當引數「模式」為「0」或省略時，數值會往變小的方向 (向左方向) 處理。當「模式」為「0 以外的數值」時，則會往絕對值變小 (靠近 0 的方向) 處理。當「數值」為正數時，結果相同，但在處理負數時結果會有所不同。

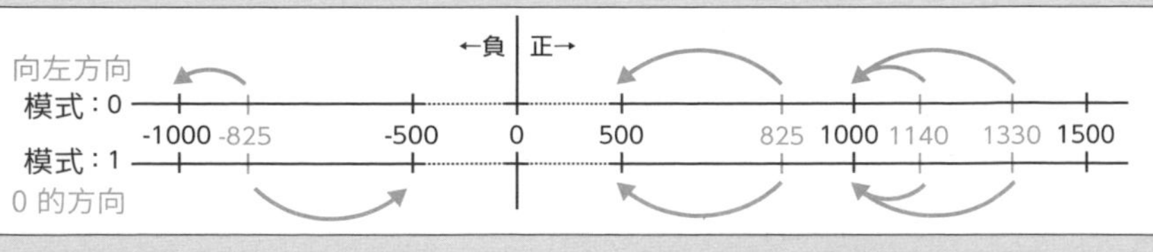

04-50 將價格以 500 元為單位四捨五入

MROUND

使用 MROUND 函數可以將「數值」捨去或進位至最接近「基準值」的倍數。範例中，要將 D 欄的暫定價格以 500 元為單位四捨五入後作為銷售價格。例如「52,157 元」會在「52,000 元」和「52,500 元」中選擇較接近的「52,000 元」進行捨去。

▶ 以 500 元為單位四捨五入

E3 =MROUND(D3, 500)
數值 基準值

E3 =MROUND(D3,500)

	A	B	C	D	E	F
1	商品清單					
2	商品	原價	原價率	暫定價格	銷售價格	
3	KS-201	36,510	70%	52,157	52,000	
4	KS-202	33,520	80%	41,900	42,000	
5	KS-203	29,380	80%	36,725	36,500	
6	VL-211	18,600	60%	31,000	31,000	
7	VL-212	15,200	65%	23,384	23,500	

數值

在 E3 儲存格中輸入公式，並複製到 E7 儲存

以 500 元為單位四捨五入

=MROUND(數值, 基準值) 數學與三角函數

數值…指定要四捨五入的數值
基準值…指定四捨五入的基準數值，需要與「數值」的正負相同
將「數值」捨去或進位至最接近的「基準值」的倍數。如果「數值」位於「基準值」倍數的中間值，則會四捨五入至離 0 較遠的數值。

Memo

- MROUND 函數會將數值四捨五入至接近「基準值」的方向。若指定「數值」為負數，則「基準值」也要是負數。

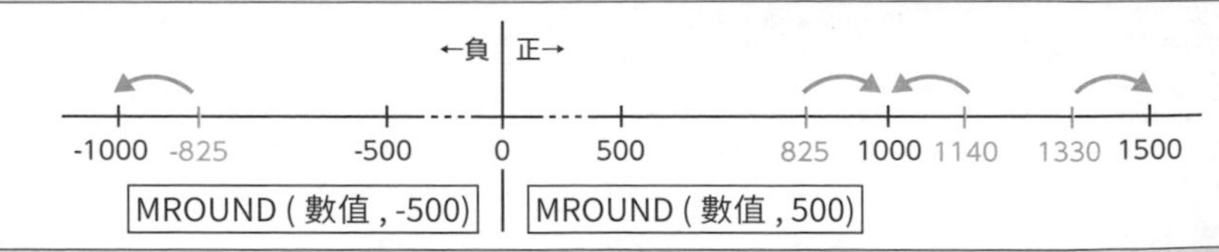

04-51 接受一定程度的浪費，訂購整箱商品

CEILING.MATH

在此要計算整箱購買商品時的訂購數量。例如，要購買 58 個商品，但一箱裝為 12 個，為了確保能夠買到所需的數量，即使有點浪費，也要購買 5 箱 (60 個商品)。在這種情況下，會多訂購 2 個商品。

為了以 12 個為單位進位並計算訂購數量，可以使用 CEILING.MATH 函數。在此要計算訂購的商品數量、箱數，以及多訂的商品數量。

▶ 為了確保所需的商品數量，計算所需的箱數

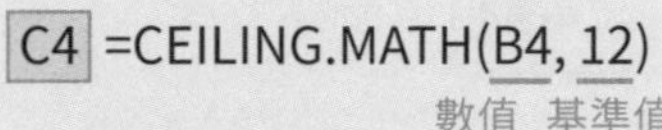

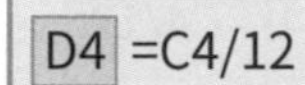

E4 =C4-B4

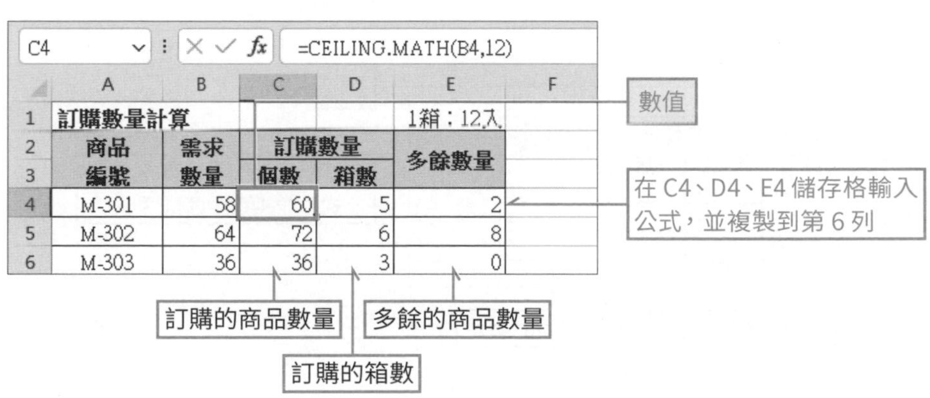

C4 =CEILING.MATH(B4,12)

	A	B	C	D	E	F
1	訂購數量計算				1箱：12入	
2	商品編號	需求數量	訂購數量		多餘數量	
3			個數	箱數		
4	M-301	58	60	5	2	
5	M-302	64	72	6	8	
6	M-303	36	36	3	0	

=CEILING.MATH(數值, [基準值], [模式]) → 04-48

Memo

- 如果商品是每箱 12 個裝，只能以 12 的倍數訂購。使用 CEILING.MATH 函數計算確保 58 個所需的最少數量，其結果為 60 個。將 60 除以每箱的 12 個，就可以得知需要訂購的箱數為「5」。此外，將 60 減去所需的 58 個，就可以得知多訂的數量為「2」個。

關聯項目 【04-52】接受一定程度的數量不足，訂購整箱商品

04-52 接受一定程度的數量不足，訂購整箱商品

FLOOR.MATH

在此要計算整箱購買商品的訂購數量。例如，要購買 58 個商品，但一箱裝為 12 個，如果不想進行多餘的訂購，但可以接受一些數量不足，則訂購 4 箱 (48 個)。不足的 10 個，可以選擇單獨購買或下次訂購。像這樣，為了依 12 個為單位捨去並計算訂購數量，可以使用 FLOOR.MATH 函數。在此要計算訂購的商品數量、箱數，以及不足的商品數量。

▶ 為了避免多餘的訂購，計算所需的箱數

C4 =FLOOR.MATH(B4, 12)
數值 基準值

D4 =C4/12

E4 =C4-B4

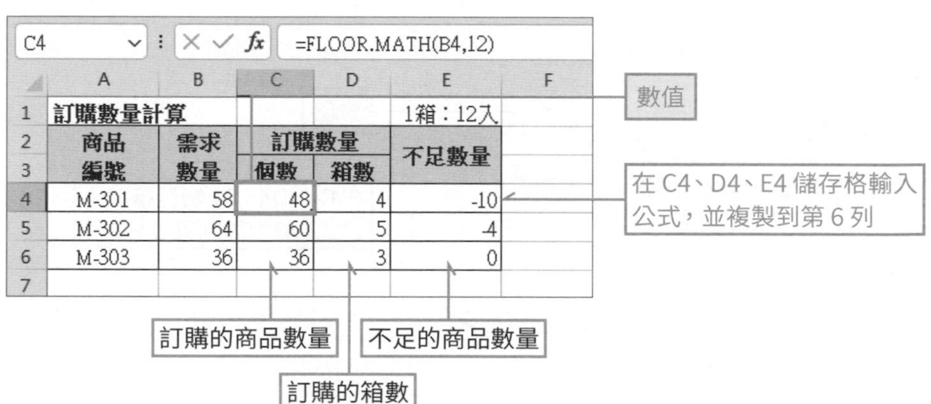

C4 =FLOOR.MATH(B4,12)

	A	B	C	D	E	F
1	訂購數量計算				1箱：12入	
2	商品編號	需求數量	訂購數量		不足數量	
3			個數	箱數		
4	M-301	58	48	4	-10	
5	M-302	64	60	5	-4	
6	M-303	36	36	3	0	
7						

=FLOOR.MATH(數值, [基準值], [模式]) → 04-49

Memo

- 如果商品是每箱 12 個裝，只能以 12 的倍數來訂購。當需要 58 個時，使用 FLOOR.MATH 函數計算盡可能以較划算的整箱購買來涵蓋的最大數量，計算結果為 48 個。將 48 除以每箱的 12 個，就可以得知需要訂購的箱數為「4」。此外，從所需的 58 個商品減去 48 個，就可以得知不足的數量為「10」個。

關聯項目 【04-51】接受一定程度的浪費，訂購整箱商品

04-53 考慮浪費與不足之間的平衡時，訂購整箱商品

MROUND

在整箱購買商品時，如果所需數量不等於箱數，就必須在多訂或少訂之間做選擇。如果想要根據情況自動決定訂購數量，可以使用 MROUND 函數。在這種情況下，訂購數量會被調整，以盡量減少多餘或不足的數量。

▶ 根據情況彈性地計算訂購箱數

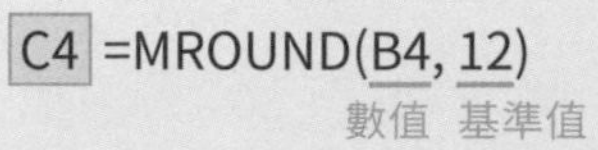

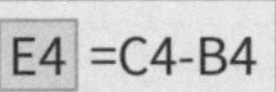

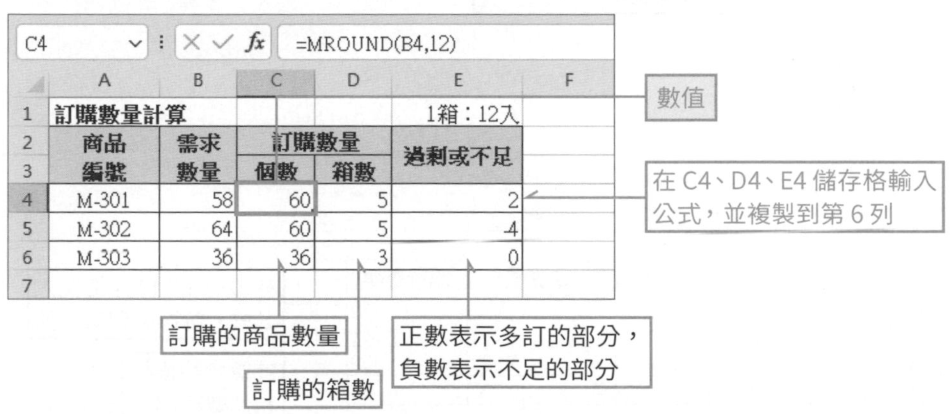

C4 =MROUND(B4,12)

	A	B	C	D	E	F
1	訂購數量計算				1箱：12入	
2	商品編號	需求數量	訂購數量		過剩或不足	
3			個數	箱數		
4	M-301	58	60	5	2	
5	M-302	64	60	5	-4	
6	M-303	36	36	3	0	
7						

=MROUND(數值, 基準值) → 04-50

Memo

- 需要 58 個商品時，如果選擇多訂，訂購數量為 5 箱，多訂的數量為 2 個。相反地，如果選擇少訂，訂購數量為 4 箱，不足的數量為 10 個。使用 MROUND 函數會調整以減少過多或不足的量，因此採用的訂購數量為「5 箱」。

關聯項目 【04-51】接受一定程度的浪費，訂購整箱商品
【04-52】接受一定程度的數量不足，訂購整箱商品

04-54 計算含稅價格和消費稅

ROUNDDOWN

在此要用定價計算含稅價格和消費稅額。通常，消費稅額在計算時會捨去小數部分，因此我們也將捨去小數部分。含稅價格是將定價乘以「1+ 消費稅稅率」，並用 ROUNDDOWN 函數捨去小數。消費稅額則是將含稅價格減定價。

▶ **根據定價計算出含稅價格和消費稅額**

D3 =ROUNDDOWN(B3*(1+C3), 0)

B3：定價　C3：消費稅率　0：小數點以下捨去

E3 =D3-B3

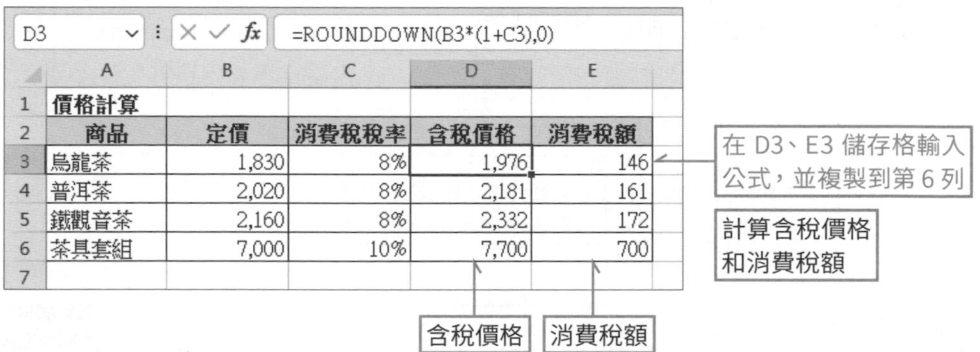

D3 =ROUNDDOWN(B3*(1+C3),0)

	A	B	C	D	E
1	價格計算				
2	商品	定價	消費稅稅率	含稅價格	消費稅額
3	烏龍茶	1,830	8%	1,976	146
4	普洱茶	2,020	8%	2,181	161
5	鐵觀音茶	2,160	8%	2,332	172
6	茶具套組	7,000	10%	7,700	700
7					

在 D3、E3 儲存格輸入公式，並複製到第 6 列
計算含稅價格和消費稅額
含稅價格
消費稅額

=ROUNDDOWN(數值, 位數) → 04-42

Memo

- E3 儲存格中的消費稅額也可以用下列公式計算。
  =ROUNDDOWN(B3*C3,0)

關聯項目 【04-55】根據含稅價格計算定價和消費稅

04-55 根據含稅價格計算定價和消費稅

ROUNDUP

在此要根據含稅價格反算出定價和消費稅額。如果在計算消費稅額時將小數部分捨去，則反算時需要將小數進位。定價是用含稅價格除以「1+ 消費稅稅率」並使用 ROUNDUP 函數進位小數。消費稅額則是用含稅價格減定價。

▶ 根據含稅價格計算出定價和消費稅額

D3 =ROUNDUP(B3/(1+C3), 0)

含稅價格 (B3)　消費稅稅率 (C3)　小數點以下捨去 (0)

E3 =B3-D3

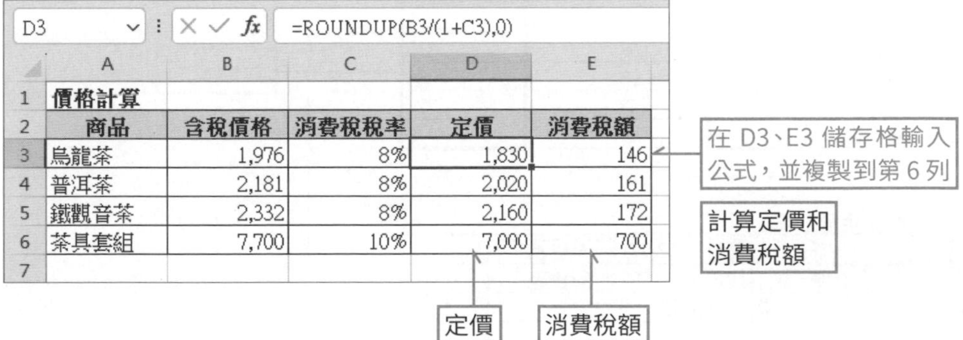

D3 =ROUNDUP(B3/(1+C3),0)

	A	B	C	D	E
1	價格計算				
2	商品	含稅價格	消費稅稅率	定價	消費稅額
3	烏龍茶	1,976	8%	1,830	146
4	普洱茶	2,181	8%	2,020	161
5	鐵觀音茶	2,332	8%	2,160	172
6	茶具套組	7,700	10%	7,000	700
7					

在 D3、E3 儲存格輸入公式，並複製到第 6 列

=ROUNDUP(數值, 位數) → 04-41

Memo

- 【04-54】是根據定價計算出含稅價格，在此則是根據含稅價格計算出定價，這兩種計算方法，可以相互驗證結果的準確性。

關聯項目 【04-54】計算含稅價格和消費稅

04-56 根據新發票制度規則，計算消費稅和帳單金額

SUMIF／ROUNDDOWN／SUM

此範例是以日本 2023 年 10 月實施的「發票制度」作示範，規則是每張發票將按照各個消費稅稅率四捨五入。不能對每個商品個別計算消費稅並捨去小數。在此，將根據日本的新發票制度計算消費稅和帳單金額。

▶ 計算消費稅和發票金額

D11 =SUMIF($C$3:$C$7, B11, $F$3:$F$7)
條件範圍　條件　合計範圍

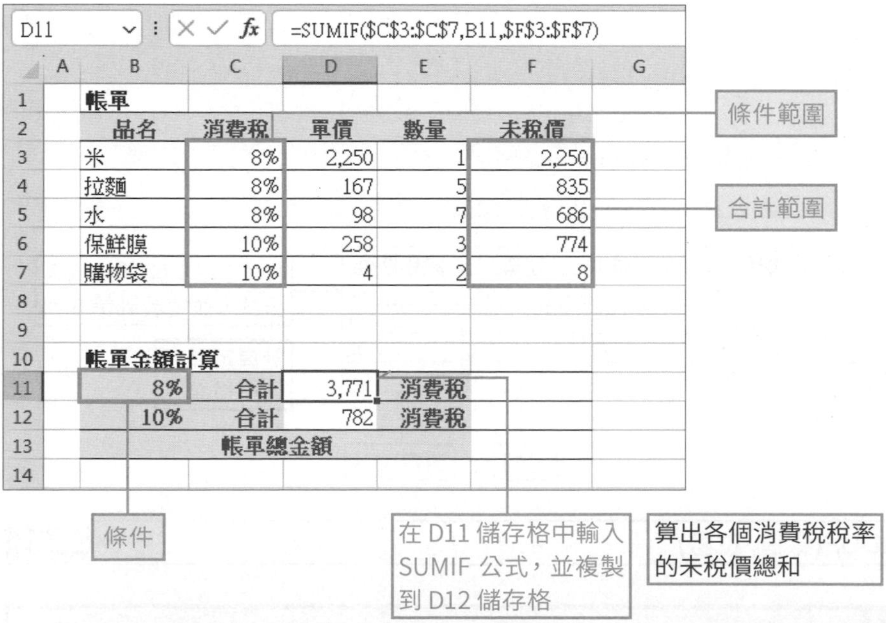

D11　=SUMIF($C$3:$C$7,B11,$F$3:$F$7)

	A	B	C	D	E	F	G
1		帳單					
2		品名	消費稅	單價	數量	未稅價	
3		米	8%	2,250	1	2,250	
4		拉麵	8%	167	5	835	
5		水	8%	98	7	686	
6		保鮮膜	10%	258	3	774	
7		購物袋	10%	4	2	8	
8							
9							
10		帳單金額計算					
11		8%	合計	3,771	消費稅		
12		10%	合計	782	消費稅		
13		帳單總金額					
14							

條件範圍

合計範圍

條件

在 D11 儲存格中輸入 SUMIF 公式，並複製到 D12 儲存格

算出各個消費稅稅率的未稅價總和

① 在此要計算各個消費稅稅率的未稅價總和。首先計算 8% 消費稅的未稅價總和。在 SUMIF 函數的引數「條件範圍」中指定明細表中的「消費稅」欄，「條件」則指定「8%」的儲存格，「合計範圍」指定為明細表中的「未稅價」欄。為了避免在複製時變動公式，「條件範圍」和「合計範圍」請用絕對參照來指定。複製公式後，也會計算出 10% 稅率的未稅價總和

F11 =ROUNDDOWN(D11*B11, 0)
數值 位數

F13 =SUM(D11:D12, F11:F12)
數值 1 數值 2

F11 =ROUNDDOWN(D11*B11,0)

	A	B	C	D	E	F	G
1		帳單					
2		品名	消費稅	單價	數量	未稅價	
3		米	8%	2,250	1	2,250	
4		拉麵	8%	167	5	835	
5		水	8%	98	7	686	
6		保鮮膜	10%	258	3	774	
7		購物袋	10%	4	2	8	
8							
9							
10		帳單金額計算					
11		8%	合計	3,771	消費稅	301	
12		10%	合計	782	消費稅	78	
13		帳單總金額				4,932	
14							

在 F11 儲存格中輸入 ROUNDDOWN 函數，並複製到 F12 儲存格

在 F13 儲存格中輸入 SUM 函數

計算出消費稅和帳單總金額

② 接著，根據步驟 ① 計算出的未稅價金額計算消費稅金額。請將 D11 儲存格中的金額乘以 B11 儲存格中的消費稅稅率，然後用 ROUNDDOWN 函數將小數點以下的數字捨去。複製此公式將計算出每個消費稅稅率的消費稅金額。最後，使用 SUM 函數將未稅價金額與消費稅金額相加，即可得得帳單金額

=SUMIF(條件範圍, 條件, [合計範圍])	→ 02-08
=ROUNDDOWN(數值, 位數)	→ 04-42
=SUM(數值 1, [數值 2]…)	→ 02-02

關聯項目 【04-54】計算含稅價格和消費稅

04-57 學費補助上限為 3 萬元

MIN

參加研習的學費、資格考試費用、交通費、健康檢查費用等，有時會設定一個補助上限。使用 MIN 函數可以輕鬆計算出實際費用和補助上限中較低者為支付金額。例如，補助上限為 3 萬元，實際費用為「26,300 元」，則全額補助。如果實際費用為「45,600 元」，則補助金額為上限的 3 萬元。

▶ 學費補助上限為 3 萬元

C3 =MIN(B3, 30000)
數值 1　數值 2

C3　=MIN(B3,30000)

	A	B	C	D	E
1	課程費用補助				
2	姓名	申請金額（實際費用）	補助金額		
3	蔡佳純	26,300	26,300		
4	盧彥智	45,600	30,000		
5	葉欣陽	8,700	8,700		
6	黃景翔	50,000	30,000		
7	徐欣芃	13,000	13,000		
8					
9	※課程費用最高補助 30,000 元。				
10					

在 C3 儲存格輸入公式，並複製到 C7 儲存格

補助金額為實際費用與 3 萬元中的較低者

數值 1

=MIN(數值 1, [數值 2]…)　→ 02-48

Memo

- 使用 IF 函數可以進行相同的處理，如下所示。比較這兩個公式，使用 MIN 函數更為簡潔。
  =IF(B3<30000,B3,30000)

關聯項目 【04-58】自付額為 10 萬元的醫療費補助

04-58 自付額為 10 萬元的醫療費補助

MAX

與【04-57】的情況相反，在此要考慮超過上限金額時的支付情況。如果將自付費用限制在 10 萬元，超過 10 萬元以上則提供補助，這時使用 MAX 函數來計算「實際費用 -10 萬元」和「0」之間較大的金額作為補助金額。如果實際費用為「128,000 元」，則補助金額為超過 10 萬元的部分，即「28,000 元」；如果實際費用為「89,000 元」，則補助金額為「0 元」。

▶ 以 10 萬為自費上限，計算補助金額

C3 =MAX(B3-100000, 0)

數值 1　數值 2

C3 =MAX(B3-100000,0)

	A	B	C	D	E
1	高額醫療費補助金				
2	姓名	申請金額(實際費用)	補助金額		
3	杜詩婷	128,000	28,000		
4	陳逸凡	89,000	0		
5	丁子翔	146,000	46,000		
6	高智陽	64,000	0		
7	孫盛學	102,000	2,000		
8					
9	※10萬元以下的費用自行負擔。				
10					

在 C3 儲存格輸入公式，並複製到 C7 儲存格

「實際費用 -10 萬元」和「0 元」中較高的金額為支付金額

=MAX(數值 1, [數值 2]…) → 02-48

Memo

- 使用 IF 函數可以進行相同的處理，如下所示。比較這兩個公式，使用 MAX 函數更為簡潔。

  =IF(B3>100000,B3-100000,0)

關聯項目 【04-57】學費補助上限為 3 萬元

Excel 04-59 將數字靠右對齊，每個數字分別顯示在不同的儲存格中

REPT／LEN／MID／COLUMN

想要在數值的最前面加上「$」符號，並將數值拆開為單獨的數字，以靠右對齊的方式在 9 個儲存格中顯示。可以透過兩個步驟來完成：「準備一個含有 9 位數的空格，以填入數字」和「使用 MID 和 COLUMN 函數自動將數值的每個數字分配到各個儲存格中」。

▶ 將收據上的金額以單獨的數字向右對齊顯示

M2 =REPT(" ", 8-LEN(M1)) & "$" & M1
（" "：字串；8-LEN(M1)：重複的次數）

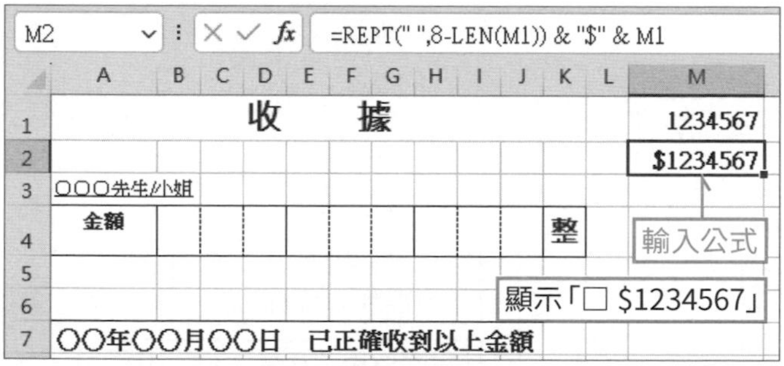

M2 =REPT(" ",8-LEN(M1)) & "$" & M1

	A	B	C	D	E	F	G	H	I	J	K	L	M
1	收　　據												1234567
2													$1234567
3	OOO先生/小姐												
4	金額										整		
5													
6													
7	OO年OO月OO日　已正確收到以上金額												

輸入公式

顯示「□ $1234567」

① 想要在 M1 儲存格的數值前加上「$」符號並顯示在收據上。首先，在含有「$」符號的數值前加上空格，製作一個 9 個字元的字串。例如，數值為「1234567」，則在前面補上一個空格，形成「□ $1234567」的格式

B4 =MID($M$2, COLUMN(A1), 1)
（$M$2：字串；COLUMN(A1)：起始位置；1：字數）

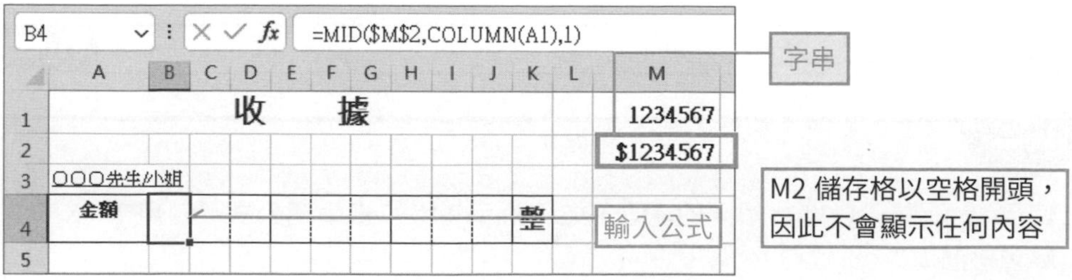

B4 =MID($M$2,COLUMN(A1),1)

	A	B	C	D	E	F	G	H	I	J	K	L	M
1	收　　據												1234567
2													$1234567
3	OOO先生/小姐												
4	金額										整		
5													

字串

輸入公式

M2 儲存格以空格開頭，因此不會顯示任何內容

② 使用 MID 函數從 M2 儲存格取出第一個字元到 B4 儲存格。在「字串」引數中將 M2 儲存格指定為絕對參照。「起始位置」指定為「COLUMN(A1)」，則 A1 儲存格的欄編號「1」就成為取出字串的位置。從 M2 儲存格的字串中取出的第一個字元是空格，但不會顯示出來

B4 | =MID($M$2,COLUMN(A1),1)

	A	B	C	D	E	F	G	H	I	J	K	L	M
1				收		據							1234567
2													$1234567
3	○○○先生/小姐												
4	金額		$	1	2	3	4	5	6	7	整		
5													
6													
7	○○年○○月○○日　已正確收到以上金額												

以無格式的方式複製公式

③ 將 B4 儲存格的公式複製到 J4 儲存格後，M1 儲存格的數值將會逐一分散顯示在各個儲存格中。如果框線格式被破壞，可以按下**自動填滿選項**鈕，並選擇**填滿但不填入格式**（→【01-15】），就會恢復原本的格式

M1 | 54321

	A	B	C	D	E	F	G	H	I	J	K	L	M
1				收		據							54321
2													$54321
3	○○○先生/小姐												
4	金額				$	5	4	3	2	1	整		

④ 如果更改 M1 儲存格中的數值，收據上的金額也會自動變更。由於有 9 個金額儲存格，因此可以正確顯示的金額最多為 8 位數，不包括「$」符號

函數	參照
=REPT(字串, 重複的次數)	→ 06-12
=LEN(字串)	→ 06-08
=MID(字串, 起始位置, 字數)	→ 06-39
=COLUMN([參照])	→ 07-57

Memo

- 在 M2 儲存格中輸入的 REPT 函數會建立一個字串，該字串將「字串」引數中指定的字元重複指定的次數。在「字串」中指定半形空格 " "，在「重複的次數」中設定要加到數字前的空格數。透過 LEN 函數檢查 M1 儲存格中數字的字元數，再用 8 減去這個值，可以得到要填入的字元數。
  - ・7位數「1234567」：　□$1234567（補償「8-7=1」字元的空格）
  - ・5位數「54321」：　□□□$54321（補償「8-5=3」字元的空格）
- 在 Microsoft 365 和 Excel 2021 中，如果在 B4 儲存格中輸入下列公式，公式將自動溢出到 J4 儲存格，並且每個儲存格中的數字將以一位數字顯示。不需要以無格式的方式複製或使用絕對參照。

  =MID(M2,SEQUENCE(1,9),1)

B4 | =MID(M2,SEQUENCE(1,9),1)

	A	B	C	D	E	F	G	H	I	J	K	L	M
1				收		據							1234567
2													$1234567
3	○○○先生/小姐												
4	金額		$	1	2	3	4	5	6	7	整		

關聯項目　【06-47】使用「溢出」功能，將字串逐字取出至不同儲存格

04-60 轉換單位：「磅」轉換為「克」或「英寸」轉換為「公分」

CONVERT

在國際貿易中，有時需要進行重量、長度等單位換算。利用 CONVERT 函數，可以將含有單位的數值轉換為其他單位，例如：將「磅轉換為克」或將「英吋轉換為公分」。以下是一些單位轉換的範例。

▶ 數值單位的轉換

E3 =CONVERT(A3 , B3 , F3)

數值 / 轉換前的單位 / 轉換後的單位

E3 =CONVERT(A3,B3,F3)

	A	B	C	D	E	F	G	H
1	單位換算							
2	數值	轉換前單位			傳回值	轉換後單位		
3	1	lbm	磅	→	453.59237	g	克	
4	1	lbm	磅	→	0.4535924	kg	公斤	
5	1	in	英寸	→	2.54	cm	公分	
6	1	ly	光年	→	9.461E+12	km	公里	
7	1	gal	加侖	→	3.7854118	l	公升	

在 E3 儲存格輸入公式，並複製到 E7 儲存格

單位轉換

=CONVERT(數值, 轉換前的單位, 轉換後的單位) 工程

數值…指定轉換前的單位數值
轉換前的單位…用下表中「單位」欄的字串指定轉換前的單位。並用引號「"」框住
轉換後的單位…用下表中「單位」欄的字串指定轉換後的單位。並用引號「"」框住
此函數將以「轉換前的單位」表示的「數值」轉換為「轉換後的單位」並傳回。必須從相同類別中指定「轉換前的單位」和「轉換後的單位」。

Memo

- 如果直接在「轉換前的單位」或「轉換後的單位」中指定單位，請用引號「"」括起來。
  =CONVERT(1,"lbm","g")
- 使用「k」、「c」、「m」這樣的縮寫可以改變單位的倍數。例如，「1000」的縮寫「k」和表示「克」的單位「g」結合成「kg」，表示「g」的 1000 倍，即千克（公斤）。

- 下表列出可在 CONVERT 函數引數「轉換前的單位」和「轉換後的單位」中指定的主要單位。這兩個引數必須從相同類別中選擇。請注意區分大小寫字母。

※「符號」欄中的「／」表示「或」。例如，「day／d」表示「day 或 d」。

類別	單位	符號
重量	公克	g
	Slug	sg
	磅質量（常衡制）	lbm
	U（原子量單位）	u
	盎斯質量（常衡制）	ozm
	喱	grain
	英石	stone
	公噸	ton
距離	公尺	m
	英里	mi
	海哩	Nmi
	英寸	in
	英尺	ft
	碼	yd
	埃	ang
	埃爾	ell
	光年	ly
時間	年	yr
	日	day／d
	時	hr
	分	mn／min
	秒	sec／s
壓力	巴斯卡	Pa／p
	大氣壓力	atm／at
	毫米汞柱	mmHg
	PSI	psi
	Torr	Torr
物理學的力單位	牛頓	N
	達因	dyn／dy
	磅力	lbf
	磅	pond

類別	單位	符號
能量	焦耳	J
	爾格	e
	熱力學卡路里	c
	國際卡路里	cal
	電子伏特	eV／ev
	瓦特時	Wh／wh
	英呎磅	flb
功率	馬力	HP／h
	馬強	PS
	瓦特	W／w
磁力	特斯拉	T
	高斯	ga
溫度	攝氏	C／cel
	華氏	F／fah
	絕對溫度	K／kel
容量（或液體量值）	茶匙	tsp
	新制茶匙	tspm
	湯匙	tbs
	液盎斯	oz
	杯	cup
	美制 品脫	pt／us_pt
	英制 品脫	uk_pt
	夸脫	qt
	英制夸脫（英國）	uk_qt
	加侖	gal
	英制加侖（英國）	uk_gal
	公升	l／L／lt
	美制 油桶	barrel
	美制 蒲式耳	bushel
	立方公尺	m3／m^3

類別	單位	符號
面積	國際英畝	uk_acre
	公畝	ar
	平方英呎	ft2 ／ ft^2
	公頃	ha
	平方英吋	in2 ／ in^2
	平方公尺	m2 ／ m^2
	摩根	Morgen

類別	單位	符號
資訊	位元	bit
	位元組	byte
速度	英制海里	admkn
	節	kn
	每小時公尺數	m/h ／ m/hr
	每秒公尺數	m/s ／ m/sec
	每小時英哩數	mph

- 下表顯示單位前方的縮寫。例如，「k(kg)」的大小為「10^3=1000」，因此「1kg」代表「1000g」。另外，由於「c (厘米)」為「10^{-2} = 0.01」，因此「1cm」表示「0.01m」。

名稱	符號	縮寫
yotta	10^{24}	Y
zetta	10^{21}	Z
exa	10^{18}	E
peta	10^{15}	P
tera	10^{12}	T
giga	10^{9}	G
mega	10^{6}	M
kilo	10^{3}	k
hecto	10^{2}	h
deca	10^{1}	da ／ e

名稱	符號	縮寫
deci	10^{-1}	d
centi	10^{-2}	c
milli	10^{-3}	m
micro	10^{-6}	u
nano	10^{-9}	n
pico	10^{-12}	p
femto	10^{-15}	f
atto	10^{-18}	a
zepto	10^{-21}	z
yocto	10^{-24}	y

- 當輸入 CONVERT 函數的引數「轉換前的單位」和「轉換後的單位」時，將顯示單位列表，以便你可以快速選取及輸入。

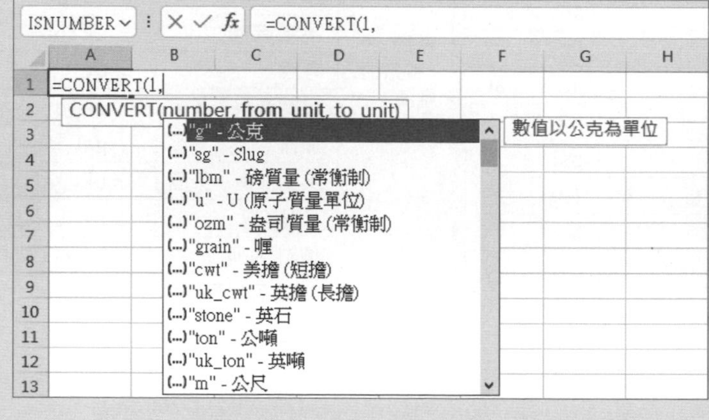

04-61 隨機產生亂數

RAND

使用 RAND 函數可以隨機產生 0 ～ 1 之間的亂數。當需要數值資料來驗證公式時，能夠快速產生亂數非常方便。在此我們要建立 7 個隨機亂數。

▶ 建立 7 個 0 ～ 1 之間的亂數

B3 =RAND()

B3 =RAND()

	A	B	C	D
1	實數的亂數			
2	No	數值		
3	1	0.780585512		
4	2	0.370028047		
5	3	0.005065077		
6	4	0.414364925		
7	5	0.67460176		
8	6	0.630534366		
9	7	0.654756295		
10				

在 B3 儲存格輸入公式，並複製到 B9 儲存格

顯示 0 到 1 之間的亂數

按下 F9 鍵，就會產生新的亂數

=RAND( ) 數學與三角函數

建立 0 到 1 之間的亂數。

Memo

- RAND 函數會在每次工作表重新計算時，傳回新的亂數。為了防止建立的亂數發生變化，請參考【11-01】將公式轉換為值。
- RAND 函數建立的是均勻分佈的亂數，即任何數值出現的機率都相等。如果要遵循某種分布的資料，如身高的測試資料，則需結合該分布的逆函數和 RAND 函數。請參考【04-66】中的常態分佈亂數範例。

關聯項目 【04-62】隨機產生整數亂數
【04-63】產生亂數陣列

04-62 隨機產生整數亂數

RANDBETWEEN

當需要整數的測試資料時，可以使用 RANDBETWEEN 函數。這個函數可以產生指定的「最小值」以上和「最大值」以下的整數亂數。在此，我們將建立 7 個介於 1 到 10 之間的整數亂數。

▶ 建立 1 到 10 之間的整數亂數

B3 =RANDBETWEEN(1, 10)
最小值 最大值

A1 整數的亂數

	A	B	C	D
1	整數的亂數			
2	No	數值		
3	1	5		
4	2	6		
5	3	8		
6	4	8		
7	5	10		
8	6	2		
9	7	6		
10				

在 B3 儲存格輸入公式，並複製到 B9 儲存格

顯示 1 到 10 之間的亂數

按下 F9 鍵，就會產生新的亂數

=RANDBETWEEN(最小值, 最大值) 數學與三角函數

最小值…指定產生亂數範圍的最小值
最大值…指定產生亂數範圍的最大值
產生介於「最小值」以上和「最大值」以下的整數**亂數**。

Memo

- RANDBETWEEN 函數會在每次工作表重新計算時，傳回新的亂數。為了防止建立的亂數發生變化，請參考【11-01】將公式轉換為值。

關聯項目 【04-61】隨機產生亂數
【04-63】產生亂數陣列

04-63 產生亂數陣列

RANDARRAY

在 Microsoft 365 和 Excel 2021 中，使用 RANDARRAY 函數，可以利用溢出功能產生亂數。在第一個儲存格輸入公式後，公式會自動溢出，顯示出指定的列數 × 欄數的亂數。

▶ 產生實數亂數與整數亂數

B3 =RANDARRAY(5)
列

C3 =RANDARRAY(5, 1, 0, 9, TRUE)
列 欄 最小 最大 整數

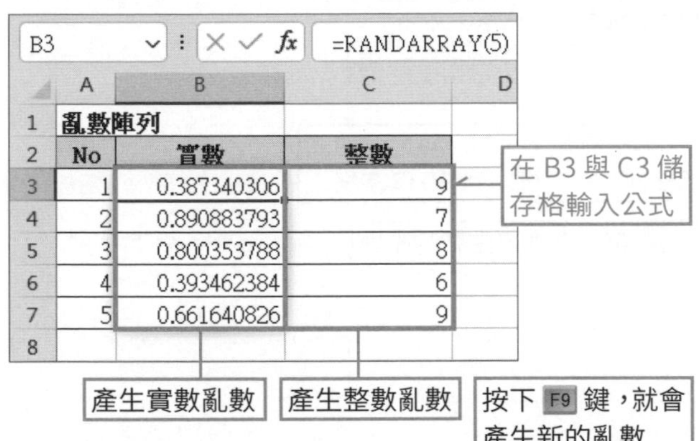

將 RANDARRAY 函數的引數「列」設定為「5」，就會在 5 列 1 欄的範圍內，產生實數亂數。此外，分別將「列」、「欄」、「最小」、「最大」設定為「5」、「1」、「0」、「9」，「整數」設定為「TRUE」，即可在 5 列 1 欄的範圍內，產生 0 到 9 的整數亂數。兩者都是在第一個儲存格輸入公式，按下 Enter 鍵之後，公式自動溢出到 5 列 1 欄的範圍

=RANDARRAY([列], [欄], [最小], [最大], [整數]) [365/2021] 數學與三角函數

列…設定要輸入亂數的列數，預設值為「1」
欄…設定要輸入亂數的欄數，預設值為「1」
最小…設定亂數的最小值，預設值為「0」
最大…設定亂數的最大值，預設值為「1」
整數…設定為 TRUE 時，會產生整數亂數，設定為 FALSE 或省略，會產生實數亂數
在「列」×「欄」的儲存格範圍或陣列，產生「最小」以上，「最大」以下的亂數。

關聯項目 【04-67】隨機且不重複地排列 1～10

04-64 利用亂數隨機產生日期資料

RANDBETWEEN

由於日期是一種稱為「序列值」的數字，因此可以建立整數亂數，請參考【05-02】設定「日期」顯示格式，即可顯示隨機日期。在此，我們要建立「2023/4/1」到「2023/4/30」範圍內的日期資料。

▶ 隨機建立日期資料

B3 =RANDBETWEEN("2023/4/1" , "2023/4/30")
最小值　最大值

B3 =RANDBETWEEN("2023/4/1","2023/4/30")

	A	B
1	隨機日期資料	
2	No	日期
3	1	2023/4/9
4	2	2023/4/22
5	3	2023/4/19
6	4	2023/4/14
7	5	2023/4/18
8	6	2023/4/7
9	7	2023/4/30
10		

在 B3 儲存格輸入公式，設定日期的顯示格式，然後複製到 B9 儲存格

按下 F9 鍵，就會產生新的亂數

=RANDBETWEEN(最小值, 最大值) → 04-62

Memo

- 需要升冪排序日期資料時，請參考【11-01】將公式轉換為值，以防止亂數變更，然後在**資料**頁次按下**從 A 到 Z 排序**鈕。

關聯項目
【04-65】利用亂數隨機產生文字資料
【04-66】利用亂數建立常態分布的樣本資料
【05-01】認識序列值

04-65 利用亂數隨機產生文字資料

VLOOKUP／RANDBETWEEN

需要隨機產生文字資料時，可以用 RANDBETWEEN 函數產生一個介於 1 到資料總數之間的亂數，再用 VLOOKUP 函數將這個亂數與具體的文字資料對應。例如，想建立 7 個包含 3 種不同商品的隨機資料，由於商品類型有 3 種，可以用 RANDBETWEEN 函數來產生介於 1 到 3 之間的亂數。

▶ 產生隨機的商品資料

B3 =VLOOKUP(RANDBETWEEN(1,3) , $D$3:$E$5 , 2, FALSE)

搜尋值：RANDBETWEEN(1,3)　範圍：$D$3:$E$5　欄編號：2　搜尋類型：FALSE

B3　=VLOOKUP(RANDBETWEEN(1,3),$D$3:$E$5,2,FALSE)

	A	B	C	D	E	F	G	H
1	隨機文字資料							
2	No	商品名稱		數值	商品名稱			
3	1	電腦		1	電腦			
4	2	顯示器		2	印表機			
5	3	印表機		3	顯示器			
6	4	顯示器		①	②			
7	5	顯示器						
8	6	電腦						
9	7	顯示器						
10								

範圍

亂數及商品的對應表

欄編號

在 B3 儲存格輸入公式，並複製到 B9 儲存格

按下 F9 鍵，就會產生新的亂數

=VLOOKUP(搜尋值, 範圍, 欄編號, [搜尋類型]) → 07-02

=RANDBETWEEN(最小值, 最大值) → 04-62

Memo

- 產生的文字資料會在每次工作表重新計算時，傳回新的亂數。為了防止建立的亂數發生變化，請參考【11-01】將公式轉換為值。

關聯項目 【04-64】利用亂數隨機產生日期資料

Excel 04-66 利用亂數建立常態分布的樣本資料

fx NORM.INV／RAND

如果需要遵循常態分布的樣本資料時，可以用常態分布的反函數 NORM.INV 函數，將 RAND 函數作為其「機率」引數。以下範例將建立 1 萬筆平均數為「170」，標準差為「6」的常態分布資料。

▶ 建立常態分布資料

B7 =NORM.INV(RAND() , $B$2 , $B$3)

機率　平均數　標準差

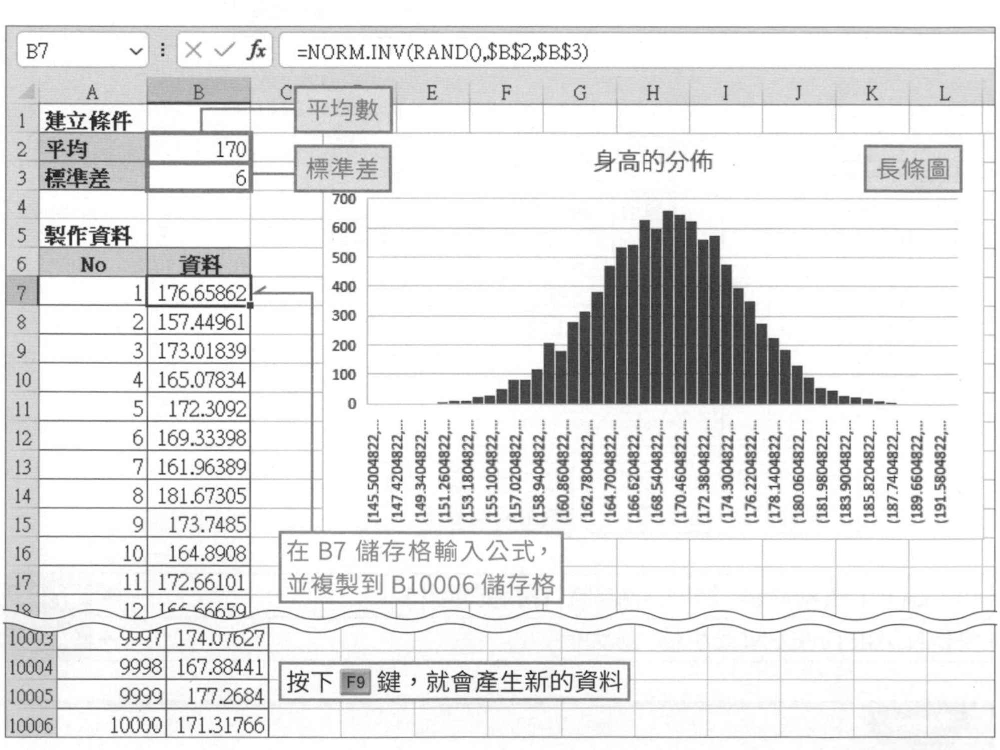

將 NORM.INV 函數的引數「機率」設為 RAND 函數，「平均數」設為 B2 儲存格，「標準差」設為 B3 儲存格時，將建立出遵循常態分布的資料。選取輸入公式的 B7 儲存格，在**填滿控點**按兩下，就會按照 A 欄的資料數量快速建立出 1 萬筆資料。把這些資料製作成長條圖，即可將常態分布視覺化。

=NORM.INV(機率, 平均數, 標準差)	→ 08-50
=RAND()	→ 04-61

Memo

- 範例圖表稱為「長條圖」，用來表示資料的分布狀況。要建立長條圖，先選取身高資料 B7～B10006 儲存格，再按下「插入→插入統計資料圖表→長條圖」。
- 如果在 NORM.INV 函數的引數「機率」設定 0 以下或 1 以上的數值，會出現 [#NUM!] 錯誤。RAND 函數的傳回值為 0 以上 1 以下的亂數，若傳回值為「0」，將導致 [#NUM!] 錯誤，並可能使圖表形狀變得奇怪。此時，按下 F9 鍵，可以重新產生資料。此外，RAND 函數產生「0」的機率非常低。
- 每次重新計算時，已經建立的資料就會產生變化，如果不希望資料改變，請參考【11-01】的說明，將公式轉換成值。
- Microsoft 365 與 Excel 2021 也可以使用 RANDARRAY 函數。在引數「列」指定「10000」，只要在 B7 儲存格輸入公式，就能一次產生 1 萬筆資料。「平均數」與「標準差」的儲存格維持相對參照即可。

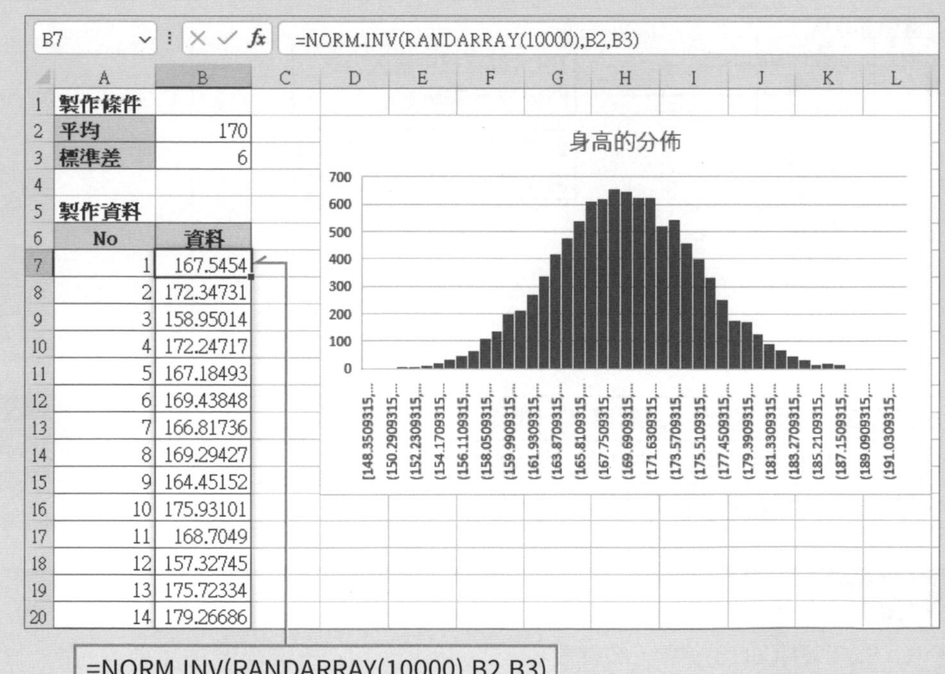

關聯項目 【08-48】計算常態分布的機率密度與累積分布
【08-50】利用常態分布的反函數計算進入前 20% 的分數

04-67 隨機且不重複地排列 1～10

SORTBY／SEQUENCE／RANDARRAY

當想要隨機為資料分配編號時，可以利用亂數來產生。在此，我們要嘗試隨機排列「1～10」的整數。首先，使用 SEQUENCE 函數建立「1～10」的連續數字，然後用 RANDARRAY 函數產生 10 個亂數。再用 SORTBY 函數根據亂數對「1～10」重新排序。這些都是 Microsoft 365 和 Excel 2021 中的新函數。

▶ 隨機且不重複地排列 1～10

C3 =SORTBY(SEQUENCE(10), RANDARRAY(10))

陣列　基準 1

C3　=SORTBY(SEQUENCE(10),RANDARRAY(10))

	A	B	C	D	E	F	G	H
1	應徵者名單							
2	No	姓名						
3	1	何香蘭	6					
4	2	楊慶盈	8					
5	3	蘇嘉豪	4					
6	4	朱玉芝	7					
7	5	林思垣	9					
8	6	楊尚昕	1					
9	7	錢庭娟	5					
10	8	馬皓新	3					
11	9	郭達緯	10					
12	10	鄭祖倫	2					

在 C3 儲存格中輸入公式，然後按下 Enter 鍵

公式將自動填滿到 C12 儲存格，隨機顯示 1～10

=SORTBY(陣列, 基準 1, [順序 1], [基準 2, 順序 2]…) → 07-35

=SEQUENCE(列, [欄], [起始值], [遞增量]) → 04-09

=RANDARRAY([列], [欄], [最小], [最大], [整數]) → 04-63

Memo

- 在「SEQUENCE(10)」中，將建立「1、2、3、…、10」的連續數字陣列。另外，在「RANDARRAY(10)」中，則會建立一個包含 10 個實數亂數的陣列。將這兩個陣列輸入到表格的相鄰欄中。當使用 SORTBY 函數以相鄰欄的亂數為基準對「1～10」的連續數字重新排序時，數字就會隨機排列。

Chapter 5

第5章

日期與時間

計算期間或期限以符合需求

05-01 認識序列值

日期的序列值

在 Excel 中，日期與時間是透過一個稱為「序列值」的數值來處理的。日期的序列值是從 1900 年 1 月 1 日起算，以「1」為起點，之後每過一天就會增加 1。例如「2023/4/1」是從「1900/1/1」開始的第 45017 天，所以其序列值就為「45017」。為了方便起見，序列值的「0」被分配了一個虛構的日期「1900/1/0」。

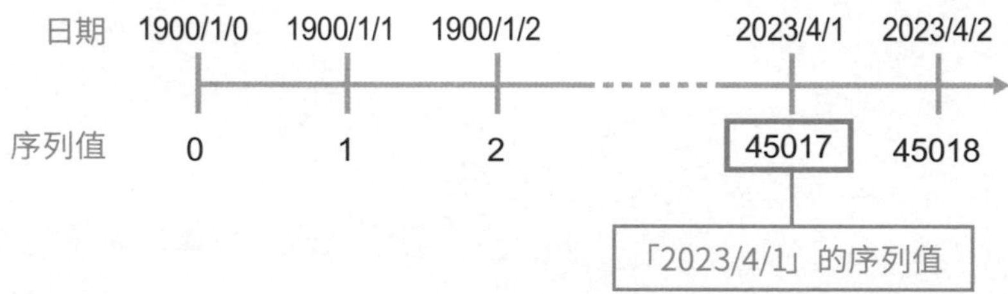

時間的序列值

由於 1 天的序列值為「1」，因此時間的序列值可以用 24 小時為「1」的小數來表示。例如，「6:00」是 1 天的四分之一，所以其序列值為「0.25」。

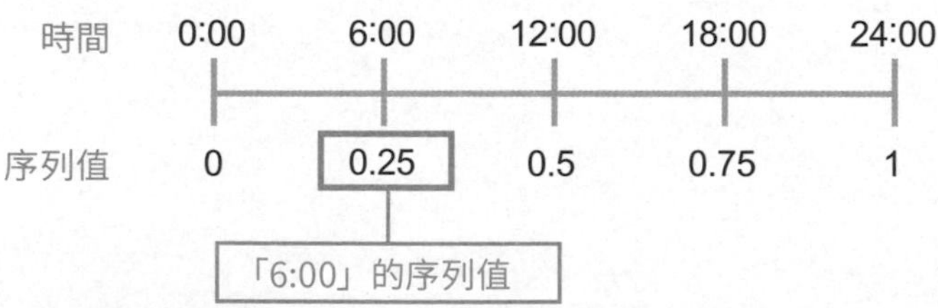

日期與時間的序列值

你也可以將日期與時間結合起來，用序列值表示。例如，「2023/4/1 6:00」可以將「2023/4/1」的序列值「45017」和「6:00」的序列值「0.25」相加，以「45017.25」來表示。含有「0.25」小數部分的數值可以說是每天「6:00」的序列值。

日期與時間的計算

由於日期與時間的本質是數值，因此日期與時間資料可以像一般數值進行計算。例如，A1 儲存格輸入的是「2023/4/1」，執行「=A1+1」，結果將會是「2023/4/2」。在 Excel 的內部，實際上進行的是「=45017+1」的序列值計算，對應的結果「45018」將顯示為「2023/4/2」。由於序列值中的「1」與「1 天」對應，所以將日期加「1」，就會得到 1 天後的日期；如果將日期減「1」，就會得到 1 天前的日期。

▶ 在「2023/4/1」加上「1」

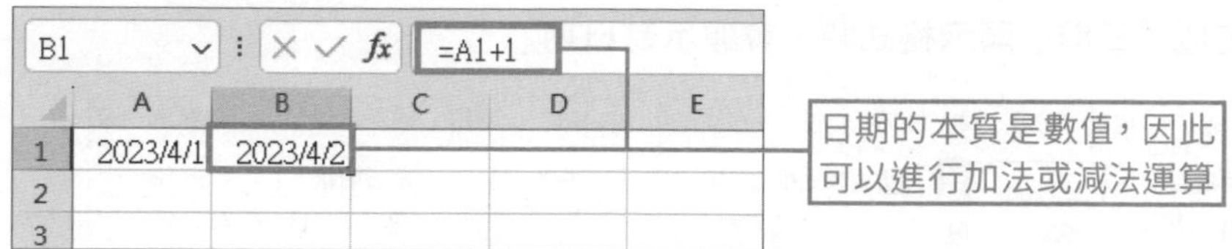

此外，關於「小時」、「分鐘」的計算，例如「1 小時前」、「30 分鐘後」等時間計算，請參照【05-63】及【05-65】。

Memo

- 前一頁中，我們提到「2023/4/1 是從 1900/1/1 起的第 45017 天」，但其中包括了實際不存在的「1900/2/29」。因此，「1900/3/1」之後的序列值比從「1900/1/1」起算的真實天數多了 1。當僅處理「1900/2/29」之後的日期時，因為是在相同的偏差下進行計算，所以實務上不會有問題。然而，在比較「1900/2/29」前後的日期時，需扣除不存在的「1900/2/29」天數。
- Excel 可以處理的日期範圍從「1900/1/1」（序列值 1）到「9999/12/31」。由於用於時間的序列值從「0」開始，因此為了方便，也可以將與序列值「0」對應的「1900/1/0」作為日期來處理。
- 你也可以在單一儲存格中輸入日期和時間，例如「2023/4/1 6:00」。請先輸入「2023/4/1」，再輸入半形空格，接著輸入「6:00」。

關聯項目
【05-02】瞭解序列值和顯示格式的關係
【05-63】求得「1 小時後」或「2 小時前」的時間
【05-65】從工作時間中扣掉「45 分鐘」的休息時間

05-02 瞭解序列值和顯示格式的關係

序列值和顯示格式

對 Excel 來說，日期／時間和數值資料都是數值。數值以日期或時間格式顯示在儲存格中，是因為該儲存格設定了日期或時間的顯示格式。如果對輸入數值的儲存格設定**日期**顯示格式，則會顯示該數值作為序列值所對應的日期。相反地，如果對輸入日期或時間的儲存格設定**一般**顯示格式，則儲存格中會顯示序列值。

▶ 將數值設定成「日期」顯示格式時，會顯示為日期

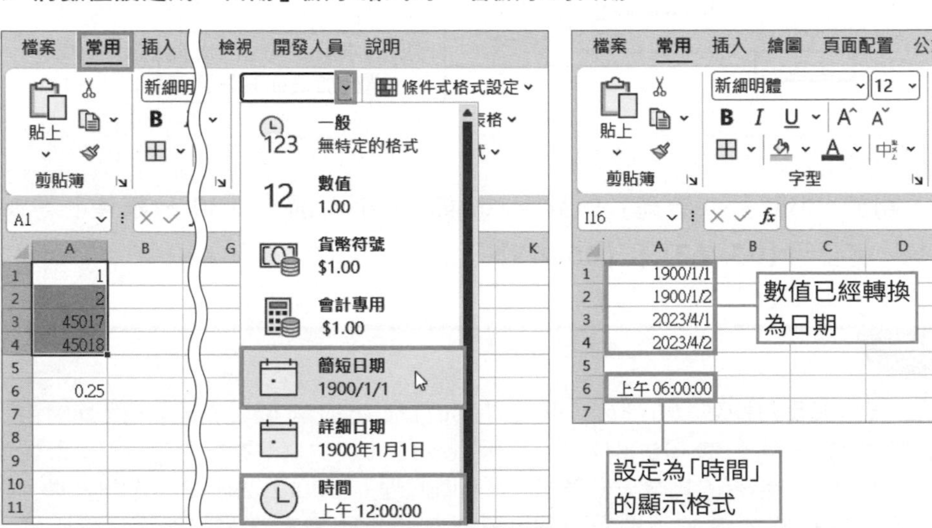

選取輸入數值（序列值）的儲存格，點選**常用**頁次**數值**區的「▼」鈕，從下拉清單中選擇**簡短日期**格式，數值就會變成日期。如果從下拉清單中選擇**時間**，可以將小數以時間顯示

▶ 將日期設為「一般」顯示格式時，會轉變為數值

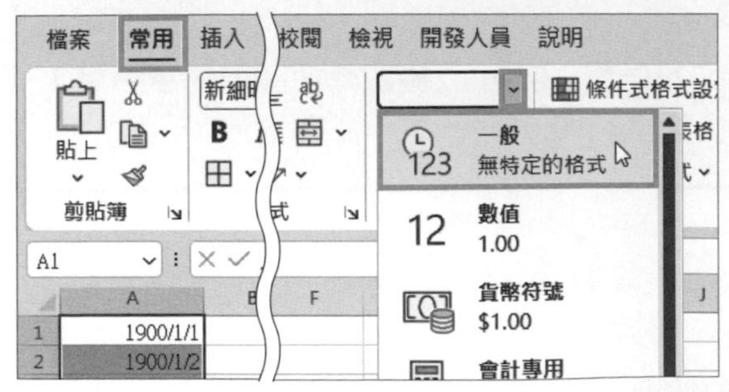

選取輸入日期或時間的儲存格，點選**常用**頁次**數值**區的「▼」鈕，從下拉清單中選擇**一般**，日期或時間就會變成數值（序列值）

自訂顯示格式

除了內建的顯示格式外，還有一種方法是「使用者自訂顯示格式」。你可以透過「格式符號」自由定義日期和時間的顯示方式。例如使用「yyyy/m/d(aaa)」來顯示日期和星期。有關格式符號的說明請參考【11-14】。

▶ 為日期設定自訂的顯示格式

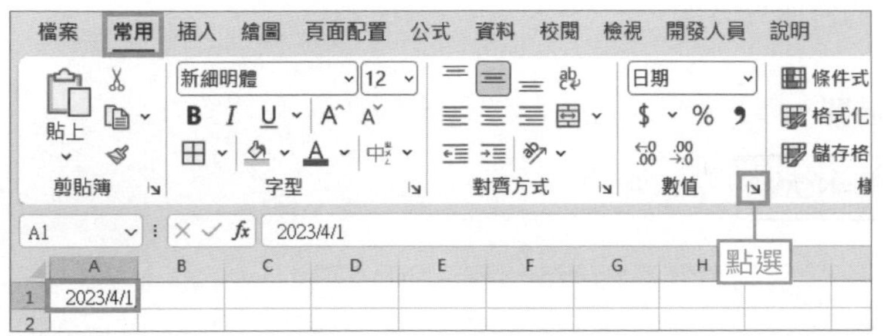

① 選取輸入日期的儲存格，點選**常用**頁次**數值**區右下角的按鈕

② 在**設定儲存格格式**交談窗中，切換到**數值**頁次，點選**類別**區的**自訂**。在右側的**類型**欄中輸入「yyyy/m/d(aaa)」，再按下**確定**鈕

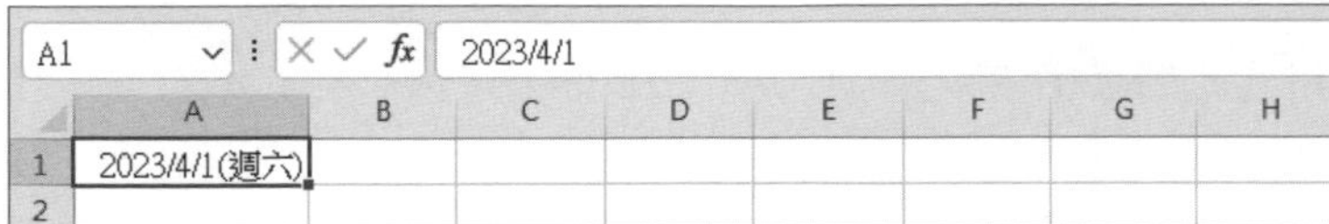

③ 日期以包含星期的格式顯示

Memo

- 也可以使用函數將日期或時間轉換為序列值。例如，A3 儲存格輸入了日期或時間，你可以在另一個儲存格中輸入「=VALUE(A3)」，這樣就可以顯示 A3 儲存格的序列值。VALUE 函數是將代表數值的字串轉換成數值的函數。

關聯項目 【05-01】認識序列值

05-03 自動顯示目前的日期與時間

TODAY／NOW

要顯示今天（目前）的日期，請使用 TODAY 函數。要顯示目前的日期和時間，請使用 NOW 函數。這些函數在每次開啟活頁簿或按下 F9 鍵執行重新計算時，都會更新為當下的日期與時間。

▶ 顯示目前的日期與時間

B2 =TODAY()　　B3 =NOW()

B2 =TODAY()

	A	B	C	D	E	F
1						
2	今天的日期	2023/10/28				
3	目前的日期與時間	2023/10/28 16:22				
4						
5						

顯示目前的日期
顯示目前的日期與時間

=TODAY()　日期及時間

根據電腦的系統時間傳回目前的日期。雖然沒有引數，但需要輸入括號「( )」。

=NOW()　日期及時間

根據電腦的系統時間傳回目前的日期與時間。雖然沒有引數，但需要輸入括號「( )」。

Memo

- 在設定為**一般**顯示格式的儲存格中輸入 TODAY 函數時，該儲存格的顯示格式會自動變更為**日期**。
- 在設定為**一般**顯示格式的儲存格中輸入 NOW 函數時，該儲存格的顯示格式會自動變成「yyyy/m/d hh:mm」。如果只想顯示目前時間，則可以在輸入 NOW 函數的儲存格中設定僅顯示時間的格式，如「hh:mm」。

關聯項目 【05-02】瞭解序列值和顯示格式的關係

05-04 顯示現在的「年」與「月」

YEAR／MONTH／TODAY

要求得今天的「年」，可以在取出日期中的「年」的 YEAR 函數中指定 TODAY 函數作為引數。同樣地，要求得「月」，可以在取出日期中的「月」的 MONTH 函數中指定 TODAY 函數作為引數。每次開啟活頁簿或按下 F9 鍵執行重新計算時，都會更新為當下的「年」和「月」。

▶ **顯示現在的「年」和「月」**

B3 =YEAR(TODAY())　序列值

B4 =MONTH(TODAY())　序列值

B3　=YEAR(TODAY())

	A	B	C	D	E	F	G
1							
2	今天的日期	2023/10/28					
3	今天的「年」	2023					
4	今天的「月」	10					
5							
6							
7							
8							

已經輸入「=TODAY()」
輸入公式
顯示現在的「年」和「月」了

=YEAR(序列值)	→ 05-05
=MONTH(序列值)	→ 05-05
=TODAY()	→ 05-03

關聯項目　【05-03】自動顯示目前的日期與時間
【05-05】從日期中取出年、月、日

05-05 從日期中取出年、月、日

YEAR／MONTH／DAY

使用 YEAR 函數、MONTH 函數以及 DAY 函數，可以從序列值中取出「年」、「月」、「日」的數值。在「序列值」引數中，可以指定日期或序列值。例如：「2023/4/1」、「2023 年 4 月 1 日」、「45017」、「2023/4/1 6:00」，都是同一個日期，所以在各個函數中取出來的年、月、日也會是相同的數值。

▶ 從日期中取出年、月、日

B3 =YEAR(A3)　序列值

C3 =MONTH(A3)　序列值

D3 =DAY(A3)　序列值

B3　=YEAR(A3)

	A	B	C	D
1	個別取出年月日			
2	日期	年	月	日
3	2023/4/1	2023	4	1
4	2023年4月1日	2023	4	1
5	45017	2023	4	1
6	2023/4/1 06:00	2023	4	1
7				

在 B3、C3、D3 儲存格輸入公式，並複製到第 6 列

取出「年」、「月」、「日」的數值

序列值

=YEAR(序列值)　日期及時間

序列值…指定日期／時間資料或序列值

從「序列值」所表示的日期中取出對應「年」的數值。

=MONTH(序列值)　日期及時間

序列值…指定日期／時間資料或序列值

從「序列值」所表示的日期中取出對應「月」的數值。

=DAY(序列值)　日期及時間

序列值…指定日期／時間資料或序列值

從「序列值」所表示的日期中取出對應「日」的數值。

關聯項目 【05-11】將個別輸入的年、月、日合併成日期資料

05-06 從時間中取出時、分、秒

HOUR／MINUTE／SECOND

使用 HOUR 函數、MINUTE 函數以及 SECOND 函數，可以從序列值中取出「時」、「分」、「秒」的數值。即使儲存格中顯示含有「AM/PM」的 12 小時制，在 HOUR 函數中取出的仍是 24 小時制的數值。此外，即使分鐘和秒數是顯示為「01」的兩位數，在取出時也會變成一位數的數值。

▶ 從時間中取出時、分、秒

B3 =HOUR(A3)
序列值

C3 =MINUTE(A3)
序列值

D3 =SECOND(A3)
序列值

B3 =HOUR(A3)

	A	B	C	D	E	F	G	H
1	個別取出時分秒							
2	時間	時	分	秒				
3	下午 03:01:09	15	1	9				
4	03:01:09 PM	15	1	9				
5	0.625798611	15	1	9				
6	2023/4/1 15:01:09	15	1	9				
7								

在 B3、C3、D3 儲存格輸入公式，並複製到第 6 列

取出「時」、「分」、「秒」的數值

序列值

=HOUR(序列值) 日期及時間

序列值…指定日期／時間資料或序列值
從「序列值」所表示的時間中取出對應「時」的數值。

=MINUTE(序列值) 日期及時間

序列值…指定日期／時間資料或序列值
從「序列值」所表示的時間中取出對應「分」的數值。

=SECOND(序列值) 日期及時間

序列值…指定日期／時間資料或序列值
從「序列值」所表示的時間中取出對應「秒」的數值。

關聯項目 【05-12】將個別輸入的時、分、秒合併成時間資料

05-07 根據日期求得季度

CHOOSE／MONTH

要從日期中求得季度，使用 CHOOSE 函數是最簡單的方法。CHOOSE 函數是將資料指派給從 1 開始的整數。在「索引」引數中，指定用 MONTH 函數求得月份。在「值 1」到「值 12」的引數中，指定 1 到 12 月對應的季度。雖然引數較多，但不論一年從哪個月開始計算，只要按照季度排成「1,1,1,2,2,2,……」即可。

▶ 計算從一月開始的「季度」和從四月開始的「季度」

B3 =CHOOSE(MONTH(A3), 1,1,1,2,2,2,3,3,3,4,4,4)
索引 指定「月」　值 1 ～ 值 12 指定 1 ～ 12 月對應的季度

C3 =CHOOSE(MONTH(A3),4,4,4,1,1,1,2,2,2,3,3,3)

B3　=CHOOSE(MONTH(A3),1,1,1,2,2,2,3,3,3,4,4,4)

	A	B	C
1	從日期求取「季度」		
2	日期	季度 (1月～)	季度 (4月～)
3	2023/1/1	1	4
4	2023/2/1	1	4
5	2023/3/1	1	4
6	2023/4/1	2	1
7	2023/5/1	2	1
8	2023/6/1	2	1
9	2023/7/1	3	2
10	2023/8/1	3	2
11	2023/9/1	3	2
12	2023/10/1	4	3
13	2023/11/1	4	3
14	2023/12/1	4	3
15			

在 B3 和 C3 儲存格輸入公式，並複製到第 14 列

顯示 1 月開始的季度和 4 月開始的季度

=CHOOSE(索引, 值 1, [值 2]···) ➔ 07-22

=MONTH(序列值) ➔ 05-05

05-08 從日期中取出年、月、日，並自訂顯示格式

TEXT

使用 TEXT 函數，可以從日期中取出「年」和「月」、「月」和「日」等所需元素，並按照指定的格式顯示。取出的格式是使用格式符號在引數「顯示格式」中指定。可以設定成「20230401」、「0401」、「2023/4」等各種顯示格式。取出來的資料是字串，因此會在儲存格中靠左對齊。

▶ 從日期中分別取出 8 位數的「年月日」和 4 位數的「月日」

B3 =TEXT(A3, "yyyymmdd")
值　顯示格式

C3 =TEXT(A3, " mmdd")
值　顯示格式

B3 =TEXT(A3,"yyyymmdd")

	A	B	C	D
1	日期格式化			
2	日期	8位數	4位數	
3	2023/4/1	20230401	0401	
4	2023/11/22	20231122	1122	
5	2023年8月3日	20230803	0803	
6	15-Jun-23	20230615	0615	
7				

值

在 B3 和 C3 儲存格輸入公式，並複製到第 6 列

取出 8 位數的年月日和 4 位數的月日

=TEXT(值, 顯示格式) → 06-53

Memo

- 根據 TEXT 函數的引數「顯示格式」的指定，可以取出各種不同的資料。關於格式符號的詳細說明，請參考【11-14】。

顯示格式	結果
"yyyymmdd"	20230401
"yymm"	2304
"mmdd"	0401
"yyyy/m"	2023/4
"mm/dd"	04/01
"aaa"	週六

關聯項目 【06-53】將數值轉換為指定的顯示格式

05-09 根據日期求得「年度」

EDATE／YEAR

在會計年度中，常見的做法是將 4 月到次年 3 月作為一年。在此，我們從日期中求出這樣的年度。首先，使用 EDATE 函數將日期向前推移 3 個月。例如，「2023/3/31」會變成「2022/12/31」，「2023/4/1」會變成「2023/1/1」。從推移後的日期中使用 YEAR 函數取出年份，就可以得到會計年度。

▶ 從日期求得「年度」

B3 =EDATE(A3,-3)
開始日 月（3 個月前）

C3 =YEAR(B3)
序列值

C3 =YEAR(B3)

	A	B	C	D
1	從日期求取「年度」			
2	日期	3個月前	年度	
3	2023/1/1	2022/10/1	2022	
4	2023/3/31	2022/12/31	2022	
5	2023/4/1	2023/1/1	2023	
6	2023/9/15	2023/6/15	2023	
7	2023/12/31	2023/9/30	2023	
8	2024/1/22	2023/10/22	2023	
9	2024/3/31	2023/12/31	2023	
10	2024/4/1	2024/1/1	2024	
11				

開始日

在 B3 和 C3 儲存格輸入公式，並複製到第 10 列

求得年度資料

由於 9 月沒有 31 日，因此「12/30」、「12/31」的 3 個月前，都是月底的「9/30」

=EDATE(開始日, 月) → 05-19

=YEAR(序列值) → 05-05

Memo

- 在 YEAR 函數的引數中指定 EDATE 函數時，可以用一個公式求得年度。
  =YEAR(EDATE(A3,-3))

關聯項目 【05-05】從日期中取出年、月、日

05-10 計算「25 日之前為當月，26 日之後為下個月」的月份

MONTH／EDATE

在此要計算交易日是屬於哪個月份，根據「25 日及之前為當月，26 日及之後為下個月」的原則來計算。例如，「4/20」歸在「4 月」，而「4/28」則歸在「5 月」。首先，從交易日減「25」，以求得前 25 天的日期。這樣，從前一個月的 26 日到這個月的 25 日的日期範圍將變成前一個月的日期。然後將這個日期作為 EDATE 函數的「開始日」引數，求出 1 個月後的日期，就是當月的日期。最後，用 MONTH 函數取出月份。

▶ **計算「25 日之前為當月，26 日之後為下個月」的月份**

```
C3 =MONTH(EDATE(A3-25,1) )
```

交易日 25 日前的 1 個月

C3 =MONTH(EDATE(A3-25,1))

	A	B	C	D	E
1	A公司交易清單		(25日結算)		
2	交易日	金額	交易月份		
3	2023/4/20	750,000	4		
4	2023/4/28	189,000	5		
5	2023/5/25	1,260,000	5		
6	2023/5/26	325,000	6		

在 C3 儲存格輸入公式，並複製到 C6 儲存格

計算出以 25 日結算的交易月份

=MONTH(序列值)	→ 05-05
=EDATE(開始日, 月)	→ 05-19

Memo

- 如果是「每月 10 日結算」，則從交易日中減「10」；如果是「每月 20 日結算」，則從交易日中減「20」。
- 在 MONTH 函數的引數中指定交易日前 25 天的日期來取出月份，並加 1 來求得下個月份，這對 1 月～11 月是有效的。但是，對於 12 月的下個月，結果會變成「13」。為了正確取出「1～12」的月份，請使用 EDATE 函數來求得 1 個月後的日期。

關聯項目 【05-19】計算〇個月後或〇個月前的日期

公式的基礎 1 表格的彙總 2 條件判斷 3 數值處理 4 日期與時間 5 字串的操作 6 表格的搜尋 7 統計計算 8 財務計算 9 數學計算 10 函數組合 11

05-11 將個別輸入的年、月、日合併成日期資料

DATE

使用 DATE 函數可以將年、月、日這三個數值資料合併成日期資料。當指定的數值不構成有效的日期時，Excel 會自動將日期往前或往後調整，以求得正確的日期資料。

▶ 將年、月、日合併成日期資料

D3 =DATE(A3,B3,C3)
年 月 日

D3 =DATE(A3,B3,C3)

	A	B	C	D	E
1	根據年月日建立日期				
2	年	月	日	日期	
3	2023	4	1	2023/4/1	
4	2023	7	15	2023/7/15	
5	2023	8	0	2023/7/31	
6	2023	10	32	2023/11/1	
7	2023	13	1	2024/1/1	

年　月　日

在 D3 儲存格輸入公式，並複製到 D7 儲存格

成功建立日期資料

會自動往前或往後調整

=DATE(年, 月, 日) 日期及時間

年…指定年的數值
月…以 1～12 的數值指定月份。如果指定的數值小於 1 或大於 12，會自動調整為前一年或次年的月份
日…以 1～31 的數值指定日期。如果指定的數值小於 1 或大於該月的最後一天，會自動調整為前一個月或下一個月的日期
從「年」、「月」、「日」的數值中傳回表示日期的序列值。如果輸入到設定為**一般**顯示格式的儲存格中，傳回值將自動設為**日期**的顯示格式。

Memo

- 在「月」或「年」中指定小於 1 的數值時，會自動調整為前一年或前一個月。
  - =DATE(2023,0,4) → 2022/12/4 (0 月將視為前一年的 12 月)
  - =DATE(2023,-1,4) → 2022/11/4 (-1 月將視為前一年的 11 月)
  - =DATE(2023,8,0) → 2023/7/31 (0 日將視為前一個月的最後一天)
  - =DATE(2023,8,32) → 2023/9/1 (8 月 32 日將視為下個月的第一天)

關聯項目 【05-05】從日期中取出年、月、日

05-12 將個別輸入的時、分、秒合併成時間資料

TIME

使用 TIME 函數可以將時、分、秒三個數值資料合併成時間資料。當指定的數值不構成有效的時間時，Excel 會自動往前或往後調整。範例中，傳回值的儲存格範圍已事先設定成**時間**的顯示格式。

▶ 將時、分、秒合併成時間資料

D3 =TIME(A3,B3,C3)

	A	B	C	D	E
1	根據時、分、秒建立時間				
2	時	分	秒	時間	
3	7	8	9	7:08:09	
4	13	24	56	13:24:56	
5	5	0	14	5:00:14	
6	25	1	1	1:01:01	
7	12	10	-2	12:09:58	
8					

在 D3 儲存格輸入公式，並複製到 D7 儲存格

成功建立時間資料

會自動往前或往後調整

時　分　秒

=TIME(時, 分, 秒)　日期及時間

時…指定小時數為 0～23 的數值。若指定超過 23 的數值，則取其除以 24 的餘數
分…指定分鐘數為 0～59 的數值。若指定小於 0 或大於 60 的數值，時和分的值會自動調整
秒…指定秒數為 0～59 的數值。若指定小於 0 或大於 60 的數值，分和秒的值會自動調整

從「時」、「分」、「秒」的數值中傳回表示時間的序列值。如果輸入到設定為**一般**顯示格式的儲存格中，傳回值將自動設為**時間**的顯示格式

Memo

- 在設定成**一般**顯示格式的儲存格中輸入 TIME 函數時，會設定為「hh:mm AM/PM」的顯示格式，因此不會顯示秒的數值。如果想要顯示秒的數值，請參考【05-02】，設定為**時間**的顯示格式。

關聯項目 【05-06】從時間中取出時、分、秒

05-13 將「20231105」轉換成「2023/11/5」的日期資料

DATE／MID

從其他應用程式匯入的日期以「20231105」的 8 位數值呈現時，若想要轉換為「2023/11/5」的日期格式，可以使用 DATE 函數和 MID 函數。首先利用 MID 函數從第 1 個字元開始取出 4 個字元當成「年」，再從第 5 個字元開始取出 2 個字元當成「月」，從第 7 個字元開始取出 2 個字元當成「日」。最後再從取出的年月日資料利用 DATE 函數組合成日期資料。

▶ 將 8 位數的數值轉換成日期資料

B3 =DATE (MID(A3,1,4), MID(A3,5,2), MID(A3,7,2))

- MID(A3,1,4)：年　從第 1 個字元到第 4 個字元
- MID(A3,5,2)：月　從第 5 個字元開始的 2 個字元
- MID(A3,7,2)：日　從第 7 個字元開始的 2 個字元

B3 =DATE(MID(A3,1,4),MID(A3,5,2),MID(A3,7,2))

	A	B
1	將 8 位數的數值轉換為日期	
2	數值	日期
3	19960103	1996/1/3
4	20011023	2001/10/23
5	20140813	2014/8/13
6	20231105	2023/11/5

在 B3 儲存格輸入公式，並複製到 B6 儲存格

轉換成日期資料

=DATE(年, 月, 日) → 05-11

=MID(字串, 開始位置, 字數) → 06-39

Memo

- MID 函數是用來從「字串」中的「開始位置」取出「字數」的字串。如果 A3 儲存格的值為「19960103」，則三個 MID 函數的傳回值如下所示：
  - ・MID(A3,1,4) → 從「19960103」的第 1 個字元開始取出 4 個字元 → 1996
  - ・MID(A3,5,2) → 從「19960103」的第 5 個字元開始取出 2 個字元 → 01
  - ・MID(A3,7,2) → 從「19960103」的第 7 個字元開始取出 2 個字元 → 03

關聯項目 【05-11】將個別輸入的年、月、日合併成日期資料

05-14 從日期字串或時間字串建立日期／時間資料

DATEVALUE／TIMEVALUE

從其他應用程式匯入的日期或時間有時會作為字串匯入。使用 DATEVALUE 函數可以將日期字串轉換為日期資料。同樣地，使用 TIMEVALUE 函數可以將時間字串轉換為時間資料。這兩個函數會傳回序列值，因此請將儲存格設為**日期**或**時間**顯示格式。此外，範例中的 A3 和 A5 儲存格的顯示格式為**字串**。

▶ 將字串格式的日期／時間轉換為實際的日期／時間

B3 =DATEVALUE(A3)
日期字串

B5 =TIMEVALUE(A5)
時間字串

B3 =DATEVALUE(A3)

	A	B	C
1	將字串轉換為日期／時間		
2	日期字串	日期	
3	2023年4月1日	2023/4/1	
4	時間字串	時間	
5	6:30	上午 06:30:00	
6			

輸入公式並設定「日期」的顯示格式

輸入公式並設定「時間」的顯示格式

=DATEVALUE(日期字串) 日期及時間

日期字串…指定字串格式的日期

將「日期字串」轉換為表示該日期的序列值。如果「日期字串」中不包含「年份」，則會補上現在的「年份」。日期字串中包含的時間將被忽略。

=TIMEVALUE(時間字串) 日期及時間

時間字串…指定字串格式的時間

將「時間字串」轉換為表示該時間的序列值。傳回值是一個介於 0 以上且小於 1 的小數。時間字串中包含的日期或超過 24 小時的「時」將被忽略。

關聯項目 【05-02】瞭解序列值和顯示格式的關係

05-15 將日期與字串合併顯示

TEXT

將輸入日期的儲存格與字串合併時，日期會變成序列值，無法以日期顯示。此時，應使用 TEXT 函數來指定日期的顯示格式，再與字串合併。此範例，要將 B2 儲存格的日期轉換為中華民國曆的日期格式，再與字串結合。

▶ 日期與字串合併顯示

A5 =TEXT(B2,"gge年m月d日")&"為最後付款期限"

（B2：值；"gge年m月d日"：顯示格式）

A5　=TEXT(B2,"gge年m月d日")&"為最後付款期限"

	A	B	C	D	E	F	G
1	請款單						
2	付款期限：	112年4月7日					
3	請款金額：	$1,085,000					
4							
5	民國112年4月7日為最後付款期限						
6							

值

輸入公式　成功將日期轉換為中華民國曆並與字串結合

=TEXT(值, 顯示格式) → 06-53

Memo

- 如果不使用 TEXT 函數，直接以「=B2&"為最後付款期限"」，B2 儲存格中的日期會直接顯示為序列值。

A5　=B2&"為最後付款期限"

	A	B	C	D	E
1	請款單				
2	付款期限：	112年4月7日			
3	請款金額：	$1,085,000			
4					
5	45023為最後付款期限				
6					

關聯項目

【05-01】認識序列值
【05-02】瞭解序列值和顯示格式的關係

05-16 將年月日的位數對齊顯示

SUBSTITUTE／TEXT

要讓同一欄裡輸入的日期位數對齊顯示，可以先用 TEXT 函數將月份和日期都變成兩位數，再使用 SUBSTITUTE 函數將十位數的「0」取代成半形空白。為了避免置換到個位數的「0」，可以將「/0」指定成「/ 」（斜線加半形空白）。此外，即使日期長度一樣，但儲存格的預設字型設為「新細明體」，由於不同字元寬度不同，位數之間仍然可能無法對齊。要統一對齊所有位數，請將字型設定成等寬字型。請注意，由於最後的結果會成為字串，所以無法再當成日期進行計算。

▶ **讓年月日的位數對齊顯示**

B3 =SUBSTITUTE(TEXT(A3,"yyyy/mm/dd"),"/0","/ ")

字串　搜尋字串　取代字串

B3 =SUBSTITUTE(TEXT(A3,"yyyy/mm/dd"),"/0","/ ")

	A	B
1	對齊日期的位數	
2	日期	對齊後的日期
3	2023/4/1	2023/ 4/ 1
4	2023/4/15	2023/ 4/15
5	2023/11/20	2023/11/20
6	2023/12/3	2023/12/ 3
7		

在 B3 儲存格輸入公式，並複製到 B6 儲存格

將 B3～B6 儲存格設為「等寬字型」及「靠右對齊」

8 位數的日期完美地對齊了

=SUBSTITUTE(字串, 搜尋字串, 取代字串, [替換對象]) → 06-22

=TEXT(值, 顯示格式) → 06-53

Memo

- 等寬字型是指所有字元都以固定寬度顯示的字型。等寬字型包括「Courier New」、「IBM Plex Mono」、「FangSong」、「MingLiU」、「MingLiU-ExtB」、「MS Gothic」、「MS Mincho」等。

關聯項目 【06-22】取代成指定字串

05-17 將日期顯示為和曆

DATESTRING

使用 DATESTRING 函數，可以將引數中指定的日期轉換為「令和 05 年 04 月 01 日」的和曆格式。一位數的「年」、「月」、「日」會變成帶有前導「0」的兩位數顯示。傳回值是字串，因此無法作為日期進行計算。

▶ 以和曆顯示日期

B3 =DATESTRING(A3)
序列值

B3 =DATESTRING(A3)

	A	B	C	D
1	顯示和曆			
2	日期	和曆		
3	1926/12/24	大正15年12月24日		
4	1926/12/25	昭和01年12月25日		
5	1989/1/7	昭和64年01月07日		
6	1989/1/8	平成01年01月08日		
7	2019/4/30	平成31年04月30日		
8	2019/5/1	令和01年05月01日		
9				

在 B3 儲存格輸入公式，並複製到 B8 儲存格

以和曆顯示日期

序列值

=DATESTRING(序列值) 日期及時間

序列值…指定日期資料或序列值
將「序列值」轉換為和曆的字串。

Memo

- 由於 DATESTRING 函數不會顯示在**插入函數**交談窗或**函數庫**中，因此需要直接在儲存格中輸入函數。

關聯項目 【05-18】將令和 1 年以令和元年顯示，並用漢字數字顯示日期

05-18 將令和 1 年以令和元年顯示，並用漢字數字顯示日期

IF／TEXT

使用 TEXT 函數指定日期的顯示格式時，如果在格式代碼的開頭加上「[DBNum1]」，可以用漢字數字顯示。若要將「令和 1 年」顯示為「令和元年」，則需要使用 IF 函數根據和曆的年份數字是否為「1」來進行不同處理。可以使用「TEXT(A3,"e")」來查詢和曆的年份。有關格式代碼的說明，請參考【11-13】和【11-14】。

▶ 以和曆顯示日期

B3 =IF(TEXT(A3, "e")=1,
條件式（和曆年份為「1」時）
TEXT(A3,"[DBNum1]ggg元年m月d日"),
條件成立（以「○○元年 Y 月 Z 日」格式顯示）
TEXT(A3,"[DBNum1]ggge年m月d日"))
條件不成立（以「○○ X 年 Y 月 Z 日」格式顯示）

B3 =IF(TEXT(A3,"e")="1",TEXT(A3,"[DBNum1]ggg元年m月d日"),TEXT(A3,"[DBNum1]ggge年m月d日"))

	A	B
1		顯示和曆
2	日期	和曆
3	1926/12/24	大正十五年十二月二十四日
4	1926/12/25	昭和元年十二月二十五日
5	1989/1/7	昭和六十四年一月七日
6	1989/1/8	平成元年一月八日
7	2019/4/30	平成三十一年四月三十日
8	2019/5/1	令和元年五月一日

在 B3 儲存格輸入公式，並複製到 B8 儲存格

以漢字數字的和曆顯示日期

=IF(條件式, 條件成立, 條件不成立) → 03-02

=TEXT(值, 顯示格式) → 06-53

Memo

- 若是和曆的第 1 年，則顯示為「令和元年 5 月 1 日」；其他情況則顯示為「令和 5 年 5 月 1 日」，並以漢字數字顯示，這樣的條件可以用 TEXT 函數來完成。
=TEXT(A3,"[$-ja-JP-x-gannen]ggge年m月d日")

關聯項目 【11-13】了解數值的格式符號
【11-14】了解日期與時間的格式符號

05-19 計算○個月後或○個月前的日期

EDATE

使用 EDATE 函數，可以根據指定的日期計算出○個月後或○個月前的日期。在「開始日」引數中指定基準日期。在「月」引數中，若要計算○個月前的日期，則指定負數的月數；若要計算○個月後的日期，則指定正數的月數。範例中，要從租賃的開始日期和租賃期間計算出租賃的結束日期。在儲存格中輸入 EDATE 函數後，會顯示序列值，請將顯示格式更改為**日期**。

▶ 計算租賃期間的結束日期

D3 =EDATE(B3, C3)
開始日 月

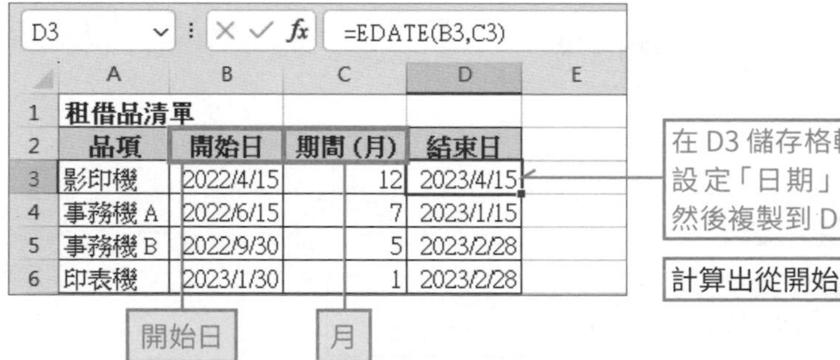
D3
=EDATE(B3,C3)
在 D3 儲存格輸入公式，並設定「日期」顯示格式，然後複製到 D6 儲存格
計算出從開始日○個月後的日期
開始日
月

	A	B	C	D	E
1	租借品清單				
2	品項	開始日	期間（月）	結束日	
3	影印機	2022/4/15	12	2023/4/15	
4	事務機 A	2022/6/15	7	2023/1/15	
5	事務機 B	2022/9/30	5	2023/2/28	
6	印表機	2023/1/30	1	2023/2/28	

=EDATE(開始日, 月) 日期及時間

開始日…指定基準日期

月…指定月數。指定正數時，會計算出從「開始日」的「月」之後的日期；指定負數時，會計算出「開始日」的「月」之前的日期

計算從「開始日」起「月」後或「月」前的日期序列值。

Memo

- 如果在○個月前或○個月後沒有準確的日期，Excel 會自動調整。例如，從「2023/1/28 ～ 2023/1/31」的 1 個月後，所有日期都會是 2 月的月底，即「2023/2/28」。

05-20 以特定日期為基準，計算當月底或下個月底的日期

EOMONTH

使用 EOMONTH 函數，可以根據指定的日期計算出○個月後或○個月前的月底日期。範例中，根據 A 欄輸入的交易日來計算該月的月底日期。EOMONTH 函數的傳回值是序列值，因此請將顯示格式更改為**日期**。

▶ 計算交易日的月底日期

C3 =EOMONTH(A3, 0)
開始日 月數

C3 =EOMONTH(A3,0)

	A	B	C	D	E
1	B公司交易清單		(月底結算)		
2	交易日	金額	結算日		
3	2023/1/10	1,509,000	2023/1/31		
4	2023/2/20	868,000	2023/2/28		
5	2023/4/7	1,622,000	2023/4/30		
6	2023/5/9	1,227,000	2023/5/31		
7					

在 C3 儲存格輸入公式，並設定「日期」顯示格式，然後複製到 C6 儲存格

計算出交易日當月的月底日期

開始日

=EOMONTH(開始日, 月數) 日期及時間

開始日…指定基準的日期
月數…指定月數。指定正數時，會計算出從「開始日」起「月數」之後的月底日期；若指定負數時，會計算出從「開始日」起「月數」之前的月底日期
計算從「開始日」起「月數」後或「月數」前的月底日期。

Memo

- 調整 EOMONTH 函數的「月數」引數，可以計算前一個月底或下一個月底的日期。
  - =EOMONTH(開始日,-1) → 開始日的上個月月底日期
  - =EOMONTH(開始日,0) → 開始日的當月月底日期
  - =EOMONTH(開始日,1) → 開始日的下個月月底日期
  - =EOMONTH(開始日,2) → 開始日的下下個月月底日期

關聯項目 【05-24】以「年」和「月」為基準，計算月底日期

05-21 以特定日期為基準，計算出當月 1 日或次月 1 日的日期

EOMONTH

要根據特定日期計算「次月 1 日」的日期，可以利用求月底日期的 EOMONTH 函數來取得當月月底的日期，再加上 1。在租賃物業或保險等合約中，有時需要計算次月 1 日的日期，就可以使用此函數。範例中，我們根據 B 欄的保險責任起始日來計算次月 1 日的日期。

▶ 計算保險責任起始日的次月 1 日日期

C3 =EOMONTH(B3, 0)+1
開始日 月數

C3 =EOMONTH(B3,0)+1

	A	B	C	D
1	新保險合約			
2	合約編號	保險責任起始日	合約日	
3	123-456-789	2022/12/8	2023/1/1	
4	234-567-890	2023/1/10	2023/2/1	
5	345-678-901	2023/2/15	2023/3/1	
6	456-789-012	2023/3/14	2023/4/1	
7				

在 C3 儲存格輸入公式，並複製到 C6 儲存格

計算出責任起始日的次月 1 日日期

開始日

=EOMONTH(開始日, 月數) → 05-20

Memo

- 調整 C3 儲存格公式中的「0」，可以計算出前一個月的 1 日或當月的 1 日。
  - =EOMONTH(開始日,-2)+1 → 開始日的前一個月 1 日
  - =EOMONTH(開始日,-1)+1 → 開始日的當月 1 日
  - =EOMONTH(開始日,0)+1 → 開始日的下個月 1 日
  - =EOMONTH(開始日,1)+1 → 開始日的下下個月 1 日

關聯項目
【05-20】以特定日期為基準，計算當月底或下個月底的日期
【05-22】以特定日期為基準，計算出下個月的 25 日日期

05-22 以特定日期為基準，計算出下個月的 25 日日期

EOMONTH

在此以交易日的次月 25 日作為支付日，並計算出支付日的日期。因此使用計算月底日期的 EOMONTH 函數，在「月數」引數中指定「0」，以得到當月底的日期，再加上 25，就會得到次月 25 日的日期。

▶ 計算交易日的次月 25 日的日期

C3 =EOMONTH(A3, 0)+25
開始日 月數

C3 =EOMONTH(A3,0)+25

	A	B	C	D	E
1	C公司交易清單（次月25日付款）				
2	交易日	金額	支付日		
3	2022/11/16	205,000	2022/12/25		
4	2022/12/9	125,000	2023/1/25		
5	2023/1/17	41,000	2023/2/25		
6	2023/2/10	527,000	2023/3/25		
7					

在 C3 儲存格輸入公式，並複製到 C6 儲存格

計算出交易日的次月 25 日的日期

開始日

=EOMONTH(開始日, 月數) → 05-20

Memo

- 將 C3 儲存格公式中的「25」改為「10」，會得到次月 10 日的日期。
- 調整 C3 儲存格公式中的「0」，可以計算出前一個月的 25 日或當月的 25 日。
  - =EOMONTH(開始日,-2)+25 → 開始日的前一個月 25 日
  - =EOMONTH(開始日,-1)+25 → 開始日的當月 25 日
  - =EOMONTH(開始日,0)+25 → 開始日的下個月 25 日
  - =EOMONTH(開始日,1)+25 → 開始日的下下個月 25 日

關聯項目 【05-23】以「年」和「月」為基準，計算下個月 25 日的日期

05-23 以「年」和「月」為基準，計算下個月 25 日的日期

DATE

在下圖的表格中，要從 A 欄的「年」和 B 欄的「月」兩個數值求出次月 25 日。在 DATE 函數的「年」引數中指定 A3 儲存格的「2022」年。由於想要指定「次月」，所以在 B3 儲存格的「10」月上加「1」，即「B3+1」，也就是「11」。在「日」引數中指定「25」，就可以求得「2022/11/25」。

▶ 計算指定「年」、「月」的次月 25 日

```
C3 =DATE(A3, B3+1, 25)
         年   月    日
```

C3 =DATE(A3,B3+1,25)

	A	B	C	D
1	付款日清單			
2	年	月	付款日(下一個25日)	
3	2022	10	2022/11/25	
4	2022	11	2022/12/25	
5	2022	12	2023/1/25	
6	2023	1	2023/2/25	
7	2023	2	2023/3/25	
8	2023	3	2023/4/25	
9				

在 C3 儲存格輸入公式，並複製到 C8 儲存格

計算出每個月的次月 25 日

=DATE(年, 月, 日) → 05-11

Memo

- DATE 函數有自動調整功能，當「年」、「月」、「日」中分別指定「2022」、「13」、「25」時，月份會自動進位到年份，將日期調整為「2023/1/25」。

關聯項目 【05-22】以特定日期為基準，計算出下個月的 25 日日期
【05-24】以「年」和「月」為基準，計算月底日期

05-24 以「年」和「月」為基準，計算月底日期

DATE

EOMONTH 函數，如同【05-20】所介紹，是用來根據特定日期求月底日期的函數。然而，有時希望從「年」和「月」兩個數值而非日期來求得月底日期。在這種情況下，可以在 DATE 函數的引數中指定「年」、「月 +1」和「0」。由於「月 +1」代表下個月，所以引數實際上表示「下個月的第 0 天」。在此「下個月的第 0 天」被視為「下個月第 1 天」的前一天，所以可以求得前一個月的月底日期。範例中，我們從 A1 儲存格的「年」和表格第一欄的「月」來計算該月的月底日期。複製公式時，為避免參照錯誤，請使用絕對參照來指定 A1 儲存格中的「年」。

▶ 計算 2023 年 1 月～6 月的月底日期

B3 =DATE($A$1, A3+1, 0)
（$A$1：年　A3+1：月　0：日）

B3 =DATE($A$1,A3+1,0)

	A	B	C	D	E
1	2023	年 結算日清單			
2	月	結算日 (月底)			
3	1	2023/1/31			
4	2	2023/2/28			
5	3	2023/3/31			
6	4	2023/4/30			
7	5	2023/5/31			
8	6	2023/6/30			

在 B3 儲存格輸入公式，並複製到 B8 儲存格

計算出每個月的月底日期

=DATE(年, 月, 日) → 05-11

Memo

- 調整引數「月」的數值，可以計算出上個月底或下個月底的日期。
  - =DATE(年, 月-1, 0) →「月」的上上個月月底日期
  - =DATE(年, 月, 0) →「月」的上個月月底日期
  - =DATE(年, 月+1, 0) →「月」的當月月底日期
  - =DATE(年, 月+2, 0) →「月」的下個月月底日期

Excel 05-25 排除六、日及假日的下一個工作日是哪天？

WORKDAY

「想知道從訂購日起的第 5 個工作日是哪天?」，這時請對照範例中的日曆。由 8 月 1 日（二）算起，5 天後是 8 月 6 日（日），但去除星期六、日的 5 個工作日後是 8 月 8 日（二）。使用 WORKDAY 函數可以輕鬆找出扣除星期六、日及假日的○天後或○天前的工作日。由於傳回值是序列值，請設定成**日期**顯示格式。此外，要同時顯示日期及星期的方法，請參考【**05-02**】。

▶ 找出訂購日後 5 個工作日的交貨日

```
B3 =WORKDAY(A3, 5, $D$10:$G$11)
```
開始日 天數 假日

B3 =WORKDAY(A3,5,$D$10:$G$11)

	A	B	C	D	E	F	G	H	I	J
1	交貨日速查表 (5個營業日後)			2023年8月日曆						
2	訂購日	交貨日		日	一	二	三	四	五	六
3	2023/8/1(週二)	2023/8/8(週二)				1	2	3	4	5
4	2023/8/2(週三)	2023/8/9(週三)		6	7	8	9	10	11	12
5	2023/8/3(週四)	2023/8/10(週四)		13	14	15	16	17	18	19
6	2023/8/4(週五)	2023/8/14(週一)		20	21	22	23	24	25	26
7	2023/8/5(週六)	2023/8/14(週一)		27	28	29	30	31		
8	2023/8/6(週日)	2023/8/14(週一)								
9	2023/8/7(週一)	2023/8/16(週三)		休息日						
10	2023/8/8(週二)	2023/8/17(週四)		2023/8/11(週五)			研習			
11	2023/8/9(週三)	2023/8/18(週五)		2023/8/15(週二)			員工旅遊			
12										

開始日

在 B3 儲存格輸入公式，並設定「日期」顯示格式，再複製到 B11 儲存格

依訂購日找出 5 個工作日後的日期

假日

=WORKDAY(開始日, 天數, [假日]) 日期及時間

開始日…指定計算基準的日期

天數…指定天數。指定為正數時，計算從「開始日」起的「天數」後；指定為負數時，計算從「開始日」起的「天數」前的工作日

假日…指定非工作日的日期，如節日、休假日等。若省略，則只將星期六、日視為非工作日

將星期六、日和指定的「假日」作為非工作日，計算從「開始日」起「天數」後或「天數」前的工作日。

關聯項目 【05-31】每週四為休息日，計算下單後第 5 個工作日的日期

05-26 計算每月 15 日結算，次月 10 日支付的付款日

EOMONTH／IF／DAY

在「每月 15 日結算，次月 10 日支付」的支付條件下，如果購買日在 15 日之前，則支付日為下個月的 10 日；如果購買日在 15 日之後，則支付日為下下個月的 10 日。如同【05-22】所介紹，下個月的 10 日或下下個月的 10 日可以使用 EOMONTH 函數求得。在第 2 個引數「月數」中指定「0」表示下個月，指定「1」則表示下下個月。在第 2 個引數設定 IF 條件式，根據購買日是否在 15 日以前來切換「0」和「1」。另外，如果需要調整假日，請參考【05-27】或【05-28】的說明。

▶ 計算每月 15 日結算，次月 10 日支付的付款日

C3 =EOMONTH(A3, IF(DAY(A3)<=15, 0, 1))+10

開始日　購買日

月數　如果是在 15 日之前，則為 0 個月後　如果是在 15 日之後，則為 1 個月後

10 日後

C3 =EOMONTH(A3,IF(DAY(A3)<=15,0,1))+10

	A	B	C	D	E	F
1	刷卡記錄 (15日結帳、次月10日付款)					
2	刷卡日	金額	付款日			
3	2022/12/15	36,800	2023/1/10			
4	2022/12/16	24,700	2023/2/10			
5	2023/1/12	110,000	2023/2/10			
6	2023/1/28	52,000	2023/3/10			

開始日

在 C3 儲存格輸入公式，並複製到 C6 儲存格

計算出下個月或下下個月 10 日的付款日

語法	參照
=EOMONTH(開始日, 月數)	→ 05-20
=IF(條件式, 條件成立, 條件不成立)	→ 03-02
=DAY(序列值)	→ 05-05

Memo

- EOMONTH 函數是用來求得月底日期的函數。在引數「月數」中指定為 0，可以得到購買日當月的月底日期；指定為 1，可以得到購買日下個月的月底日期。將這個日期加上 10，就會得到下個月的 10 日或下下個月的 10 日日期。

關聯項目 【05-27】付款日遇到假日時，順延至下一個工作日

05-27 付款日遇到假日時，順延至下一個工作日

EOMONTH／IF／DAY／WORKDAY

在此要按照「每月 15 日結算，次月 10 日支付，如遇假日則順延至下一個工作日」的規則來計算付款日。首先，參考【**05-26**】求得付款日前一天，即「每月 15 日結算，次月 9 日」的日期。以此日期為基準，再用 WORKDAY 函數求得 1 天後的工作日，如果 10 日是工作日，則為 10 日；如果是假日，則為 10 日之後最近的工作日。計算結果會以序列值顯示，請自行設定成**日期**顯示格式。

▶ 將遇到假日的付款日改為下一個工作日

C3 =EOMONTH(A3, IF(DAY(A3) <= 15, 0, 1))+ 9
開始日　月數　9 日後

D3 =WORKDAY(C3, 1, $F$2:$F$5)
開始日 天數 假日

D3 =WORKDAY(C3,1,$F$2:$F$5)

	A	B	C	D	E	F	G
1	刷卡記錄 (15日結帳、次月10日付款)					休假日	
2	刷卡日	金額	付款日前一天	付款日		2023/7/17	
3	2023/6/11	36,800	2023/7/9(週日)	2023/7/10(週一)		2023/8/11	
4	2023/7/13	24,700	2023/8/9(週三)	2023/8/10(週四)		2023/9/18	
5	2023/7/21	110,000	2023/9/9(週六)	2023/9/11(週一)		2023/9/23	
6	2023/8/3	52,000	2023/9/9(週六)	2023/9/11(週一)			
7							

在 C3 和 D3 儲存格輸入公式，並複製到第 6 列
算出付款日
由於 10 日為星期日，因此付款日改為下一個工作日，即 11 日

=EOMONTH(開始日, 月數)	→ 05-20
=IF(條件式, 條件成立, 條件不成立)	→ 03-02
=DAY(序列值)	→ 05-05
=WORKDAY(開始日, 天數, [假日])	→ 05-25

關聯項目 【**05-25**】排除六、日及假日的下一個工作日是哪天？
【**05-26**】計算每月 15 日結算，次月 10 日支付的付款日

05-28 付款日遇到假日時，提前至前一個工作日

EOMONTH／IF／DAY／WORKDAY

在此要按照「每月 15 日結算，次月 10 日支付，如遇假日則提前至前一個工作日」的規則來計算付款日。首先，參考【05-26】求得付款日的次日，即「每月 15 日結算，次月 11 日」的日期。以此日期為基準，再用 WORKDAY 函數求得 1 天前的工作日，如果 10 日是工作日，則為 10 日；如果是假日，則為 10 日之前最近的工作日。計算結果會以序列值顯示，請自行設定成**日期**顯示格式。

▶ 將遇到假日的付款日改為前一個工作日

C3 =EOMONTH(A3, IF(DAY(A3)<=15,0,1))+11
開始日（A3）　月數（IF(DAY(A3)<=15,0,1)）　11 日後（11）

D3 =WORKDAY(C3, -1, $F$2:$F$5)
開始日（C3）　天數（-1）　假日（$F$2:$F$5）

D3 =WORKDAY(C3,-1,$F$2:$F$5)

	A	B	C	D	E	F
1	刷卡記錄 (15日結帳、次月10日付款)					休假日
2	刷卡日	金額	付款日後一天	付款日		2023/7/17
3	2023/6/11	36,800	2023/7/11(週二)	2023/7/10(週一)		2023/8/11
4	2023/7/13	24,700	2023/8/11(週五)	2023/8/10(週四)		2023/9/18
5	2023/7/21	110,000	2023/9/11(週一)	2023/9/8(週五)		2023/9/23
6	2023/8/3	52,000	2023/9/11(週一)	2023/9/8(週五)		
7						

在 C3 和 D3 儲存格輸入公式，並複製到第 6 列

算出付款日

由於 10 日為星期日，因此付款日提前至前一個工作日，即 8 日

語法	參照
=EOMONTH(開始日, 月數)	→ 05-20
=IF(條件式, 條件成立, 條件不成立)	→ 03-02
=DAY(序列值)	→ 05-05
=WORKDAY(開始日, 天數, [假日])	→ 05-25

關聯項目 【05-25】排除六、日及假日的下一個工作日是哪天？
【05-26】計算每月 15 日結算，次月 10 日支付的付款日

05-29 找出指定月份的第一個與最後一個營業日

WORKDAY／DATE

在此要計算指定「年」和「月」的第一個和最後一個營業日。月的第一個營業日，可以透過 DATE 函數求得上個月的最後一天，再用 WORKDAY 函數求得最後一天之後的第一個營業日。月的最後一個營業日，則透過 DATE 函數求得下個月的第一天，再用 WORKDAY 函數求得那天之前的最後一個營業日。

▶ 找出指定月份的第一個和最後一個營業日

B3 =WORKDAY(DATE($A$1,A3,0), 1, $E$2:$E$6)

- DATE($A$1,A3,0)：開始日（上個月的最後一天）
- 1：天數（1 天後）
- $E$2:$E$6：假日

C3 =WORKDAY(DATE($A$1, A3+1, 1), -1 , $E$2:$E$6)

- DATE($A$1, A3+1, 1)：開始日（下個月的第一天）
- -1：天數（1 天前）
- $E$2:$E$6：假日

B3 =WORKDAY(DATE($A$1,A3,0),1,$E$2:$E$6)

	A	B	C	D	E
1	2023	年　營業日			休息日
2	月	第一個營業日	最後一個營業日		2023/4/29(週六)
3	4	2023/4/3(週一)	2023/4/28(週五)		2023/5/3(週三)
4	5	2023/5/1(週一)	2023/5/31(週三)		2023/5/4(週四)
5	6	2023/6/1(週四)	2023/6/30(週五)		2023/5/5(週五)
6	7	2023/7/3(週一)	2023/7/31(週一)		2023/7/17(週一)

在 B3 和 C3 儲存格輸入公式，並複製到第 6 列

找出指定月份的第一個和最後一個營業日

=WORKDAY(開始日, 天數, [假日]) → 05-25

=DATE(年, 月, 日) → 05-11

Memo

- 要根據指定日期求出該月份的第一個和最後一個營業日，可以使用 EOMONTH 函數來代替 DATE 函數，以求得「上個月的最後一天」和「下個月的第一天」。以下是當日期輸入在 A3 儲存格時的範例公式。

  第一個營業日：　=WORKDAY(EOMONTH(A3,-1),1,$E$2:$E$6)
  最後一個營業日：=WORKDAY(EOMONTH(A3,0)+1,-1,$E$2:$E$6)

關聯項目 【05-30】找出一週的第一個和最後一個營業日

05-30 找出一週的第一個和最後一個營業日

WORKDAY／WEEKDAY

在此要根據指定日期，求出包含該日期當週的第一個和最後一個營業日。該週的第一個營業日是「上週六」之後的第一個營業日，最後一個營業日是「本週六」之前的最後一個營業日。「上週六」和「本週六」可以使用 WEEKDAY 函數來求得，「○個工作日後／前」則使用 WORKDAY 函數來計算。

▶ 找出一週的第一個和最後一個營業日

```
B3 =WORKDAY(A3-WEEKDAY(A3), 1, $E$2:$E$6)
```

開始日：上週六　天數：1 天後　假日

```
C3 =WORKDAY(A3-WEEKDAY(A3)+7, -1, $E$2:$E$6)
```

開始日：本週六　天數：1 天前　假日

B3 =WORKDAY(A3-WEEKDAY(A3),1,$E$2:$E$6)

	A	B	C	D	E
1	2023年　營業日				休息日
2	基準日	第一個營業日	最後一個營業日		2023/5/3(週三)
3	2023/5/9(週二)	2023/5/8(週一)	2023/5/12(週五)		2023/5/4(週四)
4	2023/6/6(週二)	2023/6/5(週一)	2023/6/9(週五)		2023/5/5(週五)
5	2023/7/19(週三)	2023/7/18(週二)	2023/7/21(週五)		2023/7/17(週一)
6	2023/8/10(週四)	2023/8/7(週一)	2023/8/10(週四)		2023/8/11(週五)

在 B3 和 C3 儲存格輸入公式，並複製到第 6 列

找出一週的第一個和最後一個營業日

=WORKDAY(開始日, 天數, [假日]) → 05-25

=WEEKDAY(序列值, [類型]) → 05-47

Memo

- WEEKDAY 函數會傳回「1（星期日）～7（星期六）」的星期編號。從日期中減去該星期編碼，就能得到上週六的日期。例如，從星期日的日期減去星期日的星期編號「1」，就會得到星期日的前一天，即星期六的日期。同樣地，從星期二的日期減去星期二的星期編號「3」，就會得到星期二的前三天，也就是星期六的日期。

關聯項目 【05-29】找出指定月份的第一個與最後一個營業日

每週四為休息日，計算下單後第 5 個工作日的日期

WORKDAY.INTL

在【05-25】介紹了 WORKDAY 函數，用於求得〇個工作日後或〇個工作日前的日期。如果休息日為週休二日，那麼 WORKDAY 函數就夠用。但實際情況可能是周末營業，其他工作日固定休息。這時要改用 WORKDAY.INTL 函數。該函數允許指定星期幾為固定休息日以及非固定的休息日，以計算〇個工作日前或後的日期。在此，以星期四為固定休息日，計算訂購日後的第 5 個工作日。由於傳回值是序列值，因此請自行設定**日期**顯示格式。

▶ **每週四為休息日，計算下單後第 5 個工作日的日期**

B3 =WORKDAY.INTL(A3,5,15,$D$10:$G$11)

開始日　天數　週末　假日

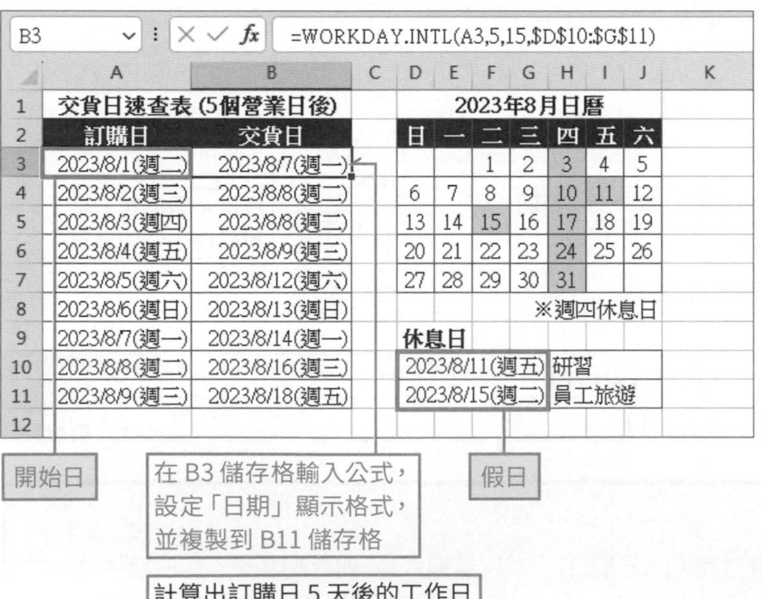

	A	B	C	D	E	F	G	H	I	J	K
1	交貨日速查表(5個營業日後)			2023年8月日曆							
2	訂購日	交貨日		日	一	二	三	四	五	六	
3	2023/8/1(週二)	2023/8/7(週一)				1	2	3	4	5	
4	2023/8/2(週三)	2023/8/8(週二)		6	7	8	9	10	11	12	
5	2023/8/3(週四)	2023/8/8(週二)		13	14	15	16	17	18	19	
6	2023/8/4(週五)	2023/8/9(週三)		20	21	22	23	24	25	26	
7	2023/8/5(週六)	2023/8/12(週六)		27	28	29	30	31			
8	2023/8/6(週日)	2023/8/13(週日)					※週四休息日				
9	2023/8/7(週一)	2023/8/14(週一)		休息日							
10	2023/8/8(週二)	2023/8/16(週三)		2023/8/11(週五)				研習			
11	2023/8/9(週三)	2023/8/18(週五)		2023/8/15(週二)				員工旅遊			
12											

=WORKDAY.INTL(開始日, 天數, [週末], [假日]) 日期及時間

開始日…指定基準日期
天數…指定天數。指定正數時，計算從「開始日」起的「天數」後；指定負數時，計算從「開始日」起的「天數」前的工作日
週末…指定非工作日的星期幾，可以用下表的數值或字串指定。若省略，則預設為星期六和星期日為非工作日。字串的指定方法請參見 Memo
假日…指定非工作日的日期，例如節日或寒、暑假等。若省略，則只將「週末」作為非工作日

數值	週末的星期
1	星期六、星期日
2	星期日、星期一
3	星期一、星期二
4	星期二、星期三
5	星期三、星期四
6	星期四、星期五
7	星期五、星期六

數值	週末的星期
11	只有星期日
12	只有星期一
13	只有星期二
14	只有星期三
15	只有星期四
16	只有星期五
17	只有星期六

將指定的「週末」和「假日」作為非工作日，從「開始日」起計算「天數」後或「天數」前的工作日。

Memo

- 想在引數「週末」中指定上表以外的星期幾作為非工作日時，可以將工作日設為 0，非工作日設為 1，並用一個由 7 個字元組成的字串來指定從星期一到星期日。例如，在字串的第 4 個和第 7 個位置指定「1」，如「0001001」，那麼星期四和星期日將被設定為非工作日。具體範例，請參考【**05-32**】。
- WORKDAY、WORKDAY.INTL、NETWORKDAYS、NETWORKDAYS.INTL 函數都包含「假日」引數。「假日」的指定有以下共通規則。
  - 即使在「假日」中指定與「週末」重複的日期也沒有問題。
  - 「假日」可以輸入到不同工作表的儲存格中。例如，在「休息日」工作表的 A2～A3 儲存格中輸入休息日，則可以依以下方式指定。
    =WORKDAY.INTL(A3,5,15,休息日!$A$2:$A$3)
  - 「假日」也可以指定為陣列常數。
    =WORKDAY.INTL(A3,5,15,{"2023/8/11","2023/8/15"}

關聯項目 【05-25】排除六、日及假日的下一個工作日是哪天？
【05-32】每週四及週日為休息日，計算下單後第 5 個工作日的日期

05-32 每週四及週日為休息日，計算下單後第 5 個工作日的日期

WORKDAY.INTL

在 WORKDAY.INTL 函數中，你可以自由指定第 3 個引數「週末」的固定休息日，以求得之後的工作日。將工作日設為「0」，固定休息日設為「1」，按照「星期一、星期二、星期三、星期四、星期五、星期六、星期日」的順序排列數字以指定「週末」。例如，將星期四和星期日設為固定休息日，則將第 4 個和第 7 個字元設為「1」，指定為「0001001」。此範例將星期四和星期日設為固定休息日，並計算第 5 個工作日。計算結果會以序列值顯示，請自行設定為**日期**顯示格式。

▶ 每週四及週日為休息日，計算下單後第 5 個工作日的日期

B3 =WORKDAY.INTL(A3,5,"0001001",$D$10:$G$11)

開始日 天數 週末 假日

B3 =WORKDAY.INTL(A3,5,"0001001",$D$10:$G$11)

	A	B	C	D	E	F	G	H	I	J	K
1	交貨日速查表 (5個營業日後)			2023年8月日曆							
2	訂購日	交貨日		日	一	二	三	四	五	六	
3	2023/8/1(週二)	2023/8/8(週二)				1	2	3	4	5	
4	2023/8/2(週三)	2023/8/9(週三)		6	7	8	9	10	11	12	
5	2023/8/3(週四)	2023/8/9(週三)		13	14	15	16	17	18	19	
6	2023/8/4(週五)	2023/8/12(週六)		20	21	22	23	24	25	26	
7	2023/8/5(週六)	2023/8/14(週一)		27	28	29	30	31			
8	2023/8/6(週日)	2023/8/14(週一)		※週四、週日為休息日							
9	2023/8/7(週一)	2023/8/16(週三)		休息日							
10	2023/8/8(週二)	2023/8/18(週五)		2023/8/11(週五)		研習					
11	2023/8/9(週三)	2023/8/19(週六)		2023/8/15(週二)		員工旅遊					
12											

假日

開始日

在 B3 儲存格輸入公式，設定「日期」顯示格式，並複製到 B11 儲存格

計算出訂購日 5 天後的工作日

=WORKDAY.INTL(開始日, 天數, [週末], [假日])

→ 05-31

關聯項目 【05-25】排除六、日及假日的下一個工作日是哪天？
【05-31】每週四為休息日，計算下單後第 5 個工作日的日期

05-33 計算排除週六、週日及休息日的工作天數

NETWORKDAYS

在指定的期間內，有時候需要確認實際的工作天數。請參考範例中的日曆，8 月 1 日到 9 日共有 9 天，但由於這段期間包含了星期六、日，所以實際的工作日只有 7 天。使用 NETWORKDAYS 函數，可以輕鬆計算出從開始日到結束日之間，扣除星期六、日和休息日（或節日）的工作天數。在此我們將計算工程的開始日到結束日的實際工作天數。

▶ 計算從開始日到結束日的實際工作天數

```
D3 =NETWORKDAYS(B3,C3,$F$10:$I$11)
```
（B3：開始日　C3：結束日　$F$10:$I$11：假日）

	A	B	C	D
1	專案工程管理			
2	工程	開始日	交貨日	日數
3	設計	2023/8/1(週二)	2023/8/9(週三)	7
4	開發	2023/8/7(週一)	2023/8/25(週五)	13
5	測試	2023/8/21(週一)	2023/8/29(週二)	7
6	移轉	2023/8/25(週五)	2023/8/31(週四)	5

2023年8月日曆

日	一	二	三	四	五	六
		1	2	3	4	5
6	7	8	9	10	11	12
13	14	15	16	17	18	19
20	21	22	23	24	25	26
27	28	29	30	31		

休息日

2023/8/11(週五)	研習
2023/8/15(週二)	員工旅遊

=NETWORKDAYS(開始日, 結束日, [假日])　日期及時間

開始日…指定開始日的日期
結束日…指定結束日的日期。也可以指定與「開始日」相同或更早的日期
假日…指定節日或暑假等非工作日的日期。若省略，則僅將週六和週日視為非工作日
將週六和週日以及指定的「假日」作為非工作日，計算從「開始日」到「結束日」的工作天數。

關聯項目 【05-34】計算排除週四休息日的工作天數

05-34 計算排除週四休息日的工作天數

NETWORKDAYS.INTL

在【05-33】中介紹的 NETWORKDAYS 函數是用來計算期間內工作天數的函數，但週六和週日會被視為休息日。如果想將其他天作為固定休息日，可以使用 NETWORKDAYS.INTL 函數。這個函數可以指定固定休息日和不定期的休息日，並計算出扣除休息日的工作天數。

▶ **計算將星期四作為固定休息日，從開始日到結束日的實際工作天數**

D3 =NETWORKDAYS.INTL(B3,C3,15,$F$10:$I$11)

開始日　結束日　週末　假日

D3 =NETWORKDAYS.INTL(B3,C3,15,$F$10:$I$11)

	A	B	C	D
1	專案工程管理			
2	工程	開始日	交貨日	日數
3	設計	2023/8/1(週二)	2023/8/9(週三)	8
4	開發	2023/8/7(週一)	2023/8/25(週五)	14
5	測試	2023/8/21(週一)	2023/8/29(週二)	8
6	移轉	2023/8/25(週五)	2023/8/31(週四)	6

2023年8月日曆

日	一	二	三	四	五	六
		1	2	3	4	5
6	7	8	9	10	11	12
13	14	15	16	17	18	19
20	21	22	23	24	25	26
27	28	29	30	31		

※週四固定公休

休息日

2023/8/11(週五)	研習
2023/8/15(週二)	員工旅遊

開始日　結束日　假日

在 D3 儲存格輸入公式，並複製到 D6 儲存格

計算出實際工作天數

=NETWORKDAYS.INTL(開始日, 結束日, [週末], [假日]) 日期及時間

開始日…指定開始日期
結束日…指定結束日期。可以指定與「開始日」相同或更早的日期
週末…以 P.321 表格中的數字或字串指定非工作日的星期。若省略，則預設週六和週日為非工作日。字串的指定方法請參考 P.321 的 Memo
假日…指定非工作日的日期，如國定假日或暑假等。若省略，則只有「週末」被視為非工作日。
根據指定的「週末」和「假日」作為非工作日，計算從「開始日」到「結束日」的工作天數。

關聯項目 【05-33】計算排除週六、週日及休息日的工作天數

05-35 計算排除週四及週日休息日的工作天數

NETWORKDAYS.INTL

在 NETWORKDAYS.INTL 函數的第 3 個引數「週末」中指定字串值，可以自由設定固定休息日。在此，我們將週四及週日設為固定休息日，計算從開始日到結束日的實際工作天數。為此，在指定引數「週末」時，將工作日設為「0」，固定休息日設為「1」，並按照「星期一、星期二、星期三、星期四、星期五、星期六、星期日」的順序，指定「0001001」。

▶ 設定週四和週日為固定休息日，計算實際的工作天數

```
D3 =NETWORKDAYS.INTL(B3,C3,"0001001", $F$10:$I$11)
```

B3：開始日　C3：結束日　"0001001"：週末　$F$10:$I$11：假日

D3　=NETWORKDAYS.INTL(B3,C3,"0001001",$F$10:$I$11)

	A	B	C	D	E	F	G	H	I	J	K	L	M
1		專案工程管理				2023年8月日曆							
2	工程	開始日	交貨日	日數		日	一	二	三	四	五	六	
3	設計	2023/8/1(週二)	2023/8/9(週三)	7				1	2	3	4	5	
4	開發	2023/8/7(週一)	2023/8/25(週五)	12		6	7	8	9	10	11	12	
5	測試	2023/8/21(週一)	2023/8/29(週二)	7		13	14	15	16	17	18	19	
6	移轉	2023/8/25(週五)	2023/8/31(週四)	5		20	21	22	23	24	25	26	
7						27	28	29	30	31			
8								※週四、週日休息					
9						休息日							
10						2023/8/11(週五)			研習				
11						2023/8/15(週二)			員工旅遊				

開始日　結束日　假日

在 D3 儲存格輸入公式，並複製到 D6 儲存格

計算出實際工作天數

=NETWORKDAYS.INTL(開始日, 結束日, [週末], [假日]) → 05-34

Memo

- 剛才的範例，我們將指定給引數「假日」的休息日輸入在儲存格中，但也可以在公式中指定為陣列常數，如下所示：
  =NETWORKDAYS.INTL(B3,C3,"0001001",{"2023/8/11","2023/8/15"})

關聯項目　【05-33】計算排除週六、週日及休息日的工作天數

05-36 從出生日期計算年齡

DATEDIF／TODAY

DATEDIF 函數是用來計算兩個日期之間的間隔。要計算從出生日期到現在的年齡，需要在引數「開始日」中指定出生日期，在「結束日」中指定今天的日期（使用 TODAY 函數），並在「單位」中指定代表「年」的「"Y"」。此外，由於 DATEDIF 函數不會顯示在**插入函數**交談窗或**函數庫**中，因此請直接在儲存格中輸入。

▶ 從出生日期計算年齡

D3 =DATEDIF(C3, TODAY(), "Y")
開始日　結束日　單位

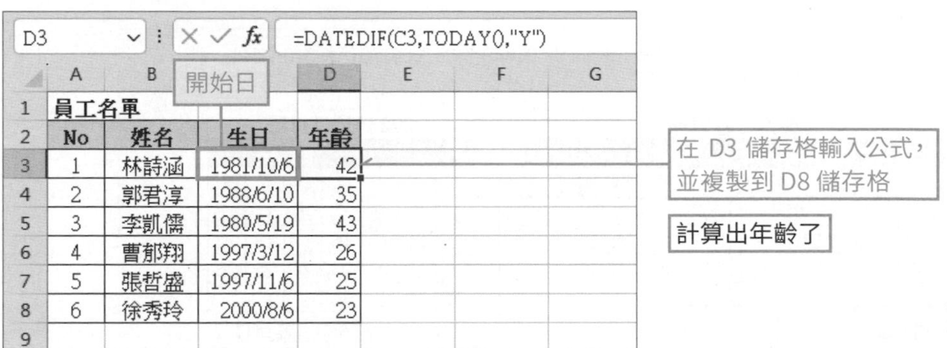

D3 =DATEDIF(C3,TODAY(),"Y")

	A	B	C	D
1	員工名單			
2	No	姓名	生日	年齡
3	1	林詩涵	1981/10/6	42
4	2	郭君淳	1988/6/10	35
5	3	李凱儒	1980/5/19	43
6	4	曹郁翔	1997/3/12	26
7	5	張哲盛	1997/11/6	25
8	6	徐秀玲	2000/8/6	23
9				

開始日
在 D3 儲存格輸入公式，並複製到 D8 儲存格
計算出年齡了

=DATEDIF(開始日, 結束日, 單位)　日期及時間

開始日…指定開始日期
結束日…指定結束日期，需為「開始日」之後的日期
單位…使用下表中的常數指定要計算的期間單位

單位	傳回值
"Y"	期間內的完整年數
"M"	期間內的完整月數
"D"	期間內的天數

單位	傳回值
"YM"	期間內未滿 1 年的月數
"YD"	期間內未滿 1 年的天數
"MD"	期間內未滿 1 個月的天數

計算從「開始日」到「結束日」的期間，並按照指定的「單位」進行計算。

=TODAY()　→ 05-03

Memo

- 使用範例的公式計算年齡時，2 月 29 日出生的人在非閏年的年份會在 3 月 1 日增加一歲。其他人則在生日當天增加一歲。
- 要以「○年○月○日」的格式計算期間，需使用三個 DATEDIF 函數，分別以「"Y"」、「"YM"」和「"MD"」為單位。例如，「2023/4/1」到「2024/6/11」的期間可以依照下圖來計算。「"YM"」用來計算扣除整年數後剩餘的月數，而「"MD"」則用於計算剩餘的天數。

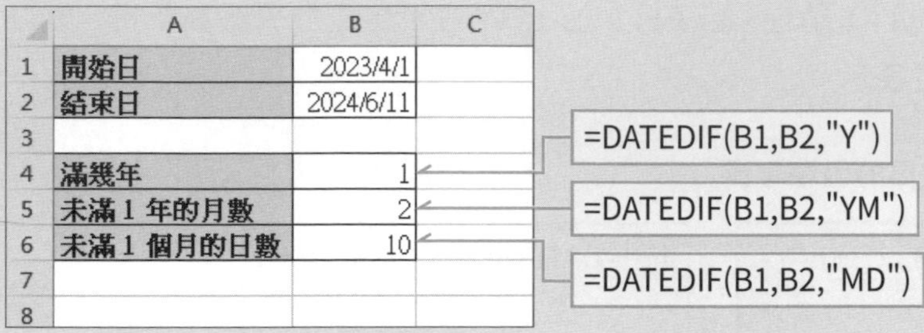

	A	B	C
1	開始日	2023/4/1	
2	結束日	2024/6/11	
3			
4	滿幾年	1	
5	未滿 1 年的月數	2	
6	未滿 1 個月的日數	10	
7			
8			

- 上述的範例中，雖然正確地計算出期間，但實際上，使用 DATEDIF 函數計算跨越閏年的 2 月 29 日時，如果指定了「"MD"」和「"YD"」為單位，可能無法得到準確的結果。因此避免使用「"MD"」和「"YD"」會比較保險。
- DATEDIF 函數不會將「開始日」計入期間中。從「2022/4/1」到「2023/3/31」這期間的年數會被計算為「0 年」，而「2022/4/1」到「2023/4/1」這期間的年數會被計算為「1 年」。如果想要將前者計算為「1 年」，請參考【05-37】。

關聯項目 【05-37】計算包含到職日的服務年資

05-37 計算包含到職日的服務年資

DATEDIF

在 DATEDIF 函數中，「開始日」不包含在期間內。因此，當開始日為「2010/4/1」，要到「2011/4/1」才算滿 1 年，而「2011/3/31」之前都視為 0 年。同樣地，「4/1 ～ 4/30」的月份也視為「0」。如果想要將這些期間計算為「1 年」、「1 個月」，請在「結束日」加上 1。在此，要計算服務年資，並以「○年○月」的單位表示。

▶ 計算包含到職日的服務年資

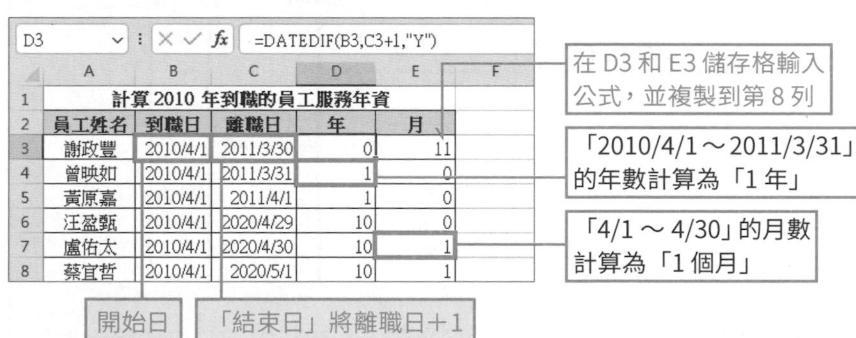

D3 =DATEDIF(B3,C3+1,"Y")

	A	B	C	D	E
1	計算 2010 年到職的員工服務年資				
2	員工姓名	到職日	離職日	年	月
3	謝政豐	2010/4/1	2011/3/30	0	11
4	曾映如	2010/4/1	2011/3/31	1	0
5	黃原嘉	2010/4/1	2011/4/1	1	0
6	汪盈甄	2010/4/1	2020/4/29	10	0
7	盧佑太	2010/4/1	2020/4/30	10	1
8	蔡宜哲	2010/4/1	2020/5/1	10	1

=DATEDIF(開始日, 結束日, 單位) → 05-36

Memo

- 如果不在「結束日」加上「1」，那麼「2010/4/1 ～ 2011/3/31」的年數或者「4/1 ～ 4/30」的月數會被計算為「0」。

	A	B	C	D	E
1	計算 2010 年到職的員工服務年資				
2	員工姓名	到職日	離職日	年	月
3	謝政豐	2010/4/1	2011/3/30	0	11
4	曾映如	2010/4/1	2011/3/31	0	11
5	黃原嘉	2010/4/1	2011/4/1	1	0
6	汪盈甄	2010/4/1	2020/4/29	10	0
7	盧佑太	2010/4/1	2020/4/30	10	0
8	蔡宜哲	2010/4/1	2020/5/1	10	1
9					

05-38 倒數距離活動日還有幾天

DAYS／TODAY

在此要計算到年底還有幾天。使用 DAYS 函數可以計算兩個日期之間的天數。在引數「結束日」中指定年底的日期，在「開始日」中使用 TODAY 函數來指定今天的日期。

▶ 從今天算起到年底還有幾天

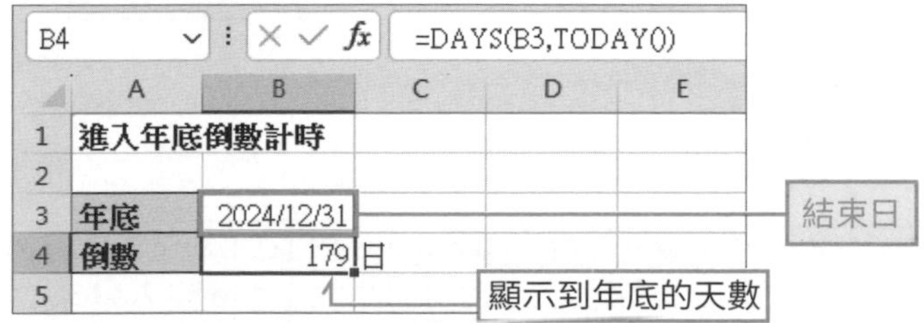

=DAYS(結束日, 開始日) 日期及時間

結束日…指定期間的結束日期
開始日…指定期間的開始日期
計算從開始日到結束日的天數。

=TODAY() → 05-03

Memo

- 每次開啟活頁簿時，會顯示開啟活頁簿當下的倒數天數。
- 使用「=DATEDIF(TODAY(),B3,"D")」也可以求得兩個日期之間的天數。請注意，在 DAYS 函數和 DATEDIF 函數中，「開始日」和「結束日」的位置是相反的。在 DATEDIF 函數中，如果「結束日」早於「開始日」會導致錯誤，但在 DAYS 函數中，則會得到負數的結果。
- 使用「=B3-TODAY()」也可以計算兩個日期之間的天數。但是，由於結果會延續 B3 儲存格的**日期**顯示格式，所以需要手動改回**一般**顯示格式。使用 DAYS 函數，則從一開始就會以數字格式顯示天數。

05-39 計算本月的天數並按日計費

DAY／EOMONTH／ROUND

在當月中途解約時，需要將解約日前的天數除以該月的天數來計算每日費用。透過在 DAY 函數的引數中指定解約日，可以計算出合約日數。要計算當月的天數可以用 EOMONTH 函數來找出該月的月底日期，再指定給 DAY 函數的引數。範例中，用 ROUND 函數對小數點以下的數值進行四捨五入。

▶ 計算到解約日為止的每日費用

D3 =DAY(C3)
序列值

E3 =DAY(EOMONTH(C3, 0))
開始日 月

F3 =ROUND(B3*D3/E3,0)
數值 位數

F3 =ROUND(B3*D3/E3,0)

	A	B	C	D	E	F
1	按日計算					
2	No	每月金額	解約日	合約日數	當月有幾天	按日計算費用
3	1	100,000	2023/2/10	10	28	35,714
4	2	100,000	2023/2/14	14	28	50,000
5	3	100,000	2023/3/10	10	31	32,258
6	4	60,000	2023/4/10	10	30	20,000
7	5	60,000	2023/4/20	20	30	40,000
8						

在 D3、E3、F3 儲存格輸入公式，並複製到第 7 列

算出按日計算的費用了

=DAY(序列值) → 05-05

=EOMONTH(開始日, 月數) → 05-20

=ROUND(數值, 位數) → 04-40

Memo

- 使用以下公式，可以直接從每月金額和解約日計算出每日費用。
  =ROUND(B3*DAY(C3)/DAY(EOMONTH(C3,0)),0)

05-40 製作西元年和民國年的對照表

TEXT／DATE

若要將西元年轉換為民國年，可以使用 TEXT 函數。在「值」的引數裡指定 12 月 31 日的日期，然後在「顯示格式」的引數裡填入「"gge"」。

▶ 製作西元年和民國年的對照表

B3 =TEXT(DATE(A3,12,31),"gge")

	A	B	C	D	E
1	2023	年　西元/民國對照表			
2	西元	民國			
3	2023	民國112			
4	2022	民國111			
5	2021	民國110			
6	2020	民國109			
7	2019	民國108			
8	2018	民國107			
9	2017	民國106			
10	2016	民國105			
11	2015	民國104			
12	2014	民國103			
13	2013	民國102			

在 B3 儲存格輸入公式，並複製到 B40 儲存格

顯示民國年份

=TEXT(值, 顯示格式) → 06-53

=DATE(年, 月, 日) → 05-11

Memo

- 右側的表格，是顯示民國格式的範例。

顯示格式	結果
"ggge"	中華民國 112
"gge"	民國 112

05-41 製作西元／民國年和地支的對照表

MID／MOD

在此要製作一個西元／民國年與地支的對照表。為了將 12 個地支分配給西元年的整數，將使用 MOD 函數取得除法的餘數後，再以 MID 函數從字串中取出指定的字元。

▶ 建立西元／民國年和地支的對照表

C3 =MID("申酉戌亥子丑寅卯辰巳午未", MOD(A3,12)+1,1

字串　開始位置　字數

	A	B	C	D	E	F	G	H
1	2023 年　西元/民國・地支對照表							
2	西元	民國	地支					
3	2023	民國112	卯					
4	2022	民國111	寅					
5	2021	民國110	丑					
6	2020	民國109	子					
7	2019	民國108	亥					
8	2018	民國107	戌					
9	2017	民國106	酉					

C3 =MID("申酉戌亥子丑寅卯辰巳午未",MOD(A3,12)+1,1)

在 C3 儲存格輸入公式，並複製到 C40 儲存格

顯示地支

=MID(字串, 開始位置, 字數) → 06-39

=MOD(數值, 除數) → 04-36

Memo

- 2016 年和 2004 年這些是 12 的倍數年，它們的地支是「申」。因此，設定一個由「申」開始的 12 個字元的地支字串：「申酉戌亥子丑寅卯辰巳午未」。西元年份除以 12 的「餘數 +1」就是那一年的地支。例如，「2023 ÷ 12」的餘數是 7，第 8 個（7+1）字元是「卯」，所以 2023 年的地支是「卯」。

餘數	0	1	2	3	4	5	6	7	8	9	10	11
餘數 +1	1	2	3	4	5	6	7	8	9	10	11	12
地支	申	酉	戌	亥	子	丑	寅	卯	辰	巳	午	未

05-42 製作出生年份與年齡的對照表

DATEDIF／DATE

下圖中的表格，要依據第一欄的出生年份計算對應的年齡。對照表中的年齡以 A1 儲存格中當年生日後的年齡計算。

▶ 製作出生年份與年齡的對照表

D3 =DATEDIF(DATE(A3,1,1),DATE($A$1,1,1),"Y")

- 開始日：各列年份的 1 月 1 日
- 結束日：A1 儲存格中年份的 1 月 1 日
- 單位

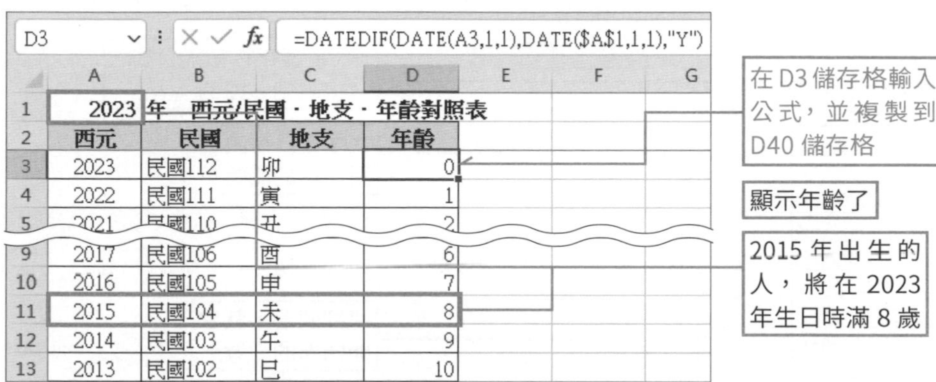

D3 =DATEDIF(DATE(A3,1,1),DATE($A$1,1,1),"Y")

	A	B	C	D	E	F	G
1	2023	年　西元/民國・地支・年齡對照表					
2	西元	民國	地支	年齡			
3	2023	民國112	卯	0			
4	2022	民國111	寅	1			
5	2021	民國110	丑	2			
9	2017	民國106	酉	6			
10	2016	民國105	申	7			
11	2015	民國104	未	8			
12	2014	民國103	午	9			
13	2013	民國102	巳	10			

在 D3 儲存格輸入公式，並複製到 D40 儲存格
顯示年齡了
2015 年出生的人，將在 2023 年生日時滿 8 歲

=DATEDIF(開始日, 結束日, 單位) → 05-36

=DATE(年, 月, 日) → 05-11

Memo

- 範例中的「西元」欄設定了公式，使其從 A1 儲存格中的年份開始，每列遞減 1。當改變 A1 儲存格中的數值，表格中的數值也會自動改變。A3 儲存格的公式如下：
  =$A$1-ROW(A1)+1

	A	B	C	D	E
1	1990	年　西元/民國・地支・年齡對照表			
2	西元	民國	地支	年齡	
3	1990	民國79	午	0	
4	1989	民國78	巳	1	
5	1988	民國77	辰	2	
6	1987	民國76	卯	3	
7	1986	民國75	寅	4	
8	1985	民國74	丑	5	

Excel 05-43 將 1 月 1 日定為第 1 週，計算指定日期的週數

WEEKNUM

使用 WEEKNUM 函數可以查詢指定日期從年初開始算起是第幾週。在此，我們將 1 月 1 日那週定為第 1 週，以星期日作為週的開始，來計算週數。

▶ 從日期計算週數

B3 =WEEKNUM(A3)
序列值

B3 序列值 =WEEKNUM(A3)

	A	B	C	D	E
1	找出與日期對應的週數				
2	日期	週數			
3	2021/1/1(週五)	1			
4	2021/1/2(週六)	1			
5	2021/1/3(週日)	2			
6	2021/1/4(週一)	2			
7	2021/1/5(週二)	2			
8	2021/1/6(週三)	2			
9	2021/1/7(週四)	2			
10	2021/1/8(週五)	2			
11	2021/1/9(週六)	2			
12	2021/1/10(週日)	3			

在 B3 儲存格輸入公式，並複製到 B12 儲存格

1 月 1 日視為第一週的開始

每到週日，就會開始新的一週

=WEEKNUM(序列值, [週的基準]) 日期及時間

序列值…指定日期／時間資料或序列值

週的基準…指定週的開始是哪一天，以及使用哪個系統來計算週數，如下表所示。如果是系統1，則包含 1 月 1 日的那週是該年的第 1 週；如果是系統 2，則包含第一個星期四的那週為該年的第 1 週

週的基準	一週的開始	系統
1 或省略	星期日	系統 1
2	星期一	系統 1
11	星期一	系統 1
12	星期二	系統 1
13	星期三	系統 1

週的基準	一週的開始	系統
14	星期四	系統 1
15	星期五	系統 1
16	星期六	系統 1
17	星期日	系統 1
21	星期一	系統 2

將「序列值」所代表的日期轉換成對應的週數。

05-44 將第 1 個星期四定為第 1 週，計算指定日期的週數

ISOWEEKNUM

使用 ISOWEEKNUM 函數可以求得 ISO 週數。根據國際標準化組織（ISO）的規定，包含該年第一個星期四的那週被定為該年的第 1 週。如果 1 月 1 日是星期五，那麼那週被視為前一年的第 52 週或第 53 週。同樣地，如果 1 月 1 日是星期二，前一年的 12 月 31 日也被視為第 1 週。

▶ 從日期計算 ISO 週數

B3 =ISOWEEKNUM(A3)
序列值

B3 序列值 =ISOWEEKNUM(A3)

	A	B	C	D	E
1	找出與日期對應的週數				
2	日期	週數			
3	2021/1/1(週五)	53			
4	2021/1/2(週六)	53			
5	2021/1/3(週日)	53			
6	2021/1/4(週一)	1			
7	2021/1/5(週二)	1			
8	2021/1/6(週三)	1			
9	2021/1/7(週四)	1			
10	2021/1/8(週五)	1			
11	2021/1/9(週六)	1			
12	2021/1/10(週日)	1			
13	2021/1/11(週一)	2			

在 B3 儲存格輸入公式，並複製到 B13 儲存格

由於 1 月 1 日是星期五，因此會被視為前一年的第 53 週

包含第一個星期四的那一週成為第 1 週

每到週一，就會開始新的一週

=ISOWEEKNUM(序列值) 日期及時間

序列值…指定日期／時間資料或序列值
從「序列值」代表的日期計算 ISO 週數。ISO 週數是根據 ISO 8601 標準中規定的「該年第一個星期四所在的週為第 1 週」來計算的週數。在此將星期一作為週的開始

Memo

- ISOWEEKNUM 函數的傳回值相當於在 WEEKNUM 函數的「週的基準」引數中指定「21」的情況。

05-45 將第 1 個星期六定為第 1 週，計算指定日期在該月的第幾週

WEEKNUM／EOMONTH

在此將每月的第一個星期六當作第 1 週，計為「1」，接著到下個星期六之前的週計為「2」，依此類推。就像日曆上，第一列是第 1 週、第二列是第 2 週，依此類推。由於 WEEKDAY 函數計算的是從 1 月 1 日起的週數，要得到每個月的週數，需要從目前日期的週數中扣除該月第一天的週數，再加上 1。在此利用 EOMONTH 函數計算出「該月的第一天」。

▶ 計算每個月的週數

B3 =WEEKNUM(A3)-WEEKNUM(EOMONTH(A3,-1)+1)+1

當日的週數　　當月 1 日的週數

B3 =WEEKNUM(A3)-WEEKNUM(EOMONTH(A3,-1)+1)+1

	A	B
1	找出與日期對應的週數	
2	日期	週數
3	2023/8/1(週二)	1
4	2023/8/7(週一)	2
5	2023/8/26(週六)	4
6	2023/8/27(週日)	5
7	2023/8/28(週一)	5

2023年8月日曆

日	一	二	三	四	五	六
		1	2	3	4	5
6	7	8	9	10	11	12
13	14	15	16	17	18	19
20	21	22	23	24	25	26
27	28	29	30	31		

在 B3 儲存格輸入公式，並複製到 B7 儲存格

計算出週數了

每週的開始日為週日

=WEEKNUM(序列值, [週的基準]) → 05-43

=EOMONTH(開始日, 月數) → 05-20

Memo

- 如果想將週更換的日子設為星期一，則在兩個 WEEKNUM 函數的「週的基準」引數中指定為「2」。這樣週數會在每個星期一更換。

=WEEKNUM(A3,2)-WEEKNUM(EOMONTH(A3,-1)+1,2)+1

	A	B
1	找出與日期對應的週數	
2	日期	週數
3	2023/8/1(週二)	1
4	2023/8/7(週一)	2
5	2023/8/26(週六)	4
6	2023/8/27(週日)	4
7	2023/8/28(週一)	5

05-46 將每月的前 7 天定為第 1 週，計算指定日期在該月的第幾週

INT／DAY

當我們用「第 1 個星期二是分店會議」、「第 4 個星期五是無加班日」的表達方式時，通常會將每月的 1 日到 7 日視為第 1 週，8 日到 14 日視為第 2 週。根據這個規則，假設每個月從開始的 7 天為一週，進行週數的計算。將日期的「日」加上 6，再除以 7，得到的整數部分就是我們要找的週數。

▶ 計算每個月的週數

B3 =INT((DAY(A3)+6/7)
將 A3 儲存格的「日」加上 6，再除以 7

B3 =INT((DAY(A3)+6)/7)

	A	B	C	D	E	F	G	H	I	J	K
1	找出與日期對應的週數			2023年8月日曆							
2	日期	週數		日	一	二	三	四	五	六	
3	2023/8/1(週二)	1				1	2	3	4	5	
4	2023/8/7(週一)	1		6	7	8	9	10	11	12	
5	2023/8/8(週二)	2		13	14	15	16	17	18	19	
6	2023/8/28(週一)	4		20	21	22	23	24	25	26	
7	2023/8/29(週二)	5		27	28	29	30	31			
8											

在 B3 儲存格輸入公式，並複製到 B7 儲存格

計算出週數了

每當日期是「7 的倍數 +1」就更換週數

=INT(數值) → 04-44

=DAY(序列值) → 05-05

Memo

- 將公式修改如下，就可以用「第 1 個星期二」的格式來顯示。
  ="第"&INT((DAY(A3)+6)/7)&"個"&TEXT(A3,"aaaa")

	A	B
1	找出與日期對應的週數	
2	日期	週數
3	2023/8/1(週二)	第1個星期二
4	2023/8/7(週一)	第1個星期一
5	2023/8/8(週二)	第2個星期二
6	2023/8/28(週一)	第4個星期一
7	2023/8/29(週二)	第5個星期二

關聯項目 【05-49】計算指定年月的第三個星期三的日期

05-47 從日期計算出星期編號

WEEKDAY

使用 WEEKDAY 函數可以從日期中計算出星期編號。這個函數有「序列值」和「類型」兩個引數。「類型」是用於指定星期編號的引數。如果將星期日到星期六的星期編號設為「1～7」，可省略「類型」，只要指定「序列值」即可。

▶ 從日期中計算星期編號

B3 =WEEKDAY(A3)
序列值

在 B3 儲存格輸入公式，並複製到 B5 儲存格

找出星期的編號

=WEEKDAY(序列值, [類型])　日期及時間

序列值…指定日期／時間資料或序列值
類型…指定下表傳回值的類型

類型	傳回值
1 或省略	1（星期日）～7（星期六）
2	1（星期一）～7（星期日）
3	0（星期一）～6（星期日）
11	1（星期一）～7（星期日）
12	1（星期二）～7（星期一）

類型	傳回值
13	1（星期三）～7（星期二）
14	1（星期四）～7（星期三）
15	1（星期五）～7（星期四）
16	1（星期六）～7（星期五）
17	1（星期日）～7（星期六）

從「序列值」代表的日期計算出星期編號。

Memo

- 從 Excel 2010 開始，增強了「類型」引數的功能，新增了「11～17」的設定值。由於「1」和「17」、「2」和「11」的結果相同，所以使用哪一個都可以。

05-48 從日期找出對應的星期幾

TEXT 函數是對資料套用顯示格式的函數。如果在「值」引數中指定日期，並在「顯示格式」中指定「"aaa"」，可以將日期轉換成「週一、週二、週三、…」等格式的星期。在此，要在日期旁邊的儲存格中顯示對應的星期幾。

▶ **從日期找出對應的星期幾**

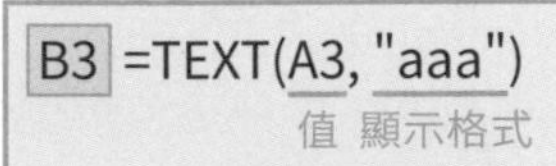

=TEXT(值, 顯示格式)　→ 06-53

Memo

- 星期的顯示格式有以下幾種：

顯示格式	顯示結果
aaa	週日、週一、週二、週三、週四、週五、週六
aaaa	星期日、星期一、星期二、星期三、星期四、星期五、星期六
ddd	Sun、Mon、Tue、Wed、Thu、Fri、Sat
dddd	Sunday、Monday、Tuesday、Wednesday、Thursday、Friday、Saturday

05-49 計算指定年月的第三個星期三的日期

WORKDAY.INTL／DATE

要計算像「2023 年 8 月的第三個星期三」這樣指定年份和月份的第三個星期三，可以使用 WORKDAY.INTL 函數。將除了星期三以外的所有星期都設為假日，再計算從上個月底之後的第 3 個工作日，就可以得到第三個星期三。要將除了星期三以外的日子設為假日，需要在「週末」引數中指定「"1101111"」。上個月底的日期可以參考【**05-24**】，使用 DATE 函數來計算。

▶ 計算 2023 年 8 月的第三個星期三

B4 =WORKDAY.INTL(DATE(B2,B3,0), 3, "1101111")

開始日：上個月的最後 1 天　天數：3 個工作日後　週末：除了星期三，其他日子都休息

B4 =WORKDAY.INTL(DATE(B2,B3,0),3,"1101111")

	A	B
1	尋找指定月份的第三個星期三	
2	年	2023
3	月	8
4	第三個星期三	2023/8/16

2023年8月日曆

日	一	二	三	四	五	六
	31	1	2	3	4	5
6	7	8	9	10	11	12
13	14	15	16	17	18	19
20	21	22	23	24	25	26
27	28	29	30	31		

在 B4 儲存格輸入公式，並設定為「日期」顯示格式

從上個月最後一天 (31 日) 開始，找出 3 個工作日後的日期

=WORKDAY.INTL(開始日, 天數, [週末], [假日]) → 05-31

=DATE(年, 月, 日) → 05-11

Memo

- 在下圖的表格中，要自由指定週數和星期，可以建立如下的公式。星期編號從「星期日～星期六」指定為「1～7」。
  =DATE(A2,B2,C2*7-WEEKDAY(DATE(A2,B2,-D2+2),3))

E2 =DATE(A2,B2,C2*7-WEEKDAY(DATE(A2,B2,-D2+2),3))

	A	B	C	D	E
1	年	月	週	星期編號	第三個星期三
2	2023	8	3	4	2023/8/16

05-50 計算本週星期日的日期

WEEKDAY

以星期日為一週的開始，根據指定的日期來計算「本週的星期日」。這裡所指的本週星期日是指日曆上同一列第一欄的日期。使用 WEEKDAY 函數來求出基準日的星期編號，再用基準日減去該數字，得到的是基準日前一週的星期六日期，再加上「1」，就可以得出本週星期日的日期。

▶ 計算本週星期日的日期

B3 =A3 - WEEKDAY(A3) +1
基準日　基準日的星期編號

B3 =A3-WEEKDAY(A3)+1

	A	B	C	D	E	F	G	H	I	J
1	尋找本週的第一個日期			2023年8月日曆						
2	基準日	本週開始日期		日	一	二	三	四	五	六
3	2023/8/1	2023/7/30		30	31	1	2	3	4	5
4	2023/8/6	2023/8/6		6	7	8	9	10	11	12
5	2023/8/12	2023/8/6		13	14	15	16	17	18	19
6	2023/8/23	2023/8/20		20	21	22	23	24	25	26
7	2023/8/31	2023/8/27		27	28	29	30	31	1	2
8										

在 B3 儲存格輸入公式，並複製到 B7 儲存格

計算出包含基準日那週開始的日期

=WEEKDAY(序列值, [類型]) → 05-47

Memo

- WEEKDAY 函數會傳回「1（星期日）～7（星期六）」的星期編號。從基準日減去基準日的星期編號，如下所示，就會得到上週六的日期。
  - 從「2023/8/6（星期日）」減去星期編號「1」 → 得到 1 天前的「2023/8/5（星期六）」
  - 從「2023/8/7（星期一）」減去星期編號「2」 → 得到 2 天前的「2023/8/5（星期六）」
  - 從「2023/8/8（星期二）」減去星期編號「3」 → 得到 3 天前的「2023/8/5（星期六）」

    ：
  - 從「2023/8/12（星期六）」減去星期編號「7」 → 得到 7 天前的「2023/8/5（星期六）」
- 範例中，我們是透過加「1」來計算本週「星期日」的日期，但如果你改變這個加上的數值，就能自由算出本週的「星期一」或「星期六」等日期。

05-51 查詢指定的日期是營業日還是休息日

NETWORKDAYS 函數是用來計算從「開始日」到「結束日」之間，扣除週末和假日的天數。如果在「開始日」和「結束日」指定相同的日期，若該日是營業日則結果為「1」，如果是休息日則為「0」。在此，要結合 IF 函數，在休息日的日期上顯示「休」。

▶ 在休息日的日期上顯示「休」

B3 =IF(NETWORKDAYS(A3,A3,$E$3:$E$4)=0,"休","")

開始日 結束日 假日

從 A3 儲存格到 A3 儲存格之間的營業日為 0

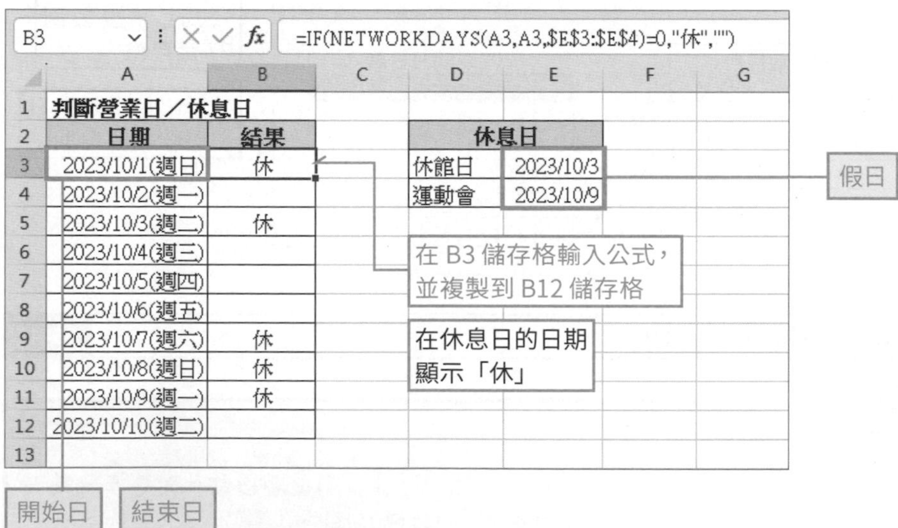

	A	B	C	D	E
1	判斷營業日／休息日				
2	日期	結果		休息日	
3	2023/10/1(週日)	休		休館日	2023/10/3
4	2023/10/2(週一)			運動會	2023/10/9
5	2023/10/3(週二)	休			
6	2023/10/4(週三)				
7	2023/10/5(週四)				
8	2023/10/6(週五)				
9	2023/10/7(週六)	休			
10	2023/10/8(週日)	休			
11	2023/10/9(週一)	休			
12	2023/10/10(週二)				
13					

=IF(條件式, 條件成立, 條件不成立)	→ 03-02
=NETWORKDAYS(開始日, 結束日, [假日])	→ 05-33

關聯項目
【05-52】查詢指定的日期是否為國定假日
【05-53】查詢指定的年是否為閏年

05-52 查詢指定的日期是否為國定假日

IF／COUNTIF

在此要查詢指定的日期是否為國定假日。首先準備一個國定假日表。使用 COUNTIF 函數來計算想要查詢的日期在國定假日表中出現的次數，如果結果大於或等於 1，則判斷該日為國定假日。請使用絕對參照來指定國定假日表的儲存格範圍，以確保複製公式時儲存格範圍不會參照錯誤。

▶ 在國定假日的日期旁顯示「國定假日」

B3 =IF(COUNTIF($E$3:$E$5,A3)>=1,"國定假日","")

條件範圍　條件

在 E3 到 E5 儲存格中，A3 儲存格的日期出現 1 次或以上

B3 =IF(COUNTIF($E$3:$E$5,A3)>=1,"國定假日","")

	A	B	C	D	E	F	G
1	判斷是否為國定假日						
2	日期	結果		國定假日			
3	2023/4/1(週六)			兒童節	2023/4/4		
4	2023/4/2(週日)			清明節	2023/4/5		
5	2023/4/3(週一)			勞動節	2023/5/1		
6	2023/4/4(週二)	國定假日					
7	2023/4/5(週三)	國定假日					
8	2023/4/6(週四)						
9	2023/4/7(週五)						
10							

條件範圍

條件

在 B3 儲存格輸入公式，並複製到 B9 儲存格

在國定假日的日期旁顯示「國定假日」

=IF(條件式, 條件成立, 條件不成立)	→ 03-02
=COUNTIF(條件範圍, 條件)	→ 02-30

關聯項目
【05-51】查詢指定的日期是營業日還是休息日
【05-59】在行程表中顯示國定假日名稱

05-53 查詢指定的年是否為閏年

IF／DAY／DATE

要查詢指定的年是否為閏年，可以使用 DATE 函數來建立該年份 2 月 29 日的日期，然後用 DAY 函數取出「日」。如果 2 月 29 日存在，則 DAY 函數的傳回值為「29」。此外，如果 2 月 29 日不存在，用 DATE 函數建立的日期將自動調整為 3 月 1 日，因此 DAY 函數的傳回值將不會是「29」。換句話說，如果傳回值是「29」，則可以判斷該年為閏年。

▶ 在閏年的儲存格旁顯示「閏年」

```
B3 =IF(DAY(DATE(A3,2,29))=29, "閏年", "")
```

條件式 DAY(DATE(A3,2,29))=29；條件成立 "閏年"；條件不成立 ""

B3 =IF(DAY(DATE(A3,2,29))=29,"閏年","")

	A	B	C	D	E	F	G
1	判斷是否為閏年						
2	年	結果					
3	2023						
4	2024	閏年					
5	2025						
6	2026						
7	2027						
8	2028	閏年					

在 B3 儲存格輸入公式，並複製到 B8 儲存格

在閏年的儲存格旁顯示「閏年」

=IF(條件式, 條件成立, 條件不成立) → 03-02

=DAY(序列值) → 05-05

=DATE(年, 月, 日) → 05-11

Memo

- 在 Excel 中，實際上不存在的「1900 年 2 月 29 日」會被當作存在的日期來處理。因此，雖然 1900 年不是閏年，但如果使用前面的公式，會被判斷為閏年。如果想要進行正確判斷，請使用以下 **Memo** 中的公式。
- 一般來說，4 的倍數的年份是閏年，但是 100 的倍數中若不是 400 的倍數的年份就不是閏年。可以根據這些條件來判斷是否為閏年。
  =IF(OR(MOD(A3,400)=0,AND(MOD(A3,4)=0,MOD(A3,100)<>0)),"閏年","")

05-54 建立只顯示工作日的行程表

WORKDAY

在此要建立一個只顯示工作日、排除週末和國定假日的行程表。首先，在第一個儲存格輸入開始日期，然後在第二個儲存格使用 WORKDAY 函數來計算 1 個工作日後的日期。複製這個含有 WORKDAY 函數的儲存格，就可以在第三個儲存格及之後的儲存格連續顯示每一個工作日的日期。

▶ 建立一個只有工作日的行程表

A4 =WORKDAY(A3, 1 , $D$3:$D$4)
開始日 天數 假日

A4 =WORKDAY(A3,1,$D$3:$D$4)

	A	B	C	D	E
1	行程表				
2	日期	預定事項		國定假日	
3	2023/10/1(週日)			2023/9/29(週五)	
4	2023/10/2(週一)			2023/10/10(週二)	
5	2023/10/3(週二)				
6	2023/10/4(週三)				
7	2023/10/5(週四)				
8	2023/10/6(週五)				
9	2023/10/9(週一)				
10	2023/10/11(週三)				
11	2023/10/12(週四)				
12	2023/10/13(週五)				
13					

在 A3 儲存格輸入第一天的日期

在 A4 儲存格輸入公式，並複製到 A12 儲存格

只會顯示工作日的日期

=WORKDAY(開始日, 天數, [假日]) → 05-25

Memo

- 國定假日表也可以建立在不同的工作表中。國定假日表在其他工作表中的儲存格時，可以用「工作表名稱！儲存格編號」的格式來指定。例如，在名為「國定假日」工作表的 A2 ～ A3 儲存格中輸入了國定假日，公式如下所示。
  =WORKDAY(A3,1,國定假日!$A$2:$A$3)

05-55 自動建立指定月份的行程表

IF／DAY／DATE／ROW／TEXT

只要指定年份和月份，就可以建立一個自動顯示該月份日期的行程表。由於每個月份的天數不同，所以關鍵在於判斷到 31 日的日期是否存在，並根據此條件進行顯示或隱藏。

▶ 按照指定月份的天數建立行程表

A5 = IF(DAY(DATE($B$1,$D$1,ROW(A1)))=ROW(A1),
條件式（如果 ROW 函數計算出的「日」是存在的日期時）
ROW(A1),
條件成立（顯示用 ROW 函數計算出的「日」）
"")
條件不成立（不顯示任何內容）

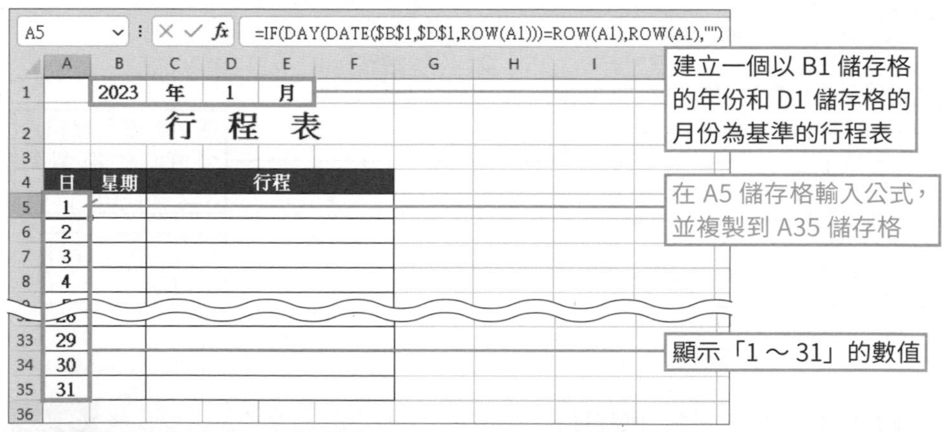

① 想要製作 2023 年 1 月的行程表。在 B1 儲存格輸入年份，在 D1 儲存格輸入月份。在 A5 儲存格輸入公式，並複製到 A35 儲存格，就會顯示「1 ～ 31」的數字

=IF(條件式, 條件成立, 條件不成立) → 03-02
=DAY(序列值) → 05-05
=DATE(年, 月, 日) → 05-11
=ROW([參照]) → 07-57
=TEXT(值, 顯示格式) → 06-53

B5 =IF(A5="","",TEXT(DATE($B$1,$D$1,A5),"aaa"))
條件式 條件成立 條件不成立

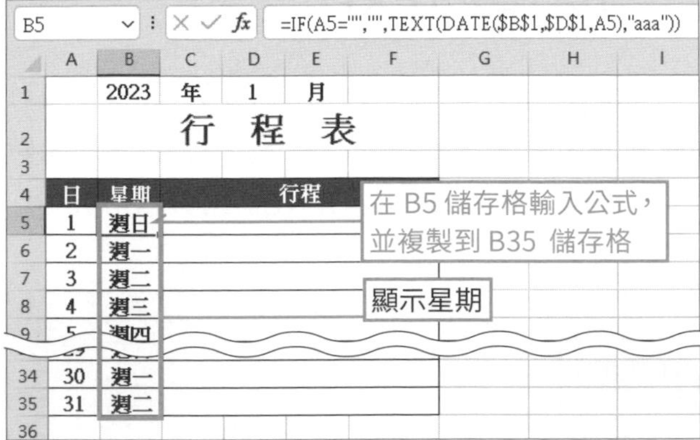

② 接著，要顯示星期。在 B5 儲存格輸入公式，並複製到 B35 儲存格，這樣就會顯示 31 天的星期。此公式只有在 A 欄有值顯示的情況下才會顯示星期

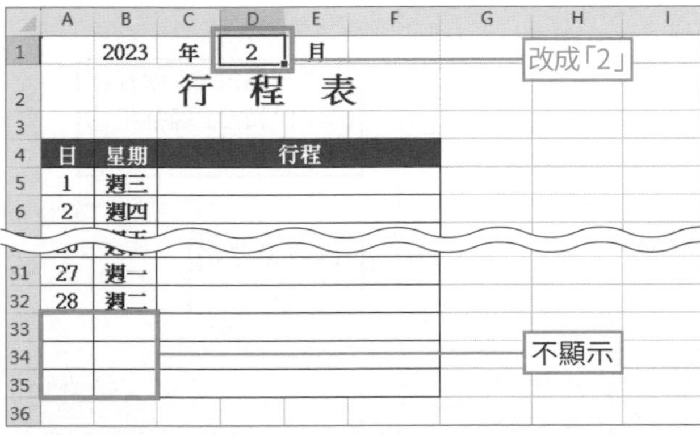

③ 當更改年份或月份時，行程表會自動變化。試著將 D1 儲存格的值改為「2」。就會重新排列星期，且「29～31」的數值和星期會被隱藏

Memo

- 步驟①公式中的「ROW(A1)」在複製到下方儲存格時會傳回「1、2、3…」的連續數字，因此可以當作行程表中的「日」。但由於不同月份的天數不同，因此需要判斷這個「日」是否存在。如果不存在的「日」，使用 DATE 函數建立日期時，會自動調整為下個月的日期。如果建立的日期的「日」與「ROW(A1)」相等，則可以判斷為存在的日期。
- 如果想在 A 欄顯示日期，請按照以下方式修改 A5 和 B5 儲存格的公式。
  A5 儲存格：=IF(DAY(DATE($B$1,$D$1,ROW(A1)))=ROW(A1),DATE($B$1,$D$1,ROW(A1)),"")
  B5 儲存格：=IF(A5="","",TEXT(A5,"aaa"))
- 在行程表中自動繪製框線的方法，請參考【05-57】的說明。

關聯項目 【05-57】在行程表中自動繪製框線

05-56 利用溢出功能自動建立指定月份的行程表

SEQUENCE／DAY／DATE／TEXT

【05-55】介紹了自動建立行程表的方法，在 Microsoft 365 與 Excel 2021 中也可以使用 SEQUENCE 函數與**溢出**功能自動建立行程表。利用 DAY 函數與 DATE 函數計算該月份的天數，再將天數設成 SEQUENCE 函數的引數。

▶ 依指定月份的天數建立行程表

A5 =SEQUENCE(DAY(DATE(B1,D1+1,0)))
列 (2023 年 1 月底的「日」)

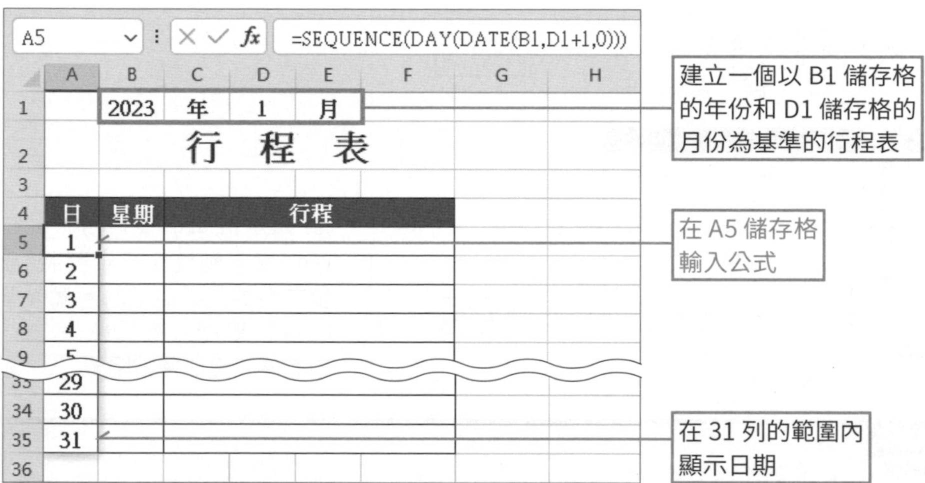
A5
=SEQUENCE(DAY(DATE(B1,D1+1,0)))
2023 年 1 月
行 程 表
日 星期 行程
建立一個以 B1 儲存格的年份和 D1 儲存格的月份為基準的行程表
在 A5 儲存格輸入公式
在 31 列的範圍內顯示日期

① 想建立 2023 年 1 月的行程表，先在 B1 儲存格輸入年，D1 儲存格輸入月，接著在 A5 儲存格輸入 SEQUENCE 函數後，就會啟動**溢出**功能，依照引數「列」設定的列數顯示數值。這個範例是在「列」設定 2023 年 1 月最後一天的「日」，即「31」，所以顯示「1～31」的連續數值。關於月底的概念請參考【05-24】的說明

函數	參考
=SEQUENCE(列, [欄], [起始值], [遞增量])	→ 04-09
=DAY(序列值)	→ 05-05
=DATE(年, 月, 日)	→ 05-11
=TEXT(值, 顯示格式)	→ 06-53

B5 =TEXT(DATE(B1,D1,A5#), "aaa")
值　顯示格式

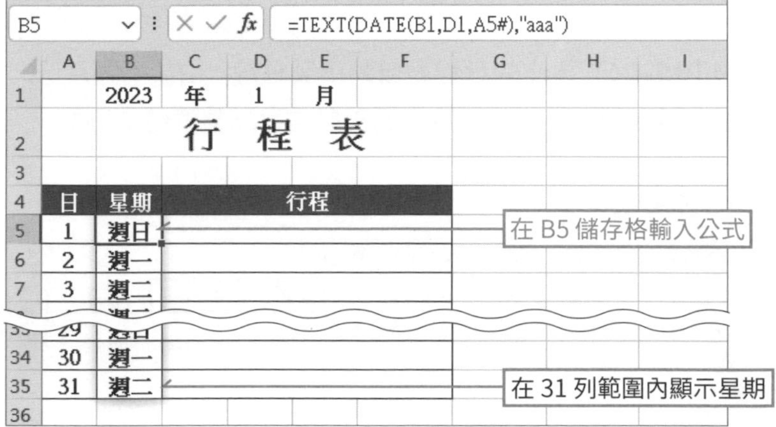

② 在 B5 儲存格輸入 TEXT 函數。由於引數內設定了溢出範圍運算子「A5#」（→【01-33】），所以 A5 儲存格的公式會依溢出範圍的列數顯示星期

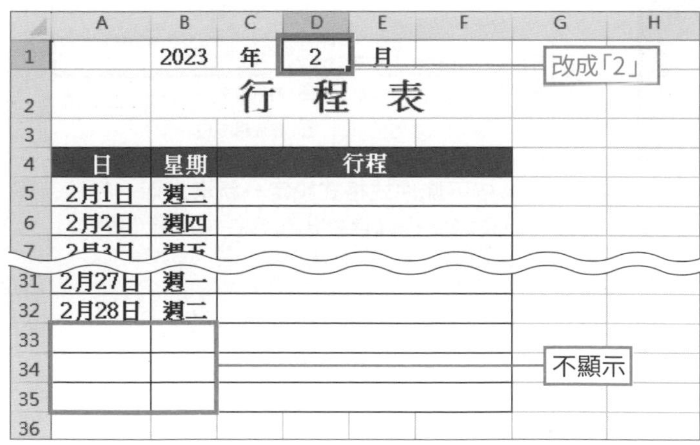

③ 更改年或月，公式會重新溢出，自動調整行程表。請將 D1 儲存格的值改成「2」，就會重新調整星期，隱藏「29～31」的數值與星期

Memo

- 如果想在 A 欄顯示日期，請按照以下方式修改 A5 和 B5 儲存格的公式。
  A5 儲存格：=DATE(B1,D1,SEQUENCE(DAY(DATE(B1,D1+1,0))))
  B5 儲存格：=TEXT(A5#,"aaa")
- 在行程表中自動繪製框線的方法，請參考【05-57】的說明。

關聯項目 【05-57】在行程表中自動繪製框線

05-57 在行程表中自動繪製框線

無使用函數

在此要讓【05-55】和【05-56】建立的行程表自動繪製框線。由於不同月份的天數不同，使用**條件式格式設定**，可以根據月份的天數自動調整框線的列數。

▶ 根據行程表的天數，自動繪製框線

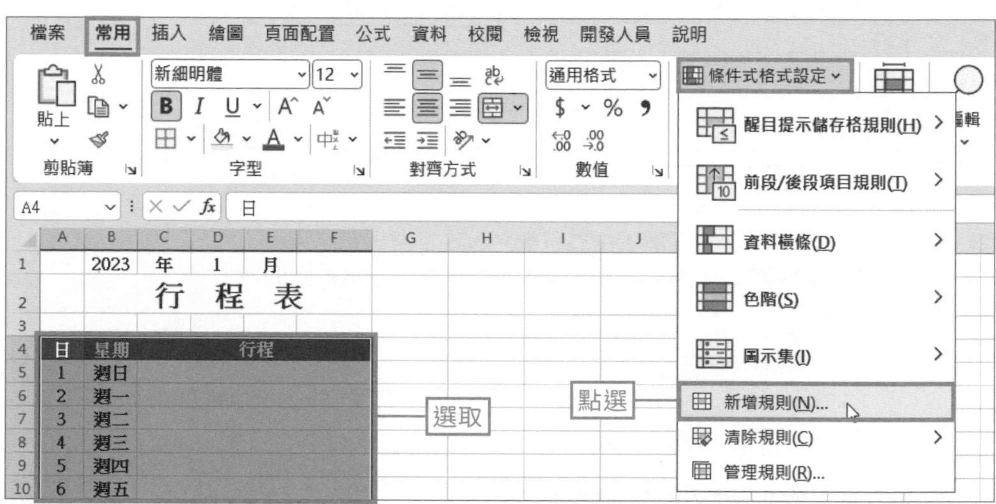

① 選取 A4 ～ F35 儲存格，切換到**常用**頁次，按下**條件式格式設定→新增規則**。根據行程表的月份，雖然第 33 ～ 35 列可能會留白，但請將這些儲存格也包含在選取範圍內

② 開啟設定交談窗後，選取**使用公式來決定要格式化哪些儲存格**，接著在公式欄中輸入「=$A4<>""」。透過將「$A4」設定為欄固定的混合參照，可以只在行程表的 A 欄有顯示資料的那些列上顯示格式。接著，再按下**格式**鈕

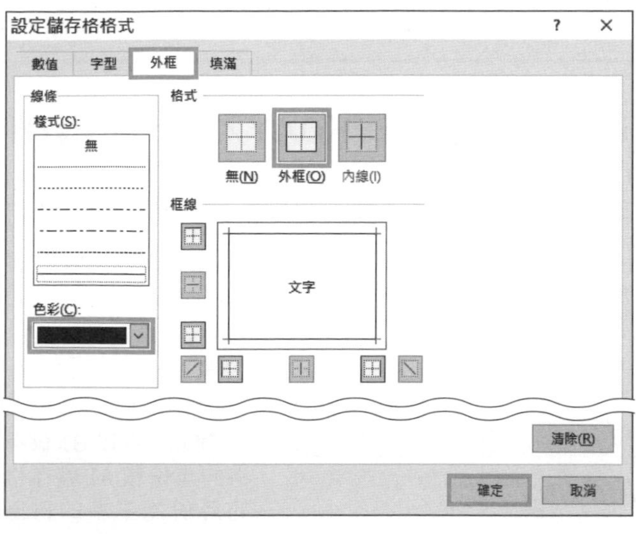

③ 切換到**外框**頁次，選擇框線**色彩**，再按下上方的**外框**鈕，按下**確定**鈕後，畫面會回到步驟②，再次按下**確定**即可

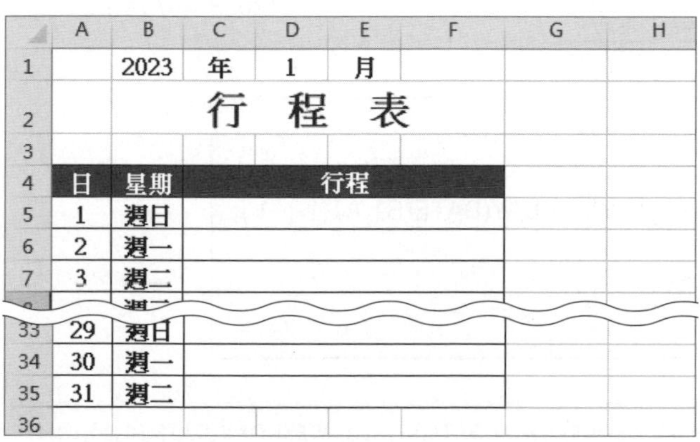

	A	B	C	D	E	F	G	H
1		2023	年	1	月			
2			行	程	表			
3								
4	日	星期	行程					
5	1	週日						
6	2	週一						
7	3	週二						
33	29	週日						
34	30	週一						
35	31	週二						
36								

④ 在 A 欄有資料的列上顯示框線了

	A	B	C	D	E	F	G	H
1		2023	年	2	月			
2			行	程	表			
3								
4	日	星期	行程					
5	1	週三						
6	2	週四						
7	3	週五						
30	26	週日						
31	27	週一						
32	28	週二						
33								
34								

改成「2」

格線消失了

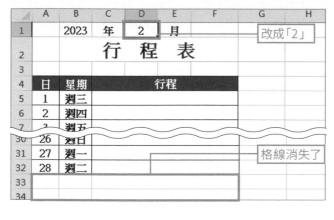

⑤ 將 D1 儲存格改成「2」，框線會根據 2 月的天數自動隱藏

關聯項目

【05-55】自動建立指定月份的行程表
【05-56】利用溢出功能自動建立指定月份的行程表
【05-59】在行程表中顯示國定假日名稱
【11-24】自動替行程表的週六、週日標示顏色
【11-25】自動替行程表的國定假日設定顏色

05-58 利用溢出功能自動建立指定月份的日曆

LET／SEQUENCE／DATE／WEEKDAY／IF／MONTH

在此要建立一個只要設定年和月，就會自動顯示該月份日期的日曆。此範例將使用 Microsoft 365 與 Excel 2021 的新函數 LET 函數、SEQUENCE 函數與溢出功能。

▶ 依指定月份的天數建立日曆

	A	B	C	D	E	F	G	H	I	J
1	7	2023		Calendar						
2		July								
3										
4	SUN	MON	TUE	WED	THU	FRI	SAT			

① 建立一個以 B1 儲存格的年份和 A1 儲存格的月份為基準的日曆 (2023 年 7 月)

A5 =LET(日期式,
名稱 1
SEQUENCE(6,7,DATE(B1,A1,1)-WEEKDAY(DATE(B1,A1,1))+1),
運算式 1
IF(MONTH(日期式)=A1,日期式,""))
計算方式

A5 =LET(日期式,SEQUENCE(6,7,DATE(B1,A1,1)-WEEKDAY(DATE(B1,A1,1))+1),IF(MONTH(日期式)=A1,日期式,""))

	A	B	C	D	E	F	G
1	7	2023		Calendar			
2		July					
3							
4	SUN	MON	TUE	WED	THU	FRI	SAT
5							45108
6	45109	45110	45111	45112	45113	45114	45115
7	45116	45117	45118	45119	45120	45121	45122
8	45123	45124	45125	45126	45127	45128	45129
9	45130	45131	45132	45133	45134	45135	45136
10	45137	45138					

在 A5 儲存格輸入公式

顯示 7 月日期的序列值

② 在 A5 儲存格輸入公式，按下 Enter 鍵，就會啟動溢出功能，在 6 列 7 欄的範圍內，顯示 2023 年 7 月的日期序列值

=LET(名稱1, 運算式1, [名稱2, 運算式2]…, 計算方式) →	03-32
=SEQUENCE(列, [欄], [起始值], [遞增量]) →	04-09
=DATE(年, 月, 日) →	05-11
=WEEKDAY(序列值, [類型]) →	05-47
=IF(條件式, 條件成立, 條件不成立) →	03-02
=MONTH(序列值) →	05-05

Memo

- 以下將拆解 A5 儲存格輸入的公式，讓你更加了解其意義。LET 函數可以將運算式命名後，利用該名稱進行計算。這個範例將以下的運算式命名為「日期式」。

命名為「日期式」的運算式
SEQUENCE(6,7,DATE(B1,A1,1)- WEEKDAY(DATE(B1,A1,1))+1)
列 欄　起始值（日曆第一個儲存格的序列值）

在「日期式」中，DATE 函數之後的部分是計算日曆開頭的 A5 儲存格序列值。「DATE(B1,A1,1)」的傳回值是「2023/7/1」。把這個日期當作基準日，計算「基準日 – 基準日的日期編號+1」，可以求出包含「2023/7/1」那一週的開始日期（2023/6/25），請參考【05-50】的說明。

計算 A5 儲存格的序列值「2023/6/25」的運算式
DATE(B1,A1,1) - WEEKDAY(DATE(B1,A1,1)) +1
基準日　基準日的星期編號

「日期式」的 SEQUENCE 函數在 6 列 7 欄的範圍內，建立從「2023/6/25」開始的連續資料。我們試著在「日期式」的開頭加上「=」，輸入 A5 儲存格，就會顯示從序列值「2023/6/25」開始的連續編號，如右圖。

4	SUN	MON	TUE	WED	THU	FRI	SAT
5	45102	45103	45104	45105	45106	45107	45108
6	45109	45110	45111	45112	45113	45114	45115
7	45116	45117	45118	45119	45120	45121	45122
8	45123	45124	45125	45126	45127	45128	45129
9	45130	45131	45132	45133	45134	45135	45136
10	45137	45138	45139	45140	45141	45142	45143

在此只想顯示 7 月的日期，所以在 LET 函數的引數「計算方式」嵌入 IF 函數，只在「日期式」等於 A1 儲存格時，顯示序列值。

在引數「計算方式」設定的運算式
IF(MONTH(日期式)=A1 , 日期式 , " ")
條件式　條件成立　條件不成立

③ 選取 A5 ～ G10 儲存格，切換到**常用**頁次，按下**數值**區右下方的按鈕，或在選取範圍按右鍵，執行**儲存格格式**命令

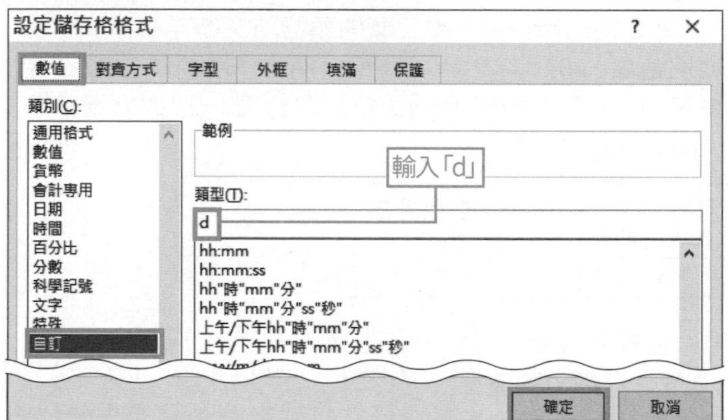

④ 開啟**設定儲存格格式**交談窗，在**數值**頁次選取**類別**中的**自訂**，在**類型**欄輸入「d」，再按下**確定**鈕。「d」是取出日期中「日」的格式符號

	A	B	C	D	E	F	G	H	I	J
1	7	2023			Calendar					
2		July								
3										
4	SUN	MON	TUE	WED	THU	FRI	SAT			
5							1			
6	2	3	4	5	6	7	8			
7	9	10	11	12	13	14	15			
8	16	17	18	19	20	21	22			
9	23	24	25	26	27	28	29			
10	30	31								

⑤ 取出日期中與序列值對應的「日」，調整字型、字型色彩、文字配置等

	A	B	C	D	E	F	G	H	I	J
1	8	2023		Calendar						
2		August								
3										
4	SUN	MON	TUE	WED	THU	FRI	SAT			
5			1	2	3	4	5			
6	6	7	8	9	10	11	12			
7	13	14	15	16	17	18	19			
8	20	21	22	23	24	25	26			
9	27	28	29	30	31					
10										

⑥ 更改 A1 儲存格的月或 B1 儲存格的年，日曆的日期也會改變。這裡將月份改成 8 月

Memo

- 步驟⑤在 A5 ～ G10 儲存格設定了以下格式。

  - 字型　　：Century
  - 字型大小：14
  - 字型色彩：A5～A10 儲存格設為紅色，G5～G10 儲存格設為藍色
  - 置中(對齊)

- 日曆的列數會隨著月份而變成 5 列或 6 列，使用**條件式格式設定**，可以在有日期的那幾列顯示框線。選取 A5 ～ G10 儲存格，參考【05-57】的說明，開啟**新增格式化規則**交談窗，設定以下條件式：
  =OR($A5:$G5<>"")

	A	B	C	D	E	F	G	H
1	7	2023		Calendar				
2		July						
3								
4	SUN	MON	TUE	WED	THU	FRI	SAT	
5							1	
6	2	3	4	5	6	7	8	
7	9	10	11	12	13	14	15	
8	16	17	18	19	20	21	22	
9	23	24	25	26	27	28	29	
10	30	31						
11								

- 如果想在國定假日加上顏色，先在其他工作表輸入國定假日與彈性假日，並將該儲存格命名為「國定假日」。在 A5 ～ G10 儲存格設定條件式格式，輸入以下條件式，將字型色彩設為紅色。
  =COUNTIF(國定假日,A5)>=1

關聯項目 【05-56】利用溢出功能自動建立指定月份的行程表

05-59 在行程表中顯示國定假日名稱

IFERROR／VLOOKUP

要在行程表中顯示國定假日名稱，首先要製作一個國定假日的日期與名稱對應表，再使用 VLOOKUP 函數查詢。如果只有使用 VLOOKUP 函數，對於國定假日表中不存在的日期會顯示錯誤值「#N/A」。為了防止錯誤，可以搭配使用 IFERROR 函數，在非國定假日的情況下顯示空字串「""」。

▶ 在國定假日旁顯示名稱

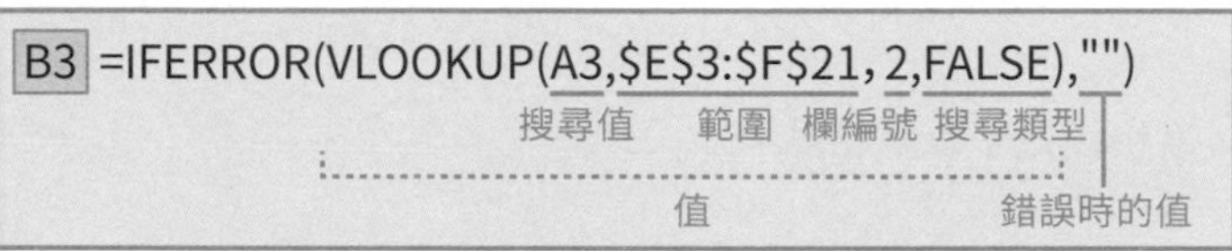

B3 =IFERROR(VLOOKUP(A3,$E$3:$F$21,2,FALSE),"")

	A	B	C	D	E	F	G
1	行程表				2023年國定假日		
2	日期	國定假日	行程		日期	名稱	
3	2023/4/1				2023/1/1	元旦	
4	2023/4/2				2023/1/2	元旦補假	
5	2023/4/3				2023/1/20	春節	
6	2023/4/4	兒童節			2023/1/21	春節	
7	2023/4/5	清明節			2023/1/22	春節	
8	2023/4/6				2023/1/23	春節	
9	2023/4/7				2023/1/24	春節	
10	2023/4/8				2023/1/25	春節	
11	2023/4/9				2023/1/26	春節	
12	2023/4/10				2023/1/27	春節	
13					2023/1/28	春節	
14					2023/1/29	春節	
15					2023/2/28	228和平紀念日	
16					2023/4/4	兒童節	
17					2023/4/5	清明節	
18					2023/5/1	五一勞動節	
19					2023/6/22	端午節	
20					2023/9/29	中秋節	
21					2023/10/10	雙十節	

搜尋值

在 B3 儲存格輸入公式，並複製到 B12 儲存格

在國定假日旁顯示名稱

範圍

① ② 欄編號

=IFERROR(值, 錯誤時的值) → 03-31

=VLOOKUP(搜尋值, 範圍, 欄編號, [搜尋類型]) → 07-02

關聯項目
【11-24】自動替行程表的週六、週日標示顏色
【11-25】自動替行程表的國定假日設定顏色

05-60 正確顯示超過 24 小時的總工作時間

SUM

當時間總和超過 24 小時，會重置並以「0」顯示。因此，「24:30」會顯示為「00:30」，「49:00」會顯示為「1:00」。要正確顯示時間，請設定為「[h]:mm」顯示格式。「[h]」是格式符號，用於顯示超過 24 小時的時間。

▶ 正確顯示超過 24 小時的總計時間

B6 =SUM(B3:B5)

	A	B	C	D	E
1	作業時間計算				
2	日期	作業時間			
3	10月1日	08:00			
4	10月2日	08:00			
5	10月3日	08:30			
6	合計	00:30			
7					

想要顯示為「24:30」

B6 =SUM(B3:B5)
數值 1

① 使用 SUM 函數加總 B3～B5 儲存格的時間，應該顯示為「24:30」，卻顯示為「00:30」

B6 =SUM(B3:B5)

	A	B	C	D	E
1	作業時間計算				
2	日期	作業時間			
3	10月1日	08:00			
4	10月2日	08:00			
5	10月3日	08:30			
6	合計	24:30			
7					

設定「[h]:mm」

② 參考【05-02】的說明，在 B6 儲存格自訂顯示格式「[h]:mm」後，加總的時間會正確顯示為「24:30」

=SUM(數值 1, [數值 2]…) → 02-02

Memo

- 「分」每超過 60 會歸零，並使小時數增加 1。若要在不進位的情況下直接顯示超過 60 的「分」，可以自訂顯示格式「[m]:ss」或「[m]」。同樣地，指定「[s]」則可以顯示超過 60 的秒數。例如，輸入「1:05」的儲存格如果指定為「[m]」將顯示為「65」，指定為「[s]」則顯示為「3900」。

關聯項目 【05-61】將「24:30」的格式以小數「24.5」顯示

05-61 將「24:30」的格式以小數「24.5」顯示

無使用函數

要計算時薪和工作時數以求得薪資時，得先將時間從「24:30」的「時：分」單位轉換成「24.5 小時」的「小時」單位。由於序列值中的「1」對應於 24 小時，因此將序列值乘以 24 即可轉換為「小時」單位。不過，計算結果預設會以「時：分」格式顯示，因此要顯示為小數，需設定成**通用格式**。

▶ 將「時：分」轉換為「小時」單位並計算薪資

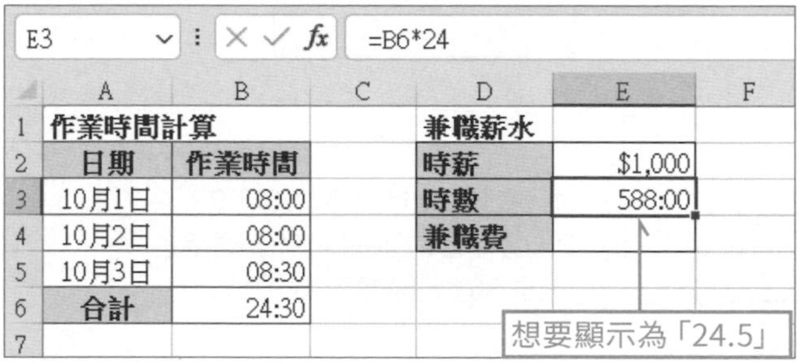

E3 =B6*24

	A	B	C	D	E	F
1	作業時間計算			兼職薪水		
2	日期	作業時間		時薪	$1,000	
3	10月1日	08:00		時數	588:00	
4	10月2日	08:00		兼職費		
5	10月3日	08:30				
6	合計	24:30				
7						

想要顯示為「24.5」

① 要將工作時數「24:30」轉換成「24.5」的小數，只要將「24:30」乘以 24，就會顯示成「588:00」

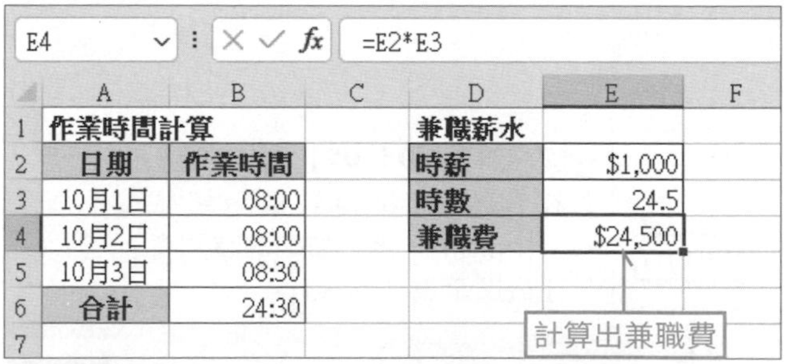

E4 =E2*E3

	A	B	C	D	E	F
1	作業時間計算			兼職薪水		
2	日期	作業時間		時薪	$1,000	
3	10月1日	08:00		時數	24.5	
4	10月2日	08:00		兼職費	$24,500	
5	10月3日	08:30				
6	合計	24:30				
7						

計算出兼職費

② 參考【**05-02**】，在 E3 儲存格設定**通用格式**後，可以正確顯示「24.5」。將這個值與時薪相乘，就可以算出兼職費

Memo

- 計算兼職費時，如果直接以「=E2*B6」的時薪乘以「24:30」，則會將「24:30」的序列值「1.02083…」與時薪相乘，計算出的兼職費會是「1020.83 元」，結果會不正確。所以要進行時薪計算時，應該像範例一樣，將「24:30」乘以 24 後，再乘以時薪。

關聯項目 【05-60】正確顯示超過 24 小時的總工作時間

05-62 分別計算平日、假日及國定假日的工作時間合計

NETWORKDAYS／SUMIF

在此要分別計算平日與周末及國定假日的工作時間總和。在工作時間表中增加一個作業欄，並根據【05-51】的說明輸入區分平日 / 休假的公式。使用 SUMIF 函數，以「1」為條件進行合計，即可得到平日的工作時間總和；以「0」為條件進行合計，則可得到周末及國定假日的工作時間總和。由於結果會以序列值顯示，因此請參照【05-02】設定「[h]:mm」的顯示格式。

▶ 分別計算平日與週末及國定假日的工作時間總和

C3 =NETWORKDAYS(A3,A3,$E$8:$E$9)
開始日 結束日 假日

E3 =SUMIF(C3:C9,1,B3:B9)
條件範圍 條件 合計範圍

E5 =SUMIF(C3:C9,0,B3:B9)
條件範圍 條件 合計範圍

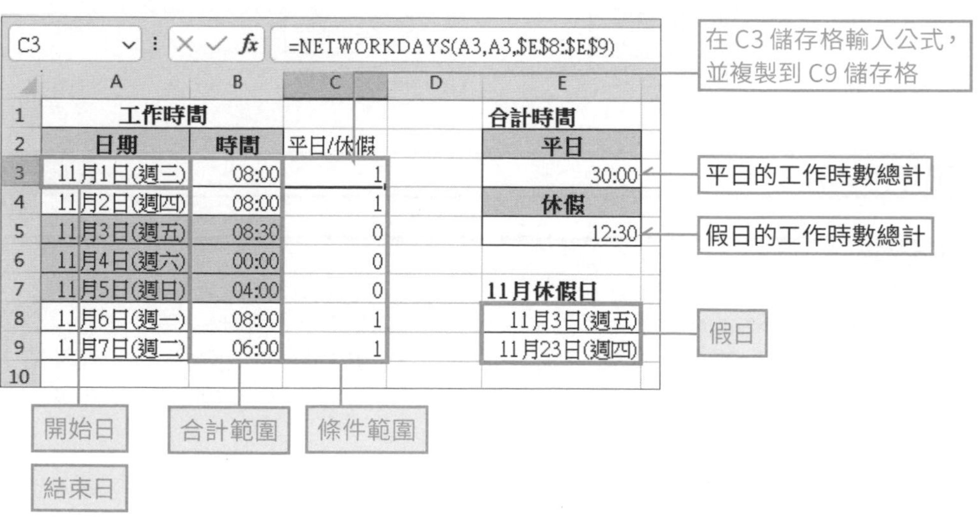

=NETWORKDAYS(開始日, 結束日, [假日])	→ 05-33
=SUMIF(條件範圍, 條件, [合計範圍])	→ 02-08

05-63 求得「1 小時後」或「2 小時前」的時間

TIME

想要計算指定時間的「1 小時後」或「2 小時前」時，單純使用「時間 +1」或「時間 -2」的計算可能無法正確執行。此時，應該使用 TIME 函數將「1」轉換為「1:00」的時間資料，將「2」轉換為「2:00」的時間資料，再進行計算。範例中，我們在 D3 儲存格中計算「1 小時後」，在 D4 儲存格中計算「2 小時前」的時間。

▶ 求得指定時間的「○小時後」或「○小時前」

D3 =A3+TIME(B3,0,0)
時 分 秒

D4 =A4-TIME(B4,0,0)
時 分 秒

D3 =A3+TIME(B3,0,0)

	A	B	C	D	E
1	時間的計算				
2	基準時間	經過時間		結果	
3	13:00	1	小時後	14:00	
4	13:00	2	小時前	11:00	
5					

1 小時後的時間

2 小時前的時間

=TIME(時, 分, 秒) → 05-12

Memo

- 在日期的情況下，1 天的序列值為「1」，因此可以透過「日期 +1」或「日期 -2」的計算來求得「1 天後」或「2 天前」。然而，1 小時的序列值並非「1」，所以想要求得「1 小時後」或「2 小時前」時，使用「時間 +1」或「時間 -2」的計算是不適用的。
- 在 D3 儲存格輸入「=A3+B3/24」，在 D4 儲存格輸入「=A4-B4/24」，也能得到同樣的結果。

關聯項目 【05-65】從工作時間中扣掉「45 分鐘」的休息時間

05-64 求得海外分店的當地時間

NOW

此範例是根據日本時間和時差計算海外的當地時間。要將時差以「-1」、「+1」與日本時間相加，需要將時差轉換為序列值。用「TIME(時差 ,0,0)」可以進行轉換，但 TIME 函數的引數不能指定為負數。為了轉換成序列值，需要將時差除以 24。由於序列值中的「1」與 24 小時對應，因此將時差除以 24 就能得到對應的序列值。

▶ 求得海外分店的當地時間

C1 =NOW()

C4 =$C$1+B4/24
日本時間 時差的序列值

C4 =$C$1+B4/24

	A	B	C	D
1	海外分店的現在時間	日本時間	2023/10/31 15:27	
2				
3	分店	時差	當地時間	
4	倫敦	-9	2023/10/31 06:27	
5	倫敦(夏令)	-8	2023/10/31 07:27	
6	上海	-1	2023/10/31 14:27	
7	首爾	0	2023/10/31 15:27	
8	雪梨	+1	2023/10/31 16:27	
9	雪梨(夏令)	+2	2023/10/31 17:27	

在 C4 儲存格輸入公式，並複製到 C9 儲存格

顯示各地的當地時間

=NOW() → 05-03

Memo

- 在顯示格式為**通用格式**的儲存格中輸入 NOW 函數，就像 C1 儲存格，會自動設定為「yyyy/m/d hh:mm」的顯示格式。此外，基於 C1 儲存格進行計算的 C4 儲存格，也會沿續 C1 儲存格的顯示格式。

關聯項目 【05-01】認識序列值
【05-03】自動顯示目前的日期與時間

05-65 從工作時間中扣掉「45 分鐘」的休息時間

TIME

在下圖的工作時間表中，上班和下班時間以「時：分」為單位，休息時間以「分」為單位輸入。要從這樣的資料計算出實際的工作時間，需要用 TIME 函數將以「分」為單位的休息時間轉換成「時：分」單位，再進行減法計算。

▶ 從工作時間中扣除以「分」為單位的休息時間

E3 =C3-B3-TIME(0,D3,0)

下班時間 上班時間 休息時間

E3 =C3-B3-TIME(0,D3,0)

	A	B	C	D	E
1	工作時間表				
2	日期	上班	下班	休息（分）	實際工作時間
3	7月1日	09:00	18:15	45	08:30
4	7月2日	09:00	18:00	30	08:30
5	7月3日	09:00	14:00	60	04:00
6	7月4日	09:00	18:00	45	08:15
7	7月5日	09:00	20:45	45	11:00
8					

在 E3 儲存格輸入公式，並複製到 E7 儲存格

計算出實際的工作時間

=TIME(時, 分, 秒) → 05-12

Memo

- 在此，以上圖的工作時間表為例來示範如何統一時間單位並進行計算。在實際的工作時間表中，建議一開始就以「時：分」為單位輸入休息時間。這樣，就可以透過簡單的公式「=C3-B3-D3」來計算實際的工作時間。

E3 =C3-B3-D3

	A	B	C	D	E
1	工作時間表				
2	日期	上班	下班	休息	實際工作時間
3	7月1日	09:00	18:15	00:45	08:30
4	7月2日	09:00	18:00	00:30	08:30
5	7月3日	09:00	14:00	01:00	04:00
6	7月4日	09:00	18:00	00:45	08:15
7	7月5日	09:00	20:45	00:45	11:00
8					

關聯項目 【05-63】求得「1 小時後」或「2 小時前」的時間

05-66 計算跨越凌晨 0 時的工作時數

IF

如果上班時間是「23:00」，下班時間是次日的「08:00」，那麼直接從「08:00」扣除「23:00」不能得到正確的工作時間。此時，可以用 IF 函數來比較上班和下班時間。如果上班時間早於下班時間，則直接進行減法；如果晚於下班時間，則先加上 24 小時再進行減法。計算結果會以序列值顯示，因此需要適當設定**時間**的顯示格式。

▶ 計算跨越凌晨 0 時的工作時數

D3 =IF(B3<C3, C3-B3, C3-B3+"24:00")

- 條件式：上班時間早於下班
- 條件成立：下班 - 上班
- 條件不成立：下班 - 上班 +24 小時

D3 =IF(B3<C3,C3-B3,C3-B3+"24:00")

	A	B	C	D	E	F
1	工作時間表					
2	日期	上班	下班	工作時間		
3	7月1日	23:00	08:00	9:00		
4	7月2日	18:00	22:00	4:00		
5	7月3日	20:00	06:00	10:00		
6						

在 D3 儲存格輸入公式，設定「時間」顯示格式，再複製到 D5 儲存格

計算出工作時間

=IF(條件式, 條件成立, 條件不成立) → 03-02

Memo

- 在 Excel 中進行日期／時間的減法計算時，如果結果為負數，會出現錯誤，顯示為「####」。

D3 =C3-B3

	A	B	C	D	E
1	工作時間表				
2	日期	上班	下班	工作時間	
3	7月1日	23:00	08:00	#########	
4	7月2日	18:00	22:00	4:00	
5	7月3日	20:00	06:00	#########	
6					

關聯項目 【05-68】計算工作時間，並區分早到、正常上班及加班

05-67 將 9 點前的打卡時間全部視為 9 點

MAX

即使打卡時間在 9 點前，也將工作開始時間視為「9:00」。但如果打卡在 9 點之後，則視為遲到，並將此打卡時間視為工作開始時間。在此，使用 MAX 函數來比較打卡時間和「9:00」較晚的那個時間。如果打卡時間是「8:48」，則調整為「9:00」；如果是「10:45」，則保持不變。

▶ 即使在 9 點前打卡，也將工作開始時間視為 9 點

C3 =MAX(B3,"9:00")
數值 1 數值 2

C3 =MAX(B3,"9:00")

	A	B	C	D	E
1	修正上班時間				
2	日期	打卡時間	工作時間		
3	7月1日	08:48	9:00		
4	7月2日	09:00	9:00		
5	7月3日	10:45	10:45		
6	7月4日	08:50	9:00		
7	7月5日	09:05	9:05		
8					

數值 1

在 C3 儲存格輸入公式，並複製到 C7 儲存格

計算出工作開始時間

=MAX(數值 1, [數值 2]…) → 02-48

Memo

- 當公司規定的下班時間為 18 點，那麼 18 點以前的時間都算正常工作時間，18 點之後則視為加班。如果要得知正常工作的下班時間，則利用 MIN 函數處理打卡時間及「18:00」，選出較早的時間。在此，假設打卡時間是「19:15」，那麼正常工作的下班時間會視為「18:00」。若打卡時間為「16:30」，則視為早退，其下班時間就是「16:30」。
  =MIN(B3,"18:00")

關聯項目 【05-68】計算工作時間，並區分早到、正常上班及加班

05-68 計算工作時間，並區分早到、正常上班及加班

MIN／MAX

以上班時間為「9:00」、下班時間為「17:00」來說，從打卡上班到打卡下班的時間可以分為「早到」、「正常上班」及「加班」三種。在標準上班時間「9:00」到「17:00」的 8 個小時中，將遲到及早退也考慮在內的話，可以利用 MIN 函數及 MAX 函數來調整。範例中將上班時間輸入到 B7 儲存格，下班時間輸入到 B8 儲存格，為了複製公式時，不要讓儲存格範圍跟著變動，請指定為絕對參照。

▶ 將工作時間分為早到、正常上班及加班

D3 =$B$7 - MIN(B3,$B$7)
上班時間　上班打卡和上班時間較早的那個

E3 =MIN(C3,$B$8) - MAX(B3,$B$7)
下班打卡和下班時間較早的那個
上班打卡和上班時間較晚的那個

F3 =MAX(C3,$B$8) - $B$8
下班時間
下班打卡和下班時間較晚的那個

D3　=$B$7-MIN(B3,$B$7)

	A	B	C	D	E	F	G
1	出勤時間計算						
2	日期	上班	下班	早到	正常	加班	
3	8月1日	07:00	16:00	02:00	07:00	00:00	
4	8月2日	14:30	21:30	00:00	02:30	04:30	
5	8月3日	09:00	19:00	00:00	08:00	02:00	
6							
7	上班時間	09:00					
8	下班時間	17:00					
9							

在 D3、E3 和 F3 儲存格輸入公式，並複製到第 5 列

加班時數

早到時數

正常工作時數

=MIN(數值 1, [數值 2]…)	→ 02-48
=MAX(數值 1, [數值 2]…)	→ 02-48

關聯項目 【05-67】將 9 點前的打卡時間全部視為 9 點

05-69 將時間中的 10 分鐘以下部分進位或捨去

CEILING.MATH／FLOOR.MATH

使用 CEILING.MATH 函數時，將「數值」引數設為時間，「基準值」引數設為「"0:10"」，可以將時間進位至以「10 分鐘為單位」。例如，「5:42」的情況，則 10 分鐘以下的部分會被進位至「5:50」。相反地，使用 FLOOR.MATH 函數可以對時間進行捨去。例如，「5:42」的情況，10 分鐘以下的部分會被捨去至「5:40」。由於結果會以序列值顯示，因此請設定成**時間**顯示格式。

▶ 將時間中的 10 分鐘以下部分進位或捨去

B3 =CEILING.MATH(A3, "0:10")
數值 基準值

C3 =FLOOR.MATH(A3, "0:10")
數值 基準值

B3 =CEILING.MATH(A3,"0:10")

	A	B	C	D	E
1	修正工作時間				
2	日期	進位	捨去		
3	05:42	05:50	05:40		
4	08:34	08:40	08:30		
5	10:10	10:10	10:10		
6	12:55	13:00	12:50		
7	19:29	19:30	19:20		
8					

數值

在 B3 及 C3 儲存格輸入公式，設定「時間」顯示格式，再複製到第 7 列

對時間中的 10 分鐘以下進行進位或捨去

=CEILING.MATH(數值, [基準值], [模式]) → 04-48
=FLOOR.MATH(數值, [基準值], [模式]) → 04-49

關聯項目 【05-70】將時間超過 5 分以上進位、未滿 5 分捨去
【05-71】正確捨去未滿 10 分鐘的部分

05-70 將時間超過 5 分以上進位、未滿 5 分捨去

MROUND

將 MROUND 函數的第 2 個引數「基準值」設定為「"0:10"」，則時間未滿 5 分會被捨去，5 分以上則會進位。例如：「5:42」會被捨去為「5:40」，而「12:55」會進位為「13:00」，進而實現以 10 分鐘為單位的修正。由於結果會以序列值顯示，因此請設定成**時間**顯示格式。

▶ 5 分以上進位，未滿 5 分捨去

B3 =MROUND(A3,"0:10")

	A	B	C	D	E
1	修正時間				
2	時間	四捨五入			
3	05:42	05:40			
4	08:34	08:30			
5	10:10	10:10			
6	12:55	13:00			
7	19:29	19:30			
8					

在 B3 儲存格輸入公式，設定「時間」顯示格式後，再複製到 B7 儲存格

以 10 分鐘為單位修正時間

數值

=MROUND(數值, 基準值) → 04-50

Memo

- 將引數「基準值」更改為「=MROUND(A3,"0:15")」，可以對 7 分 30 秒以上的時間進位，對 7 分 30 秒以下的時間捨去，進而將時間調整為 15 分鐘的單位。

關聯項目 【05-69】將時間中的 10 分鐘以下部分進位或捨去

05-71 正確捨去未滿 10 分鐘的部分

FLOOR.MATH／TIME／HOUR／MINUTE

要捨去經過時間未滿 10 分鐘的部分時，如果單純使用 FLOOR.MATH 函數捨去，可能會出現錯誤結果。為了防止誤差，應該先將時間轉換為整數，再進行捨去處理。

▶ 正確捨去未滿 10 分鐘的時間

D3 =TIME(HOUR(C3),FLOOR.MATH(MINUTE(C3),10),0)

時：經過時間的「時」　分：捨去經過時間中「分」未滿 10 分鐘的部分　秒

D3 =TIME(HOUR(C3),FLOOR.MATH(MINUTE(C3),10),0)

	A	B	C	D
1	修正時間			
2	開始時間	結束時間	經過時間	修正時間
3	11:50	12:50	01:00	01:00
4	12:00	15:11	03:11	03:10
5	12:35	16:10	03:35	03:30

在 D3 儲存格輸入公式，並複製到 D5 儲存格

捨去 10 分鐘以下的部分

語法	參照
=FLOOR.MATH(數值, [基準值], [模式])	→ 04-49
=TIME(時, 分, 秒)	→ 05-12
=HOUR(序列值)	→ 05-06
=MINUTE(序列值)	→ 05-06

Memo

- 時間資料的實際值是序列值的小數。電腦處理數值時是使用二進位，但在將小數轉換為二進位時會產生微小的誤差。通常這種誤差可以忽略，但使用 FLOOR.MATH、CEILING.MATH 等函數處理時間之間的運算結果時，誤差可能變得無法忽略並導致錯誤。這種誤差是由小數運算引起的，因此如果一開始就將時間轉換為整數進行處理，則可以避免誤差。

D3 =FLOOR.MATH(C3,"0:10")

	A	B	C	D
1	修正時間			
2	開始時間	結束時間	經過時間	修正時間
3	11:50	12:50	01:00	00:50
4	12:00	15:11	03:11	03:10
5	12:35	16:10	03:35	03:30

使用 FLOOR.MATH 函數處理未滿 10 分鐘捨去時，會產生誤差，導致「01:00」被錯誤地捨去為「00:50」

關聯項目 【05-01】認識序列值

Chapter 6

第6章

字串的操作

搜尋、置換、取出、轉換、……等，操作字串的技巧

06-01 字串的設定方法

字串與空白字串的設定方法

如果要在公式中設定字串，必須以「"」（雙引號）包圍字串。若不想顯示任何文字，請輸入兩個雙引號，設定為「""」。「""」稱作「空白字串」或「空字串」。下圖的公式使用 IF 函數，當得分在 70 以上，顯示「及格」，否則不顯示任何文字。

C2 | =IF(B2>=70,"及格","")

	A	B	C	D	E
1	測驗者	得分	是否及格		
2	張景明	65			
3	謝仁軒	80	及格		

=IF(B2>=70,"及格","")
顯示「及格」
不顯示任何文字

想顯示含有「"」的字串設定方法

如果想設定包含雙引號「"」的字串時，請輸入兩個雙引號。

例如，設定成「" said ""yes""."」即可顯示為「 said "yes".」。

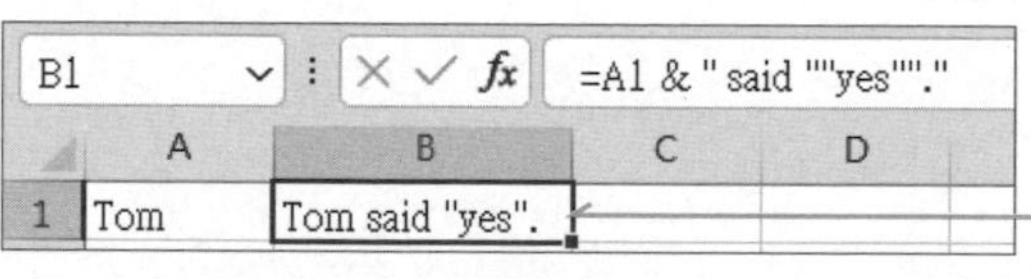

=A1&" said ""yes""."
顯示「"」

利用 Alt + Enter 鍵在儲存格內強制換行的方法

在儲存格內輸入文字時，按下 Alt ＋ Enter 鍵，可以在儲存格內強制換行。雖然強制換行不是肉眼可見的字元，但在 Excel 中會被當作文字處理。若要用公式強制換行，可以使用「CHAR(10)」。「10」是強制換行的字元碼，而 CHAR 函數是從字元碼建立文字的函數。

下頁的圖示中，以換行連結了兩個字串。請注意！即使在字串中插入換行字元，但沒有在儲存格中設定**自動換行**，也無法得到換行效果。

C1	=A1 & CHAR(10) & B1				
A	B	C	D	E	F
營業部	陳艾美	營業部 陳艾美			

=A1 & CHAR(10) & B1
在儲存格內換行

Memo

- 在儲存格內使用 Alt + Enter 鍵強制換行時，會自動設為**自動換行**。然而，如果在公式中使用換行符號「CHAR(10)」連結字串，必須手動在**常用**頁次中設定**自動換行**。此外，自動換行沒有對應的字元碼。
- 字元碼是指分配給各個字元的識別碼。有多種不同的字元碼系統。
  - **ASCII 碼**…這是最基本的字元碼。0～127 的編號分配給換行等控制字元、「"」、「+」、「-」等基本符號、英文字母的大寫與小寫，符號與字母都是半形。多數字元碼在 0～127 範圍內的字元與 ASCII 碼通用。
  - **JIS 編碼**…這是包括平假名與漢字等日文的字元碼。
  - **Unicode**…這是包括全球主要語言文字的字元碼，已成為國際標準。
- 下表是 ASCII 碼 32～126 與字元的對應表。0～31 和 127 對應的是控制字元。控制字元是用來控制顯示器與印表機等動作的符號。在 Excel 中，控制字元「10」表示儲存格內的換行。此外，「92」是「\」（反斜線）的字元碼，對應日文的「¥」。

編號	字元	編號	字元	編號	字元	編號	字元	編號	字元	編號	字元
32	空白	48	0	64	@	80	P	96	`	112	p
33	!	49	1	65	A	81	Q	97	a	113	q
34	"	50	2	66	B	82	R	98	b	114	r
35	#	51	3	67	C	83	S	99	c	115	s
36	$	52	4	68	D	84	T	100	d	116	t
37	%	53	5	69	E	85	U	101	e	117	u
38	&	54	6	70	F	86	V	102	f	118	v
39	'	55	7	71	G	87	W	103	g	119	w
40	(	56	8	72	H	88	X	104	h	120	x
41	)	57	9	73	I	89	Y	105	i	121	y
42	*	58	:	74	J	90	Z	106	j	122	z
43	+	59	;	75	K	91	[	107	k	123	{
44	,	60	<	76	L	92	\ (¥)	108	l	124	|
45	-	61	=	77	M	93	]	109	m	125	}
46	.	62	>	78	N	94	^	110	n	126	~
47	/	63	?	79	O	95	_	111	o		

06-02 瞭解字元數和位元組數

字元數與位元組數

字串長度的單位有「字元數」和「位元組數」兩種。以「字元數」為單位時，不論全形或半形，單純以字元的個數計算字串的長度。如果以「位元組數」為單位時，則將半形字元計為 1，全形字元計為 2。

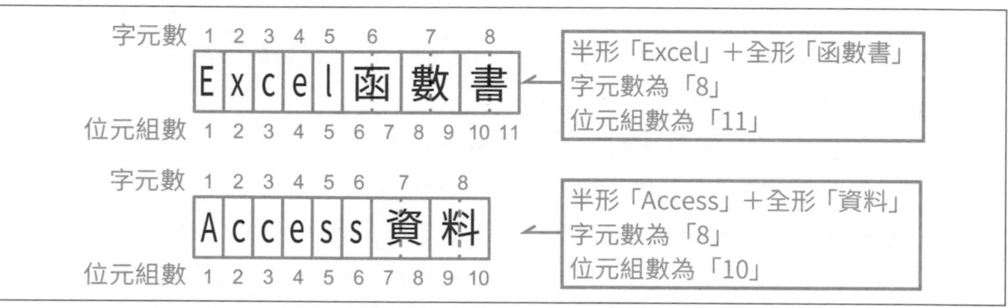

字串的長度與字串函數

計算字串長度的函數以及在引數中指定字元長度的函數，如下表所示，分為結尾含有「B」和不含「B」兩種。不含「B」的函數以字元數計算字串長度，而含有「B」的函數，則以位元組數計算。

▶ 與字串長度相關的函數

以字元數為單位	以位元組數為單位	功能
LEN	LENB	計算字串長度
FIND	FINDB	搜尋字串
SEARCH	SEARCHB	搜尋字串
REPLACE	REPLACEB	置換字串
LEFT	LEFTB	從開頭取出字串
RIGHT	RIGHTB	從結尾取出字串
MID	MIDB	從任意位置取出字串

關聯項目 【06-08】計算字串的長度
【06-09】分別計算全形和半形的字數

06-03 認識萬用字元

在處理字串資料時，有時需要比較兩個字串。若要確認兩者是否完全相同，可以使用「=」運算子或是 EXACT 函數（→【06-31】）。若是想根據模糊條件進行檢查，例如是否包含「○○」，則需使用「萬用字元」。萬用字元包括 0 個或多個任意字元的「*」（星號），以及表示任意一個字元的「?」（問號）。此外，要搜尋萬用字元本身，則使用「~」（波浪號）。

▶ 萬用字元

萬用字元	意義
*（星號）	任意長度的字串
?（問號）	任意一個字元
~（波浪號）	將萬用字元當成字串搜尋

例如「* 區」這個條件，只有包含 1 個字元「區」，以及以「區」結尾的字串，像是「港區」、「大同區」就會符合條件。而在「? 區」的條件下，則表示在「區」字之前只能有 1 個字元才符合條件，例如「港區」、「北區」等。

▶ 萬用字元範例說明

從「區、區間、區公所、港區、大同區、港區里、大同區民、* 區議會」中搜尋的情況。

範例	意義	對應的字串
*區	以「區」結尾的字串	區、港區、大同區
?區	1 個字元 +「區」的字串	港區
區 *	以「區」開頭的字串	區、區間、區公所
區 ??	「區」＋ 2 個字元的字串	區公所
*區 ?	『「區」＋ 1 個字元』結尾的字串	區間、港區里、大同區民
~* 區 *	以「* 區」開頭的字串 （第 1 個字元為「*」，第 2 個字元為「區」）	* 區議會

Memo

- 「~」（稱為波浪號）在鍵盤左上角處，要輸入「~」時，請先按住 Shift 鍵再按下 ~ 鍵。

關聯項目 【06-19】以萬用字元搜尋字串

06-04 由文字取得字元碼

CODE／UNICODE

要取得字元碼可以使用 CODE 函數和 UNICODE 函數。CODE 函數會將半形字元轉換為 ASCII 碼，將全形字元轉換為 JIS 碼。UNICODE 函數則將字元轉換為 Unicode 碼。

▶ 取得文字的字元碼

B3 =CODE(A3)
字串

C3 =UNICODE(A3)
字串

B3 =CODE(A3)

	A	B	C	D
1	將文字轉換成字元碼			
2	文字	CODE函數	UNICODE 函數	
3	1	49	49	
4	A	65	65	
5	a	97	97	
6	ｱ	63	65393	
7	Ａ	41679	65313	
8	あ	63	12354	
9	ア	63	12450	
10	亜	43208	20126	

字串

在 B3 與 C3 儲存格輸入公式，並複製到第 10 列

半形數字與英文字母的字元碼是通用的

若是半形片假名或全形字元，結果會有所不同

=CODE(字串) 文字

字串…指定要查詢字元碼的字串

將「字串」第一個字元的字元碼以十進位數值傳回。半形字元傳回 ASCII 碼，全形字元則傳回 JIS 碼。

=UNICODE(字串) 文字

字串…指定要查詢 Unicode 的字串

將「字串」第一個字元的 Unicode 字元碼以十進位數值傳回。

Memo

- 在 CODE 函數中，如果引數「字串」指定了 JIS 碼範圍以外的字元，則會傳回與「?」對應的字元碼「63」。

06-05 由字元碼取得文字

CHAR／UNICHAR

使用 CHAR 函數時，可以根據引數「數值」的字元碼 (ASCII 碼或 JIS 碼) 取得對應的字元。此外，使用 UNICHAR 函數，可以根據引數「數值」的 Unicode 取得對應的字元。

▶ 從字元碼取得文字

E3 =UNICHAR(D3)
數值

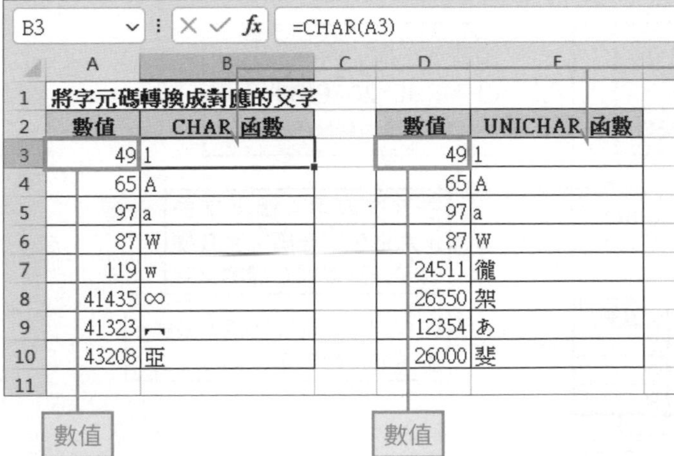

B3 =CHAR(A3)

	A	B	C	D	E
1	將字元碼轉換成對應的文字				
2	數值	CHAR 函數		數值	UNICHAR 函數
3	49	1		49	1
4	65	A		65	A
5	97	a		97	a
6	87	W		87	W
7	119	w		24511	徿
8	41435	∞		26550	架
9	41323	╒		12354	あ
10	43208	亞		26000	斐
11					

在 B3 與 E3 儲存格輸入公式，並複製到第 10 列

取得與字元碼對應的字元

=CHAR(數值) 文字

數值…指定字元碼的數值
指定的「數值」會視為 ASCII 碼或 JIS 碼，並傳回對應的字元。如果沒有對應的字元，則會傳回 [#VALUE!]。

=UNICHAR(數值) 文字

數值…指定 Unicode 的數值
指定的「數值」會視為 Unicode，並傳回對應的字元。如果沒有對應的字元，則會傳回 [#VALUE!]。

關聯項目 【06-01】字串的設定方法

06-06 將十六進位的字元碼與文字互相轉換

DEC2HEX／CODE／CHAR／HEX2DEC

使用 CODE 函數與 CHAR 函數處理的字元碼為十進位，但是一般字元碼是以十六進位顯示。如果要從文字取得十六進位的字元碼，必須先使用 CODE 函數取得十進位字元碼，再使用 DEC2HEX 函數轉換成十六進位。相反地，若要將十六進位的字元碼轉換成字元，得先使用 HEX2DEC 函數，將十六進位轉換成十進位，再利用 CHAR 函數取得字元。若用 UNICODE 函數取代 CODE 函數，用 UNICHAR 函數取代 CHAR 函數，能以十六進位顯示 Unicode。

▶ 將十六進位的字元碼與文字互相轉換

將十進位轉換成十六進位

B3 =DEC2HEX(CODE(A3))

取得十進位的字元碼

從十進位的字元碼取得字元

C3 =CHAR(HEX2DEC(B3))

將十六進位轉換成十進位

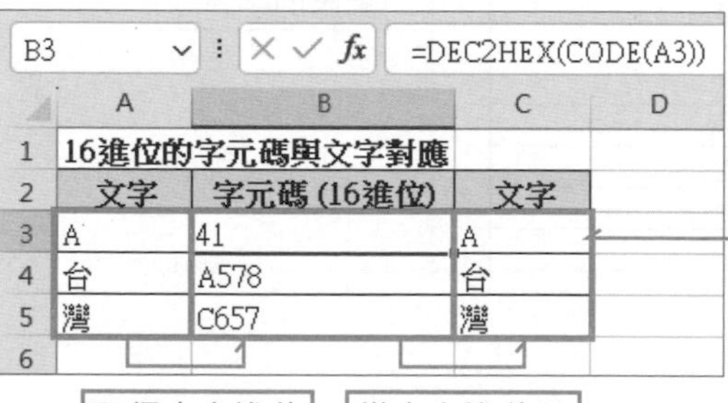

在 B 欄取得 A 欄文字的十六進位字元碼，從 B 欄的字元碼得到 C 欄的文字

在 B3 與 C3 儲存格輸入公式，並往下複製到第 5 列

取得十六進位的字元碼

從十六進位取得對應的字元

語法	參照
=DEC2HEX(數值, [位數])	→ 10-34
=CODE(字串)	→ 06-04
=CHAR(數值)	→ 06-05
=HEX2DEC(數值)	→ 10-37

關聯項目 【06-04】由文字取得字元碼
【06-05】由字元碼取得文字

06-07 列出字串中所有文字的字元碼

TEXTJOIN／CODE／MID／SEQUENCE／LEN

即使在 CODE 函數或 UNICODE 函數的引數設定字串，也只能取得第一個字的字元碼。若要查詢第二個字之後的字元碼，要使用 MID 函數，從字串中逐一取出文字再查詢。以下將組合 TEXTJOIN 函數與 SEQUENCE 函數，以「,」（逗號）分隔，列出字串的所有字元碼。這是 Microsoft 365 與 Excel 2021 才能使用的方法。

▶ 列出字串中所有文字的字元碼

```
B3 =TEXTJOIN(",",,CODE(MID(B2,SEQUENCE(LEN(B2)),1)))
```

分隔符號　　從第一個字到最後一個字的字元碼

B3 =TEXTJOIN(",",,CODE(MID(B2,SEQUENCE(LEN(B2)),1)))

	A	B
1	將字串轉成字元碼	
2	字串	Excel函數
3	字元碼	69,120,99,101,108,43239,48326
4		

輸入公式

以「,」做分隔，列出「E」、「x」、「c」、「e」、「l」、「函」、「數」的字元碼

語法	參照
=TEXTJOIN(分隔符號, 忽略空白儲存格, 字串 1, [字串 2]…)	→ 06-34
=CODE(字串)	→ 06-04
=MID(字串, 起始位置, 字數)	→ 06-39
=SEQUENCE(列, [欄], [起始值], [遞增量])	→ 04-09
=LEN(字串)	→ 06-08

Memo

- 在 SEQUENCE 函數的引數設定「LEN(B2)」，可以建立 1 到 7（「7」是 B2 儲存格的字元數）的連續數值。將其設定為 MID 函數的引數「開始位置」，即可依序取出 B2 儲存格「Excel 函數」的第一個字到第七個字。若再將其設定為 CODE 函數的引數，就能依序取得七個字的字元碼。最後，使用 TEXTJOIN 函數，以「,」分隔、串連。

關聯項目 【06-35】每一欄設定不同的分隔符號並連結

06-08 計算字串的長度

LEN／LENB

字串長度的單位分為「字元數」和「位元組數」。計算字串長度的函數也有兩種，分別是計算字元數的 LEN 函數和計算位元組數的 LENB 函數。在此，我們將使用這兩個函數來查詢字元數和位元組數。

▶ 計算字串的長度，分別以字元數及位元組數為單位

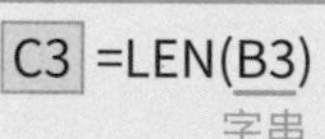
C3 =LEN(B3)
字串

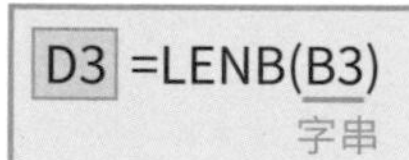
D3 =LENB(B3)
字串

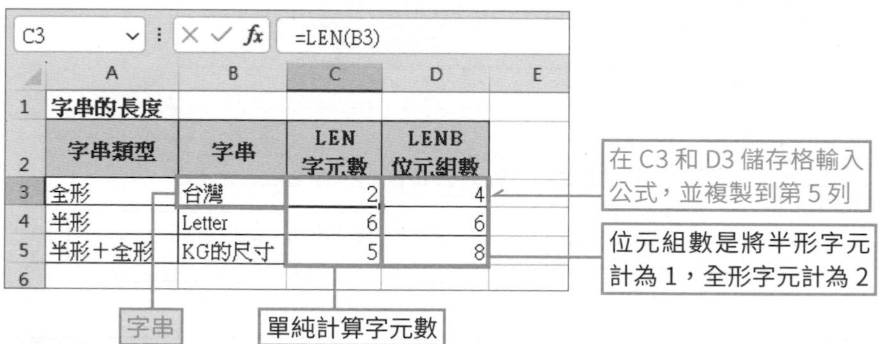
C3
=LEN(B3)
在 C3 和 D3 儲存格輸入公式，並複製到第 5 列
位元組數是將半形字元計為 1，全形字元計為 2
字串
單純計算字元數

	A	B	C	D	E
1	字串的長度				
2	字串類型	字串	LEN 字元數	LENB 位元組數	
3	全形	台灣	2	4	
4	半形	Letter	6	6	
5	半形＋全形	KG的尺寸	5	8	
6					

=LEN(字串) 文字

=LENB(字串) 文字

字串…指定要查詢長度的字串

傳回字串的長度。LEN 函數傳回字元數，而 LENB 函數傳回位元組數（半形字元計為 1，全形字元計為 2）。文字、空格、標點符號、數字都被當作字元來處理。

Memo

- 即使在字串上設定了顯示格式，LEN 函數和 LENB 函數仍然是以原始字串長度來計算。根據顯示格式所設定的字元不會被列入計算。

關聯項目 【06-02】瞭解字元數和位元組數

06-09 分別計算全形和半形的字數

LEN／LENB

半形字元的位元組數和字元數相同，但全形字元的位元組數是字元數的兩倍。利用這一點，可以分別計算字串中全形字元和半形字元的數量。全形字元的數量可以透過 LENB 函數計算出的位元組數減去 LEN 函數計算出的字元數來取得。半形字元的數量則可以透過將 LEN 函數計算出的字元數的兩倍減去 LENB 函數計算後的位元組數來取得。

▶ 分別計算全形和半形的字數

E3 =LENB(B3) - LEN(B3)
位元組數　字元數

F3 =LEN(B3)*2 - LENB(B3)
2 倍字元數　位元組數

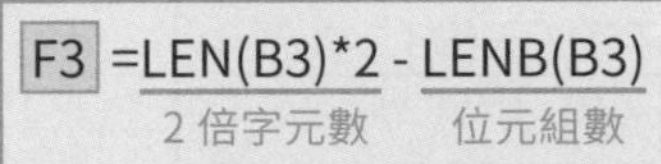

E3　=LENB(B3)-LEN(B3)

	A	B	C	D	E	F
1	查詢全形和半形的字數					
2	字串類型	字串	LEN 字元數	LENB 位元組數	全形	半形
3	全形	台灣	2	4	2	0
4	半形	Letter	6	6	0	6
5	半形＋全形	KG的尺寸	5	8	3	2
6						

在 E3 和 F3 儲存格輸入公式，並複製到第 5 列

「KG 的尺寸」為 3 個全形字元、2 個半形字元

=LEN(字串)	→ 06-08
=LENB(字串)	→ 06-08

Memo

- 「KG 的尺寸」字元數為 5，位元組數（半形字元計為 1，全形字元計為 2）為 8。字元數和位元組數相減後的值 3(8-5=3) 就是全形字元的數量，將字元數的兩倍減去位元組數的值為 2(5×2-8=2)，就是半形字元的數量。

關聯項目 【06-02】瞭解字元數和位元組數

06-10 計算字串中特定字元出現的次數

LEN／SUBSTITUTE

要計算像「AbcdA」這樣的字串中有幾個「A」時，可以先從原字串中刪除所有的「A」，然後用原始字串的字元數減去刪除後的字元數。也就是說，從「AbcdA」的字元數「5」減去「bcd」的字元數「3」。要從字串中刪除「A」，可以使用 SUBSTITUTE 函數將「A」取代為空字串「""」。

▶ 計算字串中「A」的數量

「bcd」的字元數

C3 =LEN(B3) - LEN(SUBSTITUTE(B3,"A",""))

「AbcdA」的字元數　將「AbcdA」中的「A」刪除

C3 =LEN(B3)-LEN(SUBSTITUTE(B3,"A",""))

	A	B	C	D	E	F	G
1	查詢「A」的數量						
2	No	資料	A 的數量				
3	1	AbcdA	2				
4	2	bAAAd	3				
5	3	AAAAAA	6				
6	4	bcdf	0				

在 C3 儲存格輸入公式，並複製到 C6 儲存格

計算出「A」的數量

=LEN(字串) → 06-08

=SUBSTITUTE(字串, 搜尋字串, 取代字串, [替換對象]) → 06-22

Memo

- SUBSTITUTE 函數是用於將「字串」中的「搜索字串」替換為「取代字串」的工具。如下圖所示，將計算過程拆解成多個欄位，就能容易理解。

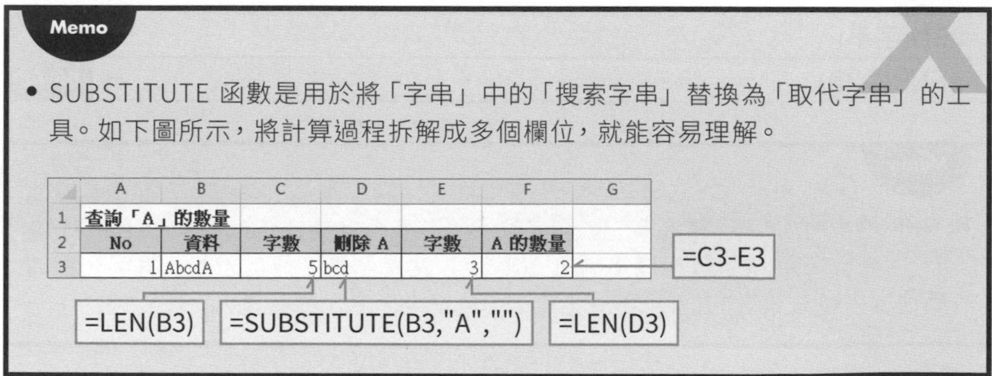

	A	B	C	D	E	F	G
1	查詢「A」的數量						
2	No	資料	字數	刪除 A	字數	A 的數量	
3	1	AbcdA	5	bcd	3	2	

06-11 計算儲存格內包含強制換行的行數

LEN／SUBSTITUTE／CHAR

在儲存格內按下 Alt + Enter 鍵進行強制換行時，儲存格中會嵌入看不見的換行符號，使用 LEN 函數計算字元數時，這些換行符號也會被計為 1 個字元。換行符號的字元碼是「10」，因此換行符號可以用「CHAR(10)」表示。透過 SUBSTITUTE 函數將字串中的「CHAR(10)」取代為空字串「""」，再從原始字元數減去替換後的字元數，這樣就能知道字串中的換行符號數。此外，將換行符號數加上 1 就可以知道行數。

▶ 查詢儲存格內的換行數

刪除換行後的字元數

B3 =LEN(A3) - LEN(SUBSTITUTE(A3,CHAR(10),""))+1

字串的字元數　　從字串中刪除換行符號

B3　=LEN(A3)-LEN(SUBSTITUTE(A3,CHAR(10),""))+1

	A	B	C	D	E	F	G	H
1	查詢儲存格的列數							
2	資料	換行數						
3	熱門遊樂園 暑假特惠價	2						
4	桃園_小人國 新竹_六福村 雲林_劍湖山	3						
5								

在 B3 儲存格輸入公式，並複製到 B4 儲存格

計算出換行數

=LEN(字串)	→ 06-08
=SUBSTITUTE(字串, 搜尋字串, 取代字串, [替換對象])	→ 06-22
=CHAR(數值)	→ 06-05

Memo

- 這裡介紹的方法是用來計算在儲存格內進行強制換行所得到的行數。即使強制換行後的下一行是空白，該空白行也會被計算。此外，沒有輸入任何資料的儲存格會以 1 行計算。請注意，按下**自動換行**鈕的行不包括在內。

06-12 將文字以指定次數重複顯示

REPT

REPT 函數可以重複顯示指定字元的指定次數。在此，我們將使用 REPT 函數以簡易圖表顯示問卷調查的結果。每個答案對應一個「★」。此外，範例中的 A4 ～ B4 儲存格，已事先設定成**自動換行**。

▶ 以簡易圖表顯示問卷調查的結果

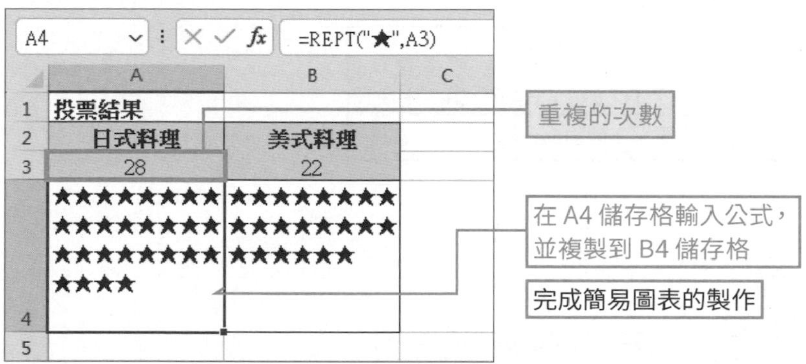

=REPT(字串, 重複的次數) 文字

字串…指定要重複顯示的字串

重複的次數…指定重複字串的次數時，需使用正數次數。若指定為 0，則會傳回空白字串「""」。若指定有小數的數值，則小數點以下的部分會被捨去

「字串」會依照「重複的次數」顯示。傳回的字串長度最多為 32,767 個文字，超過這個數量時，會傳回錯誤訊息［#VALUE!］。

Memo

- 希望儲存格以「自動換行」的方式來顯示全部內容，可以切換到**常用**頁次，按下**對齊方式**區的**自動換行**鈕。

關聯項目 【06-13】將五星評價中的「4」以「★★★★☆」顯示

06-13 將五星評價中的「4」以「★★★★☆」顯示

REPT

有時我們會用「★」和「☆」來表示 5 星評價。例如，將「4」顯示為「★★★★☆」，將「3」顯示為「★★★☆☆」。使用 REPT 函數，重複「★」的次數，接著將「5- 評價數」的數值以「☆」顯示，就可以呈現這樣的方式。

▶ 用星星的數量來表示評價

C3 =REPT("★",B3) & REPT("☆",5-B3)

	A	B	C	D	E	F
1	店家評價					
2	評價項目	分數	評價			
3	味道	4	★★★★☆			
4	服務	5	★★★★★			
5	裝潢	3	★★★☆☆			
6	價格	1	★☆☆☆☆			

在 C3 儲存格輸入公式，並複製到 C6 儲存格

將評價以「★」顯示

重複的次數

=REPT(字串, 重複的次數) → 06-12

Memo

- REPT 函數也可以用於建立簡易橫條圖。在圖中，將 REPT 函數輸入到 C3 儲存格中，以每 10 件合約顯示一個「|」（直線）。

C3 =REPT("|",B3/10)

	A	B	C	D
1	業績			
2	員工姓名	簽約數	評價	
3	高芊晴	284	||||||||||||||||||||||||||||	
4	江佐安	173	|||||||||||||||||	
5	林谷宣	81	||||||||	
6				

= REPT("|",B3/10)

關聯項目 【06-12】將文字以指定次數重複顯示

06-14 搜尋指定字串 <①FIND 函數>

FIND

使用 FIND 函數可以檢查字串中是否包含特定的字串。在此，我們要查詢「姓名」欄中全形空格的位置。如果傳回值是「3」，表示第 3 個字元是全形空格。請注意，如果有多個空格，只能找出第一個空格的位置。

▶ 找出第一個全形空格的位置

C3 =FIND("　",B3)
搜尋字串 目標

C3 =FIND("　",B3)

	A	B	C	D
1	名單			
2	No	姓名	空白的位置	
3	1	伊藤　康太	3	
4	2	榊　博美	2	
5	3	五十嵐　洋	4	
6	4	南　太郎　トーマス	2	
7	5	スミス　田中　愛	4	
8	6	佐々木	#VALUE!	

目標

在 C3 儲存格輸入公式，並複製到 C8 儲存格

顯示空格的位置

如果找不到，將顯示 [#VALUE!] 訊息

=FIND(搜尋字串, 目標, [開始位置]) 文字

搜尋字串…指定要搜尋的字串
目標…設定要搜尋的目標字串
開始位置…從指定位置開始搜尋「目標」的第 1 個文字的位置。若省略，則「開始位置」預設為1
「目標」會從「搜尋字串」的「開始位置」尋找字串在第幾個字。若找不到時，會傳回 [#VALUE!]。搜尋時會區分英文字母大小寫。

Memo

- 搜尋特定字串的函數，還有 SEARCH 函數（→【06-16】）。如果將 C3 儲存格公式中的「FIND」改為「SEARCH」，也可以得到相同的結果。

關聯項目 【01-18】切換相對參照與絕對參照
【06-16】搜尋指定字串<② SEARCH 函數>

06-15 搜尋第二次出現的字串 <①FIND 函數>

FIND

想找出「姓名」欄中第二個全形空格的位置時，可以在 FIND 函數的第 3 個引數「開始位置」中指定「第一個全形空格的位置＋1」。例如，第 1 個空格位於第 3 個字元，則從第 4 個字元開始尋找。由於「第 1 個全形空格的位置」也是用 FIND 函數來搜尋，所以 FIND 函數會以巢狀的方式使用。

▶ 找出第二個全形空格的位置

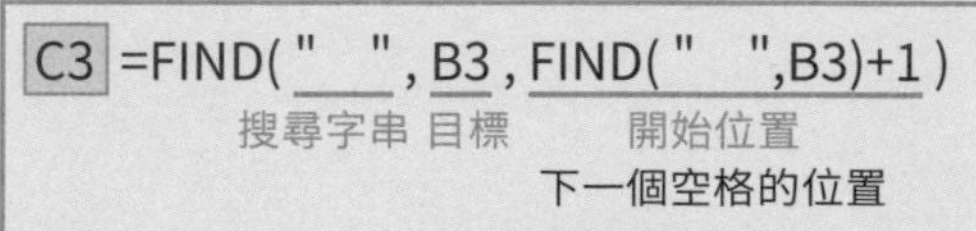
C3 =FIND("　",B3,FIND("　",B3)+1)
搜尋字串
目標
開始位置
下一個空格的位置

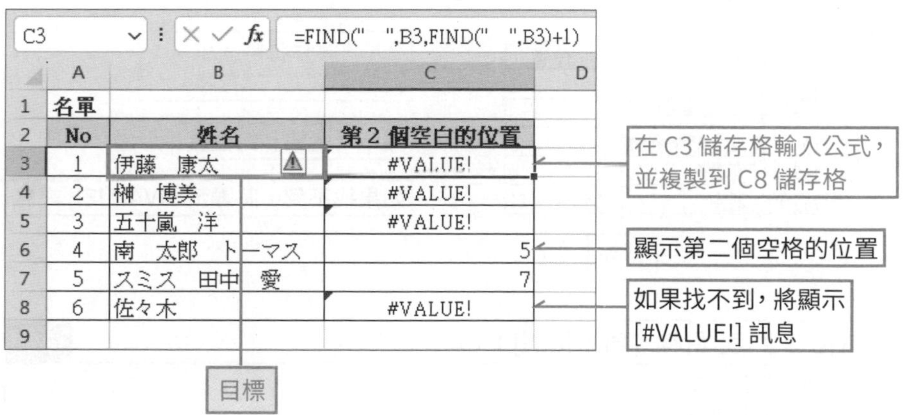
C3
=FIND("　",B3,FIND("　",B3)+1)
在 C3 儲存格輸入公式，並複製到 C8 儲存格
顯示第二個空格的位置
如果找不到，將顯示 [#VALUE!] 訊息
目標

	A	B	C	D
1	名單			
2	No	姓名	第 2 個空白的位置	
3	1	伊藤　康太	#VALUE!	
4	2	榊　博美	#VALUE!	
5	3	五十嵐　洋	#VALUE!	
6	4	南　太郎　トーマス	5	
7	5	スミス　田中　愛	7	
8	6	佐々木	#VALUE!	
9				

=FIND(搜尋字串, 目標, [開始位置]) → 06-14

Memo

- 出現 [#VALUE!] 錯誤的情況有兩種可能：一是沒有全形空格，二是只有一個全形空格。
- 將 C3 儲存格公式中的兩個「FIND」改為「SEARCH」，也能得到相同的結果。

關聯項目 【06-14】搜尋指定字串 ＜① FIND 函數＞

06-16 搜尋指定字串 <②SEARCH 函數>

SEARCH

使用 SEARCH 函數可以檢查字串中是否包含特定的字串。在此，我們將查詢「所屬單位」欄中「營業」的位置。如果傳回值是「3」，則表示「營業」位於第 3、4 個字。即使「營業」出現多次，也只會找到第一次出現的位置。

▶ 找出「營業」的位置

C3 =SEARCH("營業", B3)
搜尋字串 目標

C3 =SEARCH("營業",B3)

	A	B	C	D
1	專案成員表			
2	姓名	所屬單位	位置	
3	林研凱	總行營業部第1營業課	3	
4	崔昱成	總行營業部第2營業課	3	
5	姚欣瑩	新竹分行營業本部營業課	5	
6	江震瑋	北海道分行營業部	6	
7	劉彥禎	總行經營企劃室	#VALUE!	

在 C3 儲存格輸入公式，並複製到 C7 儲存格

顯示「營業」的位置

如果找不到，將顯示 [#VALUE!] 訊息

目標

=SEARCH(搜尋字串, 目標, [開始位置]) 文字

搜尋字串…指定要搜尋的字串
目標…設定要搜尋的目標字串
開始位置…從指定位置開始搜尋「目標」的第 1 個文字位置。若省略，則「開始位置」預設為 1
「目標」會從「搜尋字串」的「開始位置」尋找字串在第幾個字。若找不到時，會傳回 [#VALUE!]。搜尋時不會區分英文字母大小寫。

Memo

- 搜尋特定字串的函數，還有 FIND 函數 (→【06-14】)。如果將 C3 儲存格公式中的「SEARCH」改為「FIND」，也可以得到相同的結果。

關聯項目 【01-18】切換相對參照與絕對參照
【06-14】搜尋指定字串<① FIND 函數>

06-17 搜尋第二次出現的字串 ＜②SEARCH 函數＞

SEARCH

想找出「所屬單位」欄中第二個「營業」的位置時，可以在 SEARCH 函數的第 3 個引數「開始位置」中指定「第一個營業的位置＋1」。如果第一個「營業」位於第 3 個字，則從第 4 個字開始尋找。由於「第一個營業的位置」也是用 SEARCH 函數來搜尋，所以 SEARCH 函數會以巢狀的方式使用。

▶ 找出第二個「營業」的位置

C3 =SEARCH("營業" , B3 , SEARCH("營業",B3)+1)

搜尋字串　目標　開始位置

下一個「營業」的位置

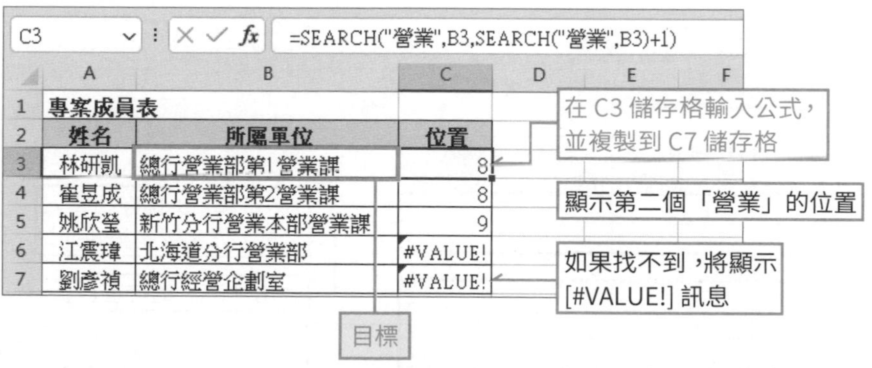

C3 =SEARCH("營業",B3,SEARCH("營業",B3)+1)

	A	B	C
1	專案成員表		
2	姓名	所屬單位	位置
3	林研凱	總行營業部第1營業課	8
4	崔昱成	總行營業部第2營業課	8
5	姚欣瑩	新竹分行營業本部營業課	9
6	江震瑋	北海道分行營業部	#VALUE!
7	劉彥禎	總行經營企劃室	#VALUE!

在 C3 儲存格輸入公式，並複製到 C7 儲存格
顯示第二個「營業」的位置
如果找不到，將顯示 [#VALUE!] 訊息
目標

=SEARCH(搜尋字串, 目標, [開始位置]) → 06-16

Memo

- 出現 [#VALUE!] 錯誤的情況有兩種可能：一是沒有「營業」這個字串，二是只有一個「營業」字串。
- 將 C3 儲存格公式中的兩個「SEARCH」改為「FIND」，也能得到相同的結果。

關聯項目 【06-14】搜尋指定字串＜① FIND 函數＞
【06-16】搜尋指定字串＜② SEARCH 函數＞

06-18 區分大小寫的搜尋

FIND／SEARCH

用於字串搜尋的函數中，有 FIND 函數和 SEARCH 函數兩種。想要區分大小寫進行搜尋時，應使用 FIND 函數。相反地，不想區分大小寫進行搜尋時，則使用 SEARCH 函數。例如，在搜尋「型號」資料中的「EX」時，使用 FIND 函數只會搜尋到大寫的「EX」，而使用 SEARCH 函數則會搜尋到「ex」、「Ex」、「eX」等各種大小寫組合。

▶ 找出「EX」的位置

B3 =FIND("EX" , A3)
搜尋字串 目標

C3 =SEARCH("EX", A3)
搜尋字串 目標

B3 =FIND("EX",A3)

	A	B	C	D
1	商品列表			
2	型號	FIND 函數 區分大、小寫字母	SEARCH 函數 不區分大、小寫字母	
3	K-EX-7	3	3	
4	MK-EX-8	4	4	
5	KLX-101	#VALUE!	#VALUE!	
6	KLX-ex-102	#VALUE!	5	
7	K-Ex-701	#VALUE!	3	
8	MK-ex-801	#VALUE!	4	
9				

在 B3 和 C3 儲存格輸入公式，並複製到第 8 列

找出「EX」的位置

「ex」、「Ex」、「eX」在使用 FIND 函數時不會被搜尋到，但在使用 SEARCH 函數時則會被搜尋到

目標

=FIND(搜尋字串, 目標, [開始位置]) → 06-14

=SEARCH(搜尋字串, 目標, [開始位置]) → 06-16

Memo

- 不論是 FIND 函數還是 SEARCH 函數，都會區分全形和半形。

關聯項目 【06-14】搜尋指定字串<① FIND 函數>
【06-16】搜尋指定字串<② SEARCH 函數>

06-19 以萬用字元搜尋字串

SEARCH

用於字串搜尋的函數，有 FIND 函數和 SEARCH 函數兩種。當想要以「包含○○」或「以○○開始」等模糊條件進行搜尋時，應使用可以利用萬用字元的 SEARCH 函數。在此，將「搜尋字串」設定為「新北市＊區」。如果顯示「1」，則可以判斷地址位於新北市。

▶ 使用萬用字元進行搜尋

C3 =SEARCH("新北市*區" , B3)
搜尋字串　目標

C3 : =SEARCH("新北市*區",B3)

	A	B	C	D	E
1	通訊錄				
2	姓名	地址	搜尋		
3	倪雅琪	新北市板橋區中正路	1		
4	陳冠宸	新北市中和區中山路	1		
5	王志善	新北市三峽大學路	#VALUE!		
6	鍾海麟	新北市三重區仁愛路	1		
7	馮佳欣	花蓮縣花蓮市中山路	#VALUE!		
8					

在 C3 儲存格輸入公式，並複製到 C7 儲存格

當地址為「新北市＊區」時，顯示「1」

目標

=SEARCH(搜尋字串, 目標, [開始位置]) → 06-16

Memo

- 在 SEARCH 函數中將「*」或「?」作為字元來搜尋時，需要在前面加上半形波浪號「~」，並將搜尋字串指定為「"~*"」或「"~?"」。
- 在 FIND 函數中，不能使用萬用字元進行模糊搜尋。相反地，想要將「*」或「?」作為字元來搜尋時，可以直接指定這些字元。

關聯項目 【06-03】認識萬用字元

06-20 置換指定位置的字串

REPLACE

使用 REPLACE 函數可以將指定的位置置換成特定數量的字串。範例中，對「ID」欄的資料前半部進行了「*」的遮蓋。引數中指定「將 B3 儲存格的第 1 個字元起的 9 個字元替換為『****-****』」內容。

▶ 將 ID 的前半部進行遮蓋處理

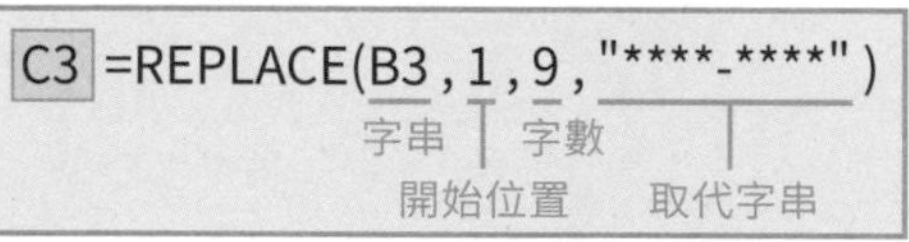

C3 =REPLACE(B3,1,9,"****-****")

	A	B	C	D
1	顧客名單			
2	姓名	ID	局部遮住 ID	
3	吳翊君	1234-5678-9012	****-****-9012	
4	陳筱詩	2345-6789-0123	****-****-0123	
5	劉家宏	3456-7890-1234	****-****-1234	
6	陳宏鑫	4567-8901-2345	****-****-2345	

字串

在 C3 儲存格輸入公式，並複製到 C6 儲存格

前 9 個字取代為「****-****」

=REPLACE(字串, 開始位置, 字數, 取代字串) 文字

字串…指定成為替換目標的字串
開始位置…以「字串」的開頭為 1，指定開始進行置換的字元位置
字數…指定要置換的字數
取代字串…指定用來替換「字串」部分的字串
從「字串」的「開始位置」起，依「字數」的部分內容以「取代字串」取代。

Memo

- 如果在「開始位置」指定的數值超過「字串」的字元數，則「取代字串」會被加到「字串」的末尾。
  =REPLACE("ㄅㄆㄇㄈㄉ",9,1,"ABC")→ㄅㄆㄇㄈㄉABC
- 如果在「字數」中指定的數值超過「字串」的字數，則從「字串」的開始位置到末尾的部分都會被置換。
  =REPLACE("ㄅㄆㄇㄈㄉ",4,9,"ABC") →ㄅㄆㄇABC

關聯項目 【06-22】取代成指定字串

Excel 06-21 在 7 位數的郵遞區號中加上「-」符號

REPLACE

想要「在第○個字元和第△個字元之間插入字串」時，使用 REPLACE 函數非常方便。將引數「字數」指定為「0」，可以在不覆蓋任何字元的情況下，將字元插入到「開始位置」所指定的位置。此範例將在 7 位數的郵遞區號中的第 3 個及第 4 個位置之間插入連字號「-」。由於是在第 4 個位置插入，所以第二個引數「開始位置」的值為「4」。

▶ 在郵遞區號的第三個及第四個位置之間插入連字號

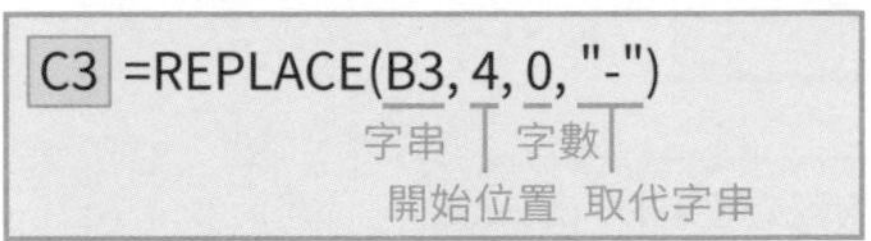

C3 | =REPLACE(B3,4,0,"-")

	A	B	C	D	E
1	郵遞區號				
2	分行名稱	郵遞區號	連字符號		
3	東京本行	1078077	107-8077		
4	大阪分行	5530003	553-0003		
5	中部分行	4608664	460-8664		
6	九州分行	8128677	812-8677		

字串

在 C3 儲存格輸入公式，並複製到 C6 儲存格

已插入連字號

=REPLACE(字串, 開始位置, 字數, 取代字串) → 06-20

Memo

- REPLACE 函數是用來進行字串置換的函數，但根據引數的指定，也可以用於字串的插入或刪除。具體的字串刪除範例請參考【06-26】。
  - ・字串的插入：在引數「字數」中指定「0」
  - ・字串的刪除：在引數「取代字串」中指定空字串「""」
- 即使用函數替換了字串，原始資料本身仍然保持不變。如果想要用替換後的資料完全取代原始資料，請參考【11-01】，複製包含公式的儲存格，然後以「貼上值」的方式到原始資料的儲存格中。

關聯項目 【06-20】置換指定位置的字串

06-22 取代成指定字串

SUBSTITUTE

使用 SUBSTITUTE 函數可以將特定字串替換為另一個字串。範例中，我們將顧客名稱中包含「(股)」替換為「股份有限公司」。其特色是無論「(股)」位於名稱中的哪個位置，都可以只依「(股)」這個字串進行替換。如果不包含「(股)」，則顯示原始名稱。

▶ 將「(股)」替換為「股份有限公司」

C3 =SUBSTITUTE(B3, "(股)", "股份有限公司")
字串 搜尋字串 取代字串

C3 =SUBSTITUTE(B3,"(股)","股份有限公司")

	A	B	C	D
1	顧客名單			
2	No	顧客名稱	統一後的名稱	
3	1	(股)綠意	股份有限公司綠意	
4	2	黑川電子股份有限公司	黑川電子股份有限公司	
5	3	茶谷金屬(股)	茶谷金屬股份有限公司	
6	4	股份有限公司赤井化學	股份有限公司赤井化學	
7				

字串

在 C3 儲存格輸入公式，並複製到 C6 儲存格

將「(股)」統一取代為「股份有限公司」了

=SUBSTITUTE(字串, 搜尋字串, 取代字串, [替換對象]) 文字

字串…指定要被置換的字串
搜尋字串…指定要被置換成「取代字串」的字串
取代字串…指定要取代「搜尋字串」的字串
替換對象…指定要替換第幾個「搜尋字串」，以數字表示。若省略，則「字串」中的所有「搜尋字串」都會被替換

在「字串」中的「搜尋字串」會被「取代字串」取代。透過「替換對象」來指定要取代第幾個「搜尋字串」。如果在「字串」中找不到任何「搜尋字串」，會直接傳回原「字串」。

Memo

- 在 SUBSTITUTE 函數的第三個引數「取代字串」中指定空白字串「""」，可以刪除「字串」中的「搜尋字串」。具體範例將在【06-27】中介紹。

關聯項目 【06-20】置換指定位置的字串

06-23 只取代第○個出現的字串

SUBSTITUTE

省略 SUBSTITUTE 函數的第 4 個引數「替換對象」時，會取代字串中所有的「搜尋字串」。如果只想取代特定位置的「搜尋字串」，請在第 4 個引數「替換對象」，設定要顯示第幾個「搜尋字串」。以下要將研討會名稱中第一個出現的「/」取代成「 & 」（空格「&」空格）。

▶ 將第一個「/」取代為「 & 」

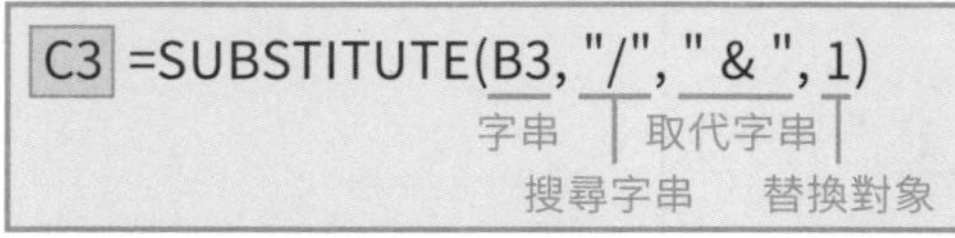

C3 =SUBSTITUTE(B3,"/"," & ",1)

	A	B	C	D
1	研討會清單			
2	No	研討會名稱	統一後的名稱	
3	1	Excel 2021/2019/2016	Excel 2021 & 2019/2016	
4	2	Word 2021/2019/2016	Word 2021 & 2019/2016	
5	3	Visual Studio 2022/2019	Visual Studio 2022 & 2019	
6	4	Windows 11/10/8.1	Windows 11 & 10/8.1	

在 C3 儲存格輸入公式，並複製到 C6 儲存格

只有第一個出現的「/」取代成「&」

字串

=SUBSTITUTE(字串, 搜尋字串, 取代字串, [替換對象]) → 06-22

Memo

- 省略上述公式的第 4 個引數「替換對象」時，會取代所有的「/」，如下所示。
  Excel 2021/2019/2016 → Excel 2021 & 2019 & 2016
- 即使用函數替換了字串，原始資料本身仍然保持不變。如果想要用替換後的資料完全取代原始資料，請參考【11-01】，複製包含公式的儲存格，然後以「貼上值」的方式到原始資料的儲存格中。

關聯項目 【06-22】取代成指定字串

06-24 將以「-」分隔的市話號碼，改以括號括起來

SUBSTITUTE

要將「03-3456-XXXX」用「-」符號區隔的電話號碼改成「03(3456)XXXX」的格式。可以同時使用兩個 SUBSTITUTE 函數。內部的 SUBSTITUTE 函數用來將第一個連字號替換成「(」，外部的 SUBSTITUTE 函數再將剩下的連字號替換成「)」。

▶ 將市內區碼用括號圍住

將第二個「-」替換為「)」

C3 =SUBSTITUTE (SUBSTITUTE (B3,"-","(",1) ,"-",") ")

將第一個「-」替換為「(」

C3 =SUBSTITUTE(SUBSTITUTE(B3,"-","(",1),"-",")")

	A	B	C	D	E	F
1	據點清單					
2	據點名稱	電話號碼	調整格式			
3	東京總行	03-3456-XXXX	03(3456)XXXX			
4	大阪分行	06-7890-XXXX	06(7890)XXXX			
5	九州分行	092-568-XXXX	092(568)XXXX			
6						

在 C3 儲存格輸入公式，並複製到 C5 儲存格

將日本市話的局號部分，以括號括住

=SUBSTITUTE(字串, 搜尋字串, 取代字串, [替換對象]) → 06-22

Memo

- 要將以連字號分隔市話的區域號碼，如「03-3456-XXXX」，改用括號括起來顯示為「(03)3456-XXXX」，可以用 REPLACE 函數在第一個字元插入「(」，再用 SUBSTITUTE 函數將第一個連字號替換為「)」。
  =SUBSTITUTE(REPLACE(B3,1,0,"("),"-",")",1)

C3 =SUBSTITUTE(REPLACE(B3,1,0,"("),"-",")",1)

	A	B	C	D	E
1	據點清單				
2	據點名稱	電話號碼	調整格式		
3	東京總行	03-3456-XXXX	(03)3456-XXXX		
4	大阪分行	06-7890-XXXX	(06)7890-XXXX		
5	九州分行	092-568-XXXX	(092)568-XXXX		

關聯項目 【06-22】取代成指定字串

06-25 將全形和半形的空格全部統一為全形空格

SUBSTITUTE

當表格資料中全形空格和半形空格混合使用時，不僅影響美觀，還可能導致使用 SUMIF 函數進行統計時視為不同資料，而造成問題。為此我們可以用 SUBSTITUTE 函數來做統一。在此，要將姓名之間的空格全部統一為全形空格。請在引數「搜尋字串」中指定半形空格，在「取代字串」中指定全形空格。此外，如果將「搜尋字串」和「取代字串」的指定反過來，可以將空格統一為半形。

▶ 將空格全部統一成全形

C3 =SUBSTITUTE(B3," ","　")

	A	B	C	D	E
1	員工名單				
2	No	姓名	統一		
3	1	小川　健吾	小川　健吾		
4	2	小林 貴恵	小林　貴恵		
5	3	菅田　浩二	菅田　浩二		
6	4	千葉 将也	千葉　将也		
7					

字串

在 C3 儲存格輸入公式，並複製到 C6 儲存格

已經將空格統一為全形

=SUBSTITUTE(字串, 搜尋字串, 取代字串, [替換對象]) → 06-22

Memo

- 使用 JIS 函數將半形文字轉換為全形文字時，也可以將半形空格轉換為全形空格。如果字串中包含了空格以外的半形文字，這些文字也會被轉換成全形文字。
- 複製 C3 到 C6 儲存格的內容後，參照【11-01】的方式，將它們貼上到 B3 到 B6 儲存格。這樣可以統一「姓名」欄中的全形與半形字元。

關聯項目 【06-29】刪除字串中的所有空格

06-26 刪除字串中從第○個字元開始的△個字

REPLACE

在 REPLACE 函數的第 4 個引數「取代字串」中指定空字串「""」時，可以刪除固定位置的字元。其特色是無論要刪除的字元內容為何，都可以只依位置進行刪除。例如，想從「3 個字 -2 個字 -3 個字」的編號中刪除中分類時，可以用 REPLACE 函數將第 4 個字元起的 3 個字元替換成「""」。

▶ 刪除商品編號的中分類

B3 =REPLACE(A3 , 4 , 3 , "")

字串 開始位置 字數 取代字串

B3 =REPLACE(A3,4,3,"")

	A	B	C
1	編輯商品編號		
2	大分類-中分類-流水號	大分類-流水號	
3	SEW-KP-101	SEW-101	
4	TYP-KP-230	TYP-230	
5	VEX-TT-105	VEX-105	
6	WER-TT-201	WER-201	
7			

字串

在 B3 儲存格輸入公式，並複製到 B6 儲存格

從第 4 個字開始，刪除 3 個字

=REPLACE(字串, 開始位置, 字數, 取代字串) → 06-20

Memo

- REPLACE 函數是用來執行取代功能的函數，透過引數設定，可以插入或刪除字串。如果要插入字串，請參考【06-21】的說明。

關聯項目 【06-20】置換指定位置的字串
【06-21】在 7 位數的郵遞區號中加上「-」符號
【06-27】刪除字串中的特定字串

06-27 刪除字串中的特定字串

SUBSTITUTE

有時可能需要刪除公司名稱中的「股份有限公司」，只取出特定名詞。如果要刪除字串中的特定字串，可以使用 SUBSTITUTE 函數，在引數「搜尋字串」設定要刪除的字串，在「取代字串」設定成空字串「""」。

▶ 刪除公司名稱中的「股份有限公司」

C3 =SUBSTITUTE(B3, "股份有限公司", "")
字串 搜尋字串 取代字串

C3 =SUBSTITUTE(B3,"股份有限公司","")

	A	B	C	D	E
1	顧客名單				
2	No	顧客名稱	公司名稱		
3	1	股份有限公司綠意	綠意		
4	2	黑川電子股份有限公司	黑川電子		
5	3	茶谷金屬股份有限公司	茶谷金屬		
6	4	股份有限公司赤井化學	赤井化學		
7					

在 C3 儲存格輸入公式，並複製到 C6 儲存格

刪除了「股份有限公司」

字串

=SUBSTITUTE(字串, 搜尋字串, 取代字串, [替換對象]) → 06-22

Memo

- 當「公司名稱」欄中混有「股份有限公司」與「有限公司」時，要取出特定名詞，可以透過巢狀結構使用兩個 SUBSTITUTE 函數，其中一個 SUBSTITUTE 函數刪除「股份有限公司」，另一個 SUBSTITUTE 函數刪除「有限公司」。
  =SUBSTITUTE(SUBSTITUTE(B3,"股份有限公司",""),"有限公司","")

關聯項目 【06-22】取代成指定字串
【06-26】刪除字串中從第○個字元開始的△個字
【06-28】保留單字間的一個空格，並刪除多餘的空格

06-28 保留單字間的一個空格，並刪除多餘的空格

TRIM

使用 TRIM 函數可以刪除字串前後的全形和半形空格。兩個字詞之間的空格會保留第一個空格，其餘則被刪除。當從網頁複製的資料中含有前後多餘的空格時，就可以用 TRIM 函數來清理。

▶ 刪除多餘的空格

C3 =TRIM(B3)
字串

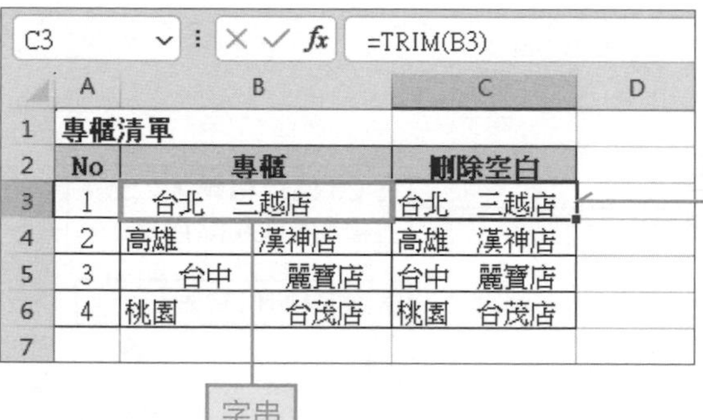

=TRIM(字串) 文字

字串…指定要刪除空格的字串
從字串中刪除多餘的全形／半形空格。單字間的空格會保留一個。

Memo

- 當單字與單字間有連續多個空格時，第一個空格會被保留。要統一保留的空格為全形或半形，可以使用 SUBSTITUTE 函數將半形空格取代成全形空格。
=SUBSTITUTE(TRIM(B3)," ","　")

關聯項目 【06-29】刪除字串中的所有空格

06-29 刪除字串中的所有空格

SUBSTITUTE

想刪除字串中的所有空格時，可以用兩個 SUBSTITUTE 函數。其中一個用來刪除全形空格，另一個用來刪除半形空格。在引數「搜尋字串」中指定空格，在「取代字串」中指定空白字串「""」即可進行刪除。使用 TRIM 函數刪除空格時，單字間會保留一個空格，但此範例則是刪除所有空格。

▶ **刪除字串中的所有空格**

移除半形空格

C3 =SUBSTITUTE(SUBSTITUTE (B3,"　","")," ","")

移除全形空格

C3 =SUBSTITUTE(SUBSTITUTE(B3,"　","")," ","")

	A	B	C
1	**專櫃清單**		
2	**No**	**專櫃**	**刪除空白**
3	1	台北　三越店	台北三越店
4	2	高雄　　漢神店	高雄漢神店
5	3	台中　　麗寶店	台中麗寶店
6	4	桃園　　台茂店	桃園台茂店
7			

在 C3 儲存格輸入公式，並複製到 C6 儲存格

刪除所有的空格

字串

=SUBSTITUTE(字串, 搜尋字串, 取代字串, [替換對象]) → 06-22

Memo

- 複製 C3 ～ C6 儲存格，並參考【11-01】的說明，以「貼上值」的方式貼到 B3 ～ B6 儲存格中，就可以刪除「專櫃」欄中的所有空格。

關聯項目 【06-27】刪除字串中的特定字串

06-30 刪除儲存格內的換行並以一行顯示

CLEAN

CLEAN 函數可以刪除 ASCII 碼 0 ～ 31 字元碼對應的控制字元。儲存格內的換行也是控制字元的一種，可以透過 CLEAN 函數來刪除。在此，我們將使用這個函數來刪除儲存格內的換行。

▶ 刪除儲存格內的換行

C3 =CLEAN(B3)
字串

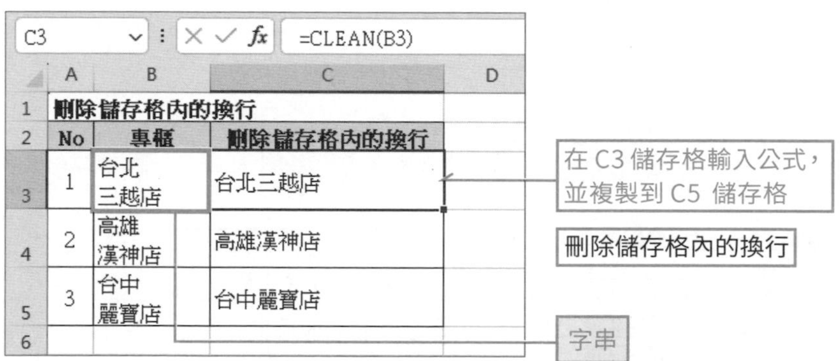

=CLEAN(字串) 文字

字串…指定要刪除控制字元的目標字串

刪除字串中的控制字元。刪除的目標是對應 ASCII 碼 0 ～ 31 的控制字元。

Memo

- 即使字串中含有控制字元，但肉眼看不見。要確認是否有控制字元存在，最好使用 LEN 函數取得字數，並與實際可見的字數做比較。
- 使用 SUBSTITUTE 函數，以空白字串「""」取代代表儲存格內換行的「CHAR(10)」，也可以刪除儲存格內的換行。
  =SUBSTITUTE(B3,CHAR(10),"")

06-31 檢查兩個字串是否相等

EXACT

EXACT 函數可以檢查兩個字串是否相等。「=」運算子會將大寫和小寫視為相同的字元，而 EXACT 函數則視為不同的字元。請記住這點並適當地使用。在此我們將使用「=」和 EXACT 函數來比較表格中 A 欄和 B 欄的字串。如果相等，顯示為 TRUE；如果不相等，則顯示為 FALSE。

▶ 比較 A 欄與 B 欄的文字內容

C3 =A3=B3

D3 =EXACT(A3, B3)
字串 1　字串 2

D3　=EXACT(A3,B3)

	A	B	C	D
1	輸入檢查			
2	字串1	字串2	「=」判斷	Exact 函數判斷
3	函數	函數	TRUE	TRUE
4	EXCEL	excel	TRUE	FALSE
5	エクセル	ｴｸｾﾙ	FALSE	FALSE
6	エクセル	えくせる	FALSE	FALSE
7				

字串 1

字串 2

在 C3 和 D3 儲存格輸入公式，並複製到第 6 列

大寫與小寫在比較時會出現差異

=EXACT(字串 1, 字串 2)　文字

字串 1、字串 2…指定要進行比較的字串
如果「字串 1」與「字串 2」相等，則傳回 TRUE；如果不相等，則傳回 FALSE。會區分英文字母的大寫和小寫。

Memo

- 不論是使用「=」運算子還是 EXACT 函數，全形和半形、平假名和片假名都會被視為不同的字元。

文字類型	「=」演算子	EXACT 函數
大寫 / 小寫	不區分	會區分
全型 / 半型	會區分	會區分
平假名 / 片假名	會區分	會區分

06-32 一次連接多個儲存格中的字串

CONCAT

CONCAT 函數是用於連接多個字串的函數。就像 SUM 函數一次計算多個數值的總和一樣。你可以指定儲存格範圍作為引數，一次完成字串的連接。在此，要連接 C 欄到 F 欄中的縣市區域，以建立完整的地址資料。

▶ 連接 C 欄到 F 欄中的地址

G3 =CONCAT(C3:F3)
字串 1

G3 =CONCAT(C3:F3)

	A	B	C	D	E	F	G
1	門市清單						
2	門市	郵遞區號	縣市	鄉鎮市區	路	號	地址
3	石牌店	112-67	台北市	北投區	石牌路	201-2號	台北市北投區石牌路201-2號
4	西門店	220-56	新北市	板橋區	西門街	15-1號	新北市板橋區西門街15-1號
5	大竹店	338-57	桃園市	蘆竹區	大竹路	66-5號	桃園市蘆竹區大竹路66-5號
6	德陽店	262-48	宜蘭縣	礁溪鄉	德陽路	99-11號	宜蘭縣礁溪鄉德陽路99-11號
7							

字串 1

在 G3 儲存格輸入公式，並複製到 G6 儲存格

完成文字的連接

=CONCAT(字串 1 , [字串 2] …)　**[365/2021/2019]**　文字

字串…指定要連接的字串，也可以設定儲存格範圍

連接字串並傳回結果。可以設定 254 個「字串」。如果在「字串」中指定日期及時間，則會連接序列值。如果「字串」設定了錯誤的值，就會傳回錯誤值。

Memo

- 舊版用於連接文字的 CONCATENATE 函數不能在引數指定儲存格範圍，而 CONCAT 函數是增強版的函數，可以在引數中指定儲存格範圍。若使用 Excel 2016，請在 CONCATENATE 函數的引數逐一指定儲存格以進行連接。
  =CONCATENATE(C3,D3,E3,F3)

關聯項目 【06-34】在字串間插入分隔符號並連接多個字串

06-33 換行並連接字串

CONCAT／CHAR

要連接多個儲存格內的文字並加上換行，要在換行的位置設定「CHAR(10)」。「10」是代表換行的字元碼，CHAR 函數可以把字元碼轉換成文字。以下將在郵遞區號與地址之間插入換行並連接字串。請注意！即使在字串中插入換行字元，但沒有在儲存格中設定**自動換行**，就無法產生換行的效果。

▶ 在郵遞區號與地址之間插入換行並連接字串

G3 =CONCAT(B3 , CHAR(10) , C3:F3)
字串 1　字串 2　字串 3

G3 =CONCAT(B3,CHAR(10),C3:F3)

	A	B	C	D	E	F	G	H
1	門市清單							
2	門市	郵遞區號	縣市	鄉鎮市區	路	號	地址	
3	石牌店	112-67	台北市	北投區	石牌路	201-2號	112-67 台北市北投區石牌路201-2號	
4	西門店	220-56	新北市	板橋區	西門街	15-1號	220-56 新北市板橋區西門街15-1號	
5	大竹店	338-57	桃園市	蘆竹區	大竹路	66-5號	338-57 桃園市蘆竹區大竹路66-5號	
6	德陽店	262-48	宜蘭縣	礁溪鄉	德陽路	99-11號	262-48 宜蘭縣礁溪鄉德陽路99-11號	

字串 1　字串 3

在 G3 儲存格輸入公式，並複製到 G6 儲存格，且設定自動換行

=CONCAT(字串 1, [字串 2]…) → 06-32

=CHAR(數值) → 06-05

Memo

- 要在儲存格中設定**自動換行**，請在**常用**頁次的**對齊方式**區，按下**自動換行**鈕。

06-34 在字串間插入分隔符號並連接多個字串

TEXTJOIN

使用 TEXTJOIN 函數，可以插入分隔符號並連接字串。這個範例是在「分類編號」、「商品編號」及「顏色編號」插入連字號再連接字串，引數「忽略空白儲存格」設為「TRUE」，避免沒有顏色編號的訂單號碼顯示多餘的連字號。

▶ 在字串之間插入「-」並連接字串

D3 =TEXTJOIN("-", TRUE, A3:C3)

分隔符號　忽略空白儲存格　字串 1

D3　=TEXTJOIN("-",TRUE,A3:C3)

	A	B	C	D	E
1	製作訂單號碼				
2	分類編號	商品編號	顏色編號	訂單號碼	
3	AS	K101	BL	AS-K101-BL	
4	AS	K101	WT	AS-K101-WT	
5	DF	U203		DF-U203	

字串 1

在 D3 儲存格輸入公式，並複製到 D5 儲存格

插入「-」並連接字串

=TEXTJOIN(分隔符號, 忽略空白儲存格, 字串 1, [字串 2]…)　文字

[365/2021/2019]

分隔符號…指定分隔符號

忽略空白儲存格…設為 TRUE，會忽略空白儲存格；設為 FALSE，連空白儲存格也會插入分隔符號

字串…設定要連接的字串，也可以設為儲存格範圍

插入分隔符號並連接字串再傳回。最多可以設定 252 個「字串」，如果在「字串」中指定日期及時間，則會連接序列值。如果「字串」設定了錯誤的值，就會傳回錯誤值。

Memo

- TEXTJOIN 函數的引數「忽略空白儲存格」設為「TRUE」或設為「FALSE」時，範例的 D5 儲存格結果會出現以下的變化。
  - ・指定「TRUE」→ 傳回值：DF-U203（忽略顏色編號）
  - ・指定「FALSE」→ 傳回值：DF-U203- (顏色編號的「-」顯示在最後)

關聯項目 【06-32】一次連接多個儲存格中的字串

06-35 每一欄設定不同的分隔符號並連結

TEXTJOIN

TEXTJOIN 函數可以在引數「分隔符號」以儲存格範圍或陣列常數的形式設定多個文字。以下範例將設定「,」、「,」、「,」、「;」（三個逗號與一個分號）。由於「字串」設定了 3 列 4 欄的儲存格範圍，因此會以「,」分隔欄，以「;」分隔列。

▶ **以逗號分隔欄，以分號分隔列並連接字串**

F5 =TEXTJOIN(F2:I2, FALSE, A3:D5)
分隔符號　忽略空白儲存格　字串 1

F5 =TEXTJOIN(F2:I2,FALSE,A3:D5)

	A	B	C	D	E	F	G	H	I	J	K
1	講師列表					分隔符號					
2	No	講師	支付	班級		,	,	,	;		
3	1	石田誠	完成	A							
4	2	白哲婷		B		連接					
5	3	周宥達	完成	A		1,石田誠,完成,A;2,白哲婷,,B;3,周宥達,完成,A					

字串 1　分隔符號　輸入公式

=TEXTJOIN(分隔符號, 忽略空白儲存格, 字串 1, [字串 2]…) → 06-34

Memo

- 分隔符號比陣列元素少時，會重複分隔符號。如果設定了「◇」與「●」當作分隔符號，將依照「◇」、「●」、「◇」、「●」…的順序穿插。
- 陣列常數也可以設定分隔符號，依序穿插「◇」、「●」並連接 A3 ～ D5 儲存格時，結果如下。
  =TEXTJOIN({"◇","●"},FALSE,A3:D5)
- 引數「忽略空白儲存格」設為「TRUE」，會忽略空白儲存格，卻不會影響分隔符號的順序。例如，這個範例設為「TRUE」，忽略空白儲存格後，原本應該插入行末的「;」位置就會偏移。設為「FALSE」時，即使中途有空白儲存格，也一定會在行末插入「;」。此外，空白儲存格是連續兩個逗號「,,」，所以能立即瞭解有缺少項目。
  - 指定「TRUE」→ 傳回值：1, 石田誠, 完成, A; 2, 白哲婷, B, 3; 周宥達, 完成, A
  - 指定「FALSE」→ 傳回值：1, 石田誠, 完成, A; 2, 白哲婷,,B; 3, 周宥達, 完成, A

06-36 將儲存格範圍的資料轉換成陣列常數型字串

ARRAYTOTEXT

ARRAYTOTEXT 函數可以在陣列元素插入分隔符號，連接成一個字串。引數「格式」設為「1」，能以「,」（逗號）分隔欄，以「;」（分號）分隔列，建立陣列常數型字串，日期會轉換成序列值。

▶ 由資料表建立陣列常數型字串

A8 =ARRAYTOTEXT(A2:B5, 1)
陣列 格式

A8 =ARRAYTOTEXT(A2:B5,1)

	A	B	C	D	E	F	G	H
1	商品資訊							
2	商品名稱	螢幕32						
3	單價	$45,000						
4	開始販售	2022/10/1						
5	販售中	TRUE						
6								
7	轉換							
8	{"商品名稱","螢幕32";"單價",45000;"開始販售",44835;"販售中",TRUE}							
9								

陣列　輸入公式　建立嚴謹的陣列常數型字串

=ARRAYTOTEXT(陣列, [格式])　[365/2021]　文字

陣列…設定陣列或儲存格範圍

格式…設為 0 或省略時，會建立以「,」分隔每個資料的簡潔字串。設為 1，會建立以「"」包圍文字，以「,」分隔欄，以「;」分隔列，整體以「{ }」包圍，格式嚴謹的字串

依照「格式」的設定，連接「陣列」的元素，轉換成字串。日期及時間會轉換成序列值，錯誤值會連結成錯誤值字串。

Memo

- 引數「格式」設為「0」或「1」時，傳回值如下所示。

  0：商品名稱, 螢幕 32, 單價, 45000, 開始販售, 44835, 販售中, TRUE
  1：{"商品名稱","螢幕 32";"單價",45000;"開始販售",44835;"販售中", TRUE}

06-37 將儲存格的資料轉換成字串

VALUETOTEXT

VALUETOTEXT 函數可以將「值」轉換成指定「格式」的字串。其特色是所有資料都會轉換成字串，包括數值、日期、邏輯值、錯誤值等。以下範例分別在「格式」設定「0」與「1」，兩者的差別是，設定為「1」時，會以「"」包圍原始字串。

▶ 將數值轉換成字串

D2 =VALUETOTEXT(B2, 0)
值 格式

E2 =VALUETOTEXT(B2, 1)
值 格式

D2 =VALUETOTEXT(B2,0)

	A	B	C	D	E	F
1	商品資訊			格式：0	格式：1	
2	商品名稱	螢幕32		螢幕32	"螢幕32"	
3	單價	$45,000		45000	45000	
4	開始販售	2022/10/1		44835	44835	
5	販售中	TRUE		TRUE	TRUE	
6						

值

在 D2 與 E2 儲存格輸入公式，並複製到第 5 列

將值轉換成字串

=VALUETOTEXT(值, [格式])　[365/2021]　文字

值…指定要轉換的資料

格式…設為 0 或省略時，會直接傳回字串資料，其他則轉換成字串。設為 1 時，以「"」包圍字串，其他則轉換成字串

將「值」轉換成字串。如果是日期及時間，則轉換成序列值，而錯誤值會連接成錯誤值字串。

關聯項目　【06-36】將儲存格範圍的資料轉換成陣列常數型字串
【06-55】將數值字串轉換成數值

06-38 從字串的開頭或結尾取出字串

LEFT／RIGHT

使用 LEFT 函數可以從字串的開頭取出指定字數的字串，而使用 RIGHT 函數可以從字串的結尾取出。在此，我們將從 A 欄的訂單編號中取出開頭 2 個字和結尾的 2 個字。

▶ 取出訂單編號的前兩個與後兩個字元

C3 =RIGHT(A3, 2)
字串 字數

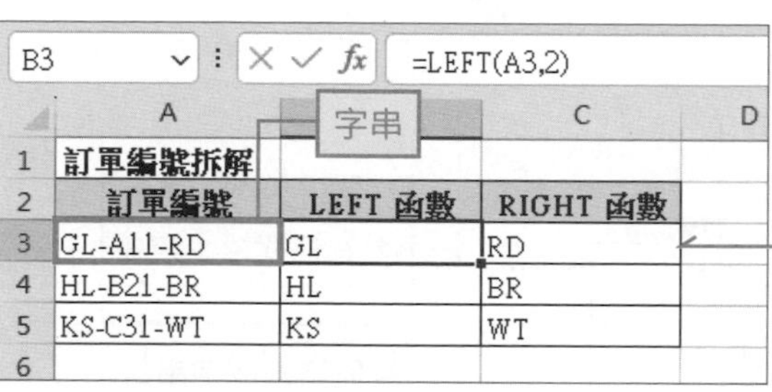

	A	B	C	D
1	訂單編號拆解			
2	訂單編號	LEFT 函數	RIGHT 函數	
3	GL-A11-RD	GL	RD	
4	HL-B21-BR	HL	BR	
5	KS-C31-WT	KS	WT	
6				

在 B3 和 C3 儲存格輸入公式，並複製到第 5 列

從訂單編號的前、後各取出 2 個字元

=LEFT(字串, [字數]) 文字

字串…指定要取出字元的字串
字數…指定要取出的字數。若省略，則取出 1 個字元
從「字串」開頭取出「字數」個字元。如果「字數」大於「字串」的字數，則傳回整個「字串」。

=RIGHT(字串, [字數]) 文字

字串…指定要取出字元的字串
字數…指定要取出的字數。若省略，則取出 1 個字元
從「字串」結尾取出「字數」個字元。如果「字數」大於「字串」的字數，則傳回整個「字串」。

Memo

- 有關 LEFTB 函數和 RIGHTB 函數，請參考【06-39】的 Memo。

關聯項目 【06-39】從字串的中間取出字串

06-39 從字串的中間取出字串

MID

使用 MID 函數可以從字串的指定位置取出指定數量的字元。在此，要從 A 欄的訂單編號中取出第 4 個字元起的 3 個字元。

▶ 取出訂單編號中第 4 個字開始的 3 個字元

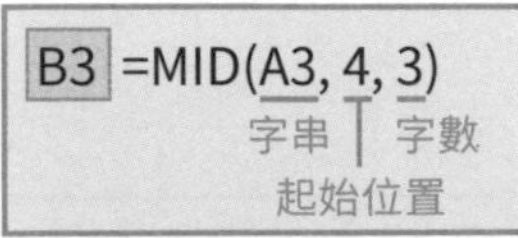

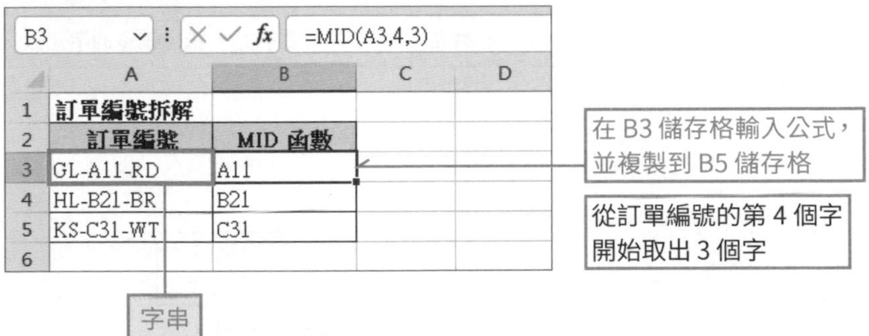

	A	B	C	D
1	訂單編號拆解			
2	訂單編號	MID 函數		
3	GL-A11-RD	A11		
4	HL-B21-BR	B21		
5	KS-C31-WT	C31		
6				

=MID(字串, 起始位置, 字數) 文字

字串…指定要取出字元的字串
起始位置…指定開始取出的位置，「字串」的首字為 1
字數…指定要取出的字數
從「字串」的「起始位置」取出「字數」個字元。如果「起始位置」和「字數」超過「字串」的字數，則從「起始位置」開始取到「字串」的結尾。如果「起始位置」超過「字串」的字數，則傳回空白字串「""」。

Memo

- 取出的字串長度想要以位元組數來計算時，可以使用 LEFTB、RIGHTB 及 MIDB 函數。位元組數將全形以 2 計算，半形以 1 計算。
  - =LEFTB("銷售統計2023",4) → 傳回值：銷售
  - =RIGHTB("銷售統計2023",4) → 傳回值：2023
  - =MIDB("銷售統計2023",5,4) → 傳回值：統計

關聯項目 【06-38】從字串的開頭或結尾取出字串

從以空格區隔的姓名中取出「姓」和「名」

LEFT／FIND／MID

要將以全形空格分隔的姓名拆解為「姓」和「名」，可以使用 FIND 函數來尋找空格的位置。使用 LEFT 函數取出到空格前一個字元，就可以得到「姓」。同樣地，使用 MID 函數從空格的下一個字元開始取出，就可以得到「名」。在 MID 函數中指定較多的取出字數，可以確保取出到最後一個字元。

▶ 從姓名中分別取出「姓」和「名」

B3 =LEFT(A3 , FIND("　",A3)-1)
- A3：字串 — 姓名
- FIND("　",A3)-1：字數 — (空格的位置)-1

C3 =MID(A3 , FIND("　", A3)+1, 10)
- A3：字串 — 姓名
- FIND("　", A3)+1：起始位置 — (空格的位置)+1
- 10：字數 — 指定較多的字元數

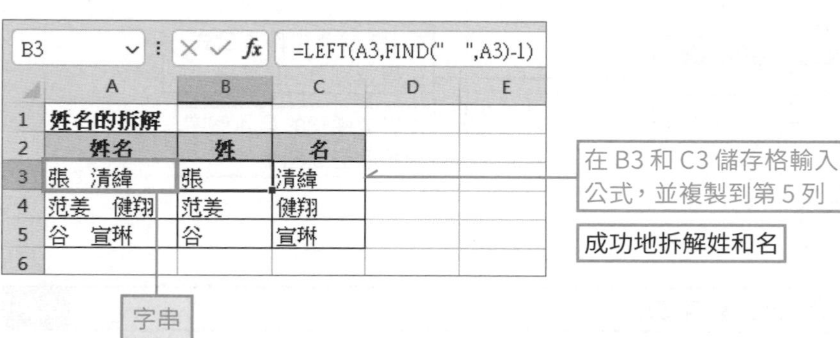

	A	B	C	D	E
1	姓名的拆解				
2	姓名	姓	名		
3	張　清緯	張	清緯		
4	范姜　健翔	范姜	健翔		
5	谷　宣琳	谷	宣琳		
6					

函數	參照
=FIND(搜尋字串, 目標, [開始位置])	→ 06-14
=LEFT(字串, [字數])	→ 06-38
=MID(字串, 起始位置, 字數)	→ 06-39

Memo

- 「張　清緯」中的空格位於第 2 個字元。因此，取出空格前面的「1」個字元即為「姓」，從第「3」個字元之後取出的即為「名」。
- 在 Microsoft 365 中，使用 TEXTBEFORE 和 TEXTAFTER 函數 (→【06-45】)，可以更簡單地取出特定字元前後的字串。

關聯項目 【06-41】姓名不包含空格時，將整體當作「姓」顯示①

06-41 姓名不包含空格時，將整體當作「姓」顯示①

LEFT／FIND／MID

【06-40】的範例，我們在姓名中一定包含全形空格的前提下建立公式。在這種情況下，不包含空格的姓名會顯示錯誤，因為 FIND 函數在找不到搜尋字串時會傳回錯誤。如果只有「姓」的資料，可以在使用 FIND 函數搜尋空格之前，在姓名的尾端加上空格。這樣就可以確保找到空格，以避免錯誤。

▶ 從姓名中分別取出「姓」和「名」

B3 =LEFT(A3 , FIND("　", A3 & "　")-1)
在尾端加上空格

C3 =MID(A3, FIND("　", A3 & "　")+1, 10)
在尾端加上空格

B3 =LEFT(A3,FIND("　",A3 & "　")-1)

	A	B	C	D	E	F
1	姓名的拆解					
2	姓名	姓	名			
3	張　清緯	張	清緯			
4	范姜　健翔	范姜	健翔			
5	司馬	司馬				
6						
7						

在 B3 和 C3 儲存格輸入公式，並複製到第 5 列

如果沒有「名」，則只取出「姓」

=FIND(搜尋字串, 目標, [開始位置]) → 06-14
=LEFT(字串, [字數]) → 06-38
=MID(字串, 起始位置, 字數) → 06-39

Memo

- 使用 FIND 函數可以找到第一個空格的位置，因此如果原本的姓名中就有空格，則會找到該空格的位置；如果沒有，則會找到結尾加上空格的位置。取出到空格前的字元，可以從任何資料中確保取出「姓」。另外，如果 MID 函數指定的取出位置上沒有字元，則會傳回空白字串「""」，因此如果沒有輸入「名」，「名」欄位將顯示空白。

關聯項目 【06-46】姓名不包含空格時，將整體當作「姓」顯示②

06-42 從地址中取出縣市 (都道府縣)

IF／MID／LEFT

要從地址中取出縣市名 (或都道府縣) 時，要先考慮其字數。台灣的行政區字數皆為 3，因此只要取出地址最前面的 3 個字即可。但如果要取出日本分店地址中的都道府縣時，除了「神奈川縣」、「和歌山縣」及「鹿兒島縣」這 3 個縣為 4 個字以外，其他都道府縣皆為 3 個字。此範例將取出台灣及日本分店地址的縣市名 (都道府縣)。首先，要判斷地址中的第 4 個字是否為「縣」，若是就取出最前面的 4 個字，若不是就取出最前面的 3 個字。

▶ 從地址中取出縣市名稱 (都道府縣)

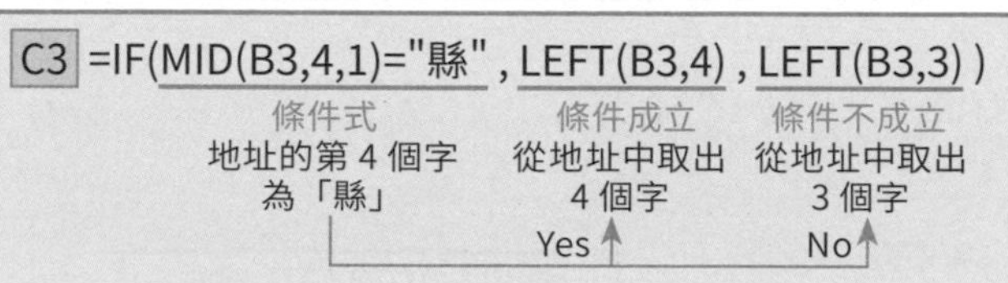

C3 =IF(MID(B3,4,1)="縣",LEFT(B3,4),LEFT(B3,3))

	A	B	C	D
1	分店資訊			
2	分店	地址	地區	
3	龍江店	台北市中山區龍江路xxx號	台北市	
4	裕農店	台南市東區裕農路xxx-x號x樓	台南市	
5	崇文店	高雄市左營區崇德路xxx號	高雄市	
6	橫濱店	神奈川縣橫濱市綠區鴨井x-x-x	神奈川縣	
7	東京店	東京都新宿區四谷x-x-x	東京都	
8	新宮店	和歌山縣新宮市橋本x-x-x	和歌山縣	
9	千葉店	千葉縣四街道市大日x-x-x	千葉縣	
10				

在 C3 儲存格輸入公式，並複製到 C9 儲存格

從地址中取出縣市及都道府縣

=IF(條件式, 條件成立, 條件不成立)	→ 03-02
=MID(字串, 起始位置, 字數)	→ 06-39
=LEFT(字串, [字數])	→ 06-38

Memo

- 如果地址不包含縣市名稱 (或都道府縣) 請改用【**06-44**】的公式。

關聯項目 【**06-43**】從地址中取出縣市之後的部分

06-43 從地址中取出縣市之後的部分

SUBSTITUTE

要從地址中取出縣市之後的部分，只要將地址中的縣市名稱刪除即可。使用 SUBSTITUTE 函數，將「搜尋字串」指定為縣市名稱，並將「取代字串」指定為空白字串「""」即可。

▶ 從地址中提取市區鄉鎮資訊

D3 =SUBSTITUTE (B3, C3, "")

字串　搜尋字串　取代字串

D3 =SUBSTITUTE(B3,C3,"")

	A	B	C	D	E
1	門市清單				
2	門市	地址	縣市	地址	
3	仁二門市	基隆市仁愛區仁二路x-1號x樓	基隆市	仁愛區仁二路x-1號x樓	
4	蘭雅門市	台北市士林區中山北路x段xxx號	台北市	士林區中山北路x段xxx號	
5	龍江門市	台北市中山區龍江路xxx號	台北市	中山區龍江路xxx號	
6	集賢門市	新北市蘆洲區集賢路xxx號	新北市	蘆洲區集賢路xxx號	
7	大湳門市	桃園市八德區介壽路x段xxx號	桃園市	八德區介壽路x段xxx號	
8	裕農門市	台南市東區裕農路xxx-x號x樓	台南市	東區裕農路xxx-x號x樓	
9	崇文門市	高雄市左營區崇德路xxx號	高雄市	左營區崇德路xxx號	
10					

字串　搜尋字串

在 D3 儲存格輸入公式，並複製到 D9 儲存格

從地址中取出縣市之後的部分了

=SUBSTITUTE(字串, 搜尋字串, 取代字串, [替換對象]) → 06-22

Memo

- 請參考【06-42】或【06-44】了解如何從地址中取出縣市（都道府縣）名稱。

關聯項目 【06-42】從地址中取出縣市（都道府縣）
【06-44】比對「都道府縣」清單，從地址中取出「都道府縣」

06-44 比對「都道府縣」清單，從地址中取出「都道府縣」

IF／COUNTIF／LEFT

【06-42】取出地址中一定會包括的縣市或都道府縣（日本行政區），但是有時可能遇到部分地址含有都道府縣，部分不含的情況。因此，以下將比對都道府縣的清單與地址，查詢地址是否包含了都道府縣。使用 COUNTIF 函數，從都道府縣清單中，計算地址的前三個字，如果結果為「1」，就取出前三個字。若不是「1」，則計算都道府縣清單中的前四個字。結果為「1」時，取出前四個字。若不是「1」，代表地址不含都道府縣，所以「都道府縣」變成空白。

▶ 從地址取出都道府縣

C3 =IF(COUNTIF($E$2:$E$48,LEFT(B3,3))=1 ,

條件式：地址的前三個字出現在 E2 ～ E48 其中一個儲存格

LEFT(B3,3) ,

條件成立：取出地址的前三個字

IF(COUNTIF($E$2:$E$48,LEFT(B3,4))=1,LEFT(B3,4),""))

條件不成立：地址的前四個字出現在 E2 ～ E48 其中一個儲存格時，取出前四個字，否則顯示為「""」

C3 =IF(COUNTIF($E$2:$E$48,LEFT(B3,3))=1,LEFT(B3,3),IF(COUNTIF($E$2:$E$48,LEFT(B3,4))=1,LEFT(B3,4),""))

	A	B	C	D	E
1	分店資訊				縣市
2	分店	地址	地區		北海道
3	札幌店	北海道札幌市南區川沿二條x-x-x	北海道		青森縣
4	東京店	東京都新宿區四谷x-x-x	東京都		岩手縣
5	千葉店	四街道市大日x-x-x			宮城縣
6	橫濱店	神奈川縣橫濱市綠區鴨井x-x-x	神奈川縣		秋田縣
7	大阪店	大阪市西區北堀江xx-x			山形縣
8	新宮店	和歌山縣新宮市橋本x-x-x	和歌山縣		福島縣
9	福岡店	太宰府市宰府x-x-x			茨城縣

在 E2 ～ E48 儲存格輸入都道府縣名稱

只有地址中有輸入都道府縣時，才能取出都道府縣名稱

在 C3 儲存格輸入公式，並複製到 C9 儲存格

=IF(條件式, 條件成立, 條件不成立)	→ 03-02
=COUNTIF(條件範圍, 條件)	→ 02-30
=LEFT(字串, [字數])	→ 06-38

Memo

- 在這個範例讓公式中途換行，但是不換行也沒關係，公式換行的方法請參考【01-12】的說明，在**資料編輯列**顯示多行的方法請參考【01-13】的說明。
- 另外有一種方法是，如果第三個字是「都」、「道」、「府」、「縣」其中一個，就取出三個字，否則查詢第四個字，如果第四個字是「縣」，就取出四個字，否則就都不取。此時，可能誤將第三、四個字包含「都」、「道」、「府」、「縣」文字的市區町村，如「(千葉縣) 四街道市」、「(福岡縣) 太宰府市」取出。可是，一眼就可以確認不包含這種資料的資料表，利用這種方法建立公式，能用比範例更簡潔的公式完成。

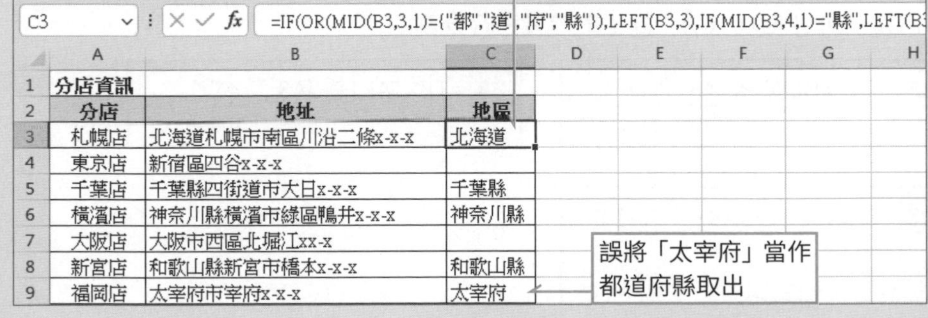

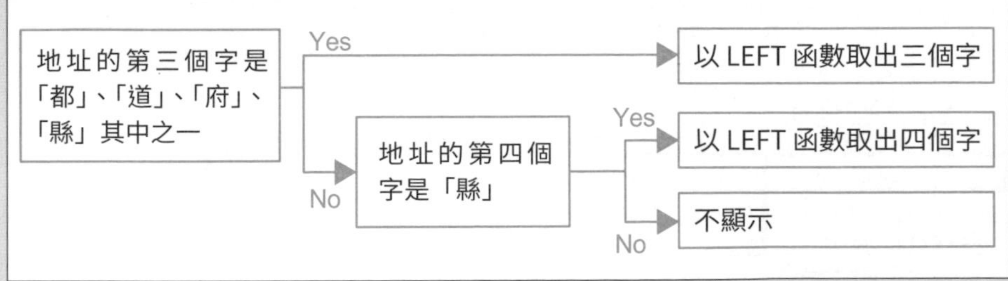

- 如果要取出都道府縣後面的地址，請參考【06-43】的說明。
- 如果要取出台灣地址的縣市名稱，可參考範例檔中的 **Memo2_ 台灣**工作表。

關聯項目 【01-12】將長串的公式換行顯示
【01-13】調整「資料編輯列」的高度，一次顯示多行公式
【06-43】從地址中取出縣市之後的部分

06-45 從指定文字前後取出字串

TEXTBEFORE／TEXTAFTER

使用 Microsoft 365 的新函數 TEXTBEFORE 函數與 TEXTAFTER 函數，可以從特定文字前後分別取出部分字串。以下範例要拆解電子郵件地址，使用 TEXTBEFORE 函數，取出「@」之前的使用者名稱，再用 TEXTAFTER 函數取出「@」之後的域名。只要在引數「字串」設定電子郵件地址，引數「分隔符號」設定成「@」即可，非常簡單。

此外，如果字串中包含多個相同的分隔符號時，可以在引數「位置」設定分隔符號的位置。設定為正值，是從前面開始計算位置，設定為負值，是從後面開始計算位置。例如，在 TEXTAFTER 函數的「分隔符號」設定為「.」，「位置」設定為「-1」，則取出電子郵件地址最後一個「.」後面的字串。

▶ **將電子郵件地址依照「@」的前後進行分割**

B3 =TEXTBEFORE(A3,"@")
字串 分隔符號

C3 =TEXTAFTER(A3,"@")
字串 分隔符號

D3 =TEXTAFTER(A3,".",-1)
字串 分隔符號 位置

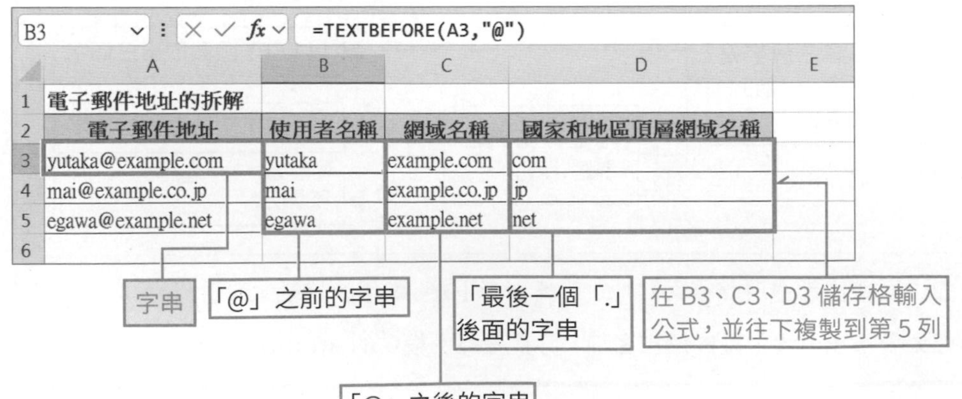

B3 =TEXTBEFORE(A3,"@")

	A	B	C	D	E
1	電子郵件地址的拆解				
2	電子郵件地址	使用者名稱	網域名稱	國家和地區頂層網域名稱	
3	yutaka@example.com	yutaka	example.com	com	
4	mai@example.co.jp	mai	example.co.jp	jp	
5	egawa@example.net	egawa	example.net	net	
6					

=TEXTBEFORE(字串, 分隔符號, [位置], [相符模式], [末尾], [找不到時]) [365]	文字

字串…設定包含要取出文字的原始字串
分隔符號…設定要分隔文字的字串
位置…「字串」有多個「分隔符號」時，設定以第幾個「分隔符號」區隔。如果是正值，從前面開始計算，若是負值，則從後面開始計算，省略時，視為指定成 1
相符模式…搜尋分隔符號時，設定是否區分大小寫。設為 0 或省略，代表有分別，設為 1 時，不分大小寫
末尾…找不到「分隔符號」時，設定「字串」最後的文字後面是否有分隔符號。設為 0 或省略時，代表不認為有分隔符號，傳回錯誤值 [#N/A]。設為 1 時，視為有分隔符號，取出字串
找不到時…找不到「分隔符號」時，設定要當作傳回值的字串。省略時，傳回錯誤值 [N/A]
從「字串」取出在指定「位置」的「分隔符號」之前的字串。

=TEXTAFTER(字串, 分隔符號, [位置], [相符模式], [末尾], [找不到時]) [365]	文字

從「字串」取出在指定「位置」的「分隔符號」後面的字串。引數和 TEXTBEFORE 函數一樣。

Memo

- 引數「分隔符號」能以陣列常數格式設定多個文字。例如，若想將「+」與「=」設為分隔符號時，可以設定為「{"+","="}」。具體範例請參考【06-46】。
- 「字串」有多個「分隔符號」且沒有設定「位置」時，以第一個「分隔符號」隔開。例如「=TEXTBEFORE("AB-CD-EF","-")」的結果是「AB」，「=TEXTAFTER("AB-CD-EF","-")」的結果是「CD-EF」。
- TEXTBEFORE 函數將引數「末尾」設為「1」，卻找不到「分隔符號」時，會傳回整個「字串」。此外，TEXTAFTER 函數可以傳回空白字串，能用於姓名不包含空格，把整體當作「姓」取出的情況。

關聯項目 【06-46】姓名不包含空格時，將整體當作「姓」顯示②

06-46 姓名不包含空格時，將整體當作「姓」顯示②

TEXTBEFORE／TEXTAFTER

使用 TEXTBEFORE 函數與 TEXTAFTER 函數，可以輕易從空白前後取出「姓」與「名」。如果姓名混用了全形與半形空格時，在引數「分隔符號」以陣列常數設定為「{"　"," "}」。如果姓名不含空格，利用引數「找不到時」，可以視為只輸入「姓」，就能輕易取出「姓」。

▶ 從姓名中分別取出「姓」和「名」

B3 =TEXTBEFORE(A3, {"　"," "},,,, A3)
字串　分隔符號　找不到時

C3 =TEXTAFTER(A3, {"　"," "},,,, ---)
字串　分隔符號　找不到時

B3 =TEXTBEFORE(A3,{"　"," "},,,,A3)

	A	B	C	D	E	F	G
1	姓名的拆解						
2	姓名	姓	名				
3	高梨　真理	高梨	真理				
4	本澤　章	本澤	章				
5	小松　隆	小松	隆				
6	西　由美子	西	由美子				
7	佐佐木 雪	佐佐木	雪				
8	高見澤	高見澤	---				
9							

在 B3 與 C3 儲存格輸入公式，並複製到第 8 列

全形空格與半形空格皆視為分隔符號

字串

沒有空格時，「姓名」當作「姓」取出，「名」變成「---」

=TEXTBEFORE(字串, 分隔符號, [位置], [相符模式], [末尾], [找不到時]) → 06-45

=TEXTAFTER(字串, 分隔符號, [位置], [相符模式], [末尾], [找不到時]) → 06-45

關聯項目 【06-41】姓名不包含空格時，將整體當作「姓」顯示①

06-47 使用「溢出」功能，將字串逐字取出至不同儲存格

MID／SEQUENCE／LEN

在此要將字串分解，並一個字一個字取出至其他儲存格。例如「Excel 函數」這個字串有 7 個字，所以在 MID 函數的引數「開始位置」依序代入 1～7，即可逐一取出每個字。字數是利用 LEN 函數進行計算。若要建立「1～7」的連續數值，可以用 Microsoft 365 與 Excel 2021 的 新函數 SEQUENCE 函數。

▶ 取出字串的每個字至其他儲存格

B3 =MID(A2 , SEQUENCE(1,LEN(A2)) , 1)

字串：A2　開始位置：SEQUENCE(1,LEN(A2))　字數：1

1 列「LEN(A2)」欄大小的連續數值

B2 =MID(A2,SEQUENCE(1,LEN(A2)),1)

	A	B	C	D	E	F	G	H	I	J	K	L	M	N	O
1	字串的拆解														
2	Excel函數	E	x	c	e	l	函	數							
3	Excel 2021	E	x	c	e	l		2	0	2	1				
4	Microsoft 365	M	i	c	r	o	s	o	f	t		3	6	5	
5															
6															

在 B2 儲存格輸入公式，並複製到 B4 儲存格

字串拆解完成

在 B2 儲存格輸入公式，按下 Enter 鍵後，公式溢出，在與字數一致的儲存格中顯示每個字。將 B2 儲存格的公式複製到 B4 儲存格，公式會溢出到複製範圍，在儲存格顯示每一個字。

=MID(字串, 起始位置, 字數)	→ 06-39
=SEQUENCE(列, [欄], [起始值], [遞增量])	→ 04-09
=LEN(字串)	→ 06-08

Memo

- 顛倒 SEQUENCE 函數的引數順序，設定成「SEQUENCE(LEN(A2),1)」，可以將字串一個字一個字取出至垂直方向的儲存格內。

關聯項目 【04-59】將數字靠右對齊，每個數字分別顯示在不同的儲存格中

06-48 以分隔符號為界，把字串分割成多個儲存格

TEXTSPLIT

使用 Microsoft 365 的新函數 TEXTSPLIT 函數，可以用分隔符號分隔字串，一次分割至多個儲存格。如果希望分割結果橫向排成一欄，就在引數「欄分隔」設定分隔符號，若要縱向排成一行，就在引數「列分隔」設定分隔符號。兩個引數都設定，可以分割成多列多欄，公式會自動溢出。

▶ 以分隔符號為界，將字串分割至多個儲存格

B1 =TEXTSPLIT(A1, "-")
字串　欄分隔

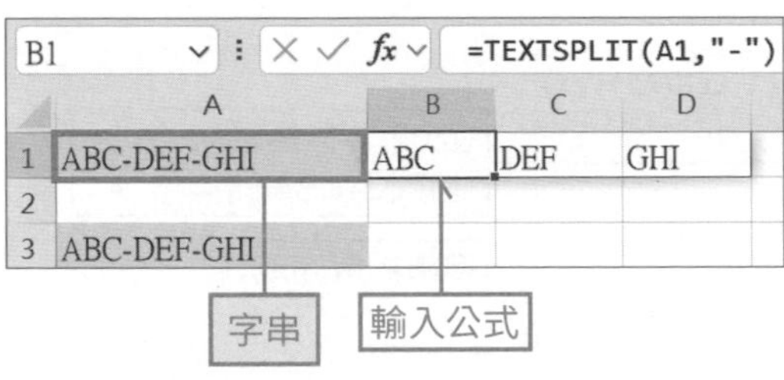

① 如果要在橫欄儲存格取出以「-」分隔的字串，在引數「欄分隔」設定「"-"」。在 B1 儲存格輸入公式，按下 Enter 鍵，公式會溢出至 D1 儲存格範圍，即可顯示分割結果

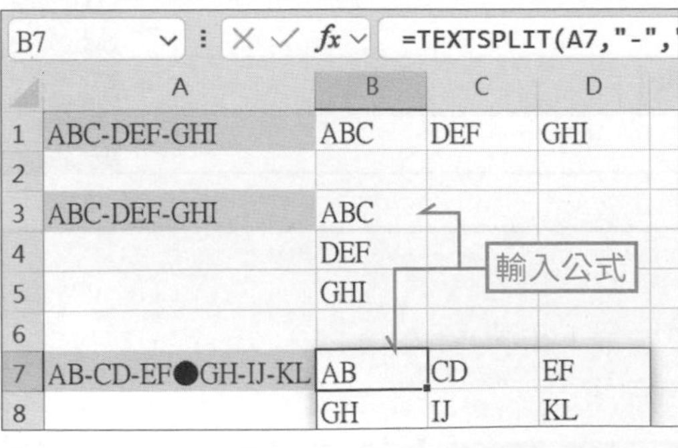

② 在引數「列分隔」設定「"-"」，可以在縱列顯示分割結果。此外，在「欄分隔」設定「"-"」，在「列分隔」設定「"●"」，會將字串分解成 3 欄 2 列

=TEXTSPLIT(字串, 欄分隔, [列分隔], [忽略空白], [相符模式], [替代文字]) [365] 文字

字串…設定要分割的原始字串

欄分隔…設定將「字串」分割成多欄的分隔符號

列分隔…設定將「字串」分割成多列的分隔符號。省略時，傳回值會顯示成一列

忽略空白…設定分割「字串」時，遇到空白字串的處理方式。設為「TRUE」或省略時，會忽略空白字串，緊密排列。設為「FALSE」時，空白字串的儲存格會顯示成空欄

相符模式…設定搜尋分隔符號時，是否有分大小寫。設為 0 或省略時，大小寫有分別，設為 1 時，不分大小寫

替代文字…將「字串」分割成多欄 × 多列時，設定若出現空白儲存格時要顯示的值。省略時，會在空白儲存格顯示錯誤值 [#N/A]

以「列分隔」與「欄分隔」分隔「字串」，被隔開的字串會顯示在多欄／列。

Memo

- 引數「欄分隔」與「列分隔」能以陣列常數格式設定多個分隔符號。下圖把「@」與「.」當作分隔符號，橫向分割電子郵件地址。

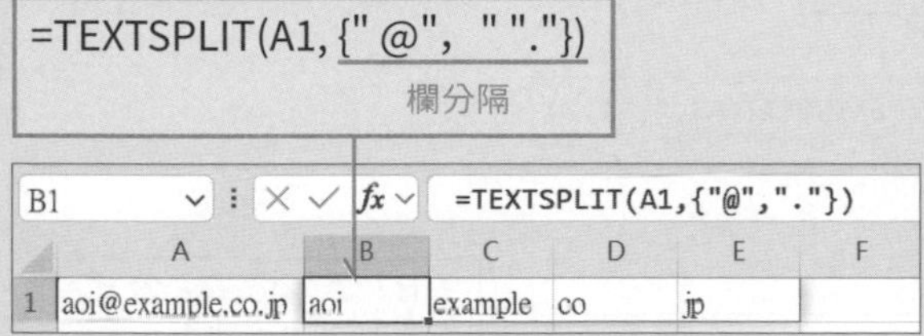

- 下圖範例在「字串」內有「AB--CD」部分。「-」是分隔符號，「AB-」與「-CD」之間應該有原本的資料，卻變成空白。因為在引數「忽略空白」設定為「FALSE」，所以在「AB」與「CD」之間插入一個空白儲存格。此外，「列分隔」「●」前面的資料數量為「4」，後面的資料數量為「2」。引數「替代文字」設定為「無」，所以在第 2 列的第 3、4 欄儲存格顯示「無」。

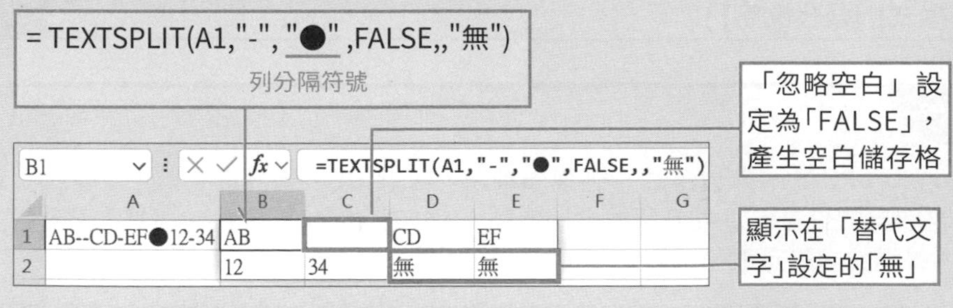

關聯項目 【06-45】從指定文字前後取出字串
【06-49】從「大分類 - 中分類 - 小分類 - 細分類」的編號取出中分類

06-49 從「大分類-中分類-小分類-細分類」的編號取出中分類

INDEX／TEXTSPLIT

【06-48】介紹的 TEXTSPLIT 函數能一次分解以分隔符號分隔的字串。可是，有時我們只需要分隔之後第○個資料。此時，可以使用從陣列取出元素的 INDEX 函數。在引數「陣列」設定 TEXTSPLIT 函數，在引數「列編號」設定取出位置。這個範例是取出第 2 個資料，但是若將公式中的「2」改成「3」，就能取出第 3 個資料。

▶ **取出以「-」分隔後的第 2 個資料**

B3 =INDEX(TEXTSPLIT(A3,"-") , 2)

陣列　列編號

B3 =INDEX(TEXTSPLIT(A3,"-"),2)

	A	B	C	D	E	F
1	訂單編號拆解					
2	訂單編號	中分類				
3	KS-DKE-P3-12	DKE				
4	KS-DKH-P3-14	DKH				
5	LSD-365-S3-15	365				
6	PKLD-MN-310-1	MN				
7						

在 B3 儲存格輸入公式，並複製到 B6 儲存格

取出以「-」分隔的第 2 個資料

=INDEX(陣列, 列編號, [欄編號]) → 07-23

=TEXTSPLIT(字串, 欄分隔, [列分隔], [忽略空白], [相符模式], [替代文字]) → 06-48

Memo

- 以 TEXTSPLIT 函數分解成一列或一欄時，在 INDEX 函數的引數「列編號」設定要取出的位置。如果分解成多欄多列，可以在 INDEX 函數的引數「列編號」與「欄編號」設定取出位置。

關聯項目 【06-48】以分隔符號為界，把字串分割成多個儲存格

06-50 將全形文字轉換成半形文字，半形文字轉換成全型文字

ASC／BIG5

使用 ASC 函數，可以將字串內的全形英文字母、數字、片假名都轉換成半形文字，也能把有半形格式的全形符號轉換成半形文字。若是漢字、平假名，則會原封不動地傳回。

反之，使用 BIG5 函數（日文語系則使用 JIS 函數），可以把字串內的半形英文字母、數字、符號都轉換成全形文字。

▶ 將字串轉換成半形文字／全形文字

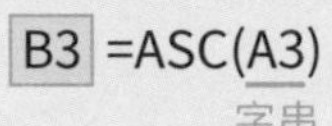

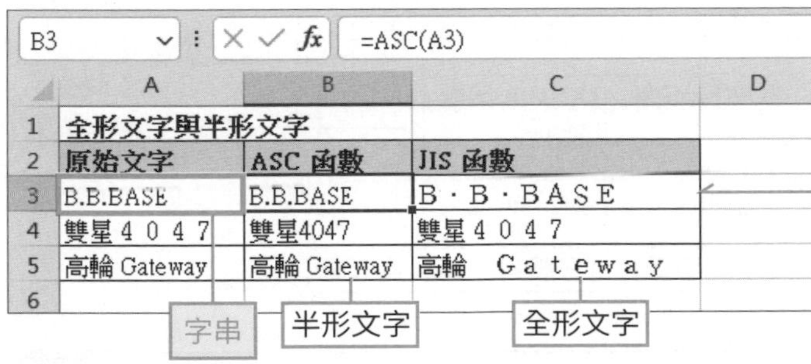
B3 =ASC(A3)

	A	B	C	D
1	全形文字與半形文字			
2	原始文字	ASC 函數	JIS 函數	
3	B.B.BASE	B.B.BASE	Ｂ・Ｂ・ＢＡＳＥ	
4	雙星４０４７	雙星4047	雙星４０４７	
5	高輪 Gateway	高輪 Gateway	高輪　Ｇａｔｅｗａｙ	
6				

=ASC(字串) 文字

字串…指定要轉換的原始字串

將「字串」內的全形文字轉換成半形文字後傳回。

=BIG5(字串) 文字

字串…指定要轉換的原始字串

將「字串」內的半形文字轉換成全形文字後傳回。

Memo

- 如果想將原始字串統一為半形或全形，請複製輸入公式的儲存格，參考【11-01】的說明，將值貼上到原始的儲存格。

關聯項目 【06-51】小寫字母轉換成大寫字母，大寫字母轉換成小寫字母

06-51 小寫字母轉換成大寫字母，大寫字母轉換成小寫字母

UPPER／LOWER／PROPER

UPPER 函數會將字串中的英文字母轉換為大寫，而 LOWER 函數則將其轉換為小寫。此外，PROPER 函數會將字串中的單詞轉換為首字大寫，其餘為小寫的格式。這些函數都會保持半形字元為半形，全形字元為全形進行轉換。非字母字元將保持原樣傳回。

▶ 將字串轉換為小寫／大寫

B3 =UPPER(A3)
字串

C3 =LOWER(A3)
字串

D3 =PROPER(A3)
字串

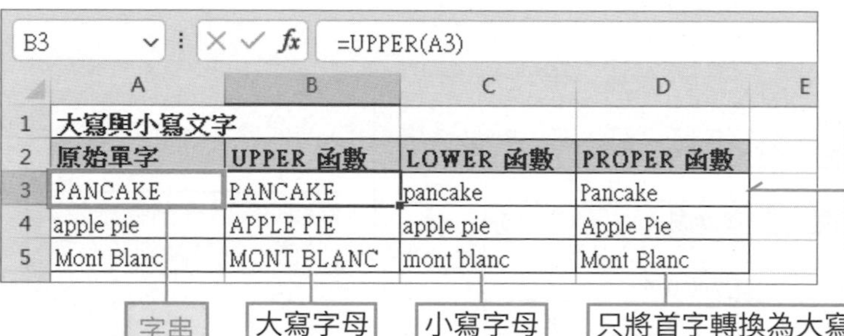

	A	B	C	D
1	大寫與小寫文字			
2	原始單字	UPPER 函數	LOWER 函數	PROPER 函數
3	PANCAKE	PANCAKE	pancake	Pancake
4	apple pie	APPLE PIE	apple pie	Apple Pie
5	Mont Blanc	MONT BLANC	mont blanc	Mont Blanc

=UPPER(字串) 文字

字串…指定要轉換的原始字串
將「字串」中的字母轉換為大寫後傳回。

=LOWER(字串) 文字

字串…指定要轉換的原始字串
將「字串」中的字母轉換為小寫後傳回。

=PROPER(字串) 文字

字串…指定要轉換的原始字串
將「字串」中包含的英文單詞的首字轉換為大寫，其餘字母轉換為小寫後傳回。

關聯項目 【06-50】將全形文字轉換成半形文字，半形文字轉換成全型文字

06-52 將英文姓名轉換為「KASAI, Kaoru」格式

UPPER／MID／FIND／PROPER／LEFT

將姓名轉換為英文時，有時會使用「KASAI, Kaoru」這種格式。在此將統一轉換為「以名字、姓氏的順序，並用半形空格分隔」的格式。為此，使用 FIND 函數來尋找半形空格的位置，然後根據該位置將姓名拆解（參見【**06-40**】）。使用 UPPER 函數和 PROPER 函數分別調整姓氏和名字的字母大小寫，然後交換順序，並用半形逗號「, 」分隔來重新連接。

▶ 將姓名的英文表示法轉換為「KASAI, Kaoru」格式

```
B3 =UPPER(MID(A3,FIND(" ",A3)+1,20) )&", "
```
從姓名中取出空格後的所有文字
```
&PROPER(LEFT(A3,FIND(" ",A3)-1) )
```
從姓名取出直到空格前一個字元為止

B3 =UPPER(MID(A3,FIND(" ",A3)+1,20))&", "&PROPER(LEFT(A3,FIND(" ",A3)-1))

	A	B	C	D	E	F	G	H	I
1	轉換成「FAMILY NAME, Given name」形式								
2	姓氏	轉換後							
3	Kaoru Kasai	KASAI, Kaoru							
4	Goro Tokuda	TOKUDA, Goro							
5	Mao Nakao	NAKAO, Mao							
6									
7									

在 B3 儲存格輸入公式，並複製到 B5 儲存格

成功轉換姓名的英文表示方式

語法	參見
=UPPER(字串)	→ 06-51
=MID(字串, 起始位置, 字數)	→ 06-39
=FIND(搜尋字串, 目標, [開始位置])	→ 06-14
=PROPER(字串)	→ 06-51
=LEFT(字串, [字數])	→ 06-38

Memo

- 在 Microsoft 365 中，可以改用 TEXTAFTER 函數和 TEXTBEFORE 函數。
  =UPPER(TEXTAFTER(A3," "))&", "&PROPER(TEXTBEFORE(A3," "))

關聯項目 【06-51】小寫字母轉換成大寫字母，大寫字母轉換成小寫字母

06-53 將數值轉換為指定的顯示格式

TEXT

使用 TEXT 函數，可以將資料顯示為指定的格式。如果儲存格中只有數字，則通常會直接設定該儲存格的顯示格式，但是如果要將數字與字串連接時，那麼使用 TEXT 函數就非常方便。在此，要將總銷售額轉換為以千元為單位的格式，並與字串連接。

▶ 將數值以千元為單位顯示

D2 ="總銷售額為" & TEXT(B6, "#,##0,") & "千元。"
值　顯示格式

D2 ="總銷售額為 " & TEXT(B6,"#,##0,") & " 千元。"

	A	B	C	D	E	F
1	銷售業績					
2	月	銷售額		總銷售額為 23,166 千元。		
3	4月	7,384,676				
4	5月	8,551,067				
5	6月	7,230,041				
6	合計	23,165,784				
7						
8						

輸入公式

將總銷售額以千元為單位顯示

值

=TEXT(值, 顯示格式)　文字

值… 指定要設定顯示格式的數值或日期
顯示格式…使用雙引號「"」來指定顯示格式
將「值」轉換為指定的「顯示格式」字串。

Memo

- 在「顯示格式」引數中指定「#,##0,」，其中「#,##0」的部分表示每三位數使用「,」分隔，而末尾的「,」表示省略數值的後三位。關於「顯示格式」的相關符號意義，請參考【11-13】。

關聯項目
【05-15】將日期與字串合併顯示
【11-13】了解數值的格式符號

06-54 將數值轉換為貨幣格式

FIXED／DOLLAR (YEN)

使用 TEXT 函數可以將數值顯示為指定的格式，如果想以千分位或貨幣格式顯示，使用 FIXED 函數或 DOLLAR 函數會更為簡便。FIXED 函數可替數值加上千分位，DOLLAR 函數可以轉換為含有「$」貨幣符號的格式 (要加上日元符號 ¥ 使用 YEN 函數)。請注意，轉換後的結果都是字串。

▶ 將數值以貨幣格式顯示

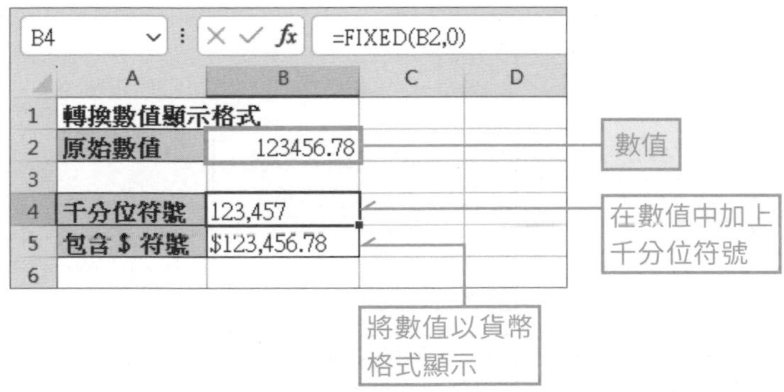

	A	B	C	D
1	轉換數值顯示格式			
2	原始數值	123456.78		
3				
4	千分位符號	123,457		
5	包含 $ 符號	$123,456.78		
6				

=FIXED(數值, [小數位置], [位數分隔]) 文字

數值…指定要設定顯示格式的數值
小數位置…以數值指定要四捨五入的位數。若省略，則視為指定成「2」，小數點第三位會被四捨五入
位數分隔…若指定為 TRUE 不使用千分位分隔。若指定為 FALSE 或省略指定，使用千分位分隔
將「數值」以「小數位置」進行四捨五入後，以字串形式傳回。是否進行位數之間的分隔，依「位數分隔」的設定來決定。

=DOLLAR(數值, [小數位置]) 文字

數值…指定要設定顯示格式的數值
小數位置…以數值指定要四捨五入的位數。若省略，則視為指定成「2」，小數點第三位會被四捨五入
將「數值」以「小數位置」進行四捨五入後，傳回含有「$」符號的千分位分隔的字串。

關聯項目 【06-53】將數值轉換為指定的顯示格式

06-55 將數值字串轉換成數值

VALUE

使用 VALUE 函數可以將數值字串資料，如貨幣、百分比、分數、指數等，轉換為實際的數值。日期或時間字串會被轉換成序列值。當資料從其他應用程式複製到 Excel 中，有時會以字串形式貼上，使用這個函數可以轉換為數值或序列值。

▶ 將字串轉換成數值

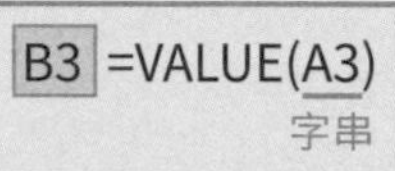

B3　=VALUE(A3)

	A	B	C	D
1	數字與數值的轉換			
2	數字字串	數值		
3	12345	12345		
4	$12,345	12345		
5	12.3%	0.123		
6	1 1/4	1.25		
7	1E+03	1000		
8	2023年4月1日	45017		
9	6:00	0.25		
10				

字串

在 B3 儲存格輸入公式，並複製到 B9 儲存格

將數字字串轉換成數值

日期或時間字串會轉換成序列值

=VALUE(字串)　文字

字串…指定代表數值、日期、時間的字串。若指定了無法轉換為數值的字串，則傳回 [#VALUE!]
將「字串」轉換為數值。

Memo

- 範例中的 A3 ～ A9 儲存格，已事先設定為**文字**顯示格式，資料以字串形式輸入。

關聯項目　【06-56】將異常的千分位符號或小數點的數字轉換成數值

06-56 將異常的千分位符號或小數點的數字轉換成數值

NUMBERVALUE

通常，小數點使用「.」（句號），千分位使用「,」（逗號）區隔，但是不同國家使用的符號可能不同。使用 NUMBERVALUE 函數可以將使用不同符號的數值字串轉換為實際的數值。在此，要將小數點使用「,」（逗號），千分位使用「.」（句號）的資料轉換為數值。

▶ 將含有不同符號的數字字串轉換成數值

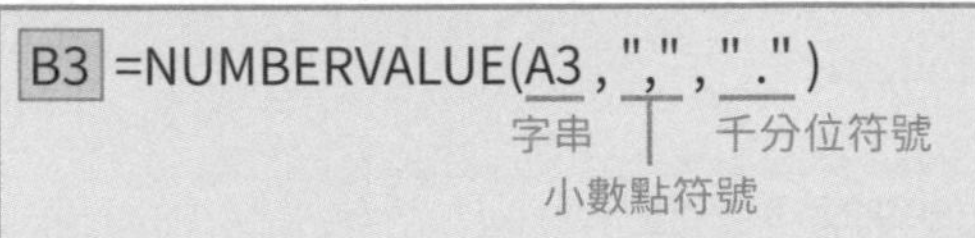

B3 =NUMBERVALUE(A3,",",".")

	A	B	C	D
1	**數字與數值的轉換**			
2	**數字字串**	**數值**		
3	1.234.567,89	1234567.89		
4	€12.345,12	12345.12		
5	1234%	1234		
6				

在 B3 儲存格輸入公式，並複製到 B5 儲存格

將「,」視為小數點，「.」視為千分位符號的數字字串，轉換為數值

字串

=NUMBERVALUE(字串, [小數點符號], [千分位符號]) 文字

字串…指定代表數值、日期、時間的字串。若指定了無法轉換為數值的字串，則傳回 [#VALUE!]
小數點符號…指定字串中的小數點。若省略，則使用目前的電腦設定
千分位符號…指定字串中的千分位符號。若省略，則使用目前的電腦設定
將字串中的符號視為「小數點符號」和「千分位符號」，並將「字串」轉換為數值。

關聯項目 【06-53】將數值轉換為指定的顯示格式
【06-55】將數值字串轉換成數值

06-57 將數值以國字大寫「壹貳參」表示

NUMBERSTRING

使用 NUMBERSTRING 函數可以將指定的數值轉換為國字大寫數字。收據或合約等單據，為了防止數值被篡改，有時會以國字大寫數字列印，這時該函數就非常有用。在此，要將 E2 儲存格的數值轉換為國字大寫數字。

▶ 將數值轉換為國字大寫數字

B4 ="共：" & NUMBERSTRING(E2, 2) & "元整"
數值 格式

B4 ="共：" & NUMBERSTRING(E2,2) & "元整"

	A	B	C	D	E	F
1		收　據			金額	
2	片桐物產公司		No.12345		123,000	
3			食品			
4		共：壹拾貳萬參仟元整				

數值
輸入公式
將數值轉換成國字大寫數字

=NUMBERSTRING(數值, 格式) 文字

數值…指定要進行轉換的數值
格式…使用下表的「值」來設定國字數字格式

值	說明	123,000 的轉換範例
1	以國字數字（一、二、三…）和位數（十、百、千…）表示	十二萬三千
2	以國字大寫數字（壹、貳、參…）和位數（拾、佰、仟…）表示	壹拾貳萬參千
3	以國字數字（一、二、三…）表示	一二三〇〇〇

將數值轉換為指定格式的國字數字。

Memo

- 由於 NUMBERSTRING 函數不會在**插入函數**交談窗或**函數庫**中顯示，因此需要直接在儲存格中輸入。
- NUMBERSTRING 函數的傳回值是字串，所以不能用於計算。如果想在顯示為國字大寫數字後用於計算，請參考【11-13】直接設定數值的顯示格式。

關聯項目 【06-53】將數值轉換為指定的顯示格式

06-58 將數值轉換為羅馬數字，將羅馬數字轉換為數值

ROMAN／ARABIC

使用 ROMAN 函數可以將數值轉換為羅馬數字。如果引數「格式」指定為「0」，則為古典的羅馬數字；指定為「1、2、3、4」則可依序簡化成不同格式。轉換後的羅馬數字被視為字串，不能用於計算。

相反地，使用 ARABIC 函數可以將羅馬數字轉換為阿拉伯數字。可指定的羅馬數字不分古典／簡式。這兩個函數都使用字母組合來表達羅馬數字，例如，「3」是用字母「I」排列三次的結果。

▶ 將數值轉換為羅馬數字，將羅馬數字轉換為數值

B3 =ROMAN(B2)
數值

B4 =ARABIC(B3)
字串

B3 =ROMAN(B2)

	A	B	C	D	E	F	G	H	I	J	K	L
1	羅馬數字與數值之間的轉換											
2	數值	1	2	3	4	5	6	7	8	9	10	
3	羅馬數字	I	II	III	IV	V	VI	VII	VIII	IX	X	
4	數值	1	2	3	4	5	6	7	8	9	10	
5												
6												

轉換為羅馬數字

轉換為數值

在 B3 和 B4 儲存格輸入公式，並複製到 K 欄

=ROMAN(數值, [格式]) 數學與三角函數

數值…指定要轉換的數值，範圍為 1～3999
格式…指定羅馬數字的格式，範圍為 0～4 的數值，或是 TRUE 或 FALSE。指定 0 或 TRUE，或省略，則傳回古典的羅馬數字。指定的值越大，表示越簡化，指定 4 或 FALSE 則傳回簡化的羅馬數字
將「數值」轉換為指定「格式」的羅馬數字。

=ARABIC(字串) 數學與三角函數

字串…指定羅馬數字
將指定的羅馬數字「字串」轉換為阿拉伯數字並傳回。引數的最大長度為 255 個字。如果指定了無效的羅馬數字，則會傳回［#VALUE!］錯誤。

06-59 自動顯示假名注音

在儲存格中輸入文字資料時，漢字轉換前輸入的「讀音」會在內部記錄為假名注音。使用 PHONETIC 函數可以取出儲存格中記錄的讀音。例如，想要在「姓名」欄位旁顯示假名注音時，將非常方便。

▶ 顯示「姓名」的注音

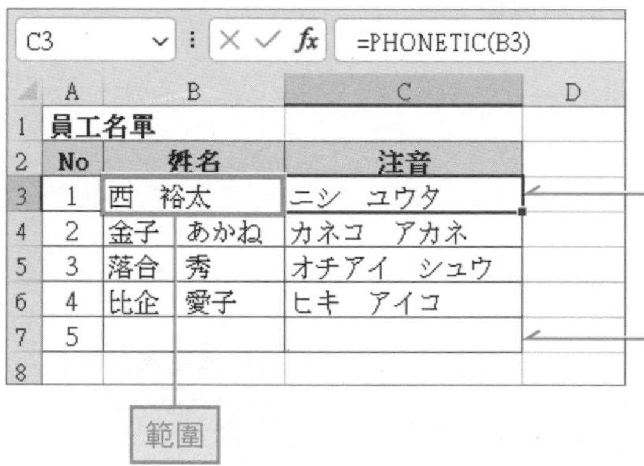

	A	B	C	D
1	員工名單			
2	No	姓名	注音	
3	1	西　裕太	ニシ　ユウタ	
4	2	金子　あかね	カネコ　アカネ	
5	3	落合　秀	オチアイ　シュウ	
6	4	比企　愛子	ヒキ　アイコ	
7	5			
8				

=PHONETIC(範圍) 資訊

範圍…指定輸入了字串的儲存格或儲存格範圍
顯示在「範圍」中輸入的字串注音。

Memo

- 也可以指定相鄰儲存格範圍作為引數「範圍」。例如，在 B3 儲存格輸入「西」，在 C3 儲存格輸入「裕太」，則「=PHONETIC(B3:C3)」會傳回「ニシユウタ」。
- 如果在儲存格中輸入了與原始注音不同的讀音，只要選取輸入漢字的儲存格，在**常用**頁次的**字型**區中選擇**顯示或隱藏注音標示欄位→編輯注音標示**，就可以修改注音。

關聯項目 【06-60】統一平假名／片假名

06-60 統一平假名／片假名

PHONETIC

要將同時包含平假名和片假名的資料統一成其中一種，請使用注音假名。當你用 PHONETIC 函數從資料中取出假名注音時，預設會統一為片假名。如果要統一成平假名，請在設定畫面中指定「ひらがな 」(平假名) 作為原始資料儲存格中的注音字元類型。

▶ 顯示「姓名」的注音

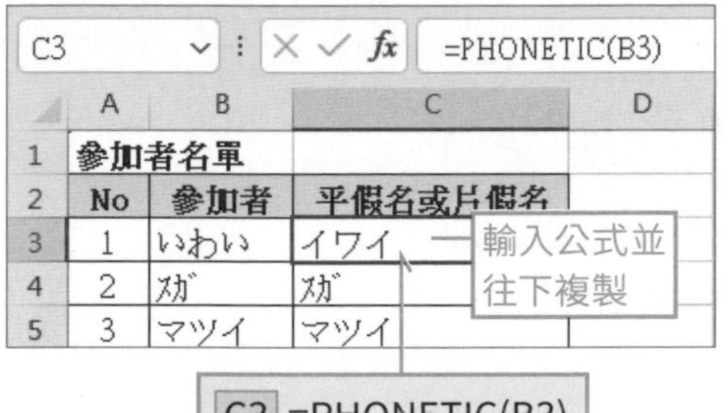

C3 =PHONETIC(B3)

	A	B	C	D
1	參加者名單			
2	No	參加者	平假名或片假名	
3	1	いわい	イワイ	
4	2	スガ	スガ	
5	3	マツイ	マツイ	

① B 欄中的資料混合了平假名和片假名。在 C3 儲存格輸入 PHONETIC 函數並複製到 C5 儲存格，B 欄的資料會以片假名顯示。如果想統一為片假名，到此即完成操作

B3 いわい

	A	B	C
1	參加者名單		
2	No	參加者	平假名或片假名
3	1	いわい	イワイ
4	2	スガ	スガ
5	3	マツイ	マツイ

選取儲存格進行設定

② 如果想統一為平假名，選取 B3 ～ B5 儲存格，在**常用**頁次的**字型**區中選擇**顯示或隱藏注音標示欄位→注音標示設定**

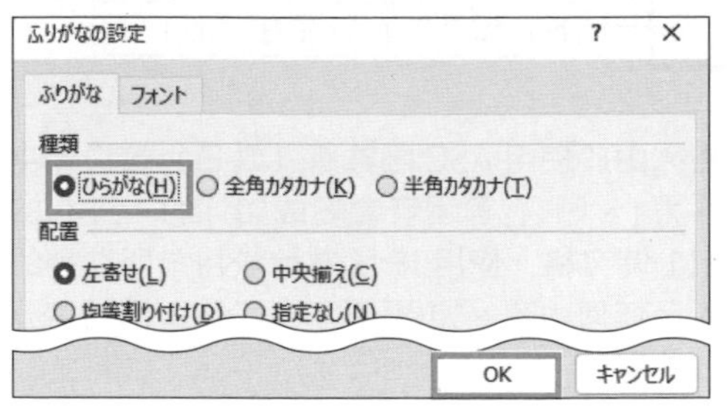

③ 開啟設定畫面後，在**ふりがな**頁次的**種類**中選擇**ひらがな** (平假名)，再按下 **OK** 鈕 (請注意，此畫面必須安裝日文語言套件或是使用日文版的 Excel 才會出現)

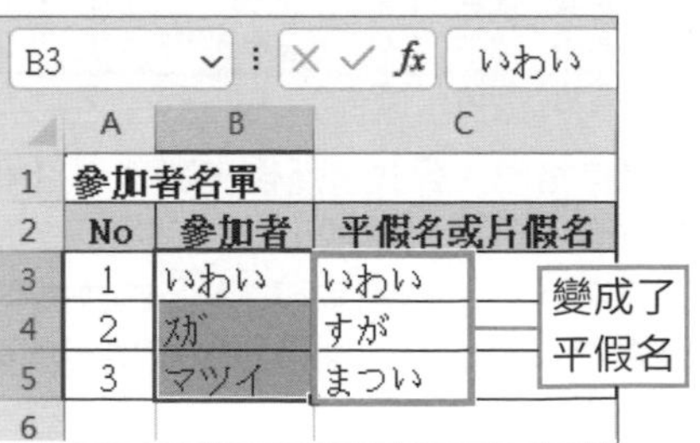

B3 いわい

	A	B	C
1	參加者名單		
2	No	參加者	平假名或片假名
3	1	いわい	いわい
4	2	スガ	すが
5	3	マツイ	まつい
6			

④ B 欄的資料保持不變，而 C 欄則透過 PHONETIC 函數將取出的假名統一轉換為平假名

=PHONETIC(範圍)

→ 06-59

關聯項目 【06-59】自動顯示假名注音

Excel 06-61 想在名單中加上「ア」、「イ」、「ウ」作為分類標題

LEFT／ASC／IF／JIS

想在名單中加上依五十音（アイウエオ）順序排列的索引。在 Excel 的排序功能中，清音和濁音會被混合排列，例如「カアイ→ガシュウ→カンバラ」，因此我們要建立一個索引，將「姓名」第一個字元的清音和濁音視為相同字元。將濁音的片假名「ガ」轉換為半形後，「ｶ」和「ﾞ」會成爲不同的字元，因此從中取出第一個字元就可以刪除濁音。

▶ 在名單中建立「アイウエオ」索引

D2 =LEFT(ASC(C2))
在轉換為半形字元後，取出第一個字元

A2 =IF(D2=D1,"",JIS(D2))
當與上一個值不同時，將字元轉換為全形顯示

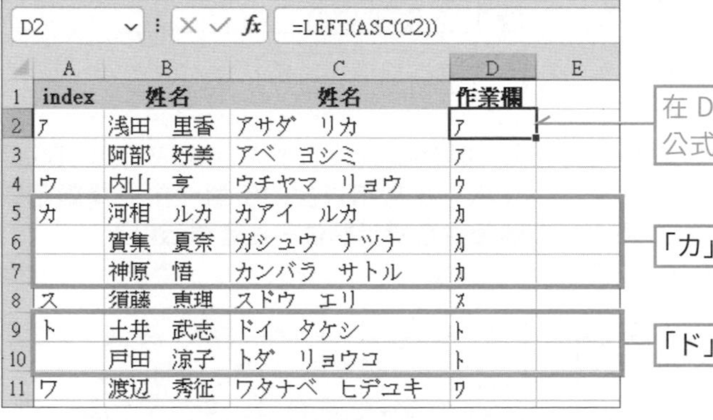
D2 =LEFT(ASC(C2))

	A	B	C	D	E
1	index	姓名	姓名	作業欄	
2	ｱ	浅田　里香	アサダ　リカ	ｱ	
3		阿部　好美	アベ　ヨシミ	ｱ	
4	ウ	内山　亨	ウチヤマ　リョウ	ｳ	
5	カ	河相　ルカ	カアイ　ルカ	ｶ	
6		賀集　夏奈	ガシュウ　ナツナ	ｶ	
7		神原　悟	カンバラ　サトル	ｶ	
8	ス	須藤　恵理	スドウ　エリ	ｽ	
9	ト	土井　武志	ドイ　タケシ	ﾄ	
10		戸田　涼子	トダ　リョウコ	ﾄ	
11	ワ	渡辺　秀征	ワタナベ　ヒデユキ	ﾜ	

在 D2 和 A2 儲存格輸入公式，並複製到第 11 列

「カ」與「ガ」分類在「カ」下

「ド」和「ト」分類在「ト」下

在 D2 儲存格輸入公式，然後複製到 D11 儲存格。由於使用 ASC 函數將「姓名」轉換為半角，然後用 LEFT 函數取出第一個字元，所以「ガ」、「ド」等濁音會變成如「ｶ」、「ﾄ」的清音。接著，在 A3 儲存格輸入公式並複製到 A11 儲存格。使用 IF 函數比較目前所在列的 D 欄儲存格與其上方的儲存格，如果相同則不顯示任何內容。如果不同，則將 D 欄的字元轉換回全形並顯示

函數	參照
=LEFT(字串, [字數])	→ 06-30
=ASC(字串)	→ 06-50
=IF(條件式, 條件成立, 條件不成立)	→ 03-02
=JIS(字串)	→ 06-50

關聯項目 【06-59】自動顯示假名注音

Chapter 7

第7章

表格的搜尋

掌握表格的搜尋技巧和儲存格的資訊顯示

07-01 表格資料的搜尋

1 公式的基礎
2 表格的彙總
3 條件判斷
4 數值處理
5 日期與時間
6 字串的操作
7 表格的搜尋
8 統計計算
9 財務計算
10 數學計算
11 函數組合

本節將說明如何從表格中取出目標資料，如下圖所示：

- **想從商品清單中取出商品編號為「D-101」的商品單價**
- **想從商品清單中取出「第 4 項」商品的單價**

Excel 有豐富的查表函數，像這樣依特定關鍵字或位置當作條件來搜尋，可以從表格中取出指定的資料。

▶ 依關鍵字或位置取出指定的資料

	A	B	C	D	E
1	商品清單				
2	商品編號	商品名稱	分類	單價	
3	B-101	日式便當	便當	$150	
4	B-102	西式便當	便當	$160	
5	B-103	中式便當	便當	$135	
6	D-101	布丁	甜點	$50	
7	D-102	杏仁豆腐	甜點	$60	
8					

想取出第 4 項商品的單價 (依位置為條件來搜尋)

想取出「D-101」的單價 (以關鍵字為條件線索來搜尋)

▶ 用於表格搜尋的函數

函數	說明	參照
VLOOKUP	取出符合特定關鍵字的資料。關鍵字的搜尋限定在表格的第一欄，搜尋方向只限於垂直方向	07-02
HLOOKUP	取出符合特定關鍵字的資料。關鍵字的搜尋限定在表格的第一列，搜尋方向只限於水平方向	07-12
XLOOKUP	取出符合特定關鍵字的資料。關鍵字的搜尋位置和方向可以自由指定。適用 Microsoft 365、Excel 2021	07-13
INDEX	從表格中取出指定列和欄位置的儲存格	07-23
OFFSET	從指定的儲存格取出與其相隔指定列數和欄數位置的儲存格資料	07-24
MATCH	從指定的範圍中搜尋特定關鍵字，並傳回找到的位置	07-26
XMATCH	從指定的範圍中搜尋特定關鍵字，並傳回找到的位置。可以指定搜尋方向，例如「從頭開始」或「從尾端開始」。適用 Microsoft 365、Excel 2021	07-30

07-02 根據商品編號尋找對應的商品名稱＜①VLOOKUP 函數＞

VLOOKUP

VLOOKUP 函數可以根據指定的關鍵字在表格中查找資料。此範例使用商品編號為關鍵字來查詢商品名稱。將商品編號「B-103」指定為搜尋值，在「範圍」中指定商品清單的儲存格範圍，在「欄編號」中指定「範圍」內的商品名稱欄編號「2」，在「搜尋類型」中指定完全符合搜尋的「FALSE」。接著從商品清單的第 1 欄開始搜尋「B-103」，找到該儲存格後，就取出同一列第「2」欄的商品名稱。

▶ 從表格中查詢與商品編號「B-103」對應的商品名稱

```
B3 =VLOOKUP(B2,D2:F7,2,FALSE)
```

B2：搜尋值　D2:F7：範圍　2：欄編號　FALSE：搜尋類型

B3　=VLOOKUP(B2,D2:F7,2,FALSE)

	A	B	C	D	E	F	G
1	搜尋商品				商品清單		
2	商品編號	B-103		商品編號	商品名稱	單價	
3	商品名稱	中式便當		B-101	日式便當	$150	
4				B-102	西式便當	$160	
5				B-103	中式便當	$135	
6				D-101	布丁	$50	
7				D-102	杏仁豆腐	$60	
8				①	②	③	
9							

搜尋值　輸入公式　顯示「B-103」的商品名稱　範圍　欄編號

=VLOOKUP(搜尋值, 範圍, 欄編號, [搜尋類型])　查閱與參照

搜尋值…指定要搜尋的值
範圍…指定要搜尋的儲存格範圍
欄編號…指定想要傳回的值的欄編號。「範圍」最左邊的欄為 1
搜尋類型…指定為「TRUE」或省略時，當找不到搜尋值，會傳回僅次於搜尋值的最大值。指定為「FALSE」，只會搜尋出與搜尋值完全一致的值，若找不到時會傳回 [#N/A]

從「範圍」的第 1 欄中搜尋「搜尋值」，搜尋到後就會傳回該列的「欄編號」的值。搜尋時不會區分英文字母大小寫。「搜尋類型」指定為 TRUE 或省略，「範圍」的最左欄要先以升冪方式排列。

關聯項目【07-13】根據商品編號尋找對應的商品名稱＜②XLOOKUP 函數＞

07-03 在其他工作表中建立搜尋資料

VLOOKUP

若要使用 VLOOKUP 函數從另一張工作表中的表格進行查找，可以在「範圍」引數中使用「工作表名稱!儲存格範圍」的格式指定。例如，**商品**工作表的 A3～C7 儲存格中有一個表格，可以指定為「商品!A3:C7」。當輸入引數時，只要點選**商品**工作表的索引標籤，再拖曳選取 A3～C7 儲存格，「商品!A3:C7」就會自動輸入到公式中。

▶ 從另一張工作表的表格中查詢商品編號「B-103」的商品名稱

B3 =VLOOKUP(B2,商品!A3:C7,2,FALSE)

搜尋值　範圍　欄編號　搜尋類型

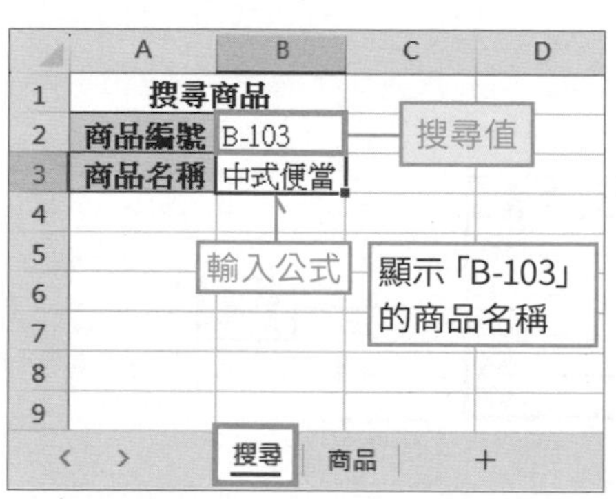

	A	B	C
1	商品清單		
2	商品編號	商品名稱	單價
3	B-101	日式便當	$150
4	B-102	西式便當	$160
5	B-103	中式便當	$135
6	D-101	布丁	$50
7	D-102	杏仁豆腐	$60
8	①	②	③

範圍　欄編號　（工作表：搜尋、商品）

=VLOOKUP(搜尋值, 範圍, 欄編號, [搜尋類型]) → 07-02

Memo

- 參考【01-24】的說明，如果事先替表格命名，則引數的指定會變得更簡單。例如，將此範例**商品**工作表中的 A3～C7 儲存格命名為**商品表**，公式如下所示：
  =VLOOKUP(B2,商品表,2,FALSE)

關聯項目 【01-24】替儲存格範圍命名
【07-02】根據商品編號尋找對應的商品名稱<①VLOOKUP 函數>

07-04 製作不會顯示 [#N/A] 錯誤的估價單

IFERROR／VLOOKUP

使用 VLOOKUP 函數進行搜尋時，如果搜尋值的儲存格未輸入，會傳回錯誤值 [#N/A]。如果事先在表格中輸入函數，但未輸入資料，表格可能會充滿 [#N/A] 的錯誤。為了防止這種情況，可以使用 IFERROR 函數，在發生錯誤時不要顯示錯誤值。底下的範例，與【**07-03**】的商品清單相同。為了確保複製公式時不會出錯，「範圍」使用絕對參照 (參考【**01-19**】) 指定。

▶ 即使未輸入商品編號，也不會顯示錯誤

B3 =IFERROR(VLOOKUP(A3,商品!$A$3:$C$7,2,FALSE),"")

值　發生錯誤時的值

B3 =IFERROR(VLOOKUP(A3,商品!$A$3:$C$7,2,FALSE),"")

	A	B	C	D	E
1	估價單明細				
2	商品編號	商品名稱	單價	數量	金額
3	B-103	中式便當	135	3	$405
4	D-102	杏仁豆腐	60	2	$120
5					
6					
7					

在 B3 儲存格輸入公式，然後複製到 B6 儲存格

已輸入**商品編號**的列，將顯示從商品清單中搜尋的結果，但未輸入商品編號的列，則不會顯示任何內容

=IFERROR(值, 錯誤時的值) → 03-31

=VLOOKUP(搜尋值, 範圍, 欄編號, [搜尋類型]) → 07-02

Memo

- 使用以下公式計算 C3 儲存格的單價和 E3 儲存格的金額：

  C3 =IFERROR(VLOOKUP(A3, 商品!$A$3:$C$7,3,FALSE),"")
  E3 =IFERROR(C3*D3,"")

- 若不使用 IFERROR 函數進行處理，僅輸入 VLOOKUP 函數或乘法公式，當**商品編號**欄為空白的列將會顯示 [#N/A]。

	A	B	C	D	E
1	估價單明細				
2	商品編號	商品名稱	單價	數量	金額
3	B-103	中式便當	135	3	$405
4	D-102	杏仁豆腐	60	2	$120
5		#N/A	#N/A		#N/A
6		#N/A	#N/A		#N/A

07-05 製作可以橫向複製公式的表格

VLOOKUP／COLUMN

有時想要從表格中連續取出相鄰的多個儲存格資料。使用 VLOOKUP 函數時，需要在最前面的儲存格輸入公式，然後橫向複製，之後還需要手動修正第三個引數「欄編號」為「2」、「3」、「4」等，如果覺得這個做法很麻煩，可以改用 COLUMN 函數自動切換欄編號。這樣只需要輸入開頭的公式後直接複製即可。此外，還可以參考【07-04】的說明，結合 IFERROR 函數進行錯誤處理。

▶ **只需要複製 VLOOKUP 函數即可進行表格查表**

C3 =VLOOKUP($B3,$I$3:$L$7,COLUMN(B3),FALSE)

搜尋值　範圍　欄編號　搜尋類型

C3　=VLOOKUP($B3,$I$3:$L$7,COLUMN(B3),FALSE)

	A	B	C	D	E	F	G	H	I	J	K	L
1			估價單明細							商品清單		
2	No	商品編號	商品名稱	分類	單價	數量	金額		商品編號	商品名稱	分類	單價
3	1	B-101	日式便當	便當	$150				B-101	日式便當	便當	$150
4	2	B-102	西式便當	便當	$160				B-102	西式便當	便當	$160
5	3	D-101	布丁	甜點	$50				B-103	中式便當	便當	$135
6	4	D-102	杏仁豆腐	甜點	$60				D-101	布丁	甜點	$50
7									D-102	杏仁豆腐	甜點	$60
8												

搜尋值

在 C3 儲存格輸入公式，往右複製到 E3 儲存格，再往下複製到第 6 列

範圍

欄編號　1　2　3　4

=VLOOKUP(搜尋值, 範圍, 欄編號, [搜尋類型]) → 07-02

=COLUMN([參照]) → 07-57

Memo

- 「COLUMN(B3)」會傳回 B3 儲存格的欄編號，也就是數值「2」。當公式向右複製時，「COLUMN(B3)」會變成「COLUMN(C3)」、「COLUMN(D3)」，因此，VLOOKUP 函數的引數「欄編號」會從「2」變成「3」再到「4」。
- 為了讓「搜尋值」始終參照 B 欄，只固定欄而不固定列，所以指定為「$B3」。

07-06 組合多個項目進行搜尋 <①VLOOKUP 函數>

VLOOKUP

有時我們希望使用多個項目作為搜尋值進行查表，例如，「想取出符合**分類**和**商品編號**的**商品名稱**」。但是，VLOOKUP 函數只能指定一個搜尋值，如果要使用多個項目作為搜尋值，則需要在搜尋值和表格中都將分類和商品編號進行字串連接。請注意，VLOOKUP 函數只能搜索表格最左邊的欄，所以在想要取出的「商品名稱」欄的左邊進行字串連接。

▶ 使用分類和商品編號作為搜尋值來查詢商品名稱

D3 =E3&F3

B4 =VLOOKUP(B2&B3,D3:G7,4,FALSE)

搜尋值 範圍 欄編號 搜尋類型

B4 =VLOOKUP(B2&B3,D3:G7,4,FALSE)

	A	B	C	D	E	F	G
1	搜尋商品				商品清單		
2	分類	BX			分類	商品編號	商品名稱
3	商品編號	103		BX101	BX	101	日式便當
4	商品名稱	中式便當		BX102	BX	102	西式便當
5				BX103	BX	103	中式便當
6				DS101	DS	101	布丁
7				DS102	DS	102	杏仁豆腐
8							

搜尋值

在 B4 儲存格輸入公式

在 D3 儲存格輸入公式，並複製到 D7 儲存格

範圍

① ② ③ ④ 欄編號

=VLOOKUP(搜尋值, 範圍, 欄編號, [搜尋類型]) → 07-02

Memo

- 如果表格之間沒有適當的空白欄，可以自行插入新的一欄。在想要插入的位置的欄編號上按滑鼠右鍵，從彈出的選單中選擇**插入**即可新增一欄。公式輸入完成後，可以參考【**11-02**】的說明，將作業欄 (D 欄) 設為隱藏，以免影響表格的美觀。

07-07 讓新增的資料自動包含在參照來源中並進行搜尋<①指定欄>

fx VLOOKUP

在表格中頻繁新增資料時，每次新增都必須修改 VLOOKUP 函數的「範圍」引數，實在有點麻煩。在這種情況下，將整欄指定到「範圍」引數就很方便。由於新增的資料會自動包含在「範圍」中，因此可以省去修改公式的麻煩。

例如，表格資料在 A～D 欄，就指定「A:D」。在公式中輸入引數時，拖曳欄編號的「A」～「D」，就會自動輸入「A:D」。另外，請確保表格最左欄輸入的表格標題或欄標題沒有與資料重複。

▶ 讓新增的資料也能自動被參照

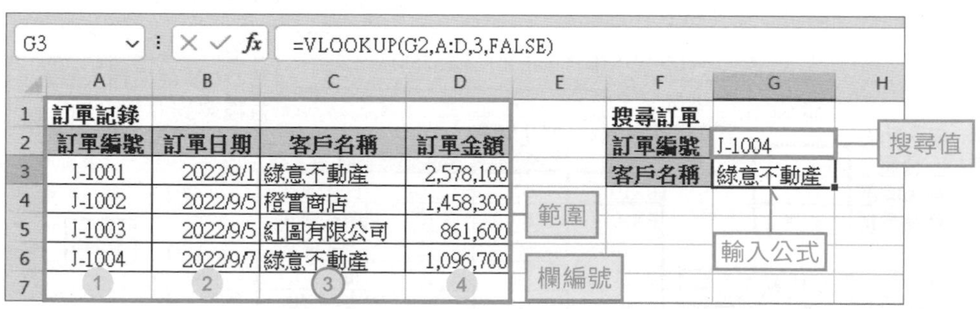

	A	B	C	D	E	F	G
1	訂單記錄					搜尋訂單	
2	訂單編號	訂單日期	客戶名稱	訂單金額		訂單編號	J-1004
3	J-1001	2022/9/1	綠意不動產	2,578,100		客戶名稱	綠意不動產
4	J-1002	2022/9/5	橙實商店	1,458,300			
5	J-1003	2022/9/5	紅圖有限公司	861,600			
6	J-1004	2022/9/7	綠意不動產	1,096,700			
7	1	2	3	4			

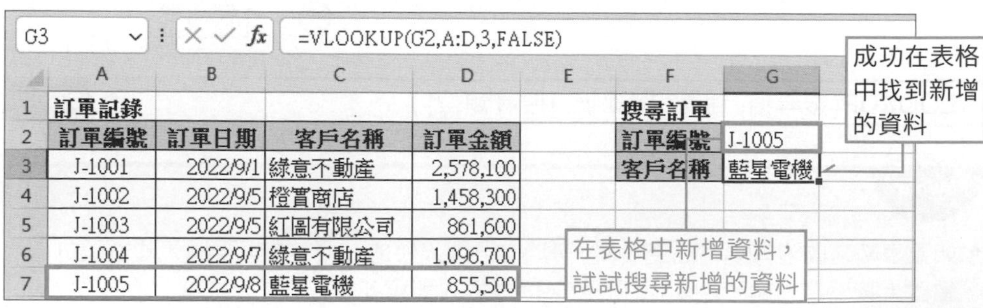

	A	B	C	D	E	F	G
1	訂單記錄					搜尋訂單	
2	訂單編號	訂單日期	客戶名稱	訂單金額		訂單編號	J-1005
3	J-1001	2022/9/1	綠意不動產	2,578,100		客戶名稱	藍星電機
4	J-1002	2022/9/5	橙實商店	1,458,300			
5	J-1003	2022/9/5	紅圖有限公司	861,600			
6	J-1004	2022/9/7	綠意不動產	1,096,700			
7	J-1005	2022/9/8	藍星電機	855,500			

=VLOOKUP(搜尋值, 範圍, 欄編號, [搜尋類型]) → 07-02

07-08 讓新增的資料自動包含在參照來源中並進行搜尋<②表格>

VLOOKUP

若要自動將新增的資料包含在 VLOOKUP 函數的參照來源中，也可以將資料轉換成「表格」的方式。當有資料新增時，表格會自動擴展，所以如果在 VLOOKUP 函數的引數「範圍」中指定表格名稱，就可以持續將新增的資料包含在參照來源中進行搜尋。

範例中，表格名稱是「表格 1」，所以在公式的引數「範圍」指定了「表格 1」。當輸入引數時，拖曳 A3～D6 儲存格，它會自動輸入「表格 1」。有關表格的轉換方法和如何確認表格名稱，請參考【01-28】。

▶ 讓新增的資料也能自動被參照

```
G3 =VLOOKUP(G2,表格1,3,FALSE)
```

搜尋值　範圍　欄編號　搜尋類型

G3　=VLOOKUP(G2,表格1,3,FALSE)

	A	B	C	D	E	F	G
1	訂單記錄					搜尋訂單	
2	訂單編號	訂單日期	客戶名稱	訂單金額		訂單編號	J-1004
3	J-1001	2022/9/1	綠意不動產	2,578,100		客戶名稱	綠意不動產
4	J-1002	2022/9/5	橙實商店	1,458,300			
5	J-1003	2022/9/5	紅圖有限公司	861,600			
6	J-1004	2022/9/7	綠意不動產	1,096,700			
7	1	2	3	4			

搜尋值　範圍　輸入公式　欄編號

G3　=VLOOKUP(G2,表格1,3,FALSE)

	A	B	C	D	E	F	G
1	訂單記錄					搜尋訂單	
2	訂單編號	訂單日期	客戶名稱	訂單金額		訂單編號	J-1005
3	J-1001	2022/9/1	綠意不動產	2,578,100		客戶名稱	藍星電機
4	J-1002	2022/9/5	橙實商店	1,458,300			
5	J-1003	2022/9/5	紅圖有限公司	861,600			
6	J-1004	2022/9/7	綠意不動產	1,096,700			
7	J-1005	2022/9/8	藍星電機	855,500			

成功在表格中找到新增的資料

在表格中新增資料，試試搜尋新增的資料

=VLOOKUP(搜尋值, 範圍, 欄編號, [搜尋類型]) → 07-02

07-09 以「○以上不到△」的條件搜尋資料表<①VLOOKUP 函數>

VLOOKUP

VLOOKUP 函數的搜尋類型有兩種：「完全符合」與「近似符合」。當「搜尋值」未找到符合的資料時，「完全符合」的搜尋方式將傳回 [#N/A] 錯誤，但「近似符合」的搜尋方式，將以「○以上不到△」的條件搜尋。

在此，我們要找出與得分對應的評等。將對應於「○以上不到△」中的「○」數值由小到大輸入到要參照的表格第一欄，並在 VLOOKUP 函數的引數「搜尋類型」中指定為「近似符合」(TRUE)。

▶ **根據「○以上不到△」的條件找出得分的對應評等**

B3 =VLOOKUP(B2,D3:F6,3,TRUE)
搜尋值 範圍 欄編號 搜尋類型

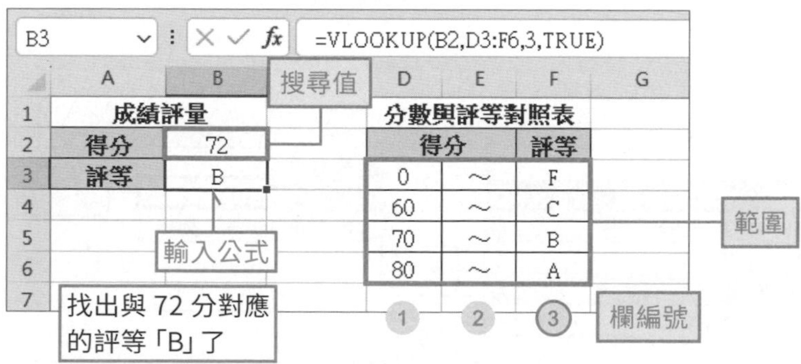

=VLOOKUP(搜尋值, 範圍, 欄編號, [搜尋類型]) → 07-02

Memo

- 此範例中，「0 分以上不到 60 分」的評等是「F」，「60 分以上不到 70 分」的評等是「C」，「70 分以上不到 80 分」的評等是「B」，「80 分以上」的評等是「A」。如果「搜尋值」設定為負值時，會出現 [#N/A] 錯誤。

關聯項目 【07-20】以「○以上不到△」的條件搜尋資料表<②XLOOKUP 函數>

07-10 不建立表格，直接使用函數搜尋資料

VLOOKUP

當資料量較少，不想單獨建立查詢表格時，也可以在 VLOOKUP 函數的引數「範圍」中指定陣列常數 (→【01-29】)。在此，要根據得分「0 分以上、60 分以上、70 分以上、80 分以上」切換評等為「F、C、B、A」。陣列常數是使用逗號「,」來分隔欄，使用分號「;」來分隔列，並用大括號「{ }」包圍整個公式。

▶ 不建立表格的搜尋方式

C3 =VLOOKUP(B3,{0,"F";60,"C";70,"B";80,"A"},2,TRUE)

搜尋值　範圍　搜尋類型　欄編號

C3 =VLOOKUP(B3,{0,"F";60,"C";70,"B";80,"A"},2,TRUE)

	A	B	C
1	成績表		
2	姓名	得分	評等
3	許伊玫	71	B
4	張岩聰	86	A
5	林博仁	40	F
6	謝美晴	67	C
7	王隆盛	70	B
8			

搜尋值

輸入公式並複製到 C7 儲存格

根據「得分」顯示對應的評等了

=VLOOKUP(搜尋值, 範圍, 欄編號, [搜尋類型]) → 07-02

Memo

- 在 C3 儲存格中指定的陣列常數「{0, "F" ; 60, "C" ; 70, "B" ; 80, "A" }」，與在右側指定 E3～F6 儲存格的方法相同。

C3 =VLOOKUP(B3,$E$3:$F$6,2,TRUE)

	A	B	C	D	E	F
1	成績表					
2	姓名	得分	評等		得分	評等
3	許伊玫	71	B		0	F
4	張岩聰	86	A		60	C
5	林博仁	40	F		70	B
6	謝美晴	67	C		80	A
7	王隆盛	70	B			
8						

07-11 在多個表格間切換搜尋

VLOOKUP／INDIRECT

想要在多個表格間切換搜尋時，可以利用**名稱**功能。例如，在 J2 儲存格輸入「便當」，就從便當的表格進行搜尋；當輸入「甜點」時，就從甜點的表格搜尋商品名稱。

請先參考【01-24】將 A3～C6 儲存格命名為「便當」，將 E3～G5 儲存格命名為「甜點」。再使用 INDIRECT 函數將 J2 儲存格輸入的名稱轉換為儲存格參照，並將其指定為 VLOOKUP 函數的「範圍」引數，這樣就可以從目的表格進行搜尋。請注意，不能只將「J2」指定為「範圍」，因為這樣 J2 儲存格會被視為搜尋目標的表格。

▶ 根據 J2 儲存格的「分類」，搜尋指定表格中的商品名稱

```
J4 =VLOOKUP(J3,INDIRECT(J2),2,FALSE)
```
搜尋值　範圍　欄編號　搜尋類型

J4 =VLOOKUP(J3,INDIRECT(J2),2,FALSE)

	A	B	C	D	E	F	G	H	I	J
1		便當				甜點			搜尋商品	
2	編號	商品名稱	單價		編號	商品名稱	單價		分類	甜點
3	101	日式便當	$150		101	布丁	$50		編號	102
4	102	西式便當	$160		102	杏仁豆腐	$60		商品名稱	杏仁豆腐
5	103	中式便當	$135		103	冰	$80			
6	104	燒肉便當	$215							

名稱：便當　名稱：甜點　輸入分類　輸入編號　輸入公式

=VLOOKUP(搜尋值, 範圍, 欄編號, [搜尋類型]) → 07-02

=INDIRECT(參照字串, [參照形式]) → 07-53

Memo

- 如果不想使用名稱，也可以用 CHOOSE 函數來切換資料的參照來源。
  =VLOOKUP(J3,CHOOSE(IF(J2="便當",1,2),A3:C6,E3:G5),2,FALSE)

關聯項目【07-29】切換及取出兩個具有相同縱向與橫向標題的資料表資料

07-12 橫向搜尋資料表 ＜①HLOOKUP 函數＞

HLOOKUP

與 VLOOKUP 函數相似的是 HLOOKUP 函數，可以從左至右橫向搜尋表格的第一列。此範例在 B10 儲存格中輸入「2020年」當作搜尋值，搜尋銷售趨勢表的第一列，即 B2～F2 儲存格，並找到對應的儲存格，從該儲存格開始，求取第 6 列的銷售總額。

▶ 計算在 B10 儲存格指定年度的銷售量合計

```
B11 =HLOOKUP(B10,B2:F7,6,FALSE)
```

搜尋值　範圍　列編號　搜尋類型

=HLOOKUP(B10,B2:F7,6,FALSE)

	A	B	C	D	E	F	列編號
1	銷售趨勢						
2		2017年	2018年	2019年	2020年	2021年	①
3	Q1	3,775	2,976	3,786	3,037	3,131	②
4	Q2	2,736	2,605	2,847	2,049	2,824	③
5	Q3	2,840	2,456	3,397	2,843	3,512	④
6	Q4	2,063	2,060	3,396	3,794	2,669	⑤
7	合計	11,414	10,097	13,426	11,723	12,136	⑥
8							
9	銷售數量搜尋						
10	年度	2020年					
11	銷售數	11,723					
12							

搜尋值　範圍　輸入公式　顯示「2020年」的銷售總數

=HLOOKUP(搜尋值, 範圍, 列編號, [搜尋類型])　查閱與參照

搜尋值…指定要搜尋的值

範圍…指定要搜尋的儲存格範圍

列編號…指定想要傳回的值的列編號。「範圍」的第 1 列為 1

搜尋類型…指定為「TRUE」或省略時，當找不到搜尋值時，會傳回僅次於搜尋值的最大值。指定為「FALSE」時，只會搜尋出與搜尋值完全一致的值，若找不到會傳回 [#N/A]

從「範圍」的第 1 列中搜尋「搜尋值」，搜尋到後就會傳回該列的「列編號」值。搜尋時不會區分英文字母大小寫。「搜尋類型」指定為 TRUE 或省略時，「範圍」的第一列要先以升冪 (由小到大) 的方式排列。

關聯項目 【07-19】橫向搜尋資料表＜②XLOOKUP 函數＞

Excel 07-13 根據商品編號尋找對應的商品名稱<②XLOOKUP 函數>

XLOOKUP

Office 365 與 Excel 2021 增加了 XLOOKUP 函數，這是整合 VLOOKUP 函數與 HLOOKUP 函數等搜尋函數的強化版函數。XLOOKUP 函數可以彈性設定搜尋位置、方向、發生錯誤時的處理等，能因應各種查詢狀況。

這個範例以「商品編號」為關鍵字，尋找商品名稱。在引數「搜尋值」輸入商品編號「B-103」，在「搜尋範圍」設定商品清單中的「商品編號」欄，在「傳回值範圍」設定商品清單的「商品名稱」欄。為了避免找不到搜尋值時，出現 [#N/A] 錯誤，在引數「找不到時」會顯示「"不符合"」。

▶ **搜尋商品編號「B-103」的商品名稱**

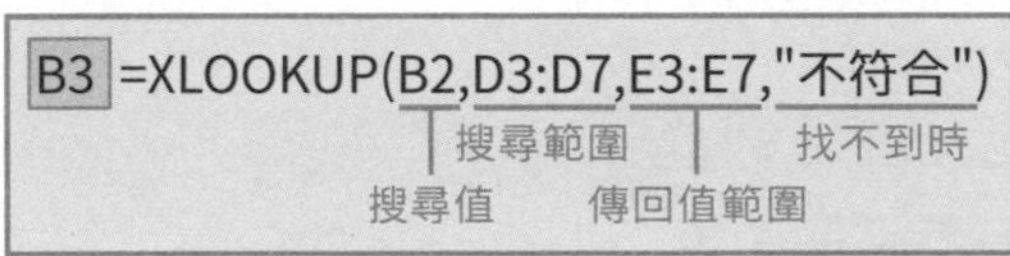

B3 =XLOOKUP(B2,D3:D7,E3:E7,"不符合")

	A	B	C	D	E	F	G
1	搜尋商品				商品清單		
2	商品編號	xyz		商品編號	商品名稱	單價	
3	商品名稱	不符合		B-101	日式便當	$150	
4				B-102	西式便當	$160	
5				B-103	中式便當	$135	
6				D-101	布丁	$50	
7				D-102	杏仁豆腐	$60	
8							

找不到「搜尋值」或未輸入資料時，會顯示「不符合」

=XLOOKUP(搜尋值, 搜尋範圍, 傳回值範圍, [找不到時], [比對類型], [搜尋模式])　[365/2021]　查閱與參照

搜尋值…指定要搜尋的值
搜尋範圍…指定搜尋一欄或一列的範圍
傳回值範圍…指定要輸入傳回值的儲存格範圍
找不到時…指定找不到「搜尋值」時要傳回的值，如果省略，會傳回錯誤值 [#N/A]
比對類型…以下表的數值設定與哪種狀態相符
搜尋模式…以下表的數值設定搜尋方向
由「搜尋範圍」尋找「搜尋值」，傳回與第一個找到位置對應的「傳回值範圍」。

▶ 引數「比對類型」

值	說明
0	完全一致 (預設)
-1	完全一致。找不到時，尋找下一個較小的項目
1	完全一致。找不到時，尋找下一個較大的項目
2	與萬用字元一致

▶ 引數「搜尋模式」

值	說明
1	從頭到尾搜尋 (預設)
-1	從尾到頭搜尋
2	以二分搜尋法遞增排序範圍
-2	以二分搜尋法遞減排序範圍

Memo

- 【07-04】說明過，使用 VLOOKUP 函數的表格，如果「搜尋值」的儲存格為空欄，必須搭配 IFERROR 函數，準備發生錯誤時的因應對策。然而，XLOOKUP 函數可以藉由引數「找不到時」的設定，由函數單獨執行錯誤對策。使用 XLOOKUP 函數搜尋報價明細的方法請參考【07-14】。
- VLOOKUP 函數預設的搜尋方法為近似符合搜尋，但是 XLOOKUP 函數的預設值是完全符合搜尋。如範例所示，進行完全符合搜尋時 (在商品清單中，搜尋商品編號完全一致的值) ，可以省略引數「比對類型」。關於使用 XLOOKUP 函數進行近似符合搜尋，請參考【07-20】的說明。
- XLOOKUP 函數的引數「搜尋模式」可以設定搜尋方向。預設是從「搜尋範圍」的開頭開始搜尋，找到第一個相符的資料後，結束搜尋。假如「搜尋範圍」有多個「搜尋值」時，搜尋結果會隨著搜尋方向而改變，請參考【07-21】的說明。
- 以遞增或遞減排序「搜尋範圍」，在 XLOOKUP 函數的引數「搜尋模式」設定「2」或「-2」，可以進行搜尋速度較快的「二分搜尋法」。如果要搜尋比較耗時的大型資料表，請利用這個選項。

關聯項目
【07-02】根據商品編號尋找對應的商品名稱＜①VLOOKUP 函數＞
【07-04】製作不會顯示 [#N/A] 錯誤的估價單
【07-14】利用溢出功能一次取出多個項目
【07-20】以「○以上不到△」的條件搜尋資料表＜②XLOOKUP 函數＞
【07-21】從多個資料中取出最新 (最下面) 的資料

07-14 利用溢出功能一次取出多個項目

XLOOKUP

有時我們希望從資料表中，統一取出左右相鄰的多個儲存格資料，在 XLOOKUP 函數的引數「搜尋範圍」設定 1 欄，「傳回值範圍」設定多欄，就可以透過「溢出」功能一次取出多個資料。此範例在「傳回值範圍」設定了 3 欄，所以在 C3 儲存格的公式橫向溢出至 E3 儲存格，一次顯示「商品名稱」、「分類」、「單價」。只要往下複製到 C3 儲存格，下一列也會自動溢出。

▶ 一次取出「商品名稱」、「分類」、「單價」

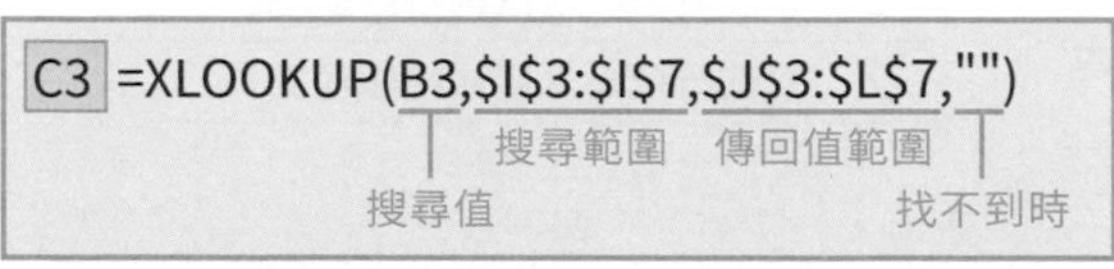

VLOOKUP | =XLOOKUP(B3,$I$3:$I$7,$J$3:$L$7,"")

	A	B	C	D	E	F	G	H	I	J	K	L
1			報價明細							商品清單		
2	No	商品編號	商品名稱	分類	單價	數量	金額		商品編號	商品名稱	分類	單價
3	1	B-101	=XLOOKUP(B3,$I$3:$I$7,$J$3:$L$7,"")						B-101	日式便當	便當	$150
4	2	B-102							B-102	西式便當	便當	$160
5	3	D-101							B-103	中式便當	便當	$135
6	4	D-102							D-101	布丁	甜點	$50
7									D-102	杏仁豆腐	甜點	$60
8												

搜尋值

在 C3 儲存格輸入公式，按下 Enter 鍵

搜尋範圍

傳回值範圍

	A	B	C	D	E	F	G	H	I	J	K	L
1			報價明細							商品清單		
2	No	商品編號	商品名稱	分類	單價	數量	金額		商品編號	商品名稱	分類	單價
3	1	B-101	日式便當	便當	$150				B-101	日式便當	便當	$150
4	2	B-102							B-102	西式便當	便當	$160
5	3	D-101							B-103	中式便當	便當	$135
6	4	D-102							D-101	布丁	甜點	$50
7									D-102	杏仁豆腐	甜點	$60
8												

C3 儲存格的公式溢出至 E3 儲存格，顯示商品名稱、分類、單價

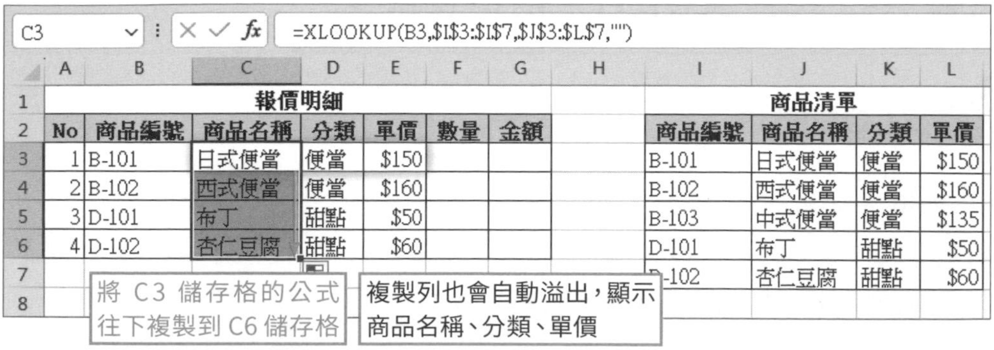

C3 =XLOOKUP(B3,$I$3:$I$7,$J$3:$L$7,"")

報價明細

No	商品編號	商品名稱	分類	單價	數量	金額
1	B-101	日式便當	便當	$150		
2	B-102	西式便當	便當	$160		
3	D-101	布丁	甜點	$50		
4	D-102	杏仁豆腐	甜點	$60		

商品清單

商品編號	商品名稱	分類	單價
B-101	日式便當	便當	$150
B-102	西式便當	便當	$160
B-103	中式便當	便當	$135
D-101	布丁	甜點	$50
D-102	杏仁豆腐	甜點	$60

將 C3 儲存格的公式往下複製到 C6 儲存格

複製列也會自動溢出，顯示商品名稱、分類、單價

=XLOOKUP(搜尋值, 搜尋範圍, 傳回值範圍, [找不到時], [比對類型], [搜尋模式]) → 07-13

Memo

- 複製公式時，要將「搜尋範圍」與「傳回值範圍」設為絕對參照，避免位置跑掉 (→【01-19】)。
- 如果沒有輸入「商品編號」，「商品名稱」欄內的 XLOOKUP 函數傳回值會變成「" "」。此時，不會往右邊儲存格溢出，「分類」、「單價」會維持空白欄狀態。
- 「分類」、「單價」欄的儲存格為「虛影儲存格」，無法編輯、刪除公式。如果要刪除、編輯公式，必須在「商品名稱」欄內的儲存格進行操作。
- 這裡介紹了橫向溢出的方法，但是在引數「搜尋值」設定一整欄的儲存格，就會往縱向溢出，不過無法同時往橫向及縱向溢出。

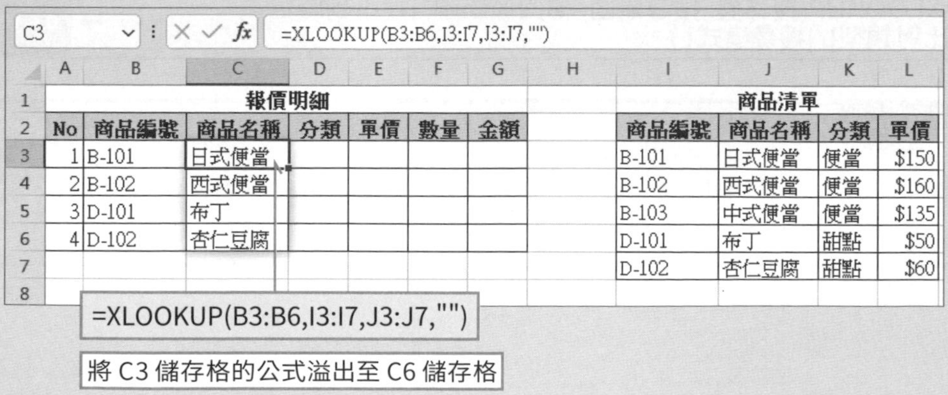

C3 =XLOOKUP(B3:B6,I3:I7,J3:J7,"")

報價明細

No	商品編號	商品名稱	分類	單價	數量	金額
1	B-101	日式便當				
2	B-102	西式便當				
3	D-101	布丁				
4	D-102	杏仁豆腐				

商品清單

商品編號	商品名稱	分類	單價
B-101	日式便當	便當	$150
B-102	西式便當	便當	$160
B-103	中式便當	便當	$135
D-101	布丁	甜點	$50
D-102	杏仁豆腐	甜點	$60

=XLOOKUP(B3:B6,I3:I7,J3:J7,"")

將 C3 儲存格的公式溢出至 C6 儲存格

關聯項目 【01-19】複製公式時固定參照儲存格 (使用絕對參照)
【01-32】輸入動態陣列公式

07-15 利用商品名稱反查商品編號 <①XLOOKUP 函數>

XLOOKUP

VLOOKUP 函數的搜尋範圍必須在傳回值欄的左邊才能搜尋，但是 XLOOKUP 函數不論左或右都可以搜尋，因此你可以搜尋右欄，把資料傳到左邊，也能輕易反向查詢，以下將從商品名稱反查商品編號。

▶ 查詢商品名稱「中式便當」對應的商品編號

B3 =XLOOKUP(B2,E3:E7,D3:D7,"不符合")

搜尋值 / 搜尋範圍 / 傳回值範圍 / 找不到時

=XLOOKUP(B2,E3:E7,D3:D7,"不符合")

	A	B	C	D	E	F	G
1	搜尋商品編號				商品清單		
2	商品名稱	中式便當		商品編號	商品名稱	單價	
3	商品編號	B-103		B-101	日式便當	$150	
4				B-102	西式便當	$160	
5				B-103	中式便當	$135	
6				D-101	布丁	$50	
7				D-102	杏仁豆腐	$60	
8							

搜尋值 / 傳回值範圍 / 搜尋範圍 / 輸入公式 / 顯示「中式便當」的商品編號

=XLOOKUP(搜尋值, 搜尋範圍, 傳回值範圍, [找不到時], [比對類型], [搜尋模式])

→ 07-13

Memo

- 無法使用 XLOOKUP 函數的版本，可以組合 INDEX 函數與 MATCH 函數進行反查。詳細說明請參考【07-27】。

關聯項目 【07-27】利用商品名稱反查商品編號<②INDEX 函數＋MATCH 函數>

07-16 利用資料表的縱向與橫向標題查詢資料<①XLOOKUP 函數>

XLOOKUP

在此要將兩個 XLOOKUP 函數變成巢狀結構，在二維資料表中取出列標題與欄標題相交的資料。以下將查詢票券種類為「2 Day」與「兒童」的票價。

▶ 查詢指定票券種類 (列標題) 與年齡分類 (欄標題) 的票價

B4 =XLOOKUP(B3,B7:D7,XLOOKUP(B2,A8:A10,B8:D10))
搜尋值①
搜尋範圍①
傳回值範圍①
搜尋值②
搜尋範圍②
傳回值範圍②

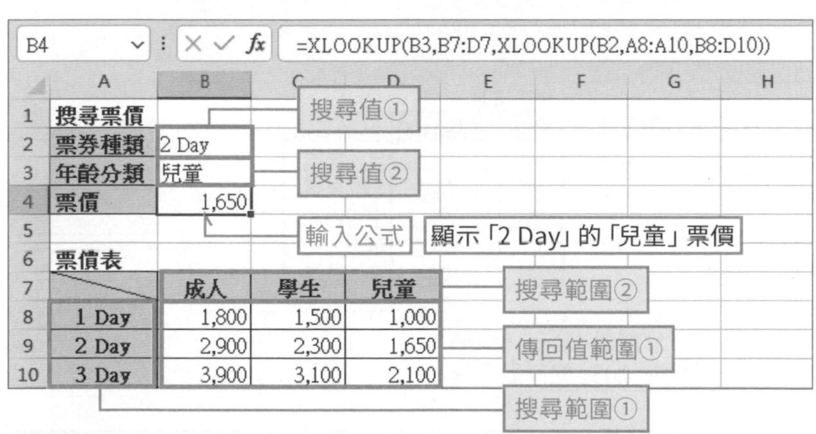

=XLOOKUP(搜尋值, 搜尋範圍, 傳回值範圍, [找不到時], [比對類型], [搜尋模式])　→ 07-13

Memo

- 巢狀結構內側的 XLOOKUP 函數透過溢出功能，傳回「2 Day」三種類別 (成人、學生、兒童) 的票價 (B9～D9 儲存格)。在**資料編輯列**選取內側的 XLOOKUP 函數，按下 F9 鍵，可以確認傳回的票價。外側的 XLOOKUP 函數會把傳回的 B9～D9 儲存格當作「傳回值範圍」查詢。

VLOOKUP　=XLOOKUP(B3,B7:D7,{2900,2300,1650})

XLOOKUP(lookup_value, lookup_array, return_array, [if_not_found],

利用 F9 鍵確認內側的函數結果後，按下 Esc 鍵，恢復原本的公式

關聯項目【07-28】利用資料表的縱向與橫向標題查詢資料<②INDEX 函數＋MATCH 函數>

07-17 組合多個項目進行搜尋 <②XLOOKUP 函數>

XLOOKUP

XLOOKUP 函數可以把多個項目當作搜尋值快速進行查詢。假設要取出分類與商品編號皆一致的商品名稱，必須以「分類 & 商品編號」的格式設定引數「搜尋值」與「搜尋範圍」。

▶ 把分類與商品編號當作兩個搜尋值查詢商品名稱

B4 =XLOOKUP(B2&B3,E3:E7&F3:F7,G3:G7,"不相符")
搜尋值 搜尋範圍 傳回值範圍 找不到時

B4 =XLOOKUP(B2&B3,E3:E7&F3:F7,G3:G7,"不相符")

	A	B	C	D	E	F	G	H
1	搜尋商品				商品清單			
2	分類	BX			分類	商品編號	商品名稱	
3	商品編號	103			BX	101	日式便當	
4	商品名稱	中式便當			BX	102	西式便當	
5					BX	103	中式便當	
6					DS	101	布丁	
7					DS	102	杏仁豆腐	
8								

搜尋值　傳回值範圍　搜尋範圍　輸入公式

找出分類為「BX」，商品編號為「103」的商品名稱

=XLOOKUP(搜尋值, 搜尋範圍, 傳回值範圍, [找不到時], [比對類型], [搜尋模式])

→ 07-13

Memo

- 此範例中，「分類 & 商品編號」的連結結果沒有重複，可以把連結結果當作搜尋值，搜尋出正確的答案。倘若資料表內有連結後會重複的資料，最好插入分隔符號再連結，才能避免發生重複的情形。例如，「BX」、「101」與「BX1」、「01」的結果都是「BX101」，無法分別。只要插入分隔符號「-」再連結，就可以區分「BX-101」與「BX1-01」。

關聯項目 【07-06】組合多個項目進行搜尋<①VLOOKUP 函數>

07-18 自動搜尋參照對象內的新資料

XLOOKUP

如果要搜尋會頻繁增加資料的資料表，在引數「搜尋範圍」與「傳回值範圍」，以「A:A」的形式設定整欄比較方便。新增的資料會自動包含在「搜尋範圍」與「傳回值範圍」內，可以省下修改公式的時間。為了正確進行搜尋，請勿在指定欄內輸入多餘的資料。

▶ 自動參照新資料

G3 =XLOOKUP(G2,A:A,C:C,"不符合")

搜尋值　搜尋範圍　傳回值範圍　找不到時

G3 =XLOOKUP(G2,A:A,C:C,"不符合")

	A	B	C	D	E	F	G	H
1	訂單記錄					搜尋訂單		
2	訂單編號	訂單日期	客戶名稱	訂單金額		訂單編號	J-1004	
3	J-1001	2022/9/1	綠意不動產	2,578,100		客戶名稱	綠意不動產	
4	J-1002	2022/9/5	橙實商店	1,458,300				
5	J-1003	2022/9/5	紅圖有限公司	861,600				
6	J-1004	2022/9/7	綠意不動產	1,096,700				
7	J-1005	2022/9/8	藍星電機	855,500				
8								

搜尋範圍　傳回值範圍　搜尋值　輸入公式

在訂單資料表的最後一列 (A8～D8 儲存格) 增加資料後，也會自動將新增的資料包含在查詢範圍裡

=XLOOKUP(搜尋值, 搜尋範圍, 傳回值範圍, [找不到時], [比對類型], [搜尋模式])

→ 07-13

Memo

- 把資料表轉換成表格，以結構化參照輸入引數，也能自動把新資料包含在參照的範圍內。新增資料後，就會自動擴大表格，表格的轉換方法與結構化參照的輸入方法請請參考【01-28】的說明。

=XLOOKUP(G2, 表格 1[訂單編號], 表格 1[客戶名稱], "不符合")

關聯項目 【07-07】讓新增的資料自動包含在參照來源中並進行搜尋<①指定欄>
【07-08】讓新增的資料自動包含在參照來源中並進行搜尋<②表格>

Excel 07-19 橫向搜尋資料表 ＜②XLOOKUP 函數＞

XLOOKUP

XLOOKUP 函數除了縱向搜尋，也能橫向搜尋。這個範例是把輸入在 B10 儲存格的「2020 年」當作搜尋值，計算銷售表中 2020 年的銷售量合計。

▶ 計算在 B10 儲存格指定年度的銷售量合計

B11 =XLOOKUP(B10,B2:F2,B7:F7,"不符合")

搜尋值：B10　搜尋範圍：B2:F2　傳回值範圍：B7:F7　找不到時："不符合"

B11 =XLOOKUP(B10,B2:F2,B7:F7,"不符合")

	A	B	C	D	E	F	G
1	銷售趨勢						
2		2017年	2018年	2019年	2020年	2021年	
3	Q1	3,775	2,976	3,786	3,037	3,131	
4	Q2	2,736	2,605	2,847	2,049	2,824	
5	Q3	2,840	2,456	3,397	2,843	3,512	
6	Q4	2,063	2,060	3,396	3,794	2,669	
7	合計	11,414	10,097	13,426	11,723	12,136	
8							
9	銷售數量搜尋						
10	年度	2020年					
11	銷售數	11,723					
12							

搜尋範圍（B2:F2）　傳回值範圍（B7:F7）　搜尋值（B10）　輸入公式（B11）　顯示「2020 年」的銷售數量合計

=XLOOKUP(搜尋值, 搜尋範圍, 傳回值範圍, [找不到時], [比對類型], [搜尋模式])

→ 07-13

Memo

- 在 XLOOKUP 函數的引數「搜尋範圍」設定一欄的儲存格範圍，就會進行縱向搜尋，設定一列的儲存格範圍，會進行橫向搜尋。「傳回值範圍」是依照「搜尋範圍」與方向來設定。

關聯項目 【07-12】橫向搜尋資料表＜①HLOOKUP 函數＞

07-20 以「○以上不到△」的條件搜尋資料表＜②XLOOKUP 函數＞

XLOOKUP

XLOOKUP 函數的引數「比對類型」設為「-1」時，會在「○以上不到△」的範圍進行查詢，查詢用的資料表要準備一欄「○以上」的值。以下範例將依照分數取得評等。

▶ 以「○以上不到△」的條件，根據分數取得評等

B3 =XLOOKUP(B2,D3:D6,F3:F6,"---",-1)

搜尋值：B2　搜尋範圍：D3:D6　傳回值範圍：F3:F6　找不到時："---"　比對類型：-1

B3　=XLOOKUP(B2,D3:D6,F3:F6,"---",-1)

	A	B	C	D	E	F	G	H
1	成績評量			分數與評等對照表				
2	得分	72		得分		評等		
3	評等	B		0	～	F		
4				60	～	C		
5				70	～	B		
6				80	～	A		

搜尋值　輸入公式　顯示 72 分對應的評等為「B」　搜尋範圍　傳回值範圍

=XLOOKUP(搜尋值, 搜尋範圍, 傳回值範圍, [找不到時], [比對類型], [搜尋模式])　→ 07-13

Memo

- 此範例中，「0 分以上不到 60 分」的評等是「F」，「60 分以上不到 70 分」的評等是「C」，「70 分以上不到 80 分」的評等是「B」，「80 分以上」的評等是「A」。如果「搜尋值」設為負值時，會顯示「---」。
- 引數「比對類型」設為「1」，可以在「○以上△以下」的範圍進行搜尋。在搜尋用的資料表準備一欄「△以下」的資料。
- VLOOKUP 函數若要進行近似符合搜尋，必須將資料表最左欄按照遞增方式排序，但是 XLOOKUP 函數沒有排列方式的限制。

關聯項目【07-09】以「○以上不到△」的條件搜尋資料表＜①VLOOKUP 函數＞

07-21 從多個資料中取出最新(最下方)的資料

XLOOKUP

XLOOKUP 函數的引數「搜尋模式」設為「-1」時，就會從「搜尋範圍」的末尾往前搜尋。以下要從按照訂單日期排列的訂單記錄表中，找出「綠意不動產」最新的訂單編號。從末尾開始搜尋，第一個找到的「綠意不動產」，就是最後一筆資料，也就是最新的訂單資料。

▶ 取得「綠意不動產」最新的訂單編號

B3 =XLOOKUP(B2,F3:F9,D3:D9,"---",0,-1)

搜尋值：B2　搜尋範圍：F3:F9　傳回值範圍：D3:D9　找不到時："---"　比對類型：0　搜尋模式：-1

B3 =XLOOKUP(B2,F3:F9,D3:D9,"---",0,-1)

	A	B	C	D	E	F	G
1	訂單資料			訂單記錄			
2	客戶名稱	綠意不動產		訂單編號	訂單日期	客戶名稱	訂單金額
3	最新訂單	1006		1001	2022/9/1	綠意不動產	2,578,100
4				1002	2022/9/5	橙實商店	1,458,300
5				1003	2022/9/5	紅圖有限公司	861,600
6				1004	2022/9/7	綠意不動產	1,096,700
7				1005	2022/9/8	藍星電機	855,500
8				1006	2022/9/9	綠意不動產	2,273,400
9				1007	2022/9/9	藍星電機	1,572,500

搜尋值　搜尋範圍　輸入公式　傳回值範圍　由下往上搜尋

=XLOOKUP(搜尋值, 搜尋範圍, 傳回值範圍, [找不到時], [比對類型], [搜尋模式])

→ 07-13

Memo

- 使用 XLOOKUP 函數搜尋資料時，找到第一個資料就會結束搜尋，如果有多個與搜尋值相符的資料，結果會隨著搜尋方向而改變。省略引數「搜尋模式」或設定為「1」時，可以取出離開頭最近的資料，設定為「-1」時，會取出離末尾最近的資料。
- 引數「比對類型」的「0」可以省略，省略時，仍需要用「,」分隔引數「搜尋模式」。
  =XLOOKUP(B2,F3:F9,D3:D9,"---",,-1)

關聯項目【07-13】根據商品編號尋找對應的商品名稱<②XLOOKUP 函數>

07-22 利用「1、2、3……」編號來切換顯示的值

CHOOSE

使用 CHOOSE 函數，可以根據數值的「1、2、3 ……」切換顯示對應的資料。在此，要根據「1」、「2」、「3」的景點編號切換顯示成「箱根」、「草津」、「鬼怒川」等景點。

▶ 根據景點編號切換顯示景點名稱

```
C3 =CHOOSE(B3,"箱根","草津","鬼怒川")
```

B3：索引；"箱根"：值 1；"草津"：值 2；"鬼怒川"：值 3

C3　=CHOOSE(B3,"箱根","草津","鬼怒川")

	A	B	C
1	員工旅遊想去的景點		
2	姓名	景點編號	景點
3	張清緯	2	草津
4	官淑薇	3	鬼怒川
5	張庭雅	1	箱根
6	王浩星	3	鬼怒川
7	黃敬誠	1	箱根
8			

索引

在 C3 儲存格輸入公式並複製到 C7 儲存格

根據景點編號顯示景點名稱

=CHOOSE(索引, 值 1, [值 2]……)　查閱與參照

索引…指定傳回「值」的第幾個位置

值…指定傳回的值。可以指定數值、儲存格參照、名稱、公式、函數、字串

根據「索引」指定的編號傳回「值」。如果「索引」小於 1 或大於「值」的數量，則會傳回 [#VALUE!] 錯誤。最多可以指定 254 個「值」。

Memo

- CHOOSE 函數的「值」引數，也可以指定為儲存格範圍。例如，以下的公式中，根據「索引」的「1」、「2」值，會傳回儲存格範圍 A1:A5 的加總，或儲存格範圍 B1:B5 的加總。

  =SUM(CHOOSE(1,A1:A5,B1:B5))　→　「=SUM(A1:A5)」
  =SUM(CHOOSE(2,A1:A5,B1:B5))　→　「=SUM(B1:B5)」

關聯項目 【03-06】依指定條件切換多個值<③SWITCH 函數>

07-23 查詢指定儲存格範圍的第○列第△欄資料

INDEX

使用 INDEX 函數，可以從指定的儲存格範圍中找出第○列第△欄的儲存格。此範例要從部門、每季銷售的資料表 (B8～E10 儲存格) 中查詢目標儲存格的銷售額。要搜尋的列編號在 C2 儲存格，欄編號在 C3 儲存格。我們要從 B8～E10 儲存格範圍中，查詢位於第 2 列第 3 欄的 D9 儲存格的值。

▶ 從部門、每季銷售表中查詢第○列第△欄的資料

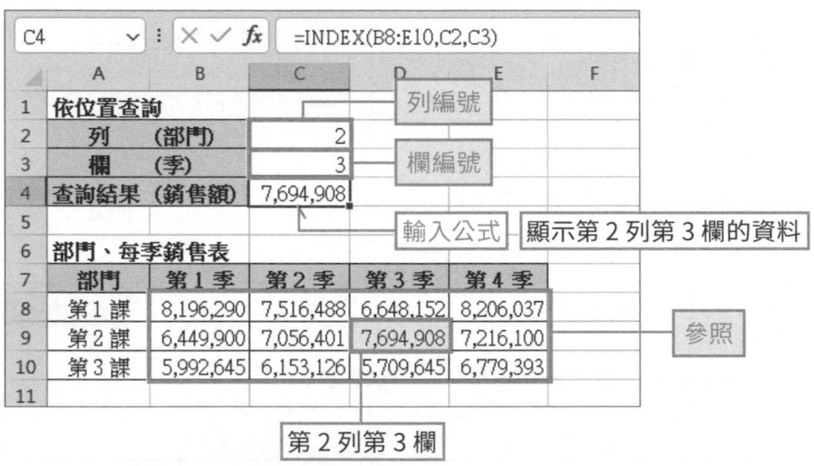

=INDEX(參照, 列編號, [欄編號], [區域編號]) 查閱與參照

參照…指定儲存格範圍。可以使用逗號「,」區隔多個儲存格範圍，並用括號「( )」將其括住

列編號…以「參照」的首列為 1，指定要取出資料的列編號

欄編號…以「參照」的首欄為 1，指定要取出資料的欄編號。當「參照」只有 1 列或 1 欄時，可以省略此設定

區域編號…當「參照」指定多個儲存格範圍時，以數值指定要搜尋的第幾個範圍

從「參照」傳回由「列編號」和「欄編號」指定的儲存格位置。如果「列編號」或「欄編號」指定為 0，則傳回整列或整欄的參照。INDEX 函數除了這種「儲存格參照格式」外，還有一種「陣列格式」(→ P.795)。「陣列格式」的基本用法與「儲存格參照格式」相同，但不能指定「區域號碼」引數。

關聯項目 【07-24】從基準儲存格開始查詢第○列第△欄的資料

07-24 從基準儲存格開始查詢第○列第△欄的資料

OFFSET

使用 OFFSET 函數，可以根據指定的儲存格為基準，從該儲存格移動○列△欄來找到目標儲存格。在此，以部門、每季銷售表的A7 儲存格為基準，根據 C2 儲存格指定的列數和 C3 儲存格指定的欄數進行移動，以查詢對應的儲存格資料。此範例從 A7 儲存格往下移動 2 列、往右移動 3 欄，找出 D9 儲存格的值。

▶ 從部門、每季銷售表中查詢第○列第△欄的資料

C4 =OFFSET(A7,C2,C3)

基準 列數 欄數

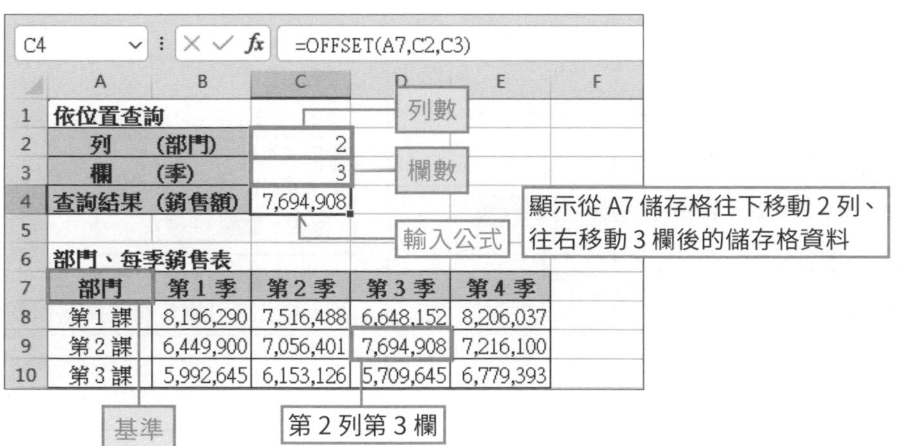

	A	B	C	D	E
1	依位置查詢				
2	列　（部門）		2		
3	欄　（季）		3		
4	查詢結果（銷售額）		7,694,908		
5					
6	部門、每季銷售表				
7	部門	第 1 季	第 2 季	第 3 季	第 4 季
8	第 1 課	8,196,290	7,516,488	6,648,152	8,206,037
9	第 2 課	6,449,900	7,056,401	7,694,908	7,216,100
10	第 3 課	5,992,645	6,153,126	5,709,645	6,779,393

=OFFSET(基準, 列數, 欄數, [高度], [寬度]) 查閱與參照

基準…指定作為基準的儲存格或儲存格範圍

列數…指定從「基準」儲存格移動的列數。指定負數表示向上移動，指定正數表示向下移動。指定 0 表示不移動

欄數…指定從「基準」儲存格移動的欄數。指定負數表示向左移動，指定正數表示向右移動。指定 0 表示不移動

高度…傳回儲存格參照的列數高度。若省略，則與「基準」儲存格的列數相同

寬度…傳回儲存格參照的欄數寬度。若省略，則與「基準」儲存格的欄數相同

從「基準」儲存格移動到指定的「列數」和「欄數」後，傳回該位置的儲存格參照。還可以指定傳回的儲存格參照的「高度」和「寬度」。

關聯項目 【07-23】查詢指定儲存格範圍的第○列第△欄資料

07-25 從基準儲存格開始取出第○列的該列所有資料

OFFSET

在 OFFSET 函數的引數「高度」和「寬度」中指定「2」以上的數值時，傳回值會變成對儲存格範圍參照。選取與傳回值相同大小的儲存格範圍，輸入 OFFSET 函數，然後按下 Ctrl + Shift + Enter 鍵作為陣列公式 (→【01-31】)，會自動在多個儲存格中顯示結果。在此，要從資料表中取出 C2 儲存格指定的列其整列資料。

▶ 從基準儲存格 A7 向下移動○列，並取出該列的所有資料

A4:E4 =OFFSET(A7 ,C2, 0, 1 , 5)

基準　列數　欄數　高度　寬度　[以陣列公式輸入]

A4　{=OFFSET(A7,C2,0,1,5)}

	A	B	C	D	E	F
1	依位置查詢					
2	列　　(部門)		2			
3	查詢結果					
4	第 2 課	6,449,900	7,056,401	7694908	7216100	
5						
6	部門、每季銷售表					
7	部門	第 1 季	第 2 季	第 3 季	第 4 季	
8	第 1 課	8,196,290	7,516,488	6,648,152	8,206,037	
9	第 2 課	6,449,900	7,056,401	7,694,908	7,216,100	
10	第 3 課	5,992,645	6,153,126	5,709,645	6,779,393	

列數

基準

選取 A4 到 E4 儲存格，輸入公式，並按下 Ctrl + Shift + Enter 鍵確定

從 A7 儲存格向下移動 2 列，取出該列共 5 欄的資料

=OFFSET(基準, 列數, 欄數, [高度], [寬度])　→ 07-24

Memo

- 在 Microsoft 365 或 Excel 2021 的版本，只需選取 A4 儲存格，輸入 OFFSET 函數，再按下 Enter 鍵，由於會自動啟動「溢出」功能 (→【01-32】)，結果會自動顯示在 A4 到 E4 儲存格中。
- 也可以用 INDEX 函數來執行相同的操作。請輸入下列公式，或是以陣列公式的形式輸入。

  =INDEX(A8:E10,C2,0)

07-26 查詢指定資料位於資料表的位置<①MATCH 函數>

MATCH

使用 MATCH 函數，可以找出指定資料在指定儲存格範圍中的位置。在此要查詢 B2 儲存格中所輸入的商品名稱在商品清單表中是第幾列 (不含標題列)。

▶ 查詢指定商品名稱在資料表中的位置

B3 =MATCH(B2 ,E3:E7, 0)

搜尋值　搜尋範圍　搜尋方法

B3　=MATCH(B2,E3:E7,0)

	A	B	C	D	E	F	G
1	搜尋位置				商品清單		
2	商品名稱	布丁		商品編號	商品名稱	單價	
3	位置	4	列	B-101	日式便當	$150	
4				B-102	西式便當	$160	
5				B-103	中式便當	$135	
6				D-101	布丁	$50	
7				D-102	杏仁豆腐	$60	
8							

搜尋值

輸入公式

得知「布丁」位於第 4 列

搜尋範圍

=MATCH(搜尋值, 搜尋範圍, [搜尋方法])　查閱與參照

搜尋值…指定要搜尋的值
搜尋範圍…指定 1 欄或 1 列的範圍作為搜尋目標
搜尋方法…用下表的數值指定尋找「搜尋值」的方法

搜尋方法	說明
1	搜尋小於「搜尋值」的最大值。「搜尋範圍」的資料必須以遞增方式排序 (預設)
0	搜尋與「搜尋值」完全相同的值。如果找不到，將傳回 [#N/A]
-1	搜尋大於「搜尋值」的最小值。「搜尋範圍」的資料必須以遞減方式排序

在「搜尋範圍」中搜尋「搜尋值」，傳回找到的第一個儲存格位置。儲存格的位置是從「搜尋範圍」的第一個儲存格為 1 開始計算的數值。搜尋時不會區分英文字母大小寫。

關聯項目 【07-30】查詢指定資料位於資料表的位置<②XMATCH 函數>

07-27 利用商品名稱反查商品編號 <②INDEX 函數＋MATCH 函數>

組合 INDEX 函數和 MATCH 函數，可以執行各種不同資料表的查詢。例如，搜尋右側的欄並取出左側的欄資料，也就是所謂的反向查找。在此，我們將從商品名稱反向查詢商品編號。首先，用 MATCH 函數查詢「中式便當」在「商品名稱」欄中的位置。將得到的結果「3」指定給 INDEX 函數的引數「列編號」，就可以找到「商品編號」欄的第 3 列「B-103」。

▶ 從商品名稱「中式便當」查詢對應的商品編號

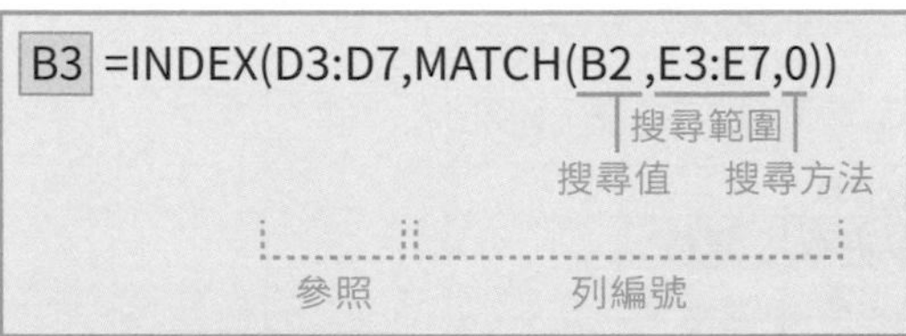

B3 =INDEX(D3:D7,MATCH(B2 ,E3:E7,0))
搜尋範圍
搜尋值
搜尋方法
參照
列編號

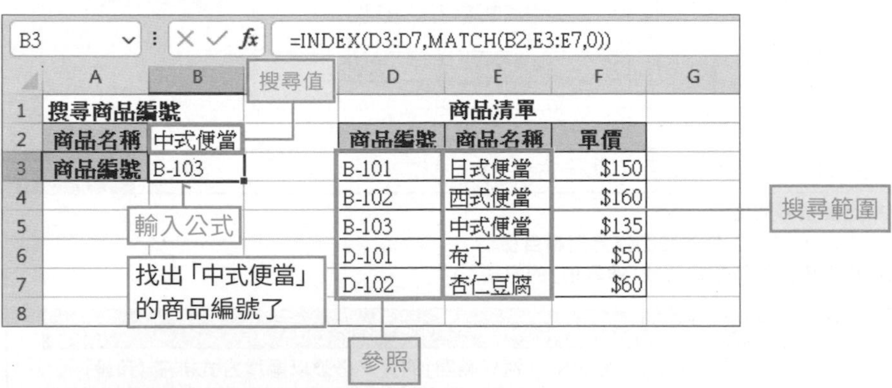

=INDEX(參照, 列編號, [欄編號], [區域編號])	→ 07-23
=MATCH(搜尋值, 搜尋範圍, [搜尋方法])	→ 07-26

關聯項目 【07-15】利用商品名稱反查商品編號<①XLOOKUP 函數>
【07-28】利用資料表的縱向與橫向標題查詢資料<②INDEX 函數 + MATCH 函數>

07-28 利用資料表的縱向與橫向標題查詢資料<②INDEX 函數 + MATCH 函數>

INDEX／MATCH

使用 INDEX 函數和 MATCH 函數的組合技巧，可以從二維表格的列標題和欄標題中查詢交叉位置的資料。在範例中，我們從票價表中查詢票種為「2 Day」和年齡分類為「兒童」的票價。首先，使用 MATCH 函數查詢「2 Day」的列編號和「兒童」的欄編號。將得到的結果「2」列和「3」欄指定為 INDEX 函數的引數「列編號」和「欄編號」，就可以找出「2 Day」的「兒童」票價。

▶ 查詢票券種類 (列標題) 和年齡分類 (欄標題) 的票價

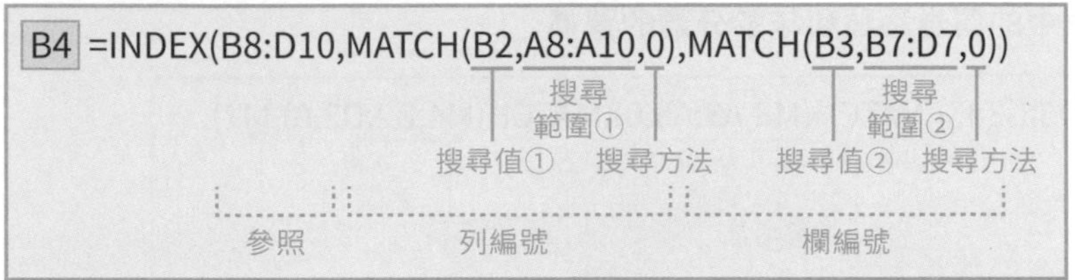

B4 =INDEX(B8:D10,MATCH(B2,A8:A10,0),MATCH(B3,B7:D7,0))

	A	B	C	D
1	搜尋票價			
2	票券種類	2 Day		
3	年齡分類	兒童		
4	票價	1,650		
5				
6	票價表			
7		成人	學生	兒童
8	1 Day	1,800	1,500	1,000
9	2 Day	2,900	2,300	1,650
10	3 Day	3,900	3,100	2,100
11				

搜尋值①　搜尋值②　輸入公式　顯示「2 Day」的「兒童」票價　搜尋範圍②　參照　搜尋範圍①

=INDEX(參照, 列編號, [欄編號], [區域編號]) → 07-23

=MATCH(搜尋值, 搜尋範圍, [搜尋方法]) → 07-26

關聯項目 【07-16】利用資料表的縱向與橫向標題查詢資料<①XLOOKUP 函數>

07-29 切換及取出兩個具有相同縱向與橫向標題的資料表資料

INDEX／MATCH

在 INDEX 函數的「參照」引數中指定多個儲存格範圍，並指定「區域編號」引數，可以從指定編號的儲存格範圍中進行查詢。範例中，如果指定的是「1」，則從「淡季」資料表中查詢票價；如果指定的是「2」，則從「旺季」資料表中查詢票價。在「參照」引數中，淡季和旺季的儲存格範圍用逗號「,」分隔並用括號括起來，指定為「(B3:D5,G3:I5)」。兩個資料表的縱向及橫向標題必須相同。另外，要實際從縱向、橫向標題中取出資料，請參考【07-28】。

▶ 查詢指定資料表中的票券種類和年齡分類的票價

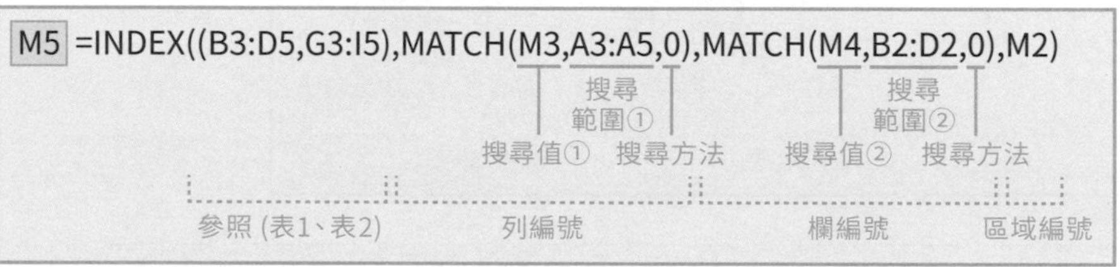

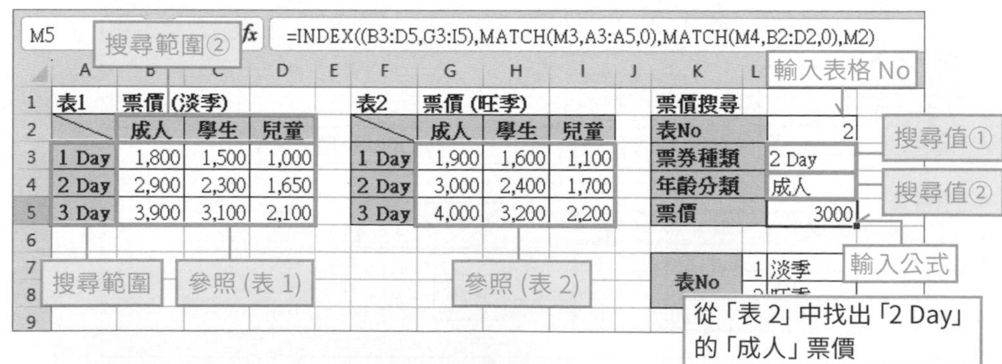

	A	B	C	D	E	F	G	H	I	J	K	L	M
1	表1	票價 (淡季)				表2	票價 (旺季)				票價搜尋		
2		成人	學生	兒童			成人	學生	兒童		表No		2
3	1 Day	1,800	1,500	1,000		1 Day	1,900	1,600	1,100		票券種類		2 Day
4	2 Day	2,900	2,300	1,650		2 Day	3,000	2,400	1,700		年齡分類		成人
5	3 Day	3,900	3,100	2,100		3 Day	4,000	3,200	2,200		票價		3000
6													
7											表No	1	淡季
8												2	旺季
9													

=INDEX(參照, 列編號, [欄編號], [區域編號])	→ 07-23
=MATCH(搜尋值, 搜尋範圍, [搜尋方法])	→ 07-26

關聯項目 【07-11】在多個表格間切換搜尋
【07-28】利用資料表的縱向與橫向標題查詢資料<②INDEX 函數 + MATCH 函數>

07-30 查詢指定資料位於資料表的位置<②XMATCH 函數>

XMATCH

Office 365 與 Excel 2021 增加了強化 MATCH 函數的 XMATCH 函數。和 MATCH 函數一樣，這個函數可以在特定的儲存格範圍內，尋找指定資料的位置。以下將查詢在 B2 儲存格輸入的商品名稱在商品清單中位於何處。與 MATCH 函數不同的是，XMATCH 函數的搜尋預設為「完全符合」，此範例可省略指定「相符模式」引數。

▶ 查詢指定的商品名稱在資料表中的位置

B3 =XMATCH(B2,E3:E7)
搜尋值 搜尋範圍

B3 =XMATCH(B2,E3:E7)

	A	B	C	D	E	F	G
1	搜尋位置				商品清單		
2	商品名稱	布丁		商品編號	商品名稱	單價	
3	位置	4		B-101	日式便當	$150	
4				B-102	西式便當	$160	
5				B-103	中式便當	$135	
6				D-101	布丁	$50	
7				D-102	杏仁豆腐	$60	
8							

搜尋值　輸入公式　搜尋範圍

得知「布丁」位於資料表中的第四列

=XMATCH(搜尋值, 搜尋範圍, [相符模式], [搜尋模式])　[365/2021]　查閱與參照

搜尋值…設定要搜尋的值
搜尋範圍…設定 1 欄或 1 列當作搜尋對象的範圍
相符模式…利用 P.449 表格中的數值設定與哪種狀態相符。如果省略，會進行完全符合搜尋
搜尋模式…利用 P.449 表格中的數值設定搜尋方向。省略時，會從頭開始往末尾搜尋
由「搜尋範圍」尋找「搜尋值」，傳回第一個找到的儲存格位置。不論搜尋方向，儲存格位置都會把「搜尋範圍」的第一個儲存格當作 1 開始計數。英文不區分大小寫。

關聯項目 【07-26】查詢指定資料位於資料表的位置<①MATCH 函數>

07-31 一次取出與資料表縱向、橫向標題相符的資料

INDEX／XMATCH

Office 365 與 Excel 2021 在 XMATCH 函數的引數「搜尋值」設定儲存格範圍，可以一次取出與資料表縱、橫標題相符的資料。以下範例是依照設定，一次取出多人的年齡與出生地資料。

▶ 一次取出多人的年齡與出生地

	A	B	C	D	E	F	G	H	I	J
1	會員名單						節錄會員資料			
2	No	姓名	年齡	性別	出生地		姓名	年齡	出生地	
3	1	田芯姬	28	女	台北市		李美賢			
4	2	李美賢	42	女	彰化縣		賴香伶			
5	3	張翔筌	36	男	南投縣		王安順			
6	4	賴香伶	29	女	屏東縣					
7	5	王安順	51	男	新北市					
8	6	林秋美	32	女	台中市					
9										

從會員名單中取出指定人員的年齡與出生地

H3 =INDEX(C3:E8,XMATCH(G3:G5,B3:B8),XMATCH(H2:I2,C2:E2))

搜尋值① 搜尋範圍① 搜尋值② 搜尋範圍②

參照 列編號 欄編號

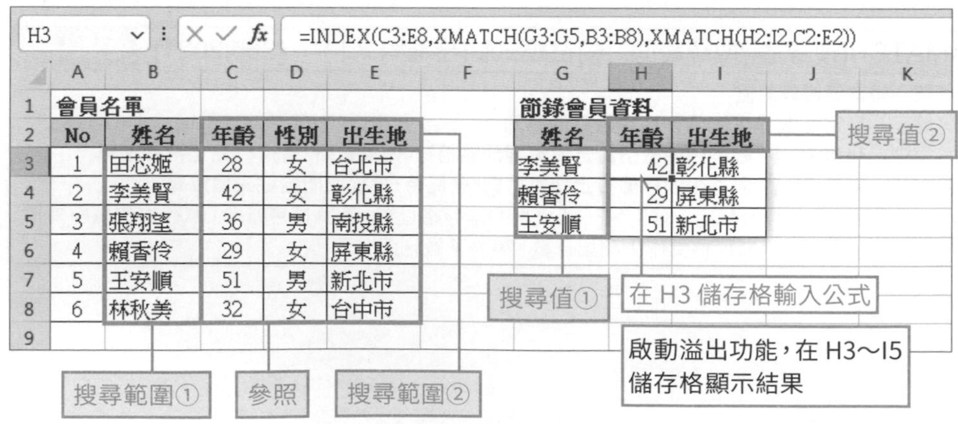

H3
=INDEX(C3:E8,XMATCH(G3:G5,B3:B8),XMATCH(H2:I2,C2:E2))
會員名單
No 姓名 年齡 性別 出生地
1 田芯姬 28 女 台北市
2 李美賢 42 女 彰化縣
3 張翔筌 36 男 南投縣
4 賴香伶 29 女 屏東縣
5 王安順 51 男 新北市
6 林秋美 32 女 台中市
節錄會員資料
姓名 年齡 出生地
李美賢 42 彰化縣
賴香伶 29 屏東縣
王安順 51 新北市
搜尋值②
搜尋值①
在 H3 儲存格輸入公式
啟動溢出功能，在 H3～I5 儲存格顯示結果
搜尋範圍①
參照
搜尋範圍②

=INDEX(參照, 列編號, [欄編號], [區域編號])	→ 07-23
=XMATCH(搜尋值, 搜尋範圍, [相符模式], [搜尋模式])	→ 07-30

Memo

- 在 XMATCH 函數的引數「搜尋值」設定儲存格範圍，進行多項搜尋，就會傳回和「搜尋值」一樣大小的陣列。例如，執行「XMATCH(G3:G5,B3:B8)」，會進行以下三項搜尋。

  ・XMATCH(G3,B3:B8) → 在 B3～B8 儲存格搜尋「李美賢」→ 結果為「2」
  ・XMATCH(G4,B3:B8) → 在 B3～B8 儲存格搜尋「賴香伶」→ 結果為「4」
  ・XMATCH(G5,B3:B8) → 在 B3～B8 儲存格搜尋「王安順」→ 結果為「5」

- 「XMATCH(G3:G5,B3:B8)」的結果是 3 列 1 欄的陣列「{2;4;5}」，這是因為「G3:G5」為 3 列 1 欄。同樣地，「XMATCH(H2:I2,C2:E2)」是在 C2～H2 搜尋「年齡」、「出生地」，結果傳回 1 列 2 欄「 {1,3}」陣列。在【01-30】的 **Memo** 說明過，計算 3 列 1 欄的陣列與 1 列 2 欄的陣列時，會傳回 3 列 2 欄的陣列。因此，依照下圖，在每個溢出的儲存格執行 INDEX 函數。

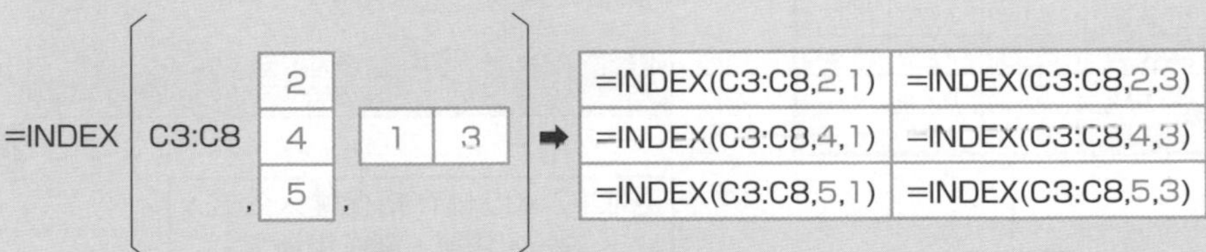

- 在**資料編輯列**分別選取 XMATCH 函數，按下 F9 鍵，可以確認傳回的陣列。確認之後，請按下 Esc 鍵，恢復原來的公式。

  VLOOKUP | =INDEX(C3:E8,{2;4;5},{1,3})

- 在 Excel 2019/2016 使用陣列公式，可以執行相同處理。首先選取 H3～I5 儲存格，輸入以下公式，按下 Ctrl ＋ Shift ＋ Enter 鍵確定。

  =INDEX(C3:E8,MATCH(G3:G5,B3:B8,0),MATCH(H2:I2,C2:E2,0))

  附帶一提，Microsoft 365 與 Excel 2021 只要輸入上述 MATCH 函數的公式，按下 Enter 鍵，就會和 XMATCH 函數一樣，自動溢出。

關聯項目 【01-30】認識陣列公式
【07-28】利用資料表的縱向與橫向標題查詢資料<②INDEX 函數 + MATCH 函數>

07-32 將表格中的欄、列資料互換顯示

TRANSPOSE

想要將表格的欄、列資料互換顯示，可以使用 TRANSPOSE 函數。首先選取資料互換後所要顯示的範圍，再利用陣列公式 (→【01-31】) 的方式輸入。在此，原表格是 5 列 4 欄，所以選取 4 列 5 欄的儲存格範圍，再輸入公式。

▶ 將表格的欄、列資料互換

F2:J5 =TRANSPOSE(A2:D6)
陣列　[以陣列公式輸入]

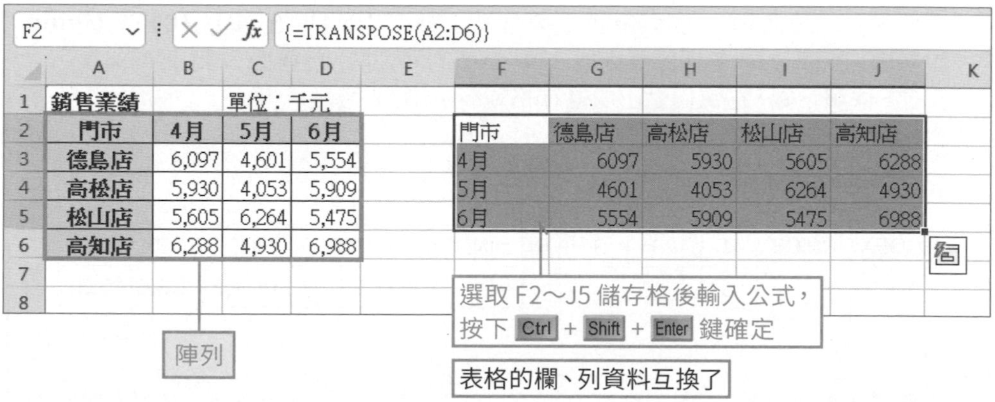

F2　{=TRANSPOSE(A2:D6)}

	A	B	C	D	E	F	G	H	I	J	K
1	銷售業績		單位：千元								
2	門市	4月	5月	6月		門市	德島店	高松店	松山店	高知店	
3	德島店	6,097	4,601	5,554		4月	6097	5930	5605	6288	
4	高松店	5,930	4,053	5,909		5月	4601	4053	6264	4930	
5	松山店	5,605	6,264	5,475		6月	5554	5909	5475	6988	
6	高知店	6,288	4,930	6,988							
7											
8											

陣列

選取 F2～J5 儲存格後輸入公式，按下 Ctrl + Shift + Enter 鍵確定

表格的欄、列資料互換了

=TRANSPOSE(陣列)　查閱與參照

陣列…想要互換列與欄的儲存格範圍，或指定陣列常數
指定的「陣列」將傳回交換列與欄後的陣列。選取要顯示結果的儲存格範圍，以陣列公式或動態陣列公式的方式輸入。如果原本的表格中有空白儲存格，則傳回值中對應的儲存格會顯示「0」。

Memo

- 在 Microsoft 365 和 Excel 2021 中，選取 F2 儲存格並輸入公式，按下 Enter 鍵確定，會啟動溢出功能，自動在 F2～J5 儲存格範圍顯示結果。
- 參考【11-01】，將 F2～J5 儲存格範圍的公式轉換為值，就可以刪除原本的表格。

07-33 將縱向排成一欄的資料分割成多列、多欄

INDEX／SEQUENCE

如果要將橫向或縱向排成一列 (或一欄) 的資料，依序顯示在多列多欄的範圍裡，可以在 INDEX 函數的引數「參照」指定原始資料，在「列編號」指定以 SEQUENCE 函數建立多列多欄的連續數值。以下範例將把縱向排成一欄的 8 個資料顯示在 2 列 4 欄的範圍內。

▶ 將 8 個資料顯示在 2 列 4 欄的範圍裡

D2 =INDEX(B3:B10,SEQUENCE(2,4))
列 欄
參照 列編號

D2 =INDEX(B3:B10,SEQUENCE(2,4))

	A	B	C	D	E	F	G	H
1	研討會參加人員名單			研討會座位表				
2	會員編號	會員姓名		林夏樹	金斗俊	謝依明	李泰誠	
3	2777	林夏樹		何信宇	施鑫藤	黃鎂香	張冠如	
4	1367	金斗俊						
5	2031	謝依明						
6	1372	李泰誠						
7	2729	何信宇						
8	1991	施鑫藤						
9	2735	黃鎂香						
10	2613	張冠如						

在 D2 儲存格輸入公式，按下 Enter 鍵

透過溢出功能，在 2 列 4 欄的範圍內顯示資料

參照

=INDEX(參照, 列編號, [欄編號], [區域編號])	→ 07-23
=SEQUENCE(列, [欄], [起始值], [遞增量])	→ 04-09

Memo

- 資料是以列為單位來排序，第一列是最初的 4 人，第二列是剩下的 4 人。如果想改以欄為單位，要將 SEQUENCE 函數的「列」與「欄」顛倒，並搭配 TRANSPOSE 函數。
  =TRANSPOSE(INDEX(B3:B10,SEQUENCE(4,2)))
- 假設只有 7 個資料，在「參照」設定「B3:B9」，會在第 8 個傳回值顯示「#REF!」錯誤。如果要避免錯誤，請搭配使用 IFERROR 函數。
  =IFERROR(INDEX(B3:B9,SEQUENCE(2,4)),"")

關聯項目 【07-78】將一欄的陣列轉換成多列 × 多欄的陣列

07-34 排序資料表 ＜①SORT 函數＞

SORT

在 Microsoft 365 與 Excel 2021 使用 SORT 函數，可以在其他地方重新排序資料表的資料。以下範例是由高到低，重新排序門市銷售資料的合計值。在引數「陣列」設定銷售資料的儲存格範圍，在「排序索引」設定合計值的欄編號「5」，在「順序」設定顯示為遞減的「-1」。在第一個儲存格輸入 SORT 函數，會自動溢出並顯示重新排序的結果。

▶ 遞減排序門市銷售資料的合計值

ISNUMBER　=SORT(A3:E6,5,-1)

	A	B	C	D	E	F	G	H	I	J	K
1	4月銷售表				(萬元)		4月銷售表				(萬元)
2	門市	服飾	雜貨	食品	合計		門市	服飾	雜貨	食品	合計
3	朝陽門市	868	1,951	1,923	4,742		=SORT(A3:E6,5,-1)				
4	中山門市	1,031	1,687	886	3,604						
5	中正門市	1,236	1,806	1,500	4,542						
6	南門門市	1,738	1,586	2,055	5,379						
7											

陣列
① ② ③ ④ ⑤ 排序索引
在 G3 儲存格輸入公式，按下 Enter 鍵

G4　=SORT(A3:E6,5,-1)

	A	B	C	D	E	F	G	H	I	J	K
1	4月銷售表				(萬元)		4月銷售表				(萬元)
2	門市	服飾	雜貨	食品	合計		門市	服飾	雜貨	食品	合計
3	朝陽門市	868	1,951	1,923	4,742		南門門市	1,738	1,586	2,055	5,379
4	中山門市	1,031	1,687	886	3,604		朝陽門市	868	1,951	1,923	4,742
5	中正門市	1,236	1,806	1,500	4,542		中正門市	1,236	1,806	1,500	4,542
6	南門門市	1,738	1,586	2,055	5,379		中山門市	1,031	1,687	886	3,604
7											

自動溢出公式　遞減排序銷售資料的合計

=SORT(陣列, [排序索引], [順序], [方向]) [365/2021] 查閱與參照

陣列…設定要排序的範圍或陣列
排序索引…設定當作排序基準的欄編號或列編號，預設值為「1」
順序…遞增排序設為「1」(預設值)，遞減排序設為「-1」
方向…以列為排序方向時，設為「FALSE」(預設值)，以欄為排序方向時，設定「TRUE」
根據設定條件排序「陣列」。如果引數中只設定了「陣列」，會以「陣列」的第一欄為基準，依列單位遞增排序。以動態陣列公式輸入函數。

Memo

- 傳回值不會反映原儲存格的顯示格式。所以請在範例的 H3～K6 儲存格，事先設定千分位樣式。
- 排序日期及時間資料時，傳回值會顯示為序列值。請在傳回值的儲存格內設定適當的日期及時間顯示格式。
- 使用 SORT 函數與 SORTBY 函數 (→【**07-35**】) 排序，沒有區分大小寫。此外，排序日文的漢字資料時，會依照字元碼而不是假名讀音排序。如果想改以假名排序，在原本的資料表建立作業欄，使用 PHONETIC 函數 (→【**06-59**】) 取出假名，再以該欄為基準來排序。
- SORT 函數只能設定一個排序基準。如果想以多欄為基準來排序，要將 SORT 函數變成巢狀結構，請參考【**07-36**】的 **Memo** 說明。
- 這個範例以列為單位來排序，所以能省略 SORT 函數的引數「方向」。如果以欄為單位排序，要將「方向」設為「TRUE」。下圖是在 G2 儲存格輸入 SORT 函數，以銷售表最後一列的合計值為基準，以欄為單位排序。

G2 =SORT(B2:D7,6,-1,TRUE)

	A	B	C	D	E	F	G	H	I	J
1	4月銷售表			(萬元)		4月銷售表			(萬元)	
2	門市	服飾	雜貨	食品	①	門市	雜貨	食品	服飾	
3	朝陽門市	868	1,951	1,923	②	朝陽門市	1,951	1,923	868	
4	中山門市	1,031	1,687	886	③	中山門市	1,687	886	1,031	
5	中正門市	1,236	1,806	1,500	④	中正門市	1,806	1,500	1,236	
6	南門門市	1,738	1,586	2,055	⑤	南門門市	1,586	2,055	1,738	
7	合計	4,873	7,030	6,364	⑥	合計	7,030	6,364	4,873	

陣列

排序索引

=SORT(B2:D7,6,-1,TRUE)

依照雜貨、食品、服飾的順序排序

關聯項目 【07-35】排序資料表＜②SORTBY 函數＞

排序資料表 <②SORTBY 函數>

SORTBY

可以排序資料的函數還包括 SORTBY 函數。SORT函數是以欄編號或列編號設定排序基準，而 SORTBY 函數的特色是直接設定儲存格範圍。以下範例和【07-34】一樣，遞減排序門市銷售資料的合計值。比較公式就能輕易瞭解 SORT 函數與 SORTBY 函數的差異。

▶ **遞減排序門市銷售資料的合計值**

G3 =SORTBY(A3:E6,E3:E6,-1)

陣列 基準 1 順序 1

ISNUMBER =SORTBY(A3:E6,E3:E6,-1)

	A	B	C	D	E	F	G	H	I	J	K	L
1	4月銷售表				(萬元)		4月銷售表				(萬元)	
2	門市	服飾	雜貨	食品	合計		門市	服飾	雜貨	食品	合計	
3	朝陽門市	868	1,951	1,923	4,742		=SORTBY(A3:E6,E3:E6,-1)					
4	中山門市	1,031	1,687	886	3,604							
5	中正門市	1,236	1,806	1,500	4,542							
6	南門門市	1,738	1,586	2,055	5,379							
7												

在 G3 儲存格輸入公式，按下 Enter 鍵確定

陣列 基準 1

G4 =SORTBY(A3:E6,E3:E6,-1)

	A	B	C	D	E	F	G	H	I	J	K	L
1	4月銷售表				(萬元)		4月銷售表				(萬元)	
2	門市	服飾	雜貨	食品	合計		門市	服飾	雜貨	食品	合計	
3	朝陽門市	868	1,951	1,923	4,742		南門門市	1,738	1,586	2,055	5,379	
4	中山門市	1,031	1,687	886	3,604		朝陽門市	868	1,951	1,923	4,742	
5	中正門市	1,236	1,806	1,500	4,542		中正門市	1,236	1,806	1,500	4,542	
6	南門門市	1,738	1,586	2,055	5,379		中山門市	1,031	1,687	886	3,604	
7												

公式自動溢出 顯示遞減排序銷售資料的合計

=SORTBY(陣列, 基準 1, [順序 1], [基準 2, 順序 2]…) [365/2021] 查閱與參照

陣列…設定要排序的儲存格範圍或陣列
基準…設定當作排序基準的儲存格範圍或陣列
順序…遞增設為「1」(預設值)，遞減設為「-1」
以指定條件排序「陣列」。如果要設定多個條件，要同時設定引數「基準」與「順序」。以動態陣列公式輸入函數。

Memo

- 傳回值不會反映原儲存格的顯示格式。這個範例的 H3～K6 儲存格已經先設定了千分位樣式。
- 排序日期及時間資料時，傳回值會顯示為序列值。請在傳回值的儲存格內設定適當的日期及時間顯示格式。
- 如果將引數「基準」設為一欄的儲存格範圍，會以列為單位排序，若設定為一列的儲存格範圍，會以欄為單位排序。
- 使用 SORT 函數 (→**【07-34】**) 與 SORTBY 函數排序，沒有區分大小寫。此外，排序日文漢字資料時，會依照字元碼而不是假名讀音排序。如果想改以假名排序，請在原本的資料表建立作業欄，使用 PHONETIC 函數 (→**【06-59】**) 取出假名，再以該欄為基準來排序。
- 使用 SORTBY 函數排序，也可以在引數「基準」設定「陣列」以外的資料。下圖是以 D 欄顯示的假名為基準排序 A2～C6 儲存格的資料。

	A	B	C	D	E	F	G	H
1	No	會員姓名	等級			No	會員姓名	等級
2	1	成登	A	ナリト		3	大崎	C
3	2	日比野	B	ヒビノ		5	木下	A
4	3	大崎	C	オオサキ		1	成登	A
5	4	水戸	B	ミト		2	日比野	B
6	5	木下	A	キノシタ		4	水戸	B

關聯項目 【07-34】 排序資料表＜①SORT 函數＞

07-36 一次排序多個欄位

SORTBY

SORTBY 函數可以透過設定多個引數「基準」與「順序」的組合，以多欄為基準，輕鬆排序資料表。這個範例是遞增排序名單，在同一等級中，遞減排序年齡。這裡的關鍵是，先設定優先順序較高的「等級、遞增」，再設定「年齡、遞減」。

▶ 遞增排序名單的等級，遞減排序年齡

```
F2 =SORTBY(A2:D8,C2:C8,1,D2:D8,-1)
```

陣列：A2:D8　基準 1：C2:C8　順序 1：1　基準 2：D2:D8　順序 2：-1

F2　=SORTBY(A2:D8,C2:C8,1,D2:D8,-1)

	A	B	C	D	E	F	G	H	I	J
1	No	會員姓名	等級	年齡		No	會員姓名	等級	年齡	
2	1	林夏樹	A	45		1	林夏樹	A	45	
3	2	金斗俊	B	29		5	何信宇	A	24	
4	3	謝依明	C	53		6	施鑫藤	B	40	
5	4	李泰誠	B	38		4	李泰誠	B	38	
6	5	何信宇	A	24		2	金斗俊	B	29	
7	6	施鑫藤	B	40		3	謝依明	C	53	
8	7	黃鎂香	C	33		7	黃鎂香	C	33	
9										

陣列　基準 1　基準 2　輸入公式　遞增等級，在同一等級中，遞減排序年齡

=SORTBY(陣列, 基準 1, [順序 1], [基準 2, 順序 2]…) → 07-35

Memo

- 如果要使用 SORT 函數進行和範例一樣的排序，要使用兩個巢狀 SORT 函數，在外側的 SORT 函數設定優先順序高的排序。
  =SORT(SORT(A2:D8,4,-1),3,1)

關聯項目 【07-35】排序資料表<②SORTBY 函數>
【07-39】同時排序列與欄

07-37 設定欄的排序

SORTBY

原本依照「會員姓名」、「等級」、「年齡」排序的資料表，若想將「等級」欄與「會員姓名」欄對調，顯示成「等級」、「會員姓名」、「年齡」，可以在SORTBY函數的引數「基準」設定陣列常數。這裡希望「會員姓名」排在第二欄，「等級」排在第一欄，「年齡」排在第三欄，所以設定成「{2,1,3}」。此範例在排序時，也將欄標題包含在內。

▶ 依照「等級」、「會員姓名」、「年齡」排序名單的欄位

F1 =SORTBY(B1:D8,{2,1,3})
陣列　基準 1

F1 =SORTBY(B1:D8,{2,1,3})

	A	B	C	D	E	F	G	H	I
1	No	會員姓名	等級	年齡		等級	會員姓名	年齡	
2	1	林夏樹	A	45		A		45	
3	2	金斗俊	B	29		B	金斗俊	29	
4	3	謝依明	C	53		C	謝依明	53	
5	4	李泰誠	B	38		B	李泰誠	38	
6	5	何信宇	A	24		A	何信宇	24	
7	6	施鑫籐	B	40		B	施鑫籐	40	
8	7	黃鎂香	C	33		C	黃鎂香	33	
9									

(Ctrl)

②①③ 基準 1　陣列　輸入公式　依照「等級」、「會員姓名」、「年齡」的順序排序

=SORTBY(陣列, 基準 1, [順序 1], [基準 2, 順序 2]…)　→ 07-35

Memo

- 在引數「基準」設定用分號「;」區隔的陣列常數，就會以列為單位排序，以逗號「,」分隔陣列常數，會以欄為單位排序。這個範例是以欄為單位排序，所以用逗號分隔陣列常數。

關聯項目【07-38】依輸入的欄標題排序各欄

07-38 依輸入的欄標題排序各欄

SORTBY／XMATCH

如果想在新的儲存格先輸入欄標題，並以欄標題的順序排列資料，可以使用 SORTBY 函數與 XMATCH 函數。使用 XMATCH 函數，根據原始欄標題與新的欄標題建立各欄的排列順序，接著再設定在 SORTBY 函數的引數「基準 1」。

▶ 按照欄標題排序各欄

F2 =SORTBY(B2:D8,XMATCH(B1:D1,F1:H1))

陣列：B2:D8　基準 1：XMATCH(B1:D1,F1:H1)　搜尋值：B1:D1　搜尋範圍：F1:H1

F2 =SORTBY(B2:D8,XMATCH(B1:D1,F1:H1))

	A	B	C	D	E	F	G	H
1	No	會員姓名	等級	年齡		等級	會員姓名	年齡
2	1	林夏樹	A	45		A	林夏樹	45
3	2	金斗俊	B	29		B	金斗俊	29
4	3	謝依明	C	53		C	謝依明	53
5	4	李泰誠	B	38		B	李泰誠	38
6	5	何信宇	A	24		A	何信宇	24
7	6	施鑫藤	B	40		B	施鑫藤	40
8	7	黃鎂香	C	33		C	黃鎂香	33

在 F1～H1 儲存格輸入欄標題

按照輸入的欄標題排序各欄

陣列　基準 1　輸入公式

=SORTBY(陣列, 基準 1, [順序 1], [基準 2, 順序 2]…) → 07-35

=XMATCH(搜尋值, 搜尋範圍, [相符模式], [搜尋模式]) → 07-30

Memo

- 「XMATCH(B1,F1:H1)」的結果是「2」，「XMATCH(C1,F1:H1)」的結果是「1」，「XMATCH(D1,F1:H1)」的結果是「3」，所以「XMATCH(B1:D1,F1:H1)」的結果是「{2,1,3}」陣列。此陣列的意義請參考【07-37】的說明。
- 在**資料編輯列**選取「XMATCH(B1:D1,F1:H1)」，按下 F9 鍵，可以確認「{2,1,3}」陣列常數，確認完畢再按下 Esc 鍵。

關聯項目 【07-39】同時排序列與欄
【07-74】從已經輸入標題的位置取出其他資料表的指定欄

07-39 同時排序列與欄

SORTBY／XMATCH

將 SORTBY 函數變成巢狀結構，能同時以欄、列為單位排序資料。這個範例利用內側的 SORTBY 函數，按照等級，以列為單位排序。再利用外側的 SORTBY 函數，依照已經先輸入的欄標題，以欄為單位排序。關於按照欄標題排序的方法請參考【07-38】的說明。

▶ 按照等級 (列單位) 與欄標題 (欄單位) 排序名單

F2 =SORTBY(SORTBY(B2:D8,C2:C8),XMATCH(B1:D1,F1:H1))

陣列① 基準 1①

陣列② 基準 1②

F2 =SORTBY(SORTBY(B2:D8,C2:C8),XMATCH(B1:D1,F1:H1))

	A	B	C	D	E	F	G	H	I	J
1	No	會員姓名	等級	年齡		等級	會員姓名	年齡		
2	1	林夏樹	A	45		A	林夏樹	45		
3	2	金斗俊	B	29		A	何信宇	24		
4	3	謝依明	C	53		B	金斗俊	29		
5	4	李泰誠	B	38		B	李泰誠	38		
6	5	何信宇	A	24		B	施鑫藤	40		
7	6	施鑫藤	B	40		C	謝依明	53		
8	7	黃鎂香	C	33		C	黃鎂香	33		
9										

先輸入欄標題

陣列① 基準1① 基準1② 輸入公式

按照等級遞增排序各列，按照輸入的欄標題排序各欄

=SORTBY(陣列, 基準 1, [順序 1], [基準 2, 順序 2]…) → 07-35

關聯項目 【07-35】排序資料表<②SORTBY 函數>
【07-38】依輸入的欄標題排序各欄

07-40 從資料表取出符合條件的資料

FILTER

使用 FILTER 函數可以保持原始資料表，將符合條件的資料擷取至其他儲存格。在引數「陣列」設定要擷取的儲存格範圍，在「條件」設定要擷取的條件，在「找不到時」設定沒有符合條件的資料時，要顯示的值。

這個範例是擷取會員名單的「等級」欄 C4～C8 儲存格值為「A」的資料。假設擷取條件「A」已經輸入到 F1 儲存格。引數條件為「C4:C8=F1」。

▶ 取出等級與 F1 儲存格的值「A」一致的資料

F4 =FILTER(A4:D8,C4:C8=F1,"不符合")
陣列　條件　找不到時

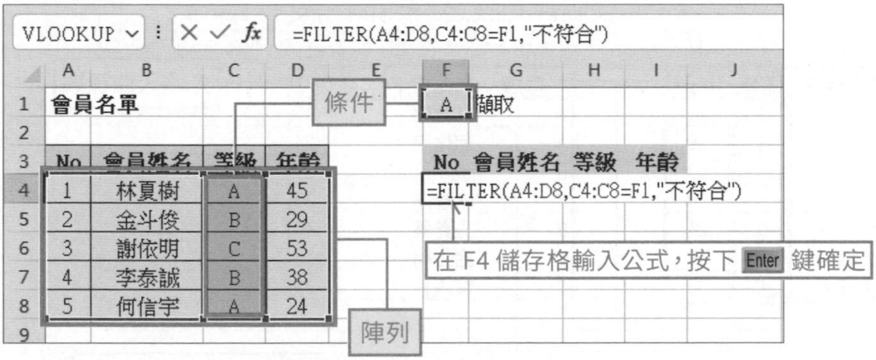

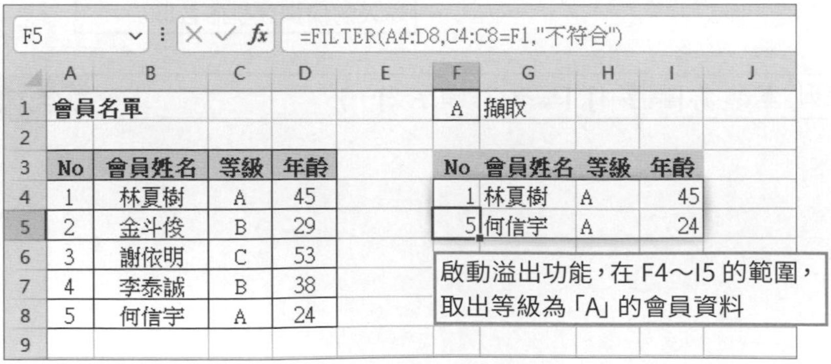

=FILTER(A4:D8,C4:C8=F1,"不符合")

	A	B	C	D	E	F	G	H	I
1	會員名單					A	擷取		
2									
3	No	會員姓名	等級	年齡		No	會員姓名	等級	年齡
4	1	林夏樹	A	45		=FILTER(A4:D8,C4:C8=F1,"不符合")			
5	2	金斗俊	B	29					
6	3	謝依明	C	53					
7	4	李泰誠	B	38					
8	5	何信宇	A	24					

條件　陣列

在 F4 儲存格輸入公式，按下 Enter 鍵確定

=FILTER(A4:D8,C4:C8=F1,"不符合")

	A	B	C	D	E	F	G	H	I
1	會員名單					A	擷取		
2									
3	No	會員姓名	等級	年齡		No	會員姓名	等級	年齡
4	1	林夏樹	A	45		1	林夏樹	A	45
5	2	金斗俊	B	29		5	何信宇	A	24
6	3	謝依明	C	53					
7	4	李泰誠	B	38					
8	5	何信宇	A	24					

啟動溢出功能，在 F4～I5 的範圍，取出等級為「A」的會員資料

=FILTER(陣列, 條件, [找不到時]) [365/2021] 查閱與參照

陣列…設定要擷取的儲存格範圍或陣列
條件…以「陣列」的列數與欄數一致的陣列設定擷取條件。陣列的元素是邏輯值或「1、0」
找不到時…設定擷取結果不存在時的值。如果省略，會顯示錯誤值「#CALC!」
從「陣列」取出與「條件」一致的資料。如果沒有符合的資料，就會顯示在「找不到時」設定的值。以動態陣列公式輸入函數。

Memo

- 如果要取出列，在引數「條件」設定列數，若要取出欄，則設定欄數的邏輯值或由「1、0」形成的陣列。假設要取出 4 列資料表的第 1 列與第 3 列，可以設定成「{TRUE;FALSE;TRUE;FALSE}」或「{1;0;1;0}」。
- 如果要確認引數「條件」的設定是否正確，可以在空白儲存格輸入「=條件」。這個範例是從 5 列的資料表中取出各列，應該會顯示由「TRUE、FALSE」形成的 5 列 1 欄的陣列。只要在「等級」欄輸入「A」的第 1 列與第 5 列為「TRUE」，其他為「FALSE」即可。

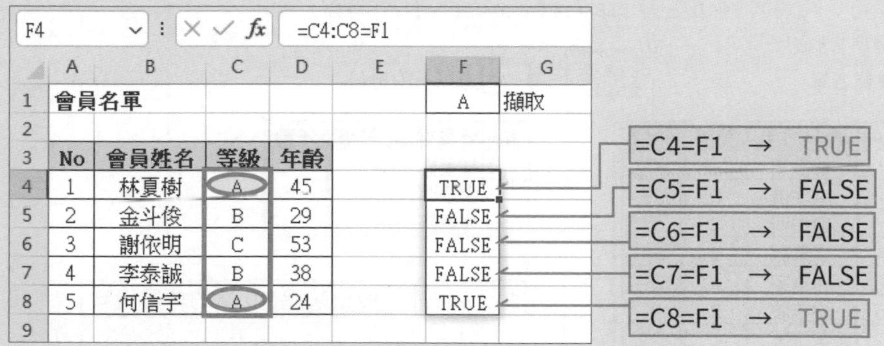
F4 =C4:C8=F1

	A	B	C	D	E	F	G
1	會員名單					A	擷取
2							
3	No	會員姓名	等級	年齡			
4	1	林夏樹	A	45		TRUE	
5	2	金斗俊	B	29		FALSE	
6	3	謝依明	C	53		FALSE	
7	4	李泰誠	B	38		FALSE	
8	5	何信宇	A	24		TRUE	
9							

- FILTER 函數溢出的儲存格範圍會根據擷取條件自動變化。假設在擷取條件的 F1 儲存格輸入「C」，會溢出一列儲存格範圍。如果輸入了「等級」以外的值，會在輸入 FILTER 函數的 F4 儲存格顯示「不符合」。

F	G	H	I	J
C	擷取			
No	會員姓名	等級	年齡	
3	謝依明	C	53	

F	G	H	I	J
Z	擷取			
No	會員姓名	等級	年齡	
不符合				

- 擷取結果的列數會隨著設定條件而改變，參考【11-28】的說明，使用條件式格式，可以只在擷取出資料的列數顯示框線。

關聯項目 【07-44】設定多個條件擷取資料表的資料

07-41 設定數值範圍取出資料表的資料

FILTER

如果要在 FILTER 函數的引數「條件」設定數值範圍，要使用「>」、「>=」等比較運算子。例如從範例的會員名單中，取出年齡 (D4～D10 儲存格) 為 40 歲以上的會員資料，可以設定成「D4:D10>=40」。在此已經在 F1 儲存格輸入條件「40」，以建立公式。

▶ **從資料表中取出年齡超過 40 歲 (F1 儲存格) 的會員資料**

F4 =FILTER(A4:D10,D4:D10>=F1,"不符合")
陣列 條件 找不到時

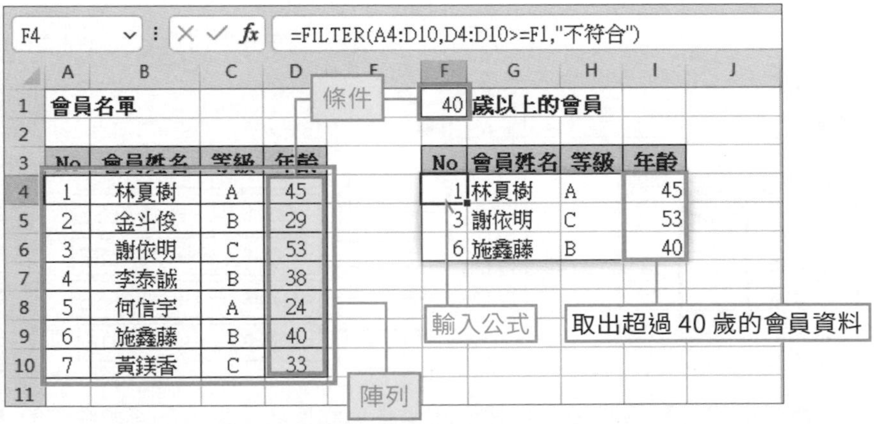

F4 =FILTER(A4:D10,D4:D10>=F1,"不符合")

	A	B	C	D	E	F	G	H	I	J
1	會員名單					40	歲以上的會員			
2										
3	No	會員姓名	等級	年齡		No	會員姓名	等級	年齡	
4	1	林夏樹	A	45		1	林夏樹	A	45	
5	2	金斗俊	B	29		3	謝依明	C	53	
6	3	謝依明	C	53		6	施鑫藤	B	40	
7	4	李泰誠	B	38						
8	5	何信宇	A	24						
9	6	施鑫藤	B	40						
10	7	黃鎂香	C	33						
11										

條件
陣列
輸入公式
取出超過 40 歲的會員資料

=FILTER(陣列, 條件, [找不到時])

→ 07-40

Memo

- 在**資料編輯列**選取引數「條件」的部分，按下 F9 鍵，可以確認當作條件的陣列。確認之後，按下 Esc 鍵，即可恢復成原公式。

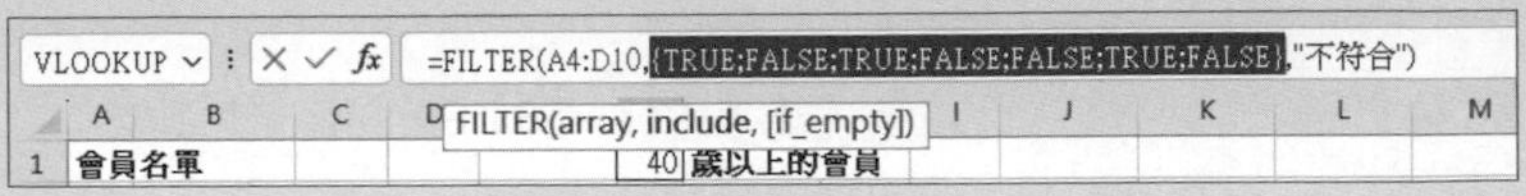

VLOOKUP =FILTER(A4:D10,{TRUE;FALSE;TRUE;FALSE;FALSE;TRUE;FALSE},"不符合")
FILTER(array, include, [if_empty])
1 會員名單 40 歲以上的會員

關聯項目 【07-42】取出輸入指定日期的資料
【07-43】取出包含指定字串的資料

07-42 取出輸入指定日期的資料

FILTER／DATE

使用 FILTER 函數取出「2022/5/10」的資料時，即使在「條件」設定「儲存格範圍="2022/5/10"」，也不會將「"2022/5/10"」視為日期。如果要取出正確的資料，要使用 DATE 函數，設定「儲存格範圍=DATE(2022,5,10)」。此外，FILTER 函數會傳回序列值，請自行將取出結果設定成適合的顯示格式。

▶ 取出「2022/5/10」的資料

E4 =FILTER(A4:C8,B4:B8=DATE(2022,5,10),"")

陣列　條件　找不到時

E4　=FILTER(A4:C8,B4:B8=DATE(2022,5,10),"")

	A	B	C	D	E	F	G	H
1	訂單資料				「2022/05/10」的資料			
2								
3	訂單No	訂單日期	訂單金額		訂單No	訂單日期	訂單金額	
4	1001	2022/4/14	2,923,000		1003	2022/5/10	2,786,000	
5	1002	2022/4/23	1,399,000		1004	2022/5/10	2,611,000	
6	1003	2022/5/10	2,786,000					
7	1004	2022/5/10	2,611,000					
8	1005	2022/6/13	2,296,000					
9								

條件　陣列　輸入公式　設定成適合的顯示格式

=FILTER(陣列, 條件, [找不到時]) → 07-40

=DATE(年, 月, 日) → 05-11

Memo

- 如果儲存格內已經輸入了條件日期，就不需要 DATE 函數。例如，在 E1 儲存格輸入了條件日期，公式如下所示。
  =FILTER(A4:C8,B4:B8=E1,"")
- 想以「4 月的日期」為條件取出資料時，請按照以下方式組合 FILTER 函數與 MONTH 函數。
  =FILTER(A4:C8,MONTH(B4:B8)=4,"")

關聯項目 【07-41】設定數值範圍取出資料表的資料
【07-43】取出包含指定字串的資料

07-43 取出包含指定字串的資料

FILTER／IFERROR／FIND

如果要使用 FILTER 函數，以「包含〇〇」為條件取出資料，必須搭配 FIND 函數，查詢字串中的特定字串是第幾個字。以下範例要取出地址裡包含「區」的資料，使用 FIND 函數查詢「區」是第幾個字，如果傳回值大於「0」，可以判斷包含「區」字。若不包含「區」字，FIND 函數會出現錯誤，因此使用 IFERROR 函數，在發生錯誤時傳回「0」。

▶ **取出地址包含「區」字的資料**

E4 =FILTER(A4:C8,IFERROR(FIND(E1,C4:C8)>0,0),"")
陣列　條件　找不到時

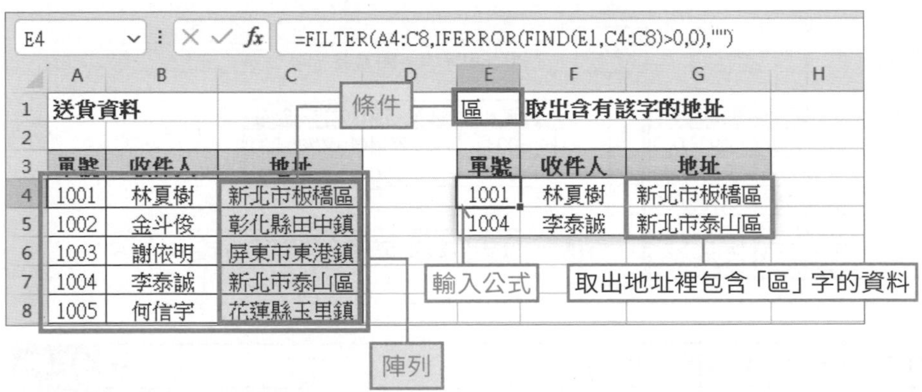

=FILTER(陣列, 條件, [找不到時]) → 07-40
=IFERROR(值, 錯誤時的值) → 03-31
=FIND(搜尋字串, 目標, [開始位置]) → 06-14

Memo

- 如果想使用萬用字元，可以利用 SERACH 函數。例如要取出「新北市〇〇區」，請輸入以下公式。
  =FILTER(A4:C8,IFERROR(SEARCH("新北市*區",C4:C8)>0,0),"")

關聯項目 【07-41】設定數值範圍取出資料表的資料
【07-42】取出輸入指定日期的資料

07-44 設定多個條件擷取資料表的資料

FILTER

使用 FILTER 函數也可以設定多個條件。如果要設定 AND 條件，例如「條件 A 且條件 B」，要以「*」連接多個條件。若要設定 OR 條件，例如「條件 A 或條件 B」，必須以「+」連接多個條件。以下將以「等級 B 且 30 歲以上」為條件，從會員名單中取出資料。

▶ 取出「等級 B 且 30 歲以上」的會員資料

F5 =FILTER(A4:D10,(C4:C10=F1)*(D4:D10>=F2),"")
陣列　條件　找不到時

F5 =FILTER(A4:D10,(C4:C10=F1)*(D4:D10>=F2),"")

	A	B	C	D	E	F	G	H	I
1	會員名單					B	等級		
2						30	歲以上		
3	No	會員姓名	等級	年齡					
4	1	林夏樹	A	45		No	會員姓名	等級	年齡
5	2	金斗俊	B	29		4	李泰誠	B	38
6	3	謝依明	C	53		6	施鑫藤	B	40
7	4	李泰誠	B	38					
8	5	何信宇	A	24					
9	6	施鑫藤	B	40					
10	7	黃鎂香	C	33					
11									

條件 A　條件 B　輸入公式　取出等級 B 且 30 歲以上的資料　陣列

=FILTER(陣列, 條件, [找不到時])　→ 07-40

Memo

- 以下公式是取出「20 歲以上不到 40 歲」的資料。
  =FILTER(A4:D10,(D4:D10>=20)*(D4:D10<40),"")
- 以下公式是取出「等級為 A 或 B」的資料。
  =FILTER(A4:D10,(C4:C10="A")+(C4:C10="B"),"")

關聯項目【07-40】從資料表取出符合條件的資料

07-45 從資料表中取出指定欄

FILTER／COUNTIF

在 FILTER 函數的引數「條件」設定一列陣列時，可以取出指定欄。這個範例是在會員名單中，取出欄標題為「會員姓名」、「年齡」的欄，取出條件是「COUNTIF(F3:G3,A3:D3)」。

▶ 從資料表取出「會員姓名」與「年齡」欄

F4 =FILTER(A4:D10,COUNTIF(F3:G3,A3:D3))
陣列 條件

F4 =FILTER(A4:D10,COUNTIF(F3:G3,A3:D3))

	A	B	C	D	E	F	G	H
1	會員名單					會員年齡清單		
2								
3	No	會員姓名	等級	年齡		會員姓名	年齡	
4	1	林夏樹	A	45		林夏樹	45	
5	2	金斗俊	B	29		金斗俊	29	
6	3	謝依明	C	53		謝依明	53	
7	4	李泰誠	B	38		李泰誠	38	
8	5	何信宇	A	24		何信宇	24	
9	6	施鑫藤	B	40		施鑫藤	40	
10	7	黃鎂香	C	33		黃鎂香	33	

條件

陣列

先在 F3～G3 儲存格輸入欄標題

輸入公式

取出指定欄標題的那一欄

=FILTER(陣列, 條件, [找不到時]) → 07-40

=COUNTIF(條件範圍, 條件) → 02-30

Memo

- 在引數「條件」設定以分號「;」區隔的陣列，會取出列，設定以逗號「,」分隔的陣列，會取出欄。
- 「COUNTIF(F3:G3,A3:D3)」會傳回「{0,1,0,1}」的陣列，所以從資料表中取出第 2 欄與第 4 欄。

關聯項目 【01-05】從「插入函數」交談窗中輸入函數
【07-38】依輸入的欄標題排序各欄
【07-74】從已經輸入標題的位置取出其他資料表的指定欄

07-46 從資料表中取出指定欄與符合條件的列

FILTER

如果要同時取出資料表的列與欄，可以使用巢狀結構的 FILTER 函數。以下將取出 40 歲以上的會員「No」、「會員姓名」、「年齡」。使用內側的 FILTER 函數取出第 1、2、4 欄，使用外側的 FILTER 函數取出 40 歲以上的資料。年齡 (D4～D10 儲存格) 為 40 歲 (F1 儲存格) 以上的條件顯示為「D4:D10>=F1」。

▶ 取出 40 歲以上的會員「No」、「會員姓名」、「年齡」

F4 =FILTER(FILTER(A4:D10,{1,1,0,1}),D4:D10>=F1,"")

陣列① 條件①
陣列② 條件② 找不到時

F4 =FILTER(FILTER(A4:D10,{1,1,0,1}),D4:D10>=F1,"")

	A	B	C	D	E	F	G	H	I
1	會員名單					40	歲以上的會員		
2									
3	No	會員姓名	等級	年齡		No	會員姓名	年齡	
4	1	林夏樹	A	45		1	林夏樹	45	
5	2	金斗俊	B	29		3	謝依明	53	
6	3	謝依明	C	53		6	施鑫藤	40	
7	4	李泰誠	B	38					
8	5	何信宇	A	24					
9	6	施鑫藤	B	40					
10	7	黃鎂香	C	33					
11	1	1	0	1					

陣列　條件②　條件①
輸入公式
取出 40 歲以上的會員「No」、「會員姓名」、「年齡」

=FILTER(陣列, 條件, [找不到時]) → 07-40

Memo

- 也可以設定 COUNTIF 函數，取代「{1,1,0,1}」當作欄的條件。
  =FILTER(FILTER(A4:D10,COUNTIF(F3:H3,A3:D3)),D4:D10>=F1,"")

關聯項目【07-45】從資料表中取出指定欄

07-47 排序取出的資料

SORT／FILTER

如果要排序以 FILTER 函數取出的結果，要使用巢狀 SORT 函數與 FILTER 函數。以下範例將從會員名單中，取出等級為「B」(F1 儲存格) 的資料，並遞增排序年齡。

▶ 將等級 B 的會員資料依照年齡遞增排序

F4 =SORT(FILTER(A4:D10,C4:C10=F1),4)

陣列①　條件

陣列②　排序索引

F4　=SORT(FILTER(A4:D10,C4:C10=F1),4)

	A	B	C	D	E	F	G	H	I	J
1	會員名單					B	等級的會員			
2										
3	No	會員姓名	等級	年齡		No	會員姓名	等級	年齡	
4	1	林夏樹	A	45		2	金斗俊	B	29	
5	2	金斗俊	B	29		4	李泰誠	B	38	
6	3	謝依明	C	53		6	施鑫藤	B	40	
7	4	李泰誠	B	38						
8	5	何信宇	A	24						
9	6	施鑫藤	B	40						
10	7	黃鎂香	C	33						

條件

輸入公式

顯示以遞增排序年齡且等級為「B」的會員

陣列①

① ② ③ ④

排序索引

=SORT(陣列, [排序索引], [順序], [方向])　→ 07-34

=FILTER(陣列, 條件, [找不到時])　→ 07-40

Memo

- 如果沒有符合條件的資料，即使在 FILTER 函數的引數「找不到時」設定「" "」，也會因為第 4 欄沒有排序，導致 SORT 函數出現錯誤。搭配 IFERROR 函數，可以避免錯誤，或在引數「找不到時」，設定由 1 列 4 欄空白字元形成的陣列常數「{"","","",""}」。

關聯項目【07-38】依輸入的欄標題排序各欄

07-48 讓取出結果的儲存格內維持空白狀態不顯示「0」

FILTER／IF

如果原始資料表內有空白儲存格，使用 FILTER 函數取出的結果會顯示為「0」。搭配 IF 函數，將空白儲存格取代為「""」再取出資料，就可以維持空白儲存格的狀態 (實際上非完全空白，而是輸入「""」的狀態)。

▶ 將取出的結果顯示為空白而非「0」

E3 =FILTER(IF(A3:C7="","",A3:C7),B3:B7=6,"不符合")
（IF(A3:C7="","",A3:C7)：陣列；B3:B7=6：條件；"不符合"：找不到時）

E3　=FILTER(IF(A3:C7="","",A3:C7),B3:B7=6,"不符合")

	A	B	C	D	E	F	G	H
1	商品比較表 (印表機)				取出 6 色印表機			
2	商品名稱	顏色數量	Wi-Fi		商品名稱	顏色數量	Wi-Fi	
3	PEX-800	4			PEX-820	6		
4	PEX-810	5	有		PEX-830	6	有	
5	PEX-820	6			PEX-840	6	有	
6	PEX-830	6	有					
7	PEX-840	6	有					
8								

有空白儲存格　輸入公式　空白儲存格維持空白狀態

=FILTER(陣列, 條件, [找不到時]) → 07-40
=IF(條件式, 條件成立, 條件不成立) → 03-02

Memo

- 直接在 FILTER 函數的引數「陣列」設定「A3:C7」時，空白儲存格的位置會顯示「0」。

E3　=FILTER(A3:C7,B3:B7=6,"")

	A	B	C	D	E	F	G
1	商品比較表 (印表機)				取出 6 色印表機		
2	商品名稱	顏色數量	Wi-Fi		商品名稱	顏色數量	Wi-Fi
3	PEX-800	4			PEX-820	6	0
4	PEX-810	5	有		PEX-830	6	有
5	PEX-820	6			PEX-840	6	有
6	PEX-830	6	有				
7	PEX-840	6	有				

顯示為「0」　=FILTER(A3:C7,B3:B7=6,"")

關聯項目 【07-40】從資料表取出符合條件的資料

07-49 快速取出不重複的商品名稱

UNIQUE

如果想從資料表的特定欄各取出一種資料，可以使用 UNIQUE 函數。只要在引數「陣列」設定要取出資料的儲存格範圍，即可各取出一個不重複的資料種類。以下範例將從「商品名稱」欄取出各個商品名稱，雖然其中包含了重複輸入的商品名稱，卻只會各取出一種。在第一個儲存格輸入 UNIQUE 函數，就會依照取出的資料數量自動溢出。

▶ 從「商品名稱」欄各取出一種商品名稱

F3 =UNIQUE(B3:B7)
陣列

F3 =UNIQUE(B3:B7)

	A	B	C	D	E	F	G
1	進貨記錄						
2	日期	商品名稱	顏色	數量		商品名稱	
3	4月1日	洗臉巾	白色	100		洗臉巾	
4	4月1日	洗臉巾	米色	100		浴巾	
5	4月1日	浴巾	米色	50		擦手巾	
6	4月3日	擦手巾	白色	60			
7	4月3日	浴巾	米色	50			
8							

輸入公式

公式溢出，各顯示一種商品名稱

陣列

=UNIQUE(陣列, [比較方向], [次數]) 查閱與參照

陣列…設定要取出資料的儲存格範圍或陣列

比較方向…若要比較各欄，取出指定欄時，設為 TRUE，比較各列，取出指定列時，設為 FALSE (預設值)

次數…要取出只出現一次的資料時，設為 TRUE；要統一取出出現多次的資料時，設為 FALSE (預設值)

依照「比較方向」、「次數」設定的條件，從「陣列」中取出唯一值。可以統一取出重複的資料，或取出只出現一次的資料。以動態陣列公式輸入函數。

Memo

- 在引數「陣列」設定多欄儲存格範圍，取出不重複的列資料。下圖將取出「商品名稱」與「顏色」組合的不重複資料。

- 如果想在橫向輸入的資料中，各取出一種資料時，將第二個引數「比較方向」設為「TRUE」。

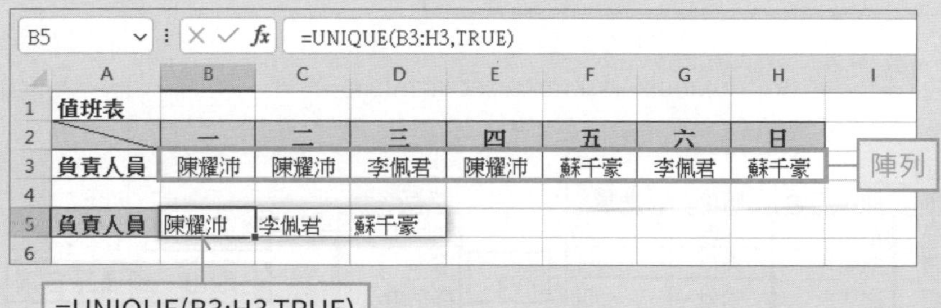

- 將第三個引數「次數」設為「TRUE」，取出「陣列」中只出現一次的資料。

F3　=UNIQUE(B3:B7,,TRUE)

	A	B	C	D	E	F
1	進貨記錄					
2	日期	商品名稱	顏色	數量		商品名稱
3	4月1日	洗臉巾	白色	100		擦手巾
4	4月1日	洗臉巾	米色	100		
5	4月1日	浴巾	米色	50		
6	4月3日	擦手巾	白色	60		
7	4月3日	浴巾	米色	50		
8						

陣列　=UNIQUE(B3:B7,,TRUE)

- 更改要取出的資料時，也會改變取出資料的數量。參考【11-28】的說明，使用條件式格式，可以只在取出資料的範圍內顯示框線。

關聯項目 【07-50】在 UNIQUE 函數的結果中自動納入新增的資料
【07-51】加總 UNIQUE 函數取出的項目

07-50 在 UNIQUE 函數的結果中自動納入新增的資料

UNIQUE／OFFSET／COUNTA

在 UNIQUE 函數的引數「陣列」設定「儲存格編號：儲存格編號」，新增資料到資料表時，就得更改引數的儲存格編號。使用 COUNTA 函數查詢資料數量，以 OFFSET 函數按照資料數量自動取得儲存格範圍，設定 UNIQUE 函數的引數「陣列」，就能自動反映資料的新增狀態。

▶ 從「商品名稱」欄各取出一種商品名稱

```
F3 =UNIQUE(OFFSET(B3,0,0,COUNTA(B:B)-1))
```

基準 列數 欄數 高度

陣列

=UNIQUE(OFFSET(B3,0,0,COUNTA(B:B)-1))

	A	B	C	D	E	F	G	H
1	進貨記錄							
2	日期	商品名稱	顏色	數量		商品名稱		
3	4月1日	洗臉巾	白色	100		洗臉巾		
4	4月1日	洗臉巾	米色	100		浴巾		
5	4月1日	浴巾	米色	50		擦手巾		
6	4月3日	擦手巾	白色	60				
7	4月3日	浴巾	米色	50				
8								

陣列

輸入公式

各取出一種商品名稱

在這裡輸入新的商品名稱，UNIQUE 函數就會立即取出該商品名稱

=UNIQUE(陣列, [比較方向], [次數])	→ 07-49
=OFFSET(基準, 列數, 欄數, [高度], [寬度])	→ 07-24
=COUNTA(值 1, [值 2] …)	→ 02-27

Memo

- 如果要讓 UNIQUE 函數自動反映資料的新增狀態，還可以參考【01-28】的說明，將進貨記錄表轉換成「表格」。轉換成名稱為「表格 1」的表格時，UNIQUE 函數的公式如下所示。
  =UNIQUE(表格 1[商品名稱])

關聯項目 【07-49】快速取出不重複的商品名稱

07-51 加總 UNIQUE 函數取出的項目

SUMIF

UNIQUE 函數取出的資料可以當作統計表的項目使用。統計時，在 SUMIF 函數的引數「條件」設定 UNIQUE 函數的所有輸入範圍，SUMIF 函數就會自動溢出。所有輸入範圍是組合第一個儲存格編號與溢出範圍運算子「#」，顯示為「F3#」。輸入引數「條件」時，拖曳 UNIQUE 函數的輸入範圍 (此範例是指 F3～F5 儲存格) ，就會自動輸入「F3#」。「條件範圍」與「合計範圍」是設定成整欄。此外，在 F3 儲存格輸入的 UNIQUE 函數公式說明請參考【07-50】。

▶ 加總 UNIQUE 函數取出的商品名稱數量

G3 =SUMIF(B:B,F3#,D:D)
條件範圍 條件 合計範圍

G3 =SUMIF(B:B,F3#,D:D)

	A	B	C	D	E	F	G
1	進貨記錄						
2	日期	商品名稱	顏色	數量		商品名稱	數量
3	4月1日	洗臉巾	白色	100		洗臉巾	200
4	4月1日	洗臉巾	米色	100		浴巾	100
5	4月1日	浴巾	米色	50		擦手巾	60
6	4月3日	擦手巾	白色	60			
7	4月3日	浴巾	米色	50			
8							

條件範圍　合計範圍　條件　輸入公式　加總每個商品的數量

B8 運動毛巾

	A	B	C	D	E	F	G
1	進貨記錄						
2	日期	商品名稱	顏色	數量		商品名稱	數量
3	4月1日	洗臉巾	白色	100		洗臉巾	200
4	4月1日	洗臉巾	米色	100		浴巾	100
5	4月1日	浴巾	米色	50		擦手巾	60
6	4月3日	擦手巾	白色	60		運動毛巾	40
7	4月3日	浴巾	米色	50			
8	4月5日	運動毛巾	米色	40			

在進貨記錄表新增資料後，會立即反映在統計表上

=SUMIF(條件範圍, 條件, [合計範圍]) → 02-08

關聯項目【07-52】新增或更改資料時，會自動更新的交叉分析表

07-52 新增或更改資料時，會自動更新的交叉分析表

UNIQUE／SORTBY／TRANSPOSE／SUMIFS

以下將介紹運用 UNIQUE 函數建立交叉分析表的應用範例。Excel 內建樞紐分析表的統計功能，但是在原始資料表修改或新增資料時，不會自動反映在樞紐分析表上。不過使用函數在修改或新增資料時，會啟動重新計算功能，可以建立不需要手動更新的交叉分析表。

以下將根據名稱為「表格 1」的表格，建立垂直軸為「商品名稱」，水平軸代表「顏色」的交叉分析表，「商品名稱」依照「商品 ID」排序。

▶ 建立每個商品與每種顏色的交叉分析表

G3 =UNIQUE(SORTBY(表格 1 [商品名稱], 表格1 [商品ID])

陣列① 基準 1①

陣列②

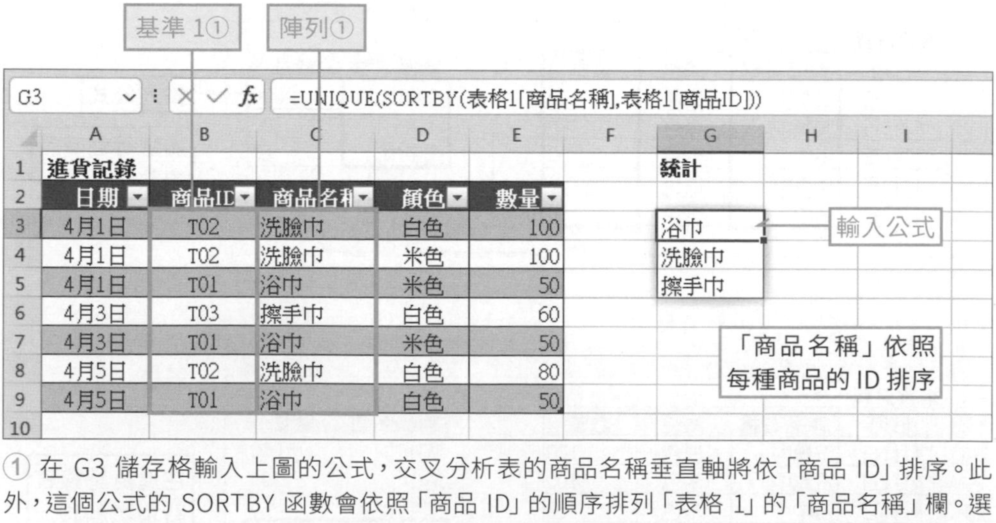

基準 1① 陣列①

G3 =UNIQUE(SORTBY(表格1[商品名稱],表格1[商品ID]))

	A	B	C	D	E	F	G
1	進貨記錄						統計
2	日期	商品ID	商品名稱	顏色	數量		
3	4月1日	T02	洗臉巾	白色	100		浴巾
4	4月1日	T02	洗臉巾	米色	100		洗臉巾
5	4月1日	T01	浴巾	米色	50		擦手巾
6	4月3日	T03	擦手巾	白色	60		
7	4月3日	T01	浴巾	米色	50		
8	4月5日	T02	洗臉巾	白色	80		
9	4月5日	T01	浴巾	白色	50		
10							

輸入公式

「商品名稱」依照每種商品的 ID 排序

① 在 G3 儲存格輸入上圖的公式，交叉分析表的商品名稱垂直軸將依「商品 ID」排序。此外，這個公式的 SORTBY 函數會依照「商品 ID」的順序排列「表格 1」的「商品名稱」欄。選取 SORTBY 函數的部分，按下 F9 鍵，即可依「{"浴巾";"浴巾";"浴巾";"洗臉巾";"洗臉巾";"洗臉巾";"擦手巾"}」的商品 ID 排序，確認 7 列的商品名稱。在 UNIQUE 函數逐一取出這 7 列商品名稱的資料，按下 F9 鍵確認之後，再按下 Esc 鍵還原成公式

H2 =TRANSPOSE(UNIQUE(表格 1[顏色]))

陣列①
陣列②

	A	B	C	D	E	F	G	H	I
1	進貨記錄						統計		
2	日期	商品ID	商品名稱	顏色	數量			白色	米色
3	4月1日	T02	洗臉巾	白色	100		浴巾		
4	4月1日	T02	洗臉巾	米色	100		洗臉巾		
5	4月1日	T01	浴巾	米色	50		擦手巾		
6	4月3日	T03	擦手巾	白色	60				
7	4月3日	T01	浴巾	米色	50				
8	4月5日	T02	洗臉巾	白色	80				
9	4月5日	T01	浴巾	白色	50				

輸入公式
往水平方向顯示每種顏色的名稱
陣列①

② 在 H2 儲存格輸入上圖的公式，交叉分析表的水平軸會橫向排列顏色名稱。這個公式使用 UNIQUE 函數取出「白色」及「米色」的 2 列 1 欄資料，再使用 TRANSPOSE 函數切換垂直與水平資料

H3 =SUMIFS(表格 1[數量], 表格 1[商品名稱],G3#, 表格 1[顏色], H2#)

合計範圍 / 條件範圍 1 / 條件 1 / 條件範圍 2 / 條件 2

	A	B	C	D	E	F	G	H	I
1	進貨記錄						統計		
2	日期	商品ID	商品名稱	顏色	數量			白色	米色
3	4月1日	T02	洗臉巾	白色	100		浴巾	50	100
4	4月1日	T02	洗臉巾	米色	100		洗臉巾	180	100
5	4月1日	T01	浴巾	米色	50		擦手巾	60	0
6	4月3日	T03	擦手巾	白色	60				
7	4月3日	T01	浴巾	米色	50				
8	4月5日	T02	洗臉巾	白色	80				
9	4月5日	T01	浴巾	白色	50				

條件範圍 1　條件範圍 2　合計範圍　條件 2　條件 1　輸入公式
統計每個商品的每種顏色數量

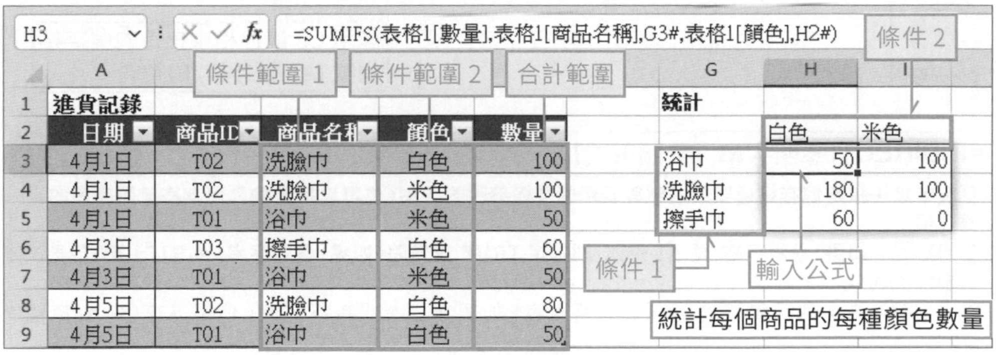

③ 在 H3 儲存格輸入上圖的公式，統計每個商品的每種顏色數量。在進貨記錄表增加新商品或顏色時，交叉分析表的列數與欄數就會自動修改，隨時統計表格中的所有資料

語法	參照
=UNIQUE(陣列, [比較方向] , [次數])	→ 07-49
=SORTBY(陣列, 基準 1, [順序 1], [基準 2, 順序 2]…)	→ 07-35
=TRANSPOSE(陣列)	→ 07-32
=SUMIFS(合計範圍, 條件範圍 1, 條件 1, [條件範圍 2, 條件 2]…)	→ 02-09

關聯項目 【07-50】在 UNIQUE 函數的結果中自動納入新增的資料
【07-51】加總 UNIQUE 函數取出的項目

公式的基礎 1 / 表格的彙總 2 / 條件判斷 3 / 數值處理 4 / 日期與時間 5 / 字串的操作 6 / 表格的搜尋 7 / 統計計算 8 / 財務計算 9 / 數學計算 10 / 函數組合 11

07-53 間接參照指定儲存格編號的內容

INDIRECT

INDIRECT 函數是一個可以從顯示儲存格參照字串 (如「A5」) 中取得實際儲存格內容的函數。範例中，C2 儲存格輸入字串「A5」。在 C4 儲存格中輸入「=INDIRECT(C2)」，C2 儲存格中所輸入的「A5」為實際的儲存格參照，並顯示 A5 儲存格中的資料「火星」。

▶ 顯示 C2 儲存格中指定的儲存格編號內容

C4 =INDIRECT(C2)
參照字串

C4 =INDIRECT(C2)

	A	B	C	D	E
1	資料		儲存格編號		
2	水星		A5		
3	金星		該儲存格中的資料		
4	地球		火星		
5	火星				
6	木星				
7	土星				

參照字串

輸入公式

顯示 C2 儲存格中指定的儲存格編號 (A5 儲存格) 的資料

=INDIRECT(參照字串, [參照形式]) 查閱與參照

參照字串…指定儲存格編號或名稱等表示儲存格參照的字串。也可以指定輸入儲存格參照字串的儲存格

參照形式…如果「參照字串」是 A1 形式，則指定 TRUE 或省略。如果「參照字串」是 R1C1 形式，則指定為 FALSE

從「參照字串」傳回實際的儲存格參照內容。如果無法從「參照字串」參照儲存格，會傳回 [#REF!]。

Memo

- 儲存格參照的形式有「A1」和「R1C1」兩種。在 A1 形式中，欄用英文字母表示，列用數字表示，並且依照欄、列的順序指定。而 R1C1 形式，「R」是指定連續列的數值，「C」是指連續欄的數值。例如，用 A1 形式表示 D2 儲存格，就是「D2」；如果用 R1C1 形式指定，就是「R2C4」。

關聯項目【07-54】從指定的工作表名稱間接參照該工作表的儲存格

07-54 從指定的工作表名稱間接參照該工作表的儲存格

INDIRECT

此範例要在**電話清單**工作表，顯示從**札幌店**到**橫濱店**每個工作表中 B2 儲存格的電話號碼。通常，要參照其他工作表的儲存格會使用「=工作表名稱!儲存格」格式，但是，逐一輸入「=札幌店!儲存格」、「=仙台店!儲存格」……就會變得很麻煩。此時，只要在**電話清單**工作表中輸入各個工作表名稱，再利用 INDIRECT 函數參照工作表，接著往下複製公式，就能一次顯示所有分店的電話號碼。

▶ 參照每家分店工作表的 B2 儲存格

```
B3 =INDIRECT(A3&"!B2")
```
參照字串：A3&"!B2"

B3 =INDIRECT(A3 & "!B2")

	A	B
1	分店電話清單	
2	分店	電話號碼
3	札幌店	011-712-XXXX
4	仙台店	022-374-XXXX
5	福島店	024-374-XXXX
6	東京店	03-5572-XXXX
7	橫濱店	045-323-XXXX
8		
9		

工作表：電話清單｜札幌店｜仙台店｜福島店｜東

參照字串

在 B3 儲存格輸入公式，並複製到 B7 儲存格

A1 札幌店

	A	B	C	D
1	札幌店			
2	電話	011-712-XXXX		
3				
4	員工清單			
5	員工 ID	姓名	到職年	
6	10136	小林 健一	2000	
7	10747	大村 ひろみ	2003	
8	11136	根本 茉奈	2006	
9	11970	飯塚 亮介	2011	

工作表：電話清單｜札幌店｜仙台店｜福島店

在電話清單工作表的電話號碼欄中，顯示各個工作表 B2 儲存格的值

=INDIRECT(參照字串, [參照形式]) → 07-53

Memo

- 當工作表名稱包含空格或連字號「-」時，請將工作表名稱用單引號「'」括起來。
  =INDIRECT("'"&A3&"'!B2")

關聯項目【07-55】依新增的資料自動擴大名稱的參照範圍

07-55 依新增的資料自動擴大名稱的參照範圍

OFFSET／COUNTA

替表格命名在操作上很方便，尤其是在查詢表格或進行資料彙總時，可以用該名稱來參照表格，但是當表格新增資料時，就得重新定義名稱的儲存格範圍，這樣在操作上有點麻煩。想要依新增的資料自動擴展定義名稱的儲存格範圍，在定義名稱時，可以使用 OFFSET 函數和 COUNTA 函數來定義名稱。

以範例中的會員名單而言，將 OFFSET 函數的引數「基準」指定為 A3 儲存格，將「高度」指定為資料數量，在「寬度」中指定為 4，就會以 A3 儲存格為基準參照「資料列數×4 欄」的儲存格範圍。此外，從 A 欄的所有資料數量中減掉表格標題及欄標題的 2 列後，才是真正的資料數量。A欄的「ID」欄資料，一定要由上往下連續輸入。

▶ 自動取得從 A3 儲存格開始的資料範圍並定義名稱

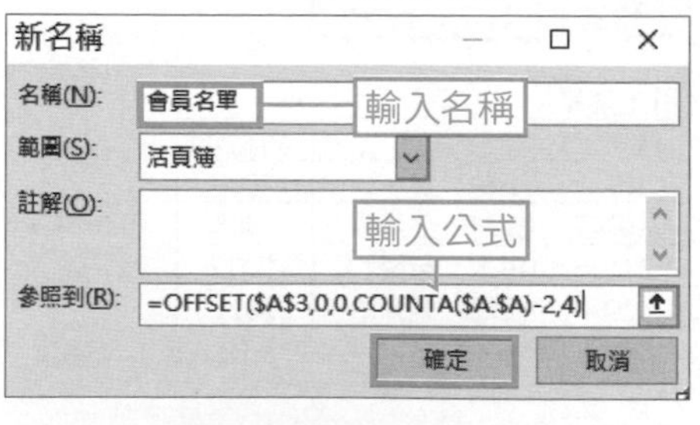

① 切換到**公式**頁次中的**已定義之名稱**區，按下**定義名稱**鈕。在**新名稱**交談窗中的**名稱**欄輸入任意名稱 (在此輸入「會員名單」)，並在**參照到**欄中輸入公式，再按下**確定**鈕。此外，在**新名稱**交談窗拖曳右下角的框線，可擴展交談窗以方便輸入公式

	A	B	C	D	E
1	會員名單				
2	ID	會員姓名	出生年月日	性別	
3	1	張修正	1998/4/15	女	
4	2	許優群	1987/11/6	男	
5	3	謝湄如	1994/8/10	男	

② 完成表格名稱的設定後，可以使用「會員名單」名稱來參照 A3～D5 儲存格。當新增資料時，新增的資料會自動包含在「會員名單」的參照範圍中

=OFFSET(基準, 列數, 欄數, [高度], [寬度]) → 07-24

=COUNTA(值 1, [值 2]…) → 02-27

07-56 從指定的列編號和欄編號求得儲存格位址

ADDRESS

使用 ADDRESS 函數，可以將指定的欄、列編號以字串的方式顯示。例如，指定列編號為「4」，欄編號為「2」，會回傳字串「$B$4」。

▶ 從指定的列編號和欄編號求得儲存格位址

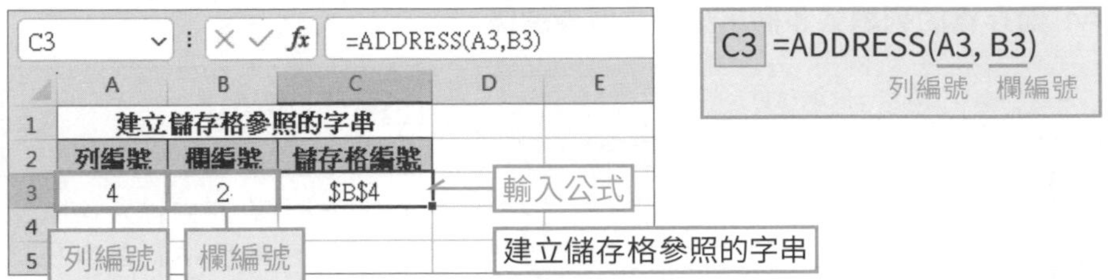

=ADDRESS(列編號, [欄編號], [參照類型], [參照形式], [工作表名稱]) 查閱與參照

列編號…指定儲存格參照的列編號
欄編號…指定儲存格參照的欄編號
參照類型…指定要傳回的參照類型數值
參照形式…指定為「1」(預設值) 時，以 A1 形式傳回儲存格參照，指定為「0」時，以 R1C1 形式傳回儲存格參照
工作表名稱…指定傳回值要包含活頁簿名稱或工作表名稱。省略時，只會傳回儲存格編號

參照類型	傳回值的儲存格參照類型	A1 形式的傳回值	R1C1 形式的傳回值
1(預設值)	絕對參照	$B$4	R4C2
2	列是絕對參照，欄是相對參照	B$4	R4C[2]
3	列是相對參照，欄是絕對參照	$B4	R[4]C2
4	相對參照	B4	R[4]C[2]

從「列編號」、「欄編號」和「工作表名稱」建立儲存格參照的字串。建立的儲存格參照類型和形式由「參照類型」和「參照形式」指定。

▶ADDRESS 函數的範例

範例	傳回值	說明
=ADDRESS(4,2,4)	B4	相對參照
=ADDRESS(4,2,1,0)	R4C2	絕對參照、R1C1 形式
=ADDRESS(4,2,,,"工作表1")	工作表1!$B$4	參照到另一個工作表
=ADDRESS(4,2,,,"[活頁簿1]工作表1")	[活頁簿1]工作表1!$B$4	參照到另一個活頁簿

關聯項目 【07-57】求得指定儲存格的列編號和欄編號
【07-58】求得指定儲存格範圍的列數、欄數及儲存格數量

07-57 求得指定儲存格的列編號和欄編號

ROW／COLUMN

使用 ROW 函數可以取得儲存格的列編號，使用 COLUMN 函數可以取得儲存格的欄編號。欄編號以數值表示，例如 A 欄為 1，B 欄為 2。ROW 函數常用於建立垂直的連續編號，而 COLUMN 函數常用於建立水平的連續編號。

▶ 使用 A1 儲存格的列編號和欄編號建立連續編號

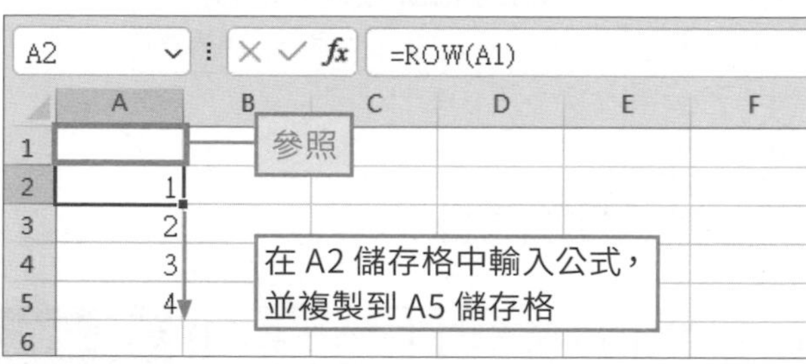

① 在 A2 儲存格中輸入「=ROW(A1)」，會顯示 A1 儲存格的列編號「1」。將此公式往下複製，引數會變成「A2」、「A3」、「A4」，而儲存格將分別顯示為「2」、「3」、「4」

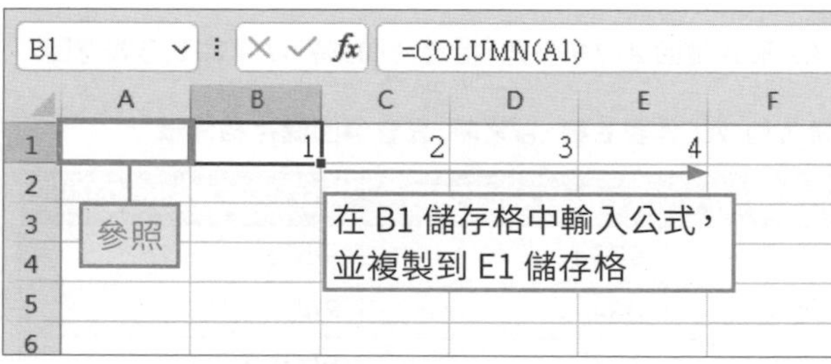

B1 =COLUMN(A1)
參照

② 在 B1 儲存格中輸入「=COLUMN(A1)」，會顯示 A1 儲存格的欄編號「1」。將此公式往右複製，引數會變成「B1」、「C1」、「D1」，而儲存格將分別顯示為「2」、「3」、「4」

=ROW([參照]) 查閱與參照

參照…指定要查詢列編號的儲存格或儲存格範圍。省略時，會傳回輸入 ROW 函數的儲存格列編號

尋找指定儲存格的列編號。

=COLUMN([參照]) 查閱與參照

參照…指定要查詢欄編號的儲存格或儲存格範圍。省略時，會傳回輸入 COLUMN 函數的儲存格欄編號

尋找指定儲存格的欄編號。

關聯項目 【07-56】從指定的列編號和欄編號求得儲存格位址
【07-58】求得指定儲存格範圍的列數、欄數及儲存格數量

07-58 求得指定儲存格範圍的列數、欄數及儲存格數量

ROWS／COLUMNS

使用 ROWS 函數可以求得儲存格範圍的列數，使用 COLUMNS 函數可以求得儲存格範圍的欄數。此外，將列數與欄數相乘即可求得儲存格的數量。在此，我們要求得名稱為「會員名單」的儲存格範圍 (A3～D5 儲存格) 的列數、欄數及儲存格數。

▶ **查詢「會員名單」中包含的列數、欄數及儲存格數**

G2 =ROWS(會員名單)
　　　　陣列

G3 =COLUMNS(會員名單)
　　　　　陣列

G4 =G2*G3

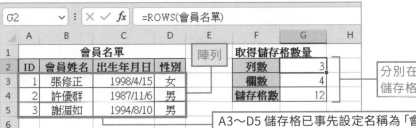

G2　=ROWS(會員名單)

	A	B	C	D	E	F	G	H
1	會員名單					取得儲存格數量		
2	ID	會員姓名	出生年月日	性別		列數	3	
3	1	張修正	1998/4/15	女		欄數	4	
4	2	許優群	1987/11/6	男		儲存格數	12	
5	3	謝湄如	1994/8/10	男				
6								

陣列

分別在 G2 到 G4 儲存格中輸入公式

A3～D5 儲存格已事先設定名稱為「會員名單」

=ROWS(陣列)　查閱與參照

陣列…指定想要取得列數的儲存格範圍或陣列
傳回指定「陣列」中的列數。

=COLUMNS(陣列)　查閱與參照

陣列…指定想要取得欄數的儲存格範圍或陣列
傳回指定「陣列」中的欄數。

Memo

- ROWS 函數和 COLUMNS 函數的引數中也可以指定儲存格編號。例如，輸入「=ROWS(A3:D5)」，則可以求得 A3～D5 儲存格的列數。

關聯項目
【07-56】從指定的列編號和欄編號求得儲存格位址
【07-57】求得指定儲存格的列編號和欄編號

07-59 查詢儲存格的格式、位置等資訊

CELL

使用 CELL 函數可以取得儲存格的位置、值、顯示格式等各種資訊。透過引數「檢查類型」來指定取得的內容，可以取得格式或位置等資訊。在此，我們將查詢 A 欄的儲存格，並在 B 欄中輸入「檢查類型」。

▶ 查詢儲存格的各種資訊

D2 =CELL(B2,A2)
檢查類型 目標範圍

D2 =CELL(B2,A2)

	A	B	C	D	E
1	資料	檢查類型	說明	傳回值	
2		address	儲存格編號	$A$2	
3	$1,234	contents	值	1234	
4	$1,234	format	顯示格式	C0-	
5	Excel	type	類型	l	
6	Excel	prefix	文字配置	^	

在 D2 儲存格輸入公式，並複製到 D6 儲存格

顯示 A 欄儲存格的儲存格編號和值等資訊

目標範圍　檢查類型

=CELL(檢查類型, [目標範圍]) 資訊

檢查類型…以下表的字串指定想要查詢的資訊類型
目標範圍…指定想要查詢的儲存格。若指定儲存格範圍，只會傳回左上角的儲存格資訊。省略時，最後修改的儲存格會成為查詢目標
傳回「目標範圍」的儲存格資訊，傳回的資訊從「檢查類型」指定。

檢查類型	傳回值
"address"	絕對參照的儲存格編號
"col"	儲存格的欄編號
"color"	若設定了以顏色表示負數的顯示格式，則傳回「1」，若未設定則傳回「0」
"contents"	儲存格的值
"filename"	包含目標儲存格的檔案完整路徑。如果活頁簿尚未儲存，則傳回空白字串「""」
"format"	與儲存格顯示格式對應的字串常數 (參考下表)
"parentheses"	當儲存格的格式設定成將正值或所有值括在括號「( )」裡時，則為「1」，否則為「0」

檢查類型	傳回值
"prefix"	與儲存格文字對齊方式對應的字串常數 靠左對齊：單引號「'」 靠右對齊：雙引號「"」 置中：插入符號「^」 填滿對齊：反斜線「\」(在設定儲存格格式/對齊方式交談窗中設定) 其他資料：空字串「""」
"protect"	當儲存格沒有被鎖定保護時，其值為「0」；若被鎖定保護，其值為「1」
"row"	儲存格的列編號
"type"	與儲存格中的資料類型對應的字串常數 空白：「b」(Blank 的第一個字母) 字串：「l」(Label 的第一個字母) 其他：「v」(Value的第一個字母)
"width"	由儲存格寬度的整數和是否為預設寬度的邏輯值所組成的陣列。儲存格的寬度單位是預設字型大小的一個字元寬度

▶ 引數「檢查類型」指定為「"format"」時的傳回值範例

顯示格式	傳回值
G/通用格式	G
# ?/?	
0	F0
0.00	F2
#,##0	.0
#,##0;-#,##0	
#,##0;[紅]-#,##0	,0-
#,##0.00	,2
#,##0.00;-#,##0.00	
#,##0.00;[紅]-#,##0.00	,2-
$#,##0; $-#,##0	C0
$#,##0_);($#,##0)	
$#,##0;[紅] $-#,##0	C0-
$#,##0_);[紅] $-#,##0	
$#,##0.00; $-#,##0.00	C2
$#,##0.00;[紅] $-#,##0.00	C2-

顯示格式	傳回值
0%	P0
0.00%	P2
0.E+00	S0
0.00E+00	S2
yyyy/m/d	D1
yyyy"年"m"月"d"日"	
yyyy"年"m"月"	D2
m"月"d"日"	D3
ge.m.d	D4
ggge"年"m"月"d"日"	
h:mm:ss AM/PM	D6
h:mm AM/PM	D7
h:mm:ss	D8
h"時"mm"分"ss"秒"	
h:mm	D9
h"時"mm"分"	

Memo

- 若想要在公式中直接指定 CELL 函數的引數「檢查類型」，請用雙引號將其括起來，例如：「=CELL("address", A2)」。
- 當更改「目標範圍」的儲存格格式時，請按下 F9 鍵重新計算，CELL 函數的傳回值才會被更新。

關聯項目 【07-63】查詢 Excel 的操作環境

07-60 在儲存格中顯示工作表名稱

MID/CELL/FIND

將 CELL 函數的引數「檢查類型」指定成「"filename"」後，可以取得包含路徑和檔案名稱的工作表名稱。接著，使用 FIND 函數查詢工作表名稱的位置，再用 MID 函數取出工作表名稱，並顯示在每個工作表的 A1 儲存格中。請注意，當活頁簿未儲存時，無法顯示工作表名稱。

▶ 在 A1 儲存格中顯示工作表名稱

A1 =MID(CELL("filename",A1),FIND("]",CELL("filename",A1))+1,31)

字串　起始位置　字數

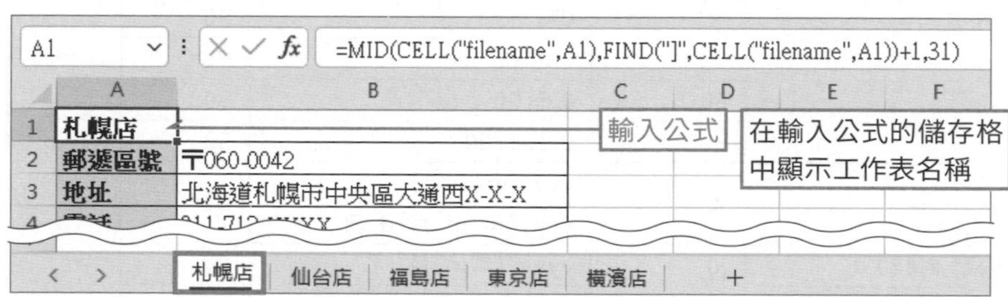

=MID(字串, 起始位置, 字數) → 06-39

=CELL(檢查類型, [目標範圍]) → 07-59

=FIND(搜尋字串, 目標, [開始位置]) → 06-14

Memo

- 公式「CELL("filename", A1)」所傳回的格式為「路徑名稱:\資料夾名稱\[檔案名稱.副檔名] 工作表名稱」。利用 FIND 函數搜尋出「]」的位置後，再利用 MID 函數取出「]」之後的所有字串，就能取出工作表名稱。請注意，工作表名稱的最長字數為 31, 所以將 MID 函數的第 3 個引數指定成「31」。
- 按住 Ctrl 鍵，並一一點選工作表的索引標籤，就可以將選取的工作表群組起來，接著在 A1 儲存格中輸入公式，該公式就能一次套用到多個工作表的 A1 儲存格中。如果要解除工作表的群組，只要在工作表的索引標籤上按滑鼠右鍵，選取**取消工作表群組設定**。

關聯項目【07-61】查詢工作表編號及活頁簿中包含的工作表數量

07-61 查詢工作表編號及活頁簿中包含的工作表數量

SHEET／T／SHEETS

SHEET 函數用於傳回指定工作表名稱的工作表編號。工作表編號從左到右依序為「1、2、3 ……」。而 SHEETS 函數用於傳回活頁簿中包含的工作表數量。在此我們要查詢 B2 儲存格中的工作表名稱其對應的工作表編號，以及活頁簿中的總工作表數量。

▶ **求得 B2 儲存格中的工作表名稱對應的編號及活頁簿中的工作表數量**

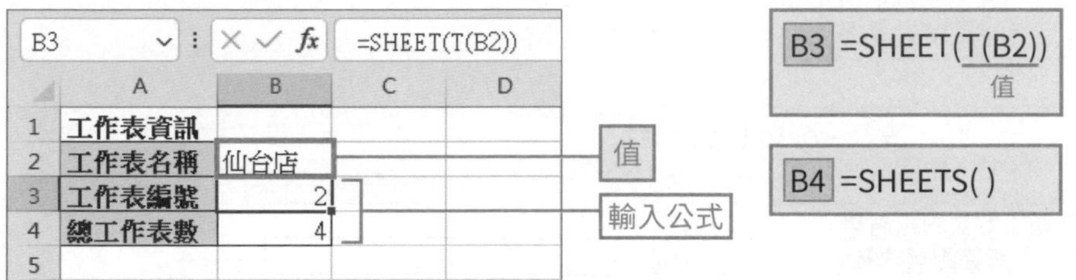

=SHEET([值]) 資訊

值…指定要查詢工作表名稱的字串或儲存格參照。省略時，將傳回包含此函數的工作表編號
在「值」中指定工作表名稱時，將傳回該工作表的工作表編號。如果指定儲存格參照，將傳回包含參照的儲存格所在的工作表編號。包括隱藏的工作表和圖表工作表。

=T(值) 文字

值…指定要轉換為字串的值
如果「值」是字串，則傳回該字串；如果不是字串，則傳回空字串「""」。

=SHEETS([範圍]) 資訊

範圍…指定要查詢工作表數量的儲存格參照。省略時，將傳回活頁簿中的所有工作表數量
指定的範圍將用來計算工作表的數量，這也包含隱藏的工作表和圖表工作表。如果要求得活頁簿中的所有工作表數量，則省略引數。

Memo

- 當指定引數為儲存格編號，如「=SHEET(B2)」時，會傳回包含 B2 儲存格的工作表的工作表編號。要查詢 B2 儲存格中輸入的工作表名稱的工作表編號，可以將引數設為「T(B2)」。這樣，就等同於指定「=SHEET("仙台店")」，進而得到「仙台店」工作表的工作表編號。

在其他儲存格中顯示輸入的公式並做檢查

FORMULATEXT

有時我們希望在儲存格中顯示並驗證公式。使用 FORMULATEXT 函數，可以在其他儲存格中顯示指定儲存格中的公式。此範例，我們將在相鄰的儲存格中顯示 E 欄儲存格中的公式。

▶ 將公式顯示在另一個儲存格中

F2 =FORMULATEXT(E2)
參照

F2 =FORMULATEXT(E2)

	A	B	C	D	E	F
1	上半年新簽的契約數趨勢			統計		
2	月	新簽的契約數		合計	675	=SUM(B3:B8)
3	4月	144		平均	112.5	=AVERAGE(B3:B8)
4	5月	122		最大值	144	=MAX(B3:B8)
5	6月	103		最小值	93	=MIN(B3:B8)
6	7月	109				
7	8月	93				
8	9月	104				
9						

在 F2 儲存格輸入公式，並複製到 F5 儲存格

參照

顯示合計、平均、最大值和最小值的公式

=FORMULATEXT(參照) 查閱與參照

參照…指定儲存格或儲存格範圍

以字串格式傳回指定儲存格中輸入的公式。如果指定儲存格範圍，則傳回範圍中第一個儲存格公式。如果儲存格中沒有公式，則傳回 [#N/A]。

Memo

- 檢查公式時，可以使用「顯示公式」鈕。按下按鈕後，工作表的所有公式都會在儲存格中顯示。此外，使用 FORMULATEXT 函數的優點是，能夠同時檢查公式及其結果。關於「顯示公式」功能，請參考【11-09】。

關聯項目 【03-20】檢查儲存格的內容是否為公式
【11-09】在儲存格中顯示公式，再統一驗證工作表的公式

07-63 查詢 Excel 的操作環境

INFO

使用 INFO 函數可以取得目前操作環境的相關資訊，例如目前資料夾的路徑、作業系統名稱等。

▶ 查詢 Excel 的操作環境

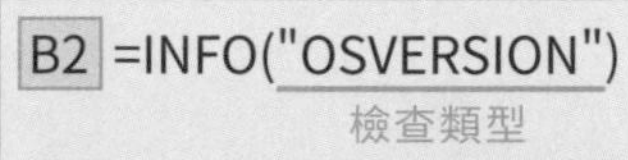

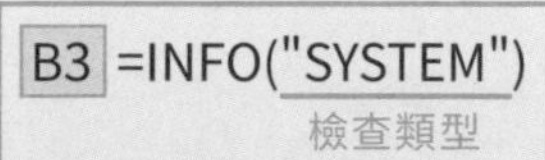

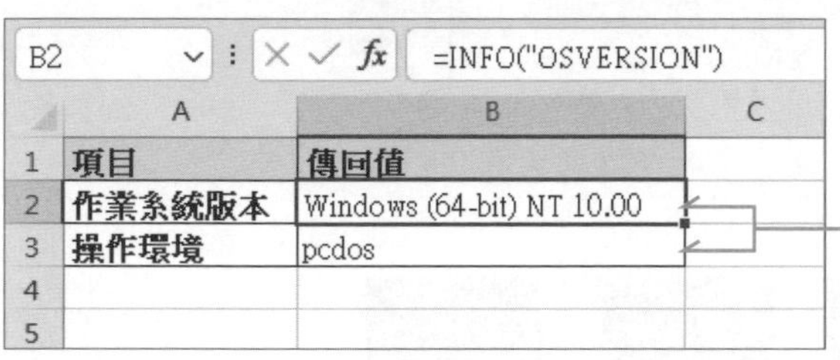

在 B2 和 B3 儲存格中輸入公式

顯示作業系統版本和操作環境

=INFO(檢查類型) 資訊

檢查類型…從下表中的字串指定要查詢的資訊

傳回「檢查類型」指定的資訊。如果環境發生變化，可以按 F9 鍵更新傳回值。

檢查類型	傳回值
"DIRECTORY"	目前資料夾的路徑。目前資料夾是指在開啟另存新檔或開啟舊檔交談窗時，顯示在路徑欄的資料夾
"NUMFILE"	已開啟的活頁簿的工作表數量。包括隱藏的工作表
"ORIGIN"	目前視窗中顯示範圍的左上角儲存格參照，將以「$A:」為開頭的字串格式傳回
"OSVERSION"	目前使用的作業系統版本
"RECALC"	目前設定的重新計算模式。傳回值為「自動」或「手動」
"RELEASE"	Excel 的版本。Excel 2007 為「12.0」，Excel 2010 為「14.0」，Excel 2013 為「15.0」。截至 2023 年 12 月，Excel 2016/2019/2021 和 Microsoft 365均為「16.0」
"SYSTEM"	作業系統名稱。Windows 版的 Excel 為「pcdos」，Mac 版的 Excel 為「mac」

關聯項目 【07-59】查詢儲存格的格式、位置等資訊

07-64 點選儲存格就能開啟照片

HYPERLINK

利用 HYPERLINK 函數建立連結路徑後，只要點選儲存格就可以開啟檔案。在此將以點選後自動開啟應用程式顯示照片為例，說明操作方法。

▶ 點選儲存格開啟照片

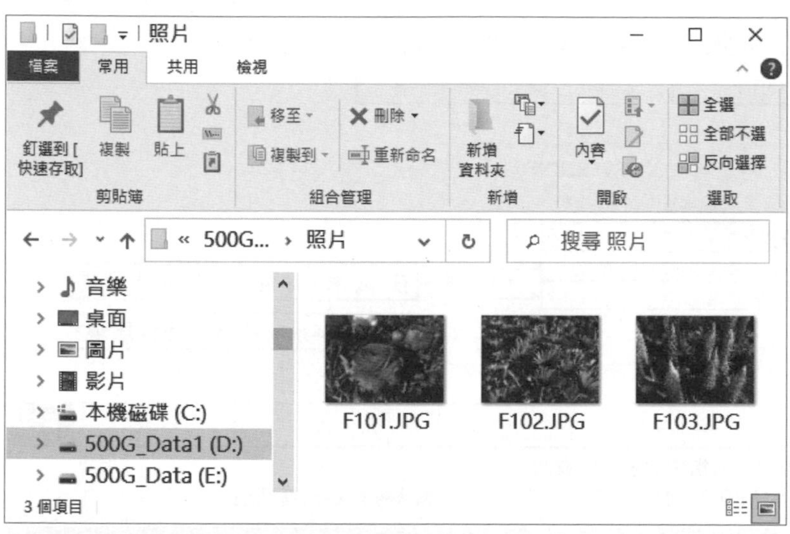

① 請先將本書「範例檔案\Chapter07」資料夾下的「照片」資料夾，複製一份到自己電腦中的 D:\ 底下，複製後會看到「D:\照片」資料夾中有 3 個副檔名為 jpg 的照片，檔案名稱為「F101」、「F102」和「F103」

C3 =HYPERLINK("D:\照片\" & A3 & ".jpg")

連結目標

C3 | =HYPERLINK("D:\照片\" & A3 & ".jpg")

	A	B	C	D	E	F
1	商品清單 (花苗)					
2	ID	商品名稱	照片			
3	F101	陸蓮花	D:\照片\F101.jpg			
4	F102	非洲萬壽菊	D:\照片\F102.jpg			
5	F103	魯冰花	D:\照片\F103.jpg			

在 C3 儲存格中輸入公式，並複製到 C5 儲存格

② 在 C3 儲存格輸入 HYPERLINK 函數，並複製到 C5 儲存格。請注意，公式中的資料夾名稱「D:\照片\」請根據實際儲存照片的位置做更改

	A	B	C	D
1	商品清單(花苗)			
2	ID	商品名稱	照片	
3	F101	陸蓮花	D:\照片\F101.jpg	
4	F102	非洲萬壽菊	D:\照片\F102.jpg	
5	F103	魯冰花	D:\照片\F103.jpg	

③ 點選 C3 儲存格中的超連結

④ 啟動與 JPEG 檔案關聯的應用程式來開啟照片。此時依操作環境的不同，有可能會出現安全性確認視窗，若確定儲存格位置或開啟的檔案皆沒有安全性問題，就可以繼續執行

=HYPERLINK(連結目標, [別名]) 查閱與參照

連結目標…超連結的路徑及檔名要以半形雙引號「"」框住。你可以指定網頁的 URL、電子郵件地址、儲存格或其他檔案

別名…指定儲存格中要顯示的字串。省略時，會顯示路徑加檔名

製作指定「連結目標」的超連結。

Memo

- 下表是 HYPERLINK 函數的「連結目標」引數的設定範例。

連結目標	連結設定範例
網頁網址	http://www.seshop.com/
電子郵件地址	mailto:info@example.com
UNC 路徑	\\PC01\DATA\test.xlsx
檔案	C:\DATA\test.xlsx
資料夾	C:\DATA
其他活頁簿中的儲存格	[C:\DATA\test.xlsx]工作表1!C3
同一活頁簿中的儲存格	#工作表1!C3
同一工作表中的儲存格	#C3

- 若要選取已插入超連結的儲存格，請點選儲存格內的非超連結文字。或者，將滑鼠指標在超連結文字長按 (按久一點)，直到滑鼠指標形狀變為十字形，或是使用鍵盤的上、下、左、右鍵移動到想選取的儲存格。

關聯項目 【07-65】製作可以自動切換工作表的工作表目錄

07-65 製作可以自動切換工作表的工作表目錄

使用 HYPERLINK 函數，可以建立迅速開啟活頁簿中的每個工作表目錄。首先輸入工作表名稱，接著在相鄰的右側儲存格中輸入 HYPERLINK 函數，設定要切換到指定工作表的 A1 儲存格。

▶ 一鍵開啟指定的工作表

B2 =HYPERLINK("#" & A2 & "!A1","開啟")
連結目標　別名

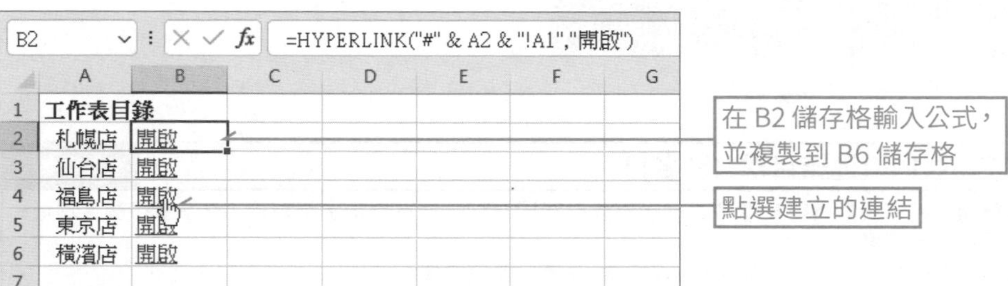

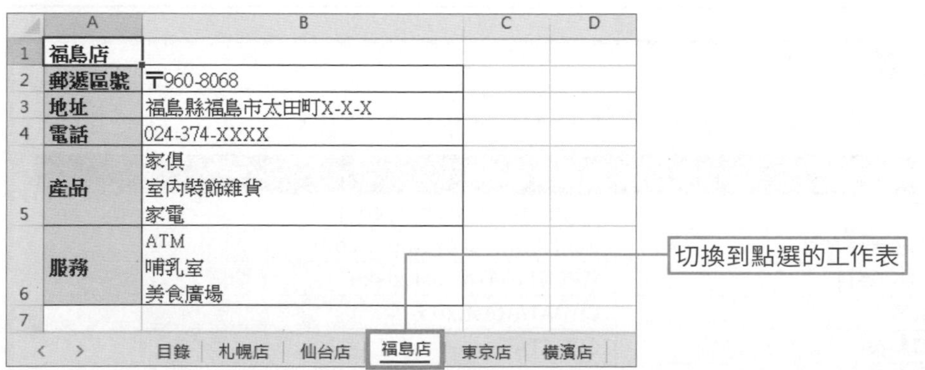

=HYPERLINK(連結目標, [別名]) → 07-64

關聯項目【07-64】點選儲存格就能開啟照片

07-66 在儲存格內插入網路上的影像

IMAGE

使用 Microsoft 365 的新函數 IMAGE 函數，可以在儲存格內插入特定網址內的影像。利用一般功能插入影像，會放置在儲存格的上方，但是 IMAGE 函數的影像可以當作函數的傳回值插入儲存格內，執行排序、篩選資料表、隱藏列等操作時，可以完全與儲存格同步。

▶ 在儲存格內插入指定網址的影像

B2 =IMAGE(B1, "圓柱")
來源 替代文字

※ 範例使用的 URL 是由 Microsoft 公司提供，此 URL 可能未經通知逕行更改或刪除。

在儲存格內插入影像。調整儲存格的大小，影像也會同步更改

=IMAGE(來源, [替代文字], [大小], [高度], [寬度]) Web

來源…設定影像檔案「https」協定使用的 URL 路徑。支援的影像格式是 BMP、JPG/JPEG、GIF、TIFF、PNG、ICO、WEBP

替代文字…指定影像的替代文字來描述影像

大小…根據下表設定影像大小

高度…「大小」設定為 3 時，以像素為單位，設定影像高度

寬度…「大小」設定為 3 時，以像素為單位，設定影像寬度

依照指定大小，在儲存格插入「來源」設定的 URL 影像。

大小	說明
0	依照儲存格大小顯示。影像的長寬比固定，因此可能受到儲存格大小的影響，出現上下或左右空白的情況 (預設值)
1	忽略影像的長寬度，填滿整個儲存格
2	以原始影像的大小顯示，影像可能受到儲存格大小的影響而被裁切
3	以指定「高度」與「寬度」顯示。影像可能受到儲存格大小的影響而被裁切

07-67 將地址編碼，以便在 Google 地圖上開啟

ENCODEURL／HYPERLINK

在開啟網站時，如果指定包含日語或中文的 URL，依環境的不同有時可能會出現亂碼。為了防止文字變成亂碼，可以使用 ENCODEURL 函數進行 URL 編碼。URL 編碼即是將文字轉換成 URL 相容的格式。

在此，我們將地址進行 URL 編碼，並使用 HYPERLINK 函數建立超連結，以顯示 URL 編碼後的地址，並在 Google 地圖上開啟。請注意，本說明是基於 2023 年 12 月的情況，Google 地圖的 URL 和規範未來可能會有變動。

▶ 根據 B2 儲存格的地址，建立 Google 地圖的連結

B3 =ENCODEURL(B2)
字串

B4 =HYPERLINK("https://www.google.com/maps/place/"&B3,"顯示")
連結目標　別名

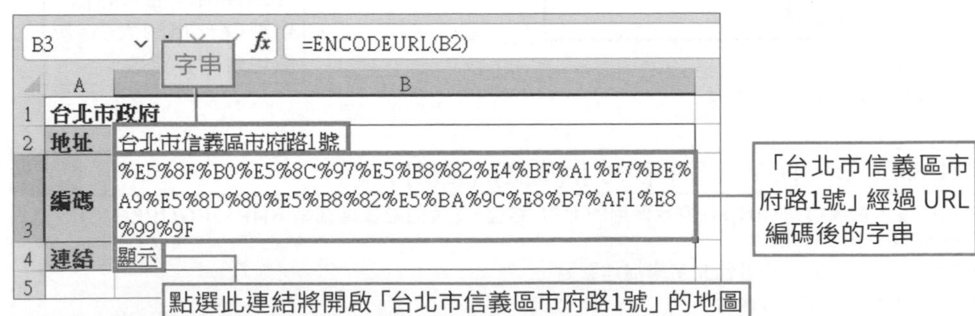

=ENCODEURL(字串) Web

字串…指定要編碼的字串
使用引數指定的「字串」進行 URL 編碼，傳回編碼後的字串。在此使用「UTF-8」字元進行編碼。

=HYPERLINK(連結目標, [別名]) → 07-64

關聯項目 【07-68】使用網路服務將通訊錄中的郵遞區號一次轉換為地址

07-68 使用網路服務將通訊錄中的郵遞區號一次轉換為地址

WEBSERVICE／FILTERXML

網路上有許多網站透過「Web 服務」功能提供有用的資訊。使用 WEBSERVICE 函數，可以從指定 URL 的 Web 服務，將資料直接下載到 Excel 的儲存格中。

下載的資料是 XML 或 JSON 格式，直接使用並不方便。如果是 XML 格式，則可以使用 FILTERXML 函數從 XML 資料中僅提取必要的資料。在此，我們以將通訊錄中輸入的郵遞區號轉換為地址的範例，說明如何使用這些功能。

首先，使用 WEBSERVICE 函數從「郵遞區號搜尋 API」的 Web 服務下載 XML 格式的地址資訊。接著使用 FILTERXML 函數從下載的 XML 資料中提取都道府縣、市區町村以及町域。

▶ 將通訊錄中的郵遞區號轉換為地址

C3 =WEBSERVICE("http://zip.cgis.biz/xml/zip.php?zn="&B3)

URL

C3 =WEBSERVICE("http://zip.cgis.biz/xml/zip.php?zn="&B3)

	A	B	C	D	E	F	G
1	地點資訊						
2	分公司	郵遞區號	XML 資料	都道府県	市区町村	町域	番地
3	總公司	1600006	<?xml version="1.0" encoding="utf-8" ?>				
4	釧路分公司	0850016					
5	北陸分公司	9200901					
6	沖繩分公司	9000015					
7							
8							

輸入公式

顯示與 B3 儲存格的郵遞區號對應的地址 XML 資料

輸入郵遞區號

① 希望從 B 欄輸入的郵遞區號取得都道府県、市區町村、町域等資訊。首先，在 C3 儲存格中輸入 WEBSERVICE 函數，從「郵遞區號搜尋 API」下載地址資訊。請注意，為了能夠正確輸入以「0」為開頭的郵遞區號，B 欄的「郵遞區號」已事先設定了**文字**顯示格式。此外，由於 XML 資料是跨多行的長串資料，因此 C 欄的「XML 資料」欄，已事先在**常用**頁次按下**自動換行**鈕，並調整列高，只顯示一列的高度

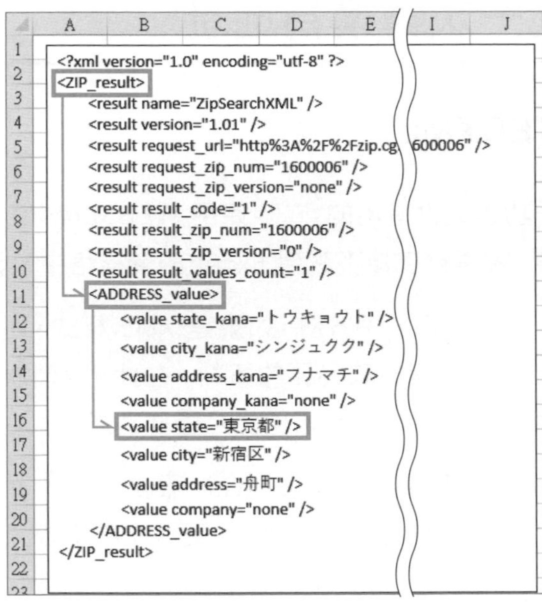

② 若要查看下載到 C3 儲存格的 XML 資料，可以複製該儲存格並貼到形狀裡 (如矩形圖案或文字方塊)。左圖是將 XML 資料貼到矩形圖案中，並進行縮排處理，以提高可讀性

XML 資料具有階層結構。你可以看到都道府県資料位於「<ZIP_result>→<ADDRESS_value> → <value state="東京都" />」中。「ZIP_result」、「ADDRESS_value」和「value」是元素名稱，「state」是屬性名稱

```
D3 =FILTERXML(C3," //value/@state")
```
XML　XPath

```
E3 =FILTERXML(C3,"//value/@city")
```

```
F3 =FILTERXML(C3,"//value/@address")
```

D3　=FILTERXML(C3,"//value/@state")

	A	B	C	D	E	F	G	H
1	地點資訊							
2	分公司	郵遞區號	XML 資料	都道府県	市区町村	町域	番地	
3	總公司	1600006	<?xml version="1.0" encoding="utf-8" ?>	東京都	新宿区	舟町		
4	釧路分公司	0850016	<?xml version="1.0" encoding="utf-8" ?>	北海道	釧路市	錦町		
5	北陸分公司	9200901	<?xml version="1.0" encoding="utf-8" ?>	石川県	金沢市	彦三町		
6	沖繩分公司	9000015	<?xml version="1.0" encoding="utf-8" ?>	沖縄県	那覇市	久茂地		

XML

在 D3 到 F3 儲存格輸入公式，並將公式往下複製到表格底部

取出郵遞區號對應的都道府県、市區町村、町域等資料

③ 接下來，使用 FILTERXML 函數從 XML 資料中取出都道府県。在「XPath」引數中，可以用「/」來指定到達都道府県的路徑，同時在屬性名稱前加上「@」。正確的 XPath 是「/ZIP_result/ADDRESS_value/value/@state」，也可以使用「//」來簡化路徑

請在 D3～F3 儲存格中輸入 FILTERXML 函數，然後複製每個公式到表格的底部，就可以取出與郵遞區號對應的地址了

=WEBSERVICE(URL) Web

URL…指定提供 Web 服務的網站 URL

「URL」指定的 Web 服務會發送資料提供請求，並接收結果字串 (XML 或 JSON 格式)。如果指定的「URL」無法傳回資料，則會傳回錯誤值 [#VALUE!]。

=FILTERXML(XML, XPath) Web

XML…指定 XML 格式的字串

XPath…以 XPath 格式指定要提取資料的路徑

從 XML 資料中提取指定路徑的資料。如果有多個路徑，則會傳回一個陣列。

Memo

- 「郵遞區號搜尋 API」是由「zip.cgis.biz」提供的 Web 服務。像範例一樣傳送郵遞區號作為引數的請求時，將會傳回包含地址資訊的 XML 資料。
- 本說明截至 2023 年 12 月止都可正常運作。在本說明中使用的 URL 和 Web 服務規格將來可能會有所變更。
- 第一次儲存並開啟此活頁簿時，會出現「安全性警告」，請按下**啟用內容**鈕。
- FILTERXML 函數的「XPath」引數，需要根據 XML 的結構來指定。請根據提供 Web 服務的網站上公開的 XML 結構、元素名稱和屬性名稱等資訊進行指定。
- 如果要在表格中輸入含有連字號的郵遞區號，例如「160-0006」，請在使用 WEBSERVICE 函數指定郵遞區號時，使用 SUBSTITUTE 函數將郵遞區號中的連字號刪除。

  =WEBSERVICE("http://zip.cgis.biz/xml/zip.php?zn="&SUBSTITUTE(B3,"-",""))
- 若要一次取得 XML 資料、都道府県、市區町村和町域，可以在FILTERXML 函數的「XML」引數中使用 WEBSERVICE 函數，然後連接三個 FILTERXML 函數。不過，公式可能會變得很長，因此建議在 Microsoft 365 或 Excel 2021 中使用 LET 函數，為 WEBSERVICE 函數的公式命名。

  =LET(xml,WEBSERVICE("http://zip.cgis.biz/xml/zip.php?zn="&SUBSTITUTE(B3,"-","")),FILTERXML(xml, "//value/@state")&FILTERXML(xml, "//value/@city")&FILTERXML(xml, "//value/@address"))
- 若有需要，你可以參照【01-17】，複製公式儲存格並貼上值，以便在 Excel 中自由編輯地址資料。

關聯項目 【07-67】將地址編碼，以便在 Google 地圖上開啟

07-69 從股票或地理位置等連結的資料類型取出資訊

FIELDVALUE

將貨幣對 (Currency Pairs) 轉換成「連結的資料類型」

Microsoft 365 可以將股票名稱、貨幣名稱、地名等字串轉換成「連結的資料類型」。轉換後，連接可信任的資料來源，就能取得各種資料。以下範例將以貨幣對 (或稱「貨幣配對」) 轉換成股票型的操作為例，說明轉換方法。

▶ 將貨幣對轉換成連結的資料類型 (股票)

① 先在儲存格輸入 ISO 貨幣代碼的貨幣對，如「USD/JPY」。選取儲存格，在**資料**頁次的**資料類型**中，按下**貨幣 (English)**

	A	B	C
1	貨幣對	貨幣資料	匯率
2	美元／日圓	USD/JPY	
3	歐元／日圓	EUR/JPY	
4	澳元／日圓	AUD/JPY	

② 貨幣對的字串轉換成股票型資料，在字串開頭顯示股票型圖示

Memo

- 如果要將連結的資料類型恢復成一般字串，只要在儲存格按右鍵，執行**資料類型 → 轉換為文字**命令。
- **資料類型**的功能會不定期強化，這裡的說明是根據 2023 年 10 月的資料為主。

確認連結的資料類型資訊

轉換成連結的資料類型後，可以從資料來源取得各種資訊。透過資料類型卡片能確認這些資訊，也可以在儲存格中取得。

▶ 從連結的資料類型取得資訊

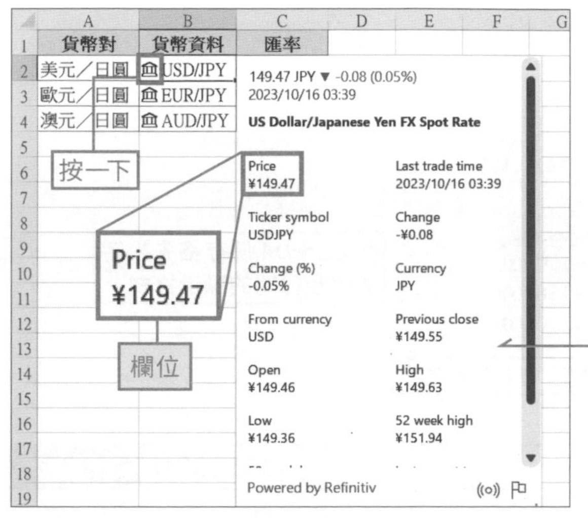

① 按一下「USD/JPY」前面的圖示，可以開啟資料類型卡片，顯示「美元／日圓」的匯兌資料。「Price」(匯率)、「Last trade time」(最後交易時間) 等項目稱作「欄位」

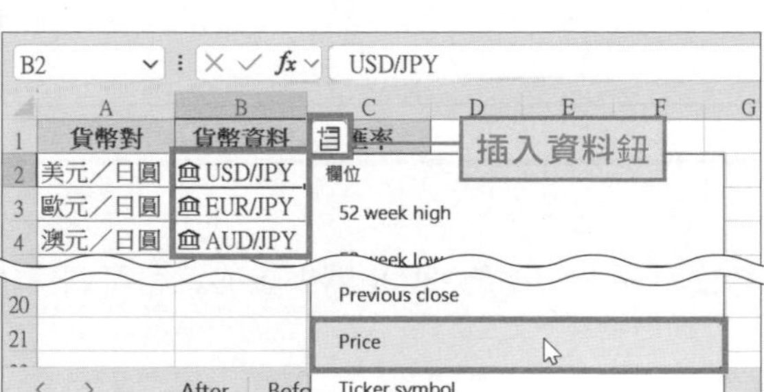

② 儲存格也可以取得欄位值。選取連結的資料類型儲存格，就會顯示**插入資料**鈕，按下按鈕，在欄位清單中選取 **Price**

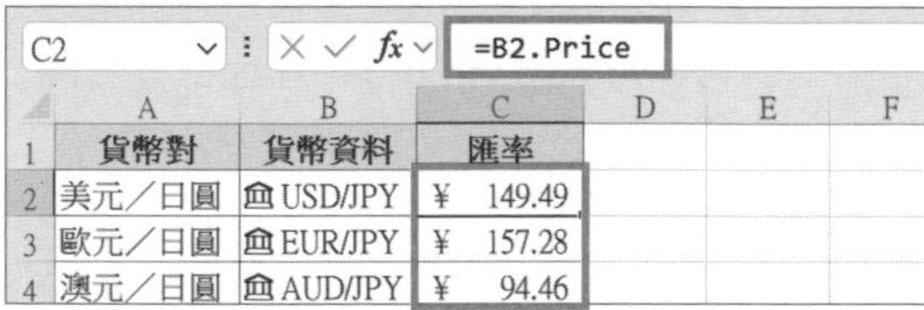

	A	B	C
1	貨幣對	貨幣資料	匯率
2	美元／日圓	USD/JPY	¥ 149.49
3	歐元／日圓	EUR/JPY	¥ 157.28
4	澳元／日圓	AUD/JPY	¥ 94.46

③ 自動在相鄰的儲存格輸入公式「=B2.Price」，顯示 Price 欄位的值 (匯率)

Memo

- 在連結的資料類型儲存格按右鍵，執行**資料類型**→**重新整理**命令，可以將欄位值更新成最新值。此外，執行**資料類型**→**重新整理設定**命令，會開啟**資料類型重新整理設定**工作視窗，設定重新整理的時機。

使用 FIELDVALUE 函數取得資訊

使用 FIELDVALUE 函數也可以在儲存格顯示連結的資料類型資訊。引數「欄位名稱」是以字串形式設定，所以也能使用儲存格輸入的欄位名稱。

▶ 使用 FIELDVALUE 函數取得資訊

C2 =FIELDVALUE($B2,C$1)
值 欄位名稱

C2 =FIELDVALUE($B2,C$1)

	A	B	C	D	E	F	G	H
1	貨幣對	貨幣資料	Price	Last trade time				
2	美元／日圓	🏛 USD/JPY	¥ 149.46	2023/10/16 04:00				
3	歐元／日圓	🏛 EUR/JPY	¥ 157.26	2023/10/16 04:00				
4	澳元／日圓	🏛 AUD/JPY	¥ 94.49	2023/10/16 04:00				

在 C2～D4 儲存格先設定貨幣及日期的顯示格式

值

輸入公式，並往下複製到 D4 儲存格

=FIELDVALUE (值, 欄位名稱) **[365/2021]** 查閱與參照

值…設定連結的資料類型儲存格
欄位名稱…設定想取得的欄位名稱
取得由連結的資料類型設定的欄位資訊。

Memo

- Excel 2021 沒有把字串轉換成連結資料類型的功能，但是轉換後的資料可以使用 FIELDVALUE 函數取得資訊。
- 這裡已經準備了股票、地理位置、動物、化學、食物、人物、植物等各種資料類型。基本上，資料類型為英文，部分類型支援日文。例如，將「加拿大」轉換成地理位置類型，會自動變成「Canada」。欄位會隨著資料類型而改變，例如，地理位置型的國名包括「image (影像)」、「Area (面積)」、「Population (人口)」等欄位。

	A	B	C	D	E	F	G
1	世界面積排名						
2	順序	國名	資料類型	影像 image	面積 (km2) Area	人口 Population	首都 Capital/Major City
3	第1名	俄羅斯	🗺 Russia		17,098,240	144,373,535	🗺 Moscow
4	第2名	加拿大	🗺 Canada		9,984,670	37,589,262	🗺 Ottawa
5	第3名	美國	🗺 United States		9,833,517	328,239,523	🗺 Washington

地理位置型資料

關聯項目 【09-38】載入特定股票的股價資料

07-70 左右合併多個陣列

HSTACK

Microsoft 365 增加了許多操作陣列的函數。其中，HSTACK 函數可以水平連接多個陣列。以下範例將合併兩個資料表的指定欄，建立成一個資料表。當你想取代資料表的各欄內容時，也可以使用這個函數。

▶ 由「新舊商品編號對照」表以及「舊商品清單」表建立「新商品清單」表

H3 =HSTACK(B3:B6,E3:F6)
陣列 1　陣列 2

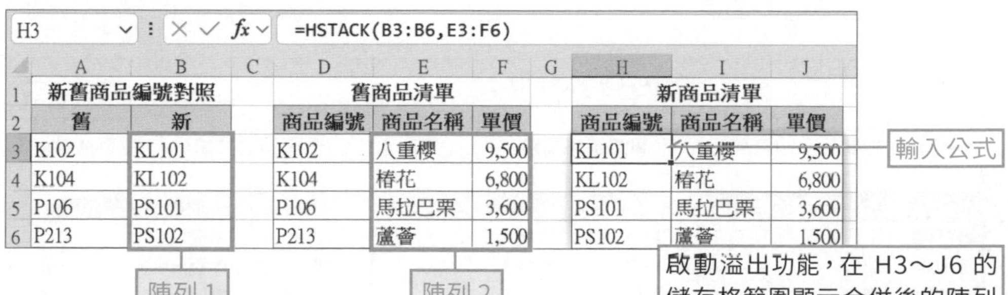

H3　=HSTACK(B3:B6,E3:F6)

	A	B	C	D	E	F	G	H	I	J
1	新舊商品編號對照			舊商品清單				新商品清單		
2	舊	新		商品編號	商品名稱	單價		商品編號	商品名稱	單價
3	K102	KL101		K102	八重櫻	9,500		KL101	八重櫻	9,500
4	K104	KL102		K104	椿花	6,800		KL102	椿花	6,800
5	P106	PS101		P106	馬拉巴栗	3,600		PS101	馬拉巴栗	3,600
6	P213	PS102		P213	蘆薈	1,500		PS102	蘆薈	1,500

=HSTACK(陣列 1, [陣列 2]…)　[365]　查閱與參照

陣列…設定要合併的陣列或儲存格範圍

水平排列「陣列」，合併後再傳回陣列。如果要合併的陣列列數不一致，合併後，空白的陣列部分會顯示為 [#N/A] 錯誤。

Memo

- HSTACK 函數的傳回值可以不顯示在儲存格內，當作虛擬資料表進行各種處理。想要合併、搜尋位於不同工作表的兩個資料表時，使用這個函數就很方便。

I3　=VLOOKUP(I2,HSTACK(B3:B6,E3:F6),2,FALSE)

	A	B	C	D	E	F	G	H	I
1	新舊商品編號對照			舊商品清單				搜尋商品	
2	舊	新		商品編號	商品名稱	單價		商品編號	PS101
3	K102	KL101		K102	八重櫻	9,500		商品名稱	馬拉巴栗
4	K104	KL102		K104	椿花	6,800			
5	P106	PS101		P106	馬拉巴栗	3,600			
6	P213	PS102		P213	蘆薈	1,500			
7									

=VLOOKUP(I2,HSTACK(B3:B6,E3:F6),2,FALSE)

關聯項目【07-71】上下堆疊、合併多個陣列

07-71 上下堆疊、合併多個陣列

VSTACK

使用 Microsoft 365 的 新函數 VSTACK 函數，可以建立上下堆疊多個陣列的新陣列。以下範例要將兩個項目相同的表格「關東」與「關西」合併成一個。表格名稱「關東」、「關西」參照了標題以外的儲存格範圍 (A4:C8、E4:G6)。確認、更改表格名稱的方法請參考【01-28】的說明。

▶ 將關東與關西的銷售表合併成一個

I4 =VSTACK(關東,關西)
陣列 1 陣列 2

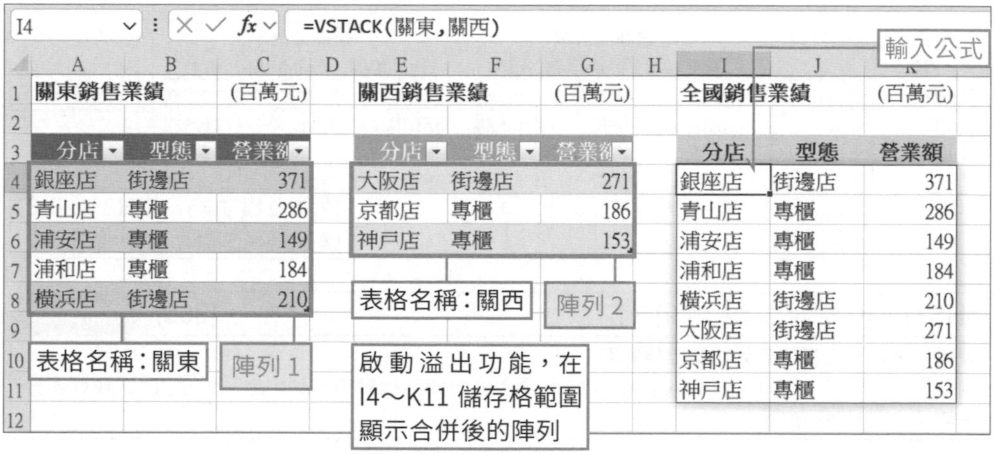

I4 =VSTACK(關東,關西)

輸入公式

	A	B	C	D	E	F	G	H	I	J	K
1	關東銷售業績		(百萬元)		關西銷售業績		(百萬元)		全國銷售業績		(百萬元)
2											
3	分店	型態	營業額		分店	型態	營業額		分店	型態	營業額
4	銀座店	街邊店	371		大阪店	街邊店	271		銀座店	街邊店	371
5	青山店	專櫃	286		京都店	專櫃	186		青山店	專櫃	286
6	浦安店	專櫃	149		神戸店	專櫃	153		浦安店	專櫃	149
7	浦和店	專櫃	184						浦和店	專櫃	184
8	横浜店	街邊店	210						横浜店	街邊店	210
9									大阪店	街邊店	271
10									京都店	專櫃	186
11									神戸店	專櫃	153
12											

表格名稱：關東　陣列 1

表格名稱：關西　陣列 2

啟動溢出功能，在 I4～K11 儲存格範圍顯示合併後的陣列

=VSTACK(陣列 1, [陣列 2]…) [365] 查閱與參照

陣列…設定要合併的陣列或儲存格範圍

垂直排列「陣列」，合併後再傳回陣列。如果要合併的陣列欄數不一致，空白的陣列部分會顯示成 [#N/A] 錯誤。

Memo

- 在表格內新增資料時，公式會重新溢出，VSTACK 函數也會加入新資料。

關聯項目 【07-70】左右合併多個陣列

07-72 整合多個銷售表並依業績排序

SORT／VSTACK

如果要排序以 VSTACK 函數合併的陣列資料，可以在 SORT 函數的引數「陣列」設定 VSTACK 函數。這個範例是依照第 3 欄的營業額遞減排序，在 SORT 函數的引數「排序索引」設定欄編號「3」，在「順序」設定代表遞減排序的「-1」。

▶ 合併關東與關西的銷售表並按照營業額排序

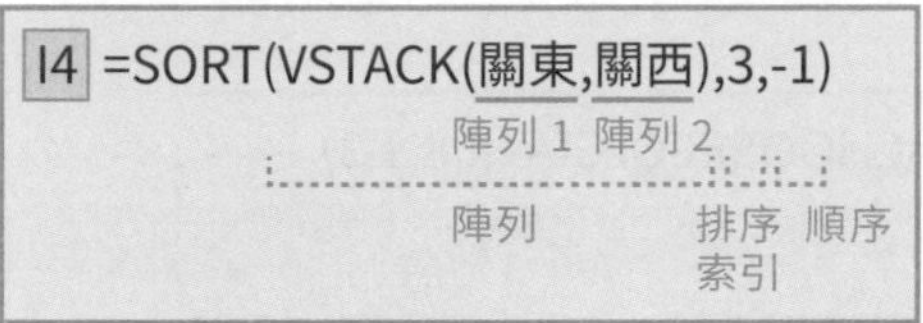

I4 =SORT(VSTACK(關東,關西),3,-1)

輸入公式

	A	B	C	D	E	F	G	H	I	J	K
1	關東銷售業績		(百萬元)		關西銷售業績		(百萬元)		全國銷售業績		(百萬元)
2											
3	分店	型態	營業額		分店	型態	營業額		分店	型態	營業額
4	銀座店	街邊店	371		大阪店	街邊店	271		銀座店	街邊店	371
5	青山店	專櫃	286		京都店	專櫃	186		青山店	專櫃	286
6	浦安店	專櫃	149		神戶店	專櫃	153		大阪店	街邊店	271
7	浦和店	專櫃	184						橫浜店	街邊店	210
8	橫浜店	街邊店	210						京都店	專櫃	186
9									浦和店	專櫃	184
10									神戶店	專櫃	153
11									浦安店	專櫃	149

表格名稱：關東　陣列 1

表格名稱：關西　陣列 2

顯示依照業績排序的資料

=SORT(陣列, [排序索引], [順序], [方向])	→ 07-34
=VSTACK(陣列 1, [陣列 2]…)	→ 07-71

Memo

- 若要以多個基準排序資料，可以將 SORT 函數變成巢狀結構。以下公式是依照「型態」與「營業額」遞減排序。
  =SORT(SORT(VSTACK(關東,關西),3,-1),2,-1)

關聯項目【07-71】上下堆疊、合併多個陣列

07-73 設定列編號與欄編號，從陣列取出列或欄

CHOOSEROWS／CHOOSECOLS

Microsoft 365 的新函數 CHOOSEROWS 函數可以從陣列取出指定列編號的那一列，CHOOSECOLS 函數能從陣列取出指定欄編號的那一欄。你可以設定多個列／欄編號，取出不連續的多列／欄。此外，設定負的列／欄編號，會從末尾取出第○列／欄。這個範例是從資料表中，取出最後一列，以及第 1、3 欄。在第一個儲存格輸入公式，啟動溢出功能，就會在儲存格範圍顯示結果。

▶ 取出倒數第 1 列以及最前面的第 1、3 欄

E2 =CHOOSEROWS(A4:C8,-1)
陣列　列編號 1

E4 =CHOOSECOLS(A4:C8,1,3)
陣列　欄編號 1　欄編號 2

E2 =CHOOSEROWS(A4:C8,-1)

	A	B	C	D	E	F	G	H
1	關東銷售業績		(百萬元)					
2					橫浜店	街邊店	210	
3	分店	型態	營業額					
4	銀座店	街邊店	371		銀座店	371		
5	青山店	專櫃	286		青山店	286		
6	浦安店	專櫃	149		浦安店	149		
7	浦和店	專櫃	184		浦和店	184		
8	橫浜店	街邊店	210		橫浜店	210		
9								

陣列

使用 CHOOSEROWS 函數取出最後一列

使用 CHOOSECOLS 函數取出第 1 欄與第 3 欄

=CHOOSEROWS(陣列, 列編號 1, [列編號 2]…) [365] 查閱與參照

陣列…設定要取出的原始陣列或儲存格範圍
列編號…設定要取出的列編號。如果是正值，由上開始計算列編號，若是負值，則由末尾開始計算列編號
由「陣列」取出「列編號」的指定列。

=CHOOSECOLS(陣列, 欄編號 1, [欄編號 2]…) [365] 查閱與參照

陣列…設定要取出的原始陣列或儲存格範圍
欄編號…設定要取出的欄編號。如果是正值，由左開始計算欄編號，若是負值，則從末尾開始計算欄編號
由「陣列」取出「欄編號」的指定欄。

關聯項目 【07-45】從資料表中取出指定欄
【07-74】從已經輸入標題的位置取出其他資料表的指定欄

07-74 從已經輸入標題的位置取出其他資料表的指定欄

CHOOSECOLS／XMATCH

如下圖所示，從會員名單中取出指定欄，排列在已經輸入的欄標題 (G2～I2 儲存格) 下方。使用 CHOOSECOLS 函數，取出指定欄時，必須在引數「欄編號」設定欄編號的數值，而不是欄標題的文字。因此，使用 XMATCH 函數，比對 G2～I2 儲存格的字串與會員名單的欄標題，取得各個欄編號，然後設定在 CHOOSECOLS 函數的引數「欄編號」內。

▶ 比對欄標題，排序資料表各欄

```
G3 =CHOOSECOLS(A3:E7,XMATCH(G2:I2,A2:E2))
```

搜尋值　搜尋範圍

陣列　欄編號 1：{5,2,3}

G3　=CHOOSECOLS(A3:E7,XMATCH(G2:I2,A2:E2))

	A	B	C	D	E	F	G	H	I	J
1	會員名單						切換			
2	No	會員姓名	年齡	地址	等級		等級	會員姓名	年齡	
3	1	金煥日	33	台北市	B		B	金煥日	33	
4	2	官香淩	51	台中市	A		A	官香淩	51	
5	3	王泰誠	28	台南市	C		C	王泰誠	28	
6	4	何修一	39	新竹市	A		A	何修一	39	
7	5	黃明原	42	新北市	B		B	黃明原	42	

依這裡的欄標題順序取出各欄

陣列　輸入公式

=CHOOSECOLS(陣列, 欄編號 1, [欄編號 2]…)	→ 07-73
=XMATCH(搜尋值, 搜尋範圍, [相符模式], [搜尋模式])	→ 07-30

Memo

- 可以同時取代欄並排序列。例如，若要按照等級遞增排序 (A、B、C)，可以建立以下公式。
  =CHOOSECOLS(SORT(A3:E7,5),XMATCH(G2:I2,A2:E2))

關聯項目 【07-38】依輸入的欄標題排序各欄
【07-73】設定列編號與欄編號，從陣列取出列或欄

07-75 從陣列開頭或末尾取出連續的列或欄

TAKE

Microsoft 365 的新函數 TAKE 函數，可以傳回從陣列取出指定列數與欄數的陣列。引數「列數」、「欄數」設為正值，可以從開頭取值，設定為負值，會從末尾取值。【07-73】介紹過的 CHOOSEROWS 函數與 CHOOSECOLS 函數能取出不相鄰的列或欄，而 TAKE 函數是從開頭或末尾取出連續的列或欄。其特色是可以同時取出列與欄。

▶ 取出前 3 欄／取出前 2 列與最後 3 欄

F3 =TAKE(A3:D7,,3)
陣列　欄數

J3 =TAKE(A3:D7,2,-3)
陣列　列數　欄數

F3　=TAKE(A3:D7,,3)

	A	B	C	D	E	F	G	H	I	J	K	L	M
1	會員名單					取出前三欄				取出前兩列及後三欄			
2	No	會員姓名	年齡	等級		No	會員姓名	年齡		會員姓名	年齡	等級	
3	1	金煥日	33	B		1	金煥日	33		金煥日	33	B	
4	2	官香凌	51	A		2	官香凌	51		官香凌	51	A	
5	3	王泰誠	28	C		3	王泰誠	28					
6	4	何修一	39	A		4	何修一	39					
7	5	黃明原	42	B		5	黃明原	42					
8													

陣列

公式溢出，取出前 3 欄

公式溢出，取出前 2 列與末尾 3 欄

=TAKE(陣列, [列數], [欄數])　[365]　查閱與參照

陣列…設定要取出的原始陣列或儲存格範圍

列數…設定從「陣列」取出的列數。正值是從上方開始取出列數，負值是從末尾開始取出列數。省略時，取出和「陣列」一樣的列數

欄數…設定從「陣列」取出的欄數。正值是從左方開始取出欄數，負值是從末尾開始取出欄數。省略時，取出和「陣列」一樣的欄數

從「陣列」的開頭或末尾取出指定的「列數」、「欄數」再建立陣列。無法同時省略「列數」與「欄數」。

關聯項目 【07-76】排除陣列開頭或末尾的連續列或欄

07-76 排除陣列開頭或末尾的連續列或欄

DROP

Microsoft 365 的新函數 DROP 函數會排除陣列中指定的列數與欄數再傳回陣列。引數「列數」、「欄數」設為正值，會從頭開始排除指定的列數或欄數，設為負值，會從末尾開始排除指定的列數或欄數。【07-75】介紹的 TAKE 函數是設定要取出的列數／欄數，而 DROP 函數是設定要排除的列數／欄數。這個範例使用和【07-75】的 TAKE 函數一樣的陣列，以 DROP 函數排除指定列數或欄數。

▶ 排除最後 1 欄／排除末尾 3 列與開頭 1 欄

F3 =DROP(A3:D7,,-1)
陣列 欄數

J3 =DROP(A3:D7,-3,1)
陣列 列數 欄數

F3 =DROP(A3:D7,,-1)

	A	B	C	D	E	F	G	H	I	J	K	L	M
1	會員名單					排除末尾一欄				排除末尾三列、開頭一欄			
2	No	會員姓名	年齡	等級		No	會員姓名	年齡		會員姓名	年齡	等級	
3	1	金煥日	33	A		1	金煥日	33		金煥日	33	A	
4	2	官香凌	51	A		2	官香凌	51		官香凌	51	A	
5	3	王泰誠	28	B		3	王泰誠	28					
6	4	何修一	39	B		4	何修一	39					
7	5	黃明原	42	C		5	黃明原	42					
8													

陣列

公式溢出，排除末尾 1 欄

公式溢出，排除末尾 3 列與開頭 1 欄

=DROP(陣列, [列數], [欄數])　[365]　查閱與參照

陣列…設定要取出的原始陣列或儲存格範圍

列數…設定要從「陣列」排除的列數。正值是排除從上方開始的列數，負值是排除從末尾開始的列數。省略時，不會排除任何列數

欄數…設定要從「陣列」排除的欄數。正值是排除從左方開始的欄數，負值是排除從末尾開始的欄數

建立排除「陣列」的開頭或末尾指定「列數」、「欄數」的陣列。「列數」與「欄數」無法同時省略。

關聯項目 【07-75】從陣列開頭或末尾取出連續的列或欄

Excel 07-77 將多個資料表合而為一並從中取出資料

LET／VSTACK／FILTER／CHOOSECOLS

如下圖所示，試著從兩個資料表中，取出「街邊店」的資料。使用 VSTACK 函數垂直連結資料，接著利用 FILTER 函數進行篩選。如果是已經輸入儲存格的資料表，可以用儲存格編號設定取出條件，如「B4:B8="街邊店"」。可是這次要取出的是以 VSTACK 函數連結的資料表，沒有儲存格編號，因此使用 CHOOSECOLS 函數設定條件，如「以 VSTACK 函數連結的資料表第 2 欄="街邊店"」。此時，公式中的 VSTACK 函數會出現兩次，所以使用 LET 函數，將 VSTACK 函數的運算式命名為「ar」(陣列 ARRAY 的縮寫)，提高處理效率。

▶ **從關東與關西的資料表中取出街邊店的資料**

I4 =LET(ar,VSTACK(A4:C8,E4:G6),FILTER(ar,CHOOSECOLS(ar,2)="街邊店"))

將連結兩個儲存格範圍的資料表命名為「ar」

從「ar」取出與「ar」的第 2 欄為「街邊店」相等的資料

I4 =LET(ar,VSTACK(A4:C8,E4:G6),FILTER(ar,CHOOSECOLS(ar,2)="街邊店"))

	A	B	C	D	E	F	G	H	I	J	K	L
1	關東銷售業績		(百萬元)		關西銷售業績		(百萬元)		街邊店銷售業績		(百萬元)	
2												
3	分店	型態	營業額		分店	型態	營業額		分店	型態	營業額	
4	銀座店	街邊店	371		大阪店	街邊店	271		銀座店	街邊店	371	
5	青山店	專櫃	286		京都店	專櫃	186		橫浜店	街邊店	210	
6	浦安店	專櫃	149		神戶店	專櫃	153		大阪店	街邊店	271	
7	浦和店	專櫃	184									
8	橫浜店	街邊店	210									
9												

輸入公式

從兩個資料表取出街邊店的資料

=LET(名稱 1, 公式 1, [名稱 2, 公式 2]…, 計算方式) → 03-32

=VSTACK(陣列 1, [陣列 2]…) → 07-71

=FILTER(陣列, 條件, [找不到時]) → 07-40

=CHOOSECOLS(陣列, 欄編號 1, [欄編號 2]…) → 07-73

關聯項目 【07-40】從資料表取出符合條件的資料
【07-71】上下堆疊、合併多個陣列

07-78 將一欄的陣列轉換成多列 × 多欄的陣列

WRAPROWS／WRAPCOLS

請將排成一欄的姓名重新排列，每 5 個換行。使用 Microsoft 365 的新函數 WRAPROWS 函數，可以水平排列 5 個資料再換到下一列。另外，使用 WRAPCOLS 函數，能垂直排列 5 個資料再換到下一欄。在此將空白儲存格顯示為「--」。

▶ 將排列成一欄的姓名，每 5 個排成一列後換行

E3 =WRAPROWS(B3:B14,5,"--")
（B3:B14：向量；5：換行數；"--"：替代值）

L2 =WRAPCOLS(B3:B14,5,"--")
（B3:B14：向量；5：換行數；"--"：替代值）

E3 =WRAPROWS(B3:B14,5,"--")

	A	B	C	D	E	F	G	H	I	J	K	L	M	N	O
1	工作人員名單				WRAPROWS						WRAPCOLS				
2	No	姓名	年齡		→	→	→	→	→		↓	佳軒	秉彥	明泰	
3	1	佳軒	37		佳軒	美晴	左伊	明賢	震瑜		↓	美晴	凱堡	翊安	
4	2	美晴	43		秉彥	凱堡	峻瑋	惠文	郁森		↓	左伊	峻瑋	--	
5	3	左伊	30		明泰	翊安	--	--	--		↓	明賢	惠文	--	
6	4	明賢	37								↓	震瑜	郁森	--	
7	5	震瑜	28												
8	6	秉彥	25												
9	7	凱堡	23												
10	8	峻瑋	44												
11	9	惠文	23												
12	10	郁森	30												
13	11	明泰	25												
14	12	翊安	30												

使用 WRAPROWS 函數水平排列 5 個姓名

使用 WRAPCOLS 函數垂直排列 5 個姓名

向量（B3:B14）

=WRAPROWS(向量, 換行數, [替代值]) [365] 查閱與參照

=WRAPCOLS(向量, 換行數, [替代值]) [365] 查閱與參照

向量…設定要分割的一列或一欄陣列或儲存格範圍
換行數…設定「向量」元素排列幾個後再換行
替代值…設定「向量」分割成多欄 × 多列時，若出現空白儲存格的顯示值。省略時，空白儲存格會出現錯誤值 [#N/A]
WRAPROWS 函數是水平排列「向量」，傳回設定的「換行數」換行的陣列。
WRAPCOLS 函數是垂直排列「向量」，傳回設定的「換行數」換行的陣列。

關聯項目 【07-33】將縱向排成一欄的資料分割成多列、多欄
【07-79】將多列 × 多欄的陣列轉換成一列或一欄的陣列

07-79 將多列 × 多欄的陣列轉換成一列或一欄的陣列

TOROW／TOCOL

如果要將資料表的資料排列成一列，可以使用 TOROW 函數，若要排成一欄，可以使用 TOCOL 函數。這兩個函數都是 Microsoft 365 的新函數，能將多列×多欄排成一列或一欄，或垂直欄轉換成水平欄，水平欄轉換成垂直欄。

下圖使用 TOROW 函數將 3 列 2 欄排成一列，使用 TOCOL 函數排成一欄。此時，逐列取出資料，依照「1、李秉佑、2、謝承熏、3、黃伊玫」的順序排列，引數「方向」若設為「TRUE」，可以逐欄取出資料，依「1、2、3、李秉佑、謝承熏、黃伊玫」的順序排列。

▶ 將 3 列 2 欄排成 1 列／1 欄

D2 =TOROW(A3:B5)
陣列

K2 =TOCOL(A3:B5)
陣列

D2 =TOROW(A3:B5)

	A	B	C	D	E	F	G	H	I	J	K	L
1	名單			TOROW							TOCOL	
2	No	姓名		1	李秉佑	2	謝承熏	3	黃伊玫		1	
3	1	李秉佑									李秉佑	
4	2	謝承熏									2	
5	3	黃伊玫									謝承熏	
6											3	
7											黃伊玫	
8												
9												

陣列

使用 TOROW 函數將陣列排成一列

使用 TOCOL 函數將陣列排成一欄

=TOROW(陣列, [忽略值], [方向]) [365] 查閱與參照

=TOCOL(陣列, [忽略值], [方向]) [365] 查閱與參照

陣列…設定要排成一列或一欄的原始陣列或儲存格範圍
忽略值…設定忽略值。設為「0」，會維持所有的值 (預設值)。設為「1」，忽略空白、設為「2」，忽略錯誤值。設為「3」，忽略空白與錯誤值
方向…設定取出順序。設定為「FALSE」，逐列取出「陣列」(預設值)。設定為「TRUE」，逐欄取出「陣列」
TOROW 函數是將「陣列」排成一列，TOCOLS 函數是將「陣列」排成一欄。

關聯項目 【07-78】將一欄的陣列轉換成多列 × 多欄的陣列

07-80 以指定列數與欄數擴大陣列

EXPAND

使用 Microsoft 365 的新函數 EXPAND 函數，可以依照指定列數與欄數擴大陣列。在引數「替代值」設定擴大後的空白處要顯示的值。此範例是將 4 列 2 欄的陣列增加 1 欄，擴大成 4 列 3 欄。由於「列數」不變，可以省略設定，將「欄數」設為「3」。這裡希望空白儲存格變成空白，所以把「替代值」設定為「""」。

▶ 將 4 列 2 欄的陣列擴大成 4 列 3 欄

D3 =EXPAND(A3:B6,,3,"")

	A	B	C	D	E	F	G
1	名單			擴大陣列			
2	No	姓名		No	姓	檢查	
3	1	李秉佑		1	李秉佑		
4	2	謝承熏		2	謝承熏		
5	3	黃伊玫		3	黃伊玫		
6	4	張佩恩		4	張佩恩		
7							

陣列

輸入公式

擴大了一欄

=EXPAND(陣列, [列數], [欄數], [替代值]) [365] 查閱與參照

陣列…設定要擴大的原始陣列或儲存格
列數…設定擴大後的列數。省略時，列數與原始「陣列」一樣
欄數…設定擴大後的欄數。省略時，欄數與原始「陣列」一樣
替代值…設定在擴大後的位置要輸入的值。省略時，會以錯誤值 [#N/A] 填滿
依照「陣列」設定的「列數」與「欄數」擴大。「列數」或「欄數」設定了小於原始「陣列」大小的值時，會傳回錯誤值 [#VALUE!]。

Memo

- EXPAND 函數可以組合其他函數。例如，在【**07-71**】的範例輸入以下公式，合併「關東」與「關西」時，會插入空白列。
  =VSTACK(EXPAND(關東,ROWS(關東)+1,,""),關西)

07-81 依寄件地址標籤格式重新排列通訊錄的資料

WRAPCOLS／TOCOL／HSTACK

【07-70】～【07-80】介紹了操作陣列的函數，組合這些函數，可以發揮更強大的效果。以下範例將依照寄件地址標籤格式重新排列「通訊錄」工作表的資料。

▶ 以寄件地址標籤格式重新排列通訊錄的資料

	A	B	C	D	E
1	No	姓名	郵遞區號	地址	
2	1	橋本　淳	153-0064	東京都目黑區下目黒x-x	
3	2	岸邊　紀子	689-3514	鳥取縣米子市尾高x-x	
4	3	長峰　琢磨	277-0884	千葉縣柏市綠台x-x	
5	4	水木　理惠	410-0006	静岡縣沼津市中澤田x-x	
6	5	高松　良平	334-0011	埼玉縣川口市三和x-x	

① 此範例的「通訊錄」工作表已經輸入 5 筆寄件地址

A1 =WRAPCOLS(TOCOL(HSTACK(通訊錄!C2:D6,通訊錄!B2:B6 & "先生/小姐")),9,"")

①：合併郵遞區號、地址的陣列與「姓名 先生/小姐」的陣列

②：將①的陣列排成一欄

③：將②的陣列垂直排列 9 個元素再換行

A1 =WRAPCOLS(TOCOL(HSTACK(通訊錄

	A	B	C	D
1	153-0064	410-0006		
2	東京都目黑區下目黒x-x	静岡縣沼津市中澤田x-x		
3	橋本　淳先生/小姐	水木　理惠先生/小姐		
4	689-3514	334-0011		
5	鳥取縣米子市尾高x-x	埼玉縣川口市三和x-x		
6	岸邊　紀子先生/小姐	高松　良平先生/小姐		
7	277-0884			
8	千葉縣柏市綠台x-x			
	長峰　琢磨先生/小姐			

② 使用 HSTACK 函數往水平方向合併郵遞區號、地址的陣列、在姓名加上「先生/小姐」的陣列。使用 TOCOL 函數將陣列排成一欄，再利用 WRAPCOLS 函數垂直排列，置入 9 個元素後，換成下一欄，空的儲存格變成空白。這裡組合了三個函數，若再搭配 EXPAND 函數，擴大陣列的列，並使用 CHOOSEROWS 函數重新排列，就能插入空列

=WRAPCOLS(向量, 換行數, [替代值]) → 07-78

=TOCOL(陣列, 忽略值 ,方向) → 07-79

=HSTACK(陣列 1, [陣列 2]…) → 07-70

關聯項目 【07-78】將一欄的陣列轉換成多列 × 多欄的陣列
【07-79】將多列 × 多欄的陣列轉換成一列或一欄的陣列

Chapter 8

第8章

統計計算

計算出有用的統計值以進行資料分析

08-01 計算眾數 (mode)

MODE.SNGL

眾數是指一組數值資料中出現次數最頻繁的值。使用 MODE.SNGL 函數可以計算出眾數。下圖輸入了 3 個「70」,2 個「65」,以及其他數值各一個,所以眾數是「70」。

▶ 計算 10 個數值的眾數

D3 =MODE.SNGL(B3:B12)
數值 1

D3 =MODE.SNGL(B3:B12)

	A	B	C	D	E	F
1	實力測驗結果					
2	排名	分數		眾數		
3	1	95		70		
4	2	85				
5	3	80				
6	4	70				
7	5	70				
8	6	70				
9	7	65				
10	8	65				
11	9	50				
12	10	40				
13						

計算出眾數

數值 1

=MODE.SNGL(數值 1, [數值 2]…) 統計

數值…設定數值或儲存格範圍,忽略非數值的資料
傳回數值資料的**眾數** (mode)。眾數是指在指定的數值資料中,最常出現的值。假如有多個眾數,會傳回第一個出現的眾數。如果沒有眾數 (所有資料都不同),則傳回錯誤值 [#N/A],「數值」最多可以設定 255 個。

Memo

- 假如有多個眾數,MODE.SNGL 函數的傳回值是第一個出現的數值。例如「8、4、1、4、8」,在「8」與「4」當中,第一個出現的「8」是眾數。如果想計算全部的眾數,請參考【08-02】的說明。

關聯項目 【08-02】計算所有眾數 (mode)

08-02 計算所有眾數 (mode)

MODE.MULT

把 MODE.MULT 函數當作陣列公式 (→【01-31】) 輸入，可以計算多個眾數。以下範例將計算出「80」、「70」、「65」三個眾數。如果先選取多個儲存格再輸入公式，多餘的儲存格會顯示為 [#N/A]。

▶ 計算 10 個數值中的所有眾數

D3:D6 =MODE.MULT(B3:B12)
數值 1　[以陣列公式輸入]

D3　{=MODE.MULT(B3:B12)}

	A	B	C	D	E	F
1	實力測驗結果					
2	排名	分數		眾數		
3	1	95		80		
4	2	85		70		
5	3	80		65		
6	4	80		#N/A		
7	5	70				
8	6	70				
9	7	65				
10	8	65				
11	9	50				
12	10	40				
13						

數值 1

選取 D3～D6 儲存格，輸入公式，按下 Ctrl + Shift + Enter 鍵確定

顯示所有的眾數

在空白儲存格顯示 [#N/A]

=MODE.MULT(數值 1, [數值 2]…)　統計

數值…設定數值或儲存格範圍，忽略非數值的資料

傳回數值資料的**眾數** (mode)。以陣列公式輸入，如果有多個眾數，可以顯示出所有眾數。若沒有眾數，則傳回錯誤值 [#N/A]。「數值」最多可以設定 255 個。

Memo

- Microsoft 365 與 Excel 2021 只要選取 D3 儲存格，輸入此範例的公式，按下 Enter 鍵，公式會依照眾數的數量溢出儲存格 (→【01-32】)，顯示所有眾數。

關聯項目 【08-01】計算眾數 (mode)

08-03 計算中位數 (median)

MEDIAN

中位數是指依照大小排列數值時，位於中央的值。使用 MEDIAN 函數，可以輕易算出中位數。下圖要計算 10 個數值的中位數，由於數值的數量是偶數，所以中位數是第 5、6 個數值「400」與「420」的平均值「410」。

▶ 計算 10 個數值的中位數

D3 =MEDIAN(B3:B12)
數值 1

D3 =MEDIAN(B3:B12)

	A	B	C	D	E	F
1	問卷調查結果					
2	No	年收 (萬元)		中位數		
3	1	280		410		
4	2	570				
5	3	300		平均數		
6	4	400		552		
7	5	1,600				
8	6	200				
9	7	420				
10	8	350				
11	9	900				
12	10	500				
13						

計算出中位數

數值 1

=MEDIAN(數值 1, [數值 2]…) 統計

數值…設定數值或儲存格範圍，忽略非數值的資料

傳回數值資料的中位數 (median)。中位數是指依大小排列數值時，位置剛好在中央的值。如果數值為奇數，中央的值就是中位數，若是偶數，會傳回兩個中央數值的平均值。「數值」最多可以設定 255 個。

Memo

- 測量多個數值資料的中心指標包括平均數、中位數、眾數。其中，中位數與眾數的優點是，與平均數相比，較不易受到極端資料的影響。

關聯項目 【02-38】計算平均值 (相加平均、算術平均)

08-04 計算每個區間的資料數量，建立頻率分布表

FREQUENCY

在此要以 10 歲為單位來劃分年齡，計算各區間的人數，建立頻率分布表。在頻率分布表輸入各個區間的上限值 (這裡是指「29」、「39」、「49」)，選取人數欄的 H3～H6 儲存格，把 FREQUENCY 函數當作陣列公式輸入，就可以一次計算出各區間的人數。

▶ 建立頻率分布表

H3:H6 =FREQUENCY(C3:C10,G3:G5)
資料陣列 區間陣列 [以陣列公式輸入]

H3 {=FREQUENCY(C3:C10,G3:G5)}

	A	B	C	D	E	F	G	H	I
1	客戶名單								
2	No	姓名	年齡		年齡			人數	
3	1	張曉芬	27			～	29	1	
4	2	劉美如	41		30	～	39	2	
5	3	謝東晉	53		40	～	49	4	
6	4	李本源	45		50	～		1	
7	5	袁青嵐	30						
8	6	王馨沛	45						
9	7	蔡錦萱	37						
10	8	吳偉宗	40						

輸入各區間的上限值

選取 H3～H6 儲存格，輸入公式，按下 Ctrl + Shift + Enter 鍵確定

區間陣列

資料陣列

=FREQUENCY(資料陣列, 區間陣列) 統計

資料陣列…設定要計算的資料
區間陣列…設定各個區間的上限值
計算「區間陣列」設定的每個區間內包含多少「資料陣列」的數值，分別傳回各個數量，當作垂直方向的陣列公式輸入。

Memo

- FREQUENCY 函數的傳回值數量比「區間陣列」的個數多一個。最後的傳回值會傳回超過「區間陣列」最大值 (這裡是指「49」) 的資料數量。
- Microsoft 365 與 Excel 2021 只要在 H3 儲存格輸入公式，按下 Enter 鍵，啟動公式溢出功能，就能一次計算出每個區間的人數。

關聯項目 【01-31】輸入陣列公式

08-05 計算變異數

VAR.P

在此要從經過全數檢查後的產品重量資料計算變異數。變異數是測量資料分散程度的指標。這次要針對所有產品資料進行計算，因此可以使用計算母體分散程度 (母體變異數) 的 VAR.P 函數。

▶ 計算全數檢查後的商品重量變異數

D3 =VAR.P(B3:B10)
數值 1

D3 =VAR.P(B3:B10)

	A	B	C	D	E
1	全數檢查				
2	商品No	重量(mg)		變異數	
3	1	61		1.25	
4	2	58			
5	3	59		平均數	
6	4	60		59.5	
7	5	58			
8	6	61			
9	7	59			
10	8	60			

計算出變異數

數值 1

=VAR.P(數值 1, [數值 2]…) 統計

數值…設定數值或儲存格範圍，忽略非數值的儲存格
把引數當作母體，計算變異數。「數值」最多可以設定 255 個。

Memo

- 整個資料的集合稱作**母體** (Population)，從母體隨機取出的資料稱作**樣本** (Sample)，VAR.P 函數可以計算母體的變異數。
- 變異數是測量平均數周圍資料分散程度的指標，變異數的值愈大，平均數的分散程度愈大。透過以下公式可以計算變異數。

$$\text{VAR.P}=\frac{\sum(\text{資料}-\text{平均數})^2}{\text{資料數量}}$$

$$=\frac{1}{8}\{(61-59.5)^2+(58-59.5)^2+\cdots+(60-59.5)^2\}=1.25$$

關聯項目【08-07】計算標準差

08-06 計算不偏變異數，推測母體變異數

VAR.S

從抽樣檢查的產品重量資料中，計算不偏變異數。不偏變異數是母體變異數的估算值，使用 VAR.S 函數可以計算不偏變異數。

▶ 計算抽樣檢查產品的重量與不偏變異數

D3 =VAR.S(B3:B10)
數值 1

D3 =VAR.S(B3:B10)

	A	B	C	D	E
1	抽樣檢查				
2	商品No	重量(mg)		不偏變異數	
3	1	61		1.428571429	
4	2	58			
5	3	59		平均數	
6	4	60		59.5	
7	5	58			
8	6	61			
9	7	59			
10	8	60			

計算出不偏變異數

數值 1

=VAR.S(數值 1, [數值 2]…) 統計

數值…設定數值或儲存格範圍，忽略非數值的儲存格
把引數當作樣本，計算不偏變異數。「數值」最多可以設定 255 個。

Memo

- 如果產品的重量檢查很難查驗所有母體時，有時會檢查隨機取出的樣本(Sample)，從該資料中，推測母體的變異數。使用 VAR.S 函數可以計算不偏變異數，當作母體變異數的推估值。計算不偏變異數的公式如下。

$$\text{VAR.S} = \frac{\sum(\text{資料}-\text{平均數})^2}{\text{資料數量}-1}$$

$$= \frac{1}{7}\{(61-59.5)^2+(58-59.5)^2+\cdots+(60-59.5)^2\} = 1.42857\cdots$$

關聯項目 【08-08】推測母體的標準差

08-07 計算標準差

STDEV.P

使用 STDEV.P 函數計算全數檢查後的產品重量資料標準差。標準差是變異數的正平方根，和變異數一樣，是檢測資料在平均數周圍的分散程度。

▶ 計算全數檢查的商品重量標準差

D3 =STDEV.P(B3:B10)
數值 1

D3 =STDEV.P(B3:B10)

	A	B	C	D	E
1	全數檢查				
2	商品No	重量(mg)		標準差	
3	1	61		1.118034	
4	2	58			
5	3	59		平均數	
6	4	60		59.5	
7	5	58			
8	6	61			
9	7	59			
10	8	60			
11					

計算出標準差

數值 1

=STDEV.P(數值 1, [數值 2]…) 統計

數值…設定數值或儲存格範圍，忽略非數值的儲存格
把引數當作母體，計算標準差。「數值」可以設定 255 個。

Memo

- 標準差與變異數的關係是「標準差=$\sqrt{變異數}$」。這個範例的公式設為「=SQRT(VAR.P(B3:B10))」，也可以得到相同的結果。
- 變異數在計算過程中，資料會經過平方，因此無法直接比較資料與變異數。然而，標準差是變異數的平方根，與原始資料同單位，能輕易做比較。假設標準差為「1.1」，表示「平均數 ± 1.1mg 的範圍內，有 ○% 的資料分布」，優點是比變異數更直覺。

關聯項目【08-05】計算變異數

08-08 推測母體的標準差

STDEV.S

有了抽樣檢查的產品重量資料 (樣本)，使用 STDEV.S 函數，就能推測全部產品 (母體) 的標準差。即使無法檢查所有產品，也能透過此估算值掌握母體的狀況。

▶ 推測全部產品的重量標準差

D3 =STDEV.S(B3:B10)
數值 1

D3 =STDEV.S(B3:B10)

	A	B	C	D	E
1	抽樣檢查				
2	商品No	重量(mg)		標準差	
3	1	61		1.195229	
4	2	58			
5	3	59		平均數	
6	4	60		59.5	
7	5	58			
8	6	61			
9	7	59			
10	8	60			
11					

計算標準差的估算值

數值 1

=STDEV.S(數值 1, [數值 2]…) 統計

數值…設定數值或儲存格範圍，忽略非數值的儲存格

把引數當作樣本，計算母體的標準差估算值。「數值」最多可以設定 255 個。

Memo

- 樣本為常態分布時，在「平均數±標準差」的範圍內，包含約 68% 的資料，「平均數±標準差×2」的範圍內，包含約 95% 的資料。假設平均數為「μ」，標準差為「σ」，結果如右圖所示。

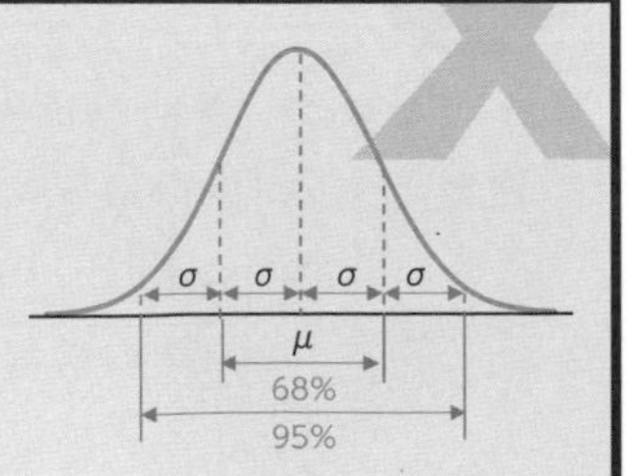

關聯項目 【08-06】計算不偏變異數，推測母體變異數

08-09 計算平均差

AVEDEV

平均差也是測量資料分散程度的指標之一。平均差是顯示各個資料與平均值的平均差異程度。使用 AVEDEV 函數可以計算平均差。

▶ 計算平均差

D3 =AVEDEV(B3:B10)
數值 1

D3 =AVEDEV(B3:B10)

	A	B	C	D	E
1	商品檢查				
2	商品No	重量(mg)		平均差	
3	1	61		1	
4	2	58			
5	3	59		平均數	
6	4	60		59.5	
7	5	58			
8	6	61			
9	7	59			
10	8	60			
11					

計算出平均差

數值 1

=AVEDEV(數值 1, [數值 2]…) 統計

數值…設定數值或儲存格範圍，忽略非數值的儲存格
傳回平均差。差是指各個值與平均值之間的差異，而平均差是指差的平均值。「數值」最多可以設定 255 個。

Memo

- 平均差是差（資料與平均值的差）的絕對值除以資料數量的結果。以上述範例的資料而言，可以用以下方式計算出平均差。

$$平均差 = \frac{\sum|資料-平均數|}{資料數量}$$

$$= \frac{1}{8}(|61-59.5|+|58-59.5|+\cdots+|60-59.5|) = 1$$

關聯項目 【08-10】計算變動（平方差總和）

08-10 計算變動 (平方差總和)

DEVSQ

「變動」是測量資料分散程度的一種指標，在計算變異數的公式中，相當於分子的數值。在 DEVSQ 函數的引數設定資料的儲存格範圍，就可以計算出來。

▶ 計算變動

D3 =DEVSQ(B3:B10)
數值 1

D3 =DEVSQ(B3:B10)

	A	B	C	D	E
1	商品檢查				
2	商品No	重量(mg)		變動	
3	1	61		10	
4	2	58			
5	3	59		平均數	
6	4	60		59.5	
7	5	58			
8	6	61			
9	7	59			
10	8	60			
11					

計算出變動

數值 1

=DEVSQ(數值 1, [數值 2]…) 統計

數值…設定數值或儲存格範圍，忽略非數值的儲存格
傳回變動。變動是指差 (各值與平均數的差異) 的平方總和。「數值」最多可以設定 255 個。

Memo

- **變動**是差 (各值與平均數的差異) 的平方總和，又稱作**平方差總和**。以範例資料而言，可以用以下公式計算出變動。

  變動 = $\sum$(資料－平均數)^2

  $= (61-59.5)^2+(58-59.5)^2+\cdots+(60-59.5)^2=10$

- 變動值除以資料數量的結果與【08-05】計算的變異數一致。

關聯項目 【08-09】計算平均差

08-11 計算偏態 (分布的偏度)

SKEW

隨機選擇某個地區的學生打工收入，輸入 A2～B5 儲存格，可以使用 SKEW 函數，推測整個地區分布的**偏態**。**偏態**是測量分布偏度的指標，以下範例的偏態約為 1.3，所以分布的峰度往左偏。

▶ 計算分布的偏態

D2 =SKEW(A2:B5)

	A	B	C	D	E
1	打工收入 (萬元)			偏態	
2	2	11		1.299187	
3	4	5			
4	7	1			
5	3	3			
6					

數值 1
計算出偏態

=SKEW(數值 1, [數值 2]…) 統計

數值…設定數值或儲存格範圍，忽略非數值的儲存格

傳回母體的偏態估計值。偏態代表分布是否左右對稱，如果分布以平均數為中心，左右對稱的話，偏態為 0。假如分布的峰度在左邊，尾部往右延伸時，偏態為正值，形狀相反時，偏態為負值。「數值」最多可以設定 255 個。

Memo

- 將值的分布繪製成圖表，就能容易瞭解偏態與分布的偏斜關係。

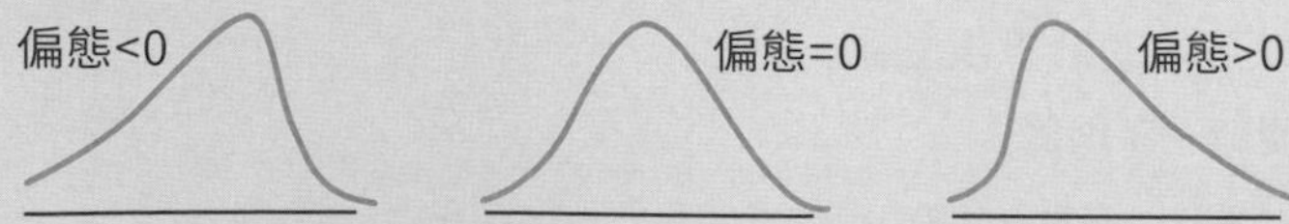

- 如果要計算母體本身的偏態，可以使用 SKEW.P 函數。SKEW 函數是透過 STDEV.S 函數的值來進行計算，相對而言，SKEW.P 函數是使用 STDEV.P 函數的值進行計算。

關聯項目 【08-12】計算峰度值 (分布的集中狀態)

08-12 計算峰度值 (分布的集中狀態)

KURT

在 B2～B5 儲存格已經輸入了某個地區隨機挑選的學生打工收入。使用 KURT 函數，計算整個地區的分布「峰度值」。峰度值是一種測量分布集中程度的指標。以這個例子來說，峰度值為 1.66，形狀比常態分布還尖。

▶ 計算分布的峰度值

D2 =KURT(A2:B5)

	A	B	C	D	E
1	打工收入 (萬元)			峰度	
2	2	11		1.657639	
3	4	5			
4	7	1			
5	3	3			
6					

計算出峰度值

數值 1

=KURT(數值 1, [數值 2]…) 統計

數值…設定數值或儲存格範圍，忽略非數值的儲存格

傳回推測母體峰度值的估算值。峰度值是指，與常態分布相比，分布呈現尖銳或平坦的形狀。常態分布的峰度值為 0，比常態分布尖銳的峰度值為正值，比較平坦的峰度值為負值。「數值」最多可以設定 255 個。

Memo

- 常態分布的峰度值為 0。與常態分布相比，資料較為集中時，分布圖為尖銳狀，峰度值為正值。相對地，資料較為分散時，分布圖呈平坦狀，峰度值為負值。

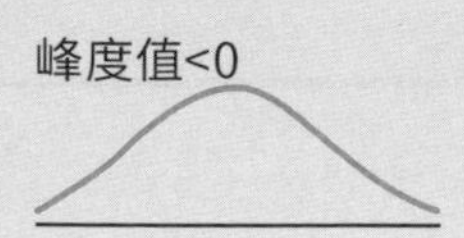

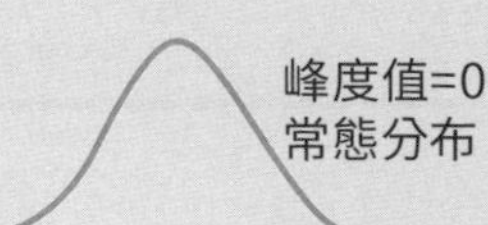

關聯項目 【08-11】計算偏態 (分布的偏度)

08-13 計算全距 (值的範圍)

MAX／MIN

顯示資料分散狀態的指標有好幾個，最簡單的是「全距」。全距是指值的範圍，可以由最大值減去最小值計算出來。使用 MAX 函數計算最大值，以 MIN 函數計算最小值。

▶ 計算全距

```
B3 =MAX(B3:B10)-MIN(B3:B10)
        數值 1       數值 1
```

D3 =MAX(B3:B10)-MIN(B3:B10)

	A	B	C	D	E	F
1	檢定測驗					
2	姓名	分數		全距		
3	梁水宸	68		52		
4	林宇元	48				
5	吳羿凱	100				
6	李容萱	82				
7	溫星于	57				
8	陳雅琳	79				
9	吳燦霖	55				
10	劉嘉宏	70				
11						

計算出全距

數值 1

=MAX(數值 1, [數值 2]…) → 02-48

=MIN(數值 1, [數值 2]…) → 02-48

Memo

- 測量資料分散程度的指標包括全距、變異數、標準差、四分位數等。其中，全距是最單純的指標。缺點是，如果資料中有極端值，會受其影響，使得全距變大，不過計算簡單，使用起來很方便。

關聯項目 【02-48】找出最大值或最小值

08-14 計算四分位數以確認資料分布

QUARTILE.INC

四分位數是指，依照數值大小分成四等分，在分割位置上的數值。使用 QUARTILE.INC 函數，可以計算最小值、第 1 四分位數 (25%)、第 2 四分位數 (中間值、50%)、第 3 四分位數 (75%)、最大值的數值。計算出四分位數可以檢視資料的偏差狀態。

▶ 計算四分位數

F3 =QUARTILE.INC(B$3:B$10,$H3)
（B$3:B$10：範圍；$H3：位置）

F3 =QUARTILE.INC(B$3:B$10,$H3)

	A	B	C	D	E	F	G	H	I
1	商品耐久度測試				四分位數				
2	No	A 公司	B 公司			A公司	B 公司	作業欄	
3	1	464	497		最小值	452	452	0	
4	2	452	484		第 1 四分位數	462.5	467	1	
5	3	476	486		中間值	475	476	2	
6	4	492	470		第 3 四分位數	487.5	484.5	3	
7	5	474	452		最大值	498	497	4	
8	6	458	458						
9	7	486	478						
10	8	498	474						

位置

範圍

在 F3 儲存格輸入公式，往下複製到 F7 儲存格

計算出四分位數

=QUARTILE.INC(範圍, 位置) → 04-24

Memo

- 計算四分位數的函數除了 QUARTILE.INC 函數之外，還有 QUARTILE.EXC 函數。後面的函數只會傳回 25%、50%、75% 位置的數值，不包含 0% 與 100% 位置的數值。假設要計算 11 個數值的四分位數，結果如下圖。

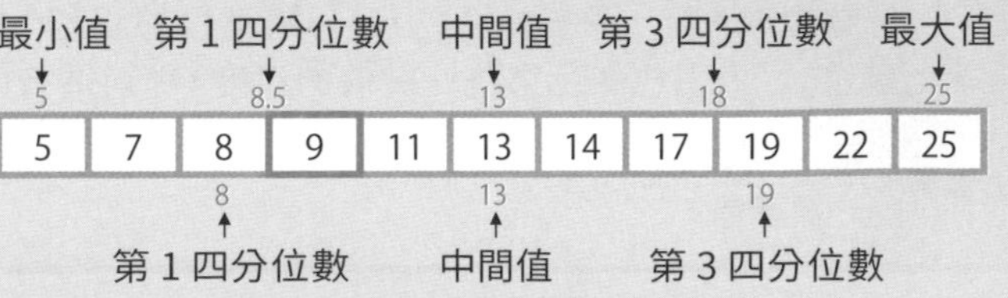

08-15 將資料標準化，以相同尺度評估不同種類的資料

STANDARDIZE

使用 STANDARDIZE 函數，依平均值與標準差計算**標準化變量**時，能以相同尺度 (scale) 比較資料。這個範例是比較「Danny」的法文與「Maggie」的德文分數。「Danny」的分數是 78 分，高於「Maggie」的 63 分，可是標準化變量分別為 1.25 與 1.4，可以判斷「Maggie」的成績比較好。此外，平均分數與標準差是由各個科目的測驗者分數資料計算出來。

▶ 判斷誰的法文、德文成績比較好

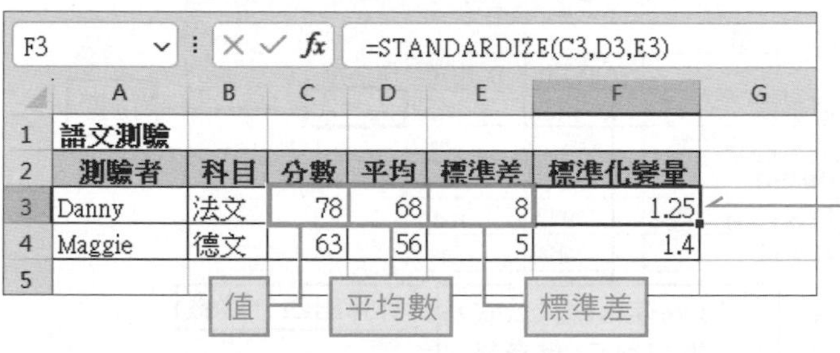

	A	B	C	D	E	F	G
1	語文測驗						
2	測驗者	科目	分數	平均	標準差	標準化變量	
3	Danny	法文	78	68	8	1.25	
4	Maggie	德文	63	56	5	1.4	
5							

在 F3 儲存格輸入公式，並複製到 F4 儲存格

計算出標準化變量

=STANDARDIZE(值, 平均數, 標準差) 統計

值…設定要標準化的數值
平均數…設定平均數 (算術平均)
標準差…設定標準差
傳回標準化變量。標準化變量是表示「值」距離「平均值」有幾倍「標準差」的指標。

Memo

- 平均分數與標準差不同的分數無法直接做比較。因此，使用以下公式，換算分數，使平均分數變成「0」，標準差變成「1」。這種換算稱作「標準化」，其結果稱作「標準化變量」。透過標準化來統一數值的尺度，即可進行比較。

$$標準化變量 = \frac{值 - 平均數}{標準差}$$

關聯項目 【08-05】計算變異數

08-16 計算偏差值

STANDARDIZE

「偏差值」是調整各個成績，讓平均值變成 50，標準差變成 10 的指標，常用來評估成績。直接比較各個學期的分數，無法判斷成績是否進步，但是將分數換算成偏差值，就可以進行判斷。

▶ 由各學期的分數計算偏差值

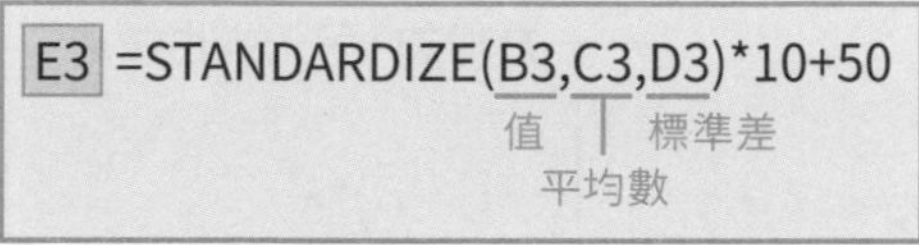

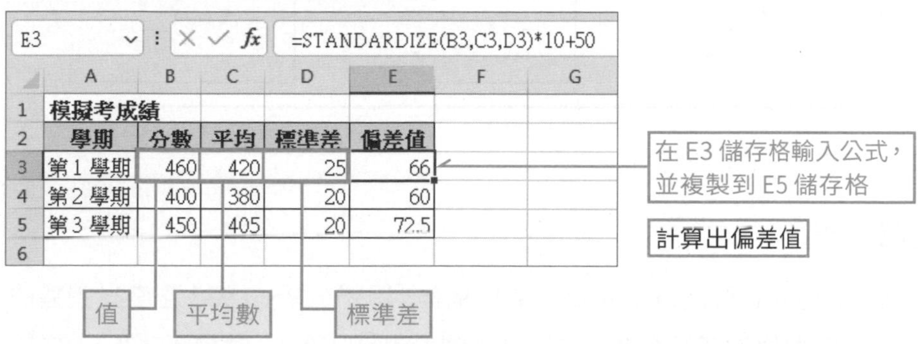

	A	B	C	D	E	F	G
1	模擬考成績						
2	學期	分數	平均	標準差	偏差值		
3	第 1 學期	460	420	25	66		
4	第 2 學期	400	380	20	60		
5	第 3 學期	450	405	20	72.5		
6							

=STANDARDIZE(值, 平均數, 標準差) → 08-15

Memo

- 偏差值是標準化變量乘以 10 倍再加上 50 的結果。標準化變量的平均值為 0，標準差為 1，所以偏差值的平均值為 50，標準差為 10。

$$\text{偏差值} = \text{標準化變量} \times 10+50 = \frac{\text{值} - \text{平均數}}{\text{標準差}} \times 10+50$$

關聯項目 【08-15】將資料標準化，以相同尺度評估不同種類的資料

08-17 相關與迴歸分析

相關

兩個數值的其中之一出現變化時，另一個也會改變的關係稱作「相關」。例如，氣溫與銷售、廣告費與來客數、年薪與購買力等，計算兩個數值的「相關係數」，可以瞭解其相關程度。相關係數的值介於「-1 到 1 之間」。當相關係數為「0」時，代表沒有相關性，愈接近「-1」或「1」，表示相關性愈強。

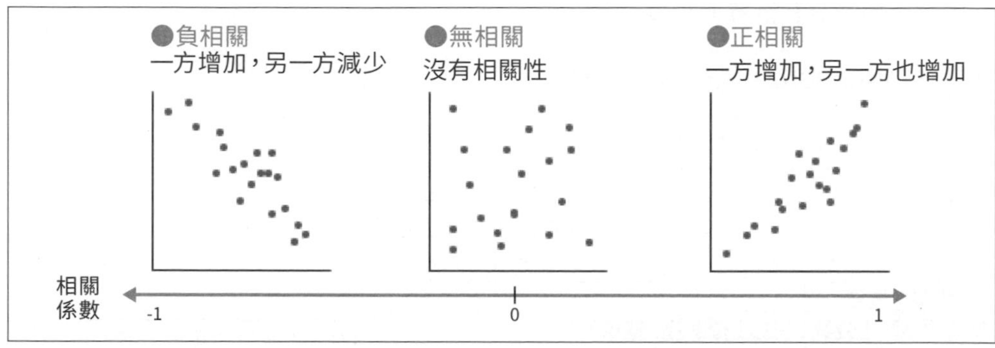

迴歸分析

根據資料，使用公式確認兩個項目的關係稱作「迴歸分析」，如「溫度對銷售的影響」、「廣告費用對來客數的效果」等。假設氣溫 (為 x) 與銷售 (為 y) 之間存在線性關係時，其關係可以用「$y=ax+b$」的「迴歸方程式」表示。x 稱作「獨立變數」，y 稱作「從屬變數」。此外，a 稱作「迴歸係數」，代表直線的斜率。b 稱作「截距」，代表「$x=0$」時的 y 值。根據測量值或實驗值的資料進行迴歸分析，有助於分析現狀或預測未來的資料。

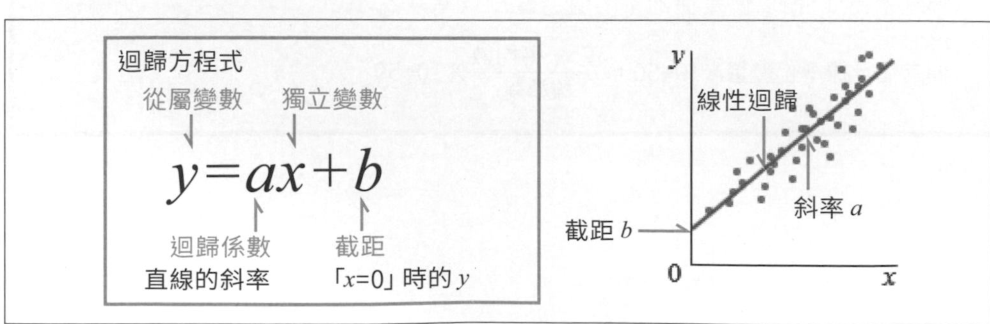

08-18 調查兩種資料的相關關係(相關係數)

CORREL/PEARSON

如果要調查氣溫與銷售、年薪與購買力等兩個項目的相關程度，可以使用 CORREL 函數或 PEARSON 函數計算「相關係數」，瞭解兩者之間的線性關係。

▶ 計算氣溫與銷售量的相關係數

I2 =CORREL(B2:B11,C2:C11)
陣列 1　陣列 2

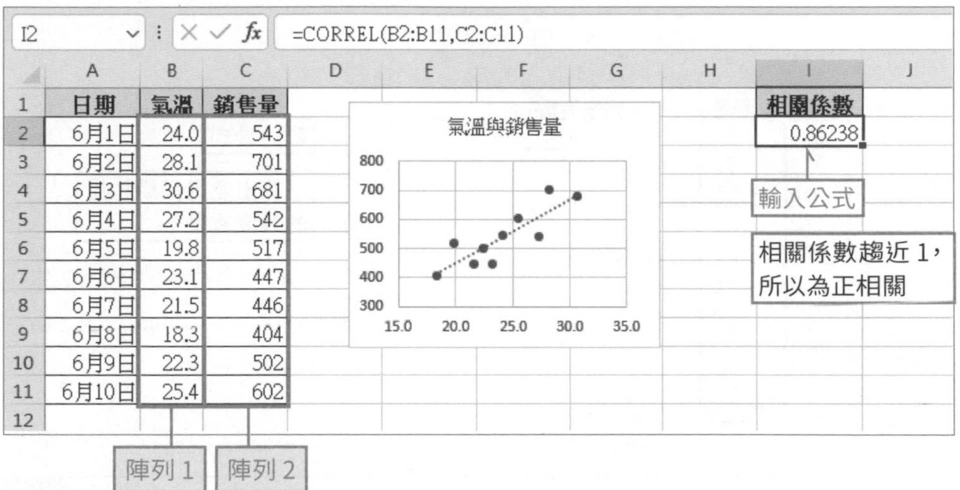

=CORREL(陣列 1, 陣列 2)　統計

=PEARSON(陣列 1, 陣列 2)　統計

陣列…設定要計算相關關係的資料陣列或儲存格範圍

傳回「陣列 1」與「陣列 2」的相關係數。在「陣列 1」與「陣列 2」設定相同資料，可以計算直線的相關性，不論使用哪個函數，都能獲得相同結果。

Memo

- 使用 PEARSON 函數也可以得到和範例一樣的結果
  =PEARSON(B2:B11,C2:C11)
- 透過右側的公式可以計算相關係數。

$$相關係數 = \frac{x 與 y 的共變異數}{x 的標準差 \times y 的標準差}$$

08-19 計算兩種資料的共變異數

COVARIANCE.P

共變異數是一種調查兩個項目相關性的指標，可以用來計算相關係數。使用 COVARIANCE.P 函數能把資料當作母體，計算共變異數。

▶ 計算氣溫與銷售量的共變異數

E2 =COVARIANCE.P(B2:B11,C2:C11)

陣列 1　陣列 2

E2 =COVARIANCE.P(B2:B11,C2:C11)

	A	B	C	D	E	F	G
1	日期	氣溫	銷售量		共變異數		
2	6月1日	24.0	543		293.945		
3	6月2日	28.1	701				
4	6月3日	30.6	681				
5	6月4日	27.2	542				
6	6月5日	19.8	517				
7	6月6日	23.1	447				
8	6月7日	21.5	446				
9	6月8日	18.3	404				
10	6月9日	22.3	502				
11	6月10日	25.4	602				

輸入公式

計算出氣溫與銷售量的共變異數

陣列 2

陣列 1

=COVARIANCE.P(陣列 1, 陣列 2)　統計

陣列…設定要計算共變異數的資料陣列或儲存格範圍

把引數當作母體，傳回「陣列 1」與「陣列 2」的共變異數。「陣列 1」與「陣列 2」的資料數量必須統一。

Memo

- 使用以下公式可以計算母體的共變異數。

$$共變異數 = \frac{\sum(x-x\ 的平均值)\ (y-y\ 的平均值)}{資料數量}$$

- 如果有正相關 (一方增加，另一方也增加)，共變異數為正值。若為負相關 (一方增加，另一方減少)，共變異數為負值。

關聯項目 【08-20】由兩種資料推測母體的共變異數

08-20 由兩種資料推測母體的共變異數

COVARIANCE.S

使用 COVARIANCE.S 函數可以把資料當作樣本，計算共變異數，得到的共變異數是母體的共變異數估計值。

▶ 計算母體的共變異數估計值

E2 =COVARIANCE.S(B2:B11,C2:C11)
陣列 1　陣列 2

E2 =COVARIANCE.S(B2:B11,C2:C11)

	A	B	C	D	E	F
1	日期	氣溫	銷售量		共變異數	
2	6月1日	24.0	543		326.6056	
3	6月2日	28.1	701			
4	6月3日	30.6	681			
5	6月4日	27.2	542			
6	6月5日	19.8	517			
7	6月6日	23.1	447			
8	6月7日	21.5	446			
9	6月8日	18.3	404			
10	6月9日	22.3	502			
11	6月10日	25.4	602			

輸入公式

計算共變異數的估計值

陣列 2

陣列 1

=COVARIANCE.S(陣列 1, 陣列 2)　統計

陣列…設定要計算共變異數的資料陣列或儲存格範圍
把引數當作樣本，傳回母體的共變異數估計值。「陣列 1」與「陣列 2」必須統一成相同的資料數量。

Memo

- 以下公式可以計算出母體的共變異數估計值。

$$\text{共變異數的估計值} = \frac{\sum (x - x\text{ 的平均值})\,(y - y\text{ 的平均值})}{\text{資料數量 } -1}$$

- 我們在【08-18】介紹過，共變異數與標準差可以計算相關係數。此時，使用「COVARIANCE.P 函數與 STDEV.P 函數」或「COVARIANCE.S 函數與 STDEV.S 函數」的組合進行計算。不論用哪一個組合，計算出來的相關係數都一樣。

關聯項目 【08-19】計算兩種資料的共變異數

08-21 計算簡單線性迴歸分析的迴歸直線斜率

SLOPE

如果兩個項目有線性關係，可以用迴歸方程式「$y=ax+b$」表示迴歸直線。「a」稱作**迴歸係數**，代表迴歸直線的斜率。使用 SLOPE 函數，可以從兩項資料計算出迴歸係數 a。這個範例的迴歸係數為 22，所以預估氣溫上升一度，銷售量會增加 22 個。

▶ 計算迴歸係數

```
I3 =SLOPE(C3:C12,B3:B12)
```
y 的範圍 x 的範圍

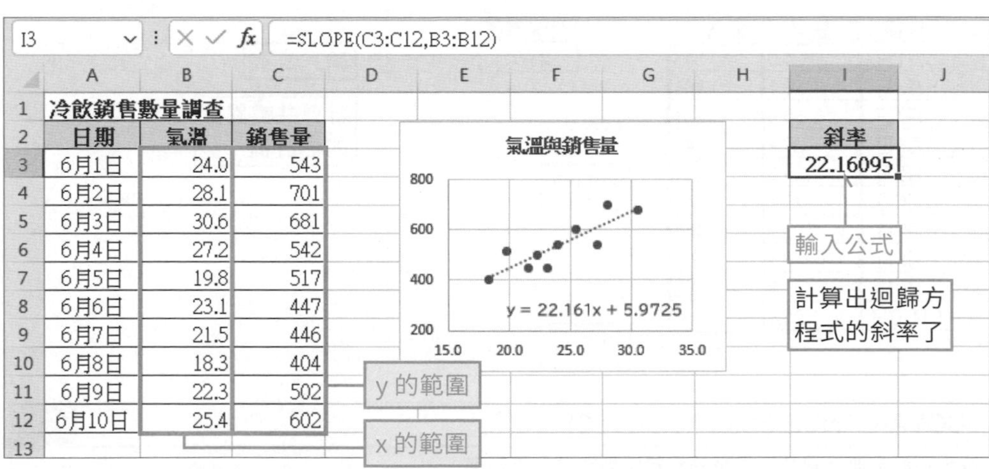

	A	B	C
1	冷飲銷售數量調查		
2	日期	氣溫	銷售量
3	6月1日	24.0	543
4	6月2日	28.1	701
5	6月3日	30.6	681
6	6月4日	27.2	542
7	6月5日	19.8	517
8	6月6日	23.1	447
9	6月7日	21.5	446
10	6月8日	18.3	404
11	6月9日	22.3	502
12	6月10日	25.4	602

=SLOPE(y 的範圍, x 的範圍) 統計

y 的範圍…設定 y 的值 (從屬變數)
x 的範圍…設定 x 的值 (獨立變數)
根據「y 的範圍」與「x 的範圍」，計算以「$y=ax+b$」代表迴歸直線的斜率 a。

Memo

- 製作資料表格時，一般會將「x 的範圍」放在左邊，「y 的範圍」放在右邊，但是 SLOPE 函數的引數是「y 的範圍」、「x 的範圍」，與資料表的順序相反，請注意這一點。
- 假如兩項資料不相關，使用 SLOPE 函數計算斜率就毫無意義。

08-22 計算簡單線性迴歸分析的迴歸直線截距

INTERCEPT

在迴歸直線的迴歸方程式「$y=ax+b$」中，「b」稱作**截距**，代表「$x=0$」時 y 的值。使用 INTERCEPT 函數，可以根據兩項資料計算截距 b。這個範例的截距為 6，所以理論上，當氣溫為 0 度，銷售量為 6 個。

▶ 計算截距

I3 =INTERCEPT(C3:C12,B3:B12)

y 的範圍　x 的範圍

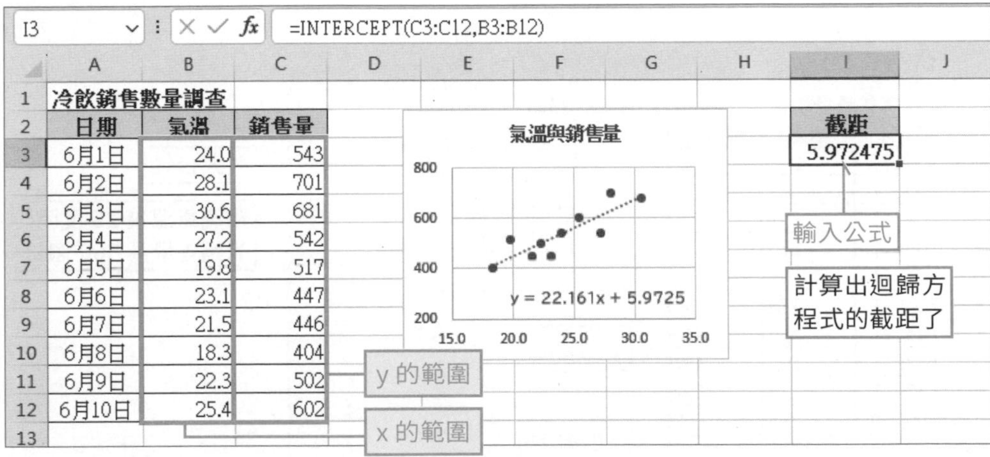

I3 =INTERCEPT(C3:C12,B3:B12)

	A	B	C
1	冷飲銷售數量調查		
2	日期	氣溫	銷售量
3	6月1日	24.0	543
4	6月2日	28.1	701
5	6月3日	30.6	681
6	6月4日	27.2	542
7	6月5日	19.8	517
8	6月6日	23.1	447
9	6月7日	21.5	446
10	6月8日	18.3	404
11	6月9日	22.3	502
12	6月10日	25.4	602

	I
2	截距
3	5.972475

=INTERCEPT(y 的範圍, x 的範圍)　統計

y 的範圍…設定 y 的值 (從屬變數)

x 的範圍…設定 x 的值 (獨立變數)

根據「y 的範圍」與「x 的範圍」，計算以「$y=ax+b$」表示的迴歸直線截距 b。

Memo

- Excel 的圖表有增加趨勢線，顯示迴歸方程式的功能。增加「線性」(直線) 的趨勢線，會以「$y=ax+b$」的形式表示迴歸方程式。這裡的 a 值與 SLOPE 函數的傳回值一致，b 值與 INTERCEPT 函數的傳回值一致。
- 如果兩個項目沒有線性相關，使用 SLOPE 函數計算斜率也毫無意義。

08-23 由簡單線性迴歸分析的迴歸直線預測銷售量

FORECAST.LINEAR

如果兩項資料之間有線性相關，使用 FORECAST.LINEAR 函數可以預測「*x* 為○時的 *y*」。例如，氣溫與銷售量的資料可以計算「氣溫為○度時的銷售量」。由明天的氣溫預測預估銷售量，並反映在採購量上，對工作管理很有幫助。

▶ 預測氣溫為 25 度時的銷售量

F3 =FORECAST.LINEAR(E3,C3:C12,B3:B12)
新的 x　y 的範圍　x 的範圍

F3　=FORECAST.LINEAR(E3,C3:C12,B3:B12)

	A	B	C	D	E	F	G
1	冷飲銷售數量調查				預測		
2	日期	氣溫	銷售量		氣溫	銷售量	
3	6月1日	24.0	543		25	559.9961	
4	6月2日	28.1	701				
5	6月3日	30.6	681				
6	6月4日	27.2	542				
7	6月5日	19.8	517				
8	6月6日	23.1	447				
9	6月7日	21.5	446				
10	6月8日	18.3	404				
11	6月9日	22.3	502				
12	6月10日	25.4	602				
13							

輸入公式

新的 x

y 的範圍

x 的範圍

預測氣溫為 25 度時的銷售量為 560 個

=FORECAST.LINEAR(新的 x, y 的範圍, x 的範圍)　統計

新的 x…設定預測 y 的 x 值
y 的範圍…設定 y 的值 (從屬變數)
x 的範圍…設定 x 的值 (獨立變數)
由「y 的範圍」與「x 的範圍」，針對迴歸直線「新的 x」，傳回 y 的預測值。根據實驗或檢測得到的 x 與 y 值，進行未知的預測。

Memo

- 預測值是在迴歸方程式代入 x 值，因此 FORECAST.LINEAR 函數的傳回值與使用 SLOPE 函數與 INTERCEPT 函數執行以下計算的結果一致。
  =SLOPE(C3:C12,B3:B12)*E3+INTERCEPT(C3:C12,B3:B12)

關聯項目 【08-30】由多元迴歸分析的迴歸直線預測營業額

08-24 計算簡單線性迴歸分析的預測值與殘差

FORECAST.LINEAR

迴歸分析中，將實際的 y 值減去 y 的預測值，得到的結果為**殘差**。使用 FORECAST.LINEAR 函數計算 x 的預測值，再從 y 中減去，就能計算出殘差。

▶ 計算預測值與殘差

D3 =FORECAST.LINEAR(B3,$C$3:$C$12,$B$3:$B$12)
新的 x　y 的範圍　x 的範圍

E3 =C3-D3
銷售量　預測值

D3　=FORECAST.LINEAR(B3,$C$3:$C$12,$B$3:$B$12)

	A	B	C	D	E
1	冷飲銷售數量調查				
2	日期	氣溫	銷售量	預測值	殘差
3	6月1日	24.0	543	537.835172	5.16482837
4	6月2日	28.1	701	628.695049	72.304951
5	6月3日	30.6	681	684.097413	-3.09741332
6	6月4日	27.2	542	608.750198	-66.7501979
7	6月5日	19.8	517	444.7592	72.2408004
8	6月6日	23.1	447	517.89032	-70.8903205
9	6月7日	21.5	446	482.432807	-36.4328074
10	6月8日	18.3	404	411.517781	-7.51778108
11	6月9日	22.3	502	500.161564	1.83843608
12	6月10日	25.4	602	568.860496	33.1395044
13					

新的 x　x 的範圍　y 的範圍

在 D3 儲存格與 E3 儲存格輸入公式，並往下複製到第 12 列

計算不同氣溫的預測值與殘差

=FORECAST.LINEAR(新的 x, y 的範圍, x 的範圍)　→ 08-23

Memo

- 在迴歸分析中，殘差是非常重要的元素，例如迴歸方程式是以殘差平方總和的最小值來計算。調查殘差，可以瞭解各個資料與迴歸直線的偏離程度。

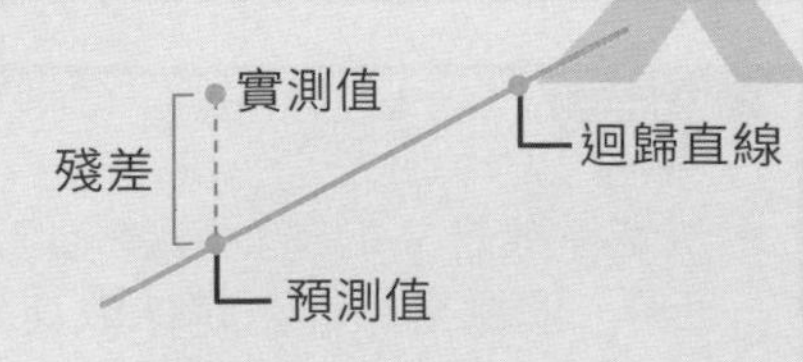

關聯項目 【08-23】由簡單線性迴歸分析的迴歸直線預測銷售量

08-25 計算簡單線性迴歸分析的迴歸直線決定係數 (準確度)

RSQ

使用 RSQ 函數計算「決定係數」，可以判斷迴歸方程式的準確度。決定係數的值介於「0 到 1 之間」。愈接近 1，代表迴歸方程式的準確度愈高，擬合度愈好。

▶ 計算迴歸直線的決定係數

G3 =RSQ(C3:C12,B3:B12)
y 的範圍 x 的範圍

G3 =RSQ(C3:C12,B3:B12)

	A	B	C	D	E	F	G	H
1	冷飲銷售數量調查							
2	日期	氣溫	銷售量	預測值	殘差		決定係數	
3	6月1日	24.0	543	537.8352	5.164828		0.7436993	
4	6月2日	28.1	701	628.695	72.30495			
5	6月3日	30.6	681	684.0974	-3.09741			
6	6月4日	27.2	542	608.7502	-66.7502			
7	6月5日	19.8	517	444.7592	72.2408			
8	6月6日	23.1	447	517.8903	-70.8903			
9	6月7日	21.5	446	482.4328	-36.4328			
10	6月8日	18.3	404	411.5178	-7.51778			
11	6月9日	22.3	502	500.1616	1.838436			
12	6月10日	25.4	602	568.8605	33.1395			
13								

輸入公式

計算出決定係數

y 的範圍

x 的範圍

=RSQ(y 的範圍, x 的範圍) 統計

y 的範圍…設定 y 的值 (從屬變數)
x 的範圍…設定 x 的值 (獨立變數)
根據「y 的範圍」與「x 的範圍」，計算迴歸直線的決定係數。這個值代表迴歸直線的擬合度，亦即迴歸方程式的準確度。

Memo

- 決定係數是 y 的預測值變化除以實際 y 的變化所得到的值。在簡單線性迴歸分析中，迴歸直線的決定係數與相關係數的平方值一致。以下兩個公式的結果與 RSQ 函數的傳回值一致。
  =DEVSQ(D3:D12)/DEVSQ(C3:C12)
  =CORREL(C3:C12,B3:B12)^2

08-26 計算簡單線性迴歸分析的迴歸直線標準誤差

STEYX

STEYX 函數可以計算簡單線性迴歸分析的迴歸直線標準誤差。計算出標準，能當作資料與直線的偏差標準，標準誤差愈小，代表迴歸方程式的準確度愈高。

▶ 計算迴歸直線的標準誤差

G3 =STEYX(C3:C12,B3:B12)
y 的範圍 x 的範圍

G3 =STEYX(C3:C12,B3:B12)

	A	B	C	D	E	F	G	H
1	冷飲銷售數量調查							
2	日期	氣溫	銷售量	預測值	殘差		標準誤差	
3	6月1日	24.0	543	537.8352	5.164828		52.97347	
4	6月2日	28.1	701	628.695	72.30495			
5	6月3日	30.6	681	684.0974	-3.09741			
6	6月4日	27.2	542	608.7502	-66.7502			
7	6月5日	19.8	517	444.7592	72.2408			
8	6月6日	23.1	447	517.8903	-70.8903			
9	6月7日	21.5	446	482.4328	-36.4328			
10	6月8日	18.3	404	411.5178	-7.51778			
11	6月9日	22.3	502	500.1616	1.838436			
12	6月10日	25.4	602	568.8605	33.1395			
13								

輸入公式

計算出標準誤差

x 的範圍　y 的範圍

=STEYX(y 的範圍, x 的範圍)　統計

y 的範圍…設定 y 的值 (從屬變數)
x 的範圍…設定 x 的值 (獨立變數)
根據「y 的範圍」與「x 的範圍」，計算迴歸直線的標準誤差。

Memo

- 標準誤差是殘差的變動除以「資料數量 – 獨立變數的數量 -1」所得到的值的正平方根。利用以下公式也可以計算標準誤差。
  =SQRT(DEVSQ(E3:E12)/(COUNT(E3:E12)-1-1))

08-27 調查多元迴歸分析的迴歸直線資訊

LINEST

調查單一因素造成影響的迴歸分析稱作「簡單線性迴歸分析」，例如「氣溫對銷售量的影響」、「廣告費對來客數的效果」等。此外，受兩種以上因素影響的迴歸分析稱作「多元迴歸分析」，例如傳單和地區雜誌的廣告對銷售量的影響。

把 LINEST 函數當作陣列公式輸入後，可以獲得簡單線性迴歸分析、多元迴歸分析的迴歸直線等各種資訊。以下將從傳單的廣告費、地區雜誌的廣告費、銷售量等三種資料進行多元迴歸分析。在引數「x 的範圍」設定兩種廣告費，在引數「y 的範圍」設定營業額的儲存格範圍。引數「修正」設定為「TRUE」時，除了迴歸方程式的迴歸係數與截距外，還可以統一計算代表準確度的決定係數與標準差。

▶ 調查迴歸直線的資訊

G4:I8 =LINEST(D3:D10,B3:C10,TRUE,TRUE)

(D3:D10 = y 的範圍；B3:C10 = x 的範圍；TRUE = 常數；TRUE = 修正) [以陣列公式輸入]

G4 {=LINEST(D3:D10,B3:C10,TRUE,TRUE)}

	A	B	C	D	E	F	G	H	I
1	廣告費與營業額			(萬元)		迴歸直線 $y = a_1x_1 + a_2x_2 + b$			
2	年	地區雜誌	傳單	營業額			傳單 x_2	地區雜誌 x_1	截距 b
3	1	15	11	924					
4	2	23	11	1,165		係數	12.85773	34.89643	229.2971
5	3	32	21	1,607		對應係數的標準差	4.022287	2.261746	45.26662
6	4	37	20	1,733		決定係數與標準差	0.996428	39.36014	#N/A
7	5	36	24	1,793		變異數比與殘差的自由度	697.3222	5	#N/A
8	6	41	30	2,008		迴歸的變動與殘差的變動	2160612	7746.103	#N/A
9	7	42	28	2,110					
10	8	60	29	2,712					
11									

x 的範圍　y 的範圍

選取 G4～I8 儲存格，輸入公式，按下 Ctrl + Shift + Enter 鍵確定

=LINEST(y 的範圍, [x 的範圍] , [常數] , [修正])　統計

y 的範圍…設定 y 的值 (從屬變數)
x 的範圍…設定 x 的值 (獨立變數)。可以設定多個獨立變數。省略時，視為與「y 的範圍」相同大小 {1, 2, 3, ……}
常數…設為 TRUE 或省略時，計算截距 b 的值。設為 FALSE時，調整係數，讓截距 b 變成 0
修正…設為 TRUE 時，會傳回迴歸直線的各種資訊。設為 FALSE 或省略時，只會傳回迴歸直線的係數與截距

根據「y 的範圍」與「x 的範圍」，傳回以「$y=a_1x_1+a_2x_2+a_3x_3+\cdots\cdots+b$」表示的迴歸直線資訊。由於會傳回陣列，因此必須輸入為陣列公式。

Memo

- 在迴歸分析中，屬於原因的項目稱作獨立變數，受到這些因素影響的項目稱作從屬變數。獨立變數 (x_1、x_2、x_3…) 與從屬變數 (y) 的關係為線性時，迴歸方程式表示為「$y=a_1x_1+a_2x_2+a_3x_3+\cdots+b$」。根據 LINEST 函數的傳回值，範例的迴歸公式為「$y=34.9x_1+12.9x_2+229.3$」。
- 傳回資料的欄數為「獨立變數的數量＋1」。此外，傳回資料的列數在引數「修正」設為 TRUE 時為 5 列，設為 FALSE 或省略時為 1 列。這裡將獨立變數設為面積與廣告費兩種，「修正」設為 TRUE，所以選取 5 列 3 欄的儲存格範圍，把 LINEST 函數當作陣列公式輸入。
- 在 Microsoft 365 與 Excel 2021 選取 G3 儲存格，輸入範例公式，按下 Enter 鍵，也可以當作動態陣列公式輸入。公式會自動溢出，在 5 列 3 欄的儲存格範圍內，顯示和範例一樣的傳回值。
- 兩個獨立變數從資料表格的左邊開始依序列出 x_1、x_2 時，傳回值的內容如下。第 3～5 列不論獨立變數的數量，都會傳回 2 欄的資料，其他欄則會顯示錯誤值 [#N/A] 。

▶ 傳回值

	第 1 欄	第 2 欄	第 3 欄
第 1 列	x_2的係數	x_1 的係數	截距
第 2 列	x_2 的標準差	x_1 的標準差	截距的標準差
第 3 列	迴歸直線的決定係數	迴歸直線的標準差	#N/A
第 4 列	分散比 (F 值)	殘差的自由度	#N/A
第 5 列	迴歸的變動	殘差的變動	#N/A

- 簡單線性迴歸分析與多元迴歸分析都可以使用 LINEST 函數。此外，簡單線性迴歸分析也準備了簡單線性迴歸專用的函數。使用 SLOPE 函數可以計算 x 的係數 (→【08-21】)，INTERCEPT 函數可以計算截距 (→【08-22】)，RSQ 函數可以計算迴歸直線的決定係數 (→【08-25】)，STEYX 函數可以計算迴歸直線的標準差 (→【08-26】)。

關聯項目 【08-28】取出多元迴歸分析中迴歸直線的各項資訊
【08-30】由多元迴歸分析的迴歸直線預測營業額

08-28 取出多元迴歸分析中迴歸直線的各項資訊

INDEX／LINEST

【08-27】介紹的 LINEST 函數的傳回值是陣列。如果要從中取出目標資訊，可以使用 INDEX 函數，設定陣列的列編號與欄編號。以下將取出係數 a_2、截距 b、決定係數。請注意！取出「a_1、a_2、…、b」時，列編號與欄編號設定的數值會隨著獨立變數的數量而改變。

▶ 取出迴歸直線的各項資訊

```
G3 =INDEX(LINEST(D3:D10,B3:C10),1)
```
LINEST(D3:D10,B3:C10)：計算迴歸直線的係數與截距取出；1：第一個元素

```
G4 =INDEX(LINEST(D3:D10,B3:C10),3
```
LINEST(D3:D10,B3:C10)：計算迴歸直線的係數與截距取出；3：第三個元素

```
G5 =INDEX(LINEST(D3:D10,B3:C10,TRUE,TRUE),3,1)
```
LINEST(D3:D10,B3:C10,TRUE,TRUE)：計算迴歸直線的所有資訊取出；3,1：第 3 列第 1 欄的元素

G3 =INDEX(LINEST(D3:D10,B3:C10),1)

	A	B	C	D	E	F	G	H
1	廣告費與營業額			(萬元)		迴歸直線 y = a₁x₁ + a₂x₂ + b		
2	年	地區雜誌	傳單	營業額		項目	數值	
3	1	15	11	924		傳單的係數 a₂	12.8577297	
4	2	23	11	1,165		截距 b	229.297087	
5	3	32	21	1,607		決定係數	0.99642766	
6	4	37	20	1,733				
7	5	36	24	1,793				
8	6	41	30	2,008				
9	7	42	28	2,110				
10	8	60	29	2,712				
11								

X 的範圍（B3:C10）　Y 的範圍（D3:D10）

分別在 G3、G4、G5 儲存格輸入公式

=INDEX(陣列, 列編號, [欄編號]) → 07-23

=LINEST(y 的範圍, [x 的範圍], [常數], [修正]) → 08-27

關聯項目 【08-05】計算變異數

08-29 調查兩個原因中，哪一個對銷售有影響

INDEX／LINEST

以下將調查地區雜誌與傳單哪一個對銷售的影響比較大。以稱作「t 值」的數值比較獨立變數 (地區雜誌、傳單) 對從屬變數 (銷售量) 的影響程度。t 值是獨立變數的係數除以獨立變數的標準差得到的結果。t 值的絕對值愈大的獨立變數，對從屬變數的影響力愈大。以這個範例而言，地區雜誌的影響力略高於傳單。

▶ 調查傳單與地區雜誌對銷售的影響

F3 =INDEX(LINEST(D3:D10,B3:C10),2)/INDEX(LINEST(D3:D10,B3:C10,TRUE, TRUE),2,2)

地區雜誌的係數　　地區雜誌的標準差

G3 =INDEX(LINEST(D3:D10,B3:C10),1)/INDEX(LINEST(D3:D10,B3:C10,TRUE, TRUE),2,1)

傳單的係數　　傳單的標準差

F3　=INDEX(LINEST(D3:D10,B3:C10),2)/INDEX(LINEST(D3:D10,B3:C10,TRUE,TRUE),2,2)

	A	B	C	D	E	F	G
1	廣告費與營業額			(萬元)		t值	
2	年	地區雜誌	傳單	營業額		地區雜誌	傳單
3	1	15	11	924		15.4289758	3.196621281
4	2	23	11	1,165			
5	3	32	21	1,607			
6	4	37	20	1,733			
7	5	36	24	1,793			
8	6	41	30	2,008			
9	7	42	28	2,110			
10	8	60	29	2,712			
11							

X 的範圍

Y 的範圍

在 F3 儲存格與 G3 儲存格輸入公式

地區雜誌的 t 值較大，比傳單更容易影響銷售

=INDEX(陣列, 列編號, [欄編號])	→ 07-23
=LINEST(y 的範圍, [x 的範圍] , [常數] , [修正])	→ 08-27

08-30 由多元迴歸分析的迴歸直線預測營業額

TREND

迴歸直線有助於預測未知的資料。以下將預測「在地區雜誌下 70 萬的廣告預算，傳單下 20 萬的廣告預算時，預期產生多少營業額」。根據過去的地區雜誌、傳單、營業額資料，使用 TREND 函數，就可以輕易計算出來。

▶ 預測地區雜誌的預算為 70 萬，傳單的預算為 20 萬時的營業額

F7 =TREND(D3:D10,B3:C10,F3:G3)
y 的範圍 x 的範圍 新的 x

F7 =TREND(D3:D10,B3:C10,F3:G3)

	A	B	C	D	E	F	G
1	廣告費與營業額			(萬元)		本期預算	
2	年	地區雜誌	傳單	營業額		地區雜誌	傳單
3	1	15	11	924		70	20
4	2	23	11	1,165			
5	3	32	21	1,607		預測營業額	
6	4	37	20	1,733		營業額(萬元)	
7	5	36	24	1,793		2,929	
8	6	41	30	2,008			
9	7	42	28	2,110			
10	8	60	29	2,712			
11							

新的 x

預測的營業額為 2,929 萬

y 的範圍

x 的範圍

=TREND(y 的範圍, [x 的範圍] , [新的 x] , [常數]) 統計

y 的範圍…設定 y 的值 (從屬變數)
x 的範圍…設定 x 的值 (獨立變數)。可以設定多個獨立變數，省略時，將視為與「y 的範圍」相同大小 {1, 2, 3, …}
新的 x…設定預測 y 的 x 值
常數…設為 TRUE 或省略時，會計算截距 b 的值。設為 FALSE，會調整係數，讓截距 b 的值變成 0
根據「y 的範圍」與「x 的範圍」，基於迴歸直線，傳回相對於「新的 x」的 y 預測值。

Memo

- 如果迴歸直線的準確度不高，預測就毫無意義。請先參考【08-27】的說明，使用 LINEST 函數，計算多元迴歸分析的決定係數，確認準確度。

關聯項目 【08-23】由簡單線性迴歸分析的迴歸直線預測銷售量
【08-27】調查多元迴歸分析的迴歸直線資訊

08-31 由多元迴歸分析的迴歸直線計算營業額的邏輯值

TREND

由現有資料計算營業額的邏輯值。將 TREND 函數輸入為陣列公式，可以統一計算出根據迴歸直線的多個預測結果。計算邏輯值時，可以使用 TREND 函數的第 3 個引數「新的 x」。

▶ 計算營業額的邏輯值

E3:E10 =TREND(D3:D10,B3:C10)
y 的範圍 x 的範圍 [以陣列公式輸入]

E3 {=TREND(D3:D10,B3:C10)}

	A	B	C	D	E
1	廣告費與營業額				(萬元)
2	年	地區雜誌	傳單	營業額	營業額 (邏輯值)
3	1	15	11	924	894
4	2	23	11	1,165	1,173
5	3	32	21	1,607	1,616
6	4	37	20	1,733	1,778
7	5	36	24	1,793	1,794
8	6	41	30	2,008	2,046
9	7	42	28	2,110	2,055
10	8	60	29	2,712	2,696
11					

選取 E3～E10 儲存格，輸入公式，按下 Ctrl ＋ Shift ＋ Enter 鍵確定

x 的範圍　y 的範圍

=TREND(y 的範圍, [x 的範圍] , [新的 x] , [常數])　→ 08-30

Memo

- 根據迴歸直線計算預測值的函數包括【08-23】介紹的 FORECAST.LINEAR 函數，以及這裡介紹的 TREND 函數。前者是簡單線性迴歸分析專用，後者則不論是簡單線性迴歸分析或多元迴歸分析都可以使用。
- Microsoft 365 與 Excel 2021 只要在 E3 儲存格輸入公式，按下 Enter 鍵，公式就會溢出至 E10 儲存格範圍，顯示和範例一樣的傳回值。

關聯項目【08-23】由簡單線性迴歸分析的迴歸直線預測銷售量

08-32 計算指數迴歸曲線的係數與底數

fx LOGEST

在「A 增加，B 也會增加」的關係中，以一定比例增加時，如「A 每次加 1，B 就增加 5」，代表兩者為線性相關，可以使用迴歸直線進行分析。

然而，「A 每次加 1，B 會呈指數性增加」時，可以使用以「$y=bm^x$」表示的指數迴歸曲線進行迴歸分析。迴歸方程式中的 b 稱作「係數」，m 稱作「底數」。把 LOGEST 函數當作陣列公式輸入，可以得到指數迴歸曲線的係數、底數等各種資訊。以下將以一個獨立變數為例，介紹函數的使用。

▶ 計算指數迴歸曲線的係數與底數

E3：F7 =LOGEST(B3:B7,A3:A7,TRUE,TRUE)

y 的範圍 x 的範圍 常數 修正 [以陣列公式輸入]

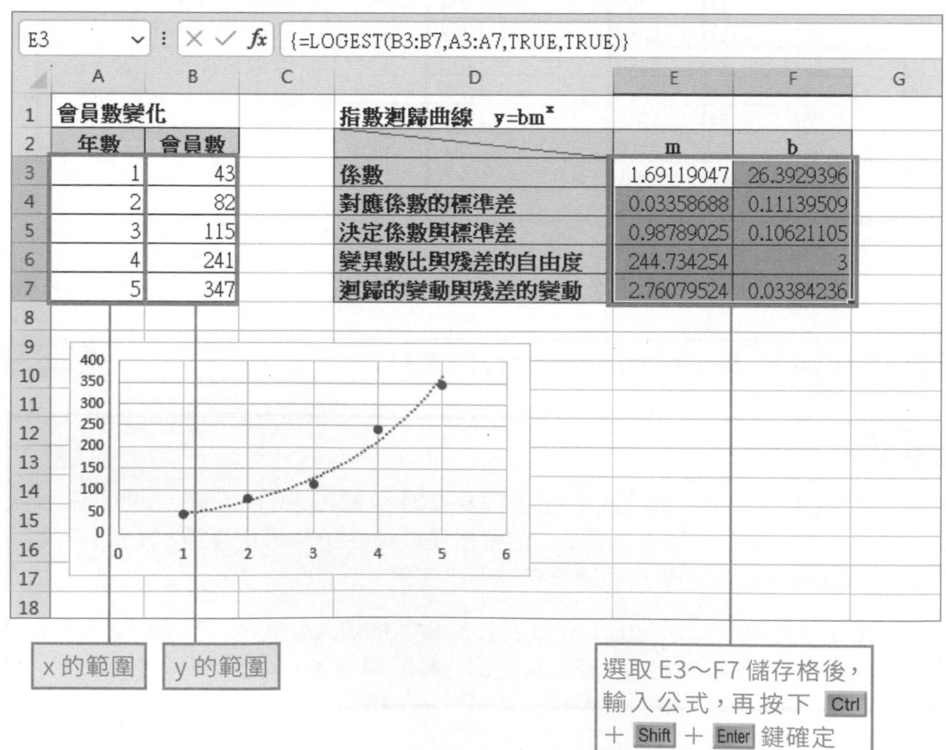

	A	B	C	D	E	F
1	會員數變化			指數迴歸曲線　y=bm^x		
2	年數	會員數			m	b
3	1	43		係數	1.69119047	26.3929396
4	2	82		對應係數的標準差	0.03358688	0.11139509
5	3	115		決定係數與標準差	0.98789025	0.10621105
6	4	241		變異數比與殘差的自由度	244.734254	3
7	5	347		迴歸的變動與殘差的變動	2.76079524	0.03384236

=LOGEST(y 的範圍, [x 的範圍] , [常數] , [修正]) 統計

y 的範圍…設定 y 的值 (從屬變數)
x 的範圍…設定 x 的值 (獨立變數)。可以設定多個獨立變數，省略時，將視為與「y 的範圍」相同大小 {1, 2, 3, …}
常數…設為 TRUE 或省略時，會計算截距 b 的值。設為 FALSE，會調整 m 的值，讓係數 b 的值變成 1
修正…設為 TRUE 時，傳回指數迴歸曲線的各種資訊。設為 FALSE 或省略，只會傳回指數迴歸曲線的底數與係數
根據「y 的範圍」與「x 的範圍」，傳回以「$y=bm^x$」表示的指數迴歸曲線資訊。由於會傳回陣列，所以必須當作陣列公式輸入。

Memo

- 傳回的資料欄數為「獨立變數的數量+1」。當引數「修正」設為 TRUE 時，傳回的資料列數為 5 列。設為 FALSE 或省略時，列數為 1 列。這個範例的獨立變數為一個，「修正」設為 TRUE，所以選取 5 列 2 欄的儲存格範圍，把 LOGEST 函數當作陣列公式輸入，傳回值的內容如下。迴歸方程式為「$y=26.393\times1.691^x$」。

▶ 傳回值

	第 1 欄	第 2 欄
第 1 列	底數	係數
第 2 列	底數的標準差	係數的標準差
第 3 列	迴歸曲線的決定係數	迴歸曲線的標準差
第 4 列	變異數比 (F 值)	殘差的自由度
第 5 列	迴歸的變動	殘差的變動

- 在 Microsoft 365 與 Excel 2021 選取 E3 儲存格，輸入範例的公式，按下 Enter 鍵，也可以當作動態陣列公式輸入。公式會自動溢出，在 5 列 2 欄的儲存格範圍顯示和範例一樣的傳回值。
- 這裡介紹的是只有一個獨立變數的迴歸分析範例，但是 LOGEST 函數也可以用在多個獨立變數的迴歸分析。此時，迴歸方程式如下所示。

$y=b\times m1^{x1}\times m2^{x2}\times m3^{x3}$

關聯項目 【08-33】由指數迴歸曲線預測會員數
【08-34】由指數迴歸曲線計算銷售的邏輯值

08-33 由指數迴歸曲線預測會員數

GROWTH

使用 GROWTH 函數，可以根據指數迴歸曲線預測未知的資料。以下使用年數與會員數等資料，預測年數為「6」時的會員數。

▶ 預測第 6 年的會員數

```
C8 =GROWTH(C3:C7,B3:B7,B8)
```

y 的範圍 x 的範圍 新的 x

C8 =GROWTH(C3:C7,B3:B7,B8)

	A	B	C	D	E	F
1	會員數變化					
2		年數	會員數			
3	實際	1	43			
4		2	82			
5		3	115			
6		4	241			
7		5	347			
8	預測	6	617.5084			
9						

=GROWTH(y 的範圍, [x 的範圍], [新的 x], [常數]) 統計

y 的範圍…設定 y 的值 (從屬變數)
x 的範圍…設定 x 的值 (獨立變數)，省略時，將視為與「y 的範圍」相同大小 {1, 2, 3, …}
新的 x…設定預測 y 的 x 值，可以設定多個獨立變數。省略時，將視為與「x 的範圍」同值
常數…設為 TRUE 或省略時，可以計算係數 b 的值。設為 FALSE 時，會調整底數 m 的值，讓係數 b 的值變成 1
根據「y 的範圍」與「x 的範圍」，基於指數迴歸直線，傳回相對於「新的 x」的 y 預測值。以實驗或測量取得的 x 和 y 值為基礎，預測未知的資料。

Memo

- 範例只有一個獨立變數，但是 GROWTH 函數也可以使用在有多個獨立變數的情況。

關聯項目 【08-32】計算指數迴歸曲線的係數與底數

08-34 由指數迴歸曲線計算銷售的邏輯值

GROWTH

把 GROWTH 函數當作陣列公式使用，可以根據指數迴歸曲線，一次計算出多種預測。下圖是從現有的資料計算邏輯值。計算邏輯值時，可以省略 GROWTH 函數的第 3 個引數「新的 x」。

▶ 計算銷售的邏輯值

C3:C7 =GROWTH(B3:B7,A3:A7)
y 的範圍 x 的範圍 [以陣列公式輸入]

C3 {=GROWTH(B3:B7,A3:A7)}

	A	B	C	D	E
1	會員數變化				
2	年數	會員數	邏輯值		
3	1	43	44.63549		
4	2	82	75.48711		
5	3	115	127.6631		
6	4	241	215.9026		
7	5	347	365.1324		
8					

x 的範圍　y 的範圍

選取 C3～C7 儲存格再輸入公式，按下 Ctrl ＋ Shift ＋ Enter 鍵確定

=GROWTH(y 的範圍, [x 的範圍] , [新的 x] , [常數]) → 08-33

Memo

- 在【08-32】的Memo計算的迴歸方程式中，代入「x」，也可以計算邏輯值與預測值。假設「x=2」，可以進行以下計算。
  $y=26.393 \times 1.691^2=75.47\cdots$
- Microsoft 365 與 Excel 2021 在 C3 儲存格輸入公式，按下 Enter 鍵，公式會溢出至 C7 儲存格範圍，顯示與範例相同的傳回值。

關聯項目 【08-32】計算指數迴歸曲線的係數與底數

08-35 由時間序列資料預測未來的資料

FORECAST.ETS

使用 FORECAST.ETS 函數，可以利用以固定時間間隔輸入的時間序列資料預測未來的資料。以下範例從每月的銷售量預測未來的銷售量。此外，這個範例在「年月」欄儲存格已先設定了「yyyy"年"m"月"」的自訂顯示格式，輸入每月的 1 號時，就會顯示為「○年○月」。

▶ 由過去三年的銷售量資料預測未來半年的銷售量

C39 =FORECAST.ETS(B39,$C$3:$C$38,$B$3:$B$38)

目標日期　值　時間軸

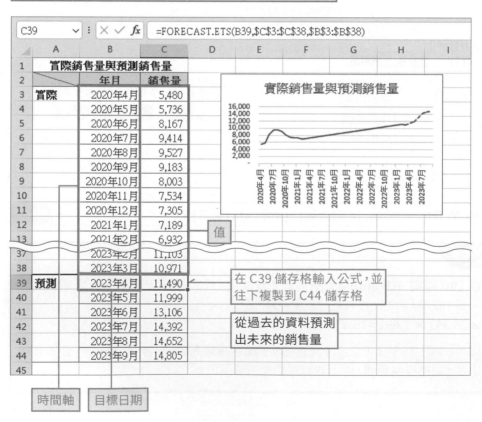

C39 =FORECAST.ETS(B39,$C$3:$C$38,$B$3:$B$38)

	A	B	C
1	實際銷售量與預測銷售量		
2		年月	銷售量
3	實際	2020年4月	5,480
4		2020年5月	5,736
5		2020年6月	8,167
6		2020年7月	9,414
7		2020年8月	9,527
8		2020年9月	9,183
9		2020年10月	8,003
10		2020年11月	7,534
11		2020年12月	7,305
12		2021年1月	7,189
13		2021年2月	6,932
37		2023年2月	11,103
38		2023年3月	10,971
39	預測	2023年4月	11,490
40		2023年5月	11,999
41		2023年6月	13,106
42		2023年7月	14,392
43		2023年8月	14,652
44		2023年9月	14,805
45			

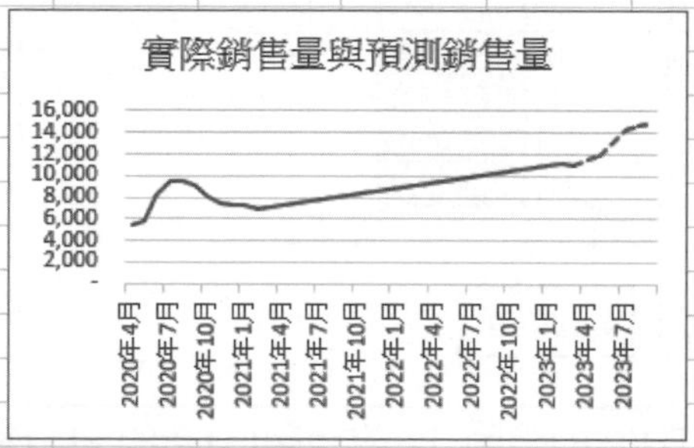

值

在 C39 儲存格輸入公式，並往下複製到 C44 儲存格

從過去的資料預測出未來的銷售量

時間軸　目標日期

=FORECAST.ETS(目標日期, 值, 時間軸, [季節性], [資料完成], [統計]) 統計

目標日期…設定預測值的日期
值…設定過去的值
時間軸…設定固定間隔的日期或時間序列，大小和「值」相同
季節性…以正整數設定資料的季節類型。讓 Excel 自動偵測季節性時，設定為「1」(預設值)。如果資料沒有季節性，則設定為「0」
資料完成…以「0」或「1」設定時間軸的資料間隔不固定時的調整方法。「0」是把遺失的資料當作 0，「1」是以相鄰的資料平均數完成遺失的資料。最多可以完成 30% 的遺失資料
統計…在時間軸輸入相同日期及時間時，可以利用下表的數值設定資料的統計方法。預設值是「1」的 AVERAGE

統計	函數
1	AVERAGE（平均）
2	COUNT（數值的個數）
3	COUNTA（資料的個數）
4	MAX（最大值）
5	MEDIAN (中間值)
6	MIN (最小值)
7	SUM（合計）

根據「時間軸」與「值」，預測「目標日期」對應的資料。

Memo

- 範例的圖表是根據 B2～C44 儲存格建立的折線圖。
- 使用「預測工作表」功能，可以更輕鬆地預測資料。以範例而言，選取 B2～C38 儲存格，按下**資料**頁次的**預測工作表**鈕，開啟設定畫面，設定預測結束日，就會自動顯示新的工作表預測值與圖表。
- 使用【08-36】介紹的 FORECAST.ETS.CONFINT 函數，可以計算預測值的信賴區間。
- 使用【08-37】介紹的 FORECAST.ETS.SEASONALITY 函數，如果時間序列資料有季節性，可以計算季節變動的長度。

關聯項目 【08-23】由簡單線性迴歸分析的迴歸直線預測銷售量
【08-36】計算時間序列分析的預測值信賴區間
【08-37】計算時間序列分析的季節變動長度

08-36 計算時間序列分析的預測值信賴區間

FORECAST.ETS.CONFINT

【08-35】介紹了由時間序列資料計算預測值的方法。使用 FORECAST.ETS.CONFINT 函數，可以計算該預測值的信賴區間，如果沒有特別設定，信賴等級為 95%。這個範例的預測值為「11,490」(使用 FORECAST.ETS 函數進行計算)、信賴區間為「856」，可以得知 95% 的信賴區間為「11,490±856」。

▶ 計算預測值的信賴區間

D7 =FORECAST.ETS.CONFINT(D3,B3:B38,A3:A38)

目標日期　值　時間軸

D7 =FORECAST.ETS.CONFINT(D3,B3:B38,A3:A38)

	A	B	C	D	E	F
1	實際銷售量			預測銷售量		
2	年月	銷售量		年月		
3	2020年4月	5,480		2023年4月		
4	2020年5月	5,736		銷售量		
5	2020年6月	8,167		11,490		
6	2020年7月	9,414		信賴區間		
7	2020年8月	9,527		856		
8	2020年9月	9,183				
9	2020年10月	8,003				
37	2023年2月	11,103				
38	2023年3月	10,971				
39						

目標日期

值

輸入公式

時間軸

=FORECAST.ETS(D3,B3:B38,A3:A38)

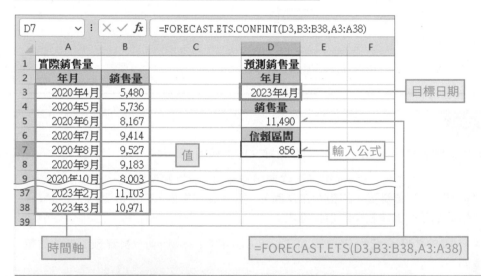

=FORECAST.ETS.CONFINT(目標日期, 值, 時間軸, [信賴等級], [季節性], [資料完成], [統計]) 統計

目標日期…設定預測值的日期
值…設定過去的值
時間軸…設定固定間隔的日期或時間序列，大小和「值」相同
信賴等級…以大於 0 小於 1 的值設定信賴區間的信賴度，省略時為 0.95
季節性、資料完成、統計…請參考 P.569 的 FORECAST.ETS 函數
根據「時間軸」與「值」，計算與「目標日期」對應的預測信賴區間。

=FORECAST.ETS(目標日期, 值, 時間軸, [季節性], [資料完成], [統計]) → 08-35

08-37 計算時間序列分析的季節變動長度

FORECAST.ETS.SEASONALITY

使用 FORECAST.ETS.SEASONALITY 函數可以計算季節變動的長度 (數值增減的週期)，如「夏季熱銷商品的銷售量」或「春季與秋季旅遊景點的來客數」。如果時間軸以月為單位，傳回值為「12」時，可以當作在一年的週期內，重複相同的增減模式。

▶ 計算季節變動的長度

D3 =FORECAST.ETS.SEASONALITY(B3:B38,A3:A38)

值 時間軸

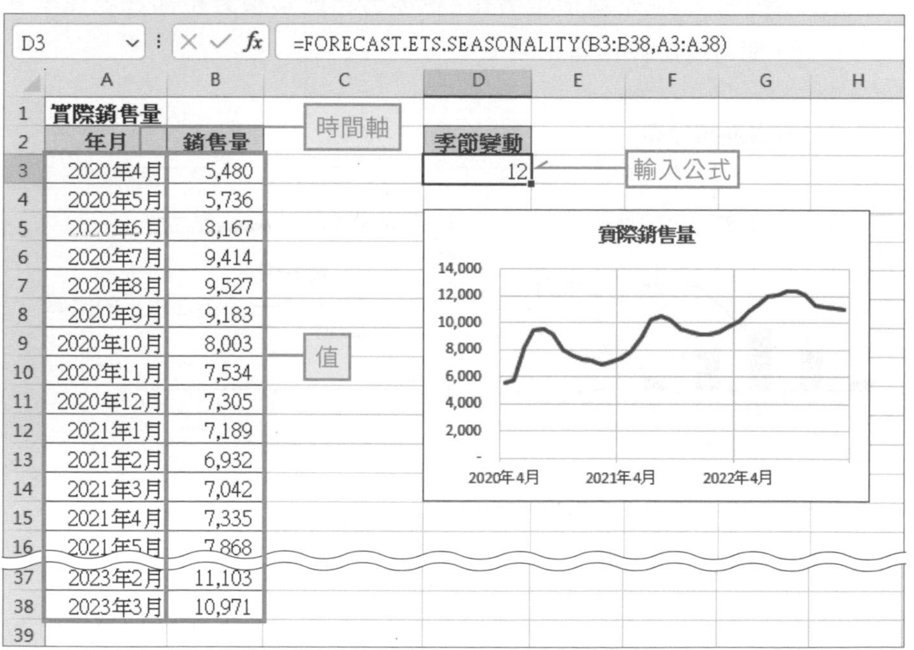

=FORECAST.ETS.SEASONALITY(值, 時間軸, [資料完成], [統計]) 統計

值…設定過去的值

時間軸…設定固定間隔的日期或時間序列，大小和「值」相同

資料完成、統計…請參考 P.569 的 FORECAST.ETS 函數

根據「時間軸」與「值」，計算季節變動的長度。

08-38 機率分布

機率變數、機率分布、累積分布

假設擲兩次硬幣時，擲出「正面」的次數為 x，可以根據 x 的值計算機率，如「x 為 0 的機率」、「x 為 1 的機率」、「x 為 2 的機率」。x 稱作**機率變數**，x 與機率的關係稱作**機率分布**。此外，x 與 x 以下的機率關係稱作**累積分布**。

離散型機率分布

機率變數 x 為分散值的機率分布稱作**離散型**，就像擲硬幣與骰子一樣。將離散型的機率分布變成圖表時，常使用可以表現分散狀態的長條圖。長條圖的高度是對應各個 x 的機率，累積分布的圖表為階梯狀，最後的值為 1。階梯的高度代表到 x 為止的機率。如果是離散型分布，機率分布或累積分布都代表機率，因此不論哪一種，都可以計算機率。

▶ **離散型機率分布與累積分布**

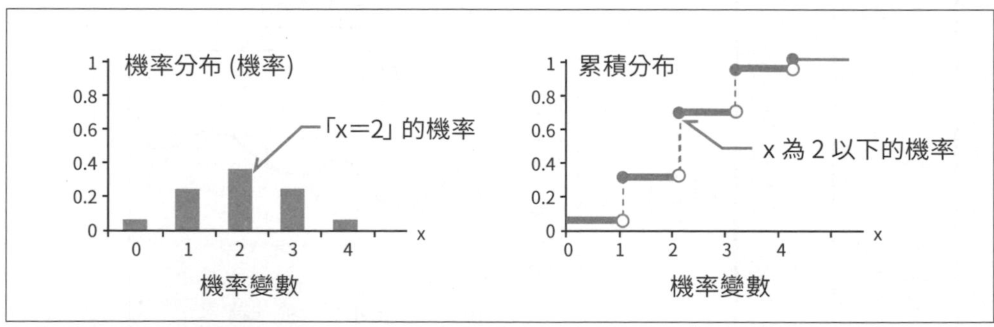

連續型機率分布

機率變數為連續值的機率分布稱作**連續型**，如身高與體重。將連續型機率分布變成圖表時，常使用**散佈圖** (平滑線)。在連續型的機率分布中，與 x 對應的圖表高度是機率密度而非機率。然而，累積分布的圖表高度代表到 x 為止的機率，如果是連續型機率分布，會使用累積分布表示機率，所以計算機率時，使用的是累積分布。

▶ **連續型的機率分布與累積分布**

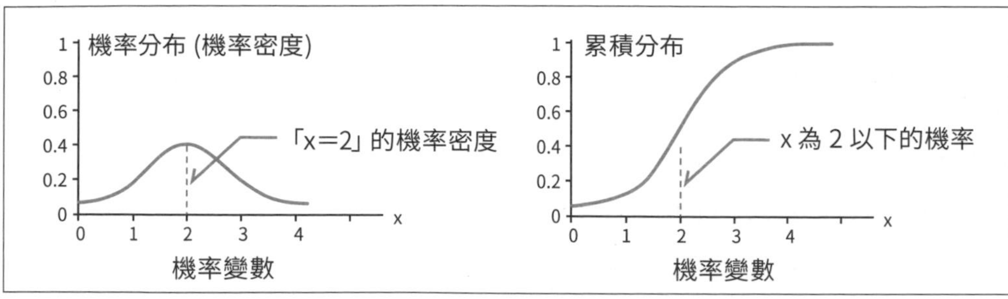

使用 Excel 的函數計算機率

機率分布有各式各樣的種類，Excel 準備了許多把機率變數 x 當作引數，計算機率的函數。例如，BINOM.DIST 函數可以計算二項式分布的機率，NORM.DIST 函數可以計算常態分布的機率。函數名稱加上「DIST」的函數通常都是計算機率的函數。

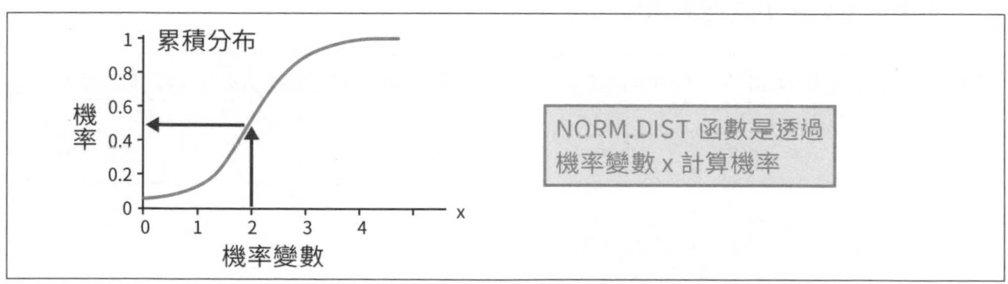

反函數

Excel 也提供由機率計算機率變數 x 的「反函數」。例如，二項式分布的反函數是 BINOM.INV 函數，常態分布的反函數是 NORM.INV 函數。

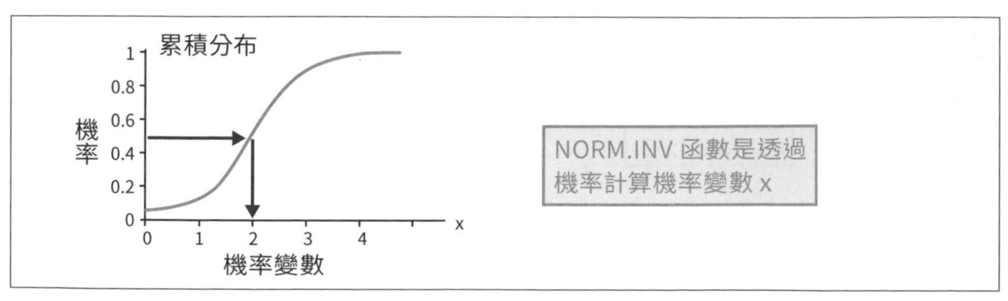

08-39 根據二項式分布計算擲硬幣時，正面出現 x 次的機率

BINOM.DIST

擲硬幣時，出現正面的機率為「二項式分布」，使用 BINOM.DIST 函數可以計算二項式分布的機率。以下要計算擲 5 次硬幣，正面出現 x 次的機率與累積機率。擲硬幣的次數是 5 次，所以出現正面的次數是「0、1、2、3、4、5」其中一種。如果要計算正面出現 x 次的機率，在引數「成功次數」設定出現正面的次數，在「試驗次數」設定「5」(擲 5 次)，將「成功率」設為「1/2」(出現正面的機率)。引數「函數格式」設為「FALSE」，可以計算出機率，設為「TRUE」則是計算累積機率。例如，我們可以得知，正面出現 3 次的機率是「0.3125」。出現正面的次數為 3 次以下的機率是「0.8125」。此外，機率的合計與最後的累積機率一定是「1」。

▶ **計算擲硬幣時出現正面的機率**

B4 =BINOM.DIST(A4,5,1/2,FALSE)
成功次數 試驗次數 成功率 函數格式

C4 =BINOM.DIST(A4,5,1/2,TRUE)
成功次數 試驗次數 成功率 函數格式

B4
=BINOM.DIST(A4,5,1/2,FALSE)
5次之中，正面出現 x 次的機率
在 B4 與 C4 儲存格輸入公式，並往下複製到第 9 列
正面出現 3 次的機率是「0.3125」，低於 3 次的機率是「0.8125」
成功次數
=SUM(B4:B9)

出現正面的次數 x	機率 f(x)	累積 F(x)
0	0.03125	0.03125
1	0.15625	0.1875
2	0.3125	0.5
3	0.3125	0.8125
4	0.15625	0.96875
5	0.03125	1
合計	1	

=BINOM.DIST(成功次數, 試驗次數, 成功率, 函數格式) 統計

成功次數…設定「試驗次數」中，發生目標現象的次數 (機率變數)
試驗次數…設定試驗次數
成功率…設定發生目標現象的機率
函數格式…設定 TRUE 時的傳回值為累積分布，設定 FALSE 的傳回值為機率

傳回二項式分布的機率分布或累積分布。以「成功率」的機率發生的現象，可以計算在「試驗次數」中，發生「成功次數」現象的機率或累積機率。

Memo

- 在群組直條圖顯示 B 欄的機率數值，可以了瞭解機率分布的狀態。

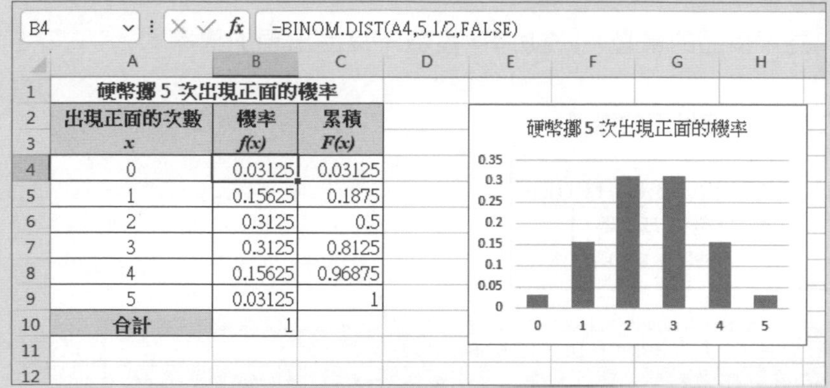

B4 =BINOM.DIST(A4,5,1/2,FALSE)

硬幣擲 5 次出現正面的機率		
出現正面的次數 x	機率 f(x)	累積 F(x)
0	0.03125	0.03125
1	0.15625	0.1875
2	0.3125	0.5
3	0.3125	0.8125
4	0.15625	0.96875
5	0.03125	1
合計	1	

- 二項式分布是指以固定機率處理二擇一的現象。假設要計算「擲 5 顆骰子，其中 x 顆為 1 的機率」，引數**成功次數**設定為「x」，**試驗次數**設定為「5」，**成功機率**設定為「1/6」。

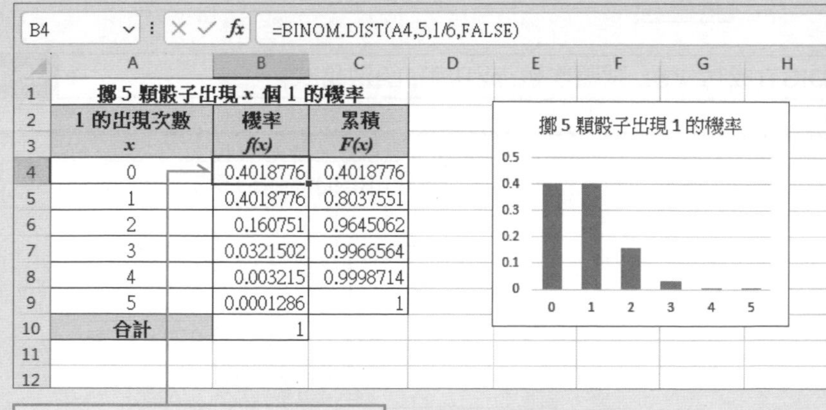

B4 =BINOM.DIST(A4,5,1/6,FALSE)

擲 5 顆骰子出現 x 個 1 的機率		
1 的出現次數 x	機率 f(x)	累積 F(x)
0	0.4018776	0.4018776
1	0.4018776	0.8037551
2	0.160751	0.9645062
3	0.0321502	0.9966564
4	0.003215	0.9998714
5	0.0001286	1
合計	1	

=BINOM.DIST(A4,5,1/6,FALSE)

關聯項目 【08-40】計算 100 個產品中，不良品低於 3 個的機率
【08-42】使用二項式分布的反函數，計算不良品的允許量

08-40 計算 100 個產品中，不良品低於 3 個的機率

BINOM.DIST

產品中的不良品個數為二項式分布時，可以用 BINOM.DIST 函數計算出現不良品的機率。以下假設根據經年累月的經驗，已知不良率為 1% 的生產線，從其中一批取出 100 個產品進行檢驗，計算不良品為 3 個以下 (0 個～3 個) 的機率。由於是「以下」，所以要計算累積機率。在與機率有關的引數名稱中，「成功」指的是發生目標現象。這裡的目標現象是出現不良品，所以引數「成功次數」設定為不良品的數量，「成功率」設為不良品出現的機率。

▶ 計算不良品為 3 個以下的機率

E2 =BINOM.DIST(B2,B3,B4,TRUE)

成功次數　成功率

試驗次數　函數格式

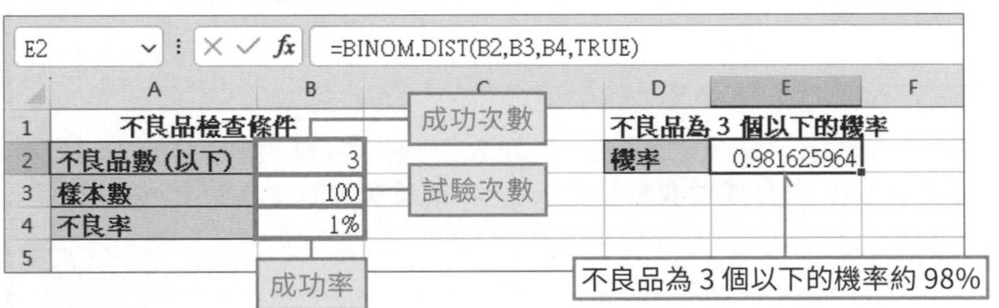

E2　=BINOM.DIST(B2,B3,B4,TRUE)

	A	B	C	D	E	F
1	不良品檢查條件			不良品為 3 個以下的機率		
2	不良品數 (以下)	3		機率	0.981625964	
3	樣本數	100				
4	不良率	1%				
5						

=BINOM.DIST(成功次數, 試驗次數, 成功率, 函數格式) → 08-39

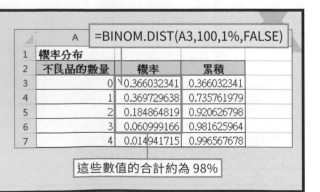

Memo

- 這裡計算的數值是使用 BINOM.DIST 函數建立的機率分布表，不良品的數量為「0～3」的機率合計。

=BINOM.DIST(A3,100,1%,FALSE)

	A	B	C
1	機率分布		
2	不良品的數量	機率	累積
3	0	0.366032341	0.366032341
4	1	0.369729638	0.735761979
5	2	0.184864819	0.920626798
6	3	0.060999166	0.981625964
7	4	0.014941715	0.996567678

這些數值的合計約為 98%

關聯項目 【08-43】根據負二項式分布，計算發現不良品前出現 5 個良品的機率

08-41 計算 100 個產品中，出現 1～3 個不良品的機率

BINOM.DIST.RANGE

使用 BINOM.DIST.RANGE 函數，可以計算二項式分布的成功次數為○以上△以下的機率。假設取出 100 個不良率為 1% 的產品，計算出現 1～3 個不良品的機率。

▶ 計算出現 1～3 個不良品的機率

E2 =BINOM.DIST.RANGE(B2,B3,B4,B5)

B2：試驗次數　B3：成功率　B4：成功次數 1　B5：成功次數 2

E2 =BINOM.DIST.RANGE(B2,B3,B4,B5)

	A	B	C	D	E	F
1	不良品檢查條件			出現 1～3 個不良品的機率		
2	樣本數	100		機率	0.615593622	
3	不良率	1%				
4	不良品數（以上）	1				
5	不良品數（以下）	3				
6						

B2：試驗次數　B3：成功率　B4：成功次數 1　B5：成功次數 2

出現 1～3 個不良品的機率約為 62%

=BINOM.DIST.RANGE(試驗次數, 成功率, 成功次數 1, [成功次數 2])　統計

試驗次數…設定試驗的次數

成功率…設定發生目標現象的機率

成功次數 1…使用 0 以上「試驗次數」以下的數值設定發生目標現象的次數 (機率變數)

成功次數 2…使用「成功次數 1」以上「試驗次數」以下的數值設定發生目標現象的次數 (機率變數)。省略時，可以計算「成功次數 1」的機率

在以「試驗次數」、「成功率」設定的二項式分布中，計算「成功次數 1」到「成功次數 2」的機率。

Memo

- 這裡計算的數值是使用 BINOM.DIST 函數建立的機率分布表，不良品的數量為「1」～「3」的機率合計。

	A	B	C
1	機率分布		
2	不良品的數量	機率	累積
3	0	0.366032341	0.366032341
4	1	0.369729638	0.735761979
5	2	0.184864819	0.920626798
6	3	0.060999166	0.981625964
7	4	0.014941715	0.996567678

這些數值的合計約為 62%

關聯項目【08-39】根據二項式分布計算擲硬幣時，正面出現 x 次的機率

08-42 使用二項式分布的反函數計算不良品的允許量

BINOM.INV

【08-40】使用 BINOM.DIST 函數，由不良品的個數計算出累積機率，反之，使用 BINOM.INV 函數，可以由累積機率反推不良品的個數。以下範例從不良率為 1% 的生產線，抽驗某一批中的 100 個產品，以 95% 的信賴度，計算該批產品檢查合格的不良品允許量。

▶ 計算不良品的允許量

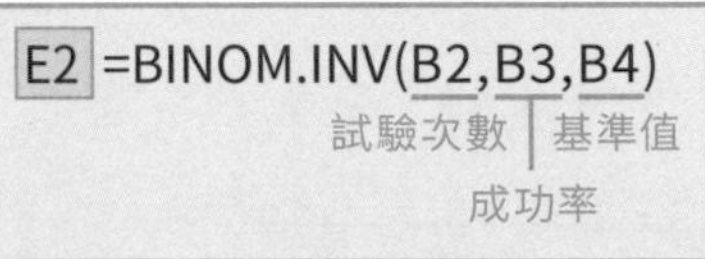

E2 =BINOM.INV(B2,B3,B4)

	A	B	C	D	E	F
1	不良品檢查條件			允許量		
2	樣本數	100		不良品數	3	
3	不良率	1%				
4	累積機率	95%				
5						

試驗次數

成功率

基準值

由此得知，不良品的允許量為 100 個中有 3 個

=BINOM.INV(試驗次數, 成功率, 基準值) 統計

試驗次數…設定試驗次數
成功率…設定發生目標現象的機率
基準值…設定當作基準的累積機率
在設定了「試驗次數」與「成功率」的二項式分布中，傳回累積機率的值超過「基準值」的最小值。

Memo

- 這個範例是檢查 100 個不良率為 1% 的產品時，計算讓累積機率超過 95% 的不良品個數。換句話說，不良率為 1% 時，100 個產品中的不良品為 3 個以內的機率是 95%。如果找到超過 3 個不良品，可以推測該批產品的製造過程可能發生了某種問題。

關聯項目 【08-40】計算 100 個產品中，不良品低於 3 個的機率

08-43 根據負二項式分布，計算發現不良品前出現 5 個良品的機率

NEGBINOM.DIST

使用 NEGBINOM.DIST 函數可以計算得到 k 次成功為止的失敗次數 x 之機率，這種機率分布稱作**負二項式分布**。以下要計算到發現一個不良品之前，出現 5 個良品的機率。這裡的目標現象是出現不良品，所以在「失敗次數」設定沒有出現不良品的次數，在「成功次數」設定不良品出現的次數，在「成功率」設定不良品出現的機率。

▶ 計算到發現不良品之前，出現 5 個良品的機率

E2 =NEGBINOM.DIST(B2,B3,B4,FALSE)

失敗次數　成功率　成功次數　函數格式

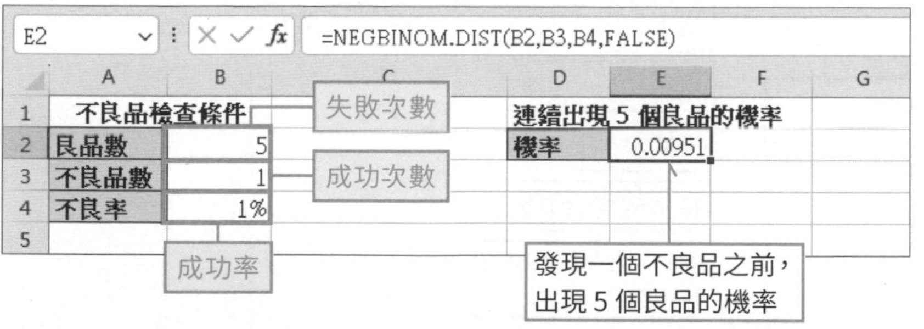

	A	B	C	D	E
1	不良品檢查條件			連續出現 5 個良品的機率	
2	良品數	5		機率	0.00951
3	不良品數	1			
4	不良率	1%			

=NEGBINOM.DIST(失敗次數, 成功次數, 成功率, 函數格式)　統計

失敗次數…設定沒有發生目標現象的次數
成功次數…設定發生目標現象的次數
成功率…設定發生目標現象的機率
函數格式…設定 TRUE 時的傳回值為累積分布，設定 FALSE 時的傳回值為機率分布
傳回負二項式機率分布或累積分布。對於依照「成功率」發生的現象，可以計算發生「成功次數」的現象之前，該現象不發生「失敗次數」的機率。

Memo

- 二項式分布是把成功次數當作機率變數，負二項式分布是把失敗次數當作機率變數。此外，二項式分布的試驗次數固定，而負二項分布是成功次數固定。

關聯項目【08-40】計算 100 個產品中，不良品低於 3 個的機率

08-44 根據超幾何分布計算 4 支籤中○支的中獎機率

HYPGEOM.DIST

100 支籤中有 30 支中獎籤，從中抽 4 支籤，其中獎機率為「超幾何分布」，使用 HYPGEOM.DIST 函數可以計算超幾何分布的機率。由於要抽 4 支籤，所以中獎籤的支數是「0, 1, 2, 3, 4」，以下將計算各個機率。例如，我們可以得知 4 支中 3 支的機率約為 7%。

▶ **4 支中 x 支籤的機率**

B7 =HYPGEOM.DIST(A7,$B$2,$B$3,$B$4,FALSE)

A7：樣本的成功次數　$B$2：樣本數　$B$3：母體的成功次數　$B$4：母體的大小　FALSE：函數格式

B7 =HYPGEOM.DIST(A7,$B$2,$B$3,$B$4,FALSE)

	A	B
1	中獎數為 x 的機率	
2	抽籤數	4
3	總中獎數	30
4	總籤數	100
5		
6	中獎數 x	機率 f(x)
7	0	0.233828714
8	1	0.418797697
9	2	0.26790735
10	3	0.072477351
11	4	0.006988887
12	合計	1
13		

B2：樣本數　B3：母體的成功次數　B4：母體大小　A7：樣本的成功次數

在 B7 儲存格輸入公式，並複製到 B11 儲存格

B10：4 支籤中 3 支的機率

=HYPGEOM.DIST(樣本的成功次數, 樣本數, 母體的成功次數, 母體大小, 函數格式)　統計

樣本的成功次數…設定目標現象發生的次數 (機率變數)
樣本數…設定取出的樣本數量
母體的成功次數…設定在母體中發生目標現象的次數
母體大小…設定母體的數量
函數格式…設定 TRUE 時的傳回值為累積分布，設定 FALSE 時的傳回值為機率分布

傳回超幾何分布的機率分布或累積分布。從已知「母體大小」與「母體的成功次數」中，取出「樣本數」的樣本時，可以計算現象發生「樣本的成功次數」的機率或累積機率。

關聯項目【08-45】使用機率分布表，計算多支籤中獎的機率

08-45 使用機率分布表，計算多支籤中獎的機率

PROB

使用 PROB 函數，可以從離散型的機率分布表中，計算指定範圍的機率。以下範例使用【08-44】建立的機率分布表，計算 4 支籤中 2～4 支的機率 (中 2 支的機率、中 3 支的機率、中 4 支的機率之合計)。

▶ 計算有 2～4 支籤中獎的機率

E4 =PROB(A7:A11,B7:B11,E2,E3)
x 範圍　機率範圍　下限　上限

E4　=PROB(A7:A11,B7:B11,E2,E3)

	A	B	C	D	E	F	G
1	中獎數為 x 的機率			○～△支籤中獎的機率			
2	抽籤數	4		下限	2		
3	總中獎數	30		上限	4		
4	總籤數	100		機率	0.347374		
5							
6	中獎數 x	機率 f(x)					
7	0	0.233828714					
8	1	0.418797697					
9	2	0.26790735					
10	3	0.072477351					
11	4	0.006988887					
12	合計	1					
13							

下限　上限　x 範圍　機率範圍

計算出有 2～4 支籤中獎的機率 (B9～B11 儲存格的合計)

=PROB(x 範圍, 機率範圍, 下限, [上限])　統計

x 範圍…設定機率變數的儲存格範圍
機率範圍…設定與 x 範圍對應的機率儲存格範圍
下限…設定計算對象的機率變數下限值
上限…設定計算對象的機率變數上限值。省略時，傳回下限對應的機率
在離散型機率分布表中，傳回「x 範圍」中，「下限」到「上限」的範圍內對應「機率範圍」的機率合計值。

Memo

- 引數「機率範圍」的合計不到 1 時，會出現 [#NUM!] 錯誤。因此，「機率範圍」的值四捨五入後，PROB 函數可能出現錯誤。

關聯項目 【08-44】根據超幾何分布計算 4 支籤中○支的中獎機率

08-46 根據卜瓦松分布計算一天賣出○個商品的機率

POISSON.DIST

POISSON.DIST 函數是根據單位時間內發生現象的平均次數，計算該現象在單位時間內發生的機率或累積機率。引數「現象平均」的單位會成為引數「現象次數」的單位。這個範例要計算平均一天賣出 5 個的商品，一天賣出○個的機率。例如，我們可以得知，賣 7 個的機率約為 10%。

▶ 計算平均一天賣 5 個的商品賣○個的機率

B5 =POISSON.DIST(A5,$A$2,FALSE)

現象次數　函數格式
現象平均

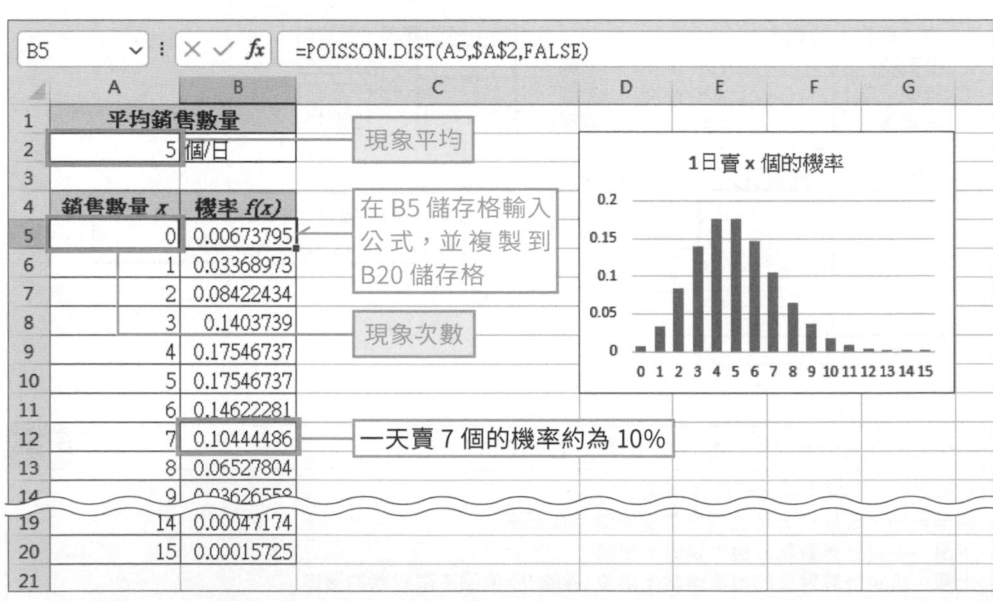

=POISSON.DIST(現象次數, 現象平均, 函數格式)　統計

現象次數…設定發生目標現象的次數 (機率變數)
現象平均…設定目標現象在時間單位內發生的平均次數
函數格式…設定 TRUE 時的傳回值為累積分布，設定 FALSE 時的傳回值為機率分布

傳回卜瓦松分布的機率分布或累積分布。已知時間單位發生次數的現象，可以計算該現象發生「現象次數」的機率或累積機率。

關聯項目 【08-47】根據卜瓦松分布計算缺貨率控制在 5% 以內的庫存量

08-47 根據卜瓦松分布計算缺貨率控制在 5% 以內的庫存量

POISSON.DIST

【08-46】計算了一天平均賣 5 個商品，一天賣○個的機率。以下範例要計算將缺貨控制在 5% 以內的一天庫存量。將 POISSON.DIST 函數的引數「函數格式」設為「TRUE」，可以計算累積機率，調查超過 95% 的機率變數 (銷售量 x)。由範例的資料中可以得知，銷售量 8 個以下的機率是 93.2%，9 個以下的機率是 96.8%，所以只要每天維持 9 個庫存，就可以把缺貨控制在 5%。

▶ 計算將缺貨控制在 5% 以內的一天庫存量

C5 =POISSON.DIST(A5,$A$2,TRUE)

現象次數　現象平均　函數格式

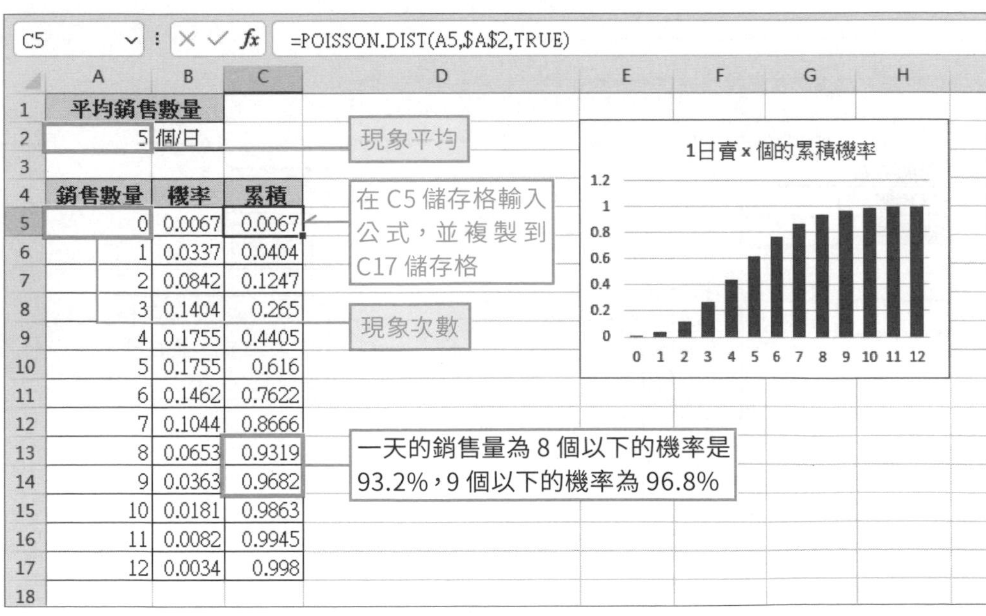

C5 =POISSON.DIST(A5,$A$2,TRUE)

	A	B	C
1	平均銷售數量		
2	5	個/日	
3			
4	銷售數量	機率	累積
5	0	0.0067	0.0067
6	1	0.0337	0.0404
7	2	0.0842	0.1247
8	3	0.1404	0.265
9	4	0.1755	0.4405
10	5	0.1755	0.616
11	6	0.1462	0.7622
12	7	0.1044	0.8666
13	8	0.0653	0.9319
14	9	0.0363	0.9682
15	10	0.0181	0.9863
16	11	0.0082	0.9945
17	12	0.0034	0.998

=POISSON.DIST(現象次數, 現象平均, 函數格式)

→ 08-46

關聯項目【08-46】根據卜瓦松分布計算一天賣出○個商品的機率

08-48 計算常態分布的機率密度與累積分布

NORM.DIST

常態分布是自然現象及社會現象常見的重要分布。使用 NORM.DIST 函數，可以根據「平均數」與「標準差」計算常態分布的機率密度與累積分布。以下範例將計算平均數為 50，標準差為 15 的常態分布。常態分布是連續型，所以 x 會取得連續值，但是為了方便起見，這裡以 5 為間隔，計算 0 到 100 的值。

▶ 計算常態分布的機率密度與累積分布

```
B6 =NORM.DIST(A6,$B$2,$B$3,FALSE)
```

A6：x　$B$2：平均數　$B$3：標準差　FALSE：函數格式

```
C6 =NORM.DIST(A6,$B$2,$B$3,TRUE)
```

A6：x　$B$2：平均數　$B$3：標準差　TRUE：函數格式

B6　=NORM.DIST(A6,$B$2,$B$3,FALSE)

	A	B	C	D	E	F
1	常態分布					
2	平均數	50				
3	標準差	15				
4						
5	x	機率密度	累積分布			
6	0	0.000103	0.000429			
7	5	0.000295	0.00135			
8	10	0.00076	0.00383			
9	15	0.001748	0.009815			
10	20	0.003599	0.02275			
11	25	0.006632	0.04779			
12	30	0.010934	0.091211			
13	35	0.016131	0.158655			
14	40	0.021297	0.252493			
15	45	0.025159	0.369441			
16	50	0.026596	0.5			
17	55	0.025159	0.630559			
24	90	0.00076	0.99617			
25	95	0.000295	0.99865			
26	100	0.000103	0.999571			
27						

平均數

標準差

在 B6 與 C6 儲存格輸入公式，並往下複製到第 26 列

x

=NORM.DIST(x, 平均數, 標準差, 函數格式) 統計

x…設定機率變數
平均數…設定成為計算對象的常態分布平均數
標準差…設定成為計算對象的常態分布標準差
函數格式…設定 TRUE 時的傳回值為累積分布，設定 FALSE 時的傳回值為機率密度
傳回常態分布的機率密度或累積分布。設定「平均數」與「標準差」的常態分布，可以計算「x」的機率密度或到「x」為止的機率。

Memo

- 如果要繪製常態分布圖，請以 A5～B26 儲存格為對象，建立「散佈圖 (平滑線)」的圖表類型。圖表的水平軸為機率變數 x，垂直軸為機率密度。

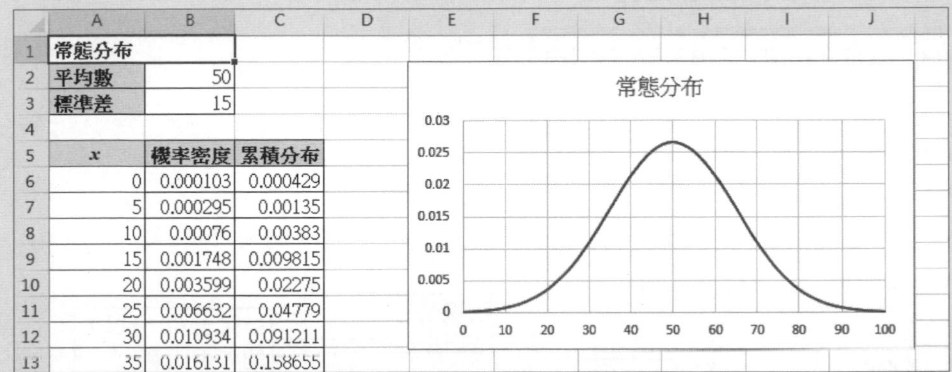

	A	B	C
1	常態分布		
2	平均數	50	
3	標準差	15	
4			
5	x	機率密度	累積分布
6	0	0.000103	0.000429
7	5	0.000295	0.00135
8	10	0.00076	0.00383
9	15	0.001748	0.009815
10	20	0.003599	0.02275
11	25	0.006632	0.04779
12	30	0.010934	0.091211
13	35	0.016131	0.158655

- 常態分布圖的形狀為左右對稱的吊鐘型。吊鐘的峰度位置與平均值一致，而「平均數±標準差」與圖表的反曲點一致。反曲點是指圖表曲線發生凹凸變化的點。圖表的高度與邊緣擴散方式會隨著標準差的值而改變。

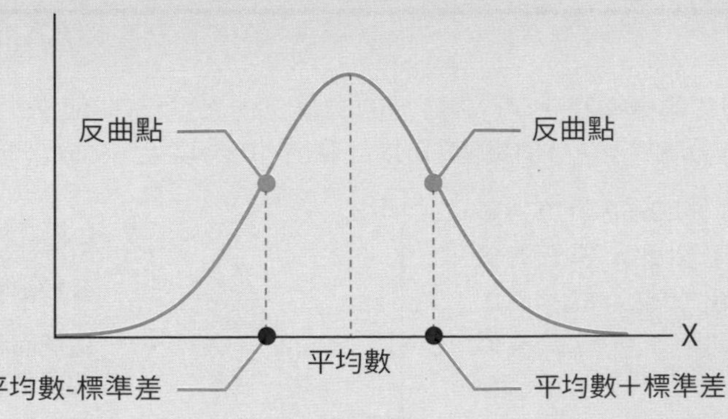

關聯項目 【08-49】根據常態分布計算 60 分以下的考生比例
【08-51】計算標準常態分布的機率密度與累積分布

08-49 根據常態分布計算 60 分以下的考生比例

NORM.DIST

假設考試成績的平均數為 50 分，標準差 15 分的常態分布，請計算 60 分以下的考生有幾位。使用 NORM.DIST 函數，計算 60 分的累積分布，就能得知結果。這個範例的計算結果約為 75%，如果有 100 名考生，那麼 60 分以下的人就有 75 名。

▶ **計算 60 分以下的考生比例**

D3 =NORM.DIST(B2,B3,B4,TRUE)

x　平均數　函數格式

標準差

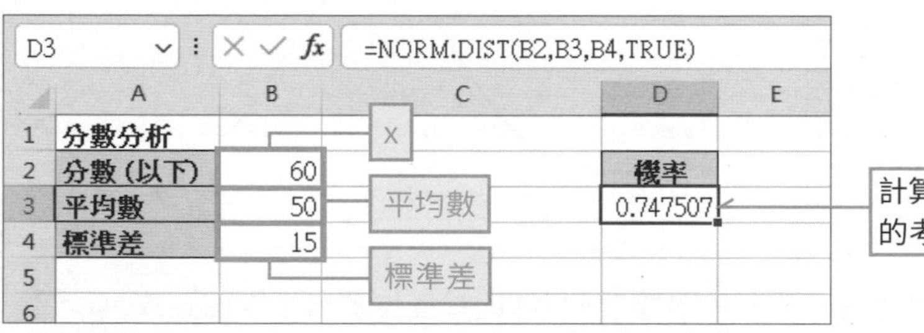

=NORM.DIST(x, 平均數, 標準差, 函數格式)　→ 08-48

Memo

- 將範例計算後的機率減 1，可以得到 60 分以上的考生比例。此外，將範例取得的機率減去得分高於 40 分的機率，可以計算出 40 分以上 60 分以下的比例。
- 以連續型的機率分布計算機率時，可以計算對應 x 區間的機率。分數 60 分以下的考生比例等於「x=60」時的累積機率，與機率分布圖的「x ≦60」區間面積一致。

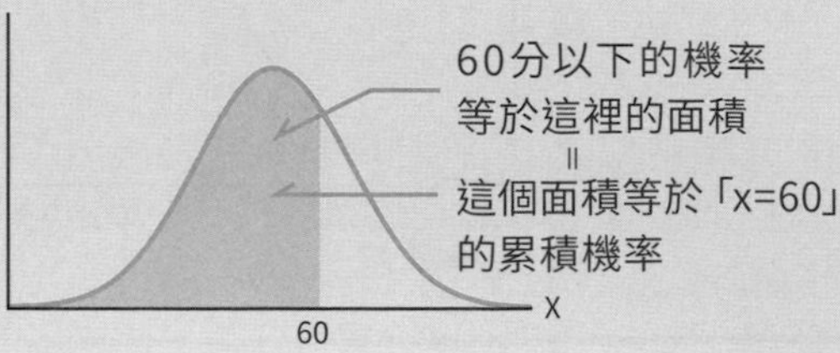

關聯項目【08-50】利用常態分布的反函數計算進入前 20% 的分數

08-50 利用常態分布的反函數計算進入前 20% 的分數

NORM.INV

NORM.INV 函數是 NORM.DIST 函數的反函數。NORM.DIST 函數利用機率變數 x 來計算累積分布，相對而言，使用 NORM.INV 函數，可以從累積分布反算 x 的值。請利用這一點，計算平均數 50 分，標準差 15 分的考試中，要進入前 20% 的分數。累積分布是由下往上累積，若要計算「前 20%」，引數「機率」必須設定為「0.8 (80%)」。

▶ 計算進入前 20% 的分數

D3 =NORM.INV(B2,B3,B4)

	A	B	C	D	E
1	分數分析		機率		
2	機率	0.8		分數 x	
3	平均數	50	平均數	62.624319	
4	標準差	15	標準差		
5					

由此可知，63 分以上才能進入前 20%

=NORM.INV(機率, 平均數, 標準差) 統計

機率…設定常態分布的機率 (累積分布的機率)
平均數…設定計算對象的常態分布平均數
標準差…設定計算對象的常態分布標準差
以設定的「平均數」、「標準差」表示常態分布，傳回對應累積分布機率的機率變數 x。

- 右圖是以 NORM.DIST 函數計算累積分布所建立的圖表，上圖計算出來的「62.6」與累積分布為 0.8 時的圖表得到的分數 x 一致。

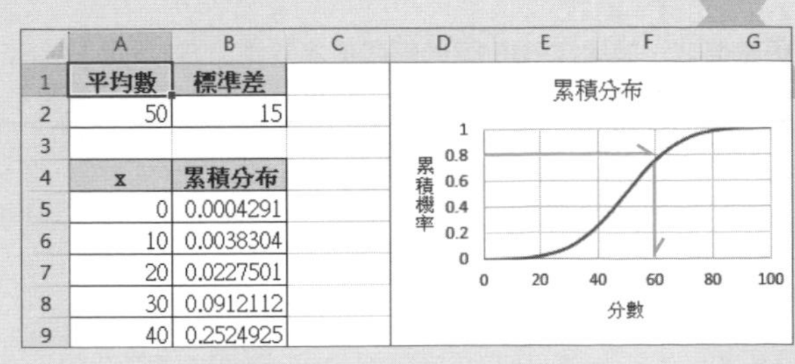

	A	B
1	平均數	標準差
2	50	15
3		
4	x	累積分布
5	0	0.0004291
6	10	0.0038304
7	20	0.0227501
8	30	0.0912112
9	40	0.2524925

關聯項目 【08-49】根據常態分布計算 60 分以下的考生比例

08-51 計算標準常態分布的機率密度與累積分布

NORM.S.DIST

標準常態分布是平均數為 0，標準差為 1 的常態分布。使用 NORM.S.DIST 函數，可以計算標準常態分布的機率密度與累積分布。以下範例要在「-4≦x≦4」的範圍進行計算。

▶ 計算標準常態分布的機率密度與累積分布

B3 =NORM.S.DIST(A3,FALSE)
A3：z　FALSE：函數格式

C3 =NORM.S.DIST(A3,TRUE)
A3：z　TRUE：函數格式

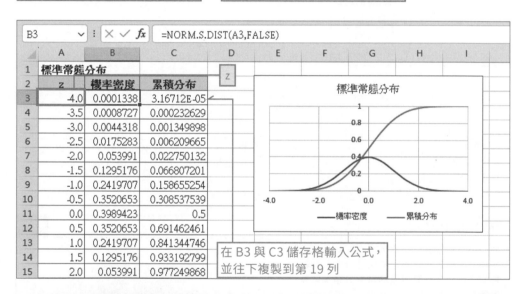

B3 =NORM.S.DIST(A3,FALSE)

	A	B	C
1	標準常態分布		
2	z	機率密度	累積分布
3	-4.0	0.0001338	3.16712E-05
4	-3.5	0.0008727	0.000232629
5	-3.0	0.0044318	0.001349898
6	-2.5	0.0175283	0.006209665
7	-2.0	0.053991	0.022750132
8	-1.5	0.1295176	0.066807201
9	-1.0	0.2419707	0.158655254
10	-0.5	0.3520653	0.308537539
11	0.0	0.3989423	0.5
12	0.5	0.3520653	0.691462461
13	1.0	0.2419707	0.841344746
14	1.5	0.1295176	0.933192799
15	2.0	0.053991	0.977249868

z

在 B3 與 C3 儲存格輸入公式，並往下複製到第 19 列

標準常態分布
1
0.8
0.6
0.4
0.2
0
-4.0
-2.0
0.0
2.0
4.0
機率密度
累積分布

=NORM.S.DIST(z, 函數格式)　統計

z…設定機率變數
函數格式…設定 TRUE 時的傳回值為累積分布，設定 FALSE 時的傳回值為機率密度
傳回標準常態分布的機率密度或累積分布。標準常態分布是平均數為 0，標準差為 1 的常態分布。

關聯項目【08-52】計算標準常態分布的反函數值

08-52 計算標準常態分布的反函數值

NORM.S.INV

NORM.S.INV 函數是 NORM.S.DIST 函數的反函數。NORM.S.DIST 函數是由機率變數 z 計算累積分布，而使用 NORM.S.INV 函數，可以從累積分布反算 z 的值。以下範例要計算前 30% 的 z 值。累積分布是由後往前累積，若要計算「前 30%」，必須將引數「機率」設為「0.7 (70%)」。

▶ 計算前 30% 位置的數值

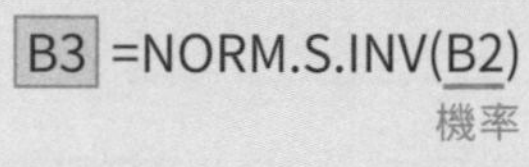

B3 =NORM.S.INV(B2)
機率

B3 =NORM.S.INV(B2)

	A	B	C	D	E
1	標準常態分布				
2	機率	0.7			
3	z	0.524400513			
4					
5					

機率

得知前 30 % 位置的機率變數 z 值

=NORM.S.INV(機率) 統計

機率…設定常態分布的機率 (累積分布的機率)
傳回與標準常態分布的累積分布機率對應的機率變數 z。

Memo

- 標準常態分布的平均數為 0，標準差為 1。所以使用計算常態分布反函數值的 NORM.INV 函數，依下列的方式設定引數，也能得到和範例一樣的結果。
  =NORM.INV(B2,0,1)

關聯項目 【08-49】根據常態分布計算 60 分以下的考生比例

08-53 計算指數分布的機率密度與累積分布

EXPON.DIST

使用 EXPON.DIST 函數，可以計算「指數分布」的機率密度與累積分布。指數分布常當作類似等待時間的分布。以下範例假設指數分布為「λ=0.8」，計算機率密度與累積分布。

▶ 計算指數分布的機率密度與累積分布

B5 =EXPON.DIST(A5,$B$2,FALSE)
x　λ　函數格式

C5 =EXPON.DIST(A5,$B$2,TRUE)
x　λ　函數格式

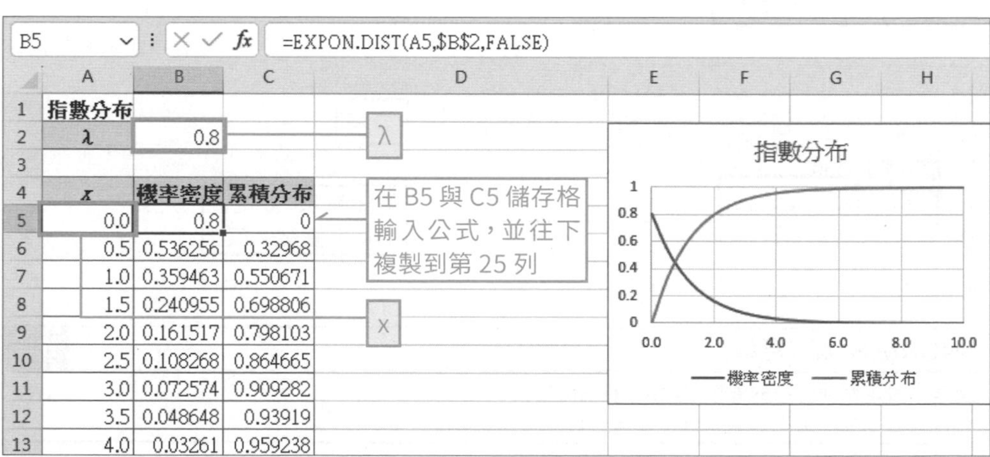

B5 =EXPON.DIST(A5,$B$2,FALSE)

	A	B	C
1	指數分布		
2	λ	0.8	
3			
4	x	機率密度	累積分布
5	0.0	0.8	0
6	0.5	0.536256	0.32968
7	1.0	0.359463	0.550671
8	1.5	0.240955	0.698806
9	2.0	0.161517	0.798103
10	2.5	0.108268	0.864665
11	3.0	0.072574	0.909282
12	3.5	0.048648	0.93919
13	4.0	0.03261	0.959238

=EXPON.DIST(x, λ, 函數格式)　統計

x…設定機率變數。設定負值會傳回錯誤值 [#NUM!]
λ…設定單位時間發生現象的平均次數。設定為 0 以下的數值會傳回錯誤值 [#NUM!]
函數格式…設定 TRUE 時的傳回值為累積分布，設定 FALSE 時的傳回值為機率密度
傳回指數分布的機率密度或累積分布。可以計算以「λ」代表指數分布的「x」之機率密度或累積到「x」的機率。

關聯項目 【08-54】根據指數分布計算下一位客人在 5 分鐘內進來的機率

08-54 根據指數分布計算下一位客人在 5 分鐘內進來的機率

EXPON.DIST

EXPON.DIST 函數是根據單位時間發生現象的平均次數 λ，計算發生間隔為 x 時間的機率。請利用這個功能，計算平均一個小時有 10 位客人來訪的商店，上一位客人進來後，到下一位客人進來的間隔為 5 分鐘內的機率。將引數「λ」設為「5/60」，把單位統一成「時間」。因為要計算機率，所以將「函數格式」設為「TRUE」。

▶ 計算下一位客人在 5 分鐘內進來的機率

```
D3 =EXPON.DIST(B2/60,B3,TRUE)
               x      λ  函數格式
```

D3 | =EXPON.DIST(B2/60,B3,TRUE)

	A	B	C	D	E	F
1	計算等待時間					
2	時間 (x分)	5	λ	機率		
3	平均來客數 (λ 人/時間)	10	x	0.565402		
4						
5						

客人在 5 分鐘內進來的機率為 57%

=EXPON.DIST(x, λ, 函數格式) → 08-53

Memo

- 右圖是「λ=10」，使用 EXPON.DIST 函數計算累積分布的圖表。上圖計算的機率「57%」是在圖表水平軸「5 分鐘」的位置所對應的垂直軸機率值。

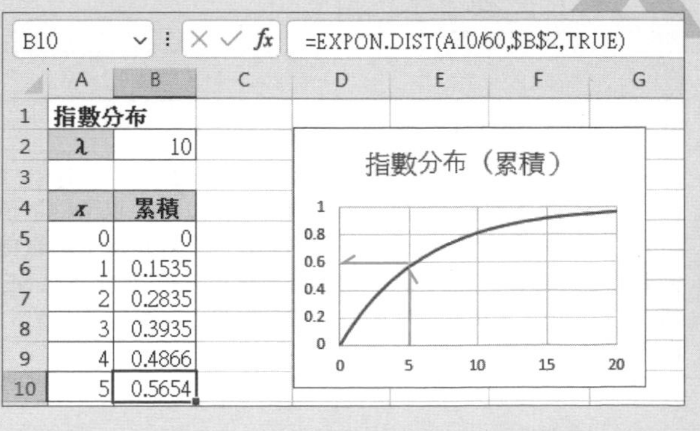

B10 | =EXPON.DIST(A10/60,$B$2,TRUE)

	A	B
1	指數分布	
2	λ	10
3		
4	x	累積
5	0	0
6	1	0.1535
7	2	0.2835
8	3	0.3935
9	4	0.4866
10	5	0.5654

關聯項目【08-53】計算指數分布的機率密度與累積分布

08-55 計算 Gamma 分布的機率密度與累積分布

GAMMA.DIST

使用 GAMMA.DIST 函數，可以計算「Gamma 分布」的機率密度與累積分布。Gamma 分布可以用於佇列分析。以下範例要計算「α=3」、「β=1」的機率密度與累積分布。

▶ 計算 Gamma 分布的機率密度與累積分布

B6 =GAMMA.DIST(A6,$B$2,$B$3,FALSE)
x　α　β　函數格式

C6 =GAMMA.DIST(A6,$B$2,$B$3,TRUE)
x　α　β　函數格式

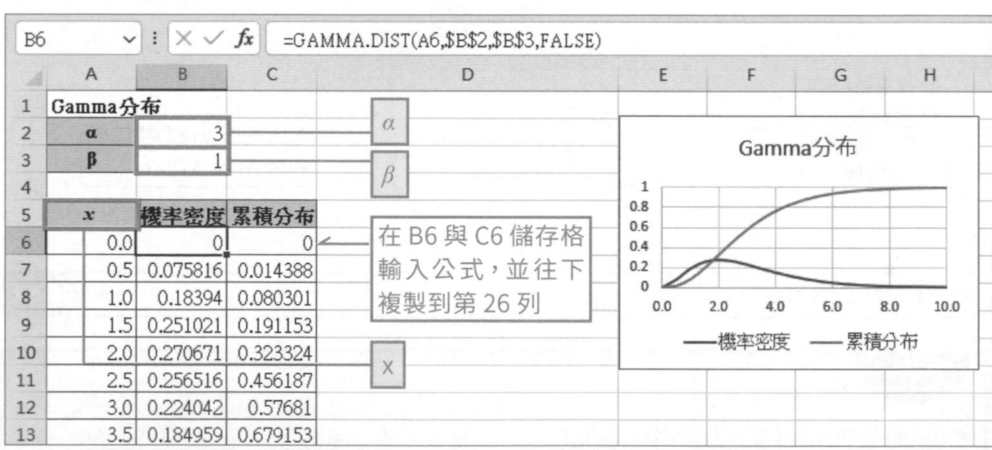

=GAMMA.DIST(x, α , β, 函數格式) 統計

x…設定機率變數。設為負值時，會傳回錯誤值 [#NUM!]
α…設定形狀參數 (決定分布形狀的元素)。設為 0 以下的數值時，會傳回錯誤值 [#NUM!]
β…設定尺度參數 (決定分布規模的元素)。設為 0 以下的數值時，會傳回錯誤值 [#NUM!]
函數格式…設定 TRUE 時的傳回值為累積分布。設定 FALSE 時的傳回值為機率密度
傳回 Gamma 分布的機率密度或累積分布。根據指定「α」、「β」的 Gamma 分布，可以計算「x」的機率密度或累積至「x」的機率。

08-56 Beta 分布的機率密度與累積分布

BETA.DIST

使用 BETA.DIST 函數，可以計算「Beta 分布」的機率密度與累積分布。Beta 分布可用於分析比例變化的情況。以下範例要計算「α=3」、「β=2」的機率密度與累積分布。

▶ 計算 Beta 分布的機率密度與累積分布

B6 =BETA.DIST(A6,$B$2,$B$3,FALSE)
x　α　β　函數格式

C6 =BETA.DIST(A6,$B$2,$B$3,TRUE)
x　α　β　函數格式

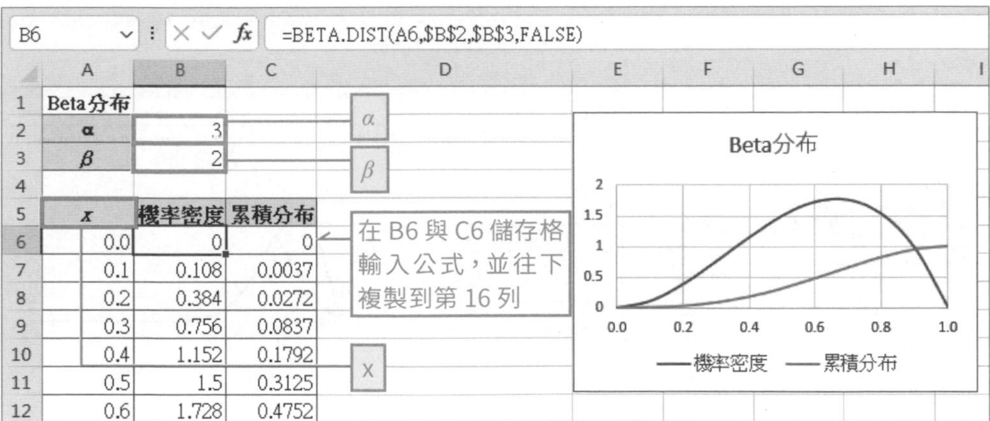

	A	B	C
1	Beta分布		
2	α	3	
3	β	2	
4			
5	x	機率密度	累積分布
6	0.0	0	0
7	0.1	0.108	0.0037
8	0.2	0.384	0.0272
9	0.3	0.756	0.0837
10	0.4	1.152	0.1792
11	0.5	1.5	0.3125
12	0.6	1.728	0.4752

=BETA.DIST(x, α, β, 函數格式, [A] , [B]) 統計

x…設定「A」以上「B」以下範圍內的機率變數
α…設定參數。如果設定為 0 以下的數值，會傳回錯誤值 [#NUM!]
β…設定參數。如果設定為 0 以下的數值，會傳回錯誤值 [#NUM!]
函數格式…設定 TRUE 時的傳回值為累積分布，設定 FALSE 時的傳回值為機率密度
A…設定區間的下限。省略時，視為「0」來進行計算。若設定成和 B 同值，會傳回 [#NUM!]
B…設定區間的上限。省略時，視為「1」來進行計算。若設定成和 A 同值，會傳回錯誤值 [#NUM!]

傳回 Beta 分布的機率密度或累積分布。根據指定「α」、「β」、「A」、「B」的 Beta 分布，可以計算「x」的機率密度或累積至「x」的機率。

08-57 計算韋伯分布的機率密度與累積分布

WEIBULL.DIST

使用 WEIBULL.DIST 函數，可以計算「韋伯分布」的機率密度與累積分布。韋伯分布能用於信賴性分布。以下範例要計算「α=2」、「β=1」的機率密度與累積分布。

▶ 計算韋伯分布的機率密度與累積分布

B6 =WEIBULL.DIST(A6,$B$2,$B$3,FALSE)
x α β 函數格式

C6 =WEIBULL.DIST(A6,$B$2,$B$3,TRUE)
x α β 函數格式

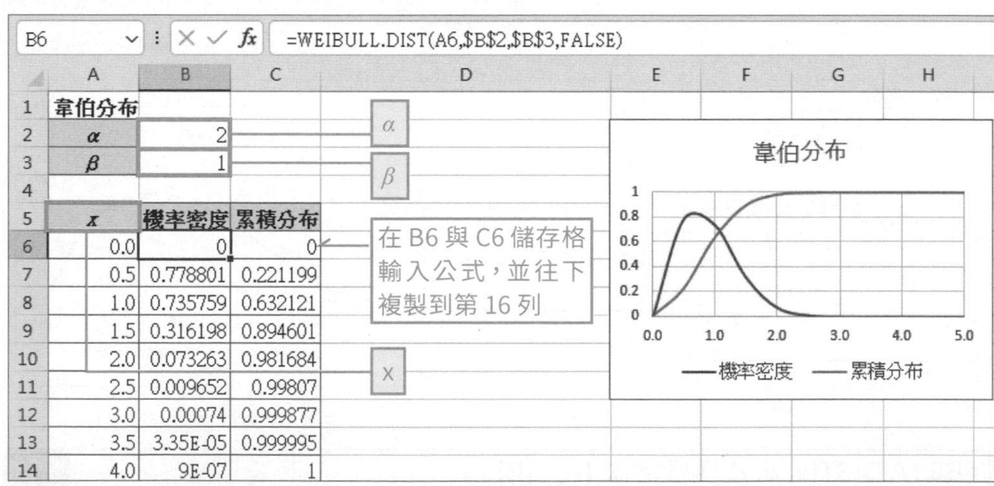

=WEIBULL.DIST(x, α, β, 函數格式) 統計

x…設定機率變數。若設為負值，會傳回錯誤值 [#NUM!]
α…設定形狀參數 (決定分布形狀的元素)。如果設定 0 以下的數值，會傳回錯誤值 [#NUM!]
β…設定尺度參數 (決定分布規模的元素)。如果設定 0 以下的數值，會傳回錯誤值 [#NUM!]
函數格式…設定 TRUE 時的傳回值為累積分布，設定 FALSE 時的傳回值為機率密度
傳回韋伯分布的機率密度或累積分布。根據指定「α」、「β」的韋伯分布，可以計算「x」的機率密度或累積至「x」的機率。

08-58 計算對數常態分布的機率密度與累積分布

LOGNORM.DIST

機率變數 x 的對數 ln(x) 為常態分布時，原始的 x 為「對數常態分布」。使用 LOGNORM.DIST 函數，可以計算對數常態分布的機率密度與累積分布。以下範例要計算平均數為 0，標準差為 1 的機率密度與累積分布。當「x=0」時，對數常態分布為 0，但是使用 LOGNORM.DIST 函數會出現錯誤，所以此範例在 B6 與 C6 儲存格直接輸入 0。

▶ 計算對數常態分布的機率密度與累積分布

B7 =LOGNORM.DIST(A7,$B$2,$B$3,FALSE)
x　平均數　標準差　函數格式

C7 =LOGNORM.DIST(A7,$B$2,$B$3,TRUE)
x　平均數　標準差　函數格式

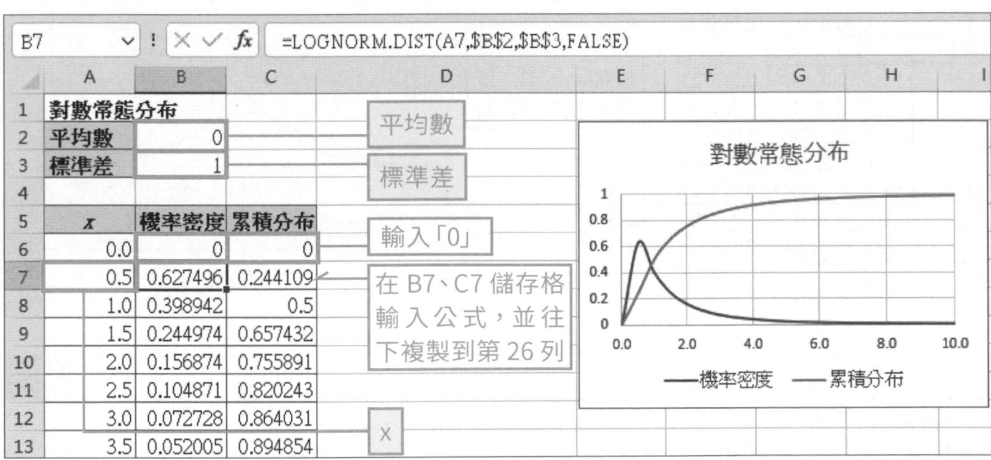

B7 =LOGNORM.DIST(A7,$B$2,$B$3,FALSE)

	A	B	C
1	對數常態分布		
2	平均數	0	
3	標準差	1	
4			
5	x	機率密度	累積分布
6	0.0	0	0
7	0.5	0.627496	0.244109
8	1.0	0.398942	0.5
9	1.5	0.244974	0.657432
10	2.0	0.156874	0.755891
11	2.5	0.104871	0.820243
12	3.0	0.072728	0.864031
13	3.5	0.052005	0.894854

=LOGNORM.DIST(x, 平均數, 標準差, 函數格式) 統計

x…設定機率變數。設定 0 以下的值時，會傳回錯誤值 [#NUM!]
平均數…設定 ln(x) 的平均數
標準差…設定 ln(x) 的標準差
函數格式…設定 TRUE 時的傳回值為累積分布，設定 FALSE 時的傳回值為機率密度

傳回對數常態分布的機率密度或累積分布。根據指定「平均數」與「標準差」的對數常態分布，可以計算「x」的機率密度與累積至「x」的機率。

08-59 計算 t 分布的機率密度與累積分布 (左尾機率)

T.DIST

「t 分布」常用於以小樣本推測母體平均區間的情況。使用 T.DIST 函數，可以計算 t 分布的機率密度與累積分布。累積分布的值會成為 t 分布的左尾機率。左尾機率請參考【**08-60**】(**Memo**) 的說明。以下範例要計算自由度為 10 的機率密度與累積分布。

▶ 計算 t 分布的機率密度與累積分布

B5 =T.DIST(A5,$B$2,FALSE)
x　自由度　函數格式

C5 =T.DIST(A5,$B$2,TRUE)
x　自由度　函數格式

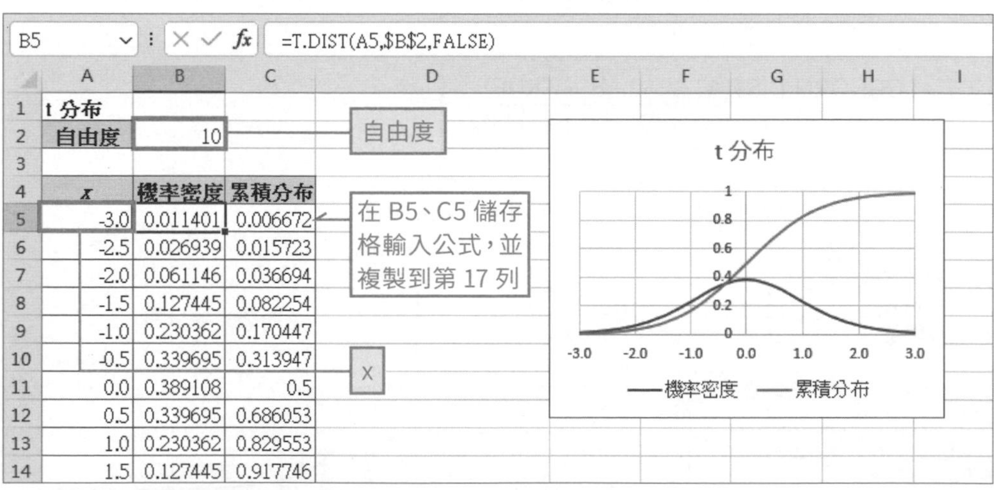

B5　=T.DIST(A5,$B$2,FALSE)

	A	B	C
1	t 分布		
2	自由度	10	
3			
4	x	機率密度	累積分布
5	-3.0	0.011401	0.006672
6	-2.5	0.026939	0.015723
7	-2.0	0.061146	0.036694
8	-1.5	0.127445	0.082254
9	-1.0	0.230362	0.170447
10	-0.5	0.339695	0.313947
11	0.0	0.389108	0.5
12	0.5	0.339695	0.686053
13	1.0	0.230362	0.829553
14	1.5	0.127445	0.917746

=T.DIST(x, 自由度, 函數格式)　統計

x…設定機率變數
自由度…以 1 以上的數值設定自由度
函數格式…設定 TRUE 時的傳回值為累積分布，設定 FALSE 時的傳回值為機率密度
傳回 t 分布的機率密度或累積分布。根據指定「自由度」的 t 分布，可以計算「x」的機率密度或累積到「x」為止的機率。

關聯項目 【08-60】計算 t 分布的右尾機率
【08-61】計算 t 分布的雙尾機率

08-60 計算 t 分布的右尾機率

T.DIST.RT

使用 T.DIST.RT 函數，計算 t 分布的右尾機率。以下範例是計算 x 為 1.5，自由度為 10 的右尾機率。

▶ 計算 t 分布的右尾機率

D3 =T.DIST.RT(B2,B3)

（B2：x，B3：自由度）

D3 =T.DIST.RT(B2,B3)

	A	B	C	D	E	F
1	t 分布的單尾機率					
2	t 值 (x)	1.5		單尾機率		
3	自由度	10		0.0822537		
4						
5						

B2：x　B3：自由度　D3：「x=1.5」的右尾機率

=T.DIST.RT(x, 自由度)　統計

x…設定機率變數

自由度…以 1 以上的數值設定自由度

根據指定「自由度」的 t 分布，傳回「x」的右尾機率。

Memo

- 機率分布中，某個值右邊的機率稱謂「右尾機率」或「上尾機率」，左邊的機率稱作「左尾機率」或「下尾機率」。t 分布是以「x=0」為邊界，左右對稱，所以「x=1.5」的右尾機率與「x= -1.5」的左尾機率相等。

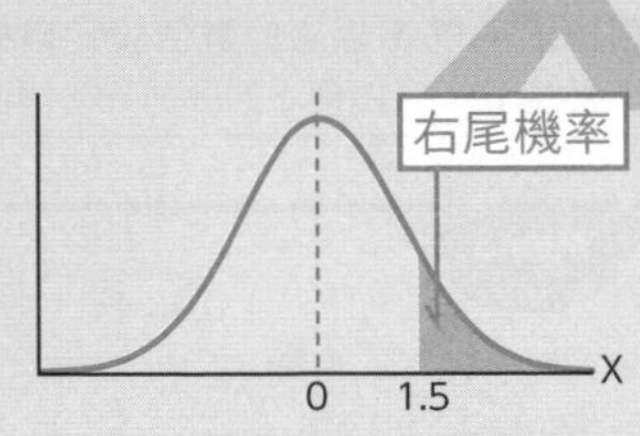

- T.DIST 函數的累積分布值為左尾機率。引數「x」與「自由度」設為相同值時，T.DIST 函數的左尾機率與 T.DIST.RT 函數的右尾機率之和為 1。
- 自由度是指「可以自由變動的變數數量」。一般會在某些條件下，進行推測或檢測，但是增加條件會讓資料受限而減少自由度。假設有一個條件是「11 個資料的平均數為 0」，前 10 個值是自由的，但是最後一個值被強制要讓平均數為 0，因此自由度為 10。

關聯項目【08-59】計算 t 分布的機率密度與累積分布 (左尾機率)

08-61 計算 t 分布的雙尾機率

T.DIST.2T

使用 T.DIST.2T 函數，可以計算 t 分布的雙尾機率。以下範例要計算 x 為1.5，自由度為 10 的雙尾機率。此時，將計算「x=1.5」的右尾機率與「x=-1.5」的左尾機率之合計。t 分布以「x=0」為界，左右對稱，因此得到的值是【08-60】T.DIST.RT 函數傳回值的兩倍。

▶ **計算 t 分布的雙尾機率**

D3 =T.DIST.2T(B2,B3)
x 自由度

	A	B	C	D
1	t 分布的雙尾機率			
2	t 值 (x)	1.5		雙尾機率
3	自由度	10		0.1645073
4				
5				

=T.DIST.2T(x, 自由度) 統計

x…以 0 以上的數值設定機率變數
自由度…以 1 以上的數值設定自由度
根據指定「自由度」的 t 分布，傳回「x」的雙尾機率。

Memo

- 「x=1.5」的雙尾機率是「x=1.5」的右尾機率與「x=-1.5」的左尾機率之總和。「x=0」時，雙尾機率為 1。

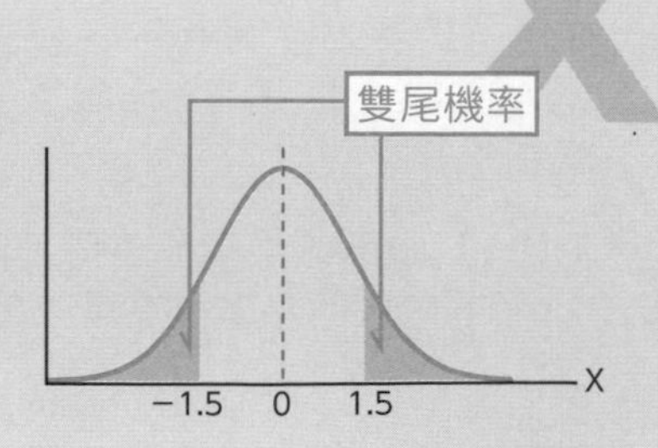

關聯項目 【08-60】計算 t 分布的右尾機率
【08-62】由 t 分布的雙尾機率反算 t 值

08-62 由 t 分布的雙尾機率反算 t 值

T.INV.2T

T.INV.2T 函數是 T.DIST.2T 函數的反函數。使用 T.INV.2T 函數，可以從 t 分布的雙尾機率反算對應的機率變數 x (t 值)。以下範例要計算雙尾機率為 0.16，自由度為 10 時的 t 值。

▶ 由 t 分布的雙尾機率反算 t 值

D3 =T.INV.2T(B2,B3)
機率 自由度

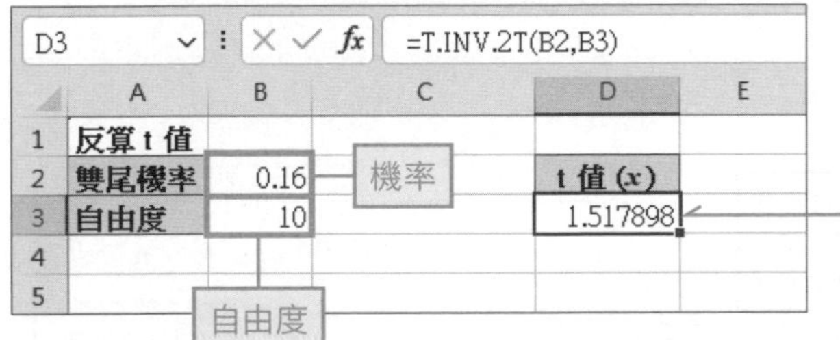

	A	B	C	D	E
1	反算 t 值				
2	雙尾機率	0.16		t 值 (x)	
3	自由度	10		1.517898	
4					
5					

=T.INV.2T(機率, 自由度) 統計

機率…設定雙尾機率
自由度…以 1 以上的數值設定自由度
根據指定「自由度」的 t 分布之雙尾機率傳回 t 值。

Memo

- 在 T.INV.2T 函數的引數設定雙尾機率，傳回值是右側的 t 值。
- T.INV.2T 函數是 T.DIST.2T 函數的反函數，所以在範例的空白儲存格輸入「=T.DIST.2T(D3,B3)」，傳回值為「0.16」。
- 如果想由 t 分布的左尾機率反算 t 值，可以使用 T.DIST 函數的反函數 T.INV 函數，如「=T.INV(左尾機率, 自由度)」。

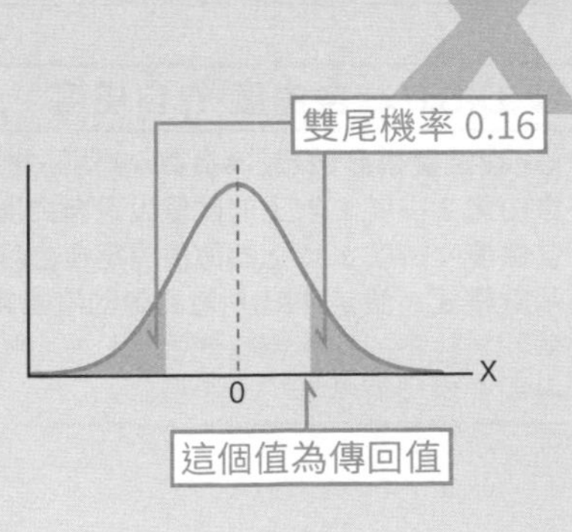

關聯項目 【08-61】計算 t 分布的雙尾機率

Excel 08-63 計算 f 分布的機率密度與累積分布 (左尾機率)

fx F.DIST

「f 分布」常用於檢定母體變異數比等情況。使用 F.DIST 函數，可以計算 f 分布的機率密度與累積分布。累積分布的值會成為 f 分布的左尾機率。以下範例要計算一邊的自由度為 10，另一邊為 8 的機率密度與累積分布。

▶ 計算 f 分布的機率密度與累積分布

B6 =F.DIST(A6,$B$2,$B$3,FALSE)
x　自由度 1　自由度 2　函數格式

C6 =F.DIST(A6,$B$2,$B$3,TRUE)
x　自由度 1　自由度 2　函數格式

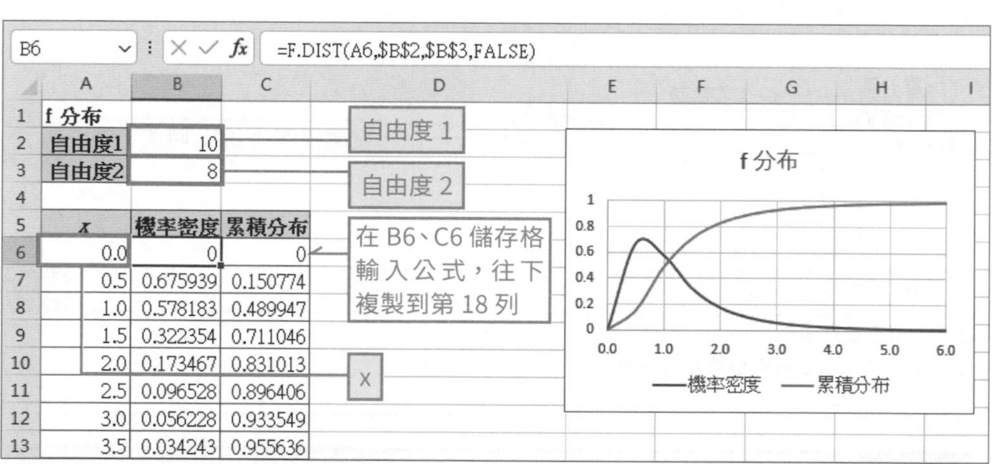

	A	B	C
1	f 分布		
2	自由度1	10	
3	自由度2	8	
4			
5	x	機率密度	累積分布
6	0.0	0	0
7	0.5	0.675939	0.150774
8	1.0	0.578183	0.489947
9	1.5	0.322354	0.711046
10	2.0	0.173467	0.831013
11	2.5	0.096528	0.896406
12	3.0	0.056228	0.933549
13	3.5	0.034243	0.955636

=F.DIST(x, 自由度 1, 自由度 2, 函數格式)　統計

x…設定機率變數。設為負數，會傳回錯誤值 [#NUM!]
自由度 1…以 1 以上的數值設定自由度 (分子的自由度)
自由度 2…以 1 以上的數值設定自由度 (分母的自由度)
函數格式…設定 TRUE 時的傳回值為累積分布，設定 FALSE 時的傳回值為機率密度
傳回 f 分布的機率密度或累積分布。根據指定「自由度 1」、「自由度 2」的 f 分布，可以計算「x」的機率密度或累積至「x」的機率。

08-64 計算 f 分布的右尾機率

F.DIST／F.DIST.RT

在機率分布中，某個值的右邊機率稱作「右尾機率」，左邊的機率稱作「左尾機率」。使用 F.DIST.RT 函數，可以計算 f 分布的右尾機率。以下範例將計算一邊自由度為 10，另一邊自由度為 8，x 為 2 時的右尾機率。此外，使用 F.DIST 函數，也可以計算左尾機率，這兩個值的總和為「1」。

▶ 計算 f 分布的右尾機率與左尾機率

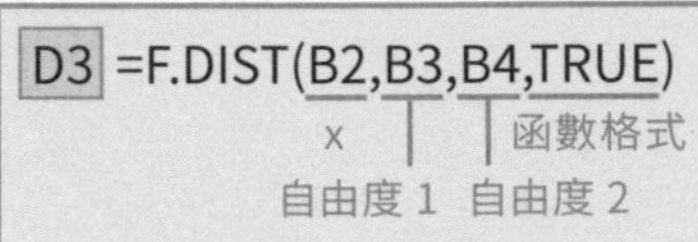

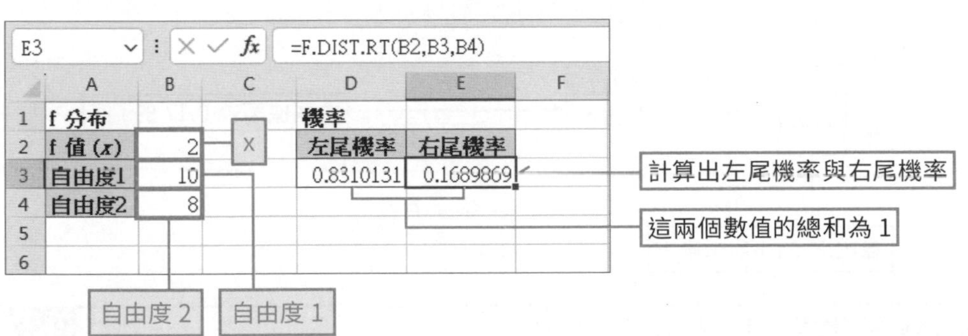

=F.DIST(x, 自由度 1, 自由度 2, 函數格式) → 06-63

=F.DIST.RT(x, 自由度 1, 自由度 2) 統計

x…設定機率變數。設為負數，會傳回錯誤值 [#NUM!]
自由度 1…以 1 以上的數值設定自由度 (分子的自由度)
自由度 2 …以 1 以上的數值設定自由度 (分母的自由度)
根據指定「自由度 1」、「自由度 2」的 f 分布，傳回「x」的右尾機率。

關聯項目 【08-63】計算 f 分布的機率密度與累積分布 (左尾機率)
【08-65】由 f 分布的右尾機率反算 f 值

08-65 由 f 分布的右尾機率反算 f 值

F.INV.RT

F.INV.RT 函數是 F.DIST.RT 函數的反函數。使用 F.INV.RT 函數，可以從 f 分布的右尾機率值反算出對應的機率變數 x (f 值)。以下範例要計算右尾機率為 0.17，自由度為 10 與 8 時的 f 值。

▶ 由 f 分布的右尾機率反算 f 值

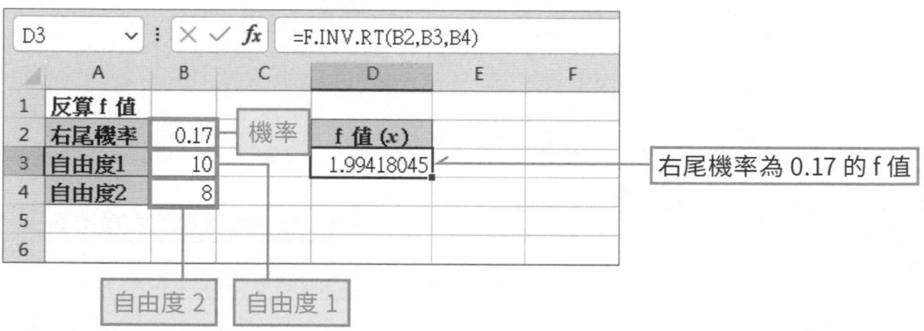

=F.INV.RT(機率, 自由度 1, 自由度 2) 統計

機率…設定右尾機率
自由度 1…以 1 以上的數值設定自由度 (分子的自由度)
自由度 2…以 1 以上的數值設定自由度 (分母的自由度)
根據指定「自由度 1」、「自由度 2」的 f 分布之右尾「機率」傳回 f 值。

Memo

- 使用 F.DIST 函數的反函數 F.INV 函數，可以由左尾機率反算 f 值，例如「=F.INV(左尾機率, 自由度)」。

關聯項目 【08-63】計算 f 分布的機率密度與累積分布 (左尾機率)
【08-64】計算 f 分布的右尾機率

計算卡方分布的機率密度與累積分布 (左尾機率)

CHISQ.DIST

卡方分布常用來推測母體變異數的區間。使用 CHISQ.DIST 函數，可以計算卡方分布的機率密度與累積分布。累積分布的值會成為卡方分布的左尾機率。以下範例要計算自由度為 3 的機率密度與累積分布。

▶ 計算卡方分布的機率密度與累積分布

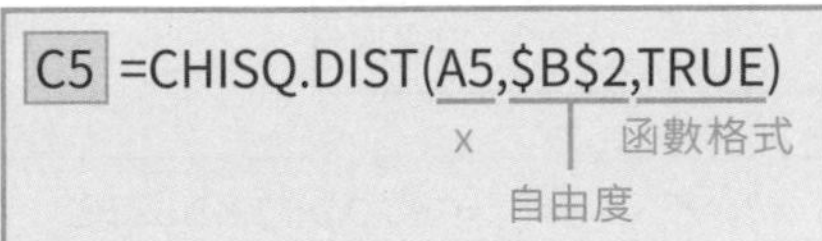

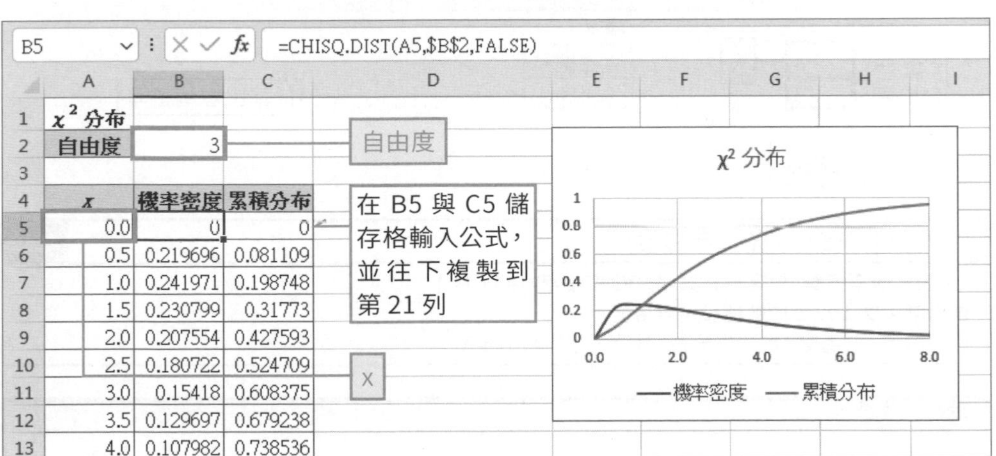

B5 =CHISQ.DIST(A5,$B$2,FALSE)

	A	B	C
1	χ^2 分布		
2	自由度	3	
3			
4	*x*	機率密度	累積分布
5	0.0	0	0
6	0.5	0.219696	0.081109
7	1.0	0.241971	0.198748
8	1.5	0.230799	0.31773
9	2.0	0.207554	0.427593
10	2.5	0.180722	0.524709
11	3.0	0.15418	0.608375
12	3.5	0.129697	0.679238
13	4.0	0.107982	0.738536

=CHISQ.DIST(x, 自由度, 函數格式)	統計

x…設定機率變數。如果設為負數，會傳回錯誤值 [#NUM!]
自由度…以 1 以上的數值設定自由度
函數格式…設定 TRUE 時的傳回值為累積分布，設定 FALSE 時的傳回值為機率密度
傳回卡方分布的機率密度或累積分布。根據指定「自由度」的卡方分布，可以計算「x」的機率密度或累積至「x」的機率。

關聯項目 【08-67】計算卡方分布的右尾機率
【08-68】由卡方分布的右尾機率反算卡方值

08-67 計算卡方分布的右尾機率

CHISQ.DIST.RT

使用 CHISQ.DIST.RT 函數，可以計算卡方分布的右尾機率。以下範例將計算 x 為 4，自由度為 3 的右尾機率。

▶ 計算卡方分布的右尾機率

D3 =CHISQ.DIST.RT(B2,B3)
（B2：x　B3：自由度）

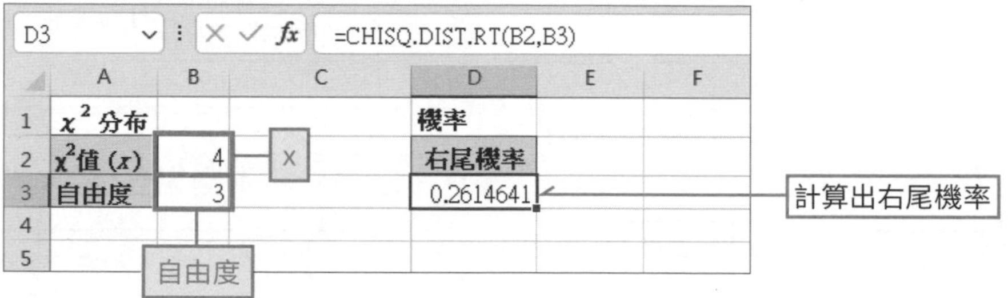

D3　=CHISQ.DIST.RT(B2,B3)

	A	B	C	D	E	F
1	χ^2 分布			機率		
2	χ^2值 (x)	4		右尾機率		
3	自由度	3		0.2614641		
4						
5						

=CHISQ.DIST.RT(x, 自由度)　統計

x…設定機率變數。設定為負數，會傳回錯誤值 [#NUM!]
自由度…以 1 以上的數值設定自由度
根據指定「自由度」的卡方分布，傳回「x」的右尾機率。

Memo

- 機率分布中，某個值的左邊機率稱作「左尾機率」或「下尾機率」，右邊的機率稱作「右尾機率」或「上尾機率」。
- 將 CHISQ.DIST 函數的引數「函數格式」設為「TRUE」，可以計算卡方分布的左尾機率。
- 引數「x」與「自由度」設定相同數值時，CHISQ.DIST 函數的左尾機率與CHISQ.DIST.RT 函數的右尾機率之總和為 1。

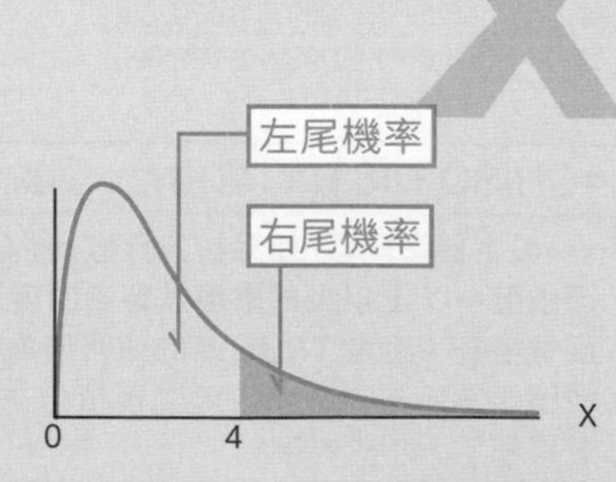

關聯項目 【08-66】計算卡方分布的機率密度與累積分布 (左尾機率)

08-68 由卡方分布的右尾機率反算卡方值

CHISQ.INV.RT

使用 CHISQ.INV.RT 函數，可以由卡方分布的右尾機率值反算對應的機率變數 x (卡方值)。以下範例要計算右尾機率為 0.26，自由度為 3 的卡方值。

▶ 由卡方分布的右尾機率反算卡方值

D3 =CHISQ.INV.RT(B2,B3)
機率 自由度

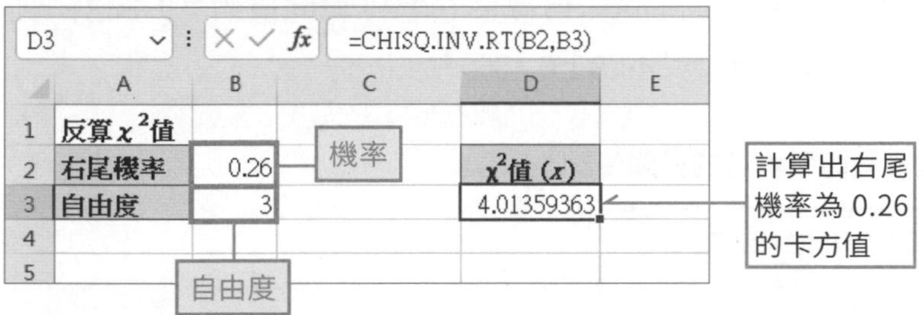

=CHISQ.INV.RT(機率, 自由度) 統計

機率…設定右尾機率
自由度…以 1 以上的數值設定自由度
根據指定「自由度」的卡方分布之右尾「機率」，傳回卡方值。

Memo

- 使用 CHISQ.INV 函數可以由左尾機率反算卡方值，如「=CHISQ.INV(左尾機率, 自由度)」。
- 卡方分布的機率密度圖非左右對稱，形狀會隨著自由度而改變。自由度愈高，峰度的高度愈低，中心往右移動。自由度為 1 的卡方分布在「x → 0」發散。

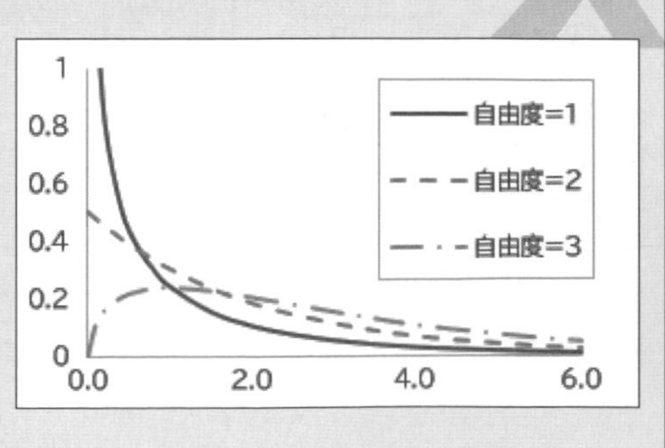

關聯項目 【08-67】計算卡方分布的右尾機率

08-69 根據常態分布計算母體平均數的信賴區間

CONFIDENCE.NORM

使用機率分布推測母體的平均數或變異數在一定機率下，包含在多大的區間內，稱作「區間估計」。假設要進行母體平均數的區間估計，導出「信賴度為○%時，母體平均數為○以上○以下」。此時，「○以上○以下」稱作信賴區間。如果要使用常態分布，推測母體平均數的區間估計，可以選用 CONFIDENCE.NORM 函數。以下範例是從已知母體標準差為 2.2 的母體中，取樣 100 個產品，調查重量，假設平均為 49.8g，以信賴度 95% 進行母體平均數的區間估計。在引數「顯著水準」設定 1 減去信賴度 95% 的值 (這裡是 0.05)。傳回值約為「0.43」，所以母體平均數的 95% 信賴區間為「49.8±0.43」。

▶ 使用常態分布進行母體平均數的區間估計

B8 =CONFIDENCE.NORM(1-B2,B3,B4)

顯著水準　樣本數

標準差

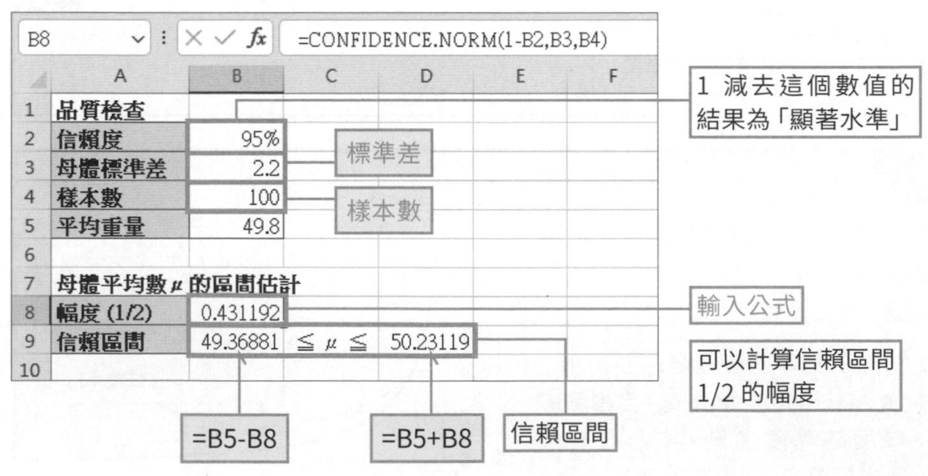

=CONFIDENCE.NORM(顯著水準, 標準差, 樣本數) 統計

顯著水準…設定顯著水準 (1 減去信賴度後的數值)。如果信賴度為 95%，設定為 0.05
標準差…設定母體的標準差
樣本數…設定樣本數量
使用常態分布，根據信賴度 (1 減去「顯著水準」後的數值)，傳回母體平均數信賴區間 1/2 的值。

Memo

- 區間估計的信賴度常使用 90%、95%、99% 等數值。信賴度愈高，信賴區間愈廣。換句話說，若想正確計算出母體平均數，信賴區間就會放大。反之，縮小信賴區間，會使得準確性下降。
- CONFIDENCE.NORM 函數的傳回值與以下公式的結果一致。公式中的「z」是常態分布在 0.025% 位置的機率變數，使用 NORM.S.INV 函數 (→【08-52】的引數「機率」設為「1-0.025」) 計算後的結果約為「1.96」。

$$CONFIDENCE.NORM = \mathbf{z} \times \frac{標準差}{\sqrt{樣本數}} = 1.96 \times \frac{2.2}{\sqrt{100}} = 0.4312$$

常態分布的機率分布

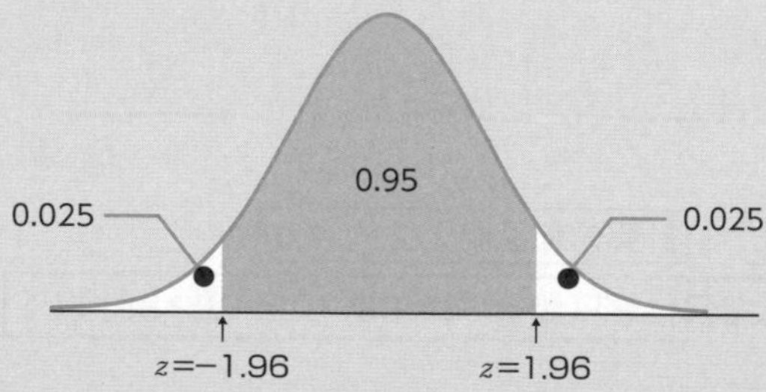

- 有時也會使用 t 分布進行母體平均數的區間估計。在 Excel 使用【08-70】介紹的 CONFIDENCE.T 函數，可以計算信賴區間。

關聯項目 【08-70】根據 t 分布計算母體平均數的信賴區間
【08-71】根據卡方分布計算母體變異數的信賴區間

08-70 根據 t 分布計算母體平均數的信賴區間

CONFIDENCE.T

使用 t 分布，進行母體平均數的區間估計時，可以使用 CONFIDENCE.T 函數。以下範例是從已知母體標準差為 1.8 的母體中，取出 10 個產品調查重量，平均為 20.3g，以信賴度 95% 進行母體平均的區間估計。

▶ 使用 t 分布進行母體平均數的區間估計

B8 =CONFIDENCE.T(1-B2,B3,B4)

顯著水準｜樣本數
標準差

B8 =CONFIDENCE.T(1-B2,B3,B4)

	A	B	C	D
1	品質檢查			
2	信賴度	95%		
3	母體標準差	1.8		
4	樣本數	10		
5	平均重量	20.3		
6				
7	母體平均數 μ 的區間估計			
8	幅度 (1/2)	1.287642		
9	信賴區間	19.01236	≦ μ ≦	21.58764
10				

1 減去這個數值的結果為「顯著水準」
標準差
樣本數
輸入公式
計算信賴區間 1/2 的幅度
信賴區間為「B5-B8」以上「B5+B8」以下

=CONFIDENCE.T(顯著水準, 標準差, 樣本數) 統計

顯著水準…設定顯著水準 (1 減去信賴度後的數值)。如果信賴度為 95%，設定為 0.05
標準差…設定母體的標準差
樣本數…設定樣本數量
使用 t 分布，根據設定的信賴度 (1 減去「顯著水準」後的數值)，傳回母體平均數信賴區間 1/2 的值。

Memo

- CONFIDENCE.T 函數的傳回值與右邊公式的結果一致。公式中的「t」是在自由度為「樣本數 - 1」(這裡是 9) 的 t 分布，雙尾機率為 0.05 的 t 值。

$$t \times \frac{標準差}{\sqrt{樣本數}}$$

關聯項目 【08-69】根據常態分布計算母體平均數的信賴區間

08-71 根據卡方分布計算母體變異數的信賴區間

CHISQ.INV.RT

使用卡方分布進行母體變異數的區間估計。雖然沒有專用的函數，不過代入 Memo 介紹的公式就能計算。公式中的「k」是使用 CHISQ.INV.RT 函數計算出來的。以下範例是由樣本數為 10、不偏變異數為 0.83 的資料中，根據信賴度 95%，進行母體變異數的區間估計。

▶ **使用卡方分布進行母體變異數的區間估計**

E4 =(B3-1)*B4/CHISQ.INV.RT(E3,B3-1)
（E3：機率　B3-1：自由度）

G4 =(B3-1)*B4/CHISQ.INV.RT(G3,B3-1)
（G3：機率　B3-1：自由度）

E4 =(B3-1)*B4/CHISQ.INV.RT(E3,B3-1)

	A	B	C	D	E	F	G
1	品質檢查			母體變異數 σ^2 的區間			
2	信賴度	95%					
3	樣本數	10		機率	0.025	～	0.975
4	不偏變異數	0.83		信賴區間	0.392687	≦ σ^2 ≦	2.766268

機率

在 E4 與 G4 儲存格輸入公式

=CHISQ.INV.RT(機率, 自由度)　→ 08-68

Memo

- 假設樣本數為 n，不偏變異數為 s^2。若要使用卡方分布，根據信賴度 95%，計算母體變異數 σ^2 的信賴區間，可以使用 CHISQ.INV.RT 函數，計算自由度為「n-1」，卡方分布右尾機率為 0.975 (左尾機率為 0.025) 的 k_1，以及右尾機率為 0.025 的 k_2。代入以下公式，即可計算區間的下限值與上限值。

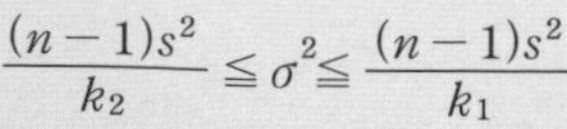

$$\frac{(n-1)s^2}{k_2} \leqq \sigma^2 \leqq \frac{(n-1)s^2}{k_1}$$

自由度 n-1 的卡方分布

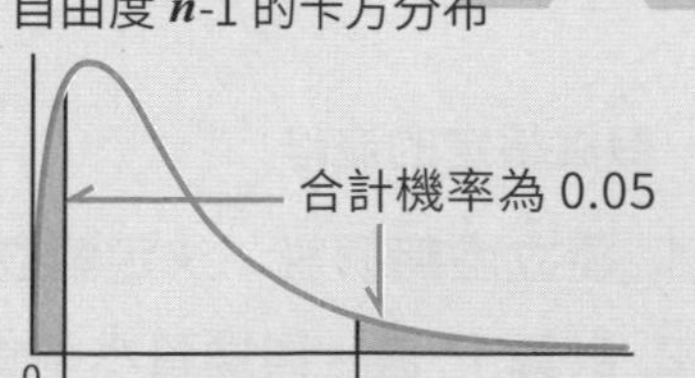

08-72 假說檢定

假說檢定

假設從出貨標準為 20g 的產品 (母體) 中，取出幾個樣本檢測重量，結果平均數為 20.8g。這個值是否能視為 20g？如果憑感覺的話，判斷結果會因人而異。進行「假說檢定」，可以根據機率，按照統計學來判斷數值差異是否在誤差範圍內或有「顯著性差異」。顯著性差異是指統計學上有意義的差異。

虛無假說與對立假說

假說檢定是透過統計否定「無顯著性差異」來證明「有顯著性差異」。「無顯著性差異」的假說稱作「虛無假說」，「有顯著性差異」的假說稱作「對立假說」。否定虛無假說稱作「棄卻」。

在上述範例中，虛無假說是「檢測重量等於 20g (無顯著水準)」，而對立假說是「檢測重量不等於 20g (有顯著性差異)」。

- **虛無假說：重量等於 20g　←根據這個假說進行檢測**
- **對立假說：重量不等於 20g ←證明假說**

P 值與顯著水準

Excel 的假說檢定是使用函數計算稱作「P 值」的機率。P 值是指虛無假說為正確的假說時，發生比檢測結果更罕見現象的機率。如果 P 值低於預定的基準，將棄卻虛無假說，採用對立假說。當作是否棄卻虛無假說的基準機率稱作「顯著水準」，一般常用的數值為 5%，若想進行更嚴格的判斷，可以使用 1%。

▶ 假說檢定的流程

1. **建立虛無假說，決定對立假說**
2. **計算 P 值，與顯著水準做比較**
3. **如果「P＜顯著水準」，棄卻虛無假說，採用對立假說**

雙尾檢定與單尾檢定

假設虛無假說為「重量等於 20g」，可以思考以下三種對立假說。根據對立假說決定檢定方法要使用「雙尾檢定」或「單尾檢定」。假設顯著水準為 5%，雙尾檢定的雙尾機率合計為 5%，單尾檢定只有單邊，所以是 5%。

- **對立假說：重量不等於 20g → 雙尾檢定**

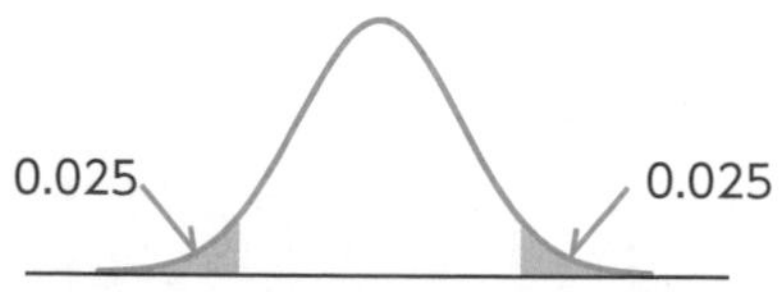

左右各 2.5%，合計為 5% 的顯著水準。如果雙尾機率 P 值小於 5%，棄卻虛無假說，採用「重量不等於 20g」。

- **對立假說：重量大於 20g → 單尾檢定**

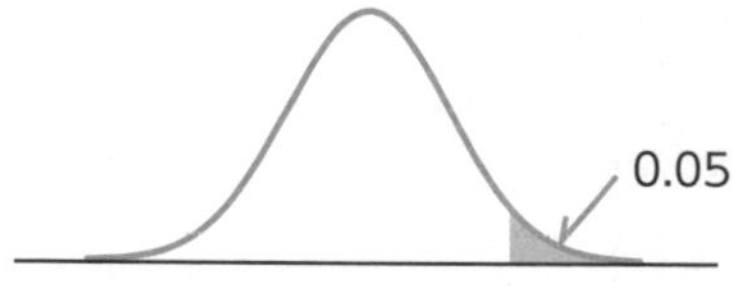

如果右尾機率 P 值小於 5%，棄卻虛無假說，採用「重量大於 20g」。

- **對立假說：重量小於 20g → 單尾檢定**

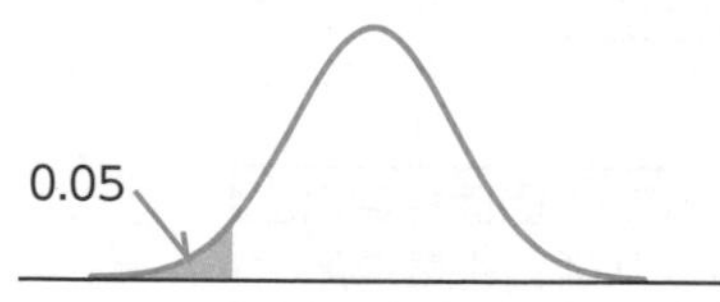

如果左尾機率 P 值小於 5%，棄卻虛無假說，採用「重量小於 20g」。

由假說檢定導出結論

假設顯著水準為 5%，進行假說檢定時，若「P＜0.05」，就棄卻虛無假說，採用對立假說。然而，沒有棄卻虛無假說不代表會積極採用虛無假說，而是導出「對立假說不算正確」的結論。假說檢定只有在棄卻虛無假說時，才會導出明確的結果。

值 < 顯著水準　→　棄卻虛無假說，採用對立假說

P 值 > 顯著水準　→　沒有棄卻虛無假說 (對立假說不算正確)

08-73 使用常態分布進行母體平均數的單尾檢定

Z.TEST

使用 Z.TEST 函數，能以常態分布檢定母體平均數。以下範例將針對一天平均銷售數量為 10 個，標準差為 3.2 的商品，以顯著水準 5% 檢定投放廣告後的平均數是否增加。假設銷售量按照常態分布。虛無假說為「銷售量等於 10 個」，對立假說為「增加了銷售量」，進行單尾檢定。

▶ 進行母體平均數的單尾檢定

E7 =Z.TEST(B3:B12,E4,E5)
陣列 基準值 標準差

E7 =Z.TEST(B3:B12,E4,E5)

	A	B	C	D	E	F
1	銷售量 (樣本)			z 檢定 (單尾)		
2	No	銷售量		樣本平均數	11.8	
3	1	12				
4	2	9		母體平均數	10	
5	3	15		母體標準差	3.2	
6	4	10				
7	5	12		P 值 (右尾)	0.037638	
8	6	14				
9	7	8				
10	8	14				
11	9	11				
12	10	13				
13						

基準值

標準差

陣列

「P 值<0.05」，因而採用對立假說，可以判斷銷售量增加

=Z.TEST(陣列, 基準值, [標準差]) 統計

陣列…設定樣本的儲存格範圍
基準值…設定成為檢定對象的數值 (母體的平均數)
標準差…設定母體的標準差。省略時，會使用由樣本計算出來的不偏標準差
使用常態分布，由「陣列」的指定樣本檢定母體平均數，傳回對應「基準值」的右尾機率。

Memo

- Z.TEST 函數會傳回右尾機率，如果對立假說為「比基準值小」，「1-Z.TEST 函數的傳回值」與 5% 比較，若低於 5%，就採用對立假說。

關聯項目【08-74】使用常態分布進行母體平均數的雙尾檢定

08-74 使用常態分布進行母體平均數的雙尾檢定

Z.TEST／MIN

Z.TEST 函數的傳回值 P 值為右尾機率，「=MIN(P 值, 1-P 值)*2」可以計算雙尾機率。以下範例假設有個平均重量 20g，標準差為 0.5g 的產品，以顯著水準 5% 檢定母體平均數，調查是否正確製作出 20g 的產品。虛無假說是「平均數等於 20g」，對立假說是「平均數不等於 20g」，進行雙尾檢定。

▶ **進行母體平均數的雙尾檢定**

E7 =Z.TEST(B3:B12,E4,E5)
陣列 基準值 標準差

E8 =MIN(E7,1-E7)*2

E7 =Z.TEST(B3:B12,E4,E5)

	A	B	C	D	E	F
1	檢查結果 (樣本)			z 檢定 (雙尾)		
2	No	重量		樣本平均數	19.89	
3	1	20.9				
4	2	20.4		母體平均數	20	
5	3	19.8		母體標準差	0.5	
6	4	18.0				
7	5	19.2		P 值 (右尾)	0.756692	
8	6	20.3		P 值 (雙尾)	0.486616	
9	7	20.5				
10	8	19.6				
11	9	19.4				
12	10	20.8				
13						

基準值

標準差

輸入公式

陣列

「P 值>0.05」，沒有棄卻虛無假說，產品不算是非 20g

=Z.TEST(陣列, 基準值, [標準差]) → 08-73

=MIN(數值 1, [數值 2]…) → 02-48

Memo

- Z.TEST 函數的傳回值 (右尾機率) 可能超過 0.5，即使把單尾機率變成兩倍，也無法取得雙尾機率。如果要計算雙尾機率，必須將右尾機率 (E7) 與左尾機率 (1-E7) 中，較小的一方變成兩倍。

關聯項目 【08-73】使用常態分布進行母體平均數的單尾檢定

08-75 使用 t 檢定來檢定對應資料的平均值差異

T.TEST

使用 T.TEST 函數，可以檢定母體依照常態分布的兩個樣本之平均值差異。以下範例將檢定原商品與改良品兩種餅乾的試吃調查結果。原商品的平均值是 6.75，改良品是 7.75。雖然改良品的分數比較高，但是要使用顯著水準 5% 檢定是否能判斷「改良品的評價比較好」。虛無假說是「評價沒有差別」，對立假說是「改良品的評價比較好」。由於對立假說的格式是「○○比較好」，所以進行單尾檢定。由於是同一個人評分這兩個商品，所以兩個陣列視為成對陣列。結果 P 值小於 5%，採用對立假說，結論是改良品的評價比較好。

▶ 檢定平均值的差異

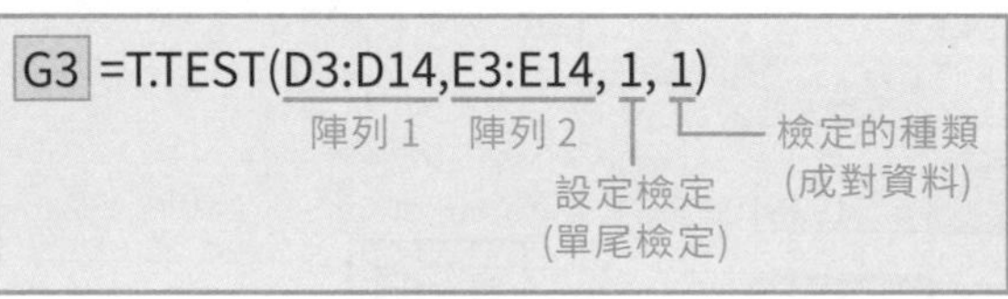

	A	B	C	D	E	F	G
1	試吃評比問卷調查						t 檢定
2	No	年齡	性別	原商品	改良版		P值 (單尾)
3	1	28	女	8	6		0.033567116
4	2	35	男	7	8		
5	3	41	男	5	7		
6	4	36	女	4	6		
7	5	29	女	9	10		
8	6	40	男	7	7		
9	7	51	女	6	5		
10	8	25	男	8	8		
11	9	46	男	7	10		
12	10	28	女	5	9		
13	11	37	女	6	8		
14	12	31	男	9	9		
15	平均			6.75	7.75		
16							

=T.TEST(陣列 1, 陣列 2, 檢定設定, 檢定種類) 統計

陣列 1…設定其中一個樣本的儲存格範圍
陣列 2…設定另一個樣本的儲存格範圍
檢定設定…設定 1 的傳回值為單尾機率，設定 2 的傳回值為雙尾機率
檢定種類…以下表的值設定 t 檢定的種類

檢定種類	說明
1	成對資料的 t 檢定
2	以同質變異數的兩個樣本為對象的 t 檢定
3	以異質變異數的兩個樣本為對象的 t 檢定

進行 t 檢定。使用 t 分布，由兩個「陣列」設定的樣本檢定母體平均數的差異，傳回單尾機率或雙尾機率。

Memo

- 原商品的儲存格範圍與改良品的儲存格範圍不論設定成「陣列 1」或「陣列 2」，T.TEST 函數的傳回值都一樣。如果棄卻虛無假說「陣列 1 與陣列 2 相等」，在單尾檢定中，結論是「陣列 1」與「陣列 2」其中一個平均值比較高。但是究竟哪個比較高，要計算「陣列 1」與「陣列 2」的平均值再判斷。

G3 =T.TEST(E3:E14,D3:D14,1,1)

	A	B	C	D	E	F	G	H
1	試吃評比問卷調查						t 檢定	
2	No	年齡	性別	原商品	改良版		P值 (單尾)	
3	1	28	女	8	6		0.033567116	
4	2	35	男	7	8			
5	3	41	男	5	7			
6	4	36	女	4	6			
7	5	29	女	9	10			
8	6	40	男	7	7			

=T.TEST(E3:E14,D3:D14,1,1)

顛倒「陣列 1」與「陣列 2」的設定，也會出現相同結果

- 引數「檢定設定」是設定要進行單尾檢定或雙尾檢定。如果對立假說是「○比△大」、「○比△小」，就選擇單尾檢定。若是「○與△不相等」時，則選擇雙尾檢定。
- 在引數「檢定種類」設定的值是根據兩個樣本的狀態而定。例如，同一個人第一次與第二次的試驗結果等對應兩個樣本的情況，設定為「1」。若沒有對應兩個樣本，如 A 公司的員工年齡與 B 公司的員工年齡等，則設定為「2」或「3」。

關聯項目 【08-76】使用 t 檢定來檢定沒有對應的資料平均值差異
【08-77】檢定 f 檢定的變異數是否有差異

08-76 使用 t 檢定來檢定沒有對應的資料平均值差異

T.TEST

請使用 T.TEST 函數，檢定沒有對應的兩個陣列。以下範例將檢定兩家高中的考試分數是否有差異。虛無假說是「分數相同」，對立假說是「分數有差異」，以顯著水準 5% 進行雙尾檢定。如果是沒有對應的陣列，引數「檢定種類」設定的值會隨著變異數是否相同而改變。這裡假設已經使用 F.TEST 函數 (→【08-77】) 確認變異數不相同，因此設定為「3」(以異質變異數的兩個樣本為對象的 t 檢定)。

▶ **檢定平均值的差異**

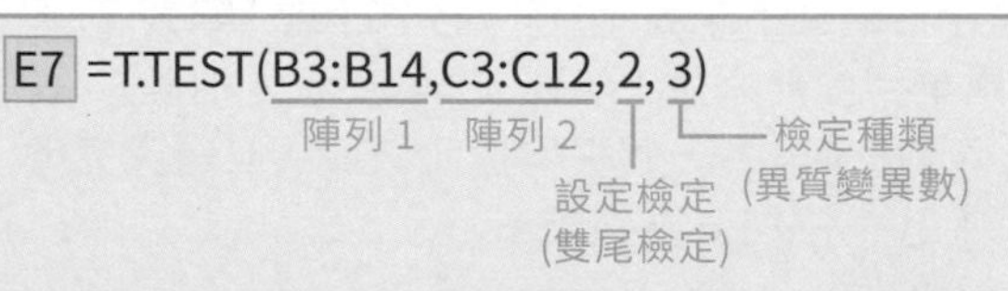

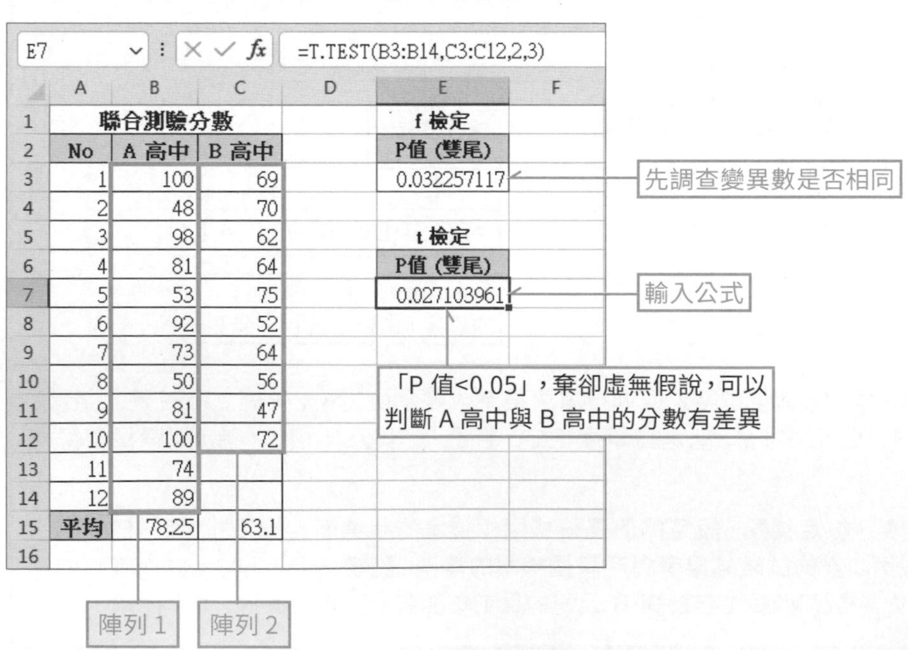
E7 =T.TEST(B3:B14,C3:C12,2,3)

	A	B	C	D	E	F
1	聯合測驗分數				f 檢定	
2	No	A 高中	B 高中		P值 (雙尾)	
3	1	100	69		0.032257117	
4	2	48	70			
5	3	98	62		t 檢定	
6	4	81	64		P值 (雙尾)	
7	5	53	75		0.027103961	
8	6	92	52			
9	7	73	64			
10	8	50	56			
11	9	81	47			
12	10	100	72			
13	11	74				
14	12	89				
15	平均	78.25	63.1			
16						

=T.TEST(陣列 1, 陣列 2, 檢定設定, 檢定種類) → 08-75

關聯項目 【08-77】檢定 f 檢定的變異數是否有差異

08-77 檢定 f 檢定的變異數是否有差異

F.TEST

使用 F.TEST 函數可以檢定兩個樣本的母體變異數是否相同。以下範例將以顯著水準 5% 檢定兩家高中的考試分數之變異數。虛無假說為「變異數不相同」，對立假說為「變異數相同」，進行雙尾檢定。F.TEST 函數的傳回值是雙尾機率，可以直接比較顯著水準。

▶ 檢定變異數的差異

E3 =F.TEST(B3:B14,C3:C12)
陣列 1 陣列 2

E3 =F.TEST(B3:B14,C3:C12)

	A	B	C	D	E	F
1	聯合測驗分數				f 檢定	
2	No	A 高中	B 高中		P值 (雙尾)	
3	1	100	69		0.032257117	
4	2	48	70			
5	3	98	62			
6	4	81	64			
7	5	53	75			
8	6	92	52			
9	7	73	64			
10	8	50	56			
11	9	81	47			
12	10	100	72			
13	11	74				
14	12	89				
15	變異數	368.3864	82.1			
16						

輸入公式

「P 值<0.05」，採用對立假說，可以判斷 A 高中與 B 高中的分數變異數有差異

陣列 1　陣列 2

=F.TEST(陣列 1, 陣列 2) 統計

陣列 1…設定其中一個樣本的儲存格範圍
陣列 2…設定另一個樣本的儲存格範圍
進行 f 檢定。使用 f 分布，在兩個「陣列」設定的樣本中，檢定母體變異數的變異數比，傳回雙尾機率。

08-78 使用卡方檢定進行獨立性檢定

CHISQ.TEST

使用 CHISQ.TEST 函數，可以調查交叉分析表的列項目與欄項目之關聯性。以下範例是根據對某項商品是否有興趣的問卷調查結果，確認有無興趣與性別的關係。在期待值表輸入假設兩個項目沒有關聯性時的期待值 (邏輯值)，透過與實測值的差異進行檢定。虛無假說是「有無興趣與性別沒有關聯性」，對立假說是「有無興趣與性別有關聯性」。這種檢定稱作**獨立性檢定**。

▶ 檢定獨立性

B9 =B$5*$D3/$D$5

B9 =B$5*$D3/$D$5

	A	B	C	D	E
1	實測值 (對商品A是否有興趣)				
2	性別＼回答	有	沒有	合計	
3	男性	34	86	120	
4	女性	55	75	130	
5	合計	89	161	250	
6					
7	期待值				
8	性別＼回答	有	沒有	合計	
9	男性	42.72	77.28	120	
10	女性	46.28	83.72	130	
11	合計	89	161	250	
12					
13	χ^2檢定	P值			
14					

根據問卷調查的結果建立交叉分析表

在 B9 儲存格輸入公式，並複製到 C10 儲存格

以 SUM 函數計算合計

① 先根據問卷調查的結果建立實測值的交叉分析表，接著按照實測值計算期待值。如果有無興趣與性別沒有關聯性，各性別的興趣有無比例應與合計比例 (89：161) 一致，而且回答的男女比例應與合計比例 (120:130) 一致。在 B9 儲存格輸入公式，計算期待值 (邏輯值) 並複製到 C10 儲存格。先使用 SUM 函數，計算各個合計

C13 =CHISQ.TEST(B3:C4,B9:C10)
實測值範圍 期待值範圍

C13 =CHISQ.TEST(B3:C4,B9:C10)

	A	B	C	D	E	F
1	實測值（對商品A是否有興趣）					
2	性別＼回答	有	沒有	合計		
3	男性	34	86	120		
4	女性	55	75	130		
5	合計	89	161	250		
6						
7	期待值					
8	性別＼回答	有	沒有	合計		
9	男性	42.72	77.28	120		
10	女性	46.28	83.72	130		
11	合計	89	161	250		
12						
13	χ^2檢定	P值	0.021141			
14						

實測值範圍

期待值範圍

輸入公式

採用「有無興趣與性別有關聯性」

② 使用 CHISQ.TEST 函數計算 P 值，結果「P<0.05」，因此棄卻虛無假說，採用對立假說「有無興趣與性別有關聯性」

=CHISQ.TEST(實測值範圍, 期待值範圍) 統計

實測值範圍…設定實測值的儲存格範圍
期待值範圍…設定期待值的儲存格範圍
進行卡方檢定。使用卡方分布，檢定「實測值範圍」與「期待值範圍」的分布，傳回右尾機率。

Memo

- 如果 CHISQ.TEST 函數的傳回值低於顯著水準，表示實測值與期待值不一致。這次期待值輸入了「有無興趣與性別沒有關聯性」的假定值，因此實測值與「有無興趣與性別沒有關聯性」的期待值無法擬合，因此判斷有無興趣與性別有關聯性。
- 如果期待值沒有超過 5，卡方檢定就無法得到擬合結果。

關聯項目【08-79】卡方檢定的擬合度檢定

08-79 卡方檢定的擬合度檢定

CHISQ.TEST

CHISQ.TEST 函數除了【08-78】介紹的獨立性檢定，也可以進行擬合性檢定。擬合性檢定是指，檢定實測值與期待值的擬合度。以下範例是拆封 10 袋每袋有 50 顆糖的袋子，調查 500 顆糖果中，5 種口味各有幾顆。假設口味均等，以「100」顆為期待值進行檢定。虛無假說是「擬合」，對立假說是「沒有擬合」。如果傳回值 P 小於 5%，代表實測值與期待值沒有擬合。

▶ 檢定擬合性

E3 =CHISQ.TEST(B3:B7,C3:C7)
實測值範圍 期待值範圍

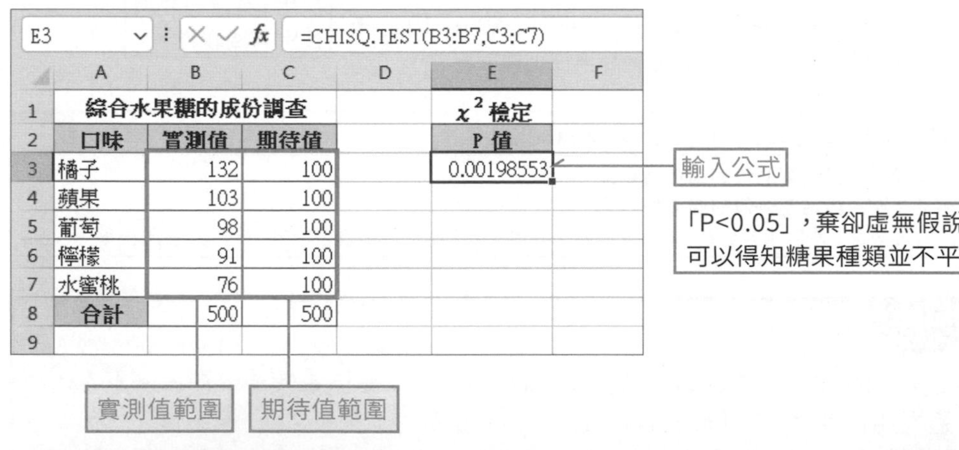

E3
=CHISQ.TEST(B3:B7,C3:C7)
輸入公式
「P<0.05」，棄卻虛無假說，可以得知糖果種類並不平均
實測值範圍
期待值範圍

	A	B	C	D	E	F
1	綜合水果糖的成份調查				χ^2 檢定	
2	口味	實測值	期待值		P 值	
3	橘子	132	100		0.00198553	
4	蘋果	103	100			
5	葡萄	98	100			
6	檸檬	91	100			
7	水蜜桃	76	100			
8	合計	500	500			
9						

=CHISQ.TEST(實測值範圍 , 期待值範圍) → 08-78

Memo

- 在 CHISQ.TEST 函數中，如果實測值範圍與期待值範圍的兩個分布一致，傳回值的右尾機率為 1。反之，兩個分布不一致，傳回值的右尾機率趨近 0。這個範例是右尾機率小於顯著水準，實測值與期待值沒有擬合，結論是裝在袋裡的每種糖果並不相等。

關聯項目 【08-78】使用卡方檢定進行獨立性檢定

Chapter 9

第9章

財務計算

貸款或投資試算

09-01 財務函數的基礎知識

貸款計算與定期投資計算

在財務功能中，最常用的是貸款計算和定存計算。Excel 提供多種函數，可讓你用於計算貸款或定存的期間、付款金額、首付金額及滿期金額等。這類函數具有共同的引數，只要先了解這些引數的意義，就能靈活運用。

▶ 財務函數的常用引數

引數	內容
利率	貸款或定期投資的利率 (相當於借款／存款的利息比例)。如果是年繳，則指定年利率；如果是月繳，則指定月利率 (年利率÷12)
期間	貸款或定期投資的支付次數。如果是年繳，則指定為年數；如果是月繳，則指定為月數 (年數 × 12)
定期支付金額	貸款或定期投資的每期支付金額。如果是年繳，則指定為年度金額；如果是月繳，則指定為每月金額
現在價值	貸款或定期投資的現在價值。如果是貸款，可指定為借款金額；如果是定期投資，則指定為第一筆投資的金額 (首付金額)
未來價值	最後一次支付後所剩餘的金額。如果是貸款，則指定為還款後的餘額；如果是定期投資，則指定為滿期金額 (到期金)
支付日期	支付日期如果是在期末支付時指定為 0；如果是在期初支付時指定為 1。如果省略此引數，將自動指定為 0

利率與期間的指定

指定引數時，**利率**與**期間**的時間單位必須一致，假設年利率為 12%，期間為 5 年，那麼年繳、半年繳、月繳的指定方式，如下表所示：

支付方式	利率	期數
年繳	12%	5
半年繳	6% (12%÷2)	10 (5 年×2)
月繳	1% (12%÷12)	60 (5 年×12)

定期支付金額、現在價值、未來價值的指定

在財務計算中，支付的金額通常用負數指定，並將收到的金額以正數表示。對於貸款或定期投資，可參考下一頁的表格，指定**定期支付金額**、**現在價值**與**未來價值**。

▶ **金額的指定方法**

引數	貸款	定期投資 (例如定存)
定期支付金額	還款金額指定為負數	定期支付金額指定為負數
現在價值	貸款金額指定為正數	首付金額指定為負數 若無首付金額，則指定為「0」
未來價值	將貸款餘額指定為負數 還清貸款時指定為「0」	將到期金額指定為正數

支付日期的指定

支付日期是指何時進行支付 (例如，還款日或存款日)。若是每月付款，在月初支付就稱為**期初支付**；在月末支付就稱為**期末支付**。若省略指定，則預設為期末支付。本書的範例中，省略指定支付日期，一律採用期末支付，但請根據實際的支付日期，選擇期初支付或期末支付。

傳回值

在財務函數中，有些函數的傳回值會自動以**貨幣**格式顯示。以**貨幣**格式顯示不會顯示小數點以下的數值，因此即使傳回值看起來是整數，有可能還包含小數值。有時候你得視情況使用處理尾數的函數來處理小數點的數值，或是採用四捨五入的方法處理。

本息平均攤還與本金平均攤還

貸款的還款方式，可分成**本息平均攤還**和**本金平均攤還**兩種。本金及利息平均攤還，是每期的還款金額 (本金和利息的總和) 為固定金額的還款方式。而本金平均攤還，是固定每期的本金還款金額。根據選擇的還款方式，在 Excel 中使用的函數會不同，所以請注意，大部分的函數都是基於**本息平均攤還**的方式計算。

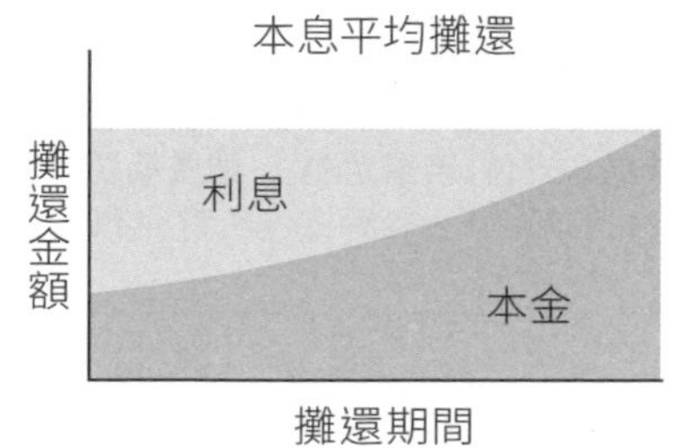

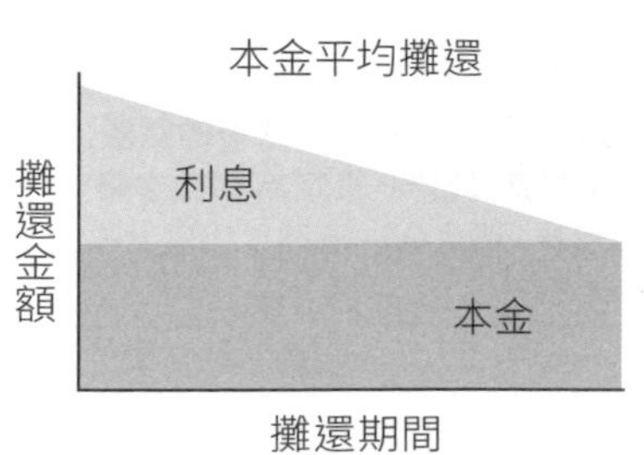

09-02 計算貸款的攤還次數(年利率○%、每月還款○元,支付幾次才能還清 100 萬?)

NPER

採用本息平均攤還的方式貸款,可用 NPER 函數來計算攤還次數。在此,我們要計算年利率 4%、每月還款 5 萬的貸款,需要支付幾次才能完全還清 100 萬。為了統一時間單位,我們將年利率除以 12,轉換成月利率。由於還款金額是支出,所以用負數表示,而借款金額是收入,所以用正數表示。對於未來價值的「0」以及支付日期的「期末」都可省略不指定。從計算結果得知,需要 20.7 次 (20.7 個月) 才能完全還清。

▶ 計算貸款 100 萬,每月還款金額 5 萬的還款次數

B6 =NPER(B2/12,B3,B4)

利率 定期支付金額 現在價值

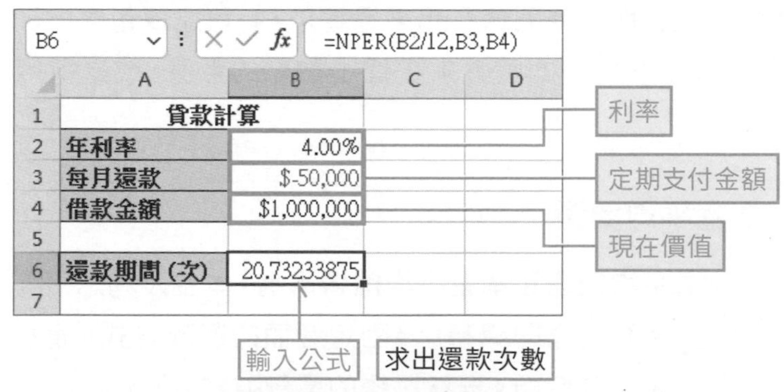

=NPER(利率, 定期支付金額, 現在價值, [未來價值], [支付日期]) 財務

利率…指定利率。年繳為年利率,月繳則為月利率 (年利率÷12)
定期支付金額…指定每次的支付金額。年繳為年繳金額,月繳為月繳金額
現在價值…如果是貸款,指定借款金額;如果是定期投資,指定首付金額
未來價值…如果是貸款,指定還款後的餘額;定期投資則指定到期金額。若省略,將自動指定為 0
支付日期…指定支付日期。指定為 0 或省略,將自動設為期末支付;若指定為 1,則為期初支付

貸款與定期投資 (如定存),這種以固定利率定期定額支付的情況,可計算支付次數。計算方法是基於本息平均攤還。

關聯項目【09-01】財務函數的基礎知識

09-03 計算每月還款金額 (年利率○%、期間○年、貸款 100 萬的每月還款金額？)

PMT

採用本息平均攤還的方式貸款，可用 PMT 函數來計算每期的還款金額。在此我們以年利率 4%，期間 3 年的貸款為例，計算每月應該還多少錢才能完全還清 100 萬。為了統一時間單位，我們將年利率除以 12，轉換成月利率，並將期間乘以 12 轉換成月數。由於借款金額是收入，所以用正數來表示。對於未來價值的「0」以及支付日期的「期末」都可省略不指定。由於計算結果是支出金額，所以會得到負數。如果想得到正數的計算結果，可以在公式開頭加上「-」，並輸入「=-PMT(……)」。

▶ **計算還款期間 3 年、貸款 100 萬，每月的還款金額**

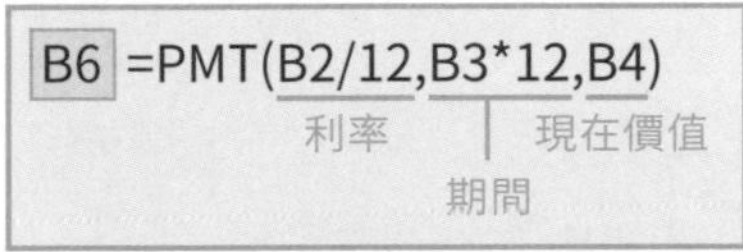

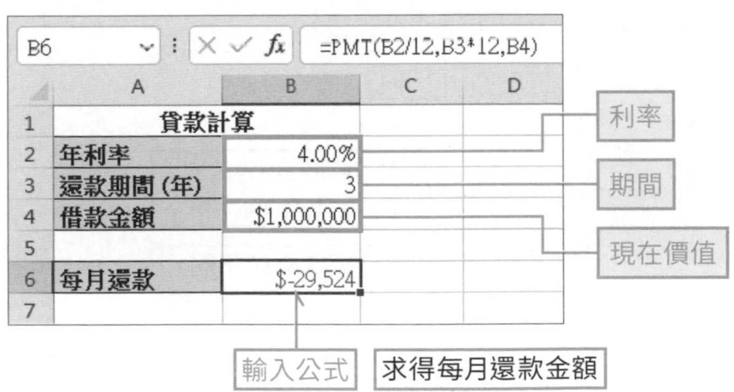

	A	B	C	D
1	貸款計算			
2	年利率	4.00%		
3	還款期間 (年)	3		
4	借款金額	$1,000,000		
5				
6	每月還款	$-29,524		
7				

=PMT(利率, 期間, 現在價值, [未來價值], [支付日期]) 財務

利率…指定利率。年繳為年利率，月繳則為月利率 (年利率÷12)
期間…指定付款次數。年繳為年數，月繳為月數
現在價值…如果是貸款，指定借款金額；如果是定期投資，指定首付金額
未來價值…如果是貸款，指定還款後的餘額；定期投資則指定到期金額。若省略，將自動指定為 0
支付日期…指定支付日期。指定為 0 或省略，將自動設為期末支付；若指定為 1，則為期初支付
貸款與定期投資 (如定存)，這種以固定利率定期定額支付的情況，可計算支付次數。計算方法是基於本息平均攤還。

關聯項目 【09-05】同時採用每月還款和獎金還款，每次的還款金額是多少？

09-04 隨著分期次數的不同，計算出每月的還款金額

PMT

這次要試算年利率 4%、貸款金額 100 萬，每月還款金額會如何根據分期次數的不同而變化。由於要計算的是還款金額，所以使用 PMT 函數。我們在函數名稱前加上「-」(負號)，使傳回值以正數顯示。年利率和貸款金額的儲存格設成絕對參照，以確保在複製公式時能固定參照。

▶ 試算分期次數不同，每月的還款金額為多少？

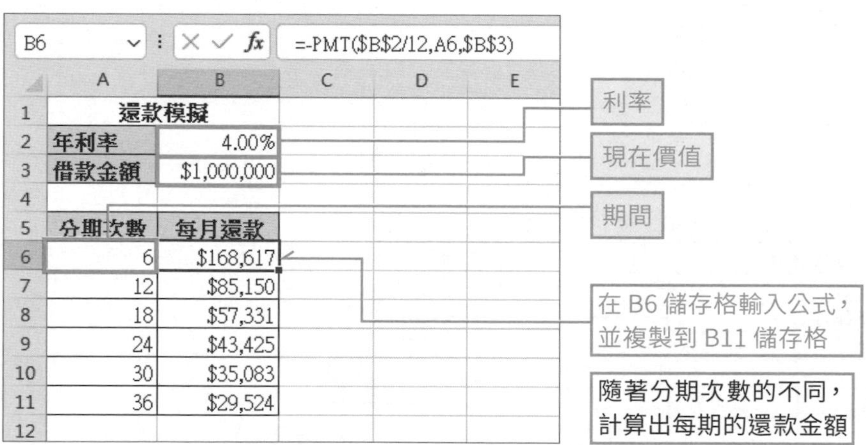

	A	B
1	還款模擬	
2	年利率	4.00%
3	借款金額	$1,000,000
4		
5	分期次數	每月還款
6	6	$168,617
7	12	$85,150
8	18	$57,331
9	24	$43,425
10	30	$35,083
11	36	$29,524
12		

=PMT(利率, 期間, 現在價值, [未來價值], [支付日期]) → 09-03

Memo

- 當你輸入 PMT 函數時，儲存格會自動設為**貨幣**的顯示格式，因此小數點以下的數值將不會顯示。請參考【11-12】的說明，將顯示格式設成**通用格式**，以查看小數點以下的數值。

5	分期次數	每月還款
6	6	168616.503
7	12	85149.9042
8	18	57331.4014
9	24	43424.9222
10	30	35083.2517
11	36	29523.985

關聯項目【09-02】計算貸款的攤還次數 (年利率○%、每月還款○元，支付幾次才能還清 100 萬?)

09-05 同時採用每月還款和獎金還款，每次的還款金額是多少？

PMT

以貸款金額 100 萬、年利率 4%、還款期限 3 年為例，如果同時採用每月還款及獎金月還款的方式來償還，想計算還款的金額是多少？在這種情況下，要先決定借入的 100 萬中，有多少金額要用獎金來支付，並分別計算按月還款和獎金支付的金額。在此我們決定 100 萬中，以獎金支付 40 萬，因此每月還款總額為 60 萬。經過計算後，每月的還款金額為 17,714元，而在有獎金時，還款金額為每月 +71,410 元。

▶ **計算每月還款和獎金的還款金額**

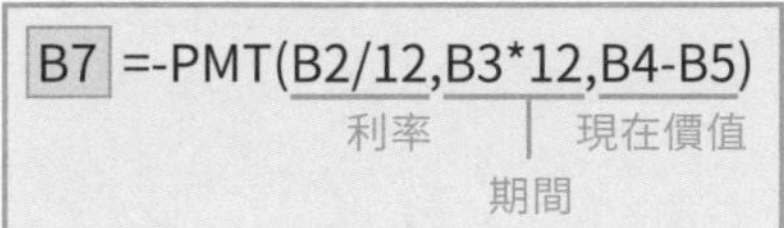

B7 =-PMT(B2/12,B3*12,B4-B5)

	A	B	C	D	F
1	貸款計算				
2	年利率	4.00%			
3	還款期間 (年)	3			
4	借款金額	$1,000,000			
5	獎金	$400,000			
6					
7	每月還款金額	$17,714			
8	獎金還款金額	$71,410			
9					

利率（B2）　期間（B3）　現在價值（B4、B5）　輸入公式（B7、B8）

計算出每月還款金額和獎金的還款金額

=PMT(利率, 期間, 現在價值, [未來價值], [支付日期]) → 09-03

Memo

- 使用獎金償還貸款，利率和期間需換算成半年的單位。也就是說，利率是將**年利率**除以 2，而**期間**是將年數乘以 2 來指定。此外，本次範例中的獎金還款金額是從借款時到有獎金的月份為止的期間，假設該期間為 6 個月。

關聯項目 【09-03】計算每月還款金額 (年利率○%、期間○年、貸款 100 萬的每月還款金額？)

09-06 可貸款上限 (每月還款 3 萬，年利率○%、期間○年，可借金額？)

PV

以本息平均攤還的方式貸款，可以用 PV 函數計算貸款上限。假設年利率 4%，還款期間 3 年，每月還款 3 萬的情況下，可以借到多少金額呢？為了統一時間單位，將年利率除以 12 轉換成月利率，期間則乘以 12，轉換成月數。每月還款金額是支付，所以指定為負數。未來價值的「0」和支付日期的「期末」可以省略。計算結果為收入的金額，所以為正數。

▶ **計算還款期間 3 年、每月還款 3 萬，可貸款的金額是多少？**

B6 =PV(B2/12,B3*12,B4)
利率　期間　定期支付金額

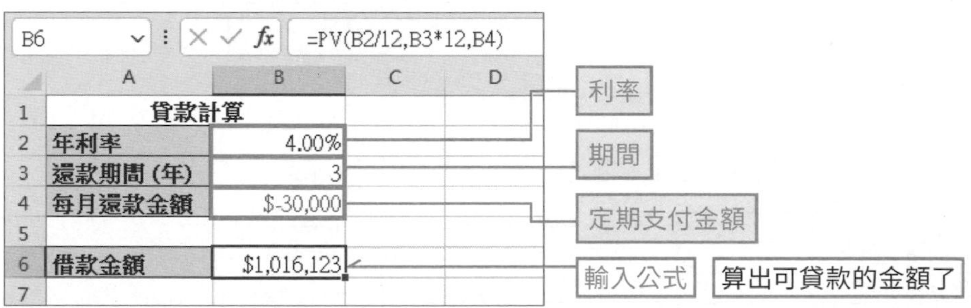

	A	B	C	D
1	貸款計算			
2	年利率	4.00%		
3	還款期間 (年)	3		
4	每月還款金額	$-30,000		
5				
6	借款金額	$1,016,123		
7				

=PV(利率, 期間, 定期支付金額, [未來價值], [支付日期]) 財務

利率…指定利率。年繳為年利率，月繳則為月利率 (年利率÷12)
期間…指定付款次數。年繳為年數，月繳為月數
定期支付金額…指定每次的支付金額。年繳為年繳金額，月繳為月繳金額
未來價值…如果是貸款，指定還款後的餘額；定期投資則指定到期金額。若省略，將自動指定為 0
支付日期…指定支付日期。指定為 0 或省略，將自動設為期末支付；若指定為 1，則為期初支付
貸款與定期投資 (如定存)，這種以固定利率定期定額支付的情況，可計算現在價值。對於貸款而言，是指借款金額；對於定期投資而言，是指首付金額。計算方法是基於本息平均攤還。

Memo

- 想在 B4 儲存格中輸入正數的每月還款金額時，請在引數中加上「-」，並以「=PV(B2/12,B3*12,-B4)」的公式指定。

關聯項目 【09-01】財務函數的基礎知識

09-07 從可支付的資金決定購屋預算

PV

從年利率、還款期間、目前可以準備的頭期款、月薪能夠還款的金額、獎金能夠還款的金額這五個數值，計算購屋預算。在此假設年利率為 3%、還款期間為 30 年、頭期款為 250 萬、每月還款金額為 2 萬、有獎金時的還款金額為 12 萬來計算。使用 PV 函數分別計算「每月償還的借款總額」和「獎金償還的借款總額」，將它們加總後，再加上頭期款，就是購屋的預算。

▶ 計算購屋預算

B8 =PV(B2/12,B3*12,B5)
利率 | 定期支付金額
期間

B9 =PV(B2/2,B3*2,B6)
利率 | 定期支付金額
期間

B10 =B4+B8+B9
頭期款 | 獎金償還的部份
每月償還的部份

B8 =PV(B2/12,B3*12,B5)

	A	B	C	D
1	貸款計算			
2	年利率	3.00%		
3	還款期間 (年)	30		
4	頭期款 (儲蓄)	$2,500,000		
5	還款金額 (月薪)	$-20,000		
6	還款金額 (獎金)	$-120,000		
7				
8	每月償還的借款總額	$4,743,788		
9	獎金償還的借款總額	$4,725,632		
10	可購屋的預算	$11,969,420		
11				

利率（B2）
期間（B3）
定期支付金額（B5、B6）
每月還款金額為 2 萬（B8）
有獎金時的還款金額為 12 萬（B9）
可購屋的預算（B10）

=PV(利率, 期間, 定期支付金額, [未來價值], [支付日期]) → 09-06

關聯項目 【09-05】同時採用每月還款和獎金還款，每次的還款金額是多少？

09-08 計算攤還○年後的貸款餘額

FV

採用本息平均攤還的方式，可用 FV 函數計算攤還一段時間後的貸款餘額。假設年利率 4%、每月還款金額 3 萬元，貸款金額為 100 萬，希望算出還款 1 年後 (12 個月) 的貸款餘額。為了統一時間單位，將年利率除以 12，換算成月利率，還款期間則乘以 12，換算成月數。由於每月還款金額為支出，因此指定為負數。支付日期為「期末」，可省略不指定。計算出的結果是未來的支付金額，因此要以負數表示。

▶ 計算償還一年後的貸款餘額

B7 =FV(B2/12,B3*12,B4,B5)
利率　期間　現在價值
定期支付金額

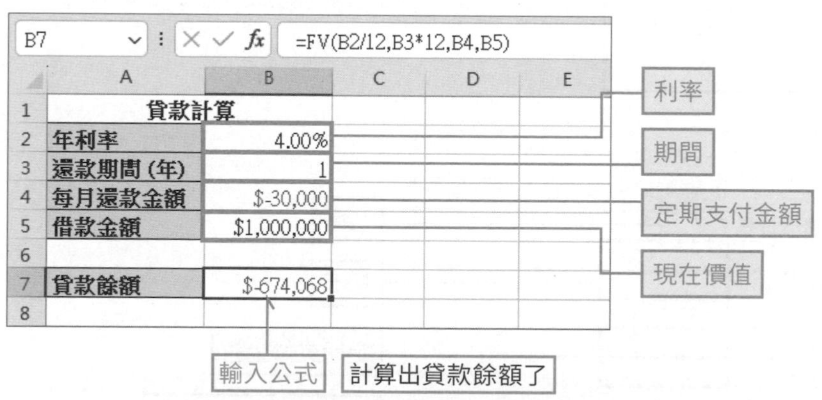

=FV(利率, 期間, 定期支付金額, [現在價值], [支付日期]) 財務

利率…指定利率。年繳為年利率，月繳則為月利率 (年利率÷12)
期間…指定付款次數。年繳為年數，月繳為月數
定期支付金額…指定每次的支付金額。年繳為年繳金額，月繳為月繳金額
現在價值…如果是貸款，指定借款金額；如果是定期投資，指定首付金額，若省略，則視為0
支付日期…指定支付日期。指定為 0 或省略，將自動設為期末支付；若指定為 1，則為期初支付

貸款與定期投資 (如定存)，這種以固定利率定期定額支付的情形，可以計算未來的價值。以貸款而言，計算的是某段「期間」之後的餘額；以定期投資而言，計算的是某段「期間」之後的收益。計算方式是基於本息平均攤還。

關聯項目 【09-01】財務函數的基礎知識

09-09 計算能夠還清貸款的利率上限

RATE

本息平均攤還的貸款利率可以用 RATE 函數來求得。在此我們想計算貸款100萬，每月還款 3 萬，預計 3 年內可以全部償還的利率。由於是每月還款，所以期間要乘以 12，換算成月數。每月還款金額是支付金額，因此要以負數指定，而借款金額為收入，要以正數表示。傳回值會是月利率，因此要乘以 12 來得到年利率。此外，RATE 函數是基於「反覆運算」的機制進行計算的。反覆運算即是從推估值逆向計算來得到原始值，並修正推估值以減少誤差，這個過程會反覆進行，直到誤差降到很小。

▶ **計算貸款利率**

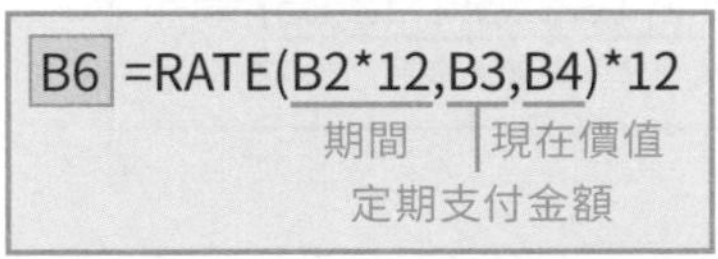

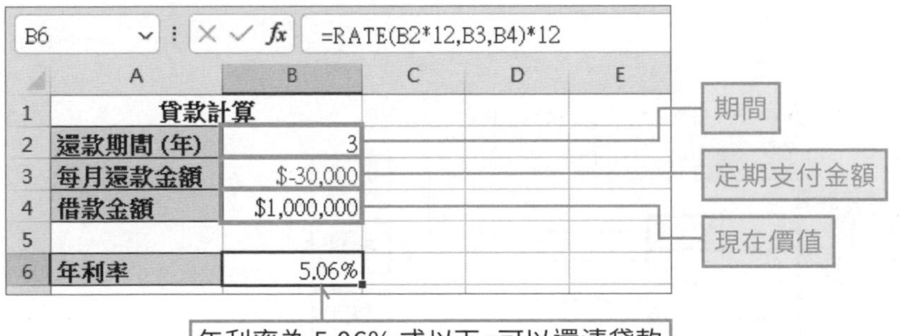

	A	B	C	D	E
1	貸款計算				
2	還款期間 (年)	3			
3	每月還款金額	$-30,000			
4	借款金額	$1,000,000			
5					
6	年利率	5.06%			

=RATE(期間, 定期支付金額, 現在價值, [未來價值], [支付日期], [推估值]) 財務

期間…指定付款次數。年繳為年數，月繳為月數
定期支付金額…指定每次的支付金額。年繳為年繳金額，月繳為月繳金額
現在價值…如果是貸款，指定借款金額；如果是定期投資，指定首付金額
未來價值…如果是貸款，指定還款後的餘額；定期投資則指定到期金額。若省略，將自動指定為 0
支付日期…指定支付日期。指定為 0 或省略，將自動設為期末支付；若指定為 1，則為期初支付
推估值…指定利率的預測值。若省略，將視為指定 10%。此值作為計算利率所需的初始值
以固定利率定期定額支付的情況，可以求得利率。此函數基於本息平均攤還的方式進行計算。如果反覆計算在執行 20 次後仍未收斂，則將返回 [#NUM!]。

09-10 計算貸款的第〇次還款明細 (本金與利息)

PPMT／IPMT

貸款的還款金額為本金加利息。假設以本息平均攤還的方式還款，每次的還款金額是固定的，只有本金與利息的比例會變化。剛開始還款時，利息的比例會比較高，漸漸地償還本金的比例會增加。

第〇次償還時，本金的部分可利用 PPMT 函數計算，利息可利用 IPMT 函數計算。此範例以年利率 3%、還款期間 20 年、貸款金額 1000 萬為前提，計算第 60 次還款時的本金與利息。請注意，兩個函數指定的引數是相同的。

▶ 計算第 60 次還款時的明細 (本金與利息)

B7 =PPMT(B2/12,B3,B4*12,B5)
利率 期數 期間 現在價值

B8 =IPMT(B2/12,B3,B4*12,B5)
利率 期數 期間 現在價值

B9 =B7+B8
本金 利息

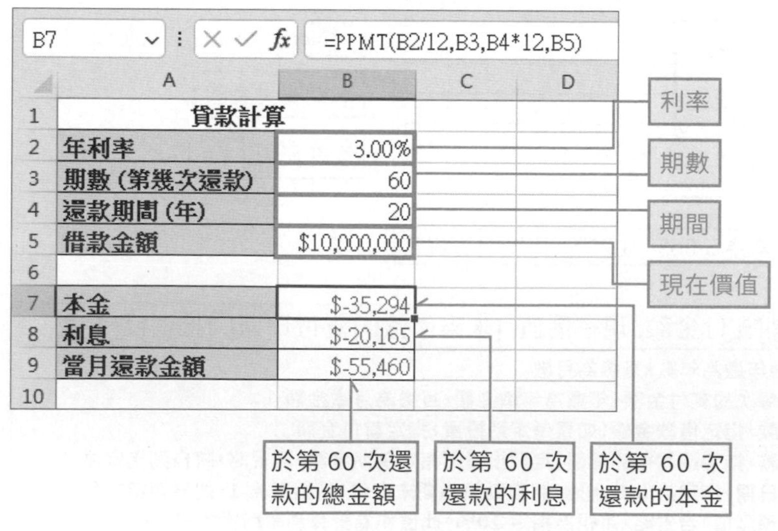

B7 =PPMT(B2/12,B3,B4*12,B5)

	A	B	C	D
1	貸款計算			
2	年利率	3.00%		
3	期數 (第幾次還款)	60		
4	還款期間 (年)	20		
5	借款金額	$10,000,000		
6				
7	本金	$-35,294		
8	利息	$-20,165		
9	當月還款金額	$-55,460		
10				

=PPMT(利率, 期數, 期間, 現在價值, [未來價值], [支付日期])	財務

利率…指定利率。年繳為年利率，月繳則為月利率 (年利率÷12)
期數…指定要查詢本金支付金額的期數，範圍為 1～「期間」
期間…指定付款次數。年繳為年數，月繳為月數
現在價值…如果是貸款，指定借款金額
未來價值…如果是貸款，指定還款後的餘額。若省略，將自動指定為 0
支付日期…指定支付日期。指定為 0 或省略，將自動設為期末支付；若指定為 1，則為期初支付

在固定利率定期定額支付的情況下，可以指定的「期數」計算償還的本金。計算方式是基於本息平均攤還。

=IPMT(利率, 期數, 期間, 現在價值, [未來價值], [支付日期])	財務

在固定利率定期定額支付的情況下，可以指定的「期數」計算償還的本金。計算方式是基於本息平均攤還。引數的說明請參考 PPMT函數。

Memo

- 剛開始以本息平均攤還的方式償還貸款時，利息的比例會高於本金，漸漸地償還本金的比例會高於利息。這個範例計算了第 60 次還款時，本金與利息的比例。

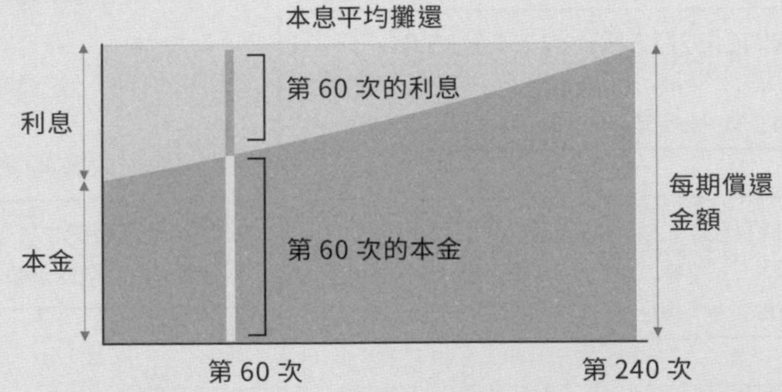

- 這個範例以「本金+利息」的方式計算 B9 儲存格的當月還款金額，但其實可直接使用 PMT 函數計算。「本金+利息」的結果與 PMT 函數的傳回值在 20 年內 (240 次) 會是相同的金額。

```
=PMT(B2/12,B4*12,B5)
```

- 此範例是計算償還金額，所以會算出負數。如果想算出正數，可在公式的開頭加上「-」。

```
=-PPMT(B2/12,B3,B4*12,B5)
=-IPMT(B2/12,B3,B4*12,B5)
```

關聯項目 【09-11】計算到第○次為止，已償還的累計本金與利息
【09-12】依本息平均攤還的方式，製作房貸還款計劃表
【09-17】計算依本金平均攤還的貸款，在第○次的還款明細 (本金與利息)

Excel 09-11 計算到第○次為止，已償還的累計本金與利息

CUMPRINC／CUMIPMT

貸款的還款金額為本金與利息的總額。假設以本息平均攤還的方式還款，每次的還款金額是固定的，只有本金與利息的比例會變化。CUMPRINC 函數可算出第○次到第○次總共償還了多少本金，CUMIPMT 函數則可算出第○次到第○次總共償還了多少利息。就算不加總每次的償還金額，也只需要指定第一次與最後一次償還期間，算出累計金額。

此範例要以年利率 3%、償還期間 20 年、貸款金額 2000 萬為前提，計算償還至第 60 次時，總共償還了多少本金與利息。

▶ 第 1～60 次償還的累計本金與累計利息

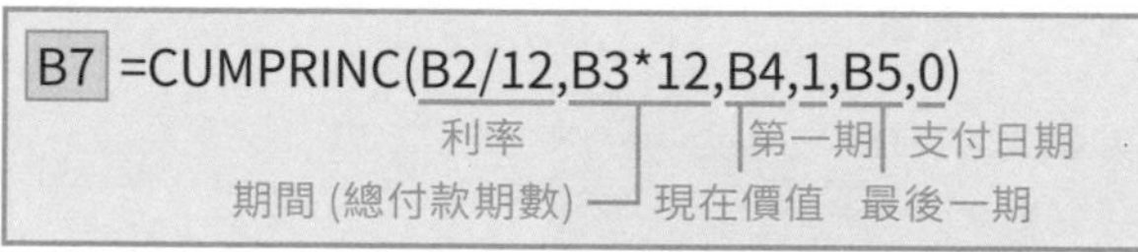

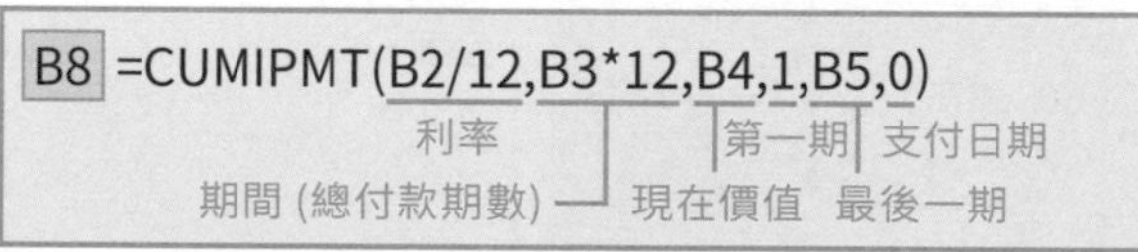

B9 =B7+B8
累計本金 累計利息

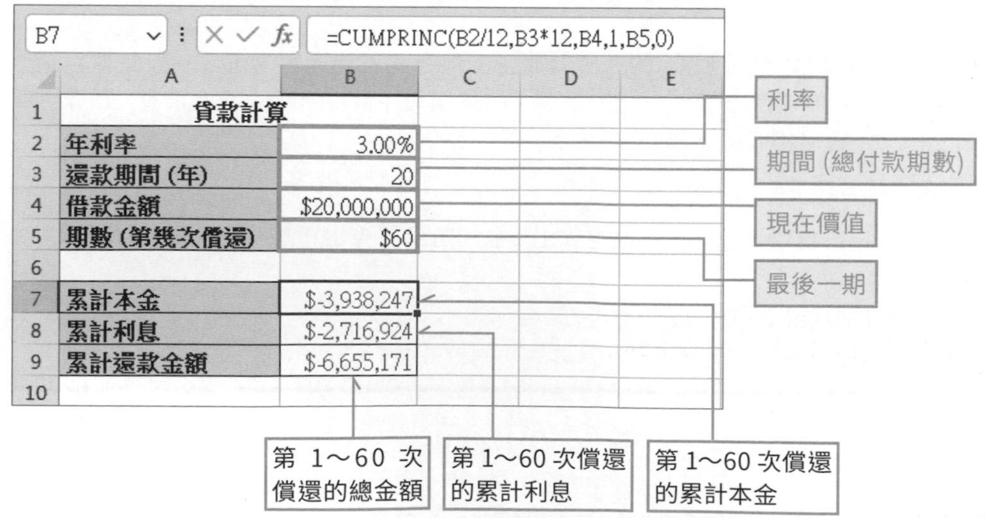

B7 =CUMPRINC(B2/12,B3*12,B4,1,B5,0)

	A	B	C	D	E
1	貸款計算				
2	年利率	3.00%			
3	還款期間 (年)	20			
4	借款金額	$20,000,000			
5	期數 (第幾次償還)	$60			
6					
7	累計本金	$-3,938,247			
8	累計利息	$-2,716,924			
9	累計還款金額	$-6,655,171			
10					

=CUMPRINC(利率, 期間, 現在價值, 第一期, 最後一期, 支付日期) 財務

利率…指定利率。年繳為年利率，月繳則為月利率 (年利率÷12)
期間…指定付款次數。年繳為年數，月繳為月數
現在價值…如果是貸款，指定借款金額
第一期…計算償還多少本金的第一個週期。
最後一期…計算償還多少本金的最後一個週期。
支付日期…指定支付日期。指定為 0 或省略，將自動設為期末支付；若指定為 1，則為期初支付

以固定利率定期定額支付時，可以計算指定的期間總共償還多少本金。計算方法是基於本息平均攤還。

=CUMIPMT(利率, 期間, 現在價值, 第一期, 最後一期, 支付日期) 財務

以固定利率定期定額支付時，可以計算指定期間總共償還了多少利息。計算方法是基於本息平均攤還。引數的說明請參考 CUMPRINC 函數。

Memo

- 範例計算了第 1～60 次的累計本金與累計利息。

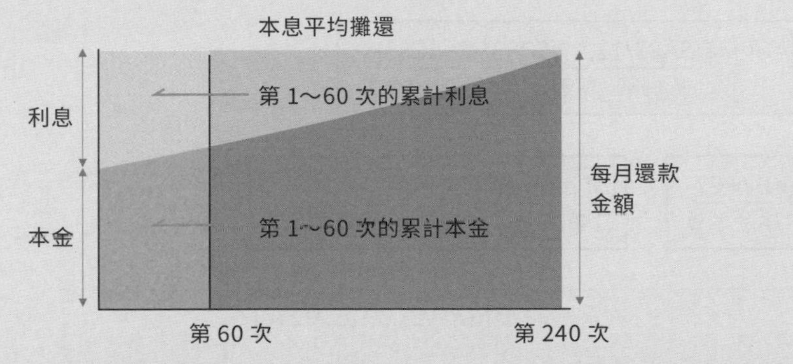

- 從 2000 萬的貸款金額減去 CUMPRINC 函數的傳回值 (累計本金) ，就能算出還款 60 次後的貸款還剩下多少。
- 此範例是計算還款金額，所以會算出負數。如果想算出正數，可在公式的開頭加上「-」。

```
=-CUMPRINC(B2/12,B3*12,B4,1,B5,0)
=-CUMIPMT(B2/12,B3*12,B4,1,B5,0)
```

關聯項目 【09-01】財務函數的基礎知識
【09-10】計算貸款的第○次還款明細 (本金與利息)
【09-12】依本息平均攤還的方式，製作房貸還款計劃表

公式的基礎 1
表格的彙總 2
條件判斷 3
數值處理 4
日期與時間 5
字串的操作 6
表格的搜尋 7
統計計算 8
財務計算 9
數學計算 10
函數組合 11

09-12 依本息平均攤還的方式，製作房貸還款計劃表

PPMT／IPMT

以年利率 3%、期間 20 年、貸款金額為 2,000 萬的固定利率貸款為例，想依本息平均攤還的方式製作房貸還款計劃。每一期還款，本金的部分可以用 PPMT 函數來計算，利息則可以用 IPMT 函數來計算。通常這些函數的傳回值是負數，但此範例，我們要在函數前面加上負號「-」來得到正數的結果。

▶ 製作房貸的還款計劃表

B7 =-PPMT($A$3/12,A7,$B$3*12,$C$3)
利率 期數 期間 現在價值

C7 =-IPMT($A$3/12,A7,$B$3*12,$C$3)
利率 期數 期間 現在價值

D7 =B7+C7
本金 利息

E7 =E6-B7
上次的餘額 這次的本金還款金額

B7 =-PPMT($A$3/12,A7,$B$3*12,$C$3)

	A	B	C	D	E	F
1	房貸還款計劃表 (本息平均攤還)					
2	年利率	還款期間 (年)	借款金額			
3	3.00%	20	$20,000,000			
4						
5	次數			還款金額	貸款餘額	
6		本金	利息		$20,000,000	
7	1	$60,920	$50,000	$110,920	$19,939,080	
8	2					
9	3					
10	4					
11	5					

輸入貸款的條件

輸入公式

① 請輸入貸款的條件，如年利率、還款期間、借款金額等。在 B7 儲存格輸入PPMT 函數，C7 儲存格輸入 IPMT 函數，以計算第一次的本金和利息。在 D7 儲存格計算本金和利息的總和。最後在 E7 儲存格計算餘額

B247 =SUM(B7:B246)
數值 1

	A	B	C	D	E	F
1	房貸還款計劃表（本息平均攤還）					
2	年利率	還款期間（年）	借款金額			
3	3.00%	20	$20,000,000			
4						
5	次數			還款金額	貸款餘額	
6		本金	利息		$20,000,000	
7	1	$60,920	$50,000	$110,920	$19,939,080	
8	2	$61,072	$49,848	$110,920	$19,878,009	
9	3	$61,224	$49,695	$110,920	$19,816,784	
10	4	$61,378	$49,542	$110,920	$19,755,407	
11	5	$61,531	$49,389	$110,920	$19,693,876	輸入公式
12	6	$61,685	$49,235	$110,920	$19,632,191	
239	233	$108,726	$2,194	$110,920	$768,730	
240	234	$108,998	$1,922	$110,920	$659,732	
241	235	$109,270	$1,649	$110,920	$550,462	
242	236	$109,543	$1,376	$110,920	$440,919	
243	237	$109,817	$1,102	$110,920	$331,102	
244	238	$110,092	$828	$110,920	$221,010	
245	239	$110,367	$553	$110,920	$110,643	
246	240	$110,643	$277	$110,920	$0	
247	合計	$20,000,000	$6,620,685	$26,620,685		
248						
249						

在 B247 儲存格輸入公式後，往右複製到 D247 儲存格

② 選取 B7～E7 儲存格，並複製到第 240 次。在最後一列輸入 SUM 函數來計算總和，這樣就完成還款計劃表的製作了

=PPMT(利率, 期數, 期間, 現在價值, [未來價值], [支付日期])	→ 09-10
=IPMT(利率, 期數, 期間, 現在價值, [未來價值], [支付日期])	→ 09-10
=SUM(數值1, [數值 2]…)	→ 02-02

Memo

- 此範例未進行小數點處理，因此計算後的各項金額會包含小數部分。如有需要，可依實際貸款的尾數處理方法，進行對應的小數點處理。

關聯項目 【09-01】財務函數的基礎知識
【09-10】計算貸款的第○次還款明細（本金與利息）
【09-18】依本金平均攤還的方式，製作房貸還款計劃表

09-13 貸款期限不變，提前償還部分本金，每月還款金額減少多少？

PMT／FV

在貸款期限不變下，提前償還部分本金，可以減少每個月的還款金額。在此以年利率 3%、還款期間 20 年、本息平均攤還的方式、固定利率與 2000 萬房貸為例，計算在還款 5 年 (60 個月) 時進行大額還款 300 萬後，每個月的還款金額。提前還款後的還款期間為「15 年」 (20 年－5 年=180 個月)。

▶ 在貸款期限不變的條件下，提前償還部分本金，計算提前還款後的每月還款金額

C9 =PMT(A3/12,B3*12,C3)
利率 / 期間 (總付款期數) / 現在價值

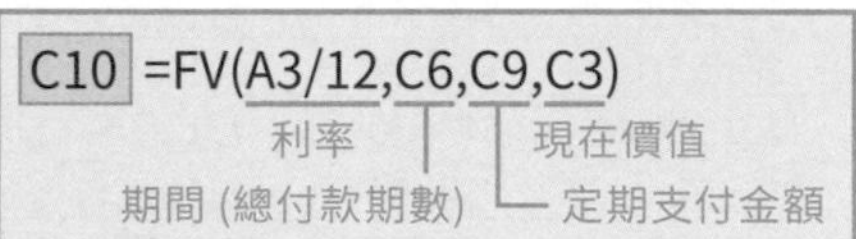

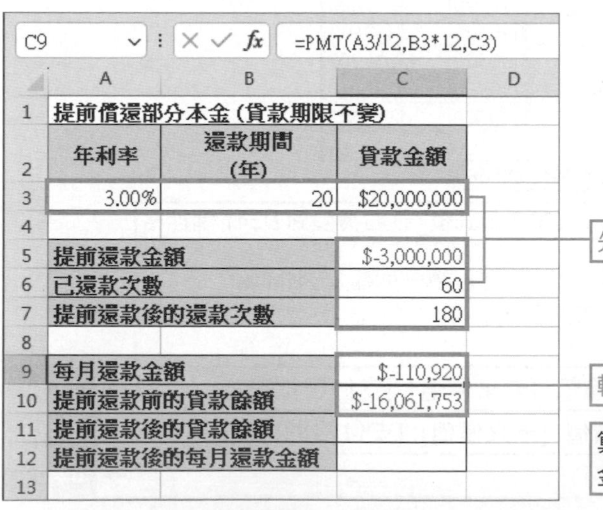

C9 =PMT(A3/12,B3*12,C3)

	A	B	C	D
1	提前償還部分本金 (貸款期限不變)			
2	年利率	還款期間 (年)	貸款金額	
3	3.00%	20	$20,000,000	
4				
5	提前還款金額		$-3,000,000	
6	已還款次數		60	
7	提前還款後的還款次數		180	
8				
9	每月還款金額		$-110,920	
10	提前還款前的貸款餘額		$-16,061,753	
11	提前還款後的貸款餘額			
12	提前還款後的每月還款金額			
13				

先輸入房貸條件

輸入公式

算出還款前的每月還款金額與貸款餘額

① 先輸入年利率、還款期間、貸款金額與大額還款的條件。由於大額還款金額是「償還」的金額，所以會輸入負數。使用 PMT 函數在 C9 儲存格算出大額還款前的每月還款金額。接著利用 FV 函數在C10 儲存格算出還款 60 次後的房貸餘額

=PMT(利率, 期間, 現在價值, [未來價值], [支付日期]) → 09-03

=FV(利率, 期間, 定期支付金額, [現在價值], [支付日期]) → 09-08

C11 =-C10+C5
貸款餘額　提前還款金額

C12 =PMT(A3/12,C7,C11)
利率　期間　現在價值

C12 =PMT(A3/12,C7,C11)

	A	B	C	D
1	提前償還部分本金（貸款期限不變）			
2	年利率	還款期間（年）	貸款金額	
3	3.00%	20	$20,000,000	
4				
5	提前還款金額		$-3,000,000	
6	已還款次數		60	
7	提前還款後的還款次數		180	
8				
9	每月還款金額		$-110,920	
10	提前還款前的貸款餘額		$-16,061,753	
11	提前還款後的貸款餘額		$13,061,753	
12	提前還款後的每月還款金額		$-90,202	
13				

輸入公式

算出還款後的房貸餘額以及每月還款金額了

② 從步驟 ① 算出還款前的房貸餘額後，減去還款金額，再於 C11 儲存格算出新的貸款餘額。為了讓計算結果呈正數，所以要調整符號。最後利用 PMT 函數根據這個結果，以及在年利率 3%、還款次數 180 次、貸款金額 13,061,753 元的條件下，算出每月還款金額

Memo

- 如果想在貸款的過程中提前還款，有兩種方法，一種是減少每月還款金額，一種是縮短還款期限。假設貸款金額相同，並在相同的時間點以相同金額進行還款，縮短還款期限比較能減少利息。
- 減少每月還款金額的方式，會將還款的金額拿來償還本金，所以每期還款金額會減少。
- 縮短還款期間的還款會讓還款的金額當作某段期間的本金，所以只有該期間的還款期限縮短，也就能減少該期間的利息。(→【09-15】)。

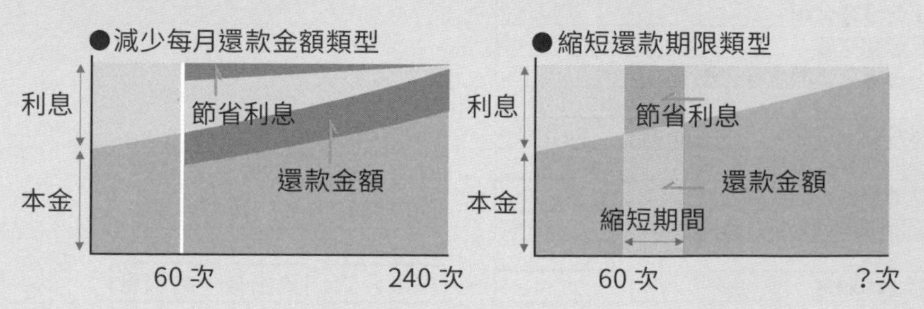

關聯項目【09-14】貸款期限不變，提前償還部分本金，利息可減少多少？
【09-15】貸款期限縮短，提前償還部分本金，利息可減少多少？

Excel 09-14 貸款期限不變，提前償還部分本金，利息可減少多少？

CUMIPMT

提前償還部分本金，貸款期限不變的話，每個月的還款金額可以減少，也能減少利息支出。這個範例要以【**09-13**】的條件計算提前還款可減少的利息。主要是先計算在未還款前，自第 61 次還款後所需支付的總利息，再減掉還款後，自第 61 次還款後所需支付的總利息。從結果可以發現，大約能減少 72 萬的利息支出。此外，貸款金額若是相同，而且在相同的時間點以相同的金額進行還款，縮短還款期間的類型通常能減少更多利息。這個計算方式將於【**09-15**】介紹。

▶ 在提前償還部分本金，貸款期限不變的條件下，計算少支出多少利息

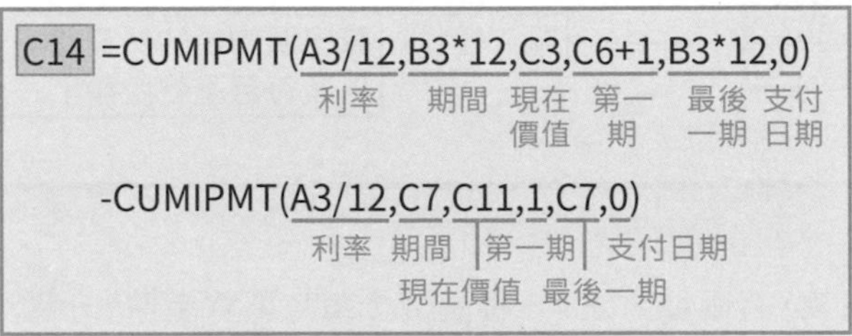

C14 =CUMIPMT(A3/12,B3*12,C3,C6+1,B3*12,0)-CUMIPMT(A3/12,C7,C11,1,C7,0)

	A	B	C
1	提前償還部分本金（貸款期限不變）		
2	年利率	還款期間（年）	貸款金額
3	3.00%	20	$20,000,000
4			
5	提前還款金額		$-3,000,000
6	已還款次數		60
7	提前還款後的還款次數		180
8			
9	每月還款金額		$-110,920
10	提前還款前的貸款餘額		$-16,061,753
11	提前還款後的貸款餘額		$13,061,753
12	提前還款後的每月還款金額		$-90,202
13			
14	節省的利息		$-729,141

參考【09-13】的方式，算出提前還款後的貸款餘額

輸入公式　算出減少的利息

=CUMIPMT(利率, 期間, 現在價值, 第一期, 最後一期, 支付日期) → 09-11

關聯項目【09-13】貸款期限不變，提前償還部分本金，每月還款金額減少多少？

09-15 貸款期限縮短，提前償還部分本金，利息可減少多少？

CUMPRINC／CUMIPMT

貸款期限縮短的還款模式會將還款的金額當作某段期間的本金償還，所以能節省對應這筆本金的利息。這次要以年利率 3%、還款期限 20 年、本息平均攤還的方式、固定利率、貸款 2000 萬為條件。從還款 5 年 (60 個月) 後開始，以 38 期的本金作為提前還款進行計算。換句話說，提前還款的期間為第 61 次到第 98 次。在此要以 CUMPRINC 函數計算還款的總金額以及利用 CUMIPMT 函數計算節省的利息。雖然還款條件與【09-14】幾乎相同，但是這種還款方式更能有效節省利息。

▶ **計算還款期間縮短的還款方式所能節省的利息**

C8 =CUMPRINC(A3/12,B3*12,C3,C5,C6,0)

利率：A3/12　期間：B3*12　現在價值：C3　第一期：C5　最後一期：C6　支付日期：0

C9 CUMIPMT(A3/12,B3*12,C3,C5,C6,0)

利率：A3/12　期間：B3*12　現在價值：C3　第一期：C5　最後一期：C6　支付日期：0

C8　=CUMPRINC(A3/12,B3*12,C3,C5,C6,0)

	A	B	C	D	E	F
1	提前償還部分本金 (貸款期限縮短)					
2	年利率	還款期間(年)	貸款金額			
3	3.00%	20	$20,000,000			
4						
5	提前還款	第一期	61			
6		最後一期	98			
7						
8	提前還款存入的金額		$-2,817,259			
9	節省的利息		$-1,397,683			

利率　期間　現在價值　第一期　最後一期

輸入公式　算出提前還款總額與節省了多少利息

=CUMPRINC(利率, 期間, 現在價值, 第一期, 最後一期, 支付日期)	→ 09-11
=CUMIPMT(利率, 期間, 現在價值, 第一期, 最後一期, 支付日期)	→ 09-11

關聯項目【09-14】貸款期限不變，提前償還部分本金，利息可減少多少？

09-16 計算分段式利率貸款的每月還款金額

PMT／FV

房屋貸款有一種類型是從開始還款數年後利率會往上調。在此，以計算期間 20年，借款金額 2,000 萬的貸款為例，最初 5 年的利率為 1.5%，之後的 15 年利率為 4% 時的每月還款金額。

▶ 計算分段式利率貸款的每月還款金額

C10 =PMT(C6/12,C2*12,C3)
利率 期數 現在價值

C11 =-FV(C6/12,C5*12,C10,C3)
利率 期間 定期支付金額 現在價值

C12 =PMT(C8/12,C7*12,C11)
利率 期間 現在價值

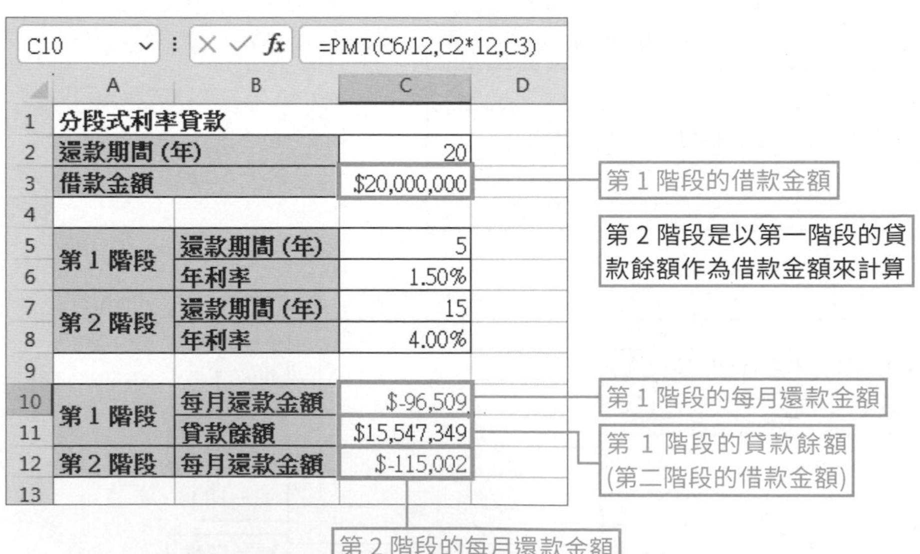

C10 =PMT(C6/12,C2*12,C3)

	A	B	C	D
1	分段式利率貸款			
2	還款期間 (年)		20	
3	借款金額		$20,000,000	
4				
5	第 1 階段	還款期間 (年)	5	
6		年利率	1.50%	
7	第 2 階段	還款期間 (年)	15	
8		年利率	4.00%	
9				
10	第 1 階段	每月還款金額	$-96,509	
11		貸款餘額	$15,547,349	
12	第 2 階段	每月還款金額	$-115,002	
13				

=PMT(利率, 期間, 現在價值, [未來價值], [支付日期]) → 09-03

=FV(利率, 期間, 現在價值, [未來價值], [支付日期]) → 09-08

關聯項目 【09-03】計算每月還款金額 (年利率○%、期間○年、貸款 100 萬的每月還款金額?)

09-17 計算依本金平均攤還的貸款，在第○次的還款明細 (本金與利息)

ISPMT

採用本金平均攤還的房貸，每次的還款金額中本金的金額是固定的，而利息的金額則會變動。使用 ISPMT 函數可以計算指定次數的利息對應金額。以年利率 3%、期間 20 年、貸款金額 2,000 萬為例，要計算第 60 次支付的利息。ISPMT 函數與計算本息平均攤還的利息 IPMT 函數 (→【09-10】) 不同，ISPMT 函數將第一次還款指定為「0」，所以引數 [期數] 應該指定為「59」。此外，將 2,000 萬元除以 240 次 (20 年×12 個月)，可以輕鬆算出本金的金額。

▶ **計算第 60 次的還款明細 (本金與利息)**

B7 =-B5/(B4*12)

B8 =ISPMT(B2/12,B3-1,B4*12,B5)
利率　期數　期間　現在價值

B9 =B7+B8

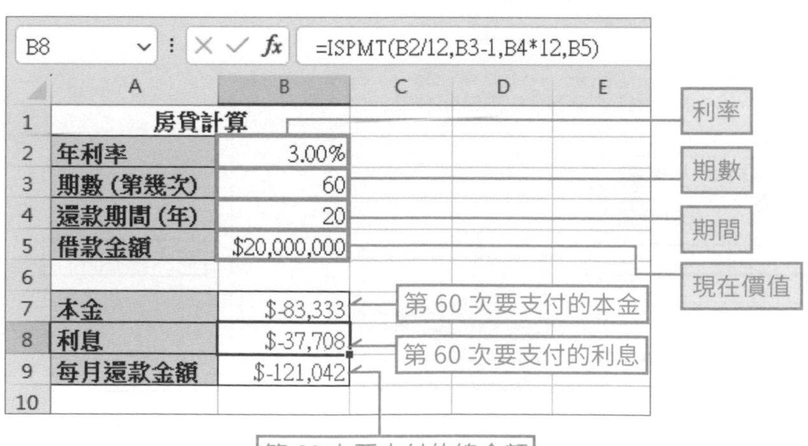

B8 　=ISPMT(B2/12,B3-1,B4*12,B5)

	A	B	C	D	E
1	房貸計算				
2	年利率	3.00%			
3	期數 (第幾次)	60			
4	還款期間 (年)	20			
5	借款金額	$20,000,000			
6					
7	本金	$-83,333			
8	利息	$-37,708			
9	每月還款金額	$-121,042			
10					

=ISPMT(利率, 期數, 期間, 現在價值) 財務

利率…指定利率。年繳為年利率，月繳則為月利率 (年利率÷12)
期數…從首次為 0 開始，指定在「[期間]-1」的範圍內，求得本金支付金額的期數
期間…指定付款次數。年繳為年數，月繳為月數
現在價值…如果是貸款，指定借款金額

在固定利率下定期支付固定金額的本金時，可以求得指定「期數」所支付的利息。計算方式是基於本金平均攤還的方式。

關聯項目【09-10】計算貸款的第○次還款明細 (本金與利息)

09-18 依本金平均攤還的方式，製作房貸還款計劃表

ISPMT／SUM

以年利率 3%、期間 20 年、貸款金額為 2,000 萬的固定利率貸款為例，想依本金平均攤還的方式製作房貸還款計劃。通常在財務計算中，付款金額是以負數表示，但在此我們希望以正數來表示。在還款金額中，本金可以用簡單的除法計算。利息則使用 ISPMT 函數來計算。

▶ 製作房貸的還款計劃表

B7 =$C$3/($B$3*12)
借款金額 還款年數 月數

C7 =-ISPMT($A$3/12,A7-1,$B$3*12,$C$3)
利率 期數 期間 現在價值

D7 =B7+C7
本金 利息

E7 =E6-B7
前一次的貸款餘額 此次的本金還款金額

C7 =-ISPMT($A$3/12,A7-1,$B$3*12,$C$3)

	A	B	C	D	E	F
1	房貸還款計劃表（本金平均攤還）					
2	年利率	還款期間（年）	借款金額			
3	3.00%	20	$20,000,000			
4						
5	次數			還款金額	貸款餘額	
6		本金	利息		$20,000,000	
7	1	$83,333	$50,000	$133,333	$19,916,667	
8	2					
9	3					
10	4					

輸入貸款條件

輸入公式

① 輸入貸款條件，如年利率、還款期間、借款金額等。在 B7 儲存格中，將借款金額除以還款次數，即可得到每月本金還款金額。接著，在 C7 儲存格中，用 ISPMT 函數計算第一次的利息。ISPMT 函數的第一期是以「0」指定，因此在 [期數] 引數要指定為「A7-1」。此外，在 D7 儲存格中將本金和利息相加，然後在 E7 儲存格中計算貸款餘額

B247 =SUM(B7:B246)
數值 1

B247 =SUM(B7:B246)

	A	B	C	D	E	F
1	房貸還款計劃表 (本金平均攤還)					
2	年利率	還款期間 (年)	借款金額			
3	3.00%	20	$20,000,000			
4						
5	次數			還款金額	貸款餘額	
6		本金	利息		$20,000,000	
7	1	$83,333	$50,000	$133,333	$19,916,667	
8	2	$83,333	$49,792	$133,125	$19,833,333	
9	3	$83,333	$49,583	$132,917	$19,750,000	
10	4	$83,333	$49,375	$132,708	$19,666,667	
242	236	$83,333	$1,042	$84,375	$333,333	
243	237	$83,333	$833	$84,167	$250,000	
244	238	$83,333	$625	$83,958	$166,667	
245	239	$83,333	$417	$83,750	$83,333	
246	240	$83,333	$208	$83,542	$-0	
247	合計	$20,000,000	$6,025,000	$26,025,000		
248						

往下複製公式

在 B247 儲存格中輸入公式並往右複製

② 選取 B7 到 E7 儲存格，並複製公式到第 240 次。在最後一列輸入 SUM 函數求得加總，這樣就完成還款計劃表了

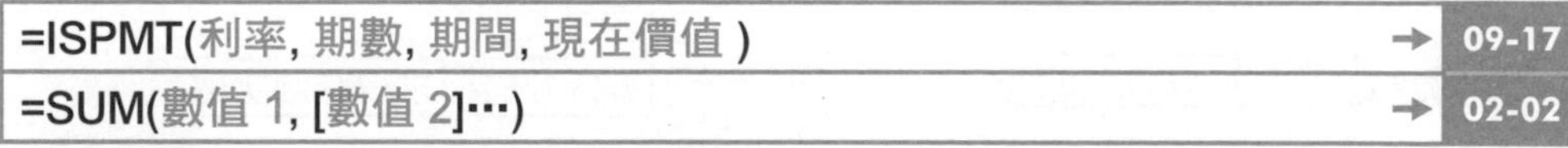

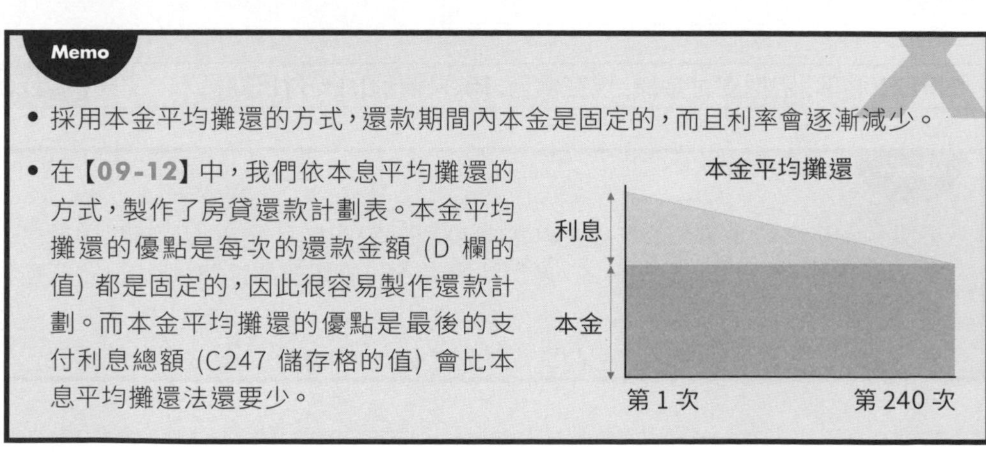

Memo
• 採用本金平均攤還的方式，還款期間內本金是固定的，而且利率會逐漸減少。
• 在【09-12】中，我們依本息平均攤還的方式，製作了房貸還款計劃表。本金平均攤還的優點是每次的還款金額 (D 欄的值) 都是固定的，因此很容易製作還款計劃。而本金平均攤還的優點是最後的支付利息總額 (C247 儲存格的值) 會比本息平均攤還法還要少。
本金平均攤還
利息
本金
第 1 次
第 240 次

關聯項目 【09-12】依本息平均攤還的方式，製作房貸還款計劃表

09-19 年利率○%、每月存入○元，存到 100 萬元需要多少年？

NPER

使用 NPER 函數可以計算存款次數。此範例，假設年利率為 3%，每月存 2 萬元，需要存多少次才能達到 100 萬元的目標。為了統一時間單位，將年利率除以 12，以得到月利率。每月存款為支出，所以用負數表示；而目標金額是收入，所以用正數表示。由於沒有首次付款，所以「現在價值」引數指定為 0。計算後的結果為「47.17」，所以得知需要存 4 年。

▶ **每月存 2 萬元，目標 100 萬元，要存幾年？**

B6 =NPER(B2/12,B3,0,B4)

利率　定期支付金額　現在價值　未來價值

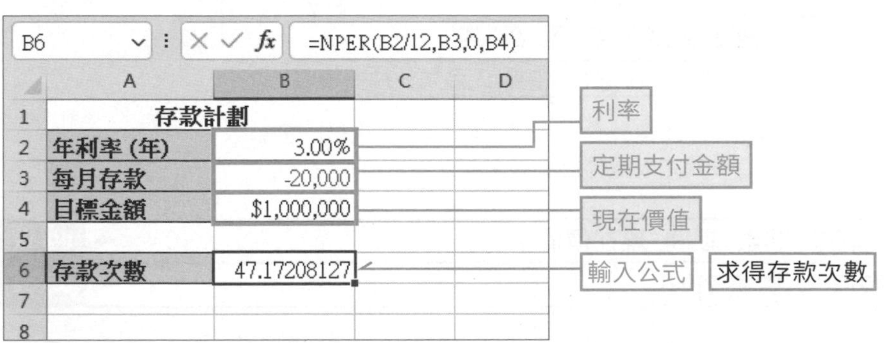

=NPER(利率, 定期支付金額, 現在價值, [未來價值], [支付日期]) → 09-02

Memo

- 若要將 NPER 函數得到的存款次數轉換為整數時，可以使用 ROUNDUP 函數對數值四捨五入，例如以下的公式，範例結果為 48，意思是要存款 48 次，才能達到目標金額。
  =ROUNDUP(NPER(B2/12,B3,0,B4),0)

關聯項目 【09-01】財務函數的基礎知識

09-20 年利率○%、期間○年，目標 100 萬元，每個月要存多少錢？

PMT

PMT 函數可以計算每個月要存多少金額才能達成目標金額。此範例，假設年利率為 3%，期間 5 年，每個月要存多少金額才能達到 100 萬元的目標呢？為了統一時間單位，我們將年利率除以 12 得到月利率，並將期間乘以 12 得到月數。由於沒有首次付款，所以「現在價值」指定為 0。到期金額 (目標金額) 是收到的金額，所以指定為正數。

▶ 計算存款目標 100 萬，每個月要存多少錢？

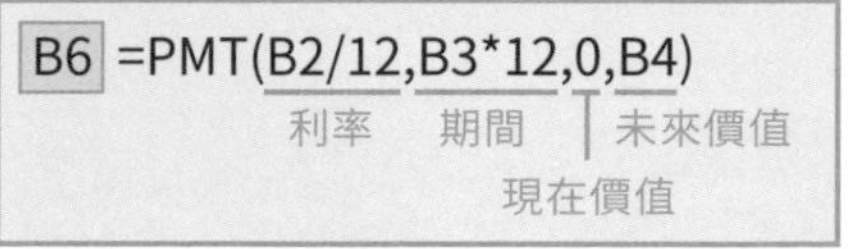

B6 =PMT(B2/12,B3*12,0,B4)

	A	B	C	D
1	存款計劃			
2	年利率 (年)	3.00%		
3	存款期間 (年)	5		
4	目標金額	$1,000,000		
5				
6	每月存款	-$15,469		
7				

利率　期間　未來價值　輸入公式　求出每月的存款金額

=PMT(利率, 期間, 現在價值, [未來價值], [支付日期])　→ 09-03

Memo

- 財務計算通常將支付金額以負數表示，將收到的金額以正數表示。PMT 函數的傳回值是支付金額，所以為負數。如果希望傳回值在儲存格中顯示正數，請在 PMT 函數的開頭加上負號「-」即可。
  =-PMT(B2/12,B3*12,0,B4)

關聯項目【09-21】為了達到 100 萬元的目標，初期投資需要多少金額？

09-21 為了達到 100 萬元的目標，初期投資需要多少金額？

PV

使用 PV 函數進行存款計算時，可以算出初期投資金額。此範例，假設年利率為 3%，每月存入 1 萬元，計算 5 年後達成 100 萬元目標所需的初期投資金額。為了統一時間單位，將年利率除以 12 得到月利率，並將期間乘以 12 得到月數。每月存款金額為支付金額，所以是負數；到期金額是得到的金額，所以指定為正數。計算結果為支付金額，所以指定為負數。

▶ 計算期間 5 年、每月存 1 萬、目標金額 100 萬，所需的初期投資金額

B7 =PV(B2/12,B3*12,B4,B5)
利率　期間　定期支付金額　未來價值

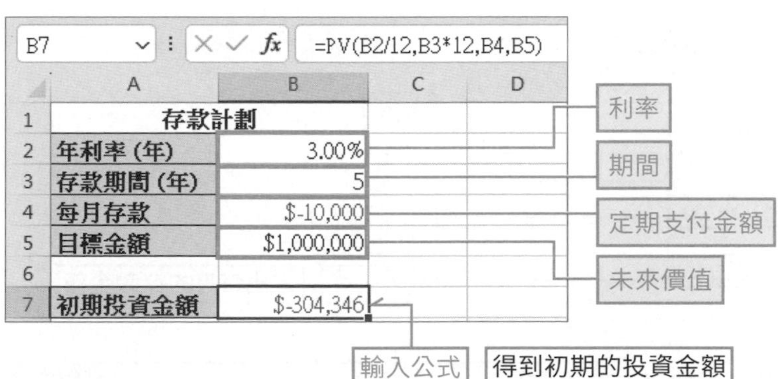

	A	B
1	存款計劃	
2	年利率 (年)	3.00%
3	存款期間 (年)	5
4	每月存款	$-10,000
5	目標金額	$1,000,000
6		
7	初期投資金額	$-304,346

=PV(利率, 期間, 定期支付金額, [未來價值], [支付日期]) → 09-06

Memo

- 財務計算通常將支付金額以負數表示，將收到的金額以正數表示。但如果想要所有數字都指定為正數，需要調整公式中的符號。以此範例而言，在 B4 儲存格輸入每月存款金額為正數的「10000」，在公式中則以「-B4」來指定。如果在 PV 函數的開頭加上負號「-」，傳回值會以正數顯示。
  =-PV(B2/12,B3*12,-B4,B5)

關聯項目 【09-19】年利率○%、每月存入○元，存到 100 萬元需要多少年？

09-22 想達成存款目標 100 萬元，需要多少年利率？

RATE

使用 RATE 函數可以計算要達到目標金額所需的投資報酬率。在此範例中，假設每個月存入 2 萬元，連續存 4 年，需要多少年利率才能達到 100 萬元的目標呢？由於是每月存入，所以期間需要乘以 12 得到月數。每月的存款金額是支付金額，因此指定為負數。由於沒有首次投資金額，所以「現在價值」設為0。計算出來的傳回值是月報酬率，需要乘以 12 得到年利率。

▶ 計算要達成 100 萬元所需的年利率

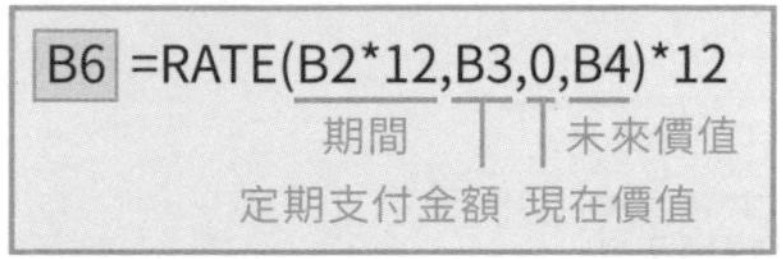

=RATE(期間, 定期支付金額, 現在價值, [未來價值], [支付日期], [推估值]) → 09-09

Memo

- 在此，我們將 RATE 函數的傳回值乘以 12，如果在儲存格中單獨輸入 RATE 函數，則小數點以下的位數會自動設為「0」的「百分比」顯示格式。因此，當計算結果小於 1% 時，會顯示「0%」。在這種情況下，請按下**常用**頁次**數值**區的**增加小數位數**鈕，來顯示小數點以下的位數。

關聯項目 【09-24】模擬定存的本金和投資收益變化

09-23 年利率○%，期間○年，每月存入○元，可以累積多少資產？

FV

使用 FV 函數可以計算未來的投資總資產或定存的到期金額。範例中，假設年利率 3%、每月存款 1 萬元，想知道持續 20 年後的總資產。為了統一時間單位，我們將年利率除以 12 得到月利率，並將期間乘以 12 得到月數。定存金額是支付金額，所以指定為負數。由於沒有首付金額，因此「現在價值」為 0，此引數可省略。此外，我們也從計算出的資產總額中扣除本金，以得到投資收益。在扣除本金時，由於存款金額是以負數輸入，所以要注意這裡實際上是加法運算。

▶ **每月存 1 萬元，計算 20 年後的資產和收益**

B6 =FV(B2/12,B3*12,B4)
利率　期數　定期支付金額

B7 =B6+B4*B3*12
資產總額　本金

	A	B
1	存款計劃	
2	年利率 (年)	3.00%
3	存款期間 (年)	20
4	每月存款	$-10,000
5		
6	資產總額	$3,283,020
7	收益	$883,020
8		

=FV(利率, 期間, 定期支付金額, [現在價值], [支付日期]) → 09-08

關聯項目 【09-20】年利率○%、期間○年，目標 100 萬元，每個月要存多少錢？

09-24 模擬定存的本金和投資收益變化

FV

讓我們模擬每個月存 2 萬元，假設年利率 3% 時，本金和投資收益的變化。總資產可以用 FV 函數來計算。本金是將每個月的存款金額乘以存款次數。投資收益是從總資產中扣除本金的結果。雖然在財務計算中，支付金額通常以負數表示，但在此我們用正數來表示。

▶ 模擬定存的本金和投資收益的變化

D7 =FV($C$2/12,A7*12,-$C$3)
（$C$2/12：利率　A7*12：期間　-$C$3：定期支付金額）

B7 =$C$3*A7*12
（$C$3：定存金額　A7*12：定存次數）

C7 =D7-B7
（D7：總資產　B7：本金）

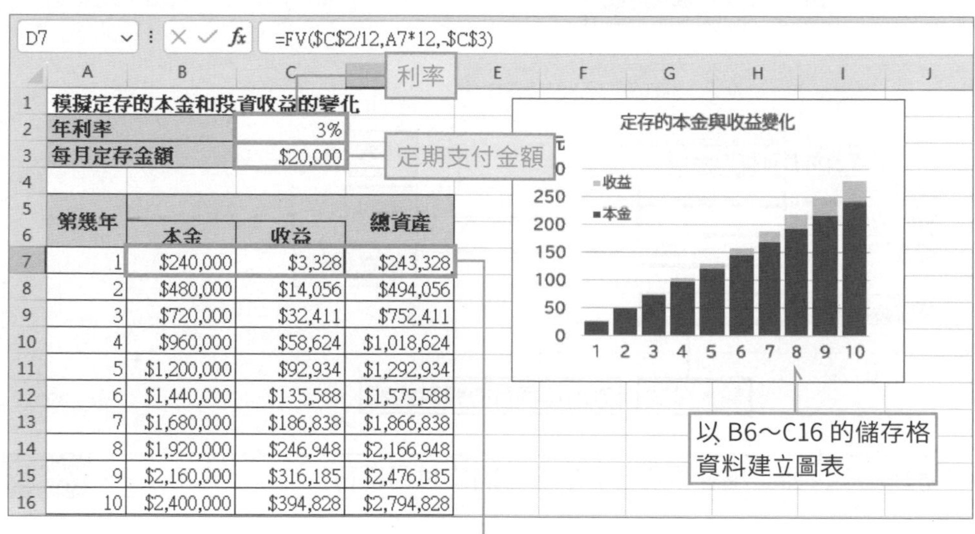

D7　=FV($C$2/12,A7*12,-$C$3)

	A	B	C	D
1	模擬定存的本金和投資收益的變化			
2	年利率		3%	
3	每月定存金額		$20,000	
4				
5	第幾年			總資產
6		本金	收益	
7	1	$240,000	$3,328	$243,328
8	2	$480,000	$14,056	$494,056
9	3	$720,000	$32,411	$752,411
10	4	$960,000	$58,624	$1,018,624
11	5	$1,200,000	$92,934	$1,292,934
12	6	$1,440,000	$135,588	$1,575,588
13	7	$1,680,000	$186,838	$1,866,838
14	8	$1,920,000	$246,948	$2,166,948
15	9	$2,160,000	$316,185	$2,476,185
16	10	$2,400,000	$394,828	$2,794,828

=FV(利率, 期間, 定期支付金額, [現在價值], [支付日期])

→ 09-08

關聯項目【09-22】想達成存款目標 100 萬元，需要多少年利率？

09-25 本金 1000 萬、利息○%、分十年領取，每個月能領到多少錢？

PMT

以退休金等大筆資金為例，如果希望在進行資產運用時，每個月固定提取一部分金額時，每個月能提取多少？此範例要使用 PMT 函數在本金 1000 萬、年利率 3%、分 10 年領取完畢的前提下計算每月能領取的金額。由於手頭的資金是支付出去的金額，所以要以負數輸入，並指定給 PMT 函數的引數「現在價值」，至於「未來價值」的「0」則可以省略。傳回值是提取金額，所以是正數。

▶ **計算 10 年領取 1000 萬，每個月的領取金額**

B6 =PMT(B2/12,B3*12,B4)
利率 期間 現在價值

	A	B	C	D
1	大筆資金每月可提取金額			
2	利率 (年)	3%		
3	領取期間 (年)	10		
4	資金	$-10,000,000		
5				
6	領取金額 (月)	$96,561		
7				

=PMT(利率, 期間, 現在價值, [未來價值], [支付日期]) → 09-03

Memo

- 在 B4 儲存格輸入資金正數「10,000,000」時，要在引數「現在價值」加上負號「-」。
  =PMT(B2/12,B3*12,-B4)

關聯項目 【09-26】本金 1000 萬，報酬率○%，每個月領 5 萬能領幾年？

09-26 本金 1000 萬，報酬率〇%，每個月領 5 萬能領幾年？

NPER／QUOTIENT／INT／MOD

想以退休金這種大筆資金進行投資，同時定期領取固定金額，計算可以領取幾年。此範例將利用 NPER 函數計算本金 1000 萬、報酬率 3%、每月領取 5 萬最多可以領取幾年。領取金額以正數輸入，並且指定為引數「定期支付金額」，手邊的資金為支付金額，因此以負數輸入，同時指定為「現在價值」。傳回值雖然是月數，但是可利用 QUOTIENT 函數、INT 函數、MOD 函數調整為「〇年〇個月」的格式。

▶ 計算每個月領 5 萬，1000 萬可以領多久

```
C6 =NPER(C2/12,C3,C4)
```
C2/12：利率　C3：定期支付金額　C4：現在價值

```
C7 =QUOTIENT(C6,12) &"年" & INT(MOD(C6,12)) &"個月"
```
QUOTIENT(C6,12)：年數　INT(MOD(C6,12))：月數 (無條件捨去小數)

C6　=NPER(C2/12,C3,C4)

	A	B	C	D	E
1	模擬資產領取完畢的情況				
2	報酬率 (年)		3%		
3	領取金額 (月)		$50,000		
4	資金		$-10,000,000		
5					
6	領取期間	(月)	277.6053016		
7		(年月)	23年1個月		
8					

利率（C2）／定期支付金額（C3）／現在價值（C4）／輸入公式（C6）／算出領取期間（C7）

=NPER(利率, 定期支付金額, 現在價值, [未來價值], [支付日期])	→ 09-02
=QUOTIENT(數值, 除數)	→ 04-36
=INT(數值)	→ 04-44
=MOD(數值, 除數)	→ 04-36

關聯項目 【09-25】本金 1000 萬、利息〇%、分十年領取，每個月能領到多少錢？

09-27 計算每半年複利計息的定期存款滿期金

FV

要利用 FV 函數計算定期存款的滿期金，可將「定期支付金額」設為「0」再將「現在價值」指定為定存金額。假設要以半年複利計息為前提，可將年利率除以 2 再指定為引數「利率」，並將引數「期間」指定為年數乘 2 的值。

▶ 計算期間 5 年，定存金額 100 萬的定存滿期金

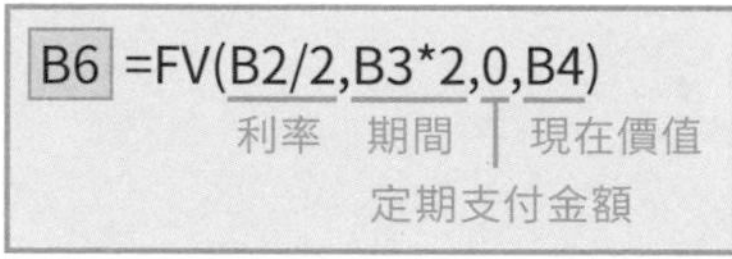

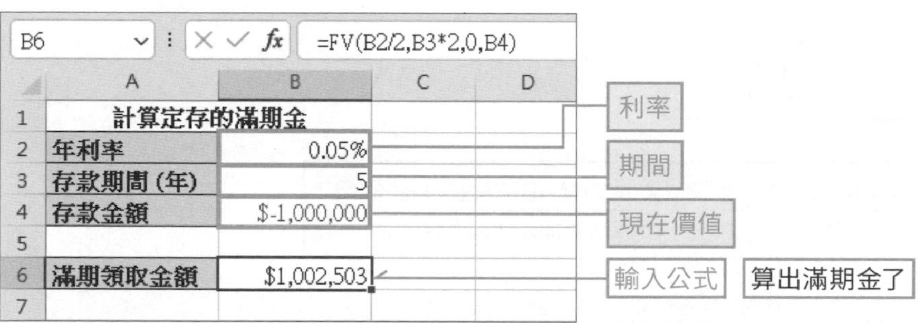

	A	B	C	D
1	計算定存的滿期金			
2	年利率	0.05%		
3	存款期間 (年)	5		
4	存款金額	$-1,000,000		
5				
6	滿期領取金額	$1,002,503		
7				

=FV(利率, 期間, 定期支付金額, [現在價值], [支付日期]) → 09-08

Memo

- 「複利」就是本金產生的利息併入本金，再以新本金計息的計算方式。以年利率 1%、半年計息一次、本金 100 萬為例，半年後，一百萬的本金將產生利息 5,000 元 (1,000,000×1%÷2)。此時新本金為 100 萬 5,000 元，再過半年，這 100 萬 5,000 元將產生 5,025 元的利息 (1,005,000×1%÷2)。這就是複利的計算方式。NPER 函數、PMT 函數、PV 函數、FV 函數都能以複利的方式計算。
- 單利的定存就只能以「1,000,000 元×0.05%×5 年」的公式計算利息。最後將利息與本金相加，就能算出滿期領取金額。

關聯項目 【09-23】年利率○%，期間○年，每月存入○元，可以累積多少資產？

09-28 計算浮動利率型的定存滿期金

FVSCHEDULE

要計算浮動利率型的定存滿期金，可使用 FVSCHEDULE 函數。這次要以浮動利率、本金 100 萬、定存期間 3 年、半年計息一次的條件計算滿期金。此時必須先輸入每半年的利率，再指定給引數「利率陣列」。假設該金融商品的利率為年利率，就必須除以 2，再指定給引數。

▶ 計算浮動利率型的定期存款在 3 年後的滿期領取金

C3 =FVSCHEDULE(A3,B3:B8)

本金　利率陣列

C3　=FVSCHEDULE(A3,B3:B8)

	A	B	C	D	E	F
1	浮動利率型的定存滿期金					
2	本金	利率	滿期金			
3	$1,000,000	0.15%	$1,009,537			
4		0.15%				
5		0.20%				
6		0.18%				
7		0.15%				
8		0.12%				

輸入公式　算出滿期領取金了

本金　利率陣列

=FVSCHEDULE(本金, 利率陣列)　財務

本金…**指定為投資現值。如果是定存，就指定為定存金額**
利率陣列…**輸入利率的儲存格範圍。可指定為陣列常數**
計算浮動利率的存款或投資的未來價值。

Memo

- FVSCHEDULE 函數與 FV 函數或其他處理存款的財務函數不同，會以正值指定支付金額。此外，FVSCHEDULE 函數的傳回值無法自動套用**貨幣**的顯示格式，必須視情況手動設定。
- 引數「利率陣列」的元素數為期間。假設輸入了 6 個年利率，代表指定期間為 6 年，若輸入 6 個半年的利率，指定期間就為 3 年。

09-29 想透過投資讓 80 萬增加到 100 萬，利率至少要多少？

RRI

RRI 函數可以根據本金與目標金額算出複利利率。將引數「期間」指定為年數可以算出年利率，指定為月數可算出月利率。此範例要計算在 5 年內，讓本金從 80 萬增加到目標金額 100 萬的利率。請注意，大部分的財務函數都會將支付金額指定為負數，但是 RRI 函數會指定為正數。

▶ **根據期間、本金、目標金額計算利率**

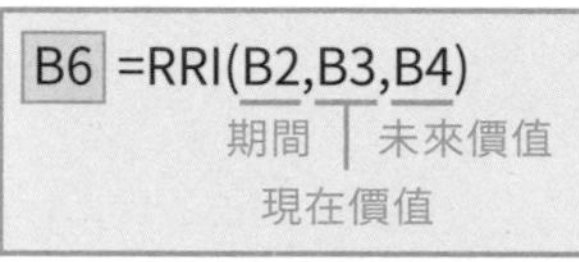

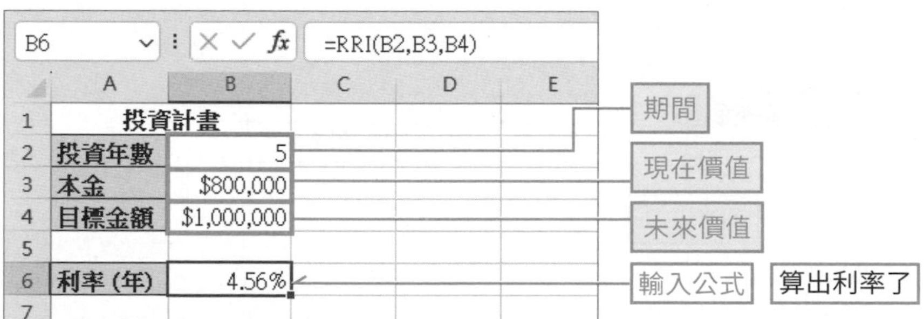

	A	B
1	投資計畫	
2	投資年數	5
3	本金	$800,000
4	目標金額	$1,000,000
5		
6	利率 (年)	4.56%
7		

=RRI(期間, 現在價值, 未來價值) 財務

期間…**指定投資期間**
現在價值…**以正數指定投資本金**
未來價值…**指定滿期領取金額**
計算「現在價值」增加到「未來價值」所需的複利利率 (等價利率)。

Memo

- RRI 函數可傳回以下列公式計算的利率。
  RRI=(未來價值 / 現在價值) ^ (1/期間) -1
- 利用 RATE 函數也能算出相同的結果。
  RATE(B2,0,-B3,B4)

在本金 80 萬、利率○%時投資，本金增加到 100 萬要多久時間？

PDURATION

如果只以初期投資的金額而不定期累積，可利用 PDURATION 函數算出投資期間。這次要計算的是在本金 80 萬、利率為 3%、目標金額 100 萬的情況下，需要多久時間才能達成目標。引數「利率」若指定為年利率，即可算出需要幾年才能達成目標，若指定為月利率，則可算出需要幾個月才能達成目標。由於範例指定了年利率，所以傳回值為「7.5 年」。請注意，大部分的財務函數都會將支付金額指定為負數，但 PDURATION 函數會指定為正數。

▶ 根據利率、本金、目標金額計算期間

B6 =PDURATION(B2,B3,B4)

B2：利率　B3：現在價值　B4：未來價值

B6 =PDURATION(B2,B3,B4)

	A	B	C	D	E
1	投資計畫				
2	利率 (年)	3.00%			
3	本金	$800,000			
4	目標金額	$1,000,000			
5					
6	投資年數	7.549140506			

B2：利率　B3：現在價值　B4：未來價值

B6：輸入公式　只需要投資 7.5 年就能達到目標

=PDURATION(利率, 現在價值, 未來價值)　財務

利率…指定投資的利率
現在價值…以正數指定投資本金
未來價值…指定滿期領取金額
計算「現在價值」增加到「未來價值」所需的期間。

Memo

- 輸入下列公式就能顯示為「7 年 6 個月」。
  =INT(B6) & "年" & INT(12*(B6-INT(B6))) & "個月"
- NPER 函數也能算出相同的結果。
  =NPER(B2,0,-B3,B4)

09-31 計算實質年利率

EFFECT

即使年利率相同，複利計算的間隔不同，實際上的利率也會發生變化。這個實質的利率就稱為**實質年利率**，與實質年利率相對的就是名目上的利率，稱為**名目年利率**。實質年利率可以用 EFFECT 函數來計算。在此，我們以 0.5% 的年利率為例，分別計算 1 個月的複利、半年複利、1 年複利的實質年利率。從計算結果可以發現，複利計算愈多次，實質年利率就愈高。

▶ 計算實質年利率

B6 =EFFECT($B$2,B5)
名目年利率 複利計算次數

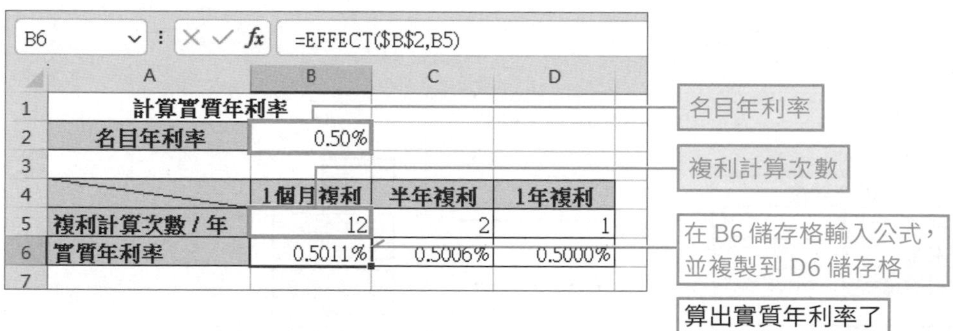

	A	B	C	D
1	計算實質年利率			
2	名目年利率	0.50%		
3				
4		1個月複利	半年複利	1年複利
5	複利計算次數 / 年	12	2	1
6	實質年利率	0.5011%	0.5006%	0.5000%
7				

=EFFECT(名目年利率, 複利計算次數) 財務

名目年利率…**指定名目年利率**
複利計算次數…**指定每年的複利計算次數。1 年複利可指定為 1，半年複利為 2，1 個月的複利為 12**
根據指定的「名目年利率」和每年的「複利計算次數」傳回實質年利率。

Memo

- 在名目年利率為 0.5% 的半年複利定存中存入 100 萬，半年後的本金加利息總額為「1,000,000×(1+0.005÷2) ＝1,002,500」。這個結果將成為下半年的本金，所以下半年的本金加利息總額為「1,002,500×(1+0.005÷2)＝1,005,006」。以 100 萬的存款而言，一年後得到的利息為 5006 元，因此實質年利率為 0.5006%。

關聯項目【09-32】計算名目年利率

09-32 計算名目年利率

NOMINAL

【09-31】我們用 EFFECT 函數從名目年利率求得實質年利率。如果要從實質年利率求得名目年利率，可改用 NOMINAL 函數。在此，我們將計算當實質年利率為 0.5006%、且為半年複利時的名目年利率。

▶ 計算名目年利率

B5 =NOMINAL(B2,B3)

B2：實質年利率　B3：複利計算次數

B5 =NOMINAL(B2,B3)

	A	B	C	D
1	計算名目年利率			
2	實質年利率	0.5006%		
3	複利計算次數	2		
4				
5	名目年利率	0.5000%		
6				

實質年利率

複利計算次數

輸入公式　算出名目年利率了

=NOMINAL(實質年利率, 複利計算次數)　財務

實質年利率…指定實質年利率

複利計算次數…指定每年的複利計算次數。1 年複利可指定為 1，半年複利為 2，1 個月的複利為 12

根據指定的「實質年利率」和每年的「複利計算次數」傳回名目年利率。

Memo

- NOMINAL 函數與 EFFECT 函數之間的關係，可用下列的等式表示。

$$實質年利率 = \left(1+\frac{名目年利率}{複利計算次數}\right)^{複利計算次數} - 1$$

關聯項目【09-31】計算實質年利率

09-33 根據定期的現金流計算淨現值

NPV

NPV 函數可以根據折現率和現金流計算出淨現值。**淨現值**是指將未來的收支換算成現在價值。**折現率**是用來將未來的收支金額換算成現在價值的百分比。**現金流**則是指未來的收支。淨現值常作為衡量投資的指標。此範例要計算 100 萬的初期投資，在後續的每一年收益為 10 萬、20 萬、40 萬、65 萬的淨現值。將初期投資和收益的時間點設為期末，折現率設為 5%。

▶ 計算淨現值

D6 =NPV(D3,B3:B7)
折現率 值 1

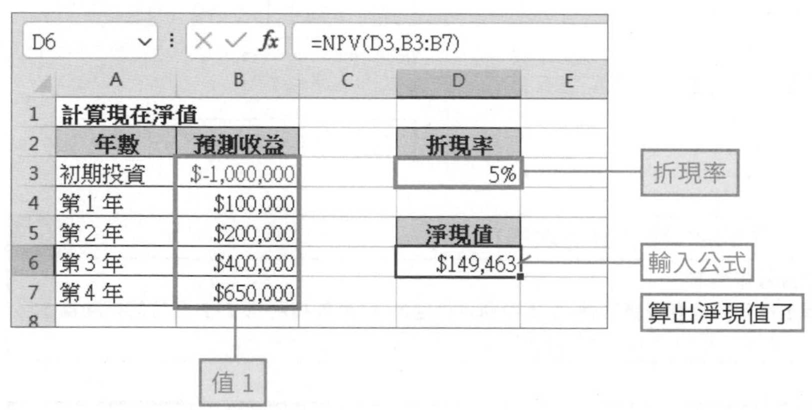

	A	B	C	D	E
1	計算現在淨值				
2	年數	預測收益		折現率	
3	初期投資	$-1,000,000		5%	
4	第 1 年	$100,000			
5	第 2 年	$200,000		淨現值	
6	第 3 年	$400,000		$149,463	
7	第 4 年	$650,000			
8					

=NPV(折現率, 值 1, [值 2]…) 財務

折現率…指定投資期間的折現率

值…定期產生收支的值。支出指定為負數，收益指定為正數。「值」需要依照收支的發生順序指定

根據指定的「折現率」與現金流的「值」傳回現在淨值。「值」的部分最多可指定 254 個。收支以各期末發生的值為準。

Memo

- 折現率是指將未來的現金價值換算成現在價值的年利率。可指定為將初期投資的金額拿去投資安全的金融商品時的利率。例如，一年後的 11 萬元若相當於現在的 10 萬元，代表折現率為 10%。
- 如果淨現值為負數，代表這筆投資不划算。反之，如果為正數代表有利潤。
- 將每年的收益換算成現在價值再加總，就能算出淨現值。範例的計算過程如下。

初期投資的現在價值	-952,381= $-1{,}000{,}000/(1+5\%)^1$
第 1 年收益的現在價值	90,703 = $100{,}000/(1+5\%)^2$
第 2 年收益的現在價值	172,768 = $200{,}000/(1+5\%)^3$
第 3 年收益的現在價值	329,081 = $400{,}000/(1+5\%)^4$
第 4 年收益的現在價值	509,292 = $650{,}000/(1+5\%)^5$
合計 (現在淨值)	149,463

- NPV 函數是以期末支出的方式計算現金流的收支，所以現金流若包含初期投資，初期投資也會被視為期末支出。若想將初期投資視為期首支出，可如下圖讓初期投資獨立計算。

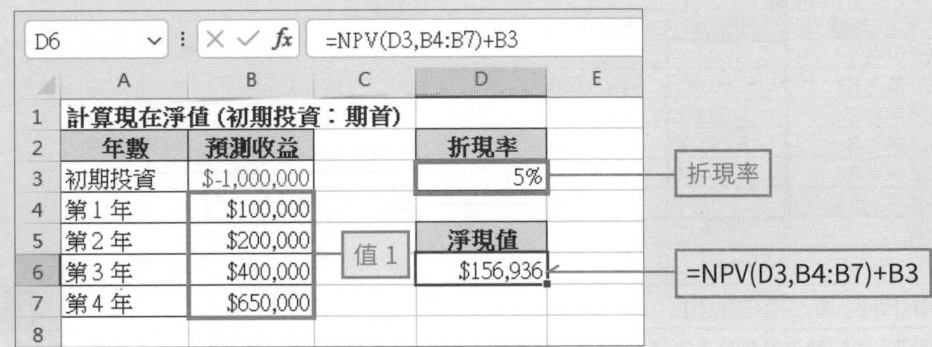

D6 =NPV(D3,B4:B7)+B3

	A	B	C	D	E
1	計算現在淨值 (初期投資：期首)				
2	年數	預測收益		折現率	
3	初期投資	$-1,000,000		5%	
4	第 1 年	$100,000			
5	第 2 年	$200,000		淨現值	
6	第 3 年	$400,000		$156,936	
7	第 4 年	$650,000			
8					

初期投資的現在價值	-1,000,000
第 1 年收益的現在價值	95,238 = $1{,}000{,}000/(1+5\%)^1$
第 2 年收益的現在價值	181,406 = $200{,}000/(1+5\%)^2$
第 3 年收益的現在價值	345,535 = $400{,}000/(1+5\%)^3$
第 4 年收益的現在價值	534,757 = $650{,}000/(1+5\%)^4$
合計 (現在淨值)	156,936

關聯項目 【09-34】根據定期的現金流計算內部報酬率
【09-35】根據定期的現金流計算修正後內部報酬率

09-34 根據定期的現金流計算內部報酬率

IRR

IRR 函數可根據定期的現金流計算「內部報酬率」。內部報酬率是評估投資的指標之一。此範例會對兩個投資案件計算內部報酬率。雖然兩個案件從現在到第 4 年的收支總和都為 60 萬元，但從內部報酬率便可得知，案件 B 是較佳的投資標的。

▶ 計算內部報酬率

B8 =IRR(B3:B7)
範圍

B8 =IRR(B3:B7)

	A	B	C	D
1	計算內部報酬率			
2	年數	方案 A	方案 B	
3	現在	$-1,000,000	$-1,000,000	
4	第 1 年	$-100,000	$200,000	
5	第 2 年	$200,000	$300,000	
6	第 3 年	$500,000	$400,000	
7	第 4 年	$1,000,000	$700,000	
8	IRR	14%	18%	
9				

範圍

在 B8 儲存格輸入公式，並複製到 C8 儲存格

算出內部報酬率了

=IRR(範圍, [推估值]) 財務

範圍…依照發生順序輸入的支出 (負數) 與收益 (正數) 的儲存格範圍。也可以指定為陣列。在這個「範圍」內，至少得指定一個負數與正數

推估值…指定為近似 IRR 函數傳回值的值。省略時，將自動指定為 10%。IRR 函數會不斷地計算，直到「推估值」與初始值的誤差越來越小

根據定期的現金流計算內部報酬率。如果在反覆計算 20 次後，無法得到正確解答，就會傳回 [#NUM!]。

Memo

- 內部報酬率等於將現在淨值設為 0 的折現率。換言之，將 NPV 函數的第一個引數「折現率」指定為內部報酬率，NPV 函數的傳回值就會是 0。

關聯項目 【09-35】根據定期的現金流計算修正後內部報酬率

09-35 根據定期的現金流計算修正後內部報酬率

MIRR

使用 MIRR 函數可以根據定期現金流算出「修正後內部報酬率」。「修正後內部報酬率」是指初期投資的借款利率，以及將收益再投資時的利率納入計算所算出的內部報酬率。前者可透過「安全利率」引數指定，後者可透過「危險利率」引數指定。

▶ 計算修正後內部報酬率

D7 =MIRR(B3:B7,D3,D5)

	A	B	C	D	E
1	計算修正後內部報酬率				
2	年	預期收益		借入利率	
3	初期投資	-1,000,000		7%	
4	第 1 年	100,000		再投資利率	
5	第 2 年	300,000		10%	
6	第 3 年	500,000		修正後內部報酬率	
7	第 4 年	350,000		9%	
8					

安全利率 (D3)　危險利率 (D5)　輸入公式 (D7)　範圍 (B3:B7)

算出修正後內部報酬率

=MIRR(範圍, 安全利率, 危險利率)　財務

範圍…依照發生順序輸入的支出 (負數) 與收益 (正數) 的儲存格範圍。也可以指定為陣列。在這個「範圍」內，至少要指定一個負數與正數

安全利率…指定支出金額 (負的現金流) 的利率

危險利率…指定收益金額 (正的現金流) 的利率

針對定期的現金流，根據借款利率與再投資利率計算內部報酬率。

關聯項目 【09-33】根據定期的現金流計算淨現值
【09-34】根據定期的現金流計算內部報酬率

09-36 根據不定期的現金流計算淨現值

XNPV

要根據不定期的現金流計算淨現值可使用 XNPV 函數。在【09-33】介紹的 NPV 函數是根據定期的現金流計算淨現值，這個函數則是根據成對的日期資料與收支資料計算淨現值。此範例將 100 萬元的初期投資，根據預期的 10 萬元、20 萬元、40 萬元、65 萬元的不定期收益計算淨現值。折現率設為 5%。

▶ 計算淨現值

E6 =XNPV(E3,B3:B7,C3:C7)
折現率 現金流 日期

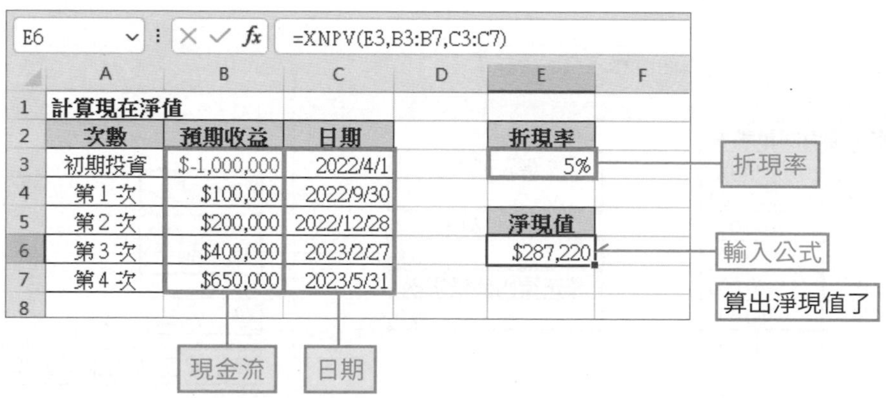

	A	B	C	D	E	F
1	計算現在淨值					
2	次數	預期收益	日期		折現率	
3	初期投資	$-1,000,000	2022/4/1		5%	
4	第 1 次	$100,000	2022/9/30			
5	第 2 次	$200,000	2022/12/28		淨現值	
6	第 3 次	$400,000	2023/2/27		$287,220	
7	第 4 次	$650,000	2023/5/31			
8						

=XNPV(折現率, 現金流, 日期) 財務

折現率…指定現金流的折現率
現金流…指定不定期發生的收支值。支出可指定為負數，收益可指定為正數
日期…指定與「現金流」的值對應的日期。最初的日期必須最先指定，之後的日期則不在此限
根據指定的「折現率」、「現金流」與「日期」傳回淨現值。

關聯項目 【09-33】根據定期的現金流計算淨現值

09-37 根據不定期的現金流計算內部報酬率

XIRR

要根據不定期現金流計算內部報酬率可使用 XIRR 函數。在【09-34】介紹的 IRR 函數是根據定期現金流計算內部報酬率，而這個函數則是根據成對的日期資料與收支資料計算內部報酬率。此範例要對 100 萬元的初期投資，根據預測的 10 萬元、20 萬元、40 萬元、65 萬元的不定期收益計算內部報酬率。

▶ 計算內部報酬率

E3 =XIRR(B3:B7,C3:C7)

	A	B	C	D	E	F
1	計算內部報酬率					
2	次數	預期收益	日期		內部報酬率	
3	初期投資	$-1,000,000	2022/4/1		36%	
4	第 1 次	$100,000	2022/9/30			
5	第 2 次	$200,000	2022/12/28			
6	第 3 次	$400,000	2023/2/27			
7	第 4 次	$650,000	2023/5/31			
8						

輸入公式

算出內部報酬率了

範圍　日期

=XIRR(範圍, 日期, [推估值])　財務

範圍…指定不定期發生的收支值。支出可指定為負數，收益可指定為正數。在這個「範圍」內，至少得指定一個負數與正數

日期…指定與「現金流」的值對應的日期。最初的日期必須最先指定，之後的日期則不在此限

推估值…指定近似 XIRR 函數傳回值的值。省略時，將自動指定為 10%。XIRR 函數會不斷地計算，直到「推估值」與初始值的誤差越來越小

根據指定的「範圍」和「日期」計算內部報酬率。

關聯項目 【09-36】根據不定期的現金流計算淨現值

09-38 載入指定股票的股價資料

STOCKHISTORY

Microsoft 365 可利用新增的 STOCKHISTORY 函數將引數指定的「股票名稱」載入工作表。載入的日期可利用引數「開始日期」與「結束日期」指定。載入的間隔可設定「每日」、「每月」、「每週」。載入的資訊還可利用「0：日期」、「1：收盤價」、「2：開盤價」、「3：最高價」、「4：最低價」、「5：成交量」指定載入順序。此範例依照「日期、開盤價、最高價、最低值、收盤價、成交量」的順序載入於儲存格輸入的股票以及特定日期的股價。由於公式會溢出，所以會在以輸入公式的 A6 儲存格為開頭的儲存格範圍顯示股價。

▶ **載入股價**

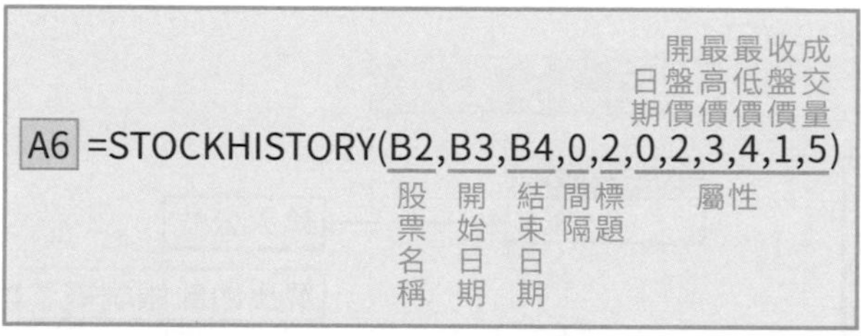

A6 =STOCKHISTORY(B2,B3,B4,0,2,0,2,3,4,1,5)

	A	B	C	D	E	F	G
1	**股價資訊**						
2	**股票名稱**	MSFT					
3	**開始日期**	2022/9/1					
4	**結束日期**	2022/9/9					
5							
6	XNAS:MSFT						
7	日期	開盤	最高	最低	收盤	成交量	
8	2022/9/1	$ 258.87	$ 260.89	$ 255.41	$ 260.40	23,263,431	
9	2022/9/2	$ 261.70	$ 264.74	$ 254.47	$ 256.06	22,855,380	
10	2022/9/6	$ 256.20	$ 257.83	$ 251.94	$ 253.25	21,328,242	
11	2022/9/7	$ 254.70	$ 258.83	$ 253.22	$ 258.09	24,126,700	
12	2022/9/8	$ 257.51	$ 260.43	$ 254.79	$ 258.52	20,319,911	
13	2022/9/9	$ 260.50	$ 265.23	$ 260.29	$ 264.46	22,093,190	

股票名稱

開始日期

結束日期

在 A6 儲存格輸入公式

會自動啟用溢出功能，所以在以 A6 儲存格為開頭的儲存格範圍顯示股價

=STOCKHISTORY(股票名稱, 開始日期, [結束日期], [間隔], [標題], [屬性 1],⋯, [屬性 6])

財務

股票名稱…以字串指定股票名稱。若要直接指定可像「"MSFT"」這種以雙引號括住的字串指定。也可以利用「ISO 市場識別碼 (MIC):股票名稱」(例:"XNAS:MSFT") 的格式指定。也可以參照股票資料類型的儲存格

開始日期…指定股票資料的開始日期

結束日期…指定股票資料的結束日期。若省略,只會取得「開始日期」的資料

間隔…以下列表格的數值指定取得資料的間隔

標題…以下列表格的數值指定是否在資訊上方顯示標題

屬性…指定要顯示的資訊。依照顯示順序以下列表格的數值指定。最多可指定 6 個。如果全部省略,只會顯示日期與收盤價

會根據「股票名稱」將股價資訊載入工作表。

▶ 引數「間隔」

值	說明
0 或省略	每日
1	每週
2	每月

▶ 引數「標題」

值	說明
0	不顯示標題
1 或省略	顯示標題
2	顯示股票名稱與標題

▶ 引數「屬性」

值	說明
0	日期
1	收盤價
2	開盤價
3	最高價
4	最低價
5	成交量

Memo

- 2022 年 10 月之前,此函數不支援日本的股票市場。
- 此範例雖然將公式的引數「標題」指定為「2」,若是指定為「1」,於 A6 儲存格顯示的「XNAS:MSFT」就不會顯示,A6～F6 儲存格會顯示「日期」、「開盤價」這類標題。如果指定為「0」就不會顯示標題,A6 儲存格之後的儲存格會直接顯示日期資料與股價資料。

公式的基礎 1
表格的彙總 2
條件判斷 3
數值處理 4
日期與時間 5
字串的操作 6
表格的搜尋 7
統計計算 8
財務計算 9
數學計算 10
函數組合 11

關聯項目【07-69】從股票或地理位置等連結的資料類型取出資訊

09-39 計算定期付息債券的年收益率

YIELD

要計算定期付息債券的收益率可使用 YIELD 函數。此範例要以 97 元的現在價格購買利率 1.5%、贖回價值 100、每年支付 2 次利息的付息性債券，並計算到期日時的收益率。傳回值的儲存格，請視情況設為百分比的顯示格式。

▶ 計算定期付息債券的收益率

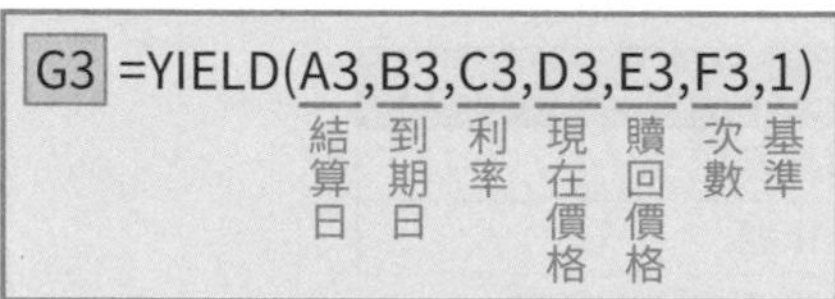

G3 =YIELD(A3,B3,C3,D3,E3,F3,1)

	A	B	C	D	E	F	G	H
1	定期付息債券的收益率計算							
2	結算日	到期日	利率	現在價格	贖回價格	次數	收益率	
3	2020/4/1	2023/6/15	1.50%	97.00	100.00	2	2.48%	
4								

結算日　到期日　利率　現在價格　贖回價格　次數　計算出收益率

=YIELD(結算日, 到期日, 利率, 現在價格, 贖回價格, 次數, [基準]) 財務

結算日…指定債券的購買日
到期日…指定債券的到期日 (贖回日)
利率…指定債券的利率
現在價格…指定債券每 100 面額的價格
贖回價格…指定債券每 100 面額的贖回價格
次數…指定每年支付利息的次數
基準…請參照 P.669 表格中的值，指定基準日數
計算持有到滿期的定期付息債券所能獲得的收益率。

Memo

- 「定期付息債券」是指定期支付「債券息票」為利息的債券。有剛發行的新發行債券及中途被轉售的已發行債券。

關聯項目【09-41】計算定期付息債券的累計利息

09-40 計算定期付息債券的現在價格

PRICE

要計算定期付息債券的現在價格，可使用 PRICE 函數。在此我們要計算利率為 1.5%、收益率 2.5%、贖回價格為 100、每年支付 2 次利息的付息債券現在價格。傳回值的儲存格，請視情況設定小數點的顯示位數。

▶ 計算定期付息債券的現在價格

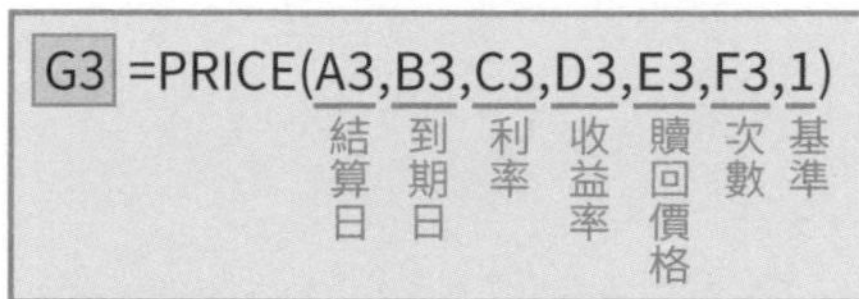

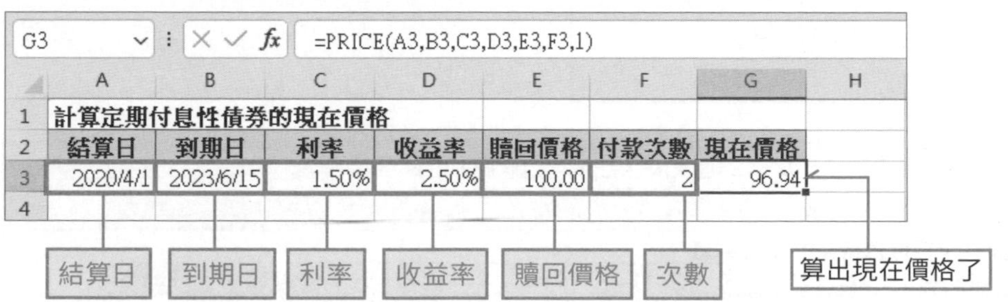

=PRICE(結算日, 到期日, 利率, 收益率, 贖回價格, 次數, [基準]) 財務

結算日…指定債券的購買日
到期日…指定債券的到期日 (贖回日)
利率…指定債券的利率
收益率…指定債券的獲利率
贖回價格…指定債券每 100 面額的贖回價格
次數…指定每年支付利息的次數
基準…依照下表的值指定

傳回定期付息債券的現在價格，以面額 100 的比值表示。

▶ 引數「基準」

值	基準日數 (月／年)
0 或省略	30 天／360 天 (NASD 方式)
1	實際天數／實際天數
2	實際天數／360 日
3	實際天數／365 日
4	30 天／360 天 (歐洲方式)

09-41 計算定期付息債券的累計利息

ACCRINT

要計算定期付息債券的累計利息 (應收而未收利息) 可使用 ACCRINT 函數。將引數「計算方式」指定為「TRUE」或省略時，就能計算從發行日到結算日的累計利息。如果指定為「FALSE」，會計算從首次支付利息的日期到結算日的累計利息。在此以利率 1.5%、面額 100、一年支付 2 次利息的債券為例，計算從發行日到結算日的累計利息。

▶ 計算定期付息債券的累計利息

G3 =ACCRINT(A3,B3,C3,D3,E3,F3,1)
發行日 首次付息日 結算日 利率 面額 次數 基準

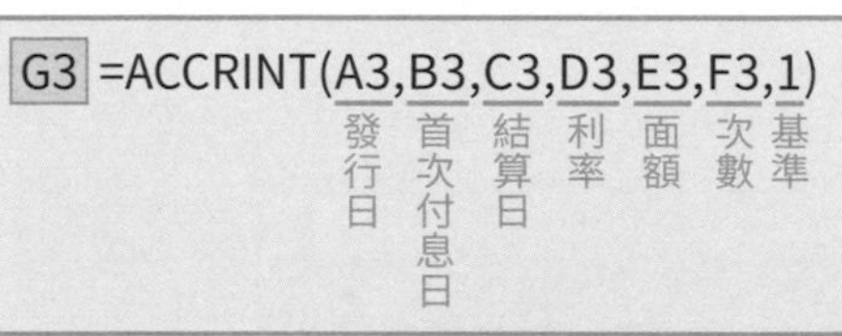

G3 =ACCRINT(A3,B3,C3,D3,E3,F3,1)

	A	B	C	D	E	F	G	H
1	計算定期付息債券的累計利息							
2	發行日	首次付息日	結算日	利率	面額	付款次數	累計利息	
3	2020/9/21	2021/3/21	2022/4/1	1.50%	100.00	2	2.30	
4								

發行日　首次付息日　結算日　利率　面額　次數　計算出累計利息了

=ACCRINT(發行日, 首次付息日, 結算日, 利率, 面額, 次數, [基準], [計算方式]) 財務

發行日…指定債券的發行日期
首次付息日…指定第一次支付利息的日期
結算日…指定債券的購買日
利率…指定債券的利率
面額…指定債券的面額
次數…指定每年支付利息的次數
基準…請參照 P.669 表格中的值，指定基準日數
計算方式…若要計算發行日到結算日的累計利息可設為 TRUE，若要計算首次付息日到結算日的累計利息可指定為 FALSE。若是省略將自動指定為 TRUE。
計算定期付息債券到結算日為止，所產生的累計利息 (應收而未收利息)。

關聯項目 【09-39】計算定期付息債券的年收益率
【09-40】計算定期付息債券的現在價格

09-42 計算定期付息債券在結算日前／後的利息支付日

COUPPCD／COUPNCD

COUPPCD 函數可計算定期支付利息債券在結算日之前的最後一個利息支付日，而 COUPNCD 函數可計算定期支付利息債券結算日之後的第一個利息支付日。在此，我們將為每年支付 4 次利息的定期付息債券尋找在結算日前、後的利息支付日。由於傳回值是序列值，所以要參考【**05-02**】的方式，轉換成日期格式。

▶ 計算結算日前／後的利息支付日

D3 =COUPPCD(A3,B3,C3,1)
（A3：結算日、B3：到期日、C3：次數、1：基準）

E3 =COUPNCD(A3,B3,C3,1)
（A3：結算日、B3：到期日、C3：次數、1：基準）

D3 =COUPPCD(A3,B3,C3,1)

	A	B	C	D	E
1	計算定期付息性債券的利息支付日				
2	結算日	到期日	次數	結算日之前的最後一個利息支付日	結算日之後的第一個利息支付日
3	2022/4/10	2025/4/15	4	2022/1/15	2022/4/15
4	2022/7/20	2025/4/15	4	2022/7/15	2022/10/15
5	2022/10/15	2025/4/15	4	2022/10/15	2023/1/15

結算日　到期日　次數

在 D3 與 E3 儲存格輸入公式，再將公式複製到第 5 列

算出在結算日前／後的利息支付日了

=COUPPCD(結算日, 到期日, 次數, [基準]) 財務

結算日…指定債券的購買日
到期日…指定債券的到期日 (贖回日)
次數…指定每年支付利息的次數。一年支付 1 次可指定為 1，半年支付 1 次可指定為 2，一季支付 1 次可指定為 4
基準…請參照 P.669 表格中的值，指定基準日數
傳回定期付息債券在結算日之前的最後一個利息支付日。

=COUPNCD(結算日, 到期日, 次數, [基準]) 財務

傳回定期付息債券在結算日之後的第一個利息支付日期。引數的說明請參考 COUPPCD 函數。

關聯項目 【09-44】計算定期付息債券從結算日至到期日的天數

09-43 計算定期付息債券從結算日至到期日的利息支付次數

COUPNUM 函數可以計算出定期付息債券，在結算日和到期日之間的利息支付次數。可方便我們了解總共領了幾次利息。此範例要計算一年支付 4 次利息的定期付息債券共支付了幾次利息。

▶ **計算從結算日至到期日之間支付了幾次利息**

D3 =COUPNUM(A3,B3,C3,1)

結算日 到期日 次數 基準

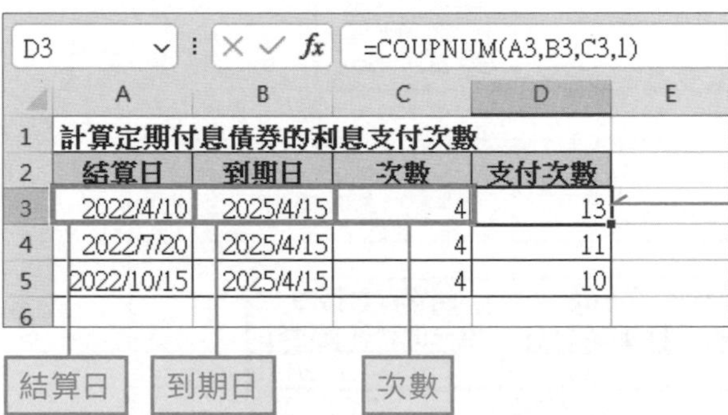

	A	B	C	D	E
1	計算定期付息債券的利息支付次數				
2	結算日	到期日	次數	支付次數	
3	2022/4/10	2025/4/15	4	13	
4	2022/7/20	2025/4/15	4	11	
5	2022/10/15	2025/4/15	4	10	
6					

=COUPNUM(結算日, 到期日, 次數, [基準]) 財務

結算日…指定債券的購買日
到期日…指定債券的到期日 (贖回日)
次數…指定每年支付利息的次數。一年支付 1 次可指定為 1，半年支付 1 次可指定為 2，一季支付 1 次可指定為 4
基準…請參照 P.669 表格中的值，指定基準日數
傳回定期付息債券從結算日至到期日的利息支付次數。

關聯項目 【09-42】計算定期付息債券在結算日前／後的利息支付日
【09-44】計算定期付息債券從結算日至到期日的天數

09-44 計算定期付息債券從結算日至到期日的天數

COUPDAYS

COUPDAYS 函數可計算定期付息債券包含結算日的利息支付期間的天數。所謂包含結算日的利息支付期間是指從結算日前的最後一個付息日到下一個付息日之間。在此將對一年支付 4 次利息的定期付息債券計算利息支付期間的天數。

▶ 計算包含結算日的利息支付期間天數

D3 =COUPDAYS(A3,B3,C3,1)
結算日 到期日 次數 基準

	A	B	C	D	E
1	計算包含結算日的利息支付期間				
2	結算日	到期日	次數	利息支付期間 (天數)	
3	2022/4/10	2025/4/15	4	90	
4	2022/7/20	2025/4/15	4	92	
5	2022/10/15	2025/4/15	4	92	
6					

D3: =COUPDAYS(A3,B3,C3,1)

在 D3 儲存格輸入公式，並複製到 D5 儲存格

算出從結算日至到期日這段期間的天數了

結算日　到期日　次數

=COUPDAYS(結算日, 到期日, 次數, [基準])　財務

結算日…指定債券的購買日
到期日…指定債券的到期日 (贖回日)
次數…指定每年支付利息的次數。一年支付 1 次可指定為 1，半年支付 1 次可指定為 2，一季支付 1 次可指定為 4
基準…請參照 P.669 表格中的值，指定基準日數
傳回包含定期付息債券結算日的利息支付期間的天數。

Memo

- COUPDAYS 函數可計算結算日之前的最後一個利息支付日到結算日期之後的第一個利息支付日的天數。下列的公式也能算出相同的結果。
  =COUPNCD(A3,B3,C3,1)-COUPPCD(A3,B3,C3,1)

09-45 計算定期付息債券的結算日到利息支付日之間的天數

COUPDAYBS／COUPDAYSNC

COUPDAYBS 函數可計算定期付息債券結算日之前的最後一個利息支付日到結算日之間的天數。COUPDAYSNC 函數則可計算從結算日到結算日之後的第一個利息支付日的天數。在此將計算一年支付 4 次利息的定期付息債券從結算日到利息支付日之間的天數。

▶ 計算結算日與利息支付日之間的天數

D3 =COUPDAYBS(A3,B3,C3,1)
結算日 到期日 基準 次數

E3 =COUPDAYSNC(A3,B3,C3,1)
結算日 到期日 基準 次數

D3 =COUPDAYBS(A3,B3,C3,1)

	A	B	C	D	E
1	計算結算日期到利息支付日之間的天數				
2	結算日	到期日	次數	結算日之前的最後一個利息支付日	結算日之後的第一個利息支付日
3	2022/4/10	2025/4/15	4	85	5
4	2022/7/20	2025/4/15	4	5	87
5	2022/10/15	2025/4/15	4	0	92

結算日　到期日　次數

在 D3 與 E3 儲存格輸入公式，再複製到第 5 列

算出結算日與利息支付日之間的天數了

=COUPDAYBS(結算日, 到期日, 次數, [基準]) 財務

結算日…指定債券的購買日
到期日…指定債券的到期日 (贖回日)
次數…指定每年支付利息的次數。一年支付 1 次可指定為 1，半年支付 1 次可指定為 2，一季支付 1 次可指定為 4
基準…請參照 P.669 表格中的值，指定基準日數
傳回定期付息債券結算日之前的最後一個利息支付日到結算日之間的天數。

=COUPDAYSNC(結算日, 到期日, 次數, [基準]) 財務

傳回定期付息債券從結算日到之後的利息支付日的天數。引數的說明請參考 COUPDAYBS 函數。

關聯項目 【09-44】計算定期付息債券從結算日至到期日的天數

09-46 計算定期付息債券的存續期間以及修正後的存續期間

DURATION／MDURATION

要計算定期付息債券的存續期間可使用 DURATION 函數，要計算修正後存續期間可改用 MDURATION 函數。在此要以債券的贖回價值 (面額) 100 為計算基準。

▶ 計算存續期間／修正後的存續期間

F3 =DURATION(A3,B3,C3,D3,E3,1)
結算日／到期日／利率／年收益／次數／基準

G3 =MDURATION(A3,B3,C3,D3,E3,1)
結算日／到期日／利率／年收益／次數／基準

F3 =DURATION(A3,B3,C3,D3,E3,1)

	A	B	C	D	E	F	G
1	計算定期付息債券的存續期間						
2	結算日	到期日	利率	年收益	次數	存續期間	修正後存續期間
3	2020/4/1	2023/6/15	1.50%	2.50%	2	3.13	3.09
4							

結算日　到期日　利率　年收益　次數　輸入公式

=DURATION(結算日, 到期日, 利率, 年收益, 次數, [基準])　財務

結算日…指定債券的購買日
到期日…指定債券的到期日 (贖回日)
利率…指定債券的利率
年收益…指定債券的獲利率
次數…指定每年的利息支付次數
基準…請參照 P.669 表格中的值，指定基準日數
計算定期付息債券的存續期間。

=MDURATION(結算日, 到期日, 利率, 年收益, 次數, [基準])　財務

計算定期付息債券的修正後存續期間。引數的說明請參考 DURATION 函數。

09-47 計算首次付息日不規則的定期付息債券收益率

ODDFYIELD

ODDFYIELD 函數可以計算在首次利息支付期間 (第 1 期的天數) 不規則的定期付息債券到期時的收益率。在引數中指定的日期必須依照「發行日→結算日→首次付息日→到期日」的順序指定。傳回值的儲存格，請視情況設為百分比顯示格式。

▶ **計算首次付息日不規則的定期付息債券收益率**

E7 =ODDFYIELD(A3,B3,C3,D3,A7,B7,C7,D7,1)

A3：結算日、B3：到期日、C3：發行日、D3：首次付息日、A7：利率、B7：現在價格、C7：贖回價格、D7：次數、1：基準

E7 =ODDFYIELD(A3,B3,C3,D3,A7,B7,C7,D7,1)

	A	B	C	D	E	F	G
1	計算首次付息日為一半的定期付息債券的收益率						
2	結算日	到期日	發行日	首次付息日			
3	2018/11/10	2031/3/1	2018/10/15	2019/3/1			
4							
5							
6	利率	現在價格	贖回價格	次數	收益率		
7	1.50%	90.00	100.00	2	2.45%		
8							

結算日、到期日、發行日、首次付息日、利率、現在價格、贖回價格、次數

算出收益率了

=ODDFYIELD(結算日, 到期日, 發行日, 首次付息日, 利率, 現在價格, 贖回價格, 次數, [基準]) 財務

結算日…指定債券的購買日
到期日…指定債券的到期日 (贖回日)
發行日…指定債券的發行日
首次付息日…指定第一次支付利息的日期
利率…指定債券的利率
現在價格…指定每 100 面額的購入價格
贖回價格…指定每 100 面額的贖回價格
次數…指定每年支付利息的次數
基準…請參照 P.669 表格中的值，指定基準日數
計算在首次利息支付期間不固定的定期付息債券到期時的收益率。

關聯項目 【09-48】計算最後付息日不規則的定期付息債券收益率

09-48 計算最後付息日不規則的定期付息債券收益率

ODDLYIELD

ODDLYIELD 函數可以計算在持有到到期日的不規則定期付息債券（最後一個利息支付期間的天數不完整）時的收益率。在引數中指定的日期必須依照「最後付息日→結算日→到期日」的順序指定。傳回值的儲存格，請視情況設為百分比顯示格式。

▶ 計算最後付息日不規則的定期付息債券收益率

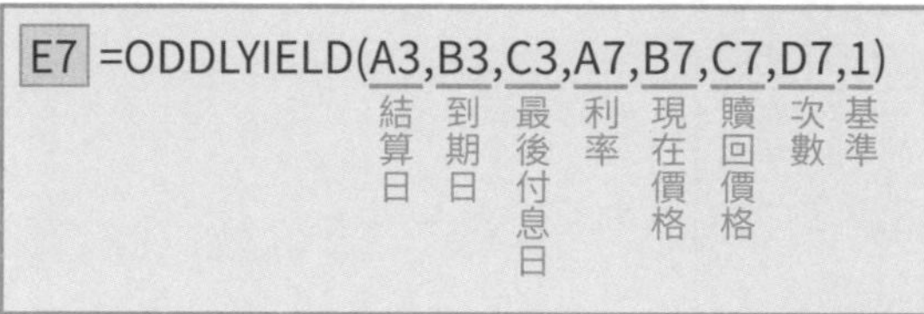

E7 =ODDLYIELD(A3,B3,C3,A7,B7,C7,D7,1)

E7 | =ODDLYIELD(A3,B3,C3,A7,B7,C7,D7,1)

	A	B	C	D	E	F
1	計算最後付息期間為一半的定期付息債券的收益率					
2	結算日	到期日	最後付息日			
3	2021/8/1	2022/10/15	2021/4/1			
4						
5	結算日	到期日	最後付息日			
6	利率	現在價格	贖回價格	次數	收益率	
7	1.50%	97.00	100.00	2	4.09%	
8						

利率　現在價格　贖回價格　次數　算出收益率了

=ODDLYIELD(結算日, 到期日, 最後付息日, 利率, 現在價格, 贖回價格, 次數, [基準])　財務

結算日…指定債券的購買日
到期日…指定債券的到期日 (贖回日)
最後付息日…指定最後支付利息的日期
利率…指定債券的利率
現在價格…指定每 100 面額的購入價格
贖回價格…指定每 100 面額的贖回價格
次數…指定每年支付利息的次數
基準…請參照 P.669 表格中的值，指定基準日數
計算在最後利息支付期間不固定的定期付息債券到期時的收益率。

關聯項目 【09-47】計算首次付息日不規則的定期付息債券收益率

09-49 計算首次付息日不規則的定期付息債券現在價格

ODDFPRICE

ODDFPRICE 函數可以計算在持有到到期日的不規則定期付息債券（第一個利息支付期間的天數不完整）時，面額每 100 元的現值。在引數中指定的日期必須依照「發行日→結算日→首次付息日→到期日」的順序指定。傳回值的儲存格，請視情況設定小數點的顯示位數。

▶ 計算首次付息日不規則的定期付息債券現在價格

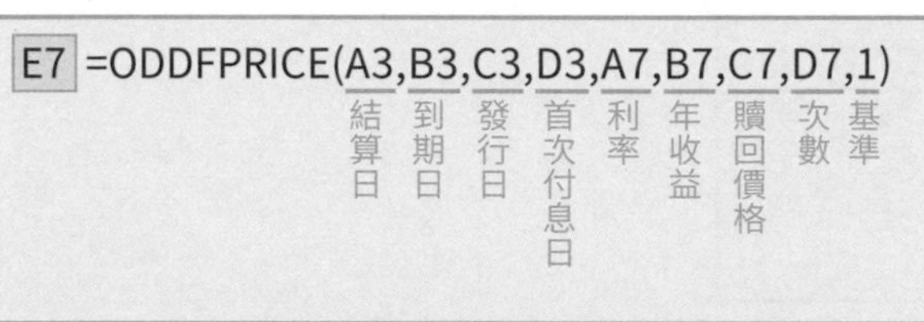

E7 =ODDFPRICE(A3,B3,C3,D3,A7,B7,C7,D7,1)

	A	B	C	D	E	F	G
1	計算首次付息日不規則的定期付息債券現在價格						
2	結算日	到期日	發行日	首次付息日			
3	2018/11/10	2031/3/1	2018/10/15	2019/3/1			
4							
5	結算日	到期日	發行日	首次付息日			
6	利率	年收益	贖回價格	次數	現在價格		
7	1.50%	2.50%	100.00	2	89.46		
8	利率	年收益	贖回價格	次數	算出現在價格了		

=ODDFPRICE(結算日, 到期日, 發行日, 首次付息日, 利率, 年收益, 贖回價格, 次數, [基準]) 財務

結算日…指定債券的購買日
到期日…指定債券的到期日 (贖回日)
發行日…指定債券的發行日
首次付息日…指定第一次支付利息的日期
利率…指定債券的利率
年收益…指定債券的獲利率
贖回價格…指定每 100 面額的贖回價格
次數…指定每年支付利息的次數
基準…請參照 P.669 表格中的值，指定基準日數

計算在首次利息支付期間不固定的定期付息債券的現在價格，以面額 100 為基準。

關聯項目【09-50】計算最後付息日不規則的定期付息債券現在價格

09-50 計算最後付息日不規則的定期付息債券現在價格

ODDLPRICE

ODDLPRICE 函數，可以計算在持有到到期日的不規則定期付息債券（最後一個利息支付期間的天數不完整）時，面額每 100 元的現值。在引數中指定的日期必須依照「最後付息日→結算日→到期日」的順序指定。傳回值的儲存格，請視情況設定小數點的顯示位數。

▶ 計算最後付息日不規則的定期付息債券現在價格

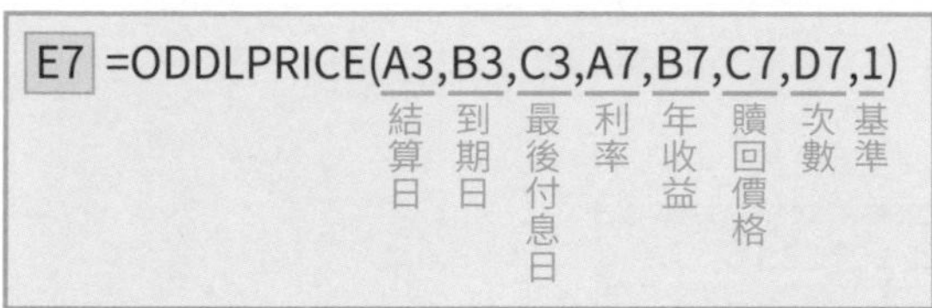

	A	B	C	D	E	F
1	計算最後付息日不規則的定期付息債券現在價格					
2	結算日	到期日	最後付息日			
3	2021/8/1	2022/10/15	2021/4/1			
4						
5						
6	利率	年收益	贖回價格	次數	現在價格	
7	1.50%	4.00%	100.00	2	97.10	
8						

=ODDLPRICE(結算日, 到期日, 最後付息日, 利率, 年收益, 贖回價格, 次數, [基準]) 財務

結算日…指定債券的購買日
到期日…指定債券的到期日 (贖回日)
最後付息日…指定最後支付利息的日期
利率…指定債券的利率
年收益…指定債券的獲利率
贖回價格…指定每 100 面額的贖回價格
次數…指定每年支付利息的次數
基準…請參照 P.669 表格中的值，指定基準日數

計算在最後利息支付期間不固定的定期付息債券的現在價格，以面額 100 為基準

關聯項目 【09-49】計算首次付息日不規則的定期付息債券現在價格

09-51 計算折價債券的年收益

YIELDDISC

要計算折價債券從購買時的價格到到期日的年收益，可以使用 YIELDDISC 函數。在此計算的是在 2018 年 4 月 1 日以現在價格 92 購買的面額 100 的折價債券，並持有到 2023 年 4 月 1 日到期時的年收益。

▶ 計算折價債券的年收益

E3 =YIELDDISC(A3,B3,C3,D3,1)

結算日 到期日 現在價格 贖回價格 基準

	A	B	C	D	E	F
1	計算折價債券的年收益					
2	結算日	到期日	現在價格	贖回價格	年收益	
3	2018/4/1	2023/4/1	92.00	100.00	1.74%	

=YIELDDISC(結算日, 到期日, 現在價格, 贖回價格, [基準]) 財務

結算日…指定債券的購買日
到期日…指定債券的到期日 (贖回日)
現在價格…指定每 100 面額的購入價格
贖回價格…指定每 100 面額的贖回價格
基準…請參照 P.681 表格中的值，指定基準日數
計算出折價債券的年收益。

Memo

- 折價債券是一種不支付利息的債券，直接於發行時，從面額扣除利息的債券。到期日時，可以收到面額全額。可分成新發行債券與中途轉賣的已發行債券兩種。

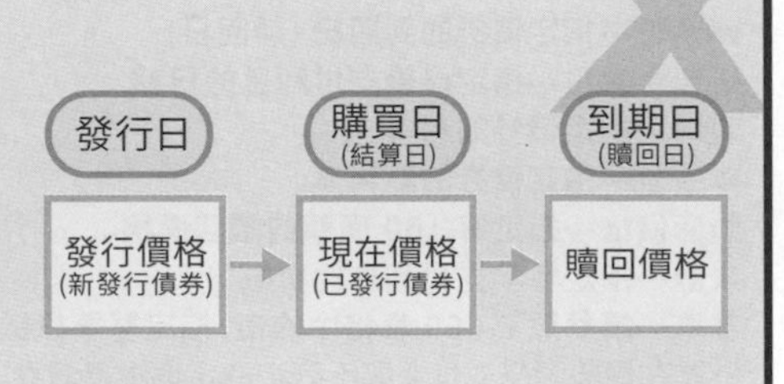

關聯項目 【09-54】計算折價債券的到期日報酬

09-52 計算折價債券的折現率

DISC

使用 DISC 函數可以從折價債券的到期日收取金額和購買時的價格計算出折現率。在此計算的是在 2018 年 4 月 1 日以現在價格 92 購買的面額 100、到期日為 2023 年 4 月 1 日的折價債券的折現率。

▶ 計算折價債券的折現率

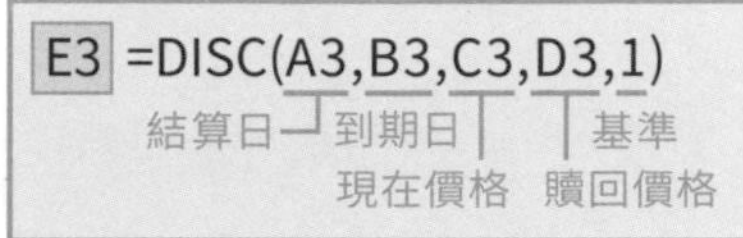

=DISC(結算日, 到期日, 現在價格, 贖回價格, [基準]) 財務

結算日…指定債券的購買日
到期日…指定債券的到期日 (贖回日)
現在價格…指定每 100 面額的購入價格
贖回價格…指定每 100 面額的贖回價格
基準…依照下表的值指定
計算出折價債券的折現率。

▶ 引數「基準」

值	基準日數 (月／年)
0 或省略	30 天／360 天 (NASD 方式)
1	實際天數／實際天數
2	實際天數／360 日
3	實際天數／365 日
4	30 天／360 天 (歐洲方式)

關聯項目 【09-53】計算折價債券的現在價格

09-53 計算折價債券的現在價格

PRICEDISC

PRICEDISC 函數可以從折價債券的折現率和到期日報酬計算出現在價格。在此，以 2018 年 4 月 1 日購買的折現率 1.6%、贖回價格 100、到期日 2023 年 4 月 1 日的折價債券，計算其折價債券的現在價格。

▶ 計算折價債券的現在價格

=PRICEDISC(結算日, 到期日, 折現率, 贖回價格, [基準]) 財務

結算日…指定債券的購買日
到期日…指定債券的到期日 (贖回日)
折現率…指定債券的折扣率
贖回價格…指定每 100 面額的贖回價格
基準…依照下表的值指定

計算出折價債券的現在價格，以面額 100 為基準。

▶ 引數「基準」

值	基準日數 (月／年)
0 或省略	30 天／360 天 (NASD方式)
1	實際天數／實際天數
2	實際天數／360 天
3	實際天數／365 天
4	30 天／360 天 (歐洲方式)

關聯項目【09-52】計算折價債券的折現率

09-54 計算折價債券的到期日報酬

RECEIVED

RECEIVED 函數可以從折價債券的折現率和投資金額算出到期日的報酬。在此計算的是在 2018 年 4 月 1 日以投資金額 92 購買折現率 1.6%、到期日為 2023 年 4 月 1 日的折價債券的贖回價格 (到期日報酬)。

▶ 計算折價債券的到期日報酬

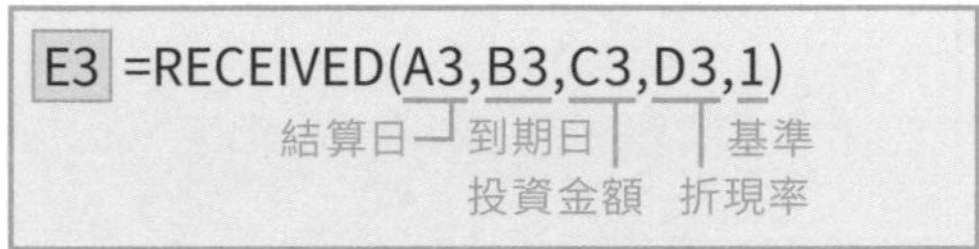

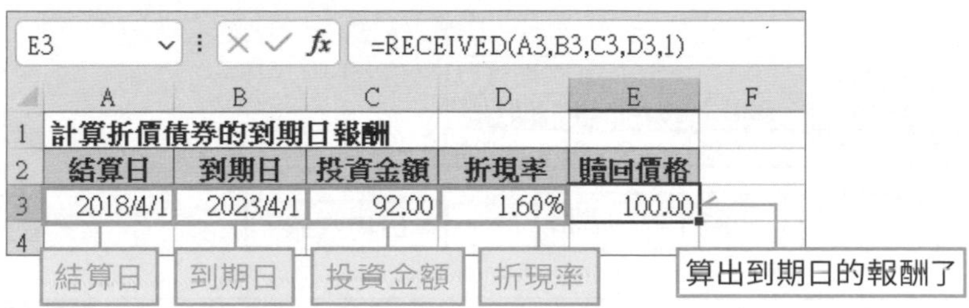

=RECEIVED(結算日, 到期日, 投資金額, 折現率, [基準]) 財務

結算日…指定債券的購買日
到期日…指定債券的到期日 (贖回日)
投資金額…指定債券的投資金額
折現率…指定債券的折扣率
基準…依照下表的值指定
計算出折價債券的到期日報酬。

▶ 引數「基準」

值	基準日數 (月／年)
0 或省略	30 天／360 天 (NASD方式)
1	實際天數／實際天數
2	實際天數／360 天
3	實際天數／365 天
4	30 天／360 天 (歐洲方式)

關聯項目 【09-51】計算折價債券的年收益

09-55 計算到期付息債券的年收益

要計算到期付息債券的年收益，可使用 YIELDMAT 函數。在此計算的是以現在價格 92 購買利率 1.5% 的到期付息債券，並持有至到期日時的年收益。

▶ 計算到期付息債券的年收益

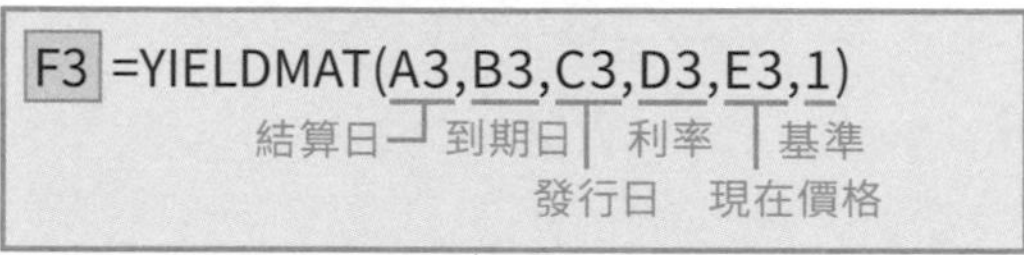

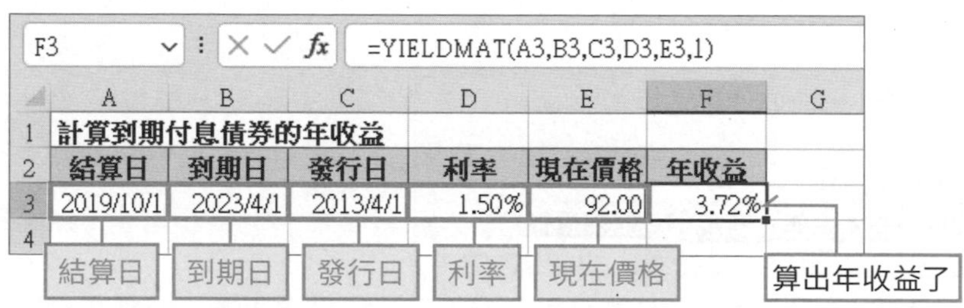

	A	B	C	D	E	F	G
1	計算到期付息債券的年收益						
2	結算日	到期日	發行日	利率	現在價格	年收益	
3	2019/10/1	2023/4/1	2013/4/1	1.50%	92.00	3.72%	
4							

=YIELDMAT(結算日, 到期日, 發行日, 利率, 現在價格, [基準]) 財務

結算日…指定債券的購買日
到期日…指定債券的到期日 (贖回日)
發行日…指定債券的發行日
利率…指定債券的利率
現在價格…指定每 100 面額的購入價格
基準…請參照 P.685 表格中的值，指定基準日數
計算出滿期付息債券的年收益。

Memo

- 「滿期付息債券」就是在債券到期時，除了支付贖回價值，也支付發行日到到期日這段期間的利息。分成新發行債券與中途轉賣的已發行債券這兩種。

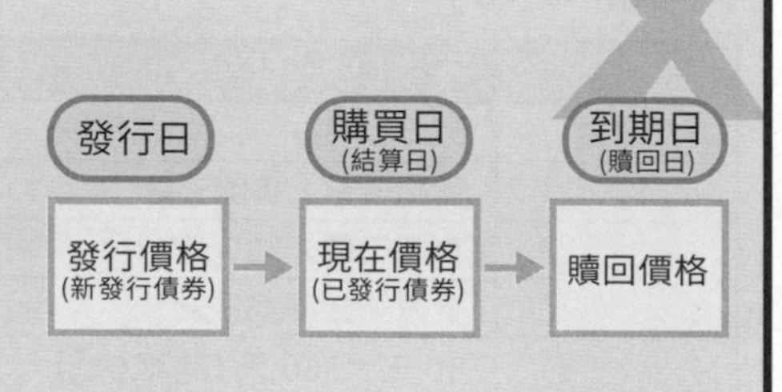

關聯項目 【09-57】計算到期付息債券的應付利息

1 公式的基礎
2 表格的彙總
3 條件判斷
4 數值處理
5 日期與時間
6 字串的操作
7 表格的搜尋
8 統計計算
9 財務計算
10 數學計算
11 函數組合

09-56 計算到期付息債券的現在價格

PRICEMAT

要計算到期付息債券的現在價格，可使用 PRICEMAT 函數。在此要計算利率 1.5%、年收益 3.7% 的到期付息債券的現在價格。

▶ 計算到期付息債券的現在價格

F3 =PRICEMAT(A3,B3,C3,D3,E3,1)

	A	B	C	D	E	F	G
1	計算到期付息債券的現在價格						
2	結算日	到期日	發行日	利率	年收益	現在價格	
3	2019/10/1	2023/4/1	2013/4/1	1.50%	3.70%	92.06	
4							

結算日　到期日　發行日　利率　年收益　　算出現在價值了

=PRICEMAT(結算日, 到期日, 發行日, 利率, 年收益, [基準])　財務

結算日…指定債券的購買日
到期日…指定債券的到期日 (贖回日)
發行日…指定債券的發行日
利率…指定債券的利率
年收益…指定債券的獲利率
基準…依照下表的值指定

計算到期付息債券的現在價格，以面額 100 為基準。

▶ 引數「基準」

值	基準 (月／年)
0 或省略	30 天／360 天 (NASD 方式)
1	實際的天數／實際的天數
2	實際的天數／360 天
3	實際的天數／365 天
4	30 天／360 天 (歐洲方式)

關聯項目【09-55】計算到期付息債券的年收益

09-57 計算到期付息債券的應付利息

ACCRINTM

ACCRINTM 函數可計算到期付息債券的應付利息。這裡要計算利率 1.5%、面額為 100 的到期付息債券的應付利息。

▶ 計算到期付息債券的應付利息

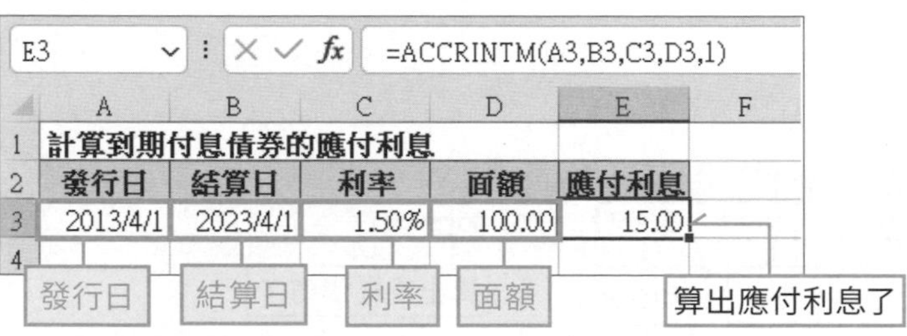

=ACCRINTM(發行日, 結算日, 利率, 面額, [基準]) 財務

發行日…指定債券的發行日
結算日…指定債券的購買日
利率…指定債券的利率
面額…指定債券的面額
基準…依照下表的值指定

計算到期付息債券的應付利息。

▶ 引數「基準」

值	基準日數 (月／年)
0 或省略	30 天／360 天 (NASD 方式)
1	實際天數／實際天數
2	實際天數／360 天
3	實際天數／365 天
4	30 天／360 天 (歐洲方式)

關聯項目【09-56】計算到期付息債券的現在價格

Chapter 10

第10章

數學計算

對數、三角函數的計算與底數轉換

10-01 計算最大公約數

GCD

GCD 函數可以求出指定數值的「最大公約數」。「最大公約數」是指多個整數共有的約數中，數值最大的約數。此外，「GCD」為 Greatest Common Divisor 的縮寫。

▶ 計算最大公約數

D3 =GCD(A3:C3)
數值 1

D3 =GCD(A3:C3)

	A	B	C	D	E
1	計算最大公約數				
2	x	y	z	最大公約數	
3	12	8	6	2	
4	24	16	12	4	
5	100	80	45	5	
6	144	24	18	6	
7	300	180	-15	#NUM!	
8					

數值 1

在 D3 儲存格輸入公式，並複製到 D7 儲存格

指定為負數就會出現錯誤

=GCD(數值 1, [數值 2]…) 數學與三角函數

數值…可指定為數值或儲存格範圍。若指定為數值以外的資料就會傳回 [#VALUE!] 的錯誤。若是指定為負數就會傳回 [#NUM!] 的錯誤

可傳回指定「數值」的最大公約數。「數值」最多可指定255 個。

Memo

- 引數若指定為整數以外的數值，就會自動無條件捨去小數點，再計算最大公約數。
- 對每個數值進行質因數分解，再讓相同的質因數相乘就能算出最大公約數。例如，12=2×2×3、30=2×3×5，所以 12 與30 的最大公約數為 2×3=6。

關聯項目 【10-02】計算最小公倍數

10-02 計算最小公倍數

LCM

LCM 函數可根據指定的數值計算「最小公倍數」。「最小公倍數」是指在多個整數共同的倍數中，倍數最小的數。此外，「LCM」為 Least Common Multiple 的縮寫。

▶ 計算最小公倍數

D3 =LCM(A3:C3)
數值 1

D3 =LCM(A3:C3)

	A	B	C	D	E
1	計算最小公倍數				
2	x	y	z	最小公倍數	
3	12	8	6	24	
4	12	9	8	72	
5	15	9	6	90	
6	18	14	12	252	
7	300	180	-15	#NUM!	
8					

數值 1

在 D3 儲存格輸入公式，並複製到 D7 儲存格

指定為負數就會發生錯誤

=LCM(數值 1, [數值 2]…) 數學與三角函數

數值…可指定為數值或儲存格範圍。若指定為數值以外的資料就會傳回 [#VALUE!] 的錯誤。若是指定為負數就會傳回 [#NUM!] 的錯誤

可傳回特定「數值」的最小公倍數。「數值」最多可指定255 個。

Memo

- 引數若指定為整數以外的數值，就會自動無條件捨去小數點，再計算最小公倍數。
- 對多個數值進行質因數分解，再排除重複的質因數，讓剩下的質因數相乘，就能算出最小公倍數。例如，12=2×2×3、30=2×3×5，所以 12 與 30 的最小公倍數為 2×2×3×5=60。

關聯項目 【10-01】計算最大公約數

10-03 計算階乘

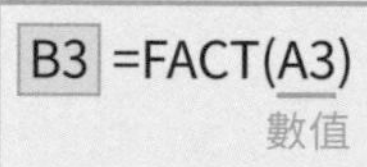

FACT

FACT 函數可計算數值的「階乘」。階乘就是 1 乘到 n 的數值，一般會寫成「n!」。例如，5 的階乘為「5!=5×4×3×2×1」，也就是 120。這個範例要計算從 0 到 5 的每個整數的階乘。

▶ 計算從 0 到 5 每個整數的階乘

B3 =FACT(A3)
數值

B3 =FACT(A3)

	A	B	C	D
1	計算階乘			
2	數值	階乘		
3	0	1		
4	1	1		
5	2	2		
6	3	6		
7	4	24		
8	5	120		
9				

數值

在 B3 儲存格輸入公式，並複製到 B8 儲存格

5 的階乘為 120

=FACT(數值) 數學與三角函數

數值…指定為數值。若指定為數值以外的資料就會傳回 [#VALUE!] 的錯誤。若是指定為負數就會傳回 [#NUM!] 的錯誤。若指定為整數以外的數值就會自動無條件捨去小數點再進行計算

會根據指定的「數值」傳回階乘。

Memo

- 一般來說，n 的階乘可透過下列的公式求出。
  n! = n× (n-1) × (n-2) ×…×2×1　不過，0! =1
- Excel 的數值的有效位數為 15 位，所以計算 21 以上的階乘就會出現誤差。此外 171 以上的階乘已超過 Excel 可處理的數值範圍，所以會傳回 [#NUM!] 這個錯誤值。

關聯項目 【10-04】計算雙階乘

10-04 計算雙階乘

FACTDOUBLE

FACTDOUBLE 可計算數值的「雙階乘」。「雙階乘」通常會寫成「n!!」，當 n 為奇數時，會讓 1 到 n 的所有奇數相乘，n 為偶數時，則讓 2 到 n 的所有偶數相乘。這個範例要計算 0 到 5 的每個整數的雙階乘。

▶ 計算 0 到 5 每個整數的雙階乘

B3 =FACTDOUBLE (A3)
數值

B3 =FACTDOUBLE(A3)

	A	B	C	D	E
1	計算雙階乘				
2	數值	雙階乘			
3	0	1			
4	1	1			
5	2	2			
6	3	3			
7	4	8			
8	5	15			
9					

數值

在 B3 儲存格輸入公式，並複製到 B8 儲存格

4 的雙階乘為「4×2」，等於 8

5 的雙階乘為「5×3×1」，等於 15

=FACTDOUBLE(數值) 數學與三角函數

數值…指定為數值。若指定為數值以外的資料就會傳回 [#VALUE!] 的錯誤。若是指定為負數就會傳回 [#NUM!] 的錯誤。若指定為整數以外的數值就會自動無條件捨去小數點再進行計算

會根據指定的「數值」傳回雙階乘。

Memo

- 一般來說，n 的雙階乘可透過下列的公式求出。雖然 -1 的階乘為 1，但其他的負數無法求出階乘。

  n 為偶數時：n!!= n× (n-2) × (n-4) ×⋯×4×2

  n 為奇數時：n!! = n× (n-2) × (n-4) ×⋯×3×1

  不過，0!! 為 1、(-1) !!=1

關聯項目 【10-03】計算階乘

10-05 計算平方和

SUMSQ

SUMSQ 函數可計算「平方和」。「平方和」就是讓多個數值乘以平方再加總的結果。平方和是常於變異數這類統計公式出現的基本運算。這個範例要從 3 個數值求出平方和。

▶ 計算平方和

D3 =SUMSQ(A3:C3)
數值 1

D3 =SUMSQ(A3:C3)

	A	B	C	D	E
1	計算平方和				
2	x	y	z	$x^2+y^2+z^2$	
3	1	1	1	3	
4	2	2	2	12	
5	1	2	3	14	
6	2	3	4	29	
7	10	10	10	300	
8					

數值

在 D3 儲存格輸入公式，並複製到 D7 儲存格

2 的平方與 3 的平方與 4 的平方的總和為 29

=SUMSQ(數值 1, [數值 2]) 數學與三角函數

數值…指定為數值。若指定為數值以外的資料將被忽略
會傳回「數值」的平方總和。「數值」最多可指定 255 個。

關聯項目 【10-06】計算兩個陣列的平方和

10-06 計算兩個陣列的平方和

SUMX2PY2

SUMX2PY2 函數可加總兩個陣列中對應值的「平方和」總和。「平方和」是指數值乘以平方再加總的結果。這個函數可以一次求出結果，不需要個別計算每個數字的平方，因此非常方便。

▶ 計算平方和的總和

D3 =SUMX2PY2(A3:A6,B3:B6)
陣列 1　陣列 2

D3　=SUMX2PY2(A3:A6,B3:B6)

	A	B	C	D	E
1	加總平方和				
2	陣列 1 x	陣列 2 y		平方和的總和	
3	3	2		98	
4	4	6			
5	2	2			
6	4	3			
7					

陣列 1　陣列 2

算出平方和的總和了

=SUMX2PY2(陣列 1, [陣列 2])　數學與三角函數

陣列 1…指定作為計算對象的一組陣列常數或儲存格範圍
陣列 2…指定作為計算對象的另一組陣列常數或儲存格範圍
會加總「陣列 1」與「陣列 2」中對應元素的平方和。如果「陣列 1」與「陣列 2」的元素個數不同，則會傳回 [#N/A] 錯誤。

Memo

- 平方和的總和通常會以下列公式計算。

$$SUMX2PY2 = \sum(x^2 + y^2)$$

- 此範例以「(3^2+2^2) + (4^2+6^2) + (2^2+2^2) + (4^2+3^2)」進行計算。此外「=SUMSQ(A3:B6)」也能算出相同的結果。

關聯項目 【10-07】計算 2 個陣列的平方差

10-07 計算 2 個陣列的平方差

1 公式的基礎
2 表格的彙總
3 條件判斷
4 數值處理
5 日期與時間
6 字串的操作
7 表格的搜尋
8 統計計算
9 財務計算
10 數學計算
11 函數組合

SUMX2MY2

SUMX2MY2 函數可以加總 2 個陣列中對應值的「平方差」。「平方差」是指平方值的差。這個函數可以一次求出結果，不需要個別計算每個數字的平方，因此非常方便。

▶ 計算平方差的總和

D3 =SUMX2MY2(A3:A6,B3:B6)
陣列 1　陣列 2

D3 =SUMX2MY2(A3:A6,B3:B6)

	A	B	C	D	E	F
1	加總平方差					
2	陣列 1 x	陣列 2 y		加總平方差		
3	3	2		-8		
4	4	6				
5	2	2				
6	4	3				
7						

陣列 1　陣列 2

算出平方差的總和了

=SUMX2MY2(陣列 1, [陣列 2])　數學與三角函數

陣列 1…指定作為計算對象的一組陣列常數或儲存格範圍
陣列 2…指定作為計算對象的另一組陣列常數或儲存格範圍
會加總「陣列 1」與「陣列 2」中對應元素的平方差。如果「陣列 1」與「陣列 2」的元素個數不同，則會傳回 [#N/A] 錯誤。

Memo

- 平方差的總和通常會以下列公式計算。

$$SUMX2MY2 = \sum(x^2 - y^2)$$

- 此範例以「$(3^2-2^2) + (4^2-6^2) + (2^2-2^2) + (4^2-3^2)$」進行計算。此外「=SUMSQ (A3:A6) - SUMSQ (B3:B6)」也能算出相同的結果。

關聯項目【10-06】計算兩個陣列的平方和

10-08 加總 2 個陣列的差的平方

SUMXMY2

SUMXMY2 函數可計算兩個陣列中對應數值的差，並將每個差值分別平方後進行加總。差的平方和是在計算分散、標準差等統計值的過程中所需的計算。

▶ 計算差的平方的總和

```
D3 =SUMXMY2(A3:A6,B3:B6)
            陣列 1  陣列 2
```

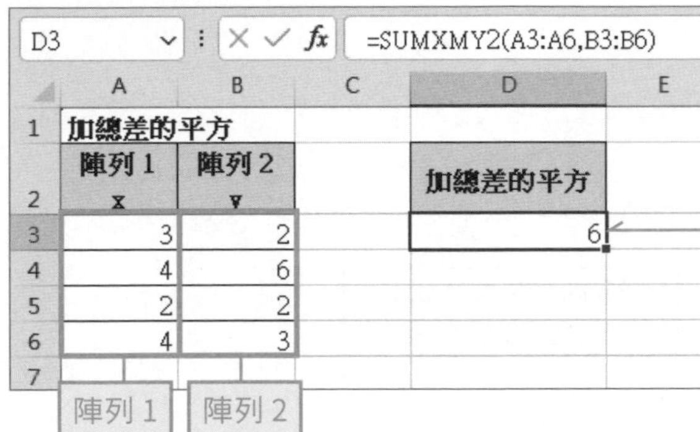

D3 =SUMXMY2(A3:A6,B3:B6)

	A	B	C	D	E
1	加總差的平方				
2	陣列 1 x	陣列 2 y		加總差的平方	
3	3	2		6	
4	4	6			
5	2	2			
6	4	3			
7					

=SUMXMY2 (陣列 1, [陣列 2]) 數學與三角函數

陣列 1…指定作為計算對象的一組陣列常數或儲存格範圍
陣列 2…指定作為計算對象的另一組陣列常數或儲存格範圍
計算「陣列 1」與「陣列 2」中對應元素的差的平方，並將它們加總。如果「陣列 1」與「陣列 2」的元素個數不同，則會傳回 [#N/A] 錯誤。

Memo

- 差的平方的總和通常會以下列公式計算。

  $=SUMXMY2 = \sum (x - y)^2$

- 此範例以「$(3-2)^2 + (4-6)^2 + (2-2)^2 + (4-3)^2$」進行計算。

關聯項目 【10-07】計算 2 個陣列的平方差

10-09 計算對數

LOG

LOG 函數可計算「對數」。「對數」就是「$R=a^r$」的「r」。只要算出對數，就能知道「a 乘以幾次方才會等於 R」。「a」稱為「底數」。用數學公式表示對數 r，就是「$r=\log_a R$」。LOG 函數可在指定數值 R 與底數 a 後，算出對數 r。在此要計算以 2 為底的對數。

▶ 計算以2 為底的對數

B3 =LOG(A3,2)

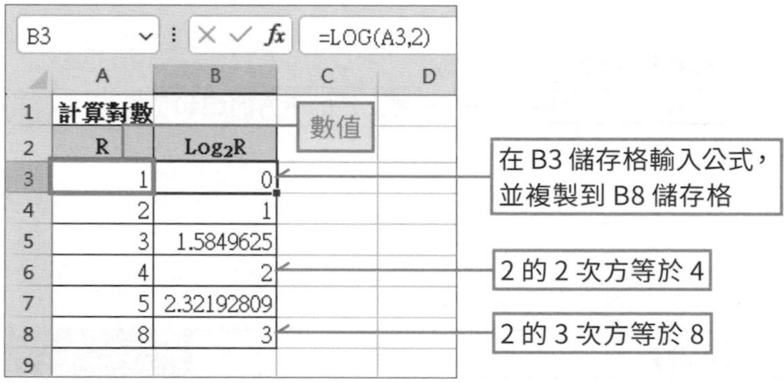

B3 =LOG(A3,2)

	A	B	C	D
1	計算對數			
2	R	Log₂R		
3	1	0		
4	2	1		
5	3	1.5849625		
6	4	2		
7	5	2.32192809		
8	8	3		
9				

=LOG(數值, [底]) 數學與三角函數

數值…指定要計算對數的正實數。若指定 0 以下的值，將傳回 [#NUM!] 錯誤
底…指定底數。若省略，則視為指定 10。若指定 0 以下的值，將傳回 [#NUM!] 錯誤。若指定 1，將傳回 [#DIV/0!] 錯誤
計算指定的「底」為底數的「數值」的對數。「=LOG(x,a)」表示「以 a 為底的 x 的對數」。

Memo

- LOG 函數是與 POWER 函數的反函數。以 a 為底時，下列的公式就會成立。要注意的是，a>0、a≠1、R>0。此外，不管底的值為何，「$\log_a 1=0$」都會成立。

POWER(a,r)：$R = a^r$
log(a,R)：$r = \log_a R$

關聯項目 【10-10】計算常用對數
【10-11】計算自然對數

10-10 計算常用對數

LOG10

LOG10 函數可以計算以 10 為底的對數。以 10 為底的對數稱為「常用對數」，常用來計算數值整數部分的位數。

▶ 計算常用對數

B3 =LOG10(A3)

	A	B	C	D	E
1	計算常用對數				
2	x	Log x			
3	1	0			
4	5	0.69897			
5	10	1			
6	50	1.69897			
7	100	2			
8	1000	3			
9					

數值

在 B3 儲存格輸入公式，並複製到 B8 儲存格

10 的 3 次方為 1000

=LOG10 (數值) 數學與三角函數

數值…指定要計算對數的正實數。若指定 0 以下的值，將傳回 [#NUM!] 錯誤

根據「數值」的值計算常用對數。常用對數就是以 10 為底的對數。

Memo

- 常用對數就是「10 的 n 次方」中的指數部份 n。例如，1000 是「10 的 3 次方」，所以 1000 的常用對數就是「3」。此外，0.01 是「10 的 -2 次方」，所以 0.01 的常用對數為「-2」。
- N 若是 n 位數的整數，那麼「$n-1 \leqq \log_{10}N<n$」的公式將成立。由此可知，「$\log_{10}x=2.7$」的情況，「$2\leqq 2.7<3$」，因此 x 的整數部分為 3 位數。

關聯項目 【10-09】計算對數
【10-11】計算自然對數

10-11 計算自然對數

LN

使用 LN 函數可以計算以自然對數底數 e (納皮爾數) 為底的對數。底為 e 的對數稱為「自然對數」。自然對數在數學領域中是非常重要的函數。

▶ 計算自然對數

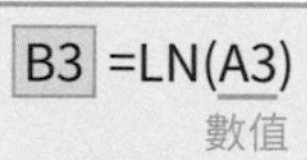

B3 =LN(A3)
數值

B3 | =LN(A3)

	A	B	C	D
1	計算自然對數			
2	x	Ln x		
3	1	0		
4	5	1.60943791		
5	10	2.30258509		
6	50	3.91202301		
7	100	4.60517019		
8	1000	6.90775528		
9				

數值

在 B3 儲存格輸入公式，並複製到 B8 儲存格

=LN(數值) 數學與三角函數

數值…指定要計算對數的正實數。若指定 0 以下的值，將傳回 [#NUM!] 錯誤
計算「數值」的自然對數。自然對數是以自然對數底數 e 為底的對數。

Memo

- LN 函數可用以下公式表示：
  $LN(x) = \log_e x$
- 納皮爾數的說明請參考【10-12】。

關聯項目 【10-09】計算對數
【10-10】計算常用對數

10-12 計算自然對數的底數(納皮爾數)的乘冪

EXP

EXP 函數可計算自然對數底數 e (納皮爾數) 的乘冪。若引數指定為 1，就可以計算出自然對數底數 e 本身。此範例要試著計算 0 次方 ～ 5 次方。

▶ 計算納皮爾數 e 的乘冪

B3 =EXP(A3)
數值

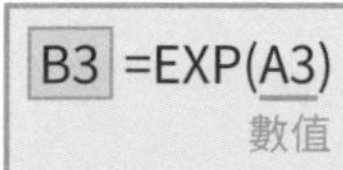

B3 =EXP(A3)

	A	B	C	D
1	e的指數計算			
2	x	e^x		
3	0	1		
4	1	2.71828183		
5	2	7.3890561		
6	3	20.0855369		
7	4	54.59815		
8	5	148.413159		
9				

數值

在 B3 儲存格輸入公式，並複製到 B8 儲存格

在引數「數值」指定 1，就會傳回納皮爾數 e

=EXP(數值) 數學與三角函數

數值…指定為指數的數值
傳回以納皮爾數 e 為底的數值的乘冪。

Memo

- 「納皮爾數」是與圓周率 π 同等重要的數學常數，通常會寫成符號 e。納皮爾數為無理數 (無法用分數表示的數值)，不過 Excel 的有效位數只有 15 位，因此將其處理為「e=2.71828182845905」。
- LN 函數是 EXP 函數的反函數，所以下列的公式會成立。

  EXP(r)：$R = e^r$
  LN(R)：$r = \log_e R$

關聯項目【10-11】計算自然對數

10-13 計算圓周率

PI

由於 Excel 的有效位數為 15，所以 PI 函數也只能傳回 15 位數的圓周率 π。這個函數雖然沒有引數，卻需要輸入「()」。傳回值為「3.14159265358979」。PI 函數可替我們輸入圓周率，使用圓周率計算時，公式也相對簡潔。

▶ 計算圓周率

A2 =PI()

A2 | =PI()

	A	B	C
1	圓周率π		
2	3.14159265358979		
3			
4			

算出圓周率了

=PI()	數學與三角函數
會傳回 15 位數的圓周率。雖然沒有引數，卻仍需要輸入括號「( )」。	

Memo

- 在儲存格格式為「通用格式」的儲存格輸入 PI 函數，可顯示的圓周率位數會依照該儲存格的欄寬增減。當欄寬太小，可顯示的位數就會變少，欄寬若是足夠，就可顯示 10 位數的圓周率 (小數點 9 位)，但如果在**常用**頁次的**數值**區按下**增加小數位數**鈕，就能增加可顯示的圓周率位數。要注意的是，第 16 位數開始就會是「0」。

關聯項目 【10-12】計算自然對數的底數 (納皮爾數) 的乘冪

10-14 轉換「度」與「弧度」這兩種角度的單位

RADIANS／DEGREES

角度的單位有大家熟知的「度」與數學領域中常用的「弧度」，度與弧度有「360° =2π 弧度」的相關性。RADIANS 函數可將以度為單位的角度轉換成以弧度為單位的角度。此外，DEGREES 函數可將弧度單位轉換為度單位。

▶ 將「度」轉換為「弧度」以及將「度」轉換為「弧度」轉換為「度」

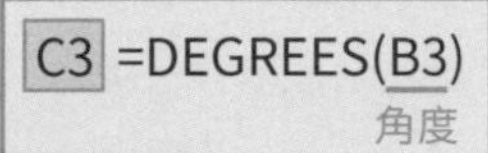

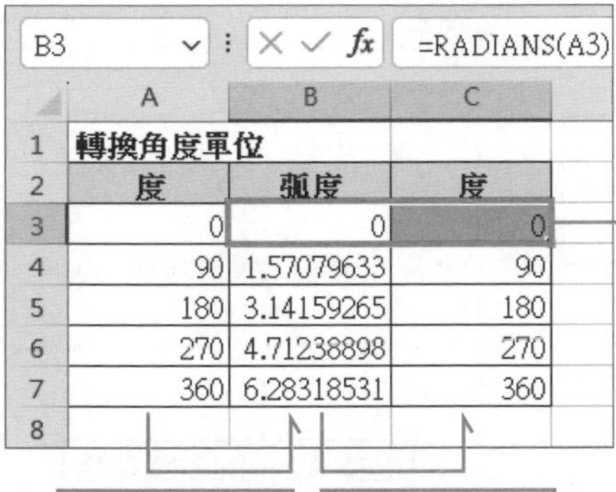

B3 =RADIANS(A3)

	A	B	C
1	轉換角度單位		
2	度	弧度	度
3	0	0	0
4	90	1.57079633	90
5	180	3.14159265	180
6	270	4.71238898	270
7	360	6.28318531	360
8			

=RADIANS(角度)　數學與三角函數

角度…指定要轉換成弧度的角度
將引數「角度」的值轉換成以弧度為單位的角度。

=DEGREES(角度)　數學與三角函數

角度…指定要轉換成度的角度
將引數「角度」的值轉換成以度為單位的角度。

10-15 計算正弦 (sin)

SIN 函數可求出三角函數的「正弦 (SIN)」。引數的角度需以弧度為單位。這個範例搭配了 PI 函數，以 0.25π 的弧度為單位，算出 -π～π 弧度的正弦。

▶ 計算正弦 (SIN)

B3 =SIN(A3*PI())

	A	B
1	計算正弦值（SIN）	
2	x (π 弧度)	正弦值 sin x π
3	-1.00	-1.22515E-16
4	-0.75	-0.707106781
5	-0.50	-1
6	-0.25	-0.707106781
7	0.00	0
8	0.25	0.707106781
9	0.50	1
10	0.75	0.707106781
11	1.00	1.22515E-16
12		

在 B3 儲存格輸入公式，並複製到 B11 儲存格

數值

y = sinΘ（1.0、0.0、-1.0；-1.0π、-0.5π、0、0.5π、1.0π）

根據 A2～B11 儲存格的資料繪製圖表

=SIN(數值) 數學與三角函數

數值…以弧度為單位，指定要計算正弦 (SIN) 的角度

會根據引數「數值」指定的角度傳回正弦值 (SIN)。由於這個函數是以 2π (360°) 為週期的週期函數，所以不管增加幾個 2π 弧度，傳回值都會相同。傳回值的範圍在 -1 以上 1 以下。

Memo

- 在半徑為 r 的圓周上取一個點 P(a,b)，並將 x 軸與線段 OP 圍成的角度定為 θ，正弦的定義如右所示。此外，雖然 sinπ 為 0，但以 SIN 函數計算時會出現誤差，因此會得到「1.22515E-16」的結果。

$$\mathrm{SIN}(\theta) = sin\theta = \frac{b}{r}$$

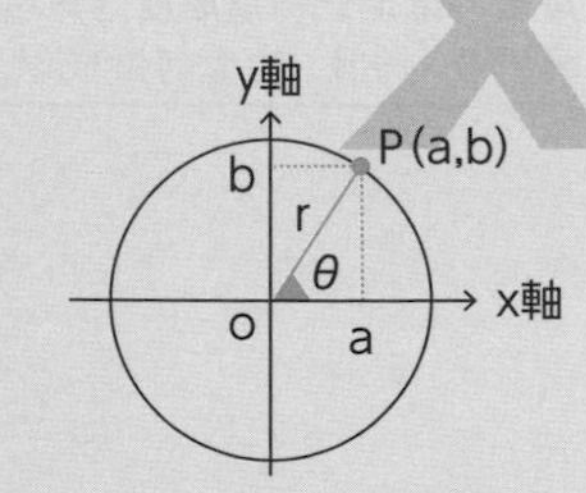

10-16 計算餘弦 (cosine)

COS／PI

COS 函數可計算三角函數的「餘弦 (cosine)」。引數的角度需以弧度單位指定。此範例將搭配 PI 函數，對 -π～π 弧度範圍內的一些值進行餘弦計算。

▶ 計算餘弦 (cosine)

B3 =COS(A3*PI())
數值

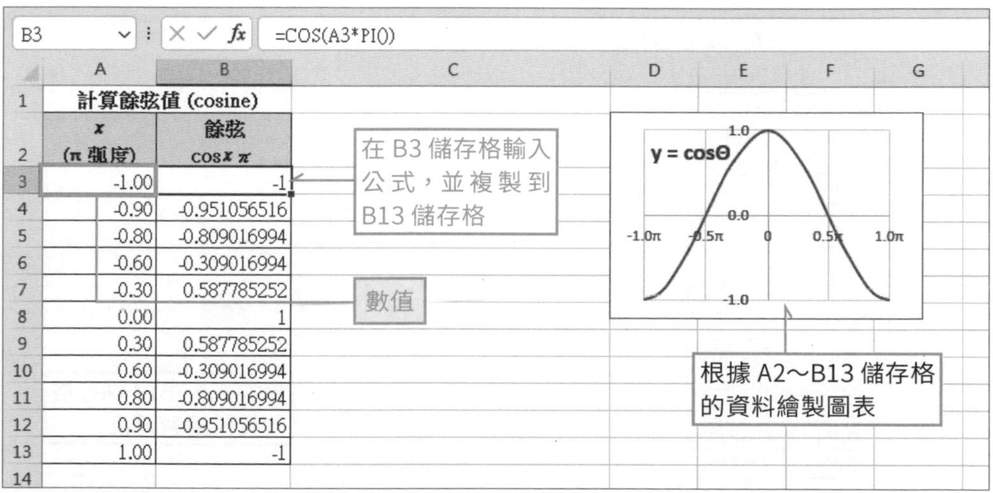

x (π 弧度)	餘弦 cos x π
-1.00	-1
-0.90	-0.951056516
-0.80	-0.809016994
-0.60	-0.309016994
-0.30	0.587785252
0.00	1
0.30	0.587785252
0.60	-0.309016994
0.80	-0.809016994
0.90	-0.951056516
1.00	-1

=COS(數值) 數學與三角函數

數值…以弧度為單位，指定要計算餘弦 (cosine) 的角度

會根據引數「數值」指定的角度傳回餘弦值 (cosine)。由於這個函數是以 2π (360°) 為週期的週期函數，所以不管增加幾個 2π 弧度，傳回值都會相同。傳回值的範圍在 -1 以上 1 以下。

=PI() 10-13

Memo

- 在半徑為 r 的圓周上取一個點 P(a,b)，並將 x 軸與線段 OP 圍成的角度定為 θ，餘弦的定義就為右側的公式。

$$COS(\theta) = cos\theta = \frac{a}{r}$$

10-17 計算正切 (tan)

TAN／PI

TAN 函數可計算三角函數的「正切 (tan)」。引數的角度需以弧度單位指定。此範例將搭配 PI 函數，對 -0.4π～0.4π 弧度範圍內的一些值進行正切計算。

▶ 計算正切值 (tan)

B3 =TAN(A3*PI())
數值

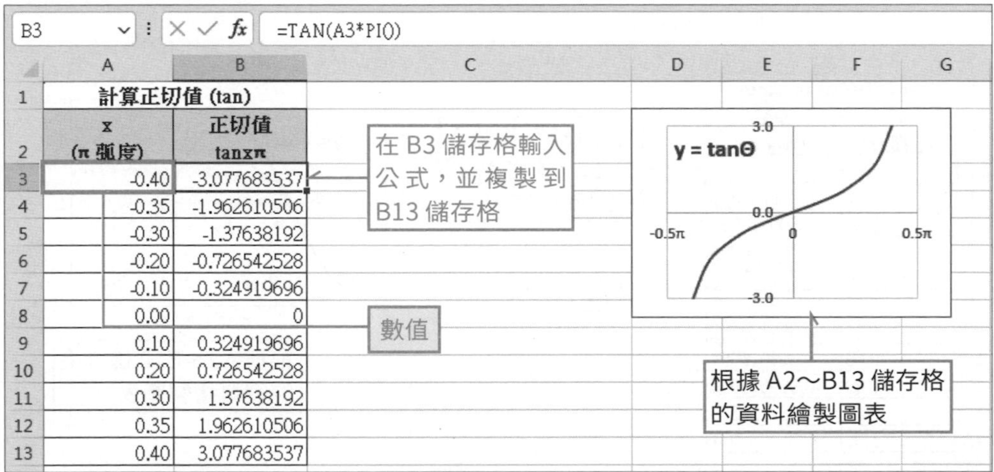

B3 =TAN(A3*PI())

	A	B
1	計算正切值 (tan)	
2	x (π 弧度)	正切值 tanxπ
3	-0.40	-3.077683537
4	-0.35	-1.962610506
5	-0.30	-1.37638192
6	-0.20	-0.726542528
7	-0.10	-0.324919696
8	0.00	0
9	0.10	0.324919696
10	0.20	0.726542528
11	0.30	1.37638192
12	0.35	1.962610506
13	0.40	3.077683537

=TAN(數值) 數學與三角函數

數值…以弧度為單位，指定要計算正切 (tan) 的角度

會根據引數「數值」指定的角度傳回正切值 (tan)。由於這個函數是以 π (180°) 為週期的週期函數，所以不管增加幾個 π 弧度，傳回值都會相同。

=PI() → 10-13

Memo

- 若在半徑為 r 的圓周上取一點 P(a,b)，並將 x 軸與線段 OP 的夾角設為 θ，正切的定義如右側的公式所示。

$$\mathrm{TAN}(\theta) = tan\theta = \frac{sin\theta}{cos\theta} = \frac{b}{a}$$

10-18 根據以度為單位的數值，計算三角函數

SIN／COS／RADIANS

SIN 函數、COS 函數與 TAN 函數的引數都必須指定以弧度為單位的角度。如果想指定「30° 的正弦」這種以度為單位的角度，可使用 RADIANS 函數將度轉換成弧度單位。此範例以 30° 為單位，計算 0°～360° 的正弦與餘弦。

▶ 根據以度為單位的角度計算正弦與餘弦

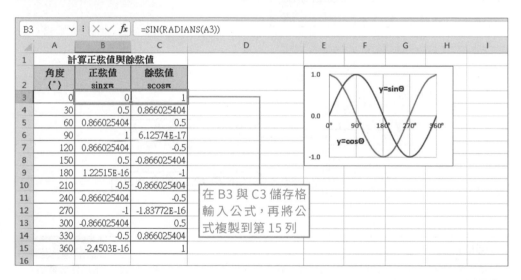

B3 =SIN(RADIANS(A3))

	A	B	C
1	計算正弦值與餘弦值		
2	角度 (°)	正弦值 sinxπ	餘弦值 scosπ
3	0	0	1
4	30	0.5	0.866025404
5	60	0.866025404	0.5
6	90	1	6.12574E-17
7	120	0.866025404	-0.5
8	150	0.5	-0.866025404
9	180	1.22515E-16	-1
10	210	-0.5	-0.866025404
11	240	-0.866025404	-0.5
12	270	-1	-1.83772E-16
13	300	-0.866025404	0.5
14	330	-0.5	0.866025404
15	360	-2.4503E-16	1
16			

1.0 0.0 -1.0 y=sinΘ y=cosΘ 0° 90° 180° 270° 360°

在 B3 與 C3 儲存格輸入公式，再將公式複製到第 15 列

=SIN(數值)	→ 10-15
=COS(數值)	→ 10-16
=RADIANS(角度)	→ 10-14

關聯項目 【10-14】轉換「度」與「弧度」這兩種角度的單位

10-19 計算反正弦 (asin)

ASIN／DEGREES

ASIN 函數可計算「反正弦 (asin)。這個函數是 SIN 函數的反函數，例如，想知道「SIN(θ)=0.5」的 θ 時，可利用「=ASIN(0.5)」求出。傳回值是以弧度為單位的數值，若需要轉換成以度為單位的數值，可使用 DEGREES 函數。此範例將計算 -1～1 範圍內一些數值的反正弦，並將結果轉換成弧度單位和度單位。

▶ 計算反正弦值

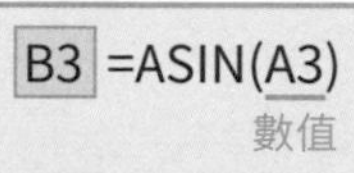

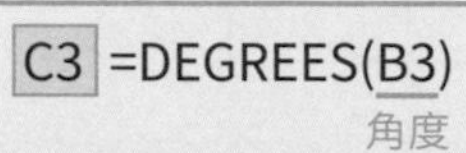

B3 =ASIN(A3)

	A	B	C	D
1	計算反正弦 (asin)			
2	正弦值 sin θ	θ (弧度)	θ (˚)	
3	-1.0	-1.570796327	-90	
4	-0.5	-0.523598776	-30	
5	0.0	0	0	
6	0.5	0.523598776	30	
7	1.0	1.570796327	90	
8				

在 B3 與 C3 儲存格輸入公式，並複製到第 7 列

「SIN(θ) =0.5」的 θ 為 30°

=ASIN(數值) 數學與三角函數

數值…在 -1 以上 1 以下的範圍內，指定要計算角度的正弦值 (SIN)。若指定這個範圍以外的數值，將會傳回 [#NUM!] 錯誤

將「數值」視為正弦值 (sin)，並傳回在 -π/2～π/2 範圍內的角度。此時的角度將以弧度為單位。

=DEGREES(角度) → 10-14

關聯項目 【10-14】轉換「度」與「弧度」這兩種角度的單位
【10-15】計算正弦 (sin)

10-20 計算反餘弦 (acos)

ACOS／DEGREES

ACOS 函數可以計算反餘弦。這個函數是 COS 函數的反函數，想知道「COS(θ)=0.5」的 θ，可利用「=ACOS(0.5)」來求得。傳回值是以弧度為單位的數值，所以若需要轉換成以度為單位的數值，可使用 DEGREES 函數。此範例將計算 -1～1 範圍內一些數值的反餘弦，並將結果轉換成弧度單位和度單位。

▶ 計算反餘弦 (acos)

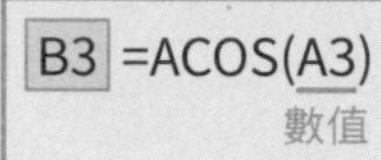

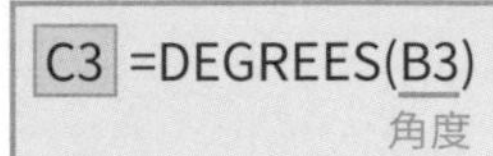

B3 =ACOS(A3)

	A	B	C	D
1	計算反餘弦值 (acos)			
2	餘弦 cosθ	θ (弧度)	θ (°)	
3	-1.0	3.141592654	180	
4	-0.5	2.094395102	120	
5	0.0	1.570796327	90	
6	0.5	1.047197551	60	
7	1.0	0	0	
8				

在 B3 與 C3 儲存格輸入公式，並複製到第 7 列

「COS(θ) =0.5」的 θ 為 60°

=ACOS(數值) 數學與三角函數

數值…在 -1 以上 1 以下的範圍內，指定要計算角度的餘弦 (COS)。若指定這個範圍以外的數值，將會傳回 [#NUM!] 錯誤

將「數值」視為餘弦值 (cos)，並傳回在 -π/2～π/2 範圍內的角度。此時的角度將以弧度為單位。

=DEGREES(角度) → 10-14

關聯項目 【10-14】轉換「度」與「弧度」這兩種角度的單位
【10-16】計算餘弦 (cosine)

公式的基礎 1 表格的彙總 2 條件判斷 3 數值處理 4 日期與時間 5 字串的操作 6 表格的搜尋 7 統計計算 8 財務計算 9 數學計算 10 函數組合 11

10-21 計算反正切 (atan)

ATAN／DEGREES

ATAN 函數可計算「反正切」。這個函數是 TAN 函數的反函數，所以想知道「TAN(θ)=0.5」的 θ，可利用「=ATAN(0.5)」來求得。傳回值是以弧度為單位的數值，所以若需要轉換成以度為單位的數值，可使用 DEGREES 函數。此範例將計算 -1～1 範圍內一些數值的反正切，並將結果轉換成弧度單位與度單位。

▶ **計算反正切值 (atan)**

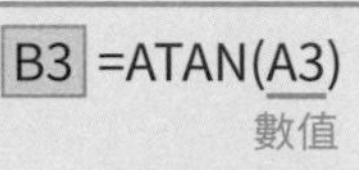

B3 =ATAN(A3)　數值

C3 =DEGREES(B3)　角度

B3　=ATAN(A3)

	A	B	C	D
1	計算反正切值 (atan)			
2	正切值 tanθ	θ (弧度)	θ (°)	
3	-1.0	-0.785398163	-45	
4	-0.5	-0.463647609	-26.5651	
5	0	0	0	
6	0.5	0.463647609	26.56505	
7	1.0	0.785398163	45	
8				

→ 在 B3 與 C3 儲存格輸入公式，並複製到第 7 列

→ 「TAN(θ) =0.5」的 θ 為 26.6°

=ATAN(數值)　數學與三角函數

數值…指定要計算角度的正切值 (tan)

將「數值」視為正切值 (tan)，並傳回 -π/2～π/2 範圍內的角度。此時的角度將以弧度為單位。

=DEGREES(角度)　→ 10-14

關聯項目 【10-17】計算正切 (tan)

【10-22】根據 XY 座標算出與 X 軸的夾角

10-22 根據 XY 座標算出與 X 軸的夾角

ATAN2／DEGREES

除了【10-21】介紹的 ATAN 函數外，ATAN2 函數也可以算出反正切值 (atan)。這個函數可根據 XY 座標求出反正切值。

▶ 根據 XY 座標求出反正切值 (atan)

C3 =DEGREES(ATAN2(A3,B3))
x 座標 y 座標

C3 =DEGREES(ATAN2(A3,B3))

	A	B	C
1	計算反正切值 (atan)		
2	x 座標	y 座標	θ (°)
3	1.0	0.0	0
4	1.0	1.0	45
5	0.0	1.0	90
6	-1.0	1.0	135
7			

在 C3 儲存格輸入公式，並複製到 C6 儲存格

當 P 點的座標為「x=-1,y=1」時，線段 OP 與 x 軸的夾角為 135 度

x 座標　y 座標

=ATAN2(x 座標, y 座標)　數學與三角函數

x 座標…指定用來計算反正切值 (atan) 的 x 座標
y 座標…指定用來計算反正切值 (atan) 的 y 座標
會根據指定的 XY 座標傳回反正切值。傳回值將是 -π～π (但不包含 -π) 範圍內以弧度為單位的數值。假設「x 座標」與「y 座標」都指定為 0，會傳回 [#DEV/0!]。

=DEGREES(角度) → 10-14

Memo

- ATAN2 函數可對座標 P(a,b) 求出線段 OP 與 x 軸的夾角。「=ATAN2(a,b) 與「=ATAN(b/a)」的計算結果相同。然而，當 ATAN 函數的 a 指定為 0 時，會傳回 [#DEV/0!]，而 ATAN2 函數只要沒同時將 b 也指定為 0，就不會傳回錯誤。

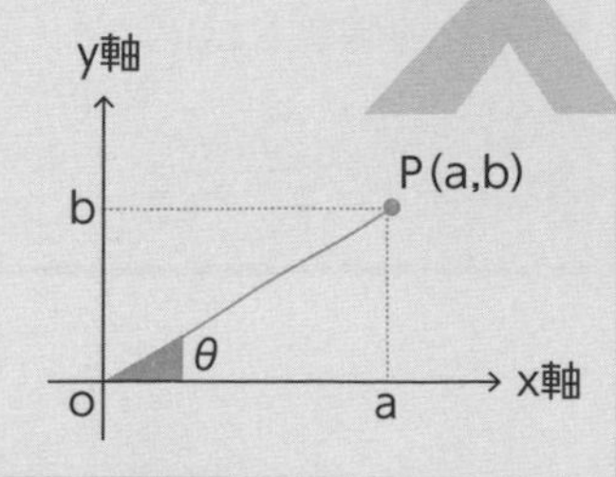

關聯項目 【10-21】計算反正切 (atan)

10-23 計算雙曲函數的值

SINH／COSH／TANH

SINH 函數、COSH 函數與 TANH 函數可分別求出雙曲正弦、雙曲餘弦與雙曲正切。

▶ 計算雙曲函數的值

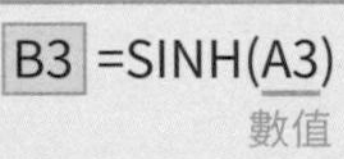

B3 =SINH(A3)
數值

C3 =COSH(A3)
數值

D3 =TANH(A3)
數值

B3 =SINH(A3)

	A	B	C	D	E
1	雙曲線函數				
2	x	sinh x	cosh x	tanh x	
3	3	10.017875	10.067662	0.9950548	
4					
5					

算出當 x=3 時，「sinh x」、「cosh x」與「tanh x」的值

=SINH(數值) 數學與三角函數

數值…指定要計算雙曲正弦值 (hyperbolic sine) 的值

=COSH(數值) 數學與三角函數

數值…指定要計算雙曲餘弦值 (hyperbolic cosine) 的值

=TANH(數值) 數學與三角函數

數值…指定要計算雙曲正切值 (hyperbolic tan) 的值

Memo

- 雙曲線函數的定義如下。

$$SINH(x) = \frac{e^x - e^{-x}}{2} \qquad COSH(x) = \frac{e^x + e^{-x}}{2} \qquad TANH(x) = \frac{e^x - e^{-x}}{e^x + e^{-x}}$$

關聯項目 【10-24】計算反雙曲函數的值

10-24 計算反雙曲函數的值

ASINH／ACOSH／ATANH

ASINH 函數、ACOSH 函數與 ATANH 函數分別是與 SINH 函數、COSH 函數與 TANH 函數相反的函數。以「=ASINH(5)」為例，可算出「SINH(x)=5」的 x。

▶ 計算反雙曲函數的值

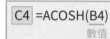

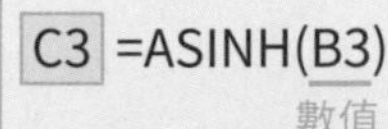

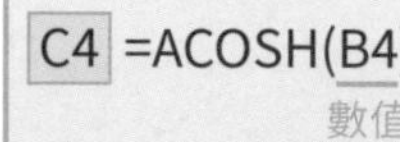

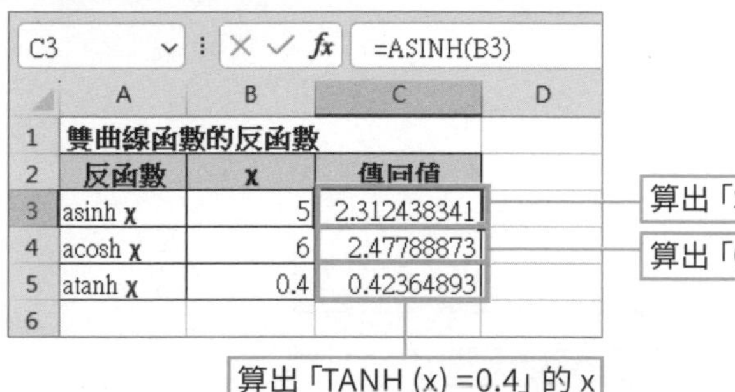

	A	B	C	D
1	雙曲線函數的反函數			
2	反函數	x	傳回值	
3	asinh x	5	2.312438341	
4	acosh x	6	2.47788873	
5	atanh x	0.4	0.42364893	
6				

=ASINH(數值) 數學與三角函數

數值…指定要計算雙曲反正弦的值

根據引數「數值」的值，傳回雙曲反正弦值。

=ACOSH(數值) 數學與三角函數

數值…指定要計算雙曲反餘弦的值。如果指定為小於 1 的值，就會傳回 [#NUM!]

根據引數「數值」的值，傳回雙曲反餘弦值。傳回值為 0 以上的值。

=ATANH(數值) 數學與三角函數

數值…指定要計算雙曲反正切的值。若指定的數值為 -1 以下或 1 以上，就會傳回 [#NUM!]

根據引數「數值」的值，傳回雙曲反正切值。

關聯項目 【10-23】計算雙曲函數的值

10-25 選出三個商品，計算在展示櫃中的排列方式總數

PERMUT

PERMUT 函數是計算「排列」的函數。「排列」是指從 n 個不同的物品中取出 k 個物品並進行排列的總數。例如，從「1、2、3」中取出 2 個進行排列的總數有 6 種：「12、13、21、23、31、32」，像這樣的結果可以透過「=PERMUT(3,2)」來計算。此範例將計算從 50 種商品中挑出 3 個，並分別擺放在展示櫃的上層、中層與下層的排列方式有多少種。

▶ 計算排列方式的總數

F3 =PERMUT(A3,C3)
總數 取出數量

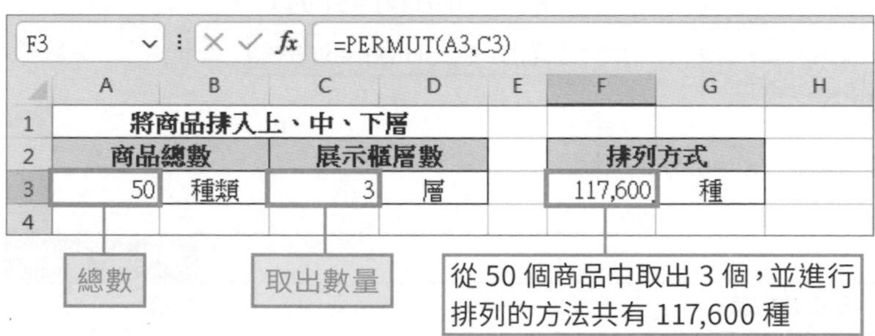

=PERMUT(總數, 取出數量) 統計

總數…指定目標的總數。若指定 0 以下的數值將傳回 [#NUM!] 錯誤
取出數量…指定從總數取出並排列的個數。若指定為負數將傳回 [#NUM!] 錯誤
傳回從「總數」個物品中「取出數量」的個數並進行排列時，有多少種不同的排列方式。

Memo

- 從 n 個物品中取出 k 個進行排列，其排列數可透過以下公式計算。此範例與「50×49×48」的結果相同。

$${}_nP_k = n(n-1)\ (n-2)\cdots(n-k+1) = \frac{n!}{(n-k)!}$$

關聯項目【10-26】計算 8 位數的英文字母密碼會有幾種排列 (重複排列)

10-26 計算 8 位數的英文字母密碼會有幾種排列 (重複排列)

PERMUTATIONA

PERMUTATIONA 函數是用於計算「重複排列」的函數。重複排列是指從 n 個不同的物品中重複取出 k 個物品並進行排列的總數。以 1～3 這三個數字為例，可組成的 2 位數數值為「11、12、13、21、22、23、31、32、33」共 9 種，這個結果可使用「=PERMUTATIONA(3,2)」來計算。

此範例要計算使用 26 個英文字母組成 8 位數的密碼時，共可以組出多少組密碼。前提是允許重複使用相同的字母，且不區分大小寫。

▶ 計算重複排列

F3 =PERMUTATIONA(A3,C3)
總數 取出數量

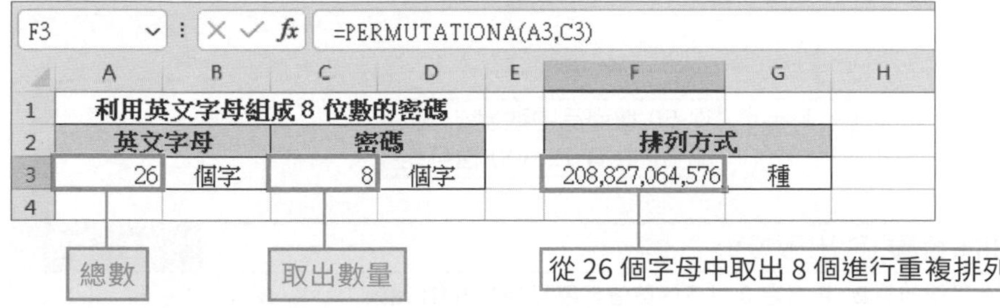

F3 =PERMUTATIONA(A3,C3)

	A	B	C	D	E	F	G	H
1	利用英文字母組成 8 位數的密碼							
2	英文字母		密碼			排列方式		
3	26	個字	8	個字		208,827,064,576	種	
4								

=PERMUTATIONA(總數, 取出數量) 統計

總數…指定目標的總數
取出數量…指定要從總數取出並排列的個數。若指定為負數將傳回 [#NUM!] 錯誤
從「總數」的個數取出「取出數量」的個數，在允許重複取出的情況下，傳回排列方式的總數。

Memo

- 從 n 個物品中取出 k 個並進行排列的重複排列數量，可用「n^k」算出。以範例而言，計算結果與「26^8」(26×26×26×26×26×26×26×26) 的結果相同。

關聯項目 【10-25】選出三個商品，計算在展示櫃中的排列方式總數

10-27 從 50 種商品選出 3 種要刊登廣告的商品，有多少組合方式

COMBIN

COMBIN 函數可計算從 n 個不同的物品中取出 k 個物品時的組合數量。例如，從「A、B、C」中取出 2 個字的組合數量有「AB」、「AC」、「BC」共 3 種。此範例要計算從 50 種商品中選出 3 種商品刊登廣告的組合方式有幾種。

▶ 計算組合數量

F3 =COMBIN(A3,C3)

	A	B	C	D	E	F	G	H
1	選擇 3 種要刊登廣告的商品							
2	商品種類		刊登數			選擇方式		
3	50	種	3	個		19,600	種	
4								
5								

總數　取出數量　從 50 種商品中取出 3 個的組合，共有 19,600 種可能

=COMBIN(總數, 取出數量)　數學與三角函數

總數…指定目標的總數。若指定 0 以下的數值將傳回 [#NUM!] 錯誤
取出數量…指定從總數取出物品的數量。若指定為負數將傳回 [#NUM!] 錯誤
傳回從「總數」中取出「取出數量」個物品時的組合數量。

Memo

- 從 n 個物品中取出 k 個的組合數量可用下列公式計算。範例的計算結果與「(50×49×48) ÷ (3×2×1) 」的結果相同。

$$_{n}C_{k} = \frac{_{n}P_{k}}{k!} = \frac{n!}{k!(n-k)!}$$

關聯項目 【10-28】計算以 3 種烘焙點心組成 10 入裝禮盒的重複組合數量

10-28 計算以 3 種烘焙點心組成 10 入裝禮盒的重複組合數量

COMBINA

COMBINA 函數是用來計算重複組合數的函數。使用這個函數，可以計算從 n 個不同的物品中，允許重複取出 k 個物品的組合數。例如，從「A、B、C」取出 2 個的重複組合組共有「AA」、「AB」、「AC」、「BB」、「BC」、「CC」這 6 種。此範例要計算以 3 種烘焙點心組成 10 入裝禮盒的重複組合數量。

▶ 計算重複組合的種類

F3 =COMBINA(A3,C3)

	A	B	C	D	E	F	G	H
1	以 3 種烘焙點心組成 10 入組禮盒							
2	商品種類		裝盒個數			排列方式		
3	3	種	10	個/盒		66	種	
4								
5								

總數　取出數量

以 3 種點心組成 10 入裝的禮盒，其重複組合的方式共有 66 種

=COMBINA(總數, 取出數量)　數學與三角函數

總數…指定目標的總數。若指定 0 以下的數值將傳回 [#NUM!] 錯誤
取出數量…指定從總數取出物品的數量。若指定為負數將傳回 [#NUM!] 錯誤
傳回從「總數」中取出「取出數量」個物品時的重複組合數量。

Memo

- 「=COMBINA(n,k) 與「=COMBIN(n+k-1,k) 的計算結果相同。

關聯項目 【10-27】從 50 種商品選出 3 種要刊登廣告的商品，有多少組合方式

10-29 計算二項式係數

COMBIN

用於計算組合方式數量的 COMBIN 函數，也可以計算「二項式係數」。二項式係數就是展開「$(a+b)^n$」時各項的係數。此範例要計算「$(a+b)^3$」的係數。

▶ 計算二項式係數

H3 =COMBIN(3,0)
總數 取出數量

K3 =COMBIN(3,1)
總數 取出數量

N3 =COMBIN(3,2)
總數 取出數量

Q3 =COMBIN(3,3)
總數 取出數量

=COMBIN(總數, 取出數量) → 10-27

Memo

- 展開「$(a+b)^n$」後，可得到下列的結果。一般來說，「$a^{n-k}b^k$」的係數就是「${}_nC_k$」。

$$(a+b)^n=\sum_{k=0}^{n} {}_nC_k\, a^{n-k}b^k = {}_nC_0\, a^n + {}_nC_1\, a^{n-1}b + {}_nC_2\, a^{n-2}b^2 + \cdots + {}_nC_n\, b^n$$

關聯項目 【10-30】計算多項式係數

10-30 計算多項式係數

MULTINOMIAL

「多項式係數」就是「$(a_1+a_2+\cdots+a_k)^n$」展開後的各項係數，可用 MULTINOMIAL 函數來計算。這個範例要計算「$(a+b+c)^3$」的係數。

▶ 計算多項式係數

B6 =MULTINOMIAL(B3:B5)
數值 1

B6 =MULTINOMIAL(B3:B5)

	A	B	C	D	E	F	G	H	I	J	K	L
1	計算多項式係數　$(a+b+c)^3$ 的係數											
2	項	a^3	b^3	c^3	a^2b	a^2c	ab^2	b^2c	ac^2	bc^2	abc	
3	a 的次方	3	0	0	2	2	1	0	1	0	1	
4	b 的次方	0	3	0	1	0	2	2	0	1	1	
5	c 的次方	0	0	3	0	1	0	1	2	2	1	
6	係數	1	1	1	3	3	3	3	3	3	6	
7												

數值 1

在 B6 儲存格中輸入公式，並複製到 K6 儲存格

=MULTINOMIAL(數值1, [數值 2]…)　數學與三角函數

數值…可指定為數值或是儲存格範圍。若指定為非數值的資料就會傳回 [#VALUE!] 錯誤

傳回「數值」總和的階乘除以「數值」階乘的乘積，即多項式係數的值。

Memo

- 展開「$(a_1+a_2+\cdots+a_k)^n$」時，「$a_1^{n1}a_2^{n2}\cdots a_k^{nk}$」的係數可利用以下公式求出。

$$MULTINOMIAL(n_1, n_2\cdots n_k) = \frac{(n_1+n_2+\cdots n_k)!}{n_1!\ n_2!\cdots n_k!}$$

- 整理範例的結果可得到下列公式。

$$(a+b+c)^3 = a^3+b^3+c^3+3a^2b+3a^2c+3ab^2+3b^2c+3ac^2+3bc^2+6abc$$

關聯項目 【10-29】計算二項式係數

10-31 計算矩陣的乘積

MMULT

MMULT 函數可以計算兩個矩陣的乘積。首先選取一個與第一個矩陣列數相同，與第二個矩陣欄數相同的儲存格範圍，再以陣列公式 (→【01-31】) 輸入。此範例要計算 2 列 3 欄與 3 列 2 欄的矩陣乘積，所以要在 2 列 2 欄的儲存格範圍輸入 MMULT 函數。

▶ 計算矩陣的乘積

H3:I4 =MMMULT(A3:C4,E3:F5)
陣列 1 陣列 2 [以陣列公式輸入]

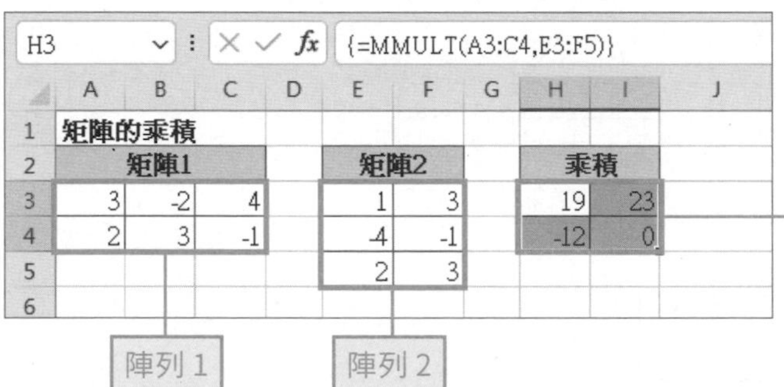

=MMULT(陣列 1, 陣列 2) 數學與三角函數

陣列 1…指定矩陣的儲存格範圍或陣列常數
陣列 2…指定矩陣的儲存格範圍或陣列常數
傳回「陣列 1」與「陣列 2」的乘積。「陣列 1」的欄數與「陣列 2」的列數必須相同。計算結果的儲存格範圍將與「陣列 1」的列數與「陣列 2」的欄數相同。如果計算結果是陣列，就必須以陣列公式的方式輸入。

Memo

- 要計算乘積的第 i 列第 i 欄的元素，就是「陣列 1」的第 i 列與「陣列 2」的第 j 欄各元素的乘積總和。以 2 列 3 欄與 3 列 2 欄的矩陣乘積為例，可如圖計算。

$$\begin{pmatrix} a & b & c \\ d & e & f \end{pmatrix} \begin{pmatrix} u & v \\ w & x \\ y & z \end{pmatrix} = \begin{pmatrix} au+bw+cy & av+bx+cz \\ du+ew+fy & dv+ex+fz \end{pmatrix}$$

關聯項目 【10-32】計算反矩陣

10-32 計算反矩陣

MINVERSE

MINVERSE 函數可計算正方形矩陣 (列數與欄數相同的數值陣列) 的反矩陣。首先選取與原始矩陣相同大小的儲存格範圍，再以陣列公式 (→【01-31】) 的方式輸入。此範例要在反矩陣的儲存格中設定**分數**的顯示格式。

▶ 計算反矩陣

E2:G4 =MINVERSE(A2:C4)
陣列 [以陣列公式輸入]

E2 {=MINVERSE(A2:C4)}

	A	B	C	D	E	F	G	H
1	3次方陣矩陣				反矩陣			
2	3	-2	2		4/5	1/5	- 3/5	
3	-1	2	1		1/2	1/2	- 1/2	
4	2	-2	3		- 1/5	1/5	2/5	
5								

陣列

先選取 E2～G4 儲存格，再輸入公式，按下 Ctrl ＋ Shift ＋ Enter 鍵確定輸入

=MINVERSE(陣列) 數學與三角函數

陣列…指定列數與欄數相等的儲存格範圍或是陣列常數。如果列數與欄數不相等，或是陣列中包含空白或字串，就會傳回 [#VALUE!]

根據指定的「陣列」傳回反矩陣。如果指定的「陣列」沒有反矩陣就會傳回 [#NUM!]。假設矩陣沒有反矩陣，行列式就會為 0。

Memo

- 反矩陣是與矩陣相乘時，結果為單位矩陣 (位於左上到右下的對角線的所有元素為 1，其餘元素為 0 的方陣矩陣) 的矩陣。

$$\begin{pmatrix} 3 & -2 & 2 \\ -1 & 2 & 1 \\ 2 & -2 & 3 \end{pmatrix} \begin{pmatrix} 0.8 & 0.2 & -0.6 \\ 0.5 & 0.5 & -0.5 \\ -0.2 & 0.2 & 0.4 \end{pmatrix} = \begin{pmatrix} 1 & 0 & 0 \\ 0 & 1 & 0 \\ 0 & 0 & 1 \end{pmatrix}$$

矩陣 × 反矩陣 = 單位矩陣

- 行列式為 0 的矩陣沒有反矩陣，可用 MDETERM 函數以「=MDETERM(A2:C4)」公式求得。

關聯項目 【10-31】計算矩陣的乘積

10-33 根據實部與虛部建立與分解複數

COMPLEX／IMREAL／IMAGINARY

複數是虛數部分 ($i=\sqrt{-1}$) 與實數 a、b 寫成「a+bi」的數。a 稱為「實部」，b 稱為「虛部」。COMPLEX 函數可根據指定的實部與虛部產生複數格式「a+bi」字串。反之，IMREAL 函數可從複數格式的字串拆出數值格式的實部，IMAGINARY 函數則可拆出虛部。

▶ 根據實部與虛部產生複數，再從複數取得實部與虛部

C3 =COMPLEX(A3,B3)
（A3：實部　B3：虛部）

D3 =IMREAL(C3)
（C3：複數）

E3 =IMAGINARY(C3)
（C3：複數）

C3 | =COMPLEX(A3,B3)

	A	B	C	D	E	F	G
1	建立與分解複數						
2	實部	虛部	複數	實部	虛部		
3	3	1	3+i	3	1		
4	0	4	4i	0	4		
5	1.2	0.5	1.2+0.5i	1.2	0.5		
6	-2	0	-2	-2	0		
7							
8							

在 C3、D3、E3 儲存格輸入公式，並複製到第 6 列

根據實部與虛部建立複數

從複數取出實部與虛部

=COMPLEX(實部, 虛部, [虛數單位])　工程

實部…指定複數的實部數值
虛部…指定複數的虛部數值
虛數單位…以小寫英文字的「"i"」或「"j"」指定虛數單位。無法以大寫英文字母或是其他英文字母指定。若省略將自動指定為「"i"」
根據指定的「實部」、「虛部」與「虛數單位」建立複數字串。

=IMREAL(複數)　工程

複數…以「a+bi」或「a+bj」這種格式的字串指定要取出實部的原始複數
從指定的「複數」取得實部的數值。

=IMAGINARY(複數)　工程

複數…以「a+bi」或「a+bj」這種格式的字串指定要取出虛部的原始複數
從指定的「複數」取得虛部的數值。

Memo

- Excel 內建各種操作複數的函數，例如 IMCONJUGATE 函數可求出共軛複數，IMABS 函數可算出複數的絕對值，IMARGUMENT 函數可算出複數的幅角。

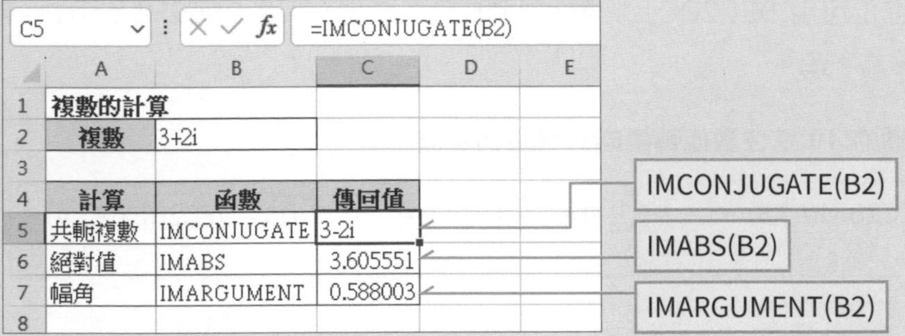

- Excel 也內建了對兩個複數進行四則運算的函數。要計算兩個複數的和可使用 IMSUM 函數，要計算兩個複數的差可使用 IMSUB 函數，至於積的部分可使用 IMPRODUCT 函數計算，商則是利用 IMDIV 函數計算。

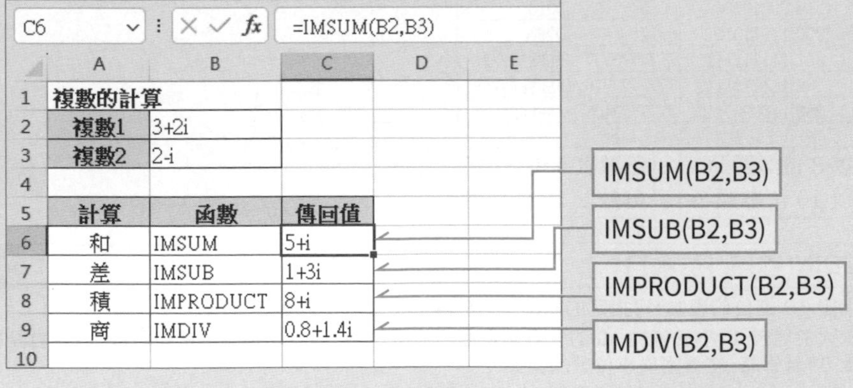

10-34 將 10 進位數轉換成 n 進位數 <① DEC2BIN、DEC2OCT、DEC2HEX 函數>

DEC2BIN／DEC2OCT／DEC2HEX

「n 進位」就是以 n 個字元代表 1 個數字位數的呈現方式。我們常用的是 10 進位，用 0～9 表示一位數。2 進位是以 0 與 1 表示，8 進位是以 0～7 表示，16 進位是以 0～9 與 A～F 表示。要將 10 進位轉成 2 進位，可用 DEC2BIN 函數，要轉成 8 進位可用 DEC2OCT 函數，要轉成 16 進位，可用 DEC2HEX 函數。轉換後的結果為字串。

▶ 將 A 欄的 10 進位數值轉換成 n 進位的數值

B3 =DEC2BIN(A3,8)　數值 位數

C3 =DEC2OCT(A3,4)　數值 位數

D3 =DEC2HEX(A3,4)　數值 位數

B3　=DEC2BIN(A3,8)

	A	B	C	D	E
1	10進位轉換				
2	10進位	2進位	8進位	16進位	
3	0	00000000	0000	0000	
4	1	00000001	0001	0001	
5	2	00000010	0002	0002	
6	16	00010000	0020	0010	
7	250	11111010	0372	00FA	
8	-1	1111111111	7777777777	FFFFFFFFFF	
9	-2	1111111110	7777777776	FFFFFFFFFE	
10	-250	1100000110	7777777406	FFFFFFFF06	

數值

在 B3～D3 儲存格輸入公式，再將公式複製到第10列

正數以 8 位數顯示，負數以 10 位數顯示

正數以 4 位數顯示，負數以 10 位數顯示

=DEC2BIN(數值, [位數])　工程

數值…指定 10 進位的整數。可指定的範圍為大於等於 -512，小於等於 511

位數…以大於等於 1，小於等於 10 的整數指定傳回值的位數。假設轉換結果的位數較少，會自動在開頭補上 0。若省略，將傳回最小位數的結果

根據在引數「數值」指定的 10 進位數值，依照指定的「位數」，以字串的方式傳回 2 進位的數值。當「數值」為負數，「位數」的設定將被忽略，以及傳回開頭為 1 的 10 位數 2 進位數值。

=DEC2OCT(數值, [位數])　工程

數值…指定 10 進位的整數。可指定的範圍為大於等於 -536,870,912，小於等於 536,870,911

位數…以大於等於 1，小於等於 10 的整數指定傳回值的位數。假設轉換結果的位數較少，會自動在開頭補上 0。若省略，將傳回最小位數的結果

根據在引數「數值」指定的 10 進位數值，依照指定的「位數」，以字串的方式傳回 8 進位的數值。當「數值」為負數，「位數」的設定將被忽略，以及傳回開頭為 7 的 10 位數 8 進位數值。

=DEC2HEX(數值, [位數]) 工程

數值…指定 10 進位的整數。可指定的範圍為大於等於 -549,755,813,888，小於等於 549,755,813,887
位數…以大於等於 1，小於等於10 的整數指定傳回值的位數。假設轉換結果的位數較少，會自動在開頭補上 0。若省略，將傳回最小位數的結果
根據在引數「數值」指定的 10 進位數值，依照指定的「位數」，以字串的方式傳回 16 進位的數值。當「數值」為負數，「位數」的設定將被忽略，以及傳回開頭為 F 的 10 位數 16 進位數值。

Memo

- n 進位的數值在進位為「n-1」的下個數值時，就會轉換成「10」。
  - 2 進位：「0,1」的下個數值為「10」
  - 8 進位：「0,1,2,3,4,5,6,7」的下個數值為「10」
  - 10 進位：「0,1,2,3,4,5,6,7,8,9」的下個數值為「10」
  - 16 進位：「0,1,2,3,4,5,6,7,8,9,A,B,C,D,E,F」的下個數值為「10」
- 要將 10 進位的正整數 m 轉換成 n 進位的數值可先以 n 除以 m，接著再以 n 繼續除剛剛得到的商，然後顛倒餘數的順序。以 10 進位的 250 轉換成 8 進位的 372 為例，計算過程如下。

  250÷8=31 餘 2
  31÷8=3 餘 7
  3÷8=0 餘 3 以顛倒的順序排列餘數，可得到「372」這個結果

- 要讓 2 進位、8 進位、16 進位的正負符號反轉，可使用下列表格介紹的計算。以 8 進位的「372」(10 進位的 250) 的負數為例，就是從「7777777777」減掉「372」再加 1 的「7777777406」。在 8 進位的計算中，讓「372」(10 進位的 250) 與「7777777406」(10 進位的 -250) 相加，就會進位至 7 的下個數值，所以會得到 11 位數的「10000000000」由於 Excel 可處理的 n 進位最大位數為 10 位數，所以會忽略開頭的「1」，直接將這個結果視為「0」，而「372」(10 進位的 250) 與「7777777406」(10 進位的 -250) 相加也的確是 0，所以這種負數的表示方式可說是非常合理的。

n 進位	讓 n 進位的 m 反轉正負符號的方法
2 進位	讓「1」排成 10 位數的「1111111111」，再減去 m 與加 1
8 進位	讓「7」排成 10 位數的「7777777777」，再減去 m 與加 1
16 進位	讓「F」排成 10 位數的「FFFFFFFFFF」，再減去 m 與加 1

關聯項目 【10-35】將 10 進位數轉換成 n 進位數＜②BASE 函數＞
【10-36】將廣域的 10 進位數值轉換為 2 進位數值
【10-37】將 n 進位的數值轉換成 10 進位的數值

10-35 將10 進位數轉換成 n 進位數 <②BASE 函數>

BASE

BASE 函數可將 10 進位的數值轉換成指定的 n 進位數值。「n」的值可於引數「基數」指定，可指定的範圍為 2～36。這個函數的優點在於可指定 2 進位、8 進位、16 進位以外的基數，但無法轉換成負數。轉換的結果為字串。

▶ 將 A 欄的 10 進位數值轉換成 n 進位的數值

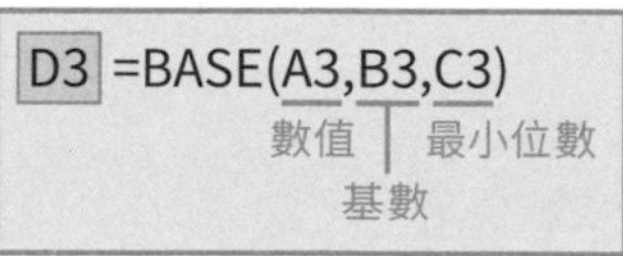

D3 =BASE(A3,B3,C3)

	A	B	C	D	E
1	10進位的轉換				
2	10進位	n	位數	轉換結果	
3	13	2	4	1101	
4	13	8	4	0015	
5	3757	16	4	0EAD	
6	3757	32	4	03LD	
7					

數值　基數　最小位數

在D3 儲存格輸入公式，並複製到 D6 儲存格

=BASE(數值, 基數, [最小位數])　數學與三角函數

數值…指定 10 進位的數值。可指定的範圍為大於等於 0，小於 2^{53}。不可指定為負數
基數…以大於等於 2、小於等於 36 的整數指定要轉換的進位
最小位數…以大於等於 0 的整數指定傳回值的位數。如果轉換結果的位數較少，會在開頭補上 0。若省略，將傳回最小位數
根據引數「最小位數」的設定，將引數「數值」指定的 10 進位數值轉換成 n 進位數值，再以字串的方式傳回結果。

Memo

- 若省略引數「最小位數」，傳回值就會是最小位數。例如，「=BASE(13,8,4) 的結果為「0015」，而「=BASE(13,8) 」的結果則會是「15」。

關聯項目 【10-34】將 10 進位數轉換成 n 進位數<①DEC2BIN、DEC2OCT、DEC2HEX 函數>
【10-37】將 n 進位的數值轉換成 10 進位的數值

10-36 將廣域的 10 進位數值轉換為 2 進位數值

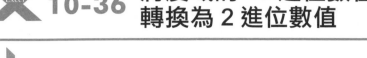

CONCAT／HEX2BIN／MID／DEC2BIN／SEQUENCE

DEC2BIN 函數只能將大於等於 -512，小於等於 511 的數值轉換成 2 進位數值，要將範圍更廣的數值轉換成 2 進位，得先利用 DEC2HEX 函數將 10 進位的數值轉換成 10 位數的 16 進位數值，接著再將這個 16 進位數值的每個位數拆開，轉換成 4 位數的 2 進位數值。此時會產生 10 個 4 位數的 2 進位數值，最後再將 10 個 4 位數的 2 進位數值串在一起。這樣就能仿照 DEX2HEX 函數，將廣域的 10 進位數值轉換成 2 進位數值。

▶ 將廣域的 10 進位數值轉換成 2 進位數值

```
B3 =CONCAT(HEX2BIN(MID(DEC2HEX(B2,10),SEQUENCE(1,10),1),4))
```

將 B2 儲存格的數值轉換成 10 位數的 16 進位數值
建立1～10 的連續編號
依序取出 16 進位數值的第 1 位數到第 10 位數
將 1 位數的 16 進位數值轉換成 4 位數的 2 進位數值

B3 =CONCAT(HEX2BIN(MID(DEC2HEX(B2,10),SEQUENCE(1,10),1),4))

	A	B	C	D	E	F	G	H	I	J	K	L	M
1	將 10 進位數值轉換成 2 進位數值												
2	10進位							123,456,789,123					
3	2進位	0001110010111110100110010001101010000011											
4													

成功將廣域的 10 進位數值轉換成 2 進位數值了

=CONCAT(字串 1, [字串 2]…) → 06-32

=HEX2BIN(數值, [位數]) 工程

數值…以 10 位數以內的數值指定要轉換的 16 進位數值

位數…以大於等於 1，小於等於 10 的整數指定傳回值的位數。如果轉換結果的位數較少，會在開頭補 0。若省略這個引數，將傳回最小位數的結果

依照引數「位數」的設定，將在引數「數值」指定的 16 進位數值轉換成 2 進位的數值。如果引數「數值」的值為負數，「位數」的設定將自動忽略，傳回開頭為 1 的 10 位數 2 進位數值。

=MID(字串, 起始位置,字數) → 06-39

=DEC2HEX(數值, [位數]) → 10-34

=SEQUENCE(列, [欄], [起始值], [遞增量]) → 04-09

10-37 將 n 進位的數值轉換成 10 進位的數值

DECIMAL／BIN2DEC／OCT2DEC／HEX2DEC

DECIMAL 函數可將 n 進位的字串轉換成 10 進位的數值。「n」的值可透過引數「基數」指定為 2～36 的數值。要將 2 進位、8 進位、16 進位轉換成 10 進位時，可分別使用 BIN2DEC 函數、OCT2DEC 函數與 HEX2DEC 函數。此範例將「0101」分別視為 2 進位、8 進位與 16 進位，再一一轉換成 10 進位。此外，在儲存「0101」的儲存格必須將儲存格格式設定為「文字」。

▶ 將 A 欄的 n 進位轉換成 10 進位數值

C3 =DECIMAL(A3,2)
數值 基數

C4 =BIN2DEC(A4)
數值

C5 =OCT2DEC(A5)
數值

C6 =HEX2DEC(A6)
數值

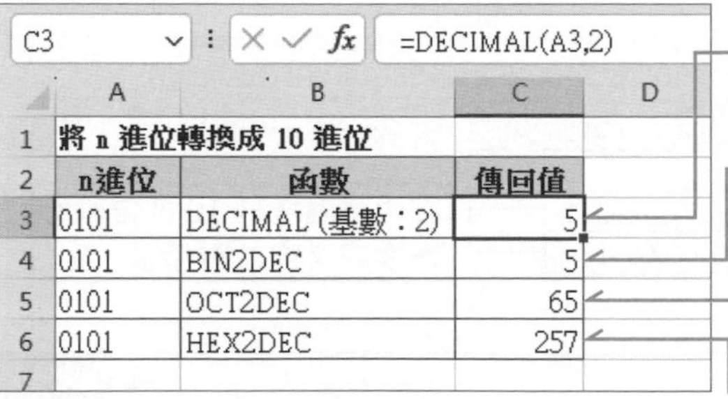

	A	B	C	D
1	將 n 進位轉換成 10 進位			
2	n進位	函數	傳回值	
3	0101	DECIMAL (基數：2)	5	
4	0101	BIN2DEC	5	
5	0101	OCT2DEC	65	
6	0101	HEX2DEC	257	
7				

以 DEXIMAL 函數將 2 進位數轉換成 10 進位數

以 BIN2DEC 函數將 2 進位數轉換成 10 進位數

以 OCT2DEC 函數將 8 進位數轉換成 10 進位數

以 HEX2DEC 函數將 16 進位數轉換成 10 進位數

=DECIMAL(數值, 基數) 數學與三角函數

數值…以 255 個字元以下指定「基數」所定義的 n 進位
基數…指定 n 進位中的「n」的整數。整數範圍必須介於 2～36 之間
將「數值」視為「基數」設定的進位，並轉換成 10 進位的數值。

=BIN2DEC(數值) 工程

數值…指定為 10 個字元以下的 2 進位數。無法指定大於 111111111 (511) 或是小於 1000000000 (-512) 的值

將 2 進位的「數值」轉換成 10 進位的數值。

=OCT2DEC(數值) 工程

數值…指定為 10 個字元以下的 8 進位數

將 8 進位的「數值」轉換成 10 進位的數值。

=HEX2DEC(數值) 工程

數值…指定為 10 個字元以下的 16 進位數

將 16 進位的「數值」轉換成 10 進位的數值。

Memo

- Excel 內建 12 種讓 2 進位、8 進位、10 進位、16 進位數互相轉換的函數。這些函數都屬於「工程函數」。

函數	說明
=BIN2OCT(數值, [位數])	2 進位轉換為 8 進位
=BIN2DEC(數值)	2 進位轉換為 10 進位
=BIN2HEX(數值, [位數])	2 進位轉換為 16 進位
=DEC2BIN(數值, [位數])	10 進位轉換為 2 進位
=DEC2OCT(數值, [位數])	10 進位轉換為 8 進位
=DEC2HEX(數值, [位數])	10 進位轉換為 16 進位
=OCT2BIN(數值, [位數])	8 進位轉換為 2 進位
=OCT2DEC(數值)	8 進位轉換為 10 進位
=OCT2HEX(數值, [位數])	8 進位轉換為 16 進位
=HEX2BIN(數值, [位數])	16 進位轉換為 2 進位
=HEX2OCT(數值, [位數])	16 進位轉換為 8 進位
=HEX2DEC(數值)	16 進位轉換為 10 進位

關聯項目 【10-34】將 10 進位數轉換成 n 進位數＜①DEC2BIN、DEC2OCT、DEC2HEX 函數＞
【10-35】將 10 進位數轉換成 n 進位數＜②BASE 函數＞

10-38 根據 10 進位的 RGB 值製作 16 進位的色碼

DEC2HEX

電腦螢幕的顏色是由紅 (R)、綠 (G)、藍 (G) 光的三原色混合而成。指定顏色的方法大致分成兩種，一種是以「#5B9AFF」這種以符號「#」為首，搭配紅色 2 位數、綠色 2 位數、藍色 2 位數的 16 進位色碼指定，另一種方法則是利用 0～255 的 10 進位數值分別指定紅、綠、藍各色比例。這個範例要利用 DEC2HEX 函數從 10 進位的 R、G、B 各值求出 16 進位的色碼。

▶ 根據 RGB 的值製作 16 進位的色碼

D3 ="#" & DEC2HEX(B2,2) & DEC2HEX(B3,2) & DEC2HEX(B4,2)

將 R 值轉換成 16 進位的色碼　將 G 值轉換成 16 進位的色碼　將 B 值轉換成 16 進位的色碼

D3 ="#" & DEC2HEX(B2,2) & DEC2HEX(B3,2) & DEC2HEX(B4,2)

	A	B	C	D	E	F	G	H	I
1	根據 RGB 值求出 16 進位的色碼								
2	R（紅）	91		色碼					
3	G（綠）	154		#5B9AFF					
4	B（藍）	255							
5									
6									
7									

輸入公式

根據 RGB 值求出 16 進位的色碼了

=DEC2HEX(數值, [位數]) → 10-34

Memo

- 請注意，在不同的應用程式或是程式語言中，16 進位色碼的格式不盡相同，有些會在開頭加上不同的符號，甚至會調整 RGB 的排列順序。例如，用於指定網頁顏色的樣式表會以範例的「#5B9AFF」，也就是「#紅綠藍」的格式指定顏色，但在 VBA 中，紅綠藍的順序是相反的，也就是以「&HFF9A5B」這種「&H 藍綠紅」的格式指定顏色。

關聯項目 【10-39】將 16 進位的色碼轉換成 10 進位的 RGB 值

10-39 將 16 進位的色碼轉換成 10 進位的 RGB 值

HEX2DEC／MID

【10-38】根據 10 進位的 RGB 值求出 16 進位的色碼，而這個範例要反過來將 16 進位的色碼分解成 10 進位的 RGB 值。主要是利用 MID 函數從色碼取出各種顏色的 16 進位值。這次的範例在取得「5B」、「9A」、「FF」後，再利用 HEX2DEC 函數將 16 進位值轉換成 10 進位值。

▶ 根據 16 進位的色碼求出 RGB 值

D2 =HEX2DEC(MID(A3,2,2))
從 A3 儲存格的第 2 個字元取出 2 個字元

D3 =HEX2DEC(MID(A3,4,2))
從 A3 儲存格的第 4 個字元取出 2 個字元

D4 =HEX2DEC(MID(A3,6,2))
從 A3 儲存格的第 6 個字元取出 2 個字元

D2 =HEX2DEC(MID(A3,2,2))

	A	B	C	D	E	F
1	將 16 進位的色碼轉換成 RGB 值					
2	色碼		R（紅）	91		
3	#5B9AFF		G（綠）	154		
4			B（藍）	255		
5						
6						

輸入公式

將 16 進位的色碼拆解成 RGB 值了

=HEX2DEC(數值)	→ 10-37
=MID(字串, 起始位置, 字元數)	→ 06-39

關聯項目 【06-39】從字串的中間取出字串
【10-38】根據 10 進位的 RGB 值製作 16 進位的色碼

10-40 計算每位元的邏輯與、邏輯或、邏輯互斥

BITAND／BITOR／BITXOR

將數值轉換成二進位後，每個位數稱為「位元」(bit)。程式語言的運算是以位元為單位，在 Excel 中可以使用函數來進行位元運算。要進行「邏輯與」的計算可使用 BITAND 函數，「邏輯或」可使用 BITOR 函數，「邏輯互斥」則可使用 BITXOR 函數。在這些函數的引數指定 2 個數值，就能利用與二進位表示時，位於相同位置的位元進行運算。這些函數的傳回值是十進位數值。此範例在 C 欄輸入了 DEC2BIN 函數，顯示 B 欄數值的二進位數。

▶ 計算邏輯與、邏輯或、邏輯互斥的值

B6 =BITAND(B3,B4)
數值 1 數值 2

B7 =BITOR(B3,B4)
數值 1 數值 2

B8 =BITXOR(B3,B4)
數值 1 數值 2

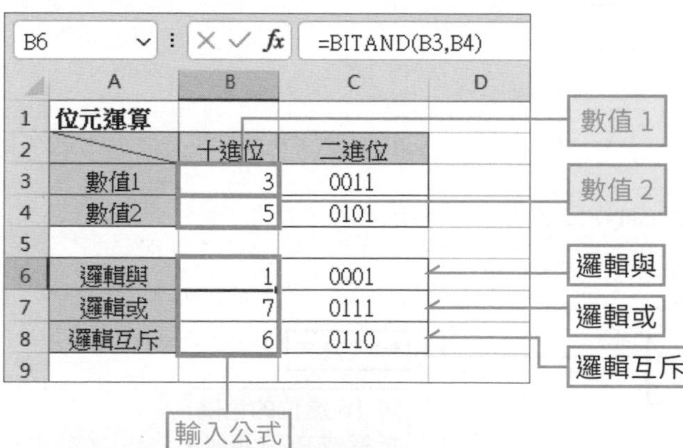

	A	B	C	D
1	位元運算			
2		十進位	二進位	
3	數值1	3	0011	
4	數值2	5	0101	
5				
6	邏輯與	1	0001	
7	邏輯或	7	0111	
8	邏輯互斥	6	0110	
9				

=BITAND(數值 1, 數值 2) 工程

數值…指定要計算邏輯與的數值

計算「數值 1」與「數值 2」的邏輯與。以二進位表示這兩個數值時，位於相同位置的位元若皆為 1，則傳回 1，否則就傳回 0。

=BITOR(數值 1, 數值 2) 工程

數值…指定要計算邏輯或的數值

計算「數值 1」與「數值 2」的邏輯或。以二進位表示這兩個數值時，位於相同位置的位元若至少其中一個為 1，則傳回 1，否則就傳回 0。

=BITXOR(數值 1, 數值 2) 工程

數值…指定要計算邏輯互斥的數值

計算「數值 1」與「數值 2」的邏輯互斥。以二進位表示這兩個數值時，位於相同位置的位元只有一個為 1 則傳回 1，否則就傳回 0。

Memo

- **邏輯與**只會在兩個位元都是 1 時為 1，**邏輯或**則是其中一者是 1 就為 1，**邏輯互斥**則是一方是 1，另一方是 0 時為 1。

位元 1	位元 2	邏輯與	邏輯或	邏輯互斥
0	0	0	0	0
0	1	0	1	1
1	0	0	1	1
1	1	1	1	0

- 邏輯與、邏輯或、邏輯互斥的計算會以與二進位表示時，位於相同位置的位元進行。

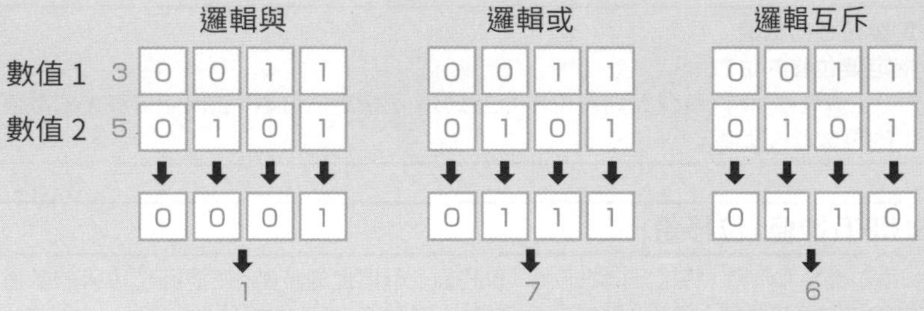

	邏輯與	邏輯或	邏輯互斥
數值 1　3	0 0 1 1	0 0 1 1	0 0 1 1
數值 2　5	0 1 0 1	0 1 0 1	0 1 0 1
↓	0 0 0 1	0 1 1 1	0 1 1 0
↓	1	7	6

關聯項目 【10-34】將 10 進位數轉換成 n 進位數<①DEC2BIN、DEC2OCT、DEC2HEX 函數>
【10-41】讓位元向左或向右位移

10-41 讓位元向左或向右位移

BITLSHIFT／BITRSHIFT

BITLSHIFT 函數與 BITRSHIFT 函數可讓數值的位元向左或向右位移。空出來的位元會填入 0，被擠出去的位元會被無條件捨去。

▶ 讓數值往左或往右位移

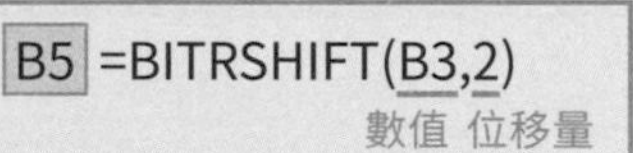

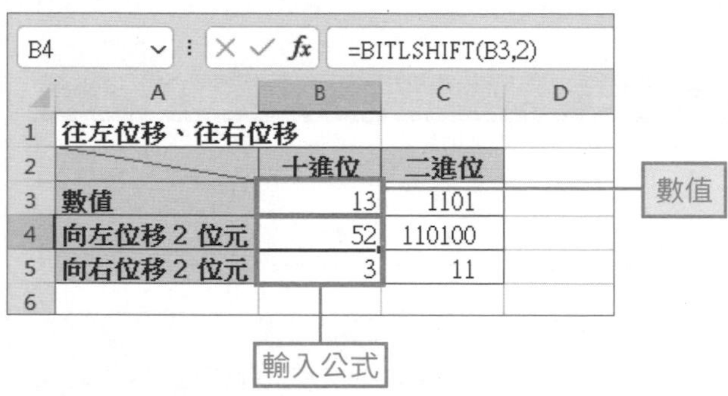

	A	B	C	D
1	往左位移、往右位移			
2		十進位	二進位	
3	數值	13	1101	
4	向左位移 2 位元	52	110100	
5	向右位移 2 位元	3	11	
6				

=BITLSHIFT(數值, 位移量) 工程

數值…指定要位移的數值
位移量…指定要位移的位數
將「數值」以 2 進位表示時，將位元向左位移「位移數」所指定的位數，並傳回位移後的數值。位移後在末尾產生的位數會自動填入 0。

=BITRSHIFT(數值, 位移量) 工程

將「數值」以 2 進位表示時，將位元向右位移「位移數」所指定的位數，並傳回位移後的數值。位元後在末尾產生的位數會自動填入 0。引數的部分請參考 BITLSHIFT 的說明。

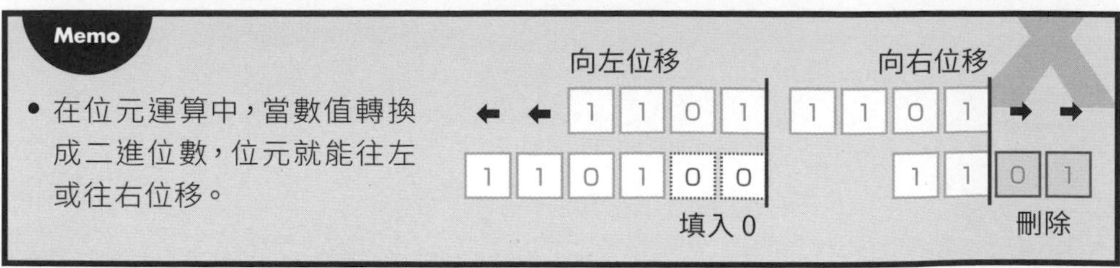

- 在位元運算中，當數值轉換成二進位數，位元就能往左或往右位移。

關聯項目【10-40】計算每位元的邏輯與、邏輯或、邏輯互斥

Chapter 11

第 11 章

函數組合

Excel 的超便利功能與函數組合應用

11-01 想刪除公式又想保留計算結果

若是刪除被其他儲存格參照的儲存格，公式就會傳回「#REF!」的錯誤訊息。以「=ASC(B3)」這個參考 B3 儲存格的公式為例，如果刪除了 B3 儲存格，公式就會傳回錯誤訊息。若要避免這類錯誤發生，可事先將公式置換成計算結果。

▶ 複製「值」，將公式轉換成計算結果

	A	B	C	D
1	商品清單			
2	No	原始資料	商品名稱	單價
3	1	法國麵包 Ｂａｇｕｅｔｔｅ	法國麵包 Baguette	$200
4	2	馬芬 Muffin	馬芬 Muffin	$210
5	3	司康 Ｓｃｏｎｅ	司康 Scone	$180
6				

① B 欄中的英文有全形與半形字元，所以在 C 欄輸入 ASC 函數，統一將全形字元轉換成半形。由於轉換後不需要 B 欄的資料，所以想刪除 B 欄。此時可在 B 欄的欄編號按下滑鼠右鍵，再點選**刪除**命令

	A	B	C	D	E
1	商品清單				
2	No	商品名稱	單價		
3	1	#REF!	$200		
4	2	#REF!	$210		
5	3	#REF!	$180		
6					

② 刪除 B 欄後，公式參照的儲存格就消失了，原本的 C 欄 (現在的 B 欄) 會出現錯誤。想要還原，可按下**快速存取工具列**的**復原**鈕

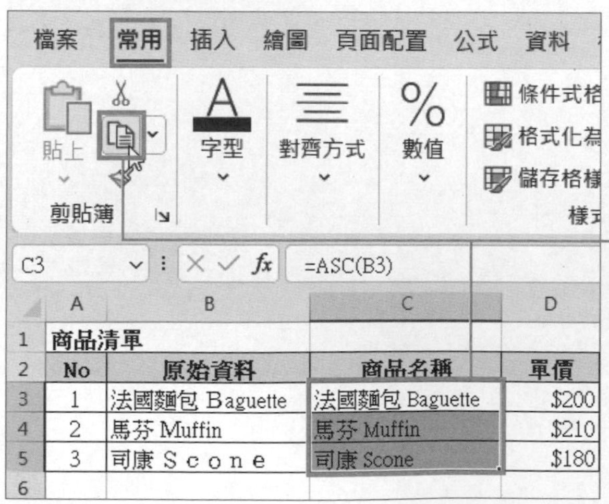

	A	B	C	D
1	商品清單			
2	No	原始資料	商品名稱	單價
3	1	法國麵包 Ｂａｇｕｅｔｔｅ	法國麵包 Baguette	$200
4	2	馬芬 Muffin	馬芬 Muffin	$210
5	3	司康 Ｓｃｏｎｅ	司康 Scone	$180
6				

③ 要正確地刪除 B 欄，可先將參照 B 欄的 C 欄公式置換成**值**。請先選取 C3～C5 儲存格範圍，再按下**常用**頁次的**複製**鈕

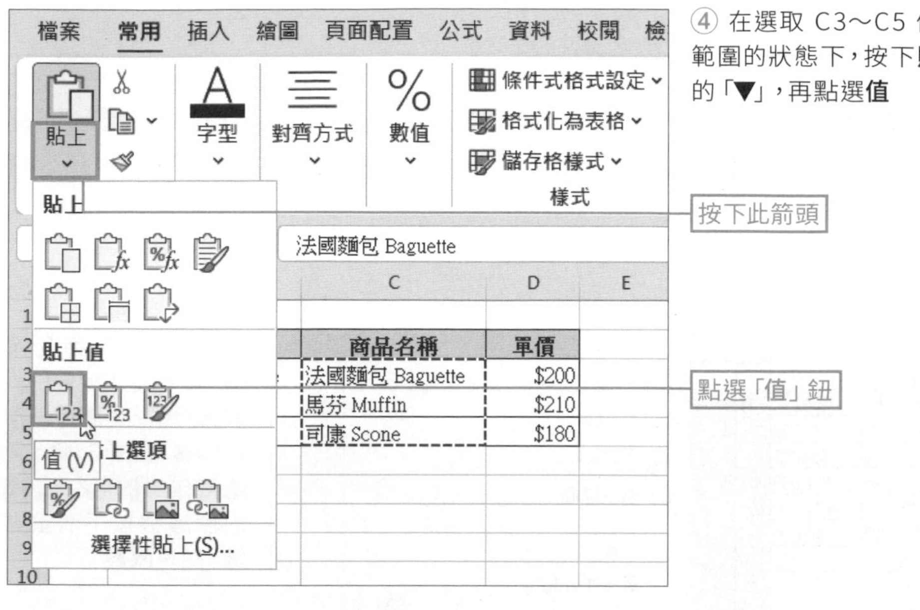

④ 在選取 C3～C5 儲存格範圍的狀態下，按下**貼上**鈕的「▼」，再點選**值**

C3 | 法國麵包 Baguette

	A	B	C	D	E
1	商品清單				
2	No	原始資料	商品名稱	單價	
3	1	法國麵包 Baguette	法國麵包 Baguette	$200	
4	2	馬芬 Muffin	馬芬 Muffin	$210	
5	3	司康 Ｓｃｏｎｅ	司康 Scone	$180	
6				(Ctrl)	
7					

公式變成值了

⑤ 雖然 C3～C5 儲存格範圍看起來沒什麼變化，但從**資料編輯列**可以發現，公式已經被代換成計算結果。此時即可刪除 B 欄

B3 | 法國麵包 Baguette

	A	B	C	D	E	F
1	商品清單					
2	No	商品名稱	單價			
3	1	法國麵包 Baguette	$200			
4	2	馬芬 Muffin	$210			
5	3	司康 Scone	$180			
6						

⑥ 刪除 B 欄，也不會對原本的 C 欄 (現在的 B 欄) 造成影響

Memo

- 在步驟 ③ 複製 C3～C5 儲存格範圍後，選取 B3 儲存格再貼上**值**，可將原始資料全部轉換成半形字元。此時即可保留原始資料，再刪除輸入公式的 C 欄。

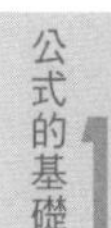

11-02 隱藏作業欄

為了得到所需的計算結果，我們有時候會在作業欄中進行臨時性的計算，不過列印時如果連作業欄都印出來，會顯得比較不正式，可以透過以下的步驟隱藏作業欄。

▶ 隱藏作業欄 (C 欄)

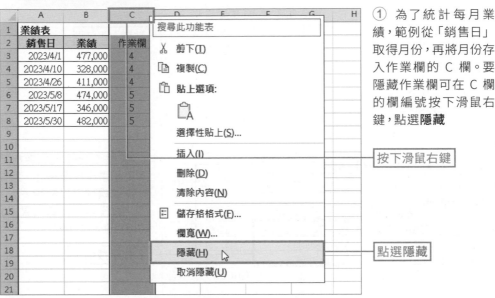

	A	B	C
1	業績表		
2	銷售日	業績	作業欄
3	2023/4/1	477,000	4
4	2023/4/10	328,000	4
5	2023/4/26	411,000	4
6	2023/5/8	474,000	5
7	2023/5/17	346,000	5
8	2023/5/30	482,000	5

搜尋此功能表
剪下(T)
複製(C)
貼上選項:
選擇性貼上(S)...
插入(I)
刪除(D)
清除內容(N)
儲存格格式(F)...
欄寬(W)...
隱藏(H)
取消隱藏(U)

按下滑鼠右鍵

點選隱藏

① 為了統計每月業績，範例從「銷售日」取得月份，再將月份存入作業欄的 C 欄。要隱藏作業欄可在 C 欄的欄編號按下滑鼠右鍵，點選**隱藏**

	A	B	D	E	F	G	H	I
1	業績表			每月業績統計				
2	銷售日	業績		月份	業績			
3	2023/4/1	477,000		4	1,216,000			
4	2023/4/10	328,000		5	1,302,000			
5	2023/4/26	411,000						
6	2023/5/8	474,000						
7	2023/5/17	346,000						
8	2023/5/30	482,000						
9								

② 隱藏 C 欄了

Memo

- 若要讓隱藏的欄位重新顯示，可先選取隱藏欄位的左右兩側欄位。以範例而言，就是先選取 B 欄～D 欄。接著在選取範圍按下滑鼠右鍵，點選**取消隱藏**即可。此外，如果之前隱藏了 A 欄，可拖曳選取 B 欄的欄標題到**全選**儲存格範圍按鈕 ◢ ，再按右鍵，選取**取消隱藏**。

11-03 暫時不執行計算，待資料完成後，再統一重新計算

在 Excel 中輸入或修改資料與公式，都會自動重新計算。如果輸入多個複雜的公式，就得耗費不少時間重新計算。此時可將重新計算的預設值從**自動**改成**手動**，等到輸入一定程度的資料或公式後，再手動重新計算，就能有效率地輸入資料與公式，也可以在輸入完畢，將設定改回**自動**。

▶ 將計算方式設定為「手動」，以手動進行重新計算

① 在**公式**頁次的**計算**區點選**計算選項**。預設值為**自動**，所以會自動重新計算。若不想白動重新計算可點選**手動**

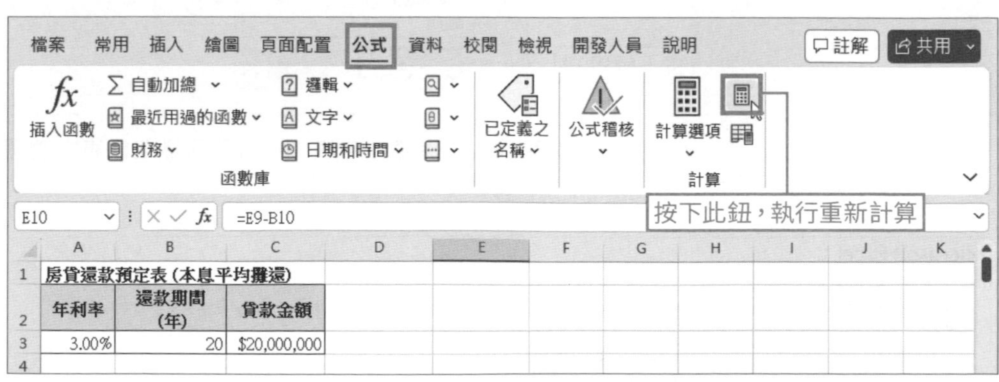

② 要手動執行重新計算可按下 F9 鍵，或按下**公式**頁次的**立即計算**鈕

Memo

- 請注意！變更計算方式，所有的活頁簿都會套用這個設定。

11-04 避免不小心修改資料與公式

使用**保護工作表**功能，可以避免工作表的資料或公式被修改或刪除。

▶ 禁止編輯工作表

① 開啟要保護的工作表，按下**校閱**頁次**保護**區的**保護工作表**鈕。開啟**保護工作表**交談窗後，直接按下**確定**鈕，即可完成保護工作表的設定

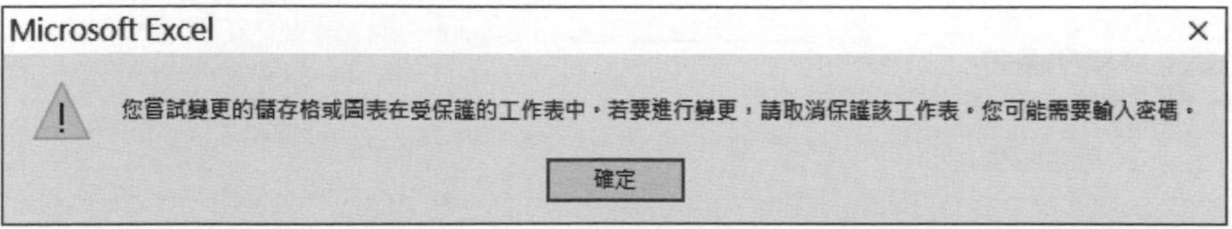

② 如果在工作表受到保護的狀態下修改資料或公式，就會顯示錯誤訊息，阻止使用者不小心修改資料與公式。此外，如果真的需要修改資料與公式，可按下**校閱**頁次**保護**區的**取消保護工作表**鈕，即可解除保護

關聯項目 【11-05】將輸入欄位設為「可編輯」，將其他儲存格設為「不可編輯」

11-05 將輸入欄位設為「可編輯」，將其他儲存格設為「不可編輯」

執行**保護工作表**(→【11-04】) 之前，若是先取消儲存格的鎖定，就能在保護工作表的同時，於解除鎖定的儲存格中輸入或編輯資料。我們可透過**鎖定**功能自由設定儲存格是否可以編輯。

▶ 將要輸入的欄位設為可編輯，將其他儲存格設為不可編輯

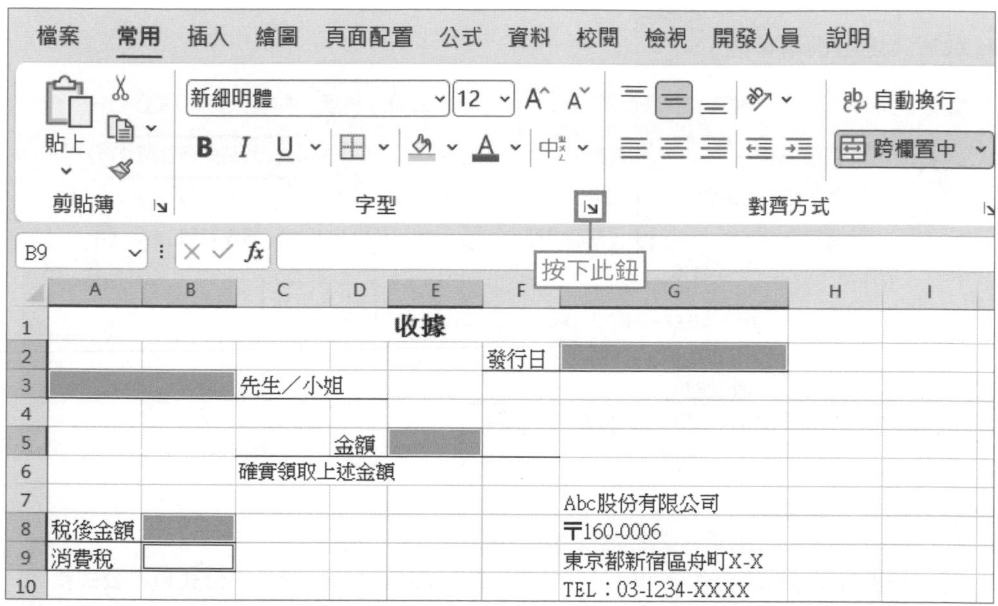

① 選取要輸入資料的儲存格 (此例是 G2、A3、E5、B8～B9 儲存格)，再按下**常用**頁次**字型**區右下角的設定鈕

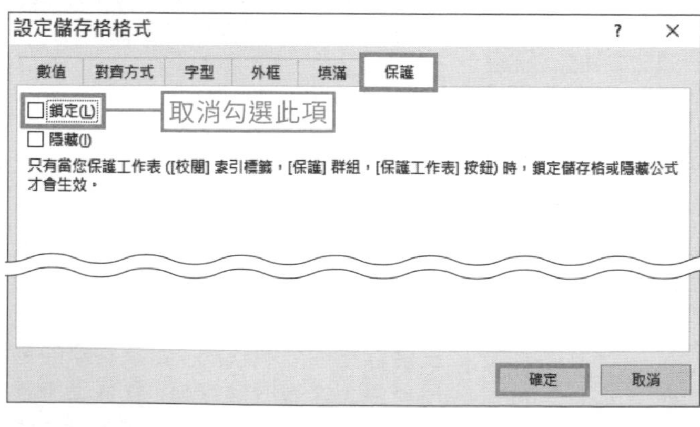

② 開啟**設定儲存格格式**交談窗後，取消**保護**頁次的**鎖定**選項，再按下**確定**鈕。這樣就只有剛才選取的儲存格取消鎖定，其他的儲存格依舊是鎖定狀態。此時利用【11-04】介紹的方法保護工作表，就只有步驟①選取的儲存格可以編輯。若是編輯其他儲存格的資料或公式，就會顯示錯誤訊息

關聯項目 【11-04】避免不小心修改資料與公式

11-06 檢查參照自己的儲存格或自己所參照的儲存格

追蹤前導參照

選取已輸入公式的儲存格，再按下**追蹤前導參照**鈕，就能透過追蹤箭頭確認該公式使用哪個儲存格資料進行計算。這項功能可透過視覺化的方式確認公式是否正確參照儲存格。

▶ 執行「追蹤前導參照」

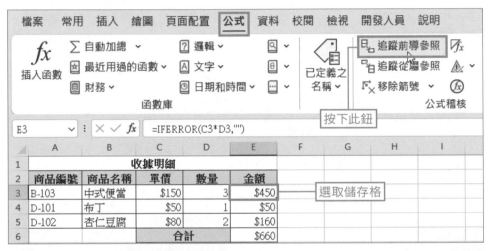

檔案 常用 插入 繪圖 頁面配置 公式 資料 校閱 檢視 開發人員 說明

插入函數 自動加總 最近用過的函數 財務 邏輯 文字 日期和時間 函數庫 已定義之名稱 追蹤前導參照 追蹤從屬參照 移除箭號 公式稽核

按下此鈕

E3 =IFERROR(C3*D3,"")

	A	B	C	D	E
1	收據明細				
2	商品編號	商品名稱	單價	數量	金額
3	B-103	中式便當	$150	3	$450
4	D-101	布丁	$50	1	$50
5	D-102	杏仁豆腐	$80	2	$160
6			合計		$660

選取儲存格

① 想確認 E3 儲存格的公式參照哪個儲存格。選取 E3 儲存格，再按下**公式**頁次**公式稽核**區的**追蹤前導參照**鈕

	A	B	C	D	E
1	收據明細				
2	商品編號	商品名稱	單價	數量	金額
3	B-103	中式便當	$150	3	$450
4	D-101	布丁	$50	1	$50
5	D-102	杏仁豆腐	$80	2	$160
6			合計		$660

追蹤箭頭

② 此時會從 E3 儲存格的公式所參照的儲存格 (也就是 C3 與 D3 儲存格) 畫一條通往 E3 儲存格的追蹤箭頭

	A	B	C	D	E
1	收據明細				
2	商品編號	商品名稱	單價	數量	金額
3	B-103	中式便當	$150	3	$450
4	D-101	布丁	$50	1	$50
5	D-102	杏仁豆腐	$80	2	$160
6			合計		$660

其他工作表的圖示

③ 如果再按一次**追蹤前導參照**鈕，還能確認間接參照的儲存格，也就能依照「E3 儲存格參照 C3 儲存格，C3 儲存格參照 A3 儲存格…」這種順序，找出儲存格的參照軌跡。如果參照的是另一張工作表的儲存格，會從工作表的圖示拉出一條虛線的追蹤箭頭。雙按虛線就能前往另一張工作表

追蹤從屬參照

選取已輸入資料或公式的儲存格，再按下**追蹤從屬參照**，就能確認選取的儲存格是否被其他儲存格參照，也就能一眼看出該儲存格的資料對哪些儲存格造成影響。

▶ 執行「追蹤從屬參照」

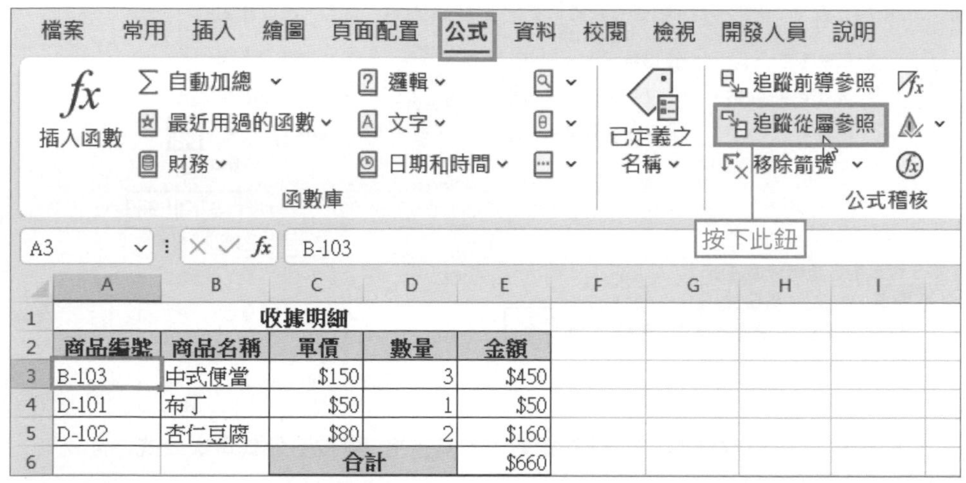

① 在此想知道哪些儲存格參照 A3 儲存格。點選 A3 儲存格，再按下**公式**頁次**公式稽核**區的**追蹤從屬參照**鈕

	A	B	C	D	E
1	收據明細				
2	商品編號	商品名稱	單價	數量	金額
3	B-103	中式便當	$150	3	$450
4	D-101	布丁	$50	1	$50
5	D-102	杏仁豆腐	$80	2	$160
6			合計		$660

② 此時會顯示一條箭頭，通往使用 A3 儲存格進行計算的儲存格 (在此為 B3 與 C3 儲存格)。此外，如果沒有儲存格參照 A3 儲存格，就會顯示**追蹤從屬參照命令發現作用儲存格沒有從屬參照公式**的訊息

	A	B	C	D	E
1	收據明細				
2	商品編號	商品名稱	單價	數量	金額
3	B-103	中式便當	$150	3	$450
4	D-101	布丁	$50	1	$50
5	D-102	杏仁豆腐	$80	2	$160
6			合計		$660

③ 不斷按下**追蹤從屬參照**鈕，就能依序找到間接參照 A3 儲存格的儲存格

Memo

- 要刪除追蹤箭頭，可按下**公式**頁次**公式稽核**區的**移除箭號**鈕。

關聯項目 【11-09】在儲存格中顯示公式，再統一驗證工作表的公式

11-07 分段計算公式與驗證公式

評估值公式可分段確認公式的內容，很適合用來確認計算過程是否如預期，或是在計算結果不如預期時找出問題或原因。

▶ 分段計算公式

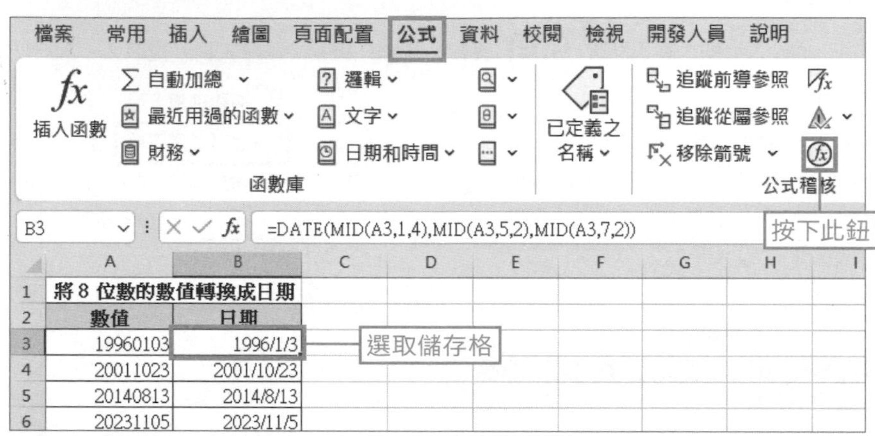

① 在此要驗證 B3 儲存格的公式，請先選取 B3 儲存格，再按下**公式**頁次**公式稽核**區的**評估值公式**鈕

② 開啟**評估值公式**交談窗後，會顯示 B3 儲存格的公式。最先執行的公式會套用底線樣式。請按下**評估值**鈕

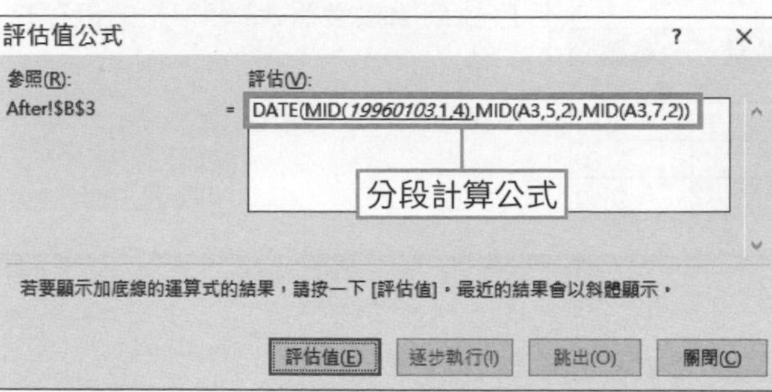

③ 接著會執行步驟 ② 的底線部分，該公式也會套用底線樣式。每按一次**評估值**鈕，就能不斷進行下一段的計算。驗證完畢，可按下**關閉**鈕

關聯項目 【11-08】執行與驗證公式的部分內容

11-08 執行與驗證公式的部分內容

如果想要驗證公式的部分內容可在**資料編輯列**選取要驗證的部分再按下 F9 鍵。此時只有選取的部分會進行計算，也就能快速驗證結果是否如預期。驗證結束後，按下 Esc 鍵就能還原公式。

▶ 執行公式的部分內容

B3 | =DATE(MID(A3,1,4),MID(A3,5,2),MID(A3,7,2))

	A	B	C	D	E	F	G
1	將 8 位數的數值轉換成日期						
2	數值	日期					
3	19960103	1996/1/3					
4	20011023	2001/10/23					
5	20140813	2014/8/13					
6	20231105	2023/11/5					

選取

① 選取要驗證公式的儲存格

T.DIST.RT | =DATE(MID(A3,1,4),MID(A3,5,2),MID(A3,7,2))

DATE(year, month, day)

	A	B	C	D	E	F	G
1	將 8 位數的數值轉換成日期						
2	數值	日期					
3	19960103	A3,1,4),MID(					
4	20011023	2001/10/23					
5	20140813	2014/8/13					
6	20231105	2023/11/5					

選取這個部分再按下 F9 鍵

② 在**資料編輯列**拖曳選取要驗證的部分，再按下 F9 鍵

T.DIST.RT | =DATE("1996",MID(A3,5,2),MID(A3,7,2))

DATE(year, month, day)

	A	B	C	D	E	F	G
1	將 8 位數的數值轉換成日期						
2	數值	日期					
3	19960103	=DATE("1996",					
4	20011023	2001/10/23					
5	20140813	2014/8/13					
6	20231105	2023/11/5					

確認執行結果

確認完畢後，按下 Esc 鍵

③ 此時會顯示選取部分的執行結果。確認完畢後，按下 Esc 鍵即可解除執行。請注意，若按下 Enter 鍵，該部分的計算結果就會直接確定 (填入公式裡)。假設該計算結果有誤，記得按下**復原**鈕還原公式

關聯項目 【11-07】分段計算公式與驗證公式

11-09 在儲存格中顯示公式，再統一驗證工作表的公式

通常儲存格顯示的是公式計算後的結果，但如果切換成「工作表分析模式」就能在儲存格中顯示公式。這項功能很適合用來確認與比較工作表中的所有公式。

▶ 在儲存格中顯示公式

檔案　常用　插入　繪圖　頁面配置　公式　資料　校閱　檢視　開發人員　說明

插入函數　自動加總　最近用過的函數　財務　邏輯　文字　日期和時間　函數庫　已定義之名稱　追蹤前導參照　追蹤從屬參照　移除箭號　公式稽核　監看視窗　計算選項　計算

按下此鈕

A1　請款明細

	A	B	C	D	E
1	請款明細				
2	品名	消費稅	單價	數量	未稅金額
3	耳機	5%	2,250	1	2,250
4	行動電源	5%	1250	6	7,500
5	隨身碟	8%	850	3	2,550
6					
7	5%	消費稅項目	9,750	消費稅	487
8	8%	消費稅項目	2,550	消費稅	204
9	請款金額				12,991

① 按下**公式**頁次**公式稽核**區的**顯示公式**鈕

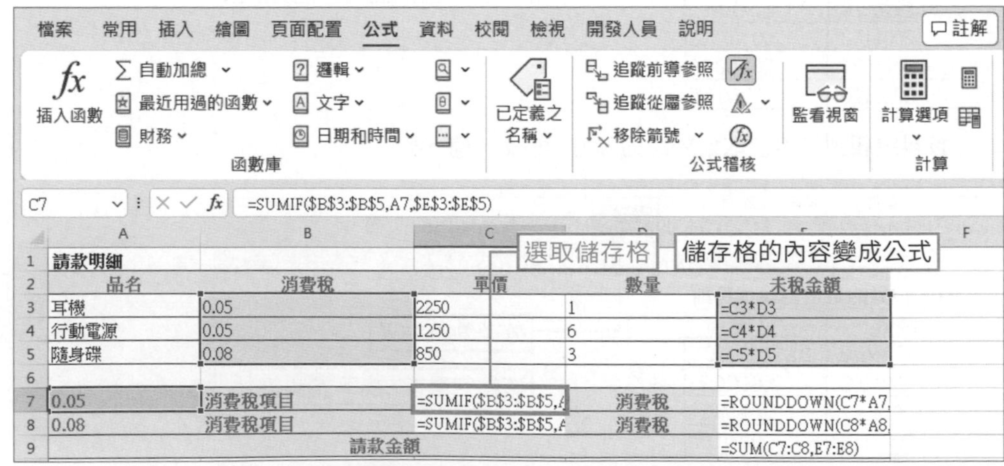

② 接著會自動拉寬欄寬，在儲存格中顯示公式。選取輸入公式的儲存格，會以顏色標示參照的儲存格，讓你透過視覺化的方式確認參照儲存格。再按一次**顯示公式**鈕，就能解除**工作表分析模式**。此外，若希望列印儲存格中的公式，可切換到**頁面配置**頁次，勾選**工作表選項**區中**標題**的**列印**項目，就會連同列編號與欄編號一起列印，也能清楚確認公式

關聯項目【11-06】檢查參照自己的儲存格或自己所參照的儲存格

11-10 自訂儲存格格式

「格式符號」可定義自創的儲存格格式。此範例要省略數值的後 6 位數，以方便閱讀。此外，「格式符號」的相關說明可參考【11-13】與【11-14】。

▶ 省略數值的後 6 位數

① 選取營業額的儲存格，按下**常用**頁次**數值**區右下角的設定鈕 ↘

設定儲存格格式

數值 | 對齊方式 | 字型 | 外框 | 填滿 | 保護

類別(C): 通用格式 / 數值 / 貨幣 / 會計專用 / 日期 / 時間 / 百分比 / 分數 / 科學記號 / 文字 / 特殊 / 自訂

範例 5,886

類型(T): #,##0,,

輸入「#,##0,,」

G/通用格式
0
0.00
#,##0
#,##0.00
_-* #,##0_-;-* #,##0_-;_-* "-"_-;_-@_-
_-* #,##0.00_-;-* #,##0.00_-;_-* "-"??_-;_-@_-

請鍵入數值格式代碼，您可以選取已有的代碼加以修改。

確定 取消

② 開啟**設定儲存格格式**交談窗後，在**數值**頁次的**類別**欄點選**自訂**，再於右側的**類型**欄位輸入「#,##0,,」。記得在「0」的後面連續輸入兩個逗號「,」。每個逗號可省略數值的後 3 位數，再按下**確定**鈕

B2 5886255109

	A	B	C	D	E	F
1	部門	營業額(百萬)				
2	電子產品	5,886				
3	金屬材料	1,629				
4						
5						

③ 省略數值的後 6 位數了

關聯項目 【11-13】了解數值的格式符號
【11-14】了解日期與時間的格式符號

11-11 分別指定正數與負數的顯示格式

自訂顯示格式可如同下列的範例，透過「;」(分號) 間隔正數與負數的顯示格式設定。例如，想讓正數、負數與 0 以不同格式顯示時，可利用分號間隔這三者的設定。此範例要分別在正數前面加上「△」，在負數前面加上「▼」，將「0」顯示為「—」。

- **無間隔：正數、負數、0 的顯示格式**
- **間隔成兩個設定：正數、0 的顯示格式；負數的顯示格式**
- **間隔成三個設定：正數顯示格式；負數顯示格式；0 的顯示格式**

▶ 讓正數以「△1,234」、負數以「▼1,234」、0 以「—」的格式顯示

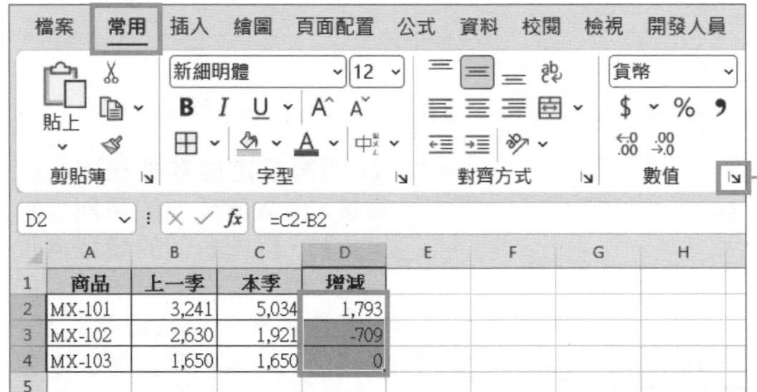

	A	B	C	D
1	商品	上一季	本季	增減
2	MX-101	3,241	5,034	1,793
3	MX-102	2,630	1,921	-709
4	MX-103	1,650	1,650	0
5				

① 選取**增減**欄位的儲存格，再按下**常用**頁次**數值**區右下角的設定鈕 ↘

設定儲存格格式

數值 對齊方式 字型 外框 填滿 保護

類別(C): 通用格式 數值 貨幣 會計專用 日期 時間 百分比 分數 科學記號 文字 特殊 自訂

範例 △1,793

類型(T): △#,##0;▼#,##0;" - "

hh:mm
hh:mm:ss
hh"時"mm"分"
hh"時"mm"分"ss"秒"
上午/下午hh"時"mm"分"
上午/下午hh"時"mm"分"ss"秒"
yyyy/m/d hh:mm

輸入「△#,##0; ▼#,##0;"—"」

② 開啟**設定儲存格格式**交談窗後，在**數值**頁次的**類別**欄點選**自訂**，再於右側的**類型**欄輸入「△#,##0; ▼#,##0;"—"」，按下**確定**鈕

	A	B	C	D
1	商品	上一季	本季	增減
2	MX-101	3,241	5,034	△1,793
3	MX-102	2,630	1,921	▼709
4	MX-103	1,650	1,650	—
5				

③ 正數、負數與 0 都以不同的格式顯示了

關聯項目【11-10】自訂儲存格格式

11-12 解除顯示格式的設定，讓儲存格格式恢復預設值

要解除套用在數值的儲存格格式，可重新設定成**通用格式**。**通用格式**是儲存格預設的顯示格式。

▶ 解除貨幣與百分比格式

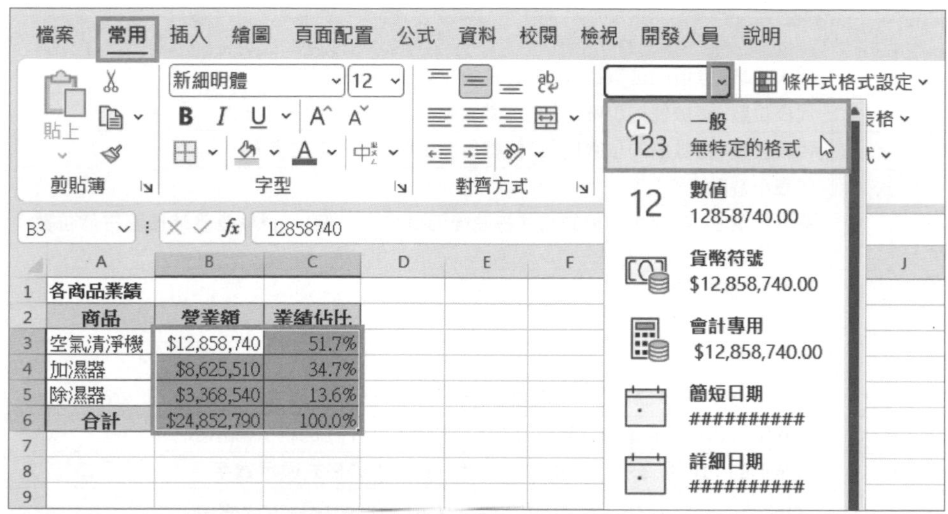

① 選取要解除顯示格式的儲存格。按下**常用**頁次**數值**區**數值格式**的「▼」鈕，再從清單中點選**一般** (通用格式)

	A	B	C	D	E	F
1	各商品業績					
2	商品	營業額	業績佔比			
3	空氣清淨機	12858740	0.51739624			
4	加濕器	8625510	0.34706405			
5	除濕器	3368540	0.13553971			
6	合計	24852790	1			
7						

② 解除**營業額**欄的貨幣格式與**業績佔比**欄的百分比格式了

Memo

- 如果在輸入日期與時間的儲存格中套用**通用格式**，那麼日期與時間就會轉換成**序列值**。

關聯項目 【05-01】認識序列值
【11-10】自訂儲存格格式

11-13 了解數值的格式符號

在此將說明可用於設定數值格式的符號以及範例。實際的設定步驟請參考【11-10】的說明。

數值的格式符號

符號	說明
0	代表位數。數值的位數比「0」的數量還少時，在數值補上「0」
#	代表位數。當數值的位數比「#」的數量還少時，不補上任何符號
?	代表位數。當數值的位數比「?」的數量還少時，補上空白字元
.	代表小數點
,	千分位樣式。在代表位數的格式符號後面每加上一個「,」，就會省略後面三個位數的數值
%	以百分比格式顯示
/	顯示分數
E、e	顯示指數
[DBNum1]	以中文數字 (一、二、三、…) 與位數 (十、百、千、…) 的格式顯示數字
[DBNum2]	以國字大寫數字 (壹、貳、參、…) 與位數 (拾、百、仟) 的格式顯示數字
[DBNum3]	以全形的 (1、2、3、…) 與位數 (十、百、千、…) 的格式顯示數字

※「[DBNum1]」、「[DBNum2]」、「[DBNum3]」也可以當成日期的顯示格式使用。

顯示格式的設定範例

範例	資料	顯示格式	說明
0.00	123.4	123.40	顯示小數點以下兩位的數值
	123.456	123.46	
#,##0	123	123	顯示千分位樣式的「,」
	1234567	1,234,567	
#,##0,	12345	12	省略後三位數的數值
	1234567	1,235	
0.0%	0.1234	12.3%	顯示小數點以下一位的百分比數值
???.??	12.345	12.35	對齊小數點的位置 (同欄的數值的小數點會對齊)
	123.4	123.4	
# ?/?	0.5	1/2	顯示分母為一位數的分數，再對齊「/」的位置
	1.5	1 1/2	
0.00E+0	123456789	1.23E+8	以指數格式顯示
0"cm"	12	12cm	在數值加上單位
[DBNum2]	12000	壹萬貳仟	以國字大寫數字顯示數字

關聯項目 【11-10】自訂儲存格格式

11-14 了解日期與時間的格式符號

在此將說明日期與時間格式的符號與範例。實際的設定步驟請參考【11-10】。

日期的格式符號

符號	說明
yyyy、yy	顯示四位數／二位數的西元年份
e	顯示年份
ggg、gg、g	以「中華民國」／「民國」／「民國」的符號顯示年號
mmmm、mmm	以英文的「January」／「Jan」顯示月份
mm、m	顯示二位數／一位數的月份※
dd、d	顯示二位數／一位數的日期※
aaaa、aaa	以「星期一」、「週一」的格式顯示星期
dddd、ddd	以英文的「Monday」／「Mon」格式顯示

※ 格式符號「mm」與「dd」可在一位數的數值開頭補上「0」，變成二位數的數值。例如 5 月就會變成「05」。如果原本的月份或是日期就是二位數的數值，那麼不論使用「mm」、「m」、「dd」或「d」，都會顯示二位數的數值。下表中的「hh」、「h」、「mm」、「m」、「ss」、「s」也是相同的情況。

時間的格式符號

符號	說明
hh、h	顯示二位數／一位數的小時
mm、m	顯示二位數／一位數的分鐘※
ss、s	顯示二位數／一位數的秒數
AM／PM	AM 代表上午、PM 代表下午
[h]、[mm]、[ss]	顯示經過了多少時間

※ 格式符號「mm」與「m」若是單獨使用，會被視為「月份」的格式符號，只有與其他格式符號共用時，才會被視為「分鐘」。

顯示格式的設定範例

範例	資料	顯示格式
yyyy/mm/dd	2023/6/4 13:08:09	2023/06/04
ggge"年"m"月"d"日"	2023/6/4 13:08:09	中華民國112年6月4 日
ge.m.d	2023/6/4 13:08:09	民國112.6.4
m"月"d"日"(aaa)	2023/6/4 13:08:09	6月4日(週日)
h"時"m"分"	2023/6/4 13:08:09	13 時 8 分
h:mm AM/PM	2023/6/4 13:08:09	1:08 PM
h:mm	26:04:08	2:04
[h]:mm	26:04:08	26:04
[m]	2:07:00	127

11-15 利用「資料驗證」功能，限制只能輸入以 100 為單位的資料

MOD

如果想對儲存格設定嚴謹的資料輸入規則，可使用**資料驗證**功能指定條件式，如此一來，就只能輸入符合條件的資料，輸入其他資料都會顯示錯誤訊息，要求重新輸入。在此要設定只能在儲存格中輸入以 100 為單位的數值。

▶ 限制「數量」欄只能輸入以 100 為單位的數值

① 選取**數量**欄的儲存格，按下**資料**頁次**資料工具**區的**資料驗證**鈕

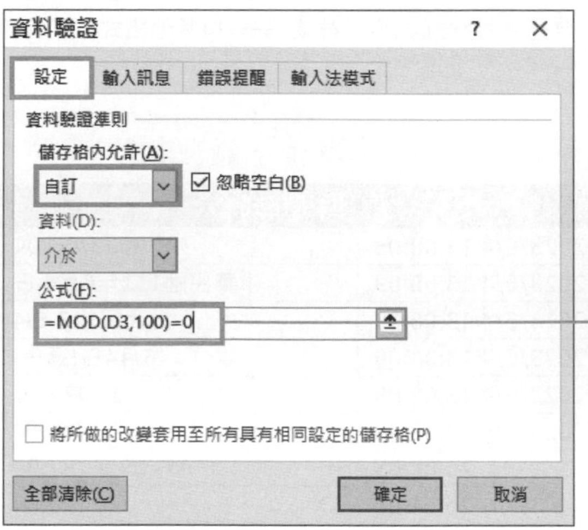

② 開啟**資料驗證**交談窗後，在**設定**頁次的**儲存格內允許**欄點選**自訂**，再於**公式**欄輸入條件式。MOD 函數是計算除法餘數的函數，而範例設定的條件為「以 100 除以 D3 儲存格，餘數為 0」

=MOD(D3,100)=0
以 100 除以 D3 儲存格的餘數

1 公式的基礎
2 表格的彙總
3 條件判斷
4 數值處理
5 日期與時間
6 字串的操作
7 表格的搜尋
8 統計計算
9 財務計算
10 數學計算
11 函數組合

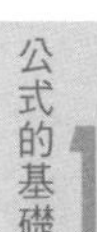

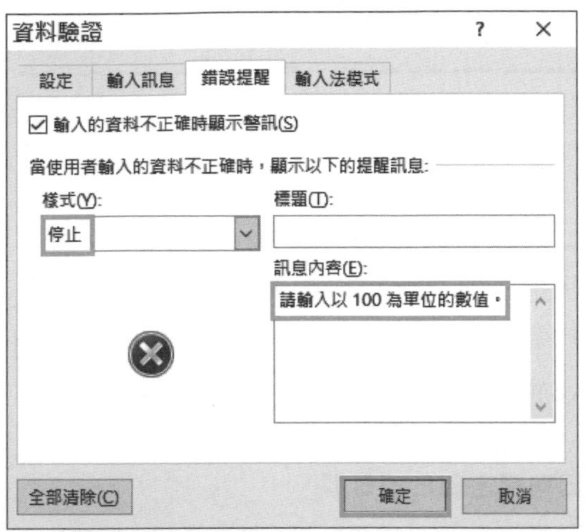

③ 切換到**錯誤提醒**頁次，再於**樣式**欄位選取**停止**，就能在違反條件時，禁止使用者繼續輸入資料。在**訊息內容**輸入警告訊息後，按下**確定**鈕

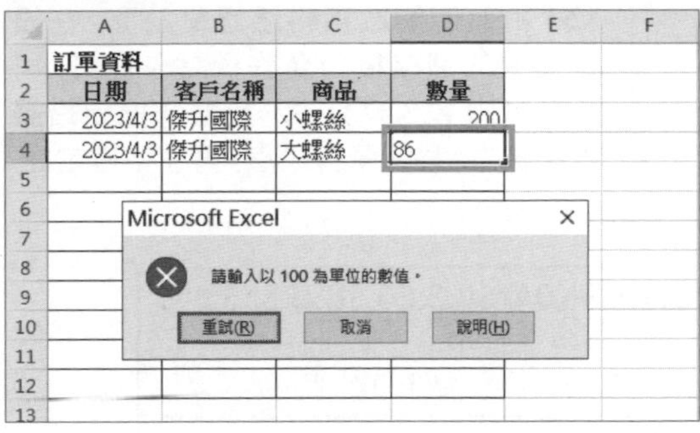

④ 如此一來，**數量**欄只能輸入以 100 除得盡的數值。一旦輸入 100 除不盡的數值，就會顯示步驟 ③ 輸入的錯誤訊息。如果想要重新輸入資料，可按下**重試**鈕，如果不想繼續輸入，請按下**取消**鈕

=MOD(數值, 除數) → 04-36

Memo

- 假設想選取多個儲存格再輸入資料驗證條件，可先對開頭的儲存格設定條件，其餘的儲存格就會自動複製條件。由於剛剛的範例是以相對參照的方式指定條件，所以 D4 儲存格的條件為「=MOD(D4,100)=0」，D5 儲存格的條件為「=MOD(D5,100)=0」。
- 此範例允許輸入「0」或「-100」這類的數值。如果連這兩種數值都要禁止，可搭配 AND 函數，設定「數值必須大於 0」的條件。

  =AND(MOD(D3,100)=0,D3>0)
- **資料驗證**功能只能限制以鍵盤輸入的值，所以若是利用複製／貼上功能貼入資料，就能輸入不符合條件的資料，請務必注意這一點。
- 按下**資料驗證**交談窗的**全部清除**鈕，就能清除交談窗中各個頁次裡所輸入的設定。

11-16 禁止輸入星期六、日與國定假日的日期

NETWORKDAYS

此範例要禁止在**交貨日**輸入星期六、日與國定假日的日期。要設定這個條件可在 NETWORKDAYS 函數的引數「開始日期」與「結束日期」指定交貨日。NETWORKDAYS 函數可先排除在「開始日期」到「結束日期」這段期間的星期六、日與公休日，再算出總天數，所以當傳回值為 1，代表輸入了平日的日期。

▶ 禁止在「交貨日」欄中輸入星期六、日與國定假日的日期

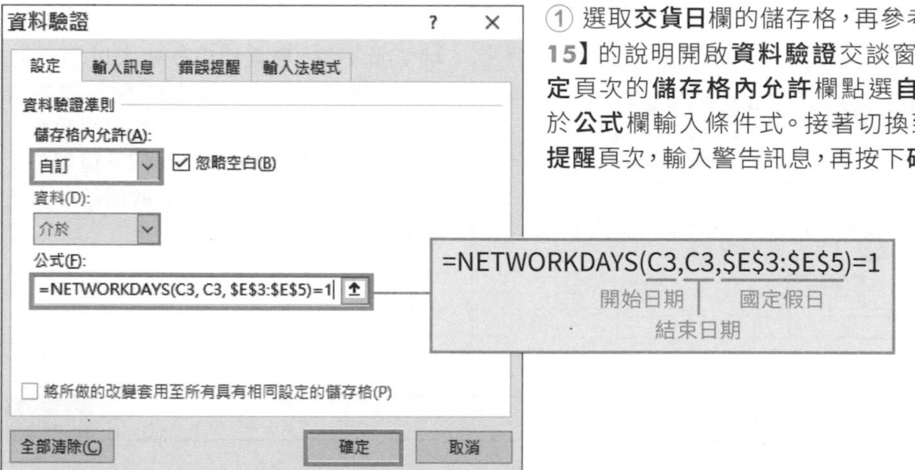

① 選取**交貨日**欄的儲存格，再參考【**11-15**】的說明開啟**資料驗證**交談窗。在**設定**頁次的**儲存格內允許**欄點選**自訂**，再於**公式**欄輸入條件式。接著切換到**錯誤提醒**頁次，輸入警告訊息，再按下**確定**鈕

	A	B	C	D	E	F
1	訂單					
2	傳票編號	客戶姓名	交貨日		國定假日	
3	1001		2023/9/28(週四)		2023/09/29	
4	1002		2023/09/30		2023/09/30	
5					2023/10/01	
6						
7						
8						
9						
10						
11						

Microsoft Excel

請輸入星期六、日與國定假日以外的日期。

重試(R)　取消　說明(H)

② 在**交貨日**欄中輸入星期六、日或 E3～E5 儲存格的日期，就會顯示錯誤訊息

=NETWORKDAYS(開始日期, 結束日期, [國定假日]) → 05-33

關聯項目【05-51】查詢指定的日期是營業日還是休息日

11-17 限制只能輸入全形字元

LEN／LENB

當所有的字元都是全形字元，字串的位元數會是字數的 2 倍，因此，只要位元數是字數的 2 倍，代表所有文字都是全形字元。本節要以此作為條件，限制儲存格只能輸入全形字元。另外，如果指定「字數與位元數相等」的條件，就會變成只能輸入半形字元。

▶ 限制只能輸入全形字元

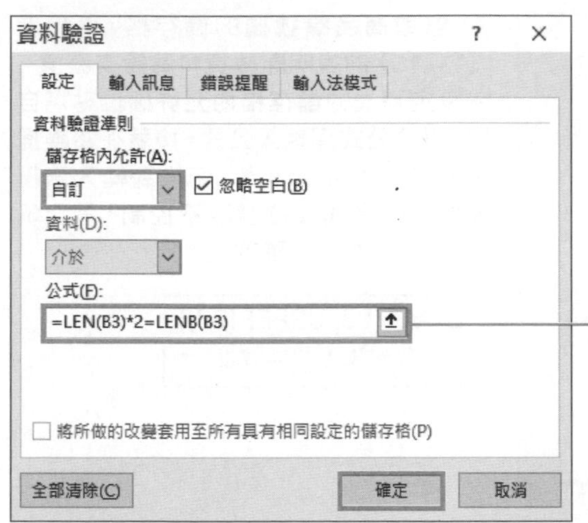

① 選取**商品名稱**欄的儲存格，再參考【11-15】的說明開啟**資料驗證**交談窗。在**設定**頁次的**儲存格內允許**欄位點選**自訂**，再於**公式**欄輸入作為條件的條件式。接著在**錯誤提醒**頁次輸入警告訊息，按下**確定**鈕

=LEN(B3)*2=LENB(B3)

字數　字元數

	A	B	C	D	E	F
1	商品清單					
2	商品編號	商品名稱	單價			
3	K-101	ＰＣ桌	$12,800			
4	K-102	ＯＡChair				

Microsoft Excel

請輸入全形字元

重試(R)　取消　說明(H)

② 設定資料驗證後，**商品名稱**欄只接受全形字元的資料。一旦輸入半形字元的資料就會顯示錯誤訊息

=LEN(字串)	→ 06-08
=LENB(字串)	→ 06-08

關聯項目 【06-09】分別計算全形和半形的字數

11-18 禁止輸入小寫英文字母

EXACT／UPPER

要確認輸入的英文字母是否為大寫，可使用 UPPER 函數將資料轉換成大寫英文字母，再將轉換後的結果與原始資料比對。如果兩者不相等，代表原始資料中，混雜了小寫的英文字母。由於「=」運算子無法區分英文字母大小寫，所以要改用 EXACT 函數進行比較。

▶ 禁止輸入小寫英文字母

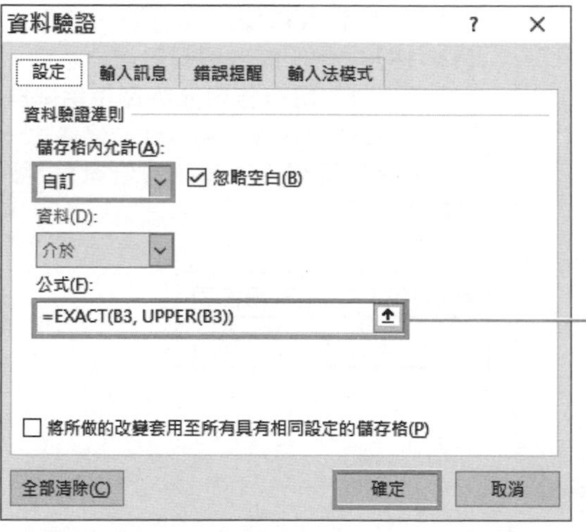

① 選取**商品編號**欄的儲存格，再參考【11-15】的說明開啟**資料驗證**交談窗。在**設定**頁次的**儲存格內允許**欄位點選**自訂**，再於**公式**欄輸入公式。接著在**錯誤提醒**頁次輸入警告訊息。切換到**輸入法模式**頁次的**模式**欄位選取**不控制**，禁止輸入中文，最後按下**確定**鈕

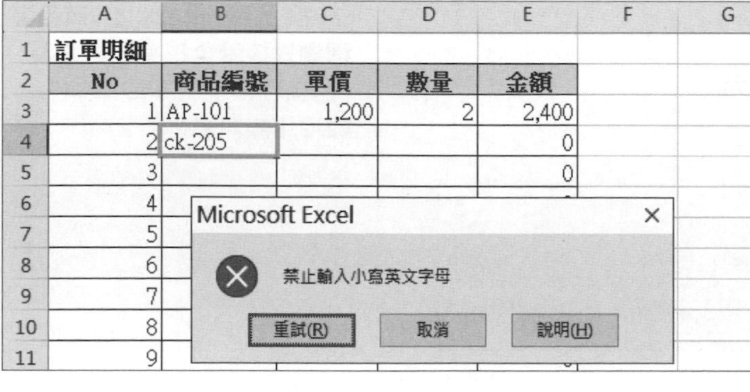

	A	B	C	D	E	F	G
1	訂單明細						
2	No	商品編號	單價	數量	金額		
3	1	AP-101	1,200	2	2,400		
4	2	ck-205			0		
5	3				0		
6	4						
7	5						
8	6						
9	7						
10	8						
11	9						

② 在**商品編號**欄輸入包含小寫英文字母的資料，就會顯示錯誤訊息

=EXACT(字串 1, 字串 2)	→ 06-31
=UPPER(字串)	→ 06-51

關聯項目 【06-31】檢查兩個字串是否相等

11-19 禁止在同一欄中輸入重複的資料

COUNTIF

要避免輸入重複的資料可設定「輸入的資料只能在同一欄出現一次」的條件。這個範例要禁止在「員工編號」欄輸入相同的資料。在 COUNTIF 函數的引數「條件範圍」以絕對參照的方式指定「員工編號」欄的儲存格，再於「條件」引數以相對參照的方式，指定「員工編號」欄的開頭儲存格。

▶ 禁止輸入相同的員工編號

① 選取**員工編號**欄的儲存格，再參考【**11-15**】的說明開啟**資料驗證**交談窗。在**設定**頁次的**儲存格內允許**欄位點選**自訂**，再於**公式**欄輸入條件式。切換到**錯誤提醒**頁次輸入警告訊息，按下**確定**鈕

=COUNTIF($B$3:$B$12,B3)=1

條件範圍　條件

	A	B	C	D	E	F
1	公司內部講座申請人					
2	No	員工編號	姓名			
3	1	1234	張信達			
4	2	9876	施定諺			
5	3	1234				
6	4					
7	5					
8	6					
9	7					
10	8					
11	9					

Microsoft Excel

已經有相同的資料了。

重試(R)　取消　說明(H)

② 在**員工編號**欄輸入重複的資料，就會顯示錯誤訊息

=COUNTIF(條件範圍,條件) → 02-30

關聯項目 【03-25】檢查表格中所有重複輸入的資料

11-20 從清單中選取要輸入的資料

資料驗證交談窗也能設定成以**清單**輸入的模式。先在空白儲存格輸入要於清單中顯示的資料，再將該儲存格範圍新增為清單的選項。如果該儲存格位於同一張工作表，可利用「=儲存格範圍」的方式新增，如果位於其他工作表，可利用「=工作表名稱!儲存格範圍」的格式新增。

▶ 設定為從清單選取課程的輸入模式

	A	B	C	D	E
1	會員名單				課程
2	No	姓名	課程		瑜珈
3	1				舞蹈
4	2				游泳
5	3				
6	4				
7	5				
8	6				

輸入選項

① 先在空白儲存格輸入課程項目 (範例選擇的是 E2～E4 儲存格)。接著選取要以清單方式輸入內容的**課程**欄，再參考【11-15】的說明開啟**資料驗證**交談窗

資料驗證 ? ×
設定 | 輸入訊息 | 錯誤提醒 | 輸入法模式
資料驗證準則
儲存格內允許(A): 清單
☑ 忽略空白(B)
☑ 儲存格內的下拉式清單(I)
資料(D): 介於
來源(S): =$E$2:$E$4
☐ 將所做的改變套用至所有具有相同設定的儲存格(P)
全部清除(C) | 確定 | 取消

② 在**設定**頁次的**儲存格內允許**點選**清單**，再點選**來源**欄位。此時會顯示滑鼠游標，請拖曳選取 E2～E4 儲存格，以絕對參照的方式輸入「=$E$2:$E$4」後，按下**確定**鈕。此外，如果清單的選項位於另一張工作表，可在**來源**欄位顯示滑鼠游標後，切換工作表再拖曳選取儲存格

=$E$2:$E$4

	A	B	C	D	E
1	會員名單				課程
2	No	姓名	課程		瑜珈
3	1	張佳淩	瑜珈		舞蹈
4	2	戴子茹	舞蹈 ▼		游泳
5	3		瑜珈		
6	4		舞蹈		
7	5		游泳		
8	6				

③ 點選**課程**欄的儲存格就會顯示「▼」鈕。按下這個鈕就會開啟清單，從中選取要輸入的資料

11-21 讓清單的項目隨著新增的資料擴增

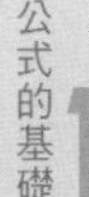

OFFSET／COUNTA

【11-20】完成了使用清單輸入資料的設定，本節希望在增加課程項目時，自動讓新增的項目加到清單中。想要如此改良，可在設定**來源**時，使用 OFFSET 函數將開頭的 E2 儲存格到資料筆數的儲存格範圍設成輸入選項的範圍。

▶ 自動新增清單項目

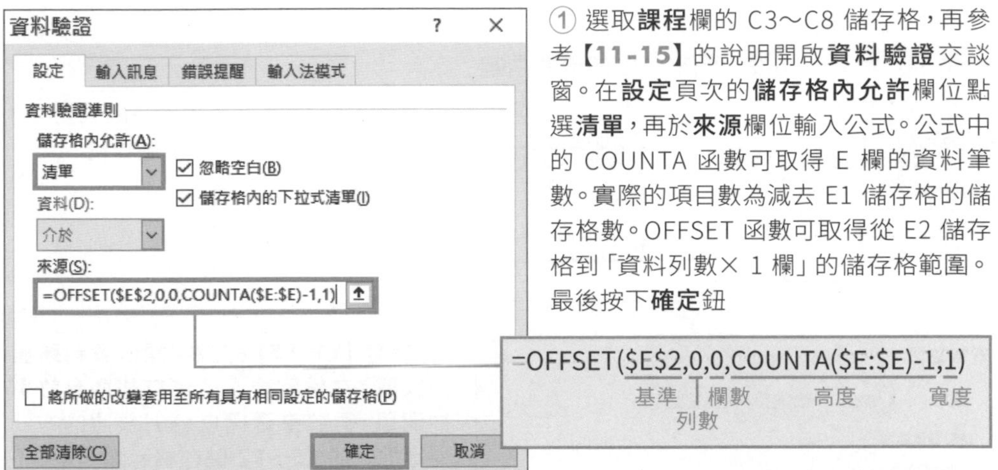

① 選取**課程**欄的 C3～C8 儲存格，再參考【11-15】的說明開啟**資料驗證**交談窗。在**設定**頁次的**儲存格內允許**欄位點選**清單**，再於**來源**欄位輸入公式。公式中的 COUNTA 函數可取得 E 欄的資料筆數。實際的項目數為減去 E1 儲存格的儲存格數。OFFSET 函數可取得從 E2 儲存格到「資料列數× 1 欄」的儲存格範圍。最後按下**確定**鈕

	A	B	C	D	E
1	會員名單				課程
2	No	姓名	課程		瑜珈
3	1	張佳淩	瑜珈		舞蹈
4	2	戴子茹	舞蹈		游泳
5	3		瑜珈		
6	4		舞蹈 游泳		
7	5				
8	6				
9					

	A	B	C	D	E
1	會員名單				課程
2	No	姓名	課程		瑜珈
3	1	張佳淩	瑜珈		舞蹈
4	2	戴子茹	舞蹈		游泳
5	3		瑜珈 舞蹈		油畫
6	4		游泳		水彩畫
7	5		油畫		
8	6		水彩畫		
9					

② 如此一來，就能以清單方式顯示**課程**欄的資料。在**課程**欄新增課程項目後，該課程就會自動新增到清單中

=OFFSET(基準, 列數, 欄數, [高度], [寬度])	→ 07-24
=COUNTA(值 1, [值 2]…)	→ 02-27

關聯項目 【07-55】依新增的資料自動擴大名稱的參照範圍

11-22 希望在選取「地區」欄的資料後，自動帶出「門市」欄的資料

INDIRECT

此範例要讓「門市」欄的清單內容隨著「地區」欄的內容切換，也就是在「地區」欄的輸入清單選擇「關東」時，「門市」欄的輸入清單只顯示關東的門市，在「地區」欄的輸入清單選擇「關西」時，「門市」欄的輸入清單只顯示關西的門市。首先，要在輸入門市選項的儲存格範圍輸入「關東」與「關西」的地區名稱，再利用 INDIRECT 函數參照與地區對應的儲存格範圍。

▶ 依照「地區」切換「門市」欄的清單內容

	A	B	C	D	E	F
1	新進員工名單				門市清單	
2	姓名	地區	門市		關東	關西
3	市川　陽介				青山店	大阪店
4	小谷　浩				浦和店	京都店
5	田代　京香				柏店	神戶店
6	西村　萌				橫濱店	
7	山田　大地					
8						

先輸入各地區的項目

① 首先輸入要在清單中顯示的項目。接著，選取**地區**欄的 B3～B7 儲存格

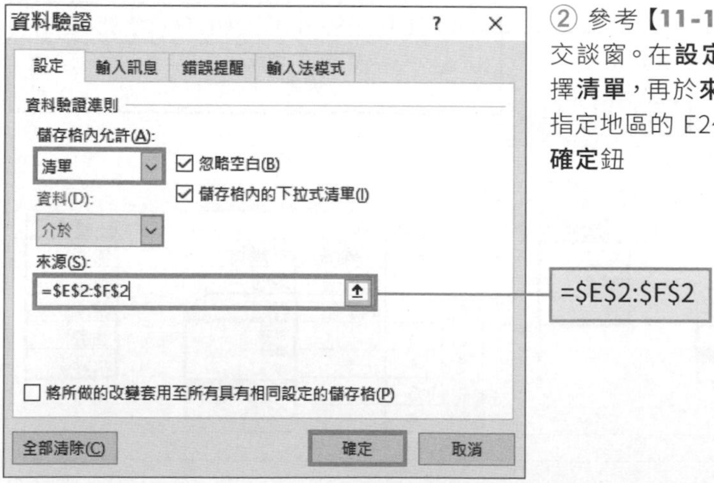

資料驗證 ? ×

設定 | 輸入訊息 | 錯誤提醒 | 輸入法模式

資料驗證準則

儲存格內允許(A): 清單　☑ 忽略空白(B)

資料(D): 介於　☑ 儲存格內的下拉式清單(I)

來源(S): =$E$2:$F$2

☐ 將所做的改變套用至所有具有相同設定的儲存格(P)

全部清除(C)　確定　取消

=$E$2:$F$2

② 參考**【11-15】**的說明開啟**資料驗證**交談窗。在**設定**頁次的**儲存格內允許**選擇**清單**，再於**來源**欄以絕對參照的方式指定地區的 E2～F2 儲存格範圍，再按下**確定**鈕

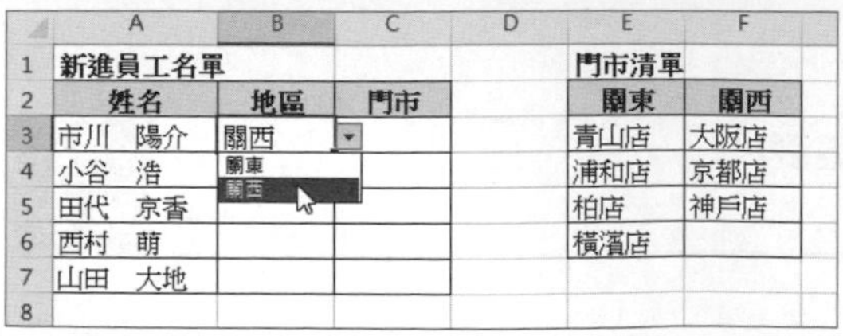

	A	B	C	D	E	F
1	新進員工名單				門市清單	
2	姓名	地區	門市		關東	關西
3	市川　陽介	關西			青山店	大阪店
4	小谷　浩	關東			浦和店	京都店
5	田代　京香	關西			柏店	神戶店
6	西村　萌				橫濱店	
7	山田　大地					
8						

③ 這樣就能在清單中選取要輸入的地區名稱。請在 B3 儲存格的清單中選擇**關西**

關東 | 青山店

	A	B	C	D	E	F
1	新進員工名單				門市清單	
2	姓名	地區	門市		關東	關西
3	市川　陽介	關西			青山店	大阪店
4	小谷　浩				浦和店	京都店
5	田代　京香				柏店	神戸店
6	西村　萌				橫濱店	
7	山田　大地					
8						

④ 接著替門市清單項目的儲存格命名，請選取 E3～E6 儲存格，再於**名稱方塊**輸入「關東」並按下 Enter 鍵。接著以相同的步驟將 F3～F5 儲存格命名為「關西」

	A	B	C	D	E	F
1	新進員工名單				門市清單	
2	姓名	地區	門市		關東	關西
3	市川　陽介	關西			青山店	大阪店
4	小谷　浩				浦和店	京都店
5	田代　京香				柏店	神戸店
6	西村　萌				橫濱店	
7	山田　大地					
8						

⑤ 選取**門市**欄的 C3～C7 儲存格，再參考【11-15】的說明開啟**資料驗證**交談窗

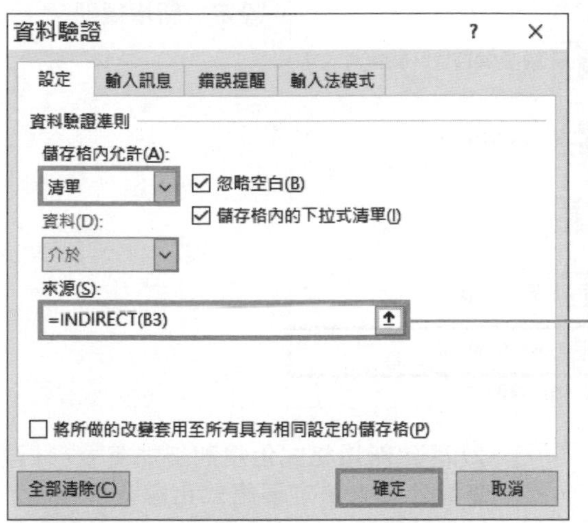

⑥ 在**設定**頁次的**儲存格內允許**選擇**清單**，再於**來源**欄位輸入公式。「=INDIRECT(B3)」會將 B3 儲存格的字串視為名稱，參照與該名稱對應的儲存格範圍。引數的「B3」是以相對參照的方式指定，接著，按下**確定**鈕

	A	B	C	D	E	F
1	新進員工名單				門市清單	
2	姓名	地區	門市		關東	關西
3	市川　陽介	關西			青山店	大阪店
4	小谷　浩		大阪店		浦和店	京都店
5	田代　京香		京都店		柏店	神戸店
6	西村　萌		神戸店		橫濱店	
7	山田　大地					
8						

⑦ 由於 B3 儲存格的值為「關西」，所以 C3 儲存格會顯示關西的門市。此外，如果在 B3 儲存格為空白的狀態下，進行步驟 ⑥ 的設定會顯示警告訊息，但可以不予理會，繼續後面的設定

=INDIRECT(參照的字串, [參照格式]) → 07-53

關聯項目【11-21】讓清單的項目隨著新增的資料擴增

11-23 替前三名的成績設定顏色

LARGE

利用**條件式格式設定**功能指定條件式，就能在符合該條件式的儲存格套用顏色或框線等格式。此範例要替前三高的分數設定顏色。

▶ 替前三名的成績設定顏色

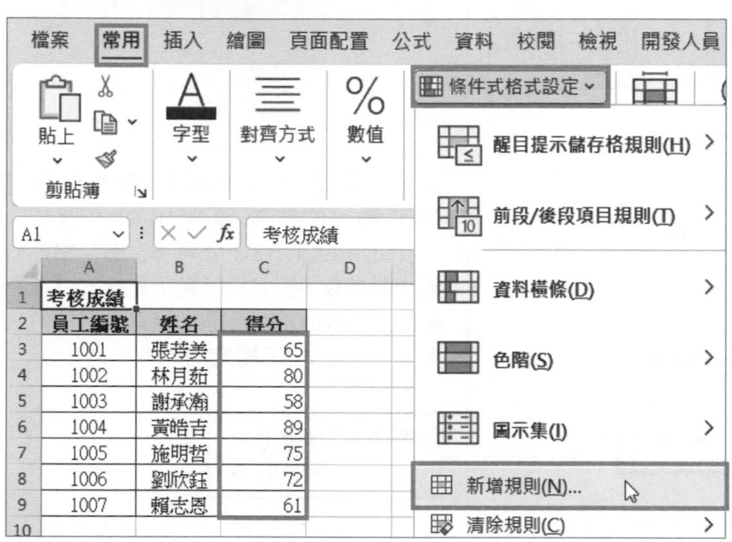

① 先選取要設定條件式格式的 C3～C9 儲存格，再按下**常用**頁次**樣式**區的**條件式格式設定→新增規則**

新增格式化規則

選取規則類型(S):

- ▶ 根據其值格式化所有儲存格
- ▶ 只格式化包含下列的儲存格
- ▶ 只格式化排在最前面或最後面的值
- ▶ 只格式化高於或低於平均的值
- ▶ 只格式化唯一或重複的值
- ▶ 使用公式來決定要格式化哪些儲存格

編輯規則說明(E):

格式化在此公式為 True 的值(O):

=C3>=LARGE($C$3:$C$9,3)

預覽: 未設定格式 格式(F)...

確定 取消

② 開啟**新增格式化規則**交談窗後，點選**使用公式來決定要格式化哪些儲存格**，就會顯示輸入公式的欄位，請在此輸入條件式。如果要像本範例在多個儲存格設定條件式格式，可對開頭的儲存格輸入條件式，也就是「C3」的部分以相對參照的方式輸入，「$C$3:$C$9」的部分以絕對參照的方式指定，接著按下**格式**鈕

=C3>=LARGE($C$3:$C$9,3)

在 C3～C9 儲存格中，第三名的數值

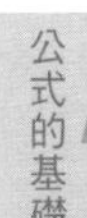

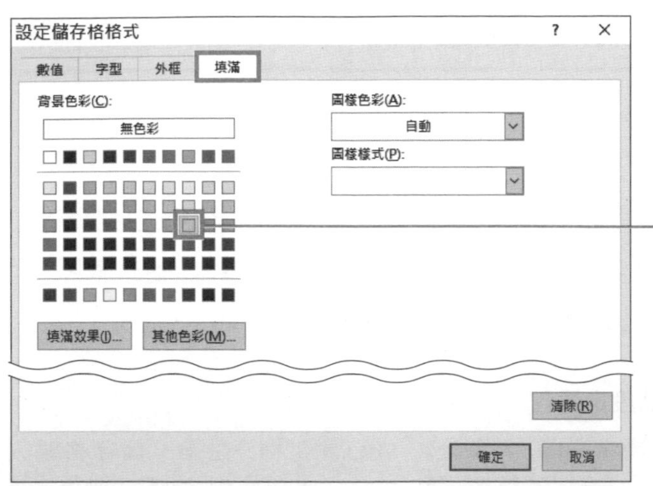

③ 開啟**設定儲存格格式**交談窗，在**填滿**頁次選取顏色後，按下**確定**鈕。此時會回到步驟 ② 的畫面，請按下**確定**鈕關閉畫面

	A	B	C	D	E	F
1	考核成績					
2	員工編號	姓名	得分			
3	1001	張芳美	65			
4	1002	林月茹	80			
5	1003	謝承瀚	58			
6	1004	黃皓吉	89			
7	1005	施明哲	75			
8	1006	劉欣鈺	72			
9	1007	賴志恩	61			

④ 「得分」欄前三名的數值套用顏色了

=LARGE(範圍, 順序) → 04-25

Memo

- 「LARGE($C$3:$C$9,3)」可從 C3～C9 儲存格的數值找出第三名的數值。以此範例而言，第三名的數值為「75」。換言之，在步驟 ② 指定的條件式為「=C3>=75」。C3 儲存格的數值為 65，不符合條件式的條件，所以不會套用顏色。
- 以相對參照指定的「C3」會在 C4 儲存格往下移一格，所以公式會變成「=C4>=LARGE($C$3:$C$9,3)」，而 C4 儲存格的數值為 80，符合條件式的設定，所以在儲存格套用顏色。
- 如果要解除條件式格式設定，可選取儲存格，再從**常用**頁次點選**條件式格式設定**，然後點選**清除規則** → **清除選取儲存格的規則**。
- 要修正條件式格式的條件式或格式，可先選取儲存格，再從**常用**頁次點選**條件式格式設定** → **管理規則**。開啟視窗後，點選要編輯的條件，再按下**編輯規則**鈕。

11-24 自動替行程表的週六、週日標示顏色

TEXT

此範例要依照星期將行程表自動上色，如果是週六就填滿藍色、週日則填滿淡橘色。輸入條件式時，將條件判斷和目標星期的欄編號 B 欄設為絕對參照，而列編號則設為相對參照，這是對整列上色的關鍵。

▶ 替週六與週日所在的列自動設定顏色

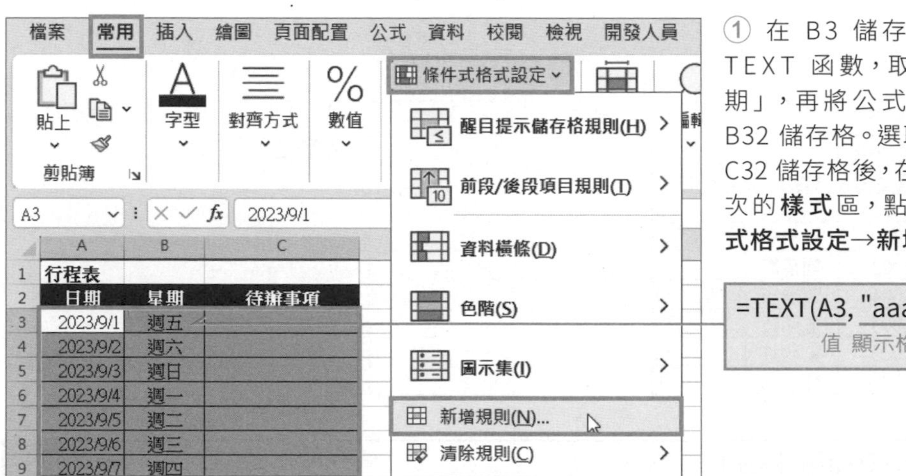

① 在 B3 儲存格輸入 TEXT 函數，取得「星期」，再將公式複製到 B32 儲存格。選取 A3～C32 儲存格後，在**常用**頁次的**樣式**區，點選**條件式格式設定→新增規則**

新增格式化規則 ? ×

選取規則類型(S):

- ▶ 根據其值格式化所有儲存格
- ▶ 只格式化包含下列的儲存格
- ▶ 只格式化排在最前面或最後面的值
- ▶ 只格式化高於或低於平均的值
- ▶ 只格式化唯一或重複的值
- ▶ 使用公式來決定要格式化哪些儲存格

編輯規則說明(E):

格式化在此公式為 True 的值(O):

=$B3="週六"

預覽: 未設定格式 格式(F)...

確定 取消

=$B3="週六"

② 開啟**新增格式化規則**交談窗後，點選**使用公式來決定要格式化哪些儲存格**，再輸入判斷是否為週六的條件式。B3 儲存格要以「$B3」這種固定欄的複合參照指定。按下**格式**鈕，切換到**填滿**頁次，選擇淡藍色，再按下**確定**鈕

	A	B	C	D
1	行程表			
2	日期	星期	待辦事項	
3	2023/9/1	週五		
4	2023/9/2	週六		
5	2023/9/3	週日		

週六變成藍色了

③ 週六所在的列會填入淡藍色。接著在 A3:C32 儲存格範圍為選取的狀態下，再次執行**條件式格式設定→新增規則**

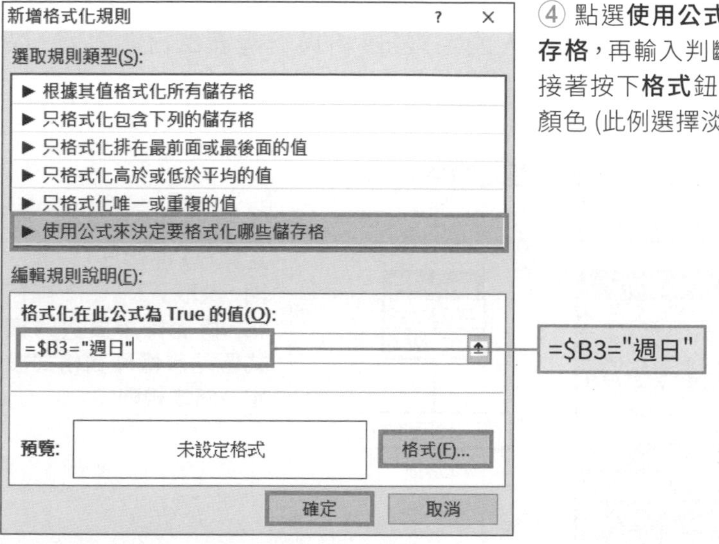

④ 點選**使用公式來決定要格式化哪些儲存格**，再輸入判斷是否為週日的條件式。接著按下**格式**鈕，切換到**填滿**頁次，選取顏色 (此例選擇淡橘色)，最後按下**確定**鈕

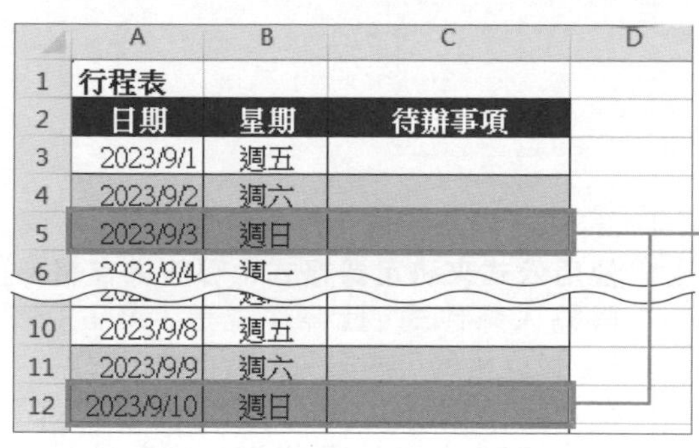

週日變成淡橘色

由於本書為套色印刷，請開啟範例檔案來查看自動填入的顏色

⑤ 週日也自動套用顏色了

=TEXT(值, 顯示格式) → 06-53

> **Memo**
>
> • 如果不想在行程表增設**星期**欄位，可使用 WEEKDAY 函數從 A 欄的日期取得星期的編號。此時可將步驟 ② 與步驟 ④ 的公式修改成下列的內容。
>
> 步驟 ②：=WEEKDAY($A3)=1
> 步驟 ④：=WEEKDAY($A3)=7

關聯項目 【11-25】自動替行程表的國定假日設定顏色

11-25 自動替行程表的國定假日設定顏色

COUNTIF

在此要進一步替【11-24】的範例，新增國定假日的填色，將國定假日填入與週日相同的顏色。首先在空白儲存格輸入國定假日，再與行程表的日期對照，以判斷是否要套用顏色。

▶ 除了週六、週日外，也要替國定假日設定顏色

	A	B	C	D	E	F
1	行程表					
2	日期	星期	待辦事項		國定假日	
3	2023/9/1	週五			2023/9/29	
4	2023/9/2	週六			2023/9/30	
5	2023/9/3	週日				
6	2023/9/4	週一				
7	2023/9/5	週二				
8	2023/9/6	週三				
9	2023/9/7	週四				
10	2023/9/8	週五				
11	2023/9/9	週六				
12	2023/9/10	週日				
13	2023/9/11	週一				
14	2023/9/12	週二				
15	2023/9/13	週三				

輸入國定假日

① 在空白儲存格輸入國定假日、連休日、…等日期。選取 A3～C32 儲存格，再從**常用**頁次的**樣式**區點選**條件式格式設定→新增規則**

新增格式化規則 ? ×

選取規則類型(S):

▶ 根據其值格式化所有儲存格
▶ 只格式化包含下列的儲存格
▶ 只格式化排在最前面或最後面的值
▶ 只格式化高於或低於平均的值
▶ 只格式化唯一或重複的值
▶ 使用公式來決定要格式化哪些儲存格

編輯規則說明(E):

格式化在此公式為 True 的值(O):

=COUNTIF($E$3:$E$4,$A3)>=1

預覽: 未設定格式 格式(F)...

確定 取消

② 開啟**新增格式化規則**交談窗後，點選**使用公式來決定要格式化哪些儲存格**，再輸入條件式。此條件式是「當 E3～E4 儲存格的日期與 A3 儲存格的日期，有超過一個以上相同的日期」，重點在於「$E$3:$E$4」要指定成絕對參照，「$A3」要指定為固定欄的複合式參照。接著按下**格式**鈕，設定與週日相同的顏色再按下**確定**鈕

=COUNTIF($E$3:$E$4,$A3)>=1

條件範圍 條件

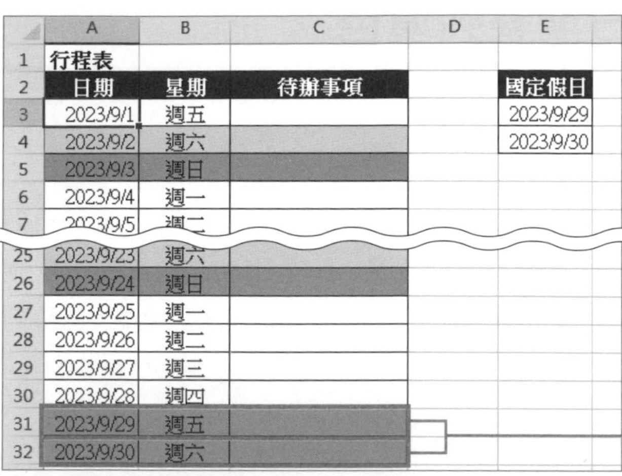

	A	B	C	D	E
1	行程表				
2	日期	星期	待辦事項		國定假日
3	2023/9/1	週五			2023/9/29
4	2023/9/2	週六			2023/9/30
5	2023/9/3	週日			
6	2023/9/4	週一			
7	2023/9/5	週二			
25	2023/9/23	週六			
26	2023/9/24	週日			
27	2023/9/25	週一			
28	2023/9/26	週二			
29	2023/9/27	週三			
30	2023/9/28	週四			
31	2023/9/29	週五			
32	2023/9/30	週六			

國定假日變成淡橘色了

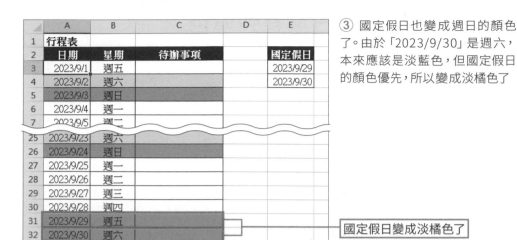

③ 國定假日也變成週日的顏色了。由於「2023/9/30」是週六，本來應該是淡藍色，但國定假日的顏色優先，所以變成淡橘色了

=COUNTIF(條件範圍, 條件) → 02-30

Memo

- 在相同的儲存格設定週六、週日與國定假日這三種條件時，最優先的國定假日條件要最後設定。愈後面設定的條件愈優先，所以當國定假日也是週六時，會顯示國定假日的顏色而不是週六的顏色。此外，週六與週日不會重疊，所以哪一個先設定都可以。
- 點選**常用**頁次的**條件式格式設定**，再點選**管理規則**，開啟**設定格式化的條件規則管理員**交談窗，即可確認條件的優先順序。愈上方的條件，優先順序愈高。以此範例而言，國定假日的條件位於最上方。如果不小心弄錯順序，可先選取要移動的規則，再按下**上移**(▲) 鈕或是**下移**(▼) 鈕，調整優先順序。

關聯項目 【11-24】自動替行程表的週六、週日標示顏色

11-26 開啟活頁簿時，自動將當天日期整列填色

TODAY

要利用**條件式格式設定**替行程表的「今天」自動套用顏色，可以在今天的日期與 TODAY 函數的結果一致時，才替整列套用顏色。輸入條件的重點在於以絕對參照的方式設定日期的欄編號 A，再以相對參照的方式參照列編號，替整列套用顏色。

▶ 替行程表的「今天」套用顏色

① 選取行程表的 A3～C33 儲存格，再參考【11-23】的說明開啟**新增格式化規則**交談窗。點選**使用公式來決定要格式化哪些儲存格**，輸入條件式，指定要填滿的顏色再按下**確定**鈕

=$A3=TODAY()
今天

	A	B	C	D
1	行程表			
2	日期	星期	待辦事項	
3	2023/8/1	週二		
4	2023/8/2	週三		
5	2023/8/3	週四		
15	2023/8/13	週日		
16	2023/8/14	週一		
17	2023/8/15	週二		
18	2023/8/16	週三		
19	2023/8/17	週四		

② 「今天」(開啟檔案的當天) 整列都套用顏色了

當你開啟此範例檔案時，會與書上的畫面不同，請先自行修改行程表中的日期，才能看到執行後的結果

=TODAY( ) ➜ 05-03

11-27 每隔一列，套用一次顏色

MOD／ROW

要每隔一列套用一次顏色，可利用列編號除以 2 的餘數當作條件式格式設定的條件，利用此條件替儲存格填色。如果餘數為「1」，就會在奇數的列編號套用顏色，如果餘數為「0」，就會在偶數的列編號套用顏色。

▶ 每隔一列自動填色

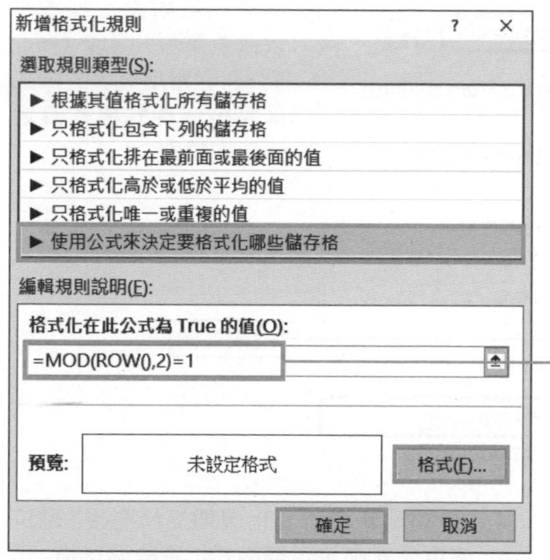

① 選取 A3～D49 儲存格，再參考【**11-23**】的說明開啟**新增格式化規則**交談窗。點選**使用公式來決定要格式化哪些儲存格**，輸入條件式，指定要填滿的顏色，再按下**確定**鈕

=MOD(ROW(),2)=1
將列編號除以 2，並求得餘數

	A	B	C	D	E
1	各地區經費補助				
2	No	地區	老人津貼	急難補助	
3	1	基隆市中山區	3,094,000	2,087,900	
4	2	基隆市中正區	3,668,600	1,965,400	
5	3	基隆市仁愛區	3,297,200	2,387,200	
6	4	台北市士林區	4,276,800	2,011,300	
7	5	台北市大同區	4,320,400	2,369,400	
8	6	台北市大安區	5,039,600	2,638,400	
9	7	台北市中山區	4,405,400	1,840,800	
10	8	台北市中正區	6,874,200	3,414,300	
11	9	台北市內湖區	3,945,400	1,717,900	

② 每隔 1 列，套用一次顏色了

=MOD(數值, 除數) → 04-36
=ROW([參照]) → 07-57

11-28 在已經輸入資料的儲存格自動套用框線

OR

本節要利用**條件式格式設定**在已經輸入資料的儲存格範圍自動套用框線。可使用 OR 函數從各列找出內容非空白字串「""」的儲存格。

▶ 在已經輸入資料的範圍自動套用框線

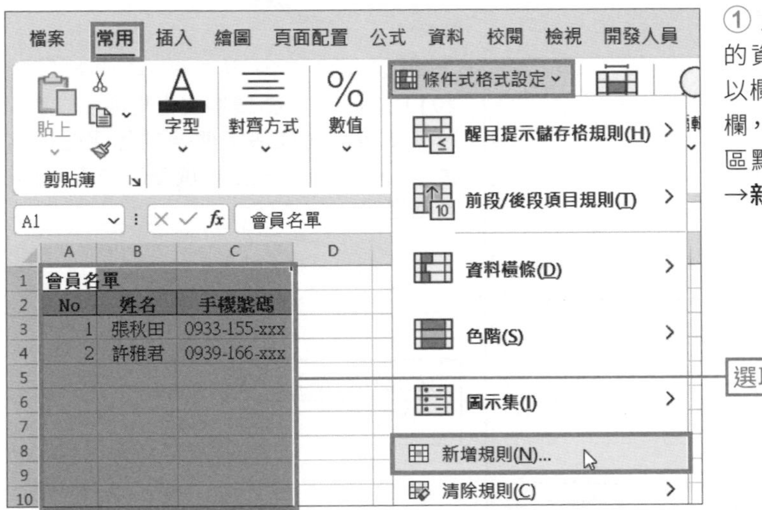

① 此範例想替會員名單的資料自動設定框線。以欄為單位，選取 A～C 欄，再從**常用**頁次的**樣式**區點選**條件式格式設定→新增規則**

新增格式化規則

選取規則類型(S):

- ▶ 根據其值格式化所有儲存格
- ▶ 只格式化包含下列的儲存格
- ▶ 只格式化排在最前面或最後面的值
- ▶ 只格式化高於或低於平均的值
- ▶ 只格式化唯一或重複的值
- ▶ 使用公式來決定要格式化哪些儲存格

編輯規則說明(E):

格式化在此公式為 True 的值(O):

=OR($A1:$C1<>"")

預覽: 未設定格式 格式(F)...

確定 取消

② 開啟**新增格式化規則**交談窗後，點選**使用公式來決定要格式化哪些儲存格**，再輸入條件式。此條件式的意思是「在 A1～C1 儲存格中至少有一個儲存格不是空白」，以「$A1:$C1」這種只固定欄的複合參照指定，就能設定「在 A 欄～ C 欄的儲存格中，至少有一個儲存格不是空白」的條件。接著按下**格式**鈕

=OR($A1:$C1<>"")

A1～C1 儲存格至少有一個儲存格不是空白

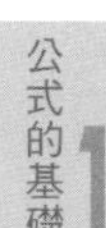

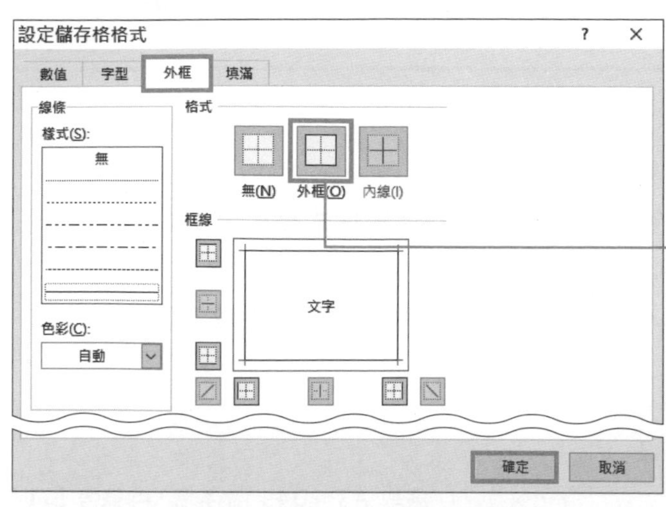

③ 開啟**設定儲存格格式**交談窗後，在**外框**頁次點選**外框**，再按下**確定**鈕。回到步驟②的畫面後，再按下**確定**鈕關閉畫面

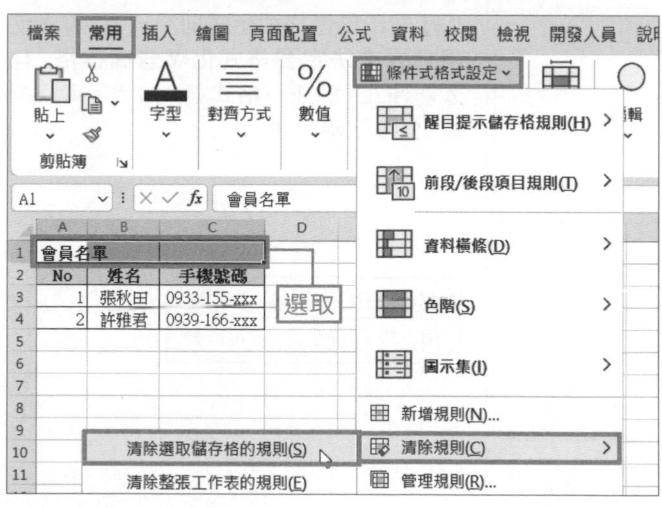

④ 輸入資料的範圍 (A1～C4 儲存格) 套用框線了。選取 A1～C1 儲存格，再從**常用**頁次點選**條件式格式設定**，接著點選**清除規則→清除選取儲存格的規則**，解除第 1 列的條件式格式設定

	A	B	C	D	E
1	會員名單				
2	No	姓名	手機號碼		
3	1	張秋田	0933-155-xxx		
4	2	許雅君	0939-166-xxx		
5	3				

⑤ 在新的列輸入資料後，該列就會自動套用框線

=OR(條件式 1, [條件式 2]…) → 03-09

Memo

- Excel 2019 之後的版本，可在選取 A～ C 欄後，按住 Ctrl 鍵再拖曳選取 A1～C1 儲存格，就能解除 A1～C1 儲存格的選取。在這種狀態下進行條件式格式設定，就不需要在設定完成後，解除 A1～C1 儲存格的條件式格式。

關聯項目 【05-57】在行程表中自動繪製框線

11-29 每隔 5 列，將框線設為實線

MOD／ROW

此範例已經先將表格設定為虛線框線，希望利用**條件式格式設定**「每隔 5 列，更換框線種類」。由於範例的資料列是從第 3 列開始，所以要在第 7、12、17 列的下方加上實線框線，換句話說，就是將列編號除以 5，餘數為「2」的時候，將下框線設成實線。

▶ 每隔 5 列，將框線設為實線

=MOD(ROW(), 5)=2
用 5 除以列編號，求得餘數

① 選取 A3～D49 儲存格，再參考【11-23】開啟**新增格式化規則**交談窗，選擇**使用公式來決定要格式化哪些儲存格**，輸入條件式，再按下**格式**鈕，指定下實線框線，並按下**確定**鈕

	A	B	C	D	E
1	各地區經費補助				
2	No	地區	老人津貼	急難補助	
3	1	基隆市中山區	[illegible]	2,087,900	
12	10	台北市北投區	[illegible]	[illegible]	
13	11	台北市松山區	5,133,400	2,152,400	
14	12	台北市信義區	3,296,000	2,122,200	
15	13	台北市萬華區	3,273,800	2,194,800	
16	14	新北市板橋區	4,919,000	1,634,300	
17	15	新北市林口區	2,765,600	1,478,500	
18	16	新北市泰山區	3,621,400	2,419,500	

② 每隔 5 列的框線變成實線了

=MOD(數值, 除數)	→ 04-36
=ROW([參照])	→ 07-57

1 公式的基礎
2 表格的彙總
3 條件判斷
4 數值處理
5 日期與時間
6 字串的操作
7 表格的搜尋
8 統計計算
9 財務計算
10 數學計算
11 函數組合

11-30 在表格新增資料後，自動加入圖表中

OFFSET／COUNTA／SERIES

選取圖表中的資料數列，**資料編輯列**就會顯示 SERIES 函數的公式。這個函數是定義圖表資料數列的函數。這個範例利用 SERIES 函數與名稱建立了在表格新增資料後，資料自動新增到圖表的機制。此範例的資料是從工作表第 3 列開始的連續資料。

▶ 在表格新增資料後，讓資料自動新增至圖表

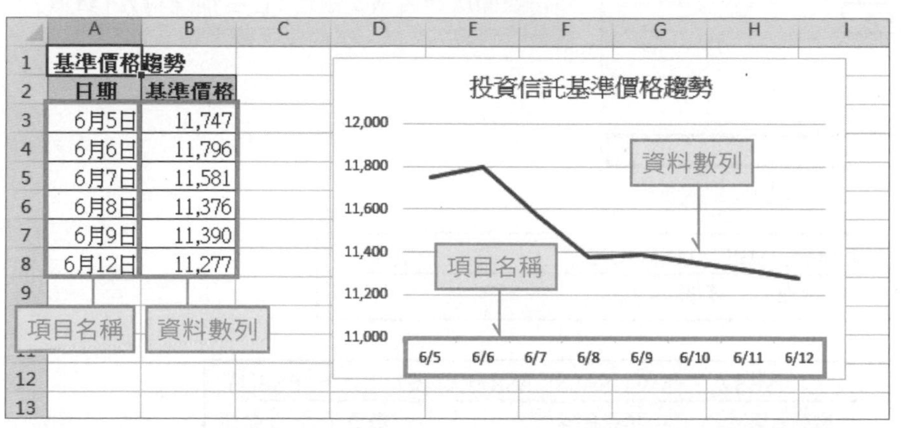

① 此範例根據 A2～B8 儲存格的資料新增折線圖。A3～A8 儲存格的日期為水平軸項目，B3～B8 儲存格的數值為資料數列。希望在表格結尾新增資料時，資料能自動新增到折線圖中

② 為了替圖表資料來源的儲存格命名，請在**公式**頁次的**已定義之名稱**按下**定義名稱**鈕

新名稱
名稱(N): 日期
範圍(S): 活頁簿
註解(O):
參照到(R): =OFFSET(工作表1!$A$3,0,0,COUN
確定 取消

=OFFSET(工作表1!$A$3,0,0,COUNTA(工作表1!$A:$A)-2)
基準 列數 欄數 高度

③ 開啟**新名稱**交談窗後，將項目名稱的儲存格範圍命名為「日期」。此時要設定成當有新資料增加時，名稱的參照範圍會自動擴展。請在**名稱**欄輸入「日期」，在**參照到**輸入公式，最後按下**確定**鈕。公式的說明請參考【07-55】

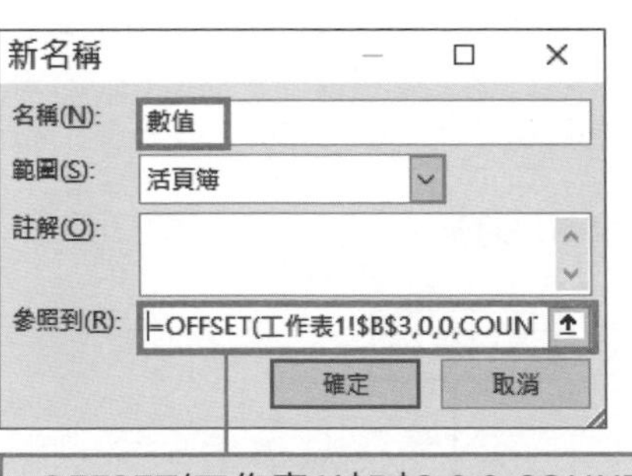

=OFFSET(工作表1!$B$3,0,0,COUNTA(工作表1!$B:$B)-1)
基準 列數 欄數 高度

④ 接著要將資料數列的儲存格範圍命名為「數值」。請再次開啟**新名稱**交談窗，在**名稱**欄輸入「數值」，在**參照到**輸入公式，然後按下**確定**鈕

=SERIES(工作表1!$B$2,工作表1!$A$3:$A$8,工作表1!$B$3:$B$8,1)
數列名稱 項目名稱 數值 順序

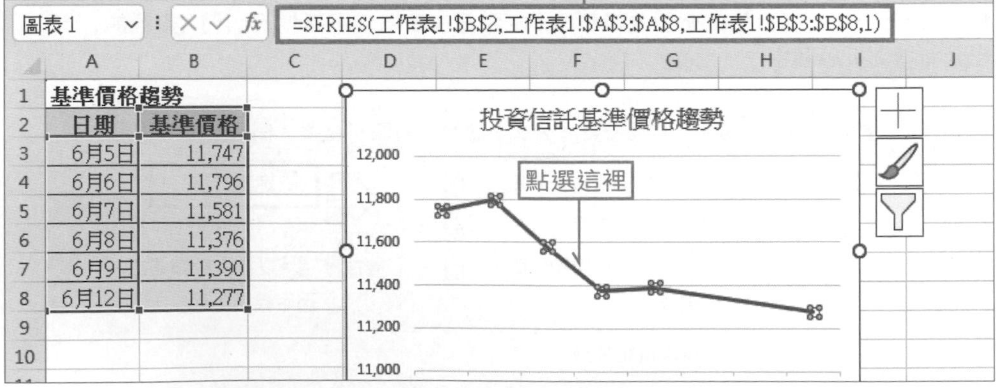

⑤ 點選圖表的折線即可選取資料數列。此時可在**資料編輯列**確認 SERIES 函數的內容。這個函數可用來定義資料數列，第 2 個引數指定了項目名稱的儲存格範圍，第 3 個引數指定了資料數列的儲存格範圍

=SERIES(工作表1!$B$2,工作表1!日期,工作表1!數值,1)

數列名稱　項目名稱　數值　順序

圖表 1　=SERIES(工作表1!$B$2,工作表1!日期,工作表1!數值,1)

	A	B
1	基準價格趨勢	
2	日期	基準價格
3	6月5日	11,747
4	6月6日	11,796
5	6月7日	11,581
6	6月8日	11,376

投資信託基準價格趨勢

點選這裡

⑥ 將引數「項目名稱」指定的「工作表1!$A$3:$A$8」變更為「工作表1!日期」。此外，引數「數值」的「工作表1!$B$3:$B$8」也變更為「工作表1!數值」。由於 SERIES 函數的引數無法指定其他的函數，所以在 OFFSET 函數的公式輸入名稱，再將該名稱指定給 SERIES 函數的引數。此外，一旦確定公式，「工作表 1」的部分就會變成活頁簿的名稱

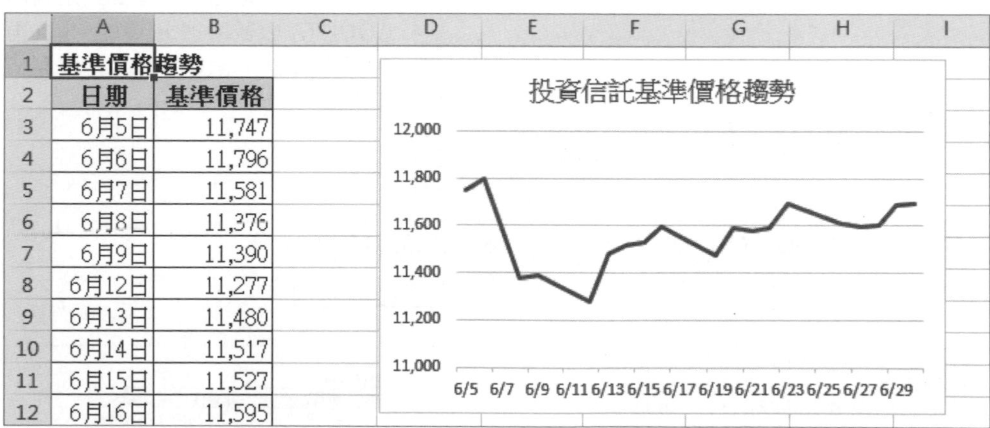

	A	B
1	基準價格趨勢	
2	日期	基準價格
3	6月5日	11,747
4	6月6日	11,796
5	6月7日	11,581
6	6月8日	11,376
7	6月9日	11,390
8	6月12日	11,277
9	6月13日	11,480
10	6月14日	11,517
11	6月15日	11,527
12	6月16日	11,595

⑦ 在表格輸入新資料，該資料就會自動新增至圖表

=OFFSET(基準, 列數, 欄數, [高度], [寬度])	→ 07-24
=COUNTA(值 1, [值 2]…)	→ 02-27

=SERIES(數列名稱, 項目名稱, 數值, 順序)　其他

數列名稱…指定為數列名稱。會在圖表的圖例顯示

項目名稱…指定為項目名稱。會在圖表的項目座標軸顯示

數值…指定為資料數列的數值。在長條圖中，資料數列會是相同顏色的長條，在折線圖則是一條折線

順序…資料數列在長條圖或堆疊長條圖的排列順序

這個函數定義了圖表的資料數列。在圖表選取資料數列，就會在**資料編輯列**顯示。這個函數無法輸入儲存格，而且也無法在引數指定其他的函數或公式。

11-31 只想列印輸入資料的儲存格範圍

OFFSET／COUNTA

將儲存格範圍命名為「Print_Area」，就能讓該儲存格範圍成為唯一的列印對象。此範例只想列印有輸入會員姓名的部份。會員姓名是從 B3 儲存格開始的連續資料。

▶ 只列印輸入了會員姓名的列

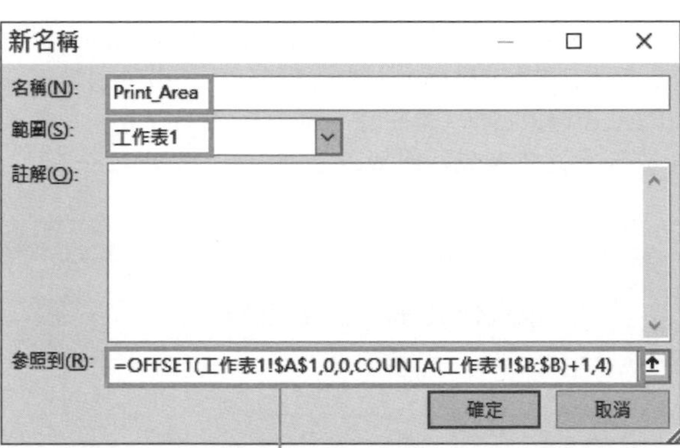

① 參考【11-30】的說明，開啟**新名稱**交談窗，在**名稱**欄輸入「Print_Area」，在**範圍**中選擇目前的工作表名稱，接著在**參照到**輸入公式，然後按下**確定**鈕。這個公式是利用 COUNTA 函數取得 B 欄的列數，再利用 OFFSET 函數自動取得儲存格的列數

=OFFSET(工作表1!$A$1,0,0,COUNTA(工作表1!$B:$B)+1,4)

基準　列數　欄數　高度　寬度

	A	B	C	D	E
1	會員名單				
2	No	會員姓名	出生年月日	地址	
3	1	張修楷	1992/6/18	新北市板橋區	
4	2	黃芊柔	1987/10/3	台北市中正區	
5	3	林秉誠	2001/4/17	新北市中和區	
6	4				
7	5				
8	6				
9	7				

會員名單

No	會員姓名	出生年月日	地址
1	張修楷	1992/6/18	新北市板橋區
2	黃芊柔	1987/10/3	台北市中正區
3	林秉誠	2001/4/17	新北市中和區

② 執行**列印**功能會發現，只有輸入會員姓名的資料會列印出來。如果新增資料，該資料也會列印出來。輸入資料時，資料之間不能有空白列

=OFFSET(基準, 列數, 欄數, [高度], [寬度])	→ 07-24
=COUNTA(值 1, [值 2]…)	→ 02-27

附錄❶ 函數列表

◉函數列表查詢

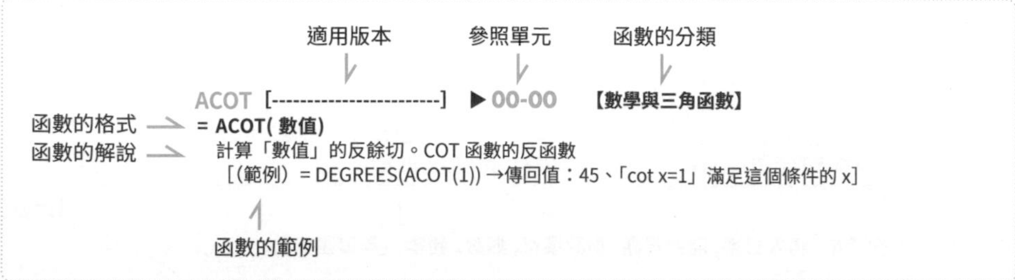

含有「365」版本說明的函數，在 Excel 2021/2019/2016/2013 無法使用。
含有「2021」版本說明的函數，在 Excel 2019/2016/2013 無法使用。
含有「2019」版本說明的函數，在 Excel 2016/2013 無法使用。
含有「2016」版本說明的函數，在 Excel 2013 無法使用。

A

ABS ▶ 04-32 【數學與三角函數】

=ABS(數值)

計算「數值」的絕對值

ACCRINT ▶ 09-41 【財務】

=ACCRINT(發行日, 首次付息日, 結算日, 利率, 面額, 次數, [基準], [計算方式])

計算定期付息債券到結算日為止，所產生的累計利息 (應收而未收利息)

ACCRINTM ▶ 09-57 【財務】

=ACCRINTM(發行日, 結算日, 利率, 面額, [基準])

計算到期付息債券的應付利息

ACOS ▶ 10-20 【數學與三角函數】

=ACOS(數值)

計算「數值」的反餘弦。COS 函數的反函數。

ACOSH ▶ 10-24 【數學與三角函數】

=ACOSH(數值)

計算「數值」的雙曲線反餘弦。COSH 函數的反函數。

ACOT 【數學與三角函數】

=ACOT(數值)

計算「數值」的反餘切。COT 函數的反函數。
（範例） =DEGREES(ACOT(1)) → 傳回值：45、「cot x=1」滿足這個條件的 x

ACOTH 【數學與三角函數】

=ACOTH(數值)

計算「數值」的雙曲線反餘切
（範例） =ACOTH(2.164) →傳回值：0.4999…、「COTH(x)=2.164」計算成立的 x 值

ADDRESS ▶ 07-56 【查閱與參照】

=ADDRESS(列編號, 欄編號, [參照類型], [參照形式], [工作表名稱])

從「列編號」、「欄編號」和「工作表名稱」建立儲存格參照的字串

AGGREGATE ▶ 02-25 【數學與三角函數】

=AGGREGATE(統計方法, 選項, 範圍1, [範圍2]…)

=AGGREGATE(統計方法, 選項, 陣列, 值)

以指定的「統計方法」對「範圍」的資料進行統計。根據「統計方法」的指定，格式會變更。

AMORDEGRC 【財務】

=AMORDEGRC(取得價格, 購入日期, 開始日期, 剩餘價格, 期數, 利率, [年度基準])

計算法國會計系統的折舊費用。根據使用年限來計算適用的折舊係數。

（範例）=AMORDEGRC(A3,B3,C3,D3,E3,F3,1) → 在取得價格（A3 儲存格）、購入日期（B3 儲存格）、開始日期（C3 儲存格）、剩餘價格（D3 儲存格）、期數（E3 儲存格）、利率（F3 儲存格）、年度基準（實際的天數）的條件下，計算法國會計系統的折舊費用

AMORLINC 【財務】

=AMORLINC(取得價格, 購入日期, 開始日期, 剩餘價格, 期數, 利率, [年度基準])

計算法國會計系統的折舊費用

（範例）=AMORDEGRC(A3,B3,C3,D3,E3,F3,1) → 在取得價格（A3 儲存格）、購入日期（B3 儲存格）、開始日期（C3 儲存格）、剩餘價格（D3 儲存格）、期數（E3 儲存格）、利率（F3 儲存格）、年度基準（實際天數）的條件下，計算法國會計系統的折舊費用

AND ▶ 03-07 【邏輯】

=AND(條件式1, [條件式2]…)

當「條件式」全部為 TRUE 時，傳回 TRUE，其他情況則傳回 FALSE

ARABIC ▶ 06-58 【數學與三角函數】

=ARABIC(字串)

將羅馬數字的「字串」轉換為阿拉伯數字

AREAS 【查閱與參照】

=AREAS(參照)

計算指定「參照」所包含區域的數量。「參照」若指定多個儲存格範圍，應以括弧括起來

（範例）=AREAS → 計算「AREAS」參照範圍中包含的區域數量。／ =AREAS((B9:B10,D9:D10)) →傳回值：2

ARRAYTOTEXT ▶ 06-36 【文字】

=ARRAYTOTEXT(陣列, [格式])

根據「格式」建立「陣列」的字串

ASC ▶ 06-50 【文字】

=ASC(字串)

將「字串」中包含的全形字元轉換為半形字元。

ASIN ▶ 10-19 【數學與三角函數】

=ASIN(數值)

計算「數值」的反正弦。SIN 函數的反函數。

ASINH ▶ 10-24 【數學與三角函數】

=ASINH(數值)

計算「數值」的雙曲線反正弦。SINH 函數的反函數

ATAN ▶ 10-21 【數學與三角函數】

=ATAN(數值)

計算「數值」的反正切。TAN 函數的反函數

ATAN2 ▶ 10-22 【數學與三角函數】

=ATAN2(x 座標, y 座標)

從「x 座標」和「y 座標」計算反正切

ATANH ▶ 10-24 【數學與三角函數】

=ATANH(數值)

計算「數值」的雙曲線反正切。TANH 函數的反函數

AVEDEV ▶ 08-09 【統計】

=AVEDEV(數值1, [數值2]…)

計算「數值」的平均偏差

AVERAGE ▶ 02-38 【統計】

=AVERAGE(數值1, [數值2]…)

計算「數值」的平均值

AVERAGEA ▶ 02-39 【統計】

=AVERAGEA(值1, [值2]…)

計算「值」的平均數。字串視為 0，TRUE 視為 1，FALSE 視為 0

AVERAGEIF ▶ 02-40 【統計】

=AVERAGEIF(條件範圍, 條件, [平均範圍])

計算符合「條件」的資料平均值

AVERAGEIFS ▶ 02-41 【統計】

=AVERAGEIFS(平均範圍, 條件範圍1, 條件1, [條件範圍2, 條件2]…)

計算符合「條件」的資料平均值。「條件」可以指定多個

B

BAHTTEXT 【文字】

=BAHTTEXT(數值)

將「數值」轉換成以泰國貨幣「泰銖」的格式
（範例）=BAHTTEXT(123) →傳回值：หนึ่งร้อยยี่สิบสามบาทถ้วน

BASE ▶ 10-35 【數學與三角函數】

=BASE(數值, 基數, [最小長度])

將「十進位」的「數值」轉換為「基數」進位的「最小長度」位數

BESSELI 【工程】

=BESSELI(x, n)

計算第 1 類變形 Bessel 函數 In(x)
（範例）=BESSELI(2.5,0) →傳回值：3.2898…、計算 0 次第一類變形 Bessel 函數 I0(2.5) 的值

BESSELJ 【工程】

=BESSELJ(x, n)

計算第 1 類 Bessel 函數 Jn(x)
（範例）=BESSELJ(2.5,0) →傳回值：-0.048383…、計算 0 次第 1 類 Bessel 函數 I0(2.5) 的值

BESSELK 【工程】

=BESSELK(x, n)

計算 2 類變形 Bessel 函數 K_n(x)
（範例）=BESSELK(2.5,0) → 傳回值：0.062347…、計算 0 次第 2 類變形 Bessel 函數 K_n(2.5)

BESSELY 【工程】

=BESSELY(x, n)

計算第 2 類 Bessel 函數 $Y_n(x)$

（範例）=BESSELY(2.5,0) →傳回值：0.49807…、計算 0 次第 2 類變形 Bessel 函數 $Y_0(2.5)$

BETA.DIST ▶ 08-56 【統計】

=BETA.DIST(x, α, β, 函數格式, [A], [B])

計算 Beta 分布的機率分布或累積分布

BETA.INV 【統計】

=BETA.INV(機率, α, β, [A], [B])

計算 Beta 分布的累積分布函數的反函數值

（範例）=BETA.INV(0.3125,3,2) →傳回值：計算 α=3，β=2 時的 Beta 分布中，累積分布值為 0.3125 的 x 值

BETADIST 【統計（相容性）】

=BETADIST(x, α, β, [A], [B])

計算 Beta 分布的累積分布

（範例）=BETADIST(0.5,3,2) →傳回值：計算 0.3125、α=3、β=2、x=0.5 時的 Beta 分布的累積分布值

BETAINV 【統計（相容性）】

=BETAINV(機率, α, β, [A], [B])

計算 Beta 分布的累積分布函數的反函數值

（範例）=BETA.INV(0.3125,3,2) →傳回值：計算 α=3，β=2 時的 Beta 分布中，累積分布值為 0.3125 的 x 值

BIN2DEC ▶ 10-37 【工程】

=BIN2DEC(數值)

將二進位轉換為十進位

BIN2HEX 【工程】

=BIN2HEX(數值, [位數])

將指定「位數」的二進位數轉換為十六進位數

（範例）=BIN2HEX(11001000) →傳回值：C8 ／ =BIN2HEX(1101,4) → 000D

BIN2OCT 【工程】

=BIN2OCT(數值, [位數])

將指定的「位數」的二進位數轉換為八進位數

（範例）=BIN2OCT(11001000) →傳回值：310 ／ =BIN2OCT(1101,4) → 0015

BINOM.DIST ▶ 08-39 【統計】

=BINOM.DIST(成功次數, 試驗次數, 成功率, 函數格式)

計算二項式分布的機率分布或累積分布

BINOM.DIST.RANGE ▶ 08-41 【統計】

=BINOM.DIST.RANGE(試驗次數, 成功率, 成功次數, [成功次數2])

使用二項分布計算試驗結果的機率

BINOM.INV ▶ 08-42 【統計】

=BINOM.INV(試驗次數, 成功率, 基準值)

計算二項分布累積機率值達到「基準值」以上的最小值

BINOMDIST 【統計（相容性）】

=BINOMDIST(成功數, 試驗次數, 成功率, 函數格式)

計算二項式分布的機率分布或累積分布

（範例）=BINOMDIST(3,5,1/2,FALSE) →傳回值：0.3125、計算在擲硬幣 5 次中，有 3 次是正面的機率

BITAND ▶ 10-40 【工程】

=BITAND(數值1, 數值2)

計算「數值 1」與「數值 2」的位元級別的邏輯交集

BITLSHIFT ▶ 10-41 【工程】

=BITLSHIFT(數值, 位移量)

將「數值」向左移動「位移量」位元

BITOR ▶ 10-40 【工程】

=BITOR(數值1, 數值2)

計算「數值 1」和「數值 2」的位元級別的邏輯和

BITRSHIFT ▶ 10-41 【工程】

=BITRSHIFT(數值, 位移量)

將「數值」向右移動「位移量」位元

BITXOR ▶ 10-40 【工程】

=BITXOR(數值1, 數值2)

計算「數值 1」與「數值 2」的位元級別的排他性邏輯和

BYCOL ▶ 03-37 【邏輯】

=BYRCOL(陣列, Lambda)

將「陣列」的元素逐一用 Lambda 函數進行計算，然後回傳其結果的陣列

BYROW ▶ 03-36 【邏輯】

=BYROW(陣列, Lambda)

將「陣列」的元素逐一用 Lambda 函數進行計算，然後回傳其結果的陣列

C

CEILING 【數學與三角函數（相容性）】

=CEILING(數值, 基準值)

將「數值」捨入為「基準值」的倍數

（範例）=CEILING(10,4) →傳回值：12 ／ =CEILING(-10,4) → -8

CEILING.MATH ▶ 04-48 【數學與三角函數】

=CEILING.MATH(數值, [基準值], [模式])

將「數值」進位至最接近的「基準值」的倍數

CEILING.PRECISE 【數學與三角函數（直接輸入）】

=CEILING.PRECISE(數值, [基準值])

將「數值」四捨五入為「基準值」的倍數。不論數值的正負，都會在數學上捨去較小的部分。這個函數與 ISO.CEILING 函數具有相同的效果

（範例）=CEILING.PRECISE(10,4) →傳回值：12 ／ =CEILING.PRECISE(-10,4) → -8

CELL ▶ 07-59 【資訊】

=CELL(檢查類型, [目標範圍])

檢查「目標範圍」中指定的儲存格的資訊

CHAR ▶ 06-05 【文字】

=CHAR(數值)

將「數值」視為字元碼，計算對應的字元

CHIDIST 【統計（相容性）】

=CHIDIST(x, 自由度)

計算卡方分布中「x」對應的右尾機率
（範例）=CHIDIST(4,3) →傳回值：0.26146…、x=4、尋找自由度為 3 的卡方分布的右尾機率

CHIINV 【統計（相容性）】

=CHIINV(機率, 自由度)

從卡方分布的右尾機率計算卡方值
（範例）=CHIINV(0.26,3) → 傳回值：4.0135…、右尾機率為 0.26、自由度為 3 的卡方分布的 x 值

CHISQ.DIST ▶ **08-66** 【統計】

=CHISQ.DIST(x, 自由度, 函數格式)

計算卡方分布的機率密度或者累積分布

CHISQ.DIST.RT ▶ **08-67** 【統計】

=CHISQ.DIST.RT(x, 自由度)

計算「x」在卡方分布中的右尾機率

CHISQ.INV 【統計】

=CHISQ.INV(機率, 自由度)

從卡方分布的左尾機率計算卡方值
（範例）=CHISQ.INV(0.74,3) → 傳回值：4.0135…、左尾機率為 0.74、自由度為 3 的 x 值

CHISQ.INV.RT ▶ **08-68** 【統計】

=CHISQ.INV.RT(機率, 自由度)

從卡方分布的右尾機率計算卡方值

CHISQ.TEST ▶ **08-78** 【統計】

=CHISQ.TEST(實測值範圍, 期待值範圍)

根據實測值和期望值來進行卡方檢定

CHITEST 【統計（相容性）】

=CHITEST(實測值範圍, 期待值範圍)

根據實測值和期望值來進行卡方檢定
（範例）=CHITEST(B3:C4,B9:C10) → 從實測值（B3 ～ C4 儲存格）和期望值（B9 ～ C10 儲存格）進行卡方檢定

CHOOSE ▶ **07-22** 【查閱與參照】

=CHOOSE(索引, 值1, [值2]…)

以「索引」指定的數字回傳對應的「值」

CHOOSECOLS ▶ **07-73** 【查閱與參照】

=CHOOSECOLS(陣列, 欄編號1, [欄編號2]…)

從「陣列」中取出「列編號」的列

CHOOSEROWS ▶ **07-73** 【查閱與參照】

=CHOOSEROWS(陣列, 列編號1, [列編號2]…)

從「陣列」中取出「列編號」的列

CLEAN ▶ **06-30** 【文字】

=CLEAN(字串)

刪除「字串」中包含的控制字元

CODE ▶ **06-04** 【文字】

=CODE(字串)

傳回「字串」的第一個字元的十進位數值字元編號

COLUMN ▶ 07-57 【查閱與參照】

=COLUMN([參照])

計算指定儲存格的列編號

COLUMNS ▶ 07-58 【查閱與參照】

=COLUMNS(陣列)

計算「陣列」中包含的儲存格或元素的列數

COMBIN ▶ 10-27 【數學與三角函數】

=COMBIN(總數, 取出數量)

計算從「總數」中取出「取出數量」的組合數量

COMBINA ▶ 10-28 【數學與三角函數】

=COMBINA(數值, 取出數量)

計算從「總數」中取出「取出數量」的組合數的數量（允許重複）

COMPLEX ▶ 10-33 【工程】

=COMPLEX(實部, 虛部, [虛數單位])

從「實部」、「虛部」、「虛數單位」建立複數格式的字串

CONCAT ▶ 06-32 【文字】

=CONCAT(字串1, [字串2]…)

連接多個「字串」

CONCATENATE 【文字（相容性）】

=CONCATENATE(字串1, [字串2]…)

連接多個「字串」。「字串」無法指定儲存格範圍
（範例）=CONCATENATE(C3,D3,E3,F3) → 將 C3 到 F3 儲存格的字串進行連結

CONFIDENCE 【統計（相容性）】

=CONFIDENCE(顯著水準, 標準差, 樣本數)

計算母體平均值信賴區間 1/2 的值
（範例）=CONFIDENCE(1-95%,2.2,100) →傳回值：0.43119…、計算來自標準差為 2.2 的母體，在取出 100 個樣本時，信賴度為 95% 的信賴區間 1/2 的值

CONFIDENCE.NORM ▶ 08-69 【統計】

=CONFIDENCE.NORM(顯著水準, 標準差, 樣本數)

計算母體平均數的信賴區間 1/2 的值

CONFIDENCE.T ▶ 08-70 【統計】

=CONFIDENCE.T(顯著水準, 標準差, 樣本數)

使用 t 分布在指定信心水平（將「顯著水平」減去 1 的數字）傳回母體平均值信賴區間的 1/2 的值

CONVERT ▶ 04-60 【工程】

=CONVERT(數值, 轉換前的單位, 轉換後的單位)

將以「變換前的單位」表示的「數值」轉換為「變換後的單位」

CORREL ▶ 08-18 【統計】

=CORREL(陣列1, 陣列2)

計算「陣列 1」和「陣列 2」的相關係數

COS ▶ 10-16 【數學與三角函數】

=COS(數值)

計算以指定角度「數值」的餘弦（Cosine）

COSH ▶ 10-23 【數學與三角函數】

=COSH(數值)

計算以指定「數值」的雙曲線餘弦（Hyperbolic Cosine）

COT 【數學與三角函數】

=COT(數值)

計算指定角度「數值」的餘切（Cotangent），即 TAN 函數的倒數
（範例）=COT(RADIANS(45)) →傳回值：1、計算「cot 45°」的值

COTH 【數學與三角函數】

=COTH(數值)

計算指定「數值」的雙曲線餘切（Hyperbolic Cosine），即 TANH 函數的倒數
（範例）=COTH(0.5) →傳回值：2.1639…

COUNT ▶ 02-27 【統計】

=COUNT(值1, [值2]…)

計算「值」中包含的數值個數

COUNTA ▶ 02-27 【統計】

=COUNTA(值1, [值2]…)

計算「值」中包含的資料數量。未輸入的儲存格不計算在內

COUNTBLANK ▶ 02-28 【統計】

=COUNTBLANK(範圍)

計算「範圍」中包含的空白儲存格的個數。輸入的空白字串「""」也會被計入數量中

COUNTIF ▶ 02-30 【統計】

=COUNTIF(條件範圍, 條件)

尋計算符合「條件」的資料數量

COUNTIFS ▶ 02-31 【統計】

=COUNTIFS(條件範圍1, 條件1, [條件範圍2, 條件2]…)

指定多個「條件」來尋計算符合的資料數量

COUPDAYBS ▶ 09-45 【財務】

=COUPDAYBS(結算日, 到期日, 次數, [基準])

尋計算定期付息債券上一個利息支付日至「結算日」的日數

COUPDAYS ▶ 09-44 【財務】

=COUPDAYS(結算日, 到期日, 次數, [基準])

尋計算包含「結算日」在內的定期付息債券支付利息期間的日數

COUPDAYSNC ▶ 09-45 【財務】

=COUPDAYSNC(結算日, 到期日, 次數, [基準])

尋計算從定期付息債券的「結算日」至下一個利息支付日的日數

COUPNCD ▶ 09-42 【財務】

=COUPNCD(結算日, 到期日, 次數, [基準])

尋計算從定期付息債券的「結算日」起最近的利息支付日

COUPNUM ▶ 09-43 【財務】

=COUPNUM(結算日, 到期日, 次數, [基準])

尋計算從定期付息債券的「結算日」至「到期日」間需要支付利息的次數

COUPPCD ▶ 09-42 【財務】

=COUPPCD(結算日, 到期日, 次數, [基準])

尋計算定期付息債券的「結算日」之前最近的利息支付日

COVAR 【統計（相容性）】

=COVAR(陣列1, 陣列2)

計算「陣列 1」與「陣列 2」的共變異數

（範例）=COVAR(B2:B11,C2:C11) → 計算儲存格 B2 ～ B11 的數值與儲存格 C2 ～ C11 的數值的共變異數

COVARIANCE.P ▶ 08-19 【統計】

=COVARIANCE.P(陣列1, 陣列2)

計算「陣列 1」與「陣列 2」的共變異數

COVARIANCE.S ▶ 08-20 【統計】

=COVARIANCE.S(陣列1, 陣列2)

計算「陣列 1」與「陣列 2」的不偏共變異數

CRITBINOM 【統計（相容性）】

=CRITBINOM(試驗次數, 成功率, 基準值)

計算二項式分布累積機率大於或等於「基準值」的最小值

（範例）=CRITBINOM(100,1%,95%) → 3、不良率為 1% 的生產線對某一批次進行了 100 個檢驗，以 95% 的信賴度確定該批次合格所允許的不良品數量

CSC 【數學與三角函數】

=CSC(數值)

計算以「數值」指定的角度的餘割（Cosecant），即正弦函數的倒數

（範例）=CSC(RADIANS(30)) → 傳回值：2、「cosec 30°」的餘割值

CSCH 【數學與三角函數】

=CSCH(數值)

計算「數值」的雙曲餘割（Hyperbolic Cosecant），即雙曲正弦函數的倒數

（範例）=CSCH(0.5) → 傳回值：1.9191…

CUBEKPIMEMBER 【Cube】

=CUBEKPIMEMBER(連接名稱, KPI 名稱, KPI 的屬性, [標題])

計算用於評估 Cube 主要的關鍵性能指標（KPI）的屬性。只在活頁簿連接到 Microsoft SQL Server 2005 Analysis Services 或更高版本的資料來源時才支援

（範例）=CUBEKPIMEMBER(B1,B2,B3) → 從連接名稱（B1 儲存格）、KPI 名（B2 儲存格）、屬性（B3 儲存格）中計算 KPI 的屬性（不提供樣本）

CUBEMEMBER ▶ 02-72 【Cube】

=CUBEMEMBER(連接名稱, 成員表達式, [標題])

取出 Cube 的成員或 Tuple

CUBEMEMBERPROPERTY 【Cube】

=CUBEMEMBERPROPERTY(連接名稱, 成員表達式, 屬性)

從 Cube 中計算成員的屬性值

（範例）=CUBEMEMBERPROPERTY(B1,B2,B3) → 從連接名（儲存格 B1）、成員表達式（儲存格 B2）、屬性名（儲存格 B3），計算成員的屬性值（不提供樣本）

CUBERANKEDMEMBER ▶ 02-73 【Cube】

=CUBERANKEDMEMBER(連接名稱, 集合表達式, 排名, [標題])

從 Cube 內取出指定順位的成員

CUBESET ▶ 02-73 【Cube】

=CUBESET(連接名稱, 集合表達式, [標題], [排序順序], [排序鍵])

從 Cube 中取出成員或組的集合

CUBESETCOUNT 【Cube】

=CUBESETCOUNT(集合)

計算 Cube 集合內的項目數量

（範例）=CUBESETCOUNT(B2) → 計算在 B2 儲存格中所計算的 Cube 集合的項目數量

CUBEVALUE ▶ **02-72** 【Cube】

=CUBEVALUE(連接名稱, [成員表達式 1], [成員表達式 2] …)

傳回指定成員的加總值

CUMIPMT ▶ **09-11** 【財務】

=CUMIPMT(利率, 期間, 現在價值, 第一期, 最後一期, 支付日期)

定期貸款中，計算在指定期間內支付的累計利息

CUMPRINC ▶ **09-11** 【財務】

=CUMPRINC(利率, 期間, 現在價值, 第一期, 最後一期, 支付日期)

定期的貸款還款中，計算在指定期間內支付的本金總計

D

DATE ▶ **05-11** 【日期及時間】

=DATE(年, 月, 日)

從「年」、「月」、「日」的數值計算日期

DATEDIF ▶ **05-36** 【日期及時間（直接輸入）】

=DATEDIF(開始日, 結束日, 單位)

計算「開始日」到「結束日」的期間長度，並以指定的「單位」表示

DATESTRING ▶ **05-17** 【日期及時間（直接輸入）】

=DATESTRING(序列值)

將「序列值」轉換為和曆的字串

DATEVALUE ▶ **05-14** 【日期及時間】

=DATEVALUE(日期字串)

將「日期字串」轉換為表示該日期的序列值

DAVERAGE ▶ **02-66** 【資料庫】

=DAVERAGE(資料庫, 欄位, 條件範圍)

計算在「條件範圍」指定的條件下符合的資料平均值

DAY ▶ **05-05** 【日期及時間】

=DAY(序列值)

從「序列值」表示的日期中計算「日」

DAYS ▶ **05-38** 【日期及時間】

=DAYS(結束日, 開始日)

從「結束日」和「開始日」計算該期間的日數

DAYS360 【日期及時間】

=DAYS360(開始日, 終止日, [方式])

將一年視為 360 天，計算指定期間的日數。「方式」設定為 FALSE 時，則遵循美國 NASD 方式（默認值）；設為 TRUE，則遵循歐洲方式進行計算

（範例）=DAYS360(A3,B3) → 1 年為 360 天，計算從 A3 儲存格的日期到 B3 儲存格的日期之間的天數

DB 【財務】

=DB(取得價格, 殘存價格, 使用年限, 期數, [月份])

使用舊定率法（適用於 2007 年 3 月 31 日前獲取的資產）以計算算減值攤銷費用

（範例）=DB(A3,B3,C3,1,4) → 從儲存格 A3 取得價格、儲存格 B3 殘存價格、儲存格 C3 使用年限和初年度使用月數（4 個月），計算第一期的折舊費用

DCOUNT ▶ **02-53** 【資料庫】

=DCOUNT(資料庫, 欄位, 條件範圍)

計算算符合在「條件範圍」指定的條件的數值資料的數量

DCOUNTA ▶ **02-64** 【資料庫】

=DCOUNTA(資料庫, 欄位, 條件範圍)

計算算符合在「條件範圍」指定的條件的非空白儲存格數量

DDB 【財務】

=DDB(取得價額, 殘存價額, 使用年限, 期數, [率])

計算算減值攤銷費。如果「率」指定為 2 或省略，則以倍額定率法進行計算

（範例）=DDB(A3,B3,C3,1) → 從儲存格 A3 取得價格、儲存格 B3 殘存價格、儲存格 C3 使用年限，計算第一年的折舊費用

DEC2BIN ▶ **10-34** 【工程】

=DEC2BIN(數值, [位數])

將 10 進位的「數值」轉換為指定的「位數」的二進位

DEC2HEX ▶ **10-34** 【工程】

=DEC2HEX(數值, [位數])

將 10 進位的「數值」轉換為指定的「位數」的 16 進位

DEC2OCT ▶ **10-34** 【工程】

=DEC2OCT(數值, [位數])

將 10 進位的「數值」轉換為指定的「位數」的八進位

DECIMAL ▶ **10-37** 【數學與三角函數】

=DECIMAL(數值, 基數)

將「基數」進位的「數值」轉換為 10 進位

DEGREES ▶ **10-14** 【數學與三角函數】

=DEGREES(角度)

將以弧度為單位的「角度」轉換為以度為單位

DELTA 【工程】

=DELTA(數值 1, [數值 2])

檢查兩個數值是否相等，如果等，則傳回 1，否則傳回 0

（範例）=DELTA(4,4) → 傳回值：1 ／ =DELTA(4,5) → 0

DEVSQ ▶ **08-10** 【統計】

=DEVSQ(數值1, [數值2]…)

計算算「數值」的變動（偏差平方和）

DGET ▶ **02-68** 【資料庫】

=DGET(資料庫, 欄位, 條件範圍)

計算算符合在「條件範圍」指定的條件的資料

DIS ▶ **09-52** 【財務】

=DISC(結算日, 到期日, 現在價格, 贖回價格, [基準])

計算算折價債券的折價率

DMAX ▶ 02-67 【資料庫】

=DMAX(資料庫, 欄位, 條件範圍)

計算算符合在「條件範圍」指定的條件的資料的最大值

DMIN ▶ 02-67 【資料庫】

=DMIN(資料庫, 欄位, 條件範圍)

計算算符合在「條件範圍」指定的條件的資料的最小值

DOLLAR ▶ 06-54 【文字】

=DOLLAR(數值, [小數位置])

將「數值」轉換為指定的「位數」的帶有「$」「,」的字串
（範例）=DOLLAR(1234) →傳回值：$1,234.00

DOLLARDE 【財務】

=DOLLARDE(整數部分和分子部分, 分母)

將分數表示的美元價格轉換為小數表示的美元價格。分子部分的位數需要與分母的位數一致
（範例）=DOLLARDE(10.01,16) → 傳回值：10.0625、將分數的「10 1/16」（10 加上 16 分之一）轉換為小數

DOLLARFR 【財務】

=DOLLARFR(小數, 分母)

將小數表示的美元價格轉換為分數表示的美元價格。「整數部分 . 分子部分」將成為傳回值
（範例）=DOLLARFR(10.75,4) →傳回值：10.3、將小數「10.75」轉換為分母為 4 的分數表示法

DPRODUCT 【資料庫】

=DPRODUCT(資料庫, 欄位, 條件範圍)

計算滿足「條件範圍」所指定的條件的資料的積
（範例）=DPRODUCT(A2:C7,C2,E2:E5) → 根據儲存格 A2 至 C7 的資料庫，在滿足儲存格 E2 至 E5 的條件表的情況下尋找匹配的資料，並將找到的資料的 C 列的值相乘

DROP ▶ 07-76 【查閱與參照】

=DROP(陣列, [列數], [欄數])

從「陣列」的開頭／末尾排除指定的「行數」和「列數」

DSTDEV 【資料庫】

=DSTDEV(資料庫, 欄位, 條件範圍)

計算滿足「條件範圍」所指定的條件的資料的無偏標準差
（範例）=DSTDEV(A2:C12,C2,E2:E3) → 根據儲存格 A2 至 C12 的資料庫，在滿足儲存格 E2 至 E3 的條件表的情況下尋找匹配的資料，並計算找到的資料的 C 列的值的無偏標準差。

DSTDEVP 【資料庫】

=DSTDEVP(資料庫, 欄位, 條件範圍)

計算滿足「條件範圍」所指定的條件的資料的標準差
（範例）=DSTDEVP(A2:C12,C2,E2:E3) → 根據儲存格 A2 至 C12 的資料庫，在滿足儲存格 E2 至 E3 的條件表的情況下尋找匹配的資料，並計算找到的資料的 C 列的值的無偏標準差。

DSUM ▶ 02-65 【資料庫】

=DSUM(資料庫, 欄位, 條件範圍)

計算滿足「條件範圍」所指定的條件的資料的總和

DURATION ▶ 09-46 【財務】

=DURATION(結算日, 到期日, 利率, 年收益, 次數次, [基準])

計算定期利息債券的持續期間

DVAR 【資料庫】

=DVAR(資料庫, 欄位, 條件範圍)

計算滿足「條件範圍」所指定的條件的資料的無偏變異數
（範例）=DVAR(A2:C12,C2,E2:E3) → 根據儲存格 A2 至 C12 的資料庫，在滿足儲存格 E2 至 E3 的條件表的情況下尋找匹配的資料，並計算找到的資料的 C 列的值的標準差

DVARP 【資料庫】

=DVARP(資料庫, 欄位, 條件範圍)

計算滿足「條件範圍」所指定的條件的資料的變異數

（範例）=DVARP(A2:C12,C2,E2:E3) → 根據儲存格 A2 至 C12 的資料庫，在滿足儲存格 E2 至 E3 的條件表的情況下尋找匹配的資料，並計算找到的資料的 C 列的值的無偏變異數

E

EDATE ▶ 05-19 【日期及時間】

=EDATE(開始日, 月)

從「開始日」算起過「月」數後，或「月」數前的日期

EFFECT ▶ 09-31 【財務】

=EFFECT(名目年利率, 複利計算次數)

從「名目年利率」和「複利計算次數」算出實效年利率

ENCODEURL ▶ 07-67 【Web】

=ENCODEURL(字串)

「字串」將「字串」做 URL 編碼

EOMONTH ▶ 05-20 【日期及時間】

=EOMONTH(開始日, 月數)

從「開始日」算起過「月」數後，或「月」數前的月底日期

ERF 【工程】

=ERF(下限, [上限])

計算在「下限」至「上限」範圍內，誤差函數積分的值。如果省略「上限」，則在 0 至「下限」的範圍內計算

（範例）=ERF(0.5,1) → 0.32220…、計算在 0.5 到 1 的區間內，誤差函數的積分值

ERF.PRECISE 【工程】

=ERF.PRECISE(上限)

計算在 0 至「上限」範圍內，誤差函數積分的值

（範例）=ERF.PRECISE(1) → 0.84270…、尋找在 0 到 1 的區間內，誤差函數的積分值

ERFC 【工程】

=ERFC(下限)

計算從「下限」到無窮大範圍內，補充誤差函數積分的值。其中「ERF(x)+ERFC(x)=1」的關係成立

（範例）=ERFC(1) → 0.15729…、尋找在 1 到無窮大的區間內，互補誤差函數的積分值

ERFC.PRECISE 【工程】

=ERFC.PRECISE(下限)

計算從「下限」到無窮大範圍內，補充誤差函數積分的值

（範例）=ERFC.PRECISE(1) → 0.15729…、尋計算在 1 到無窮大的區間內，互補誤差函數的積分值

ERROR.TYPE ▶ 03-29 【資訊】

=ERROR.TYPE(錯誤值)

檢查指定的「錯誤值」之錯誤類型

EVEN ▶ 04-45 【數學與三角函數】

=EVEN(數值)

將「數值」捨入至最接近的偶數

EXACT ▶ 06-31 【文字】

=EXACT(字串1, 字串2)

檢查「字串 1」和「字串 2」是否相同

EXP ▶ **10-12** 【數學與三角函數】

=EXP(數值)

計算以自然數 e 為底數的數值的冪

EXPAND ▶ **07-80** 【查閱與參照】

=EXPAND(陣列, [列數], [欄數], [替代值])

將「陣列」擴充到指定的「行數」和「列數」

EXPON.DIST ▶ **08-53** 【統計】

=EXPON.DIST(x, λ, 函數格式)

計算指數分布的機率密度或累積分布

EXPONDIST 【統計（相容性）】

=EXPONDIST(x, λ, 函數格式)

計算指數分布的機率密度，或累積分布

（範例）=EXPONDIST(5/60,10,TRUE) →傳回值：0.56540⋯、在每小時平均有 10 位客人的店，找出客人來到後，下一位客人到來的時間在 5 分鐘內的機率

F

F.DIST ▶ **08-63** 【統計】

=F.DIST(x, 自由度1, 自由度2, 函數格式)

計算 f 分布的機率密度，或者累積分布

F.DIST.RT ▶ **08-64** 【統計】

=F.DIST.RT(x, 自由度1, 自由度2)

計算 f 分布對「x」的右側機率

F.INV 【統計】

=F.INV(機率, 自由度 1, 自由度 2)

從 f 分布的左側機率計算逆函數的值

（範例）=F.INV(0.83,10,8) →傳回值：1.9941⋯、計算自由度 1 為 10、自由度 2 為 8 的 f 分布，當左側機率為 0.83 時的 x 值

F.INV.RT ▶ **08-65** 【統計】

=F.INV.RT(機率, 自由度1, 自由度2)

從 f 分布的右尾機率計算反函數的值

F.TEST ▶ **08-77** 【統計】

=F.TEST(陣列1, 陣列2)

基於兩個「陣列」進行 f 檢定，並傳回雙尾機率

FACT ▶ **10-03** 【數學與三角函數】

=FACT(數值)

計算「數值」的階乘

FACTDOUBLE ▶ **10-04** 【數學與三角函數】

=FACTDOUBLE(數值)

計算「數值」的雙重階乘

FALSE 【邏輯】

=FALSE()

傳回邏輯值 FALSE

（範例）=FALSE() → 在儲存格顯示「FALSE」

FDIST 【統計（相容性）】

=FDIST(x, 自由度1, 自由度2)

計算 f 分布對於「x」的右尾機率
（範例）=FDIST(2,10,8) →傳回值：0.16898…、當 x=2，自由度 1 為 10，自由度 2 為 8 時，計算 f 分布右尾機率

FIELDVALUE ▶ 07-69 【查閱與參照】

=FIELDVALUE(值, 欄位名稱)

從「值」指定的外部資料中提取「欄位名稱」的資料

FILTER ▶ 07-40 【查閱與參照】

=FILTER(陣列, 條件, [找不到時])

從「陣列」中取出符合「條件」的資料

FILTERXML ▶ 07-68 【Web】

=FILTERXML(XML, Xpath)

從 XML 格式的資料中取出需要的資訊

FIND ▶ 06-14 【文字】

=FIND(搜尋字串, 目標, [開始位置])

尋找「搜尋字串」在「目標」的第幾個字元位置

FINDB 【文字】

=FINDB(搜尋字串, 目標, [開始位置])

尋找「搜尋字串」在「目標」的第幾個位元組位置
（範例）=FINDB(" 東京 ","JR 東京站 ") → 傳回值：3，「東京」在「JR 東京站」的第 3 個位元組

FINV 【統計（相容性）】

=FINV(機率, 自由度1, 自由度2)

從 f 分布的右尾機率計算反函數的值
（範例）=FINV(0.17,10,8) →傳回值：1.9941…、當自由度 1 為 10，自由度 2 為 8 的 F 分布時，計算右尾機率為 0.17 的 x 值

FISHER 【統計】

=FISHER(x)

計算「x」的費雪轉換值
計算相關係數「x」經過費雪變換的值
（範例）=FISHER(B2) → 計算 B2 儲存格的相關係數所做的費雪轉換值

FISHERINV 【統計】

=FISHERINV(y)

計算費雪變換的反函數的值
（範例）=FISHERINV(B2) → 從 B2 儲存格的費雪轉換值計算相關係數

FIXED ▶ 06-54 【文字】

=FIXED(數值, [小數位置], [位數分隔])

將「數值」轉換為指定「位數」的「位數分隔」附帶的字串

FLOOR 【數學與三角函數（相容性）】

=FLOOR(數值, 基準值)

將「數值」無條件捨位至「基準值」的整數倍
（範例）=FLOOR(10,4) → 8 ／ =FLOOR(-10,4) → -12

FLOOR.MATH ▶ 04-49 【數學與三角函數】

=FLOOR.MATH(數值, [基準值], [模式])

將「數值」捨去至最接近「基準值」的倍數

FLOOR.PRECISE 【數學與三角函數（直接輸入）】

=FLOOR.PRECISE(數值, [基準值])

將「數值」降至「基準值」的倍數。無論數值的正負，都將在數學上向較大的一方進行降低
（範例）=FLOOR.PRECISE(10,4) → 傳回值：8 ／ =FLOOR.PRECISE(-10,4) → -12

FORECAST 【統計（相容性）】

=FORECAST(新的x, y 範圍, x 的範圍)

依據回歸直線，計算針對「新的 x」的 y 的預測值
（範例）=FORECAST(E3,C3:C12,B3:B12) → 從溫度（儲存格 B3 ～ B12）和銷售量（儲存格 C3 ～ C12）的資料中，預測儲存格 E3 的溫度時的銷售數量

FORECAST.ETS ▶ 08-35 【統計】

=FORECAST.ETS(目標日期, 值, 時間軸, [季節性], [資料完成], [統計])

依據「時間軸」和「數值」，計算針對「目標日期」的預測值

FORECAST.ETS.CONFINT ▶ 08-36 【統計】

=FORECAST.ETS.CONFINT(目標日期, 值, 時間軸, [信賴等級], [季節性], [資料完成], [統計])

計算「目標日期」的預測值的信賴區間

FORECAST.ETS.SEASONALITY ▶ 08-37 【統計】

=FORECAST.ETS.SEASONALITY(值, 時間軸, [資料完成], [統計])

依據「時間軸」和「數值」，計算重複模式（季節性）的長度

FORECAST.ETS.STAT 【統計】

=FORECAST.ETS.STAT(值, 時間軸, 統計種類, [季節性], [資料完成], [統計])

依據「時間軸」和「數值」，計算各種統計值
（範例）=FORECAST.ETS.STAT($B$3:$B$38,$A$3:$A$38,D3) → 根據時間軸（儲存格 A3 ～ A38）和值（儲存格 B3 ～ B38）來計算儲存格 D3 指定的統計值

FORECAST.LINEAR ▶ 08-23 【統計】

=FORECAST.LINEAR(新的x, y 範圍, x 的範圍)

依據回歸直線，計算針對「新的 x」的 y 的預測值

FORMULATEXT ▶ 07-62 【查閱與參照】

=FORMULATEXT(參照)

將「參照」儲存格的公式以字串形式回傳

FREQUENCY ▶ 08-04 【統計】

=FREQUENCY(資料陣列, 區間陣列)

計算「資料陣列」中的數值在「區間陣列」指定的區間內的數量

FTEST 【統計（相容性）】

=FTEST(陣列1, 陣列2)

根據兩個「陣列」進行 f 檢定，並回傳雙邊機率
（範例）=FTEST(B3:B14,C3:C12) → 0.03225…、基於儲存格 B3 ～ B14 和儲存格 C3 ～ C12 進行 f 檢定並傳回雙側機率

FV ▶ 09-08 【財務】

=FV(利率, 期間, 定期支付金額, [現在價值], [支付日期])

計算定期借款的還款或定存的未來價值

FVSCHEDULE ▶ 09-28 【財務】

=FVSCHEDULE(本金, 利率陣列)

計算利率會變動的存款或投資的未來價值

G

GAMMA 【統計】

=GAMMA(x)

計算「x」的伽瑪函數值
（範例）=GAMMA(2.5) → 1.3293…、計算 2.5 對應的伽馬函數的值

GAMMA.DIST ▶ **08-55** 【統計】

=GAMMA.DIST(x, α, β, 函數格式)

計算得 Gamma 分布的機率密度或累積分布

GAMMA.INV 【統計】

=GAMMA.INV(機率, α, β)

計算得 Gamma 分布的累積分布函數的反函數的值
（範例）=GAMMA.INV(90%,100,1/5) → 傳回值：22.602…、在每分鐘平均有 5 人客人到來的窗口，請計算得客人數達到 100 的時間的 90% 的機率

GAMMADIST 【統計（相容性）】

=GAMMADIST(x, α, β, 函數格式)

計算得 Gamma 分布的機率密度，或累積分布
（範例）=GAMMADIST(20,100,1/5,TRUE) → 傳回值：0.51329…、在每分鐘平均有 5 人客人到來的窗口，請計算得 20 分鐘內客人數達到 100 人的機率

GAMMAINV 【統計（相容性）】

=GAMMAINV(機率, α, β)

計算得 Gamma 分布的累積分布函數的反函數的值
（範例）=GAMMAINV(90%,100,1/5) → 傳回值：22.602…、在每分鐘平均有 5 人客人到來的窗口，請計算得客人數達到 100 的時間的 90% 的機率

GAMMALN 【統計（相容性）】

=GAMMALN(x)

計算得 Gamma 函數的自然對數的值
（範例）=GAMMALN(2.5) → 傳回值 0.28468…、請從對 2.5 的伽瑪函數的值計算自然對數

GAMMALN.PRECISE 【統計】

=GAMMALN.PRECISE(x)

計算得 Gamma 函數的自然對數的值
（範例）=GAMMALN.PRECISE(2.5) → 傳回值：0.28468…、請從對 2.5 的伽瑪函數的值計算自然對數

GAUSS 【統計】

=GAUSS(x)

計算標準常態分布母體的數值在平均值與標準差的 "X" 倍範圍內的機率
（範例）=GAUSS(2) → 傳回值：0.47725…、計算標準常態分布的母體包含的數值在平均值與標準差的 2 倍範圍內的機率

GCD ▶ **10-01** 【數學與三角函數】

=GCD(數值1, [數值2]…)

請計算計算「數值」的最大公因數

GEOMEAN ▶ **02-44** 【統計】

=GEOMEAN(數值1, [數值2]…)

計算「數值」的幾何平均數

GESTEP 【工程】

=GESTEP(數值, [閾值])

檢查「數值」是否大於或等於「閾值」，如果大於或等於閾值則傳回 1，如果小於閾值則傳回 0
（範例）=GESTEP(8,5) →傳回值：1 ／ =GESTEP(3,5) → 0

GETPIVOTDATA ▶ 02-69 【查閱與參照】

=GETPIVOTDATA(資料欄位, 樞紐分析表, [欄位1, 項目1], [欄位2, 項目2]…)

從「樞紐分析表」中取出指定的「資料字段」的資料

GROWTH ▶ 08-33 【統計】

=GROWTH(y 的範圍, [x 的範圍], [新的x], [常數])

基於指數回歸曲線，請計算計算「新的 x」對應的 y 的預測值

H

HARMEAN ▶ 02-45 【統計】

=HARMEAN(數值1, [數值2]…)

計算「數值」的調和平均數

HEX2BIN ▶ 10-36 【工程】

=HEX2BIN(數值, [位數])

將 16 進位數轉換為指定的「位數」的 2 進位數

HEX2DEC ▶ 10-37 【工程】

=HEX2DEC(數值)

將 16 進位數轉換為 10 進位數

HEX2OCT 【工程】

=HEX2OCT(數值, [位數])

將指定的 16 進位數轉換為「位數」的 8 進位數

（範例）=HEX2OCT(15) → 傳回值：25 ／ =HEX2OCT("1AC",4) → 0654

HLOOKUP ▶ 07-12 【查閱與參照】

=HLOOKUP(搜尋值, 範圍, 列編號, [搜尋類型])

從「範圍」的第一行開始搜尋「搜尋值」，並傳回找到列的「列編號」所在行的值

HOUR ▶ 05-06 【日期及時間】

=HOUR(序列值)

找出「序列值」時間中的「小時」

HSTACK ▶ 07-70 【查閱與參照】

=HSTACK(陣列1, [陣列2]…)

傳回將「陣列」橫向並排並結合後的陣列

HYPERLINK ▶ 07-64 【查閱與參照】

=HYPERLINK(連結目標, [別名])

創建一個指向指定「連接地址」的超鏈接

HYPGEOM.DIST ▶ 08-44 【統計】

=HYPGEOM.DIST(樣本的成功次數, 樣本量, 母體的成功次數, 母體大小, 函數格式)

計算超幾何分布的機率分布或累積分布

HYPGEOMDIST 【統計（相容性)】

=HYPGEOMDIST(樣本的成功數量, 樣本數量, 母體的成功數量, 母體的大小)

計算超幾何分布的機率分布

（範例）=HYPGEOMDIST(3,4,30,100) →傳回值：0.07247…、從包含 30 個中獎的 100 個樂透中抽取 4 個，計算 3 個中獎的機率

IF ▶ 03-02 【邏輯】

=IF(條件式, 條件成立, 條件不成立)

如果「條件式」為 TRUE，則傳回「條件成立」，如果為 FALSE，則傳回「條件不成立」

IFERROR ▶ 03-31 【邏輯】

=IFERROR(值, 錯誤時的值)

如果「值」出現錯誤，則傳回「錯誤時的值」，如果沒有錯誤，則傳回「值」

IFNA ▶ 03-30 【邏輯】

=IFNA(值, 發生 NA 時的值)

如果「值」不是［#N/A］，則傳回「值」，如果是［#N/A］，則傳回「發生 NA 時的值」

IFS ▶ 03-04 【邏輯】

=IFS(條件式1, 值1, [條件式2, 值2]…)

檢查「條件式」，並傳回第一個為 TRUE（真）的「條件式」對應的「值」

IMABS 【工程】

=IMABS(複數)

計算「複數」的絕對值

（範例）=IMABS("3+4i") → 5

IMAGE ▶ 07-66 【WEB】

=IMAGE(來源, [替代文字], [大小], [高度], [寬度])

將指定 URL 的圖片以指定尺寸插入儲存格中

IMAGINARY ▶ 10-33 【工程】

=IMAGINARY(複數)

從「複數」中提取虛部數值

IMARGUMENT 【工程】

=IMARGUMENT(複數)

計算「複數」的偏角，以弧度為單位

（範例）=IMARGUMENT("3+4i") → 傳回值：0.927295218

IMCONJUGATE 【工程】

=IMCONJUGATE(複數)

計算「複數」的共軛複數

（範例）=IMCONJUGATE("3+4i") →傳回值：3-4i

IMCOS 【工程】

=IMCOS(複數)

計算「複數」的餘弦函數值

（範例）=IMCOS("3+4i") → 傳回值：-27.0349456030742-3.85115333481178i

IMCOSH 【工程】

=IMCOSH(複數)

計算「複數」的雙曲餘弦函數值

（範例）=IMCOSH("3+4i") → 傳回值：-6.58066304055116-7.58155274274654i

IMCOT 【工程】

=IMCOT(複數)

計算「複數」的餘切函數值

（範例）=IMCOT("3+4i") → 傳回值：-0.000187587737983659-1.00064439247156i

IMCSC 【工程】

=IMCSC(複數)

計算「複數」的餘割函數值
（範例）=IMCSC("3+4i") → 傳回值：0.0051744731840194+0.036275889628626i

IMCSCH 【工程】

=IMCSCH(複數)

計算「複數」的雙曲餘割函數值
（範例）=IMCSCH("3+4i") → 傳回值：-0.0648774713706355+0.0754898329158637i

IMDIV 【工程】

=IMDIV(複數1, 複數2)

計算「複數 1」除以「複數 2」的商
（範例）=IMDIV("3+i","4-3i") → 傳回值：0.36+0.52i

IMEXP 【工程】

=IMEXP(複數)

計算以尼皮爾數 e 為底數的「複數」的指數函數值
（範例）=IMEXP("3+4i") → 傳回值：-13.1287830814622-15.200784463068i

IMLN 【工程】

=IMLN(複數)

計算「複數」的自然對數
（範例）=IMLN("3+4i") → 傳回值：1.6094379124341+0.927295218001612i

IMLOG10 【工程】

=IMLOG10(複數)

計算「複數」的常用對數（以 10 為底的對數）
（範例）=IMLOG10("3+4i") → 傳回值：0.698970004336019+0.402719196273373i

IMLOG2 【工程】

=IMLOG2(複數)

計算以 2 為底的「複數」的對數
（範例）=IMLOG2("3+4i") →傳回值：2.32192809488736+1.33780421245098i

IMPOWER 【工程】

=IMPOWER(複數, 指數)

計算「複數」的「指數」次方
（範例）=IMPOWER("3+4i",3) →傳回值：-117+44i

IMPRODUCT 【工程】

=IMPRODUCT(複數1, [複數2]⋯)

計算「複數」的積
（範例）=IMPRODUCT("3+i","4-3i") →傳回值：15-5i

IMREAL ▶ **10-33** 【工程】

=IMREAL(複數)

取出「複數」的實部數值

IMSEC 【工程】

=IMSEC(複數)

計算「複數」的正割（Secant）
（範例）=IMSEC("3+4i") → 傳回值：-0.0362534969158689+0.00516434460775318i

IMSECH 【工程】

=IMSECH(複數)

計算「複數」的雙曲正割（雙曲線 Secant）
（範例）=IMSECH("3+4i") → 傳回值：-0.065294027857947+0.0752249603027732i

IMSIN 【工程】

=IMSIN(複數)

計算「複數」的正弦（Sine）
（範例）=IMSIN("3+4i") →傳回值：3.85373803791938-27.0168132580039i

IMSINH 【工程】

=IMSINH(複數)

計算「複數」的雙曲正弦（雙曲線 Sine）
（範例）=IMSINH("3+4i") → 傳回值：-6.548120040911-7.61923172032141i

IMSQRT 【工程】

=IMSQRT(複數)

計算「複數」的平方根
（範例）=IMSQRT("3+4i") → 傳回值：2+i

IMSUB 【工程】

=IMSUB(複數1, 複數2)

計算「複數 1」與「複數 2」的差
（範例）=IMSUB("3+i","4-3i") → 傳回值：-1+4i

IMSUM 【工程】

=IMSUM(複數1, [複數2]…)

計算「複數」的和
（範例）=IMSUM("3+i","4-3i") → 傳回值：7-2i

IMTAN 【工程】

=IMTAN(複數)

計算「複數」的正切（Tangent）
（範例）=IMTAN("3+4i") → 傳回值：-0.000187346204629478+0.999355987381473i

INDEX ▶ 07-23 【查閱與參照】

=INDEX(參照, 列編號, [欄編號], [區域編號])

從「參照」的儲存格範圍傳回「列編號」和「欄編號」指定位置的儲存格參照（儲存格參照形式）

INDEX ▶ 07-23 【查閱與參照】

=INDEX(陣列, 列編號, [欄編號])

從「陣列」中計算「列編號」和「欄編號」指定的位置的值（陣列型式）

INDIRECT ▶ 07-53 【查閱與參照】

=INDIRECT(參照字串, [參照形式])

從「參照字串」傳回實際的儲存格參照

INFO ▶ 07-63 【資訊】

=INFO(檢查類型)

檢查由「檢查類型」指定的 Excel 操作環境的資訊

INT ▶ 04-44 【數學與三角函數】

=INT(數值)

計算不超過「數值」的最接近整數

INTERCEPT ▶ 08-22 【統計】

=INTERCEPT(y 的範圍, x 的範圍)

根據「y 的範圍」和「x 的範圍」計算回歸直線的截距

INTRATE 【財務】

=INTRATE(結算日, 到期日, 投資金額, 贖回價格, [標準])

計算保有至「到期日」的折扣債的收益率
（範例）=INTRATE(A3,B3,C3,D3,1) → 計算結算日（A3 儲存格）、到期日（B3 儲存格）、現在價格（C3 儲存格）、贖回價格（D3 儲存格）的折現債券報酬率

IPMT ▶ 09-10 【財務】

=IPMT(利率, 期數, 期間, 現在價值, [未來價值], [支付日期])

在定期的貸款還款中，計算指定「期數」需支付的利息

IRR ▶ 09-34 【財務】

=IRR(範圍, [推估值])

從定期的現金流中計算內部收益率

ISBLANK ▶ 03-17 【資訊】

=ISBLANK(測試的對象)

檢查「測試的對象」是否為空白儲存格

ISERR ▶ 03-28 【資訊】

=ISERR(測試的對象)

檢查「測試的對象」是否為「#N/A」以外的錯誤值

ISERROR ▶ 03-28 【資訊】

=ISERROR(測試的對象)

檢查「測試的對象」是否為錯誤值

ISEVEN 【資訊】

=ISEVEN(測試的對象)

檢查「測試的對象」是否為偶數
（範例）=ISEVEN(4) → 傳回值：TRUE ／ =ISEVEN(5) → FALSE

ISFORMULA ▶ 03-20 【資訊】

=ISFORMULA(測試的對象)

檢查「測試的對象」是否為公式

ISLOGICAL ▶ 03-15 【資訊】

=ISLOGICAL(測試的對象)

檢查「測試的對象」是否為邏輯值

ISNA ▶ 03-28 【資訊】

=ISNA(測試的對象)

檢查「測試的對象」是否為錯誤值「#N/A」

ISNONTEXT 【資訊】

=ISNONTEXT(測試的對象)

檢查「測試的對象」是否非字串值
（範例）=ISNONTEXT(123) → 傳回值：TRUE ／ =ISNONTEXT("ABC") → FALSE

ISNUMBER ▶ 03-15 【資訊】

=ISNUMBER(測試的對象)

檢查「測試的對象」是否為數值

ISO.CEILING 【數學與三角函數（直接輸入）】

=ISO.CEILING(數值, [基準值])

將「數值」提升為「基準值」的倍數。不論數值的正負，皆會向數學上的大的一方提升。與 CEILING.PRECISE 函數相等
（範例）=ISO.CEILING(10,4) → 傳回值：12 ／ =ISO.CEILING(-10,4) → -8

ISODD 【資訊】

=ISODD(測試的對象)

檢查「測試的對象」是否為奇數
（範例）=ISODD(3) → 傳回值：TRUE ／ =ISODD(4) → FALSE

ISOMITTED 【邏輯】

=ISOMITTED(引數)

檢查 Lambda 函數的參數是否省略

（範例）=Lambda(x,y, IF(ISOMITTED(y), x, x+y))(123,) → 傳回值：123、如果 Lambda 函數的參數 y 被省略的情況下，則會按照「y=0」來進行計算

ISOWEEKNUM ▶ 05-44 【日期及時間】

=ISOWEEKNUM(序列值)

從「日期」中計算 ISO 週數

ISPMT ▶ 09-17 【財務】

=ISPMT(利率, 期數, 期間, 現在價值)

在定期的貸款還款中，計算指定「期數」需支付的利息

ISREF ▶ 03-18 【資訊】

=ISREF(測試的對象)

檢查「測試的對象」是否為儲存格參照

ISTEXT ▶ 03-15 【資訊】

=ISTEXT(測試的對象)

檢查「測試的對象」是否為字串

J

JIS ▶ 06-50 【文字】

=JIS(字串)

將「字串」中含有的半形文字轉換為全形文字

K

KURT ▶ 08-12 【統計】

=KURT(數值1, [數值2]…)

計算「數值」的尖度程度

L

LAMBDA ▶ 03-34 【邏輯】

=LAMBDA(變數1, [變數2…], 計算方式)

將使用了「變數」的「計算方式」定義為函數

LARGE ▶ 04-25 【統計】

=LARGE(範圍, 順序)

計算「範圍」內從大到小排序的第幾個「順序」的數值

LCM ▶ 10-02 【數學與三角函數】

=LCM(數值1, [數值2]…)

計算「數值」的最小公倍數

LEFT ▶ 06-38 【文字】

=LEFT(字串, [字數])

從「字串」的開頭提取出「字數」個的字串

LEFTB 【文字】

=LEFTB(字串, [位元組數])

從「字串」的開頭提取出「位元組數」個的字串

（範例）=LEFTB("JR 東京站 ",6) → JR 東京、取出前六個位元組

LEN ▶ 06-08 【文字】

=LEN(字串)

計算字串的字元數

LENB ▶ 06-08 【文字】

=LENB(字串)

計算字串的位元組數

LET ▶ 03-32 【邏輯】

=LET(名稱 1, 運算式 1, [名稱 2, 運算式 2]…, [計算方式])

為「式」命名，並使用該名稱執行「計算方式」

LINEST ▶ 08-27 【統計】

=LINEST(y 的範圍, [x 的範圍], [常數], [修正])

根據「y 的範圍」和「x 的範圍」進行多元回歸分析，計算係數和常數項

LN ▶ 10-11 【數學與三角函數】

=LN(數值)

計算「數值」的自然對數

LOG ▶ 10-09 【數學與三角函數】

=LOG(數值, [底])

計算以指定的「底」為底數的「數值」的對數

LOG10 ▶ 10-10 【數學與三角函數】

=LOG10(數值)

計算「數值」的常用對數

LOGEST ▶ 08-32 【統計】

=LOGEST(y 的範圍, [x 的範圍], [常數], [修正])

從「y 的範圍」和「x 的範圍」計算指數回歸曲線的資訊

LOGINV 【統計（相容性)】

=LOGINV(機率, 平均, 標準差)

計算對數常態分布的累積分布的逆函數的值

（範例）=LOGINV(0.75,0,1) →傳回值：1.9630…、求出在平均值為 0、標準差為 1 的對數常態分布中，累積分布值為 0.75 時的 x 值

LOGNORM.DIST ▶ 08-58 【統計】

=LOGNORM.DIST(x, 平均數, 標準差, 函數格式)

計算對數常態分布的機率密度或累積分布

LOGNORM.INV 【統計】

=LOGNORM.INV(機率, 平均, 標準差)

計算對數常態分布的累積分布的逆函數的值

（範例）=LOGNORM.INV(0.75,0,1) → 傳回值：1.9630…、在平均值為 0、標準差為 1 的對數常態分布中，累積分布值為 0.75 時對應的 x 值約為 1.9630

LOGNORMDIST 【統計（相容性)】

=LOGNORMDIST(x, 平均, 標準差)

計算對數常態分布的累積分布

（範例）=LOGNORMDIST(2,0,1) →傳回值：0.75589…、在平均值為 0、標準差為 1 的對數常態分布中，求 x=2 時的累積分佈值

LOOKUP 【查閱與參照】

=LOOKUP(搜尋值, 搜尋範圍, [對應範圍])

在陣列中搜尋長邊方向的第一列 / 欄的「搜尋值」，並傳回最後一列 / 欄的值（陣列方式）

（範例）=LOOKUP(1204,A4:A8,C4:C8) → 假設 A4 ～ C8 儲存格的欄比列長，從第一欄搜尋「1204」，並從最後一欄取得相同位置的資料

LOOKUP 【查閱與參照】

=LOOKUP(搜尋值, 陣列)

在「陣列」的矩陣中，從最長方向的首列／首欄（依升冪排序）搜尋「搜尋值」，並傳回最後一列／欄的值（陣列方式）

※ 由於陣列格式的 LOOKUP 函數搜尋方向不確定，因此建議使用 VLOOKUP 函數或 HLOOKUP 函數

（範例）=LOOKUP(1204,A4:C8) → 如果 A4 ～至 C8 儲存格的欄數多於列數，則從第一欄開始搜尋「1204」，並從最終欄中取出相同位置的資料

LOWER ▶ 06-51 【文字】

=LOWER(字串)

將「字串」中包含的字母轉為小寫

M

MAKEARRAY ▶ 03-38 【邏輯】

=MAKEARRAY(列數, 欄數, Lambda)

將連續數字傳進 Lambda 函數的「變數 1」「變數 2」，並傳回其計算結果

MAP ▶ 03-35 【邏輯】

=MAP(陣列1, [陣列2…], Lambda)

將「陣列」中的元素一一用 Lambda 函數計算，並傳回結果陣列

MATCH ▶ 07-26 【查閱與參照】

=MATCH(搜尋值, 搜尋範圍, [搜尋方法]

在「檢值範圍」內搜索「檢查值」，並傳回找到的單元格位置

MAX ▶ 02-48 【統計】

=MAX(數值1, [數值2]…)

計算「數值」的最大值

MAXA 【統計】

=MAXA(數值1, [數值2]…)

計算「數值」的最大值。字串被視為 0，TRUE 被視為 1，FALSE 被視為 0

（範例）=MAXA(B3:B7) → 計算 B3 ～ B7 儲存格的最大值

MAXIFS ▶ 02-50 【統計】

=MAXIFS(最大範圍, 條件範圍1, 條件1, [條件範圍2, 條件2]…)

計算符合「條件」的資料最大值。「條件」可以指定多個

MDETERM 【數學與三角函數】

=MDETERM(陣列)

計算指定的「陣列」的矩陣式

（範例）=MDETERM(A2:C4) → 傳回 A2 ～ C4 儲存格的矩行列式

MDURATION ▶ 09-46 【財務】

=MDURATION(結算日, 到期日, 利率, 年收益, 次數, [基準])

計算定期利息債券的修正持續期間

MEDIAN ▶ 08-03 【統計】

=MEDIAN(數值1, [數值2]⋯)

計算數值資料的中位數

MID ▶ 06-39 【文字】

=MID(字串, 起始位置, 字數)

從「字串」的「開始位置」取出「字數」的字串

MIDB 【文字】

=MIDB(字串, 開始位置, 字節數)

從「字串」的「開始位置」取出「字節數」的字串

（範例）=MIDB("JR 東京站 ",3,4) → 從東京的第三個位元組開始取出四個位元組

MIN ▶ 02-48 【統計】

=MIN(數值1, [數值2]⋯)

計算「數值」的最小值

MINA 【統計】

=MINA(數值1, [數值2]⋯)

尋找「數值」的最小值。字串被視為 0，TRUE 被視為 1，FALSE 被視為 0

（範例）=MINA(B3:B7) → 計算儲存格 B3 ～ B7 的最小值

MINIFS ▶ 02-51 【統計】

=MINIFS(最小範圍, 條件範圍1, 條件1, [條件範圍2, 條件2]⋯)

計算符合「條件」的資料最小值。「條件」可以指定多個

MINUTE ▶ 05-06 【日期及時間】

=MINUTE(序列值)

從「序列值」表示的時間中獲取「分鐘」

MINVERSE ▶ 10-32 【數學與三角函數】

=MINVERSE(陣列)

計算指定的「陣列」的逆矩陣

MIRR ▶ 09-35 【財務】

=MIRR(範圍, 安全利率, 危險利率)

從定期的現金流量中計算修正內部報酬率

MMULT ▶ 10-31 【數學與三角函數】

=MMULT(陣列1, 陣列2)

計算「陣列 1」和「陣列 2」的乘積

MOD ▶ 04-36 【數學與三角函數】

=MOD(數值, 除數)

計算「數值」除以「除數」後的餘數

MODE 【統計（相容性）】

=MODE(數值1, [數值2]⋯)

計算「數值」的眾數

（範例）=MODE(B3:B7) → 計算儲存格 B3 到 B7 的眾數

MODE.MULT ▶ 08-02 【統計】

=MODE.MULT(數值1, [數值2]⋯)

計算「數值」的眾數。可以顯示多個眾數

MODE.SNGL ▶ 08-01 【統計】

=MODE.SNGL(數值1, [數值2]⋯)

計算「數值」的眾數

MONTH ▶ **05-05** 【日期及時間】

=MONTH(序列值)

「序列值」表示的日期計算「月份」

MROUND ▶ **04-50** 【數學與三角函數】

=MROUND(數值, 基準值)

將「數值」四捨五入至「基準值」的倍數

MULTINOMIAL ▶ **10-30** 【數學與三角函數】

=MULTINOMIAL(數值1, [數值2]…)

計算多項式的係數

MUNIT 【數學與三角函數】

=MUNIT(次元)

傳回指定「維度」的單位矩陣

（範例）{=MUNIT(3)} →計算 3 維度的單位矩陣，以陣列公式輸入

N

N 【資訊】

=N(值)

將「值」轉換為數值。日期是序列值，真實值為 1，假值為 0，字串轉換為 0。數值和錯誤值將直接傳回

（範例）=N(123) → 123 ／ =N("ABC") → 0

NA 【資訊】

=NA()

傳回錯誤值［#N/A］

（範例）=NA() → 在儲存格中顯示錯誤值［#N/A］

NEGBINOM.DIST ▶ **08-43** 【統計】

=NEGBINOM.DIST(失敗次數, 成功次數, 成功率, 函數格式)

計算負二項分布的機率分布，或者累積分布

NEGBINOMDIST 【統計（相容性）】

=NEGBINOMDIST(失敗數, 成功數, 成功率)

計算負二項分布的機率分布

（範例）=NEGBINOMDIST(5,1,1%) → 0.00951、在不良率為 1% 的生產線上，計算產 5 個良品後出現一個不良品的機率

NETWORKDAYS ▶ **05-33** 【日期及時間】

=NETWORKDAYS(開始日, 結束日, [假日])

排除星期六、星期日和指定的「節假日」，計算「開始日期」到「結束日期」的天數

NETWORKDAYS.INTL ▶ **05-34** 【日期及時間】

=NETWORKDAYS.INTL(開始日, 結束日, [週末], [假日])

排除指定的「週末」和「節假日」，計算「開始日期」到「結束日期」的天數

NOMINAL ▶ **09-32** 【財務】

=NOMINAL(實質年利率, 複利計算次數)

從「實有效年利率」和「複利計算次數」計算名義年利率

NORM.DIST ▶ **08-48** 【統計】

=NORM.DIST(x, 平均數, 標準差, 函數格式)

計算常態分布的機率密度，或者累積分布

NORM.INV ▶ 08-50 【統計】

=NORM.INV(機率, 平均數, 標準差)

計算常態分布的累積分布的逆函數的值

NORM.S.DIST ▶ 08-51 【統計】

=NORM.S.DIST(z, 函數格式)

計算標準常態分布的機率密度，或者累積分布

NORM.S.INV ▶ 08-52 【統計】

=NORM.S.INV(機率)

計算標準常態分布的累積分布的逆函數的值

NORMDIST 【統計（相容性）】

=NORMDIST(x, 平均, 標準差, 函數格式)

計算常態分布的機率密度，或累積分布
（範例）=NORMDIST(60,50,15,TRUE) →傳回值：0.74750…

NORMINV 【統計（相容性）】

=NORMINV(機率, 平均, 標準差)

計算常態分布累積分布的反函數值
（範例）=NORMINV(0.8,50,15) →傳回值：62.6243…

NORMSDIST 【統計（相容性）】

=NORMSDIST(z)

計算標準常態分布的累積分布
（範例）=NORMSDIST(0.5) →傳回值：0.69146…、z=0.5

NORMSINV 【統計（相容性）】

=NORMSINV(機率)

計算標準常態分布累積分布的反函數值
（範例）=NORMSINV(0.7) → 傳回值：0.52440…

NOT ▶ 03-13 【邏輯】

=NOT(條件式)

「條件式」為真時回傳假，為假時回傳真

NOW ▶ 05-03 【日期及時間】

=NOW()

根據系統時鐘計算現在的日期和時間

NPER ▶ 09-02 【財務】

=NPER(利率, 定期支付款金額, 現在價值, [未來價值], [支付日期])

在定期貸款還款或定期存款中計算支付次數

NPV ▶ 09-33 【財務】

=NPV(折現率, 值1, [值2]…)

從「折扣率」和現金流的「值」計算淨現值

NUMBERSTRING ▶ 06-57 【文字（直接輸入）】

=NUMBERSTRING(數值, 格式)

將「數字」轉換為指定的「格式」的漢字數字

NUMBERVALUE ▶ 06-56 【文字】

=NUMBERVALUE(字串, [小數點符號], [千分位符號])

將「字串」轉換為該字串所表示的數字

O

OCT2BIN 【工程】

=OCT2BIN(數值, [位數])

將 8 進數轉換為指定的「位數」的 2 進數
(範例) =OCT2BIN(15) → 傳回值：1101 ／ =OCT2BIN(123,8) → 01010011

OCT2DEC ▶ 10-37 【工程】

=OCT2DEC(數值)

將 8 進位數轉換為 10 進位數

OCT2HEX 【工程】

=OCT2HEX(數值, [位數])

將 8 進位數轉換為指定的「位數」的 16 進位數
(範例) =OCT2HEX(15) → D ／ =OCT2HEX(123,4) → 0053

ODD ▶ 04-45 【數學與三角函數】

=ODD(數值)

將「數值」捨入至最接近的奇數

ODDFPRICE ▶ 09-49 【財務】

=ODDFPRICE(結算日, 到期日, 發行日, 首次付息日, 利率, 年收益率, 贖回價格, 次數, [基準])

計算首次利息支付期間非完整的定期付息債券的現值

ODDFYIELD ▶ 09-47 【財務】

=ODDFYIELD(結算日, 到期日, 發行日, 首次付息日, 利率, 現在價格, 贖回價格, 次數, [基準])

計算剛開始的付息期間為半段時定期付息債券的收益率

ODDLPRICE ▶ 09-50 【財務】

=ODDLPRICE(結算日期, 到期日, 最後付息日, 利率, 收益率, 贖回價格, 次數, [基準])

計算最後的付息期間為半段時定期付息債券的現價

ODDLYIELD ▶ 09-48 【財務】

=ODDLYIELD(結算日期, 到期日, 最後付息日, 利率, 現在價格, 贖回價格, 次數, [基準])

計算最後的付息期間為半段時定期付息債券的收益率

OFFSET ▶ 07-24 【查閱與參照】

=OFFSET(基準, 列數, 欄數, [高度], [寬度])

傳回從「標準」儲存格移動「列數」和「欄數」後的儲存格位置參考

OR ▶ 03-09 【邏輯】

=OR(條件式1, [條件式2]…)

如果「條件式」中至少有一項為 TRUE，則傳回 TRUE，否則傳回 FALSE

P

PDURATION ▶ 09-30 【財務】

=PDURATION(利率, 現在價值, 未來價值)

由投資的利率、本金、目標金額推算出期間

PEARSON ▶ 08-18 【統計】

=PEARSON(陣列1, 陣列2)

計算「陣列 1」和「陣列 2」的相關係數

PERCENTILE 【統計（相容性）】

=PERCENTILE(範圍, 率)

計算「範圍」數字的百分位數
(範例) =PERCENTILE(A3:A13,0.9) → 計算儲存格 A3 至 A13 中，位於上方 10% 位置的數值

PERCENTILE.EXC 【統計】

=PERCENTILE.EXC(範圍, 比率)

不包含 0%和 100%，計算「範圍」數字的百分位數

（範例）=PERCENTILE.EXC(A3:A13,0.9) → 計算儲存格 A3 至 A13 中，位於上方 10% 位置的數值

PERCENTILE.INC ▶ **04-23** 【統計】

=PERCENTILE.INC(範圍, 比率)

計算「範圍」數字的百分位數

PERCENTRANK 【統計（相容性）】

=PERCENTRANK(範圍, 數值, [有效位數])

計算「數字」在「範圍」中所處的百分位數

（範例）=PERCENTRANK($A$3:$A$13,A3) → 計算儲存格 A3 至 A13 中，儲存格 A3 的百分比排名

PERCENTRANK.EXC 【統計】

=PERCENTRANK.EXC(範圍, 數值, [有效位數])

不包含 0%和 100%，計算「數字」在「範圍」中所處的百分位數

（範例）=PERCENTRANK.EXC($A$3:$A$13,A3) → 計算儲存格 A3 至 A13 中，儲存格 A3 的百分比排名

PERCENTRANK.INC ▶ **04-21** 【統計】

=PERCENTRANK.INC(範圍, 數值, [有效位數])

計算「數值」在「範圍」中的百分位置

PERMUT ▶ **10-25** 【統計】

=PERMUT(總數, 取出數量)

從「總數」中取出「取出數量」數目進行排列，計算有多少種排列方法

PERMUTATIONA ▶ **10-26** 【統計】

=PERMUTATIONA(總數, 取出數量)

從「總數」中取出「取出數量」數目進行排列（包含重複），計算有多少種排列方法

PHI 【統計】

=PHI(x)

計算標準常態分布的密度函數值

（範例）=PHI(0.5) → 0.35206⋯、計算當 z=0.5 時，標準正規分布的機率密度值

PHONETIC ▶ **06-59** 【資訊】

=PHONETIC(範圍)

顯示「範圍」輸入的文字拼音

PI ▶ **10-13** 【數學與三角函數】

=PI()

傳回圓周率的 15 位精度

PMT ▶ **09-03** 【財務】

=PMT(利率, 期間, 現在價值, [未來價值], [支付日期])

尋計算定期貸款的回款或定期存款的定期支付金額

POISSON 【統計（相容性）】

=POISSON(事象的數, 事象的平均, 函數格式)

計算泊松分布的機率分布，或者累積分布

（範例）=POISSON(7,5,FALSE) → 傳回值：0.10444⋯、一天平均賣出 5 個商品，變成一天賣出 7 個的機率

POISSON.DIST ▶ **08-46** 【統計】

=POISSON.DIST(現象次數, 現象平均, 函數格式)

計算卜瓦松分布的機率分布，或者累積分布

POWER ▶ 04-37 【數學與三角函數】

=POWER(數值, 指數)

計算「數值」的「指數」次方

PPMT ▶ 09-10 【財務】

=PPMT(利率, 期數, 期間, 現在價值, [未來價值], [支付日期])

在定期貸款回款中，計算指定「期」支付的本金

PRICE ▶ 09-40 【財務】

=PRICE(結算日, 到期日, 利率, 收益率, 贖回價格, 次數, [基準])

從定期利息債券的「到期日」到「收益率」計算現價

PRICEDISC ▶ 09-53 【財務】

=PRICEDISC(結算日, 到期日, 折現率, 贖回價格, [基準])

計算折扣債券的現價

PRICEMAT ▶ 09-56 【財務】

=PRICEMAT(結算日, 到期日, 發行日, 利率, 年收益, [基準])

從成熟益利債券「到期日」至「收益率」來計算現價

PROB ▶ 08-45 【統計】

=PROB(x 範圍, 機率範圍, 下限, [上限])

在離散型的機率分布表中計算指定範圍的機率

PRODUCT ▶ 04-34 【數學與三角函數】

=PRODUCT(數值1, [數值2]…)

傳回指定的「數值」的乘積

PROPER ▶ 06-51 【文字】

=PROPER(字串)

將「字串」中包含的英單詞的首字母轉換為大寫，第二個字母和以後的字母轉換為小寫

PV ▶ 09-06 【財務】

=PV(利率, 期間, 定期支付金額, [未來價值], [支付日期])

在定期性貸款回購或定期存款中計算現值

Q

QUARTILE 【統計（相容性）】

=QUARTILE(範圍, 位置)

計算「範圍」內的數字的四分位數。「位置」的設定值參照 QUARTILE.INC 函數（參見【04-24】）
（範例）=QUARTILE(A3:A13,3) → 從儲存格 A3 ～ A13 中計算第三四分位數

QUARTILE.EXC 【統計】

=QUARTILE.EXC(範圍, 位置)

排除 0%和 100%，計算「範圍」內的數字的四分位數。「位置」指定 1（第一四分位數）、2（第二四分位數）、3（第三四分位數）。
參見【8-14】的 Memo
（範例）=QUARTILE.EXC(A3:A13,3) → 從儲存格 A3 ～ A13 中計算第三四分位數

QUARTILE.INC ▶ 04-24 【統計】

=QUARTILE.INC(範圍, 位置)

尋找「範圍」數值的四分位數

QUOTIENT ▶ 04-36 【數學與三角函數】

=QUOTIENT(數值, 除數)

將「數值」除以「除數」，傳回商的整數部分

R

RADIANS ▶ 10-14 【數學與三角函數】

=RADIANS(角度)

將度數單位的「角度」轉換為弧度單位

RAND ▶ 04-61 【數學與三角函數】

=RAND()

產生介於 0 到 1 之間的亂數

RANDARRAY ▶ 04-63 【數學與三角函數】

=RANDARRAY([列], [欄], [最小], [最大], [整數])

在指定的行數／列數的範圍內顯示亂數

RANDBETWEEN ▶ 04-62 【數學與三角函數】

=RANDBETWEEN(最小值, 最大值)

產生介於「最小值」以上和「最大值」以下的整數亂數

RANK 【統計（相容性）】

=RANK(數值, 範圍, [順位])

尋找「數值」在「範圍」內為第幾大
（範例）=RANK(A3,$A$3:$A$7,0) → 儲存格 A3 至 A7 中，儲存格 A3 的降序排名

RANK.AVG ▶ 04-16 【統計】

=RANK.AVG(數值, 範圍, [順序])

計算「數值」在「範圍」內的第幾大。如果有相同的值則依平均值來排名

RANK.EQ ▶ 04-15 【統計】

=RANK.EQ(數值, 範圍, [順序])

計算「數值」在「範圍」內的第幾大

RATE ▶ 09-09 【財務】

=RATE(期間, 定期支付金額, 現在價值, [未來價值], [支付日期], [推估值])

在定期貸款還款或定期存款中找出利率

RECEIVED ▶ 09-54 【財務】

=RECEIVED(結算日, 到期日, 投資金額, 折現率, [基準])

尋找保有到「到期日」的折扣債券在到期時的收益

REDUCE ▶ 03-39 【邏輯】

=REDUCE(預設值, 陣列, Lambda)

將 Lambda 函數的最後一個計算解結果進行回傳

REPLACE ▶ 06-20 【文字】

=REPLACE(字串, 開始位置, 字數, 取代字串)

將「字串」的「開始位置」到「字數」的字串換成「置換字串」

REPLACEB 【文字】

=REPLACEB(字串, 開始位置, 位元組數, 置換字串)

將「字串」的「開始位置」到「字數」的字串換成「置換字串」
（範例）=REPLACEB("Excel2019",6,4,"2021") → 在 Excel2021 和 Excel2019 的第 6 位元組開始的四位元組替換為「2021」

REPT ▶ 06-12 【文字】

=REPT(字串, 重複的次數)

重複指定「重複次數」的「字串」

RIGHT ▶ 06-38 【文字】

=RIGHT(字串, [字數])

從「字串」的結尾起算，提取「字數」個字元的字串

RIGHTB 【文字】

=RIGHTB(字串, [位元組數量])

從「字串」的末尾取出「位元組數量」的字串
（範例）=RIGHTB("JR 東京駅 ",6) → 東京站，從末尾取出 6 個位元組

ROMAN ▶ 06-58 【數學與三角函數】

=ROMAN(數值, [格式])

將指定的「數值」轉換為「格式」的羅馬數字

ROUND ▶ 04-40 【數學與三角函數】

=ROUND(數值, 位數)

將「數值」四捨五入到指定的位數

ROUNDDOWN ▶ 04-42 【數學與三角函數】

=ROUNDDOWN(數值, 位數)

將「數值」無條件捨去到指定的位數

ROUNDUP ▶ 04-41 【數學與三角函數】

=ROUNDUP(數值, 位數)

將「數值」無條件進位到指定的位數

ROW ▶ 07-57 【查閱與參照】

=ROW([參照])

找出指定儲存格的行號

ROWS ▶ 07-58 【查閱與參照】

=ROWS(陣列)

計算「陣列」中包含的儲存格或元素的行數

RRI ▶ 09-29 【財務】

=RRI(期間, 現在價值, 未來價值)

從投資期間、本金、目標金額計算出複利的利率（等價利率）

RSQ ▶ 08-25 【統計】

=RSQ(y 的範圍, x 的範圍)

從投資期間、本金、目標金額計算出複利的利率（等價利率）

RTD 【查閱與參照】

=RTD

從 RTD 服務器（實時資料服務器）獲取資料。使用這個函數需要在本地電腦上建立和註冊 RTD COM 自動化套件
（範例）=RTD(B3,B4,B5) → 在 B3 儲存格指定的程式 ID，在 B4 儲存格指定的伺服器名稱的 RTD 伺服器中，取出 B5 儲存格的主題（不提供樣本）

S

SCAN ▶ 03-39 【邏輯】

=SCAN(預設值, 陣列, Lambda)

將 Lambda 函數計算的結果（包括中間過程）以陣列形式傳回，找出「搜尋字串」在「物件」中的位置

SEARCH ▶ 06-16 【文字】

=SEARCH(搜尋字串, 目標, [開始位置])

找出「搜尋字串」在「物件」中的位元組位置

SEARCHB 【文字】

=SEARCHB(搜尋字串, 對象, [開始位置])

找出「搜尋字串」在「物件」中的位元組位置

（範例）=SEARCHB(" 東京 ","JR 東京站 ") → 3、「東京」是「JR 東京站」的第三個位元組

SEC 【數學與三角函數】

=SEC(數值)

計算出用「數值」指定的角度的正割值（Secant），即 COS 函數的倒數

（範例）=SEC(RADIANS(60)) →傳回值：2、「sec 60°」

SECH 【數學與三角函數】

=SECH(數值)

計算出「數值」的雙曲正割值（Hyperbolic secant），即 COSH 函數的倒數

（範例）=SECH(0.5) → 傳回值：0.8868…

SECOND ▶ **05-06** 【日期及時間】

=SECOND(序列值)

從「序列值」表示的時間中計算「秒數」

SEQUENCE ▶ **04-09** 【數學與三角函數】

=SEQUENCE(列, [欄], [起始值], [遞增量])

指定的行數／列數的範圍中顯示首項為「開始」，公差為「增量」的等差數列

SERIES ▶ **11-30** 【其他】

=SERIES(數列名稱, 項目名稱, 數值, 順序)

定義圖表的資料系列

SERIESSUM 【數學與三角函數】

=SERIESSUM(x, 初期值, 增分, 係數)

計算冪級數。如果初始值是 n、增量是 m、係數是 a，則冪級數是「a1*x^n+a2*x^(n+m)+a3*x^(n+2*m)+…+ai*x^(n+(i-1)*m)」

（範例）=SERIESSUM(A4,1,2,B4:E4) → 用儲存格 A4 的值代表 x，初始值為 1，增量為 2，係數為儲存格 B4 ～ E4 的值來尋找冪級數

SHEET ▶ **07-61** 【資訊】

=SHEET([值])

找出指定工作表的工作表編號

SHEETS ▶ **07-61** 【資訊】

=SHEETS([範圍])

找出指定範圍的工作表數量

SIGN ▶ **04-33** 【數學與三角函數】

=SIGN(數值)

計算「數值」的正負標識

SIN ▶ **10-15** 【數學與三角函數】

=SIN(數值)

計算「數值」指定角度的正弦值

SINH ▶ **10-23** 【數學與三角函數】

=SINH(數值)

計算「數值」的雙曲正弦值

SKEW ▶ **08-11** 【統計】

=SKEW(數值1, [數值2]…)

計算「數值」的偏態

SKEW.P 【統計】

=SKEW.P(數值1, [數值2]…)

將引數視為母體，計算「數值」的偏態。參見【8-11】Memo
（範例）=SKEW.P(A3:A10) → 計算 A3 ～ A10 儲存格的偏態

SLN 【財務】

=SLN(取得價格, 殘存價格, 使用年限)

使用舊定額法（2007 年 3 月 31 日前取得的資產才適用）來計算折舊費用
（範例）=SLN(A3,B3,C3) → 從取得價格（A3 儲存格）、殘值（B3 儲存格）、年限（C3 儲存格）中計算折舊費用

SLOPE ▶ **08-21** 【統計】

=SLOPE(y 的範圍, x 的範圍)

根據「y 範圍」與「x 範圍」計算回歸線的斜率

SMALL ▶ **04-27** 【統計】

=SMALL(範圍, 順序)

計算「範圍」中數值從小到大排列的第幾個「順序」的數值

SORT ▶ **07-34** 【查閱與參照】

=SORT(陣列, [排序索引], [順序], [方向])

按指定順序對「陣列」的資料進行排序

SORTBY ▶ **07-35** 【查閱與參照】

=SORTBY(陣列, 基準1, [順序1], [基準2, 順序2]…)

「按指定順序對「陣列」的資料進行排序。可以設定多個標準

SQRT ▶ **04-38** 【數學與三角函數】

=SQRT(數值)

計算「數值」的正平方根

SQRTPI 【數學與三角函數】

=SQRTPI(數值)

將「數值」與圓周率相乘，然後計算該平方根
（範例）=SQRTPI(4) → 傳回值：3.5449…、計算「(4*PI())^0.5」

STANDARDIZE ▶ **08-15** 【統計】

=STANDARDIZE(值, 平均數, 標準差)

計算從「平均」和「標準差」得出的「值」的標準化變數

STDEV 【統計（相容性）】

=STDEV(數值1, [數值2]…)

計算「數值」的無偏標準差
（範例）=STDEV(B3:B10) → 計算儲存格 B3 ～ B10 的數值的無偏標準差

STDEV.P ▶ **08-07** 【統計】

=STDEV.P(數值1, [數值2]…)

計算「數值」的標準差

STDEV.S ▶ **08-08** 【統計】

=STDEV.S(數值1, [數值2]…)

計算「數值」的無偏標準差

STDEVA 【統計】

=STDEVA(數值1, [數值2]…)

計算「數值」的無偏標準差。字串被視為 0，TRUE 被視為 1，FALSE 被視為 0
（範例）=STDEVA(B3:B10) → 計算 B3 ～ B10 儲存格的得分的無偏標準差。「缺席」則為 0

STDEVP 【統計（相容性）】

=STDEVP(數值1, [數值2]…)

計算「數值」的標準差
（範例）=STDEVP(B3:B10) →計算儲存格 B3 ～ B10 的數值的標準差

STDEVPA 【統計】

=STDEVPA(數值1, [數值2]…)

計算「數值」的標準差。字串被視為 0，TRUE 被視為 1，FALSE 被視為 0
（範例）=STDEVPA(B3:B10) → 計算儲存格 B3 ～ B10 的得分的標準差。「欠席」則為 0

STEYX ▶ 08-26 【統計】

=STEYX(y 範圍, x 範圍)

根據「y 範圍」和「x 範圍」計算回歸線的標準誤差

STOCKHISTORY ▶ 09-38 【財務】

=STOCKHISTORY(股票名稱, 開始日期, [結束日期], [間隔], [標題], [屬性 1],…, [屬性 6])

載入指定的「股票」的股價資料

SUBSTITUTE ▶ 06-22 【文字】

=SUBSTITUTE(字串, 搜尋字串, 取代字串, [替換對象])

在「字串」中用「取代字串」取代「搜尋字串」

SUBTOTAL ▶ 02-24 【數學與三角函數】

=SUBTOTAL(統計方法, 範圍1, [範圍2]…)

根據指定的「計算方法」，計算「範圍」的資料

SUM ▶ 02-02 【數學與三角函數】

=SUM(數值1, [數值2]…)

計算「數值」的總和

SUMIF ▶ 02-08 【數學與三角函數】

=SUMIF(條件範圍, 條件, [合計範圍])

計算符合「條件」的資料的總和

SUMIFS ▶ 02-09 【數學與三角函數】

=SUMIFS(合計範圍, 條件範圍1, 條件1, [條件範圍2, 條件2]…)

計算符合「條件」的資料的總和。可以指定多個「條件」

SUMPRODUCT ▶ 04-35 【數學與三角函數】

=SUMPRODUCT(陣列1, [陣列2]…)

計算「陣列」的元素個個的積的總和

SUMSQ ▶ 10-05 【數學與三角函數】

=SUMSQ(數值1, [數值2]…)

計算「數值」的平方和

SUMX2MY2 ▶ 10-07 【數學與三角函數】

=SUMX2MY2(陣列1, 陣列2)

計算「陣列 1」與「陣列 2」的元素之間的平方差並加總

SUMX2PY2 ▶ 10-06 【數學與三角函數】

=SUMX2PY2(陣列1, 陣列2)

計算「陣列 1」與「陣列 2」的元素之間的平方和並加總

SUMXMY2 ▶ 10-08 【數學與三角函數】

=SUMXMY2(陣列1, 陣列2)

計算「陣列 1」與「陣列 2」的元素之間的差的平方並加總

SWITCH ▶ 03-06 【邏輯】

=SWITCH(運算式, 值1, 結果1, [值2, 結果2]…, [預設值])

檢核「式」是否與「值」相匹配，並傳回第一個匹配「值」的對應「結果」

SYD 【財務】

=SYD(取得價格, 残存價格, 耐用年數, 期數)

使用算術級數法來計算折舊費用

（範例）=SYD(A3,B3,C3,10) → 從取得價格（儲存格 A3）、殘值（儲存格 B3）、耐用年數（儲存格 C3）計算出第 10 年的折舊費用

T

T ▶ 07-61 【文字】

=T(值)

如果「值」是字串，則傳回該字串

T.DIST ▶ 08-59 【統計】

=T.DIST(x, 自由度, 函數格式)

計算 t 分布的機率密度或累積分布

T.DIST.2T ▶ 08-61 【統計】

=T.DIST.2T(x, 自由度)

計算 t 分布的「x」對應的雙尾機率

T.DIST.RT ▶ 08-60 【統計】

=T.DIST.RT(x, 自由度)

計算 t 分布的「x」對應的右尾機率

T.INV 【統計】

=T.INV(機率, 自由度)

從 t 分布的左側機率中計算反函數的值

（範例）=T.INV(0.08,10) → -1.5178…、從自由度為 10 的 t 分布中，找出使左側機率為 0.08 的 x 值

T.INV.2T ▶ 08-62 【統計】

=T.INV.2T(機率, 自由度)

從 t 分布的雙尾機率中計算反函數的值

T.TEST ▶ 08-75 【統計】

=T.TEST(陣列1, 陣列2, 檢定設定, 檢定種類)

從兩個「陣列」指定的樣本中檢定母體平均值的差異，並傳回單尾機率或雙尾機率

TAKE ▶ 07-75 【查閱與參照】

=TAKE(陣列, [列數], [欄數])

從「陣列」的開頭／末尾取出指定的「行數」「列數」

TAN ▶ 10-17 【數學與三角函數】

=TAN(數值)

計算「數值」指定的角度的正切值

TANH ▶ 10-23 【數學與三角函數】

=TANH(數值)

計算「數值」的雙曲正切值

TBILLEQ 【財務】

=TBILLEQ(結算日, 到期日, 割讓率)

計算美國財政部短期證券的債券等價收益率

（範例）=TBILLEQ(A3,B3,C3) → 由儲存格 A3 的結算日、儲存格 B3 的到期日、以及儲存格 C3 的割讓率，計算美國財政部短期證券的債券等價收益率

TBILLPRICE 【財務】

=TBILLPRICE(結算日, 到期日, 割讓率)

計算美國財政部短期證券的現在價格

（範例）=TBILLPRICE(A3,B3,C3) → 由儲存格 A3 的結算日、儲存格 B3 的到期日，以及儲存格 C3 的割讓率，計算美國財政部短期證券的現在價格

TBILLYIELD 【財務】

=TBILLYIELD(結算日, 到期日, 現在價格)

計算美國財政部短期證券的收益率

（範例）=TBILLYIELD(A3,B3,C3) → 由儲存格 A3 的結算日、儲存格 B3 的到期日，以及儲存格 C3 的現在價格，計算美國財政部短期證券的收益率

TDIST 【統計（相容性）】

=TDIST(x, 自由度, 尾部)

計算 t 分布在「x」右側機率（尾部：1），或是兩邊機率（尾部：2）

（範例）=TDIST(1.5,10,2) → 0.16450…、計算在自由度為 10 的 t 分布，當 x=1.5 的情形下兩邊的機率

TEXT ▶ 06-53 【文字】

=TEXT(值, 顯示格式)

將「值」轉換為指定的「顯示格式」的字串

TEXTAFTER ▶ 06-45 【文字】

=TEXTAFTER(字串, 分隔符號, [位置], [相符模式], [末尾], [找不到時])

從「字串」中取出在指定「位置」的「分隔符」之後的字串

TEXTBEFORE ▶ 06-45 【文字】

=TEXTBEFORE(字串, 分隔符號, [位置], [相符模式], [末尾], [找不到時])

從「字串」中取出在指定「位置」的「分隔符號」之前的字串

TEXTJOIN ▶ 06-34 【文字】

=TEXTJOIN(分隔符號, 忽略空白儲存格, 字串1, [字串2]…)

在「字串」之間插入分隔符號進行連結

TEXTSPLIT ▶ 06-48 【文字】

=TEXTSPLIT(字串, 欄分隔, [列分隔], [忽略空白], [相符模式], [替代文字])

將「字串」以「行分隔符」和「列分隔符」進行切割，分割成多個行／列進行顯示

TIME ▶ 05-12 【日期及時間】

=TIME(時, 分, 秒)

由「時」、「分」、「秒」的數值計算出時間

TIMEVALUE ▶ 05-14 【日期及時間】

=TIMEVALUE(時間字串)

將「時間字串」轉換為代表該時間的序列值

TINV 【統計（相容性）】

=TINV(機率, 自由度)

從 t 分布的雙側機率計算反函數的值

（範例）=TINV(0.16,10) → 1.5178…、在自由度為 10 的 t 分布中計算雙側機率為 0.16 的 x 值

TOCOL ▶ 07-79 【查閱與參照】

=TOCOL(陣列, [忽略值], [方向])

將多行多列的「陣列」排列成一列

TODAY ▶ 05-03 【日期及時間】

=TODAY()

基於系統時間計算當前日期

TOROW ▶ 07-79 【查閱與參照】

=TOROW(陣列, [忽略值], [方向])

將多行多列的「陣列」排列成一行

TRANSPOSE ▶ 07-32 【查閱與參照】

=TRANSPOSE(陣列)

傳回「陣列」的行和列交換後的陣列

TREND ▶ 08-30 【統計】

=TREND(y 的範圍, [x 的範圍], [新的x], [常數])

根據多重迴歸分析，計算「新的 x」對應的預測值 y

TRIM ▶ 06-28 【文字】

=TRIM(字串)

從「字串」中刪除多餘的空格

TRIMMEAN ▶ 02-43 【統計】

=TRIMMEAN(陣列, 比例)

從「陣列」的最高和最低處排除指定的「比例」的資料，並計算平均值

TRUE 【邏輯】

=TRUE()

傳回邏輯值 TRUE
（範例）=TRUE() → 在儲存格中顯示「TRUE」

TRUNC ▶ 04-43 【數學與三角函數】

=TRUNC(數值, [位數])

將「數值」捨去至指定的位數

TTEST 【統計（相容性）】

=TTEST(陣列1, 陣列2, 指定測試, 測試類型)

從兩個「陣列」所指定的樣本中測試母體平均值的差，並回傳單側機率或雙側機率
（範例）=TTEST(D3:D14,E3:E14,1,1) → 0.033567…、根據儲存格 D3 ～ D14 和儲存格 E3 ～ E14 的兩個陣列進行成對資料的 t 檢定，並計算單側機率

TYPE ▶ 03-16 【資訊】

=TYPE(值)

檢核「資料」的類型

U

UNICHAR ▶ 06-05 【文字】

=UNICHAR(數值)

解讀「數值」為 Unicode，並找出對應的字元

UNICODE ▶ 06-04 【文字】

=UNICODE(字串)

傳回「字串」的第一個字元的 Unicode 在十進位數字中的值

UNIQUE ▶ 07-49 【查閱與參照】

=UNIQUE(陣列, [比較方向], [次數])

從「陣列」中彙整重複的資料，或找出只出現一次的資料

UPPER ▶ 06-51 【文字】

=UPPER(字串)

將「字串」中的英文字母轉換為大寫

V

VALUE ▶ 06-55 【文字】

=VALUE(字串)

將「字串」中的英文字母轉換為大寫

VALUETOTEXT ▶ 06-37 【文字】

=VALUETOTEXT(值, [格式])

將「字串」轉換為數值

VAR 【統計（相容性）】

=VAR(數值1, [數值2]…)

將「字串」轉換為數值
（範例）=VAR(B3:B10) → 尋找儲存格 B3 至 B10 的數值的無偏變異數

VAR.P ▶ 08-05 【統計】

=VAR.P(數值1, [數值2]…)

計算「數值」的無偏變異數

VAR.S ▶ 08-06 【統計】

=VAR.S(數值1, [數值2]…)

計算「數值」的不偏變異數

VARA 【統計】

=VARA(數值1, [數值2]…)

計算「數值」的不偏變異數。字串被視為 0，TRUE 視為 1，FALSE 視為 0
（範例）=VARA(B3:B10) → 從儲存格 B3 至 B10 的分數的不偏變異數。「缺席」視為 0 分

VARP 【統計（相容性）】

=VARP(數值1, [數值2]…)

計算「數值」的變異數
（範例）=VARP(B3:B10) → 從儲存格 B3 至 B10 的數值的變異數

VARPA 【統計】

=VARPA(數值1, [數值2]…)

計算「數值」的變異數。字串被視為 0，TRUE 視為 1，FALSE 視為 0
（範例）=VARPA(B3:B10) → 從儲存格 B3 至 B10 的分數的變異數。「缺席」視為 0

VDB 【財務】

=VDB(取得價格, 残存價格, 耐用年數, 開始期, 結束期, [率], [無需切換])

使用倍數定率法計算出指定期間的折舊費
指定期間的折舊費。「率」指定為 2 或省略則採用倍數定率法計算
（範例）=VDB(A3,B3,C3,0,1) → 取從取得價格（儲存格 A3）、殘存價格（儲存格 B3）、耐用年數（儲存格 C3）計算出第一年的折舊費

VLOOKUP ▶ 07-02 【查閱與參照】

=VLOOKUP(搜尋值, 範圍, 欄編號, [搜尋類型])

從「範圍」的第一列尋找「搜尋值」，並傳回在找到行的「列編號」的列的數值

VSTACK ▶ 07-71 【查閱與參照】

=VSTACK(陣列1, [陣列2]…)

將「陣列」以垂直方向排列並傳回結合後的陣列

W

WEBSERVICE ▶ 07-68 【Web】

=WEBSERVICE(URL)

從 Web 服務下載資料

WEEKDAY ▶ 05-47 【日期及時間】

=WEEKDAY(序列值, [類型])

從「序列值」代表的日期取得星期號

WEEKNUM ▶ 05-43 【日期及時間】

=WEEKNUM(序列值, [週的基準])

從「序列值」代表的日期算出星期數

WEIBULL 【統計（相容性）】

=WEIBULL(x, α, β, 函數格式)

計算魏布爾分布的機率密度或累積分布

（範例）=WEIBULL(1.5,2,1,TRUE) → 傳回值：0.89460…、α=2、β=1 的魏布爾分布下 x=1.5 時的累積分布數值

WEIBULL.DIST ▶ 08-57 【統計】

=WEIBULL.DIST(x, α, β, 函數格式)

計算魏布爾分布的機率密度或累積分布

WORKDAY ▶ 05-25 【日期及時間】

=WORKDAY(開始日, 天數, [假日])

排除週六、週日及指定的「節日」，從「開始日」算出「日數」前後的日期

WORKDAY.INTL ▶ 05-31 【日期及時間】

=WORKDAY.INTL(開始日, 天數, [週末], [假日])

排除指定的「週末」及「節日」，從「開始日」算出「日數」前後的日期

WRAPCOLS ▶ 07-78 【查閱與參照】

=WRAPCOLS(向量, 換行數, [替代值])

將「向量」排列在垂直方向，並在指定的「換行數」處折返，傳回該陣列

WRAPROWS ▶ 07-78 【查閱與參照】

=WRAPROWS(向量, 換行數, [替代值])

將「向量」並列，以指定的「換行數」進行換行，傳回結果為陣列

X

XIRR ▶ 09-37 【財務】

=XIRR(範圍, 日期, [推估值])

從不規則的現金流中計算內部投資回報率

XLOOKUP ▶ 07-13 【查閱與參照】

=XLOOKUP(搜尋值, 搜尋範圍, 傳回值範圍, [找不到時] , [比對類型] , [搜尋模式])

在「搜尋範圍」中找「搜尋值」，傳回對應的「傳回值範圍」的值

XMATCH ▶ 07-30 【查閱與參照】

=XMATCH(搜尋值, 搜尋範圍, [相符模式] , [搜尋模式])

在「搜尋範圍」中搜尋「搜尋值」，傳回找到的儲存格位置，可以指定搜尋方向

XNPV ▶ 09-36 【財務】

=XNPV(折現率, 現金流, 日期)

從「折現率」「現金流」「日期」計算淨現值

XOR 【邏輯】

=XOR(條件式1, [條件式2]⋯)

計算所有「邏輯算式」的排他性邏輯和

（範例）=XOR(A4>=60,B4>=60) → 當「A4>=60」和「B4>=60」只有一個成立時傳回 TRUE，兩者都成立或都不成立則傳回 FALSE

Y

YEAR ▶ 05-05 【日期及時間】

=YEAR(序列值)

從「序列值」表示的日期值計算「年」

YEARFRAC 【日期及時間】

=YEARFRAC(開始日期, 結束日期, [標準])

計算「開始日期」到「結束日期」所占的一年比例。「基準」的設定值請參考 PRICE 函數（→【09-40】）

（範例）=YEARFRAC(A3,B3,1) → 計算儲存格 A3 的日期到儲存格 B3 的日期所占一年的比例

YEN ▶ 06-54 【文字】

=YEN(數值, [小數位置])

將「數值」轉換成指定「位數」的「\」「,」分隔方式的字串

YIELD ▶ 09-39 【財務】

=YIELD(結算日, 到期日, 利率, 現在價格, 贖回價格, 次數, [基準])

計算到「到期日期」止，定期支付利息的債券的收益率

YIELDDISC ▶ 09-51 【財務】

=YIELDDISC(結算日, 到期日, 現在價格, 贖回價格, [基準])

計算到「到期日期」止，折價債券的收益率

YIELDMAT ▶ 09-55 【財務】

=YIELDMAT(結算日, 到期日, 發行日, 利率, 現在價格, [基準])

計算到「到期日期」止，已經到期利息支付的債券的收益率

Z

Z.TEST ▶ 08-73 【統計】

=Z.TEST(陣列, 基準值, [標準差])

使用常態分布對指定「陣列」樣本從母體平均值做檢定，傳回「基準值」相應的右側機率

ZTEST 【統計（相容性)】

=ZTEST(陣列, 基準值, [標準差])

使用常態分布對指定「陣列」樣本從母體平均值做檢定，傳回「基準值」相應的右側機率

（範例）=ZTEST(B3:B12,10,3.2) → 0.03763⋯、母體平均值為 10，標準差為 3.2 的情況，基於儲存格 B3 ～ B12 的資料做母體平均值檢定，並計算出右側機率

附錄2

功能分類函數索引

數學與三角函數			
加總	SUM	計算數值的總和	02-02
	SUMIF	加總符合條件的資料	02-08
	SUMIFS	加總符合多個條件的資料	02-09
各種彙總方法	SUBTOTAL	依指定的統計方法對範圍內的資料進行統計	02-24
	AGGREGATE	依指定的統計方法對範圍內的資料進行統計	02-25
處理小數	ROUND	將數值四捨五入到指定的位數	04-40
	ROUNDDOWN	將數值捨去到指定的位數	04-42
	ROUNDUP	將數值無條件進位到指定的位數	04-41
	INT	將數值無條件捨去到最接近的整數	04-44
	TRUNC	將數值捨去到指定的位數	04-43
對數值進行倍數的小數處理	CEILING.MATH	將數值依指定的方式進位到基準值的倍數	04-48
	CEILING.PRECISE	將數值進位到基準值的倍數	779
	ISO.CEILING	將數值進位到基準值的倍數	796
	FLOOR.MATH	將數值依指定的方式捨去到基準值的倍數	04-49
	FLOOR.PRECISE	將數值捨去到基準值的倍數	790
	MROUND	將數值四捨五入到基準值的倍數	04-50
處理奇偶數的小數	EVEN	將數值無條件進位至偶數	04-45
	ODD	將數值無條件進位至奇數	04-45
絕對值與符號	ABS	計算數值的絕對值	04-32
	SIGN	計算數值的正負	04-33
商數與餘數	QUOTIENT	計算商數的整數部分	04-36
	MOD	計算除法的餘數	04-36
乘積與和	PRODUCT	計算數值的乘積	04-34
	SUMPRODUCT	將陣列元素之間的乘積相加	04-35
	SUMSQ	計算數值的平方和	10-05
計算陣列的平方	SUMX2MY2	將陣列 1 和陣列 2 的平方差相加	10-07
	SUMX2PY2	將陣列 1 和陣列 2 的平方和相加	10-06
	SUMXMY2	將陣列 1 與陣列 2 的差值的平方相加	10-08
最大公約數和最小公倍數	GCD	計算數值的最大公約數	10-01
	LCM	計算數值的最小公倍數	10-02

數學與三角函數			
次方運算	POWER	計算數值的指數次方	04-37
	EXP	計算以自然對數的底 e 為底數的數值次方	10-12
平方根	SQRT	計算數值的正平方根	04-38
	SQRTPI	計算圓周率倍數的平方根	809
對數	LOG	指定底和數值來求得對數	10-09
	LOG10	計算常用對數	10-10
	LN	計算自然對數	10-11
圓周率和角度	PI	會傳回 1 5 位數的圓周率	10-13
	RADIANS	將度數轉換為弧度	10-14
	DEGREES	將弧度轉換為度數	10-14
三角函數	SIN	計算正弦（sine）	10-15
	COS	計算餘弦（cosine）	10-16
	TAN	計算正切（tangent）	10-17
	CSC	計算餘割（cosecant）	783
	SEC	計算正割（secant）	808
	COT	計算餘切（cotangent）	782
反三角函數	ASIN	計算反正弦（arcsine）	10-19
	ACOS	計算反餘弦（arccosine）	10-20
	ATAN	計算反正切（arctangent）	10-21
	ATAN2	根據 x 座標和 y 座標計算反正切（arctangent）	10-22
	ACOT	計算反餘切（arccotangent）	775
雙曲線函數	SINH	計算雙曲線正弦	10-23
	COSH	計算雙曲線餘弦	10-23
	TANH	計算雙曲線正切	10-23
	CSCH	計算雙曲線餘切	783
	SECH	計算雙曲線正割	808
	COTH	計算雙曲線餘割	782
反雙曲線函數	ASINH	計算雙曲線反正弦	10-24
	ACOSH	計算雙曲線反餘弦	10-24
	ATANH	計算雙曲線反正切	10-24
	ACOTH	計算雙曲線反餘切	775
階乘	FACT	計算數值的階乘	10-03
	FACTDOUBLE	計算數值的雙階乘	10-04
組合	COMBIN	計算組合的數量	10-27
	COMBINA	計算重複組合的數量	10-28
多項式係數	MULTINOMIAL	計算多項式係數	10-30
冪級數	SERIESSUM	計算冪級數	808

數學與三角函數			
矩陣	MDETERM	計算矩陣的行列式	799
	MINVERSE	計算矩陣的反矩陣	10-32
	MMULT	計算陣列 1 和陣列 2 的乘積	10-31
	MUNIT	計算指定維度的單位矩陣	801
建立陣列	SEQUENCE	計算指定列數／欄數的等差數列	04-09
亂數	RAND	產生 0 到 1 之間的亂數	04-61
	RANDBETWEEN	產生整數的亂數	04-62
	RANDARRAY	產生亂數陣列	04-63
位數的轉換	BASE	將 10 進位數轉換成 n 進位數	10-35
	DECIMAL	將 n 進位數轉換成 10 進位數	10-37
羅馬數字	ARABIC	將羅馬數字轉換為阿拉伯數字	06-58
	ROMAN	將數值轉換為羅馬數字	06-58

統計函数			
資料數	COUNT	計算數值的數量	02-27
	COUNTA	計算資料的數量	02-27
	COUNTBLANK	計算空白儲存格的數量	02-28
	COUNTIF	計算符合條件的資料數量	02-30
	COUNTIFS	計算符合多個條件的資料數量	02-31
平均值	AVERAGE	計算數值的平均值	02-38
	AVERAGEA	將字串視為 0 後計算平均值	02-39
	AVERAGEIF	計算符合條件的資料平均值	02-40
	AVERAGEIFS	計算符合多個條件的資料平均值	02-41
	TRIMMEAN	排除最高和最低數值後計算平均值	02-43
	GEOMEAN	計算幾何平均值	02-44
	HARMEAN	計算調和平均值	02-45
最大值和最小值	MAX	計算最大值	02-48
	MAXA	將字串視為 0 後計算最大值	799
	MAXIFS	計算符合多個條件的資料最大值	02-50
	MIN	計算最小值	02-48
	MINA	將字串視為 0 後計算最小值	800
	MINIFS	計算符合多個條件的資料最小值	02-51
中位數和眾數	MEDIAN	計算中位數	08-03
	MODE.SNGL	計算眾數	08-01
	MODE.MULT	計算多個眾數	08-02
頻率分布	FREQUENCY	建立頻率分布表	08-04

統計函數			
排名	RANK.EQ	計算排名	04-15
	RANK.AVG	計算排名。如果值相同，則依平均值排名	04-16
	LARGE	從高到低計算指定排名的數值	04-25
	SMALL	從低到高計算指定排名的數值	04-27
排列數	PERMUT	計算排列數	10-25
	PERMUTATIONA	計算重複的排列數	10-26
百分位數	PERCENTILE.INC	計算百分位數	04-23
	PERCENTILE.EXC	計算排除 0% 和 100% 後的百分位數	804
	PERCENTRANK.INC	計算百分比的排名	04-21
	PERCENTRANK.EXC	計算排除 0% 和 100% 後的百分比排名	804
四分位數	QUARTILE.INC	計算四分位數	04-24
	QUARTILE.EXC	計算排除 0% 和 100% 後的四分位數	805
變異數	VAR.P	計算變異數	08-05
	VARPA	將字串視為 0 來計算變異數	814
	VAR.S	計算不偏變異數	08-06
	VARA	將字串視為 0 來計算不偏變異數	814
標準差	STDEV.P	計算標準差	08-07
	STDEVPA	將字串視為 0 來計算標準差	810
	STDEV.S	計算不偏標準差	08-08
	STDEVA	將字串視為 0 來計算不偏標準差	809
平均偏差	AVEDEV	計算平均差	08-09
變動	DEVSQ	計算變動（平方差總和）	08-10
標準化變數	STANDARDIZE	計算標準化變數	08-15
偏度和峰度	SKEW	計算偏度	08-11
	SKEW.P	計算母體的偏度	809
	KURT	計算峰度	08-12
相關係數	CORREL	計算相關係數	08-18
	PEARSON	計算相關係數	08-18
共變異數	COVARIANCE.P	計算共變異數	08-19
	COVARIANCE.S	計算不偏共變異數	08-20
迴歸直線	SLOPE	計算迴歸直線的斜率	08-21
	INTERCEPT	計算迴歸直線的截距	08-22
	FORECAST.LINEAR	基於迴歸直線預測銷售量	08-23
	RSQ	計算迴歸直線的決定係數	08-25
	STEYX	計算迴歸直線的標準誤差	08-26
	TREND	基於多元迴歸分析計算預測值	08-30
	LINEST	基於多元迴歸分析計算係數和常數	08-27

統計函数			
t 分布 / 檢定	T.DIST	計算 t 分布的機率密度／累積分布	08-59
	T.DIST.2T	計算 t 分布的雙尾機率	08-61
	T.DIST.RT	計算 t 分布的右尾機率	08-60
	T.INV	從 t 分布的左尾機率計算反函數值	811
	T.INV.2T	從 t 分布的雙尾機率計算反函數值	08-62
	T.TEST	進行 t 檢定	08-75
f 分布 / 檢定	F.DIST	計算 f 分布的機率密度／累積分布	08-63
	F.DIST.RT	計算 f 分布的右尾機率	08-64
	F.INV	從 f 分布的左尾機率計算反函數值	788
	F.INV.RT	從 f 分布的右尾機率計算反函數值	08-65
	F.TEST	進行 f 檢定	08-77
Z 檢定	Z.TEST	進行 z 檢定	08-73
信賴區間	CONFIDENCE.NORM	根據常態分布計算母體平均數的信賴區間	08-69
	CONFIDENCE.T	使用 t 分布計算母體平均數的信賴區間	08-70
Fisher 轉換	FISHER	計算 Fisher 轉換後的值	789
	FISHERINV	計算 Fisher 轉換的反函數值	789

資料庫函數			
統計	DSUM	計算符合其他表格條件的資料總和	02-65
	DAVERAGE	計算符合其他表格條件的資料平均	02-66
	DCOUNT	計算符合其他表格條件的數值個數	02-53
	DCOUNTA	計算符合其他表格條件的非空白儲存格個數	02-64
	DPRODUCT	計算符合其他表格條件的資料乘積	786
	DMAX	計算符合其他表格條件的資料最大值	02-67
	DMIN	計算符合其他表格條件的資料最小值	02-67
變異數	DVAR	計算符合其他表格條件的資料不偏變異數	786
	DVARP	計算符合其他表格條件的資料變異數	787
標準差	DSTDEV	計算符合其他表格條件的資料不偏標準差	786
	DSTDEVP	計算符合其他表格條件的資料標準差	786
取得資料	DGET	找出一個符合其他表格條件的資料	02-68

Cube 函數			
Cube 的操作	CUBEMEMBER	取得 Cube 成員或 Tuple	02-72
	CUBEVALUE	從 Cube 中取得指定成員的加總值	02-72
	CUBESET	取得 Cube 成員或 Tuple 集合	02-73

資訊函數			
IS 函数	ISBLANK	查詢是否為空白儲存格	03-17
	ISFORMULA	查詢是否為公式	03-20
	ISREF	查詢是否為儲存格參照	03-18
	ISERR	查詢是否為［#N/A］以外的錯誤值	03-28
	ISERROR	查詢是否為錯誤值	03-28
	ISNA	查詢是否為［#N/A］錯誤值	03-28
取得資訊	CELL	查詢儲存格資訊	07-59
	INFO	查詢 Excel 的操作環境資訊	07-63
	ERROR.TYPE	查詢錯誤類型	03-29
	SHEET	查詢工作表編號	07-61
	SHEETS	查詢工作表數量	07-61
	TYPE	查詢資料類型	03-16
數值轉換	N	將引數轉換為數字	801
「#N/A」錯誤	NA	傳回［#N/A］錯誤值	801

日期及時間函數			
現在的日期	TODAY	求得現在的日期	05-03
	NOW	求得現在的日期和時間	05-03
取出年月日	YEAR	從日期中取出「年」	05-05
	MONTH	從日期中取出「月」	05-05
	DAY	從日期中取出「日」	05-05
取出時分秒	HOUR	從時間中取出「時」	05-06
	MINUTE	從時間中取出「分」	05-06
	SECOND	從時間中取出「秒」	05-06
取出星期	WEEKDAY	從日期中計算星期幾的編號	05-47
取得第幾週	WEEKNUM	從日期中計算週數	05-43
	ISOWEEKNUM	從日期中計算 ISO 週數	05-44
日期及時間的建立	DATE	從年、月、日的數值計算日期	05-11
	TIME	從時、分、秒的數值計算時間	05-12
取得日期	EDATE	計算○個月前或○個月後的日期	05-19
	EOMONTH	計算○個月前或○個月後的月底日期	05-20
	WORKDAY	排除週末和假日，計算○日前／後的日期	05-25
	WORKDAY.INTL	排除指定的星期和假日，計算○日前／後的日期	05-31
取得期間	DAYS	計算從開始日到結束日的天數	05-38
	DAYS360	將 1 年算作 360 天，計算指定期間的天數	784
	NETWORKDAYS	排除週末和假日，計算期間的天數	05-33

日期及時間函數			
取得期間	NETWORKDAYS.INTL	排除指定的星期和假日，計算期間的天數	05-34
	DATEDIF	計算期間的年數、月數、日數	05-36
	YEARFRAC	計算時間佔一年的比例	816
日期及時間的轉換	DATEVALUE	將日期字串轉換成序列值	05-14
	TIMEVALUE	將時間字串轉換成序列值	05-14
	DATESTRING	將序列值轉換成和曆的字串	05-17

文字函數			
字串的長度	LEN	計算字串的字元數	06-08
	LENB	計算字串的位元組數	06-08
取出部分字串	LEFT	從字串的開頭取得○個字元	06-38
	LEFTB	從字串的開頭取得○個位元組	797
	MID	從字串指定的位置取得○個字元	06-39
	MIDB	從字串指定的位置取得○個位元組	800
	RIGHT	從字串的末尾取得○個字元	06-38
	RIGHTB	從字串的末尾取得○個位元組	807
	TEXTBEFORE	取得分隔符號前的字串	06-45
	TEXTAFTER	取得分隔符號後的字串	06-45
	TEXTSPLIT	將字串分割成多欄 / 多列顯示	06-48
連接字串	CONCAT	連接字串	06-32
	TEXTJOIN	在字串間插入分隔符號並連接多個字串	06-34
搜尋字串	FIND	查詢「搜尋字串」位於第幾個字	06-14
	FINDB	查詢「搜尋字串」位於第幾個位元組	789
	SEARCH	查詢「搜尋字串」位於第幾個字	06-16
	SEARCHB	查詢「搜尋字串」位於第幾個位元組	808
置換字串	REPLACE	置換指定位置的字元	06-20
	REPLACEB	置換指定位置的位元組數	806
	SUBSTITUTE	將「搜尋字串」取代成指定字串	06-22
比較字串	EXACT	檢查兩個字串是否相等	06-31
刪除控制字元	TRIM	刪除字串中多餘的空格	06-28
	CLEAN	刪除字串中包含的控制字元	06-30
重複的字串	REPT	字串會依照「重複的次數」顯示	06-12
轉換字串類型	UPPER	將字母轉為大寫	06-51
	LOWER	將字母轉為小寫	06-51
	PROPER	將英文單詞的首字母轉換為大寫，其餘字母轉換為小寫	06-51
	ASC	將全形字元轉為半形字元	06-50
	JIS	將半形字元轉為全形字元	06-50

文字函數			
字元編碼	CHAR	從字元碼取得字元	06-05
	UNICHAR	從 Unicode 碼取得字元	06-05
	CODE	從字元尋找字元碼	06-04
	UNICODE	從字元尋找 Unicode 碼	06-04
變更數值的顯示格式	TEXT	將數值轉換為指定的顯示格式	06-53
	VALUE	將數值字串轉換成數值	06-55
	NUMBERVALUE	將使用不同符號的數值字串轉換為實際的數值	06-56
	FIXED	將數值轉換為含有千分位的字元	06-54
	YEN	將數值轉換為含有「¥」和「,」的字串	06-54
	DOLLAR	將數值轉換為含有「$」和「,」的字串	06-54
	BAHTTEXT	將數值轉換為泰銖形式（泰國貨幣）的字串	777
	NUMBERSTRING	將數值轉換為指定格式的國字數字	06-57
取得字串	T	如果值是字串，則傳回該字串	07-61
轉換為字串	ARRAYTOTEXT	連接陣列的元素，轉換成字串	06-36
	VALUETOTEXT	將值轉換為字串	06-37

查閱與參照函數			
搜尋資料	VLOOKUP	在範圍內縱向搜尋並取出資料	07-02
	HLOOKUP	在範圍內橫向搜尋並取出資料	07-12
	LOOKUP	搜尋檢查範圍並取出對應範圍的值（向量形式）	799
		搜尋矩陣較長的方向並取出值（陣列方式）	799
	XLOOKUP	搜尋搜尋範圍並傳回傳回值範圍的值	07-13
	CHOOSE	從引數列表中找出指定編號的值	07-22
	INDEX	從儲存格範圍中傳回指定列和欄的儲存格參照（儲存格參照形式）	07-23
		從陣列中找出指定列和欄的資料（陣列形式）	07-23
列與欄	ROW	取得儲存格的列編號	07-57
	COLUMN	取得儲存格的欄編號	07-57
	ROWS	計算陣列或儲存格範圍的列數	07-58
	COLUMNS	計算陣列或儲存格範圍的欄數	07-58
儲存格參照	ADDRESS	產生儲存格參照的字串	07-56
	AREAS	計算指定範圍中包含的區域數量	776
	INDIRECT	將參照字串轉換為實際的儲存格參照	07-53
	OFFSET	從基準儲存格移動到指定的欄數和列數，並傳回目標儲存格的參照	07-24
	MATCH	搜尋特定資料在範圍中的位置	07-26
	XMATCH	指定搜尋方向搜尋特定資料在範圍中的位置	07-30

查閱與參照函數			
互換欄與列	TRANSPOSE	交換陣列的列與欄	07-32
排序	SORT	對陣列進行排序	07-34
	SORTBY	設定多個條件對陣列進行排序	07-35
取出資料	FILTER	從陣列中取出符合條件的資料	07-40
	UNIQUE	將重複資料整合為單一資料	07-49
	FIELDVALUE	從外部資料來源中提取股票價格或地理資料	07-69
	RTD	從 RTD 伺服器中取出資料	807
超連結	HYPERLINK	建立超連結	07-64
樞紐分析表	GETPIVOTDATA	從樞紐分析表中取出資料	02-69
取得公式	FORMULATEXT	將儲存格的公式傳回為字串	07-62
陣列的操作	HSTACK	左右合併多個陣列	07-70
	VSTACK	垂直合併多個陣列	07-71
	CHOOSEROWS	從陣列中取出列編號所對應的列	07-73
	CHOOSECOLS	從陣列中取出欄編號所對應的欄	07-73
	TAKE	從陣列的開頭／末尾取得指定的列數和欄數	07-75
	DROP	從陣列的開頭／末尾移除指定的列數和欄數	07-76
	WRAPROWS	將向量橫向排列並換行	07-78
	WRAPCOLS	將向量垂直排列並排行	07-78
	TOROW	將多列多欄的陣列排成一列	07-79
	TOCOL	將多列多欄的陣列排成一欄	07-79
	EXPAND	擴展陣列以符合指定的列數和欄數	07-80

Web 函數			
Web	ENCODEURL	將指定的字串進行 URL 編碼	07-67
	FILTERXML	從 XML 資料中取出指定路徑的資料	07-68
	WEBSERVICE	從 Web 服務下載資料	07-68
	IMAGE	從指定的 URL 插入影像到儲存格	07-66

財務函數			
貸款與儲蓄	PMT	計算貸款或定期儲蓄的定期支付金額	09-03
	NPER	計算貸款或定期儲蓄的支付次數	09-02
	PV	計算貸款或定期儲蓄的現值	09-06
	FV	計算貸款或定期儲蓄的未來價值	09-08
	RATE	計算貸款或定期儲蓄的利率	09-09
	PPMT	計算指定期間貸款還款金額的本金	09-10
	IPMT	計算指定期間貸款還款金額的利息	09-10

財務函數			
貸款和定期儲蓄	CUMPRINC	計算在指定期間內支付的本金總額	09-11
	CUMIPMT	計算在指定期間內支付的利息總額	09-11
	ISPMT	計算本金平均攤還法在指定期數的利息	09-17
投資	FVSCHEDULE	計算利率變動的存款或投資的未來價值	09-28
	RRI	根據期間、本金和目標金額計算複利利率	09-29
	PDURATION	根據利率、本金和目標金額計算期間	09-30
	EFFECT	從名目年利率計算實質年利率	09-31
	NOMINAL	從實質年利率計算名目年利率	09-32
現金流	NPV	從定期的現金流計算淨現值	09-33
	XNPV	從不定期的現金流計算淨現值	09-36
	IRR	從定期的現金流計算內部收益率	09-34
	XIRR	從不定期的現金流計算內部收益率	09-37
	MIRR	從定期的現金流計算修正後的內部報酬率	09-35
定期付息債券	YIELD	計算定期付息債券的年收益率	09-39
	PRICE	計算定期付息債券的現在價格	09-40
	ACCRINT	計算定期付息債券的累計利息	09-41
	COUPPCD	計算定期付息債券在結算日之前的最後一個利息支付日	09-42
	COUPNCD	計算定期付息債券在結算日之後的第一個利息支付日	09-42
	COUPNUM	計算定期付息債券從結算日至到期日的利息支付次數	09-43
	COUPDAYS	計算定期付息債券付息期間的天數	09-44
	COUPDAYBS	計算定期付息債券結算日到利息支付日之間的天數	09-45
	COUPDAYSNC	計算定期付息債券的利息支付日天數	09-45
	DURATION	計算定期付息債券的存續期間	09-46
	MDURATION	計算定期付息債券的修正後存續期間	09-46
	ODDFYIELD	計算首次付息日不規則的定期付息債券收益率	09-47
	ODDLYIELD	計算最後付息日不規則的定期付息債券收益率	09-48
	ODDFPRICE	計算首次付息日不規則的定期付息債券現在價格	09-49
	ODDLPRICE	計算最後付息日不規則的定期付息債券現在價格	09-50
到期付息債券	YIELDMAT	計算到期付息債券的年收益	09-55
	PRICEMAT	計算到期付息債券的現在價格	09-56
	ACCRINTM	計算到期付息債券的應付利息	09-57
折價債券	YIELDDISC	計算折價債券的年收益	09-51
	INTRATE	計算折價債券的年收益	795
	RECEIVED	計算折價債券的到期日報酬	09-54
	PRICEDISC	計算折價債券的現在價格	09-53
	DISC	計算折價債券的折現率	09-52

工程函數			
複數	COMPLEX	建立複數形式的字串	10-33
	IMREAL	從複數中取得實部	10-33
	IMAGINARY	從複數中取得虛部	10-33
	IMCONJUGATE	計算複數的共軛複數	793
	IMABS	計算複數的絕對值	793
	IMARGUMENT	計算複數的偏角	793
複數的計算	IMSUM	計算複數的和	795
	IMSUB	計算複數的差	795
	IMPRODUCT	計算複數的積	794
	IMDIV	計算複數的商	794
	IMPOWER	計算複數的指數次方	794
	IMSQRT	計算複數的平方根	795
	IMEXP	以自然對數底數 e 為基底計算複數的指數次方	794
複數的對數	IMLN	計算複數的自然對數	794
	IMLOG10	計算複數的常用對數	794
	IMLOG2	計算複數以 2 為底的對數	794
複數的三角函數	IMSIN	計算複數的正弦	795
	IMCOS	計算複數的餘弦	793
	IMTAN	計算複數的正切	795
	IMCSC	計算複數的餘切	794
	IMSEC	計算複數的正割	794
	IMCOT	計算複數的餘割	793
複數的雙曲線函數	IMSINH	計算複數的雙曲線正弦	795
	IMCOSH	計算複數的雙曲線餘弦	793
	IMCSCH	計算複數的雙曲線餘割	794
	IMSECH	計算複數的雙曲線正割	794
BESSEL 函數	BESSELJ	計算第 1 類 BESSEL 函數的值	777
	BESSELY	計算第 2 類 BESSEL 函數的值	778
	BESSELI	計算第 1 類變形 BESSEL 函數的值	777
	BESSELK	計算第 2 類變形 BESSEL 函數的值	777
誤差函數	ERF	計算誤差函數的積分值	787
	ERF.PRECISE	計算誤差函數的積分值	787
	ERFC	計算互補誤差函數的積分值	787
	ERFC.PRECISE	計算互補誤差函數的積分值	787

其他			
圖表	SERIES	定義圖表的資料數列	11-30

附錄3

相容性函數與目前的函數對應

相容性函數	舊分類	說明	目前的函數	
BETADIST	統計	計算 Beta 分布的累積分布	BETA.DIST	08-56
BETAINV	統計	計算 Beta 分布的累積分布的反函數值	BETA.INV	778
BINOMDIST	統計	計算二項式分布的機率分布／累積分布	BINOM.DIST	08-39
CEILING	數學與三角函數	將數值進位至最接近的基準值倍數	CEILING.MATH	04-48
CHIDIST	統計	計算卡方分布的右尾機率	CHISQ.DIST.RT	08-67
CHIINV	統計	由卡方分布的右尾機率反算卡方值	CHISQ.INV.RT	08-68
CHITEST	統計	根據實測值與期待值進行卡方檢定	CHISQ.TEST	08-78
CONCATENATE	文字	將多個字串連接起來	CONCAT	06-32
CONFIDENCE	統計	計算母體平均數的信賴區間	CONFIDENCE.NORM	08-69
COVAR	統計	計算母體的共變異數	COVARIANCE.P	08-19
CRITBINOM	統計	計算使二項式分布的累積機率達到或超過基準值的最小值	BINOM.INV	08-42
EXPONDIST	統計	計算指數分布的機率密度／累積分布	EXPON.DIST	08-53
FDIST	統計	計算 f 分布的右尾機率	F.DIST.RT	08-64
FINV	統計	由 f 分布的右尾機率反算 f 值	F.INV.RT	08-65
FLOOR	數學與三角函數	將數值捨去至最接近的基準值倍數	FLOOR.MATH	04-49
FORECAST	統計	根據迴歸直線計算預測值	FORECAST.LINEAR	08-23
FTEST	統計	以兩個陣列為基準進行 f 檢定	F.TEST	08-77
GAMMADIST	統計	計算 Gamma 分布的機率密度與累積分布	GAMMA.DIST	08-55
GAMMAINV	統計	計算 Gamma 分布的累積分布的反函數值	GAMMA.INV	791
GAMMALN	統計	計算 Gamma 函數的自然對數	GAMMALN.PRECISE	791
HYPGEOMDIST	統計	計算超幾何分布的機率分布	HYPGEOM.DIST	08-44
LOGINV	統計	計算對數常態分布的累積分布的反函數值	LOGNORM.INV	798
LOGNORMDIST	統計	計算對數常態分布的累積分布	LOGNORM.DIST	08-58
MODE	統計	計算眾數	MODE.SNGL	08-01
NEGBINOMDIST	統計	計算負的二項式分布的機率分布	NEGBINOM.DIST	08-43
NORMDIST	統計	計算常態分布的機率密度與累積分布	NORM.DIST	08-48
NORMINV	統計	計算常態分布的累積分布的反函數值	NORM.INV	08-50
NORMSDIST	統計	計算標準常態分布的累積分布	NORM.S.DIST	08-51

相容性函數	舊分類	說明	目前的函數	
NORMSINV	統計	計算標準常態分布的累積分布的反函數值	NORM.S.INV	08-52
PERCENTILE	統計	計算數值的百分位數	PERCENTILE.INC	04-23
PERCENTRANK	統計	計算數值的百分比排名	PERCENTRANK.INC	04-21
POISSON	統計	計算卜瓦松分布的機率分布或累積分布	POISSON.DIST	08-46
QUARTILE	統計	計算數值的四分位數	QUARTILE.INC	04-24
RANK	統計	計算排名	RANK.EQ	04-15
STDEV	統計	根據樣本計算標準差	STDEV.S	08-08
STDEVP	統計	計算母體的標準差	STDEV.P	08-07
TDIST	統計	計算 t 分布的右尾機率／雙尾機率	T.DIST.RT T.DIST.2T	08-60 08-61
TINV	統計	由 t 分布的雙尾機率反算 t 值	T.INV.2T	08-62
TTEST	統計	從兩個陣列中檢定母體平均數的差異	T.TEST	08-75
VAR	統計	根據樣本計算變異數	VAR.S	08-06
VARP	統計	計算母體的變異數	VAR.P	08-05
WEIBULL	統計	計算韋伯分布的機率密度與累積分布	WEIBULL.DIST	08-57
ZTEST	統計	使用常態分布從樣本中檢定母體平均數	Z.TEST	08-73

※「目前的函數」欄中 CONCAT 函數是 Excel 2019 時新增，FORECAST.LINEAR 函數是 Excel 2016 時新增，其它函數則是在 Excel 2010 時新增。該函數從新增的版本開始，具有相同功能的舊函數會被歸類為相容性函數。

※ GAMMALN 函數在功能上與 GAMMALN.PRECISE 函數相容，歸類在 Excel 函數庫中的統計函數。

附錄4

索引

符號、英數字

A

B

C

D

E

F

G／H

I

J／K／L

M

N

O／P

Q／R

S

T

U／V／W

X／Y／Z

- FB 官方粉絲專頁:旗標知識講堂
- 旗標「線上購買」專區:您不用出門就可選購旗標書!
- 如您對本書內容有不明瞭或建議改進之處,請連上旗標網站,點選首頁的 聯絡我們 專區。

若需線上即時詢問問題,可點選旗標官方粉絲專頁留言詢問,小編客服隨時待命,盡速回覆。

若是寄信聯絡旗標客服 emaill, 我們收到您的訊息後,將由專業客服人員為您解答。

我們所提供的售後服務範圍僅限於書籍本身或內容表達不清楚的地方,至於軟硬體的問題,請直接連絡廠商。

學生團體	訂購專線:(02)2396-3257 轉 362 傳真專線:(02)2321-2545
經銷商	服務專線:(02)2396-3257 轉 331 將派專人拜訪 傳真專線:(02)2321-2545

國家圖書館出版品預行編目資料

函數數量最齊全! Excel 公式 + 函數超實用字典:
515 個函數+1028 個範例 / きたみ あきこ 著; 吳嘉芳、許郁文 譯. -- 初版. -- 臺北市:旗標科技股份有限公司, 2024. 01　面;　公分
ISBN 978-986-312-767-3(平裝)

1. CST: EXCEL (電腦程式)

312.49E9　　112014426

作　　者/きたみ あきこ
發 行 所/旗標科技股份有限公司
　　　　台北市杭州南路一段15-1號19樓
電　　話/(02)2396-3257(代表號)
傳　　真/(02)2321-2545
劃撥帳號/1332727-9
帳　　戶/旗標科技股份有限公司
監　　督/陳彥發
執行企劃/林佳怡
執行編輯/林佳怡
美術編輯/林美麗
封面設計/陳慧如
校　　對/林佳怡

新台幣售價: 750 元
西元 2024 年 7 月 初版 2 刷
行政院新聞局核准登記-局版台業字第 4512 號
ISBN 978-986-312-767-3